Grundlagen	11...50	1
Stromkreise	51...64	2
Bauteile an Gleich- und Wechselspannung	65...114	3
Elektronik	115...152	4
Anlagen und Betriebsmittel	153...186	5
Schutzmaßnahmen	187...232	6
Technische Dokumentation	233...290	7
Gebäudeinstallation	291...322	8
Automatisierungstechnik	323...372	9
Sachwortregister	373...384	10

1. Auflage 2003

Dieses Werk folgt der reformierten Rechtschreibung und Zeichensetzung.

Das Buch ist auf Papier gedruckt, das aus 100% chlorfrei gebleichten Faserstoffen hergestellt wurde.

Alle Rechte vorbehalten. Das Werk und seine Teile sind urheberrechtlich geschützt. Jede Verwertung in anderen als den gesetzlich zugelassenen Fällen bedarf deshalb der vorherigen schriftlichen Einwilligung des Verlages. Hinweis zu § 52 a UrhG: Weder das Werk noch seine Teile dürfen ohne vorherige schriftliche Einwilligung des Verlages öffentlich zugänglich gemacht werden. Dies gilt auch bei einer entsprechenden Nutzung für Unterrichtszwecke!

Holland+Josenhans Verlag GmbH & Co., Postfach 102352, 70019 Stuttgart
Telefon 0711/6143920, Fax 0711/6143922
E-Mail verlag@huj.03.net
Internet: www.holland-josenhans.de

Zeichnungen und Bildbearbeitung: Wolfgang Bieneck, 70567 Stuttgart
Titelgestaltung: Julika Kieffer, 73734 Esslingen

Gesamtherstellung: TC DRUCK Tübinger Chronik, 72072 Tübingen

ISBN: 3-7782-4510-4

Elektro *plus!*

Informationsband für Elektronik- und Mechatronikberufe

Wolfgang Bieneck (Hrsg.)
Siegfried Rössel
Elmar Reiser
Peter Kieffer

Holland+Josenhans Verlag

Vorwort

Elektro$^{plus!}$ ist ein Grundlagenwerk für alle Elektronik- und Mechatronikberufe. Es bietet das erforderliche Basis- und Fachwissen in straffer und übersichtlicher Form.
Der Inhalt ist nach fachlichen Gesichtspunkten geordnet, so dass auch bei lernfeldorientiertem Unterricht das nötige Detailwissen schnell auffindbar ist.
Besonderer Wert wurde auf leicht verständliche und klare Darstellung gelegt. Über 2000 farbige Zeichnungen, Tabellen, Diagramme und fotografische Abbildungen erleichtern das Verständnis auch von schwierigen Sachverhalten und vermitteln dem Auszubildenden den Zusammenhang von Theorie und Praxis.
Der Inhalt ist in neun Kapitel gegliedert: Grundlagen, Stromkreise, Bauteile an Gleich- und Wechselspannung, Elektronik, Anlagen und Betriebsmittel, Schutzmaßnahmen, Technische Dokumentation, Gebäudeinstallation und Automatisierungstechnik.
Ein umfangreiches Sachwortregister gewährleistet den schnellen Zugriff. Zahlreiche Übungsaufgaben mit kurzgefassten Lösungen vertiefen und festigen das Wissen.
Elektro$^{plus!}$ bietet Schülern und Auszubildenden der elektronischen und mechatronischen Berufe einen systematischen und leicht verständlichen Einstieg in die Elektrotechnik und Elektronik sowie einen ersten Überblick über mechanische und pneumatische Grundlagen. Für den Fachmann ist es ein übersichtliches und umfassendes Nachschlagewerk.

Stuttgart, im August 2003   Wolfgang Bieneck

Inhaltsverzeichnis

1	**Grundgesetze der Elektrotechnik**	**11**
1.1	Elektrische Anlagen	12
1.2	Elektrische Spannung	14
1.3	Elektrischer Strom	16
1.4	Messen von Spannung und Strom I	18
1.5	Messen von Spannung und Strom II	20
1.6	Ohmsches Gesetz	22
1.7	SI-Einheitensystem	24
1.8	Gleichungen und Formeln	26
1.9	Funktionen	28
1.10	Internationale Kommunikation	30
1.11	Lineare Widerstände	32
1.12	Bauformen ohmscher Widerstände	34
1.13	Metallwiderstand und Temperatur	36
1.14	Arbeit, Energie, Leistung	38
1.15	Drehmoment und Leistung	40
1.16	Elektrische Arbeit und Leistung	42
1.17	Leistungsabgabe von Spannungsquellen	44
1.18	Messung von Innenwiderständen	46
1.19	Verluste und Wirkungsgrad	48
1.20	Ausgewählte Lösungen zu Kapitel 1	50
2	**Netzwerke**	**51**
2.1	Stromkreise und Netzwerke	52
2.2	Reihen- und Parallelschaltung	54
2.3	Gruppenschaltungen	56
2.4	Spannungsteiler	58
2.5	Brückenschaltung	60
2.6	Ersatzspannungsquelle	62
2.7	Ersatzstromquelle	64
2.8	Ausgewählte Lösungen zu Kapitel 2	66
3	**Bauteile an Gleich- und Wechselspannung**	**67**
3.1	Gleich- und Wechselspannung	68
3.2	Sinusförmige Wechselspannung I	70
3.3	Sinusförmige Wechselspannung II	72
3.4	Messungen mit dem Oszilloskop I	74
3.5	Messungen mit dem Oszilloskop II	76
3.6	Messungen mit dem Oszilloskop III	78
3.7	Bauteile R, C, L	80
3.8	Kondensator und Kapazität	82
3.9	Bauformen von Kondensatoren	84

3.10	Spule und Induktivität	86
3.11	Induktion, technische Bedeutung	88
3.12	Kondensator an Gleichspannung	90
3.13	Kondensator an Wechselspannung	92
3.14	Spule an Gleichspannung	94
3.15	Spule an Wechselspannung	96
3.16	Kräfte im Magnetfeld I	98
3.17	Kräfte im Magnetfeld II	100
3.18	Wirk- und Blindwiderstände	102
3.19	Komplexe Zahlen	104
3.20	Komplexe Grundschaltungen I	106
3.21	Komplexe Grundschaltungen II	108
3.22	Wirk-, Blind- und Scheinleistung	110
3.23	Kompensation der Blindleistung	112
3.24	Ausgewählte Lösungen zu Kapitel 3	114
4	**Elektronik**	**115**
4.1	Heißleiter	116
4.2	Kaltleiter	118
4.3	Varistoren	120
4.4	Fotowiderstände	122
4.5	Magnetfeldsensoren	124
4.6	Drucksensoren	126
4.7	Halbleiterdioden	128
4.8	Zener-Dioden	130
4.9	Lumineszenzdioden	132
4.10	Gleichrichter I	134
4.11	Gleichrichter II	136
4.12	Gleichrichter III	138
4.13	Bipolartransistoren	140
4.14	Stromversorgungsschaltungen	142
4.15	Feldeffekttransistoren	144
4.16	IGBT	146
4.17	Stromrichterventile	148
4.18	Wechselwegschaltungen	150
4.19	Ausgewählte Lösungen zu Kapitel 4	152
5	**Anlagen und Betriebsmittel**	**153**
5.1	Energieversorgung I	154
5.2	Energieversorgung II	156
5.3	Übertragung und Verteilung elektrischer Energie I	158

5.4	Übertragung und Verteilung elektrischer Energie II	160
5.5	Transformatoren I	162
5.6	Transformatoren II	164
5.7	Transformatoren III	166
5.8	Umspann- und Schaltanlagen	168
5.9	Isolierte Leitungen und Kabel	170
5.10	Bemessung von Installationsleitungen	172
5.11	Überstromschutz	174
5.12	Hausanschluss	176
5.13	Wärmegeräte	178
5.14	Elektrische Heizung	180
5.15	Wärmepumpe und Kühlung	182
5.16	Licht und Beleuchtung	184
5.17	Drehfeldmotoren I	186
5.18	Drehfeldmotoren II	188
5.19	Gleichstrommotoren	190
5.20	Kosten der elektrischen Energie	192
5.21	Ausgewählte Lösungen zu Kapitel 5	194

6	**Schutzmaßnahmen und EMV**	**195**
6.1	Gefahren des elektrischen Stromes	196
6.2	Normen und Bestimmungen	198
6.3	Schutzarten elektrischer Betriebsmittel	200
6.4	Schutz gegen elektrischen Schlag	202
6.5	Schutz durch Kleinspannung	204
6.6	Systemunabhängige Schutzmaßnahmen	206
6.7	Systemabhängige Schutzmaßnahmen I	208
6.8	Systemabhängige Schutzmaßnahmen II	210
6.9	Potenzialausgleich und Erdung	212
6.10	Anlagen und Räume besonderer Art	214
6.11	Arbeiten und Prüfungen an elektrischen Anlagen	216
6.12	Prüfung der Schutzmaßnahmen von elektrischen Anlagen	218
6.13	Prüfung der Schutzmaßnahmen von elektrischen Geräten	220
6.14	Elektromagnetische Verträglichkeit I	222
6.15	Elektromagnetische Verträglichkeit II	224
6.16	Blitzschutz I	226
6.17	Blitzschutz II	228

6.18	Erste Hilfe, Brandbekämpfung	230
6.19	Ausgewählte Lösungen zu Kapitel 6	232

7	**Technische Kommunikation**	**233**
7.1	Technische Systeme	234
7.2	Technische Dokumentation	236
7.3	Arbeits- und Wartungspläne	238
7.4	Qualitätssicherung	240
7.5	Technisches Zeichnen	242
7.6	Körper in räumlicher Darstellung	244
7.7	Körper in Ansichten I	246
7.8	Körper in Ansichten II	248
7.9	Voll- und Halbschnitte	250
7.10	Teilschnitte und Gewinde	252
7.11	Bemaßung I	254
7.12	Bemaßung II	256
7.13	Bemaßung III	258
7.14	Toleranzen und Oberflächen	260
7.15	Passungssysteme	262
7.16	Gesamtzeichnungen	264
7.17	Explosionszeichnungen	266
7.18	Elektrische Schaltpläne I	268
7.19	Elektrische Schaltpläne II	270
7.20	Schaltzeichen I	272
7.21	Schaltzeichen II	274
7.22	Schaltzeichen III	276
7.23	Pneumatische Schaltpläne	278
7.24	Elektropneumatische Schaltpläne	280
7.25	Technologieschemata	282
7.26	Computergestützte Zeichnen	284
7.27	Computergestütztes Zeichnen	286
7.28	Ausgewählte Lösungen zu Kapitel 7	288

8	**Gebäudeinstallation**	**289**
8.1	Installationsschaltungen I	290
8.2	Installationsschaltungen II	292
8.3	Installationsschaltungen III	294
8.4	Stromstoß- und Zeitschaltungen	296
8.5	Ruf- und Sprechanlagen	298
8.6	Gefahrenmeldeanlagen	300
8.7	Telekommunikation I	302
8.8	Telekommunikation II	304

8.9	Telekommunikation III	306
8.10	Antennenanlagen I	308
8.11	Antennenanlagen II	310
8.12	Antennenanlagen III	312
8.13	Gebäudeautomation I	314
8.14	Gebäudeautomation II	316
8.15	Gebäudeautomation III	318
8.16	Gebäudeautomation IV	320
8.17	Lösungen zu Kapitel 8	322
9	**Automatisierungstechnik**	**323**
9.1	Automatisierung	324
9.2	Elektromechanische Schalter	326
9.3	Schützschaltungen I	328
9.4	Schützschaltungen II	330
9.5	Schützschaltungen III	332
9.6	Zahlensysteme	334
9.7	SPS, Einführung	336
9.8	Digitale Grundschaltungen I	338
9.9	Digitale Grundschaltungen II	340
9.10	Grundverknüpfungen mit SPS I	342
9.11	Grundverknüpfungen mit SPS II	344
9.12	Selbsthaltung	346
9.13	Wendeschaltung	348
9.14	Pneumatische Steuerungen I	350
9.15	Pneumatische Steuerungen II	352
9.16	Projekt: Stempeleinrichtung I	354
9.17	Projekt: Stempeleinrichtung II	356
9.18	Projekt: Stempeleinrichtung III	358
9.19	Zeitfunktionen	360
9.20	Stern-Dreieck-Anlauf	362
9.21	Projekt: Befüllungsanlage	364
9.22	Zähler und Vergleicher	366
9.23	Sicherheit von Steuerungen	368
9.24	Planung und Dokumentation	370
9.25	Lösungen zu Kapitel 9	372
10	**Sachwortregister**	**373**

1 Grundlagen

1.1	Elektrische Anlagen	12
1.2	Elektrische Spannung	14
1.3	Elektrischer Strom	16
1.4	Messen von Spannung und Strom I	18
1.5	Messen von Spannung und Strom II	20
1.6	Ohmsches Gesetz	22
1.7	SI-Einheitensystem	24
1.8	Gleichungen und Formeln	26
1.9	Funktionen	28
1.10	Internationale Kommunikation	30
1.11	Lineare Widerstände	32
1.12	Bauformen ohmscher Widerstände	34
1.13	Metallwiderstand und Temperatur	36
1.14	Arbeit, Energie, Leistung	38
1.15	Drehmoment und Leistung	40
1.16	Elektrische Arbeit und Leistung	42
1.17	Leistungsabgabe von Spannungsquellen	44
1.18	Messung von Innenwiderständen	46
1.19	Verluste und Wirkungsgrad	48
1.20	Ausgewählte Lösungen zu Kapitel 1	50

1.1 Elektrische Anlagen

Beispiel: Hochspannungsschaltanlage

Beispiel: Motorsteuerung
Stromlaufpläne in aufgelöster Darstellung

Hauptstromkreis — L1, L2, L3
Steuerstromkreis — L1, F2, S1, S2, Q1, Q1, N
Betriebsmittel — F1
Q1
Betriebsmittelkennzeichnung (BMK)
M1 M 3~

Häufig benutzte Schaltzeichen nach DIN 40 900

Spannungserzeuger allgemein (G)	Spannungsmesser (V)
galvanisches Element	Strommesser (A)
Widerstand allgemein	Leuchte Leuchtmelder
Widerstand veränderbar	Induktivität Spule
Tastschalter (Schließer)	Kapazität Kondensator
Tastschalter (Öffner)	Leiterabzweig wahlweise
	Heizelement
Rastschalter (Schließer)	Sicherung
	Erdung

Elektrische Anlagen
Viele technischen Einrichtungen werden durch elektrische Energie gespeist. Elektrische Anlagen sind somit ein wesentlicher Bestandteil von Wohnhäusern, Fabriken, Büros, Schulen, Verkehrsanlagen usw.
In elektrischen Anlagen ist eine Vielzahl von Betriebsmitteln installiert, z.B. Generatoren, Motoren, Transformatoren, Schalter, Leuchten und Heizgeräte.
Elektrische Anlagen haben üblicherweise einen komplizierten und schwer überschaubaren Aufbau. Um die Anlagen zu entwerfen, zu berechnen, zu installieren und zu warten ist daher eine leicht verständliche und gut überschaubare Darstellung zwingend notwendig.
Elektrische Anlagen werden deshalb nicht als Fotografien oder naturgetreue Zeichnungen dargestellt, sondern als so genannte Schaltpläne.

Schaltpläne
Schaltpläne enthalten alle Betriebsmittel (Schalter, Motoren, Heizgeräte usw.) einer Anlage. Dabei werden die Betriebsmittel durch Schaltzeichen (Schaltsymbole) dargestellt. Um die Betriebsmittel eindeutig zu identifizieren, erhalten sie eine Betriebsmittelkennzeichnung (BMK). Schaltzeichen und Betriebsmittelkennzeichnungen sind allgemein verbindlich vorgeschrieben (genormt). Die Normen werden nach DIN (Deutsches Institut für Normung)) festgelegt.
Je nach Aufgabe können Schaltpläne verschieden dargestellt werden, z.B. als Übersichtsschaltplan, Installationsschaltplan, Stromlaufplan, Funktionsschaltplan, Anschlussplan oder Verdrahtungsplan.
Schaltpläne sind technische Dokumente und sind damit Bestandteil einer elektrischen Anlage.

Schaltzeichen und BMK
Elektrische Schaltzeichen sind in Deutschland nach DIN 40 900 genormt. Um Schaltpläne international zu verstehen, wäre eine weltweit einheitliche Norm sinnvoll. Da sich die Elektrotechnik aber über Jahrzehnte entwickelt hat, haben sich in verschiedenen Ländern verschiedene Normen entwickelt. Ein Beispiel ist die unterschiedliche Darstellung eines Widerstandes:

DIN (Deutsches Institut für Normung):
ANSI (American National Institute):

Die Betriebsmittelkennzeichnung (BMK) erfolgt mit Buchstaben je nach Zweck und Aufgabe des Betriebsmittels, z. B. Q für einen Lastschalter, und eine Ziffer zur fortlaufenden Nummerierung, z. B. Q1. Weitere Buchstaben und Zahlen können noch Ort, Anschlüsse und die zugehörige Anlage kennzeichnen.
Die Klassifizierung gilt für elektrische, mechanische, pneumatische und andere Objekte (Betriebsmittel).

Vertiefung zu 1.1

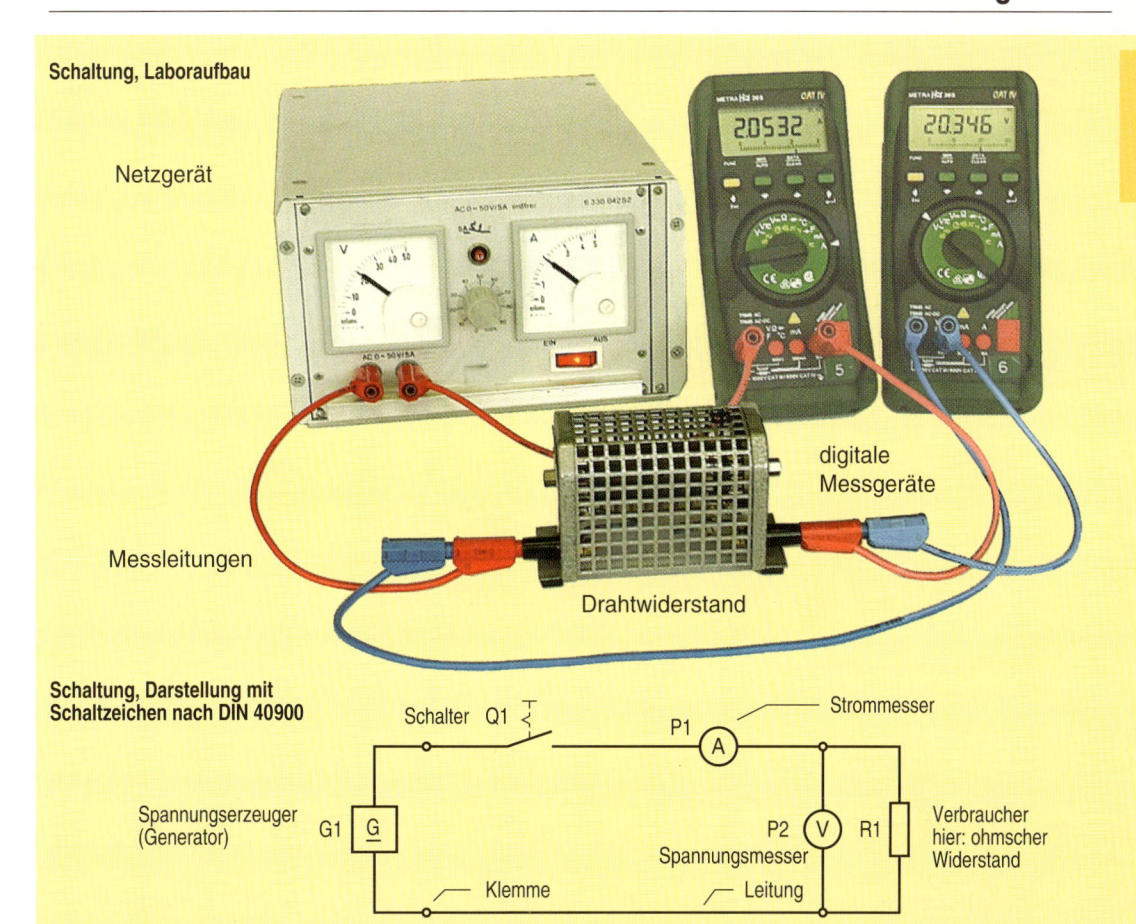

Schaltung, Laboraufbau

Netzgerät

digitale Messgeräte

Messleitungen

Drahtwiderstand

Schaltung, Darstellung mit Schaltzeichen nach DIN 40900

Schalter Q1 — P1 — Strommesser

Spannungserzeuger (Generator) G1 G — P2 V R1 Verbraucher hier: ohmscher Widerstand

Spannungsmesser

Klemme — Leitung

Klassifizierung von Objekten nach Zweck oder Aufgabe (EN 61346-2)

Buchst.	Zweck/Aufgabe	Beispiele aus der Elektrotechnik	Buchst.	Zweck/Aufgabe	Beispiele aus der Elektrotechnik
B	Umwandeln von Eingangsvariablen in ein Signal	Fühler, Brandwächter, Messrelais, Bewegungsmelder, Mikrophon, Tachogenerator, Videokamera	P	Darstellung von Informationen	Spannungsmesser, Strommesser, akustische und optische Signalgeräte, Ereigniszähler, Drucker
C	Speichern von Material, Energie, Information	Kondensator, Puffer (Speicher), Festplatte, Arbeitsspeicher (RAM), Speicherbatterie	Q	Schalten von Material- und Energieflüssen	Leistungsschalter, Lastschütz, Trennschalter, Sicherungstrennschalter, Leistungstransistor
E	Bereitstellung von von Strahlung und Wärmeenergie	Boiler, Leuchtstofflampe, Heizung, Lampe, Glühlampe, Laser, Maser, Radiator	R	Begrenzung von Energie-, Material- und Energieflüssen	Widerstand, Begrenzer, Drosselspule (auch zur Stabilisierung), Diode
F	Selbsttätiger Schutz eines Energie- oder Signalflusses	Sicherung, Leitungsschutzschalter, Überspannungsableiter, thermischer Überlastauslöser	S	Umwandeln einer Betätigung in ein anderes Signal	Steuerschalter, Tastschalter, Quittierschalter, Lichtgriffel, Maus, Sollwerteinsteller, Wahlschalter
G	Initiieren eines Energie- oder Materialflusses	Generator, Leistungsgenerator, Signalgenerator, Solarzelle, Brennstoffzelle, galvan. Element	T	Umwandeln von Energie in die gleiche Energieart	AC/DC-Umformer, Verstärker, Leistungstransformator, Messwandler, Gleichrichter, Antenne
K	Verbeitung von Signalen oder Informationen	Hilfsschütz, Zeitrelais, Regler, Verzögerungsglied, Mikroprozessor, Transistor, Prozessrechner	W	Leiten und Führen von Energie, Signalen, Materialien	Kabel, Sammelschiene, el. Leiter, Lichtwellenleiter, Informationsbus, Durchführung
M	Bereitstellung von mechanischer Antriebsenergie	Elektromotor, Stellantrieb, Betätigungsspule (z.B. für Bremslüfter), Linearmotor	X	Verbinden von Objekten	elektrische Verbinder, Klemme, Klemmenblock, Steckdose, Klemmenleiste, Anschlussklemme

1.2 Elektrische Spannung

Einfacher Stromkreis

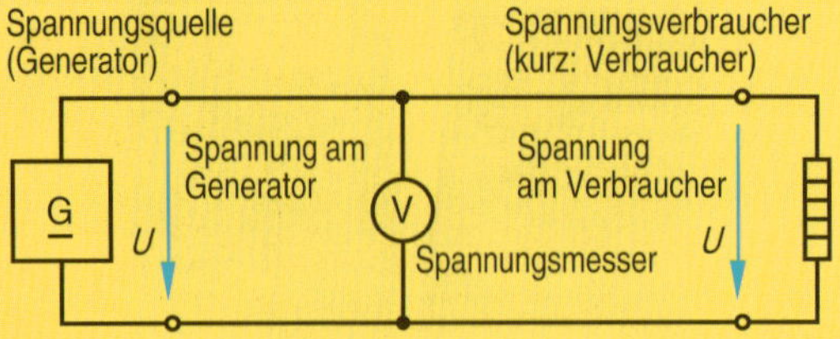

Spannungsquelle (Generator) — Spannung am Generator — Spannungsmesser — Spannung am Verbraucher — Spannungsverbraucher (kurz: Verbraucher)

Spannungen werden durch Pfeile (Zählpfeile) gekennzeichnet.

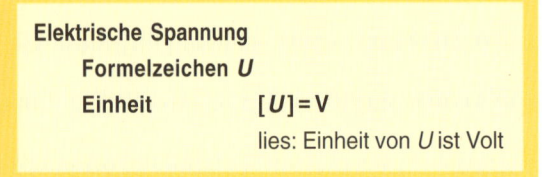

Elektrische Spannung

Formelzeichen U

Einheit $[U] = V$

lies: Einheit von U ist Volt

Spannungserzeugung durch

a) mechanische Energie
Ein rotierender Magnet erzeugt in einer Spule durch Induktion eine elektrische Spannung.
Anwendung: Kraftwerksgenerator, Kfz-Lichtmaschine, Fahrraddynamo, dynamisches Mikrofon

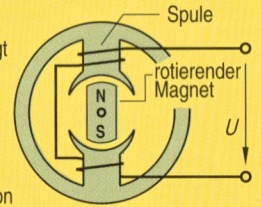

Spule, rotierender Magnet

c) chemische Energie
Zwei unterschiedliche Metalle in einer leitfähigen Flüssigkeit (Elektrolyt) bilden ein sog. galvanisches Element.
Anwendung: Monozellen, Batterien und Akkumulatoren

Metall 1, z.B. Cu
Metall 2, z.B. Zn
Elektrolyt, z.B. Salzlösung

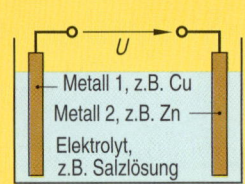

c) Strahlungsenergie
Die Stralungsenergie der Sonne (Licht und Wärme) kann mit Solarzellen in elektrische Spannung umgewandelt werden.
Anwendung: Versorgung kleiner netzunabhängiger Verbraucher, Fotovoltaik

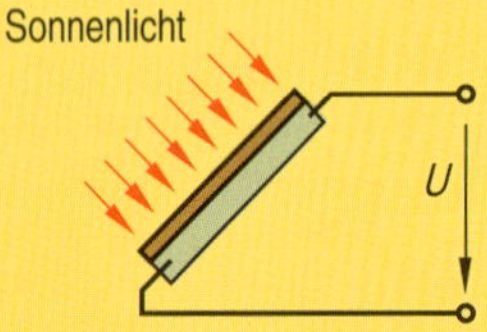

Sonnenlicht

d) Wärmeenergie
Wird die Kontaktstelle zweier verschiedener Metalle erwärmt, so wandern Elektronen vom schlechteren zum besseren elektrischen Leiter.
Anwendung: Thermoelemente zur Temperaturmessung

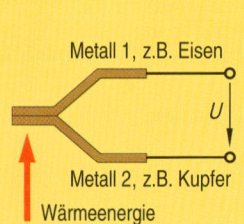

Metall 1, z.B. Eisen
Metall 2, z.B. Kupfer
Wärmeenergie

Elektrische Spannung
Der Begriff „Spannung", genauer „elektrische Spannung", zählt zu den wichtigsten Begriffen der Elektrotechnik.
Anlagen und Maschinen, die elektrische Spannung erzeugen, heißen Spannungsquellen oder Spannungserzeuger; nach DIN VDE werden sie allerdings Stromquellen genannt. Die angeschlossenen Verbraucher, z.B. Lampen, Bügeleisen und Motoren sind Spannungsverbraucher. Jeder geschlossene Stromkreis enthält mindestens einen Spannungserzeuger und einen Spannungsverbraucher.

Größe und Einheit
Die elektrische Spannung wird mit dem Buchstaben U bezeichnet, die Maßeinheit (kurz Einheit) ist das Volt (V). Die Einheit Volt wurde zu Ehren des italienischen Physikers Alessandro Volta (1745-1827) gewählt.
In der Praxis werden Spannungen von wenigen mV (Millivolt) bis zu 380 kV (Kilovolt) eingesetzt.

Spannungserzeuger, Generator
Die Erzeugung von elektrischer Spannung beruht immer auf der Trennung von elektrischen Ladungen. Um positive und negative Ladungen voneinander zu trennen, muss Energie aufgewandt werden. Dabei kann es sich um mechanische Energie, chemische Energie, Wärme- oder Lichtenergie handeln. In einem elektrischen Generator wird somit immer nichtelektrische Energie in elektrische Energie umgewandelt.
Für die Praxis hat die Umwandlung von mechanischer Energie in elektrische Energie die größte Bedeutung. In den Generatoren der Kraftwerke wird z.B. ein rotierender Magnet von einer Turbine angetrieben; dieses rotierende Magnetfeld erzeugt dabei in den Generatorspulen eine so genannte Induktionsspannung.
Die Spannung von Batterien und Akkumulatoren wird durch chemische Energie erzeugt. Im Prinzip werden dabei zwei unterschiedliche Metalle in eine leitfähige Flüssigkeit (Elektrolyt) getaucht; die Höhe der erzeugten Spannung ist insbesondere von den beteiligten Metallen abhängig.
Große Hoffnung für die künftige Energieversorgung setzt man in die „Fotovoltaik". Dabei wird in so genannten Solarzellen die Strahlungsenergie der Sonne (Licht und Wärme) zur Spannungserzeugung ausgenützt. Nach derzeitigem Stand der Technik sind Solarzellen aber noch nicht wirtschaftlich einsetzbar.
Spannung kann auch mit Thermoelementen erzeugt werden. Dabei werden zwei unterschiedliche Metalle zusammengelötet. Wird die Lötstelle erwärmt, so entsteht zwischen den Metallenden eine Spannung von einigen Millivolt.

Vertiefung zu 1.2

Alessandro Volta (1745-1827)

Geschichtliche Entwicklung
Elektrische Spannung wurde bereits im Jahre 1786 von dem italienischen Physiker Luigi Galvani bei Experimenten mit Froschschenkeln entdeckt. Er beobachtete seltsame Muskelkontraktionen an den Froschschenkeln, wenn er diese mit seinem Seziermesser berührte und führte diese auf „tierische Elektrizität" zurück. Alessandro Volta führte die Experimente weiter und entwickelte im Jahre 1800 eine erste brauchbare elektrochemische Spannungsquelle, die er „galvanisches Element" nannte. Die Spannung der Quelle konnte erhöht werden, wenn mehrere galvanische Elemente hintereinander geschaltet wurden. Mit dieser so genannten Volta-Säule wurden elektrische Experimente wesentlich vereinfacht.
Zu Ehren von Alessandro Volta wird die elektrische Spannung international in der Einheit Volt gemessen. Das Volt gehört zu den so genannten SI-Einheiten (siehe Seite 24).

Ladungstrennung
Zur Erzeugung von Spannung müssen grundsätzlich elektrische Ladungen getrennt werden. Um diese Ladungen gegen ihre gegenseitige Anziehungskraft zu trennen, muss Energie eingesetzt werden. Je nach Spannungserzeuger kann es sich dabei um mechanische, thermische oder chemische Energie handeln. Lässt man die Ladungen sich wieder vereinigen, so wird die aufgewandte Energie wieder frei.

Modellvorstellung: Spannung null, Spannung klein, Spannung groß

Spannungsebenen
Die Bereitstellung, Verteilung und Nutzung der elektrischen Energie erfolgt mit sehr unterschiedlichen Spannungen. Die im Kraftwerk erzeugte Spannung beträgt z.B. 10 000 V, die Spannung in Fernleitungen beträgt z.B. 220 000 V oder 380 000 V, in Ortsnetzen beträgt sie 10 000 V bis 60 000 V. In Verbraucheranlagen beträgt die Spannung meist 230 V und 400 V. Diese unterschiedlichen Spannungsebenen sind nötig, um die elektrische Energie möglichst verlustfrei und damit wirtschaftlich übertragen zu können.

Niederspannung: 230 V, 400 V (0,4 kV) (Versorgung der Haushalte)
Mittelspannung: 10 000 V (10 kV), 20 000 V (20 kV), 30 000 V (30 kV) Versorgung der Ortsnetze)
Hochspannung: 60 000 V (60 kV), 110 000 V (110 kV) (Versorgung der Großindustrie)
Höchstspannung: 220 000 V (220 kV), 380 000 V 380 kV) (Europäischer Energieverbund)

Aufgaben

1.2.1 Spannungserzeugung
a) Erklären Sie das Prinzip von jeglicher elektrischen Spannungserzeugung.
b) Welches Formelzeichen und welche Einheit hat die elektrische Spannung?
c) Erklären Sie, warum ein elektrischer Generator auch als Energiewandler bezeichnet werden kann.
d) Nennen Sie vier in der Praxis benutzte Prinzipien der Spannungserzeugung.
   Nennen Sie jeweils einige Einsatzgebiete.
e) Diskutieren Sie Möglichkeiten für einen wirtschaftlichen Einsatz von Solarzellen.

1.2.2 Spannung und Spannungsebenen
a) Nennen Sie praktische Beispiele, bei denen Spannungen im Millivolt-Bereich auftreten.
b) Welche Spannungen treten bei folgenden Geräten (Betriebsmitteln) auf:
   Autobatterie, Haushaltsbügeleisen, Drehstrommotor, Kraftwerksgenerator, Höchstspannungsleitung zur Übertragung elektrischer Energie?
c) Welche vier Spannungsebenen werden bei Übertragung und Verteilung der elektrischen Energie eingesetzt? Warum werden diese unterschiedlichen Spannungsebenen benötigt?

© Holland + Josenhans

1.3 Elektrischer Strom

Einfacher Stromkreis

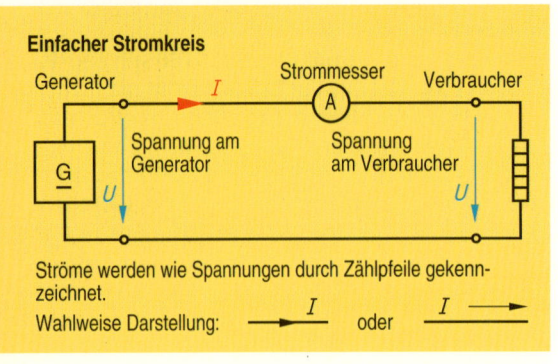

Ströme werden wie Spannungen durch Zählpfeile gekennzeichnet.
Wahlweise Darstellung: →I oder I →

Elektrischer Strom

Unter elektrischem Strom versteht man das „Strömen" bzw. Fließen von elektrischen Ladungsträgern.
Für die Fließrichtung des Stromes ist festgelegt: der Strom fließt vom Plus-Pol der Spannungsquelle über den Verbraucher (Spannungsverbraucher) zurück zur Spannungsquelle. Der Weg des Stromes wird deshalb als „Stromkreis" bezeichnet.
Träger des elektrischen Stromes sind in Metallen die elektrisch negativ geladenen Elektronen; in Flüssigkeiten und Halbleitern können es auch positiv oder negativ geladene Ionen sein.

Elektrischer Strom
Formelzeichen I
Einheit $[I] = A$
lies: Einheit von I ist Ampere

Größe und Einheit

Der elektrische Strom wird mit dem Buchstaben I bezeichnet, die Maßeinheit (Einheit) ist das Ampere (A). Die Einheit Ampere wurde zu Ehren des französischen Mathematikers André-Marie Ampère (1775-1836) gewählt.
In der Praxis werden Ströme von wenigen mA (Milliampere) bis zu vielen kA (Kiloampere) eingesetzt.

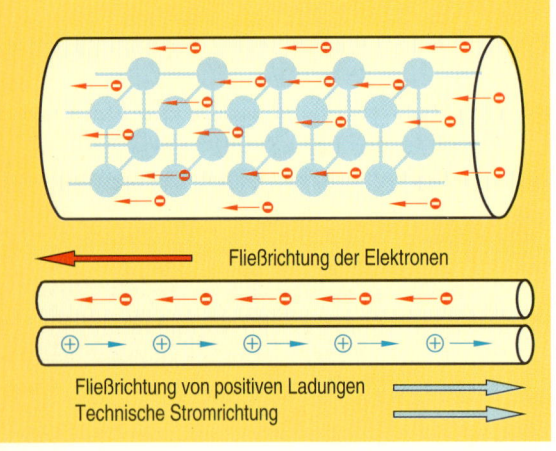

Elektronenstrom und technischer Strom

In der Praxis werden für die Stromleitung meist Metalle, z.B. Kupfer (Cu) oder Aluminium (Al) eingesetzt. Diese Stoffe enthalten eine große Anzahl von frei beweglichen Elektronen, die „freien Elektronen".
Bewegen sich die freien Elektronen unter dem Einfluss einer elektrischen Spannung gemeinsam im Leiter, so entsteht ein „Elektronenstrom". Dieser Elektronenstrom fließt vom Minus-Pol der Spannungsquelle über den Verbraucher zum Plus-Pol der Spannungsquelle. Die Fließrichtung des „technischen Stroms" wurde mehr oder weniger zufällig umgekehrt festgelegt: der technische Strom fließt vom Plus-Pol der Quelle über den Verbraucher zum Minus-Pol. Elektronenstrom und technischer Strom haben somit entgegengesetzte Fließrichtung.

Fließrichtung der Elektronen
Fließrichtung von positiven Ladungen
Technische Stromrichtung

Verbraucher-Zählpfeilsystem   **Erzeuger-Zählpfeilsystem**

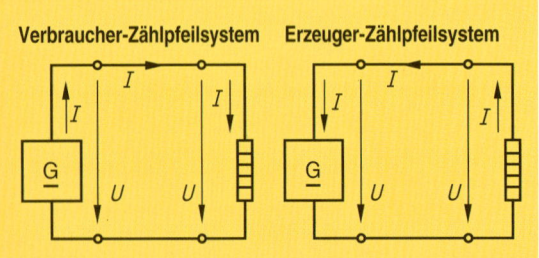

- Die Zählpfeile zeigen die positive Zählrichtung von Spannung und Strom an
- Spannungs- und Strompfeile bilden gemeinsam ein Zählpfeilsystem

Zählpfeilsysteme

Spannungen und Ströme werden durch Pfeile, die so genannten Zählpfeile, gekennzeichnet. Spannungs- und Strompfeile bilden gemeinsam ein Zählpfeilsystem. Dabei gibt es prinzipiell zwei Möglichkeiten: das Verbraucher- und das Erzeuger-Zählpfeilsystem.
Beim **Verbraucher-Zählpfeilsystem** zeigt im Verbraucher der positive Spannungs-Zählpfeil in die gleiche Richtung wie der positive Strom-Zählpfeil.
Beim **Erzeuger-Zählpfeilsystem** zeigt im Erzeuger der positive Spannungs-Zählpfeil in die gleiche Richtung wie der positive Strom-Zählpfeil.
In der Praxis wird fast ausschließlich das Verbraucher-Zählpfeilsystem verwendet.

Vertiefung zu 1.3

Geschichtliche Entwicklung

Die Erforschung des elektrischen Stromes und der zugehörigen Gesetze wurde maßgeblich von dem französischen Mathematiker André-Marie Ampère (1775-1836) beeinflusst.

Ampère baute auf den Forschungen des dänischen Physikers Hans Christian Oersted auf, der den Elektromagnetismus entdeckt hatte. Ampère erkannte, dass die Atome eines Werkstoffes die Träger des elektrischen Stroms sein müssen und dass „fließende Elektrizität" die Ursache für den Magnetismus ist.

Seine größte Leistung ist die Begründung der Elektrodynamik. Er legte damit den Grundstein für viele moderne Erfindungen wie Elektromotoren, Schütze und Relais. Er entwickelte auch einen ersten Strommesser, den er „Galvanometer" nannte und prägte die Begriffe „Strom" und „Spannung".

Zu Ehren von André-Marie Ampère wird der elektrische Strom international in der Einheit Ampere gemessen. Das Ampere ist im SI-Einheitensystem eine so genannte Basiseinheit (siehe Seite 24).

André-Marie Ampère (1775-1836)

Das bohrsche Atommodell

Damit elektrischer Strom fließen kann, müssen immer frei bewegliche Ladungsträger vorhanden sein. Diese „freien Ladungsträger" kann man sich mit einem Atommodell erklären, das von dem Physiker Niels Bohr entwickelt wurde.

Nach diesem Modell bestehen alle Atome aus einem Atomkern, der eine positive Ladung besitzt und aus Elektronen, die elektrisch negativ geladen sind. Die Elektronen umrunden den Kern auf verschiedenen Schalen (Umlaufbahnen).

Bei manchen Werkstoffen, insbesondere Metallen, sind die Atome im Werkstoff so angeordnet, dass sich die äußersten Elektronen eines Atoms von ihrem Kern lösen können; es sind dann „freie Elektronen". Der Werkstoff enthält dann an ihren jeweiligen Platz gebundene positive Restatome und negative freie Elektronen.

Die freien Elektronen werden auch als Elektronengas bezeichnet. Die Elektronen können unter dem Einfluss einer Spannung gemeinsam „strömen" und bilden dann einen Elektronenstrom.

Atommodell von Kohlenstoff — Elektronenbahn, Elektron, Atomkern (Protonen + Neutronen)

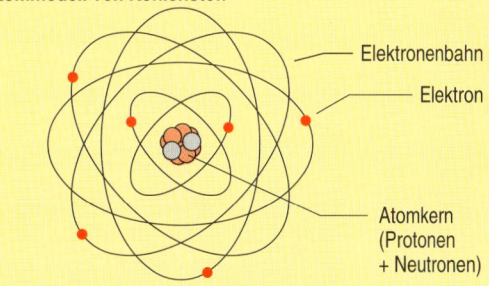

Elektronengas in einem Metalldraht — gebundenes Restatom, freies Elektron

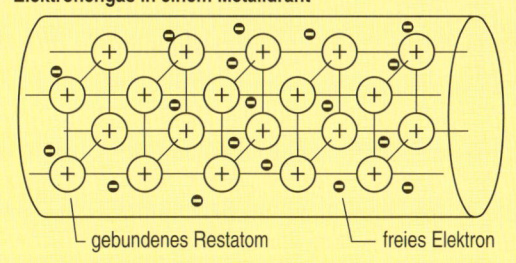

Aufgaben

1.3.1 Elektrischer Strom

a) In welcher Einheit (Maßeinheit) wird der elektrische Strom gemessen? Nach wem wurde diese Einheit benannt?

b) Nennen Sie aus Ihrer Erfahrung Geräte, Maschinen und Anlagen bei denen folgende Stromstärken auftreten: einige mA (Milliampere), einige A (Ampere), einige hundert A, einige tausend A.

b) Welche Teilchen bilden in einem Metall die Träger für den elektrischen Strom?
Wie kommen diese Träger zustande?

1.3.2 Elektrischer Stromkreis

Gegeben ist folgender Stromkreis:

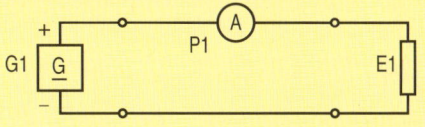

(G1 – P1 (A) – E1)

a) Zeichnen Sie die Spannungspfeile am Generator und am Verbraucher sowie einen Strompfeil ein. Verwenden Sie das Verbraucher-Zählpfeilsystem.

b) Welche Aufgabe hat das Betriebsmittel P1?

© Holland + Josenhans

1.4 Messen von Spannung und Strom I

Analoge und digitale Anzeige

analoge Anzeige

digitale Anzeige

Bei Analogmessgeräten wird die Messgröße als Zeigerausschlag,
bei Digitalmessgeräten als Zahl dargestellt.

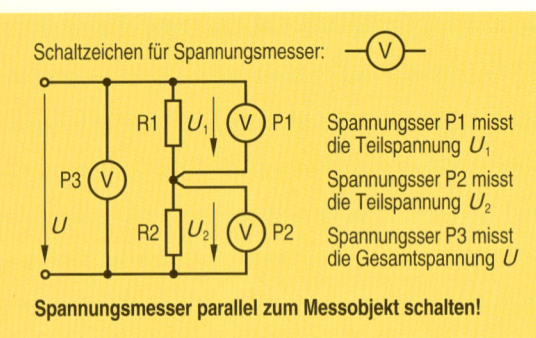

Schaltzeichen für Spannungsmesser: —(V)—

Spannungsser P1 misst die Teilspannung U_1
Spannungsser P2 misst die Teilspannung U_2
Spannungsser P3 misst die Gesamtspannung U

Spannungsmesser parallel zum Messobjekt schalten!

Schaltzeichen für Strommesser: —(A)—

Strommesser P1 misst den Teilstrom I_1
Strommesser P2 misst den Teilstrom I_2
Strommesser P3 misst den Gesamtstrom I

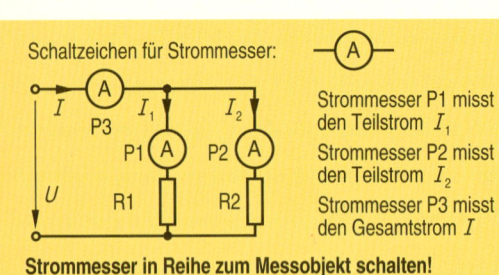

Strommesser in Reihe zum Messobjekt schalten!

Messzange für AC und DC

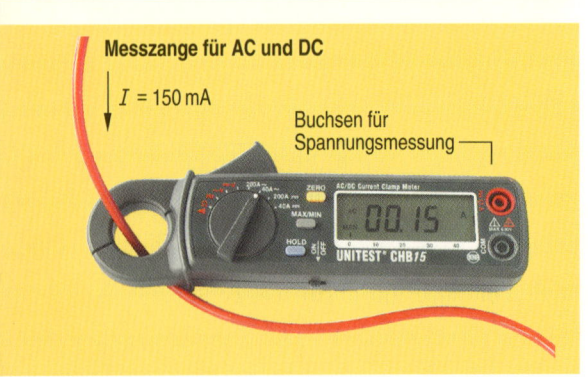

I = 150 mA

Buchsen für Spannungsmessung

Anzeigearten
Alle elektrischen Messgeräte haben die Aufgabe, eine elektrische Größe so umzuwandeln, dass dem Betrachter ein Messwert angezeigt wird.
Diese Anzeige kann prinzipiell auf zwei verschiedene Arten erfolgen, nämlich **analog** oder **digital**.
Bei Analogmessgeräten wird die elektrische Größe (Spannung, Strom) in einen Zeigerausschlag umgewandelt. Der Zeigerausschlag ist umso größer, je größer die Messgröße ist, d. h. der Zeigerausschlag steigt analog zur Messgröße. Den zugehörigen Zahlenwert muss der Ablesende selbst berechnen.
Bei Digitalmessgeräten wird der Messwert direkt als Zahlenwert angezeigt. Die Umsetzung des elektrischen Messwertes in einen entsprechenden Zahlenwert erfolgt im Messgerät selbst durch einen so genannten Analog-Digital-Wandler (AD-Wandler).

Spannungsmessung
Elektrische Spannung besteht immer zwischen zwei Punkten mit unterschiedlichem elektrischen Potenzial. Um eine Spannung zu messen, müssen daher die beiden Messleitungen des Spannungsmessers an diese beiden Punkte angeschlossen werden.
Um die Spannung (Spannungsfall) an einem Verbraucher zu messen, werden die Messleitungen an die Klemmen des Verbrauchers angeschlossen.
Man sagt auch: der Spannungsmesser wird **parallel** zu dem Betriebsmittel angeschlossen, dessen Spannung gemessen werden soll.

Strommessung
Elektrischer Strom ist fließende elektrische Ladung. Zur Messung des Stromes muss daher das Messgerät direkt in die Strombahn geschaltet werden.
Um den Strom in einer Leitung zu messen, wird die Leitung aufgetrennt und das Messgerät in die Trennstelle geschaltet.
Man sagt auch: der Strommesser wird **in Reihe** zu dem Betriebsmittel angeschlossen, dessen Strom gemessen werden soll.

Vielfachmessgeräte und Messzangen
Moderne Messgeräte gestatten nicht nur die Messung einer Größe, z. B. Strom oder Spannung, sondern sind umschaltbar auf mehrere Messgrößen, z. B. Spannung, Strom, Widerstand und Leistung. Solche Messgeräte heißen Vielfachmessgeräte oder Multimeter.
Häufi werden auch Zangenmessgeräte eingesetzt. Mit ihnen kann der Strom in einem Leiter ohne Unterbrechung des Stromkreises gemessen werden. Je nach verwendetem Messprinzip können Zangenmessgeräte Wechsel- und Gleichstrom messen (Feldplatten) oder nur Wechselstrom (Induktionsprinzip).

Vertiefung zu 1.4

Handelsübliches Analogmessgerät

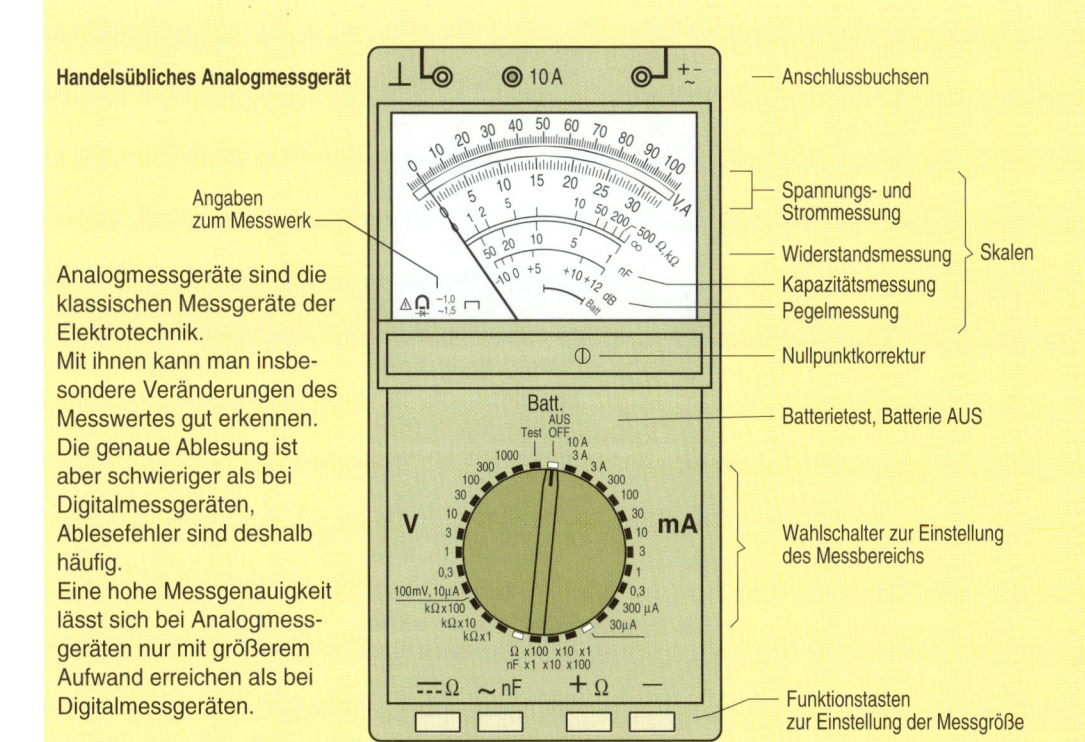

Angaben zum Messwerk

Analogmessgeräte sind die klassischen Messgeräte der Elektrotechnik.
Mit ihnen kann man insbesondere Veränderungen des Messwertes gut erkennen. Die genaue Ablesung ist aber schwieriger als bei Digitalmessgeräten, Ablesefehler sind deshalb häufig.
Eine hohe Messgenauigkeit lässt sich bei Analogmessgeräten nur mit größerem Aufwand erreichen als bei Digitalmessgeräten.

- Anschlussbuchsen
- Spannungs- und Strommessung
- Widerstandsmessung ⎫
- Kapazitätsmessung   ⎬ Skalen
- Pegelmessung   ⎭
- Nullpunktkorrektur
- Batterietest, Batterie AUS
- Wahlschalter zur Einstellung des Messbereichs
- Funktionstasten zur Einstellung der Messgröße

Handelsübliches Digitalmessgerät

Digitalgeräte verdrängen zunehmend die herkömmlichen Analoggeräte. Besonders vorteilhaft ist die leichte Ablesbarkeit; Ablesefehler sind praktisch ausgeschlossen. Veränderungen des Messwertes (Trends) sind aber weniger gut zu erkennen als bei analoger Anzeige.
Auch preisgünstige Geräte haben meist nur einen kleinen Messfehler; die Anzeigegenauigkeit ist somit in der Regel größer als bei Analoggeräten.
Auch preisgünstige Digitalgeräte bieten üblicherweise eine Vielfalt von Funktionen, z. B. auch zum Speichern von Messwerten.

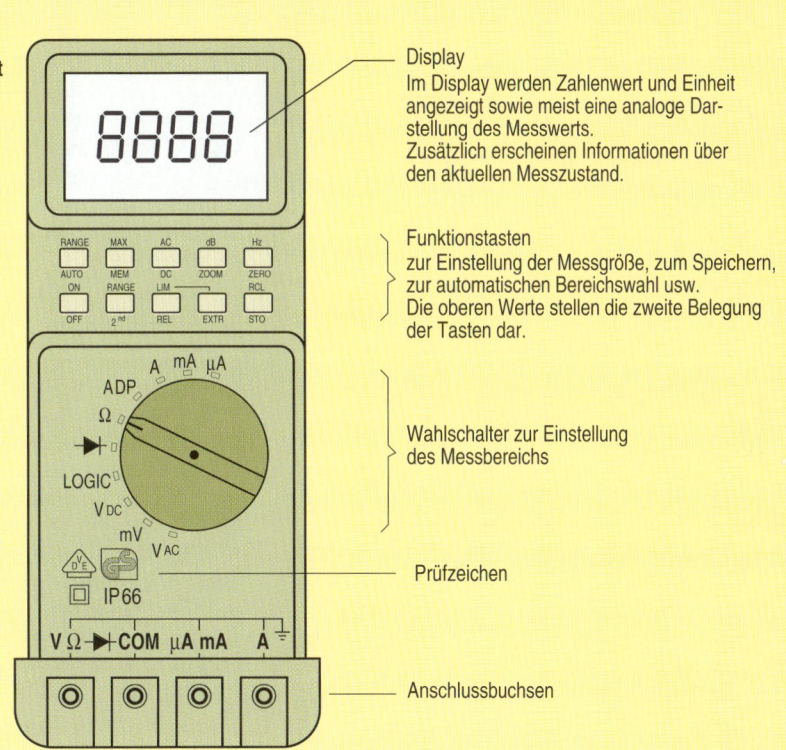

- Display
  Im Display werden Zahlenwert und Einheit angezeigt sowie meist eine analoge Darstellung des Messwerts. Zusätzlich erscheinen Informationen über den aktuellen Messzustand.
- Funktionstasten
  zur Einstellung der Messgröße, zum Speichern, zur automatischen Bereichswahl usw. Die oberen Werte stellen die zweite Belegung der Tasten dar.
- Wahlschalter zur Einstellung des Messbereichs
- Prüfzeichen
- Anschlussbuchsen

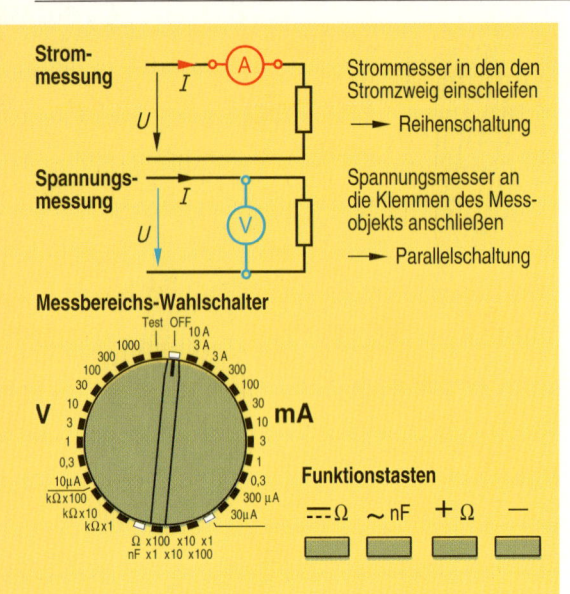

1.5 Messen von Spannung und Strom II

Strommessung
Strommesser in den den Stromzweig einschleifen
→ Reihenschaltung

Spannungsmessung
Spannungsmesser an die Klemmen des Messobjekts anschließen
→ Parallelschaltung

Messbereichs-Wahlschalter

Funktionstasten

Vorbereitung der Messung

Das Messen von Spannungen und Strömen gehört zu den wichtigsten Aufgaben einer Elektrofachkraft. Um sicher und korrekt zu messen, sind einige Vorarbeiten zu leisten. Dazu gehören vor allem:

- Aufbau der Messschaltung
  Strommesser werden „in Reihe zum Verbraucher"
  Spannungsmesser werden „parallel" geschaltet
- Übersichtliche Anordnung von Spannungs- und Strompfaden, nach Möglichkeit verschiedenfarbige Leitungen verwenden
- Einstellen der Spannungs- bzw. Stromart (Gleich- oder Wechselspannung)
- Einstellen des Messbereichs-Wahlschalters auf den höchsten Bereich

Zum Auf- und Abbau einer Messschaltung muss die Spannungsquelle abgeschaltet sein.
Das Berühren der üblichen Netzspannung von 230 V bzw. 400 V kann lebensgefährliche Folgen haben!

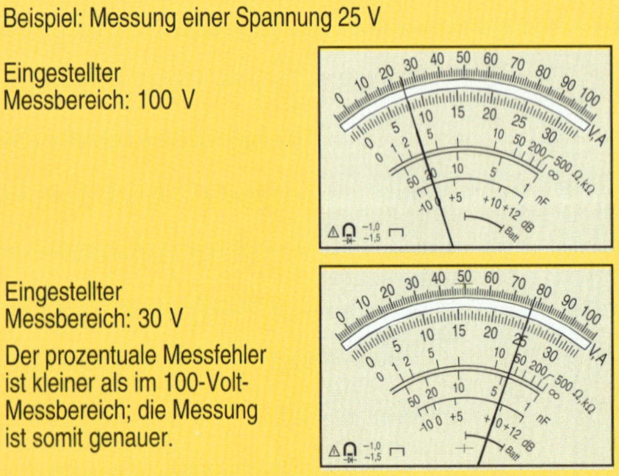

Beispiel: Messung einer Spannung 25 V

Eingestellter Messbereich: 100 V

Eingestellter Messbereich: 30 V
Der prozentuale Messfehler ist kleiner als im 100-Volt-Messbereich; die Messung ist somit genauer.

Durchführung der Messung

Zum Messen der gewünschten Werte wird die zu untersuchende Schaltung eingeschaltet.
Sind die Messbereichs-Wahlschalter auf den höchsten Bereich eingestellt, so zeigt sich bei Analoggeräten meist nur ein kleiner Zeigerausschlag. Für eine genaue Messung sollte der Zeigerausschlag möglichst groß sein. Der Wahlschalter wird deshalb schrittweise auf kleinere Messbereiche umgeschaltet, bis der Zeigerausschlag im letzten Drittel der Skale liegt. Eine Überlastung des Messgerätes ist aber zu vermeiden!
Auch Digitalmessgeräte haben einen Wahlschalter zum Einstellen des Messbereichs, viele Geräte stellen den günstigsten Bereich automatisch ein.
Nachdem die Anzeige sich auf den Endwert eingependelt hat, wird der Messwert abgelesen. Dabei ist der eingestellte Messbereich zu beachten.

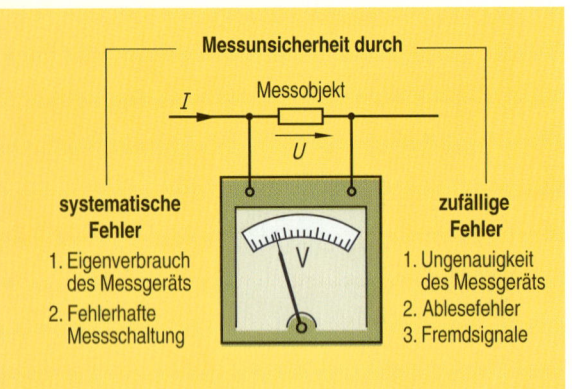

Messunsicherheit durch
Messobjekt

systematische Fehler
1. Eigenverbrauch des Messgeräts
2. Fehlerhafte Messschaltung

zufällige Fehler
1. Ungenauigkeit des Messgeräts
2. Ablesefehler
3. Fremdsignale

Beurteilung des Messergebnisses

Messwerte sollten immer kritisch betrachtet werden, da jede Messung eine Messunsicherheit enthält.
Viele Fehler beruhen auf falschen Messschaltungen, auf fehlerhaften Einstellungen von Messbereich und Stromart oder auf einer ungenauen Ablesung.
Auch bei korrekter Messung muss aber stets der Messfehler des Gerätes (Toleranz) berücksichtigt werden. Analogmessgeräte haben eine Fehlertoleranz von etwa ±1 % bis ±5 % vom Skalenendwert.
Digitalmessgeräte haben eine Fehlertoleranz von etwa ±1 % vom Messwert.
Die exakten Toleranzen sind den Herstellerangaben (Datenblätter, Geräteaufschriften) zu entnehmen.

Vertiefung zu 1.5

Messungenauigkeit bei Analogmessgeräten

Jedes Messgerät hat gewisse Ungenauigkeiten. Sie entstehen z.B. durch ungenaue Bauteile sowie Reibung der beweglichen Teile. Der Messwert weicht deshalb immer mehr oder weniger stark vom wahren Wert ab. Bei Analogmessgeräten wird die Genauigkeit durch die so genannte Genauigkeitsklasse angegeben. Feinmessgeräte haben eine Genauigkeitsklasse von ±0,1% bis ±0,5%, Betriebsmessgeräte von ±1% bis ±5%.
Der prozentuale Fehler bezieht sich immer auf den Skalenendwert.

Beispiel:
Messbereich
30 V Gleichspannung
Abgelesener Wert 25 V
Genauigkeitsklasse:
± 1% bei Gleichstrom
± 1,5 % bei Wechselstr.

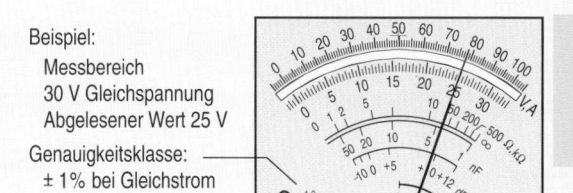

Auswertung: Absoluter Fehler $F = ±1\% \cdot 30V = ±0,3$ V
Wahrer Wert ist zwischen 24,7 V und 25,3 V

Relativer Fehler $f = \dfrac{±0,3 V}{25 V} = ±1,2\%$

Messungenauigkeit bei Digitalmessgeräten

Die Ziffernanzeige eines Digitalgerätes täuscht einen absolut richtigen Messwert vor. Trotzdem sind auch diese Messungen mit einem Fehler behaftet.
Bei Digitalmessgeräten unterscheidet man zwei Fehler: den Grundfehler und den Digitalisierungsfehler. Der Grundfehler beträgt je nach Gerät und Messbereich ±0,05% bis ±1% vom Messwert. Dazu kommt der Digitalisierungsfehler von ±3 Digit bis ±30 Digit. Genaue Werte sind den Herstellerangaben im Handbuch des Messgerätes zu entnehmen.
Die Genauigkeit moderner Digitalmessgeräte ist sehr hoch, so dass die Fehler in der Praxis meist keine Rolle spielen.

Beispiel:
Gleichspannungsmessung
(V Volt, DC Direct Current Gleichstrom)
Automatische Messbereichseinstellung (AUTO)
Abgelesener Wert: 22,53 V 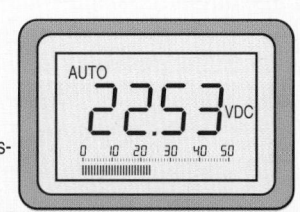
Fehler nach Herstellerangaben: ± (0,05 % + 3 Digit)
Auswertung: Absoluter F. $F = ± (0,05\% \cdot 22,53 V + 0,03 V)$
$= ± (0,01 V + 0,03 V) = ± 0,04$ V
Wahrer Wert ist zwischen 22,49 V und 22,57 V

Relativer Fehler $f = \dfrac{±0,04 V}{22,53 V} = ±0,13\%$

Aufgaben

1.5.1 Messschaltungen

Ein Heizwiderstand wird an 230 V Wechselspannung betrieben. Die am Gerät anliegende Spannung und der Strom sollen gleichzeitig gemessen werden.
a) Skizzieren Sie die Messchaltung. Zeigen Sie, dass immer zwei Möglichkeiten für den Anschluss von Strom- und Spannungsmesser bestehen. Untersuchen Sie, wie sich die verschiedenen Schaltungen auf das Messergebnis auswirken.
b) Warum soll die Messchaltung nicht bei eingeschalteter Spannung aufgebaut bzw. verändert werden?
c) Warum soll der Messbereich bei Beginn der Messung auf den höchsten Wert eingestellt sein?
d) Warum soll der Messbereich bei Analogmessgeräten im Laufe der Messung so eingestellt werden, dass der Zeigerausschlag möglichst groß ist?
e) Warum ist jede Messung prinzipiell fehlerhaft? Nennen Sie einige Fehlermöglichkeiten.
f) Welche ungefähre Messgenauigkeit haben analoge bzw. digitale Betriebsmessgeräte?
g) Auf welchen Wert bezieht sich die prozentuale Messfehlerangabe bei Analog- bzw. bei Digitalmessgeräten?
h) Erklären Sie den Begriff „Genauigkeitsklasse".

1.5.2 Ableseübung

Mit einem Analogmessgerät werden vier Messungen durchgeführt.
Messung 2 — Messbereich 30 mA
Messung 1 — Messbereich 10 V
Messung 4 — Messbereich 3 A
Messung 3 — Messbereich 300 V

Angaben zum Messgerät

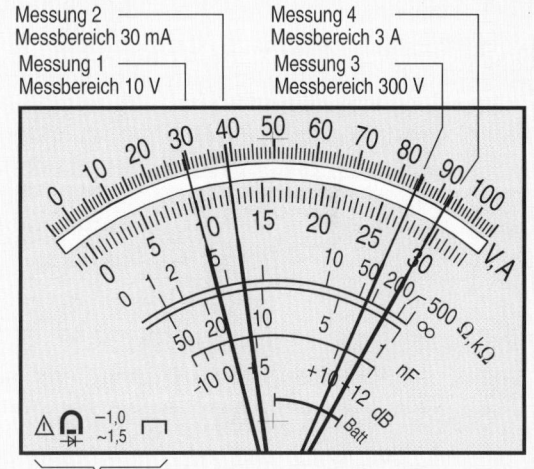

a) Bestimmen Sie die vier Messwerte.
b) Erklären Sie die auf der Skale des Messgerätes aufgedruckten Angaben zum Messgerät.

1.6 Ohmsches Gesetz

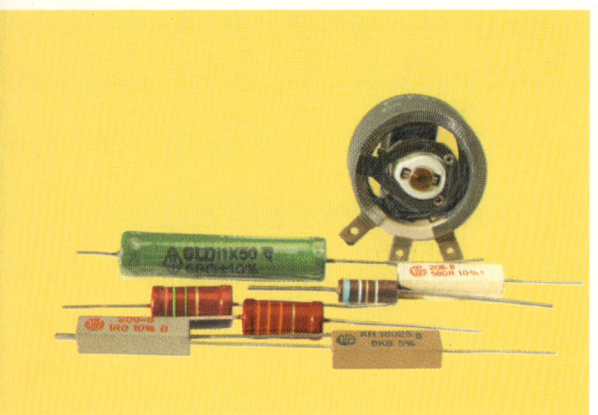

Elektrische Widerstände

In einem elektrischen Stromkreis ist der Strom nicht beliebig groß, sondern er wird durch die Bauteile des Stromkreises begrenzt: alle Bauteile haben einen gewissen „elektrischen Widerstandswert".

Bauteile, die so gebaut sind, dass sie einen bestimmten Widerstandswert besitzen, heißen „elektrischer Widerstand" oder einfach „Widerstand".

Der Wert eines Widerstandes (Widerstandswert) wird in der Einheit Ohm (Ω) gemessen. In der Praxis werden Widerstandswerte von einigen mΩ (Milliohm) bis zu einigen Megaohm (Megohm, MΩ) eingesetzt.

Widerstände lassen sich z.B. als Draht-, Kohleschicht- oder Metallschichtwiderstände realisieren.

Messschaltung: einstellbare Spannung U = 0 V...100 V, R = 100 Ω

Wertetafel

U in V	I in A
0	0
20	0,2
40	0,4
60	0,6
80	0,8
100	1,0

Strom und Spannung

Eine wichtige Frage ist: Wie ändert sich in einem Stromkreis die Stromstärke, wenn die Spannung geändert wird, der Widerstand aber konstant bleibt?

Die Aufgabe kann mit einer Messreihe gelöst werden: Ein Widerstand, z.B. R = 100 Ω wird an eine veränderbare Spannungsquelle angeschlossen. Der Strom wird dann bei verschiedenen Spannungen, z.B. 0 V, 20 V, 40 V, 80 V und 100 V gemessen. Das Ergebnis der Messung wird dann auf zwei Arten festgehalten:

1. Die Messpunkte werden in einer Wertetabelle (Werttafel) protokolliert
2. Die Messpunkte werden in ein Schaubild (Diagramm) eingetragen.

Die Verbindung der Messpunkte zeigt: der Strom steigt proportional (verhältnisgleich) mit der Spannung.

Messschaltung: wie oben, aber: U = 10 V konstant, R = 10 Ω ... 100 Ω variabel

Wertetafel

R in Ω	I in A
10	1,0
20	0,5
40	0,25
80	0,13
100	0,1

Strom und Widerstand

Der Strom kann auch in Abhängigkeit vom Widerstand untersucht werden. Dabei wird ein veränderbarer Widerstand (z.B. einstellbar von 10 Ω bis 100 Ω) an eine konstante Spannung von z.B. 10 V angelegt. Der Strom wird dann bei verschiedenen Widerstandswerten, z.B. 10 Ω, 20 Ω, 40 Ω, 80 Ω und 100 Ω gemessen. Die Messpunkte werden ebenfalls

1. in einer Wertetafel protokolliert
2. in einem Diagramm grafisch dargestellt.

Die Verbindung der Messpunkte zeigt: der Strom steigt umgekehrt proportional mit dem Widerstand, d.h. der Strom sinkt, wenn der Widerstandswert steigt.

Ohmsches Gesetz

Die Zusammenhänge zwischen Spannung, Strom und Widerstand im Stromkreis wurden von dem deutschen Physiker Georg Simon Ohm entdeckt. Das nach ihm benannte ohmsche Gesetz besagt: Der Strom in einem Bauteil ist proportional zur Spannung und umgekehrt proportional zum Widerstand des Bauteils.

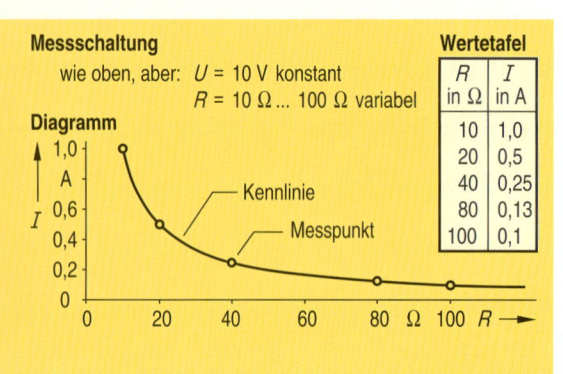

ohmsches Gesetz: $I = \dfrac{U}{R}$ $[I] = \dfrac{V}{\Omega} = A$

daraus folgt: $U = I \cdot R$ und: $R = \dfrac{U}{I}$

Vertiefung zu 1.6

Georg Simon Ohm (1789-1854)

Geschichtliche Entwicklung

Georg Simon Ohm begann seine physikalischen Versuche als Lehrer an einem Gymnasium in Köln. Er versuchte zunächst, die damals noch sehr geheimnisvollen „galvanischen Ströme" zu erforschen. Dabei interessierte ihn vor allem, wie die Stromstärke in einem Draht von seiner Länge und seinem Werkstoff abhängig war. Da es noch keine Messgeräte im heutigen Sinne gab, galt die Ablenkung einer Kompassnadel als Maß für die Stromstärke. Auch die Spannungsquellen waren sehr unzulänglich, weil die Klemmenspannung der Elemente stark vom Belastungsstrom abhängig war.

Trotz dieser schlechten Forschungsbedingungen entdeckte Ohm den Zusammenhang zwischen Spannung, Strom und Widerstand in einem Stromkreis.

Zu Ehren von Georg Simon Ohm wird der Widerstandswert in der Einheit Ohm gemessen. Das Ohm gehört zu den so genannten SI-Einheiten (siehe Seite 24).

Aufgabe 1

Ein Widerstand $R = 68\,\Omega$ liegt an $U = 230\,V$.
Berechnen Sie den Strom I.

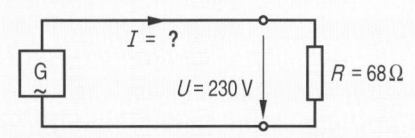

Lösung:

$$I = \frac{U}{R} = \frac{230\,V}{68\,\Omega} = 3{,}382\,A \approx 3{,}4\,A$$

Hinweis: Rechenergebnisse nur so genau angeben, wie mit üblichen Messgeräten gemessen werden kann.

Aufgabe 2

Ein Widerstand R liegt an $U = 24\,V$, der Strom beträgt $I = 1{,}5\,A$. Berechnen Sie den Widerstand R.

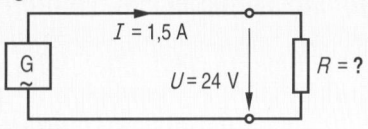

Lösung: Aus $I = \frac{U}{R}$

folgt: $R = \frac{U}{I} = \frac{24\,V}{1{,}5\,A} = 16\,\Omega$

Hinweis: Formeln umstellen ist eine sehr häufige Aufgabe!

Aufgabe 3

Durch den Widerstand $R = 1{,}5\,k\Omega$ soll $I = 20\,mA$ fließen. Welche Spannung U muss angelegt werden?

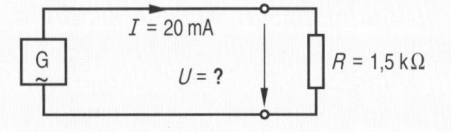

Lösung: Aus $I = \frac{U}{R}$

folgt: $U = I \cdot R = 20\,mA \cdot 1{,}5\,k\Omega = 30\,V$

Hinweis: „Milli mal Kilo ist gleich 1"!

Aufgaben

1.6.1 Ohmsches Gesetz

a) Wie ändert sich der Strom in einem Widerstand, wenn die anliegende Spannung geändert wird?
b) Wie ändert sich der Strom in einem Widerstand, wenn sein Widerstandswert geändert wird und die anliegende Spannung konstant bleibt?
c) Drücken Sie das ohmsche Gesetz in Worten und als Formel aus.

1.6.2 Auswertung einer Messung

Zwei Widerstände $R_1 = 500\,\Omega$ und $R_2 = 500\,\Omega$ werden an die Spannungen $10\,V$, $20\,V$ und $50\,V$ gelegt.
a) Skizzieren Sie das Schaltbild.
b) Berechnen Sie den jeweils fließenden Strom und stellen Sie die Ergebnisse in einer Wertetafel dar.
c) Stellen Sie die Ergebnisse grafisch in einem Diagramm dar.

1.7 SI-Einheitensystem

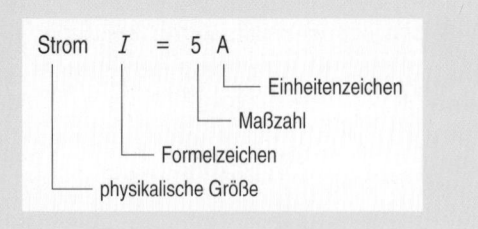

```
Strom  I = 5 A
       │   │ └── Einheitenzeichen
       │   └──── Maßzahl
       └──────── Formelzeichen
└──────────────── physikalische Größe
```

Historische Längeneinheit Fuß

| 16 Fuß |

„Es sollen 16 Mann, klein und groß, wie sie aus der Kirche gehen, jeder vor den anderen einen Schuh stellen...diese Lenge soll seyn ein gerecht Meßrute"

Basisgrößen

Länge Masse Zeit Temperatur
Stromstärke Lichtstärke Stoffmenge

→ Raumgrößen
→ Zeitgrößen
→ mechanische Größen
→ elektrische Größen
→ magnetische Größen
→ Wärmegrößen
→ Atomphysik
→ Schwingungsgrößen
→ akustische Größen

Vorsätze für Vielfache und Teile

Vorsatz	Zeichen	Faktor	Vorsatz	Zeichen	Faktor
Deka	da	10^1	Dezi	d	10^{-1}
Hekto	h	10^2	Zenti	c	10^{-2}
Kilo	k	10^3	Milli	m	10^{-3}
Mega	M	10^6	Mikro	µ	10^{-6}
Giga	G	10^9	Nano	n	10^{-9}
Tera	T	10^{12}	Piko	p	10^{-12}
Peta	P	10^{15}	Femto	f	10^{-15}
Exa	E	10^{18}	Atto	a	10^{-18}

Physikalische Größen

In der Elektrotechnik wird ständig mit physikalischen Größen gerechnet. Physikalische Größen sind z.B. die elektrische Ladung, der Strom und die Länge.
Eine physikalische Größe ist festgelegt durch ihren Zahlenwert (Maßzahl) und ihre Einheit.
Es gilt: **Physikalische Größe = Zahlenwert · Einheit.**
Name, Formelzeichen und Einheit der Größe müssen eindeutig sein.

Technische Einheiten

Die Einheiten für die physikalischen Größen haben sich über viele Jahrhunderte ständig weiter entwickelt. Für die Länge z.B. wurden Längeneinheiten wie „Elle", „Fuß", „Klafter" und „Zoll" verwendet, für die Fläche waren Einheiten wie „Tagewerk", „Morgen" und „Joch" üblich.
Diese Maßeinheiten waren für technische Anwendungen viel zu ungenau. Besonders problematisch war, dass in jedem Land andere Maße und Einheiten gültig waren. Um den wirtschaftlichen und technischen Austausch zwischen den Ländern nicht zu behindern, musste deshalb ein einheitliches, international anerkanntes Einheitensystem geschaffen werden.

SI-System

Nach vielen langwierigen Vorbereitungen wurde 1960 in Paris ein internationales Einheitensystem, das so genannte SI-System (Système Internationale d'Unités) beschlossen. In Deutschland wurde es 1978 eingeführt und gesetzlich vorgeschrieben.
Das SI-System beruht auf sieben willkürlich festgelegten Grundgrößen, den so genannten **Basisgrößen**. Die Basisgrößen stammen aus verschiedenen Bereichen; für die Elektrotechnik wurde die Basisgröße „elektrischer Strom" mit der Basiseinheit „Ampere" festgelegt. Die weiteren Basisgrößen sind: Länge, Zeit, Masse, Temperatur, Lichtstärke und Stoffmenge.
Alle weiteren Größen, z.B. Spannung und elektrischer Widerstand, sind von den Basisgrößen abgeleitet.

Vorsätze

Das SI-Einheitensystem ist ein in sich geschlossenes System, bei dem zwischen den Einheiten keine Umrechnungsfaktoren zu berücksichtigen sind.
Allerdings können in der Praxis sehr große und sehr kleine Werte auftreten, z.B. „Millionstel Ampere" oder „Millionen Volt".
Diese sehr kleinen bzw. sehr großen Zahlen werden durch „Vorsätze" (Vorsatzsilben) ausgedrückt. Zum Beispiel wird ein Millionstel durch den Vorsatz „Mikro", eine Million durch den Vorsatz „Mega" ausgedrückt.
Bei Berechnungen werden kleine und große Zahlen sinnvollerweise in Potenzschreibweise dargestellt.

Vertiefung zu 1.7

SI-System

Das SI-System (Système Internationale d'Unités) ist auf sieben Basisgrößen und den zugehörigen Einheiten aufgebaut. Es ist in Deutschland seit 1978 eingeführt und gesetzlich vorgeschrieben. Danach dürfen nur noch die Maßeinheiten dieses Systems verwendet werden. Vor allem in der Computertechnik hat aber auch die Einheit „Zoll" noch große Bedeutung.

Um Formelzeichen und Einheitenzeichen eindeutig unterscheiden zu können, ist für den Druck festgelegt:
Formelzeichen kursiv, z.B. Q, U, C
Einheitenzeichen senkrecht, z.B. C, V, F
Weiterhin gilt: für die Augenblickswerte von veränderlichen Größen werden Kleinbuchstaben, z.B. u, i, t verwendet.

Basisgröße	Länge	Zeit	Masse	elektrische Stromstärke	Temperatur	Lichtstärke	Stoffmenge
Formelzeichen	l	t	m	I	T ϑ	I_v	n
Basiseinheit	Meter	Sekunde	Kilogramm	Ampere	Kelvin Grad Celsius	Candela	Mol
Einheitenzeichen	m	s	kg	A	K °C	cd	mol

Festlegung der Stromstärke

Die Basiseinheit 1 Ampere ist über die elektromagnetische Kraftwirkung des Stromes festgelegt. Es gilt: fließt in zwei Leitern, die im Abstand von 1 Meter parallel angeordnet sind, der Strom 1 Ampere, so ist die Kraft zwischen den beiden Leitern $2 \cdot 10^{-7}$ Newton je Meter Leiterlänge.
Die Leiter müssen dabei unendlich lang sein, einen unendlich kleinen, kreisförmigen Querschnitt besitzen und geradlinig im Vakuum angeordnet sein.

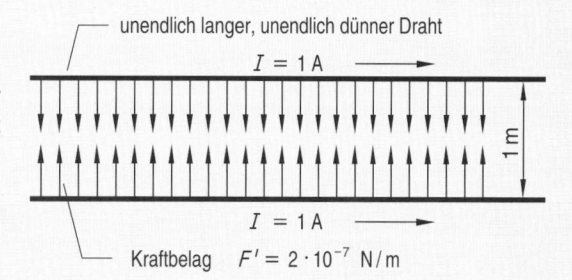

unendlich langer, unendlich dünner Draht
$I = 1\,A$
$I = 1\,A$
Kraftbelag $F' = 2 \cdot 10^{-7}$ N/m
1 m

Rechnen mit Vorsätzen und Potenzen

Sehr große und sehr kleine Werte lassen sich durch Vorsätze und in Potenzschreibweise darstellen.

Beispiele:

50 µV	= 0,00005 V	= $50 \cdot 10^{-6}$ V		20 µA	= 0,00002 A	= $20 \cdot 10^{-6}$ A
3 mV	= 0,003 V	= $3 \cdot 10^{-3}$ V		0,3 mV	= 0,0003 V	= $0,3 \cdot 10^{-3}$ V
110 kV	= 110000 V	= $110 \cdot 10^{3}$ V		470 kΩ	= 470000 Ω	= $470 \cdot 10^{3}$ Ω
15 MV	= 15000000 V	= $15 \cdot 10^{6}$ V		33 MΩ	= 33000000 Ω	= $33 \cdot 10^{6}$ Ω

Aufgaben

1.7.1 Maßeinheiten

a) Welche zwei Angaben sind zwingend nötig, um eine physikalische Größe eindeutig zu kennzeichnen?
b) Erklären Sie die Bedeutung der Angabe $U = 25$ V.
c) Warum ist es sinnvoll, dass weltweit mit einem einheitlichen Maßsystem gemessen wird?
d) Was versteht man unter dem „SI-System"?
e) Nennen Sie die Basisgrößen des SI-Systems.
f) In den Vereinigten Staaten von Amerika (USA) werden den Längenangaben in Zoll (inch), Fuß (foot) und Meilen (miles) gemacht. Diskutieren Sie, ob dies sinnvoll ist.

1.7.2 Berechnungen

a) Stellen Sie folgende elektrische Größen mit Vorsätzen und mit Hilfe der Potenzschreibweise dar:
$U = 0,000025$ V $U = 380000$ V
$I = 0,030$ A $I = 15000$ A
$R = 56000$ Ω $R = 500000$ Ω

b) Berechnen Sie mit Hilfe des ohmschen Gesetzes jeweils die fehlende Größe:
1. Gegeben: $U = 24$ V, $I = 30$ mA   gesucht: R
2. Gegeben: $U = 230$ V, $R = 40$ mΩ   gesucht: I
3. Gegeben: $R = 2,4$ kΩ, $I = 30$ mA   gesucht: U
4. Gegeben: $U = 230$ V, $I = 1,5$ µA   gesucht: R

1.8 Gleichungen und Formeln

Mathematische Zusammenhänge

Technische Vorgänge lassen sich in Worten, Skizzen, Diagrammen oder auch an Modellen veranschaulichen. Häufig soll aber eine bestimmte physikalische Größe berechnet werden, z. B. der in einem Stromkreis fließende Strom. In diesem Fall benötigt man den mathematischen Zusammenhang zwischen den beteiligten physikalischen Größen.

Dieser Zusammenhang wird allgemein durch mathematische Gleichungen dargestellt. Gleichungen, die spezielle technische Zusammenhänge zeigen, werden auch Formeln genannt.

Eine häufige und manchmal schwierige Aufgabe des Benutzers ist es, die Gleichung bzw. Formel nach der gesuchten Größe umzustellen (aufzulösen).

Beispiel: Allgemeine Gleichung

$$a x^2 + b x + c = 0$$

x ist eine variable Größe (Variable), a, b und c sind fest vorgegebene Zahlen.
Die Aufgabe besteht darin, die Gleichung nach der unbekannten Größe x aufzulösen, und diese Größe zu berechnen.

Beispiel: Technische Formel

$$R_w = R_k \cdot (1 + \alpha \cdot \Delta\vartheta)$$

R_w, R_k, α und $\Delta\vartheta$ sind physikalische Größen (Widerstandswerte, Temperaturbeiwert und Temperaturdifferenz).
Die Aufgabe besteht darin, die Formel (Gleichung) nach der gesuchten Größe (z.B. R_k) aufzulösen, und diese gesuchte Größe zu berechnen.

Addition und Subtraktion

Die einfachsten mathematischen Zusammenhänge bestehen darin, dass die beteiligten Größen addiert oder subtrahiert werden.

Dieser Zusammenhang besteht z.B. bei den Gesetzen der Reihen- und Parallelschaltung von Widerständen:
- bei der Reihenschaltung ist die Summe der Teilspannungen gleich der Gesamtspannung
- bei der Parallelschaltung ist die Summe der Teilströme gleich dem Gesamtstrom.

Beim Umformen der Formeln wird aus der Addition eine Subtraktion.

Beispiel: Spannungen in einer Reihenschaltung

$$U = U_1 + U_2 + U_3$$

gesucht ist die Teilspannung U_2

$U_1 + U_2 + U_3 = U$ 1. Schritt: Seiten tauschen der Ausdruck mit der gesuchten Größe steht links

$U_2 = U - U_1 - U_3$ 2. Schritt: U_2 isolieren
aus $+U_1$ wird $-U_1$
aus $+U_3$ wird $-U_3$

Multiplikation und Division

Viele physikalische Gesetze bestehen darin, dass die beteiligten Größen miteinander multipliziert bzw. durcheinander dividiert werden. Häufige Beispiele sind:
- die Fläche eines Rechtecks ist gleich dem Produkt aus Länge und Breite
- die Spannung an einem Widerstand ist gleich dem Produkt aus Strom und Widerstandswert
- die elektrische Leistung ist gleich dem Produkt aus Spannung und Strom.

Beim Umformen der Formeln wird aus der Multiplikation eine Division.

Beispiel: Spannung an einem Widerstand

$$U = I \cdot R$$

gesucht ist der Strom I

$I \cdot R = U$ 1. Schritt: Seiten tauschen der Ausdruck mit der gesuchten Größe steht links

$I = \dfrac{U}{R}$ 2. Schritt: I isolieren
aus "mal R"
wird "geteilt durch R"

Quadratischer Zusammenhang

Einige technische Zusammenhänge sind „quadratisch", d. h. wenn sich eine Größe verdoppelt, dann wächst die davon abhängige Größe um das Vierfache. Häufig vorkommende Beispiele sind:
- die Leistung eines Heizwiderstandes steigt quadratisch mit der anliegenden Spannung
- die Leistung eines Heizwiderstandes steigt quadratisch mit dem fließenden Strom.

Beim Umformen wird aus dem Quadrieren das Radizieren (Wurzelziehen).

Beispiel: Leistung eines Heizwiderstandes

$$P = I^2 \cdot R$$

gesucht ist der Strom I

$I^2 \cdot R = P$ 1. Schritt: Seiten tauschen der Ausdruck mit der gesuchten Größe steht links

$I^2 = \dfrac{P}{R}$ 2. Schritt: I^2 isolieren

$I = \sqrt{\dfrac{P}{R}}$ 3. Schritt: I berechnen beidseitig Wurzel ziehen

Vertiefung zu 1.8

Umformen von Formeln, Beispiele

Beispiel 1:
Der Warmwiderstand R_w eines Widerstandes kann mit folgender Formel aus dem Kaltwiderstand R_k, dem Temperaturbeiwert α und der Temperaturzunahme $\Delta\vartheta$ berechnet werden: $R_w = R_k \cdot (1 + \alpha \cdot \Delta\vartheta)$.
Die Formel ist nach der Größe R_k umzustellen.

Lösung:

Ausgangsformel: $\qquad R_w = R_k \cdot (1 + \alpha \cdot \Delta\vartheta)$

1. Schritt: $\quad R_k \cdot (1 + \alpha \cdot \Delta\vartheta) = R_w \qquad$ (gesuchte Größe nach links)

2. Schritt: $\qquad R_k = \dfrac{R_w}{(1 + \alpha \cdot \Delta\vartheta)} \qquad$ (gesuchte Größe isolieren)

Beispiel 1:
Der Warmwiderstand R_w eines Widerstandes kann mit folgender Formel aus dem Kaltwiderstand R_k, dem Temperaturbeiwert α und der Temperaturzunahme $\Delta\vartheta$ berechnet werden: $R_w = R_k \cdot (1 + \alpha \cdot \Delta\vartheta)$.
Die Formel ist nach der Größe $\Delta\vartheta$ umzustellen.

Lösung:

Ausgangsformel: $\qquad R_w = R_k \cdot (1 + \alpha \cdot \Delta\vartheta)$

1. Schritt: $\quad R_k \cdot (1 + \alpha \cdot \Delta\vartheta) = R_w \qquad$ (gesuchte Größe nach links)

2. Schritt: $\quad R_k + \alpha \cdot \Delta\vartheta \cdot R_k = R_w \qquad$ (Klammer ausmultiplizieren)

3. Schritt: $\quad \alpha \cdot \Delta\vartheta \cdot R_k = R_w - R_k \qquad$ (Term mit gesuchter Größe isolieren)

4. Schritt: $\qquad \Delta\vartheta = \dfrac{R_w - R_k}{\alpha \cdot R_k} \qquad$ (gesuchte Größe isolieren)

Die Lösung einer Rechenaufgaben wird nach folgendem Schema durchgeführt:
1. Formel aufstellen
2. Formel nach gesuchter Größe umformen
3. Zahlen mit zugehörigen Einheiten einsetzen
4. Beim Ergebnis auch auf die richtige Einheit achten.

Aufgaben

1.8.1 Ohmsches Gesetz
Die Formel zur Berechnung des Stromes nach dem ohmschen Gesetz lautet: $\quad I = \dfrac{U}{R}$
Stellen Sie die Formel nach den Größen U und R um.

1.8.2 Drahtwiderstand
Die Formel zur Berechnung eines Drahtwiderstandes lautet: $\quad R = \dfrac{\rho \cdot l}{A}$
Stellen Sie die Formel nach allen Größen um.

1.8.3 Drahtquerschnitt
Die Formel zur Berechnung eines Drahtquerschnittes lautet: $\quad A = \dfrac{d^2 \cdot \pi}{4}$
Stellen Sie die Formel nach d um.
Berechnen Sie den Durchmesser eines Drahtes, wenn seine Querschnittsfläche 1,5 mm² beträgt.

1.8.4 Parallelschaltung
Die Formel zur Berechnung des Ersatzwiderstandes einer Parallelschaltung von zwei Widerständen lautet: $\quad \dfrac{1}{R} = \dfrac{1}{R_1} + \dfrac{1}{R_2}$
Stellen Sie die Formel nach R, R_1 und R_2 um.

1.8.5 Leistung eines Heizkörpers
Die Formel zur Berechnung der Leistung eines Widerstandes an Spannung lautet: $\quad P = \dfrac{U^2}{R}$
Stellen Sie die Formel nach U und R um.

1.8.6 Temperatur und Widerstand
Die Formel zur Widerstandsbestimmung eines Metalldrahtes bei Temperaturerhöhung lautet: $\quad R_w = R_{20} \cdot (1 + \alpha \cdot \Delta\vartheta)$
Stellen Sie die Formel nach R_{20}, α und $\Delta\vartheta$ um.
Berechnen Sie die Temperaturzunahme $\Delta\vartheta$ eines Cu-Drahtes, wenn $R_{20} = 10\,\Omega$, $R_w = 12\,\Omega$ und $\alpha = 0{,}004/\text{K}$ ist.

1.9 Funktionen

Kausalitätsprinzip

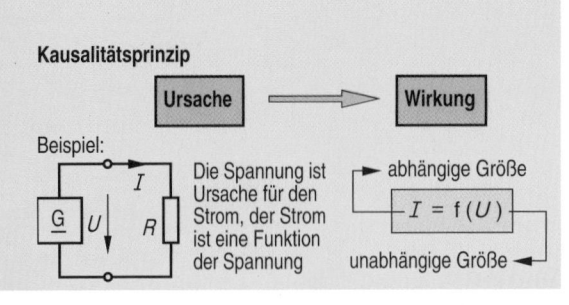

Ursache ⟹ Wirkung

Beispiel: Die Spannung ist Ursache für den Strom, der Strom ist eine Funktion der Spannung

$I = f(U)$

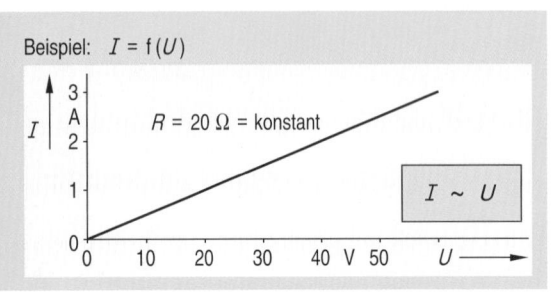

abhängige Größe
unabhängige Größe

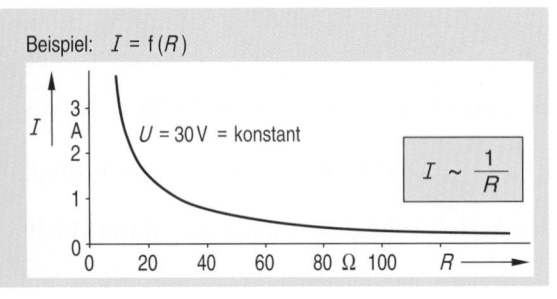

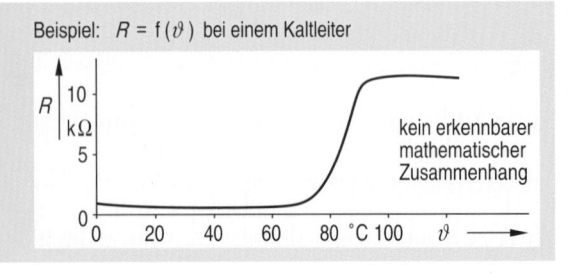

Abhängigkeiten, Funktionen
Alle Vorgänge in unserem Leben folgen einer Grundregel: Jede Ursache hat eine gewisse Wirkung, bzw. jede Wirkung beruht auf irgend einer Ursache. Diese Abhängigkeit heißt Ursache-Wirkungs-Prinzip oder mit dem lateinischen Namen „Kausalitätsprinzip".
In der Technik sagt man auch: eine bestimmte Größe ist eine Funktion einer anderen Größe. In einem elektrischen Stromkreis z.B. ist der Strom eine Funktion der Spannung. („Denken in Systemen" siehe S. 235)

Beispiel: $I = f(U)$

$R = 20\ \Omega$ = konstant

$I \sim U$

Proportionale Zusammenhänge
Einfach zu verstehen ist dieses Ursache-Wirkungs-Prinzip, wenn die Wirkung proportional zur Ursache ist: wenn sich die Ursache verdoppelt, dann verdoppelt sich auch die Wirkung. Diesen Zusammenhang nennt man auch einen linearen Zusammenhang.
Im Stromkreis z.B. ist bei konstantem Widerstand der Strom proportional (direkt proportional) zur angelegten Spannung. Die mathematische Schreibweise lautet: $I \sim U$, die grafische Darstellung ergibt eine Gerade.

Beispiel: $I = f(R)$

$U = 30\ V$ = konstant

$I \sim \dfrac{1}{R}$

Umgekehrt proportionale Zusammenhänge
Bei einigen technischen Zusammenhängen besteht eine umgekehrte Proportionalität, d.h. wenn die eine Größe zunimmt, so nimmt die andere Größe im gleichen Maße ab. Man kann sagen: die Wirkung ist umgekehrt proportional zur Ursache.
Im Stromkreis z.B. ist bei konstanter Spannung der Strom umgekehrt proportional zum Widerstand. Die mathematische Schreibweise lautet: $I \sim 1/R$, die grafische Darstellung ergibt eine Hyperbel.

Beispiel: $P = f(U)$

$R = 60\ \Omega$ = konstant

$P \sim U^2$

Überproportionale Zusammenhänge
Bei manchen technischen Vorgängen wirkt sich eine kleine Änderung der Ursache unerwartet stark aus: die Wirkung ist dann überproportional.
Bei einer Heizung z.B. bewirkt eine Verdoppelung der angelegten Spannung eine Vervierfachung der Leistung: die Leistung steigt quadratisch mit der Spannung. Die mathematische Schreibweise lautet: $P \sim U^2$, die grafische Darstellung ergibt eine Parabel.
Außer quadratischen Zusammenhängen gibt es auch Zusammenhänge höherer Ordnung.

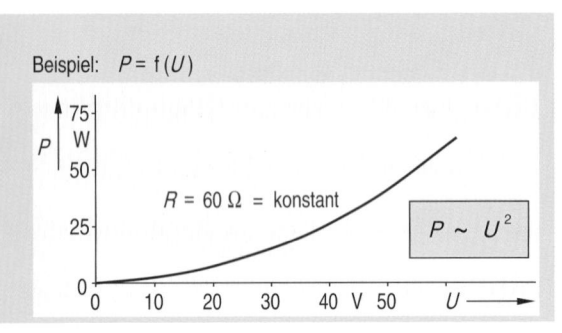

Beispiel: $R = f(\vartheta)$ bei einem Kaltleiter

kein erkennbarer mathematischer Zusammenhang

Allgemeine nichtlineare Zusammenhänge
Bei vielen technischen Abläufen bestehen einfache Zusammenhänge zwischen Ursache und Wirkung. Vor allem bei elektronischen Bauelementen sind die Zusammenhänge aber sehr kompliziert und lassen sich nur schwer berechnen.
In diesen Fällen muss mit Kennlinien gearbeitet werden. Typische Beispiele sind Diodenkennlinien und die Kennlinien temperaturabhängiger Widerstände.

Vertiefung zu 1.9

Messen von Zusammenhängen
Die Messtechnik hat im Wesentlichen zwei Aufgaben. Erstens sollen einzelne Messwerte erfasst werden, die dann als Grundlage für irgendwelche technischen Handlungen dienen.
Beispiel: Ein Thermometer misst die Temperatur in einem Raum; je nach gemessener Temperatur wird dann die Heizung ein- oder ausgeschaltet.

Eine zweite, ebenso wichtige Aufgabe ist aber die messtechnische Bestimmung von Zusammenhängen. Zu diesem Zweck müssen nicht nur Einzelmessungen durchgeführt werden, sondern ganze Messreihen, bei denen schrittweise die einzelnen Messgrößen verändert werden.
Beispiel: Herleitung des ohmschen Gesetzes.

Herleitung des ohmschen Gesetzes
Die folgenden zwei Versuchsreihen (Messreihen) sollen zeigen, wie Zusammenhänge prinzipiell durch Messungen erfasst werden können.

1. Strom als Funktion der Spannung
In einer ersten Versuchsreihe wird ein konstanter Widerstand schrittweise an immer höhere Spannung gelegt. Da die Spannung in diesem Versuch willkürlich geändert wird, ist die Spannung hier die „unabhängige Variable", und weil sich der Strom automatisch ergibt, ist er die „abhängige Variable".
Der Widerstand kann in in weiteren Messreihen auf jeweils einen anderen festen Wert eingestellt werden: er ist in diesem Versuch eine Hilfsveränderliche (Hilfsvariable), ein so genannter Parameter.

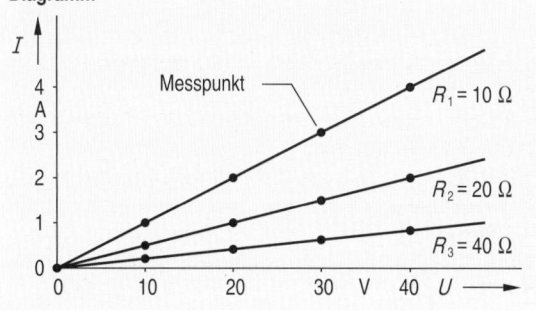

2. Strom als Funktion des Widerstandes
In diesem Versuch wird in einer ersten Messreihe ein veränderlicher Widerstand an eine feste Spannung angelegt. Der Widerstand wird schrittweise verkleinert und jeweils der Strom gemessen. Da der Widerstand willkürlich verändert wird, ist er die „unabhängige Variable", der sich automatisch einstellende Strom die „abhängige Variable".
In weiteren Messreihen kann jeweils eine andere feste Spannung gewählt werden. Die Spannung ist somit die Hilfsvariable, der so genannte Parameter.

Versuchsschaltung

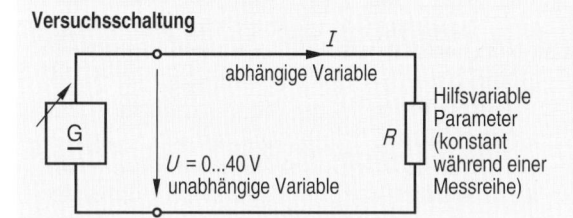

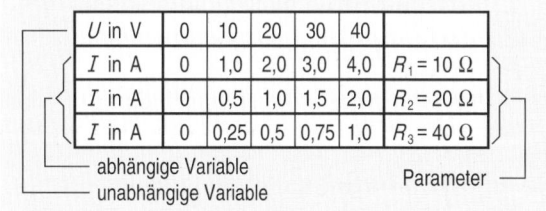

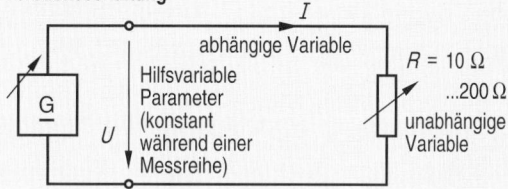

$U = 0...40\ V$ unabhängige Variable; I abhängige Variable; R Hilfsvariable Parameter (konstant während einer Messreihe)

Versuchsschaltung

U Hilfsvariable Parameter (konstant während einer Messreihe); I abhängige Variable; $R = 10\ \Omega\ ...200\ \Omega$ unabhängige Variable

Wertetabelle

U in V	0	10	20	30	40	
I in A	0	1,0	2,0	3,0	4,0	$R_1 = 10\ \Omega$
I in A	0	0,5	1,0	1,5	2,0	$R_2 = 20\ \Omega$
I in A	0	0,25	0,5	0,75	1,0	$R_3 = 40\ \Omega$

abhängige Variable / unabhängige Variable — Parameter

Wertetabelle

R in Ω	200	100	50	25	10	
I in A	0,05	0,1	0,2	0,4	1,0	$U_1 = 10\ V$
I in A	0,1	0,2	0,4	0,8	2,0	$U_2 = 20\ V$
I in A	0,2	0,4	0,8	1,6	4,0	$U_3 = 40\ V$

abhängige Variable / unabhängige Variable — Parameter

Diagramm

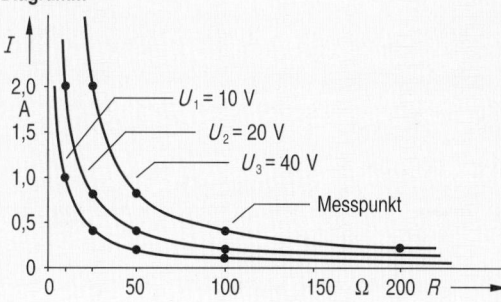

Messpunkt; $R_1 = 10\ \Omega$; $R_2 = 20\ \Omega$; $R_3 = 40\ \Omega$

Diagramm

$U_1 = 10\ V$; $U_2 = 20\ V$; $U_3 = 40\ V$; Messpunkt

© Holland + Josenhans

1.10 Internationale Kommunikation

Messinstrument mit englischer Beschriftung

AC Wechselspannung

FUNC Funktion

MAN manuell, von Hand

AUTO automatisch

DATA Daten, Messwerte

CLEAR hier: Speicher löschen

ON Ein

OFF Aus

MENU Menü, Themenübersicht

Bedeutung der englischen Sprache

In den letzten Jahrzehnten sind die Grenzen zwischen den Ländern immer durchlässiger geworden, der weltweite Handel hat zugenommen und die Notwendigkeit sich weltweit zu verständigen hat hat sich verstärkt.
In diesem Zusammenhang hat Englisch als Weltsprache seine Bedeutung noch verstärkt.
Handbücher, Datenblätter, Kataloge, Funktionsbeschreibungen, enthalten vielfach englische Fachbegriffe oder Abkürzungen. Insbesondere Messgeräte (z.B. digitale Multimeter und Oszilloskope) sind englisch beschriftet, auch wenn sie von deutschen Firmen hergestellt wurden. Auch für den Facharbeiter und Handwerker ist es deshalb zwingen notwendig, einige englische Grundlagen zu erlernen.
In diesem Fachbuch werden deshalb an den entsprechenden Stellen wichtige elektrotechnische Begriffe (z. B. voltage, current, resistor) und Abkürzungen (z. B. TRMS, AC, DC) vorgestellt und erläutert.

Current circuit

The drawing (Zeichnung) shows a circuit diagram (wiring diagram, wiring scheme). The circuit is made up of a generator, a resistor, a voltmeter and an ammeter.
The fuse F1 serves (dient dazu) to protect (schützen) the circuit.

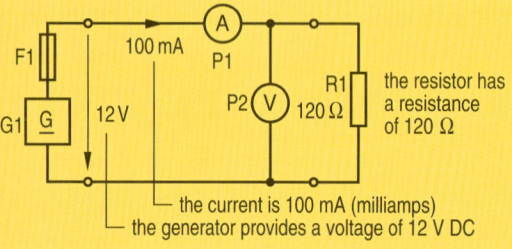

F1 — 100 mA P1 — R1 the resistor has a resistance of 120 Ω
G1 G 12 V P2 (V) 120 Ω
the current is 100 mA (milliamps)
the generator provides a voltage of 12 V DC

With Ohm's law you can calculate the voltage and the current.

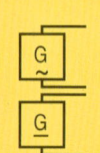

G ~ this is an AC-generator
it provides alternating current

G — this is a DC-generator
it provides direct current

this is the scale of a voltmeter
the pointer shows about 7.5 V (volts)
the reading is about 7.5 V (about ungefähr)
the range is 30 V
the precision of the instrument is ± 1,5 %

Elektrischer Stromkreis

- electric current — elektrischer Strom
- electric voltage — elektrische Spannung
- electric circuit — elektrischer Stromkreis
- fuse — Sicherung, Schmelzsich.
- voltmeter — Spannungsmesser
- ammeter — Strommesser
- voltage source — Spannungsquelle
- short circuit — Kurzschluss
- resistor — Widerstand (als Bauteil)
- resistance — Widerstand (Wert, z.B. 10 Ω)
- conductor — Leiter
- insulator — Isolator
- to measure — messen
- to connect — verbinden

Stromarten

- type of current — Stromart
- **AC A**lternating **C**urrent
  alternating current — Wechselstrom
- **DC D**irect **c**urrent
  direct current — Gleichstrom

Elektrische Messungen

- electrical measurement — elektrische Messung
- measuring instrument, meter — Messgerät
- scale — Skale, Skalenteilung
- range — Messbereich
- reading — Anzeige
- measurand — Messgröße
- precision — Genauigkeit
- error — Fehler

Vertiefung zu 1.10

Europäische und nationale Normen

Mit der zunehmenden „Globalisierung", d.h. der weltweiten Verbindung der Märkte, steigt die Bedeutung der englischen Sprache. Daneben müssen aber auch die Sicherheitsstandards der einzelnen Länder aneinander angeglichen werden.

Für den Bereich der EU (Europäische Union) wurde das CE-Kennzeichen geschaffen.

Mit dem CE-Kennzeichen bescheinigt der Hersteller eines Gerätes, dass seine Geräte mit den EU-Richtlinien übereinstimmen.

Da aber international anerkannte Prüfstandards noch weitgehend fehlen, gelten weiterhin nationale Prüfzeichen auf den elektrischen Geräten.

VDE-Zeichen
Das VDE-Zeichen bestätigt die Übereinstimmung der Erzeugnisse mit den entsprechenden VDE-Vorschriften.

GS-Zeichen
Das GS-Zeichen bestätigt, dass die Einhaltung der Sicherheitsvorschriften überprüft wurde.

Internationale Prüfzeichen (Auswahl)

| USA (Einzelgeräte) | USA (Geräte in Anlagen) | Großbritannien | Frankreich | Italien | Japan | Kanada | Schweiz |

Aufgaben

1.10.1 Oszilloskop
Ein Oszilloskop enthält folgendes Bedienfeld:

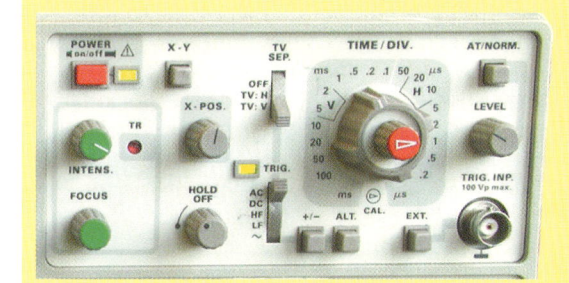

Übersetzen und erklären Sie die Begriffe Power, On, Off, Focus, Time, Time/Div., Level, Intens. (Intensity), Cal. (Calibration), Trig. (Trigger).

1.10.2 Messzange
Das Bild zeigt einen Teil einer Messzange zum Messen von Strömen und Spannungen.

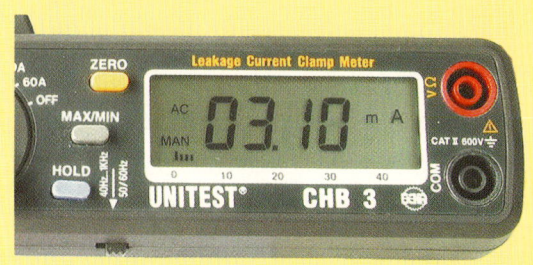

Übersetzen und erklären Sie mit Hilfe eines Fachwörterbuches die Begriffe Leakage Current Clampmeter, Zero, Hold und COM.

1.10.3 Simulationsprogramm
Das Bild zeigt das Hauptmenü eines Computerprogramms zur Darstellung, Simulation und Berechnung elektrischer Schaltungen.

Übersetzen und erklären Sie die Begriffe Schematic, File, Edit, Draw, Navigate, View, Options, Analysis, Markers, Window und Help.

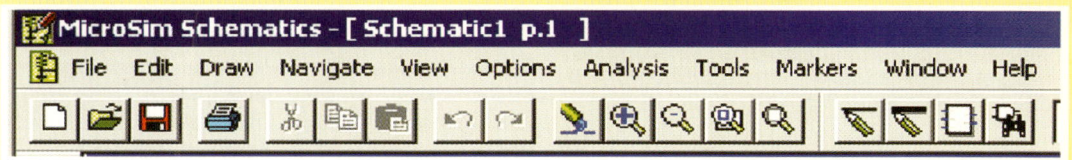

1.11 Lineare Widerstände

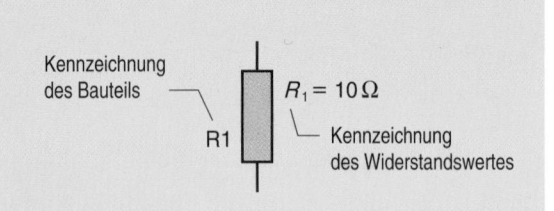

Kennzeichnung des Bauteils — R1
$R_1 = 10\,\Omega$ — Kennzeichnung des Widerstandswertes

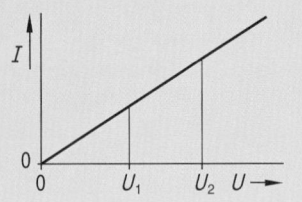

Das Bauteil R hat unabhängig von der angelegten Spannung U stets denselben Widerstandswert R

$$R = \frac{U_1}{I_1} = \frac{U_2}{I_2} = \text{konstant}$$

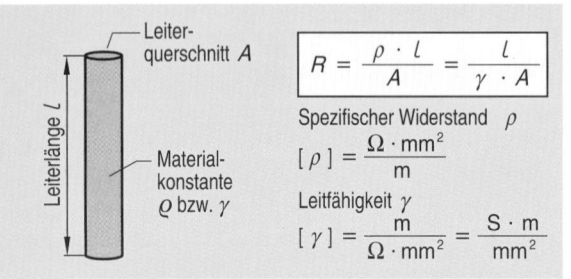

Leiterquerschnitt A
Leiterlänge l
Materialkonstante ϱ bzw. γ

$$R = \frac{\rho \cdot l}{A} = \frac{l}{\gamma \cdot A}$$

Spezifischer Widerstand ρ

$$[\rho] = \frac{\Omega \cdot mm^2}{m}$$

Leitfähigkeit γ

$$[\gamma] = \frac{m}{\Omega \cdot mm^2} = \frac{S \cdot m}{mm^2}$$

Beispiel: Baureihe E6

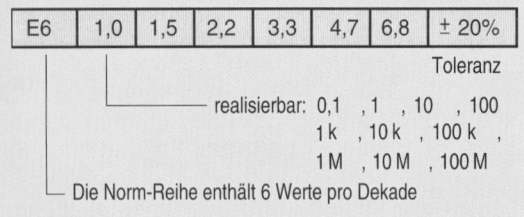

E6	1,0	1,5	2,2	3,3	4,7	6,8	± 20%

Toleranz

realisierbar: 0,1 , 1 , 10 , 100
1 k , 10 k , 100 k ,
1 M , 10 M , 100 M

Die Norm-Reihe enthält 6 Werte pro Dekade

Farbkennzeichnung

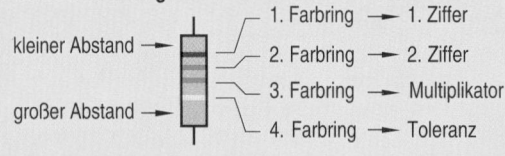

kleiner Abstand → 1. Farbring → 1. Ziffer
2. Farbring → 2. Ziffer
3. Farbring → Multiplikator
großer Abstand → 4. Farbring → Toleranz

Alphanumerische Kennzeichnung (Beispiel)

R47	0,47 Ω	K47	0,47 kΩ	M47	0,47 MΩ
4R7	4,7 Ω	4K7	4,7 kΩ	4M7	4,7 MΩ
47R	47 Ω	47K	47 kΩ	47M	47 MΩ

Widerstand und Widerstandswert
Der Begriff „Widerstand" ist in der Elektrotechnik zweideutig: er bezeichnet sowohl das Bauteil als auch den Widerstandswert in Ohm. Um in Schaltplänen eindeutige Zuordnungen zu bekommen, werden Bauteile alphanumerisch gekennzeichnet, z. B. R1, R2. Widerstandswerte erhalten das kursive Formelzeichen R und bei Bedarf einen Index, z. B. R_1, R_2.

Lineare Widerstände
Der Begriff „linearer Widerstand" ist von der Form der Kennlinie $I = f(U)$ abgeleitet. Zeigt die grafische Darstellung der Funktion $I = f(U)$ eine Gerade, so wird der Widerstand als „linear" bezeichnet. Lineare Widerstände haben unabhängig von der angelegten Spannung stets den gleichen Widerstandswert.
Lineare Widerstände werden auch „ohmsche Widerstände" genannt.

Berechnung von Drahtwiderständen
Der Widerstandswert eines Drahtes ist von folgenden drei Größen abhängig:
1. Drahtlänge l
2. Drahtquerschnitt A
3. Spezifischer Widerstand ρ (Rho).

Der spezifische Widerstand ist eine Materialeigenschaft, sein Kehrwert heißt elektrische Leitfähigkeit γ (Gamma). Es gilt: $\gamma = 1/\rho$. Als Formelzeichen für die Leitfähigkeit gelten auch κ (Kappa) und σ (Sigma).

Norm-Baureihe nach IEC
Aus wirtschaftlichen Gründen können Widerstände in der Massenfertigung nicht für alle denkbaren Widerstandswerte und jede beliebige Genauigkeit hergestellt werden. Die IEC (International Electrotechnical Commission) hat deshalb Widerstands-Normreihen (E 6, E 12, E 24, E 48, E 96 und E 192) entwickelt, die praktisch alle Anforderungen abdecken. Die Zahl hinter dem E gibt an, wie viel Widerstandswerte in einer Dekade (Zehnersprung) realisiert sind.

Kennzeichnung von Widerständen
Widerstände können durch einen vollständigen Aufdruck gekennzeichnet werden; aus Platzgründen wird aber meist ein Code aus Farbringen oder alphanumerischen Zeichen bevorzugt.
Bei der Kennzeichnung durch einen Farbcode stellen die ersten beiden Ringe die ersten beiden Ziffern dar, der dritte Ring gibt den Multiplikator, der vierte Ring die Toleranz an.
Die alphanumerische Kennzeichnung verwendet die Buchstaben R für Ohm, K für Kilo-, M für Megaohm (Megohm). Die Stellung der Zahl - vor oder hinter dem Buchstaben - entscheidet über ihren Stellenwert; der Buchstabe deutet praktisch das Komma an.

© Holland + Josenhans

Vertiefung zu 1.11

Fertigungswerte von Widerständen nach E-Reihen

Reihe	Widerstandswerte										Toleranz	
E6	1,0		1,5		2,2		3,3		4,7		6,8	±20%
E12	1,0	1,2	1,5	1,8	2,2	2,7	3,3	3,9	4,7	5,6	6,8	7,5	±10%
E24	1,0	1,2	1,5	1,8	2,2	2,7	3,3	3,9	4,7	5,6	6,8	8,2	±5%
	1,1	1,3	1,6	2,0	2,4	3,0	3,6	4,3	5,1	6,2	7,5	9,1	
E48	1,00	1,21	1,47	1,78	2,15	2,61	3,16	3,83	4,64	5,62	6,81	8,25	±2%
	1,05	1,27	1,54	1,87	2,26	2,74	3,32	4,02	4,87	5,90	7,15	8,66	
	1,10	1,33	1,62	1,96	2,37	2,87	3,48	4,22	5,11	6,19	7,50	9,09	
	1,15	1,40	1,69	2,05	2,49	3,01	3,65	4,42	5,36	6,49	7,87	9,53	

Die Toleranz gibt die größtmögliche Abweichung innerhalb der E-Reihe an, um Überschneidungen zu Nachbarwerten zu vermeiden. Das tatsächlich gefertigte Bauelement kann kleinere Toleranzwerte besitzen.

Farb-Kennzeichnung von Widerständen

Farbe der Ringe oder Punkte	schwarz (sw)	braun (br)	rot (rt)	orange (or)	gelb (gb)	grün (gn)	blau (bl)	violett (vl)	grau (gr)	weiß (ws)	gold (au)	silber (ag)	ohne Farbe
1. Ring → 1. Ziffer	–	1	2	3	4	5	6	7	8	9	–	–	–
2. Ring → 2. Ziffer	0	1	2	3	4	5	6	7	8	9	–	–	–
3. Ring → Multiplikator	10^0	10^1	10^2	10^3	10^4	10^5	10^6	10^7	10^8	10^9	10^{-1}	10^{-2}	–
4. Ring → Toleranz	–	±1%	±2%	–	–	±0,5%	±0,25%	±0,1%	–	–	±5%	±10%	±20%

Beispiele: Farbcode

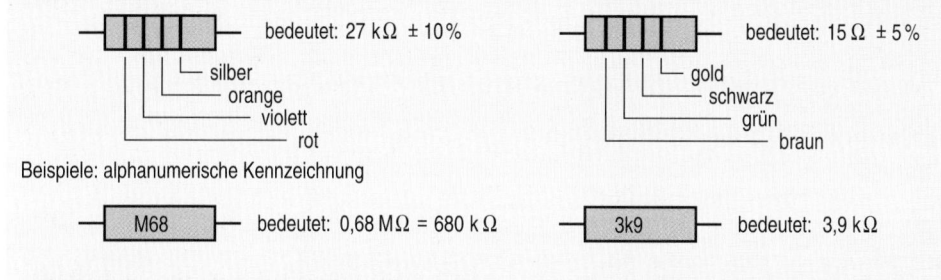

- bedeutet: 27 kΩ ±10% (silber, orange, violett, rot)
- bedeutet: 15 Ω ±5% (gold, schwarz, grün, braun)

Beispiele: alphanumerische Kennzeichnung

- M68 bedeutet: 0,68 MΩ = 680 kΩ
- 3k9 bedeutet: 3,9 kΩ

Aufgaben

1.11.1 Berechnung von Drahtwiderständen
Berechnen Sie folgende Drahtwiderstände:
a) Eine Wicklung besteht aus 120 m Cu-Draht mit Durchmesser 0,8 mm. Wie groß ist ihr Widerstand?
b) An einem Vorwiderstand aus NiCr 60 15 soll bei einer Belastung von 8 A die Spannung 20 V abfallen. Der Drahtdurchmesser beträgt 0,9 mm, der spezifische Widerstand 1,13 Ωmm²/m. Berechnen Sie die notwendige Drahtlänge.
c) Ein Widerstand aus CuNi 44 ($\rho = 0,49$ Ωmm²/m) mit 0,25 mm Durchmesser und 2,4 m Länge soll durch einen widerstandsgleichen Draht aus CuMn 12 Ni ($\rho = 0,43$ Ωmm²/m) der Länge 1 m ersetzt werden. Berechnen Sie den nötigen Drahtdurchmesser.

1.11.2 Kennzeichnung von Widerständen
Gegeben sind folgende drei Widerstände:

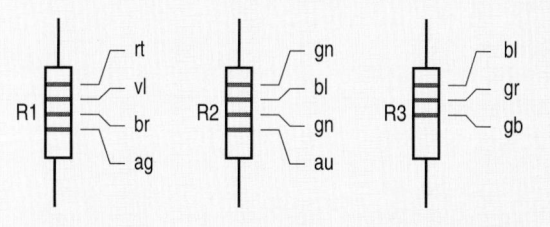

R1: rt, vl, br, ag
R2: gn, bl, gn, au
R3: bl, gr, gb

Bestimmen Sie für alle drei Widerstände den Widerstands-Nennwert, die Toleranz, den zulässigen Größt- und Kleinstwert sowie die zugehörige E-Reihe.

1.12 Bauformen ohmscher Widerstände

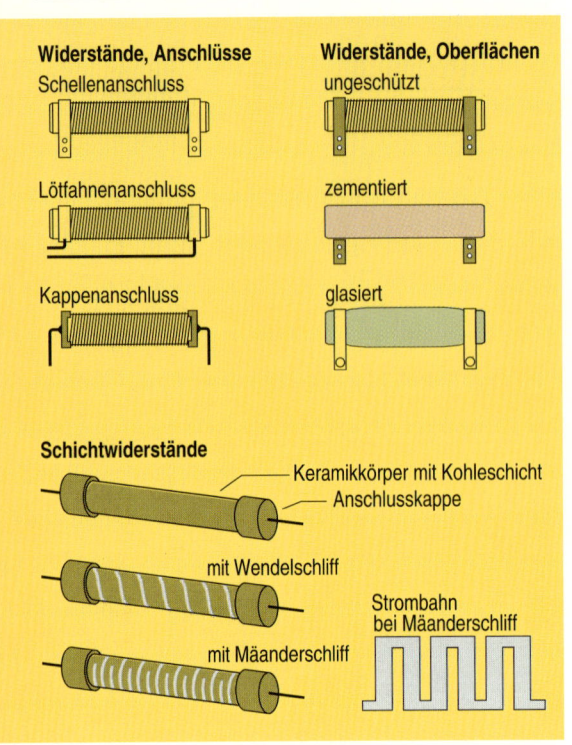

Widerstände, Anschlüsse
Schellenanschluss
Lötfahnenanschluss
Kappenanschluss

Widerstände, Oberflächen
ungeschützt
zementiert
glasiert

Schichtwiderstände
Keramikkörper mit Kohleschicht
Anschlusskappe
mit Wendelschliff
mit Mäanderschliff
Strombahn bei Mäanderschliff

Drehpotentiometer
Masse, E, S, A
Ende E, Schleifer S, Anfang A

Spindelpotentiometer
Schleifer, Spindel, Stellschraube, Widerstand, A, S, E

Einstellbarer Drahtwiderstand
Widerstand, A, S, E

Trimmpotentiometer
Stellschraube, A, S, E

Festwiderstände
Für die meisten Einsatzgebiete werden Widerstände mit festgelegtem Nennwiderstand benötigt. Die Bauform richtet sich dabei insbesondere nach der nötigen Belastbarkeit der Bauteile.

Für große Leistungen (einige Watt bis Kilowatt) werden Drahtwiderstände bevorzugt. Sie bestehen aus einem Keramikkörper, um den ein isolierter oder oxidierter Draht gewickelt ist. Die Stromzufuhr erfolgt über Anschlussfahnen, -schellen oder -kappen. Ein Überzug aus Lack, Zement oder Glas schützt den Widerstand gegen äußere Einwirkungen.

Für Leistungen im Milliwatt-Bereich werden insbesondere Schichtwiderstände eingesetzt. Sie bestehen aus einem Keramikkörper, auf den eine dünne elektrisch leitfähige Schicht aufgebracht ist. Diese Schicht kann aus Kohle (Grafit), Metall (z.B. Nickel) oder Metalloxid bestehen. Die Schichten haben eine Dicke zwischen 0,001 µm und 20 µm; sie können durch Tauchen, Aufsprühen oder Aufdampfen hergestellt werden.

Der Widerstandswert von Schichtwiderständen ergibt sich aus den geometrischen Abmessungen der Schicht und dem verwendeten Werkstoff. Durch Einschleifen von Rillen lässt sich dieser Widerstandswert auf den gewünschten Wert trimmen.

Veränderbare Widerstände
Für viele Anwendungen muss der Widerstand während des Betriebs mechanisch veränderbar sein. Dazu wird der Draht- oder Schichtwiderstand über einen Schleifkontakt abgegriffen. Solche Widerstände werden als Potentiometer bezeichnet.

Veränderbare Widerstände werden meist als Drehwiderstände ausgeführt; dabei ist der Widerstandsdraht bzw. die Widerstandsschicht auf einem ringförmigen Keramikkörper aufgebracht. Die Widerstandsänderung erfolgt durch Drehen des Schleifers. Außer Drehwiderständen werden auch Schiebewiderstände verwendet.

Für besonders feine Einstellungen des Widerstandswertes werden Wendel- oder Spindelpotentiometer eingesetzt. Beim Wendelpotentiometer läuft der Schleifer auf einer wendelförmigen Widerstandsbahn, die aus 3 bis 50 Windungen bestehen kann. Das Abgreifen des gesamten Widerstandsbereichs erfordert demnach 3 bis 50 Achsdrehungen. Beim Spindelpotentiometer wird der Schleifer mit einer Spindel über die Widerstandsbahn geführt; die Spindel kann je nach geforderter Auflösung 25 oder mehr Gänge haben.

Soll ein Widerstandswert nur gelegentlich geändert werden, so werden fest einstellbare Drahtwiderstände oder Trimmpotentiometer verwendet. Zum Verstellen von Trimmpotentiometern wird ein Werkzeug benötigt.

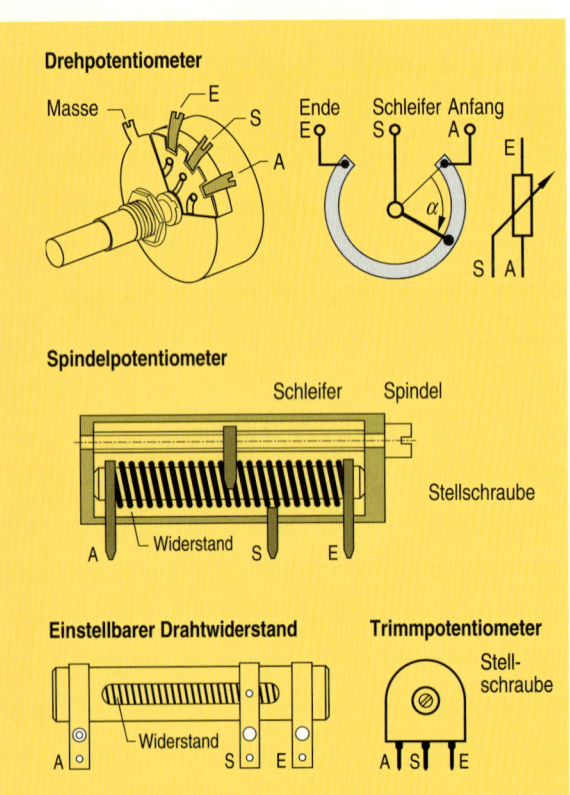

Vertiefung zu 1.12

Belastbarkeit von Widerständen

Bei der Auswahl von Widerständen muss nicht nur der Widerstandswert, sondern auch die maximal auftretende Belastung berücksichtigt werden. Die Belastbarkeit von Widerständen wird in Watt angegeben; sie ist abhängig von der zulässigen Arbeitstemperatur. Der Widerstand hat seine stationäre (bleibende, endgültige) Arbeitstemperatur erreicht, wenn seine zugeführte elektrische Leistung gleich der abgegebenen Wärmeleistung ist.

Die abgegebene Wärme wird vor allem durch die Oberfläche des Widerstandes und seine Umgebungstemperatur bestimmt. Reicht die natürliche Wärmeabgabe nicht aus, so muss die Temperatur durch zusätzliche Kühlung (Kühlkörper, Lüfter, Gebläse) gesenkt werden.

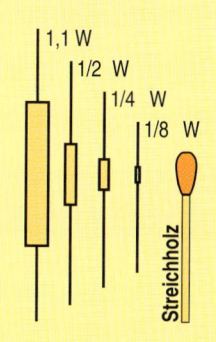

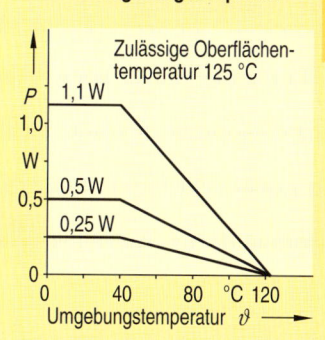

Widerstandskurven von Potentiometern

Drehpotentiometer werden je nach Bedarf mit verschiedenen Widerstandsverläufen gefertigt:
Lineare Potentiometer ändern den Widerstandswert gleichmäßig mit dem Drehwinkel α,
positiv logarithmische Potentiometer ändern den Widerstandswert im Anfangsbereich sehr wenig, im Endbereich hingegen sehr stark,
negativ logarithmische Potentiometer ändern den Widerstandswert im Anfangsbereich sehr stark, im Endbereich hingegen sehr wenig.
Entsprechende Widerstandsverläufe lassen sich auch für Schiebepotentiometer realisieren.

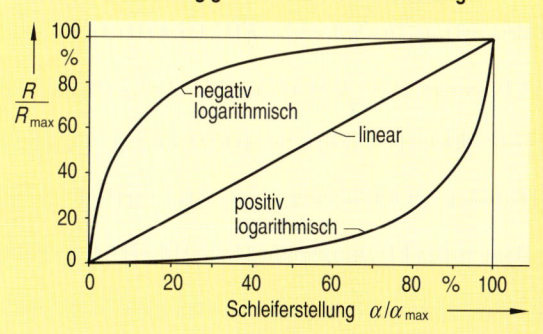

Werkstoffe für elektrische Widerstände, Widerstandslegierungen

Kurzzeichen	Zusammensetzung in %						Spezifischer Widerstand ρ in $\frac{\Omega \, mm^2}{m}$	Maximale Temperatur in °C	Handelsname (Beispiele)	Einsatzgebiete
	Al	Cr	Cu	Fe	Mn	Ni				
CuMn 12 Ni	–	–	Rest	–	12	2	0,43	60	Manganin	Präzisionswiderstände z.B für Messzwecke (der spezifische Widerstand ist nahezu temperaturunabhängig)
CuNi 20 Mn 10	–	–	Rest	–	10	20	0,49	300	Isabellin	
CuNi 44	–	–	Rest	–	1	44	0,49	600	Konstantan	
CuMn 2 Al	0,8	–	Rest	–	2	–	0,125	200	ISA 13	Anlass-, Stell- und Belastungswiderstände (der spezifische Widerstand ist temperaturabhängig)
CuNi 30 Mn	–	–	Rest	–	3	30	0,40	500	Nickelin	
CuMn 12 NiAl	1,2	–	Rest	–	12	5	0,50	500	ISA 50	
NiCr 80 20	–	20	–	–	–	Rest	1,12	1200	Cronix	hochbelastete elektrische Widerstände für Heizzwecke (Öfen, Lötkolben)
NiCr 60 15	–	15	–	–	–	Rest	1,13	1150	Cronifer II	

Aufgaben

1.12.1 Einsatz von Widerständen
Nennen Sie Einsatzgebiete von
a) Kohleschichtwiderständen
b) Metallschichtwiderständen
c) Drahtwiderständen
d) Wendelpotentiometern
e) Trimmpotentiometern.

1.12.2 Widerstände
a) Wie kann der Widerstandswert von Kohleschichtwiderständen beeinflusst werden?
b) Wovon hängt ganz allgemein die Belastbarkeit eines Widerstandes ab?
c) Welche Werkstoffe eigen sich für Drahtwiderstände?
d) Was sind „lineare" Potentiometer?

1.13 Metallwiderstand und Temperatur

Temperatureinflüsse auf das Atomgitter

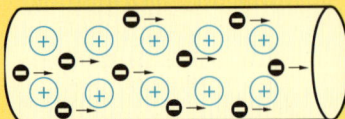

Im kalten Zustand schwingen die Atome nur wenig, der Elektronenfluss wird kaum behindert.

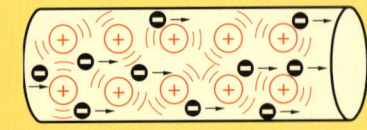

Im warmen Zustand schwingen die Atome sehr stark, der Elektronenfluss wird stark behindert.

Metalle als Kaltleiter
Reine Metalle, z.B. Kupfer, Silber, Zinn, zeigen alle ein schwach ausgeprägtes Kaltleiter-Verhalten, d.h. bei Erwärmung steigt ihr elektrischer Widerstand. Dieses Verhalten kann durch die Gitterstruktur von Metallen erklärt werden:
Die Atomrümpfe haben im Metallgitter dicht beieinander liegende, feste Plätze. Zwischen den Atomrümpfen bewegen sich die freien Elektronen (Elektronengas). Wird das Metall erwärmt, so schwingen die Atomrümpfe um ihre Ruhelage und mindern dabei die Bewegungsfähigkeit der Elektronen. Als Folge davon steigt der elektrische Widerstand.

Temperaturbeiwert
Die Widerstandszunahme bei einer bestimmten Temperaturzunahme ist bei den verschiedenen Metallen etwas unterschiedlich. Die prozentuale Widerstandszunahme pro 1 K (Kelvin) Temperaturerhöhung wird als Temperaturbeiwert α, manchmal auch als Temperaturkoeffizient bezeichnet. Bei 20 °C beträgt der Temperaturbeiwert für die meisten Metalle ungefähr 0,04 % pro 1 K, bzw. 0,04 % pro 1 °C. Genaue Werte können der Tabelle auf Seite 37 entnommen werden.
Die in den Tabellen angegebenen Temperaturbeiwerte gelten exakt nur für $\vartheta = 20$ °C bzw. für $T = 293$ K. Für andere Temperaturen zwischen 0 °C und 50 °C stellen sie aber gute Näherungswerte dar.
Für Kupfer und Aluminium kann der Temperaturbeiwert nach nebenstehender Formel auf die aktuelle Temperatur umgerechnet werden.

Temperaturabhängigkeit von Metallen

$$\alpha_{20} = \frac{\frac{\Delta R}{R_{20}}}{\Delta \vartheta}$$

Widerstandszunahme
$$\Delta R = R_{20} \cdot \alpha_{20} \cdot \Delta \vartheta$$
$$[\Delta R] = \Omega \cdot \frac{1}{K} \cdot K = \Omega$$

Erwärmter Widerstand
$$R_\vartheta = R_{20} + \Delta R$$
$$R_\vartheta = R_{20} \cdot (1 + \alpha_{20} \cdot \Delta \vartheta)$$

Temperaturbeiwert bei Temperatur ϑ_1

Cu: $\alpha_{\vartheta 1} = \dfrac{1}{235\,K + \vartheta_1}$ Al: $\alpha_{\vartheta 1} = \dfrac{1}{225\,K + \vartheta_1}$

Wicklungserwärmung
Bei Erwärmung der Wicklungen von gekühlten elektrischen Maschinen muss auch die Kühlmitteltemperatur berücksichtigt werden. Der Zusammenhang zwischen Wicklungstemperatur, Kühlmitteltemperatur und den Wicklungswiderständen bei verschiedenen Temperaturen wird nach VDE 0530 bzw. VDE 0532 berechnet.

$$\Delta \vartheta = \frac{R_w - R_k}{R_k} \cdot (235\,K + \vartheta_k) + \vartheta_k - \vartheta_{Kü}$$

R_k Kaltwiderstand
R_w Warmwiderstand
ϑ_k Temperatur der kalten Wicklung
$\vartheta_{Kü}$ Temperatur des Kühlmittels

Bei Aluminium gilt statt 235 der Wert 225. Alle Temperaturen in °C gemessen.

Supraleitung
Die Formeln zur Berechnung des Widerstandes bei verschiedenen Temperaturen gelten nicht bei sehr tiefen Temperaturen. In der Umgebung des absoluten Nullpunktes (0 K = –273 °C) zeigen viele Metalle ein sprunghaftes Verhalten: unterhalb einer materialabhängigen Temperatur, der Sprungtemperatur, sinkt der elektrische Widerstand sprungartig auf unmessbar kleine Werte.
Diese von dem niederländischen Physiker Heike Kamerlingh Onnes im Jahre 1911 entdeckte Supraleitung hat für die Technik sehr große Bedeutung, da sie die verlustfreie Übertragung elektrischer Energie ermöglicht.

Widerstandsverhalten bei tiefen Temperaturen

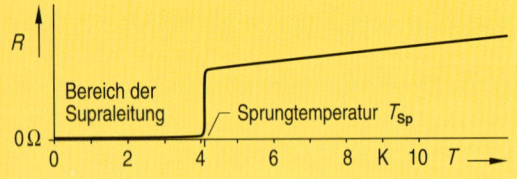

Sprungtemperatur wichtiger Werkstoffe

Werkstoff	T_{Sp} in K	Werkstoff	T_{Sp} in K
Aluminium	1,14	Blei	7,26
Zinn	3,69	Niob	9,2
Quecksilber	4,17	Niobnitrid	> 20,0

Vertiefung zu 1.13

Temperaturbeiwerte
Die Temperaturbeiwerte reiner Metalle liegen für die übliche Bezugstemperatur von 20°C alle bei ungefähr 0,004/K bzw. 0,4%/K.
Durch Legieren verschiedener Metalle, d.h. Mischen im flüssigen Zustand, können aber α-Werte nahe null erreicht werden. Wichtige Legierungen bestehen z.B. aus Kupfer, Nickel, Mangan (Handelsnamen: Konstantan für CuNi44, Manganin für CuMn12Ni).
Solche praktisch temperaturunabhängigen Werkstoffe werden z.B. in Messgeräten eingesetzt.

Quadratischer Temperaturbeiwert
Wird ein Metalldraht im Temperaturbereich bis etwa 100°C erwärmt, so steigt der Widerstandswert nahezu linear mit der Temperaturzunahme. Bei stärkerer Erwärmung steigt der Widerstandswert überproportional an. Dies kann durch einen quadratischen Temperaturbeiwert β_{20} berücksichtigt werden.

Temperaturbeiwerte technischer Werkstoffe

Werkstoff	α_{20} in 1/K	Werkstoff	α_{20} in 1/K
Kupfer	0,0039	Wolfram	0,0048
Aluminium	0,0041	Silber	0,0041
Gold	0,0040	CuNi44	-0,00008
Platin	0,0039	CuMn12Ni	-0,00001
Eisen (rein)	0,0065	Kohle	-0,0008

Die Temperaturbeiwerte sind stark von der Reinheit des Metalles (Legierungsbestandteile, Verunreinigungen) abhängig.

Bei Erwärmung
auf mehr als 100°C gilt:
$$R_\vartheta = R_{20}(1 + \alpha_{20} \cdot \Delta\vartheta + \beta_{20} \cdot \Delta\vartheta^2)$$
Dabei gilt näherungsweise: $\beta_{20} \approx 10^{-6} \frac{1}{K^2}$
(genaue Werte siehe Tabellenbuch)

Aufgaben

1.13.1 Kupferwicklung
Die Kupferwicklung eines Motors hat bei Raumtemperatur einen Widerstand von 15 Ω. Im Betrieb erwärmt sich der Motor auf 95°C.
Berechnen Sie
a) die Widerstandszunahme,
b) den Wicklungswiderstand im erwärmten Zustand.

1.13.2 Relaiswicklung
Eine Relaiswicklung hat 400 Windungen Kupferdraht mit 0,25 mm Drahtdurchmesser und einem mittleren Spulendurchmesser von 30 mm.
Die Spule wird an 12 V gelegt. Dabei zeigt sich, dass der Strom während des Betriebes um 5% absinkt.
Berechnen Sie
a) den Einschaltstrom,
b) die Stromdichte beim Einschalten,
c) die Temperaturzunahme.

1.13.3 Temperaturmessung
Ein Präzisionswiderstand aus Platin hat bei 0°C den Widerstand 100 Ω.
a) Welche Temperatur hat der Widerstand, wenn sein Wert auf 115 Ω ansteigt?
b) Welchen Widerstandswert hat der Platindraht, wenn die Temperatur 60°C beträgt?

1.13.4 Motortemperatur
Der Wicklungswiderstand eines Motors mit Kupferwicklung beträgt im Stillstand bei 20°C 12 Ω. Während des Betriebs steigt der Widerstand um 5%.
Berechnen Sie die Temperatur der Wicklung.

1.13.5 Leitungswiderstand
Eine Kupferleitung hat den Querschnitt 2,5 mm² und die Länge 35 m. Berechnen Sie
a) den Widerstand bei 20°C,
b) den Widerstand bei 45°C.

1.13.6 Anlasswiderstand
Ein Anlasswiderstand aus Nickelin (CuNi30Mn) hat im kalten Zustand (20°C) einen Widerstand von 84 Ω. Im Betrieb erwärmt sich der Widerstand auf 105°C. Berechnen Sie
a) die Widerstandszunahme bei $\alpha_{20} = 0,00015\,K^{-1}$,
b) den Widerstandswert im erwärmten Zustand.

1.13.7 Freileitung
Die Betriebstemperaturen einer Aluminium-Freileitung liegen im Bereich zwischen -35°C und +40°C.
Berechnen Sie
a) die maximale prozentuale Widerstandszunahme,
b) die maximale prozentuale Widerstandsabnahme, jeweils auf die Temperatur 20°C bezogen.

1.13.8 Kohleschichtwiderstand
Ein Kohleschichtwiderstand hat bei Raumtemperatur 20°C den Nennwiderstand 330 Ω. Seine Betriebstemperatur liegt zwischen 0°C und 80°C.
Berechnen Sie
a) den Größt- und den Kleinstwiderstand,
b) die prozentualen Abweichungen vom Nennwert.

1.13.9 Supraleitung
Diskutieren Sie die technischen Einsatzmöglichkeiten der Supraleitung, ihre Vorteile gegenüber normaler Stromleitung und die technischen Probleme.

1.14 Arbeit, Energie, Leistung

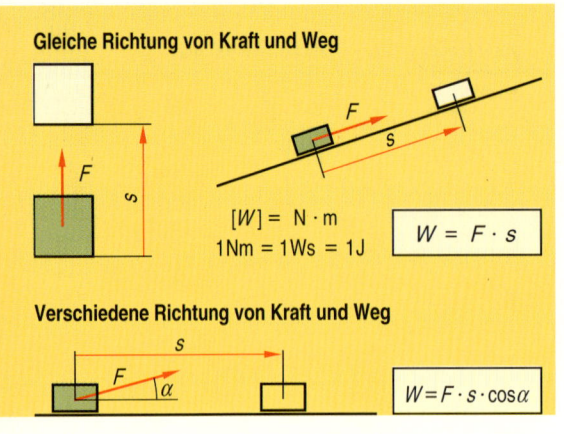

Mechanische Arbeit

Wirkt eine Kraft F über eine gewisse Wegstrecke s, so wird mechanische Arbeit verrichtet. Dabei ist die verrichtete Arbeit proportional zur Kraft und proportional zum zurückgelegten Weg. Mechanische Arbeit ist das Produkt aus Kraft und Weg: $W = F \cdot s$. Voraussetzung ist allerdings, dass die beiden Vektoren Kraft und Weg die gleiche Richtung besitzen.

Für den Fall, dass Kraft und zurückgelegter Weg verschiedene Richtungen haben, muss der Winkel zwischen Kraft und Weg berücksichtigt werden.

Kraft und Weg sind Vektoren, d.h. physikalische Größen mit einer Richtung. Die Arbeit ist ein Skalar, d.h. eine physikalische Größe ohne Richtung.

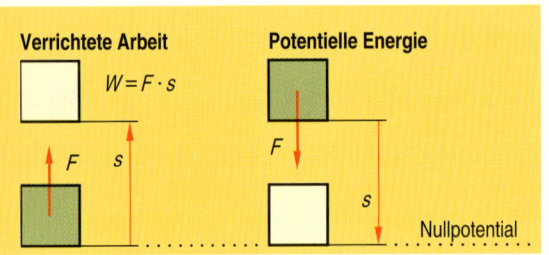

Gleiche Richtung von Kraft und Weg

$[W] = N \cdot m$
$1 Nm = 1 Ws = 1 J$
$W = F \cdot s$

Verschiedene Richtung von Kraft und Weg

$W = F \cdot s \cdot \cos \alpha$

Potenzielle Energie

Wird ein Körper mit der Kraft F um die Wegstrecke s bewegt, so wird dabei die Arbeit $W = F \cdot s$ verrichtet. Der Körper hat jetzt einen um diesen Betrag höheren Energieinhalt. Dieser zugeführte Energiebetrag heißt Lageenergie bzw. pozentielle Energie.

Die potenzielle Energie kann wieder Arbeit verrichten, z. B. indem man den Körper fallen lässt. Potenzielle Energie kann als Arbeitsvermögen bezeichnet werden.

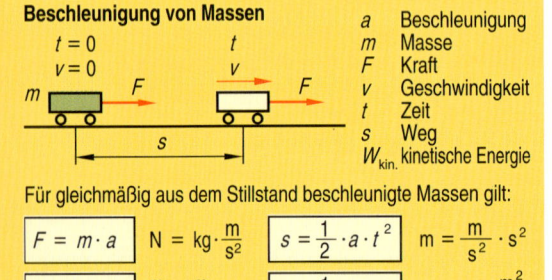

Verrichtete Arbeit
$W = F \cdot s$

Potentielle Energie
Nullpotential

Kinetische Energie

Mechanische Kraft kann auch genutzt werden, um einen Körper zu beschleunigen. Die dem Körper dadurch zugeführte Arbeit tritt als Bewegungsenergie auf; sie wird auch kinetische Energie genannt. Auch die kinetische Energie kann wieder umgewandelt werden, z.B. bei einem Aufprall in Verformungsarbeit.

Bei der kinetischen Energie ist besonders zu beachten, dass sie nicht linear mit der Geschwindigkeit zunimmt, sondern quadratisch.

Als Definition für Energie gilt allgemein: Energie ist die Fähigkeit, Arbeit zu verrichten. Arbeit und Energie haben gleiches Formelzeichen und gleiche Einheit.

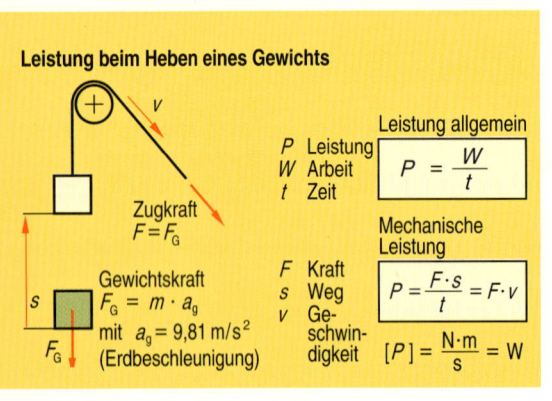

Beschleunigung von Massen

- a Beschleunigung
- m Masse
- F Kraft
- v Geschwindigkeit
- t Zeit
- s Weg
- $W_{kin.}$ kinetische Energie

Für gleichmäßig aus dem Stillstand beschleunigte Massen gilt:

$F = m \cdot a$ $\quad N = kg \cdot \dfrac{m}{s^2}$ $\quad s = \dfrac{1}{2} \cdot a \cdot t^2$ $\quad m = \dfrac{m}{s^2} \cdot s^2$

$v = a \cdot t$ $\quad \dfrac{m}{s} = \dfrac{m}{s^2} \cdot s$ $\quad W = \dfrac{1}{2} \cdot m \cdot v^2$ $\quad Nm = kg \cdot \dfrac{m^2}{s^2}$

Leistung

Um eine gewisse Arbeit zu verrichten, d.h. um den Energiezustand eines Körpers zu ändern, wird immer Zeit benötigt. Prinzipiell ist es unmöglich, Energiezustände in der Zeit null zu ändern, da hierfür unendlich große Kräfte notwendig wären.

Die Arbeit, die in einer gewissen Zeit verrichtet wird, heißt Leistung. Umgekehrt gilt: Die Arbeit ist das Produkt aus Leistung und zugehöriger Zeit.

Die Leistung gehört zu den wichtigsten Kenngrößen von Betriebsmitteln. Meist wird auf dem "Leistungsschild" die im Nennbetrieb abgegebene Leistung des Betriebsmittels angegeben.

Leistung beim Heben eines Gewichts

Zugkraft $F = F_G$
Gewichtskraft $F_G = m \cdot a_g$
mit $a_g = 9{,}81 \text{ m/s}^2$ (Erdbeschleunigung)

- P Leistung
- W Arbeit
- t Zeit
- F Kraft
- s Weg
- v Geschwindigkeit

Leistung allgemein
$P = \dfrac{W}{t}$

Mechanische Leistung
$P = \dfrac{F \cdot s}{t} = F \cdot v$

$[P] = \dfrac{N \cdot m}{s} = W$

Vertiefung zu 1.14

Reversible und irreversible Vorgänge

Prinzipiell gilt: Energie kann weder erzeugt noch vernichtet, sondern nur in andere Formen umgewandelt werden (Energieerhaltungssatz). Bei manchen Energieformen ist diese Umwandlung problemlos möglich, z. B. lässt sich potenzielle Energie verlustfrei in kinetische Energie umwandeln und umgekehrt.

Vorgänge, die umkehrbar sind, heißen reversibel. Bei einem reibungsfrei gelagerten Pendel zum Beispiel findet eine periodisch wiederkehrende Umwandlung von Lageenergie in Bewegungsenergie und zurück in Lageenergie statt.

Wird hingegen mechanische Energie durch Reibung in Wärme umgewandelt, so ist dieser Vorgang nicht umkehrbar; die Wärmeenergie lässt sich nicht, bzw. nicht vollständig in die ursprüngliche Energie zurückwandeln. Diese Vorgänge heißen irreversibel.

Reibung lässt sich in Haftreibung, Gleitreibung und Rollreibung einteilen. Die zur Überwindung der Reibung notwendige Kraft F_R ist von der Reibungszahl μ und der senkrecht auf die Reibungsfläche wirkenden Kraft F_N (Normalkraft) abhängig.

Energiewandlung beim Pendel

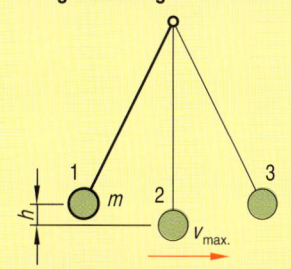

Stellung 1 und 3:
$v = 0 \quad W_{kin.} = 0$
$W_{pot.} = m \cdot a_g \cdot h$

Stellung 2:
$v = v_{max.} \quad W_{pot.} = 0$
$W_{kin.} = \frac{1}{2} \cdot m \cdot v_{max.}^2$

Reibungskraft

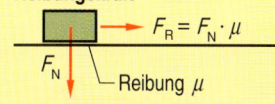

$F_R = F_N \cdot \mu$

Die zur Überwindung der Reibung notwendige mechanische Arbeit wird in Wärme umgewandelt

Reibungszahlen, Näherungswerte

	μ_{Haft}	trocken μ_{Gleit}	flüssig
Stahl – Stahl	0,25	0,15	0,06
Gummi – Asphalt	0,8	0,7	0,3

Aufgaben

1.14.1 Gewichts- und Beschleunigungskraft

a) Berechnen Sie die Gewichtskraft der folgenden Massen: $m_1 = 1$ kg, $m_2 = 20$ mg, $m_3 = 0,5$ t, $m_4 = 300$ g. Wie würden sich die Massen und die Gewichtskräfte ändern, wenn sie sich auf dem Mond befänden?

b) Berechnen Sie die Kraft, die auf eine Person mit der Masse $m = 75$ kg wirkt, wenn sie in 8 s aus dem Stillstand auf 100 km/h beschleunigt wird.

1.14.2 Mechanische Arbeit

Die Masse $m = 20$ kg wird auf einer schiefen Ebene mit der Neigung a über die Strecke $s = 25$ m bewegt. Die Reibung ist vernachlässigbar klein.

a) Berechnen Sie die nötige Zugkraft und die auf die schiefe Ebene senkrecht wirkende Kraft (Normalkraft) für die Neigungen $\alpha_1 = 0°$, $\alpha_2 = 30°$, $\alpha_3 = 60°$ und $\alpha_4 = 90°$.

b) Berechnen Sie für alle vier Neigungen die jeweils aufgewandte mechanische Arbeit.

1.14.3 Potenzielle und kinetische Energie

Ein Lastenaufzug mit der Masse 500 kg wird 40 m über seine Ausgangslage gezogen.

a) Berechnen Sie seine potenzielle Energie bezüglich seiner Ausgangslage.

b) Nach dem Reißen des Zugseils fällt der Aufzug reibungsfrei bis auf die Ausgangslage. Berechnen Sie die kinetische Energie des Aufzugs und seine Geschwindigkeit direkt vor dem Aufprall.

1.14.4 Arbeit und Leistung

Der Riemen eines Riementriebs hat die Umlaufgeschwindigkeit 25 m/s, die Zugkraft im Riemen beträgt 40 N. Verluste sind zu vernachlässigen.

a) Berechnen Sie die übertragene Leistung.

b) Berechnen Sie die geleistete Arbeit, wenn der Antrieb 8 h in Betrieb ist.

c) Für welche Zugkraft müsste der Riemen bemessen sein, wenn der Antriebsmotor maximal 3 kW abgibt?

1.14.5 Pumpspeicherkraftwerk

Das Oberbecken eines Pumpspeicherkraftwerkes fasst 8 Millionen m³ Wasser, die mittlere nutzbare Fallhöhe ist 240 m. Verluste werden vernachlässigt.

a) Berechnen Sie die gespeicherte Energiemenge.

b) Welche mechanische Leistung kann dem See entnommen werden, wenn er in 4 h entleert wird?

c) Für wie lange kann der See die mechanische Leistung 25 MW abgeben?

1.14.6 Transportrampe

Ein Balken mit $m = 500$ kg wird über eine Rampe 50 m schräg nach oben gezogen. Der Neigungswinkel der Rampe beträgt 30°, die Haftreibungszahl ist 0,7, die Gleitreibungszahl 0,3. Berechnen Sie

a) die notwendige Zugkraft zur Überwindung der Haftreibung sowie zur Fortbewegung der Masse,

b) die für den Transport aufzuwendende Arbeit,

c) die gewonnene potenzielle Energie des Körpers.

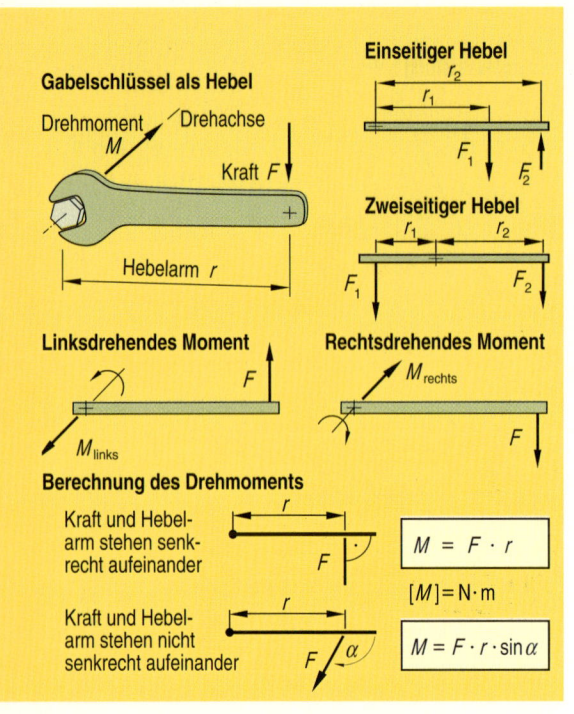

1.15 Drehmoment und Leistung

Gabelschlüssel als Hebel

Einseitiger Hebel

Zweiseitiger Hebel

Linksdrehendes Moment

Rechtsdrehendes Moment

Berechnung des Drehmoments

Kraft und Hebelarm stehen senkrecht aufeinander:
$$M = F \cdot r$$
$$[M] = \text{N} \cdot \text{m}$$

Kraft und Hebelarm stehen nicht senkrecht aufeinander:
$$M = F \cdot r \cdot \sin\alpha$$

Gleichgewicht am Hebel

Am Hebel herrscht Gleichgewicht wenn gilt:
$$F_1 \cdot r_1 + F_2 \cdot r_2 = F_3 \cdot r_3 + F_4 \cdot r_4$$
oder allgemein:
$$\Sigma\, M_{\text{links}} = \Sigma\, M_{\text{rechts}}$$

Berechnung von Auflagekräften

Neben dem Gesetz $\Sigma\, M_{\text{links}} = \Sigma\, M_{\text{rechts}}$ bezüglich eines willkürlich gewählten Drehpunkts gilt:
$$F_A + F_B = F_1 + F_2 + F_3$$

Motor mit Riementrieb

n Drehfrequenz
d Durchmesser Riemenscheibe
F Zugkraft

Aus $P = \dfrac{F \cdot s}{t} = F \cdot v$
folgt mit $v = d \cdot \pi \cdot n$
$P = F \cdot d \cdot \pi \cdot n$
$= M \cdot 2 \cdot \pi \cdot n$
Mit $2 \cdot \pi \cdot n = \omega$
folgt:
$$P = M \cdot 2 \cdot \pi \cdot n = M \cdot \omega$$
$$[P] = \text{N} \cdot \text{m} \cdot \dfrac{1}{\text{s}} = \dfrac{\text{Nm}}{\text{s}} = \text{W}$$

Hebel und Drehmoment

Beim Übertragen von Kräften spielen Hebel eine große Rolle. Unter einem Hebel versteht man hierbei jeden um eine Achse drehbaren Körper. Dabei ist es nicht nötig, dass sich der Körper tatsächlich drehen lässt; die Drehachse ist für Berechnungen frei wählbar. Man unterscheidet einseitige und zweiseitige Hebel.

Greift an dem Hebelarm eine Kraft F an, so wird der Körper zu einer Drehbewegung genötigt; das Zusammenwirken einer Kraft mit einem Hebelarm heißt deshalb **Drehmoment**. Will sich der Körper unter dem Einfluss der angreifenden Kraft gegen den Uhrzeigersinn drehen, so heißt das Drehmoment „linksdrehend", im anderen Fall heißt es "rechtsdrehend".

Stehen die beiden Vektoren Kraft und Hebelarm senkrecht aufeinander, so wird das Drehmoment aus dem Produkt von Kraft und Hebelarm berechnet. Stehen Kraft und Hebelarm nicht senkrecht aufeinander, so trägt nur der Teil der Kraft zur Momentenbildung bei, der senkrecht zum Hebelarm steht.

Allgemein gilt: Das Drehmoment ist gleich dem vektoriellen Produkt aus Kraft und zugehörigem Hebelarm. Das Drehmoment selbst ist ein Vektor; es steht senkrecht zur Kraft und senkrecht zum Hebelarm.

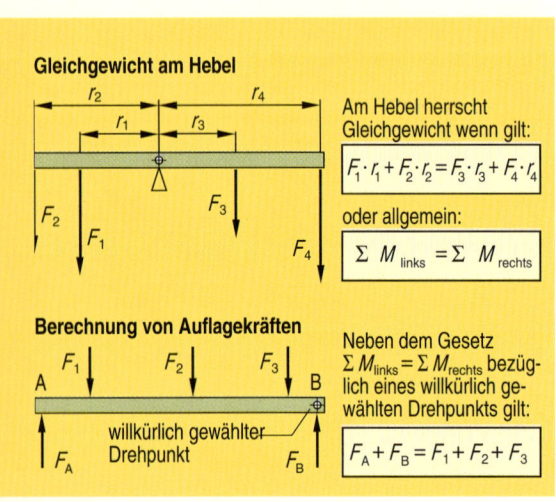

Hebelgesetz

An einem Hebel greifen meist mehrere Kräfte an, wobei je nach Richtung der Kräfte links- oder rechtsdrehende Drehmomente entstehen können. Ist die Summe aller linksdrehenden Momente gleich der Summe aller rechtsdrehenden Momente, bzw. ist die Summe aller Drehmomente gleich null, so befindet sich der Hebel im statischen Gleichgewicht. Ist der Hebel im statischen Gleichgewicht, so führt er keine Drehbewegung aus. Das Hebelgesetz dient z.B. zur Berechnung von Lagerkräften. Diese werden berechnet, indem man den Drehpunkt des Hebels willkürlich in ein Auflager, z.B. in das Auflager B legt. Für diesen gedachten Drehpunkt kann dann das Hebelgesetz angewandt werden.

Bei der Berechnung von Drehmomenten muss strikt auf die Richtungen der Kräfte und der Hebelarme geachtet werden.

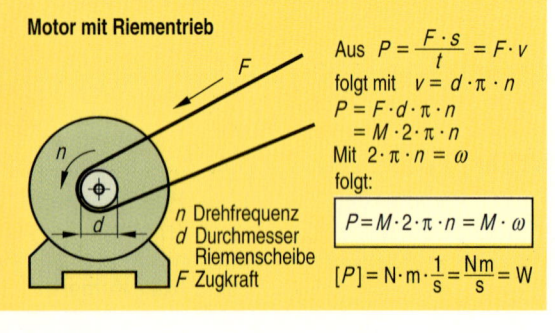

Drehmoment und Leistung

Zu den wichtigsten Kenngrößen eines Motors gehört das Drehmoment, das er an seiner Antriebswelle entwickelt. Aus dem Drehmoment der Welle und ihrer Drehfrequenz (Drehzahl) lässt sich die Antriebsleistung, d. h. die an der Welle abgegebene mechanische Leistung des Motors berechnen.

Die am Umfang der Motorwelle bzw. Riemenscheibe auftretende Geschwindigkeit wird Umfangsgeschwindigkeit genannt, das Produkt $\omega = 2 \cdot \pi \cdot n$ heißt Winkelgeschwindigkeit (ω lies: Omega).

Vertiefung zu 1.15

Drehmomentenkennlinien

In der Antriebstechnik spielen Drehmomentenkennlinien eine große Rolle. Das nebenstehende Diagramm zeigt die drehfrequenzabhängigen Drehmomente von Antriebsmaschine (Drehstromasynchronmotor, DASM) und Arbeitsmaschine.
Aus den Kennlinien kann das zu jeder Drehfrequenz gehörige Beschleunigungsmoment sowie die stationäre Drehfrequenz des Antriebs ermittelt werden.

Drehmomentenkennlinie eines Antriebs mit DASM

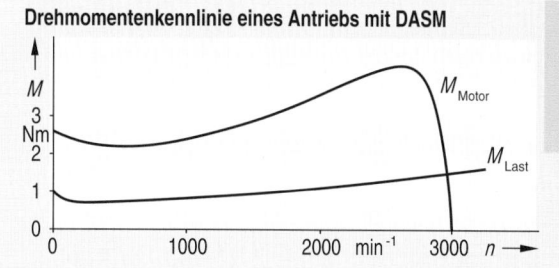

Aufgaben

1.15.1 Einseitiger Hebel
Ein einseitiger, drehbar gelagerter Hebel hat folgende Abmessungen:

$F_1 = 80$ N, $F_2 = 50$ N, $F_4 = 20$ N

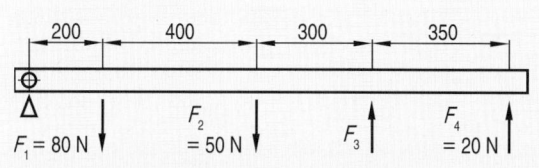

Berechnen Sie die notwendige Kraft F_3, damit der Hebel im Gleichgewicht ist.

1.15.2 Zweiseitiger Hebel
Ein zweiseitiger, drehbar gelagerter Hebel hat folgende Abmessungen:

$F_1 = 50$ N $F_2 = 50$ N $F_3 = 90$ N

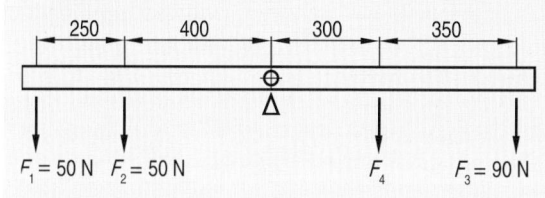

Bei welcher Kraft F_4 ist der Hebel im Gleichgewicht?

1.15.3 Antenne
Eine Antennenkombination besteht aus zwei Bereichsantennen für den Fernsehempfang (FS) sowie einer Tonrundfunk-Antenne mit Kreuz- und Stabdipol.
Aus dem Antennenkatalog wurden folgende Windlasten entnommen:
Band III: 67N
Band IV: 44N
Rundfunk: 71N
a) An welcher Stelle tritt das maximale Biegemoment auf?
b) Berechnen Sie das maximale Biegemoment.

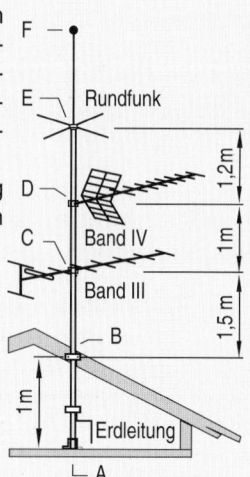

1.15.4 Auflagekräfte
Eine Stahlbrücke trägt folgende Lasten:

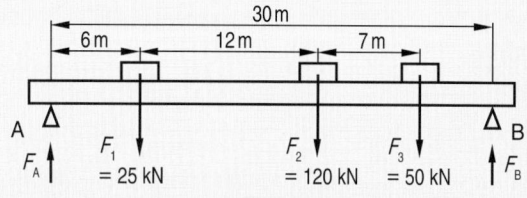

$F_1 = 25$ kN, $F_2 = 120$ kN, $F_3 = 50$ kN

Das Gewicht der Brücke beträgt 500 kN.
Berechnen Sie die Auflagekräfte bei A und B.

1.15.5 Lagerkräfte am Motor
Ein Elektromotor ist an den Stellen A und B festgeschraubt und erfährt folgende Kräfte:

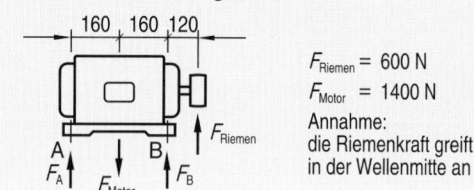

$F_{Riemen} = 600$ N
$F_{Motor} = 1400$ N
Annahme: die Riemenkraft greift in der Wellenmitte an

Berechnen Sie die auftretenden Kräfte F_A und F_B.

1.15.6 Drehstrommotor
Das Leistungsschild eines Drehstrommotors (DASM) enthält u.a. folgende Angaben: $U = 400$ V, $P_n = 5,5$ kW, $n_n = 2880$ min^{-1}. Der Durchmesser der Riemenscheibe beträgt 300 mm.
Berechnen Sie: a) das Drehmoment an der Welle,
b) die Zugkraft im Riemen.

1.15.7 Elektromotorischer Antrieb
Bestimmen Sie aus folgenden Kennlinien die abgegebene Leistung des Motors.

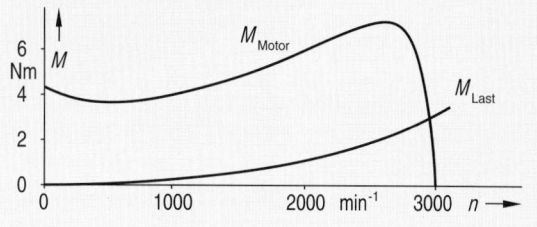

1.16 Elektrische Arbeit und Leistung

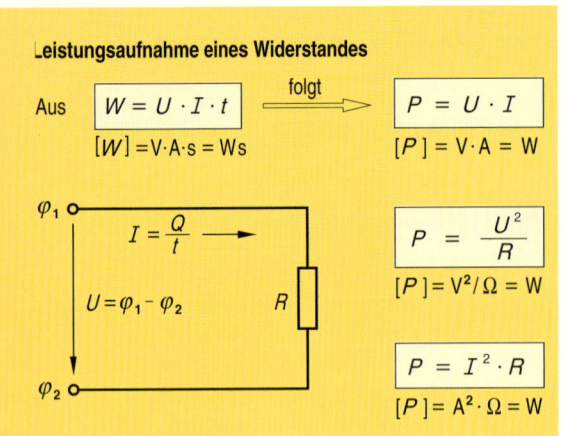

Leistungsaufnahme eines Widerstandes

Aus $W = U \cdot I \cdot t$ folgt $P = U \cdot I$

$[W] = V \cdot A \cdot s = Ws$ $[P] = V \cdot A = W$

$I = \dfrac{Q}{t}$

$U = \varphi_1 - \varphi_2$

$P = \dfrac{U^2}{R}$

$[P] = V^2/\Omega = W$

$P = I^2 \cdot R$

$[P] = A^2 \cdot \Omega = W$

Leistungsmessung

indirekt / direkt

mit Leistungsmesser / mit Zähler

Spannungspfad, Strompfad

$P = \dfrac{n}{c_Z}$

$[P] = \dfrac{1/h}{1/kWh} = kW$

Leistungshyperbel für 1,5-Watt-Widerstände

470 Ω, 1 kΩ, 2,2 kΩ, 4,7 kΩ, 10 kΩ

Verbotener Bereich

26,5 V, P 1,5 W, 58 mA

Berechnung

Die in einem Betriebsmittel, z. B. in einem Widerstand, umgesetzte Arbeit ist proportional zu der elektrischen Ladungsmenge Q, die durch das Betriebsmittel geflossen ist und der dabei überwundenen Potentialdifferenz $\varphi_1 - \varphi_2$ (Spannung U). Da die durch das Betriebsmittel geflossene Ladungsmenge gleich dem Produkt aus Stromstärke und Betriebszeit ist, gilt für die elektrische Arbeit: $W = Q \cdot U = I \cdot t \cdot U = U \cdot I \cdot t$.
Die Leistung ist allgemein definiert als pro Zeiteinheit verrichtete Arbeit; für die elektrische Leistung folgt daraus: $P = W/t = U \cdot I$.
Bei einem Betriebsmittel mit dem Widerstand R besteht der Zusammenhang $U = I \cdot R$ (ohmsches Gesetz).
Somit gilt für die elektrische Leistung: $P = U^2/R = I^2 \cdot R$.

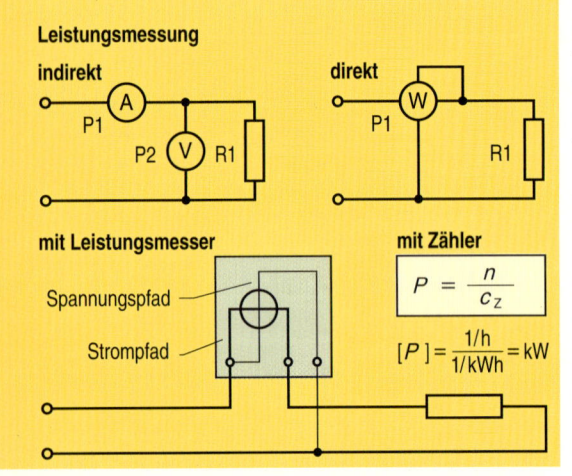

Messung

Die elektrische Leistung eines Betriebsmittels kann auf verschiedene Weise gemessen werden.
Werden die am Betriebsmittel anliegende Spannung und der fließende Strom gemessen, so kann die Leistung berechnet werden: $P = U \cdot I$. Diese Methode heißt indirekte Leistungsmessung. Mit Hilfe eines Leistungsmessers kann die Leistung direkt gemessen werden.
Soll die Arbeit bestimmt werden, so muss zusätzlich die Betriebszeit gemessen werden. Dann gilt: $W = P \cdot t$.
Mit Hilfe eines Zählers (Elektrizitätszähler, kWh-Zähler) kann die elektrische Arbeit direkt gemessen werden. Wird zusätzlich die Betriebszeit gemessen, so kann die Leistung berechnet werden.
Mit Hilfe der so genannten Zählerkonstante c_Z kann die Leistung aus der Drehfrequenz n der umlaufenden Zählerscheibe berechnet werden: $P = n/c_Z$.

Leistungshyperbel

Die elektrische Leistung ist gleich dem Produkt aus Spannung und Strom: $P = U \cdot I$. Eine bestimmte Leistung, z. B. $P = 1$ W, kann durch $U = 1$ V und $I = 1$ A zustande kommen, aber ebenso aus $U = 2$ V und $I = 0,5$ A.
Alle U-I-Wertepaare, die zur gleichen Leistung führen, ergeben in der grafischen Darstellung eine Hyperbel, die so genannte Leistungshyperbel. Für jeden Punkt der Leistungshyperbel gilt: $U \cdot I = P = $ konstant.
Mit Hilfe von Leistungshyperbeln lassen sich die zulässigen Spannungen bzw. Ströme für Widerstände mit vorgegebener zulässiger Leistung ermitteln.
Beispiel: Widerstand 2,2 kΩ
  zulässige Leistung 1,5 W
  höchste zulässige Spannung 26,5 V
  höchster zulässiger Strom 58 mA
Der Bereich unter der Leistungshyperbel ist der Arbeitsbereich des Widerstandes, der Bereich oberhalb der Hyperbel ist der „verbotene Bereich".

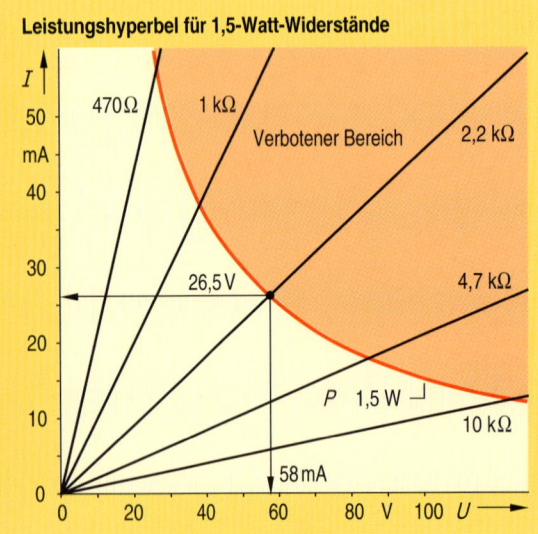

Vertiefung zu 1.16

Leistungsschilder

Das Leistungsschild eines Betriebsmittels macht Angaben über Spannung, Strom, Betriebsart, Leistungsfaktor und Schutzart, sowie Angaben über Hersteller und Typenbezeichnung.
Bei der Leistungsangabe ist zu beachten:
- Bei Motoren wird die an der Welle abgegebene Nennleistung angegeben,
- bei Betriebsmitteln wie Bohrmaschinen, Heizgeräten, Lampen, Elektrogeräten usw. wird die aufgenommene elektrische Nennleistung angegeben.

Das Produkt aus Strom und Spannung ist nicht immer gleich der Wirkleistung. Erläuterungen zur zusätzlich auftretenden Blindleistung folgen in Kapitel 3.

Leistungsschild einer Handbohrmaschine

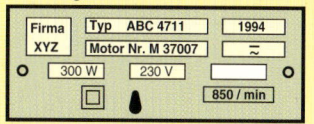

Firma XYZ	Typ ABC 4711	1994
	Motor Nr. M 37007	⎓
	300 W	230 V
		850 / min

Bei Handbohrmaschinen wird die im Nennbetrieb aufgenommene Wirkleistung angegeben

Leistungsschild eines Drehstrommotors

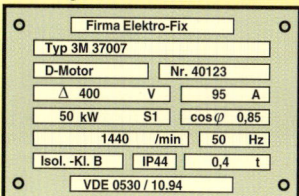

Firma Elektro-Fix	
Typ 3M 37007	
D-Motor	Nr. 40123
△ 400 V	95 A
50 kW	S1 cos φ 0,85
1440 /min	50 Hz
Isol.-Kl. B	IP44 0,4 t
VDE 0530 / 10.94	

Bei Motoren wird die im Nennbetrieb an der Welle abgegebene Leistung angegeben

Aufgaben

1.16.1 Heizlüfter
Ein Heizlüfter hat die Nennspannung 230 V und die Nennleistung 2 kW. Berechnen Sie:
a) den Nennstrom,
b) den Widerstandswert der Heizwendel,
c) die Betriebskosten bei 8-stündigem Betrieb, wenn der Arbeitspreis 0,12 Euro/kWh beträgt.

1.16.2 Kohleschichtwiderstände
Für die Widerstände a) bis e) ist jeweils der Widerstandswert und die zulässige Belastbarkeit gegeben. Berechnen Sie jeweils die zulässige Spannung und den zulässigen Strom.

Teilaufgabe	a)	b)	c)	d)	e)
Widerstand	68 Ω	470 Ω	1,5 kΩ	22 kΩ	39 Ω
Belastbarkeit	5 W	0,5 W	2 W	1/8 W	1/4 W
U_{zul}					
I_{zul}					

1.16.3 Leitungsverluste
Ein 2-kW-Heizlüfter wird an 230 V betrieben. Die Stromzufuhr erfolgt über ein 15 m langes Kabel mit Leiterquerschnitt 1,5 mm² Kupfer. Berechnen Sie:
a) die Verluste in der Zuleitung,
b) die Verluste, wenn die Heizleistung nur 1 kW beträgt.
Hinweis: die Spannung am Heizlüfter ist konstant.

1.16.4 Leistungshyperbel
Drei Kohleschichtwiderstände $R_1 = 330\,\Omega$, $R_2 = 560\,\Omega$ und $R_3 = 1,2\,k\Omega$ sind jeweils mit $P = 0,5\,W$ belastbar.
a) Zeichnen Sie in ein U-I-Diagramm die Leistungshyperbel für $P = 0,5\,W$ sowie die Widerstandsgeraden der drei Widerstände. Bestimmen Sie daraus die zulässigen Spannungen bzw. Ströme.
b) Überprüfen Sie die Ergebnisse rechnerisch.

1.16.5 Elektroherd mit 7-Takt-Schalter
Die Leistungsaufnahme einer 145-mm-Blitzkochplatte wird mit einem 7-Takt-Schalter gesteuert.

Schaltung

R3 — 750 W
R2 — 250 W
R1 — 500 W
F — A B C D E
L1 — 230 V — N

Schaltschema

Schalt-stellung	Schaltglied				
	A	B	C	D	E
0					
3	×	×		×	×
2,5		×		×	×
2		×		×	
1,5	×				×
1			×		×
0,5	×			×	

a) Berechnen Sie die Widerstandswerte R_1, R_2, R_3.
b) Skizzieren Sie die Schaltung von Kochplatte und Schalter für alle sieben Schaltstellungen und berechnen Sie die jeweilige Leistungsaufnahme.

1.16.6 Glühofen
Ein Glühofen besitzt drei Heizwiderstände R1, R2 und R3; die Nennspannung beträgt 400 V.
Sind nur die beiden Widerstände R1 und R2 in Betrieb, so ist die aufgenommene Leistung 12 kW. Wird R2 abgeschaltet, so steigt die Leistung um 25 %, wird R3 zugeschaltet, so sinkt die Leistung auf 50 %.
a) Skizzieren Sie die Schaltung des Glühofens.
b) Berechnen Sie die drei Widerstandswerte.

1.16.7 Leistungsmessung
Die Leistung eines Bügeleisens soll bestimmt werden.
a) Erklären Sie den prinzipiellen Unterschied zwischen direkten und indirekten Messmethoden. Skizzieren Sie die jeweiligen Schaltungen.
b) Berechnen Sie die Leistung, wenn die Zählerscheibe eines Zählers mit Zählerkonstante $c_Z = 60/kWh$ in 10 Minuten 6 Umdrehungen macht.

1.17 Leistungsabgabe von Spannungsquellen

Ersatzschaltbild einer Spannungsquelle

R_i Innenwiderstand
U_0 ideale Spannungsquelle (Quellenspg.)
Laststrom $I_L = \dfrac{U_L}{R_L}$
R_L Lastwiderstand

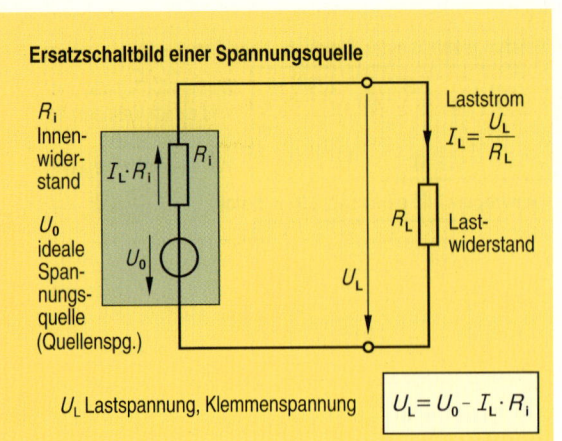

U_L Lastspannung, Klemmenspannung

$$U_L = U_0 - I_L \cdot R_i$$

Innenwiderstand von Spannungsquellen

Jede Spannungsquelle hat einen Innenwiderstand R_i. Er entsteht z.B. durch den Kupferwiderstand der Generatorwicklung oder den Widerstand des Elektrolyts bei einem galvanischen Element.
Eine reale Spannungsquelle wird deshalb meist ersatzweise durch die Reihenschaltung aus
- einer idealen Spannungsquelle ($R_i = 0$)
- und einem ohmschen Widerstand R_i

dargestellt.
Die Spannungsquelle liefert die Leerlaufspannung U_0 (Quellenspannung, Urspannung). Bei Belastung fällt ein Teil davon ($I_L \cdot R_i$) am Innenwiderstand R_i ab, der andere Teil tritt an den Klemmen der Quelle als Klemmenspannung (Lastspannung) U_L auf.

Leistungsabgabe in Abhängigkeit vom Laststrom

Versuchsschaltung: $R_i = 10\,\Omega$, $U_0 = 10\,V$

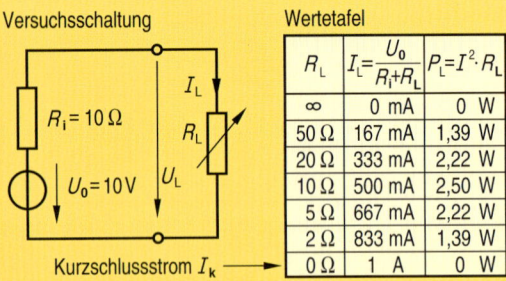

Kurzschlussstrom I_k

Wertetafel

R_L	$I_L = \dfrac{U_0}{R_i + R_L}$	$P_L = I^2 \cdot R_L$
∞	0 mA	0 W
50 Ω	167 mA	1,39 W
20 Ω	333 mA	2,22 W
10 Ω	500 mA	2,50 W
5 Ω	667 mA	2,22 W
2 Ω	833 mA	1,39 W
0 Ω	1 A	0 W

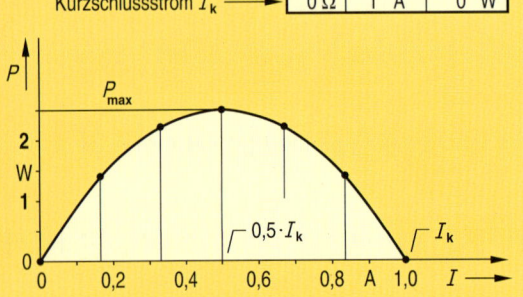

Leistungsabgabe

Die von der Spannungsquelle an den Verbraucherwiderstand abgegebene Leistung hängt von den Eigenschaften der Spannungsquelle (U_0, R_i) und vom Lastwiderstand R_L ab.
- Im Leerlauf ($R_L \rightarrow \infty$) liegt an den Klemmen die gesamte Quellenspannung U_0 an, der Strom ist aber $I_L = 0$, die abgegebene Leistung ist deshalb null.
- Mit zunehmender Belastung (Lastwiderstand sinkt, Laststrom steigt) steigt die abgegebene Leistung. Bei weiter zunehmendem Laststrom erreicht die abgegebene Leistung ein Maximum und fällt dann wieder ab, weil die Spannung stark abnimmt.
- Im Kurzschluss ($R_L = 0$) hat der Strom seinen Maximalwert (Kurzschlussstrom), die Lastspannung hat den Wert null, die von der Spannungsquelle abgegebene Leistung ist ebenfalls null.

Das Beispiel zeigt, dass die maximale Leistung dann abgegeben wird, wenn Lastwiderstand R_L und Innenwiderstand der Spannungsquelle R_i gleich groß sind. Der Strom ist dann gleich dem halben Kurzschlussstrom, die Klemmenspannung ist gleich der halben Leerlaufspannung.

Leistungsanpassung

Wenn der Lastwiderstand gleich dem Innenwiderstand der Spannungsquelle ist, herrscht Leistungsanpassung

$$R_L = R_i$$

Bei Leistungsanpassung gibt die Spannungsquelle die höchst mögliche Leistung an den Lastwiderstand ab

$$P_{max} = \dfrac{U_0^2}{4 \cdot R_i}$$

Bei Leistungsanpassung liegt am Innenwiderstand der Spannungsquelle und am Lastwiderstand die gleiche Spannung. In der Spannungsquelle und am Lastwiderstand wird die gleiche Leistung in Wärme umgesetzt.

Anpassung

In manchen Bereichen, insbesondere in der Nachrichtentechnik, soll einer Spannungsquelle (Signalquelle) möglichst viel Leistung entnommen werden. Dazu ist es nötig, dass der Lastwiderstand dem Innenwiderstand der Quelle angepasst wird. Die größtmögliche Leistung kann der Spannungsquelle entnommen werden, wenn gilt: $R_L = R_i$. Dieser Fall heißt Leistungsanpassung.
Ist der Lastwiderstand wesentlicher größer als der Innenwiderstand ($R_L \gg R_i$), so spricht man von Spannungsanpassung. Dieser Fall wird bei der Energieübertragung angestrebt.
Ist $R_L \ll R_i$, so liegt Stromanpassung vor.

Vertiefung zu 1.17

Arbeitspunkt und Leistungsabgabe, grafische Ermittlung

Die Leistungsabgabe der Spannungsquelle an den Widerstand kann auch grafisch ermittelt werden. Dies erfolgt in vier Schritten:
1. Arbeitsgerade des Lastwiderstandes wird gezeichnet
2. Arbeitsgerade des Innenwiderstandes wird gezeichnet, der Spannungsmaßstab läuft dabei aber von rechts nach links
3. Der Schnittpunkt beider Arbeitsgeraden ergibt den Arbeitspunkt der Schaltung
4. Mit Hilfe des Arbeitspunktes kann die Leistung ermittelt werden.

Die Kennlinien können im Diagramm $I = f(U)$ oder im Diagramm $U = f(I)$ dargestellt werden.

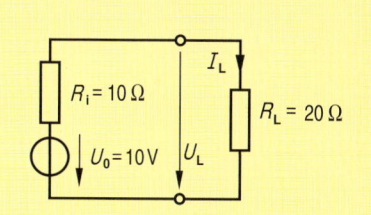

Bestimmung der Arbeitsgeraden des Lastwiderstandes

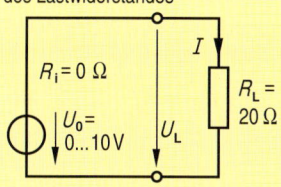

$$I_k = \frac{U_0}{R_L}$$

Bestimmung der Arbeitsgeraden des Innenwiderstandes

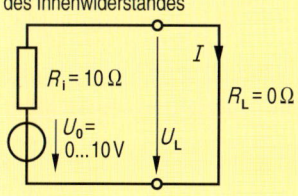

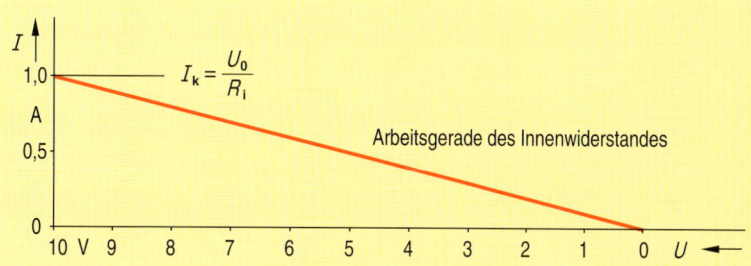

$$I_k = \frac{U_0}{R_i}$$

Bestimmung von Arbeitspunkt und Leistung

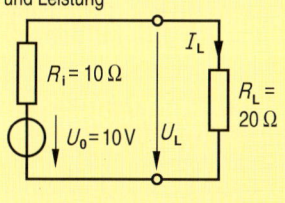

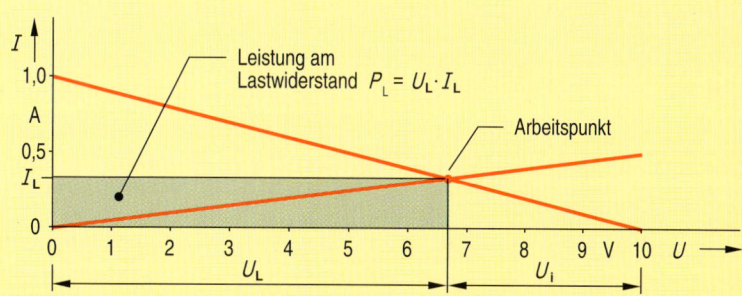

Leistung am Lastwiderstand $P_L = U_L \cdot I_L$

Arbeitspunkt

Maximale Leistungsabgabe

Die Leistung am Lastwiderstand kann mit Hilfe der Arbeitsgeraden von Innen- und Lastwiderstand bestimmt werden. Verändert man den Lastwiderstand und damit seine Arbeitsgerade, so ändert sich das Rechteck $P_L = U_L \cdot I$.
Seine Fläche wird am größten, wenn der Innenwiderstand gleich dem Lastwiderstand ist (Leistungsanpassung).

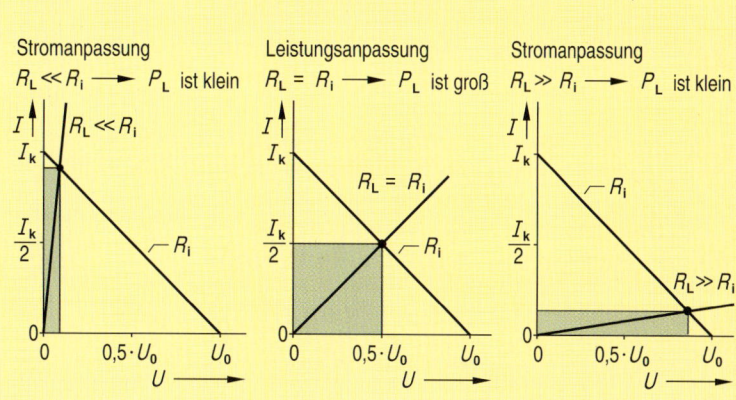

Stromanpassung
$R_L \ll R_i \longrightarrow P_L$ ist klein

Leistungsanpassung
$R_L = R_i \longrightarrow P_L$ ist groß

Stromanpassung
$R_L \gg R_i \longrightarrow P_L$ ist klein

1.18 Messung von Innenwiderständen

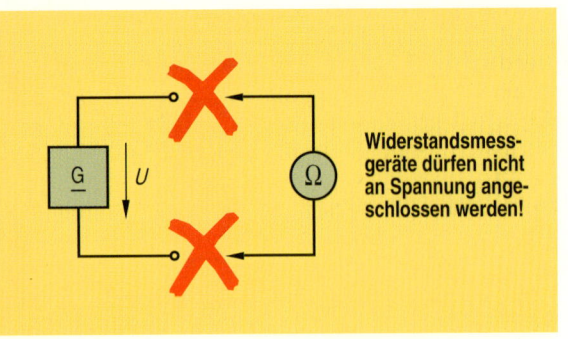

Widerstandsmessgeräte dürfen nicht an Spannung angeschlossen werden!

Messprobleme
Die Widerstandswerte von üblichen Bauteilen wie Draht- oder Kohleschichtwiderständen lassen sich meist direkt mit den üblichen Widerstandsmessgeräten (Ohmmetern) oder speziellen Messbrücken messen. Bei Innenwiderständen von Spannungsquellen ist dies nicht möglich, weil die Spannung der zu messenden Quelle das Messgerät zerstören würde.
Die Innenwiderstände von Spannungsquellen müssen deshalb durch indirekte Messmethoden bestimmt werden.

Leerlauf-Belastungs-Messung
Die allgemein übliche Methode zur Bestimmung des Innenwiderstandes einer Spannungsquelle beruht auf zwei Messungen:
1. Messung der Leerlaufspannung U_0 bei $I_L = 0$
2. Messung der Lastspannung U_L bei einem möglichst großen Laststrom I_L.

Bei Belastung der Spannungsquelle sinkt naturgemäß die Klemmenspannung, weil ein Teil der Quellenspannung am Innenwiderstand abfällt. Der Innenwiderstand wird dann aus dem Spannungsfall und dem Laststrom berechnet.
Diese Messmethode eignet sich z.B. zur Bestimmung des Schleifenwiderstandes (Schleifenimpedanz) eines elektrischen Verteilernetzes.

Leerlaufmessung / **Belastungsmessung**

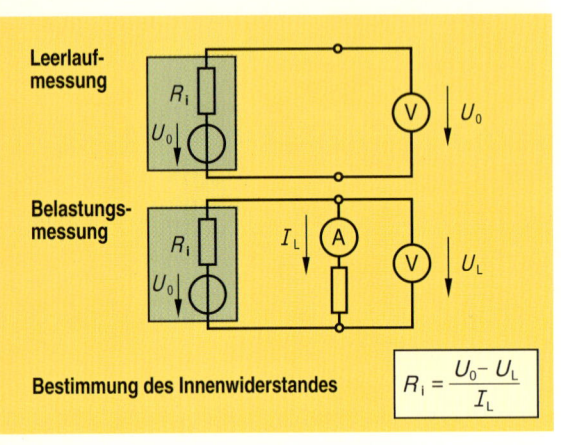

Bestimmung des Innenwiderstandes:
$$R_i = \frac{U_0 - U_L}{I_L}$$

Leerlauf-Kurzschluss-Messung
Die Bestimmung des Innenwiderstandes einer Spannungsquelle ist besonders genau, wenn der Laststrom sehr groß ist. Als Extremwert kann dabei die Last aus einem Kurzschluss ($R_L = 0$) bestehen. Die Bestimmung des Innenwiderstandes erfordert dann folgende zwei Messungen:
1. Messung der Leerlaufspannung U_0 bei $I_L = 0$
2. Messung des Kurzschlussstromes I_K bei $U_L = 0$.

Der Innenwiderstand kann direkt aus Leerlaufspannung und Kurzschlussstrom berechnet werden.
Diese Messmethode eignet sich naturgemäß nur für kurzschlussfeste Spannungsquellen, d.h. für Quellen deren Kurzschlussstrom so klein ist, dass er die Spannungsquelle nicht beschädigen kann.

Leerlaufmessung / **Kurzschlussmessung**

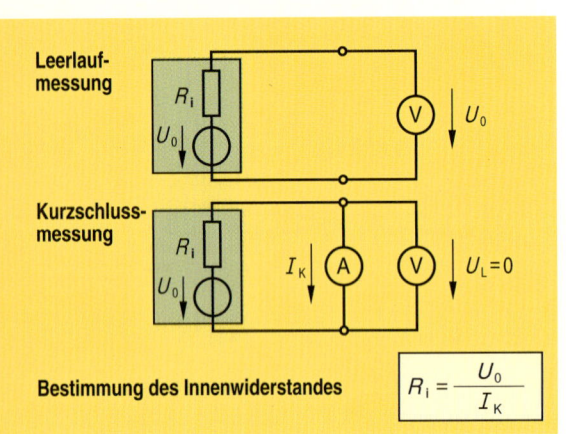

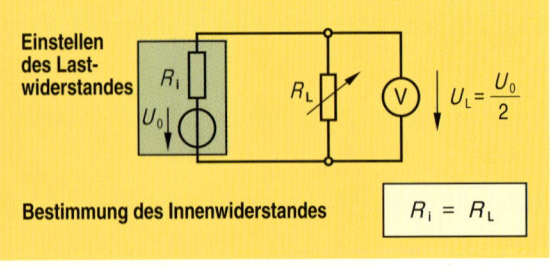

Bestimmung des Innenwiderstandes:
$$R_i = \frac{U_0}{I_K}$$

Widerstands-Vergleichsmessung
Bei kurzschlussfesten Spannungsquellen kann der Innenwiderstand auch mit Hilfe eines genau einstellbaren Lastwiderstandes bestimmt werden. Folgende zwei Messungen sind erforderlich:
1. Messung der Leerlaufspannung U_0 bei $I_L = 0$
2. Verstellen des Lastwiderstandes RL bis die Lastspannung gleich der halben Leerlaufspannung ist. Für den Innenwiderstand gilt dann: $R_i = R_L$.

Einstellen des Lastwiderstandes: $U_L = \frac{U_0}{2}$

Bestimmung des Innenwiderstandes: $R_i = R_L$

© Holland + Josenhans

Vertiefung zu 1.18

Innenwiderstand

Für Berechnungen werden Spannungsquellen häufig als „ideal" d.h. mit Innenwiderstand null angenommen. In der Praxis spielt der Innenwiderstand aber meist eine bedeutende Rolle. Insbesondere führt er zu Verlusten und zur Erwärmung der Quelle.

Andererseits ist ein gewisser Innenwiderstand auch erwünscht, denn er begrenzt den Strom im Falle eines Kurzschlusses.

Auch ganze Netzwerke, wie z.B. die elektrischen Versorgungsnetze, Gleichrichter- oder Verstärkerschaltungen haben einen Innenwiderstand. Die Messung dieses Widerstandes erfolgt immer durch indirekte Messmethoden.

Bei elektrischen Versorgungsnetzen muss der Innenwiderstand hinreichend klein sein, damit im Kurzschlussfall der für die Sicherungen notwendige Auslösestrom fließen kann.

Ist der Innenwiderstand sehr groß, so spricht man von einer „Stromquelle". Bei idealen Stromquellen ist der Innenwiderstand unendlich groß.

In der Praxis können weder ideale Spannungsquellen noch ideale Stromquellen realisiert werden.

Aufgaben

1.18.1 Belastete Spannungsquelle

Eine Gleichspannungsquelle hat die Quellenspannung $U_0 = 12\,V$ und den Innenwiderstand $0,4\,\Omega$. Die Quelle wird mit einem Lastwiderstand R_L belastet, dessen Widerstandswert von ∞ (Leerlauf) bis 0 (Kurzschluss) einstellbar ist. Die Spannung am Lastwiderstand U_L, der Laststrom I_L und die Leistung des Lastwiderstandes P_L werden gemessen.

a) Zeichnen Sie das Schaltbild.
b) Zeichnen Sie in ein gemeinsames Diagramm, die Funktionen $U_L = f(G_L)$, $I_L = f(G_L)$ und $P_L = f(G_L)$.
Dabei ist $G_L = 1/R_L$ (Leitwert des Lastwiderstandes). Berechnen Sie zur Konstruktion der Kurven für jede Kurve mindestens 5 Punkte.

1.18.2 Arbeitspunktbestimmung

An eine Spannungsquelle mit $U_0 = 24\,V$ und $R_i = 1,5\,\Omega$ wird ein Lastwiderstand $R_L = 30\,\Omega$ angeschlossen. Bestimmen Sie den Arbeitspunkt des Lastwiderstandes zeichnerisch und rechnerisch.

1.18.3 Bestimmung des Innenwiderstandes

An einer Spannungsquelle werden folgende zwei Messungen durchgeführt:

Leerlaufmessung: $U_0 = 6\,V$
Kurzschlussmessung: $I_K = 8\,A$

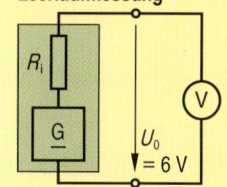

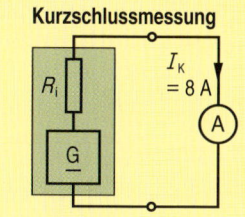

a) Berechnen Sie mit Hilfe dieser Messergebnisse den Innenwiderstand der Spannungsquelle.
b) Begründen Sie, warum diese Messmethode ungeeignet ist, um den Innenwiderstand einer Steckdose für 230 V (Schleifenwiderstand) zu bestimmen.

1.18.4 Schleifenwiderstand

Für die Wirksamkeit bestimmter Schutzmaßnahmen nach VDE 0100 ist der Schleifenwiderstand (Schleifenimpedanz) von großer Bedeutung.

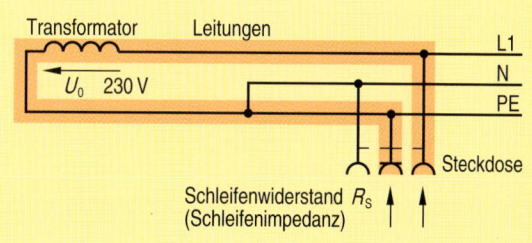

Entwickeln Sie eine Messmethode zur Bestimmung des Schleifenwiderstandes.

1.18.5 Akkumulator

Ein Blei-Akkumulator hat die Leerlaufspannung 14,2 V. Bei Belastung mit 6 A sinkt die Klemmenspannung auf 14 V. Berechnen Sie:
a) den Innenwiderstand des Akkumulators,
b) den Kurzschlussstrom,
c) die größtmögliche Leistung
d) die Klemmenspannung bei Belastung mit 50 A.

1.18.6 Reihenschaltung von Spannungsquellen

Vier Mignonzellen mit einer Quellenspannung von je 1,5 V und einem Innenwiderstand von $0,2\,\Omega$ sind in Reihe geschaltet. Berechnen Sie
a) die Klemmenspannung bei Belastung mit 100 mA,
b) die maximal abgebbare Leistung.

1.18.7 Parallelschaltung von Spannungsquellen

Ein galvanisches Element hat $U_0 = 1,5\,V$ und $R_i = 0,5\,\Omega$. Berechnen Sie die Anzahl der parallel zu schaltenden Elemente, damit in einem Lastwiderstand $R_L = 0,5\,\Omega$
a) der Strom 2 A,
b) der Strom 3 A fließt.

1.19 Verluste und Wirkungsgrad

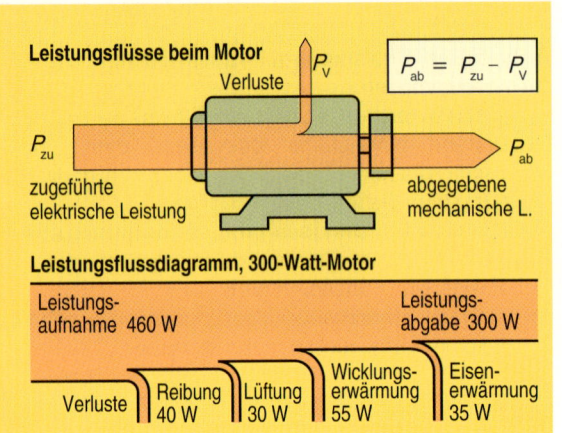

Leistungsflüsse beim Motor

$P_{ab} = P_{zu} - P_V$

P_{zu} zugeführte elektrische Leistung

P_V Verluste

P_{ab} abgegebene mechanische L.

Leistungsflussdiagramm, 300-Watt-Motor

Leistungsaufnahme 460 W — Leistungsabgabe 300 W

Verluste: Reibung 40 W, Lüftung 30 W, Wicklungserwärmung 55 W, Eisenerwärmung 35 W

Motor, zugeführte und abgegebene Leistung

P_{zu} elektrische Leistung → P_{ab} mech. Leistung

$$\eta = \frac{P_{ab}}{P_{zu}}$$

$$[\eta] = \frac{W}{W} = 1$$

Reihenschaltung von Energiewandlern

$\eta_{ges.} = \eta_1 \cdot \eta_2 \cdot \eta_3 \cdot \eta_4$

Turbine (T) mechanische Leistung η_1 — Generator (G) mechanische Leistung η_2 — Motor (M) elektrische Leistung η_3 — Pumpe (P) mechanische Leistung η_4 — mechanische Leistung

Parallelschaltung von Energiewandlern

M1 (M) P_1, η_1 M2 (M) P_2, η_2 M3 (M) P_3, η_3

$$\eta_{ges.} = \frac{P_1 + P_2 + P_3}{\frac{P_1}{\eta_1} + \frac{P_2}{\eta_2} + \frac{P_3}{\eta_3}}$$

Beispiel: Turbine

Heißdampf $T_o = 803$ K

$$\eta_{Th} = \frac{T_o - T_u}{T_o}$$

$$= \frac{803 \text{ K} - 323 \text{ K}}{803 \text{ K}}$$

$$= 0{,}598 = 59{,}8 \%$$

$$\eta_{Th} = \frac{T_o - T_u}{T_o}$$

abgekühlter Dampf T_u 323 K

Verluste

Beim Betrieb elektrischer Maschinen und Geräte treten neben der erwünschten Energiewandlung stets auch unerwünschte Verluste auf. Diese Verlustleistung zeigt sich meist in Form von Wärme. Sie entsteht z. B. durch Stromfluss in Wicklungen und Widerständen, durch Ummagnetisierung von Eisenblechen, durch Wirbelströme, aber auch durch Lager- und Luftreibung. Die Verluste bewirken, dass nur ein Teil der dem Betriebsmittel zugeführten Leistung in die gewünschte Nutzleistung umgewandelt wird. Die Verlustleistung führt insbesondere zu starker Erwärmung der Betriebsmittel und zu erhöhten Betriebskosten.
Nutz- und Verlustleistungen werden meist in Leistungsflussdiagrammen dargestellt.

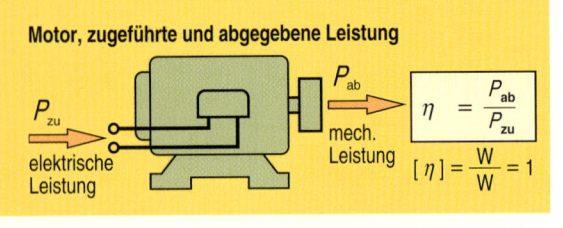

Wirkungsgrad

Für wirtschaftliche Betrachtungen sind meist nicht die absoluten Verlustleistungen maßgebend, sondern der prozentuale Anteil der Verluste an der Gesamtleistung. Das Verhältnis der von einem Gerät oder einer Maschine abgegebenen Leistung P_{ab} (Nutzleistung) zur insgesamt zugeführten (aufgenommenen) Leistung P_{zu} wird als Wirkungsgrad η (lies: Eta) bezeichnet.
Der Wirkungsgrad ist immer kleiner als 1 bzw. 100 %.

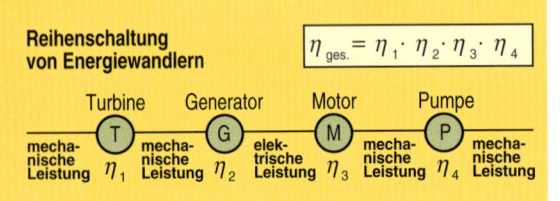

Wirkungsgrad von Aggregaten

Sind mehrere Betriebsmittel so hintereinander geschaltet, dass ein Betriebsmittel das folgende antreibt, so ist der Gesamtwirkungsgrad dieses Aggregats gleich dem Produkt der Einzelwirkungsgrade. Beispiel: Motor treibt Generator; Generator speist Transformator. Der Gesamtwirkungsgrad ist dabei stets kleiner als der kleinste Einzelwirkungsgrad.

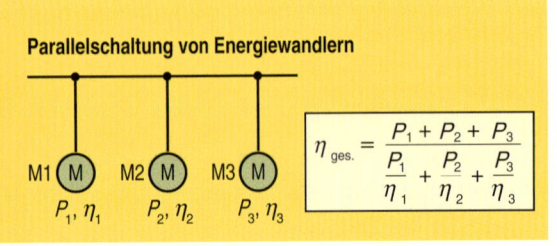

Wirkungsgrad von Anlagen

Werden mehrere Betriebsmittel parallel in einer Anlage betrieben, so wird der Gesamtwirkungsgrad der Anlage ermittelt, indem die gesamte abgegebene Leistung der Anlage ermittelt und durch die gesamte aufgenommene Leistung der Anlage dividiert wird.
Der Gesamtwirkungsgrad ist ein Mittelwert der Einzelwirkungsgrade; die Wirkungsgrade werden dabei entsprechend der Leistung der Betriebsmittel gewichtet.

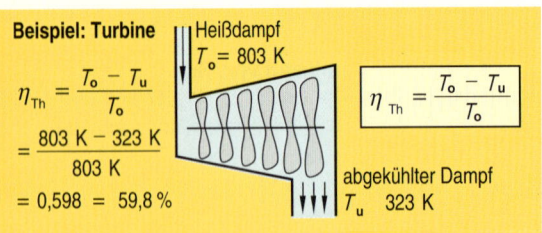

Thermodynamischer Wirkungsgrad

Elektrische Energie lässt sich problemlos in andere Energieformen umwandeln; prinzipiell lässt sich der Wirkungsgrad beliebig nahe an 100 % annähern.
Bei der Umwandlung von Wärmeenergie in andere Energieformen hingegen ist eine 100 %ige Umwandlung prinzipiell unmöglich. Der maximal erreichbare Wirkungsgrad heißt thermodynamischer Wirkungsgrad.

Vertiefung zu 1.19

Jahreswirkungsgrad
Unter dem Wirkungsgrad eines Betriebsmittels versteht man meist den Leistungswirkungsgrad, d. h. das Verhältnis von abgegebener zu aufgenommener Leistung. Um die Wirtschaftlichkeit eines Betriebsmittels zu beurteilen ist es aber sinnvoller, die in einem bestimmten Zeitabschnitt abgegebene Arbeit W_{ab} mit der im gleichen Zeitabschnitt aufgenommenen Arbeit W_{auf} zu vergleichen. Das Verhältnis von W_{ab} zu W_{auf} ist ein Arbeitswirkungsgrad; wird über ein ganzes Jahr gezählt, so spricht man vom Jahreswirkungsgrad η_J. Der Jahreswirkungsgrad interessiert insbesondere bei Transformatoren und Motoren, wenn diese längere Zeit im Leerlauf oder Teillastbereich arbeiten.

ΣW_{ab} Arbeitsabgabe im Jahr in MWh
ΣW_V Verlustarbeit im Jahr in MWh

$$\eta_J = \frac{\Sigma W_{ab}}{\Sigma W_{ab} + \Sigma W_V}$$

Beispiel: Ein Transformator liefert 1 MW Nennlast. Im Leerlauf hat er 3 kW Eisenverluste, bei Nennbelastung hat er zusätzlich 15 kW Kupferverluste. Gesucht ist der Jahreswirkungsgrad, wenn er 80 % der Zeit mit Nennlast und 20 % der Zeit im Leerlauf betrieben wird.

Lösung:
$$\eta_J = \frac{\Sigma W_{ab}}{\Sigma W_{ab} + \Sigma W_V}$$
$$= \frac{1\,MW \cdot 0{,}8 \cdot 8760\,h}{(1 \cdot 0{,}8 + 0{,}018 \cdot 0{,}8 + 0{,}003 \cdot 0{,}2)\,MW \cdot 8760\,h} = 98{,}16\,\%$$

Aufgaben

1.19.1 Umwandlungsverluste
Bei der Energieumwandlung treten immer mehr oder weniger Verluste auf. Erklären Sie, wodurch bei folgenden Energiewandlern die Verluste bedingt sind und schätzen Sie den jeweils erreichbaren Wirkungsgrad:
a) Elektromotor
b) Wasserturbine
c) Heizlüfter
d) Bügeleisen
e) Glühlampe
f) Transformator

1.19.2 Gleichstrommotor
Ein Gleichstrommotor hat folgende Nenndaten:
$U_N = 200\,V$, $I_N = 1{,}8\,A$, $n_N = 1800\,min^{-1}$, $M_N = 1{,}24\,Nm$.
Berechnen Sie
a) die aufgenommene elektrische Leistung,
b) die abgegebene mechanische Leistung,
c) den Wirkungsgrad.

1.19.3 Lastenaufzug
Der Gleichstrom-Getriebemotor eines Lastenaufzugs hat bei $U = 440\,V$ eine Nennleistung von 11 kW, sein Wirkungsgrad ist 84 %. Der Aufzug (Seilwinde, Getriebe usw.) hat einen Wirkungsgrad von 87 %, das Gewicht der Kabine ist durch Gegengewichte kompensiert. Die Hubgeschwindigkeit ist 1,2 m/s.
Berechnen Sie
a) den Nennstrom des Gleichstrommotors,
b) die Nutzlast bei Nennbetrieb.

1.19.4 Gesamtwirkungsgrad
Ein Aggregat besteht aus drei hintereinander geschalteten Energiewandlern:

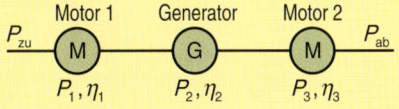

P_{zu} — Motor 1 (M) P_1, η_1 — Generator (G) P_2, η_2 — Motor 2 (M) P_3, η_3 — P_{ab}

Weisen Sie allgemein nach, dass der Gesamtwirkungsgrad $\eta_{gesamt} = \eta_1 \cdot \eta_2 \cdot \eta_3$ ist.

1.19.5 Wasserkraftwerk
Durch die Turbine eines Wasserkraftwerkes fließen pro Sekunde 120 m³ Wasser; die Fallhöhe beträgt 18 m. Die Anlage hat folgende Einzelwirkungsgrade: Turbine 82 %, Generator 95 %, Transformator 99 %.
a) Skizzieren Sie ein Technologieschema der Anlage. Berechnen Sie
b) die vom Wasser gelieferte Leistung (Strömungsverluste werden vernachlässigt),
c) die von Turbine, Generator und Transformator abgegebene Leistung,
d) den Gesamtwirkungsgrad.

1.19.6 Wasserförderanlage
Eine Anlage zur Förderung von Grundwasser besteht aus einem Drehstrommotor und einer Kreiselpumpe. Das Aggregat fördert pro Stunde 150 m³ Wasser 32 m hoch. Der Wirkungsgrad der Pumpe beträgt 82 %, der des Motors ist 91 %.
Berechnen Sie
a) die abgegebene Leistung der Pumpe in kW,
b) die aufgenommene elektrische Leistung des Motors.

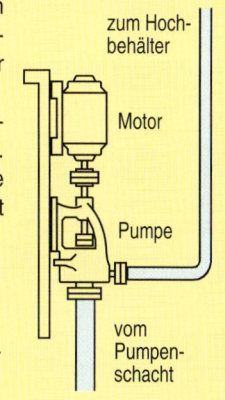

1.19.7 Maschinenhalle
In einer Maschinenhalle arbeiten parallel: 2 Motoren mit $P = 22\,kW$ und $\eta = 89\,\%$, 20 Motoren mit $P = 5{,}5\,kW$ und $\eta = 86\,\%$, sowie 24 Getriebemotoren mit $P = 4\,kW$ und $\eta = 75\,\%$. Berechnen Sie
a) die insgesamt aufgenommene elektrische Leistung,
b) den Gesamtwirkungsgrad der Anlage.

1.20 Ausgewählte Lösungen zu Kapitel 1

1.2.1 a) Spannungserzeugung = Ladungstrennung
b) Formelzeichen U, Einheit Volt (V)
c) Wandlung mechanische in elektrische Energie.

1.2.2 a) elektronische Schaltungen, Thermoelement
b) 6V... 24V, 230V, 400V, bis 21kV, 220kV... 380kV
c) möglichst wirtschaftliche Energieübertragung

1.3.1 a) Ampere (A), André-Marie Ampère (1775-1836)
b) elektronische Geräte, Haushaltgeräte, Stromversorgung für Häuser, Umspannstatione
c) freie Elektronen.

1.5.1 b) Lebensgefahr, Gefahr für die Geräte
c) Schutz des Messgeräts
d) ergibt größte Genauigkeit bzw. kleinsten Fehler
e) toleranzbehaftete Bauteile, Reibung, Temperatur
f) analog: ±1% bis ±5%, digital: etwa ±1%
g) analog: Skalenendwert, digital: Messwert
h) Max. prozentualer Fehler vom Skalenendwert

1.5.2 a) 2,95V, 12,5mA, 270V, 2,96A
b) Achtung Gebrauchsanweisung lesen!
Drehspulmesswerk mit Gleichrichter
Genauigkeitsklasse ±1% bei DC, ±1,5% bei AC.

1.7.2 a) $U=25\mu V = 25 \cdot 10^{-6}V$, $U = 380 kV = 380 \cdot 10^3 V$
$I = 30 mA = 30 \cdot 10^{-3} A$, $I = 15 kA = 15 \cdot 10^3 A$
$R = 56 k\Omega = 56 \cdot 10^3 \Omega$, $R = 0,5 M\Omega = 0,5 \cdot 10^6 \Omega$
b) $R = 800\Omega$, $I = 5,75 kA$, $U = 72V$, $R = 153,3 M\Omega$

1.8.1 bis 1.8.6

1.8.1 $U = I \cdot R$ und $R = \dfrac{U}{I}$

1.8.2 $A = \dfrac{\rho \cdot l}{R}$ und $\rho = \dfrac{A \cdot R}{l}$ und $l = \dfrac{A \cdot R}{\rho}$

1.8.3 $d = \sqrt{\dfrac{4 \cdot A}{\pi}} = \sqrt{\dfrac{4 \cdot 1,5\, mm^2}{\pi}} = 1,38\, mm$

1.8.4 $R = \dfrac{R_1 \cdot R_2}{R_1 + R_2}$ und $R_1 = \dfrac{R_2 \cdot R}{R_2 - R}$ und $R_2 = \dfrac{R_1 \cdot R}{R_1 - R}$

1.8.5 $U = \sqrt{P \cdot R}$ und $R = \dfrac{U^2}{P}$

1.8.6 $R_{20} = \dfrac{R_w}{1 + \alpha \cdot \Delta\vartheta}$ und $\alpha = \dfrac{R_w - R_{20}}{R_{20} \cdot \Delta\vartheta}$

$\Delta\vartheta = \dfrac{R_w - R_{20}}{R_{20} \cdot \alpha} = \dfrac{(12\,\Omega - 10\,\Omega)\,K}{10\,\Omega \cdot 0,004} = 50\,K \approx 50\,°C$

1.11.1 a) $R = 4,26\,\Omega$ b) $l = 1,4\,m$ c) $d = 0,15\,mm$

1.11.2
$R_1 = 270\,\Omega \pm 10\%$, $R_{min} = 243\,\Omega$, $R_{max} = 297\,\Omega$, Reihe E12
$R_2 = 5,6\,M\Omega \pm 5\%$, $R_{min} = 5,32\,M\Omega$, $R_{max} = 5,88\,M\Omega$, Reihe E24
$R_3 = 680\,k\Omega \pm 20\%$, $R_{min} = 544\,k\Omega$, $R_{max} = 816\,k\Omega$, Reihe E6.

1.13.1 a) $\Delta R = 4,39\,\Omega$ b) $R_w = 19,39\,\Omega$

1.13.2 $R = 13,7\,\Omega$, a) $I_{Ein} = 0,88\,A$, b) $J = 17,9\,A/mm^2$,
c) $\Delta\vartheta = 13,5\,K$

1.13.3 a) $\Delta\vartheta = 38,5\,K$, $\vartheta = 38,5\,°C$, b) $R_w = 123,4\,\Omega$

1.13.4 $\Delta\vartheta = 12,8\,K$, $\vartheta_{warm} = 32,8\,°C$

1.13.5 a) $R_{20} = 0,25\,\Omega$, b) $R_{20} = 0,274\,\Omega$

1.13.6 a) $\Delta R = 1,07\,\Omega$, b) $R_{105} = 85,1\,\Omega$

1.13.7 a) $\Delta R_{max} = 8,2\% \cdot R_{20}$ b) $\Delta R_{max} = -22,6\% \cdot R_{20}$

1.13.8 a) $R_{max} = 335\,\Omega$, $R_{min} = 314\,\Omega$ b) $+1,52\%$, $-4,85\%$

1.14.1 a) 9,81N, 0,196N, 4905N, 2,94N,
die Massen bleiben gleich, die Kräfte sinken auf ein Sechstel
b) $F = 260\,N$

1.14.2 a) 0, 98,1N, 169,9N, 196,2N
b) 0, 2435Nm, 4247Nm, 4905Nm

1.14.3 a) $W_{pot} = 196,2\,kJ$ b) $v = 28\,m/s = 100,8\,km/h$

1.14.4 a) $P = 1\,kW$, b) $W = 8\,kWh$, c) $F = 120\,N$

1.14.5 a) $W_{pot} = 5,2 \cdot 10^6\,kWh$ b) $P = 1,3\,GW$, $t = 208\,h$

1.14.6 a) $F_1 = 5425\,N$, $F_2 = 3726\,N$, b) $W = 186,3\,kJ$,
c) $W_{pot} = 122\,kJ$

1.15.1 $F_3 = 23,3\,N$

1.15.2 $F_4 = -23,3\,N$

1.15.3 a) M_{max} an Einspannstelle B, b) $M_{max} = 473,2\,Nm$

1.15.4 $F_A = 326,3\,kN$, $F_B = 368,7\,kN$

1.15.5 $F_A = 925\,kN$, $F_B = -125\,kN$

1.15.6 a) $M = 18,25\,Nm$, b) $F = 121,6\,N$

1.15.7 $P = 926\,W$ bei $M = 3\,Nm$ und $n = 2950/min$

1.16.1 a) $I = 8,7\,A$ b) $R = 26,45\,\Omega$ c) Kosten 1,92 Euro

1.16.2 a) 18,4V, 0,27A, b) 15,3V, 32,6mA
c) 54,7V, 36,5mA d) 52,4V, 2,38mA,
e) 3,12V, 80mA

1.16.3 a) $P_V = 27\,W$ b) $P_V = 6,75\,W$

1.16.5 a) $R_1 = 105,8\,\Omega$, $R_2 = 211,6\,\Omega$, $R_3 = 70,5\,\Omega$

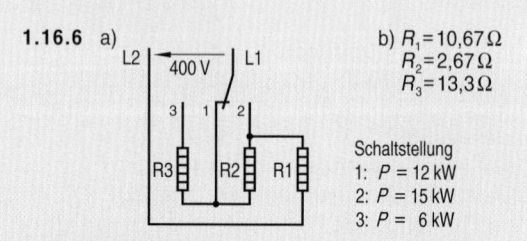

1.16.6 a)

(Schaltung: L2 400V L1, Kontakte 3,1,2, Widerstände R3, R2, R1)

b) $R_1 = 10,67\,\Omega$
$R_2 = 2,67\,\Omega$
$R_3 = 13,3\,\Omega$

Schaltstellung
1: $P = 12\,kW$
2: $P = 15\,kW$
3: $P = 6\,kW$

1.16.7 b) $P = 0,6\,kW$

1.18.2 Arbeitspunkt $U_L = 22,86\,V$, $I_L = 762\,mA$

1.18.3 a) $R_i = 0,75\,W$
b) Strommesser wird bei Kurzschluss zerstört

1.18.4 1. Leerlaufmessung 2. Messung bei Belastung

1.18.5 a) $R_i = 33,3\,m\Omega$ b) $I_k = 426\,A$
b) $P_{max} = 1514\,W$ d) $U_L = 12,5\,V$

1.18.6 a) $U_L = 5,92\,V$ b) $P_{max} = 11,25\,W$

1.18.7 a) 2 Elemente sind parallel zu schalten
b) unendlich viel Elemente müssten parallel geschaltet sein

1.19.2 a) $P_{auf} = 360\,W$ b) $P_{ab} = 233,7\,W$ c) $\eta = 65\%$

1.19.3 a) $I_N = 29,8\,A$ b) $F = 7975\,N$, $m = 813\,kg$

1.19.5 b) $P_{Wasser} = 21,2\,MW$
c) $P_{Turb} = 17,38\,MW$, $P_{Gen} = 16,6\,MW$, $P_{Transf} = 16,3\,MW$
d) $\eta_{ges} = 77\%$

1.19.6 a) $P_{Pumpe} = 13,1\,kW$ b) $P_{El} = 17,5\,kW$

1.19.7 a) $P_{auf} = 305\,kW$ b) $\eta_{ges} = 82\%$

2 Stromkreise

2.1	Stromkreise und Netzwerke	52
2.2	Reihen- und Parallelschaltung	54
2.3	Gruppenschaltungen	56
2.4	Spannungsteiler	58
2.5	Brückenschaltung	60
2.6	Ersatzspannungsquelle	62
2.7	Ersatzstromquelle	64
2.8	Ausgewählte Lösungen zu Kapitel 2	66

2.1 Stromkreise und Netzwerke

Einfacher Stromkreis

Reihenschaltung von Widerständen

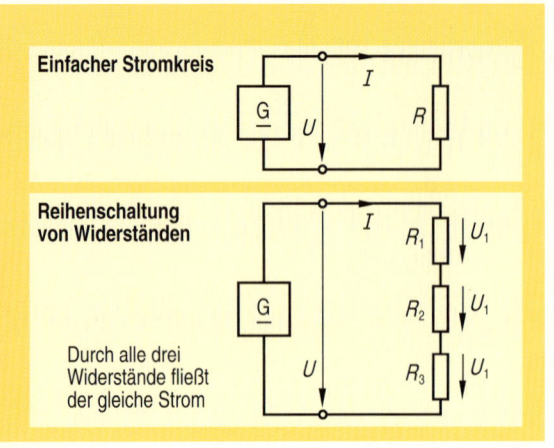

Durch alle drei Widerstände fließt der gleiche Strom

Parallelschaltung von Widerständen

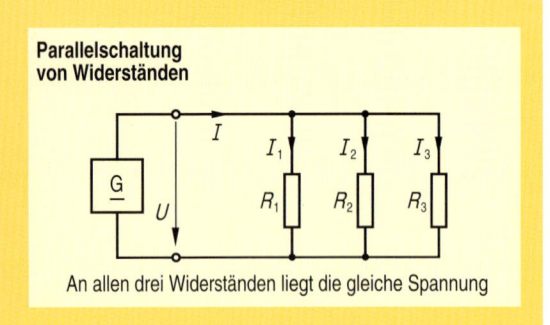

An allen drei Widerständen liegt die gleiche Spannung

Einfache Gruppenschaltungen

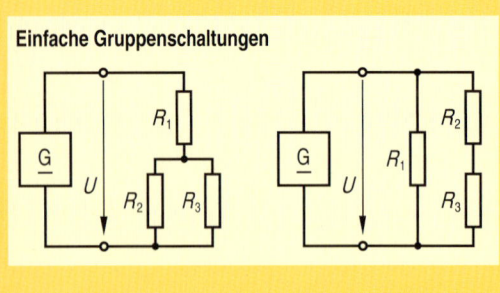

Brückenschaltung

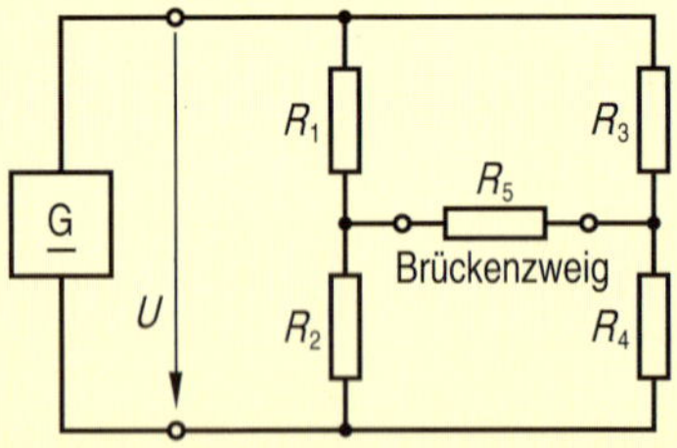

Unverzweigte Stromkreise
Der einfachste Stromkreis besteht aus einer Spannungsquelle, einem Verbraucher (z.B. ohmscher Widerstand) und den zugehörigen Verbindungsleitungen. In der Praxis werden mehrere Verbraucher häufig zusammengeschaltet, indem man das Ende des ersten Widerstandes mit dem Anfang des nächsten Widerstandes verbindet.
Diese Schaltung heißt Reihenschaltung.
Ein typisches Beispiel für eine Reihenschaltung ist die elektrische Christbaumbeleuchtung, bei der die einzelnen Glühlampen in Reihe geschaltet sind.
Bei der Reihenschaltung fließt durch alle Widerstände der gleiche Widerstand. Ist ein Verbraucher unterbrochen, dann ist der ganze Stromkreis unterbrochen.

Einfache verzweigte Stromkreise
Verbraucher können auch zusammengeschaltet werden, indem man die Anfänge aller Verbraucher zusammen schaltet und ebenso die Enden.
Eine derartige Schaltung heißt Parallelschaltung.
Ein typisches Beispiel für eine Parallelschaltung ist das elektrische Netz in einem Haushalt: hier sind alle Lampen, Heizgeräte und sonstigen Verbraucher parallel geschaltet.
Bei der Parallelschaltung liegt an allen Verbrauchern die gleiche Spannung. Ist ein Verbraucher unterbrochen, so werden die anderen Verbraucher dadurch nicht beeinflusst.

Gruppenschaltungen
In vielen Schaltungen sind die Verbraucher zum Teil in Reihe und zum Teil parallel geschaltet. Derartige Schaltungen heißen Gruppenschaltungen.
Die einfachste Gruppenschaltung besteht aus drei Widerständen, von denen
- zwei parallel und der dritte dazu in Reihe geschaltet ist, bzw.
- zwei in Reihe und der dritte dazu parallel geschaltet ist.

Gruppenschaltungen können viele Verbraucher enthalten. Die Berechnung der Schaltung ist immer einfach, wenn man die Schaltung eindeutig in Teilschaltungen aufteilen kann, die nur eine reine Reihen- oder eine reine Parallelschaltung darstellen.
Wesentlich schwieriger ist die Berechnung, wenn eine Schaltung Brückenzweige enthält.
Das Beispiel zeigt eine Brückenschaltung; der Widerstand R_5 stellt dabei den Brückenzweig dar.
Brückenschaltungen haben vor allem in der Messtechnik eine große Bedeutung. Die Berechnung erfolgt meist mit einer so genannten Ersatzspannungsquelle.

Vertiefung zu 2.1

Allgemeine Netzwerke
Elektrische Anlagen enthalten meist viele Verbraucher und üblicherweise mehrere Spannungsquellen, z.B. parallel geschaltete Transformatoren oder Generatoren. Diese Schaltungen werden als Netzwerke bezeichnet.
Die Berechnung der Ströme und Spannungen in allgemeinen Netzwerken ist meist schwierig. In vielen Fällen kann das Netzwerk aber in einfache Reihen- und Parallelschaltungen aufgeteilt werden.
Die Gesetze zur Berechnung der Grundschaltungen, nämlich ohmsches Gesetz, Maschen- und Knotenregel sind deshalb von großer Bedeutung.

Zählpfeile und Zählpfeilsysteme
Elektrische Ströme fließen vom Pluspol einer Spannungsquelle über den Verbraucher zurück zum Minuspol der Spannungsquelle. Da die Strombahn in sich geschlossen ist wie ein Kreis, heißt diese Strombahn auch **Stromkreis** und zwar unabhängig von der tatsächlichen geometrischen Form der Leitungen.
Die Fließrichtung vom Pluspol über den Verbraucher zum Minuspol ist willkürlich festgelegt und nimmt keine Rücksicht auf die tatsächliche Bewegungsrichtung der Ladungsträger. Auch für Wechselströme, die tatsächlich ständig ihre Fließrichtung ändern, kann eine immer gleiche Zählrichtung festgelegt werden.
In Schaltungen wird die „Zählrichtung" durch „Zählpfeile" gekennzeichnet. Diese Zählrichtung beschreibt keine Richtung im geometrischen Raum, Zählpfeile sind deshalb nicht mit „Vektoren" zu verwechseln.

Zählpfeile
Zählpfeile kennzeichnen die **positive** Zählrichtung von Strömen und von Spannungen. Die positive Zählrichtung kann der Uhrzeigersinn oder der Gegenuhrzeigersinn sein.
Stromzählpfeile werden direkt in die Leitung oder neben eine Leitung oder ein Bauteil gesetzt.
Spannungszählpfeile werden zwischen zwei Potentiale bzw. neben ein Bauteil gesetzt. Die Pfeile neben Bauteilen können gerade oder bogenförmig sein.

Beispiele für Spannungs- und Stromzählpfeile

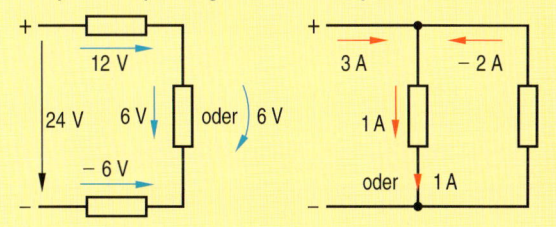

Zählpfeilsysteme
Bei der Festlegung eines Zählpfeilsystems konzentriert man sich meist auf den Verbraucher:
Am Verbraucher zeigt der Spannungspfeil von Plus nach Minus, ebenso der Strompfeil, beide Pfeile haben im Verbraucher die gleiche Zählrichtung. Dieses System heißt Verbraucher-Zählpfeilsystem. Im Erzeuger zeigt dann der Strompfeil naturgemäß von Minus nach Plus.
Die beiden Pfeile könnten auch im Erzeuger die gleiche Zählrichtung haben. Dieses Erzeuger-Zählpfeilsystem hat aber in der Praxis keine Bedeutung.

Verbraucher-Zählpfeilsystem

Erzeuger: Spannungs- und Strompfeil zeigen in die entgegengesetzte Richtung

Verbraucher: Spannungs- und Strompfeil zeigen in die gleiche Richtung

Zählpfeile und Vektoren
In der Elektrotechnik können Pfeile mehrere Bedeutungen haben.
Besonders wichtig sind Pfeile, um die positive **Zählrichtung** von Strömen und Spannungen zu kennzeichnen. Diese Zählrichtung hat nichts zu tun mit einer Richtung im Raum.
Physikalische Größen, die einen Betrag und eine Richtung im Raum haben, heißen **Vektoren**.
Zu den Vektoren gehören z.B. mechanische Kräfte, die elektrische Feldstärke (Spannung pro Längeneinheit), die elektrische Stromdichte (Strom pro Flächeneinheit) und die magnetische Flussdichte (Fluss pro Flächeneinheit). Vektoren werden ebenfalls durch Pfeile gekennzeichnet.
Der elektrische Strom und die Spannung hingegen haben keine Richtung: es sind skalare Größen. Die zugehörigen Pfeile sind Zählpfeile, die nur die beiden Werte Plus (+) oder Minus (−) annehmen können.

2.2 Reihen- und Parallelschaltung

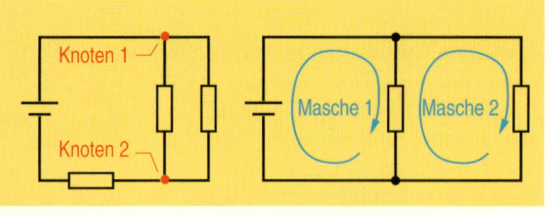

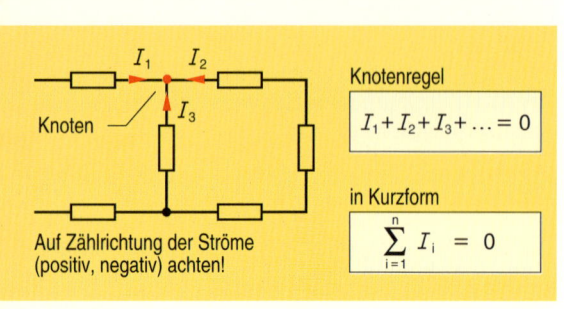

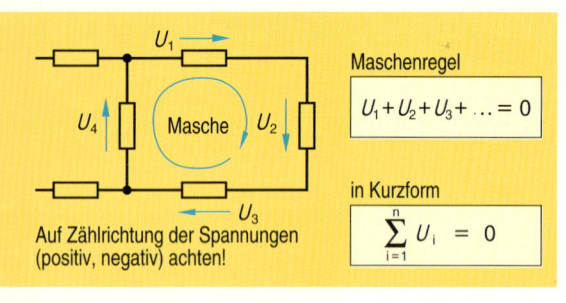

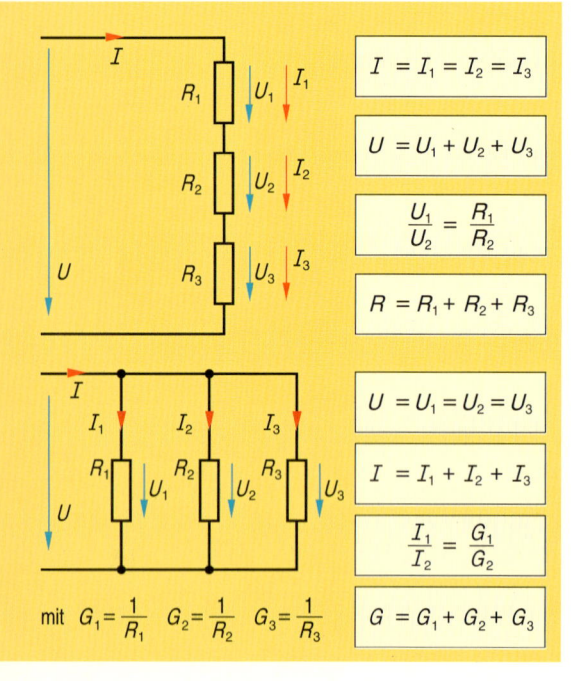

Knoten und Maschen
Alle Stromkreise lassen sich in zwei Hauptelemente aufteilen: 1. in Knoten (Knotenpunkte)
2. in Maschen (Netzmaschen).
Als Knotenpunkt gilt dabei jeder Verbindungspunkt von Leitungen, als Netzmasche gilt jeder in sich geschlossene Umlauf in einer Schaltung.

Knotenregel
Über die Knoten einer Schaltung fließen Ströme von einem zum anderen Schaltungsteil. In diesen Knoten können elektrische Ladungen weder entstehen noch verschwinden oder gespeichert werden. Daraus folgt, dass in einem Knoten die Summe aller Ströme in jedem Augenblick null ist. Dem Knoten zufließende Ströme werden dabei üblicherweise positiv, abfließende Ströme negativ gezählt.
Die Knotenregel heißt auch 1. kirchhoffsches Gesetz.

Knotenregel
$$I_1 + I_2 + I_3 + \ldots = 0$$

in Kurzform
$$\sum_{i=1}^{n} I_i = 0$$

Auf Zählrichtung der Ströme (positiv, negativ) achten!

Maschenregel
Über die Maschen einer Schaltung wird das elektrische Potential der Ladungen abgebaut. Nach einem vollen Umlauf in einer Masche ist die Ladung wieder auf ihrem Ausgangspotential. Daraus folgt, dass in einer Masche die Summe aller Spannungen in jedem Augenblick null ist. Im Uhrzeigersinn gepfeilte Spannungen werden dabei meist positiv, im Gegenuhrzeigersinn gepfeilte Spannungen negativ gezählt.
Die Maschenregel heißt auch 2. kirchhoffsches Gesetz.

Maschenregel
$$U_1 + U_2 + U_3 + \ldots = 0$$

in Kurzform
$$\sum_{i=1}^{n} U_i = 0$$

Auf Zählrichtung der Spannungen (positiv, negativ) achten!

Gesetze der Reihenschaltung
Mit der Knoten- und der Maschenregel lassen sich für die Reihenschaltung folgende vier Gesetze ableiten:
Gesetz 1: In der Reihenschaltung fließt durch jeden Widerstand der gleiche Strom.
Gesetz 2: Die Gesamtspannung ist gleich der Summe der Teilspannungen.
Gesetz 3: Die Teilspannungen verhalten sich wie die zugehörigen Teilwiderstände.
Gesetz 4: Der Gesamtwiderstand (Ersatzwiderstand) ist gleich der Summe aller Teilwiderstände.

$$I = I_1 = I_2 = I_3$$
$$U = U_1 + U_2 + U_3$$
$$\frac{U_1}{U_2} = \frac{R_1}{R_2}$$
$$R = R_1 + R_2 + R_3$$

Gesetze der Parallelschaltung
Mit der Knoten- und der Maschenregel lassen sich für die Parallelschaltung folgende vier Gesetze ableiten:
Gesetz 1: In der Parallelschaltung liegt an jedem Widerstand die gleiche Spannung.
Gesetz 2: Der Gesamtstrom ist gleich der Summe der Teilströme.
Gesetz 3: Die Teilströme verhalten sich wie die zugehörigen Teilleitwerte.
Gesetz 4: Der Gesamtleitwert (Ersatzleitwert) ist gleich der Summe aller Teilleitwerte.

mit $G_1 = \frac{1}{R_1}$ $G_2 = \frac{1}{R_2}$ $G_3 = \frac{1}{R_3}$

$$U = U_1 = U_2 = U_3$$
$$I = I_1 + I_2 + I_3$$
$$\frac{I_1}{I_2} = \frac{G_1}{G_2}$$
$$G = G_1 + G_2 + G_3$$

Vertiefung zu 2.2

Vor- und Nebenwiderstände

Vorwiderstände werden in Reihe zum eigentlichen Verbraucher geschaltet.
Am Vorwiderstand fällt dabei ein Teil der Gesamtspannung ab, am eigentlichen Verbraucher liegt nur noch die Restspannung.
Mit einem Vorwiderstand kann z.B. der Messbereich eines analogen Spannungsmessers mit Drehspulmesswerk erweitert werden.

Beispiel: Messbereichserweiterung auf 100 V

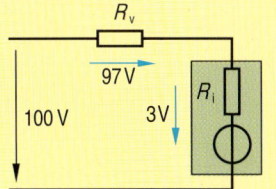

Drehspulmesswerk mit Innenwiderstand R_i und und Eigenmessbereich 3 V
Bei richtiger Dimensionierung fallen am Vorwiderstand 97 V ab

Nebenwiderstände werden parallel zum eigentlichen Verbraucher geschaltet.
Über den Nebenwiderstand (Parallelwiderstand)) fließt ein Teil des Gesamtstromes, über den eigentlichen Verbraucher fließt nur der Reststrom.
Mit einem Nebenwiderstand kann z.B. der Messbereich eines analogen Strommessers mit Drehspulmesswerk erweitert werden.

Beispiel: Messbereichserweiterung auf 100 mA

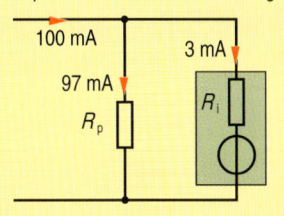

Drehspulmesswerk mit Innenwiderstand R_i und und Eigenmessbereich 3 mA
Bei richtiger Dimensionierung fließen über den Parallelwiderstand 97 mA

Aufgaben

2.2.1 Reihenschaltung
Drei Widerstände $R_1 = 120\,\Omega$, $R_2 = 180\,\Omega$, $R_3 = 240\,\Omega$ sind in Reihe geschaltet und liegen an der Gesamtspannung $U = 24\,V$.
a) Skizzieren Sie die Schaltung und kennzeichnen Sie alle Spannungen und Ströme mit Zählpfeilen.
Berechnen Sie
b) den Ersatzwiderstand der Schaltung,
c) den Gesamtstrom,
d) die drei Teilspannungen.
e) Welcher Widerstand nimmt die größte Leistung auf?

2.2.2 Parallelschaltung
Drei Widerstände $R_1 = 40\,\Omega$, $R_2 = 60\,\Omega$ und $R_3 = 100\,\Omega$ sind parallel geschaltet und liegen an 12 V.
a) Skizzieren Sie die Schaltung und kennzeichnen Sie alle Spannungen und Ströme mit Zählpfeilen.
Berechnen Sie
b) den Ersatzwiderstand der Schaltung,
c) den Gesamtstrom,
d) die drei Teilströme.
e) Welcher Widerstand nimmt die größte Leistung auf?

2.2.3 Reihenschaltung
Eine Reihenschaltung aus zwei Widerständen R1 und R2 hat einen Ersatzwiderstand von 160 Ω und wird von 1,5 A durchflossen. Der Widerstandswert von R1 ist $R_1 = 60\,\Omega$.
Berechnen Sie
a) den Widerstandswert von R2,
b) die Teilspannungen,
c) die Gesamtspannung.

2.2.4 Parallelschaltung
Eine Parallelschaltung aus zwei Widerständen hat einen Ersatzwiderstand von 150 Ω und wird von 0,4 A durchflossen. Der Widerstandswert von R1 ist 600 Ω.
Berechnen Sie:
a) den Widerstandswert von R2,
b) die Teilströme,
c) die anliegende Spannung.

2.2.5 Vor- und Nebenwiderstand
Ein Drehspulmesswerk darf mit maximal 100 mV Spannung bzw. 1 mA Strom belastet werden.
a) Welcher Vorwiderstand ist nötig, wenn die Spannung 6 V gemessen werden soll?
b) Welcher Nebenwiderstand (Shunt) ist nötig, wenn der Strom 30 mA gemessen werden soll?

2.2.6 Relaisschaltung
Ein 24-Volt-Relais benötigt zum sicheren Ansprechen den Strom 60 mA; als Haltestrom hingegen genügen 45 mA. Die beiden Ströme werden mit nebenstehender Schaltung realisiert.
a) Erklären Sie die Wikungsweise der Schaltung.
b) Berechnen Sie den Widerstand R_1 und die Betriebsspannung am Relais.

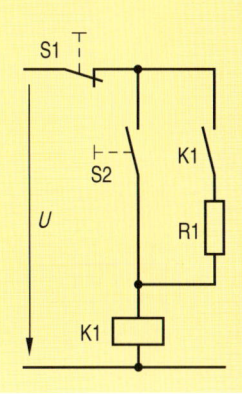

2.3 Gruppenschaltungen

Gruppenschaltung, Beispiel

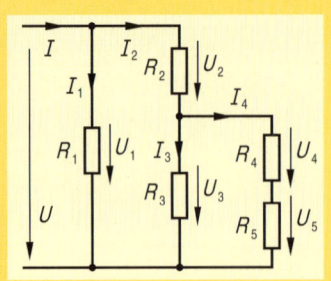

Aufbau

Gruppenschaltungen bestehen aus mehreren ineinander geschachtelten Reihen- und Parallelschaltungen. Für derartige Schaltungen müssen üblicherweise der Gesamtwiderstand (Ersatzwiderstand), der Gesamtstrom sowie die Teilspannungen und Teilströme berechnet werden.
Der Gesamtwiderstand wird schrittweise berechnet. Dabei beginnt man bei dem Teil der Schaltung, der am „entferntesten" von der Spannungsquelle ist.

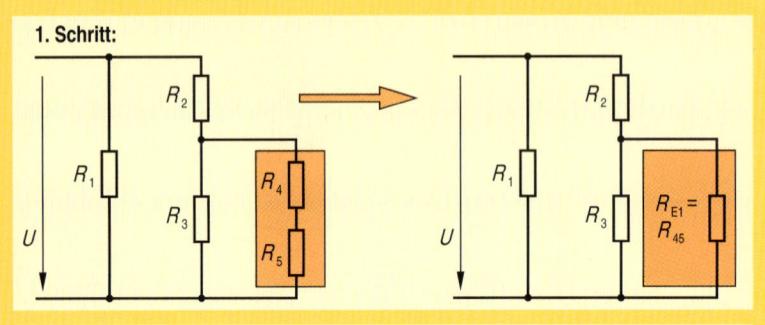

Die einzelnen Schaltungsteile werden schrittweise zu Ersatzwiderständen R_{E1}, R_{E2}, R_{E3} usw. zusammengefasst:

1. Schritt:

$R_{E1} = R_4 + R_5$

2. Schritt

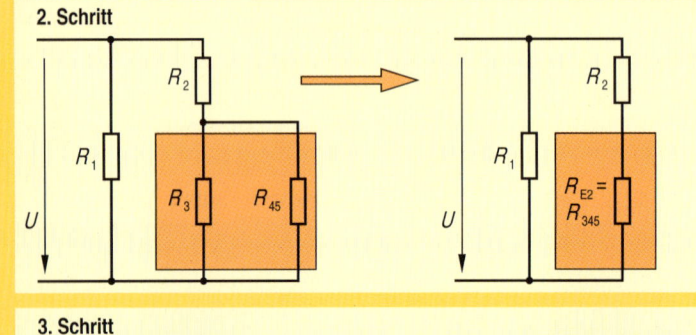

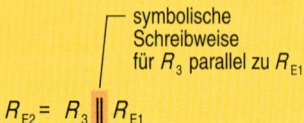

symbolische Schreibweise für R_3 parallel zu R_{E1}

$R_{E2} = R_3 \parallel R_{E1}$

$R_{E2} = \dfrac{R_3 \cdot R_{E1}}{R_3 + R_{E1}}$

3. Schritt

$R_{E3} = R_2 + R_{E2}$

4. Schritt

$R_E = R_1 \parallel R_{E3}$

$R_E = \dfrac{R_1 \cdot R_{E3}}{R_1 + R_{E3}} = R_{gesamt}$

Vertiefung zu 2.3

Einfacher verzweigter Stromkreis

Viele zunächst kompliziert aussehende Schaltungen lassen sich schrittweise auf überschaubare und leicht berechenbare Grundschaltungen zurückführen. Voraussetzung ist jedoch, dass die Schaltung keine so genannten „Brückenzweige" enthält.
Einfache verzweigte Stromkreise, d.h. Schaltungen ohne Brückenzweige, können prinzipiell wie in der nebenstehenden Aufgabe berechnet werden.

Aufgabe:
Berechnen Sie in nebenstehender Schaltung
a) den Gesamtwiderstand (Ersatzwiderstand) R,
b) den Strom I_8 im Widerstand R_8,
c) die Teilspannung U_8 an Widerstand R_8.

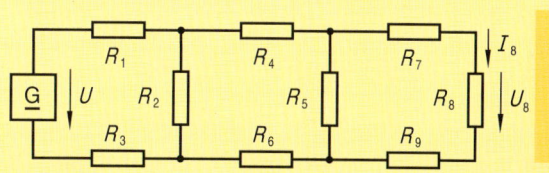

Lösung:
Im ersten Lösungsschritt wird die Schaltung stufenweise auf einen Ersatzwiderstand reduziert; dabei beginnt man stets bei dem Schaltungsteil, der von der Spannungsquelle am „weitesten entfernt" ist.

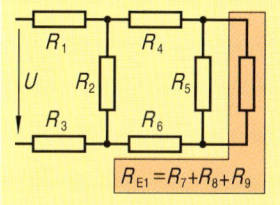

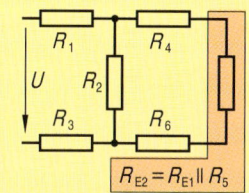

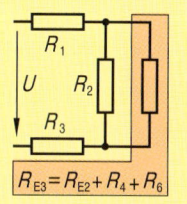

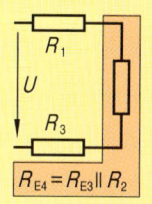

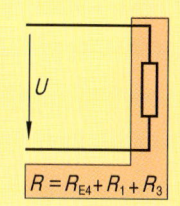

$R_{E1} = R_7 + R_8 + R_9$

$R_{E2} = R_{E1} \| R_5$

$R_{E3} = R_{E2} + R_4 + R_6$

$R_{E4} = R_{E3} \| R_2$

$R = R_{E4} + R_1 + R_3$

Im zweiten Schritt werden alle Ströme und Spannungen berechnet. Dabei beginnt man bei der Quelle und berechnet nacheinander die Ströme und Spannungen in den vorher berechneten Ersatzwiderständen.

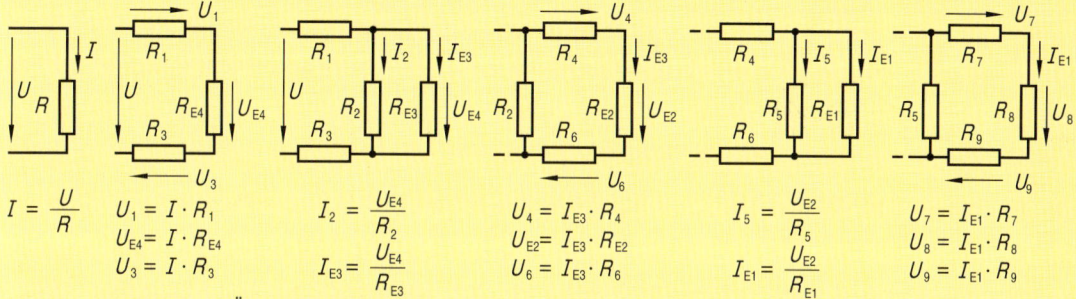

$I = \dfrac{U}{R}$

$U_1 = I \cdot R_1$
$U_{E4} = I \cdot R_{E4}$
$U_3 = I \cdot R_3$

$I_2 = \dfrac{U_{E4}}{R_2}$

$I_{E3} = \dfrac{U_{E4}}{R_{E3}}$

$U_4 = I_{E3} \cdot R_4$
$U_{E2} = I_{E3} \cdot R_{E2}$
$U_6 = I_{E3} \cdot R_6$

$I_5 = \dfrac{U_{E2}}{R_5}$

$I_{E1} = \dfrac{U_{E2}}{R_{E1}}$

$U_7 = I_{E1} \cdot R_7$
$U_8 = I_{E1} \cdot R_8$
$U_9 = I_{E1} \cdot R_9$

Um eine möglichst gute Übersicht über die Spannungs- und Stromverhältnisse der Schaltung zu bekommen, ist es sinnvoll, die elektrischen Potentiale für wichtige Schaltungspunkte zu bestimmen. Als Bezugspotential wird dabei üblicherweise der Minuspol der Spannungsquelle bzw. der Massepunkt als $\varphi_0 = 0\,\text{V}$ gesetzt.

Aufgaben

2.3.1 Widerstandsschaltung
In der folgenden Schaltung haben alle Widerstände den Wert $1\,\text{k}\Omega$; die Generatorspannung ist $U_G = 10\,\text{V}$.

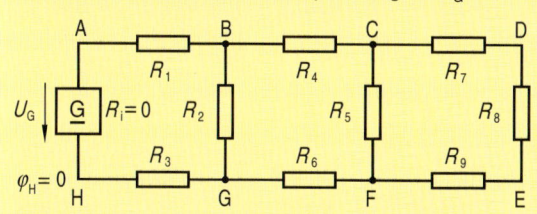

Berechnen Sie alle Teilspannungen und Teilströme sowie die Potentiale an den Punkten A bis G.

2.3.2 R/2R-Netzwerk
Im folgenden Netzwerk ist $R = 10\,\text{k}\Omega$ und $U_B = 12\,\text{V}$.

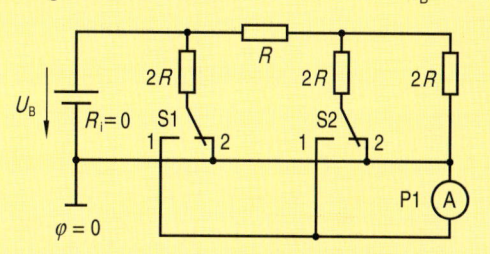

Berechnen Sie den Strom im Strommesser P1 für alle vier Schaltkombinationen der Schalter S1 und S2.

2.4 Spannungsteiler

Fester Spannungsteiler

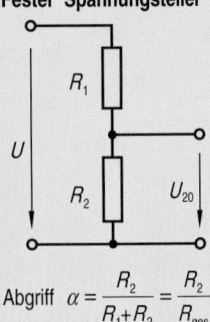

Abgriff $\alpha = \dfrac{R_2}{R_1+R_2} = \dfrac{R_2}{R_{ges}}$

Verstellbarer Spannungsteiler

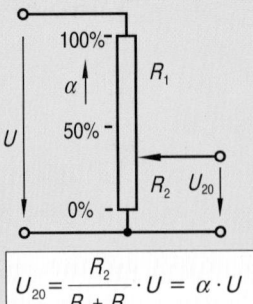

$$U_{20} = \dfrac{R_2}{R_1+R_2} \cdot U = \alpha \cdot U$$

Unbelasteter Spannungsteiler
In Elektrotechnik und Elektronik werden häufig Spannungen mit unterschiedlichem Betrag benötigt; meist soll die Spannung während des Betriebes einstellbar sein. Bei Schaltungen mit kleinem Leistungsbedarf, z. B. bei Verstärkereingängen, lässt sich diese Forderung am einfachsten durch Spannungsteiler erfüllen.
Spannungsteiler bestehen aus der Reihenschaltung von zwei Widerständen R_1 und R_2. An der Reihenschaltung liegt die Gesamtspannung U, am Teilwiderstand R_2 wird die Teilspannung U_2, im unbelasteten Fall (Leerlauf) die Teilspannung U_{20} abgegriffen.
Der Abgriff $\alpha = R_1 : (R_1 + R_2)$ heißt Teilerverhältnis.

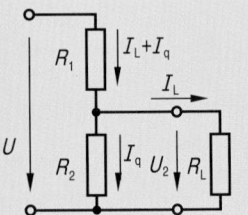

I_L Laststrom
I_q Querstrom
$I_L + I_q$ Gesamtstrom

$$U_2 = \dfrac{R_2 \cdot R_L}{R_1 \cdot R_2 + R_2 \cdot R_L + R_L \cdot R_1} \cdot U$$

Belasteter Spannungsteiler
Wird an den Spannungsteiler ein Verbraucher angeschlossen, so fließt in ihm der Laststrom I_L. Der jetzt in R_2 fließende Strom heißt Querstrom I_q, im Teilwiderstand R_1 fließt der Gesamtstrom $I = I_q + I_L$.
Die am Teilwiderstand R_2 abgegriffene Spannung U_2 sinkt gegenüber der Leerlaufspannung U_{20}, weil durch den zusätzlichen Laststrom am Teilerwiderstand R_1 ein höherer Spannungsfall auftritt.

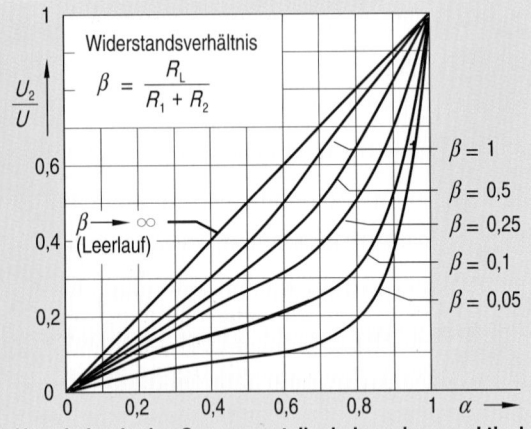

Widerstandsverhältnis $\beta = \dfrac{R_L}{R_1 + R_2}$

Nur niederohmige Spannungsteiler haben einen praktisch linearen Zusammenhang zwischen Abgriff und Spannung

Querstrom und Laststrom
Beim unbelasteten Spannungsteiler ist die Teilspannung U_{20} proportional zum Verhältnis $\alpha = R_2 : (R_1 + R_2)$. Mit zunehmendem Laststrom I_L wird U_2 kleiner, weil I_L auch durch R_1 fließt und dort einen zusätzlichen Spannungsfall verursacht. Beim belasteten Teiler ist daher die abgegriffene Spannung U_2 nicht mehr proportional zum Abgriff α. Soll die abgegriffene Teilspannung möglichst linear mit dem Abgriff ansteigen, so muss der Laststrom deutlich kleiner als der Querstrom sein, d. h. das Querstromverhältnis $q = I_q : I_L$ muss möglichst groß sein. Diese Bedingung ist erfüllt, wenn der Spannungsteiler im Vergleich zur Last sehr niederohmig ist.
Für die Praxis gilt: ist das Querstromverhältnis $q > 10$, bzw. ist das Widerstandsverhältnis $\beta = R_L : (R_1 + R_2) > 10$, so ist der Zusammenhang zwischen Abgriff α und abgegriffener Spannung U_2 linear.

Arbeitspunkteinstellung
Ein Einsatzgebiet für Spannungsteiler ist die Einstellung des Arbeitspunktes eines Transistors. Arbeitspunkteinstellung bedeutet dabei: die Basis-Emitter-Spannung wird so eingestellt, dass der gewünschte Basisstrom fließt. Beispiel:
Zu berechnen sind die Teilwiderstände eines Basis-Spannungsteilers für einen Transistorverstärker, wobei folgende Daten vorgegeben sind: Betriebsspannung $U_b = 15\,V$, Basis-Emitter-Spannung $U_{BE} = 0{,}9\,V$, Basisstrom $I_B = 2\,mA$ und Querstromverhältnis $q = 12$.

Beispiel:

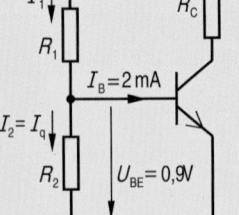

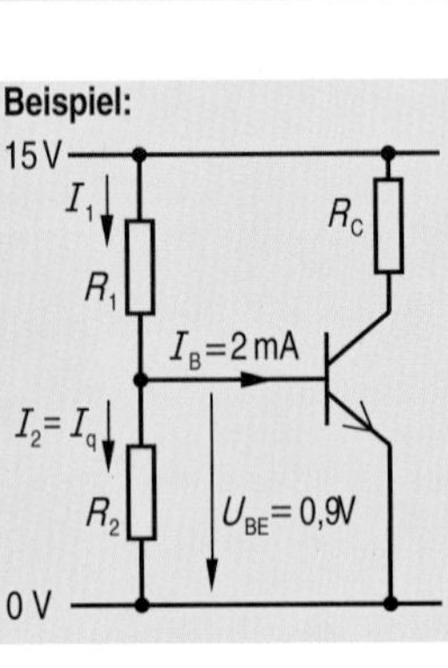

$I_2 = q \cdot I_B = 12 \cdot 2\,mA$
$I_2 = 24\,mA$
$R_2 = \dfrac{U_{BE}}{I_2} = \dfrac{0{,}9\,V}{24\,mA} = 37{,}5\,\Omega$
$I_1 = I_2 + I_B = 24\,mA + 2\,mA$
$I_1 = 26\,mA$
$R_1 = \dfrac{U_b - U_{BE}}{I_1} = \dfrac{15\,V - 0{,}9\,V}{26\,mA}$
$R_1 = 542\,\Omega$

Vertiefung zu 2.4

Einsatz von Spannungsteilern

Mit Spannungsteilern kann von einer gegebenen großen Spannung ein kleinerer Teil abgegriffen werden. Damit lässt sich auf sehr einfache Weise eine beliebig kleine Spannung bereit stellen.
Spannungsteiler werden z.B. für Mess- und Regeleinrichtungen sowie zur Arbeitspunkteinstellung in elektronischen Schaltungen eingesetzt.
Spannungsteiler haben aber zwei Nachteile:
1. In den Teilwiderständen des Teilers entstehen große Verluste. Der Einsatz für höhere Leistungen ist deshalb sehr unwirtschaftlich.
2. Spannungsteiler trennen nicht von der speisenden Spannungsquelle. Der Stromkreis der abgegriffenen kleinen Spannung hat direkte Verbindung zur Speisespannung, also z.B. zum 230-Volt-Netz. Spannungsteiler dürfen deshalb auf keinen Fall zur Erzeugung von Schutzkleinspannung eingesetzt werden. Es besteht Lebensgefahr!

Gefahr durch Spannungsteiler, Beispiel

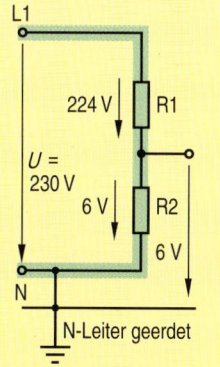

Bei intaktem Spannungsteiler besteht keine unmittelbare Lebensgefahr.

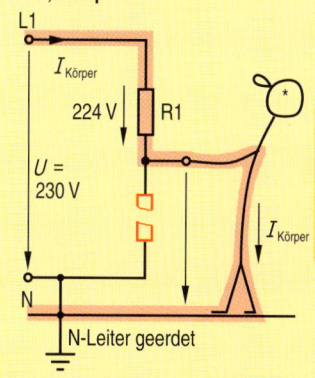

Bei durchgebranntem Widerstand R2 kann durch den menschlichen Körper je nach Größe von R1 ein lebensgefährlicher Strom fließen.

Aufgaben

2.4.1 Fester Teiler
Vier Festwiderstände sind nach Schaltplan geschaltet. 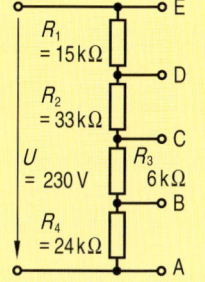
a) Berechnen Sie die Spannung zwischen den Punkten B und A, C und A sowie D und A.
b) Berechnen Sie die von jedem Widerstand aufgenommene Leistung.
c) Erläutern Sie, warum sich Spannungsteiler nicht zum Betrieb von Elektrospielzeug eignen.

2.4.2 Drahtwiderstand als Teiler
Ein Keramikrohr mit der Länge $L = 200$ mm ist eng mit Widerstandsdraht des Durchmessers $d = 0{,}8$ mm bewickelt. Die Drahtwicklung liegt an $U = 230$ V.
Berechnen Sie
a) die Spannung zwischen zwei nebeneinander liegenden Windungen,
b) die Abgriffslängen l_1, l_2 und l_3 für die Spannungen $U_1 = 6$ V, $U_2 = 24$ V und $U_3 = 50$ V,
c) den Strom der durch den Draht fließt, wenn der Windungsdurchmesser $D = 30$ mm und der spezifische Widerstand $\rho = 0{,}5\ \Omega\text{mm}^2/\text{m}$ beträgt,
d) die Spannung am 24-Volt-Abgriff, wenn die Spannung mit dem Lastwiderstand $R_L = 20\ \Omega$ belastet wird,
e) die im Drahtwiderstand umgesetzte Leistung für den Belastungsfall in Aufgabe d).

2.4.3 Temperaturabhängiger Spannungsteiler
Der temperaturabhängige Spannungsteiler in einem Temperaturregler enthält die Festwiderstände R_1 und R_2 sowie den NTC-Widerstand R_T.

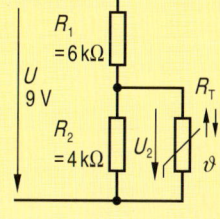

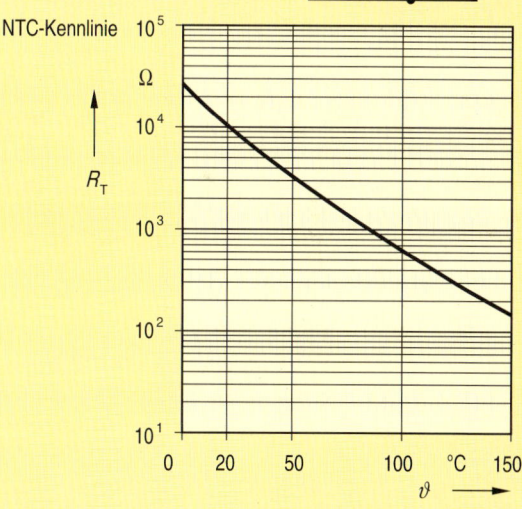

a) Bestimmen Sie mit Hilfe der NTC-Kennlinie die Teilspannung U_2 für die Temperaturen $\vartheta = 0\,°C$, $20\,°C$, $50\,°C$ und $100\,°C$.
b) Zeichnen Sie den Spannungsverlauf $U_2 = f(\vartheta)$.

2.5 Brückenschaltung

Darstellung von Brückenschaltungen

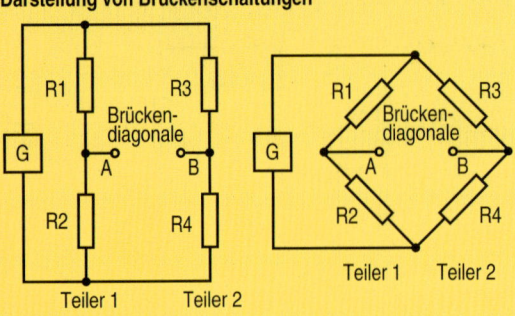

Aufbau
Eine Brückenschaltung besteht aus der Parallelschaltung von zwei Spannungsteilern R1, R2 und R3, R4. Beide Spannungsteiler liegen an einer gemeinsamen Spannungsquelle. Die Strecke zwischen den Abgriffpunkten A und B heißt Brückenzweig oder Brückendiagonale; zwischen den beiden Punkten A und B tritt die Brückenspannung auf.
Brückenschaltungen enthalten meist ohmsche Widerstände; bei Verwendung als Messbrücke werden auch Schleifdrähte sowie temperaturabhängige Widerstände (PTC- und NTC-Widerstände) und Dehnungsmessstreifen (DMS) eingesetzt.

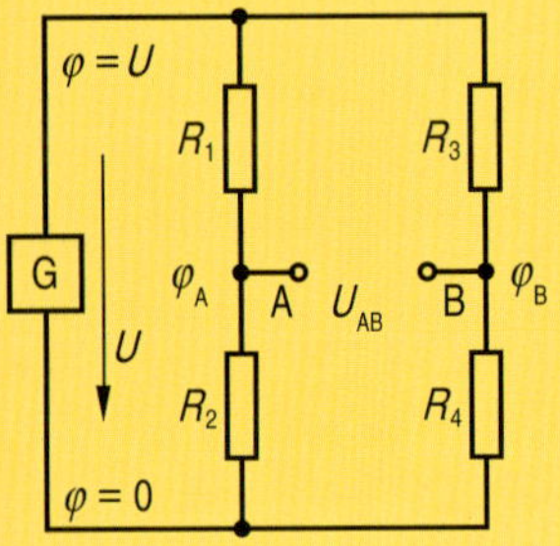

Brückenspannung

Potenziale
$$\varphi_A = \frac{R_2}{R_1+R_2} \cdot U$$
$$\varphi_B = \frac{R_4}{R_3+R_4} \cdot U$$

Brückenspannung
$$U_{AB} = \varphi_A - \varphi_B$$
$$U_{AB} = \left(\frac{R_2}{R_1+R_2} - \frac{R_4}{R_3+R_4}\right) \cdot U$$

Brückenschaltungen werden meist als Messbrücken eingesetzt; in dieser Form werden sie nach ihrem Erfinder Charles Wheatstone (engl. Physiker, 1802–1875) auch als wheatstonesche Messbrücke bezeichnet.
Ist die Brückendiagonale gar nicht oder nur durch ein hochohmiges Spannungsmessgerät belastet, so kann die Brückenspannung leicht mit Hilfe der Maschenregel oder durch eine Potentialbetrachtung berechnet werden. Für die Berechnung der belasteten Brückenspannung eignet sich z. B. eine Ersatzspannungsquelle.

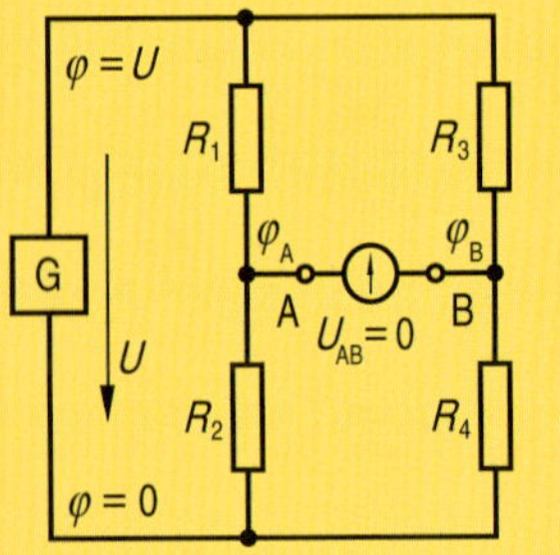

Abgleichbedingung

Abgleichbedingung
$$U_{AB} = \varphi_A - \varphi_B = 0$$

daraus folgt:
$$\frac{R_2}{R_1+R_2} = \frac{R_4}{R_3+R_4}$$
$$R_2 R_3 + R_2 R_4 = R_1 R_4 + R_2 R_4$$

und:
$$\frac{R_1}{R_2} = \frac{R_3}{R_4}$$

Bei abgeglichener Brücke ist die Brückenspannung null

Messbrücken können als „Ausschlagbrücken" oder als „Abgleichbrücken" eingesetzt werden.
Bei der Ausschlagbrücke wird die Brückenspannung gemessen; sie ist ein Maß für die Messgröße.
Bei der Abgleichbrücke wird einer der vier Widerstände so weit verändert, bis die Brückenspannung null ist; die Brücke ist dann „abgeglichen". Die so genannte Abgleichbedingung erhält man z. B. durch die Berechnung der Potentiale φ_A und φ_B. Die Brückenspannung ist null, d. h. die Brücke ist abgeglichen, wenn $\varphi_A = \varphi_B$ ist.
Nicht abgeglichene Brücken werden auch als „verstimmt" bezeichnet.

Schleifdrahtbrücke

Brückenabgleich durch Schleifdraht

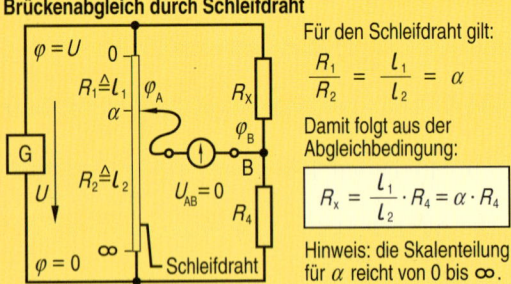

Für den Schleifdraht gilt:
$$\frac{R_1}{R_2} = \frac{l_1}{l_2} = \alpha$$

Damit folgt aus der Abgleichbedingung:
$$R_x = \frac{l_1}{l_2} \cdot R_4 = \alpha \cdot R_4$$

Hinweis: die Skalenteilung für α reicht von 0 bis ∞.

Wheatstonesche Messbrücken werden häufig als Schleifdrahtbrücken ausgeführt; sie dienen zur Bestimmung eines unbekannten Widerstandes R_x.
Die Brückenschaltung enthält einen kalibrierten Schleifdraht der Länge L, ein Schleiferabgriff teilt die Gesamtlänge des Schleifdrahtes in die Teillängen l_1 und l_2. Zur Bestimmung von R_x wird der Schleifer so lange verstellt, bis die Brücke abgeglichen ist, d. h. bis das möglichst empfindliche Messgerät P1 keinen Ausschlag mehr zeigt. Aus der Stellung des Abgriffs $\alpha = l_1 : l_2$ kann der Widerstandswert R_x direkt abgelesen werden.

Vertiefung zu 2.5

2.5.1 Abgleichbrücke
Eine Widerstandsmessbrücke hat die Widerstände $R_3 = 2{,}5\,\text{k}\Omega$ und $R_4 = 7{,}5\,\text{k}\Omega$.

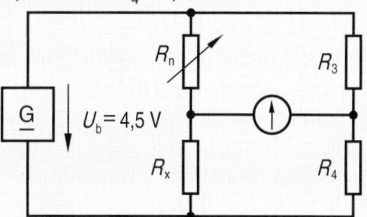

Berechnen Sie den Widerstandswert R_x des gesuchten Widerstandes, wenn die Brücke bei a) $R_n = 1\,\text{k}\Omega$, b) $R_n = 10\,\text{k}\Omega$, c) $R_n = 25\,\text{k}\Omega$ abgeglichen ist.

2.5.2 Ausschlagbrücke
Eine Brückenschaltung enthält außer den Festwiderständen R1, R2 und R3 einen Widerstand R4, dessen Wert sich im Bereich von 0 bis $1\,\text{k}\Omega$ ändern lässt.

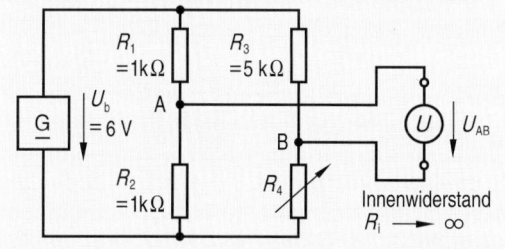

a) In welchem Bereich lässt sich die Brückenspannung U_{AB} ändern?
b) In welchem Widerstandsbereich muss R_4 einstellbar sein, damit sich die Brückenspannung in dem Bereich zwischen $-1\,\text{V}$ und $+1\,\text{V}$ einstellen lässt?

2.5.3 Widerstandsbestimmung
Der Widerstandswert der Heizwicklung eines Lötkolbens soll mit Hilfe einer Schleifdrahtmessbrücke bestimmt werden. Der Schleifer hat einen Drehbereich $\alpha_{AE} = 270°$, der Abgleich ist bei $\alpha_0 = 85°$ erreicht.

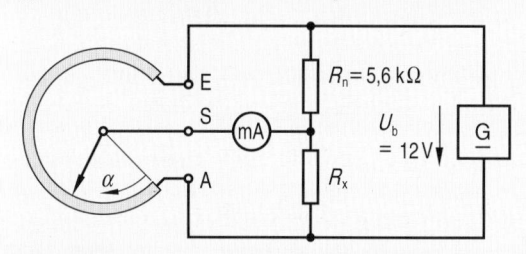

a) Berechnen Sie den Widerstandswert R_x.
b) Diskutieren Sie den Einfluss der Betriebsspannung U_b auf die Messgenauigkeit.

2.5.4 Alarmanlage
Eine Alarmanlage arbeitet nach dem Ruhestromprinzip.

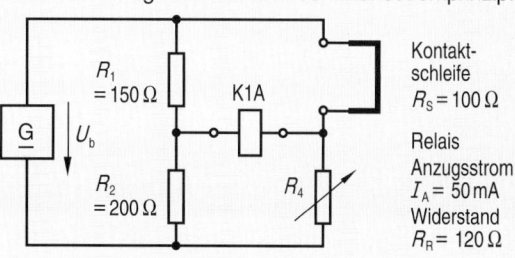

a) Erklären Sie die Arbeitsweise der Schaltung.
b) Berechnen Sie R_4, so dass das Relais K1A bei intakter Kontaktschleife stromlos ist.
c) Berechnen Sie die notwendige Betriebsspannung U_b, damit das Relais bei Unterbrechung der Kontaktschleife sicher anzieht.

2.5.5 Temperaturmessung
Die Temperatur einer Wicklung soll mit Hilfe von zwei NTC-Widerständen überwacht werden.

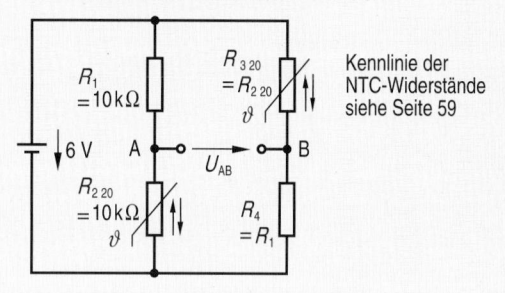

Berechnen Sie die Brückenspannung U_{AB} für die Temperaturen a) $\vartheta = 0\,°C$, b) $\vartheta = 20\,°C$, c) $\vartheta = 100\,°C$.

2.5.6 Fehlerortbestimmung
Ein Erdkabel NAYY $4 \times 150\,\text{mm}^2$ Cu mit $L = 2{,}5\,\text{km}$ hat an unbekannter Stelle einen satten Erdschluss.

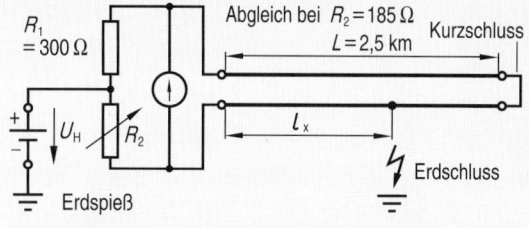

Zur Fehlerortung wird das Kabelende kurzgeschlossen, ein Erdspieß stellt eine Erdverbindung her.
a) Skizzieren Sie die vollständige Brückenschaltung.
b) Berechnen Sie die Entfernung l_x der Fehlerstelle.
c) Diskutieren Sie den Einfluss der Erdwiderstände und der Spannung U_H auf das Messergebnis.

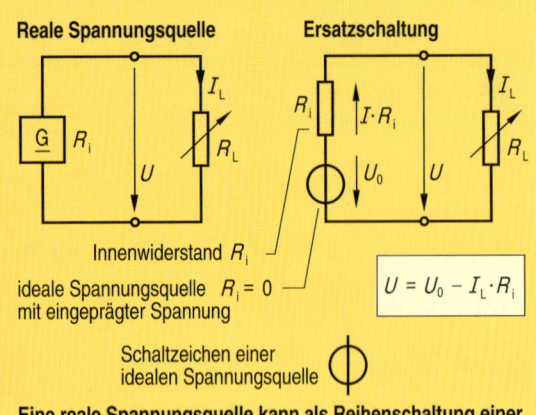

2.6 Ersatzspannungsquelle

Reale Spannungsquelle / **Ersatzschaltung**

Innenwiderstand R_i
ideale Spannungsquelle $R_i = 0$
mit eingeprägter Spannung

$$U = U_0 - I_L \cdot R_i$$

Schaltzeichen einer idealen Spannungsquelle

Eine reale Spannungsquelle kann als Reihenschaltung einer idealen Quelle und einem Innenwiderstand dargestellt werden

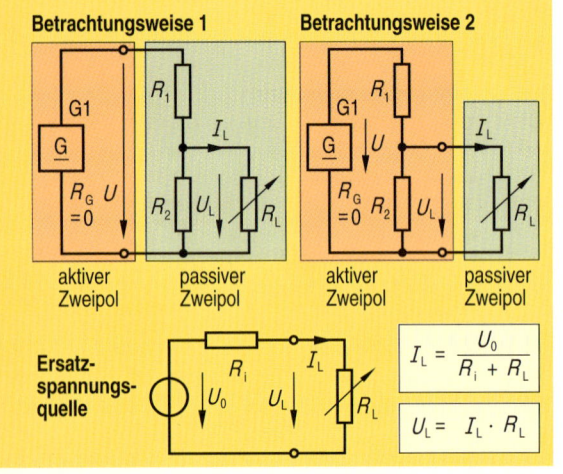

Betrachtungsweise 1 / **Betrachtungsweise 2**

aktiver Zweipol / passiver Zweipol / aktiver Zweipol / passiver Zweipol

Ersatzspannungsquelle

$$I_L = \frac{U_0}{R_i + R_L}$$

$$U_L = I_L \cdot R_L$$

1. Schritt: Berechnung der Quellenspannung

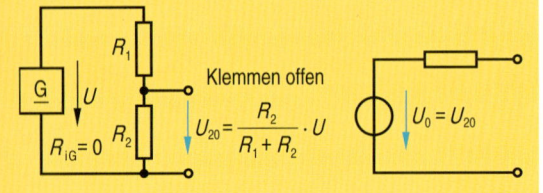

Klemmen offen

$$U_{20} = \frac{R_2}{R_1 + R_2} \cdot U \qquad U_0 = U_{20}$$

2. Schritt: Berechnung des Innenwiderstandes

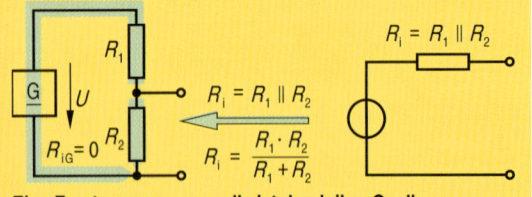

$$R_i = R_1 \parallel R_2$$

$$R_i = \frac{R_1 \cdot R_2}{R_1 + R_2}$$

Eine Ersatzspannungsquelle ist durch ihre Quellenspannung und ihren Innenwiderstand eindeutig festgelegt

Spannungserzeuger

Spannungserzeuger, allgemein Generatoren genannt, trennen die Ladungen und stellen dadurch elektrische Spannung zur Verfügung. Wird ein Verbraucher an die Spannung angeschlossen, so fließt elektrischer Strom. Generatoren können somit als Spannungs- oder als Stromquelle betrachtet werden.

Ideale Spannungsquellen haben keinen Innenwiderstand und somit bei jeder Belastung die gleiche konstante Klemmenspannung U_0.

Reale Spannungsquellen haben einen Innenwiderstand $R_i > 0$, die Klemmenspannung sinkt dadurch mit zunehmender Stromentnahme. Reale Spannungsquellen können als Reihenschaltung aus einer idealen Spannungsquelle mit fester (eingeprägter) Quellenspannung U_0 und einem Innenwiderstand R_i dargestellt werden.

Ersatzspannungsquelle

In der nebenstehenden Spannungsteilerschaltung ist G1 die Spannungsquelle; das gesamte Netzwerk aus R_1, R_2 und R_L stellt die Last dar. Man sagt auch: die Spannungsquelle ist der aktive Zweipol, die ohmschen Widerstände bilden den passiven Zweipol. Alle Spannungen und Ströme, z. B. U_L und I_L, können mit den bekannten Formeln bestimmt werden (siehe Kap. 2.2). Zur Berechnung von Spannung und Strom in R_L eignet sich aber auch eine andere Betrachtungsweise: die Teilerwiderstände R_1 und R_2 werden als Bestandteil einer Ersatzspannungsquelle angesehen; sie bilden zusammen mit G1 den aktiven Zweipol. Der Lastwiderstand R_L ist dann der passive Zweipol.

Sind Quellenspannung und Innenwiderstand der Ersatzspannungsquelle bekannt, dann sind I_L und U_L für jeden Widerstandswert R_L problemlos berechenbar.

Berechnung

Ersatzspannungsquellen sind durch ihre Quellenspannung und ihren Innenwiderstand festgelegt.

Die Quellenspannung einer Ersatzspannungsquelle ist immer gleich der Klemmenspannung der Quelle im unbelasteten Zustand. Für den Spannungsteiler gilt also: die Quellenspannung U_0 der Ersatzspannungsquelle ist gleich der unbelasteten Teilspannung U_{20} am Teilwiderstand R_2. Die Quellenspannung kann somit berechnet werden mit: $U_0 = U \cdot R_2 : (R_1 + R_2)$.

Der Innenwiderstand der Ersatzspannungsquelle ist der Widerstand, den man beim „Hineinschauen in die Schaltung an den Klemmen sieht". Da die in der Ersatzspannungsquelle wirkenden Spannungen keinen Beitrag zum Widerstand leisten, können diese Spannungsquellen in Gedanken kurzgeschlossen werden. Der Innenwiderstand des Spannungsteilers besteht somit aus der Parallelschaltung von R_1 und R_2.

Vertiefung zu 2.6

Beispiel: Brückenschaltung

Die Brückenspannung einer unbelasteten Brückenschaltung lässt sich mit einfachen Formeln leicht berechnen (siehe Seite 60).
Die Brückenspannung einer belasteten Brücke und der zugehörige Brückenstrom hingegen sind mit den üblichen Formeln nicht berechenbar.
Zur Berechnung einer belasteten Brücke ist es daher zweckmäßig, die unbelastete Brücke in eine Ersatzspannungsquelle umzuwandeln und diese Quelle mit dem Brückenwiderstand zu belasten.

Beispiel:

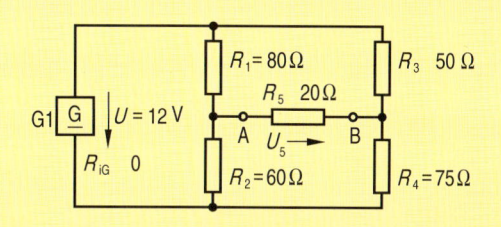

$R_1 = 80\,\Omega$, $R_3 = 50\,\Omega$, $R_5 = 20\,\Omega$, $U = 12\,V$, $R_{iG} = 0$, $R_2 = 60\,\Omega$, $R_4 = 75\,\Omega$

1. Schritt: Berechnung der Quellenspannung

Die Quellenspannung U_{0E} der gesuchten Ersatzspannungsquelle ist gleich der Spannung U_{AB} an der unbelasteten Brückendiagonalen. Die Berechnung erfolgt z. B. mit Hilfe der Potentiale $\varphi_A = U \cdot R_2 : (R_1 + R_2)$ und $\varphi_B = U \cdot R_3 : (R_3 + R_4)$. Für U_{AB} gilt dann: $U_{AB} = \varphi_A - \varphi_B$.
Im vorliegenden Beispiel ist die Quellenspannung U_{0E} negativ, d.h. sie wirkt entgegengesetzt zur eingezeichneten Zählrichtung.

Leerlaufspannung

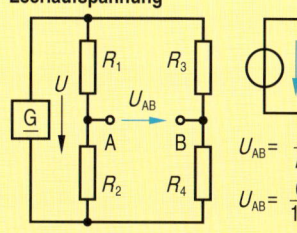

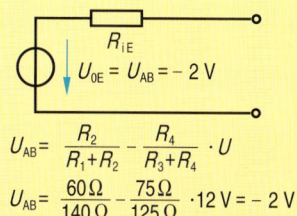

$U_{0E} = U_{AB} = -2\,V$

$$U_{AB} = \left(\frac{R_2}{R_1+R_2} - \frac{R_4}{R_3+R_4}\right) \cdot U$$

$$U_{AB} = \left(\frac{60\,\Omega}{140\,\Omega} - \frac{75\,\Omega}{125\,\Omega}\right) \cdot 12\,V = -2\,V$$

2. Schritt: Berechnung des Innenwiderstandes

Der Innenwiderstand der Ersatzspannungsquelle ist gleich dem Widerstand, den man beim „Hineinschauen" in die Schaltung an den Klemmen A und B sieht".
Geht man davon aus, dass die Spannungsquelle der Brückenschaltung den Innenwiderstand $R_i = 0$ hat, so kann man sich einen Kurzschluss zwischen den Punkten 1 und 2 denken. Man sieht dann sofort, dass R_1 und R_2 parallel geschaltet sind; ebenso R_3 und R_4. Der gesuchte Widerstand ist dann $R_{AB} = (R_1 \parallel R_2) + (R_3 \parallel R_4)$.

Innenwiderstand

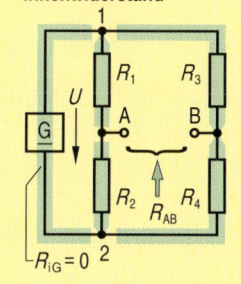

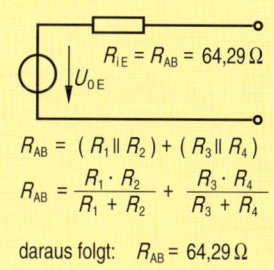

$R_{iE} = R_{AB} = 64{,}29\,\Omega$

$$R_{AB} = (R_1 \parallel R_2) + (R_3 \parallel R_4)$$

$$R_{AB} = \frac{R_1 \cdot R_2}{R_1 + R_2} + \frac{R_3 \cdot R_4}{R_3 + R_4}$$

daraus folgt: $R_{AB} = 64{,}29\,\Omega$

3. Schritt: Lastspannung und Laststrom

Die gesuchten Werte für U_5 und I_5 sind mit Hilfe der Ersatzspannungsquelle über das ohmsche Gesetz leicht berechenbar.
Diese Methode ist auch besonders geeignet, wenn der Lastwiderstand R_5 ein veränderlicher Widerstand ist.

Ersatzspannungsquelle mit Last

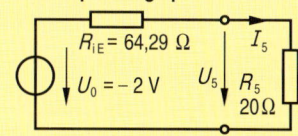

$R_{iE} = 64{,}29\,\Omega$, $U_0 = -2\,V$, $R_5 = 20\,\Omega$

$$I_5 = \frac{U_0}{R_{iE} + R_5} = \frac{-2\,V}{84{,}29\,\Omega}$$

$I_5 = -23{,}7\,mA$

$U_5 = I_5 \cdot R_5 = \ldots = -0{,}47\,V$

Aufgaben

2.6.1 Spannungsteiler

Ein Spannungsteiler hat die Speisespannung $U = 24\,V$ und die Teilwiderstände $R_1 = 120\,\Omega$, $R_2 = 480\,\Omega$. Der Lastwiderstand parallel zu R_2 ist $0 < R_L < \infty$.
a) Wandeln Sie den Spannungsteiler in eine Ersatzspannungsquelle um.
b) Berechnen Sie U_L und I_L für die Lastwiderstände $R_L = 0$, $0{,}1\,k\Omega$, $0{,}2\,k\Omega$, $0{,}5\,k\Omega$, $1\,k\Omega$, $2\,k\Omega$ und ∞. Stellen Sie die Ergebnisse in einer Wertetafel dar.
c) Skizzieren Sie die Funktionen $U_L = f(R_L)$ und $I_L = f(R_L)$.

2.6.2 Brückenschaltung

In der obigen Brückenschaltung sind $R_1 = 1{,}2\,k\Omega$, $R_2 = 800\,\Omega$, $R_3 = 3{,}3\,k\Omega$ und $R_4 = 1{,}5\,k\Omega$. Die Speisespannung ist $U = 12\,V$, der Brückenwiderstand R_5 ist zwischen 0 und $1\,k\Omega$ einstellbar.
a) Wandeln Sie die Brückenschaltung in eine Ersatzspannungsquelle um.
b) Berechnen Sie U_5 und I_5 für sechs verschiedene Brückenwiderstände (Lastwiderstände).
c) Skizzieren Sie die Funktionen $U_5 = f(R_5)$ und $I_5 = f(R_5)$.

2.7 Ersatzstromquelle

Reale Stromquelle / **Ersatzschaltung**

ideale Stromquelle $R_i = \infty$, $G_i = 0$
mit eingeprägtem Strom
Innenleitwert G_i

$$I_L = I_0 - \frac{U_L}{R_i}$$

Schaltzeichen für ideale Stromquellen:

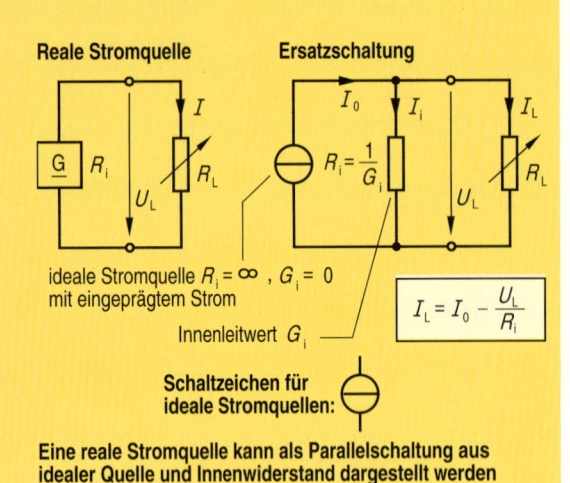

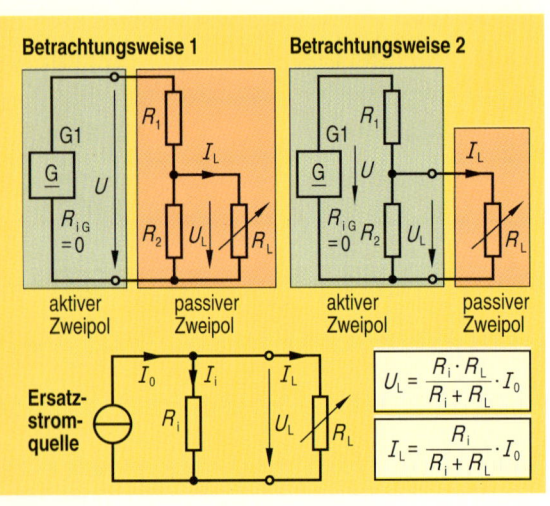

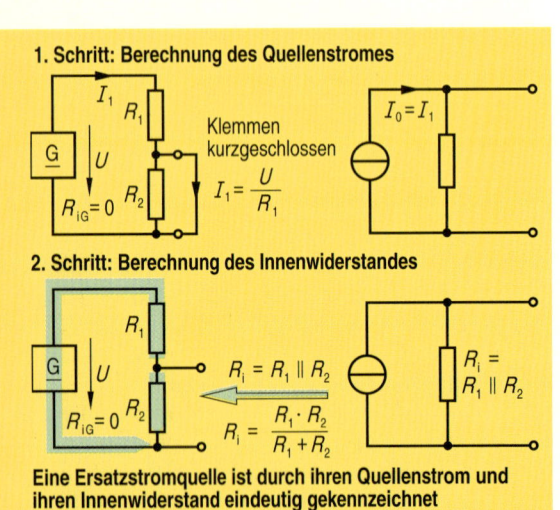

Eine reale Stromquelle kann als Parallelschaltung aus idealer Quelle und Innenwiderstand dargestellt werden

Betrachtungsweise 1 / **Betrachtungsweise 2**

aktiver Zweipol / passiver Zweipol

Ersatzstromquelle

$$U_L = \frac{R_i \cdot R_L}{R_i + R_L} \cdot I_0$$

$$I_L = \frac{R_i}{R_i + R_L} \cdot I_0$$

1. Schritt: Berechnung des Quellenstromes

Klemmen kurzgeschlossen

$$I_1 = \frac{U}{R_1}$$

$$I_0 = I_1$$

2. Schritt: Berechnung des Innenwiderstandes

$$R_i = R_1 \parallel R_2$$
$$R_i = \frac{R_1 \cdot R_2}{R_1 + R_2}$$

$$R_i = R_1 \parallel R_2$$

Eine Ersatzstromquelle ist durch ihren Quellenstrom und ihren Innenwiderstand eindeutig gekennzeichnet

Stromquellen
Elektrische Generatoren können, wie in Kap. 2.5 dargestellt wurde, als Spannungs- oder als Stromquellen betrachtet werden. Eine ideale Spannungsquelle ist dabei als ein Generator definiert, der unabhängig von der Last stets die gleiche, konstante Klemmenspannung U_0 liefert. Eine ideale Stromquelle ist demzufolge ein Generator, der unabhängig von der Belastung stets den gleichen, konstanten Strom I_0 liefert; der innere Leitwert der Stromquelle ist dabei null, bzw. ihr innerer Widerstand ist unendlich groß.
Reale Stromquellen haben einen inneren Leitwert, der Laststrom sinkt dadurch mit größer werdendem Lastwiderstand. Reale Stromquellen können als Parallelschaltung aus einer idealen Stromquelle mit festem (eingeprägtem) Quellenstrom I_0 und einem inneren Leitwert G_i bzw. Innenwiderstand R_i dargestellt werden.

Ersatzstromquelle
In der nebenstehenden Spannungsteilerschaltung ist G1 die Stromquelle; das gesamte Netzwerk aus R_1, R_2 und R_L stellt die Last dar. Die Stromquelle G1 bildet den aktiven Zweipol, die drei ohmschen Widerstände bilden den passiven Zweipol, alle Spannungen und Ströme, z. B. U_L und I_L, können mit den bereits bekannten Formeln berechnet werden.
Wie bei der Ersatzspannungsquelle, kann aber auch hier die Last R_L als passiver Zweipol aufgefasst werden, während das Netzwerk aus G1, R_1 und R_2 als Ersatzstromquelle den aktiven Zweipol bildet.
Sind Quellenstrom und Innenleitwert der Ersatzstromquelle bekannt, dann sind U_L und I_L für jeden Widerstandswert R_L problemlos berechenbar.
Die Ersatzstromquelle ist zweckmäßig, wenn der Innenwiderstand größer als der Lastwiderstand ist.

Berechnung
Eine Ersatzstromquelle ist durch ihren Quellenstrom und ihren Innenwiderstand festgelegt.
Der Quellenstrom I_0 einer Ersatzstromquelle ist gleich dem Strom, der über die kurzgeschlossenen Anschlussklemmen der Quelle fließt. Für den Spannungsteiler gilt: der Quellenstrom I_0 der Ersatzstromquelle ist gleich dem Strom durch Widerstand R_1 bei kurzgeschlossenem Widerstand R_2. Daraus folgt: $I_0 = U : R_1$.
Der Innenwiderstand der Ersatzstromquelle ist der Widerstand, den man beim „Hineinschauen in die Schaltung sieht". Wie bei der Ersatzspannungsquelle besteht der Innenwiderstand des Spannungsteilers aus der Parallelschaltung von R_1 und R_2.
Aber: der Innenwiderstand der Ersatzspannungsquelle liegt in Reihe zur idealen Quelle, der Innenwiderstand der Ersatzstromquelle liegt parallel zur idealen Quelle.

Vertiefung zu 2.7

Vergleich der Ersatzquellen

Ein aktives Netzwerk kann prinzipiell als Spannungs- oder als Stromquelle dargestellt werden. Die beiden möglichen Ersatzschaltungen müssen dabei selbstverständlich äquivalent, d. h. elektrisch gleichwertig sein. Diese Forderung ist erfüllt, wenn beide Ersatzquellen den gleichen Innenwiderstand R_i besitzen und wenn zwischen Quellenspannung U_0 und Quellenstrom I_0 die Beziehung $U_0 = I_0 \cdot R_i$ besteht.

In der Praxis wird die Ersatzspannungsquelle dann bevorzugt, wenn $R_i \ll R_L$ ist; dies ist bei den meisten Anwendungen der Energietechnik der Fall. Bei $R_i \gg R_L$ wird üblicherweise die Ersatzstromquelle bevorzugt.

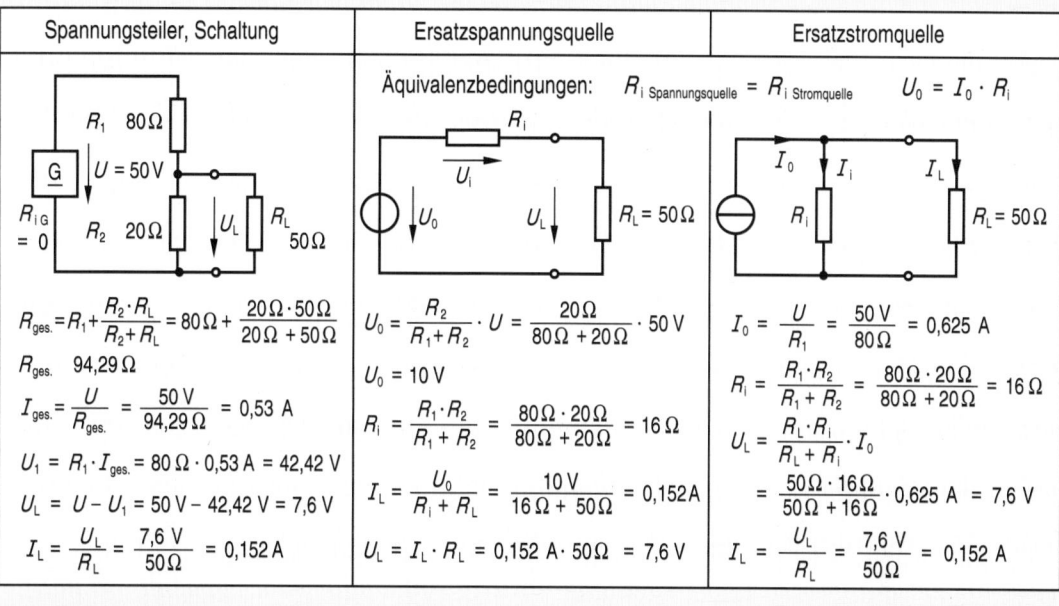

Spannungsteiler, Schaltung	Ersatzspannungsquelle	Ersatzstromquelle
$R_1 = 80\,\Omega$, $U = 50\,V$, $R_{iG} = 0$, $R_2 = 20\,\Omega$, $R_L = 50\,\Omega$	Äquivalenzbedingungen: $R_{i\,\text{Spannungsquelle}} = R_{i\,\text{Stromquelle}}$ $\quad U_0 = I_0 \cdot R_i$	
$R_{ges} = R_1 + \dfrac{R_2 \cdot R_L}{R_2 + R_L} = 80\,\Omega + \dfrac{20\,\Omega \cdot 50\,\Omega}{20\,\Omega + 50\,\Omega}$	$U_0 = \dfrac{R_2}{R_1 + R_2} \cdot U = \dfrac{20\,\Omega}{80\,\Omega + 20\,\Omega} \cdot 50\,V$	$I_0 = \dfrac{U}{R_1} = \dfrac{50\,V}{80\,\Omega} = 0{,}625\,A$
$R_{ges} = 94{,}29\,\Omega$	$U_0 = 10\,V$	$R_i = \dfrac{R_1 \cdot R_2}{R_1 + R_2} = \dfrac{80\,\Omega \cdot 20\,\Omega}{80\,\Omega + 20\,\Omega} = 16\,\Omega$
$I_{ges} = \dfrac{U}{R_{ges}} = \dfrac{50\,V}{94{,}29\,\Omega} = 0{,}53\,A$	$R_i = \dfrac{R_1 \cdot R_2}{R_1 + R_2} = \dfrac{80\,\Omega \cdot 20\,\Omega}{80\,\Omega + 20\,\Omega} = 16\,\Omega$	$U_L = \dfrac{R_L \cdot R_i}{R_L + R_i} \cdot I_0$
$U_1 = R_1 \cdot I_{ges} = 80\,\Omega \cdot 0{,}53\,A = 42{,}42\,V$	$I_L = \dfrac{U_0}{R_i + R_L} = \dfrac{10\,V}{16\,\Omega + 50\,\Omega} = 0{,}152\,A$	$= \dfrac{50\,\Omega \cdot 16\,\Omega}{50\,\Omega + 16\,\Omega} \cdot 0{,}625\,A = 7{,}6\,V$
$U_L = U - U_1 = 50\,V - 42{,}42\,V = 7{,}6\,V$		
$I_L = \dfrac{U_L}{R_L} = \dfrac{7{,}6\,V}{50\,\Omega} = 0{,}152\,A$	$U_L = I_L \cdot R_L = 0{,}152\,A \cdot 50\,\Omega = 7{,}6\,V$	$I_L = \dfrac{U_L}{R_L} = \dfrac{7{,}6\,V}{50\,\Omega} = 0{,}152\,A$

Geregelte Netzgeräte

An Netzgeräte zur Versorgung elektronischer Schaltungen werden meist zwei Forderungen gestellt:

1. Die Klemmenspannung soll bis zur maximal zulässigen Belastung unabhängig von der Last stets den gleichen Wert haben. In diesem Bereich arbeitet das Gerät als Konstantspannungsquelle.
2. Bei Überschreiten der zulässigen Last bis hin zum Kurzschluss soll das Gerät stets den gleichen Strom liefern; es arbeitet dann als Konstantstromquelle.

Kennlinien

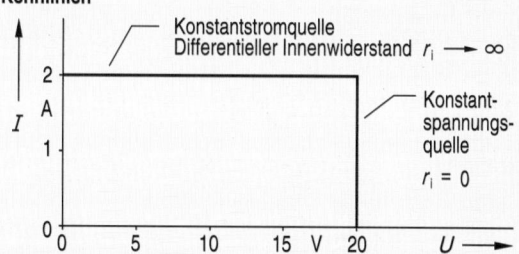

Konstantstromquelle: Differentieller Innenwiderstand $r_i \rightarrow \infty$

Konstantspannungsquelle: $r_i = 0$

Aufgaben

2.7.1 Brückenschaltung

Gegeben ist folgende Brückenschaltung:

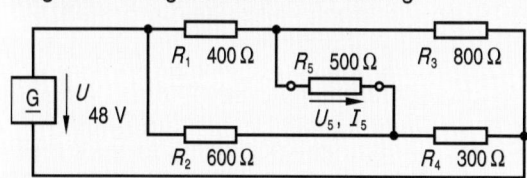

$U = 48\,V$, $R_1 = 400\,\Omega$, $R_5 = 500\,\Omega$, $R_3 = 800\,\Omega$, $R_2 = 600\,\Omega$, $R_4 = 300\,\Omega$

Berechnen Sie U_5 und I_5:
a) mit Hilfe einer Ersatzspannungsquelle,
b) mit Hilfe einer Ersatzstromquelle.

2.7.2 Netzwerk mit 2 Batterien

Gegeben ist das folgende Netzwerk:

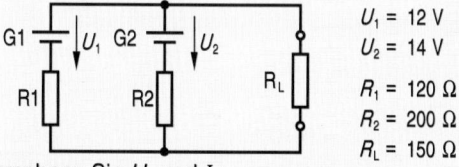

$U_1 = 12\,V$
$U_2 = 14\,V$
$R_1 = 120\,\Omega$
$R_2 = 200\,\Omega$
$R_L = 150\,\Omega$

Berechnen Sie U_L und I_L:
a) mit Hilfe einer Ersatzspannungsquelle,
b) mit Hilfe einer Ersatzstromquelle.

2.8 Ausgewählte Lösungen zu Kapitel 2

2.2.1 a) Schaltung
b) $R_{ges} = 540\,\Omega$
c) $I = 44{,}4\,mA$
d) $U_1 = 5{,}3\,V$
e) $U_2 = 8\,V$
f) $U_3 = 10{,}7\,V$
g) In der Reihenschaltung nimmt der größte Widerstand die größte Leistung auf.

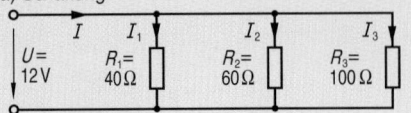

2.2.2 a) Schaltung
b) $R_{ges} = 19{,}35\,\Omega$
c) $I = 0{,}62\,A$
d) $I_1 = 0{,}3\,A$, $I_2 = 0{,}2\,A$, $I_3 = 0{,}12\,A$
e) In der Parallelschaltung nimmt der kleinste Widerstand die größte Leistung auf.

2.2.3 a) $R_2 = 100\,\Omega$ b) $U_1 = 90\,V$, $U_2 = 150\,V$
c) $U = 240\,V$

2.2.4 a) $R_2 = 200\,\Omega$ b) $I_1 = 0{,}1\,A$, $I_2 = 0{,}3\,A$
c) $U = 60\,V$

2.2.5 a) $R_V = 5{,}9\,\Omega$ b) $R_N = 3{,}45\,\Omega$

2.2.6 a) Wird Taster S2 gedrückt, so liegt Relais K1 an voller Spannung und zieht an. Kontakt K1 schaltet Widerstand R1 ein. Nach Loslassen von S2 fließt ein reduzierter Relaisstrom über R1.
b) $R_1 = 133\,\Omega$ c) $U_{Halte} = 18\,V$

2.3.1 Spannungen:
$U_1 = 3{,}66\,V$, $U_2 = 2{,}68\,V$, $U_3 = 3{,}66\,V$, $U_4 = 0{,}98\,V$,
$U_5 = 0{,}73\,V$, $U_6 = 0{,}98\,V$, $U_7 = 0{,}24\,V$, $U_8 = 0{,}24\,V$,
$U_9 = 0{,}24\,V$
Ströme:
$I_1 = 3{,}66\,mA$, $I_2 = 2{,}68\,mA$, $I_3 = 3{,}66\,mA$,
$I_4 = 0{,}98\,mA$, $I_5 = 0{,}73\,mA$, $I_6 = 0{,}98\,mA$,
$I_7 = 0{,}24\,mA$, $I_8 = 0{,}24\,mA$, $I_9 = 0{,}24\,mA$
Potenziale:
$\varphi_A = 10\,V$, $\varphi_B = 6{,}34\,V$, $\varphi_C = 5{,}36\,V$, $\varphi_D = 5{,}12\,V$,
$\varphi_E = 4{,}88\,V$, $\varphi_F = 4{,}64\,V$, $\varphi_G = 3{,}66\,V$, $\varphi_H = 0\,V$

2.3.2 Schalterstellung S11, S21: $I_{P1} = 0{,}9\,mA$
Schalterstellung S12, S21: $I_{P1} = 0{,}3\,mA$
Schalterstellung S11, S22: $I_{P1} = 0{,}6\,mA$
Schalterstellung S12, S22: $I_{P1} = 0\,mA$

2.4.1 a) $U_{BA} = 70{,}77\,V$, $U_{CA} = 88{,}46\,V$, $U_{DA} = 185{,}77\,V$
b) $P_1 = 130{,}5\,mW$, $P_2 = 287{,}2\,mW$, $P_3 = 52{,}2\,mW$,
$P_4 = 208{,}9\,mW$
c) keine galvanische Trennung, Lebensgefahr

2.4.2 a) $N = 250$, $U' = 0{,}92\,V/Windung$
b) $l_1 = 5{,}22\,mm$, $l_2 = 20{,}87\,mm$, $l_3 = 43{,}48\,mm$
c) $R = 23{,}44\,\Omega$, $I = 9{,}81\,A$
d) am 24-Volt-Abgriff (Leerlauf) ist $R_2 = 2{,}45\,\Omega$ und $R_1 = 20{,}99\,\Omega$
$U_{2belastet} = 21{,}64\,V$
e) $P = 2068\,W + 191\,W = 2259\,W$

Ersatzschaltbild

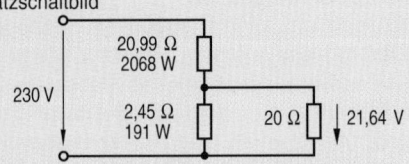

2.4.3 a) für 0°: 30 kΩ, 3,3 V   für 20°: 10 kΩ, 2,9 V
für 50°: 3 kΩ, 2,0 V   für 100°: 0,6 kΩ, 0,72 V

2.5.1 a) $R_x = 3\,k\Omega$, b) $R_x = 30\,k\Omega$, c) $R_x = 75\,k\Omega$

2.5.2 a) Bereich 2 V bis 3 V
b) Bereich 2,5 kΩ bis 10 kΩ

2.5.3 a) $R_x = 2{,}57\,k\Omega$
b) Kein direkter Einfluss, bei verringerter Betriebsspannung verringert sich aber die Empfindlichkeit.

2.5.4 a) Bei fehlerfreier Kontaktschleife abgeglichene Brücke, bei unterbrochener Schleife liegt an K1A Spannung; Alarm wird ausgelöst.
b) $R_4 = 133{,}3\,\Omega$
c) Mindestens 30 V

2.5.5 a) 2 V, b) 0 V, c) −5 V
Damit die Anzeige mit zunehmender Temperatur steigt, muss der Spannungsmesser mit seinem Pluspol an B angeschlossen sein.

2.5.6 a) Brückenschaltung

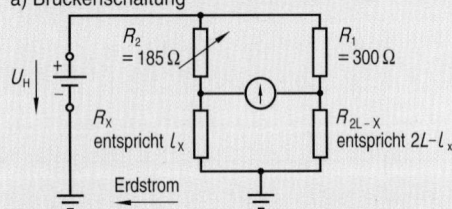

b) $l_x = 1{,}9\,km$
c) Die Erderwiderstände haben praktisch keinen Einfluss auf das Messergebnis. Bei großen Entfernungen muss die Speisespannung U_H entsprechend erhöht werden.

2.6.1 a) Ersatzspannungsquelle $U_0 = 19{,}2\,V$, $R_i = 96\,\Omega$
b)

R_L in kΩ	0	0,1	0,2	0,5	1	2	∞
I_L in mA	200	98	64,9	32,2	17,5	9,2	0
U_L in V	0	9,8	12,8	16,1	17,5	18,3	19,2

2.6.2 a) Ersatzspannungsquelle $U_0 = 1{,}05\,V$, $R_i = 1{,}51\,k\Omega$
b)

R_5 in kΩ	0	0,1	0,3	0,5	0,7	0,9	1
I_5 in μA	695	652	580	522	475	435	418
U_5 in mV	0	65,2	174	261	333	392	418

2.7.1 a) Ersatzspannungsquelle $U_0 = 16\,V$, $R_i = 466{,}67\,\Omega$
$U_5 = 8{,}28\,V$, $I_5 = 16{,}55\,mA$
b) Ersatzstromquelle $I_0 = 34{,}29\,mA$, $R_i = 466{,}67\,\Omega$
$U_5 = 8{,}28\,V$, $I_5 = 16{,}55\,mA$

2.7.2 a) Ersatzspannungsquelle $U_0 = 12{,}75\,V$, $R_i = 75\,\Omega$
$U_L = 8{,}5\,V$, $I_L = 56{,}7\,mA$
b) Ersatzstromquelle $I_0 = 170\,mA$, $R_i = 75\,\Omega$
$U_L = 8{,}5\,V$, $I_L = 56{,}7\,mA$

3 Bauteile an Gleich- und Wechselspannung

3.1	Gleich- und Wechselspannung	68
3.2	Sinusförmige Wechselspannung I	70
3.3	Sinusförmige Wechselspannung II	72
3.4	Messungen mit dem Oszilloskop I	74
3.5	Messungen mit dem Oszilloskop II	76
3.6	Messungen mit dem Oszilloskop III	78
3.7	Bauteile R, C, L	80
3.8	Kondensator und Kapazität	82
3.9	Bauformen von Kondensatoren	84
3.10	Spule und Induktivität	86
3.11	Induktion, technische Bedeutung	88
3.12	Kondensator an Gleichspannung	90
3.13	Kondensator an Wechselspannung	92
3.14	Spule an Gleichspannung	94
3.15	Spule an Wechselspannung	96
3.16	Kräfte im Magnetfeld I	98
3.17	Kräfte im Magnetfeld II	100
3.18	Wirk- und Blindwiderstände	102
3.19	Komplexe Zahlen	104
3.20	Komplexe Grundschaltungen I	106
3.21	Komplexe Grundschaltungen II	108
3.22	Wirk-, Blind- und Scheinleistung	110
3.23	Kompensation der Blindleistung	112
3.24	Ausgewählte Lösungen zu Kapitel 3	114

3.1 Gleich- und Wechselspannung

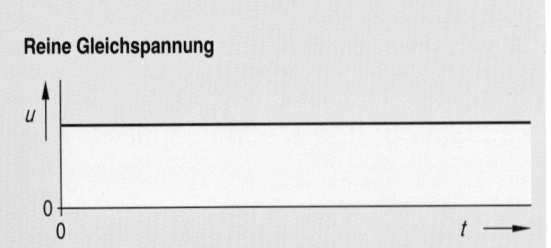

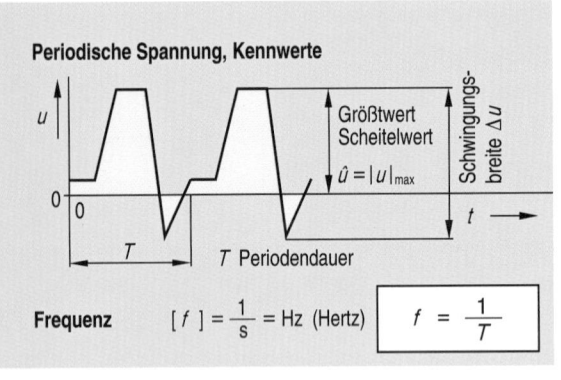

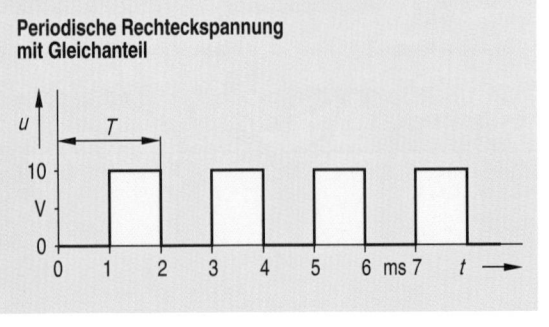

Reine Gleichspannung

Gleichspannung
Spannungen und Ströme können über einen längeren Zeitabschnitt konstante Werte haben; sie heißen dann Gleichspannung bzw. Gleichstrom.
Alle galvanischen Elemente, Akkumulatoren, Solarzellen und Thermoelemente liefern Gleichspannung. Großtechnisch wird Gleichspannung durch „Gleichrichtung" von Wechsel- bzw. Drehstrom gewonnen. Technische Bedeutung hat Gleichspannung vor allem für die Versorgung von elektronischen Geräten und für den Betrieb von Gleichstrommotoren.

Nichtperiodische Schwingung

Periodische Schwingung

Wechselspannung
Spannungen und Ströme, die in kurzen Zeitabständen ihren Wert ändern, heißen Wechselspannung bzw. Wechselstrom.
Der Wert einer Wechselspannung kann sich ohne erkennbare Gesetzmäßigkeit ändern, wie z. B. bei Sprach- und Musiksignalen. In diesem Fall spricht man von nichtperiodischen Schwingungen.
Der Spannungsverlauf kann sich aber auch nach einer gewissen Zeit, der so genannten Periodendauer, wiederholen. Solche periodischen Schwingungen spielen in der gesamten Technik eine sehr große Rolle. Besondere Bedeutung haben dabei die sinusförmigen Spannungen und Ströme.

Periodische Spannung, Kennwerte

Größtwert Scheitelwert $\hat{u} = |u|_{max}$

Schwingungsbreite Δu

T Periodendauer

Frequenz $[f] = \frac{1}{s} = Hz$ (Hertz)

$$f = \frac{1}{T}$$

Periodische Schwingungen
Spannungen und Ströme mit periodischem Verlauf sind durch die Begriffe Periodendauer und Fequenz gekennzeichnet:
- Periodendauer (Schwingungsdauer) T ist die Zeit, die zum vollständigen Ablauf einer Schwingung benötigt wird
- Frequenz f ist die Geschwindigkeit (Häufigkeit) mit der sich der Schwingungsvorgang wiederholt.

Die Frequenz ist der Kehrwert der Periodendauer. Weitere wichtige Kennwerte von periodischen Wechselgrößen sind der Gleichwert, der Effektivwert, der Scheitelwert und die Schwingungsbreite.

Periodische Rechteckspannung mit Gleichanteil

Mischrößen
Technisch genutzte Wechselspannungen sind meist „reine" Wechselspannungen, d.h. sie haben keinen Gleichanteil. Mit einem Spannungsmesser, der auf DC (Gleichstrom) eingestellt ist, wird an reiner Wechselspannung der Wert 0 gemessen.
Häufig enthalten Wechselspannungen einen Gleichspannungsanteil. Damit ist es keine reine Wechselspannung, sondern eine Mischspannung. Der Gleichanteil wir von einem Spannungsmesser in Stellung DC, der Wechselanteil bei Stellung AC angezeigt.
Für Ströme gelten die entsprechenden Überlegungen.

Vertiefung zu 3.1

Kennwerte von Mischgrößen
Eine Mischspannung lässt sich durch drei Einzelwerte kennzeichnen:
- den Effektivwert U (oder U_{RMS})
  dieser Wert kann mit Dreheisenmessgeräten und mit einigen Digitalmessgeräten gemessen werden (Handbuch des Geräteherstellers beachten)
- den Gleichanteil U_{AV} (oder U_d oder u)
  dieser Wert kann mit einem Analog oder Digitalmessgerät in Stellung DC gemessen werden
- den Wechselanteil U_{rms}
  dieser Wert kann mit TRMS-Digitalmessgeräten in Stellung AC gemessen werden, bei sinusförmigen Spannungen ist auch die Messung mit Analogmessgeräten in Stellung AC möglich.

Die enlischen Kürzel AC, DC, RMS usw. haben folgende Bedeutung:
AC Alternating Current, Wechselstrom
DC Direct Current, Gleichstrom
RMS Root Mean Square, Effektivwert (Wurzel aus dem Mittelwert der Quadrate, quadratischer Mittelwert)
TRMS True Root Mean Square, „wahrer" Effektivwert

Für den Zusammenhang gilt:

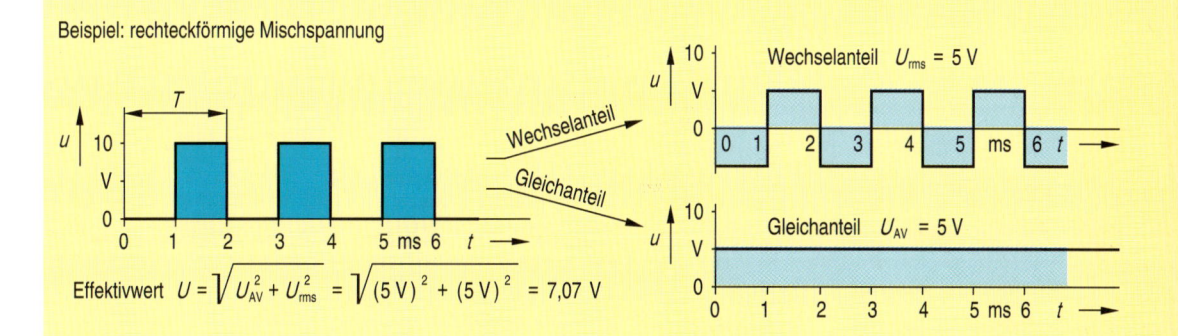

$$U_{RMS} = U = \sqrt{U_{AV}^2 + U_{rms}^2}$$

Beispiel: rechteckförmige Mischspannung

Effektivwert $U = \sqrt{U_{AV}^2 + U_{rms}^2} = \sqrt{(5\,V)^2 + (5\,V)^2} = 7{,}07\,V$

Kurvenform von Spannung, bzw. Strom		Gleichwert	Effektivwert
Rechteckspannung	(symmetrisch, t_i, $t_p = t_i$, T, $\hat{u}$, $-\hat{u}$)	$U_{AV} = 0$	$U = \hat{u}$
Rechteckspannung	(unsymmetrisch, t_i, t_p, T, $\hat{u}_1$, $\hat{u}_2$)	$U_{AV} = \dfrac{\hat{u}_1 \cdot t_i + \hat{u}_2 \cdot t_p}{T}$ Vorzeichen der Spannungen beachten!	$U = \sqrt{\dfrac{1}{T}\,\hat{u}_1^2 \cdot t_i + \hat{u}_2^2 \cdot t_p}$
Dreieck- bzw. Sägezahnspannung	($\hat{u}$, T, $-\hat{u}$)	$U_{AV} = 0$	$U = \dfrac{\hat{u}}{\sqrt{3}}$
Dreieck- bzw. Sägezahnimpulse	($\hat{u}$, t_i, T)	$U_{AV} = \dfrac{1}{2} \cdot \dfrac{t_i}{T} \cdot \hat{u}$	$U = \sqrt{\dfrac{t_i}{3T}} \cdot \hat{u}$

3.2 Sinusförmige Wechselspannung I

Rotierende Leiterschleife

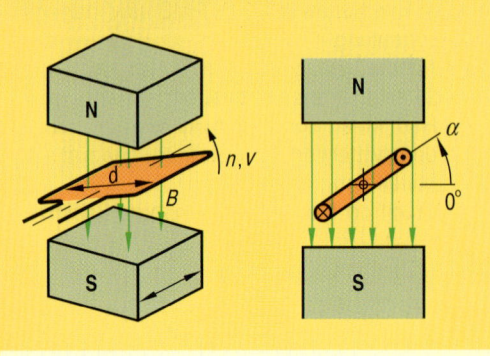

Für die in der Spule induzierte Spannung gilt:
Scheitelwert: $\hat{u} = B \cdot 2l \cdot v \cdot N$
Augenblickswert: $u = \hat{u} \cdot \sin\alpha$
Dabei ist: B magnetische Induktion (Flussdichte)
l Leiterlänge im Magnetfeld
$v = d \cdot \pi \cdot n$ Geschwindigkeit des Leiters
n Drehfrequenz N Windungszahl

Für eine sinusförmige Spannung gilt:

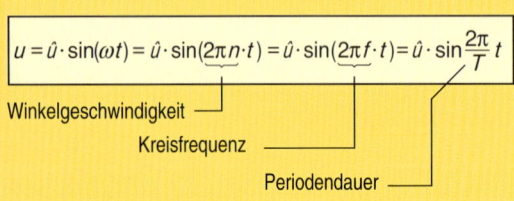

$$u = \hat{u} \cdot \sin(\omega t) = \hat{u} \cdot \sin(2\pi n \cdot t) = \hat{u} \cdot \sin(2\pi f \cdot t) = \hat{u} \cdot \sin\frac{2\pi}{T} t$$

Winkelgeschwindigkeit
Kreisfrequenz
Periodendauer

Kennwerte der Sinuslinie

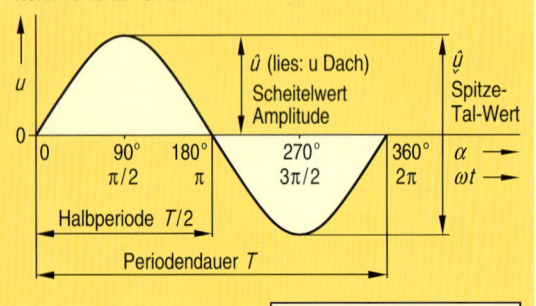

$\hat{u}$ (lies: u Dach) Scheitelwert Amplitude
$\hat{u}$ Spitze-Tal-Wert
Halbperiode $T/2$
Periodendauer T

Für den Effektivwert gilt: $U = \dfrac{\hat{u}}{\sqrt{2}} = 0{,}707 \cdot \hat{u}$

Für den Scheitelwert gilt: $\hat{u} = \sqrt{2} \cdot U = 1{,}414 \cdot U$

Spannungserzeugung

Elektrische Wechselspannung wird üblicherweise in Generatoren erzeugt, die nach dem Induktionsprinzip arbeiten. Dieses Induktionsprinzip besagt:
Wird eine Leiterschleife oder Spule in einem Magnetfeld gedreht, so wird in ihr Spannung „induziert".
Die induzierte Spannung ist dabei um so größer, je schneller die magnetische Flussänderung $\Delta\Phi/\Delta t$ erfolgt, d.h. je schneller sich die Spule dreht und je mehr Windungen die Spule hat.
Dreht sich die Leiterschleife mit konstanter Drehfrequenz in einem homogenen Magnetfeld, so hat die induzierte Spannung einen sinusförmigen Verlauf:
- in der waagrechten Stellung ($\alpha=0°$) wird keine Spannung erzeugt, weil hier keine magnetische Flussänderung stattfindet
- in senkrechter Stellung ($\alpha=90°$) wird die maximale Spannung (Scheitelwert $\hat{u}$) induziert, weil hier die größte Flussänderung stattfindet
- In allen Zwischenstellungen kann die induzierte Spannung mit $u = \hat{u} \cdot \sin\alpha$ berechnet werden.

Die grafische Darstellung ergibt eine Sinuslinie.

Winkelgeschwindigkeit

Spannung wird in der Leiterschleife nur induziert, wenn sie sich dreht, d. h. der Lagewinkel α der Leiterschleife ist zeitabhängig bzw. der Lagewinkel α ändert sich mit einer bestimmten Geschwindigkeit, der so genannten **Winkelgeschwindigkeit** ω (Omega).
Für die Winkelgeschwindigkeit gilt: $\omega = 2\pi \cdot n$.
Da die Frequenz f der induzierten Spannung genau gleich ist wie die Drehfrequenz n der rotierenden Leiterschleife, gilt auch: $\omega = 2\pi \cdot f$. In diesem Fall wird ω als **Kreisfrequenz** bezeichnet.

Liniendiagramm

Wechselgrößen lassen sich nicht wie Gleichgrößen mit einem einzigen Wert (z. B. $U = 10$ V) beschreiben.
Das wichtigste Mittel zur Beschreibung einer Wechselgröße ist die Funktionsgleichung; mit ihr lassen sich alle Augenblickswerte zu jedem Zeitpunkt berechnen.
Anschaulicher, aber ungenauer ist die Darstellung im Liniendiagramm. Es stellt grafisch alle Augenblickswerte einer Wechselgröße in Abhängigkeit von einem Drehwinkel α bzw. von der Zeit t dar. Wichtige Kennwerte von Sinusschwingungen sind die Periodendauer, die Amplitude (Scheitelwert) und der Spitze-Tal-Wert.

In der Energietechnik ist vor allem der Effektivwert einer Spannung bzw. eines Stromes von Bedeutung. Bei sinusförmigen Größen besteht zwischen Scheitelwert und Effektivwert ein fester Zusammenhang: der Effektivwert ist der Wurzel zweite Teil vom Scheitelwert.

Vertiefung zu 3.2

Messung von Wechselspannungen mit dem Oszilloskop

Das Oszilloskop ist das wichtigste Messgerät zur Darstellung des zeitlichen Verlaufs von Wechselspannungen. Üblicherweise können zwei Signale gleichzeitig dargestellt werden. Man kann den Kurvenverlauf erkennen und Scheitelwerte und Periodendauer ablesen.
Um große Spannungen zu messen, muss das Signal über einen Teiler angeschlossen werden.

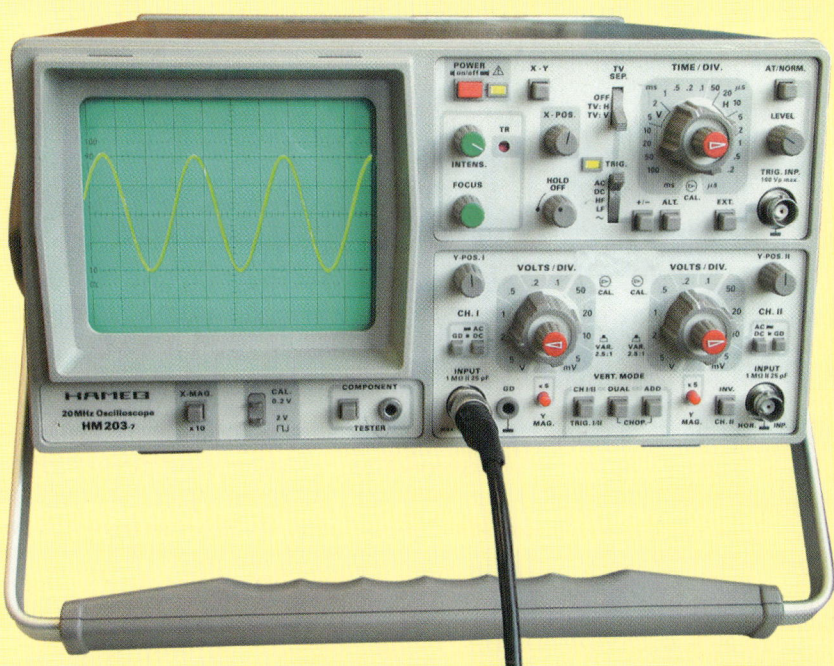

Aufgaben

3.2.1 Gleich- und Wechselspannungen

a) Erklären Sie den Unterschied zwischen einer Gleich- und einer Wechselspannung. Nennen Sie praktische Anwendungen beider Spannungsarten.
b) Worin besteht der Unterschied zwischen periodischen und nicht periodischen Schwingungen?
c) Geben Sie den Zusammenhang zwischen Periodendauer und Frequenz in einer Formel an.
d) Berechnen Sie die Periodendauer einer sinusförmigen Spannung, wenn die Frequenz 4 kHz beträgt.
e) Berechnen Sie die Frequenz eines periodischen Stromes, wenn seine Periodendauer 5 ms beträgt.
f) Was versteht man unter einer Mischspannung?
g) Ein Messgerät trägt die Aufschrift TRMS. Was bedeutet diese Aufschrift?
h) Eine gleichgerichtete Wechselspannung wird mit einem Digitalmultimeter gemessen.
In Stellung DC misst das Gerät 45 V,
in Stellung AC misst das Gerät 54 V.
Welche Werte werden hier gemessen?
Berechnen Sie den Effektivwert der Spannung.
i) Welche Werte werden mit U_{AV}, U_{rms} und U_{RMS} angegeben?

3.2.2 Messung von Wechselspannungen

a) Erklären Sie, was man unter dem „Augenblickswert" einer Spannung versteht.
Kann mit einem analogen oder digitalen Multimeter der Augenblickswert bestimmt werden?

Mit einem Oszilloskop werden die folgenden Signale gemessen:

Oszillogramm 1   Oszillogramm 2

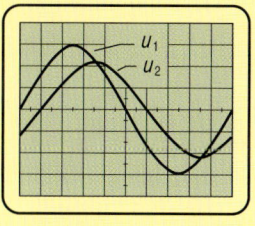

5 V/DIV   1 ms/DIV   0.2 V/DIV   5 ms/DIV

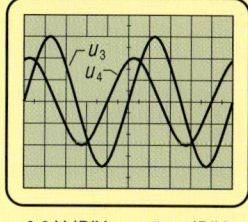

b) Bestimmen Sie die Scheitelwerte und die Effektivwerte der vier Spannungen.
c) Bestimmen Sie die Periodendauer und die Frequenz der vier Spannungen.

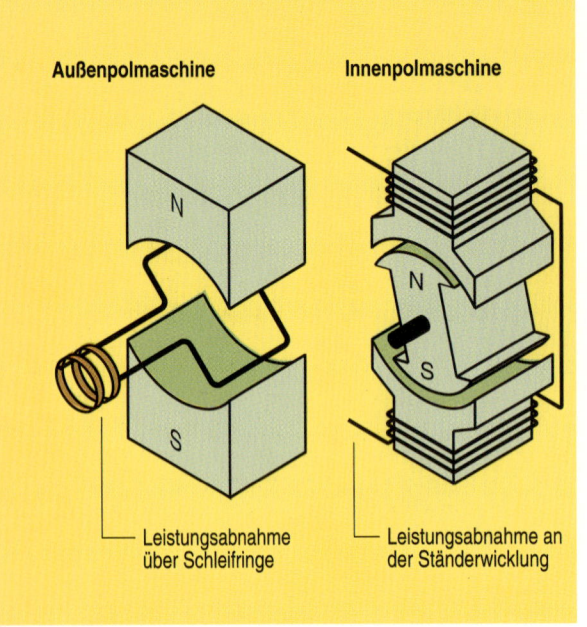

3.3 Sinusförmige Wechselspannung II

Außenpolmaschine — Leistungsabnahme über Schleifringe

Innenpolmaschine — Leistungsabnahme an der Ständerwicklung

Aufbau von Generatoren
Die Spannung in den üblichen Generatoren wird durch Induktion erzeugt. Dabei gibt es zwei prinzipielle Bauarten:

Außenpolmaschinen
bestehen aus einem Magnetgestell, in dem sich eine Spule (Leiterschleife) dreht. Die in der Spule induzierte Spannung wird über Schleifringe abgenommen und zum Verbraucher geführt.
Nachteilig ist dabei, dass die gesamte Leistung über die Schleifringe geführt werden muss. Für große Leistungen ist diese Bauart nicht geeignet.

Innenpolmaschinen
bestehen aus feststehenden Ständerwicklungen und einem rotierenden Magneten, dem Polrad. Die Spannung wird in den feststehenden Spulen induziert und kann über feste Klemmen abgegriffen werden. Das Polrad kann aus einem Dauermagneten oder einem mit Gleichstrom erregten Magneten bestehen. Alle Generatoren für große Leistungen sind als Innenpolmaschinen ausgeführt.

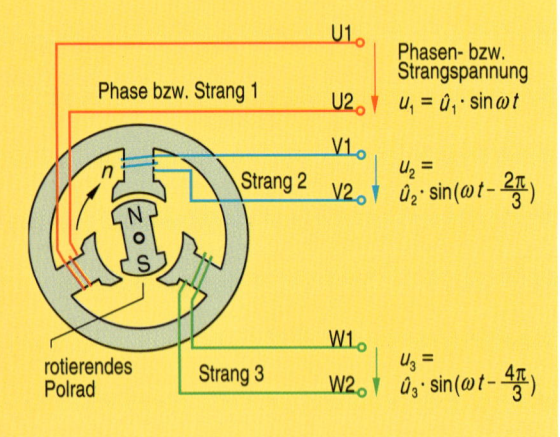

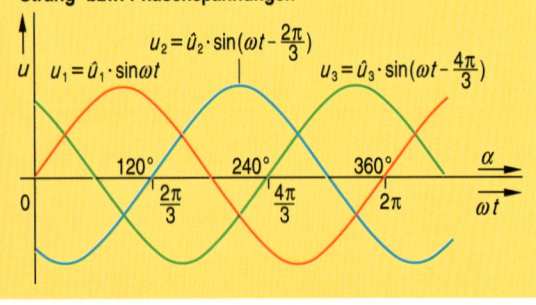

Prinzip der dreiphasigen Innenpolmaschine

Phase bzw. Strang 1 — U1, U2
Strang 2 — V1, V2
Strang 3 — W1, W2

Phasen- bzw. Strangspannung

$u_1 = \hat{u}_1 \cdot \sin \omega t$

$u_2 = \hat{u}_2 \cdot \sin(\omega t - \frac{2\pi}{3})$

$u_3 = \hat{u}_3 \cdot \sin(\omega t - \frac{4\pi}{3})$

Strang- bzw. Phasenspannungen

$u_1 = \hat{u}_1 \cdot \sin \omega t$ $u_2 = \hat{u}_2 \cdot \sin(\omega t - \frac{2\pi}{3})$ $u_3 = \hat{u}_3 \cdot \sin(\omega t - \frac{4\pi}{3})$

120° / $\frac{2\pi}{3}$ — 240° / $\frac{4\pi}{3}$ — 360° / 2π

Dreiphasiger Wechselstrom
In einem Generator, der in seinem Ständer drei räumlich versetzte Spulen enthält, können drei voneinander unabhängige Spannungen induziert werden. Ein derartiges System heißt „dreiphasiger Wechselstrom" oder kurz „Drehstrom".
Drehstrom wird üblicherweise mit Synchrongeneratoren in Innenpol-Bauweise erzeugt. Innenpolmaschinen bestehen im Prinzip aus dem Ständer (Stator) mit drei um 120° versetzten Spulen (Strängen, Phasen). Als Läufer (Rotor) dient ein drehbar gelagerter Dauer- oder Elektromagnet; er wird als Polrad bezeichnet.
Dreht sich das Polrad mit konstanter Drehfrequenz, z. B. 3000 min^{-1}, so wird in jeder der drei Spulen Spannung mit gleichbleibender Frequenz, z. B. 50 Hz, induziert. Da die drei Spulen räumlich gegeneinander versetzt sind, sind die drei Spannungen zeitlich gegeneinander verschoben (phasenverschoben).
Die drei induzierten Strangspannungen können wie einphasige Wechselspannung mit dem Oszilloskop gemessen und als Linienbild dargestellt werden.
Das Linienbild zeigt, dass Spannung u_2 der Spannung u_1 um den Winkel 120° (Gradmaß) bzw. $2\pi/3$ (Bogenmaß) nacheilt; Spannung u_3 eilt wiederum Spannung u_2 um 120° nach.
Sind die Scheitelwerte der drei sinusförmigen Spannungen gleich groß, so spricht man von einem symmetrischen Dreiphasensystem. Das Liniendiagramm zeigt, dass in diesem Fall die Summe der drei Strangspannungen in jedem Augenblick gleich null ist.

Vertiefung zu 3.3

Technische Entwicklung

Die technische Nutzung der Elektrizität begann zwar mit der Gleichstromtechnik, eine Übertragung großer Energiemengen über weite Entfernungen wurde aber erst durch die Wechselstromtechnik möglich. Auf der Grundlage des von Michael Faraday entdeckten Induktionsprinzips entwickelte Werner Siemens 1866 das elektrodynamische Prinzip als Basis für Generatoren und elektrische Antriebe. Das dreiphasige Wechselstromsystem (Drehstrom) wurde um 1887 von Dolivo-Dobrowolski entwickelt, zwei Jahre später konstruierte er den ersten Drehstrommotor mit Kurzschlussläufer. Die Übertragung einer Drehstromleistung von mehreren 100 kW über die 175 km lange Strecke von Lauffen am Neckar nach Frankfurt am Main gelang erstmals im Jahre 1891. Die ersten Energieübertragungen wurden von Oscar von Miller und Charles Brown realisiert.

Der wesentliche Vorteil von Wechselströmen liegt in ihrer Transformierbarkeit; nur durch den Einsatz sehr hoher Spannungen (z. B. 380 kV) ist eine verlustarme Übertragung über große Entfernungen möglich.

Der Transformatorenbau begann um 1885 mit Leistungen von 1 kVA, um 1910 betrugen sie bereits 25 MVA, derzeit werden Transformatoren im 1000-MVA-Bereich gebaut. Die Spannungen mussten mit zunehmender Leistung ebenfalls steigen: Zu Beginn des Jahrhunderts: 110 kV, Ende der 20er Jahre: 220 kV, 1957: Einführung der 380-kV-Spannungsebene.

In Kanada und in den GUS-Staaten betragen die Übertragungsspannungen wegen der sehr großen Entfernungen bis zu 750 kV. Höhere Spannungen für noch größere Entfernungen bzw. Übertragung durch Kabel erfordern allerdings Gleichstrom (HGÜ Hochspannungs-Gleichstrom-Übertragung).

Für die Energietechnik ist vor allem Drehstrom (dreiphasiger Wechselstrom) von Bedeutung. Mit Drehstrom kann ein rotierendes Magnetfeld, ein so genanntes Drehfeld, erzeugt werden. Diese Eigenschaft führte auch zu dem Namen Drehstrom. Aufgrund des Drehfeldes lassen sich Motoren realisieren, die wesentlich einfacher, robuster und wartungsfreier sind als entsprechende Gleichstrommotoren. In Zusammenarbeit mit Frequenzumrichtern können Drehstrommotoren in sehr weiten Drehfrequenzbereichen problemlos gesteuert und geregelt werden.

Drehstrom hat somit nicht nur für die Übertragung und Verteilung der elektrischen Energie überragende Bedeutung sondern auch für die Antriebs- und Automatisierungstechnik.

Zeittafel

- **1769:** James Watt baut die erste brauchbare Dampfmaschine.
- **1787:** Luigi Galvani entdeckt den sogenannten „Froschschenkeleffekt".
- **1800:** Alessandro Volta baut die „Voltaische Säule", eine Spannungsquelle aus vielen in Reihe geschalteten „Galvanischen Elementen".
- **1826:** Georg Simon Ohm entdeckt den Zusammenhang zwischen Spannung, Strom und elektrischem Widerstand.
- **1831:** Michael Faraday entdeckt das Induktionsgesetz und erfindet den ersten Elektromotor.
- **1854:** Heinrich Göbel erfindet die erste Glühlampe; Alva Edison verbessert sie 1879 und macht sie für die Allgemeinheit einsatzfähig.
- **1866:** Werner von Siemens baut den ersten sich selbst erregenden Gleichstromgenerator. Zusammen mit G. Halske und F. von Hefner-Alteneck baut er Elektromotoren und Dynamomaschinen.
- **1889:** Michael von Dolivo-Dobrowolsky baut den ersten brauchbaren Motor mit Dreiphasenwicklung; er führt den Namen „Drehstrom" ein.
- **1891:** Oskar von Miller baut die erste Fernleitung von Lauffen nach Frankfurt. Danach Bau der Elektrizitätswerke Walchensee und Bayernwerk.
- **1927:** Georg Klingenberg baut in Berlin ein richtungsweisendes Großkraftwerk mit 270 MW Leistung.
- **Seit 1948:** Ausbau moderner Großanlagen zur Gewinnung und Verteilung elektrischer Energie; Bau von Atomkraftwerken.
- **Seit 1990:** Nutzung der Wind- und Sonnenenergie durch Windkonverter und Solaranlagen.

Aufgaben

3.3.1 Wechselstrom

a) Welchen wesentlichen Vorteil besitzt Wechselstrom gegenüber Gleichstrom?
b) Warum ist eine wirtschaftliche elektrische Energieübertragung nur mit Wechselstrom möglich?
c) Erklären Sie den wesentlichen Unterschied von Innenpol- und Außenpolgeneratoren.

3.3.2 Drehstrom

a) Erklären Sie, was man unter einem „dreiphasigen" Wechselstrom versteht.
b) Welche zeitliche Verschiebung (Phasenverschiebung) besteht zwischen den drei Spannungen eines Drehstromsystem?
c) Wodurch ergab sich der Name „Drehstrom"?

3.4 Messungen mit dem Oszilloskop I

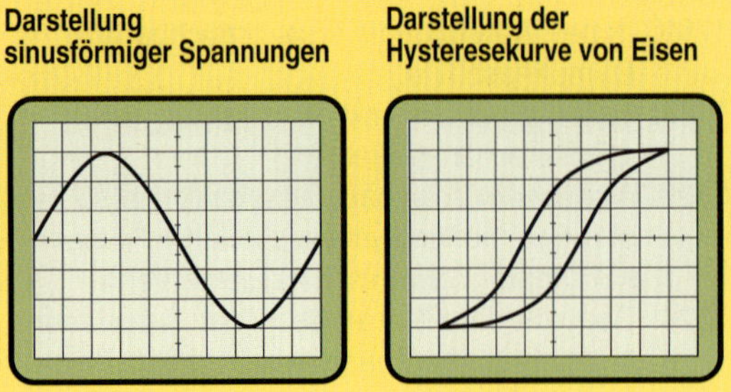

Darstellung sinusförmiger Spannungen

Darstellung der Hysteresekurve von Eisen

Elektronenstrahlröhre, prinzipieller Aufbau

Darstellung des Signals auf dem Bildschirm

Signalspannung u_S
Ablenkspannung u_A
Triggerspannung u_T

Triggerschwelle
Hinlauf
Rücklauf des Strahls
Wartezeit

Grundlagen
Das Elektronenstrahl-Oszilloskop gehört zu den vielseitigsten Messgeräten. Der Name Oszilloskop bedeutet „Schwingungsseher", das Gerät wird vor allem zum Messen und zur bildlichen Darstellung von schnellen, periodisch ablaufenden Vorgängen, z.B. von Wechselspannungen, eingesetzt. Außerdem lassen sich Kennlinien, z. B. U-I-Kennlinien nichtlinearer Bauteile, problemlos darstellen.
Zur Darstellung nichtperiodischer Vorgänge, z. B. des Stromverlaufs einer Blitzentladung, eignen sich sogenannte Speicheroszilloskope.

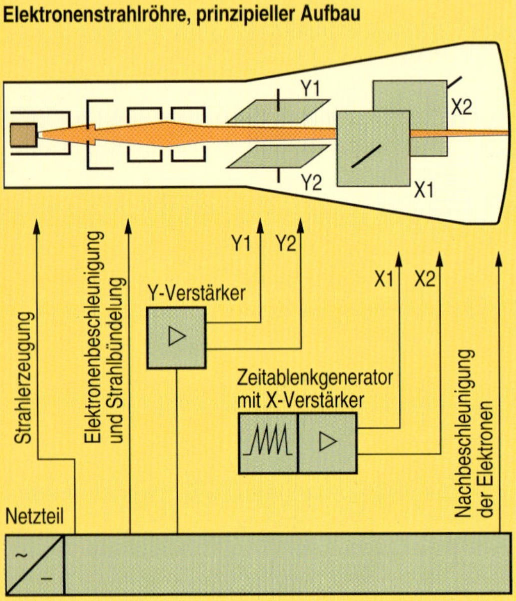

Aufbau
Ein Elektronenstrahl-Oszilloskop besteht im Wesentlichen aus vier Baugruppen:
1. **Elektronenstrahlröhre (Bildröhre):**
   sie erzeugt mit Hilfe einer Glühkatode, mehrerer Beschleunigungselektroden und einer Fokussiereinrichtung einen scharf gebündelten Elektronenstrahl. Beim Aufprall auf die Leuchtschicht des Bildschirms wird Licht erzeugt.
2. **Zeitablenkgenerator mit Verstärker (X-Verstärker):**
   er erzeugt eine Sägezahnspannung mit langsam ansteigender und schnell abfallender Flanke. Damit wird der Elektronenstrahl periodisch von links nach rechts über den Bildschirm geführt.
3. **Vertikalablenkverstärker (Y-Verstärker):**
   er verstärkt das zuvor abgeschwächte Messsignal und liefert die Ablenkspannung für die Y-Platten. Der Verstärker muss eine sehr große Bandbreite haben.
4. **Netzteil:**
   es liefert die Versorgungsspannung für die elektronischen Schaltungen, die Heizspannung für die Glühkatode sowie die Anodenspannung für die Beschleunigung der Elektronen. Die Anodenspannung beträgt je nach Oszilloskop etwa 5 kV bis 15 kV.

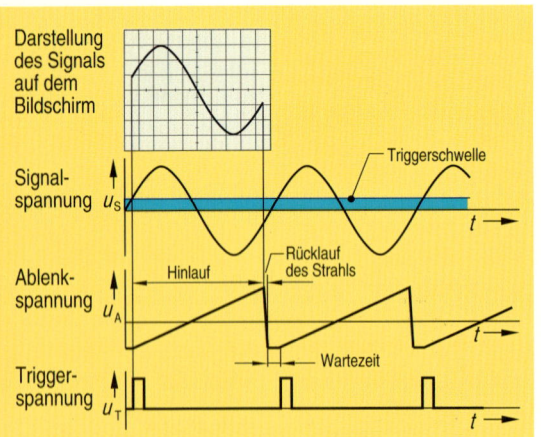

Zeitablenkung und Synchronisation
Durch das Zusammenwirken der X- und Y-Ablenkung kann der Elektronenstrahl auf dem Bildschirm einen Linienzug „schreiben". Ein ruhig stehendes Bild ist aber nur dann möglich, wenn X- und Y-Ablenkung zeitlich aufeinander abgestimmt (synchronisiert) sind. In der Praxis erreicht man die Synchronisation durch gezieltes Triggern (Auslösen) der Zeitablenkspannung.
Getriggert wird meist durch die zu messende Signalspannung selbst. Dabei kann am Oszilloskop automatisch oder manuell ein Triggerniveau (Level) bestimmt werden, bei dem die X-Ablenkung des Elektronenstrahls gestartet wird.
Die Triggerung kann auch durch externe Signale oder die Netzfrequenz erfolgen.

Vertiefung zu 3.4

Blockschaltbild
Elektronenstrahl-Oszilloskope sind komplexe Messgeräte mit umfangreichen elektronischen Schaltungen. Für den Anwender genügt aber meist das vereinfachte Blockschaltbild mit den wichtigsten Funktionsblöcken.

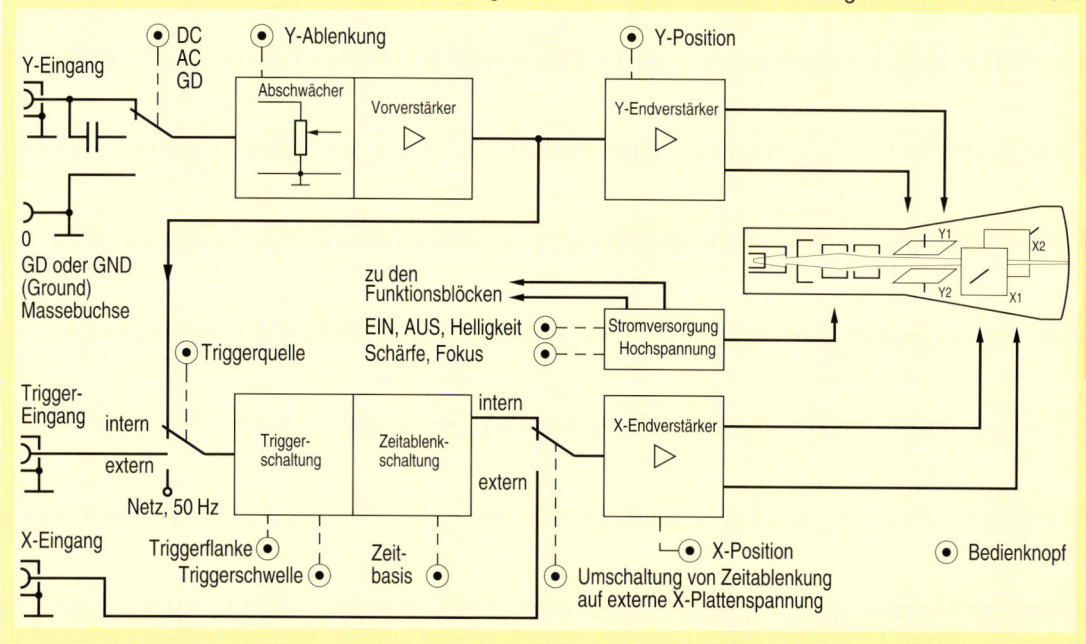

Zweikanal-Oszilloskop
Sollen zwei periodische Vorgänge gleichzeitig dargestellt werden, so bieten sich Zweistrahl-Bildröhren an, die in einem Glaskolben zwei voneinander unabhängige Strahl- und Ablenksysteme haben. Oszilloskope mit derartigen Röhren („echte" Zweistrahl-Oszilloskope) sind sehr leistungsfähig, aber teuer. Eine billigere Alternative bieten die so genannten Zweikanal-Oszilloskope („unechte" Zweistrahl-Oszilloskope).

Ein Zweikanal-Oszilloskop hat eine normale Elektronenstrahlröhre mit nur einem Strahlsystem, aber für jedes der beiden Eingangssignale einen separaten Y-Verstärker. Um beide Signale sichtbar zu machen, wird der Elektronenstrahl abwechselnd vom einen und dann vom anderen Signal ausgelenkt. Die Umschaltung von Kanal I (engl. channel, CH.I) auf Kanal II (CH.II) erfolgt durch einen elektronischen Schalter. Die Umschaltgeschwindigkeit wird dabei je nach Frequenz der zu messenden Signale groß oder klein gewählt:

Haben die Signale eine hohe Frequenz, so wird der Alternate-Betrieb gewählt (engl. alternate = abwechseln). In dieser Betriebsart wird nach jedem Strahldurchlauf auf den anderen Kanal umgeschaltet; dadurch wird abwechselnd das eine und das andere Signal vollständig dargestellt. Der ALT-Betrieb ist der Normalbetrieb.

Haben die Signale eine niedrige Frequenz, so kann für den elektronischen Umschalter eine hohe Umschaltfrequenz (bis 2 MHz) gewählt werden. Dieser Betrieb heißt Chopper-Betrieb (engl. to chop = zerhacken). Er bewirkt, dass abwechselnd ein kleiner Teil des einen und dann des anderen Signals geschrieben wird.

Alternate-Betrieb (Dual-Betrieb)
Im Alternate-Betrieb wird abwechselnd Signal 1 und Signal 2 dargestellt. Der Alternate-Betrieb ist für fast alle Messungen geeignet, bei kleinen Frequenzen können die Kurvenzüge flackern. Der Strahl wird beim Hinlauf hell, beim Rücklauf dunkel getastet.

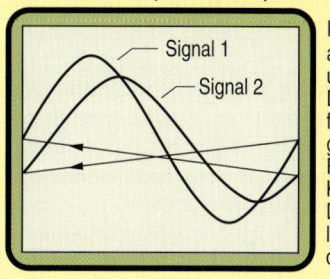

Chopper-Betrieb
Im Chopper-Betrieb wird abwechselnd ein Teil von Signal 1 und dann ein Teil von Signal 2 dargestellt. Der Chopper-Betrieb ist nur für die Messung von Signalen mit kleiner Frequenz geeignet. Der Strahl wird beim Umschalten dunkel getastet.

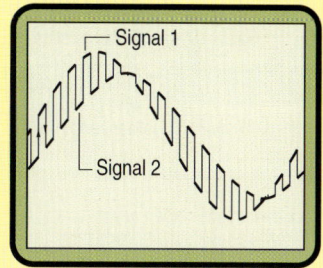

3.5 Messungen mit dem Oszilloskop II

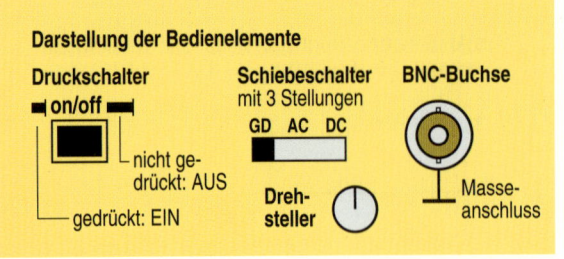

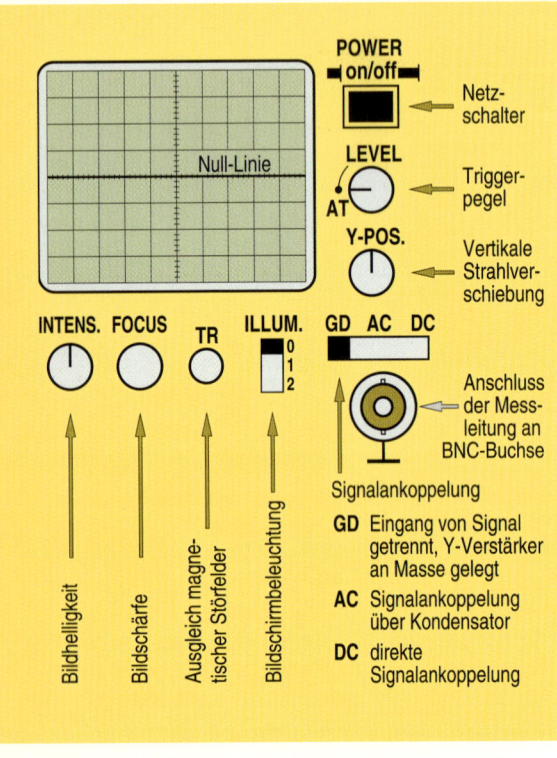

Darstellung der Bedienelemente

Druckschalter
- on/off
- nicht gedrückt: AUS
- gedrückt: EIN

Schiebeschalter mit 3 Stellungen
- GD AC DC
- Drehsteller

BNC-Buchse
- Masseanschluss

POWER on/off — Netzschalter
LEVEL AT — Triggerpegel
Y-POS. — Vertikale Strahlverschiebung
Null-Linie

INTENS. — Bildhelligkeit
FOCUS — Bildschärfe
TR — Ausgleich magnetischer Störfelder
ILLUM. 0 1 2 — Bildschirmbeleuchtung
GD AC DC — Anschluss der Messleitung an BNC-Buchse

Signalankopplung
- **GD** Eingang von Signal getrennt, Y-Verstärker an Masse gelegt
- **AC** Signalankopplung über Kondensator
- **DC** direkte Signalankopplung

Zeitbasis
TIME / DIV. CAL.
ms 1 .5 .2 .1 50 20 µs
2 10
5 5
10 2
20 1
50 .5
.1 .2
.2 .05 µs
s .5 1

Y-Eingangsteiler
CH. I VOLTS / DIV. CAL.
.5 .2 .1 50
1 20
2 10
5 5
V/DIV. mV/DIV.
1 mV / DIV.: pull

kalibrierte Stellung der Feineinstellung (nur in dieser Stellung erfolgt eine genaue Messung)

OVERSCAN
Die Leuchtdioden der LED-Anzeige zeigen an, in welcher Richtung der Strahl den Bildschirm verlassen hat

Grundlagen
Die Einstellung der verschiedenen Betriebszustände erfolgt beim Oszilloskop durch Dreh-, Druck- und Schiebeschalter. Die Beschriftung der Bedienungselemente erfolgt fast ausschließlich in englischer Sprache. Die Betriebszustände gedrückt / nicht gedrückt bei Druckschaltern werden durch Symbole angegeben.
Die Eingangssignale werden auf BNC-Steckbuchsen geführt (engl. BNC = Bayonet Nut Connector).

Grundeinstellungen
Zur Inbetriebnahme des Oszilloskops muss der Netzschalter eingeschaltet werden, er trägt die englische Bezeichnung POWER (Leistung), der EIN-Zustand wird meist durch eine Signallampe angezeigt.
Vor der eigentlichen Messung müssen eventuell folgende Bedienelemente eingestellt werden:
INTENS. (Intensity, Helligkeit), dient zur Einstellung der Strahl-Helligkeit.
FOCUS (Brennpunkt, Schärfe), dient zur Einstellung der Strahl-Schärfe.
POS. (Position), dient zur vertikalen (Y-Pos.) bzw. horizontalen (X-Pos.) Verschiebung des Strahls.
LEVEL (Pegel), dient zur Einstellung des Trigger-Pegels; der Drehschalter sollte in der Stellung AT (Automatik) sein, nicht in der Stellung NORM. (manuell).
GD - AC - DC
dient zur Auswahl der Signalankopplung; der Grundstrahl (Null-Linie) wird mit der Einstellung GD (GND) (Ground, Masse) eingestellt.
TR (Trace rotation, Strahldrehung), dient zur Korrektur eines nicht waagrecht verlaufenden Grundstrahls bei Eingangskopplung GD infolge magnetischer Störfelder; wird mit Schraubendreher eingestellt.
ILLUM. (Illumination, Beleuchtung) dient zur Einstellung der Hintergrundbeleuchtung des Bildschirms.

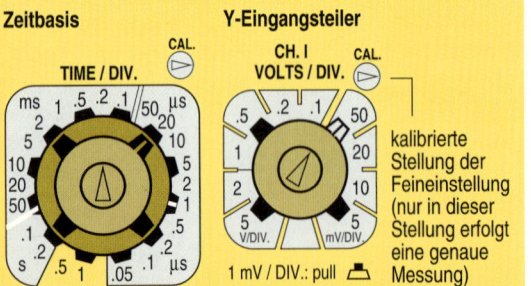

Zeitbasis und Signalverstärkung
Zur Signalmessung dienen folgende Einstellungen:
TIME / DIV. (Time / Division Zeit / Skalenteilung), dient zur Einstellung der Zeitskale in s/cm, ms/cm, µs/cm. Die Einteilung ist nur exakt, wenn der Drehknopf zur Zeitbasis-Dehnung in der Stellung CAL. (kalibriert) einrastet. Durch Verstellen des Knopfes kann die dargestellte Kurve in X-Richtung gedehnt werden.
VOLTS / DIV. (Spannung pro Skalenteilung), dient zur Einstellung der Spannungsskale in V/cm und mV/cm. Die Einstellung ist nur exakt, wenn der Drehknopf zur Maßstabsdehnung in der Stellung CAL. einrastet. Bei Mehrkanal-Geräten kann der Spannungsmaßstab für jeden Kanal separat eingestellt werden.
Wird an einen Kanal eine zu hohe Signalspannung angelegt, so leuchtet eine OVERSCAN-Anzeige auf.

Vertiefung zu 3.5

Oszilloskop, Bedienelemente

Moderne Oszilloskope beherrschen eine Vielzahl von Funktionen. Entsprechend umfangreich und für den Anfänger verwirrend sind die Bedienfelder.

Die Skizze zeigt die Frontseite eines handelsüblichen 3-Kanal-Oszilloskops mit Bildschirm und den Bedienelementen. Die Erklärung folgt in Kap. 3.6.

Bildschirm
mit eingeätztem Raster und 3-stufig einstellbarer Rasterbeleuchtung, die Rastereinheit wird als DIV. (Division) bezeichnet (1 DIV. = 1 cm = 10 mm)

Bedienfeld 2
zum Ein- und Ausschalten des Geräts
zur Einstellung der Zeitbasis
zur Einstellung der Triggerung

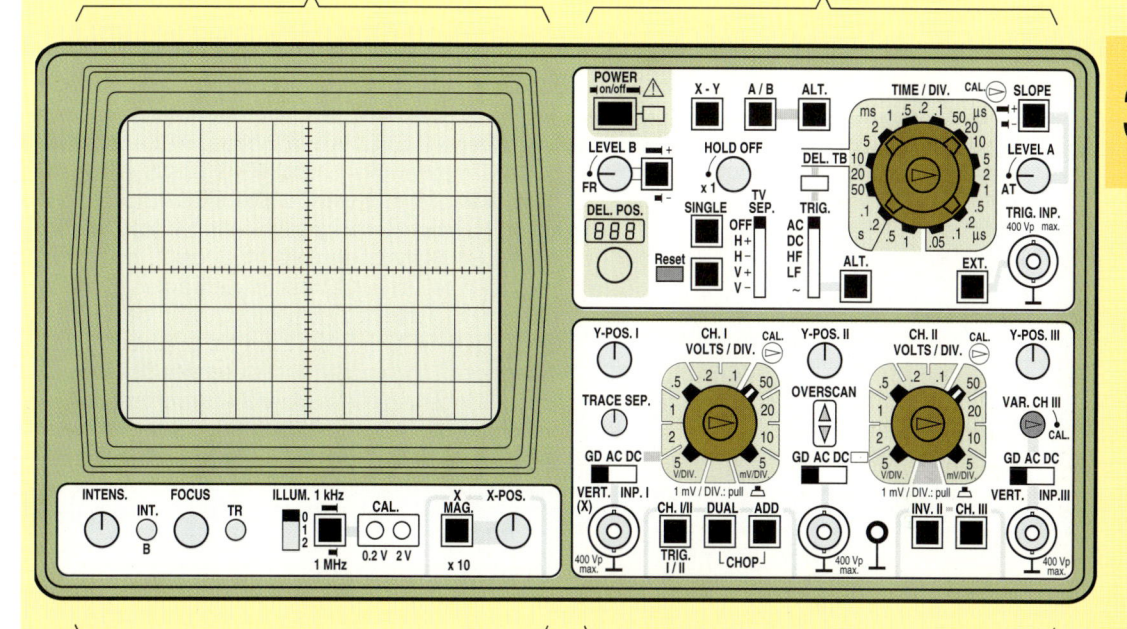

Bedienfeld 1
zur Grundeinstellung des Elektronenstrahls
zur Beeinflussung der X-Ablenkung
zur Kalibrierung des Geräts

Bedienfeld 3
zum Anschluss der Messleitungen
zur Einstellung der Y-Ablenkung
zur Wahl der Messkanäle und der Signalankopplung

Aufgaben

3.5.1 Oszilloskop, Grundlagen
a) Nennen Sie die beiden Haupteinsatzgebiete des Oszilloskops.
b) Womit können einmalige elektrische Vorgänge dargestellt und gemessen werden?
c) Nennen Sie die vier Hauptbaugruppen eines Oszilloskops und beschreiben Sie ihre Aufgaben.
d) Was versteht man unter Triggern und was soll damit bewirkt werden?
e) Erklären Sie den Unterschied zwischen einem Zweistrahl- und einem Zweikanal-Oszilloskop.
f) Wozu dienen die mit FOCUS, INTENS. und TR bezeichneten Bedienelemente?

3.5.2 Oszilloskop, Grundeinstellungen
a) Beschreiben Sie, wie die so genannte Grundlinie (Null-Linie) eines Oszilloskops eingestellt wird.
b) Das Linienbild auf dem Bildschirm ist dunkel und verschwommen. Mit welchen Bedienelementen kann der Strahl besser eingestellt werden?
c) An einem Oszilloskop leuchtet die obere Leuchtdiode der OVERSCAN-Anzeige. Was bedeutet die Anzeige und wie sollte darauf reagiert werden?
d) Bei der Messung eines sinusförmigen Messsignals wird kein stehendes Bild erreicht. Worin könnte die Ursache liegen und wie kann man Abhilfe schaffen?
e) Was wird mit dem Schalter GD-AC-DC eingestellt?

3.6 Messungen mit dem Oszilloskop III

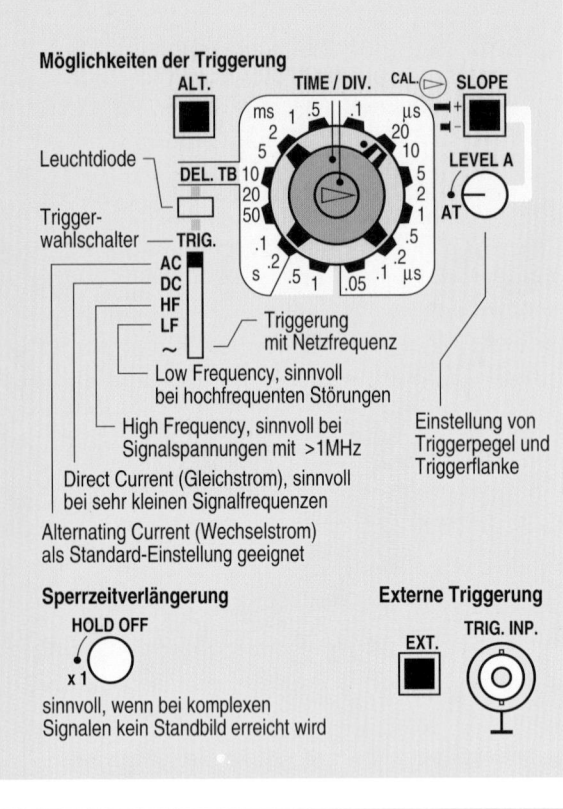

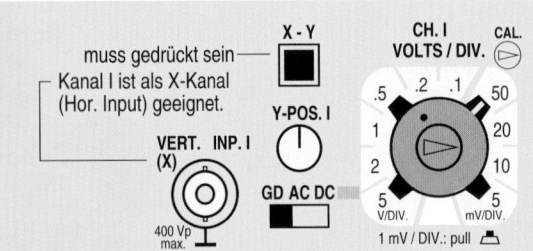

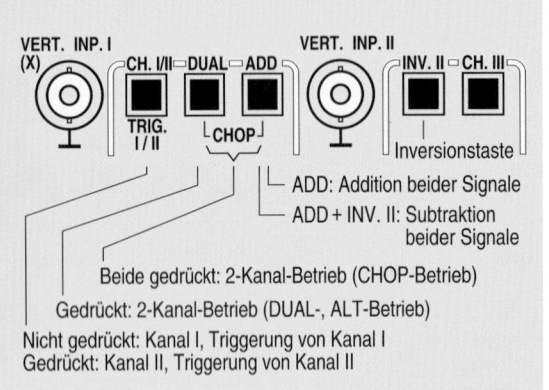

Möglichkeiten der Triggerung

- ALT.
- Leuchtdiode
- Triggerwahlschalter — TRIG.
  - AC — Alternating Current (Wechselstrom) als Standard-Einstellung geeignet
  - DC — Direct Current (Gleichstrom), sinnvoll bei sehr kleinen Signalfrequenzen
  - HF — High Frequency, sinnvoll bei Signalspannungen mit >1MHz
  - LF — Low Frequency, sinnvoll bei hochfrequenten Störungen
  - ~ — Triggerung mit Netzfrequenz
- DEL. TB
- TIME / DIV.
- CAL.
- SLOPE — Einstellung von Triggerpegel und Triggerflanke
- LEVEL A — AT

Sperrzeitverlängerung
HOLD OFF x 1
sinnvoll, wenn bei komplexen Signalen kein Standbild erreicht wird

Externe Triggerung
EXT. TRIG. INP.

- X - Y muss gedrückt sein
- Kanal I ist als X-Kanal (Hor. Input) geeignet.
- Y-POS. I
- VERT. INP. I (X)
- GD AC DC
- 400 Vp max.
- CH. I VOLTS / DIV.
- CAL.
- 1 mV / DIV.: pull

- VERT. INP. I (X)
- CH. I/II
- TRIG. I/II
- DUAL
- ADD
- CHOP
- VERT. INP. II
- INV. II
- CH. III
- Inversionstaste
- ADD: Addition beider Signale
- ADD + INV. II: Subtraktion beider Signale
- Beide gedrückt: 2-Kanal-Betrieb (CHOP-Betrieb)
- Gedrückt: 2-Kanal-Betrieb (DUAL-, ALT-Betrieb)
- Nicht gedrückt: Kanal I, Triggerung von Kanal I
- Gedrückt: Kanal II, Triggerung von Kanal II

y-t-Betrieb

Das Oszilloskop wird hauptsächlich zur Darstellung zeitabhängiger Spannungen genutzt. Das Linienbild entsteht dabei durch das Zusammenwirken des periodisch von links nach rechts wandernden Elektronenstrahls (x-Ablenkung) und dem Messsignal (y-Ablenkung). Diese Betriebsart heißt y-t-Betrieb. Ein stehendes Bild auf dem Bildschirm kann aber nur erreicht werden, wenn die Sägezahnspannung zur x-Ablenkung des Strahls bei jedem Durchlauf korrekt gestartet wird, d. h. wenn die Zeitbasis synchron zum Messsignal getriggert wird. Für unterschiedliche Messprobleme kann zwischen verschiedenen Triggerarten gewählt werden.

Als Grundeinstellung wird am Einstellknopf für den Triggerpegel (LEVEL A) die Stellung AT (Automatik), für den Triggerwahlschalter (TRIG.) die Stellung AC (Wechselspannung) gewählt. Diese Einstellung ergibt für die meisten Messsignale ein stehendes Bild. Bei komplexen Signalgemischen muss der Triggerpegel meist manuell (NORM.) eingestellt werden (Kontrolle durch LED) und das Triggersignal eventuell gefiltert werden (LF, HF). Entsteht auch bei gefühlvoller Einstellung des Triggerpegels kein stehendes Bild, so kann eine Verlängerung der Sperrzeit bis zum nächsten Triggervorgang durch den HOLD-OFF-Drehknopf hilfreich sein. Eine erhöhte Sperrzeit verringert allerdings die Helligkeit des Strahls.

x-y-Betrieb

Wird den waagrechten Ablenkplatten keine zeitabhängige Sägezahnspannung, sondern eine externe Signalspannung zugeführt, so spricht man vom x-y-Betrieb. Dieser Betrieb eignet sich besonders zur Darstellung von Kennlinien.
Der x-y-Betrieb erfordert ein Zwei- oder Mehrkanal-Oszilloskop, bei dem einer der y-Kanäle als x-Kanal (HOR. INP.) verwendet werden kann. Für den x-y-Betrieb muss die X-Y-Taste gedrückt sein.

Mehrkanalbetrieb

Moderne Oszilloskope sind üblicherweise für 2-Kanal-Betrieb ausgelegt, d. h. am Bildschirm können zwei Signale gleichzeitig sichtbar gemacht werden. Im Normalfall wird dabei alternierend (abwechselnd) der eine und der andere Strahl aufgezeichnet. Durch die Trägheit des Auges entsteht der Eindruck einer gleichzeitigen Darstellung beider Signale. Der ALT-Betrieb (DUAL-Betrieb) eignet sich für die meisten Messaufgaben. Bei sehr kleinen Signalfrequenzen eignet sich auch der CHOP-Betrieb. Das skizzierte Oszilloskop ist auch für 3-Kanal-Betrieb geeignet.
Mit Hilfe der INV.-Taste kann das Signal eines Kanals umgekehrt (invertiert) werden, mit der ADD-Taste lässt sich die Summe bzw. Differenz zweier Signale bilden.

Vertiefung zu 3.6

Bedienfeld 1

- Rasterbeleuchtung (0 Aus, 1 Mittel, 2 Hell)
- Strahlschärfe
- Kalibrator, liefert Rechteckspannungen mit 0,2 V_{pp} (pp peak-peak, Spitze-Spitze) bzw. 2 V_{pp} und 1 kHz bzw. 1 MHz
- Strahlhelligkeit
- Dehnung der X-Achse um den Faktor 10 und Einstellung der horizontalen Lage des Strahls
- Helligkeitseinstellung für Zeitbasis B (Einstellung mit Schraubendreher)
- Trace Rotation, Strahldrehung Kompensation des Erdmagnetfeldes (Einstellung mit Schraubendreher)

Bedienelemente: INTENS., INT. B, FOCUS, TR, ILLUM. (0/1/2), 1 kHz / 1 MHz, CAL. 0,2 V / 2 V, X MAG. x10, X-POS.

Bedienfeld 2

- Netz Ein/Aus, Betriebsanzeige durch LED
- ⚠ Betriebsanleitung beachten!
- X-Y-Betrieb
- Nur Zeitbasis B wird dargestellt
- Zeitbasen A und B werden alternierend dargestellt
- Grobeinstellung Zeitbasis A
- Feineinstellung Zeitbasis A
- Einstellung Zeitbasis B (DEL. TB Delay Timebase B, Verzögerung Zeitbasis B)
- Einstellung von Triggerpegel und Triggerflanke der Zeitbasis B
- Einstellung der Triggerflanke
- Einstellung des Triggerpegels (AT Grundeinstellung)
- Verschiebung des Hellsektors der verzögerten Zeitbasis B (3 Digit-Anz.)
- Anschluss einer externen Triggerquelle mit maximal 100 V Spitzenspannung
- Reset-Taste macht Einzelablenkung startklar, LED zeigt Einsatzbereitschaft an
- LED
- Einzelablenkung
- TV-Sync.-Separator zur Darstellung von Video-Signalen, Normalstellung OFF
- Alternierende Triggerung bei Mehrkanalbetrieb
- Wahl der Triggerankopplung
- Verlängerung der Sperrzeit bis zur nächsten Triggerung

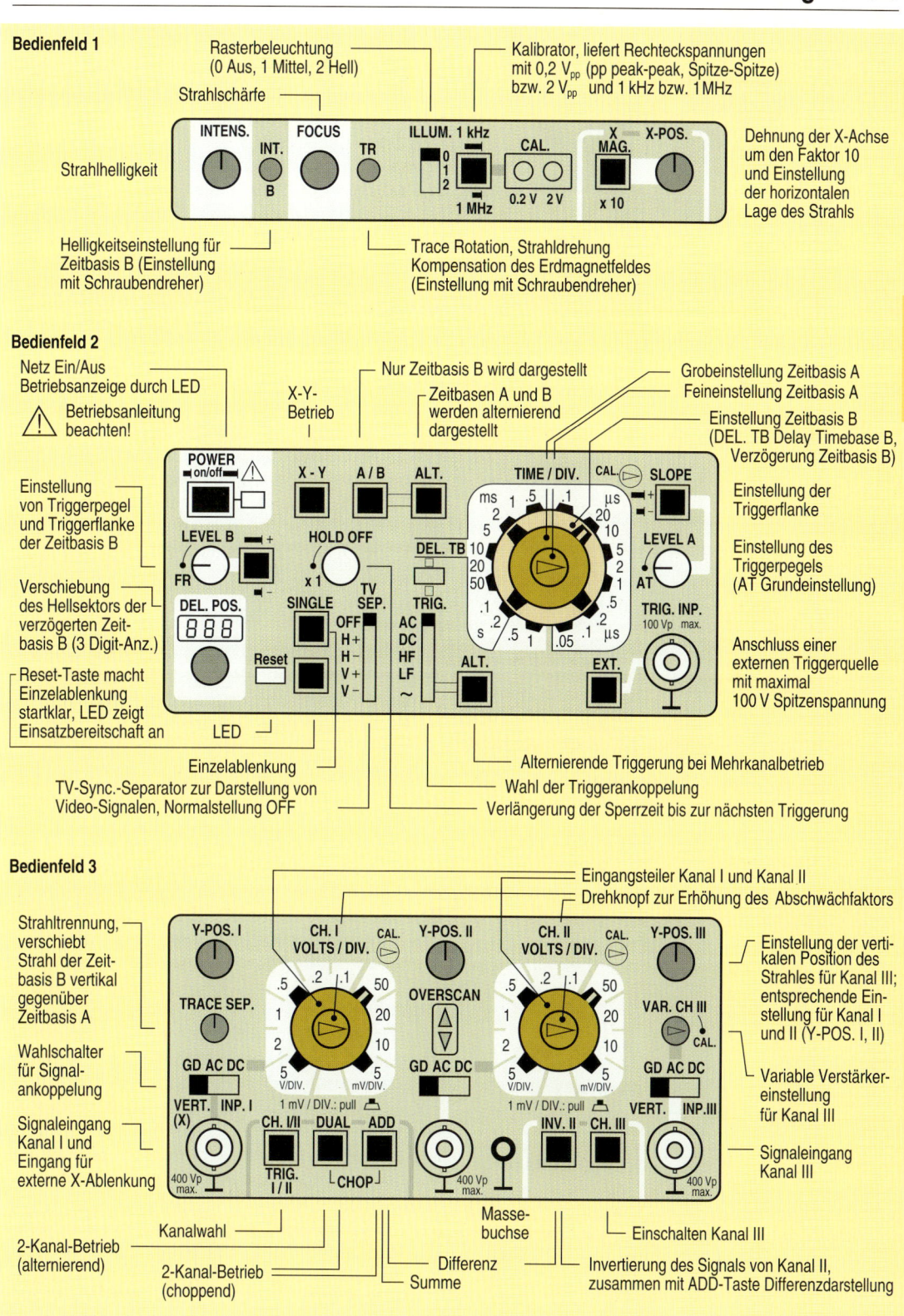

Bedienelemente: POWER on/off, X-Y, A/B, ALT., TIME/DIV., CAL., SLOPE, LEVEL B FR, HOLD OFF x 1, DEL. TB, LEVEL A AT, DEL. POS., SINGLE, TV SEP. (OFF/H+/H−/V+/V−), TRIG. (AC/DC/HF/LF/~), ALT., EXT., TRIG. INP. 100 Vp max., Reset

Bedienfeld 3

- Strahltrennung, verschiebt Strahl der Zeitbasis B vertikal gegenüber Zeitbasis A
- Wahlschalter für Signalankopplung
- Signaleingang Kanal I und Eingang für externe X-Ablenkung
- 2-Kanal-Betrieb (alternierend)
- Kanalwahl
- 2-Kanal-Betrieb (choppend)
- Massebuchse
- Differenz
- Summe
- Eingangsteiler Kanal I und Kanal II
- Drehknopf zur Erhöhung des Abschwächfaktors
- Einstellung der vertikalen Position des Strahles für Kanal III; entsprechende Einstellung für Kanal I und II (Y-POS. I, II)
- Variable Verstärkereinstellung für Kanal III
- Signaleingang Kanal III
- Einschalten Kanal III
- Invertierung des Signals von Kanal II, zusammen mit ADD-Taste Differenzdarstellung

Bedienelemente: Y-POS. I, CH. I VOLTS/DIV., CAL., Y-POS. II, CH. II VOLTS/DIV., CAL., Y-POS. III, TRACE SEP., OVERSCAN, VAR. CH III CAL., GD AC DC, VERT. INP. I (X) 400 Vp max., CH. I/II TRIG. I/II, DUAL, ADD CHOP, 400 Vp max., INV. II, CH. III, VERT. INP. III 400 Vp max.

© Holland + Josenhans

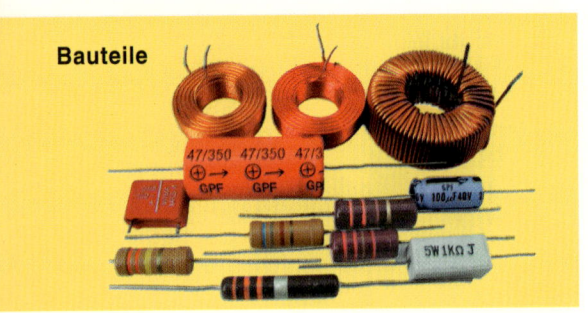

3.7 Bauteile R, C, L

Bauteile

Übersicht
Praktisch alle Betriebsmittel der klassischen Elektrotechnik lassen sich auf drei Bauteile zurückführen:
- den Widerstand (ohmscher Widerstand)
- die Spule (Induktivität)
- den Kondensator (Kapazität).

In elektronischen Schaltungen werden zusätzliche Bauteile eingesetzt wie Dioden, Transistoren und Thyristoren sowie Widerstände, die stark von Temperatur, Spannung, Licht oder Magnetfeldern abhängig sind.

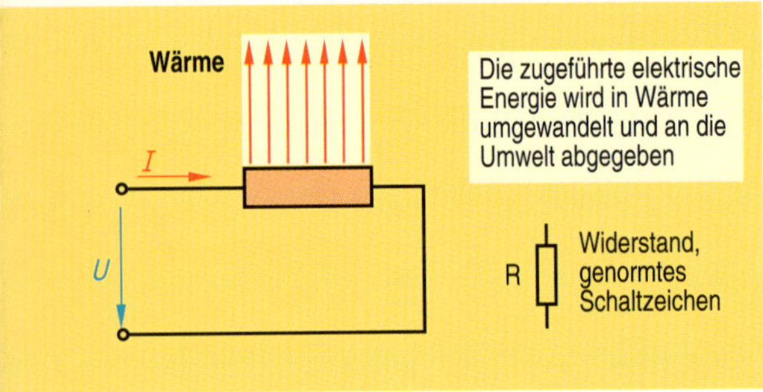

Widerstand
Ohmsche Widerstände können z.B. als Drahtwiderstände, Kohleschicht- oder Metallschichtwiderstände realisiert werden.
Alle ohmschen Widerstände haben eine gemeinsame Eigenschaft: die zugeführte elektrische Energie wird in Wärme umgewandelt und durch Abstrahlung oder Wärmeleitung an die Umwelt abgegeben.
Das Wort „Widerstand" bezeichnet sowohl das Bauteil als auch den Widerstandswert des Bauteils.
Die Einheit für den Widerstandswert heißt Ohm (Ω).

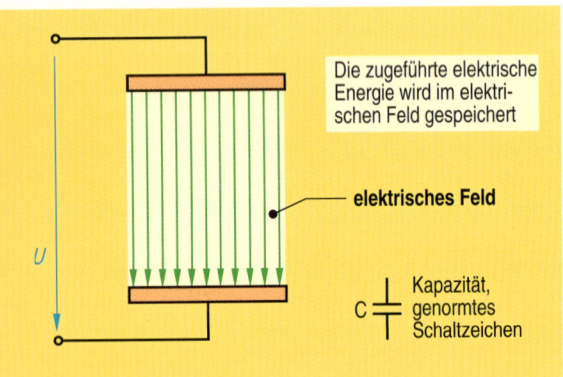

Wärme — Die zugeführte elektrische Energie wird in Wärme umgewandelt und an die Umwelt abgegeben.
R — Widerstand, genormtes Schaltzeichen

Kapazität
Kapazitäten werden z.B. durch zwei gegeneinander isolierte Metallplatten oder Metallfolien realisiert. Der ohmsche Widerstand zwischen den Platten wird dabei als unendlich groß angenommen.
Liegt an der Kapazität eine elektrische Spannung, so wird zwischen den Platten ein elektrisches Feld aufgebaut. Die zugeführte elektrische Energie wird in diesem Feld gespeichert, die Energie kann auch in das elektrische Netz zurückgespeist werden.
Das Wort „Kapazität" bezeichnet sowohl das Bauteil als auch den Kapazitätswert. In der Praxis wird das Bauteil meist „Kondensator" (Speicher) genannt.
Die Einheit für den Kapazitätswert heißt Farad (F).

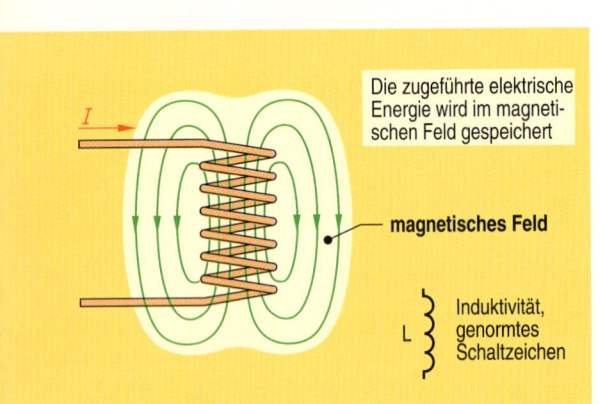

Die zugeführte elektrische Energie wird im elektrischen Feld gespeichert — elektrisches Feld
C — Kapazität, genormtes Schaltzeichen

Induktivität
Induktivitäten werden z.B. durch aufgewickelte Drähte realisiert. Der ohmsche Widerstand der Wicklung wird dabei als unendlich klein angenommen.
Fließt durch die Induktivität ein elektrischer Strom, so wird ein Magnetfeld erzeugt. Die zugeführte elektrische Energie wird in diesem Magnetfeld gespeichert. Die Magnetfeldenergie kann auch in das elektrische Netz zurückgespeist werden.
Das Wort „Induktivität" bezeichnet sowohl das Bauteil (Spule, Drosselspule, Wicklung) als auch den Induktivitätswert.
Die Einheit für den Induktivitätswert heißt Henry (H).

Die zugeführte elektrische Energie wird im magnetischen Feld gespeichert — magnetisches Feld
L — Induktivität, genormtes Schaltzeichen

© Holland + Josenhans

Vertiefung zu 3.7

Energiewandler und Energiespeicher

Ohmsche Widerstände einerseits und Kapazitäten bzw. Induktivitäten andererseits unterscheiden sich in ihrem elektrischen Verhalten grundsätzlich:
- In ohmschen Widerständen wird die zugeführte elektrische Energie immer in Wärme (oder Licht) umgewandelt. Diese Widerstände werden auch als Wirkwiderstände oder Verlustwiderstände bezeichnet.
- In Kapazitäten bzw. Induktivitäten wird die zugeführte Energie in einem elektrischen bzw. magnetischen Feld gespeichert, dabei tritt keine Wärmewirkung auf.

Die Tatsache, dass Kapazitäten bzw. Induktivitäten Energiespeicher sind, prägt vor allem ihr Verhalten beim Ein- und Ausschalten: beim Einschalten einer Spule zum Beispiel steigt der Strom nur zeitverzögert an, beim Ausschalten hingegen können Lichtbögen entstehen, weil der Strom so lange weiterfließen muss, bis die Energie des Magnetfeldes abgebaut ist.
Beim Betrieb an Wechselspannung bilden Kapazitäten bzw. Induktivitäten einen „Blindwiderstand", an dem aber keine Wärmewirkung auftritt.

Magnetische und elektrische Felder

Der in einem Leiter bzw. in einer Spule fließende Strom beeinflusst nicht nur den Leiter selbst, sondern auch den umgebenden Raum. Man sagt: der Leiter wird von einem „magnetischen Feld" umgeben.
Menschen haben für dieses Magnetfeld keine Sinnesorgane, mit Messgeräten kann es aber nachgewiesen und in seiner Stärke gemessen werden.

Entsprechendes gilt für den Raum zwischen Spannung führenden Leitern: hier herrscht ein „elektrisches Feld". Die Wirkung starker elektrischer Felder kann vom Menschen direkt wahrgenommen werden (z.B. Haare sträuben sich).
Starke magnetische bzw. elektrische Felder führen möglicherweise zu Gesundheitsschäden.

Elektrische Felder

Zeichnerisch werden elektrische Felder durch Feldlinien dargestellt. Dabei gilt: elektrische Feldlinien beginnen immer an der positiven und enden an der negativen Ladung.

Elektrisches Feld eines Koaxialkabels

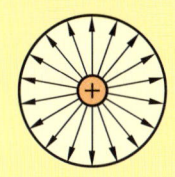

Die Feldlinien eines abgeschirmten Koaxialkabels laufen radial vom Mittelpunkt zur Außenhülle (Abschirmung). Das Feld heißt wegen dieser Form Radialfeld.

Feld zwischen Punktladungen

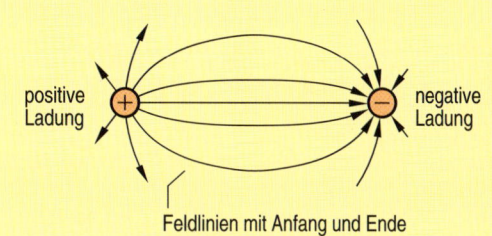

positive Ladung — negative Ladung

Feldlinien mit Anfang und Ende

Die Feldlinien beginnen an der positiven Ladung (Quelle) und enden an der negativen Ladung (Senke).

Magnetische Felder

Magnetische Felder werden wie elektrische Felder durch Feldlinien dargestellt. Dabei gilt aber: magnetische Feldlinien haben keinen Anfang und kein Ende, sie sind in sich geschlossen.

Magnetfeld einer Spule

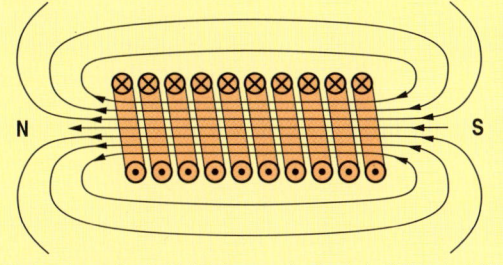

Die Austrittsstelle der Feldlinien aus der Spule heißt Nordpol (N), die Eintrittsstelle in die Spule heißt Südpol (S).

Stromdurchflossener Leiter

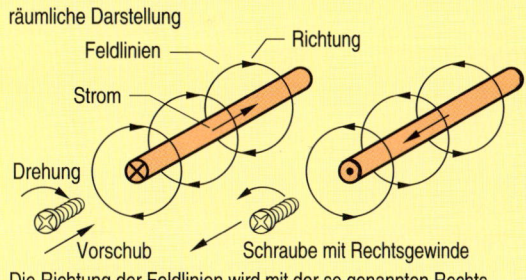

räumliche Darstellung

Feldlinien — Richtung
Strom
Drehung
Vorschub — Schraube mit Rechtsgewinde

Die Richtung der Feldlinien wird mit der so genannten Rechtsschraubenregel bestimmt.

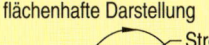

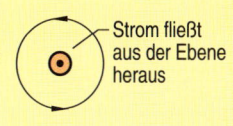

flächenhafte Darstellung

⊗ Strom fließt in die Ebene hinein
⊙ Strom fließt aus der Ebene heraus

3.8 Kondensator und Kapazität

Speichern von Ladungen
Wird an zwei Metallplatten, die durch einen Isolierstoff (Dielektrikum) getrennt sind, Spannung angelegt, so sammeln sich auf den Platten elektrische Ladungen. Die gespeicherte Ladungsmenge Q steigt proportional mit der angelegten Spannung, es gilt: $Q \sim U$.
Eine Anordnung, die Ladungen speichern kann, heißt Kondensator. Für die gespeicherte Ladungsmenge ist außer der Spannung noch das „Fassungsvermögen", die so genannte Kapazität C, von Bedeutung.
Die Kapazität ist eine Baugröße; sie ist von Form und Größe des Kondensators sowie von der Permittivität des Dielektrikums abhängig. Die Kapazität sagt, wie viel Ladungen pro Spannungseinheit gespeichert werden. Die Einheit der Kapazität ist 1 Farad (F).

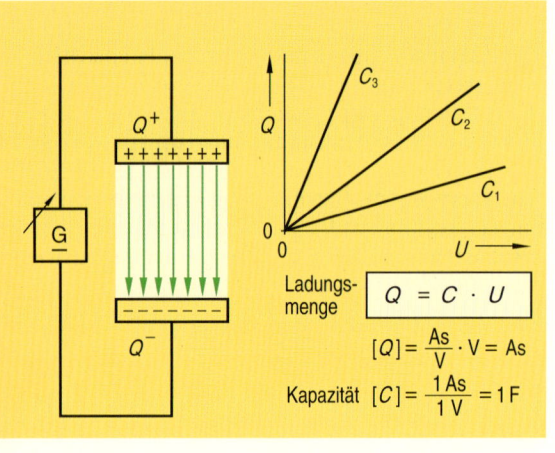

Ladungsmenge $Q = C \cdot U$

$[Q] = \dfrac{As}{V} \cdot V = As$

Kapazität $[C] = \dfrac{1\,As}{1\,V} = 1\,F$

Elektrische Feldstärke
Zwischen elektrischen Ladungen herrscht immer ein elektrisches Feld. Dieses Feld hat an jeder Stelle eine bestimmte Stärke und eine bestimmte Richtung: die Feldstärke ist ein Vektor.
Zwischen den Platten eines Plattenkondensators ist dieses Feld homogen, d. h. es hat überall die gleiche Stärke und Richtung. In diesem Fall gilt für die elektrische Feldstärke: $E = U/d$.

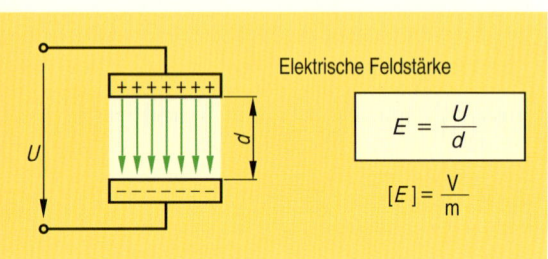

Elektrische Feldstärke
$$E = \dfrac{U}{d}$$
$[E] = \dfrac{V}{m}$

Gesetze der Reihenschaltung
Kondensatoren können wie ohmsche Widerstände in Reihe, parallel oder in beliebigen Kombinationen geschaltet werden.
In der Reihenschaltung fließt beim Anlegen einer Spannung durch alle Kondensatoren der gleiche Ladestrom. Aus diesem Grundgedanken lassen sich folgende drei Gesetzmäßigkeiten ableiten:
Gesetz 1: In der Reihenschaltung haben alle Kondensatoren die gleiche elektrische Ladung.
Gesetz 2: Die Teilspannungen verhalten sich umgekehrt wie die zugehörigen Teilkapazitäten.
Gesetz 3: Der Kehrwert der Gesamtkap. ist gleich der Summe der Kehrwerte der Teilkapazitäten.

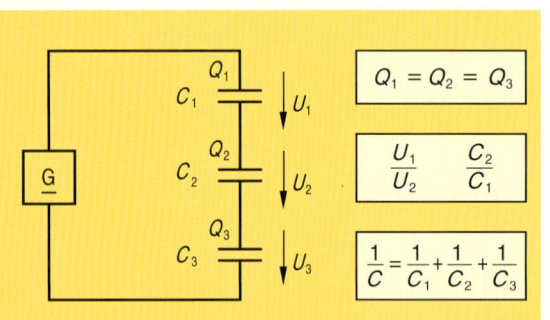

$Q_1 = Q_2 = Q_3$

$\dfrac{U_1}{U_2} = \dfrac{C_2}{C_1}$

$\dfrac{1}{C} = \dfrac{1}{C_1} + \dfrac{1}{C_2} + \dfrac{1}{C_3}$

Die Gesamtkapazität ist kleiner als die kleinste Einzelkapazität

Gesetze der Parallelschaltung
Bei der Parallelschaltung von Kondensatoren gilt wie beim Parallelschalten von ohmschen Widerständen, dass an allen Bauteilen die gleiche Spannung anliegt. Aus diesem Grundgedanken lassen sich folgende drei Gesetzmäßigkeiten ableiten:
Gesetz 1: In der Parallelschaltung ist die Gesamtladung gleich der Summe der Teilladungen.
Gesetz 2: Die Teilladungen und damit die Teilströme verhalten sich wie die Teilkapazitäten.
Gesetz 3: Die Gesamtkapazität ist gleich der Summe der Teilkapazitäten.

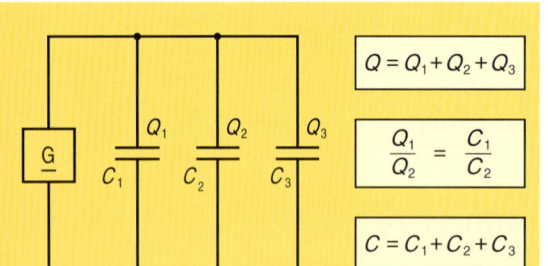

$Q = Q_1 + Q_2 + Q_3$

$\dfrac{Q_1}{Q_2} = \dfrac{C_1}{C_2}$

$C = C_1 + C_2 + C_3$

Die Gesamtkapazität ist größer als die gröte Einzelkapazität

Vertiefung zu 3.8

Plattenkondensator

Die am meisten verwendete Anordnung zum Speichern elektrischer Ladungen besteht aus zwei Metallplatten oder Folien und einem dazwischen liegenden Dielektrikum. Diese Anordnung heißt Plattenkondensator, die Platten werden auch als „Beläge" bezeichnet.
Die Kapazität C des Plattenkondensators ist direkt proportional zur Plattenfläche A und zur Permittivitätszahl ε_r des Dielektrikums und umgekehrt proportional zum Plattenabstand d.
Der elektrische Feldverlauf im Plattenkondensator ist homogen, d. h. das Feld hat an jeder Stelle den gleichen Betrag und die gleiche Richtung.
Die meisten der in der Praxis eingesetzten Kondensatoren sind nach dem Prinzip des Plattenkondensators aufgebaut. Ihre Kapazität reicht je nach Baugröße und Dielektrikum von einigen pF (p piko) bis zu einigen F.

Prinzipieller Aufbau

Kapazität
$$C = \varepsilon_0 \cdot \varepsilon_r \cdot \frac{A}{d}$$

$$[C] = \frac{As}{Vm} \cdot 1 \cdot \frac{m^2}{m} = \frac{As}{V} = F$$

Dabei ist: $\varepsilon_0 = 8{,}85 \cdot 10^{-12} \frac{As}{Vm}$ Feldkonstante, materialunabhängig

ε_r Permittivitätszahl, materialabhängig

Dielektrika

Werden elektrisch isolierende Werkstoffe in Bauteilen eingesetzt, bei denen starke elektrische Felder auftreten, so werden sie üblicherweise Dielektrika genannt (Einzahl: Dielektrikum). Dies ist z. B. bei Kabelisolierungen und bei Kondensatoren der Fall. Bei diesem Einsatz sind Permittivitätszahl und Durchschlagsfestigkeit des Isolierstoffes von großer Bedeutung.
Die Permittivitätszahl ε_r wurde früher Dielektrizitätszahl oder relative Dielektrizitätskonstante, die Feldkonstante ε_0 wurde absolute Dielektrizitätskonstante genannt. Das Produkt $\varepsilon = \varepsilon_0 \cdot \varepsilon_r$ heißt Permittivität; es wurde früher als Dielektrizitätskonstante bezeichnet.
Die Durchschlagsfestigkeit E_d eines Dielektrikums ist die maximal zulässige elektrische Feldstärke, bei welcher der Werkstoff noch nicht zerstört wird; sie wird in V/m, kV/m, kV/cm oder kV/mm gemessen.

Technisch genutzte Dielektrika, Auswahl

Werkstoff	ε_r	E_d in kV/mm
Luft (Normaldruck)	1	2,1
Wasser (destilliert)	80	–
Naturglimmer	6...8	30...70
Porzellan	5...6	35
Polyethylen (PE)	2,3	60...90
Polystyrol (PS)	2,3...2,8	50
Epoxidharz	3,7...4,2	35
Silikonkautschuk	2,5	20...30

Aufgaben

3.8.1 Reihen- und Parallelschaltung

Die drei Kondensatoren $C_1 = 4{,}7$ nF, $C_2 = 6{,}8$ nF und $C_3 = 10$ nF sind in Reihe geschaltet. Die Schaltung liegt an 12 V Gleichspannung.
Berechnen Sie
a) Die Gesamtkapazität,
b) die drei Teilspannungen,
c) die drei Teilladungen und die Gesamtladung.
Die drei Kondensatoren werden anschließend parallel geschaltet und an 24 V Gleichspannung gelegt.
Berechnen Sie
d) die Gesamtkapazität,
e) die drei Teilladungen.

3.8.2 Einstellbare Kapazität

Die Kapazität einer Gruppenschaltung kann durch einen Drehkondensator eingestellt werden.

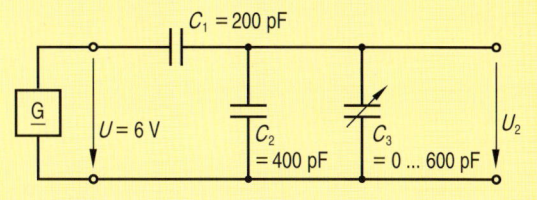

$C_1 = 200$ pF
$U = 6$ V
$C_2 = 400$ pF
$C_3 = 0 ... 600$ pF

Berechnen Sie, in welchem Bereich
a) die Gesamtkapazität,
b) die Spannung U_2 eingestellt werden kann.

3.9 Bauformen von Kondensatoren

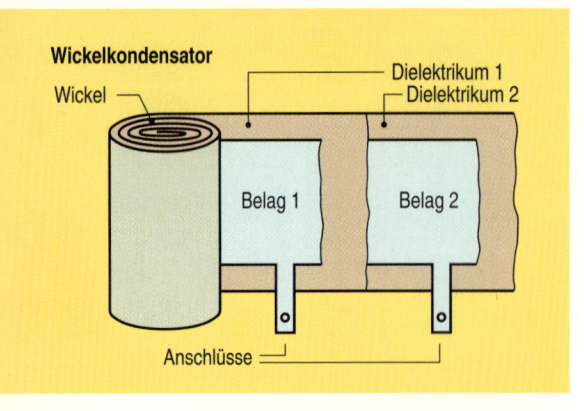

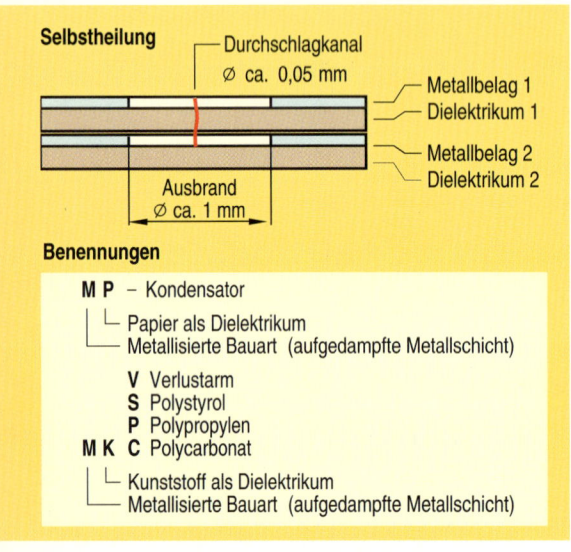

Wickelkondensator
- Wickel
- Dielektrikum 1
- Dielektrikum 2
- Belag 1
- Belag 2
- Anschlüsse

Selbstheilung
- Durchschlagkanal Ø ca. 0,05 mm
- Metallbelag 1
- Dielektrikum 1
- Metallbelag 2
- Dielektrikum 2
- Ausbrand Ø ca. 1 mm

Benennungen

M P – Kondensator
   └ Papier als Dielektrikum
      └ Metallisierte Bauart (aufgedampfte Metallschicht)

    V Verlustarm
    S Polystyrol
    P Polypropylen
M K C Polycarbonat
   └ Kunststoff als Dielektrikum
      └ Metallisierte Bauart (aufgedampfte Metallschicht)

Prinzipieller Aufbau
- Elektrolyt als Gegenelektrode (flüssig oder in Saugpapier)
- Al-Folie als Hilfselektrode (mit Gehäuse verbunden)
- Al-Oxid als Dielektrikum
- Anode +
- Katode –

Metallfolie als Beläge
Die klassische Ausführung eines Kondensators besteht aus zwei Metallplatten und einem dazwischenliegenden Dielektrikum. Diese Bauweise wird beim so genannten Papier-Kondensator angewandt: zwischen zwei Aluminiumfolien befindet sich ein mit Isolieröl getränktes Spezialpapier oder eine Kunststofffolie.
Um die Baugröße gering zu halten, sind die Folien zu einem Wickel gerollt, wobei zur Vermeidung von Kurzschlüssen eine weitere Lage Isolierpapier eingebracht werden muss. Die fertigen Wickel werden mit Isolieröl oder Harz getränkt, in ein Aluminiumrohr gesteckt und mit Vergussmasse abgedichtet.

Aufgedampfte Beläge
Die Kondensatorbeläge können auch aus einer auf das Dielektrikum aufgedampften Metallschicht bestehen. Bei dieser sogenannten metallisierten Bauform erhält man sehr dünne Metallbeläge, die bei einem möglichen elektrischen Durchschlag „selbstheilend" wirken. „Selbstheilung" bedeutet: durch den bei einem Durchschlag hervorgerufenen Lichtbogen verdampft die Metallschicht in der Umgebung des Lichtbogens. Nach dem Erlöschen des Lichtbogens nach ca. 10 ms ist die Durchschlagstelle wieder fehlerfrei; die Kapazität sinkt nur unwesentlich.
Metallisierte Beläge werden oft zusammen mit Papier als Dielektrikum verwendet. Diese MP-Kondensatoren können für große Kapazitäten (bis ca. 500 μF) und hohe Nennspannungen (bis ca. 20 kV) gebaut werden.
Statt Papier kann auch Kunststofffolie als Dielektrikum verwendet werden. Diese MK-Kondensatoren sind besonders platzsparend und verlustarm.

Elektrolytkondensatoren
„Elkos" unterscheiden sich von allen anderen Kondensatortypen durch ihr Dielektrikum. Während bei den „normalen" Kondensatoren das Dielektrikum als dünne Folie eingebracht wird, entsteht das Dielektrikum hier beim Anlegen von Gleichspannung durch elektrochemische Vorgänge, das sogenannte Formatieren.
Am häufigsten werden Aluminium-Elektrolytkondensatoren eingesetzt. Sie enthalten Aluminiumfolie als positive Elektrode (Anode) und ein festes oder flüssiges Elektrolyt, welches die Verbindung zum Gehäuse, der negativen Elektrode (Katode), herstellt. Beim Anlegen von Gleichspannung mit korrekter Polarität wird das Dielektrikum, die sehr dünne Al-Oxidschicht, erhalten, bei falscher Polung und an Wechselspannung wird die Oxidschicht abgebaut und zerstört.
Elektrolytkondensatoren haben wegen des dünnen Dielektrikums sehr hohe Kapazitäten bei vergleichsweise kleinen Abmessungen.

Vertiefung zu 3.9

Nennkapazität
Die Kapazität ist die wichtigste Kenngröße eines Kondensators. Die Nennkapazität ist die Kapazität, für die der Kondensator bei 20 °C gebaut und nach der er benannt ist. Die Nennkapazitäten sind nach den IEC-Normreihen E6, E12 oder E24 gestuft, Elektrolytkondensatoren üblicherweise nach Baureihe E6.
Der Aufdruck der Nennkapazität erfolgt je nach den geometrischen Abmessungen des Kondensators sehr verschieden. Folgende Angaben sind üblich:
1. Vollständige Angabe mit Zahlenwert und Einheit
2. Zahlenwert mit verkürzter Einheit
3. Zahlenwert ohne Einheit,
   die korrekte Einheit, pF oder µF, muss vom Fachmann aufgrund der Baugröße gefolgert werden
4. Farbmarkierung nach internationalem Farbcode.

Der tatsächliche Wert der Kapazität kann vom Nennwert um die zulässige Toleranz abweichen.

Beispiele:
zu 1: 33 pF   470 nF   2,2 µF   1,5 mF

zu 2: n 33 → 0,33 nF
       3 n 3 → 3,3 nF
       33 n → 33 nF

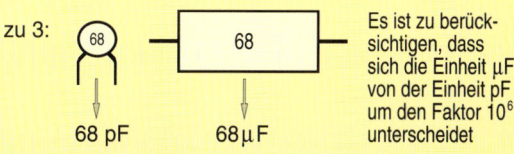

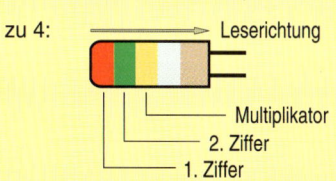

zu 3: 68 → 68 pF ; 68 → 68 µF

Es ist zu berücksichtigen, dass sich die Einheit µF von der Einheit pF um den Faktor 10^6 unterscheidet

zu 4: Leserichtung — Multiplikator, 2. Ziffer, 1. Ziffer

Fertigungswerte von Kondensatoren nach E-Reihen

Reihe	Kapazitätswerte											Toleranz	Bemerkung
E6	1,0		1,5		2,2		3,3		4,7		6,8	±20%	Die Toleranz des tatsächlich gefertigten Bauelements kann andere Werte haben
E12	1,0	1,2	1,5	1,8	2,2	2,7	3,3	3,9	4,7	5,6	6,8	7,5	±10%	
E24	1,0 1,1	1,2 1,3	1,5 1,6	1,8 2,0	2,2 2,4	2,7 3,0	3,3 3,6	3,9 4,3	4,7 5,1	5,6 6,2	6,8 7,5	8,2 9,1	±5%	

Farb-Kennzeichnung von Kondensatoren, Werte in pF

Farbe der Ringe oder Punkte	schwarz (sw)	braun (br)	rot (rt)	orange (or)	gelb (gb)	grün (gn)	blau (bl)	violett (vl)	grau (gr)	weiß (ws)	gold (au)	silber (ag)	ohne Farbe
1. Ring → 1. Ziffer	—	1	2	3	4	5	6	7	8	9	—	—	—
2. Ring → 2. Ziffer	0	1	2	3	4	5	6	7	8	9	—	—	—
3. Ring → Multiplikator	10^0	10^1	10^2	10^3	10^4	10^5	10^6	10^7	10^8	10^9	10^{-1}	10^{-2}	—
4. Ring → Toleranz	—	±1%	±2%	—	—	±0,5%	—	—	—	—	±5%	±10%	±20%
5. Ring → Nennspg./V bei Ta-Kondensatoren	4	100 6	200 10	300 15	400 20	500 25	600 35	700 50	800 —	900 —	1000 —	2000 —	500 —

Aufgaben

3.9.1 Kondensatoren
Erklären Sie den prinzipiellen Aufbau von
a) Papier-Kondensatoren
b) MP- und MK-Kondensatoren.
c) Was versteht man bei Kondensatoren unter Selbstheilung?
   Welche Kondensatoren haben diese Eigenschaft?
d) Nennen Sie je einen Vor- und einen Nachteil von Elektrolytkondensatoren.

3.9.2 Plattenkondensator
Die Beläge eines MP-Kondensators bestehen aus zwei Aluminiumfolien von je 40 m Länge und 5 cm Breite. Dielektrikum: Papier mit $d = 0,05$ mm und $\varepsilon_r = 4$.
a) Diskutieren Sie, ob und wie sich die Kapazität ändert, wenn die Folien aufgewickelt werden.
b) Berechnen Sie die Kapazität des Kondensators und die zulässige Spannung, wenn die elektrische Feldstärke $E = 4$ kV/mm nicht überschritten werden soll.

3.10 Spule und Induktivität

Magnetfeld in Luftspule

- stark inhomogenes Magnetfeld

in Spule mit Eisenkern

- Magnetfluss Φ
- Magnetfeld hat überall nahezu die gleiche Flussdichte
- Eisenkern mit Querschnitt A

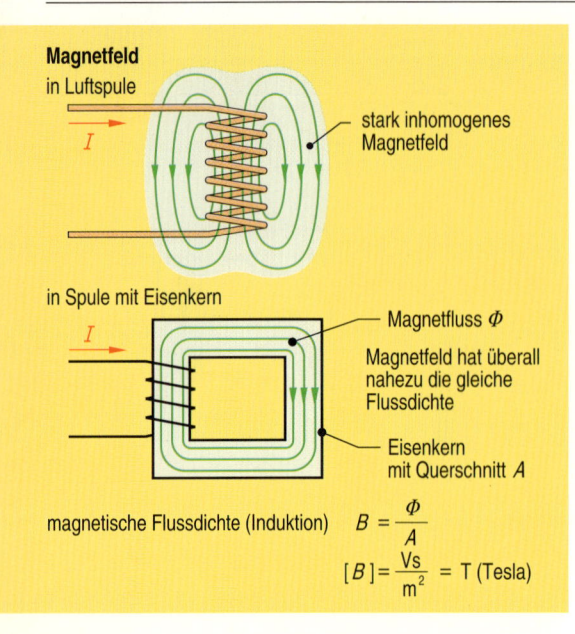

magnetische Flussdichte (Induktion) $B = \dfrac{\Phi}{A}$

$[B] = \dfrac{Vs}{m^2} = T$ (Tesla)

Magnetischer Fluss und Flussdichte

Fließt Strom durch einen Leiter oder eine Spule, so entsteht Magnetismus. Er kann durch magnetische Feldlinien dargestellt werden.
Die Gesamtheit aller magnetischen Feldlinien bildet den magnetischen Fluss Φ (lies: Phi).
Die Einheit für den magnetischen Fluss ist Weber (Wb), dabei gilt: 1 Wb = 1 Vs (Voltsekunde).
Der magnetische Fluss, der senkrecht eine bestimme Fläche durchsetzt, heißt magnetische Flussdichte B oder Induktion B.
Die Einheit für die Flussdichte (Induktion) ist Tesla (T), dabei gilt: $1 T = 1 Wb/m^2 = 1 Vs/m^2$.
Bei einer Luftspule ist das Magnetfeld sehr inhomogen (ungleichmäßig), die Berechnung des Magnetflusses ist deshalb schwierig.
Hat die Spule einen geschlossenen Eisenkern, so läuft praktisch der gesamte Fluss durch diesen Kern, weil Eisen eine hohe Permeabilität (Durchlässigkeit) für Magnetfelder hat. Die Berechnung wird vereinfacht.

Schaltung

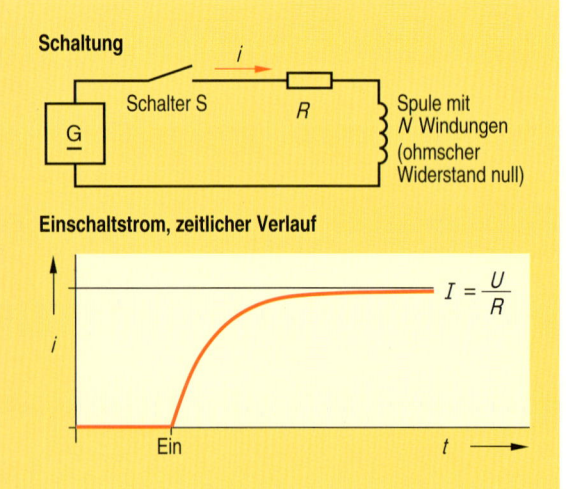

Schalter S, R, Spule mit N Windungen (ohmscher Widerstand null)

Einschaltstrom, zeitlicher Verlauf

$I = \dfrac{U}{R}$

Schaltvorgänge bei einer Spule

Wird eine Spule über einen Vorwiderstand R an eine Gleichspannung U gelegt, so erreicht der Strom nicht sofort den erwarteten Wert $I=U/R$, sondern erst nach einer gewissen Zeit. Wird der Einschaltstrom mit Hilfe eines Oszilloskops gemessen, so zeigt sich, dass er nach einer so genannten e-Funktion ansteigt.
Beim Ausschalten fällt der Strom nicht sofort auf den Wert null, vielmehr fließt er noch einige Zeit weiter, z.B. über einen Lichtbogen. Dieses Verhalten kann folgendermaßen begründet werden:
Beim Ein- und Ausschalten ändert sich der Strom und damit der magnetische Fluss. Jede Flussänderung erzeugt (induziert) in der Spule eine Spannung, die der Flussänderung entgegenwirkt (lenzsche Regel).
Die induzierte Spannung (Selbstinduktionsspannung) hängt von der Änderungsgeschwindigkeit des Flusses $\Delta\Phi/\Delta t$ und der Windungszahl N der Spule ab.

Induktionsgesetz

Jede Stromänderung bzw. jede magnetische Flussänderung in einer Spule verursacht eine Induktionsspannung

Berechnung der induzierten Spannung
mit Stromänderung: mit Flussänderung:

$u = L \cdot \dfrac{\Delta i}{\Delta t}$ $u = N \cdot \dfrac{\Delta \Phi}{\Delta t}$

$[u] = \dfrac{V}{A/s} \cdot \dfrac{A}{s} = V$ $[u] = \dfrac{Vs}{s} = V$

L Induktivität
Φ magn. Fluss
N Windungszahl
Δi Stromänderung
Δt Zeiteinheit

Induktivität, Induktionsgesetz

Da der magnetische Fluss von den Baudaten der Spule abhängt, ist auch die Induktionsspannung von den Spulendaten abhängig. Diese Daten werden zu einem **Selbstinduktionskoeffizienten**, kurz: **Induktivität**, zusammengefasst.
Die Induktivität einer Spule ist somit eine Baugröße, die von der Windungszahl, den geometrischen Abmessungen und einem eventuellen Eisenkern abhängt.
Die Einheit für die Induktivität ist 1 Henry (H).
Dabei ist 1 H die Induktivität, die bei einer Stromänderung von 1 A/1 s die Spannung 1 V induziert.

Vertiefung zu 3.10

Eisen im Magnetfeld
Luft hat für Magnetfelder eine relativ geringe Durchlässigkeit (Permeabilität μ_r). Eisenwerkstoffe haben aufgrund ihres Gefüges eine bis zu 100 000 mal höhere Permeabilität. In Spulen mit Eisenkern lassen sich somit wesentlich stärkere Magnetfelder erzeugen, als in Luftspulen. Die magnetische Flussdichte (Induktion B) im Eisenkern eines Transformators beträgt 1,2 T bis 1,8 T (Tesla), in Luftspulen lassen sich meist nur einige mT erzeugen.
Spulen mit Eisenkern haben deshalb wesentlich höhere Induktivitäten als vergleichbare Luftspulen. Allerdings gelangt Eisen ab etwa 1 T in eine magnetische „Sättigung". Eine weitere Erhöhung der Induktion erfordert dann eine überproportionale Erhöhung des Magnetisierungsstromes.

Magnetisierungskennlinie

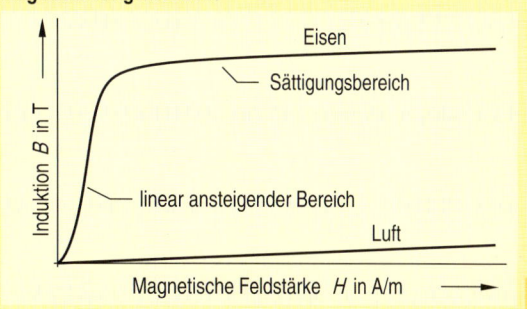

Die magnetische Feldstärke H in einem magnetischen Kreis hängt vom Strom I, der Windungszahl N und der mittleren Feldlinienlänge l_m ab.

$$H = \frac{I \cdot N}{l_m}$$

$$[H] = \frac{A}{m}$$

Ummagnetisierungskennlinie
Wird der Strom in einer eisengefüllten Spule reduziert, so sinkt naturgemäß die magnetische Induktion. Entgegen der Erwartung bleibt nach dem Abschalten des Stromes aber noch ein gewisser Restmagnetismus zurück. Dieser Restmagnetismus heißt Remanenz B_r.
Um die Remanenz zu überwinden, muss ein gewisser Strom entgegengesetzt zur ursprünglichen Stromrichtung fließen. Die Feldstärke, die den Restmagnetismus auf null reduziert, heißt Koerzitivfeldstärke H_c.
Wird der entgegengesetzt fließende Spulenstrom gesteigert, so gerät der Eisenkern wieder in die magnetische Sättigung. Nach dem Abschalten des Stromes bleibt auch in dieser Richtung ein Restmagnetismus erhalten, der durch eine entsprechende Koerzitivfeldstärke überwunden werden kann.
Die beim Ummagnetisieren eines Eisenkerns durchlaufene Kurve $B = f(H)$ heißt Ummagnetisierungskennlinie oder Hystereseschleife.

Hystereseschleife

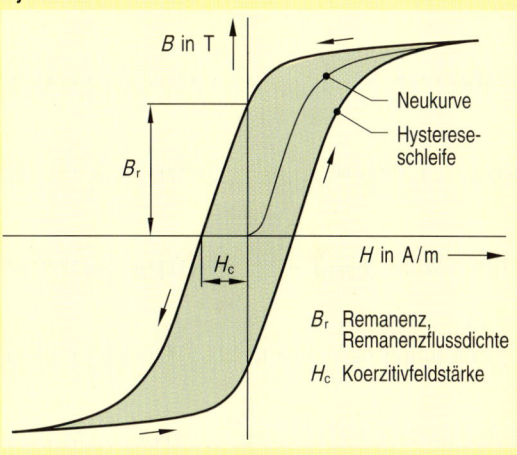

B_r Remanenz, Remanenzflussdichte
H_c Koerzitivfeldstärke

Werkstoffe mit großer Koerzitivfeldstärke bilden „Hartmagnete",
Werkstoffe mit kleiner Koerzitivfeldstärke bilden „Weichmagnete".

Induktivität von Spulen
Die Spuleninduktivität ist eine Baugröße, d.h. die Induktivität ist von den geometrischen Daten der Spule (Windungszahl, Spulendurchmesser, Spulenlänge) und vom magnetischen Werkstoff (Luftspule, Eisenkern) abhängig. Die Berechnung der Induktivität einer beliebig geformten Spule ist schwierig.
Für eine lange, dünne Spule ohne Eisenkern ergibt sich aber eine einfache Formel:

Spule mit N Windungen

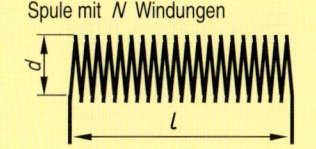

Für $l > 10 \cdot d$ gilt:

$$L = \frac{\mu_0 \cdot d^2 \cdot \pi}{l \cdot 4} \cdot N^2$$

$\mu_0 = 1{,}257 \cdot 10^{-6}$ Vs/Am
(Feldkonstante)

Schaltung von Induktivitäten
Induktivitäten können in Reihe oder parallel zueinander geschaltet werden. Dabei erhält man im Prinzip die gleichen Formeln wie beim Zusammenschalten von ohmschen Widerständen. Diese gelten aber nur, wenn sich die Induktivitäten gegenseitig mit ihren Magnetfeldern nicht beeinflussen. Für „magnetisch gekoppelte" Spulen gelten andere Gesetzmäßigkeiten.

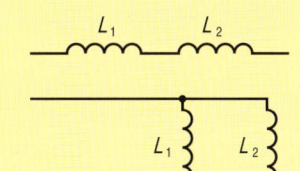

$$L = L_1 + L_2 + \ldots$$

$$\frac{1}{L} = \frac{1}{L_1} + \frac{1}{L_2} + \ldots$$

3.11 Induktion, technische Bedeutung

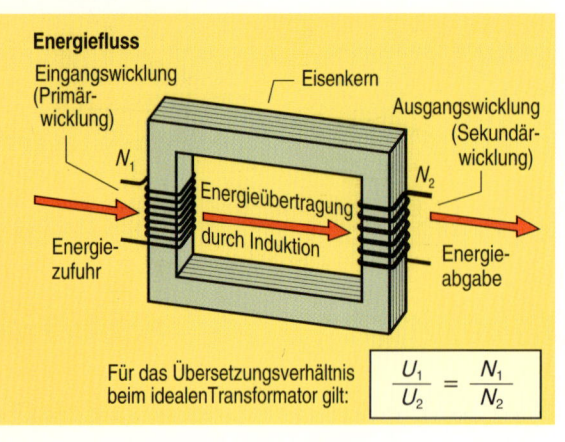

Energiefluss

Eingangswicklung (Primärwicklung) — Eisenkern — Ausgangswicklung (Sekundärwicklung)

N_1 — Energieübertragung durch Induktion — N_2

Energiezufuhr — Energieabgabe

Für das Übersetzungsverhältnis beim idealen Transformator gilt:
$$\frac{U_1}{U_2} = \frac{N_1}{N_2}$$

Transformatoren

Eine sehr wichtige technische Nutzanwendung des Induktionsgesetzes ist der Transformator (lateinisch: transformare = umformen, umgestalten). Er besteht im einfachsten Fall aus einem geschlossenen Eisenkern und zwei Spulen (Wicklungen). Wird an die Eingangswicklung N_1 eine sinusförmige Wechselspannung angelegt, so entsteht an der Ausgangswicklung N_2 ebenfalls eine sinusförmige Wechselspannung. Die Spannungswerte (Effektivwerte) beider Spannungen verhalten sich dabei wie die zugehörigen Windungszahlen. Es gilt: $U_1 : U_2 = N_1 : N_2$. Die Übertragung der elektrischen Energie von der Eingangs- auf die Ausgangswicklung erfolgt durch Induktion.

Generatoren

Außenpolmaschine

Eine weitere Anwendung des Induktionsgesetzes sind die Generatoren. Im einfachsten Fall rotiert eine Leiterschleife (Läufer) in einem möglichst homogenen Magnetfeld (Ständer). Die in der Leiterschleife induzierte Wechselspannung wird über Schleifringe abgenommen. Wird die Spannung über Stromwender abgenommen, so erhält man pulsierende Gleichspannung.
Nachteilig bei Außenpolmaschinen ist, dass die gesamte Leistung über Schleifringe abgenommen wird; sie werden daher nur für kleine Leistungen gebaut.

Innenpolmaschine

Generatoren für große Leistungen werden als Innenpolmaschinen ausgeführt. Der Läufer (Polrad) besteht dabei aus einem Dauermagnet, bei großen Maschinen aus einem mit Gleichstrom erregten Elektromagnet. Die Induktionsspulen sind in den feststehenden Teil des Generators, den Ständer eingelegt.
Beim Drehen des Polrades wird in den Ständerspulen Wechselspannung induziert. Große Generatoren zur Energieversorgung enthalten drei Spulengruppen, in denen die Spannung mit zeitlicher Verschiebung (dreiphasiger Wechselstrom, Drehstrom) induziert wird.

Außenpolmaschine — Leistungsabnahme über Schleifringe
Innenpolmaschine — Leistungsabnahme an der Ständerwicklung

Außenpolmaschinen sind wegen der Schleifringe nur für Leistungen bis zu einigen kW geeignet.

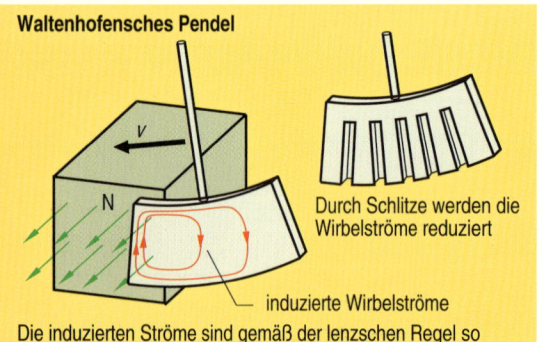

Innenpolmaschinen sind auch für große Leistungen bis 1000 MW geeignet.

Waltenhofensches Pendel

Durch Schlitze werden die Wirbelströme reduziert
induzierte Wirbelströme

Die induzierten Ströme sind gemäß der lenzschen Regel so gerichtet, dass die Pendelbewegung abgebremst wird.

Wirbelströme

Induktionsspannungen bzw. -ströme treten nicht nur in Spulen auf, sondern in allen Metallen, die sich in einem Magnetfeld bewegen, bzw. die von einem veränderlichen Magnetfeld durchsetzt werden. Die dabei fließenden Induktionsströme haben keinen eindeutig vorgegebenen Stromweg, sie werden daher Wirbelströme genannt.
Wirbelströme sind bei elektrischen Maschinen unerwünscht, weil sie Verluste (Erwärmung) verursachen und den Wirkungsgrad senken. Die technische Nutzung von Wirbelströmen ist z. B. in Wirbelstrombremsen und bei der induktiven Erwärmung von Metallen möglich.

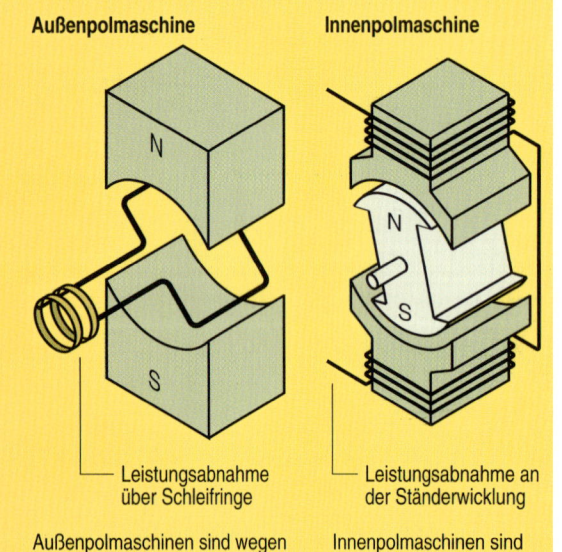

Vertiefung zu 3.11

Wirbelstrombremse
Wirbelströme sind meist unerwünscht, in einigen Fällen werden sie aber technisch genutzt.
Von Bedeutung ist die Wirbelstrombremse. Sie nutzt die Tatsache, dass die Wirbelströme so gerichtet sind, dass die verursachende Bewegung abgebremst wird. Wirbelstrombremsen werden z. B. zum Abbremsen von Fahrzeugen, zur Messung von Drehmomenten, zur Dämpfung von Messwerken und zum Abbremsen von kWh-Zählerscheiben eingesetzt.
Bei Wirbelstrombremsen tritt keinerlei mechanische Reibung auf; sie können deshalb verschleißfrei und relativ wartungsfrei betrieben werden.

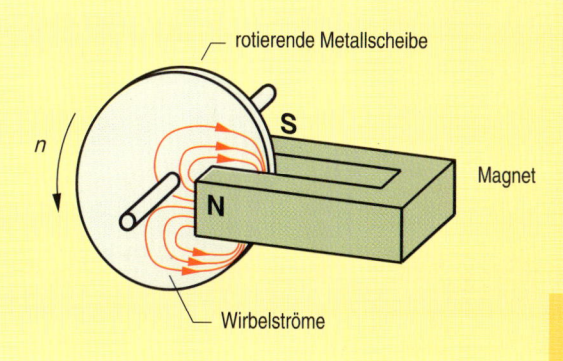

Abschirmung magnetischer Felder
Das Abschirmen magnetischer Felder kann aus zwei Gründen notwendig sein: zum einen müssen empfindliche elektronische Schaltungen vor Fremdeinflüssen geschützt werden, zum anderen muss verhindert werden, dass die Schaltung selbst Störfelder sendet. Diese sogenannte „elektromagnetische Verträglichkeit" (EMV) gewinnt zunehmend an Bedeutung.
Gleich- bzw. niederfrequente Felder werden durch eine Umhüllung aus magnetisch gut leitendem Blech abgeschirmt.
Hochfrequente Felder werden durch Umhüllungen aus elektrisch gut leitenden Werkstoffen wie Cu und Al abgeschirmt; dabei werden die induzierten Wirbelströme genutzt, die dem äußeren Magnetfeld entgegenwirken.

Abschirmung statischer Magnetfelder
Durch ein magnetisch gut leitendes Blech werden die Feldlinien um den zu schützenden Raum herumgeleitet (magn. Bypass).

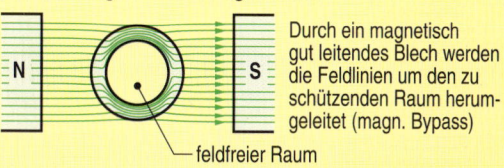

Abschirmung hochfrequenter Magnetfelder
Die induzierten Wirbelströme wirken mit ihrem Magnetfeld den Änderungen des äußeren Magnetfeldes entgegen. Im Inneren des Bechers ist das Störfeld abgeschwächt.

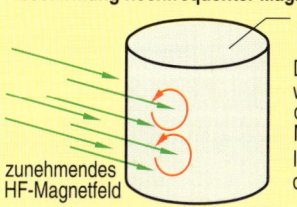

Aufgaben zu 3.10 und 3.11

3.10.1 Versuchsauswertung
a) Nach dem Einschalten von S1 dauert es mehrere Sekunden, bis die Glühlampe H1 voll leuchtet.
Geben Sie eine Begründung für dieses Verhalten. 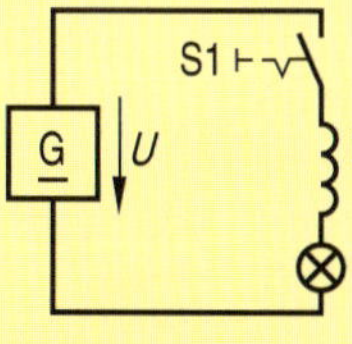
b) Beim Ausschalten von S1 leuchtet die Glimmlampe H1 auf und erlischt dann sofort wieder.
Geben Sie eine Begründung für dieses Verhalten.

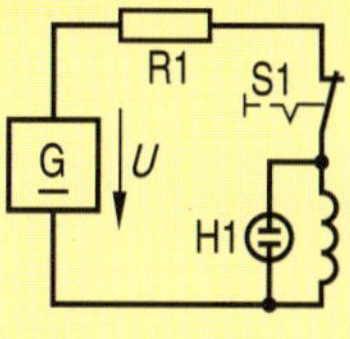

3.10.2 Begriffserklärung
Erklären Sie folgende Begriffe
a) Selbstinduktionskoeffizient,
b) Selbstinduktionsspannung,
c) Remanenz,
d) Koerzitivfeldstärke,
e) Hystereseschleife

3.10.3 Selbstinduktion
Eine Spule mit der Induktivität $L = 200\,\text{mH}$ wird von Gleichstrom durchflossen. Berechnen Sie die induzierte Spannung, wenn
a) der Strom gleichmäßig um $5\,\text{mA/s}$ gesteigert wird,
b) der Strom $2\,\text{A}$ innerhalb $1\,\text{ms}$ unterbrochen wird.

3.11.1 Transformator
a) Wie wird bei einem Transformator die Energie von der Eingangsseite (Primärseite) auf die Ausgangsseite (Sekundärseite) übertragen?
b) Die Eingangswicklung mit $N_1 = 850$ liegt an $230\,\text{V}$ Wechselspannung. Die Ausgangswicklung soll $24\,\text{V}$ liefern.
Berechnen Sie die notwendige Windungszahl N_2.

3.11.2 Generatoren
a) Erklären Sie die prinzipielle Wirkungsweise eines Generator.
b) Worin besteht der wesentliche Unterschied zwischen einer Außen- und einer Innenpolmaschine?

3.12 Kondensator an Gleichspannung

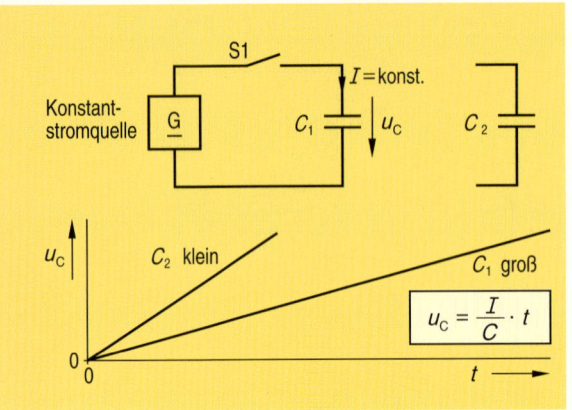

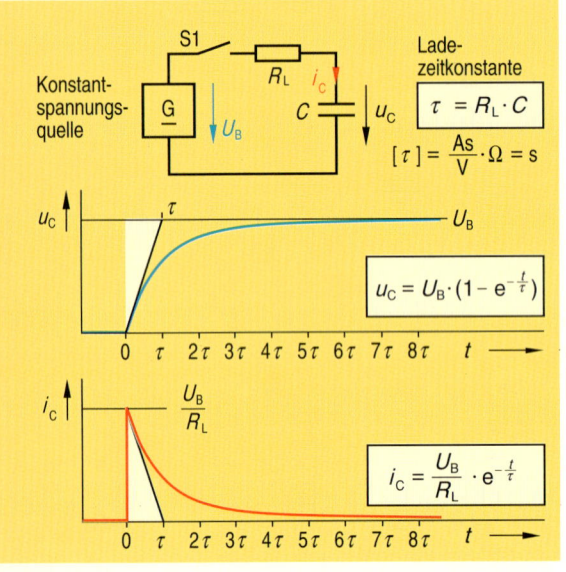

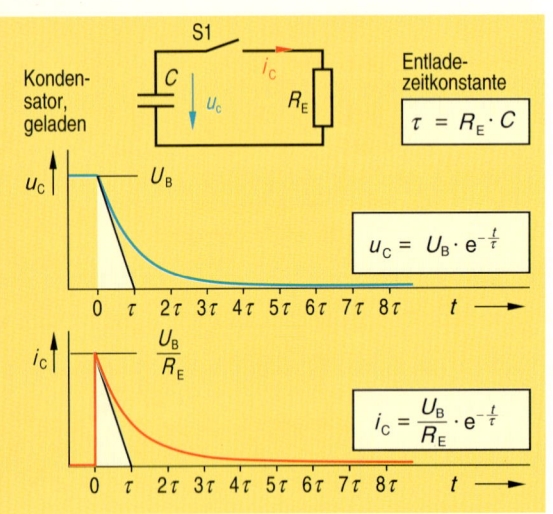

Ladung mit konstantem Strom

Wird ein Kondensator mit einem konstanten Strom (I_C=konst.) aufgeladen, so steigt seine Ladungsmenge linear mit der Ladezeit. Es gilt: $\Delta Q = I \cdot \Delta t$.

Da gemäß der Formel $Q = C \cdot U$ die Kondensatorspannung u_C direkt von der Ladungsmenge abhängt, muss auch die Kondensatorspannung linear mit der Zeit ansteigen. Die Kapazität des Kondensators ist dabei für die Steigung des Anstiegs maßgebend: kleine Kapazitäten führen zu einem steilen, große Kapazitäten zu einem flachen Anstieg.

$$u_C = \frac{I}{C} \cdot t$$

Das Laden von Kondensatoren mit konstantem Strom kann z. B. zur Erzeugung von Sägezahnspannungen ausgenützt werden.

Ladung an konstanter Spannung

Das Laden eines ungeladenen Kondensators ($u_C = 0$) mit einer Konstantspannungsquelle (U_B=konst.) ist der in der Praxis häufigste Fall.

Beim Einschalten von S1 fließt der größte Ladestrom; er wird von R_L begrenzt. Wäre der ohmsche Widerstand im ganzen Stromkreis null, so müsste i_C unendlich groß sein.

Mit fortschreitender Ladezeit steigt die der Generatorspannung entgegenwirkende Kondensatorspannung und der Ladestrom nimmt entsprechend ab.

Für den zeitlichen Verlauf von Kondensatorspannung und Ladestrom sind die Größen R_L und C verantwortlich. Das Produkt aus Widerstandswert und Kapazität heißt Zeitkonstante. Es gilt: Zeitkonstante $\tau = C \cdot R$.

Kondensatorspannung und Ladestrom haben einen exponentiellen Verlauf; die Herleitung der Formeln wird im Vertiefungsteil gezeigt.

Ladezeitkonstante
$$\tau = R_L \cdot C$$
$$[\tau] = \frac{As}{V} \cdot \Omega = s$$

$$u_C = U_B \cdot (1 - e^{-\frac{t}{\tau}})$$

$$i_C = \frac{U_B}{R_L} \cdot e^{-\frac{t}{\tau}}$$

Im Prinzip dauert der Ladevorgang unendlich lange, in der Praxis gilt er nach der Zeit $t = 5 \cdot \tau$ als beendet.

Entladevorgang

Ein mit der Ladungsmenge Q aufgeladener Kondensator stellt eine elektrische Energiequelle bzw. einen aktiven Zweipol dar. Die gespeicherte Energiemenge kann durch Entladen über einen Widerstand wieder entnommen und genutzt werden.

Der Entladestrom hat zu Beginn der Entladung seinen höchsten Wert, es gilt: $i_{max} = U/R$. Dabei ist U die Spannung des aufgeladenen Kondensators. Mit fortschreitender Entladung sinkt der Entladestrom auf null.

Die Kondensatorspannung sinkt im Laufe der Entladung ebenfalls auf null.

Kondensatorspannung und Entladestrom haben wie beim Ladevorgang einen exponentiellen Verlauf.

Für die Dauer des Entladevorgangs ist wie beim Laden die Zeitkonstante $\tau = R \cdot C$ maßgebend. Nach der Zeit $t = 5 \cdot \tau$ gilt der Entladevorgang als abgeschlossen.

Entladezeitkonstante
$$\tau = R_E \cdot C$$

$$u_C = U_B \cdot e^{-\frac{t}{\tau}}$$

$$i_C = \frac{U_B}{R_E} \cdot e^{-\frac{t}{\tau}}$$

Vertiefung zu 3.12

Ladezustände

Mit den obigen Formeln können der Ladezustand des Kondensators und der Ladestrom zu jedem Zeitpunkt berechnet werden. Soll hingegen der Zeitpunkt bestimmt werden, zu dem eine bestimmte Kondensatorspannung bzw. ein bestimmter Ladestrom auftreten, so müssen die Formeln nach der gesuchten Zeit t umgestellt werden. Dies erfolgt nach der sogenannten „Hut-ab-Regel". Die Rechnung zeigt exemplarisch die Umformung der Spannungsformel nach der Zeit t.

Aus $u_C = U_B \cdot (1 - e^{-\frac{t}{\tau}})$ folgt: $\frac{u_C}{U_B} = 1 - e^{-\frac{t}{\tau}}$

und: $e^{-\frac{t}{\tau}} = 1 - \frac{u_C}{U_B}$

Logarithmieren: $\ln e^{-\frac{t}{\tau}} = \ln\left(1 - \frac{u_C}{U_B}\right)$

Hut ab! $-\frac{t}{\tau} \cdot \ln e = \ln\left(1 - \frac{u_C}{U_B}\right)$

$\ln e = 1$ $-\frac{t}{\tau} = \ln\left(1 - \frac{u_C}{U_B}\right)$

$\ln e^{-\frac{t}{\tau}}$ Hut

$\ln e^{-\frac{t}{\tau}}$ Hut ab!

$$t = -\tau \cdot \ln\left(1 - \frac{u_C}{U_B}\right)$$

Umladevorgänge

In vielen Schaltungen werden Kondensatoren ständig umgeladen, d. h. Auflade- und Entladevorgänge wechseln einander ständig ab. Die Formeln zur Berechnung von u_C und i gelten wie bei einzelnen Lade- oder Entladevorgängen, allerdings ist zu beachten:

1. Das Laden und Entladen erfolgt üblicherweise über verschiedene Widerstände R_L und R_E. Damit ergeben sich für den Lade- und den Entladevorgang zwei verschiedene Zeitkonstanten τ_L und τ_E.
2. Ist die Lade- bzw. Entladezeit im Vergleich zu den zugehörigen Zeitkonstanten klein ($t < 5\tau$), so kann sich der Kondensator nicht völlig auf- bzw. entladen. Die beim Umschalten tatsächlich auftretende Kondensatorspannung muss berücksichtigt werden.

Sowohl beim Laden als auch beim Entladen ist zu beachten, dass die Kondensatorspannung sich nicht sprunghaft ändern kann, weil sich der Energiezustand des Kondensators ($W = \frac{1}{2} \cdot C \cdot U^2$) nicht sprunghaft ändern kann.

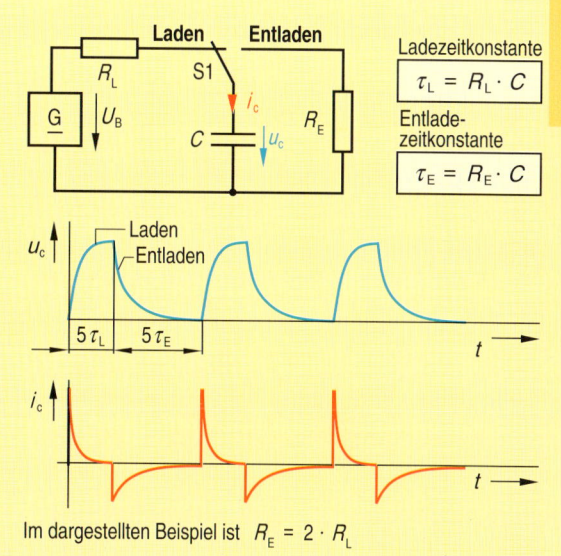

Ladezeitkonstante
$$\tau_L = R_L \cdot C$$

Entladezeitkonstante
$$\tau_E = R_E \cdot C$$

Im dargestellten Beispiel ist $R_E = 2 \cdot R_L$

Aufgaben

3.12.1 Ladevorgang

Ein Kondensator mit der Kapazität C wird von einer Gleichspannungsquelle U über einen Vorwiderstand R aufgeladen.

a) Welchen Widerstandswert hat der Kondensator bei Beginn und nach Abschluss des Ladevorgangs?
b) Welcher Ladestrom müsste ohne den Vorwiderstand fließen und nach welcher Zeit wäre der Ladevorgang abgeschlossen? Alle Leitungswiderstände und der Innenwiderstand der Spannungsquelle sind null.
c) Erklären Sie den Begriff Zeitkonstante (Ladezeitkonstante) und leiten Sie ihre Einheit her.
d) Zeigen Sie rechnerisch, dass der Ladevorgang mit guter Näherung nach 5 Zeitkonstanten als beendet gelten darf.
e) Das Dielektrikum eines Kondensators ist ein Nichtleiter, der Stromkreis ist also nicht geschlossen. Wie kann trotzdem das Zustandekommen eines elektrischen Ladestromes erklärt werden?

3.12.2 Berechnung eines Ladevorgangs

Ein Kondensator $C = 4\,\mu F$ wird an $U = 60\,V$ über einen Vorwiderstand $R = 1\,k\Omega$ aufgeladen. Berechnen Sie
a) die Ladezeitkonstante,
b) Kondensatorspannung u_C, Kondensatorstrom i_C und Spannung am Widerstand u_R nach der Zeit $t = 1\,ms$,
c) die notwendige Zeit t_1, um den Kondensator auf 30 V aufzuladen,
d) die notwendige Zeit t_2, um $u_C = 59,9\,V$ zu erreichen.

3.12.3 Netzwerk

Gegeben ist folgendes Netzwerk:

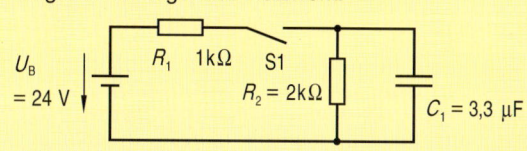

$U_B = 24\,V$, $R_1 = 1\,k\Omega$, S1, $R_2 = 2\,k\Omega$, $C_1 = 3,3\,\mu F$

a) Berechnen Sie die Ladezeitkonstante τ.
b) Zeichnen Sie die Ladekurve $u_C = f(t)$.

3.13 Kondensator an Wechselspannung

Schaltung

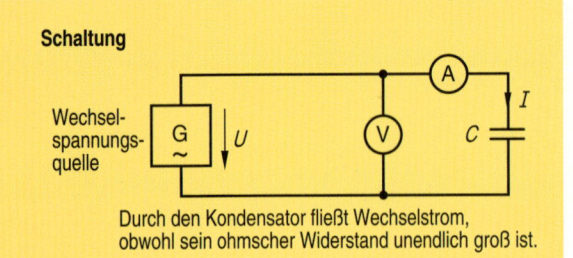

Wechselspannungsquelle

Durch den Kondensator fließt Wechselstrom, obwohl sein ohmscher Widerstand unendlich groß ist.

Kapazitiver Strom

Wird ein Kondensator an Gleichspannung gelegt, so fließt zwar ein kurzer Einschaltstrom, danach sinkt der Strom auf null, weil der ohmsche Widerstand zwischen den Platten unendlich groß ist.
Im Wechselstromkreis hingegen fließt ständig Strom. Er ist um so größer, je größer die Kapazität und je größer die Frequenz der Spannung ist.
Der Strom heißt „kapazitiver Blindstrom".

Liniendiagramm

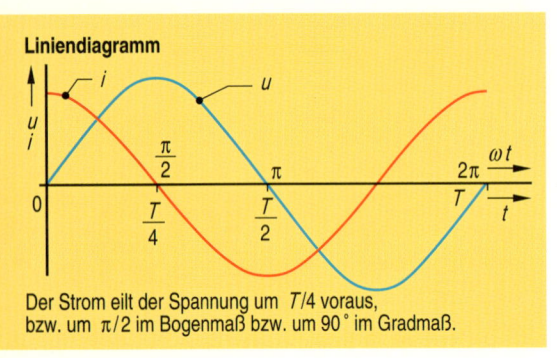

Der Strom eilt der Spannung um $T/4$ voraus, bzw. um $\pi/2$ im Bogenmaß bzw. um 90° im Gradmaß.

Phasenverschiebung

Wird an den Kondensator eine sinusförmige Wechselspannung angelegt, so fließt auch sinusförmiger Strom. Spannung und Strom treten aber nicht gleichzeitig, sondern mit zeitlicher Verschiebung d.h. „phasenverschoben" auf.
Eine Messung mit dem Oszilloskop zeigt: die Nulldurchgänge bzw. die Scheitelpunkte der Stromkurve treten eine Viertel Periode früher auf, als die entsprechenden Werte der Spannungskurve.
Man sagt: der Strom eilt der Spannung um eine Viertel Periode bzw. um 90° voraus.

Kapazitiver Widerstand als Funktion der Frequenz

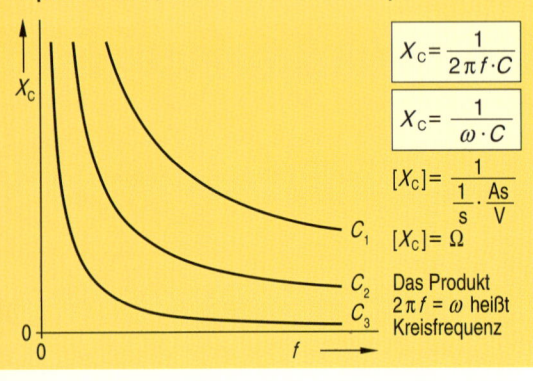

$$X_C = \frac{1}{2\pi f \cdot C}$$

$$X_C = \frac{1}{\omega \cdot C}$$

$$[X_C] = \frac{1}{\frac{1}{s} \cdot \frac{As}{V}}$$

$[X_C] = \Omega$

Das Produkt $2\pi f = \omega$ heißt Kreisfrequenz

Kapazitiver Blindwiderstand

Kondensatoren haben für Gleichstrom einen unendlich hohen Widerstand. Für Wechselstrom ist der Kondensator hingegen durchlässig, d.h. der Wechselstromwiderstand ist endlich.
Der Wechselstromwiderstand eines Kondensators heißt kapazitiver Blindwiderstand X_C.
Eine Messung zeigt, dass dieser Blindwiderstand mit zunehmender Kapazität C und mit zunehmender Frequenz f kleiner wird.
Es gilt: $X_C \sim 1/C$ (lies: X_C ist proportional zu $1/C$)
und: $X_C \sim 1/f$.
Der Widerstand heißt „Blind"widerstand, weil er im Gegensatz zum „Wirk"widerstand bei Stromfluss keine Wärme erzeugt.

Spannung, Strom, Leistung

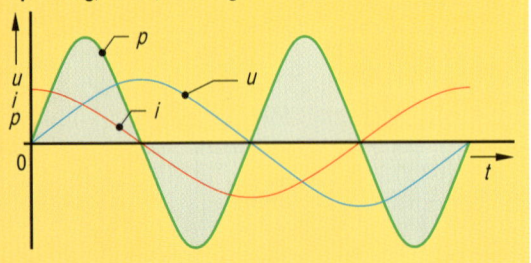

Der Effektivwert der kapazitiven Blindleistung ist $Q_C = U \cdot I$
Blindleistung und Wirkleistung dürfen nicht direkt addiert werden.

Kapazitive Blindleistung

Die Augenblicksleistung p kann mit der Formel $p = u \cdot i$ berechnet werden. Dabei sind u bzw. i die Augenblickswerte von Spannung bzw. Strom.
Da beim Kondensator die Spannungs- und die Stromkurve zeitlich verschoben sind, ist das Produkt aus Spannung und Strom abwechselnd positiv und negativ. Die grafische Darstellung der Leistung ergibt eine Sinuslinie mit doppelter Grundfrequenz, die positiven und negativen Flächen addieren sich zu null.
Daraus folgt: Kapazitäten nehmen in der einen Halbperiode Leistung auf und geben sie dann wieder ab. Diese kapazitive „Blind"leistung wird in var (Voltampere reaktiv) gemessen. Dabei ist 1 var = 1 W.

Vertiefung zu 3.13

Stromfluss im Kondensator
Die Platten eines Kondensators sind durch einen Isolator (Dielektrikum) getrennt. Im Idealfall ist also der Widerstand eines Kondensators unendlich groß.
Daß trotzdem Ströme fließen, kann durch Lade- und Umladevorgänge erklärt werden.
Beim Einschalten eines Kondensators in einem Gleichstromkreis fließt ein hoher Ladestrom, dabei ist die Spannung noch klein. Mit zunehmender Ladung nimmt die Spannung zu und der Strom wird kleiner.
Bei Betrieb an Wechselspannung finden ständig Ladevorgänge statt, abwechselnd in die eine und dann in die andere Richtung. Dabei ist der Strom immer null, wenn die Spannung am größten ist und die Spannung ist null, wenn der Strom am größten ist.
Mit dieser Tatsache kann die Phasenverschiebung von 90° (bzw. $T/4$) erklärt werden.

Ohmsches Gesetz
Das ohmsche Gesetz gilt nicht nur bei Gleichspannung und ohmschen Widerständen, sondern auch bei kapazitiven (und induktiven) Blindwiderständen im Wechselstromkreis.

$$I_C = \frac{U}{X_C} = U \cdot 2\pi \cdot f \cdot C = U \cdot \omega \cdot C$$

Beispiele

Beispiel 1: Ein Kondensator hat die Kapazität $C = 5\,nF$. Berechnen Sie seinen kapazitiven Widerstand:
a) bei der Frequenz $f_1 = 50\,Hz$,
b) bei der Frequenz $f_2 = 1\,kHz$.

Lösung zu Beispiel 1

a) $X_C = \dfrac{1}{2\pi \cdot f \cdot C} = \dfrac{1 \cdot s}{2\pi \cdot 50 \cdot 5 \cdot 10^{-9}} \dfrac{V}{As} = 636{,}6\,k\Omega$

b) $X_C = \dfrac{1}{2\pi \cdot f \cdot C} = \dfrac{1 \cdot s}{2\pi \cdot 1000 \cdot 5 \cdot 10^{-9}} \dfrac{V}{As} = 31{,}8\,k\Omega$

Beispiel 2: Ein Kondensator mit $C = 4\,\mu F$ wird an Wechselspannung $U = 400\,V$, $f = 50\,Hz$ gelegt.
Berechnen Sie
a) den kapazitiven Blindwiderstand,
b) den kapazitiven Blindstrom,
c) die kapazitive Blindleistung.

Lösung zu Beispiel 2

a) $X_C = \dfrac{1}{2\pi \cdot f \cdot C} = \dfrac{1 \cdot s}{2\pi \cdot 50 \cdot 4 \cdot 10^{-6}} \dfrac{V}{As} = 795{,}8\,\Omega$

b) $I_C = \dfrac{U}{X_C} = \dfrac{400\,V}{795{,}8\,\Omega} = 502{,}7\,mA$

c) $X_C = U \cdot I_C = 400\,V \cdot 502{,}7\,mA \approx 201\,var$

Aufgaben

3.13.1 Messungen mit dem Oszilloskop
Die Spannung an einem Kondensator und der zugehörige Strom werden mit Hilfe eines Oszilloskops dargestellt.

Oszillogramm

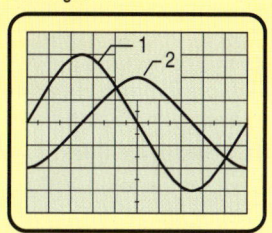

Einstellungen:
10 V/DIV.
5 mA/DIV.
20 µs/DIV.

a) Welche der beiden Kurven stellt die Spannung, welche den Strom dar? Begründen Sie Ihre Aussage.
b) Bestimmen Sie den Scheitelwert und den Effektivwert von Spannung und Strom.
c) Bestimmen Sie die Frequenz der angelegten Spannung bzw. des Stromes.

3.13.2 Stromfluss im Kondensator
Erklären Sie, warum
a) bei einem Kondensator an Gleichspannung nur ein kurzer Einschaltstrom, der dann auf null abklingt,
b) bei einem Kondensator an Wechselspannung ein ständiger Strom fließt.

3.13.3 Kapazitver Blindwiderstand
a) Erklären Sie den Begriff „Blindwiderstand".
b) Ein Kondensator trägt die Aufschrift $C = 33\,nF$. Berechnen Sie seinen Blindwiderstand
1. an $f_1 = 50\,Hz$, 2. an $f_2 = 5\,kHz$, 3. an $f_3 = 1\,MHz$.

3.13.4 Kapazitiver Blindstrom
Ein Kondensator mit $C = 4\,\mu F$ liegt an sinusförmiger Wechselspannung mit $U = 12\,V$.
a) Berechnen Sie den Strom I_C, wenn die Frequenz $f_1 = 200\,Hz$ beträgt.
b) Welche Frequenz f_2 müsste angelegt werden, damit der Strom 300 mA beträgt?

3.14 Spule an Gleichspannung

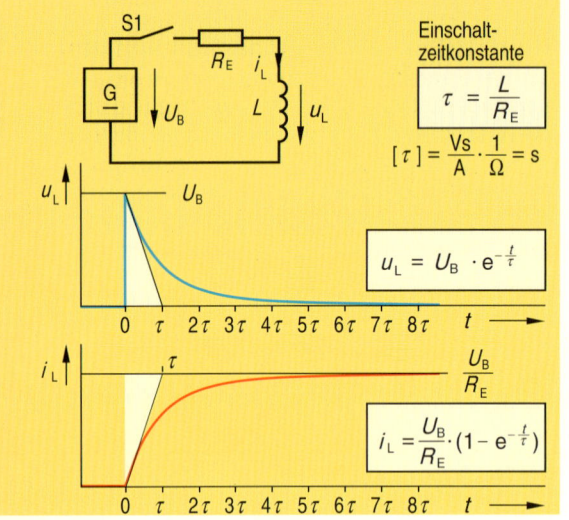

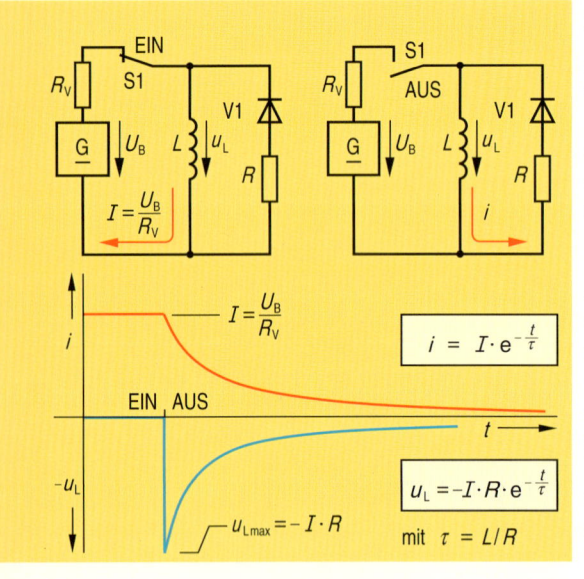

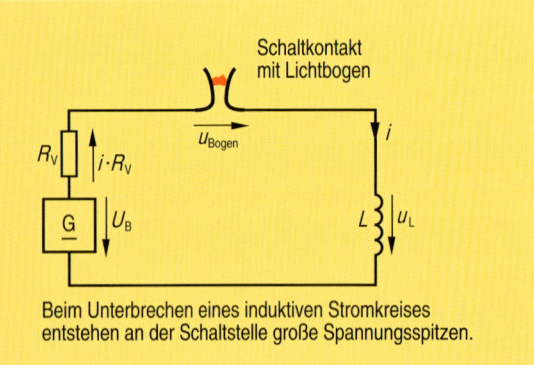

Einschaltzeitkonstante

$$\tau = \frac{L}{R_E}$$

$$[\tau] = \frac{Vs}{A} \cdot \frac{1}{\Omega} = s$$

$$u_L = U_B \cdot e^{-\frac{t}{\tau}}$$

$$i_L = \frac{U_B}{R_E} \cdot (1 - e^{-\frac{t}{\tau}})$$

Einschaltvorgang

Beim Einschalten einer Induktivität im Gleichstromkreis haben Spannung und Strom wie bei der Kapazität einen exponentiellen Verlauf.
Im Einschaltaugenblick ist die induzierte Gegenspannung gleich der angelegten Gleichspannung U_B, der Strom ist null.
Mit fortschreitender Zeit sinkt die induzierte Spannung, im gleichen Maße steigt der Magnetisierungsstrom bis auf den Endwert $I = U_B/R_E$.
Für den zeitlichen Verlauf von induzierter Spannung und Magnetisierungsstrom sind die Größen L und R verantwortlich. Der Quotient aus L und R heißt Zeitkonstante.
Es gilt: Einschaltzeitkonstante $\tau = L/R_E$.
Im Prinzip dauert es unendlich lange, bis der Strom seinen Endwert erreicht hat, in der Praxis gilt der Vorgang nach der Zeit $t = 5 \cdot \tau$ als beendet.

$$i = I \cdot e^{-\frac{t}{\tau}}$$

$$u_L = -I \cdot R \cdot e^{-\frac{t}{\tau}}$$

$$u_{Lmax} = -I \cdot R \quad \text{mit } \tau = L/R$$

„Sanftes" Ausschalten

Wird ein induktiver Stromkreis ausgeschaltet, so muss der Strom zunächst weiterfließen, bis die im Magnetfeld enthaltene Energie $W = \frac{1}{2} \cdot L \cdot I^2$ abgebaut ist.
Das Weiterfließen des Stromes nach dem Abschalten des Stromkreises kann durch einen „Ersatz-Stromkreis" ermöglicht werden. Dieser Ersatzweg kann z.B. aus einer Diode (Freilaufdiode), einem Widerstand, einer RC-Kombination oder einem Varistor bestehen.
Im Beispiel fließt der Strom nach dem Ausschalten von S1 über die Freilaufdiode V1 weiter, bis die Magnetfeldenergie im Widerstand R in Wärme umgesetzt ist; die Spule wird dabei als verlustfrei angenommen.
Die Stromstärke nimmt vom Anfangswert I beginnend exponentiell ab; die Dauer des Vorgangs wird durch die Zeitkonstante $\tau = L/R$ bestimmt. Es gilt: $i = I \cdot e^{-t/\tau}$.
Die Formel zeigt: Je größer der Widerstand R ist, desto schneller ist der Ausschaltvorgang abgeschlossen, allerdings steigt mit der Widerstandsgröße auch die Höhe der von L induzierten Spannung.

„Abruptes" Ausschalten

Wird ein induktiver Stromkreis unterbrochen, ohne dass die Energie über Freilaufdioden oder andere Bauteile abgebaut werden kann, so muss der Strom über den Schalter weiterfließen.
Beim Öffnen des Schalters wird dabei in der Spule eine so hohe Spannung induziert, dass die Luftstrecke zwischen den Schaltkontakten durchschlagen wird und ein Lichtbogen entsteht. Die im magnetischen Feld enthaltene Energie $W = \frac{1}{2} \cdot L \cdot I^2$ kann somit über den geöffneten Schalter abgebaut werden.
Durch hohe Ausschaltspannungen können vor allem elektronische Bauteile zerstört werden.

Beim Unterbrechen eines induktiven Stromkreises entstehen an der Schaltstelle große Spannungsspitzen.

Vertiefung zu 3.14

Magnetisierungszustände

Mit den obigen Formeln können die Teilspannungen sowie der Magnetisierungsstrom zu jedem Zeitpunkt berechnet werden. Soll hingegen der Zeitpunkt bestimmt werden, zu dem eine bestimmte Spannung bzw. ein bestimmter Strom auftreten, so müssen die Formeln nach der Zeit t umgestellt werden. Dies erfolgt nach der sogenannten „Hut-ab-Regel".
Die Rechnung zeigt exemplarisch die Umformung der Stromformel nach der gesuchten Zeit t.

Aus $i = \dfrac{U_B}{R} \cdot (1 - e^{-\frac{t}{\tau}})$ folgt: $\dfrac{i \cdot R}{U_B} = 1 - e^{-\frac{t}{\tau}}$

und: $e^{-\frac{t}{\tau}} = 1 - \dfrac{i \cdot R}{U_B}$

Logarithmieren: $\ln e^{-\frac{t}{\tau}} = \ln\left(1 - \dfrac{i \cdot R}{U_B}\right)$

Hut ab! $-\dfrac{t}{\tau} \cdot \ln e = \ln\left(1 - \dfrac{i \cdot R}{U_B}\right)$

$\ln e = 1 \qquad -\dfrac{t}{\tau} = \ln\left(1 - \dfrac{i \cdot R}{U_B}\right)$

$\ln e^{-\frac{t}{\tau}}$ Hut
$\ln e^{-\frac{t}{\tau}}$ Hut ab!

$$t = -\tau \cdot \ln\left(1 - \dfrac{i \cdot R}{U_B}\right)$$

Schalten von induktiven und kapazitiven Stromkreisen

Im Magnetfeld der Spule eines induktiven Kreises ist die Energie $W = \frac{1}{2} \cdot L \cdot I^2$ gespeichert. Zum Aufbau des Feldes ist stets eine gewisse Zeit erforderlich, d. h. der Spulenstrom kann nicht sprungartig ansteigen. Beim Ausschalten gilt entsprechendes: der Abbau des Feldes benötigt eine gewisse Zeit, d. h. der Spulenstrom kann nicht sprungartig auf null absinken.
Das Ausschalten eines induktiven Stromkreises kann „sanft" oder „abrupt" erfolgen.
Wie die Spule, so stellt auch der Kondensator einen Energiespeicher dar. Die Energie $W = \frac{1}{2} \cdot C \cdot U^2$ ist hier im elektrischen Feld gespeichert. Wie für die Änderung des magnetischen Feldes ist auch für Zustandsänderungen des elektrischen Feldes eine gewisse Zeit erforderlich. Die Spannung kann deshalb niemals sprungartig ihren Wert ändern.

Lichtbogen

Beim Ausschalten eines induktiven Stromkreises kann es zwischen den geöffneten Schaltkontakten zu einer Gasentladung (Lichtbogen) kommen. Der Lichtbogen erlischt, wenn Strom und Spannung bestimmte Grenzwerte unterschreiten.
Um einen Lichtbogen aufrecht zu erhalten ist an der Anode eine werkstoffabhängige Mindestspannung von etwa 5 V (Anodenfall) und an der Katode von etwa 10 V (Katodenfall) nötig. Der Lichtbogen selbst erfordert je nach Bogenlänge eine Mindestspannung von 5 V bei sehr großen Strömen und von einigen hundert Volt bei sehr kleinen Strömen. Die absolute Mindestspannung zur Aufrechterhaltung eines Lichtbogens beträgt etwa 25 V, der Mindeststrom etwa 0,5 A.
Lichtbogen können technisch genutzt werden, z.B. beim Schweißen, beim Einschmelzen von Metallen und als Lichtquelle. Für die Kontakte von Schaltgeräten stellen Lichtbogen aber eine große Belastung dar.

Aufgaben

3.14.1 Magnetischer Feldaufbau
Eine Spule mit Induktivität L wird in Reihe mit einem Vorwiderstand R an Gleichspannung U gelegt.
a) Welchen Widerstandswert hat die Spule im Augenblick des Einschaltens und nach der Beendigung des Feldaufbaus? (Hinweis: die Spule sei ideal, d. h. der Drahtwiderstand der Spule ist 0 Ohm.)
b) Erklären Sie den Begriff Zeitkonstante und leiten Sie ihre Einheit her.
c) Zeigen Sie rechnerisch, dass der Aufbau des Magnetfeldes mit guter Näherung nach 5 Zeitkonstanten als abgeschlossen gelten darf.
d) Der Drahtwiderstand einer Spule ist im Idealfall vernachlässigbar klein. Wie kann erklärt werden, dass trotzdem im Einschaltaugenblick kein Strom fließt?
e) Die Spule hat die Induktivität $L = 250$ mH, der Widerstand ist $R = 80\,\Omega$.
Berechnen Sie die Zeitkonstante τ.

3.14.2 Stromanstieg und Stromabfall
Die Erregerspule eines Schrittmotors hat die Induktivität $L = 2{,}4$ mH und den Wicklungswiderstand $R = 6\,\Omega$, die Nennspannung beträgt $U = 24$ V.
Berechnen Sie
a) die Einschalt-Zeitkonstante,
b) den Strom, der 0,1 ms, 0,2 ms, 0,3 ms, 0,4 ms, 1 ms, 10 ms nach dem Einschalten fließt,
c) die Zeit, die ab dem Einschalten vergeht, bis der Strom auf 0,5 A, 1 A, 2 A, 3 A, 4 A angestiegen ist.
d) Welche Zeit wird benötigt, bis der Strom auf 99,5 % bzw. auf 100 % seines Endwertes angestiegen ist? Die Spule hat ihren vollen Strom erreicht und wird wieder ausgeschaltet. Parallel zur Spule liegt eine Freilaufdiode in Reihe mit dem Widerstand $R_A = 10\,\Omega$.
Berechnen Sie
e) die Ausschalt-Zeitkonstante,
f) die Zeit bis I auf 1 A, 10 mA, 1 mA abgefallen ist.

© Holland + Josenhans

3.15 Spule an Wechselspannung

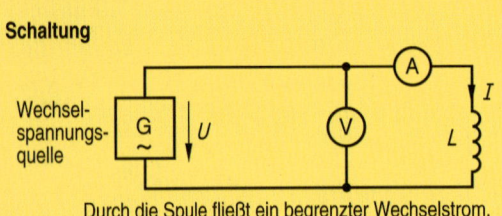

Schaltung

Wechselspannungsquelle

Durch die Spule fließt ein begrenzter Wechselstrom, obwohl ihr ohmscher Widerstand unendlich klein ist.

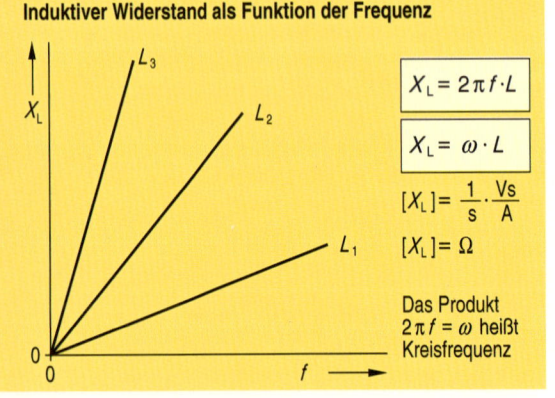

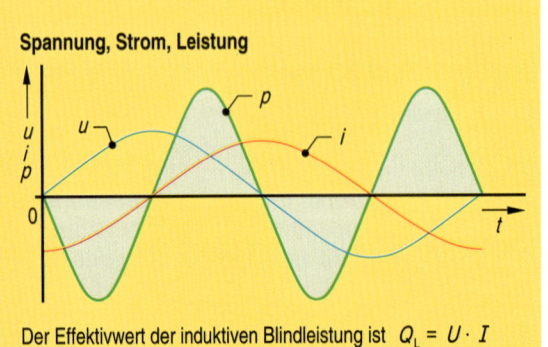

Liniendiagramm

Der Strom eilt der Spannung um $T/4$ nach, bzw. um $\pi/2$ im Bogenmaß bzw. um 90° im Gradmaß.

Induktiver Widerstand als Funktion der Frequenz

$$X_L = 2\pi f \cdot L$$

$$X_L = \omega \cdot L$$

$$[X_L] = \frac{1}{s} \cdot \frac{Vs}{A}$$

$$[X_L] = \Omega$$

Das Produkt $2\pi f = \omega$ heißt Kreisfrequenz

Spannung, Strom, Leistung

Der Effektivwert der induktiven Blindleistung ist $Q_L = U \cdot I$
Blindleistung und Wirkleistung dürfen nicht direkt addiert werden.

Induktiver Strom
Wird eine Spule an Gleichspannung gelegt, so fließt im ersten Augenblick kein Strom, danach steigt der Strom gegen unendlich, weil der ohmsche Widerstand einer idealen Induktivität unendlich klein ist.
Im Wechselstromkreis hingegen fließt ständig ein begrenzter Strom. Er ist um so kleiner, je größer die Induktivität und je größer die Frequenz der Spannung ist. Der Strom heißt „induktiver Blindstrom".

Phasenverschiebung
Wird an die Spule eine sinusförmige Wechselspannung angelegt, so fließt auch sinusförmiger Strom. Spannung und Strom treten aber nicht gleichzeitig, sondern mit zeitlicher Verschiebung d.h. „phasenverschoben" auf.
Eine Messung mit dem Oszilloskop zeigt: die Nulldurchgänge bzw. die Scheitelpunkte der Stromkurve treten eine Viertel Periode später auf, als die entsprechenden Werte der Spannungskurve.
Man sagt: der Strom eilt der Spannung um eine Viertel Periode bzw. um 90° nach.

Induktiver Blindwiderstand
Spulen haben für Gleichstrom einen unendlich kleinen Widerstand. Für Wechselstrom ist die Spule hingegen nicht absolut durchlässig, d.h. der Wechselstromwiderstand ist endlich.
Der Wechselstromwiderstand einer Spule heißt induktiver Blindwiderstand X_C.
Eine Messung zeigt, dass dieser Blindwiderstand mit zunehmender Kapazität C und mit zunehmender Frequenz f kleiner wird.
Es gilt: $X_L \sim L$ (lies: X_L ist proportional zu L)
und: $X_L \sim f$.
Der Widerstand heißt „Blind"widerstand, weil er im Gegensatz zum „Wirk"widerstand bei Stromfluss keine Wärme erzeugt.

Induktive Blindleistung
Die Augenblicksleistung p kann mit der Formel $p = u \cdot i$ berechnet werden. Dabei sind u bzw. i die Augenblickswerte von Spannung bzw. Strom.
Da beim Kondensator die Spannungs- und die Stromkurve zeitlich verschoben sind, ist das Produkt aus Spannung und Strom abwechselnd positiv und negativ. Die grafische Darstellung der Leistung ergibt eine Sinuslinie mit doppelter Grundfrequenz, die positiven und negativen Flächen addieren sich zu null.
Daraus folgt: Induktivitäten nehmen in der einen Halbperiode Leistung auf und geben sie dann wieder ab. Diese induktive „Blind"leistung wird in var (Voltampere reaktiv) gemessen. Dabei ist 1 var = 1 W.

Vertiefung zu 3.15

Stromfluss in der Spule
Die Wicklung einer Spule besteht aus gut leitendem Material, der ohmsche Widerstand ist also im Idealfall unendlich klein.
Dass trotzdem kein unendlich großer Strom fließt, kann durch die Selbstinduktionsspannung erklärt werden. Beim Einschalten eines Kondensators in einem Gleichstromkreis fließt ein hoher Ladestrom, dabei ist die Spannung noch klein. Mit zunehmender Ladung nimmt die Spannung zu und der Strom wird kleiner. Bei Betrieb an Wechselspannung finden ständig Ladevorgänge statt, abwechseln in die eine und dann in die andere Richtung. Dabei ist der Strom immer null, wenn die Spannung am größten ist und die Spannung ist null, wenn der Strom am größten ist.
Mit dieser Tatsache kann die Phasenverschiebung von 90° (bzw. $T/4$) erklärt werden.

Ohmsches Gesetz
Das ohmsche Gesetz gilt nicht nur bei Gleichspannung und ohmschen Widerständen, sondern auch bei induktiven (und kapazitiven) Blindwiderständen im Wechselstromkreis.

$$I_C = \frac{U}{X_L} = \frac{U}{2\pi \cdot f \cdot L} = \frac{U}{\omega \cdot L}$$

Beispiele

Beispiel 1: Eine Spule hat die Induktivität $L = 50\,mH$.
Berechnen Sie den induktiven Widerstand
a) bei der Frequenz $f_1 = 50\,Hz$,
b) bei der Frequenz $f_2 = 1\,kHz$.

Lösung zu Beispiel 1
a) $X_L = 2\pi \cdot f \cdot L = 2\pi \cdot 50\,\frac{1}{s} \cdot 50 \cdot 10^{-3}\,\frac{Vs}{A} = 15{,}7\,\Omega$
b) $X_L = 2\pi \cdot f \cdot L = 2\pi \cdot 1000\,\frac{1}{s} \cdot 50 \cdot 10^{-3}\,\frac{Vs}{A} = 314\,\Omega$

Beispiel 2: Eine Spule mit $L = 0{,}4\,H$ wird an Wechselspannung $U = 230\,V$, $f = 50\,Hz$ gelegt. Berechnen Sie
a) den induktiven Blindwiderstand,
b) den induktiven Blindstrom,
c) die induktive Blindleistung.

Lösung zu Beispiel 2
a) $X_L = 2\pi \cdot f \cdot L = 2\pi \cdot 50\,\frac{1}{s} \cdot 0{,}4\,\frac{Vs}{A} = 125{,}7\,\Omega$
b) $I_L = \frac{U}{X_L} = \frac{400\,V}{125{,}7\,\Omega} = 3{,}18\,A$
c) $Q_C = U \cdot I_L = 400\,V \cdot 3{,}18\,A = 1{,}27\,kvar$

Aufgaben

3.15.1 Messungen mit dem Oszilloskop
Die Spannung an einem Kondensator und der zugehörige Strom werden mit Hilfe eines Oszilloskops dargestellt.

Oszillogramm

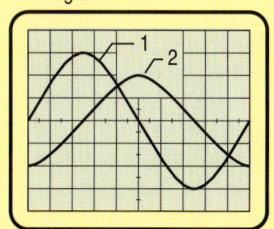

Einstellungen:
10 V/DIV.
5 mA/DIV.
20 µs/DIV.

a) Welche der beiden Kurven stellt die Spannung, welche den Strom dar? Begründen Sie Ihre Aussage.
b) Bestimmen Sie den Scheitelwert und den Effektivwert von Spannung und Strom.
c) Bestimmen Sie die Frequenz der angelegten Spannung bzw. des Stromes.

3.15.2 Stromfluss in der Spule
Erklären Sie, warum
a) bei einer Spule an Gleichspannung der Strom auf sehr hohe Werte (theoretisch unendlich) ansteigt,
b) bei einer Spule an Wechselspannung nur ein begrenzt hoher Strom fließt.

3.15.3 Induktiver Blindwiderstand
a) Erklären Sie den Begriff „Blindwiderstand".
b) Ein Kondensator trägt die Aufschrift $L = 50\,\mu H$. Berechnen Sie seinen Blindwiderstand
1. an $f_1 = 50\,Hz$, 2. an $f_2 = 5\,kHz$, 3. an $f_3 = 1\,MHz$.

3.15.4 Induktiver Blindstrom
Eine Spule mit $L = 40\,mH$ liegt an sinusförmiger Wechselspannung mit $U = 12\,V$.
a) Berechnen Sie den Strom I_L, wenn die Frequenz $f_1 = 200\,Hz$ beträgt.
b) Welche Frequenz f_2 müsste angelegt werden, damit der Strom 300 mA beträgt?

3.16 Kräfte im Magnetfeld I

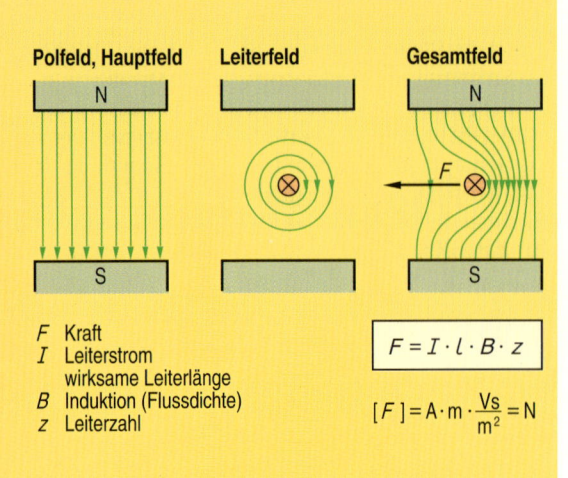

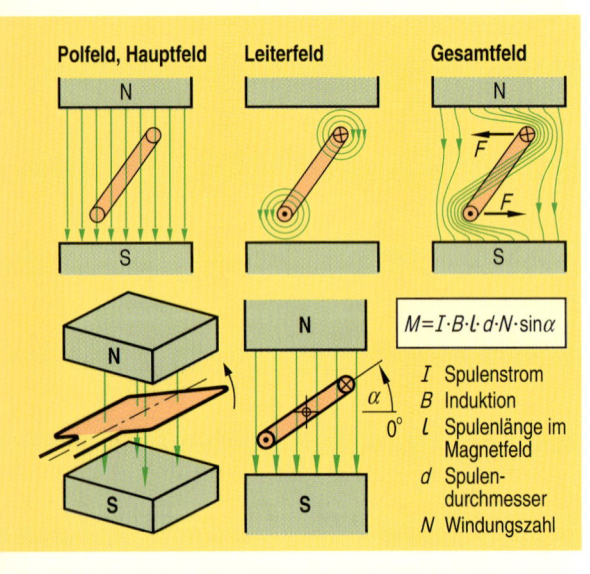

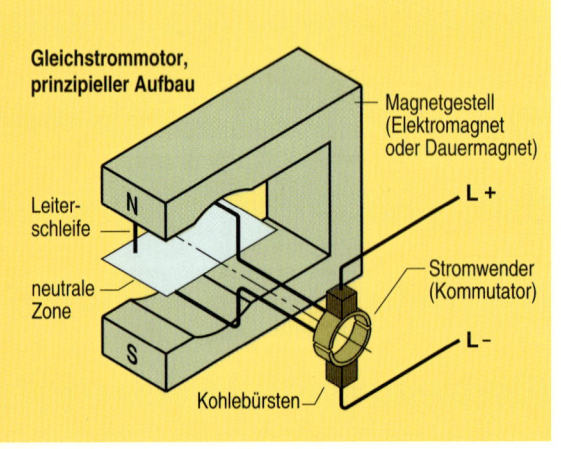

Polfeld, Hauptfeld — **Leiterfeld** — **Gesamtfeld**

- F Kraft
- I Leiterstrom
  wirksame Leiterlänge
- B Induktion (Flussdichte)
- z Leiterzahl

$$F = I \cdot l \cdot B \cdot z$$

$$[F] = A \cdot m \cdot \frac{Vs}{m^2} = N$$

Polfeld, Hauptfeld — **Leiterfeld** — **Gesamtfeld**

$$M = I \cdot B \cdot l \cdot d \cdot N \cdot \sin\alpha$$

- I Spulenstrom
- B Induktion
- l Spulenlänge im Magnetfeld
- d Spulendurchmesser
- N Windungszahl

Gleichstrommotor, prinzipieller Aufbau

- Magnetgestell (Elektromagnet oder Dauermagnet)
- Leiterschleife
- neutrale Zone
- L +
- Stromwender (Kommutator)
- L −
- Kohlebürsten

Leiter im Magnetfeld

Stromdurchflossene Leiter erfahren im Magnetfeld eine ablenkende Kraft.
Für ein Elektron (Ladung e), das sich mit der Geschwindigkeit v senkrecht zu einem Magnetfeld B bewegt, gilt für die ablenkende Kraft: $F = e \cdot v \cdot B$ (Lorentzkraft). Die auf den Leiter wirkende Kraft ist dann gleich der Summe aller Lorentzkräfte.
Ist der Stromleiter geradlinig, so ist die Kraft F proportional zur elektrischen Stromstärke, zur magnetischen Induktion B und zur wirksamen Leiterlänge l. Stehen das Magnetfeld und der stromdurchflossene Leiter senkrecht aufeinander, so gilt: $F = I \cdot l \cdot B$.
Hat der Leiter mehrere Einzelleiter z, z.B. bei einer Spule, so gilt für die Gesamtkraft: $F = I \cdot l \cdot B \cdot z$.
Die durch Magnetfelder hervorgerufenen Kräfte werden auch elektrodynamische Kräfte genannt.

Motorprinzip

Die Kraft auf stromdurchflossene Leiter im Magnetfeld wird zum Bau von Elektromotoren genutzt.
Befindet sich eine stromdurchflossene Leiterschleife in einem Magnetfeld, so wirkt auf die beiden senkrecht zum Magnetfeld verlaufenden Leiterteile jeweils eine Kraft F. Da die Ströme in den Leitern entgegengesetzt fließen, wirken auch die Kräfte entgegengesetzt. Das Kräftepaar bewirkt an der Leiterschleife ein Drehmoment $M = F \cdot a$. Ist die Leiterschleife drehbar gelagert, so dreht sie sich bis in die waagrechte Lage.
Ist das Magnetfeld homogen, so ist die auf die Leiter wirkende Kraft in jeder Stellung α gleich groß. Das auf die Leiterschleife wirkende Drehmoment ist hingegen von der Stellung α abhängig, da nur die senkrecht zum Hebelarm wirkende Kraftkomponente einen Beitrag zum Drehmoment liefert. Es gilt: $M = F \cdot a \cdot \sin\alpha$. Das Moment ist also bei senkrechter Stellung der Leiterschleife maximal, in waagrechter Stellung null.

Stromwender

Mit der obigen Anordnung kann die Leiterschleife maximal um eine halbe Umdrehung gedreht werden. Soll sich die Schleife weiterdrehen, muss die Stromrichtung in der Leiterschleife gedreht werden. Diese Aufgabe übernimmt in der Praxis der so genannte Stromwender oder Kommutator (lat.: commutare = verändern, vertauschen). Er besteht im einfachsten Fall aus zwei halben Metallringen, über die mit Hilfe von Kohlebürsten der Leiterschleife Strom zugeführt wird. Der Kommutator ist so angebracht, dass die Stromrichtung gerade dann gewechselt wird, wenn sich die Schleife in der „neutralen Zone" befindet.
Da in der neutralen Zone kein Drehmoment entsteht, muss der Motor diesen "toten Punkt" durch die gespeicherte Rotationsenergie (Schwung) überwinden.

Vertiefung zu 3.16

Drehmoment

Die Entstehung eines Drehmomentes kann auf zwei Arten anschaulich dargestellt werden:

1. Das aus Pol- und Leiterfeld resultierende Gesamtfeld bewirkt auf die Leiter ablenkende Kräfte. Die Feldlinien kann man sich dabei als Gummifäden denken, die sich verkürzen wollen und dabei Kräfte entwickeln. Das Kräftepaar entwickelt je nach Stellung der Leiterschleife ein mehr oder weniger großes Drehmoment.

2. Wie das Polfeld, so hat auch das Magnetfeld der Leiterschleife einen Nord- und einen Südpol. Der Norpol der Leiterschleife ist dort, wo die Feldlinien aus der Schleife heraustreten. Da sich ungleichnamige Pole anziehen und gleichnamige Pole abstoßen, entsteht ein Drehmoment.

In beiden Darstellungen ist auch ersichtlich, dass sich die Drehrichtung ändert, wenn der Leiterstrom oder das Polfeld umgepolt wird.

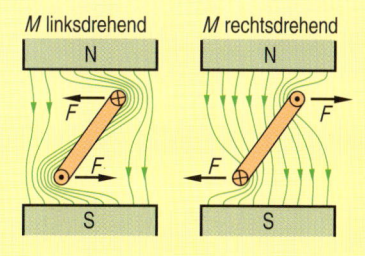

Modellvorstellung: Die magnetischen Feldlinien wirken wie gespannte Gummifäden und üben auf die Leiterschleife Kräfte aus.

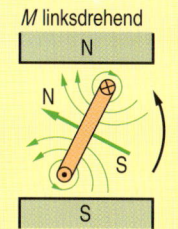

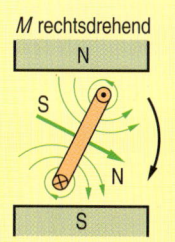

Modellvorstellung: Ungleichnamige Pole von Polfeld und Leiterschleife ziehen sich an, gleichnamige stoßen sich ab.

Drehspulmesswerk

Das Drehspulmesswerk ist das klassische Messwerk für die meisten Analogmessgeräte. Es besteht aus einem Dauermagnet, einem Weicheisenkern und einer drehbar gelagerten Spule. Die Spule hat je nach Empfindlichkeit des Messwerkes 20 bis 300 Windungen, die auf ein Aluminiumrähmchen gewickelt sind.

Fließt Strom durch die Spule, so entsteht ein Magnetfeld, das zusammen mit dem Feld des Dauermagneten ein Drehmoment bildet. Das Moment ist proportional zum Strom und abhängig von der Stromrichtung. Das Messwerk ist nur für Gleichstrom geeignet; es misst stets den arithmetischen Mittelwert.

Durch Vorschalten von Gleichrichtern oder Thermoumformern sind auch Wechselströme messbar.

Aufbau des Drehspulmesswerkes

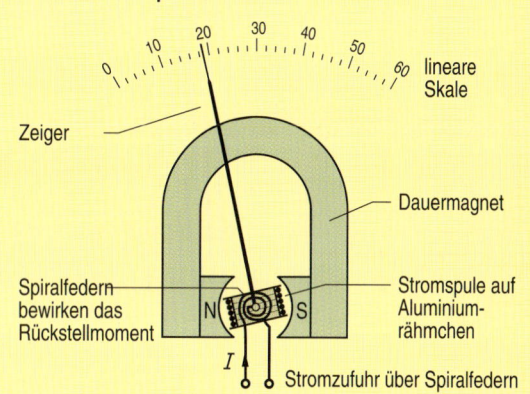

Aufgaben

3.16.1 Leiter im Magnetfeld

Im Luftspalt eines Magneten befindet sich ein Leiter der wirksamen Länge $l = 5$ cm; er wird von $I = 5$ A durchflossen.

$B = 0{,}5$ T

a) Erklären Sie, was man unter der wirksamen Leiterlänge versteht.
b) Bestimmen Sie die Kraft auf den Leiter nach Betrag und Richtung.
c) Wie kann die Ablenkrichtung des stromdurchflossenen Leiters geändert werden?

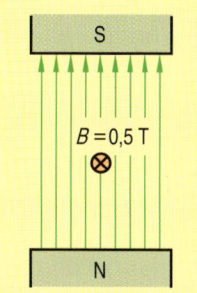

3.16.2 Spule im Magnetfeld

Gegeben sind folgende zwei Anordnungen:

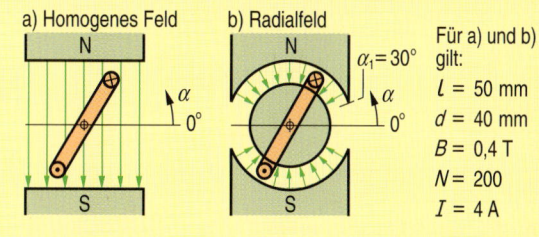

a) Homogenes Feld   b) Radialfeld $\alpha_1 = 30°$

Für a) und b) gilt:
$l = 50$ mm
$d = 40$ mm
$B = 0{,}4$ T
$N = 200$
$I = 4$ A

Berechnen und zeichnen Sie das Drehmoment $M = f(\alpha)$ für beide Anordnungen für je eine volle Umdrehung. Zeichnen Sie die Kurven bei Stromzufuhr mit und ohne Kommutator (Stromwender).

3.17 Kräfte im Magnetfeld II

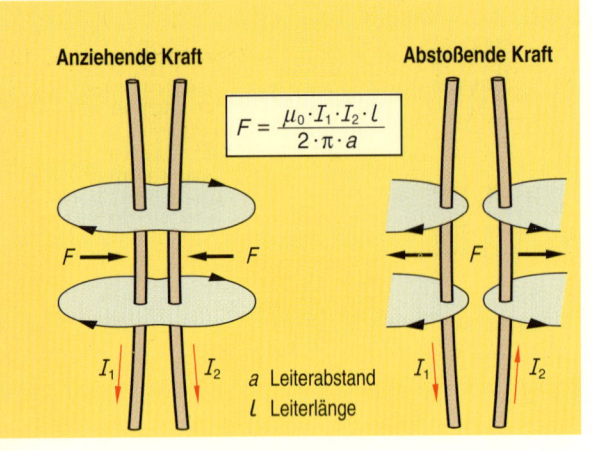

Anziehende Kraft   **Abstoßende Kraft**

$$F = \frac{\mu_0 \cdot I_1 \cdot I_2 \cdot l}{2 \cdot \pi \cdot a}$$

a Leiterabstand
l Leiterlänge

Stromdurchflossene Leiter

Nebeneinander liegende, stromdurchflossene Leiter beeinflussen sich gegenseitig durch ihr Magnetfeld. Die Magnetfelder der einzelnen Leiter überlagern sich zu einem Gesamtfeld und üben dadurch Kräfte aufeinander aus. Für die Kraftrichtung ist die Stromrichtung in den Leitern maßgebend. Sind zwei Leiter gleichsinnig von Strom durchflossen, so umschließt das resultierende Feld beide Leiter und führt zu einer anziehenden Kraft. Werden die Leiter gegensinnig durchflossen, so kommt es zwischen den Leitern zu einer Feldlinienverdichtung, was zu einer abstoßenden Kraft führt.
Bei zwei parallelen Leitern, deren Durchmesser klein gegenüber ihrem Abstand ist, kann die Kraft mit nebenstehender Formel berechnet werden.

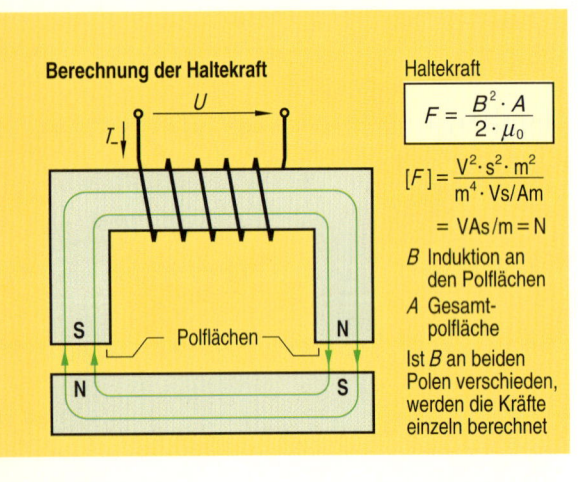

Berechnung der Haltekraft

Haltekraft

$$F = \frac{B^2 \cdot A}{2 \cdot \mu_0}$$

$$[F] = \frac{V^2 \cdot s^2 \cdot m^2}{m^4 \cdot Vs/Am}$$

$$= VAs/m = N$$

B Induktion an den Polflächen
A Gesamtpolfläche

Ist B an beiden Polen verschieden, werden die Kräfte einzeln berechnet

Elektromagnet

Die Kraftwirkung von magnetischen Feldern wird für verschiedene Arten von Elektromagneten genutzt. Das Auftreten anziehender Kräfte ist wie folgt zu erklären: kommt ein ferromagnetisches Material in das Feld eines Magneten, so wird es selbst magnetisch, wobei sich stets ungleichnamige Pole gegenüberstehen. Die Anzugskraft steigt proportional mit der wirksamen Polfläche und quadratisch mit der Induktion im Luftspalt zwischen den beiden Magneten (Luftspaltinduktion). Die Kraft-Formel dient zur Berechnung der Anzugskraft zwischen beiden Magneten (Magnet-Anker), wenn keine Bewegung stattfindet. Diese Kraft heißt Haltekraft. Die Herleitung der Formel erfolgt im Vertiefungsteil. Elektromagnete werden als Lasthebemagnete, Spannvorrichtungen und für Relais und Schütze eingesetzt.

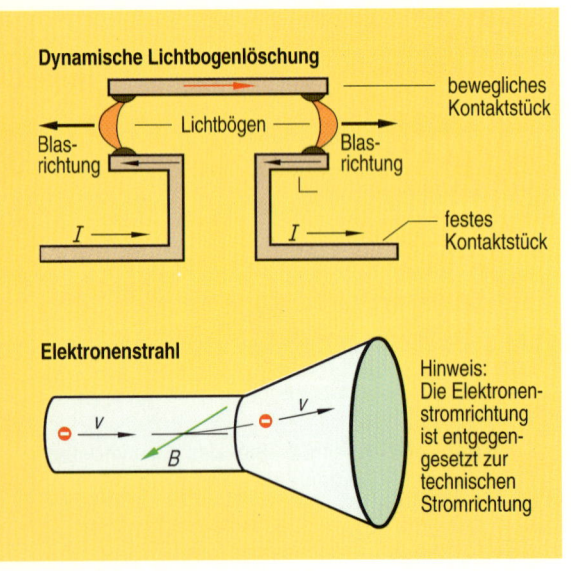

Dynamische Lichtbogenlöschung

Elektronenstrahl

Hinweis: Die Elektronenstromrichtung ist entgegengesetzt zur technischen Stromrichtung

Lichtbögen und Elektronenstrahlen

Magnetfelder üben nicht nur Kräfte auf Ströme aus, die in festen Leitern fließen, sondern auf jede bewegte elektrische Ladung.
Diese Eigenschaft wird z. B. zum „Ausblasen" von Lichtbögen genutzt, die insbesondere beim Unterbrechen von induktiv belasteten Gleichstromkreisen entstehen. Eine starke magnetische Blaswirkung wird durch geschickte Formgebung der Schalterkontakte erreicht. Die ablenkenden Kräfte lassen sich verstärken, wenn die Zuleitungen zu den Kontakten über so genannte Blasspulen mit 3 bis 4 Windungen geführt werden.
Eine weitere Nutzung elektromagnetischer Kräfte ist die Ablenkung von Elektronenstrahlen in Bildröhren von Fernsehgeräten und Monitoren. Vorteilhaft im Vergleich zur Ablenkung durch elektrische Felder sind die größeren Ablenkkräfte; die Bildröhren können dadurch kürzer gebaut werden. Äußere Magnetfelder können allerdings auch zu Bildverzerrungen führen.

Vertiefung zu 3.17

Festlegung der Stromstärke
Die Basiseinheit 1 Ampere ist über die elektromagnetische Kraftwirkung des Stromes festgelegt. Es gilt: fließt in zwei Leitern, die im Abstand von 1 Meter parallel angeordnet sind, der Strom 1 Ampere, so ist die Kraft zwischen den beiden Leitern $2 \cdot 10^{-7}$ Newton je Meter Leiterlänge.
Die Leiter müssen dabei unendlich lang sein, einen unendlich kleinen, kreisförmigen Querschnitt besitzen und geradlinig im Vakuum angeordnet sein.

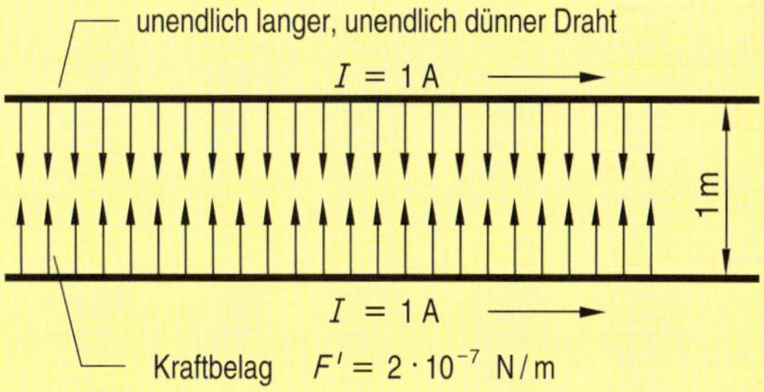

Kraftbelag $F' = 2 \cdot 10^{-7}$ N/m

Anpresskraft, Abhebekraft
Schaltkontakte von Last- und Trennschaltern müssen unter allen Betriebsbedingungen, insbesondere auch unter der Einwirkung von Kurzschlussströmen, einen sicheren Kontakt gewährleisten, da sonst die Schaltstücke abbrennen oder verschweißen können. Diese Forderung kann durch Ausnützung elektrodynamischer Kräfte unterstützt werden. Die Schaltglieder müssen dazu so geformt sein, dass der Kontaktdruck durch den elektrischen Strom verstärkt wird. Die Abbildung zeigt eine konstruktive Möglichkeit für die elektrodynamische Kontaktkraftverstärkung.
Schaltkontakte, die im Kurzschlussfall den Stromkreis unterbrechen sollen, müssen hingegen so geformt sein, dass die elektrodynamischen Kräfte das Öffnen der Kontakte unterstützen.
Durch einen „Schlaganker", der unter Einwirkung eines Kurzschlussstromes mit großer Wucht auf das bewegliche Schaltglied aufschlägt, lässt sich der Stromkreis in 1 bis 3 ms öffnen. Solche Schalter sind strombegrenzend, d.h. sie öffnen so schnell, dass der Kurzschlussstrom seinen rechnerischen Maximalwert nicht erreichen kann.

Verstärkung der Kontaktkraft
Je größer der Strom, desto stärker werden die Kontakte zusammengepresst

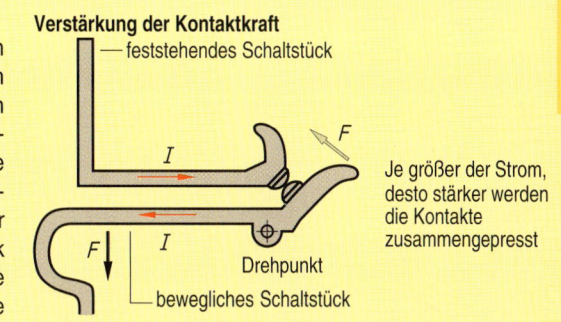

Beschleunigung der Kontaktunterbrechung
gegensinnig von Strom durchflossene Leiter stoßen sich ab

der Schlaganker unterstützt die schnelle Kontaktöffnung im Falle eines Kurzschlusses

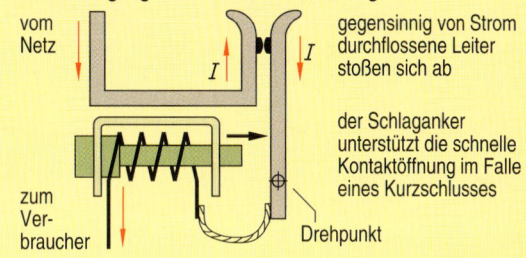

Aufgaben

3.17.1 Stromschienen
Zwei Stromschienen werden gegensinnig von Gleichstrom durchflossen. Ihr Abstand beträgt $a = 20$ cm, ihre Länge beträgt $l = 2$ m. Der Nennstrom ist mit 250 A angegeben, bei Kurzschluss fließt $I_k = 20 \cdot I_N$.
Berechnen Sie die Abstoßungskraft auf die Schienen für Nennbetrieb und im Kurzschlussfall.

3.17.2 Basiseinheit Ampere
Zwei im Abstand von 1 m verlaufende parallele Leiter führen je den Strom 1 A.
Berechnen Sie die Kraft zwischen den Leitern pro 1m Leitungslänge (Definition der Einheit 1 A).

3.17.3 Elektromagnet
Ein Elektromagnet hat folgende Daten:

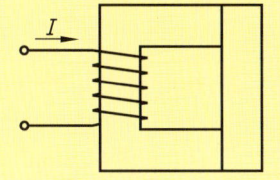

Polfläche je $A_{Pol} = 3600$ mm^2
Mittlere Feldlinienlänge $l_m = 720$ mm
Windungszahl $N = 800$
Werkstoff Stahlguss

Berechnen Sie
a) die Haltekraft bei einer Luftspaltinduktion $B = 0{,}8$ T,
b) die notwendige Stromstärke in der Erregerspule, wenn die Haltekraft 50 N betragen soll.

3.18 Wirk- und Blindwiderstände

Linienbild

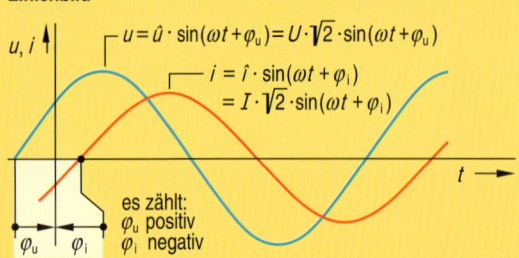

$u = \hat{u} \cdot \sin(\omega t + \varphi_u) = U \cdot \sqrt{2} \cdot \sin(\omega t + \varphi_u)$

$i = \hat{i} \cdot \sin(\omega t + \varphi_i) = I \cdot \sqrt{2} \cdot \sin(\omega t + \varphi_i)$

es zählt:
φ_u positiv
φ_i negativ

Linienbilder zeigen die Augenblickswerte von Spannung und Strom in Abhängigkeit von der Zeit, d.h. $u = f(t)$ bzw. $i = f(t)$.

Zeigerbild

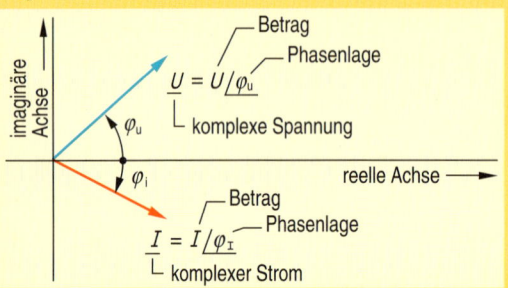

$\underline{U} = U \underline{/\varphi_u}$ — komplexe Spannung (Betrag, Phasenlage)

$\underline{I} = I \underline{/\varphi_I}$ — komplexer Strom (Betrag, Phasenlage)

Zeigerbilder zeigen den Effektivwert und die Phasenlage von Spannung und Strom. Die Zeiger liegen in einer „komplexen" Ebene: diese hat eine „reelle" und eine „imaginäre" Achse.

Phasenverschiebung

Im Gleichstromkreis treten Spannungen und zugehörige Ströme immer zeitgleich auf. Im Wechselstromkreis hingegen sind Spannungen und die zugehörigen Ströme zeitlich verschoben. Man sagt: Spannung und Strom sind gegeneinander „phasenverschoben".

Die zeitliche Verschiebung kann im Liniendiagramm (wie beim Oszilloskop) dargestellt werden. Für eine Berechnung ist aber eine Darstellung mit Hilfe von Zeigern (Zeigerdiagramm) besser geeignet.

Im Zeigerdiagramm gelten folgende Festlegungen:
1. Die Länge des Zeigers ist ein Maß für den Effektivwert der Spannung bzw. des Stromes.
2. Der Winkel des Zeigers gegenüber der Waagrechten gibt seine Phasenlage (Nullphasenlage) an. Die positive Zählrichtung ist dabei der Gegenuhrzeigersinn.
3. Der Winkel zwischen zwei Zeigern ist gleich der Phasenverschiebung zwischen diesen beiden Größen.

Die Darstellung von elektrischen Größen in Zeigerdiagrammen heißt auch „komplexe" Darstellung, weil sie auf der „komplexen" Rechnung beruht.

„Komplexe" Größen haben einen Betrag (z. B. 10V) und eine Phasenlage (z. B. -30°). Die Phasenlage kann durch einen „Versor" (z. B. $\underline{/-30°}$) angegeben werden. Komplexe Größen können durch einen Unterstrich gekennzeichnet werden (z. B. $\underline{U}$, $\underline{I}$).

Komplexe Widerstände

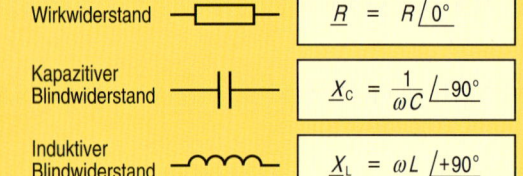

Wirkwiderstand: $\underline{R} = R \underline{/0°}$

Kapazitiver Blindwiderstand: $\underline{X}_C = \dfrac{1}{\omega C} \underline{/-90°}$

Induktiver Blindwiderstand: $\underline{X}_L = \omega L \underline{/+90°}$

Zeigerbilder

$\underline{X}_L$ induktiver Widerstand, er hat nur einen positiven Blindanteil

$\underline{R}$ ohmscher Widerstand, er hat nur einen Wirkanteil

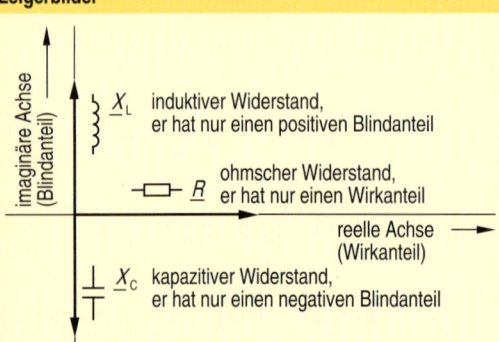

$\underline{X}_C$ kapazitiver Widerstand, er hat nur einen negativen Blindanteil

Operatoren

Zur Berechnung elektrischer Stromkreise müssen auch die drei Bauelemente Wirkwiderstand (ohmscher Widerstand), kapazitiver Blindwiderstand (Kapazität, Kondensator) und induktiver Blindwiderstand (Induktivität, Spule) als komplexe Größe definiert werden. Die komplexe Darstellung der Widerstände und der zugehörigen Leitwerte bezeichnet man als Operatoren.

Die komplexe Form der Widerstands-Operatoren kann über das ohmsche Gesetz hergeleitet werden. Danach ergibt sich:
1. Wirkwiderstände haben immer die Phasenlage 0°, ihr Zeiger zeigt immer waagrecht nach rechts.
2. Kapazitive Blindwiderstände haben immer die Phasenlage -90°; ihr Zeiger zeigt immer senkrecht nach unten.
3. Induktive Blindwiderstände haben immer die Phasenlage +90°; ihr Zeiger zeigt immer senkrecht nach oben.

Komplexe Widerstände mit Wirk- und Blindanteil werden als Scheinwiderstand oder Impedanz bezeichnet; sie erhalten das Formelzeichen $\underline{Z}$.

Auch für komplexe Widerstände gilt das ohmsche Gesetz.

Vertiefung zu 3.18

Widerstand und Frequenz

Der elektrische Widerstand verschiedener Bauteile ist in unterschiedlicher Weise von der Frequenz der anliegenden Wechselspannung abhängig:

Drahtwiderstände haben einen von der Frequenz unabhängigen Widerstandswert. Er ist nur von der Drahtlänge l, dem Querschnitt A und dem spezifischen Widerstand ρ des Widerstandsmaterials abhängig. Der Widerstand heißt Wirk- oder ohmscher Widerstand.

Ohmscher Widerstand $\quad R = \dfrac{\rho \cdot l}{A}$

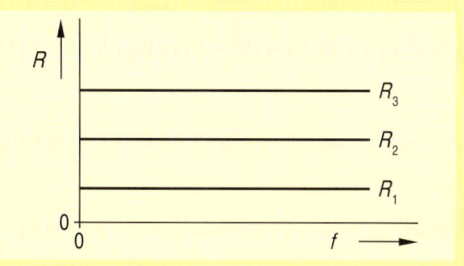

Spulen haben einen Widerstand, der linear mit der Frequenz ansteigt, d. h. an Gleichspannung ($f=0$) ist der Widerstand null, bei hohen Frequenzen ist der Widerstand entsprechen groß. Der Widerstand einer Spule heißt induktiver Widerstand.

Induktiver Widerstand $\quad X_L = 2\pi f \cdot L = \omega \cdot L$

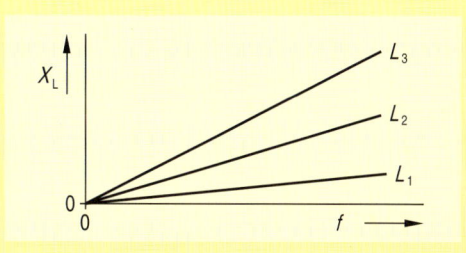

Kondensatoren haben einen Widerstand, der mit zunehmender Frequenz abnimmt, d. h. an Gleichspannung ($f=0$) ist der Widerstand unendlich groß, bei hohen Frequenzen ist der Widerstand entsprechend klein. Der Widerstand eines Kondensators heißt kapazitiver Widerstand.

Kapazitiver Widerstand $\quad X_C = \dfrac{1}{2\pi f \cdot C} = \dfrac{1}{\omega \cdot C}$

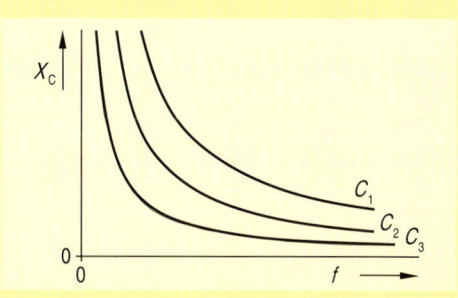

Ideale und reale Bauteile

Üblicherweise betrachtet man Bauteile als ideale Bauteile, d. h. Spulen haben nur einen induktiven, Kondensatoren nur einen kapazitiven Widerstand. In Wirklichkeit hat jedes Bauteil auch noch ohmsche, induktive und kapazitive Anteile, die durch die Bauart und die Werkstoffeigenschaften bedingt sind. Unter Umständen müssen diese Anteile rechnerisch berücksichtigt werden.

Aufgaben

3.18.1 Parallelschaltung von L und C

Ein Kondensator mit $C=5\,\mu F$ und eine Spule mit $L=10\,mH$ sind parallel geschaltet und werden von einer Spannungsquelle $U=12\,V$, $f=1\,kHz$ gespeist.
a) Skizzieren Sie die Schaltung.
b) Berechnen Sie die Blindwiderstände X_C und X_L nach Betrag und Phasenlage.
c) Berechnen Sie die beiden Blindströme und überlegen Sie, welcher Strom von der Spannungsquelle geliefert werden muss.
d) Bei welcher Frequenz haben X_C und X_L den gleichen Wert? Welcher Strom fließt dann in der Zuleitung?

3.18.2 Blindwiderstände

a) Worin besteht der Unterschied zwischen einem Wirk- und einem Blindwiderstand?
b) Berechnen Sie in der folgenden Tabelle die fehlenden Werte:

	f in Hz	50	f_2	$2 \cdot 10^3$
⊣⊢	C in µF	0,47	0,1	C_3
	X_C in kΩ	X_{C1}	30	0,5
⌇	L in mH	50	L_2	L_3
	X_L in kΩ	X_{L1}	47	150

© Holland + Josenhans

3.19 Komplexe Zahlen

Reelle Zahlengerade

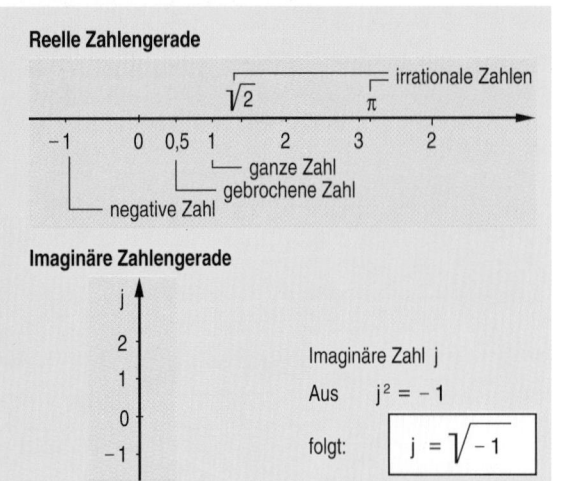

Imaginäre Zahlengerade

Imaginäre Zahl j
Aus $j^2 = -1$
folgt: $j = \sqrt{-1}$

Beispiel:

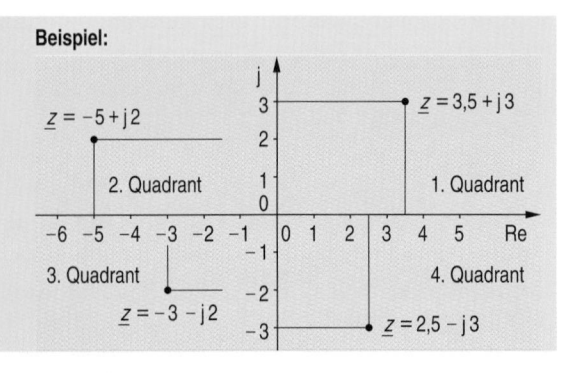

$\underline{z} = -5 + j2$
$\underline{z} = 3,5 + j3$
$\underline{z} = -3 - j2$
$\underline{z} = 2,5 - j3$

Komplexe Zahlenebene

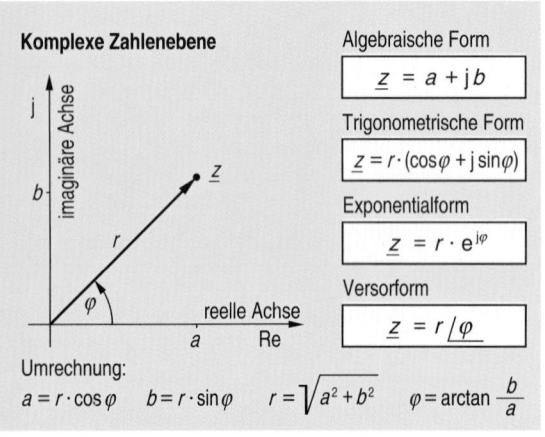

Algebraische Form
$\underline{z} = a + jb$

Trigonometrische Form
$\underline{z} = r \cdot (\cos\varphi + j\sin\varphi)$

Exponentialform
$\underline{z} = r \cdot e^{j\varphi}$

Versorform
$\underline{z} = r \underline{/\varphi}$

Umrechnung:
$a = r \cdot \cos\varphi \quad b = r \cdot \sin\varphi \quad r = \sqrt{a^2 + b^2} \quad \varphi = \arctan\frac{b}{a}$

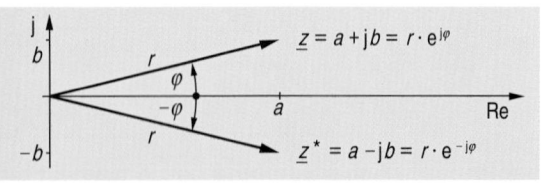

$\underline{z} = a + jb = r \cdot e^{j\varphi}$
$\underline{z}^* = a - jb = r \cdot e^{-j\varphi}$

Reelle und imaginäre Zahlen
Die Menge aller Zahlen kann in die reellen und die imaginären Zahlen eingeteilt werden.
Die Gruppe der reellen Zahlen umfasst alle „tatsächlich vorkommenden" Zahlen, nämlich
1. die rationalen Zahlen, z. B. 1, 2, 3,
2. die algebraisch irrationalen Zahlen, z.B. ,
3. die transzendent irrationalen Zahlen, z.B. π, tan 31°.

Reelle Zahlen werden auf einer waagrechten Geraden, der reellen Zahlengeraden, dargestellt.
Die imaginären Zahlen (imaginär: eingebildet, nur in der Vorstellung existierend) sind sozusagen künstlich erzeugte Zahlen. Sie entstehen aus der Bestimmungsgleichung $j^2 = -1$. Die imaginäre Zahl j ist demnach die Zahl, die mit sich selbst multipliziert -1 ergibt.
Imaginäre Zahlen werden auf einer senkrechten Geraden, der imaginären Zahlengeraden, dargestellt.

Komplexe Zahlenebene
Reelle und imaginäre Zahlen können addiert werden. Als Ergebnis erhält man eine so genannte komplexe Zahl $\underline{z}$ der Form $\underline{z} = a + jb$. Dabei ist a der reelle und b der imaginäre Anteil, der Unterstrich deutet an, dass es sich um eine komplexe Zahl handelt.
Komplexe Zahlen werden in einer komplexen Zahlenebene dargestellt. Diese Ebene wird durch eine waagrechte reelle Zahlengerade (reelle Achse) und eine senkrechte imaginäre Zahlengerade (imaginäre Achse) aufgespannt. Nach dem Mathematiker K. F. Gauß (1777–1855) heißt sie auch gaußsche Zahlenebene.

Darstellungsformen
Komplexe Zahlen haben einen Real- und einen Imaginärteil. Sie können in vier Formen dargestellt werden:
1. In der algebraischen Form wird die komplexe Zahl als Summe von Real- und Imaginärteil dargestellt.
2. In der trigonometrischen Form wird der komplexen Zahl ein Zeiger mit der Länge r und dem Winkel φ gegen die reelle Achse zugeordnet; die komplexe Zahl wird in Polarkoordinaten beschrieben.
3. Die Exponentialform ist eine weitere Möglichkeit der Beschreibung in Polarkoordinaten; der Ausdruck $e^{j\varphi}$ wird dabei als Dreh- oder Winkelfaktor bezeichnet.
4. Die Versorform ist eine verkürzte Schreibweise des Winkelfaktors; es gilt: $e^{j\varphi} = \underline{/\varphi}$, lies „Versor φ".

Alle Darstellungsformen sind ineinander umwandelbar.

Konjugiert komplexe Zahlen
Zu jeder komplexen Zahl $\underline{z}$ gibt es eine Zahl $\underline{z}^*$, die spiegelbildlich zur reellen Achse liegt; die beiden Zahlen sind zueinander konjugiert komplex. Zwei konjugiert komplexe Zahlen unterscheiden sich nur im Vorzeichen ihres Imaginärteiles.

Vertiefung zu 3.19

Rechenregeln
Komplexe Zahlen kann man wie reelle Zahlen addieren, subtrahieren, multiplizieren und dividieren. Damit lassen sich Spannungen bzw. Ströme addieren, auch wenn sie zueinander zeitlich verschoben (phasenverschoben) sind. Ebenso können komplexe Spannungen und Ströme durcheinander dividiert werden (ohmsches Gesetz) oder miteinander multipliziert werden (komplexe Leistung).

Addition von komplexen Zahlen
Um zwei komplexe Zahlen zu addieren, müssen sie in der algebraischen Form vorliegen.
Die Addition erfolgt, indem die Realteile und die Imaginärteile getrennt addiert werden.
Liegen die Zahlen in einer anderen Form vor (z.B. Versorform), so müssen sie zuerst in die algebraische Form umgewandelt werden.

Aufgabe: In einer Reihenschaltung sind die Teilspannungen $\underline{U}_1 = 20\,V + j\,50\,V$ und $\underline{U}_2 = 10\,V - j\,30\,V$.
Zu berechnen ist die Gesamtspannung.

Lösung: $\underline{U} = \underline{U}_1 + \underline{U}_2$
$\underline{U} = 20\,V + j\,50\,V + 10\,V - j\,30\,V = 30\,V - j\,20\,V$
Hinweis: der Unterstrich unter dem Formelzeichen bedeutet, dass es sich um eine komplexe Größe handelt.

Multiplikation von komplexen Zahlen
Um zwei komplexe Zahlen zu multiplizieren, müssen sie in der Versorform vorliegen.
Die Multiplikation erfolgt, indem man
1. die Beträge beider Zahlen multipliziert und
2. die Winkel beider Zahlen addiert.

Aufgabe: Durch einen induktiven Widerstand $X_L = 100\,\Omega$ fließt der Strom $\underline{I} = 1{,}2\,A\,\underline{/-30°}$.
Zu berechnen ist die anliegende Spannung.

Lösung: $\underline{U} = \underline{I} \cdot \underline{X}_L = 1{,}2\,A\,\underline{/-30°} \cdot 100\,\Omega\,\underline{/90°}$
$= 1{,}2\,A \cdot 100\,\Omega\,\underline{/-30° + 90°} = 120\,V\,\underline{/60°}$
$\underline{U}$ hat den Betrag 120 V und die Phasenlage 60°.

Division von komplexen Zahlen
Um komplexe Zahlen zu dividieren, müssen sie in der Versorform vorliegen.
Die Division erfolgt, indem man
1. den Betrag des Zählers durch den Betrag des Nenners teilt und
2. den Winkel des Nenners vom Winkel des Zählers abzieht.

Aufgabe: An einem kapazitiven Widerstand $X_C = 100\,\Omega$ liegt die Spannung $\underline{U} = 230\,V\,\underline{/0°}$.
Zu berechnen ist der fließende Strom.

Lösung: $\underline{I} = \dfrac{\underline{U}}{\underline{X}_C} = \dfrac{230\,V\,\underline{/0°}}{100\,\Omega\,\underline{/-90°}} = 2{,}3\,A\,\underline{/0° - (-90°)}$
$\underline{I} = 2{,}3\,A\,\underline{/90°}$
Der Strom eilt der Spannung um 90° voraus.

Umwandlung in verschiedene Darstellungsformen

Aufgabe: Die Spannung $\underline{U} = 20\,V + j\,30\,V$ ist in die Versorform umzuwandeln.

Lösung: Betrag $U = \sqrt{20^2 + 30^2}\,V = 36\,V$
Phasenwinkel $\varphi = \arctan \dfrac{30\,V}{20\,V} \approx 56{,}3°$
Komplexe Spannung $\underline{U} = 36\,V\,\underline{/56{,}3°}$

Hinweis: Die Rechenoperation arctan wird auf vielen Taschenrechnern mit der Taste **tan⁻¹** realisiert.

Aufgabe: Die Spannung $\underline{U} = 60\,V\,\underline{/30°}$ ist in die algebraische Form umzuwandeln.

Lösung: Realteil $U_{Re} = 60\,V \cdot \cos 30° = 52\,V$
Imaginärteil $U_{Im} = 60\,V \cdot \sin 30° = 30\,V$
Komplexe Spannung $\underline{U} = 52\,V + j\,30\,V$

Aufgaben

3.19.1 Komplexe Zeigerdarstellung
Stellen Sie die vier Zeiger in verschiedenen Darstellungsformen dar:

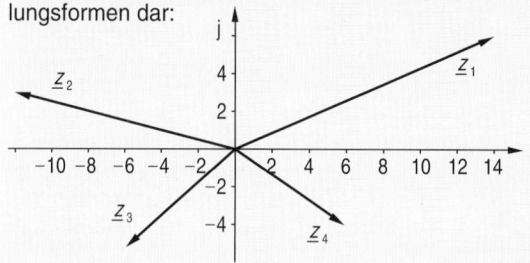

3.19.2 Umwandlung komplexer Zahlen
Wandeln Sie folgende komplexe Zahlen in die Exponentialform und die Versorform um:
a) $\underline{z} = 40 + j\,80$
b) $\underline{U} = 20\,V + j\,50\,V$
c) $\underline{Z} = 25\,\Omega - j\,15\,\Omega$

Wandeln Sie folgende komplexe Zahlen in die algebraische Form um:
d) $\underline{z} = 80 \cdot e^{j\,30°}$
e) $\underline{I} = 5\,A \cdot e^{-j\,40°}$
f) $\underline{U} = 230\,V\,\underline{/-25°}$

3.20 Komplexe Grundschaltungen I

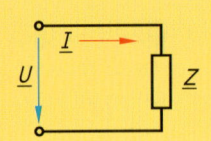

$$\underline{I} = \frac{\underline{U}}{\underline{Z}} = \frac{U}{Z} \underline{/\varphi_U - \varphi_Z}$$

Ohmsches Gesetz
Das ohmsche Gesetz gilt für Stromkreise mit ohmschen Widerständen und für komplexe Stromkreise. In komplexen Stromkreisen sind aber die Phasenlagen der Widerstände, Spannungen und Ströme zu beachten.

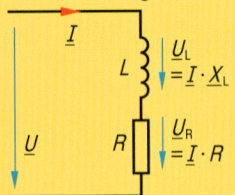

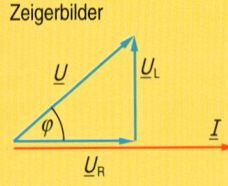

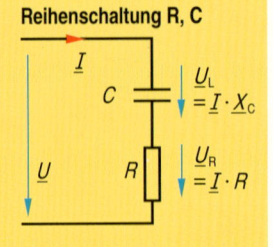

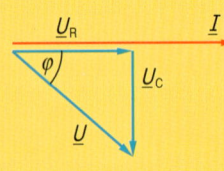

Reihenschaltung
Bei der Reihenschaltung von komplexen Widerständen gilt wie bei ohmschen Widerständen: Der Gesamtwiderstand (Impedanz) ist gleich der Summe der einzelnen Widerstände, dabei ist aber die Phasenlage der Einzelwiderstände zu berücksichtigen.
Bei einer Reihenschaltung ist es sinnvoll, dem Strom, der in allen Widerständen gleich ist, den Nullphasenwinkel $\varphi_I = 0°$ zuzuordnen. Für die Teilspannung am Wirkwiderstand ergibt sich dann ebenfalls ein Nullphasenwinkel $\varphi_{UR} = 0°$. Die Spannung am induktiven Widerstand ist dann positiv imaginär, die Spannung am kapazitiven Widerstand negativ imaginär.
Der Nullphasenwinkel der Gesamtspannung φ_{UR} ist in der induktiven Schaltung positiv, in der kapazitiven Schaltung hingegen negativ.
Das Zeigerbild zeigt die Phasenlagen:
- In der induktiven Schaltung eilt die anliegende Spannung dem Strom um den Winkel φ voraus,
- in der kapazitiven Schaltung eilt die anliegende Spannung dem Strom um den Winkel φ nach.
- An der Induktivität eilt die Spannung dem Strom um 90° voraus, an der Kapazität um 90° nach.

Reihenschaltung R, L

Impedanz
$$\underline{Z} = R + \underline{X}_L = R + j\omega L$$

Strom
$$\underline{I} = \frac{\underline{U}}{\underline{Z}} = \frac{\underline{U}}{R + j\omega L}$$

Zeigerbilder

Reihenschaltung R, C

$$\underline{Z} = R + \underline{X}_C = R - j\frac{1}{\omega C}$$

$$\underline{I} = \frac{\underline{U}}{\underline{Z}} = \frac{\underline{U}}{R - j/\omega C}$$

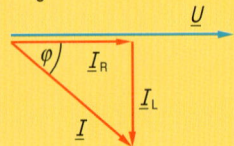

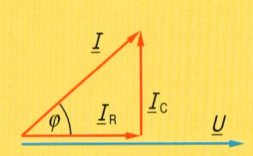

Parallelschaltung
Bei der Parallelschaltung von komplexen Widerständen gilt wie bei Wirkwiderständen: der Gesamtleitwert ist gleich der Summe der einzelnen Leitwerte; die Phasenlage ist zu berücksichtigen. Der Kehrwert des Gesamtleitwertes ergibt die komplexe Impedanz.
Die Impedanz kann aber auch über die Teilströme berechnet werden.
Bei Parallelschaltungen ist es sinnvoll, der Spannung, die an allen Widerständen gleich ist, den Nullphasenwinkel $\varphi_{UR} = 0°$ zuzuordnen. Für den Teilstrom im Wirkwiderstand ergibt sich dann auch ein Nullphasenwinkel $\varphi_{IR} = 0°$; der Strom im induktiven Widerstand ist negativ imaginär, der Strom im kapazitiven Widerstand positiv imaginär. Der Nullphasenwinkel des Gesamtstromes ist in der induktiven Schaltung negativ, in der kapazitiven Schaltung hingegen positiv. Das Zeigerbild zeigt:
- In der induktiven Schaltung eilt der Strom der anliegenden Spannung um den Winkel φ nach,
- in der kapazitiven Schaltung eilt der Strom der anliegenden Spannung um den Winkel φ voraus.
- An der Induktivität eilt die Spannung dem Strom um 90° voraus, an der Kapazität um 90° nach.

Parallelschaltung R, L

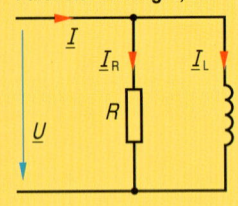

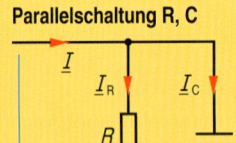

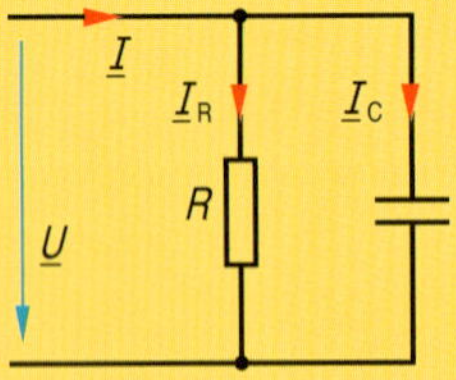

Gesamtstrom
$$\underline{I} = \underline{I}_R + \underline{I}_L = \frac{\underline{U}}{R} - j \cdot \frac{\underline{U}}{\omega L}$$

Impedanz
$$\underline{Z} = \frac{\underline{U}}{\underline{I}}$$

Zeigerbilder

Parallelschaltung R, C

$$\underline{I} = \underline{I}_R + \underline{I}_C = \frac{\underline{U}}{R} + \underline{U} \cdot j\omega C$$

$$\underline{Z} = \frac{\underline{U}}{\underline{I}}$$

Vertiefung zu 3.20

Beispiel 1: Reihenschaltung

Gegeben ist die folgende Reihenschaltung aus einem ohmschen Widerstand und einer Induktivität. Die Spannung beträgt $\underline{U} = 25\,V\,\underline{/0°}$.

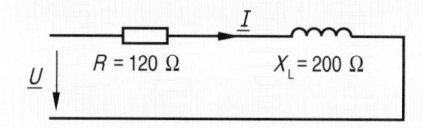

[Schaltbild: $\underline{U}$, $R = 120\,\Omega$, $X_L = 200\,\Omega$, Strom $\underline{I}$]

Zu berechnen ist:
a) der komplexe Gesamtwiderstand (Impedanz)
b) der komplexe Strom (Betrag und Phasenlage).

Lösung:

a) $\underline{Z} = R + jX_L = 120\,\Omega + j\,200\,\Omega$

Betrag der Impedanz

$Z = \sqrt{R^2 + X_L^2} = \sqrt{120^2 + 200^2}\,\Omega = 233{,}2\,\Omega$

Phasenwinkel

$\varphi = \arctan\dfrac{X_L}{R} = \arctan\dfrac{200\,\Omega}{120\,\Omega} \approx 59°$

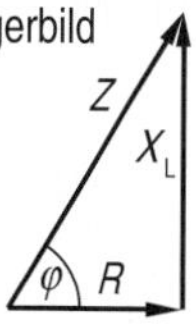

Hinweis: Die Rechenoperation arctan wird auf vielen Taschenrechnern mit der Taste **tan⁻¹** realisiert.

Komplexe Impedanz: $\underline{Z} = 233{,}2\,\Omega\,\underline{/59°}$

Zeigerbild

b) Strom: $\underline{I} = \dfrac{\underline{U}}{\underline{Z}} = \dfrac{25\,V\,\underline{/0°}}{233{,}2\,\Omega\,\underline{/59°}}$

$\underline{I} = 107\,mA\,\underline{/-59°}$

Der Strom eilt der Spannung um 59° nach

Beispiel 2: Parallelschaltung

Gegeben ist die folgende Parallelschaltung aus einem ohmschen Widerstand und einer Kapazität. Die Spannung beträgt $\underline{U} = 12\,V\,\underline{/0°}$.

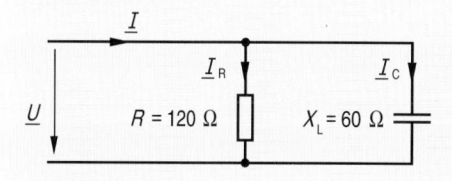

[Schaltbild: $\underline{U}$, $R = 120\,\Omega$, $X_L = 60\,\Omega$, Ströme $\underline{I}$, $\underline{I}_R$, $\underline{I}_C$]

Zu berechnen sind:
a) die Teilströme
b) der Gesamtsrom
c) die Impedanz der Schaltung.

Lösung:

a) Strom im Widerstand $\underline{I}_R = \dfrac{\underline{U}}{R} = \dfrac{12\,V\,\underline{/0°}}{120\,\Omega\,\underline{/0°}} = 0{,}1\,A\,\underline{/0°}$

Strom im Kondensator $\underline{I}_C = \dfrac{\underline{U}}{\underline{X}_C} = \dfrac{12\,V\,\underline{/0°}}{60\,\Omega\,\underline{/-90°}} = 0{,}2\,A\,\underline{/+90°}$

b) Gesamtstrom

Betrag $I = \sqrt{I_R^2 + I_C^2} = \sqrt{(0{,}1\,A)^2 + (0{,}2\,A)^2} = 0{,}224\,A$

Phasenwinkel

$\varphi = \arctan\dfrac{I_C}{I_R} = \arctan\dfrac{0{,}2\,A}{0{,}1\,A} \approx 63{,}4°$

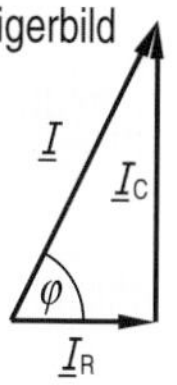

c) Impedanz

$\underline{Z} = \dfrac{\underline{U}}{\underline{I}} = \dfrac{12\,V\,\underline{/0°}}{0{,}224\,A\,\underline{/63{,}4°}} = 53{,}6\,\Omega\,\underline{/-63{,}4°}$

Der Gesamtstrom eilt der Spannung um 63,4° voraus.

Aufgaben

3.20.1 Reihenschaltung

Eine Reihenschaltung von $R = 200\,\Omega$ und $L = 50\,mH$ liegt an $U = 12\,V$, $f = 800\,Hz$. Die Phasenlage des Stromes (Nullphasenwinkel) ist willkürlich mit 0° festgelegt.
a) Berechnen Sie die Impedanz der Schaltung nach Betrag und Phasenlage und zeichnen Sie ein maßstäbliches Zeigerdiagramm.
b) Berechnen Sie den Strom.
c) Berechnen Sie die Teilspannungen U_R und U_L und die Phasenlage (Nullphasenwinkel) der Gesamtspannung.
d) Zeichnen Sie ein maßstäbliches Zeigerdiagramm der Teilspannungen und des Stromes.

3.20.2 Parallelschaltung

Eine Parallelschaltung von $R = 1\,k\Omega$ und $C = 2{,}2\,\mu F$ liegt an $U = 15\,V$, $f = 100\,Hz$. Die Phasenlage der Spannung (Nullphasenwinkel) ist willkürlich mit 0° festgelegt.
a) Berechnen Sie die Teilströme I_R und I_C sowie den Gesamtstrom I nach Betrag und Phasenlage. Zeichnen Sie ein maßstäbliches Zeigerdiagramm.
b) Berechnen Sie die Impedanz der Schaltung.
c) Die Phasenlage einer Größe (Strom oder Spannung) kann für die Berechnung willkürlich festgelegt werden. Warum ist es sinnvoll, dass bei einer Reihenschaltung der Strom und bei der Parallelschaltung die Spannung den Nullphasenwinkel 0° erhält?

© Holland + Josenhans

3.21 Komplexe Grundschaltungen II

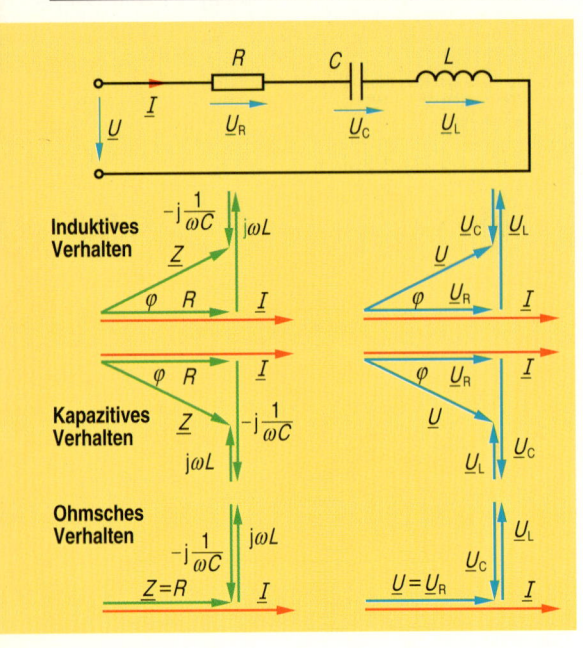

Reihenschaltung von R, C, L

In der Reihenschaltung werden alle Bauteile vom gleichen Strom durchflossen. Es ist deshalb sinnvoll, dem Strom den Nullphasenwinkel $\varphi_I = 0°$ zuzuordnen. Bei der Darstellung des Zeigerdiagramms beginnt man daher mit dem waagrecht liegenden Stromzeiger.

Eine Reihenschaltung aus R, C und L kann sich je nach Dimensionierung induktiv oder kapazitiv verhalten; als Sonderfall ist auch reines Wirkverhalten möglich.

Induktives Verhalten ergibt sich, wenn der induktive Blindwiderstand größer als der kapazitive Blindwiderstand ist. Die Gesamtspannung eilt dem Strom um den Phasenverschiebungswinkel φ vor.

Kapazitives Verhalten ergibt sich, wenn der kapazitive Blindwiderstand größer als der induktive Blindwiderstand ist. Die Gesamtspannung eilt dem Strom um den Phasenverschiebungswinkel φ nach.

Ist der induktive Blindwiderstand betragsmäßig gleich dem kapazitiven Blindwiderstand, so wirkt die Schaltung wie ein reiner Wirkverbraucher. Dieser Zustand wird als Resonanz (Reihenresonanz) bezeichnet.

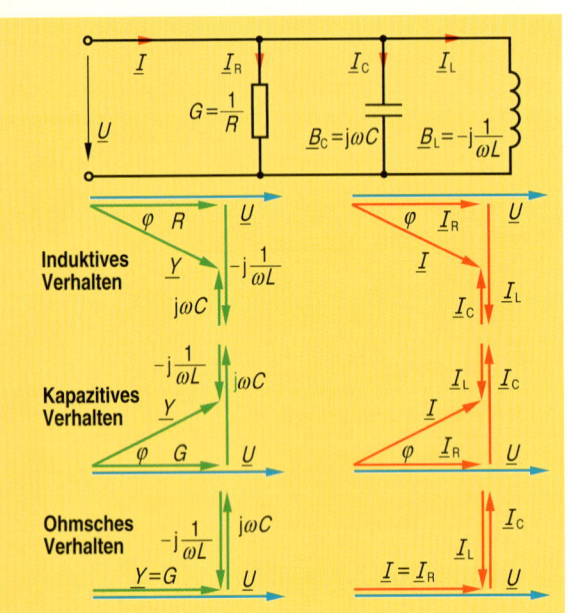

Parallelschaltung von R, C, L

In der Parallelschaltung liegen alle Bauteile an der gleichen Spannung. Es ist deshalb sinnvoll, der Spannung den Nullphasenwinkel $\varphi_U = 0°$ zuzuordnen. Bei der Darstellung des Zeigerdiagramms beginnt man daher mit dem waagrecht liegenden Spannungszeiger.

Eine Parallelschaltung aus R, C und L kann sich je nach Dimensionierung induktiv oder kapazitiv verhalten; als Sonderfall ist auch reines Wirkverhalten möglich.

Induktives Verhalten ergibt sich, wenn der induktive Blindleitwert größer als der kapazitive Blindleitwert ist. Der Gesamtstrom eilt der Spannung um den Phasenverschiebungswinkel φ nach.

Kapazitives Verhalten ergibt sich, wenn der kapazitive Blindleitwert größer als der induktive Blindleitwert ist. Der Gesamtstrom eilt der Spannung um den Phasenverschiebungswinkel φ vor.

Ist der induktive Blindleitwert betragsmäßig gleich dem kapazitiven Blindleitwert, so zeigt die Parallelschaltung wie die Reihenschaltung reines Wirkverhalten. Der Zustand wird als Parallelresonanz bezeichnet.

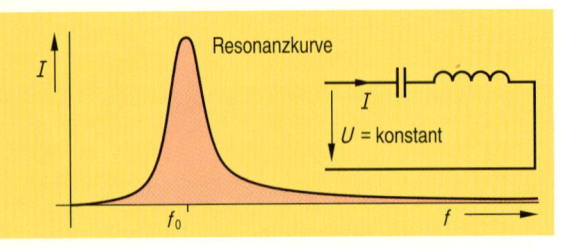

Resonanz

Bei einer bestimmten Frequenz haben Induktivität und Kapazität einer RLC-Schaltung den gleichen Widerstand. Diese Frequenz heißt Resonanzfrequenz f_0.

Bei Reihenresonanz wird der Strom nur durch den ohmschen Widerstand begrenzt, der Strom erreicht also große Werte, die Spannungsfälle an L und C sind ebenfalls groß (Spannungsüberhöhung).

Vertiefung zu 3.21

Schwingkreise
In einer Schaltung, die Induktivitäten und Kapazitäten enthält, pendelt ständig Energie zwischen diesen Bauteilen, die Schaltung bildet einen Schwingkreis. Haben Induktivität und Kapazität den gleichen Blindwiderstand, dann ist der Schwingkreis in Resonanz. Die Frequenz, bei der L und C den gleichen Blindwiderstand haben, ist die Resonanzfrequenz.

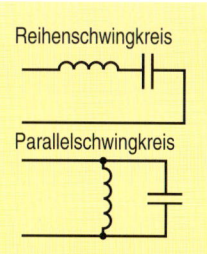

Für den Resonanzfall gilt:
$$X_L = X_C$$
$$\omega \cdot L = \frac{1}{\omega \cdot C}$$

Daraus folgt für die Kreisfrequenz bei Resonanz: (mit $\omega = 2\pi \cdot f$)
$$\omega_0 = \frac{1}{\sqrt{L \cdot C}}$$

Reihenschwingkreis
Sind L und C in Reihe geschaltet, so spricht man von einem Reihenschwingkreis. Die Verluste (Dämpfung) werden dabei sinnvollerweise durch einen in Reihe geschalteten ohmschen Widerstand R_V symbolisiert.
Die Impedanz Z des Kreises ist frequenzabhängig. Bei kleinen Frequenzen wird der Strom durch den jetzt großen kapazitiven Widerstand begrenzt; die Schaltung ist insgesamt kapazitiv.
Bei Resonanzfrequenz ist der kapazitive gleich dem induktiven Blindwiderstand, ihre Summe ist null. Im Resonanzfall wird der Strom also nur durch den Verlustwiderstand begrenzt. Bei höheren Frequenzen wirkt zunehmend der induktive Widerstand; die Schaltung ist insgesamt induktiv.
Reihenschwingkreise heißen auch Saugkreise.

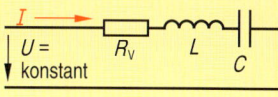

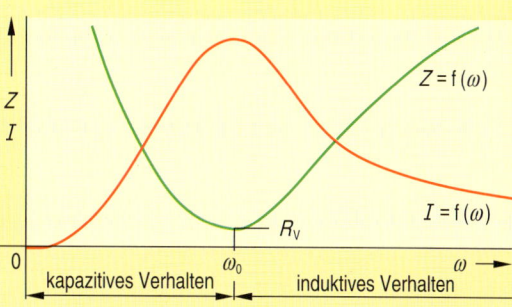

Parallelschwingkreis
Sind L und C parallel geschaltet, so spricht man von einem Parallelschwingkreis. Die Verluste (Dämpfung) werden dabei sinnvollerweise durch einen parallel geschalteten ohmschen Leitwert G_p symbolisiert.
Der Leitwert Y des Kreises ist frequenzabhängig. Bei kleinen Frequenzen kann der Strom durch den jetzt großen induktiven Leitwert fließen; die Schaltung ist insgesamt induktiv.
Bei Resonanzfrequenz ist der kapazitive gleich dem induktiven Blindleitwert, ihre Summe ist null, die Impedanz unendlich groß. Bei Resonanz fließt der Strom nur über den Verlustleitwert. Bei höheren Frequenzen wirkt zunehmend der kapazitive Leitwert; die Schaltung ist daher insgesamt kapazitiv.
Parallelschwingkreise heißen auch Sperrkreise.

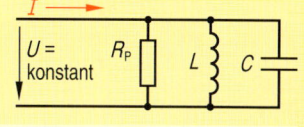

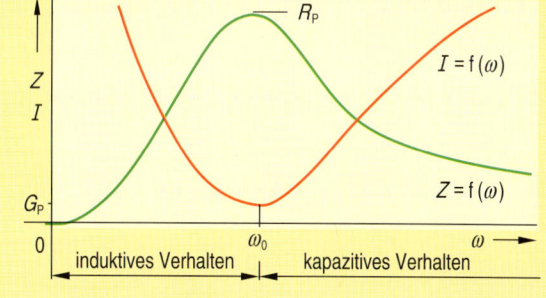

Aufgaben

3.21.1 Reihenschwingkreis
Ein Reihenschwingkreis aus $R_v = 20\,\Omega$, $L = 250\,\text{mH}$ und $C = 1\,\mu\text{F}$ liegt an der konstanten Spannung 30 V. Die Frequenz ist im Bereich von 0 bis 20 kHz veränderbar. Berechnen Sie für den Resonanzfall
a) die Frequenz und die Kreisfrequenz,
b) den Strom,
c) die Spannung an L und C,
d) die Spannungsüberhöhung, d. h. das Verhältnis von U_C bzw. U_L zur angelegten Spannung U.

3.21.2 Parallelschwingkreis
Ein Parallelschwingkreis aus $R_P = 15\,\text{k}\Omega$, $L = 100\,\text{mH}$ und $C = 0{,}2\,\mu\text{F}$ wird von einem Konstantstrom $I = 1\,\text{mA}$ gespeist. Die Frequenz ist von 0 bis 20 kHz veränderbar. Berechnen Sie für den Resonanzfall
a) die Frequenz und die Kreisfrequenz,
b) die Spannung,
c) den Strom in L und C,
d) die Stromüberhöhung, d. h. das Verhältnis von Strom I_C bzw. I_L zum eingespeisten Strom I.

3.22 Wirk-, Blind- und Scheinleistung

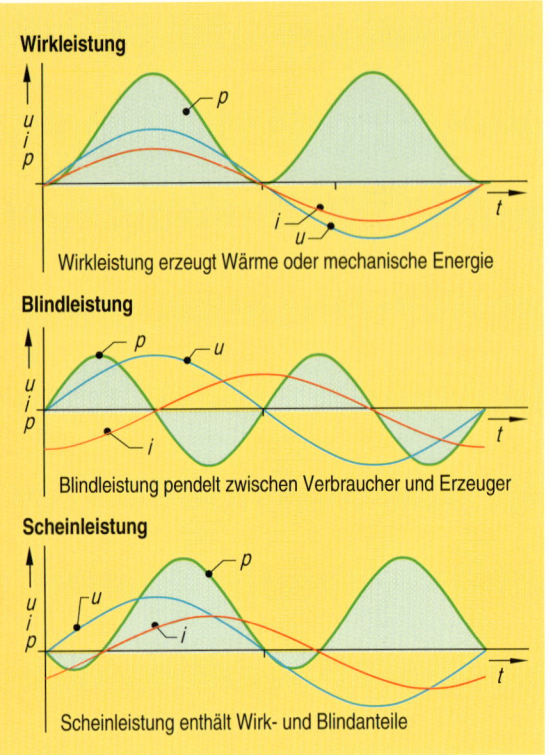

Wirkleistung

Wirkleistung erzeugt Wärme oder mechanische Energie

Blindleistung

Blindleistung pendelt zwischen Verbraucher und Erzeuger

Scheinleistung

Scheinleistung enthält Wirk- und Blindanteile

Ohmsche Last

Kapazitive Last

Induktive Last

Gemischte Last

Induktive Last

$$\cos \varphi = \frac{P}{S}$$

Leistung im Wechselstromkreis

Die Augenblicksleistung p ist in Gleich- und Wechselstromkreisen stets gleich dem Produkt aus Augenblicksspannung und Augenblicksstrom: $p = u \cdot i$.
Dabei ist im Wechselstromkreis wichtig, ob Spannung und Strom phasengleich sind oder nicht. Je nach Phasenlage von Spannung und Strom, d. h. je nach Verbraucher, erhält man Wirk-, Blind- oder Scheinleistung.

Wirkleistung

Sind Spannung und Strom phasengleich (ohmscher Widerstand), so ist die zugehörige Leistungskurve immer positiv. Diese Leistung wird in Wärme oder mechanische Energie gewandelt und heißt Wirkleistung.

Blindleistung

Ist der Strom um 90° nacheilend (Induktivität)) oder um 90° voreilend (Kapazität)), so verläuft die Leistungskurve zur Hälfte im positiven und die andere Hälfte im negativen Bereich. Die Flächen unter der Leistungskurve ergänzen sich zu null, d.h. die Energie pendelt ständig zwischen Erzeuger und Verbraucher. Die Leistung heißt Blindleistung.

Scheinleistung

Hat die Phasenverschiebung Werte zwischen 0° und 90° (z.B. Motor), so hat die Leistung einen Wirk- und einen Blindanteil. Die Leistung heißt Scheinleistung.

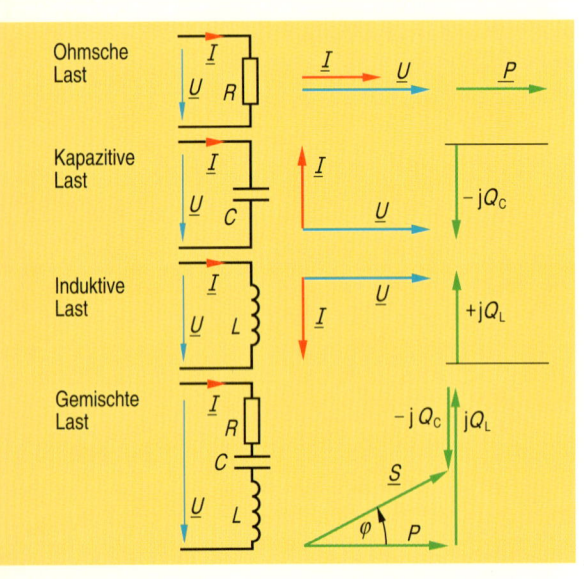

Zeigerdiagramme

Leistungen können auf der Grundlage der komplexen Rechnung wie Spannungen, Ströme und Widerstände in Zeigerdiagrammen dargestellt werden.
Die komplexe Leistung wird allgemein nach der Formel $S = U \cdot I^*$ berechnet. Dabei ist I^* der zum Strom I konjugiert komplexe Strom.
Daraus folgt:
- Der Zeiger für die Wirkleistung P liegt immer waagrecht nach rechts zeigend,
- der Zeiger für die induktive Blindleistung Q_L liegt immer senkrecht nach oben zeigend,
- der Zeiger für die kapazitive Blindleistung Q_C liegt immer senkrecht nach unten zeigend.

Für Schaltungen mit mehreren Verbrauchern können die Zeiger in einem Zeigerdiagramm dargestellt werden. Die Summe aller Wirk- und Blindleistungen ergibt dann die gesamte Scheinleistung. Die Lösung kann rechnerisch oder grafisch ermittelt werden.

Leistungsfaktor

Das Verhältnis von Wirk- zu Scheinleistung eines Verbrauchers heißt Leistungsfaktor.
Dieses Verhältnis ist auch gleich dem $\cos\varphi$, d. h. dem Kosinus des Phasenverschiebungswinkels φ zwischen Spannung und Strom.

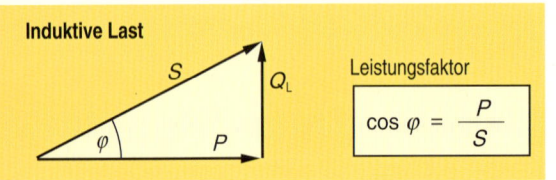

Vertiefung zu 3.22

Wirk-, Blind und Scheinleistung

Die drei verschiedenen Leistungen eines Verbrauchers können als Zeiger in einem Zeigerdiagramm dargestellt werden. Da die Wirkleistung (reelle Leistung) und die Blindleistung (imaginäre Leistung) im Zeigerdiagramm immer senkrecht aufeinander stehen und sich somit ein rechtwinkliges Dreieck ergibt, können die Zusammenhänge auf zwei Arten berechnet werden:
1. nach dem Satz des Pythagoras
2. mit Hilfe von Winkelfunktionen.

Das Zeigerdiagramm zeigt die Leistungen eines induktiven Verbrauchers, z. B. eines Wechselstrommotors:

Zeigerdiagramm

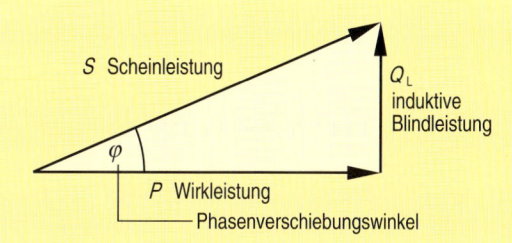

- S Scheinleistung
- Q_L induktive Blindleistung
- P Wirkleistung
- φ Phasenverschiebungswinkel

Leistungseinheiten

Die verschiedenen elektrischen Leistungen (Wirk-, Blind- und Scheinleistung) können nach DIN 1304 mit der Einheit Watt (W) bezeichnet werden. Zur deutlichen gegenseitigen Unterscheidung werden aber auch die Einheiten Watt, Voltampere und Volt Ampere reaktiv verwendet:

- Wirkleistung P Einheit: Watt (W)
- Scheinleistung S Einheit: Voltampere (VA)
- Blindleistung Q Einheit: Volt Ampere reaktiv (var)

mit dem Satz von Pythagoras erhält man:

$$S^2 = P^2 + Q^2 \longrightarrow S = \sqrt{P^2 + Q^2}$$

mit Hilfe der Winkelfunktionen erhält man:

$$\cos\varphi = \frac{P}{S} \longrightarrow P = S \cdot \cos\varphi = U \cdot I \cdot \cos\varphi$$

$$\sin\varphi = \frac{Q}{S} \longrightarrow Q = S \cdot \sin\varphi = U \cdot I \cdot \sin\varphi$$

$$\tan\varphi = \frac{Q}{P} \longrightarrow Q = P \cdot \tan\varphi$$

Leistungsschild

Das Leistungsschild zeigt alle wesentlichen Daten eines Geräts oder einer Maschine. Insbesondere werden Nennspannung, aufgenommener Nennstrom, Wirkleistung und Leistungsfaktor angegeben. Beim Motor bezieht sich die Leistungsangabe auf die an der Welle abgegebene Leistung.

Aus den Angaben des Leistungsschildes können eventuell fehlende Angaben berechnet werden.

Leistungsschild eines Drehstrommotors

Scheinleistung
Strom und Spannung ergibt die aufgenommene Scheinleistung.
Für Drehstrom gilt: $S = U \cdot I \cdot \sqrt{3}$
$S = 400\,V \cdot 95\,A \cdot \sqrt{3} = 65{,}8\,kVA$

Wirkleistung
Die Angabe bezieht sich beim Motor auf die an der Motorwelle abgegebene Leistung.
$P_{ab} = 50\,kW$

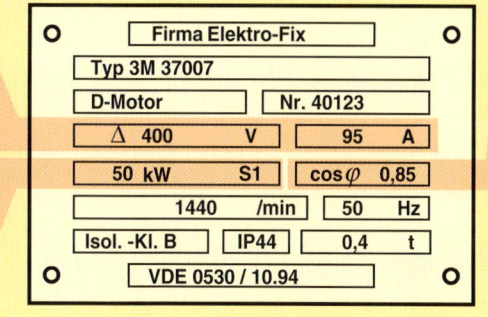

Firma Elektro-Fix	
Typ 3M 37007	
D-Motor	Nr. 40123
Δ 400 V	95 A
50 kW S1	cos φ 0,85
1440 /min	50 Hz
Isol.-Kl. B IP44	0,4 t
VDE 0530 / 10.94	

Leistungsfaktor
Aus den Angaben kann die aufgenommene Wirkleistung und der Wirkungsgrad berechnet werden.
Aufgenommene Wirkleistung:
$P_{auf} = S \cdot \cos\varphi$
$= 65{,}8\,kVA \cdot 0{,}85 \approx 56\,kW$

Wirkungsgrad:
$\eta = \dfrac{P_{ab}}{P_{auf}} = \dfrac{50\,kW}{56\,kW} = 89{,}3\,\%$

Aufgaben

3.22.1 Leuchtstofflampe

Bei eine Leuchtstofflampe mit induktivem Vorschaltgerät werden folgende Daten gemessen:
$U = 230\,V$, $f = 50\,Hz$, $P = 46\,W$, $I = 0{,}44\,A$.
Berechnen Sie:
a) Scheinleistung
b) Blindleistung
c) Leistungsfaktor

3.22.2 Wechselstrommotor

Das Leistungsschild eines Wechselstrommotors enthält folgende Daten:
$U = 230\,V$, $P = 950\,W$, $I = 5{,}9\,A$, $\cos\varphi = 0{,}82$.
Berechnen Sie:
a) Scheinleistung
b) Blindleistung
c) Wirkungsgrad.

3.23 Kompensation der Blindleistung

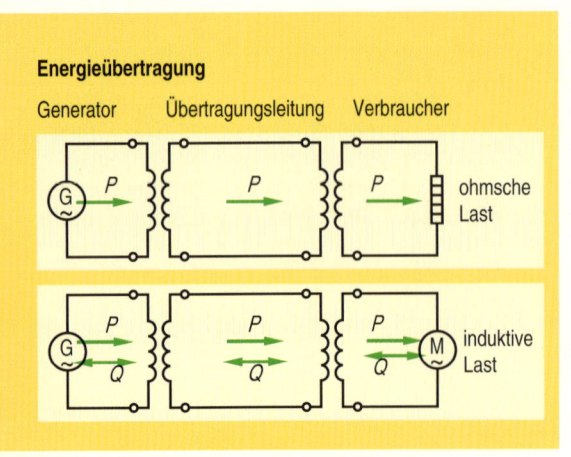

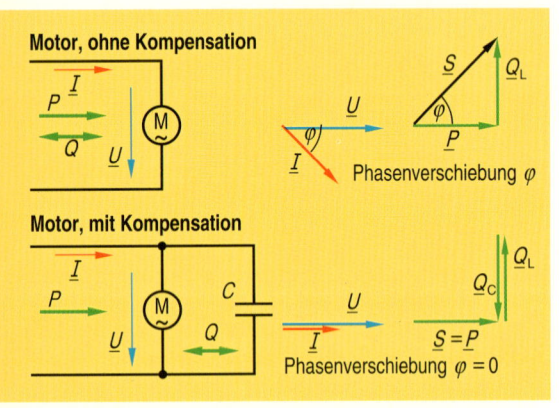

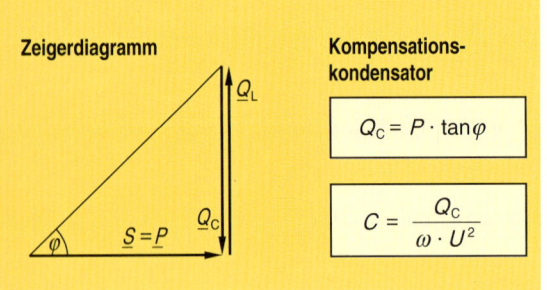

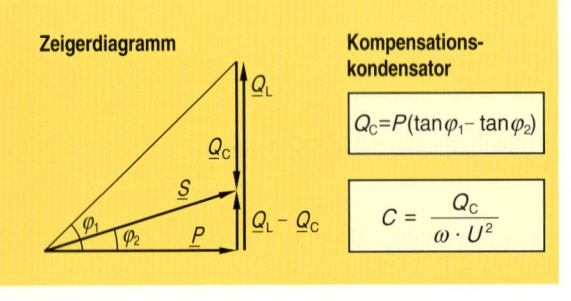

Energieübertragung

Generator — Übertragungsleitung — Verbraucher (ohmsche Last / induktive Last)

Blindleistung
Ein Teil der am elektrischen Netz angeschlossenen Geräte, z.B. Heizgeräte, nimmt reine Wirkleistung auf. Viele Betriebsmittel hingegen, z.B. Motoren, enthalten Induktivitäten und beziehen induktive Blindleistung aus dem Netz. Diese Blindleistung ist für den Aufbau der magnetischen Felder zwingend erforderlich, sie liefert aber keinen Beitrag zur Wirkleistung des Geräts oder der Maschine.

Die Blindleistung pendelt ständig zwischen Generator und Verbraucher und belastet somit Generator, Transformator und Übertragungsleitungen. Um die damit verbundenen Verluste zu reduzieren, verlangen die EVU (Energieversorgungsunternehmen) von den Stromkunden eine gewisse Blindleistungskompensation.

Parallelkompensation
Die Kompensation induktiver Blindleistung erfolgt meist durch parallel geschaltete Kondensatoren. Die induktive Leistung wird dann nicht vom weit entfernten Generator, sondern direkt aus dem Kondensator bezogen. Die Parallelkompensation stellt einen Parallelschwingkreis dar. Im Resonanzfall tritt eine Stromüberhöhung ein. Das bedeutet: der Strom im Motor ist größer, als der Strom in der Zuleitung, bzw. der Strom in der Zuleitung ist kleiner als der Strom im Verbraucher.

Die Kapazität des Kondensators bestimmt, ob die Anlage
- kompensiert ($\cos\varphi = 1$),
- unterkompensiert ($\cos\varphi < 1$, induktiv) oder
- überkompensiert ($\cos\varphi < 1$, kapazitiv) ist.

Vollständige Kompensation
Soll die von einem Verbraucher aufgenommene induktive Blindleistung vollständig kompensiert werden, so muss der parallel geschaltete Kondensator die gesamte Blindleistung liefern. Sind von dem induktiven Verbraucher Nennspannung U, Wirkleistung P und Leistungsfaktor $\cos\varphi$ bekannt, so erfolgt die Berechnung der Kondensatorkapazität in drei Schritten:
1. Aus $\cos\varphi$ wird $\tan\varphi$ berechnet.
2. Aus P und $\tan\varphi$ wird Q_C berechnet.
3. Aus Q_C, U und Netzfrequenz f folgt die Kapazität C.

$$Q_C = P \cdot \tan\varphi$$

$$C = \frac{Q_C}{\omega \cdot U^2}$$

Teilweise Kompensation
Da elektrische Verteilernetze meist als Kabelnetze mit einer gewissen Kabelkapazität realisiert sind, verlangen die EVU nur eine teilweise Blindleistungskompensation. Dabei muss der zu kleine Leistungsfaktor $\cos\varphi_1$ auf $\cos\varphi_2$, z.B. auf 0,95 erhöht werden. Die Berechnung des Kondensators erfolgt in drei Schritten:
1. Aus $\cos\varphi_1$ wird $\tan\varphi_1$, aus $\cos\varphi_2$ $\tan\varphi_2$ berechnet.
2. Aus P, $\tan\varphi_1$ und $\tan\varphi_2$ wird Q_C berechnet.
3. Aus Q_C, U und Netzfrequenz f folgt die Kapazität C.

$$Q_C = P(\tan\varphi_1 - \tan\varphi_2)$$

$$C = \frac{Q_C}{\omega \cdot U^2}$$

Vertiefung zu 3.23

Kompensationskondensatoren

Die Kompensation erfolgt üblicherweise mit MP-, MK- oder MKV-Kondensatoren. Für den Niederspannungsbereich werden verlustarme Leistungskondensatoren bis 690 V Nennspannung und Leistungen bis 1000 kvar angeboten. Die Verlustleistungen betragen bei MKV-Kondensatoren unter 500 mW/kvar.

Bemessung von Kompensationskondensatoren

Die Kompensation von induktiver Blindleistung hat den Zweck, den unnötigen Transport von Blindleistung zwischen Generator und Verbraucher zu unterbinden. Dies reduziert den Leitungsstrom und damit die Stromwärmeverluste im Generator, in den Transformatoren und auch in den Übertragungsleitungen. Den kleinsten Leitungsstrom erzielt man bei vollständiger Kompensation der Blindleistung, d. h. wenn der Leistungsfaktor der Verbraucher durch Kompensation auf $\cos\varphi = 1$ angehoben wird.

Die EVU erwarten keine Kompensation auf exakt $\cos\varphi = 1$, sondern legen in ihren Tarifbedingungen (AVB-EltV) fest, dass der Leistungsfaktor einer Anlage zwischen $\cos\varphi = 0{,}8$ induktiv und $\cos\varphi = 0{,}9$ kapazitiv liegen muss. Einzelne induktive Verbraucher werden auf etwa $\cos\varphi = 0{,}9$ induktiv kompensiert. Bei Drehstrommotoren bis 30 kW Nennleistung soll die Kondensatorleistung etwa 40 % bis 50 % der Nennleistung betragen. Ein höherer Kompensationsaufwand ist wirtschaftlich nicht sinnvoll.

Wegen ihrer guten elektrischen Eigenschaften wurden früher polychlorierte Biphenyle (PCB, z. B. Clophen) in Kondensatoren eingefüllt. Bei Erwärmung auf 300 °C bis 1000 °C entstehen aber hochgiftige Dioxine. Noch vorhandene PCB-haltige Kondensatoren müssen ausgewechselt und sachgerecht entsorgt werden.

Wird die induktive Blindleistung eines Verbrauchers vollständig kompensiert, so muss der Kondensator die gesamte vom Verbraucher benötigte induktive Blindleistung liefern. Es gilt: $Q_C = Q_L = P \cdot \tan\varphi$. Dabei ist φ der Phasenverschiebungswinkel ohne Kompensation. Bei teilweiser Kompensation kann die notwendige Kondensatorleistung aus dem folgenden Zeigerbild abgeleitet werden; φ_1 ist dabei der Phasenverschiebungswinkel ohne Kompensation, φ_2 der Phasenverschiebungswinkel mit Kompensation.

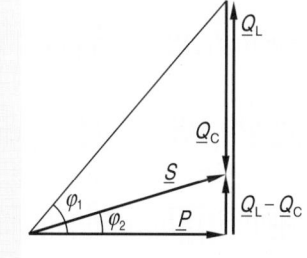

Für die Blindleistungen ergibt sich aus dem Zeigerbild:

$Q_L = P \cdot \tan\varphi_1$
$\underline{Q}_L - \underline{Q}_C = P \cdot \tan\varphi_2$

Daraus folgt für die nötige kapazitive Blindleistung:

$Q_C = P \cdot \tan\varphi_1 - P \cdot \tan\varphi_2$
$\underline{Q}_C = P \cdot (\tan\varphi_1 - \tan\varphi_2)$

Entladewiderstände

Das Berühren eines geladenen Kondensators kann je nach Kapazität und Ladespannung lebensgefährlich sein; auch das Zuschalten von noch geladenen Kondensatoren soll vermieden werden.

Kondensatoren müssen daher nach dem Abschalten der Anlage entladen werden. Für Niederspannungskondensatoren bis 690 V Nennspannung gilt als Regel: die Ladespannung muss innerhalb einer Minute auf eine ungefährliche Spannung von 50 V absinken.

Die Entladung von Kondensatoren kann über eigene, fest angeschlossene Entladewiderstände oder über Entladedrosseln erfolgen. Bei der Kompensation von Motoren ist die Entladung auch über die Motorwicklungen möglich. In jedem Fall muss verhindert werden, dass der Kondensator unbeabsichtigt von der Entladeeinrichtung getrennt werden kann; zwischen Kondensator und Entladeeinrichtung dürfen daher keine Schalter oder andere Trennstellen sein.

Aufgaben

3.23.1 Quecksilberdampf-Hochdrucklampe

Eine Hg-Hochdrucklampe ($U = 230$ V, $f = 50$ Hz und $P = 125$ W) nimmt mit Vorschaltgerät die Leistung 137 W und den Strom 1,15 A auf. Zur Kompensation wird ein Kondensator $C = 8\,\mu\text{F}$ parallel geschaltet.

a) Skizzieren Sie die Schaltung.
b) Berechnen Sie Leistungsfaktor, Leitungsstrom I_{Ltg} und Lampenstrom I_{Lampe} ohne und mit C.
c) Welche Kapazität muss parallel geschaltet werden, damit der Leistungsfaktor 0,95 beträgt? Berechnen Sie den dann in der Zuleitung fließenden Strom.

3.23.2 Einphasen-Wechselstrommotor

Der Antriebsmotor einer Kreissäge liegt an 230 V und nimmt bei Nennbelastung 10,5 A auf. Der Leistungsfaktor ist 0,8. Zur Verbesserung des Leistungsfaktors wird zuerst ein Kondensator mit 30 μF und dann ein weiterer Kondensator mit 150 μF parallel geschaltet.

a) Skizzieren Sie die Schaltung.
b) Berechnen Sie jeweils den Leistungsfaktor und den Leitungsstrom. Beurteilen Sie beide Schaltungen.
c) Der Leistungsfaktor soll 1 betragen. Berechnen Sie den nötigen Kondensator und den Leitungsstrom.

3.24 Ausgewählte Lösungen zu Kapitel 3

3.2.1 d) $T = 250\,\mu s$ e) $f = 200\,Hz$
g) Gleich- und Wechselspannungsanteil, $U = 70,3\,V$

3.2.2 b) $\hat{u}_1 = 15\,V$, $U_1 = 10,6\,V$, $\hat{u}_2 = 10\,V$, $U_2 = 7,1\,V$
$\hat{u}_3 = 0,6\,V$, $U_3 = 0,42\,V$, $\hat{u}_4 = 0,4\,V$, $U_2 = 0,28\,V$
c) $T_1 = T_2 = 10\,ms$, $f_1 = f_2 = 100\,Hz$
$T_3 = T_4 = 25\,ms$, $f_3 = f_4 = 40\,Hz$

3.8.1 a) $C_{ges} = 2,17\,nF$
b) $U_1 = 5,55\,V$, $U_2 = 3,84\,V$, $U_3 = 2,61\,V$
c) $Q_1 = Q_2 = Q_3 = Q_{ges} = 26,1 \cdot 10^{-9}\,As$
d) $C_{ges} = 21,5\,nF$
e) $Q_1 = 112,8 \cdot 10^{-9}\,As$, $Q_2 = 163,2 \cdot 10^{-9}\,As$,
$Q_3 = 240 \cdot 10^{-9}\,As$

3.8.2 a) $C_{min} = 133,3\,pF$, $C_{max} = 166,7\,pF$
b) $U_{2min} = 1\,V$, $U_{2max} = 2\,V$

3.9.2 a) Durch das Aufwickeln der Folien verdoppelt sich die Kapazität, weil beide Seiten der Metallschicht wirksam sind.
b) $C = 2,8\,\mu F$ (aufgewickelt)
$U_{max} = 200\,V$

3.10.1 a) Beim Einschalten wirkt die Spule durch ihre induzierte Spannung dem Stromanstieg entgegen (lenzsche Regel).
b) Beim Ausschalten wird eine Spannungsspitze induziert, die zum Zünden der Glimmlampe führt.

3.10.3 a) $u_{ind} = 1\,mV$ b) $u_{ind} = -400\,V$

3.11.1 a) Energieübertragung durch Induktion.
b) $N_2 = 89$

3.12.1 a) Zu Beginn des Ladevorgangs ist der Kondensatorwiderstand unendlich klein, am Ende des Ladevorgangs unendlich groß.
b) Der Ladestrom wäre unendlich groß, der Vorgang wäre nach unendlich kleiner Zeit abgeschlossen.
c) $\tau = R \cdot C$, Einheit s (Sekunde)
d) $u_C = U_B \cdot (1 - e^{-\frac{t}{\tau}}) = U_B \cdot (1 - e^{-\frac{5\tau}{\tau}}) = ... = U_B \cdot 0,993$
Nach 5τ ist der Kondensator zu 99,3 % geladen, er gilt damit praktisch als aufgeladen.

3.12.2 a) $\tau = 4\,ms$
b) $u_C = 13,27\,V$, $i_C = 46,73\,mA$, $u_R = 46,73\,V$
c) $t_1 = 2,77\,ms$ d) $t_2 = 25,6\,ms$

3.12.3 a) Lösung erfolgt mit einer Ersatzspannungsquelle
$U_0 = 16\,V$, $R_i = 667\,\Omega$. Ladezeitkonstante $\tau = 2,2\,ms$

3.13.1 a) Kurve 1 ist die Strom-, Kurve 2 die Spannungskurve (beim Kondensator eilt der Strom vor).
b) Spannung: $\hat{u} = 20\,V$, $U = 14,1\,V$
Strom: $\hat{i} = 15\,mA$, $I = 10,6\,mA$
c) Periodendauer: $T = 200\,\mu s$,   Frequenz: $f = 5\,kHz$

3.13.3 1. $X_{C1} = 96,5\,k\Omega$,   2. $X_{C2} = 965\,\Omega$ 3. $X_{C3} = 4,8\,\Omega$

3.13.4 a) $I_C = 60,3\,mA$,   b) $f = 994,7\,Hz$

3.14.1 c) $i = \frac{U_0}{R} \cdot (1 - e^{-\frac{t}{\tau}}) = \frac{U_0}{R} \cdot (1 - e^{-5}) = \frac{U_0}{R} \cdot 0,993$
Nach 5τ ist der Feldaufbau zu 99,3 % erreicht. Der Vorgang gilt damit praktisch als abgeschlossen.
e) $\tau = 3,125\,ms$.

3.14.2 a) $\tau = 0,4\,ms$
b) $i = 0,88\,A$, $1,57\,A$, $2,11\,A$, $2,53\,A$, $3,67\,A$, $4,0\,A$.
c) $t = 0,05\,ms$, $0,12\,ms$, $0,28\,ms$, $0,55\,ms$, theoretisch unendlich lange.
d) $t = 2,12\,ms$, theoretisch unendlich lange.
e) $t_{Aus} = 0,15\,ms$
f) Mit $t = -\tau \cdot \ln(i/I)$ ergibt sich: $0,21\,ms$, $0,90\,ms$, $1,24\,ms$.

3.16.1 b) $F = 0,125\,N$

3.16.2 Bei $\alpha = 90°$ entsteht das maximale Drehmoment $M_{max} = 0,64\,Nm$
a) homogenes Feld

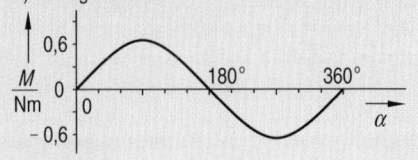

b) Radialfeld

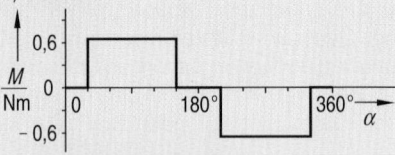

3.17.1 Bei Nennstrom: $F_N = 0,125\,N$
Bei Kurzschluss: $F_K = 50\,N$

3.17.2 $F' = 2 \cdot 10^{-7}\,N/m$

3.17.3 a) $F = 1833\,N$
b) Wenn zwischen den Polflächen kein Luftspalt ist: $I = 72\,mA$ bei $B = 132\,mT$.

3.18.1 b) $X_C = 31,83\,\Omega$, $X_L = 62,83\,\Omega$
c) $I_C = 0,38\,A$ (gegenüber U um 90° voreilend),
$I_L = 0,19\,A$ (gegenüber U um 90° nacheilend).
Beide Ströme sind zeitlich gegeneinander um eine halbe Periode verschoben, die Ströme werden somit voneinander subtrahiert.
Leitungsstrom $I_{Ltg} = I_C - I_L = 0,38\,A - 0,19\,A = 0,19\,A$.
d) Resonanzfall bei $f = 712\,Hz$, in der Zuleitung $I_{Ltg} = 0$.

3.18.2 b) $f_2 = 53\,Hz$, $C_3 = 0,16\,\mu F$, $X_{C1} = 6,8\,k\Omega$, $L_2 = 141\,H$, $L_3 = 11,9\,H$, $X_{L1} = 15,7\,\Omega$.

3.19.1
$\underline{z}_1 = 14 + j \cdot 6 = 15,32 \cdot (\cos 23,2° + j \cdot \sin 23,2°) = 15,32\,\underline{/23,2°}$
$\underline{z}_2 = -12 + j \cdot 3 = 12,37 \cdot (\cos 166° + j \cdot \sin 166°) = 12,37\,\underline{/166°}$
$\underline{z}_3 = -6 - j\,5 = 7,81 \cdot [\cos(-140,2°) + j \cdot \sin(-140,2°)] = 7,81\,\underline{/-140,2°}$
$\underline{z}_4 = 6 - j\,4 = 7,21 \cdot [\cos(-33,7°) + j \cdot \sin(-33,7°)] = 7,21\,\underline{/-33,7°}$

3.20.1 a) $\underline{Z} = 321,2\,\Omega\,\underline{/51,49°}$,   b) $\underline{I} = 37,4\,mA\,\underline{/0°}$
c) $U_R = 7,48\,V\,\underline{/0°}$, $U_L = 9,4\,V\,\underline{/90°}$, $U = 12\,V\,\underline{/51,49°}$

3.21.2 a) $\omega_{Res} = 2000/s$, $f_{Res} = 318,3\,Hz$
b) $I = 1,5\,A$ c) $X_L = X_C = 500\,\Omega$, $U_L = U_C = 750\,V$
d) Spannungsüberhöhung $Q = 25$

3.21.2 a) $\omega_{Res} = 7071/s$, $f_{Res} = 1125\,Hz$
b) $U = 15\,V$,   c) $I_L = I_C = 21\,mA$
c) Stromüberhöhung $Q = 21$

3.22.1 a) $S = 101,2\,VA$,   b) $Q = 90,1\,var$, $\cos\varphi = 0,45$

3.22.2 a) $S = 1357\,VA$,   b) $Q = 777\,var$
b) $P_{auf} = 1113\,W$, $\eta = 85,4\,\%$

3.23.1 b) ohne C: $\cos\varphi = 0,52$, $I_{Lampe} = I_{Leitung} = 1,15\,A$
mit C: $\cos\varphi = 0,83$, $I_{Lampe} = 1,15\,A$, $I_{Leitung} = 0,72\,A$
c) $C = 10,9\,\mu F$, $I_{Leitung} = 0,63\,A$

3.23.2 b) mit 30 μF: $\cos\varphi = 0,90$, $I_{Leitung} = 9,3\,A$
mit 180 μF: $\cos\varphi = 0,78$, $I_{Leitung} = 10,8\,A$
die Schaltung ist überkompensiert und nimmt kapazitive Leistung auf.
c) Leistungsfaktor $\cos\varphi = 1$
$C = 87\,\mu F$, $I_{Leitung} = 8,4\,A$

4 Elektronik

4.1	Heißleiter	116
4.2	Kaltleiter	118
4.3	Varistoren	120
4.4	Fotowiderstände	122
4.5	Magnetfeldsensoren	124
4.6	Drucksensoren	126
4.7	Halbleiterdioden	128
4.8	Zener-Dioden	130
4.9	Lumineszenzdioden	132
4.10	Gleichrichter I	134
4.11	Gleichrichter II	136
4.12	Gleichrichter III	138
4.13	Bipolartransistoren	140
4.14	Stromversorgungsschaltungen	142
4.15	Feldeffekttransistoren	144
4.16	IGBT	146
4.17	Stromrichterventile	148
4.18	Wechselwegschaltungen	150
4.19	Ausgewählte Lösungen zu Kapitel 4	152

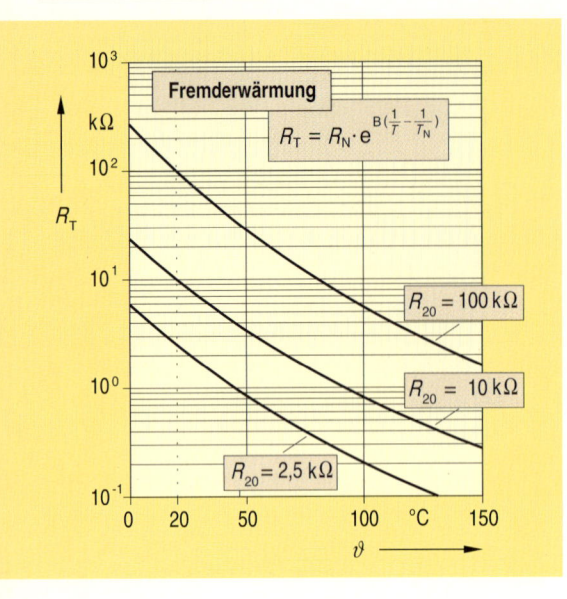

4.1 Heißleiter

Fremderwärmung

$$R_T = R_N \cdot e^{B\left(\frac{1}{T} - \frac{1}{T_N}\right)}$$

$R_{20} = 100\,\text{k}\Omega$
$R_{20} = 10\,\text{k}\Omega$
$R_{20} = 2{,}5\,\text{k}\Omega$

Temperaturabhängigkeit des Widerstandes

Heißleiter zählen zu der Gruppe der Thermistoren (Thermowiderstände). Bei diesen Temperatursensoren wird die **Änderung des Widerstandswertes** eines homogenen Volumenhalbleitermaterials in Abhängigkeit von der Temperatur des Bauelementes ausgenutzt.

Der Widerstandswert jedes Heißleiters sinkt mit zunehmender Temperatur, sodass die typische Kennlinie $R_T = f(\vartheta_u)$ stets einen negativen Anstieg (Temperaturkoeffizienten) aufweist. Aus diesem Grund werden die Heißleiter auch NTC-Widerstände genannt (**N**egative **T**emperature **C**oefficient).

Die Temperaturabhängigkeit des Widerstandswertes R_T kann in guter Näherung mit der zu den Kennlinien gegebenen Gleichung ausgedrückt werden, wobei R_N der Nennwiderstand bei Nenntemperatur T_N und B eine Materialkonstante bedeuten. (Bei Rechnungen ist zu beachten, dass die Temperaturwerte in Kelvin einzusetzen sind: $T/\text{K} = \vartheta/°\text{C} + 273{,}15$.)

Heißleiter, Beispiele

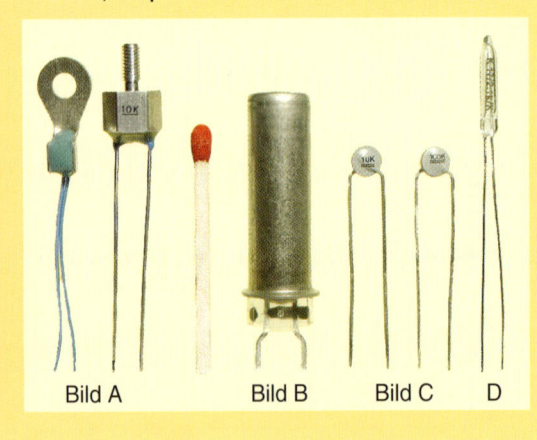

Bild A — Bild B — Bild C — D

Bauformen von Heißleitern

Um den unterschiedlichen technischen Anforderungen beim Einsatz der Heißleiter gerecht zu werden, existieren sehr unterschiedliche Bauformen.

Bild A zeigt die Ausführungsform für Chassismontage, bei der die Temperatur der Chassisoberfläche direkt gefühlt werden kann, sowie die mit einer Metallöse vergossene Ausführung, die ebenfalls einen guten Wärmekontakt bietet.

Im Bild B ist ein Heißleiter im kompakten Edelstahlgehäuse gezeigt. Die Flachstecker sind isoliert herausgeführt, sodass der Einsatz in aggressiven Medien möglich ist (z. B. in Waschlaugen).

Bei der Bauform als lackierte Heißleiterscheibe sind der Widerstandsnennwert und dessen Toleranz aufgestempelt (Bild C).

Der glasgekapselte NTC-Widerstand (Bild D) kann bis 300°C eingesetzt werden.

Schaltzeichen

Heißleiter (NTC-Widerstand)
Negative **T**emperature **C**oefficient
nicht linearer Zusammenhang

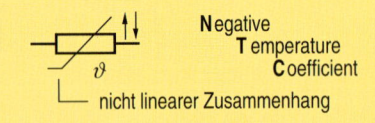

Kaltleiter (PTC-Widerstand) 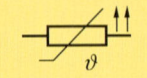
Positive **T**emperature **C**oefficient

Schaltzeichen von Thermistoren

Weil Thermistoren zu den nicht linearen Widerständen gehören, erfolgt die Kennzeichnung mit dem abgewinkelten Strich (um 45° geneigt). Die physikalische Größe, die die nicht lineare Widerstandsänderung verursacht, wird dem Schaltzeichen hinzugefügt. Bei den Thermistoren ist dies das Symbol ϑ. Zwei Pfeile präzisieren das temperaturabhängige Widerstandsverhalten: Der erste Pfeil deutet die relative Veränderung der Ursache an („die Temperatur steigt"), der zweite Pfeil weist den Trend der Widerstandsänderung aus (beim Heißleiter: „der Widerstandswert sinkt").

Vertiefung zu 4.1

Anwendungsgebiete
Die vielfältigen Einsatzmöglichkeiten lassen sich zwei grundsätzlich verschiedenen Betriebsbereichen auf der I-U-Kennlinie des Heißleiters zuordnen.

Fremderwärmung
Fließt nur ein sehr kleiner Strom durch den Heißleiter (beim Typ S 861/10k z. B.: $I = 2{,}5\,mA$), ist die Temperatur des Minifühlers gleich der Umgebungstemperatur; der Heißleiter arbeitet als Temperaturfühler in der Betriebsart Fremderwärmung. Der im Koordinatenursprung beginnende, mit fast konstantem Anstieg verlaufende Abschnitt der Strom-Spannungs-Kennlinie erinnert an die Ursprungsgerade des linearen Widerstandes. In dieser Betriebsart dient der Heißleiter zur Temperaturerfassung in Waschmaschinen, Wäschetrocknern und Geschirrspülern.

Eigenerwärmung
Mit steigendem Strom wird der Heißleiter selbst erwärmt, seine Temperatur liegt über der Umgebungstemperatur und sein Widerstandswert sinkt, sodass er ohne Vorwiderstand thermisch zerstört werden könnte. In der Betriebsart Eigenerwärmung kann der Heißleiter zur Spannungsstabilisierung und für Anlassschaltungen eingesetzt werden.

Elektrisches Verhalten des Heißleiters

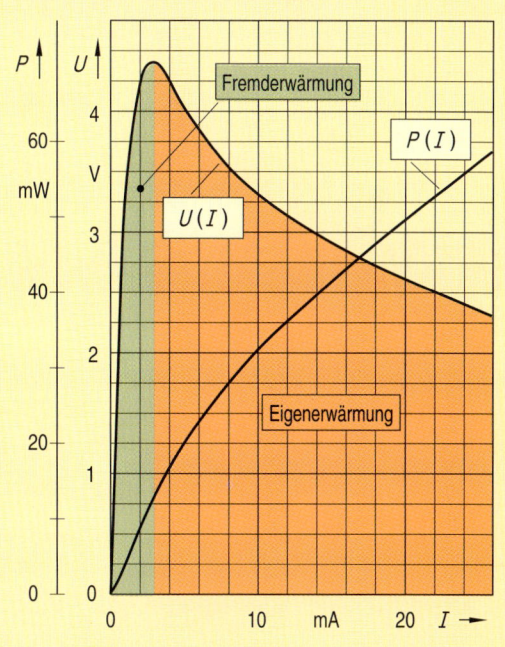

Temperaturkompensation
Für den Betrieb von Transistorschaltungen ist ein stabiler Arbeitspunkt nötig; die eingestellte Spannung U_{BE} bewirkt den notwendigen Basisstrom. Betriebsbedingte Temperaturerhöhungen des Transistors führen zur Erhöhung des Kollektor-Emitter-Reststroms, sodass zur Beibehaltung des Arbeitspunktes ein etwas geringerer Basisstrom genügt, somit eine etwas kleinere Spannung U_{BE} ausreichend ist.
Der ohmsche Spannungsteiler am Basisanschluss des Transistors dient zur Einstellung des Arbeitspunktes. Wird R_2 durch einen Heißleiter ersetzt, sinkt der Widerstandswert R_2 mit zunehmender Temperatur und an ihm fällt die gewünschte kleinere Spannung U_{BE} ab. Der Temperatureinfluss wird kompensiert.
Der NTC-Widerstand muss in unmittelbarer Nähe des betreffenden Transistors angeordnet werden.

Basisspannungsteiler einer Transistorstufe

mit Festwiderständen — Der Arbeitspunkt wird eingestellt. Er ist nicht temperaturstabil.

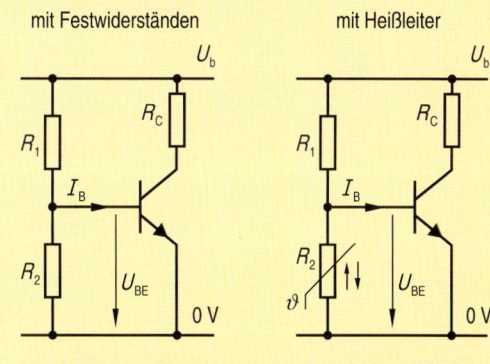

mit Heißleiter — Der Arbeitspunkt wird eingestellt und gleichzeitig stabilisiert.

Aufgaben

4.1.1 Widerstandsbestimmung
Aus dem Datenblatt des Heißleiters Typ K276 können folgende Werte entnommen werden:
$R_{25} = 11982\,\Omega$, $B = 3760\,K$, $P_{25} = 500\,mW$ (maximale Leistung bei 25 °C).
Berechnen Sie den Widerstandswert dieses Heißleiters bei 80 °C in der Betriebsart Fremderwärmung.

4.1.2 Anzugsverzögerung
Welche NTC-Betriebsart wirkt bei dieser Schaltung?

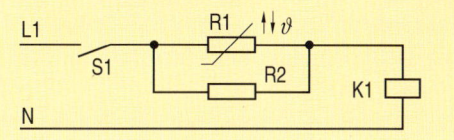

4.2 Kaltleiter

PTC-Widerstand, Kennlinie bei Fremderwärmung

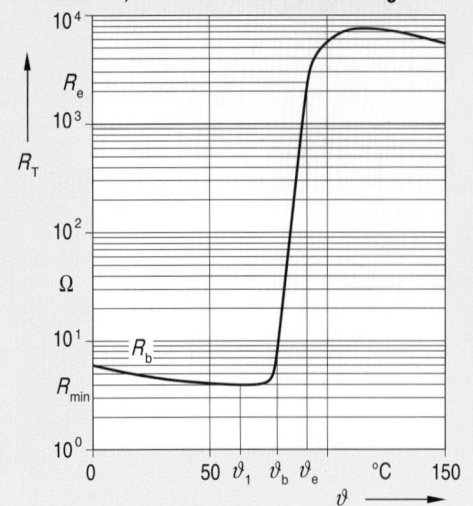

Temperaturabhängigkeit des Widerstandes

Kaltleiter sind Thermistoren, bei denen der elektrische Widerstand oberhalb der Bezugstemperatur ϑ_b stark zunimmt. Die temperaturabhängige Widerstandszunahme (der Temperaturkoeffizient) beträgt etwa 10 %/K bis 60 %/K. Dieser kleine Temperaturbereich der typischen Kennlinie $R_T = f(\vartheta)$ mit steilem positivem Anstieg von ϑ_b bis zur Endtemperatur ϑ_e erschließt dem Kaltleiter ein breites Anwendungsfeld und begründet die Bezeichnung PTC-Widerstand (**P**ositive **T**emperature **C**oefficient).

Der Beginn des steilen positiven Kennlinienanstiegs wird vom Hersteller mit dem Wertepaar (ϑ_b, R_b) angegeben, wobei R_b Bezugswiderstand bedeutet.

Die Kennlinie $R_T = f(\vartheta)$ beginnt jedoch schon bei einer Anfangstemperatur ϑ_1, bei der der Minimalwiderstand $R_{min} = 0,5\,R_b$ vorliegt, positiv anzusteigen.

Die Widerstandsänderung von R_b bis zum Wert R_e (Endwiderstand) beträgt mehrere Zehnerpotenzen.

Widerstandskennlinie nach DIN 44 081, Beispiel

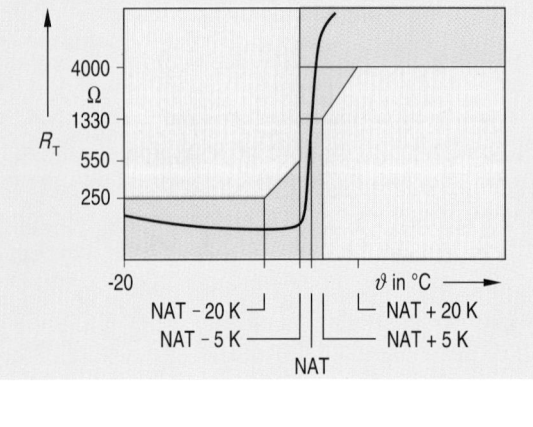

Technische Daten von Kaltleitern

Die entscheidende Kenngröße eines Kaltleiters ist die **Nennansprechtemperatur** (NAT). Hier tritt die größte Widerstandsänderung ein. Dieser Nennansprechtemperatur, die auch Referenztemperatur T_{Ref} heißt, wird der **Nennwiderstandswert** R_N zugeordnet. Um die Betriebsart Fremderwärmung zu gewährleisten, nennt der Hersteller den hierfür zulässigen Spannungsbereich. Für den PTC-Widerstand Typ „C1011" zum Beispiel: (T_{Ref}, R_N) = (60 °C, 80 Ω) bei $U_{PTC} < 1,5$ V DC.

Die Wertepaare ($T_{Ref}-5$ K, R_{PTC}) und ($T_{Ref}+5$ K, R_{PTC}) präzisieren den Temperaturbereich mit dem steilen Kennlinienanstieg. Der Grenzwert U_{max} kennzeichnet die höchste Spannung, die im hochohmigen Zustand am Kaltleiter liegen darf: im Beispiel: $U_{max} = 30$ V.

Strom-Spannungs-Kennlinie und Verlustleistung

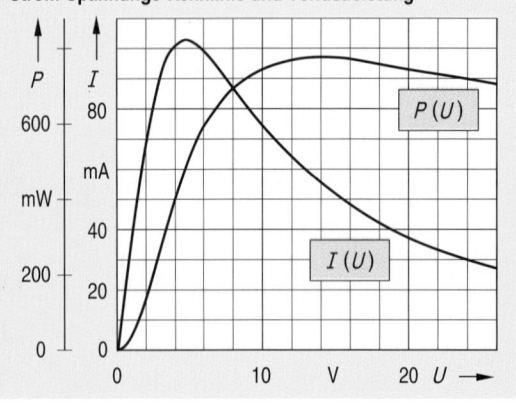

Elektrisches Verhalten von Kaltleitern

Die Strom-Spannungs-Kennlinien von PTC-Widerständen werden für konstante Umgebungstemperatur angegeben. Geringe Spannungswerte am Kaltleiter (bis ca. 3 V) führen zur Betriebsart **Fremderwärmung**, in der wegen des steilen Anstiegs der Kennlinie $I = f(U)$ die PTC-Widerstände sehr empfindliche Temperaturfühler sind.

Spannungswerte oberhalb des Kennlinienscheitels bewirken markante Verlustleistungswerte, die zur **Eigenerwärmung** führen, sodass sich der Widerstandswert des Kaltleiters erhöht. Eine Stromabnahme ist die Folge. Somit wirkt der PTC-Widerstand **strombegrenzend**. Der Betrieb eines Kaltleiters ohne Vorwiderstand führt im Gegensatz zum Heißleiter nicht zur thermischen Zerstörung.

Vertiefung zu 4.2

Anwendungen als Temperaturfühler

In der Betriebsart Fremderwärmung eignet sich der Kaltleiter zur Temperaturerfassung: für die Überwachung der Temperatur von Flüssigkeiten ebenso wie als Melder für die Grenztemperatur der Wicklungen in elektrischen Maschinen. Hierbei sind drei PTC-Sensoren, die in die Wicklungen des Drehstrommotors eingefügt wurden, in Reihe geschalten und elektrisch mit dem Motorschutzgerät verbunden (Motorvollschutz). Bei üblicher Betriebstemperatur sind die Kaltleiter niederohmig, das Relais K1 hat angezogen, der Motor kann mittels S2 eingeschalten werden. Erreicht nun die Wicklungstemperatur wegen Überlastung oder behinderter Kühlung die kritische thermische Grenze, steigt der Kaltleiterwiderstand sprunghaft an und das Relais K1 fällt ab, das Hauptschütz Q1 wird stromlos und trennt den Motor elektrisch vom Netz.

Meist bieten die PTC-Motorschutzgeräte die Möglichkeit der Speicherung dieser Abschaltvorgänge. Bei abgeschalteter Speicherung zieht das Relais K1 nach Abkühlung automatisch wieder an. Der Motor kann nun über S2 erneut in Betrieb gesetzt werden.

PTC-Widerstände im Kühlwasser oder Öl bieten eine entsprechende Überwachung.

Temperaturerfassung mittels Kaltleiter

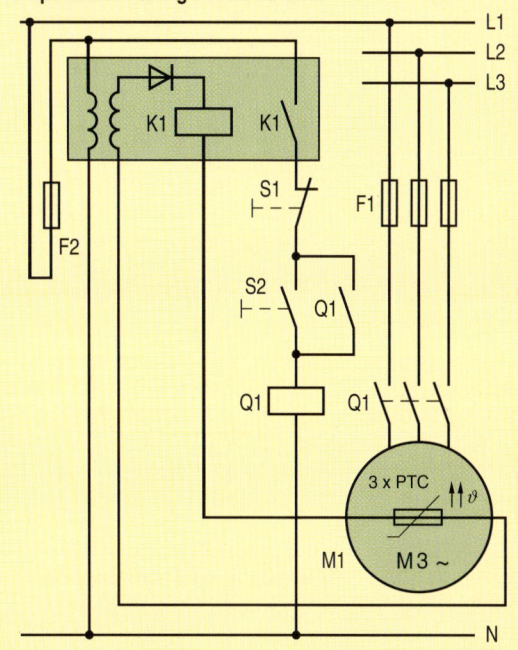

Verzögerungsglieder mit Kaltleiter

Das Abfallen eines Relais kann mit einem Kaltleiter verzögert werden, wobei die Erregerspule und ein Hilfskontakt des Relais in Reihe zum Kaltleiter geschalten sind. Die Abfallverzögerung beginnt, wenn der Schalter S geöffnet wird. Der niederohmige PTC-Widerstand wird jetzt vom Strom durchflossen und heizt sich dadurch auf. Beim Übergang in den hochohmigen Zustand wird der Strom in dieser Reihenschaltung zunehmend begrenzt, bis das Relais abfällt. Der Hilfskontakt K1 öffnet dabei den Stromkreis.

Für Entmagnetisierungsschaltungen in der Fernsehtechnik und zur Steuerung der Hilfsphase bei Wechselstrommotoren wird die selbstständige Abfallverzögerung des Relais angewendet. Im Einschaltaugenblick ist der Kaltleiter niederohmig, das Relais zieht an, der sich aufheizende Kaltleiter wird hochohmig, der Strom sinkt und das Relais fällt wieder ab.

Manuell ausgelöste Relais-Abfallverzögerung

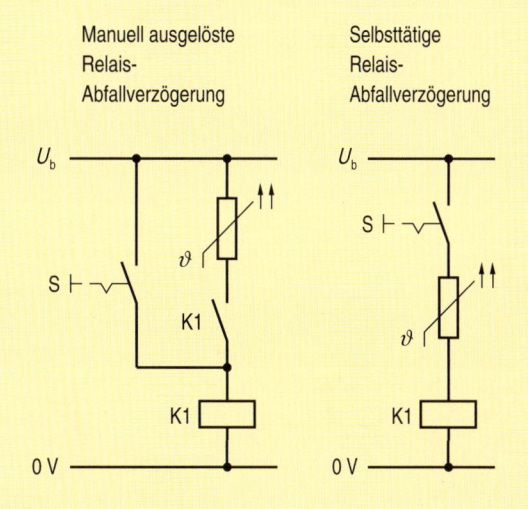

Selbsttätige Relais-Abfallverzögerung

Aufgaben

4.2.1 Kaltleiterkennlinie

Zeichnen Sie die Widerstandskennlinie für einen einzelnen PTC-Fühler mit folgenden Datenblattwerten:
Nennansprechtemperatur NAT = 90 °C;
$R_{PTC}(NAT - 20K) = 250\,\Omega$; $R_{PTC}(NAT - 5K) = 550\,\Omega$;
$R_{PTC}(NAT + 5K) = 1330\,\Omega$; $R_{PTC}(NAT + 20K) = 4000\,\Omega$.
Wählen Sie die nach DIN 44 081 übliche Darstellung.

4.2.2 Verzögerungsschaltung mit Kaltleiter

Erklären Sie die Funktion dieser Schaltung:

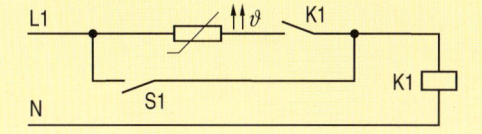

4.3 Varistoren

Strom-Spannungs-Kennlinie eines Metalloxid-Varistors

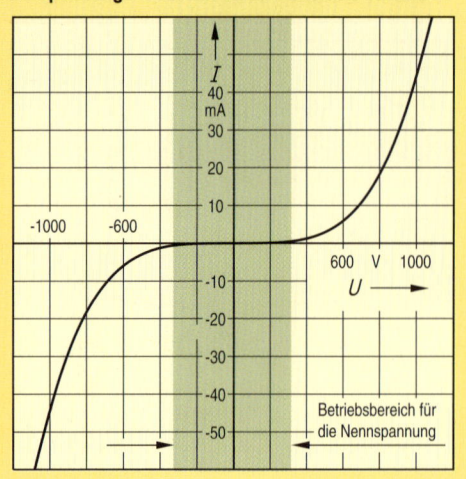

Strom-Spannungs-Kennlinie

Der Varistor (**Var**iabel res**istor**) weist eine starke Abhängigkeit seines Widerstandswertes von der Spannung auf. Der Name VDR (**V**oltage **D**ependent **R**esistor) drückt diese markante Eigenschaft bereits in der Bezeichnung des Bauelementes aus.

Die Strom-Spannungs-Kennlinie des VDR ist stark nicht linear. Sie verläuft punktsymmetrisch zum Koordinatenursprung, somit ist das elektrische Verhalten des Varistors unabhängig von der Polarität der angelegten Spannung.

Innerhalb des vorgegebenen Betriebsspannungsbereiches besitzt der Varistor einen hohen Widerstandswert, sodass nur ein geringer Strom < 1 mA fließt. Überschreitet die anliegende Spannung die maximale Betriebsspannung des VDR kurzzeitig in Form einer Spannungsspitze, nehmen der Widerstandswert des Varistors stark ab und die Stromstärke enorm zu, wobei der Energieimpuls vom Bauelement absorbiert wird.

Kennwert Varistorspannung als Vergleichsgröße

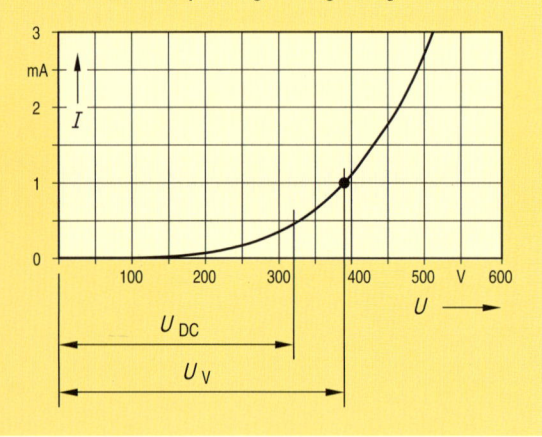

Kenn- und Grenzwerte

Um verschiedene Varistoren miteinander vergleichen zu können, verwenden die Hersteller den Kennwert **Varistorspannung**, als Symbol meist U_v. Man versteht darunter die Spannung am Varistor bei einer eingeprägten Stromstärke von 1 mA.

Die maximale Betriebsgleichspannung U_{DC} bzw. die maximale Betriebswechselspannnung U_{RMS} dürfen nur im Falle einer kurzzeitigen Überspannung überschritten werden.

Der maximale Stoßstrom i_{max} ist der höchstzulässige, einmalige Stoßstrom während einer vorgegebenen Zeitdauer, in der die maximale Energieabsorption W_{max} erreicht werden darf. Für den Varistor SIOV-S20K250 zum Beispiel betragen $U_{RMS} = 250\,V$ und $U_{DC} = 320\,V$, $i_{max}(20\,\mu s) = 8\,kA$ und $W_{max}(2\,ms) = 140\,J$.

Die Dauerbelastbarkeit als maximal dauerhaft zulässige Verlustleistung wird mit $P_{max} = 1\,W$ angegeben.

Varistor in Block- und in Scheibenform

Bauformen von Varistoren

Varistoren werden aus verschiedenen Metalloxiden, insbesondere Zinkoxid gesintert. Die Zinkoxid-Körner können große Wärmemengen aufnehmen, sodass große Stoßstrombelastungen nicht zur thermischen Zerstörung der Metalloxid-Varistoren (MOV) führen. Typisch ist die Bauform als Scheibenzelle.

Beim Block-Varistor wird ein scheibenförmiger Varistorkörper in einem schwer entflammbaren Kunststoffgehäuse vergossen und mit Schraubanschlüssen ausgeführt.

Das Beispiel zeigt einen Block- und einen Scheibenvaristor.

Vertiefung zu 4.3

Schutz vor inneren Überspannungen

Varistoren werden überwiegend zum Schutz der Bauelemente in elektronischen Schaltungen und der Schaltelemente in elektrotechnischen Anlagen vor kurzzeitigen Überspannungen eingesetzt.
Die Ursache für innere Überspannungen befindet sich im zu schützenden System selbst. Sie wirkt z. B. beim Schalten induktiver Lasten, durch elektrostatische Aufladung oder induktive Beeinflussung der Stromkreise. Insbesondere beim Abschalten der Induktivitäten in Gleich- oder Wechselstromkreisen führt die rasante Stromänderung zu einer gefährlich hohen Spannungsspitze $u_L = L \cdot di/dt$ infolge Selbstinduktion.
Zur Spannungsbegrenzung wird ein Varistor parallel zur Induktivität geschaltet.

Schutz vor inneren Überspannungen an einer Relaisspule
Schalten des Stromkreises
mit Tastschalter — mit Transistor

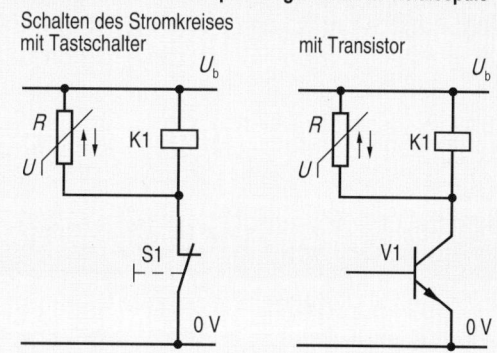

Schutz vor äußeren Überspannungen

Starke elektromagnetische Felder und Blitzbeeinflussung zählen zu den Störgrößen, die von außen auf den zu schützenden Verbraucher einwirken können (äußere Überspannungen). Der steile Spannungsanstieg wird durch das Parallelschalten eines Varistors zum Betriebsmittel auf einen unschädlichen Spannungswert begrenzt.
In Filterschaltungen für Netzleitungen, die hochfrequente Störungen beim Anschluss empfindlicher elektronischer Geräte (z. B. Computer) dämpfen, wird zum Schutz vor kurzzeitigen Überspannungen oftmals ein Varistor den eigentlichen Filterelementen hinzu gefügt. Bei den Filtern für das Einphasennetz liegt der VDR zwischen der Phase und dem Neutralleiter.
Filter für das Dreiphasennetz enthalten drei gleichartige Varistoren, die zwischen den Außenleitern angeklemmt werden.

Einphasenfilter mit VDR zum Schutz vor Überspannungen

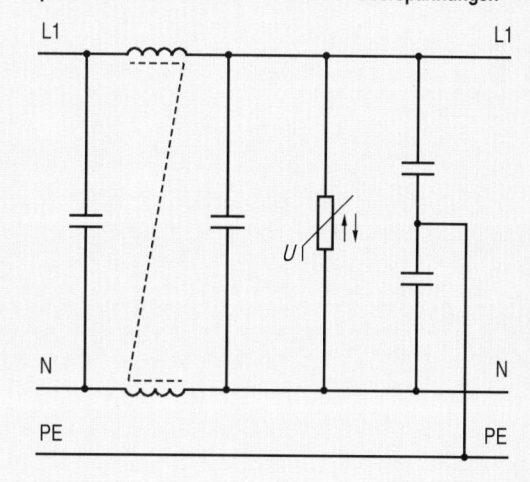

Spannungsstabilisierung mit VDR

In Reihenschaltung mit einem linearen Widerstand eignet sich der Varistor zur Spannungsstabilisierung. Die stabilisierte Ausgangsspannung liegt über dem Varistor. Schwankungen des Laststromes oder der Eingangsspannung verändern U_{VDR} nur geringfügig.

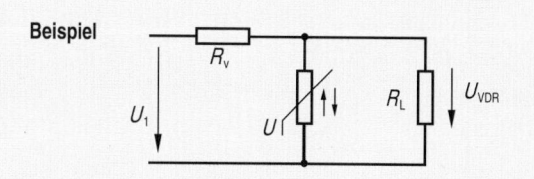

Beispiel

Aufgaben

4.3.1 Kenn- und Grenzwerte von Varistoren
Welches Wertepaar der Strom-Spannungs-Kennlinie eines Varistors wird zum Zwecke des Vergleichs von Varistoren eines Herstellers untereinander sowie zu Vergleichszwecken von VDR-Widerständen verschiedener Hersteller verwendet? Welcher Zusammenhang kann zur Dauerbelastbarkeit hergestellt werden?

4.3.2 Abschalten einer induktiven Last
Welche Aufgabe hat der VDR in folgender Schaltung?

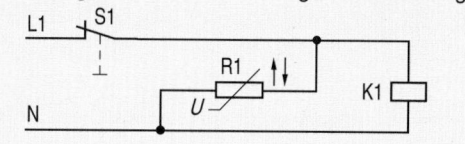

4.4 Fotowiderstände

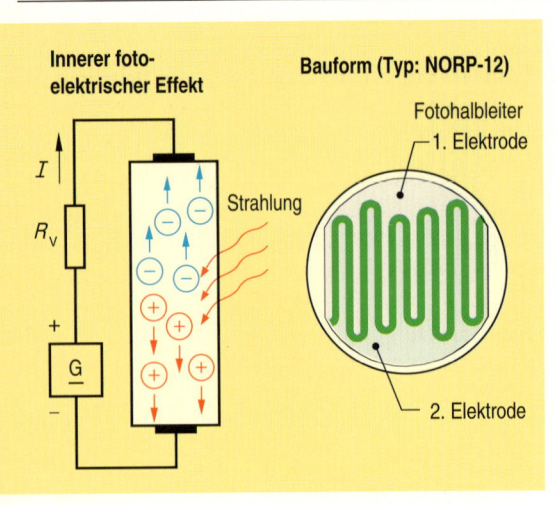

Innerer fotoelektrischer Effekt

Bauform (Typ: NORP-12)

Kennlinie, Fotowiderstand NORP-12

Innerer Fotoeffekt

Fotowiderstände (LDR) zählen zu den optoelektronischen Empfängerbauelementen auf Halbleiterbasis, deren Widerstandswert lichtabhängig ist (**LDR L**ight **D**ependent **R**esistor). Fällt optische Strahlung auf die fotoempfindliche Schicht, entstehen in den Mischkristallen freie Ladungsträger, wodurch der Widerstandswert sinkt.

Dieser **innere fotoelektrische Effekt** wirkt besonders bei Cadmiumsulfid (CdS), Cadmiumselenid (CdSe), Bleiselenid (PbSe) und Indiumantimonid (InSb), weshalb diese halbleitenden Materialien als äußerst dünne Schichten mäanderförmig auf einen Keramikkörper aufgetragen werden.

Die Wirksamkeit des Fotoeffekts wird durch kammförmige Elektroden verstärkt.

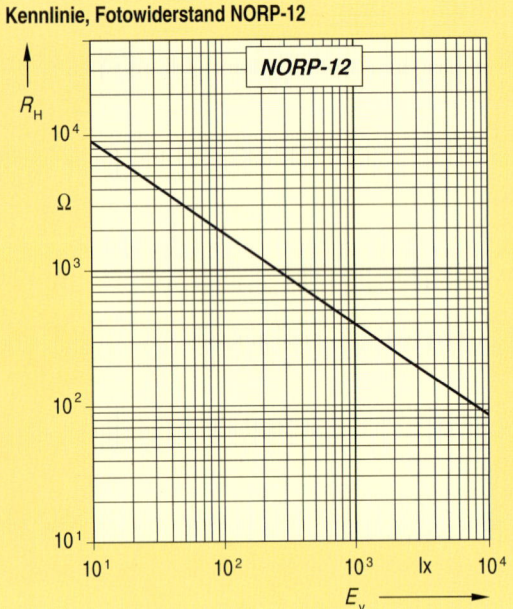

Wandlerkennlinie und technische Daten

Die typische Kennlinie eines LDR gibt die Abhängigkeit des Fotoleiterwiderstands R_H von der Beleuchtungsstärke E_v (in Lux) an. Üblicherweise werden beide Achsen des Diagramms logarithmisch geteilt, sodass die Kennlinie $R_H = f(E_v)$ die Form einer fallenden Geraden annimmt. Der im Datenblatt (meist für E_v = 1000 lx) angegebene **Hellwiderstand** R_H kann auch im Diagramm abgelesen werden, jedoch nicht der mit R_0 bezeichnete **Dunkelwiderstand**, der sich nach 1 s Lichtsperrung mindestens eingestellt hat.

Für den Cadmiumsulfid-Fotowiderstand Typ *NORP-12* wird R_0 mit (min.) 1 MΩ angegeben. Die Wellenlänge des Lichtes, bei der dieser LDR-Typ die maximale Empfindlichkeit aufweist, beträgt 530 nm. Auf eine Änderung der Beleuchtungsstärke reagiert der Fotoleiter nur verzögert mit einer Widerstandsänderung. Zwei Verzögerungszeiten werden im Datenblatt angegeben: Anstiegszeit (typisch) = 18 ms, Abfallzeit (typisch) = 120 ms.

Die maximale Verlustleistung P_{vmax} beträgt 250 mW, die höchst zulässige Spitzenspannung 320 V.

Messung der Beleuchtungsabhängigkeit

Die Messschaltung wird mit dem Schalter S1 in Betrieb gesetzt. Mit dem Einstellwiderstand R_p wird die Helligkeit der Lampe H1 gewählt und somit eine gleich bleibende Beleuchtungsstärke E_v für den Fotowiderstand realisiert. Bei stetiger Verstellung des Vorwiderstandes R_v können die Wertepaare (U_{LDR}, I_{LDR}) am LDR gemessen werden. Zu beachten ist, dass die Einstellung der Vorwiderstandswerte für jeden neuen Wert E_v bei R_{vmax} begonnen wird und das Produkt von U_{LDR} und I_{LDR} den Grenzwert P_{vmax} nicht übersteigt. Ein Festwiderstand in Reihe zu R_v stellt das Unterschreiten von P_{vmax} sicher.

Vertiefung zu 4.4

Strom-Spannungs-Verhalten des LDR

Wirkt eine konstante Beleuchtungsstärke E_v auf einen Fotowiderstand ein, so bleibt dessen Widerstandswert unabhängig von der Höhe und Polarität der anliegenden Spannung unverändert. Die Strom-Spannungs-Kennlinie des Fotowiderstandes ist eine Ursprungsgerade.

Werden unterschiedliche Werte für die Beleuchtungsstärke angegeben, entsteht ein Kennlinienfeld mit E_v als Parameter. Der Arbeitsbereich jeder I-U-Kennlinie erstreckt sich vom stromlosen Zustand (Koordinaten-Ursprung) bis zum Erreichen der Verlustleistungshyperbel.

Mit einem Vorwiderstand oder einem Lastwiderstand in Reihe zum LDR muss sichergestellt werden, dass die Arbeitsgerade die Verlustleistungshyperbel nicht schneidet. Wird ein Fotowiderstand beispielsweise über einen Vorwiderstand $R_v = 2{,}5\ \text{k}\Omega$ aus einer Spannungsquelle mit $U = 20\ \text{V}$ gespeist, verläuft die Arbeitsgerade durch die Punkte (20 V, 0 mA) und (0 V, 8 mA). Die Hyperbel für $P_{v\,max}$ des LDR *RPY61* bleibt unberührt. Mit der gegebenen Dimensionierung würde der Fotowiderstand thermisch nicht überlastet werden.

Strom-Spannungs-Kennlinien des LDR

Lichtabhängige Relaissteuerung

Die Reihenschaltung des Fotowiderstandes R_1 mit dem Festwiderstand R_2 und dem Potentiometer R_3 bildet einen Spannungsteiler. Die am Knotenpunkt A liegende Teilspannung wird über R_4 der Basis des Transistors V2 zugeführt. Bei zunehmender Beleuchtungsstärke E_v sinkt der LDR-Widerstand, die Teilspannung am Knoten A steigt an und erreicht den mit R_3 eingestellten Schwellenwert, mit dem der Transistor V2 aufgesteuert wird. Das Relais K1 zieht an.

Beim Ein- und Ausschalten des Relais wirken große Stromänderungen, die in der Relaisspule aufgrund der Induktion gefährliche Spannungsspitzen zur Folge haben können. Um diese Induktionsspannungen zu reduzieren und somit Gefahren für die Kollektor-Emitter-Strecke des Transistors zu minimieren, wurde die Freilaufdiode V1 parallel zur Erregerspule des Relais geschaltet.

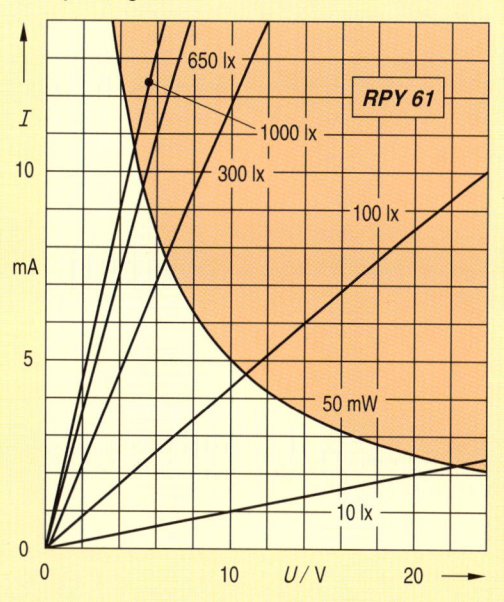

Fotowiderstand zur Relaissteuerung

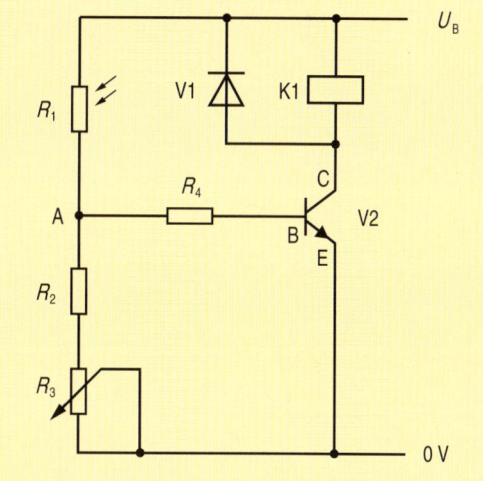

Aufgaben

4.4.1 LDR mit Vorwiderstand

Wie groß muss der Vorwiderstandswert R_v für einen Fotowiderstand Typ *RPY61* mindestens bemessen sein, damit bei einer Betriebsspannung von $U = 20\ \text{V}$ die maximal zulässige Verlustleistung $P_{v\,max}$ von 50 mW des LDR (bei 25 °C) nicht überschritten wird? Die Arbeitsgerade berührt die $P_{v\,max}$-Hyperbel.

4.4.2 Dämmerungsschalter mit Fotowiderstand

Erläutern Sie die Funktion dieser Schaltung.

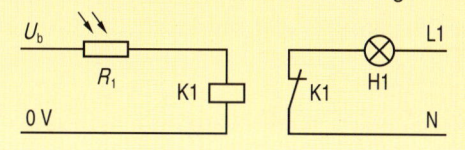

4.5 Magnetfeldsensoren

Aufbau und Wirkungsweise einer Feldplatte

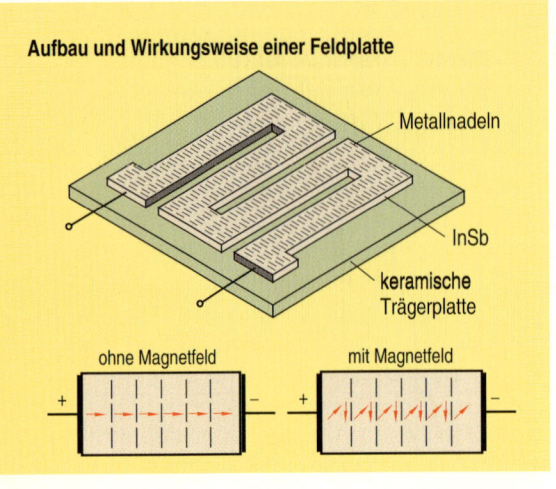

Metallnadeln
InSb
keramische Trägerplatte

ohne Magnetfeld / mit Magnetfeld

Magnetfeldabhängigkeit des Widerstandsverhältnisses $R_B/R_0 = f(B)$

20 °C
60 °C

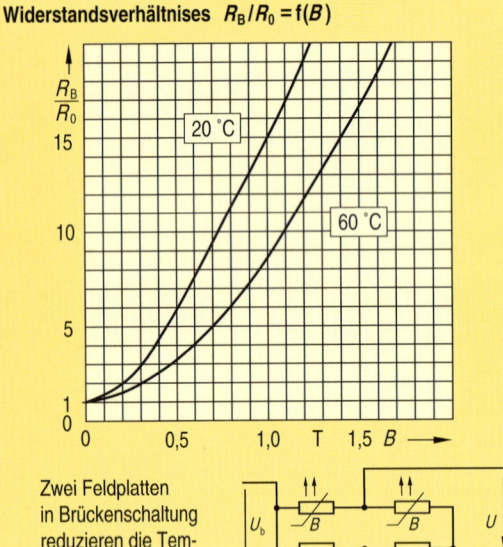

Zwei Feldplatten in Brückenschaltung reduzieren die Temperaturabhängigkeit.

Messung schwacher Magnetfelder, Prinzip

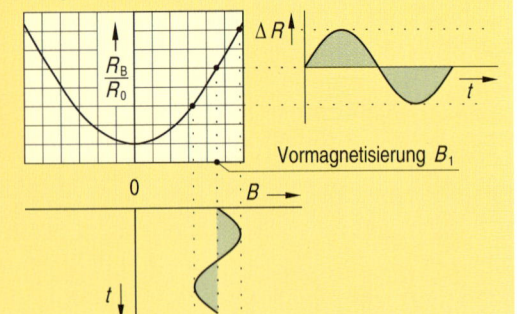

R_B/R_0
ΔR
Vormagnetisierung B_1

Magnetfeldabhängigkeit bei Halbleitern

Bestimmte Halbleitermaterialien ändern ihren Widerstandswert unter dem Einfluss eines variablen Magnetfeldes. Auf eine quaderförmige keramische Trägerplatte wurde eine ca. 20 µm dünne Schicht Indiumantimonid (InSb) mäanderförmig aufgetragen, in die winzige Nickelantimonid-Nadeln als leitende Regionen quer zur Stromrichtung eingebettet sind.

Ohne Einwirkung eines äußeren magnetischen Feldes ist der ohmsche Widerstand der InSb-Schicht gering. Ein Stromfluss verläuft parallel zu den Längskanten der Anordnung. Er wird von den metallenen Nadeln nicht beeinflusst.

Wirkt jedoch ein Magnetfeld auf den Halbleiter, ändern die Strombahnen ihre zuvor lineare Ausrichtung, der Widerstand der Anordnung nimmt zu.

Feldplatte (MDR)

Magnetisch steuerbare Halbleiterwiderstände, bei denen die Widerstandszunahme infolge steigender Magnetfeldeinwirkung ausgenutzt wird, heißen Feldplatten oder auch MDR (**M**agnetic **F**ield **D**ependent **R**esistor). Die charakteristische Kennlinie der Feldplatte gibt den Zusammenhang von ohmschem Widerstand und magnetischer Flussdichte B (in Tesla, Kurzzeichen: T) an. Meist wird der Widerstandswert R_B bei einer bestimmten Magnetflussdichte B auf den Widerstand R_0 der Feldplatte ohne Magnetfeldeinwirkung ($B = 0$ T) bezogen. Die Kennlinienwerte gelten für ein senkrecht auf die Feldplatte einwirkendes magnetisches Feld beliebiger Richtung.

Die tatsächliche Widerstandszunahme des MDR bei ansteigender Magnetflussdichte ist stark von der Temperatur abhängig. Der Verlauf der Kennlinie $R_B/R_0 = f(B)$ wird außerdem von der Art der Dotierung des Halbleiters (n oder p) und dem Dotierungsgrad beeinflusst. Zur Fixierung der magnetfeldabhängigen Widerstandsänderung der Feldplatte geben die Hersteller meist die Widerstandswerte bei 0 T, 0,3 T und 1 T an.

MDR-Anwendungen

Feldplatten können zur Messung schwacher Magnetfelder verwendet werden. Hierzu wird die Feldplatte mit einem konstanten Feld (Flussdichtewert B_1) eines Permanentmagneten vormagnetisiert. Somit erfolgt die Messung im nahezu geradlinigen Teil der Wandlerkennlinie $R_B/R_0 = f(B)$. Jedes kleine magnetische Wechselfeld wird nun in eine Widerstandsänderung der Feldplatte umgesetzt.

Praktisch bedeutungsvoll ist das Messen magnetischer Flussdichten im Luftspalt von magnetischen Kreisen. Mit MDR können auch prellfreie Relais und Taster realisiert werden.

Vertiefung zu 4.5

Hallsensoren

Wird ein dünnes Halbleiterplättchen (Indiumarsenid oder Indiumantimonid) einem senkrecht darauf wirkenden Magnetfeld ausgesetzt, werden die von einem Steuerstrom bewegten Elektronen an den Rand des Plättchens abgelenkt. Diese Ladungstrennung ist an den seitlichen Kontakten als kleine Gleichspannung U_H (Hallspannung) messbar. Die Art des Halbleitermaterials und die Form des Plättchens bestimmen den Wert für die Hallkonstante R_H. Die Höhe der Hallspannung U_H ist direkt proportional zur magnetischen Flussdichte B und zum Steuerstrom I_1. Eine geringere Dicke d des Halbleiterplättchens erhöht die Hallspannung U_H.

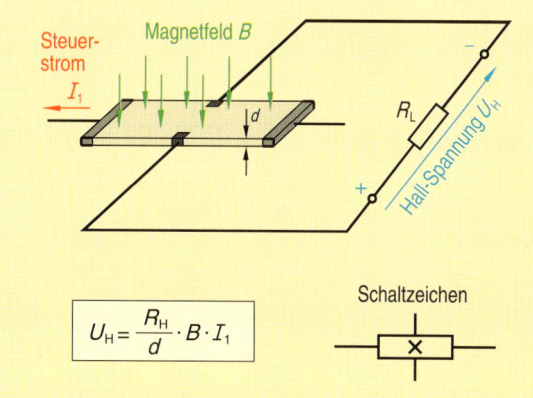

$$U_H = \frac{R_H}{d} \cdot B \cdot I_1$$

Datenblattangaben

Das Datenblatt des Hallgenerators Typ *KSY 14* zeigt das Maßbild und gibt Kenn- und Grenzwerte an. Der wichtigste Grenzwert ist der maximale Steuerstrom; beim *KSY 14* beträgt er $I_{1max} = 7\,mA$.
Wichtige Kennwerte sind der Nennsteuerstrom I_{1N}, auf den sich alle im Datenblatt enthaltenen Werte beziehen, die Leerlaufhallspannung U_{20} (bei $I_1 = I_{1N}$, $B = 1\,T$) sowie R_{10}, der steuerseitige und R_{20} der hallseitige Innenwiderstand, jeweils für $B = 0\,T$ angegeben. Die ohmsche Nullspannung U_{R0} ist die Potenzialdifferenz an den Hallspannungsanschlüssen ohne Magnetfeld. Beim *KSY 14* betragen $I_{1N} = 5\,mA$, $U_{20} = 95\ldots130\,mV$, $R_{10} = R_{20} = 600\ldots1200\,\Omega$ und $U_{R0} = 20\,mV$ (bei $I_1 = I_{1N}$).

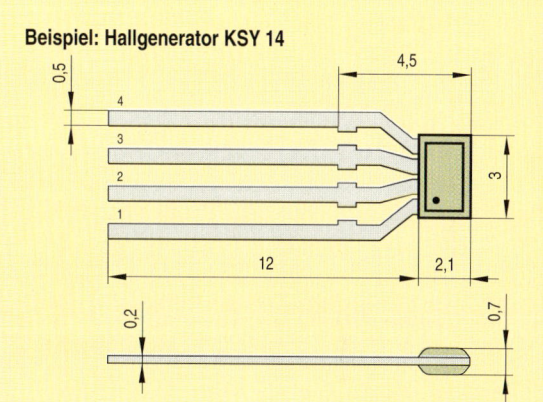

Beispiel: Hallgenerator KSY 14

Anwendungen des Hallsensors

Hallelemente bilden nahezu trägheitslos das Produkt aus Steuerstrom und Magnetflussdichte: die so genannte Hallspannung. Sie eignen sich daher für die analoge Messwertaufnahme (potenzialfreie Strom- und Leistungsmessung) und für die digitale Signalerzeugung (berührungslose Positionserfassung, z. B. im kollektorlosen Gleichstrommotor).
Die potenzialfreie Gleichstrommessung mittels Hallgenerator wird in Strommesszangen angewendet. Zu messender Strom I, Luftspaltinduktion B und Hallspannung U_H verhalten sich jeweils proportional.

Potenzialfreie Strommessung, Prinzip

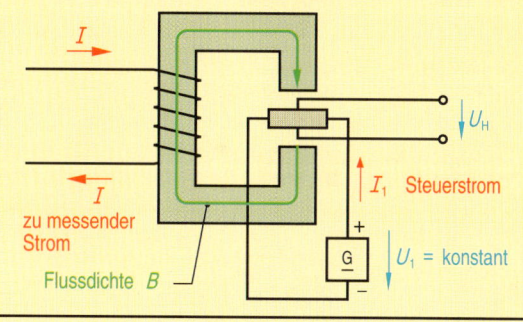

Aufgaben

4.5.1 Hallgenerator (Hallspannung)
Wie groß ist die Hallspannung eines GaAs-Positions-Hallsensors *KSY 14*, wenn senkrecht auf dessen 25 µm dicke Galliumarsenidschicht eine magnetische Flussdichte von 0,1 T einwirkt? Der Hallsensor wird mit dem Nennsteuerstrom $I_{1N} = 5\,mA$ betrieben. Die Hallkonstante beträgt $R_H = 5 \cdot 10^{-3}\,m^3/As$.

4.5.2 Magnetfeldwirkung auf eine Feldplatte
Ergänzen Sie den Verlauf der Strombahnen für $B > 0$.

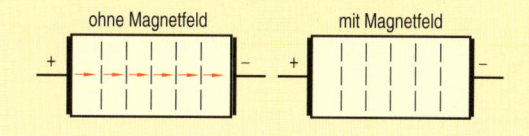

ohne Magnetfeld   mit Magnetfeld

4.6 Drucksensoren

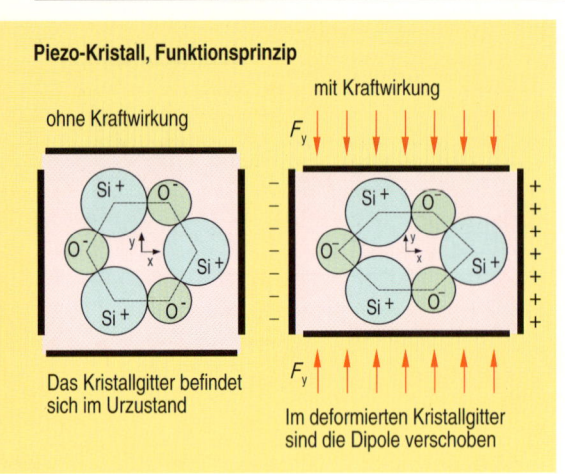

Piezo-Kristall, Funktionsprinzip

ohne Kraftwirkung

mit Kraftwirkung F_y

Das Kristallgitter befindet sich im Urzustand

Im deformierten Kristallgitter sind die Dipole verschoben

Piezoelektrischer Effekt

Bestimmte Werkstoffe, insbesondere Quarz (SiO_2) und Turmalin, besitzen die Eigenschaft, an gegenüberliegenden Flächen der Kristalle elektrische Ladungen zu konzentrieren, wenn eine äußere Kraft einwirkt. Die Ladungsmenge ist dabei proportional zur mechanischen Deformierung. Über Metallbeläge an den Kris-tallseiten kann bei Kristallverformung eine Spannung im mV-Bereich gemessen werden. Sensoren, bei denen dieser Effekt ausgenutzt wird, eignen sich zum Messen von Druck, Zug, Beschleunigung und mechanischen Schwingungen.

Der Messbereich dieser Drucksensoren erstreckt sich bis 10^9 Pa; die Temperaturbelastbarkeit ist extrem hoch ($-270\,°C \ldots 440\,°C$).

Piezokristall, Ersatzschaltbild

L Quarzinduktivität C Quarzkapazität
R_v Verlustwiderstand C_H Gehäusekapazität

Piezoschallgeber, Beispiele

Reziproker piezoelektrischer Effekt

Der piezoelektrische Effekt lässt sich auch umkehren: das Anlegen einer Wechselspannung an gegenüberliegende Flächen eines Piezo-Kristalls bewirkt, dass der Kristall mit der Frequenz der Wechselspannung deformiert wird. Stimmt die Eigenfrequenz des Piezo-Kristalls mit der Frequenz der angelegten Wechselspannung überein, schwingt der Kristall im Takt dieser Frequenz mit.

Die Abmessungen des Piezo-Kristalls bestimmen die Quarzkapazität C und die Quarzinduktivität L und somit die Resonanzfrequenz. Im Ersatzschaltbild werden die Verluste mit R_v und die Gehäusekapazität mit C_H berücksichtigt.

Piezo-Schallgeber und Piezo-Miniatursummer basieren auf dem reziproken piezoelektrischen Effekt. Vorteilhaft ist bei diesen Signalgebern, dass sie keine beweglichen Teile besitzen. Typische Resonanzfrequenzen sind 1800 Hz, 3250 Hz und 4000 Hz.

Piezoresistives Sensorelement

Kontaktierung — Piezowiderstände — Membran — Glas — Si-Kristall

Piezoresistiver Effekt

Auf einer dünnen Siliziummembran befinden sich eindiffundierte, genau definierte piezoresistive Widerstandsbahnen, die zu einer wheatstoneschen Brücke geschaltet sind. Der zu messende statische Druck wirkt auf das Messelement, dessen Durchbiegung zwei der Piezowiderstände staucht und die beiden anderen dehnt. Diese Widerstandsänderung verstimmt die Brückenschaltung proportional zum Messdruck.

Auf dem piezoresistiven Effekt basierende Silizium-Drucksensoren sind vielseitig einsetzbar zum Messen des Druckes (Absolut- oder Relativdruck) von Flüssigkeiten und Gasen im Bereich von 1 bis 50 bar.

Weil Halbleitermaterialien temperaturabhängig sind, muss dieser Einfluss für den praktischen Einsatz der Si-Drucksensoren kompensiert werden.

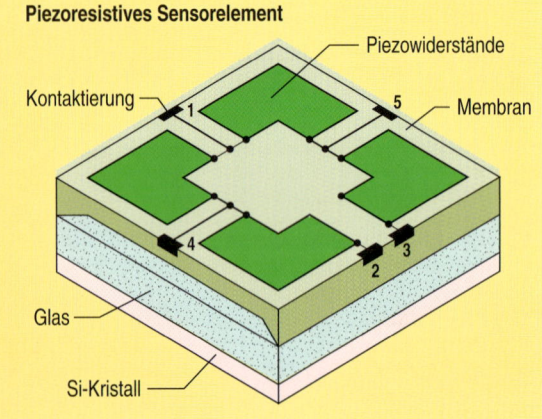

Vertiefung zu 4.6

Temperaturkompensation
Piezoresistive Drucksensoren werden vor der Kalibrierung herstellerseitig mit Temperaturzyklen vorgealtert. Bevor die Kalibrierung erfolgt, werden die Silizium-Drucksensoren einem rechnergesteuerten Stabilitätstestprogramm unterzogen.
Die messtechnische Ermittlung der Widerstandswerte für die Nullpunkt- und Empfindlichkeitskompensation erfolgt bei konstantem Speisestrom (z. B. bei 4 mA). Die Kompensationswiderstände werden dokumentiert. Die Auslieferung der Sensoren erfolgt jedoch unkompensiert, sodass der Anwender Sensor und Elektronik gemeinsam vor Ort kompensieren kann.
Die Brückenausgangsspannung liegt im mV-Bereich und erfordert anschließend die Signalverarbeitung in einem Differenzialverstärker mit symmetrischem Eingang auf Full-Scale-Spannungen von 5 bis 10 V.

Si-Drucksensor mit Temperaturkompensation

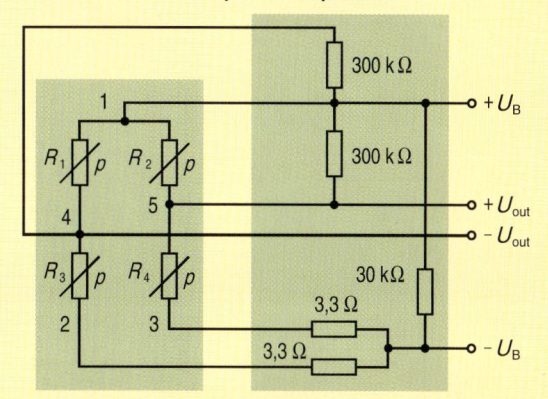

Piezowiderstände in offener Brückenschaltung — Beschaltungswiderstände für die Temperaturkompensation

Datenblattangaben
Die wichtigsten technischen Daten piezoresistiver Sensoren sind der Messbereich des Druckes, die Steilheit der Wandlerkennlinie (mit der Betriebsspannung U_B als Parameter), der Nennspeisestrom und die Ausgangsimpedanz. Der übliche Betriebstemperaturbereich liegt bei -20 °C bis +70 °C.

Druckabhängigkeit der Messspannung (Typ: KP 100A)

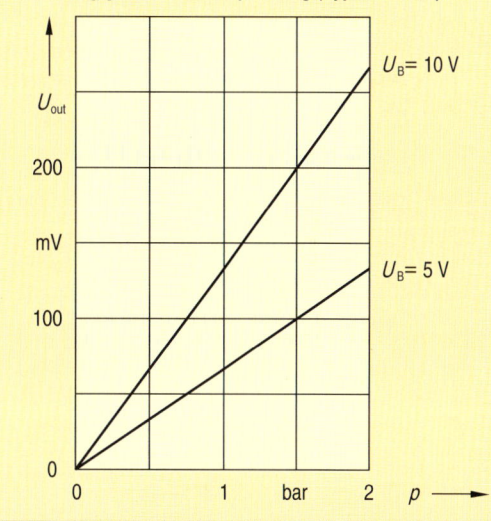

Sensor-typ	Druck-bereich	Ausgangs-impedanz	Steilheit
KPY 10	0...2 bar	6 kΩ	10 mV / bar
KP 100A	0...2 bar	1,8 kΩ	100 mV / bar
KS 2150	0...1 bar	5 kΩ	50 mV / bar
LX 0570	0...350 bar	1,8 kΩ	10 mV / bar
MPX2 100	0...1 bar	1,8 kΩ	4 mV / bar
PDA	0...60 bar	4,4 kΩ	0,2 mV / bar
SP 025	0...0,25 bar	–	20 V / bar
TSP 411A	0...2 bar	3 kΩ	20 mV / bar

Aufgaben

4.6.1 Sensor-Brückenschaltung
In welchem Verhältnis stehen die Messspannung U_M und die stabilisierte Betriebsspannung U_B in der Vollbrückenschaltung mit gegensinnig wirkenden Piezowiderständen?

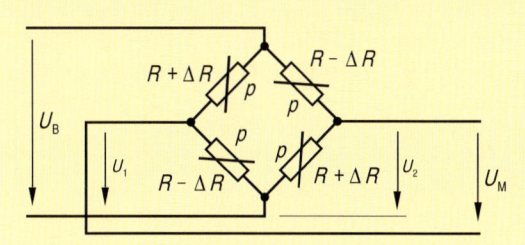

4.6.2 Sensorschaltung mit Full-Scale-Spannung
Bei welchem Druckwert erreicht die Ausgangsspannung U_A dieser Schaltung den Full-Scale-Wert (5 V)?

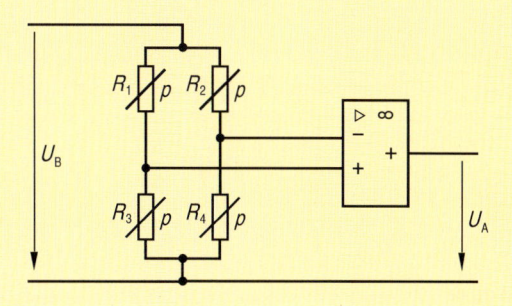

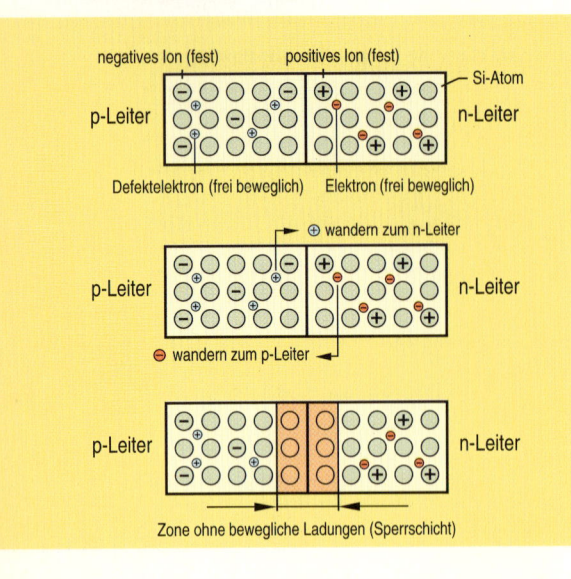

4.7 Halbleiterdioden

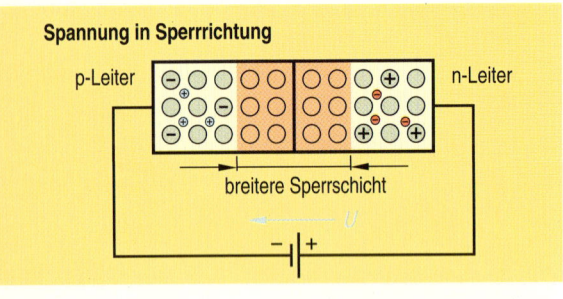

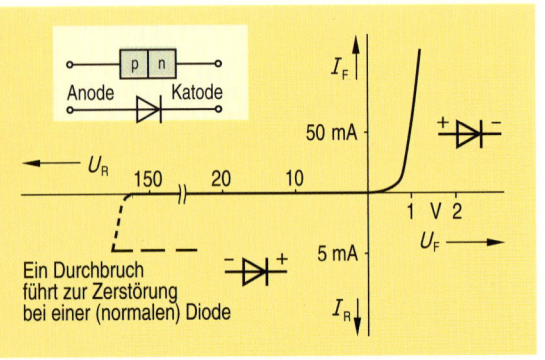

Der „pn-Übergang"

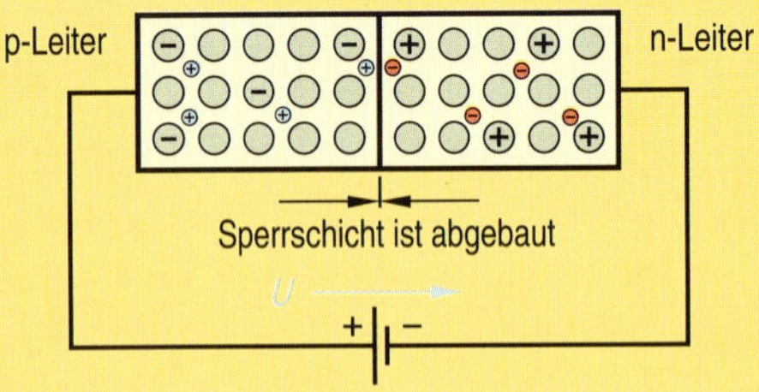

Ein wesentliches Unterscheidungsmerkmal bei den elektronischen Bauelementen ist die Anzahl der so genannten „pn-Übergänge". Der „pn-Übergang" ist die Grenzschicht zwischen zwei unterschiedlich dotierten Halbleitermaterialien.

Die gezielte Verunreinigung eines vierwertigen Halbleitermaterials heißt Dotierung. Der n-Leiter mit frei beweglichen Elektronen entsteht, wenn mit fünfwertigen Atomen (Antimon, Arsen, Phosphor) dotiert wird. Die Verunreinigung durch dreiwertige Atome (Bor, Aluminium, Gallium, Indium) erzeugt den p-Leiter mit frei beweglichen Defektelektronen.

Auf Grund des Konzentrationsgefälles an der Grenzschicht diffundieren Elektronen in die p-Schicht sowie Defektelektronen in die n-Schicht und rekombinieren. Die an beweglichen Ladungsträgern verarmte Grenzzone heißt Sperrschicht.

Durchlasszustand

Wird der Pluspol einer Spannungsquelle an die kontaktierte p-Schicht und der Minuspol an die kontaktierte n-Schicht eines „pn-Überganges" gelegt, so wandern Elektronen der n-Schicht in Richtung der p-Schicht, sodass die Grenzschicht mit Ladungsträgern überschwemmt wird. Ebenso wandern Defektelektronen von der p-Schicht in die Grenzschicht. Die beim pn-Übergang ohne äußere Spannung entstandene Sperrschicht wird abgebaut. Der pn-Übergang leitet.

Sperrzustand

Wird der Pluspol einer Spannungsquelle an die kontaktierte n-Schicht und der Minuspol an die kontaktierte p-Schicht eines „pn-Überganges" gelegt, so werden Elektronen der n-Schicht und Defektelektronen der p-Schicht aus der Grenzzone abgesaugt. Die an frei beweglichen Ladungsträgern arme Grenzschicht wird breiter und nimmt einen hochohmigen Zustand ein. Der pn-Übergang „sperrt", wobei ein äußerst geringer **Sperrstrom** existiert.

Kennlinie $I = f(U)$ einer Halbleiterdiode

Die Halbleiterdiode besitzt nur **einen** pn-Übergang und stellt somit das einfachste Sperrschichtbauelement der Elektronik dar. Die Strom-Spannungs-Kennlinie ist nicht linear.

Der Widerstand der Diode in Durchlassrichtung ist sehr gering, sodass der Durchlassstrom I_F hauptsächlich von der Höhe der angelegten Betriebsspannung U_B und dem Widerstandswert der in Reihe zur Diode geschalteten Bauelemente bestimmt wird.

Die in Sperrrichtung gepolte Halbleiterdiode ist mit einem geöffneten Schalter vergleichbar.

Vertiefung zu 4.7

Schaltdioden
Die auch als Universaldioden bezeichneten Schaltdioden sind schnelle Dioden mit kleiner Leistung. Die Schaltzeiten liegen zwischen 2 ns und 20 ns, Dauerdurchlassströme von 50 mA bis 200 mA sind typisch. Schaltdioden können in großer Stückzahl preisgünstig hergestellt und äußerst vielfältig eingesetzt werden, insbesondere zum Schalten, zum Begrenzen sowie zum Entkoppeln für Logikschaltungen.

Die verschiedenen Eingangssignale einer Logikschaltung werden durch Schaltdioden entkoppelt, sodass sich die Signalquellen gegenseitig nicht beeinflussen können. Ein Stromfluss zwischen zwei Signalquellen ist wegen der zwei stets gegeneinander gepolten Schaltdioden nicht möglich.

Logikschaltung mit Schaltdioden zur Entkopplung der Eingangssignale

Schottky-Dioden
Bei Schottky-Dioden wird wie bei normalen Dioden die Ventilwirkung ausgenutzt. Die Besonderheit im Aufbau besteht darin, dass sie an Stelle eines pn-Überganges einen **Metall-Halbleiter-Übergang** besitzen.

Der Durchlassspannungsfall einer Schottky-Diode beträgt im Bereich kleiner Stromstärken von 0,1 mA bis 1 mA nur 0,35 V ... 0,4 V und ist somit deutlich geringer als bei den Sperrschicht-Schaltdioden. Die Durchlasskennlinie verläuft jedoch wegen des größeren Durchlasswiderstandes nicht so steil.

Die Anwendungsgebiete der Schottky-Dioden als sehr schnelle Schaltdioden liegen bei den Hochfrequenz-Gleichrichtern und in schnellen Logikschaltungen.

Strom-Spannungs-Kennlinien von Halbleiterdioden

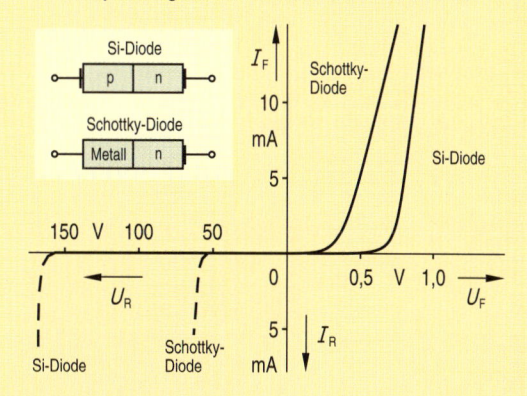

Bauformen und Kennzeichnung
Dem Leistungsbereich der Halbleiterdioden entsprechend werden Gehäusewerkstoff und Größe gewählt. Für geringe Nennleistungen sind Umhüllungen aus Glas oder Kunststoff üblich, ein Ring markiert die Katodenseite.

Dioden mittlerer und größerer Leistung werden zur besseren Wärmeableitung mit einem Metallgehäuse ausgeführt, welches üblicherweise den Katodenanschluss bildet. Liegt im Ausnahmefall die Anode am Gehäuse, wird die Katode besonders gekennzeichnet. Leistungsdioden, deren zulässiger Nennstrom größer als fünf Ampere ist, werden in spezielle Kühlkörper mit Kühlrippen eingebaut.

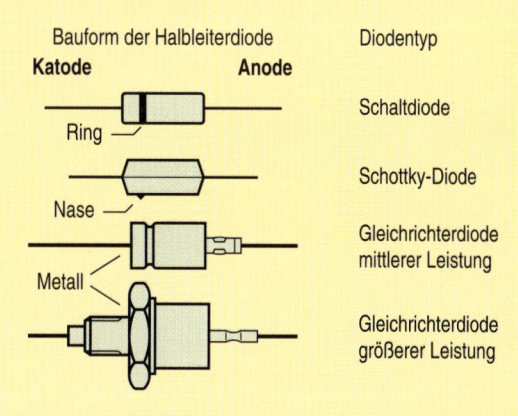

Bauform der Halbleiterdiode	Diodentyp
Katode — Ring / Anode	Schaltdiode
Nase	Schottky-Diode
	Gleichrichterdiode mittlerer Leistung
Metall	Gleichrichterdiode größerer Leistung

Aufgaben

4.7.1 Ventilwirkung
Erklären Sie die Ventilwirkung von Halbleiterdioden und vergleichen Sie die Zustände des pn-Überganges mit denen eines mechanischen Schalters.

4.7.2 Schottky-Dioden
Vergleichen Sie Schottky-Dioden mit normalen Silizium-Halbleiterdioden und stellen Sie die Unterscheidungsmerkmale gegenüber.

4.8 Zener-Dioden

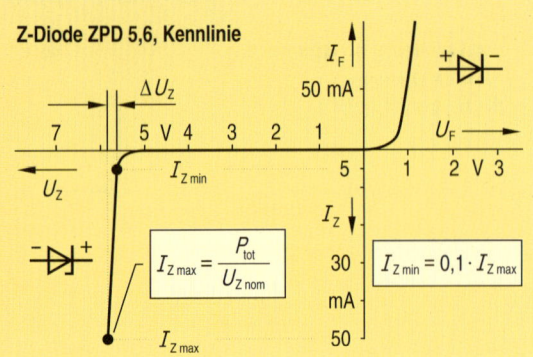

Z-Diode ZPD 5,6, Kennlinie

Idealisierung der Z-Dioden-Kennlinie
reale Kennlinie — ideale Kennlinie

$r_z = \dfrac{\Delta U_z}{\Delta I_z}$

Kennlinien von Z-Dioden der Baureihe ZPD (Auswahl)
ZPD... 2,7; 3,3; 3,9; 4,7; 5,6; 6,8; 8,2; 10
P_{tot} = 500 mW
$U_{Z\,nom}$-Werte sind für I_z = 5 mA spezifiziert

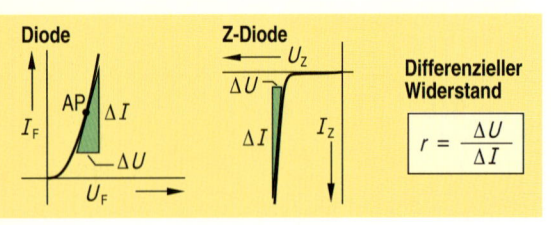

$I_{Z\,max} = \dfrac{P_{tot}}{U_{Z\,nom}}$; $I_{Z\,min} = 0{,}1 \cdot I_{Z\,max}$

Diode / Z-Diode — Differenzieller Widerstand

$r = \dfrac{\Delta U}{\Delta I}$

Kennlinie $I = f(U)$ einer Zener-Diode
Z-Dioden weisen in Durchlassrichtung den von normalen Dioden bekannten Kennlinienverlauf auf. Der übliche Betriebsbereich der Z-Diode ist jedoch die Sperrkennlinie, die wegen der relativ starken Dotierung besonders steil verläuft. Die Sperrspannung U_R wird für die Z-Diode in Zenerspannung U_Z umbenannt, der Sperrstrom I_R heißt Zenerstrom I_Z. Der Arbeitsbereich der Z-Diode wird durch den maximalen Zenerstrom $I_{Z\,max}$ und den minimalen Zenerstrom $I_{Z\,min}$ begrenzt. Die Änderung der Zenerspannung ΔU_Z ist innerhalb dieses Arbeitsbereiches gering.

Ersatzschaltbild der Z-Diode
Die reale Durchbruchkennlinie $I_Z = f(U_Z)$ der Z-Diode kann unter Verwendung des Kennwertes $U_{Z\,nom}$ (nominale Zenerspannung) und des differenziellen Zenerwiderstandes r_z idealisiert werden:
$I_Z = 0$ mA für Z-Spannungen 0 V ... U_Z ... $U_{Z\,nom}$ und
$I_Z = (U_Z - U_{Z\,nom})/r_z$ für $U_Z > U_{Z\,nom}$.
Mit dieser Näherung entsteht die ideale Kennlinie, für die eine einfache Ersatzschaltung, bestehend aus der „Quellenspannung" $U_{Z\,nom}$ und dem „Innenwiderstand" r_z (differenzieller Widerstand), angegeben werden kann.

Durchbruchkennlinien
Die prinzipiellen Verläufe der Sperrkennlinie von Zener-Dioden lassen sich deutlich in zwei Gruppen einteilen, basierend auf zwei unterschiedlichen inneren Mechanismen, die den Durchbruch der Sperrschicht bewirken. Die Grenze liegt bei einer nominellen Zenerspannung von 5 V.
Bei den Z-Dioden mit kleinen Durchbruchspannungen ($U_{Z\,nom} < 5$ V) wirken wegen der hohen Dotierung bereits große Feldstärkewerte, worauf hin Valenzelektronen aus ihren Kristallbindungen gerissen werden. Die somit in der Sperrschicht entstandenen beweglichen Ladungsträger erhöhen sehr schnell die elektrische Leitfähigkeit. Dieser Vorgang der inneren Feldemission wird als **Zenereffekt** bezeichnet.
Für Z-Dioden mit größeren Durchbruchspannungen ($U_{Z\,nom} > 5$ V) nimmt der Zenereffekt ab, der Lawinendurchbruch (**Avalanche-Effekt**) setzt ein. Die größeren Sperrspannungen beschleunigen die Ladungsträger in der Sperrschicht und bewirken Stoßionisation.

Differenzieller Widerstand
Beim Betrieb von allen Dioden spielt der differenzielle Widerstand r_z eine große Rolle. Man versteht darunter die Stromänderung ΔI, die sich bei einer kleinen Spannungsänderung ΔU in einem bestimmten Betriebszustand (Arbeitspunkt AP) ergibt. Der differenzielle Widerstand r_z soll bei Dioden möglichst klein sein.

Vertiefung zu 4.8

Spannungsstabilisierung mit Z-Diode
Der steile Anstieg der Durchbruchkennlinie favorisiert die Z-Diode für die Spannungsstabilisierung. Unter Hinzunahme eines Vorwiderstandes R_V entsteht die einfachste Spannungsstabilisierungsschaltung, wobei die stabilisierte Gleichspannung direkt über der Zenerdiode abgegriffen wird. Änderungen des Laststromes und Schwankungen der Eingangsspannung werden wirkungsvoll minimiert.

Grundschaltung zur Spannungsstabilisierung mit Z-Diode

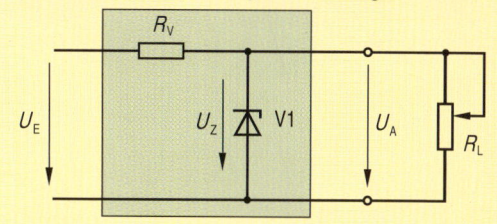

Überspannungsschutz mit Z-Diode
Die Z-Diode wirkt als Begrenzer und fungiert somit als Überspannungsschutz bei Gleich- und Wechselspannungen.
Für den Überlastungsschutz bei Gleichspannungsmessern wird eine Z-Diode antiparallel zum Messwerk geschaltet, wobei der bei Zeigervollausschlag fließende Messstrom $I_{mess\,Voll}$ am Innenwiderstand R_i den Spannungsfall $U_{Z\,nom}$ bewirkt. Die Zenerdiode erfüllt ihre Aufgabe, die Spannung zu begrenzen. Im gesamten Messbereich verursacht der jeweilige Messstrom I_{mess} an R_i einen Spannungsfall U_Z, der kleiner als $U_{Z\,nom}$ ist, sodass die Z-Diode keinen Einfluss besitzt.

Überlastungsschutz bei Spannungsmessern

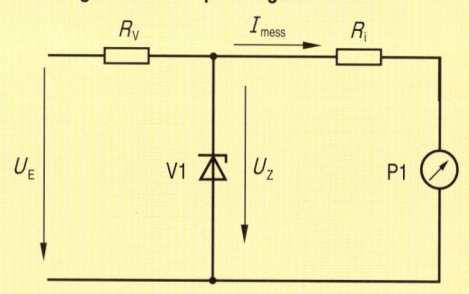

„Clipper-Schaltung"
Die Verwendung zweier baugleicher Z-Dioden, die mit entgegengesetzter Polarität in Reihe geschalten werden, bewirkt eine zum Nullpunkt symmetrische Strom-Spannungs-Kennlinie. Im Zusammenwirken mit einem Vorwiderstand R_V dient diese Schaltung zur Überspannungsbegrenzung für Wechselspannungen.
Alle Momentanwerte der Wechselspannung, die kleiner als $U_{Z\,nom} + U_{F\,nenn}$ sind, bleiben von der Begrenzerschaltung unbeeinflusst. Hierzu muss auch die Amplitude der Betriebswechselspannung gehören.
In den Netzzuleitungen gelegentlich auftretende Überspannungsspitzen werden ebenso wie periodische Überspannungen auf den Wert $U_{Z\,nom} + U_{F\,nenn}$ begrenzt. Die über diesen Grenzwert hinausgehenden Spannungsbeträge am Schaltungseingang werden „abgeschnitten" (to clip: abschneiden).

Überspannungsbegrenzung von Wechselspannungen

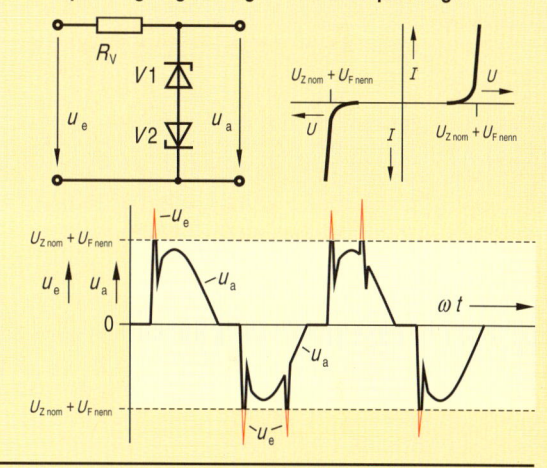

Aufgaben

4.8.1 Sperrschichtdurchbruch bei Z-Dioden
Erläutern Sie die Begriffe Zener- und Avalancheeffekt.

4.8.2 „Clipper-Schaltung"
Für eine Clipper-Schaltung werden zwei gleiche Zenerdioden „ZPD 6,8" eingesetzt. Der Nennwert des Durchlassspannungsfalls beträgt jeweils 0,7 V. Am Schaltungseingang liege eine sinusförmige Wechselspannung von 10 V (Effektivwert). Zeichnen Sie das Liniendiagramm der Ausgangsspannung.

Zu Aufgabe 4.8.2

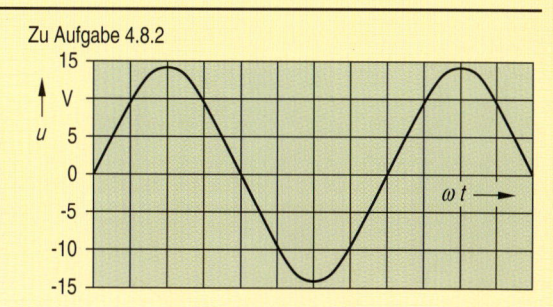

4.9 Lumineszenzdioden

Abhängigkeit der Strahlung vom Halbleiterwerkstoff

(Diagramm: rel. Strahlungsleistung über Wellenlänge λ in nm, 400–900 nm; Kurven für Galliumphosphid GaP(N), Galliumarsenidphosphid GaAsP(N), Galliumarsenidphosphid GaAsP, Galliumarsenid GaAs; Farbbereiche: hellblau, grün, gelb, orange, rot)

① spektrale Empfindlichkeit des menschlichen Auges

Durchlasskennlinien von LED und IRED

(Diagramm: I_F in mA (0–20) über U_F in V (0–4); Kurve infrarot sowie rote, gelbe, grüne, blaue Kennlinien)

Schaltung

(Schaltbild mit R_V, V1 LED, Strom I_F, 0 V)

Schaltbilder Mehrfarben-LEDs:
- rot/grün (antiparallel, Anschlüsse 1, 2)
- rot/gelb (antiparallel, Anschlüsse 1, 2)
- grün/gelb (antiparallel, Anschlüsse 1, 2)
- grün/rot mit gemeinsamer Katode (Anschlüsse 3, 2, 1)
- gelb/rot mit gemeinsamer Katode (Anschlüsse 3, 2, 1)
- gelb/grün mit gemeinsamer Katode (Anschlüsse 3, 2, 1)
- Gehäuse-Darstellung dreipolige LED mit Anschlüssen 1, 2, 3

Matrix-LED für 1 Zeichen — **LED-Balkenanzeige** — **7-Segment-Anzeige**

Lumineszenzdioden als Strahlungssender
Die Lumineszenzdioden zählen zu den optoelektronischen Bauelementen, die elektrische Energie in optische Strahlung umwandeln. Liegt die emittierte Strahlung im sichtbaren Bereich (Licht), handelt es sich um Leuchtdioden (LED). Der verwendete Halbleiterwerkstoff und dessen Dotierung beeinflussen den Wellenlängenbereich der ausgesendeten Strahlung. Infrarot emittierende Dioden erhalten die Abkürzung IRED (Infrared Emitting Diode). Lumineszenzdioden dienen als Lichtquellen in Lichtschranken, Optokopplern und Anzeigeeinheiten sowie als Signallampen.

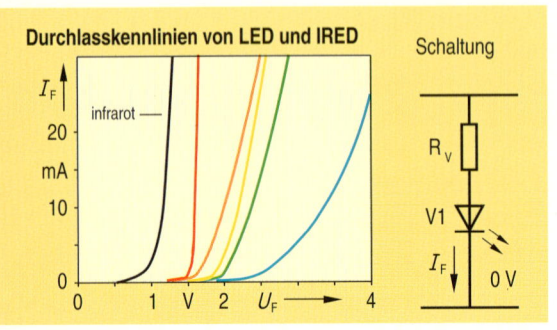

$I(U)$-Kennlinien von Lumineszenzdioden
Wird eine Spannung in Durchlassrichtung an die Lumineszenzdiode angelegt, wandern Elektronen in die p-Schicht und Defektelektronen in die n-Schicht. Durch die Rekombination wird Energie frei, die teilweise in Form von Strahlung durch die sehr dünne p-Schicht an die Oberfläche dringt.
Typische Werte für die Durchlassspannung $U_{F(typ)}$ (der LED) liegen zwischen 1,65 V und 4,5 V bei typischen Durchlassströmen $I_{F(typ)}$ von 20 mA bzw. 30 mA. Ein Vorwiderstand R_v dient stets zur Strombegrenzung.

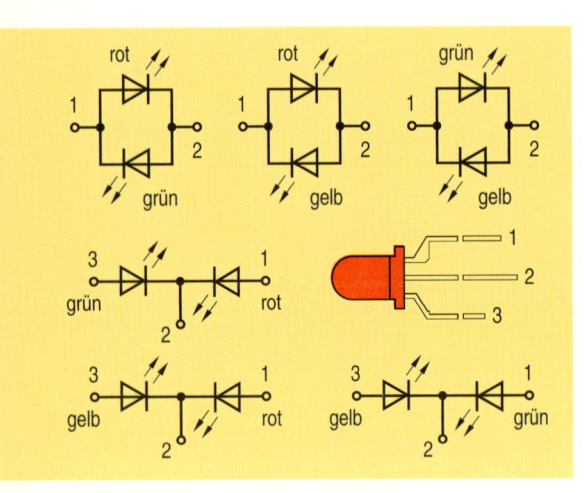

Mehrfarben-LED
Leuchtdioden mit zweifarbiger Anzeige besitzen zwei Anschlüsse (1 und 2). Jede Einheit besteht aus zwei antiparallel geschalteten Leuchtdioden in einem gemeinsamen Diffusorgehäuse. Mit welcher Farbe die zweifarbige LED leuchtet wird durch die Polarität der anliegenden Gleichspannung entschieden. Polaritätsanzeige und Nullerkennung sind die typischen Anwendungsgebiete.
Dreifarbige Leuchtdioden besitzen drei Anschlüsse. Sie enthalten eine rote und eine grüne LED mit gemeinsamer Katode. Zusätzlich erscheint die Mischfarbe Gelb, wenn beide LED-Elemente innerhalb des Gehäuses leuchten. Zu den Anwendungen zählen neben der Polaritäts- und Nullanzeige auch die Statusanzeige bei Logikausgängen und die Ladezustandsanzeige.

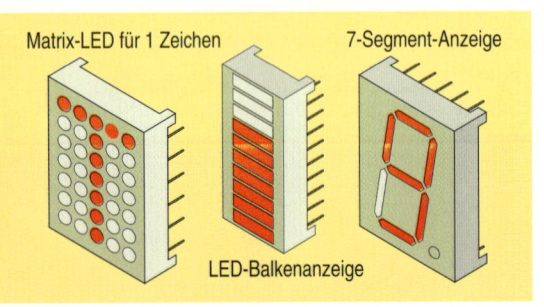

Anzeigeeinheiten
Durch die systematische Anordnung mehrerer Leuchtdioden in einer Ebene entsteht ein Anzeigefeld. Die praktischen Ausführungsformen umfassen
- die LED-Punktmatrix-Displays
  (z. B. mit sieben Zeilen und fünf Spalten),
- LED-Balkenanzeigen
  (z. B.: zehnteiliger Leuchtbalken in DIL-Bauform),
- Leuchtflächen sowie
- 7- und alphanumerische 16-Segment-Anzeigen.

Vertiefung zu 4.9

Polaritätsanzeige mit Leuchtdioden

Fünf Leuchtdioden können zu einer Polaritäts-Anzeige-Einheit angeordnet werden. Ein Vorwiderstand R_v begrenzt den Durchlassstrom I_F der Leuchtdioden (V1 bis V5). Zwei normale Halbleiterdioden (V6 und V7) ergänzen die Schaltung: Bei positiver Polarität der Betriebsspannung sperren V6 und V7, sodass alle fünf LED vom Durchlassstrom I_F durchflossen werden. Durch ihr Leuchten erscheint das „+"-Zeichen. Bei negativer Polarität der Speisespannung leiten V6 und V7, die Leuchtdioden V1 und V5 sperren, sodass der Durchlassstrom I_F über V7, V4, V3, V2 und V6 fließt. Die drei LED V2 bis V4 leuchten, das „-"-Zeichen erscheint.

Die Betriebsspannung muss größer sein als die Summe der Durchlassspannungen aller in Reihe geschalteten Dioden. Bei vorgegebener Betriebsspannung U_B kann der Wert für den erforderlichen Vorwiderstand R_v errechnet werden. Im Dimensionierungsbeispiel mit $U_B = 12\,V$, $U_{F\,nenn} = 1{,}7\,V$, $I_{F\,nenn} = 20\,mA$ und $n = 5$ („+") folgt $R_v = (12\,V - 5 \cdot 1{,}7\,V)/20\,mA = 175\,\Omega$. Mit $R_v = 180\,\Omega$ (E12) beträgt $I_F = 19{,}7\,mA$ bei positiver Polarität von U_B. Soll I_F bei „-" 20 mA nicht übersteigen, werden V6 und V7 durch je zwei Dioden ersetzt.

LED-Schaltung zur Polaritätsanzeige

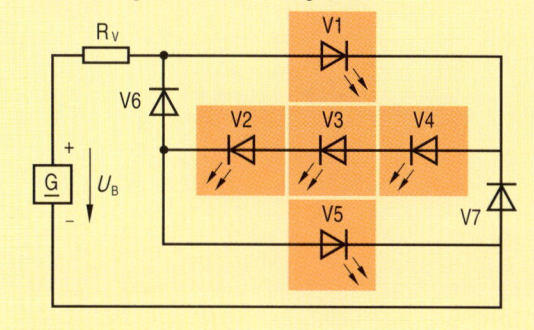

Dimensionierung des Vorwiderstandes

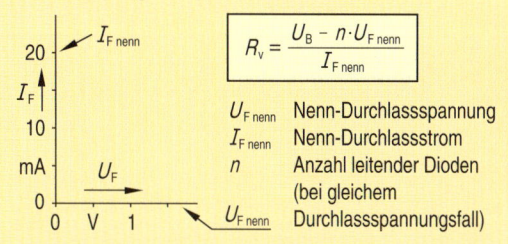

$$R_v = \frac{U_B - n \cdot U_{F\,nenn}}{I_{F\,nenn}}$$

$U_{F\,nenn}$ Nenn-Durchlassspannung
$I_{F\,nenn}$ Nenn-Durchlassstrom
n Anzahl leitender Dioden (bei gleichem Durchlassspannungsfall)

Alle LED (Beispiel): Typ "L07R", superrot. V6 = V7 = 1N4148.

Stromkonstante Speisung von Leuchtdioden

Bei einer Reihenschaltung von Leuchtdioden, in der die Anzahl aktiver LED zustandsabhängig variiert, kann ein Vorwiderstand nicht dimensioniert werden. Eine Transistorschaltung mit den LED im Kollektorzweig legt den Durchlassstrom der Leuchtdioden fest. Mit dem Emitterwiderstand R_E wird der Arbeitspunkt stabilisiert und damit I_F unabhängig von der Anzahl leitender LED. Die zu den Leuchtdioden parallel geschalteten Taster können die jeweils zugehörige LED abschalten, wodurch die Zustandsänderung optisch signalisiert wird.

LED-Schaltung mit stromkonstanter Speisung

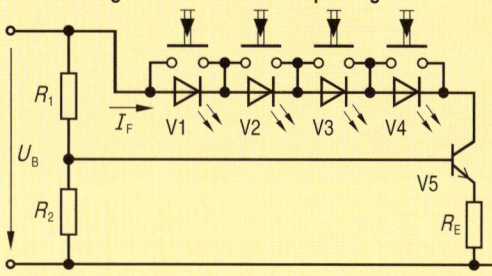

LED-Treiber-Schaltung

Für die Ansteuerung von Leuchtdioden sind integrierte Treiberschaltungen entwickelt worden.
Der Treiber-IC TLE4240 arbeitet als Konstantstromquelle und bietet gleichzeitig Überspannungsschutz für die Leuchtdioden. Die schnellere Ansprechzeit favorisiert die LED für das dritte Bremslicht der PKW.

Leuchtdioden-Schaltung mit LED-Treiber TLE4240

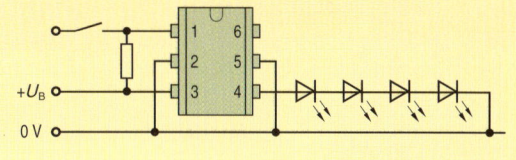

Aufgaben

4.9.1 LED mit drei Anschlüssen
Welche Funktionen bietet die gezeigte LED-Bauform?

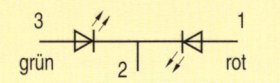

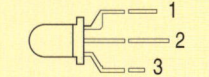

4.9.2 LED-Reihenschaltung mit Vorwiderstand
Berechnen Sie den Vorwiderstand für eine Reihenschaltung aus drei grün leuchtenden LED vom Typ „L-53GD" mit $U_{F\,nenn} = 2{,}2\,V$ und $I_{F\,nenn} = 10\,mA$. Die Betriebsspannung beträgt 9 V.

4.10 Gleichrichter I

Stromrichterfunktion: Gleichrichter

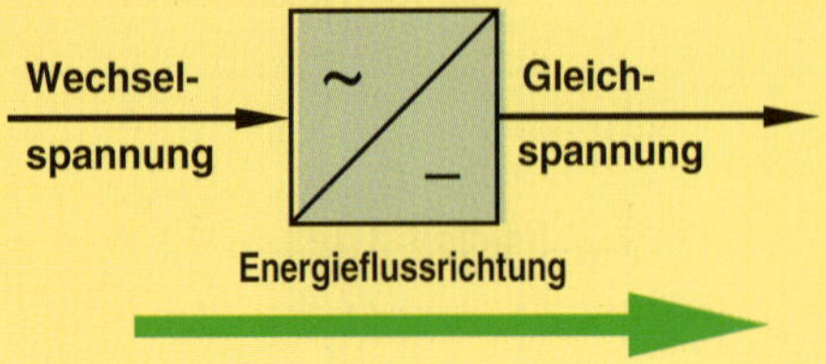

Wechselspannung → [~/−] → Gleichspannung

Energieflussrichtung →

Aufgaben von Gleichrichtern
Funktionsgruppen, die unter Verwendung von Halbleiterbauelementen die elektrische Energie umformen oder den elektrischen Energiefluss stellen, heißen Stromrichter.
Die Funktionsgruppe der **Gleichrichter** erfüllt die Aufgabe, Wechselstromgrößen in Gleichstromgrößen umzuformen, um eine Stromversorgungsfunktion zu übernehmen.

Einpulsgleichrichter mit Widerstandslast

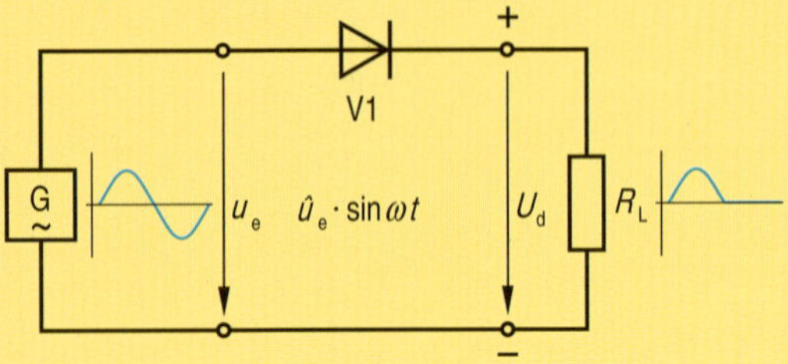

(Schaltbild: Generator G, u_e, $\hat{u}_e \cdot \sin\omega t$, Diode V1, U_d, R_L)

Einpuls-Gleichrichterschaltung
Die ungesteuerte Einpuls-Mittelpunkt-Schaltung (M1U) ist die einfachste Gleichrichterschaltung. Sie formt die sinusförmige Eingangs-Wechselspannung $u_e(t)$ in eine Mischspannung $u_d(t)$ um, die in der Gleichrichtertechnik Gleichspannung U_d genannt wird.
Bei reiner Widerstandslast (R_L) gelangt die gesamte positive Halbwelle der Eingangsspannung an die Ausgangsklemmen. Negative Augenblickswerte der Spannung $u_e(t)$ sind in der Ausgangsspannung $u_d(t)$ nicht enthalten.

Ausgangsspannung bei Einpulsgleichrichtung (M1U)

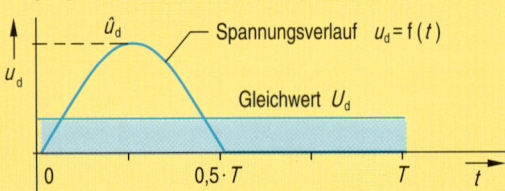

Spannungsverlauf $u_d = f(t)$, Gleichwert U_d, $\hat{u}_d$

Hat die Eingangsspannung den Effektivwert U_e, so gilt für die gleichgerichtete Spannung:

Gleichanteil:	U_d	$\approx 0{,}45 \cdot U_e$	Verluste in der
Wechselanteil:	U_{rms}	$\approx 0{,}54 \cdot U_e$	Diode sind
Effektivwert:	U_{RMS}	$\approx 0{,}71 \cdot U_e$	vernachlässigt

Mittelwerte der Ausgangsspannung
Die vom Gleichrichter gelieferte Spannung $u_d(t)$ ist keine reine Gleichspannung, sondern eine so genannte Mischspannung. Sie enthält einen
- Gleichspannungsanteil U_d und einen
- Wechselspannungsanteil U_{rms} (Brummspannung).

Beide Spannungsanteile ergeben zusammen den Effektivwert U_{RMS} der Gleichspannung. Dieser Effektivwert der Gleichspannung ist bei Vernachlässigung des Spannungsfalls in der Diode gleich dem Effektivwert der eingespeisten Wechselspannung. Für den Zusammenhang zwischen Gleichanteil U_d, Wechselanteil U_{rms} und Effektivwert U_{RMS} (oder einfach U) gilt:

$$U_{RMS}^2 = \sqrt{U_d^2 + U_{rms}^2}$$

Messung mit dem Oszilloskop, Beispiel

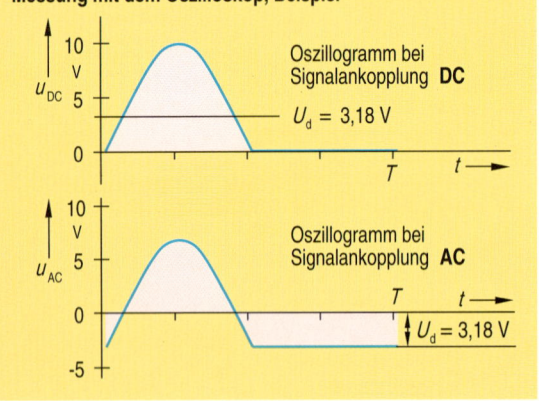

u_{DC}: Oszillogramm bei Signalankopplung **DC**, $U_d = 3{,}18\ V$

u_{AC}: Oszillogramm bei Signalankopplung **AC**, $U_d = 3{,}18\ V$

Messung der gleichgerichteten Spannung
Den zeitlichen Verlauf der gleichgerichteten Spannung kann man mit dem Oszilloskop bestimmen.
Bei DC-Ankopplung des Signals wird die gesamte Spannung (Gleich und Wechselanteil) dargestellt.
Bei AC-Ankopplung wird durch einen Kondensator der Gleichspannungsanteil abgeblockt. Die Kurve springt um den Wert U_d nach unten.
Die Mittelwerte können mit Digital- oder Analogmessgeräten bestimmt werden:
- In Stellung DC wird der Gleichanteil bestimmt
- In Stellung AC wird der Wechselanteil bestimmt.

Der Effektivwert kann mit einem Dreheiseninstrument bestimmt werden. Auch einige TRMS-Digitalgeräte bieten diese Möglichkeit.

Vertiefung zu 4.10

Bezeichnung der gleichgerichteten Werte

Die verschiedenen Werte einer gleichgerichteten Spannung (Gleichanteil, Wechselanteil, Effektivwert) werden in der Praxis unterschiedlich bezeichnet.
Die Tabelle zeigt die üblichen Bezeichnungen.

Gleichanteil	U_d, U_{AV}, U_{dAV}	
Wechselanteil	U_{AC}, U_{rms}	
Effektivwert	U, U_{RMS}	

Bedeutung der Indices:
d: direct
AV: average (Durchschnitt)
rms, RMS: Root Mean Square (Effektivwert)

Bezeichnung der Gleichrichterschaltungen

Für Gleichrichter werden **M**ittelpunktschaltungen (**M**) und **B**rückenschaltungen (**B**) eingesetzt.
Die Zahl der Pulse, die in einer Periode auftreten, wird durch eine Zahl gekennzeichnet. Bei Gleichrichtung von Wechselstrom können es **1** oder **2** Pulse sein, bei Drehstrom **3** oder **6**.
Ist die Schaltung ungesteuert, so wird sie durch ein **U** (uncontrolled), ist sie gesteuert, so wird sie durch ein **C** (controlled) gekennzeichnet.

Bezeichnungsbeispiele

M 1 U	Mittelpunktschaltung, 1 Puls, ungesteuert
B 2 U	Brückenschaltung, 2 Pulse, ungesteuert
M 3 C	Mittelpunktschaltung, 3 Pulse, gesteuert
B 6 U	Brückenschaltung, 6 Pulse, ungesteuert
B 6 C	Brückenschaltung, 6 Pulse, gesteuert

Netzspeisung

Die Eingangswechselspannung des Gleichrichters wird meist durch die Sekundärspannung eines Transformators bereitgestellt. Dabei übernimmt der Transformator die Aufgaben, einerseits die Höhe der Eingangswechselspannung für den Gleichrichter anzupassen und andererseits den Gleichspannungsausgang vom Wechselstromnetz galvanisch zu trennen.

Einpulsgleichrichtung mit Netztransformator

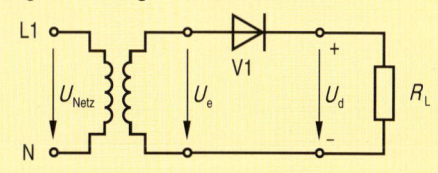

Aufgaben

4.10.1 Oszillogramme am Gleichrichter

Die Eingangsspannung $u_e(t)$ und die Gleichspannung $u_d(t)$ wurden oszillografiert. Zur besseren Übersicht wurde die Zeitachse für $u_e(t)$ um 1 Div nach oben und für $u_d(t)$ um 3 Div nach unten verschoben.
Berechnen Sie bei den gegebenen Y-Auslenkungen des Oszillografen
a) den Effektivwert der Eingangswechselspannung,
b) den Gleichwert der Ausgangsspannung,
c) den Effektivwert der Ausgangsspannung und
d) den Scheitelwert der Brummspannung.

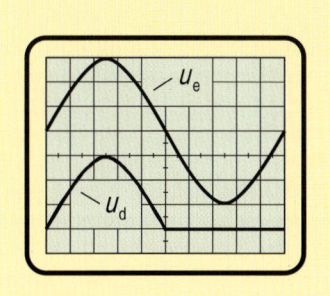

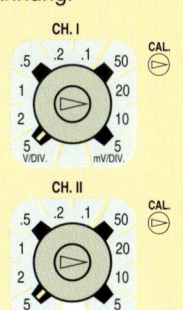

4.10.2 Gleichrichterausgangsspannung

Zeichnen Sie das Oszillogramm der Ausgangsspannung des Einpuls-Gleichrichters bei den gegebenen Einstellungen am Oszilloskop,
a) bei DC-Signalankopplung,
b) bei AC-Signalankopplung.
Die Eingangsspannung beträgt $U_e = 12\,V$, die Frequenz $f = 50\,Hz$.

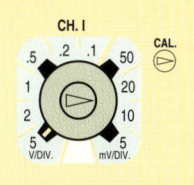

a) Signalankopplung DC

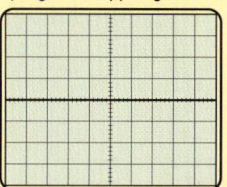

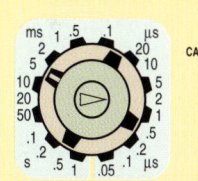

a) Signalankopplung AC

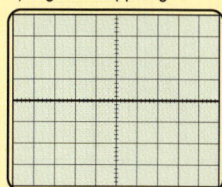

© Holland + Josenhans

4.11 Gleichrichter II

Einpuls-Gleichrichter mit RC-Last

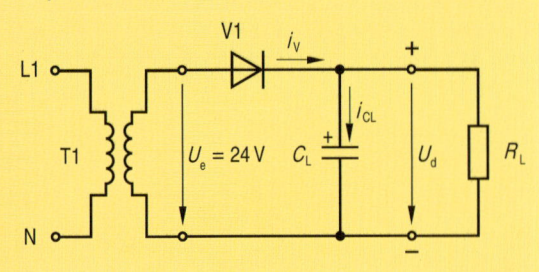

$R_L = 330\ \Omega$

C_L in µF	100	220	470	1000
U_{AC} in V	3,79	1,93	0,91	0,43
$\hat{i}_V$ in A	0,97	1,77	2,94	4,13

$R_L = 3{,}3\ k\Omega$

C_L in µF	100	220	470	1000
U_{AC} in V	0,52	0,22	0,11	0,05
$\hat{i}_V$ in A	0,94	1,78	2,98	4,09

Einpuls-Gleichrichter mit RL-Last

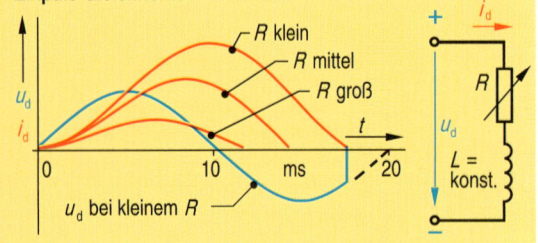

Eine höhere Zeitkonstante $\tau = L/R$ erhöht die Stromflussdauer und verringert die Ausgangsspannung.

Einpuls-Gleichrichter, mit Gegenspannung belastet

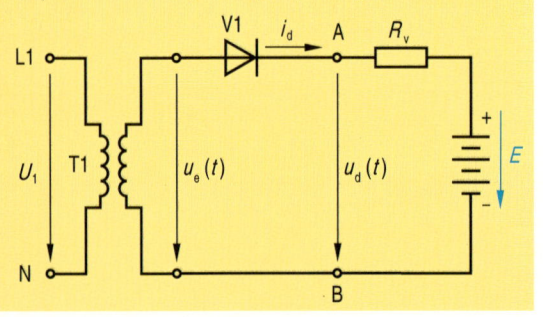

Ladekondensator

Die von Gleichrichtern abgegebene Mischspannung u_d kann mit Hilfe eines Ladekondensators C_L parallel zur Last **geglättet** werden. In der Durchlassphase der Gleichrichterdiode(n) fließt einerseits der Laststrom durch R_L und andererseits ein Ladestrom i_{CL}, der den Kondensator C_L nahezu bis auf den Scheitelwert der Eingangswechselspannung auflädt.
In der Sperrphase der Diode speist der geladene Kondensator C_L die Last. Somit kann weiterhin Laststrom fließen.
Der Wert des Ladekondensators beeinflusst ganz wesentlich die Stromflussdauer der Diode und die Brummspannung U_{AC}. Während mit zunehmendem Wert des Ladekonsators die Brummspannung verringert wird, verkürzt sich auch die Stromflussdauer der Diode, begleitet von impulsartig fließenden hohen Ladeströmen, die zur Zerstörung der Diode führen können. Einige Hersteller nennen daher eine maximal zulässige Ladekapazität.
Die Messergebnisse zeigen deutlich, dass der Wert des Lastwiderstandes ebenfalls die Brummspannung U_{AC} in erheblichem Maße beeinflusst. U_{AC} wächst mit zunehmender Belastung. Der Scheitelwert $\hat{i}_V$ des Stromes durch die Diode ist vom Lastwiderstand jedoch praktisch unabhängig.

Ohmsch-induktive Last

Verbraucher mit Induktivitäten (Elektromotoren), wirken auf den vorgeschalteten Gleichrichter zurück und beeinflussen die Kurvenform der Ausgangsspannung beträchtlich. Der Strom steigt wegen der Induktivität L verzögert an, fließt allerdings nach Beginn der negativen Halbwelle der Eingangswechselspannung weiter, wobei die in der Induktivität L gespeicherte magnetische Feldenergie den Lastkreis speist. Mit größerem Wert für L, bzw. größerer Zeitkonstante τ, wird die Stromflussdauer durch die Last verlängert, jedoch sinkt gleichfalls der Gleichwert U_{dAV} der Ausgangsspannung.

Einpuls-Gleichrichter mit Gegenspannung

Beim Laden eines Akkumulators wird der Gleichrichter mit der Gegenspannung E, das ist die Klemmenspannung des Akkumulators, belastet. Ein Ladestrom $i_d(t)$ fließt nur, solange die Eingangswechselspannung $u_e(t)$ die Gegenspannung E übersteigt. Während dieser kurzen Leitphase der Diode ist der Durchlassstrom relativ groß, der jedoch durch den Vorwiderstand R_v begrenzt wird. In ähnlicher Weise stellt die in der Ankerwicklung eines Gleichstrommotors induzierte Spannung für den Gleichrichter eine Gegenspannung dar, die durch Bewegungsinduktion verursacht wird, sobald sich die Welle dreht.

Vertiefung zu 4.11

Steckernetzteil

Einfache Universal-Netzgeräte erfüllen die Aufgabe, aus der vorhandenen Netzwechselspannung Gleichspannungen von einigen Volt mit geringem Aufwand bereitzustellen. Gehäuse und Netzstecker bilden eine Einheit, in der sich der Transformator und der Gleichrichter befinden.

Mit einem Schiebeschalter kann der Anwender die Nenn-Ausgangsspannung einstellen, die jedoch nur bei Nennbelastung vorliegt. Ist die Stromentnahme geringer als der Nennwert, wirken höhere Ausgangsspannungen als jeweils angegeben.

Insbesondere bei Anschluss von Kleingeräten mit geringer Stromaufnahme (LCD-Rechner, Fernbedienung) müssen die Nennwerte von Klemmenspannung und Stromaufnahme beachtet werden.

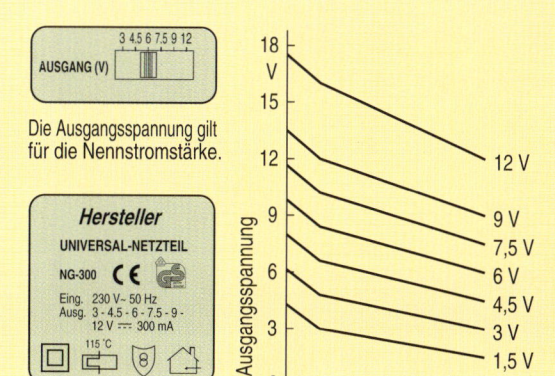

Die Ausgangsspannung gilt für die Nennstromstärke.

Hersteller
UNIVERSAL-NETZTEIL
NG-300
Eing. 230 V~ 50 Hz
Ausg. 3 - 4,5 - 6 - 7,5 - 9 - 12 V ⎓ 300 mA
115 °C

Das Typenschild gibt die Nennstromstärke an.

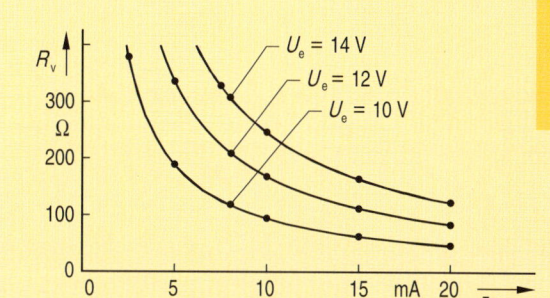

Erhaltungsladung eines Akkumulators

Die Hersteller von Akkumulatoren nennen meist einen empfohlenen Wert für den Ladestrom und die Ladedauer. Den vorgegebenen Ladestrom kann ein Einpuls-Gleichrichter liefern.

Der Effektivwert U_e der Sekundärspannung des Transformators sollte um einige Volt größer sein als die Gegenspannung E des Akkumulators. Liegt U_e fest, ergibt sich der Wert für den Vorwiderstand R_v durch Ablesen im Diagramm $R_v = f(I_{dAV})$ mit U_e als Parameter oder auf analytischem Weg.

Aufgaben

4.11.1 Ohmsch-induktive Last

Ein Einpuls-Gleichrichter speist eine induktive Last (Reihenschaltung von R und L).
Das Oszillogramm zeigt den Gleichstrom $i_d(t)$ und die Eingangsspannung $u_e(t)$.
Zeichnen Sie den Verlauf der Gleichspannung $u_d(t)$ in das Diagramm ein.

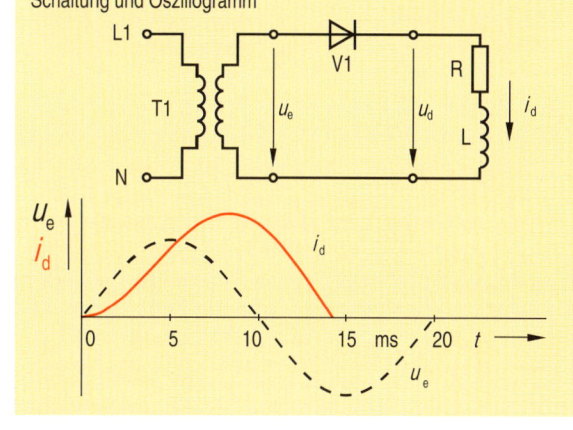

Schaltung und Oszillogramm

4.11.2 Glättung mit Ladekondensator

Zur Glättung der Ausgangsspannung u_d eines Einpulsgleichrichters wurden nacheinander die Kapazitätswerte $C_1 = 100$ µF und $C_2 = 470$ µF eingesetzt. In beiden Fällen wurden die Eingangsspannung und die Ausgangsspannung oszillografiert. Ordnen Sie die Kapazitätswerte C_1 und C_2 den Oszillogrammen zu.

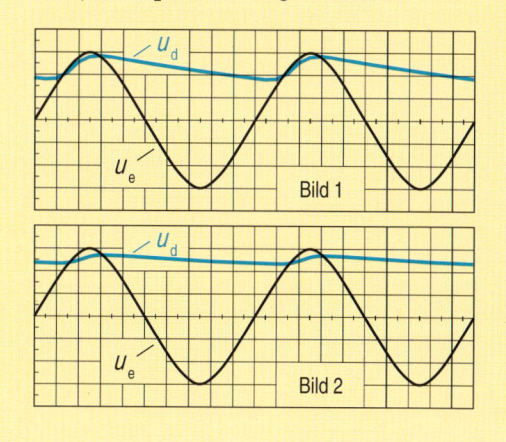

4.12 Gleichrichter III

Zweipuls-Gleichrichterschaltung M2U mit Widerstandslast

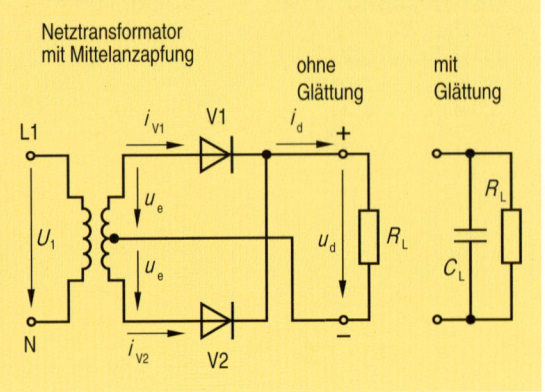

Zweipuls-Mittelpunktschaltung
Bei der Zweipuls-Mittelpunktschaltung **M2U** werden unter Verwendung von zwei Dioden beide Halbwellen der Eingangswechselspannung gleichgerichtet. Voraussetzung ist bei dieser Schaltung ein Transformator mit Mittelanzapfung. Während der positiven Halbwelle von $u_e(t)$ führt die Diode V1 den Strom $i_{V1}(t)$, während der negativen Halbwelle von $u_e(t)$ wird die Last über V2 gespeist. Der vom Gleichrichter abgegebene Gleichstrom beträgt

$$i_d(t) = i_{V1}(t) + i_{V2}(t)$$

und ist wie bei der Schaltung M1U ein Mischstrom, jedoch ohne Stromlücken.
Die Ausgangsspannung kann mit einem Ladekondensator geglättet werden.

Zweipuls-Gleichrichterschaltung B2U mit Widerstandslast

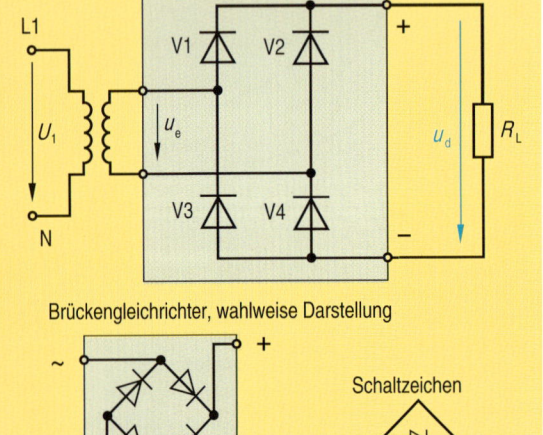

Zweipuls-Brückenschaltung
Die zweipulsige Ausgangsspannung kann auch mit vier Dioden erzeugt werden. Der Netztransformator benötigt dabei keine Mittelanzapfung.
Das Betreiben der Zweipuls-Brückenschaltung **B2U** ohne Netztransformator ist ebenfalls möglich, allerdings bei gleichzeitigem Verzicht auf die galvanische Trennung von Netzwechselspannung und Ausgangsgleichspannung.
Während der positiven Halbwelle von $u_e(t)$ fließt der Strom über die Diode V1, die Last und V4. Während der negativen Halbwelle von $u_e(t)$ fließt der Strom über die Diode V2, die Last und V3.
Die vier Dioden bilden eine Masche, sodass sich die Darstellung in einem (auf einer Ecke stehenden) Quadrat anbietet. Die Anordnung der vier pn-Übergänge in der gezeigten Schaltung im gemeinsamen Gehäuse mit vier Anschlüssen heißt Brückengleichrichter.
Der Zweipulsgleichrichter ist sehr wirtschaftlich, weil keine Gleichstromvormagnetisierung des Transformators auftritt und der Glättungsaufwand geringer ist.

Spannungen bei Schaltung B2U und M2U

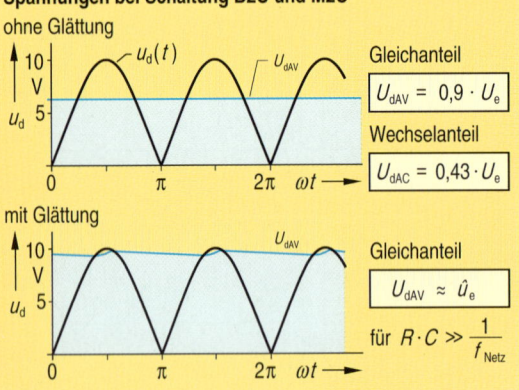

Gleichanteil
$$\boxed{U_{dAV} = 0{,}9 \cdot U_e}$$

Wechselanteil
$$\boxed{U_{dAC} = 0{,}43 \cdot U_e}$$

Gleichanteil
$$\boxed{U_{dAV} \approx \hat{u}_e}$$

für $R \cdot C \gg \dfrac{1}{f_{Netz}}$

Ausgangsspannung des Zweipuls-Gleichrichters
Die Kurvenform der Ausgangsspannung ist lastabhängig. Bei rein ohmscher Last bilden die positiven Halbwellen lückenlos die Ausgangsspannung. Weil während einer Periodendauer der Eingangswechselspannung zwei Maxima in der Ausgangsspannung (so genannte **Pulse**) auftreten, heißen die Schaltungen, die diese Kurvenform bereitstellen, Zweipuls-Gleichrichter. Der Gleichwert U_{dAV} der Ausgangsspannung ist mit der angegebenen Formel leicht berechenbar.
Wird die Ausgangsspannug mit einem Kondensator geglättet, erreicht der Gleichwert der Ausgangsspannung nahezu den Eingangsspannungsscheitel. In diesen Fällen ist die Zeitkonstante der Last sehr viel größer als eine Netzperiode ($RC \gg T_{Netz}$).

Vertiefung zu 4.12

Brückengleichrichter
Die Kennzeichnung der Gleichrichterschaltung erfolgt alphanumerisch durch Aufdruck auf den Brückengleichrichter mit einheitlicher Bedeutung.

B250 C 3200 / 2200

- Brückenschaltung
- Eingangswechselspannung
- Kapazitive Belastung zulässig
- Ausgangsgleichstrom I_{dAV} in mA ohne Kühlkörper
- I_{dAV} in mA mit Kühlblech 250 x 250 x 1

Stromversorgung mit symmetrischen Gleichspannungen
Für den Betrieb von Operationsverstärkern, die z. B. in elektronischen Steuer- und Regelgeräten arbeiten, werden **symmetrische Gleichspannungen** benötigt, beispielsweise: +15 V / −15 V. Für diese Aufgabe geeignet ist die Verwendung von zwei Mittelpunktschaltungen M2U, die von einem gemeinsamen Netztransformator mit Mittelanzapfung gespeist werden.
Diejenige Mittelpunktschaltung, bei der die Anoden an Wechselspannung liegen (lila markiert), liefert am gemeinsamen Katodenanschluss der Dioden die positive Ausgangsgleichspannung gegenüber der Mittelanzapfung der Sekundärwicklung (Masse). Das Diodenpaar der anderen Mittelpunktschaltung besitzt die entgegengesetzte Polung und führt am gemeinsamen Anodenanschluss die negative Ausgangsgleichspannung gegenüber Masse.

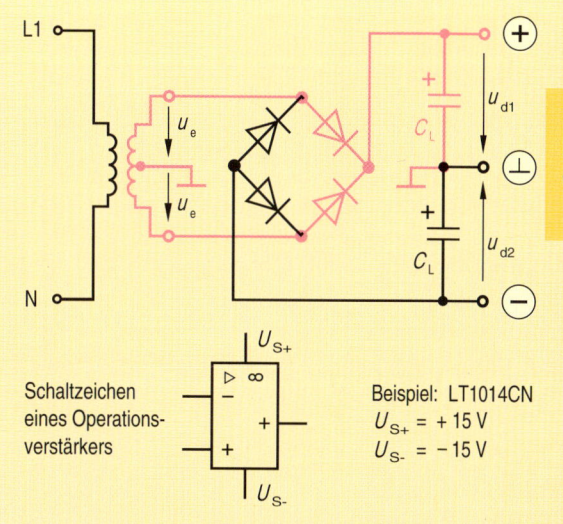

Beispiel: LT1014CN
U_{S+} = + 15 V
U_{S-} = − 15 V

Aufgaben

4.12.1 Ausgangsgleichspannung
Ein Zweipuls-Gleichrichter speist ohne Glättung eine Widerstandslast. Der Effektivwert der Eingangswechselspannung beträgt 12 V. Berechnen Sie den Gleichwert der Ausgangsgleichspannung.

4.12.2 Brückengleichrichter (Kennzeichnung)
Welche Aufschrift trägt ein Brückengleichrichter, der für eine maximale Transformatorausgangsspannung von 80 V eingesetzt werden kann? Mit Kühlung darf der Gleichwert des Ausgangsgleichstromes 3700 mA betragen, ohne Kühlung 2200 mA. Kapazitive Last ist zulässig.

4.12.3 Brummspannung
Berechnen Sie die Brummspannung eines Brückengleichrichters, der ohne Transformator an Netzspannung 230 V / 50 Hz arbeitet und eine R-Last speist.

4.12.4 Zeitkonstante einer RC-Last
Berechnen Sie die Zeitkonstante der RC-Last für die gezeigte Dimensionierung und geben Sie aufgrund des Vergleichs mit einer Netzperiode an, in welcher Höhe der Gleichwert U_{dAV} der Ausgangsspannung zu erwarten ist. (Die Durchlassspannungfälle der Dioden sind vernachlässigbar.)

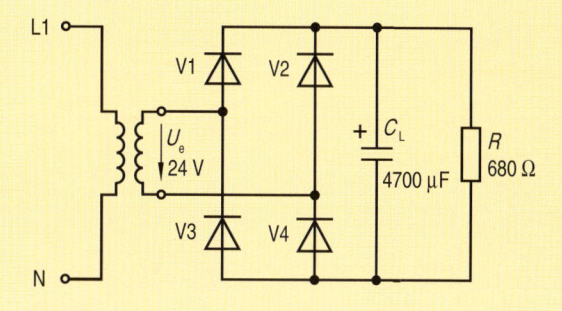

U_e 24 V
C_L 4700 µF
R 680 Ω

4.13 Bipolartransistoren

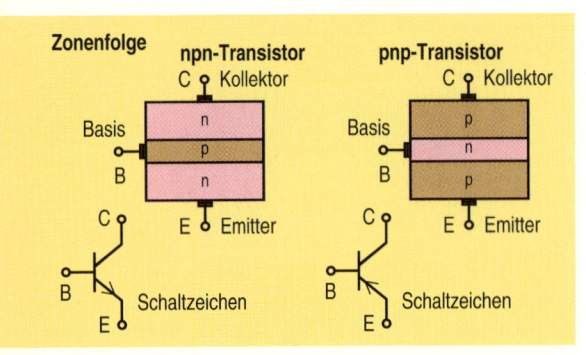

Zonenfolge — npn-Transistor / pnp-Transistor (Schaltzeichen)

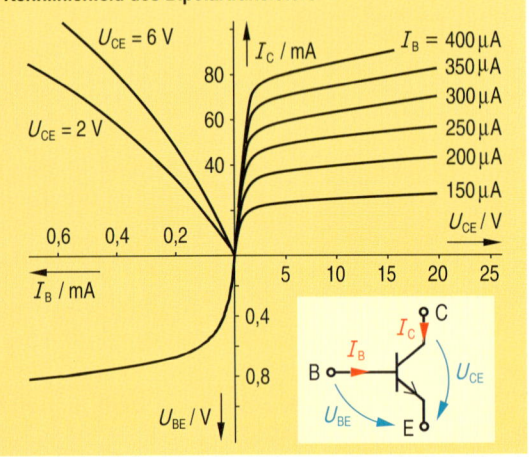

Kennlinienfeld des Bipolartransistors

Analoge Transistor-Grundschaltungen: Emitterschaltung, Kollektorschaltung, Basisschaltung

Kleinsignalbetrieb / Großsignalbetrieb — Stromsteuerkennlinie

Aufbau der Bipolartransistoren
Transistoren sind Gleichstrom steuernde Halbleiterbauelemente mit zwei pn-Übergängen. Grundsätzlich werden die Transistoren in zwei große Gruppen eingeteilt: Bipolartransistoren BJT (Elektronen und Defektelektronen betätigen sich als Ladungsträger) sowie Feldeffekttransistoren FET (unipolare Transistoren, bei denen nur eine Ladungsträgerart existiert).
Die p- und die n-dotierten Halbleiterschichten können beim BJT zwei verschiedene Schichtenfolgen bilden, so dass npn- sowie pnp-Transistoren entstehen.

Transistorkennlinien
Transistoren sind nicht lineare aktive Bauelemente, sodass die Abhängigkeiten der Spannungen und Ströme des Transistors nur mittels Kennlinien beschreibbar sind. Im Datenblatt angegebene Kennwerte gelten stets für einen bestimmten Arbeitspunkt. Wie sich die Datenblattwerte bei Verlagerung des Betriebspunktes verändern, zeigen die Transistorkennlinien.
Die Abhängigkeit des Kollektorstromes I_C von der Kollektor-Emitter-Spannung U_{CE} bei einem bestimmten Basisstrom I_B heißt Ausgangskennlinie (1. Quadrant). Den Zusammenhang zwischen dem Basisstrom I_B und der Basis-Emitter-Spannung U_{BE} bei einer konstanten Kollektor-Emitter-Spannung U_{CE} beschreibt die Eingangskennlinie (3. Quadrant). Aus der Steuerkennlinie $I_C = f(I_B)$ können die Wechselstromverstärkung β und die Gleichstromverstärkung B bestimmt werden.

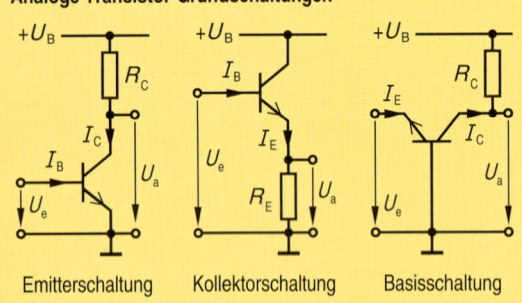

Grundschaltungen des Transistorverstärkers
Der Transistor bietet drei Varianten, das Steuersignal anzulegen und das Ausgangssignal zu erfassen. Dabei verleiht der für den Eingangs- *und* den Ausgangskreis gemeinsam verwendete Transistoranschluss der Grundschaltung den Namen.
Wegen der guten Werte für die Spannungs- und für die Stromverstärkung favorisierte sich die Emitterschaltung zur bedeutendsten Verstärkerschaltung.
Die Basisschaltung findet man meist in Hochfrequenzverstärkern. Die Kollektorschaltung dient vorzugsweise der Impedanzwandlung.

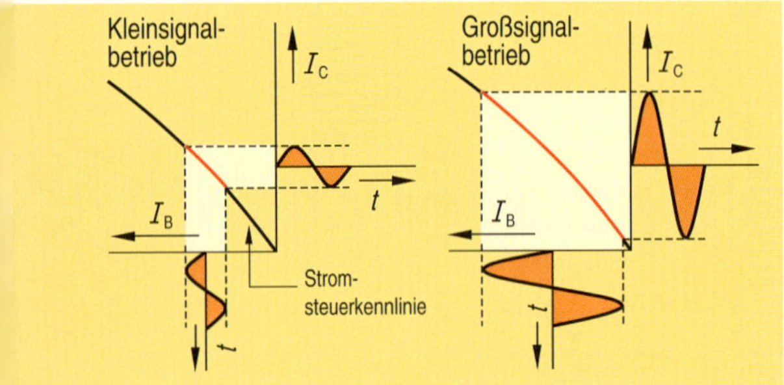

Einteilung in Betriebsartengruppen
Die vielfältigen Transistorschaltungen werden zur Unterscheidung der einzelnen Betriebsarten in vier Gruppen eingeteilt. Gelangt nur der mit den Gleichgrößen eingestellte Arbeitspunkt zur Anwendung, liegt **Gleichstrombetrieb** vor. Wird eine kleine Wechselgröße verstärkt, so herrscht **Kleinsignalbetrieb**. Beim **Großsignalbetrieb** wird nahezu die gesamte Steuerkennlinie durchfahren. Im **Schaltbetrieb** liegen zwei stabile Arbeitspunkte außerhalb der Stromsteuerkennlinie.

Vertiefung zu 4.13

Grenzwerte für Transistoren
Die Betriebsgrenzen des Transistors werden im Datenblatt als Grenzwerte angegeben. Einige davon können im Ausgangskennlinienfeld veranschaulicht werden. Die höchstzulässige Spannung zwischen Kollektor und Emitter bei offener Basis wird als Grenzwert U_{CEO} bezeichnet. U_{CE}-Werte oberhalb dieses Grenzwertes führen zum Durchbruch. Der „totale" Grenzwert für die Verlustleistung des Transistors heißt P_{tot}. Mit I_{CM} kennzeichnet man den Grenzwert des Kollektorstromes, der unabhängig von Reserven anderer thermischer Betriebsgrenzen (z. B. P_{tot}) nicht überschritten werden darf. Den Grenzwert der Sperrschichttemperatur nennt man $\vartheta_{J\,max}$.

Transistor als Schaltverstärker
Die Betriebsart Schaltbetrieb unterscheidet sich deutlich von den Betriebsarten des Transistors als analoger Verstärker: Zwei stabile Arbeitspunkte verkörpern die Betriebszustände eines Schalters. Im Arbeitspunkt E (EIN) ist der Transistor leitend, der Kollektorstrom fließt durch die Last, wobei die Laststromstärke maßgeblich von der Höhe der Betriebsspannung U_B und dem Wert des Lastwiderstandes R_L bestimmt wird. Die Kollektor-Sättigungsspannung $U_{CE\,sat}$ (z. B. 0,4 V) ist gering. Die Arbeitsgerade im Ausgangskennlinienfeld zeigt deutlich, dass ein größerer Basisstrom ($I_{B1} > I_{B2}$) die Kollektor-Sättigungsspannung weiter verringert. Bei der Berechnung des Basiswiderstandes R_B wird daher ein Übersteuerungsfaktor (z. B. $ü = 2$) einbezogen. Im Arbeitspunkt A (AUS) ist der Transistor gesperrt, es fließt kein Laststrom.

Die „Betätigung" des Schalttransistors dauert nur einige Nanosekunden, ein mechanischer Schalter benötigt bis zum Schließen des Relaiskontaktes etwa 20 ms.

Parallelschaltung von Bipolartransistoren
Hohe Verlustleistungen in den Transistoren, beispielsweise bei Leistungsstufen, können die Parallelschaltung mehrerer Einzeltransistoren erfordern. Eine gleichmäßige Aufteilung der Gesamtverlustleistung wird mit Ausgleichswiderständen erzwungen, die im Emitterzweig durch Gegenkopplung den Arbeitspunkt stabilisieren. Die einzelnen Kollektorströme sind somit praktisch gleich groß, (im Beispiel: $I_{C1} = I_{C2}$).

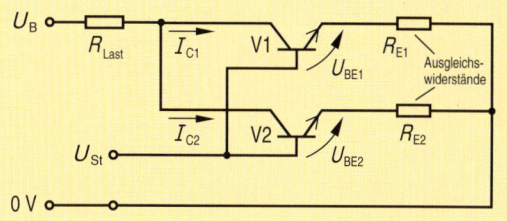

Aufgaben

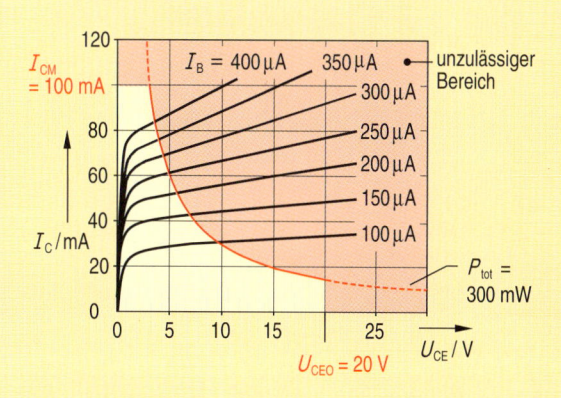

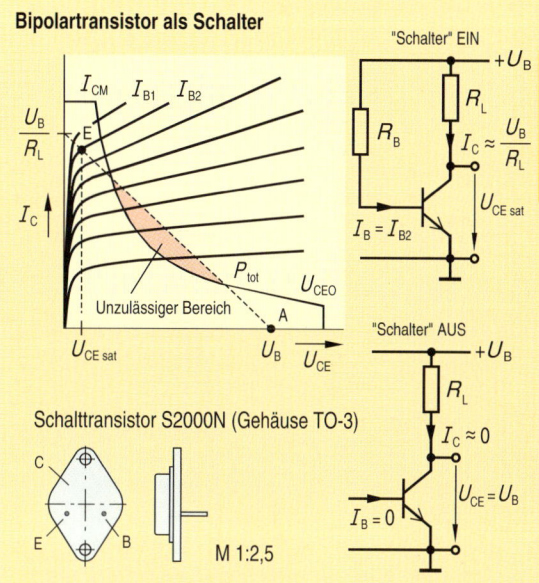

4.13.1 Bipolartransistor als Vierpol
Wie heißen die drei Transistorgrundschaltungen?

4.13.2 Parallelschaltung von Bipolartransistoren
Welche Aufgabe erfüllen die Widerstände R_{E1} und R_{E2}?

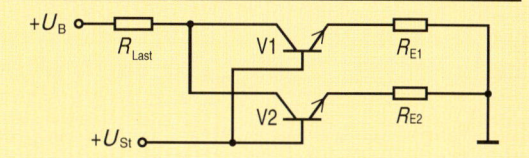

4.14 Stromversorgungsschaltungen

"Lineares Netzgerät"

Netzgleichrichtung — Glättung — Siebglied — Stabilisierung — Last

Siebschaltungen

RC - Siebglied
- R_S
- C_S
- u_{d1}, u_{d2}

LC - Siebglied
- L_S
- C_S
- u_{d1}, u_{d2}

Drossel und Saugkreise
- L_S, C_{SK}
- $f_r = 100$ Hz
- $f_r = 200$ Hz
- L_{SK}

R_S Siebwiderstand
C_S Kapazität des Siebkondensators
L_S Induktivität der Siebdrosselspule
u_{d1} Mischspannung des Gleichrichters
u_{d2} gesiebte Gleichspannung

Spannungsstabilisierung mittels Zenerdiode

R_v, V, U_e, U_z, U_a

ΔU_z, U_z, ΔI_Z, P_{Vmax}, I_Z

Stabilisierung mit Z-Diode und Längstransistor

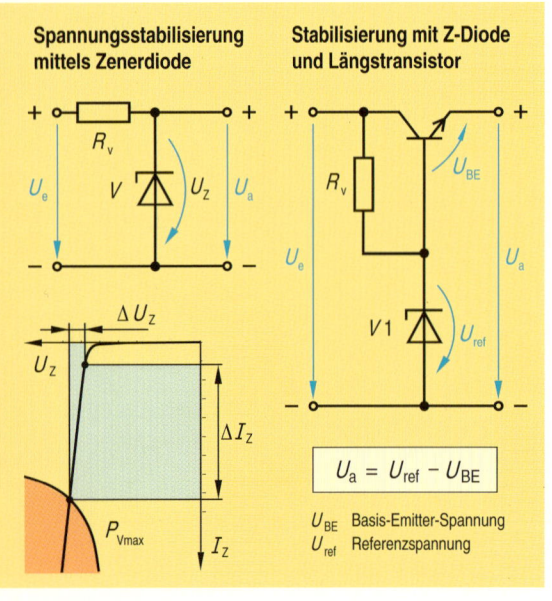

R_v, U_{BE}, U_e, U_a, V1, U_{ref}

$$U_a = U_{ref} - U_{BE}$$

U_{BE} Basis-Emitter-Spannung
U_{ref} Referenzspannung

Siebung der Ausgangsspannung

Die gleichgerichtete Ausgangsspannung wird mit einem Ladekondensator geglättet. Dennoch enthält die Ausgangsgleichspannung $u_d(t)$ eine Restwechselspannung (Brummspannung), die durch **Siebung** weiter reduziert werden kann.
Enthält die Last bereits große Induktivitäten, wie dies bei den Spulen von Schützen und Magnetkupplungen der Fall ist, so bewirken die Verbraucher selbst die Glättung des Laststromes. In Ladegeräten für Akkumulatoren kann ebenfalls auf ein Siebglied verzichtet werden, denn Akkumulatoren wirken wie Kapazitäten.

Siebglieder

Der grundsätzliche Aufbau der Siebschaltungen ist davon abhängig, in welcher Höhe der Nennwert des Laststrom erwartet wird.
Dementsprechend enthalten die Siebschaltungen bei schwachen Lastströmen vorzugsweise Kondensatoren, bei größeren Lastströmen werden Induktivitäten eingesetzt.
Soll der Gleichrichter nur kleine Leistungen abgeben, wird das **RC-Siebglied** verwendet. Bei mittlerer Leistung kommt das **LC-Siebglied** zum Einsatz.
Für Lasten, die von der Gleichrichterschaltung eine große Ausgangsleistung bei geringer Welligkeit fordern, finden Siebschaltungen Anwendung, die aus Siebdrossel und Saugkreisen bestehen. Die Saugkreiselemente L_{SK} und C_{SK} bilden jeweils einen Reihenschwingkreis, dessen Resonanzfrequenz auf die Frequenz der Brummspannungskomponenten abgestimmt ist.

Spannungsstabilisierung

Die gleichgerichtete, geglättete und eventuell gesiebte Gleichspannung muss insbesondere dann stabilisiert werden, wenn elektronische Schaltungen die Last bilden. Netzspannungsschwankungen, Temperaturschwankungen und Änderungen des Laststromes dürfen die Versorgungsspannung der elektronischen Lasten nicht verändern.
Die einfachste Stabilisierungsschaltung wird durch einen Vierpol gebildet, bestehend aus Vorwiderstand R_v und Zenerdiode V. Die Ausgangsspannung U_a ist gleich der Zenerspannung U_z, und deren Änderungen $\Delta U_z = \Delta U_a$ sind bei Belastung im Bereich von I_{Zmax} bis $0{,}1 \cdot I_{Zmax}$ äußerst gering. Bei Leerlauf fließt I_{Zmax} und die Verlustleistungen in der Z-Diode und in R_v sind hoch. In der Schaltung mit einem zusätzlichen Längstransistor V2 wird R_v nicht (mehr) vom Laststrom durchflossen. Weil U_{ref} und U_{BE} bei Änderungen des Laststromes nahezu konstant bleiben, ist U_a auch bei Laststromschwankungen konstant.

Vertiefung zu 4.14

Integrierte Spannungsregler

Im integrierten Spannungsregler (Monolithic Voltage Regulator) sind die eigentliche Regelschaltung, der Längstransistor und Baugruppen zur Überlastvermeidung (Überlastschutz, Laststrombegrenzung, Temperaturbegrenzung) vereinigt.
Man unterscheidet Festspannungsregler und einstellbare Spannungsregler.

Festspannungsregler besitzen lediglich drei, in einigen Ausnahmefällen auch fünf Anschlüsse.
Die Ausgangsspannung beträgt meist 5 V, 6 V, 8 V, 10 V, 12 V, 15 V, 18 V oder 24 V. Sie wird mit der Kennzeichnung des Bauelements angegeben. So z. B. bedeutet „µA7812C", dass $U_a = 12\,V$ beträgt. Die unmittelbar an den Anschlüssen des Festspannungsreglers befindlichen Kondensatoren dienen der Unterdrückung von Schwingneigungen des Schaltkreises.

Einstellbare Spannungsregler gestatten bei Hinzunahme eines ohmschen Spannungsteilers (R_1 und R_2), die Ausgangsspannung in weiten Grenzen einzustellen, typisch z. B.: $U_a = 1{,}2\,V \ldots 37\,V$ (LM317T).
Ein entscheidender Kennwert des einstellbaren Spannungsreglers ist die Referenzspannung U_{ref}, die gemeinsam mit dem eingestellten Spannungsteilerverhältnis R_2/R_1 den gewünschten Wert für die Ausgangsspannung bestimmt.

Festspannungsregler

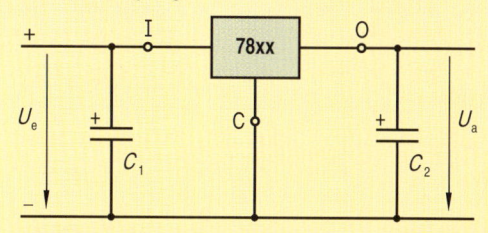

Die Eingangsspannung des Festspannungsreglers muss mindestens um 2 V größer sein als die Ausgangsspannung.

Einstellbarer Spannungsregler

$$U_a = U_{ref}\left(1 + \frac{R_2}{R_1}\right)$$

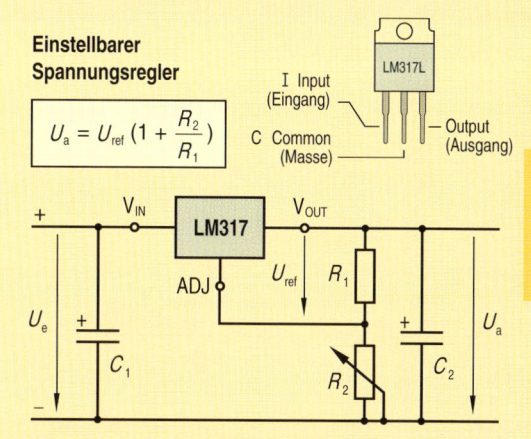

I Input (Eingang)
C Common (Masse)
Output (Ausgang)
LM317L

Schaltnetzteil

Bei den Netzgeräten ohne Netztransformator wird die Eingangswechselspannung über ein Netzfilter zur Störunterdrückung geführt und nun direkt gleichgerichtet. Ein Ladekondensator hält die Gleichspannung in Höhe der Eingangsamplitude, z. B. auf 325 V.
Der als Schalter arbeitende Feldeffekttransistor taktet diese Gleichspannung mit einer Arbeitsfrequenz von beispielsweise 50 kHz. Der Speichertransformator besitzt bei dieser Frequenz eine deutlich geringere Baugröße als ein entsprechender Netztransformator für gleiche Leistung. Die Sekundärwicklungen führen jeweils hochfrequente, der Rechteckform ähnliche Wechselspannungen. Diese werden gleichgerichtet und geglättet. Einer der Sekundär-Stromkreise dient der Istwerterfassung. Der Regelverstärker steuert über einen Optokoppler den Leistungstransistor (FET).

Primärgetaktetes Schaltnetzteil (Schaltungsprinzip)

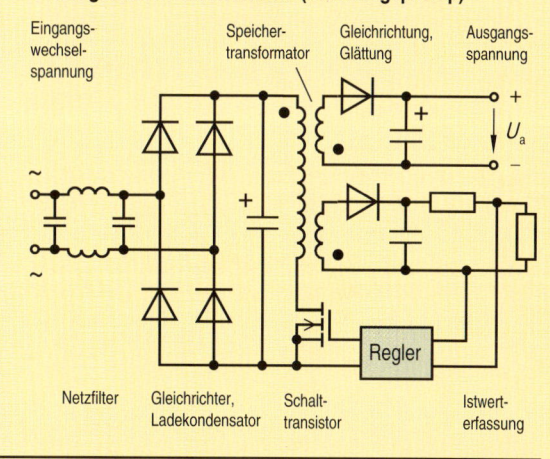

Netzfilter – Gleichrichter, Ladekondensator – Schalttransistor – Speichertransformator – Gleichrichtung, Glättung – Ausgangsspannung – Istwerterfassung

Aufgaben

4.14.1 Spannungsstabilisierungsschaltung
Zur Bereitstellung einer stabilisierten Gleichspannung von 8,5 V wurde die Stabilisierungsschaltung mit Längstransistor und Zenerdiode gewählt. Welche Zenerspannung U_{Znom} muss die Z-Diode besitzen, wenn für den Transistor $U_{BE} = 0{,}6\,V$ angenommen wird?

4.14.2 Einstellbarer Spannungsregler
Der einstellbare Spannungsregler LM317 wurde mit einem Festwiderstand $R_1 = 240\,\Omega$ und einem Potentiometer $R_2 = 4{,}7\,k\Omega$ (Nennwert) beschaltet. U_{ref} beträgt 1,25 V. Auf welchen Widerstandswert ist R_2 einzustellen, damit die Ausgangsspannung 14 V beträgt?

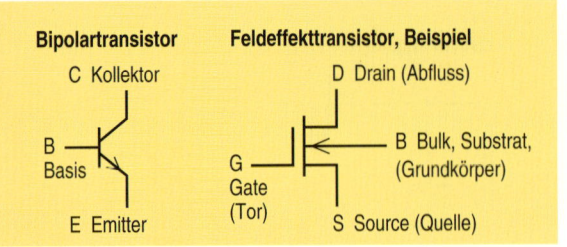

4.15 Feldeffekttransistoren

Bipolartransistor
- C Kollektor
- B Basis
- E Emitter

Feldeffekttransistor, Beispiel
- D Drain (Abfluss)
- B Bulk, Substrat, (Grundkörper)
- G Gate (Tor)
- S Source (Quelle)

Bezeichnung der Transistoranschlüsse
Die Anschlüsse der **FeldEffektTransistoren** (**FET**) weichen in ihrer Bezeichnug deutlich von denen der bipolaren Transistoren ab. Der Vergleich der Schaltsymbole der beiden großen Transistorgruppen zeigt ebenfalls große Unterschiede. Schließlich besitzen Feldeffekttransistoren (FET) ein völlig anderes Funktionsprinzip als die bipolaren Transistoren (BJT).

n-Kanal Sperrschicht-FET, schematischer Aufbau

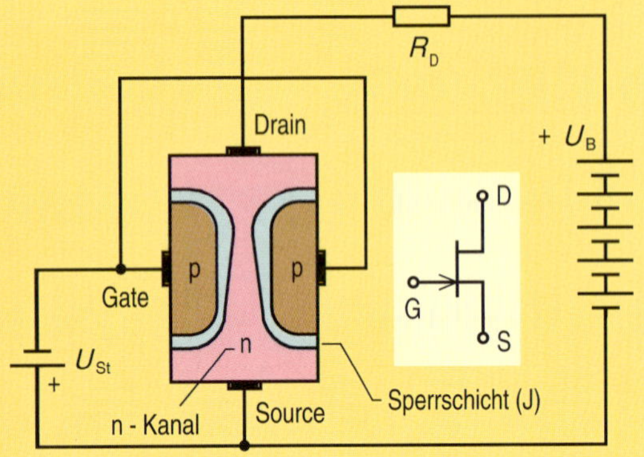

Sperrschicht-Feldeffekttransistoren
Zwischen den Anschlüssen **Source** und **Drain** des Sperrschicht-Feldeffekttransistors befindet sich eine Halbleiterzone, deren elektrische Leitfähigkeit mit Hilfe eines elektrischen Feldes beeinflussbar ist. Diese Zone ist der **Kanal**, dessen Breite elektrisch veränderbar ist. Durch Erhöhen der (negativen) Gate-Source-Spannung U_{GS} wird der Kanal schmaler und sein Widerstand steigt an. Bei Erreichen von $U_{GS(OFF)}$ ist er vollständig zugeschnürt, wobei der Kanal nur noch einen winzigen Reststrom (z. B. 1 µA) durchlässt. Sperrschicht-Feldeffekttransistoren nennt man auch pn-FET oder JFET (Junction-FET). Das Gate besteht dabei aus dem entgegengesetzt dotierten Leitungstyp; beim n-Kanal-JFET existiert demnach ein p-Gate.

n-Kanal-Sperrschicht-FET, Kennlinien

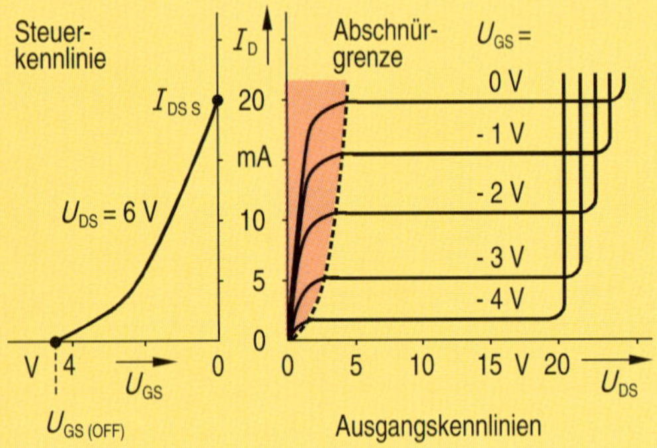

Strom-Spannungs-Verhalten des JFET (n-Kanal)
Wird zwischen Drain- und Sourceanschluss eine positive Spannung U_{DS} angelegt, fließt ein Drainstrom I_D. Die Höhe dieses Drainstromes I_D hängt von der Drain-Source-Spannung und dem Kanalwiderstand ab, der durch die Steuerspannung U_{GS} beeinflussbar ist. Somit ergibt sich die Ausgangskennlinie $I_D = f(U_{DS})$ mit U_{GS} als Parameter. Neben der Steuerspannung U_{GS} besitzt auch die Drain-Source-Spannung U_{DS} eine abschnürende Wirkung, sodass mit Erreichen der Abschnürgrenze eine ansteigende Spannung U_{DS} den Drainstrom nicht mehr erhöht. Sind Gate und Source kurzgeschlossen, tritt bei $U_{GS} = U_{GS(OFF)}$ der Drain-Source-Kurzschlussstrom I_{DSS} ein.

Kleinsignalverstärker mit n-Kanal-JFET in Sourceschaltung

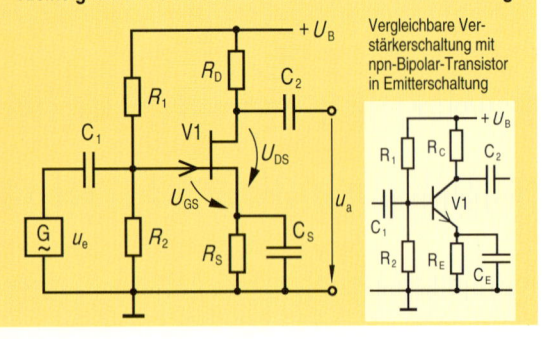

Vergleichbare Verstärkerschaltung mit npn-Bipolar-Transistor in Emitterschaltung

Sourceschaltung des JFET
Mit dem Feldeffekttransistor als verstärkender Vierpol sind, ebenso wie beim Bipolartransistor, wiederum drei Grundschaltungen möglich. Die Benennung erfolgt entsprechend.
Die Sourceschaltung ist mit der Emitterschaltung des Bipolartransistors vergleichbar, die beiden Verstärkerschaltungen sind im Aufbau sehr ähnlich.
Bei der Verstärkung einer Wechselspannung bewirkt die Source- wie die Emitterschaltung eine Phasendrehung um 180°. Da die Sourceschaltung im Vergleich zur Emitterschaltung einen wesentlich höheren Eingangswiderstand besitzt, eignet sie sich gut als Vorverstärker.

Vertiefung zu 4.15

Isolierschicht-Feldeffekttransistoren

Ist die Steuerelektrode nicht durch einen pn-Übergang, sondern durch eine isolierende SiO_2-Schicht vom leitenden Kanal getrennt, handelt es sich um Isolierschicht-Feldeffekttransistoren, die auch IGFET (Insulated-Gate-FET) oder MOSFET (Metal-Oxid-Semiconductor-FET) genannt werden. Der Eingangswiderstand liegt mit $R_{GS} \approx 10^{10}\ \Omega$ wesentlich höher als beim Sperrschicht-FET.

Wie beim JFET existiert die Ausführung mit p-Kanal oder mit n-Kanal. Jedoch ist es nur beim Isolierschicht-FET möglich, dass man mit Hilfe der Gate-Spannung den Strom im Kanal abschwächen und auch verstärken kann. So wird beim **selbstleitenden** n-Kanal-MOSFET der Drainstrom durch eine negative Steuerspannung verringert und durch eine positive Steuerspannung vergrößert. Deshalb eignet sich der selbstleitende MOSFET vorrangig für analoge Verstärker. Für den Betrieb als Schalter ist er jedoch nicht geeignet.

Die größere Bedeutung im Vergleich zum selbstleitenden MOSFET besitzt der **selbstsperrende** MOSFET insbesondere wegen seines Einsatzes in der digitalen Schaltkreistechnik und weil der Betrieb als Schalter möglich ist.

Hinsichtlich seines Übertragungsverhaltens ist der selbstsperrende n-Kanal-MOSFET mit dem npn-Bipolartransistor vergleichbar. Der p-Kanal-Typ entspricht dem pnp-Bipolartransistor. Der gravierende Vorteil der MOSFET begründet sich darin, dass die Ansteuerung der Isolierschicht-Feldeffekttransistoren praktisch leistungslos erfolgt.

MOSFET-Leistungstransistoren

Die Isolierschicht-Feldeffekttransistoren können auch für hohe Ströme und Spannungen hergestellt werden, wobei der n-Kanal-MOSFET dominiert. Diese Power-MOSFET sind für Sperrspannungen $U_{DS(max)}$ bis zu 1000 V verfügbar. Der Drain-Source-Einschaltwiderstand $R_{DS(on)}$ beträgt dann $2\ \Omega$. Bei Leistungstransistoren mit einem Chip pro Gehäuse kann die maximale Verlustleistung P_{tot} 300 W betragen.

Die praktisch leistungslose Ansteuerung und die wesentlich kürzeren Schaltzeiten gegenüber bipolaren Leistungstransistoren zählen zu den bedeutendsten Vorteilen der Power-MOSFET.

Wichtige Anwendungsgebiete sind der Einsatz als Leistungsschalter in getakteten Stromversorgungsgeräten, in Gleichspannungswandlern, in Wechselrichtern und in Schrittmotor-Treibern. Für das schnelle Schalten von Schützen eignen sich Power-MOSFET als elektronische Schalter im Steuergerät, wobei der Steuerstromkreis und der Ansteuerkreis mittels Optokoppler galvanisch getrennt werden können.

Schaltzeichen und Ausgangskennlinien von MOSFET

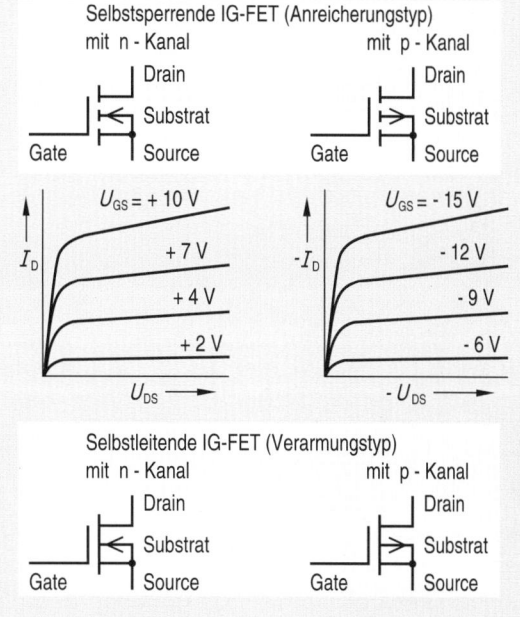

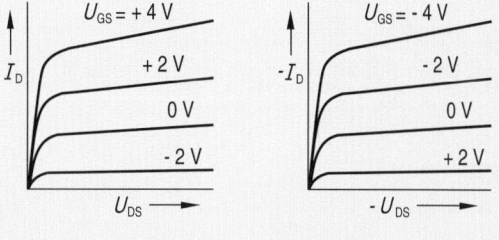

Selbstsperrende IG-FET (Anreicherungstyp)
mit n-Kanal / mit p-Kanal

$U_{GS} = +10\ V, +7\ V, +4\ V, +2\ V$
$U_{GS} = -15\ V, -12\ V, -9\ V, -6\ V$

Selbstleitende IG-FET (Verarmungstyp)
mit n-Kanal / mit p-Kanal

$U_{GS} = +4\ V, +2\ V, 0\ V, -2\ V$
$U_{GS} = -4\ V, -2\ V, 0\ V, +2\ V$

Ansteuerung für einen Schütz mit Power-MOSFET

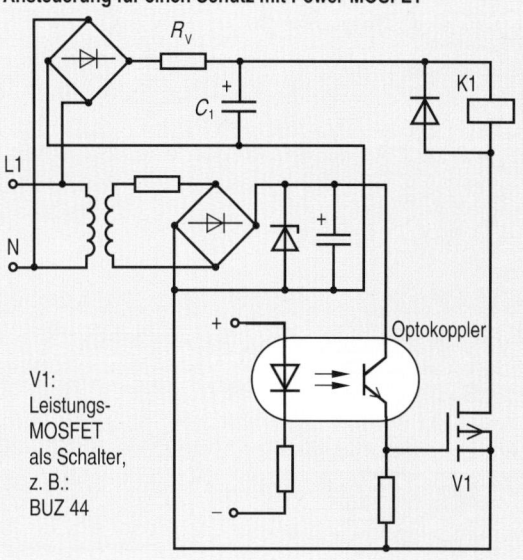

V1: Leistungs-MOSFET als Schalter, z. B.: BUZ 44

4.16 IGBT

IGBT, Schaltbilder

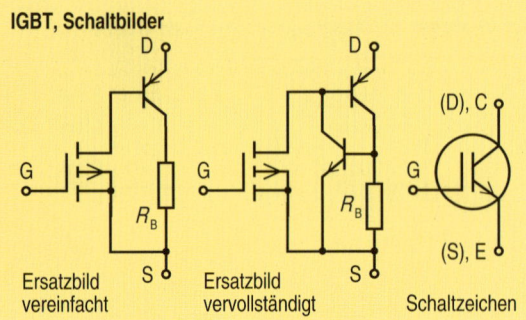

Ersatzbild vereinfacht • Ersatzbild vervollständigt • Schaltzeichen

IGBT, Aufbauschema

IGBT, Ausgangskennlinien (qualitativ)

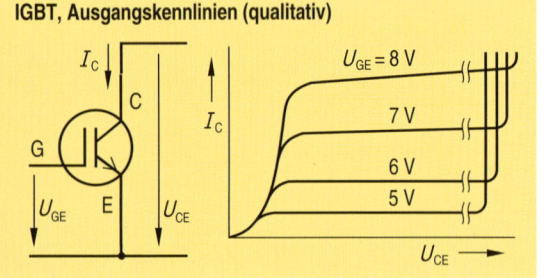

Treiberschaltung für IGBT

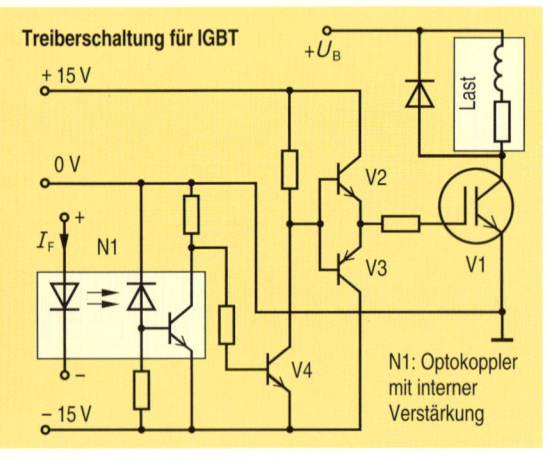

N1: Optokoppler mit interner Verstärkung

IGBT - Bipolartransistor mit isoliertem Gate

Eine Kombination von Bipolartransistor und Isolierschicht-Feldeffekttransistor führt zum **IGBT** (**I**nsulated **G**ate **B**ipolar **T**ransistor), einem bipolaren Leistungstransistor mit integrierter MOSFET-Ansteuerung, auch COMFET genannt. Der Nachteil der MOSFET, dass die Durchlassverluste im Widerstand $R_{DS(on)}$ quadratisch mit dem Strom I_{DS} ansteigen, wird meist durch große Chipflächen in unwirtschaftlicher Weise reduziert. Eine (im Vergleich zum Leistungs-MOSFET) zusätzliche drainseitige p-Schicht beseitigt diesen Nachteil.

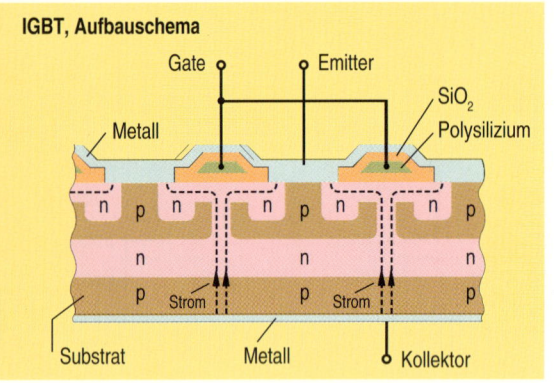

Wirkungsweise des IGBT

Durch die zusätzliche p-Schicht auf der Drainseite (Substrat) bildet sich ein pn-Übergang, worüber bei positivem Drain in großer Zahl Defektelektronen in die sonst hochohmige n-Schicht wandern. Die erhöhte Leitfähigkeit der n-Schicht gestattet, dass die Defektelektronen in die sourceseitigen p-Zonen strömen und somit zum Sourceanschluss gelangen. Dieser Vorgang kann durch einen zusätzlichen pnp-Transistor berücksichtigt werden. Desweiteren lässt sich die Zonenfolge eines npn-Transistors aufspüren. Diese pnpn-Zonenfolge kann bei Stromüberlastung dazu führen, dass der IGBT nicht über das Gate abgeschalten werden kann.

Klemmenverhalten des IGBT

IGBT sind spannungsgesteuerte Leistungshalbleiter. Erreicht die Steuerspannung U_{GE} den Schwellwert $U_{GE(th)}$ (Gate-Emitter-Einsatzspannung), der etwa 5 V beträgt, beginnt der Kollektorstrom I_C zu fließen. Die Ausgangskennlinien $I_C = f(U_{CE})$ verlaufen aus dem Ursprung heraus zunächst ähnlich einer Diodenkennlinie, sodass mit ansteigendem Kollektorstrom der Widerstand der Kollektor-Emitter-Strecke abnimmt. Sie münden danach in die MOSFET-Kennlinien-Gestalt.

Schaltzeiten der IGBT

Die Schaltzeiten der IGBT liegen unter denen von bipolaren Transistoren, z. B. für den IGBT vom Typ GT50J beträgt die Einschaltzeit 0,8 µs und die Ausschaltzeit 1 µs. Die Abschaltzeit lässt sich verkürzen, indem zusätzlich eine negative Hilfsspannung verwendet wird. In diesem Fall kommt für die Ansteuerschaltung des IGBT eine symmetrische Spannungsversorgung (+15 V/0 V/-15 V) zur Anwendung. Der Einsatz eines schnellen Optpkopplers ermöglicht, dass die Schaltsignale potenzialfrei zugeführt werden. Ohne Steuerstrom ($I_F = 0$) ist V4 leitend, der IGBT (V1) wird über V3 abgeschaltet. Fließt der Steuerstrom I_F, ist V4 gesperrt und über V2 wird der IGBT eingeschaltet. Eine Überlastabschaltung kann die Treiberschaltung ergänzen.

Vertiefung zu 4.16

Anwendungen der IGBT

Eine Vielzahl von Einsatzgebieten finden die IGBT in der elektronischen Antriebstechnik. In drehzahlvariablen Drehstromantrieben mit Frequenzstellung wirken Frequenzumrichter, die aus dem starren Drehstromnetz eine variable Dreiphasenwechselspannung mit veränderbarer Frequenz erzeugen.

Bei den Frequenzumrichtern mit Gleichspannungszwischenkreis erzeugt zunächst ein ungesteuerter Gleichrichter in Sechspuls-Brückenschaltung (B6U) eine nahezu konstante Zwischenkreisspannung. Der dreiphasige Wechselrichter realisiert danach die Bildung der Drehfeldfrequenz und der dreiphasigen Klemmenspannung für den Drehstrommotor. Im Leistungsbereich bis etwa 250 kW wird der Wechselrichter mit Transistoren, vorzugsweise mit IGBT ausgeführt.

Der dreiphasige Wechselrichter besteht jeweils aus sechs steuerbaren Halbleiterbauelementen, den „Stromrichterventilen", die konstruktiv in einem Modul angeordnet werden können.

Innerhalb des IGBT-Moduls in Dreiphasen-Vollbrückenschaltung sind die einzelnen Transistoren bereits verdrahtet, sodass nur zwei Eingangsklemmen (P+ und P−) sowie drei Ausgangsklemmen (U, V, W) erforderlich sind. Für jeden Transistor werden zwei Anschlüsse für die Ansteuerung herausgeführt. IPM (Intelligent Power Module) beinhalten die Stromrichterventile **und** die Steuerschaltung.

Frequenzumrichter mit Gleichspannungszwischenkreis

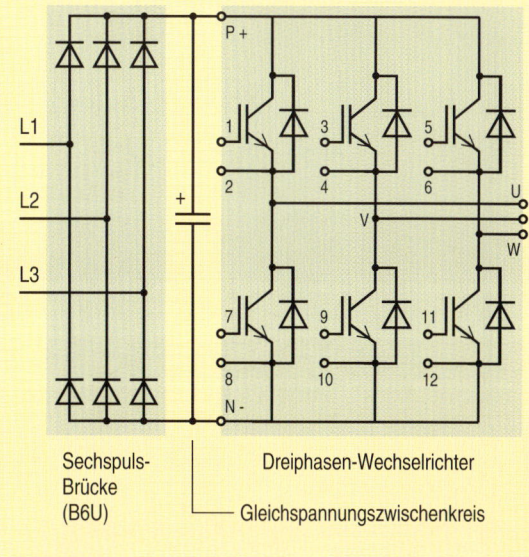

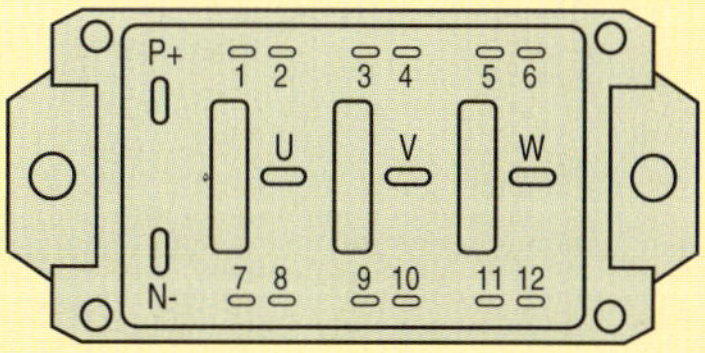

Kenn- und Grenzwerte des IGBT

Um die statische Verlustleistung des IGBT für reine Gleichstromlast errechnen zu können, werden die Kollektor-Emitter-Sättigungsspannung $U_{CE\,sat}$ und der maximale Kollektor-Gleichstrom $I_{C\,max}$ multipliziert. In der Hochstromausführung eines IGBT mit $I_{C\,max} = 300\,A$ und $U_{CE\,sat} = 2{,}8\,V$ ergibt sich ein typischer Wert von $P_V = 840\,W$. Bei einer Betriebsspannung U_B von beispielsweise 600 V kann dieser Hochstrom-IGBT eine Schaltleistung von 180 kW aufweisen.

Für die Ansteuerung sind der statische Kennwert $U_{GE\,(th)}$ (Gate-Emitter-Schwellspannung) und die Steuerkennlinie $I_C = f(U_{GE})$ von Bedeutung.

IGBT - Kennlinien mit Grenzwerten

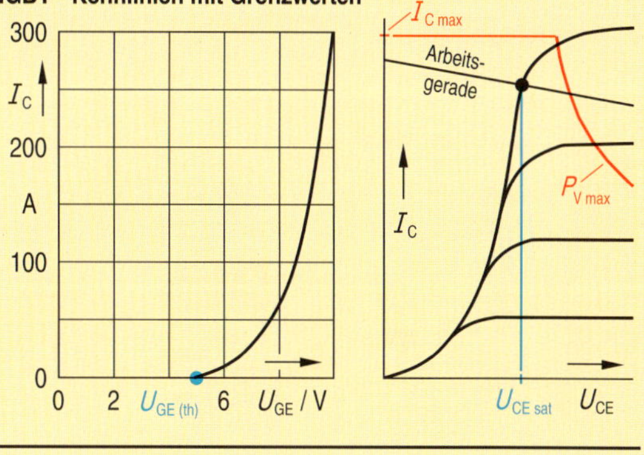

Aufgaben

4.16.1 Gate-Emitter-Schwellspannung des IGBT
Welchen Wert für die Gate-Emitter-Einsatzspannung $U_{GE\,(th)}$ hat der IGBT mit der gegebenen Steuerkennlinie?

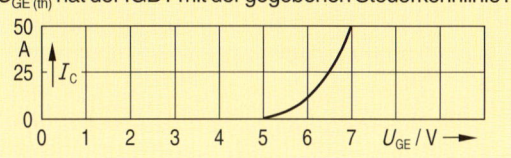

4.16.2 Schalt- und Verlustleistung eines IGBT
Dem Datenblatt des IGBT Typ „BUP314D" wurden folgende Werte entnommen: $U_{CE\,max} = 1200\,V$, $I_{C\,max} = 42\,A$, $U_{CE\,sat} = 3{,}4\,V$, $I_{CES} = 800\,\mu A$ und $U_{GE\,(th)} = 6\,V$. Berechnen Sie die statische Verlustleistung P_V für reine Gleichstromlast und die Schaltleistung P_L, wenn bei einer Betriebsspannung $U_B = 800\,V$ ein Laststrom von 42 A geschalten wird.

4.17 Stromrichterventile

Nicht steuerbare Stromrichterventile

Leistungsdiode

Vierschichtdiode
$U_{(B0)} = 20 \ldots 200$ V
$I_H = 15 \ldots 45$ mA

DIAC (Dreischichtdiode)
$U_{(B0)} = 20 \ldots 36$ V

Fünfschichtdiode
$U_{(B0)} < 10$ V
$I_H < 5$ mA

Schaltzeichen steuerbarer Stromrichterventile (Auswahl)

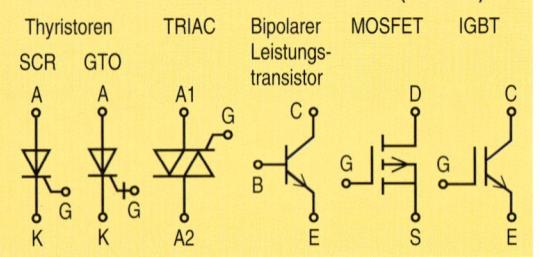

Thyristoren SCR, GTO — TRIAC — Bipolarer Leistungstransistor — MOSFET — IGBT

Thyristor: Kristallstruktur (schematisch) und Schaltzeichen

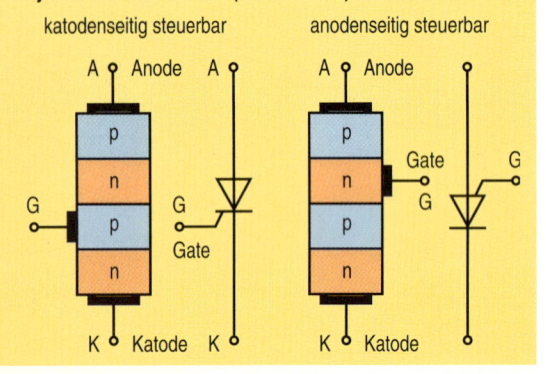

katodenseitig steuerbar — anodenseitig steuerbar

Datenblattangaben von Kleinthyristoren (Auszug)

Typ	I_{TAV} in A	I_{TRMS} in A	I_{TSM} in A	U_{DRM}, U_{RRM} in V	I_{GT} in mA	di/dt A/µs
BSt B01	0,8	1,25	34	100 … 700	1 … 10	50
BSt B02	3	4,7	34	100 … 700	3 … 10	50
BSt C05	5	8	70	100 … 700	5 … 20	50
BSt D10	8	12,5	130	400 … 800	1,5 … 25	100

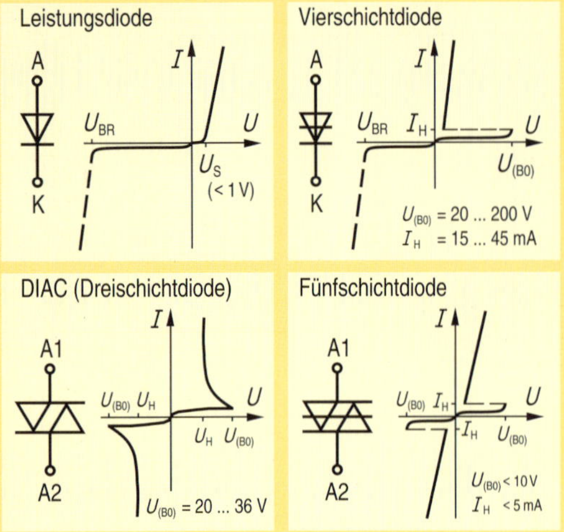

Halbleiterschalter der Leistungselektronik

Die Halbleiterbauelemente in der Leistungselektronik können **steuerbar** oder **nicht steuerbar** sein. Der Durchlassstrom kann nur in definierter Richtung fließen, weshalb sie Ventile genannt werden. Ihre Aufgabe besteht darin, den Strom ein- und auszuschalten.

Bei nicht steuerbaren Stromrichterventilen entscheidet allein der Momentanwert der Anoden-Katoden-Spannung über den Zustand des Bauelements.

Die Vierschichtdiode schaltet vom Sperrzustand in den Durchlasszustand, wenn die Durchlassspannung die Kippspannung $U_{(B0)}$ überschreitet. Wird der Haltestrom I_H unterschritten, wird sie hochohmig.

Fünfschicht- und Dreischichtdiode (DIAC) schalten beim Überschreiten der Kippspannung $U_{(B0)}$ vom Blockier- in den Durchlasszustand. Sie werden hochohmig, wenn beim DIAC die Haltespannung U_H oder bei der Fünfschichtdiode I_H unterschritten werden.

Steuerbare Stromrichterventile

Bei steuerbaren Stromrichterventilen kann mit Hilfe eines Steuerimpulses an der Steuerelektrode der Einschaltzeitpunkt variabel festgelegt werden. Zu diesen steuerbaren Halbleiterschaltern gehören Thyristoren, GTO, TRIAC, bipolare Leistungstransistoren, MOSFET und IGBT. Sie ermöglichen das Steuern und Umformen großer Energieflüsse, wobei die Verlustwärme über eine Kühleinrichtung an die Umgebungsluft abgeführt werden muss.

SCR-Thyristoren

Die rückwärts sperrende Thyristortriode (**S**ilicon **C**ontrolled **R**ectifier, kurz **SCR**) besteht aus einem Si-Kristall mit pnpn-Schichtung und einem Steueranschluss, der sich an der eingeschlossenen p-Schicht (katodenseitig steuerbarer Thyristor) oder an der eingeschlossenen n-Schicht (anodenseitig steuerbarer Thyristor) befinden kann. Innerhalb der pnpn-Struktur existieren drei Grenzschichten. Liegt eine positive Spannung von der Anode zur Katode am Thyristor, befindet sich nur eine, nämlich die mittlere Grenzschicht in Sperrpolung: Der Thyristor wird in **Vorwärtsrichtung** betrieben.

Ist die Katode gegenüber der Anode positiv, sind zwei pn-Übergänge gesperrt (Betrieb in **Rückwärtsrichtung**).

Kenn- und Grenzwerte von Thyristoren

Wichtige Datenblattangaben sind: der Dauergrenzstrom I_{TAV}, der Grenzeffektivstrom I_{TRMS}, der Stoßstromgrenzwert I_{TSM}, die periodischen Spitzensperrspannungen U_{DRM} (in Vorwärtsrichtung) und U_{RRM} (in Rückwärtsrichtung), der obere Zündstrom I_{GT} und die kritische Stromsteilheit di/dt.

Vertiefung zu 4.17

Zünden und Löschen des SCR-Thyristors
Der Thyristor hat drei Betriebszustände.
1. Bei negativer Anoden-Katoden-Spannung (U_R) sperrt der Thyristor, die Steuerelektrode ist unwirksam.
2. Bei positiver Anoden-Katoden-Spannung (U_D) ist der Thyristor im Blockierzustand, falls die Nullkippspannung $U_{BO(0)}$ nicht überschritten wird. Wenn sie überschritten wird ($U_D > U_{BO(0)}$), erfolgt eine unkontrollierte Zündung („Überkopf-Zündung"), die meist eine Zerstörung des Ventils zur Folge hat.
3. Mit einem Stromimpuls an der Steuerelektrode durch eine positive Steuerspannung kann der Thyristor gezündet werden. Der Übergang vom Blockier- in den Durchlasszustand ist somit zu einem genau bestimmbaren Zeitpunkt gezielt möglich.

Beim Unterschreiten des Haltestroms I_H wird der Thyristor gelöscht.

Thyristorkennlinien (SCR)

Index	Thyristor im ...
R	Sperrzustand
D	Blockierzustand
T	Durchlasszustand

Abschaltthyristor (GTO)
GTO-Thyristoren (**G**ate **T**urn **O**ff) können genau wie SCR-Thyristoren mit einem positiven Steuerstrom über das Gate gezündet und durch Absenken des Hauptstromes unter den Haltestromwert gelöscht werden. Eine zusätzliche, gezielte Löschmöglichkeit bietet der GTO-Thyristor durch Einspeisen eines negativen Steuerstromes über die Steuerelektrode, die durch streifenförmige Katodenfinger strukturiert ist.
Die Löschschaltung für den Gate-Abschaltkreis muss sehr leistungsstark dimensioniert sein.

Aufbauschema und Schaltzeichen eines GTO

TRIAC
Der TRIAC ist ein elektronischer Wechselstromschalter mit drei Anschlüssen. Eine Sperrkennlinie wie beim SCR-Thyristor besitzt er nicht. Deshalb heißen die beiden Hauptanschlüsse des TRIAC nicht mehr Anode und Katode, sondern Anode 1 (A1) und Anode 2 (A2), wobei derjenige Hauptanschluss, an dessen Seite sich der Gateanschluss befindet, mit Anode 1 (A1) bezeichnet wird. Die Zündung des TRIAC erfolgt, unabhängig von der Polarität der Spannung an den Hauptanschlüssen, durch Einspeisung von Steuerimpulsen (I_G) über das Gate.

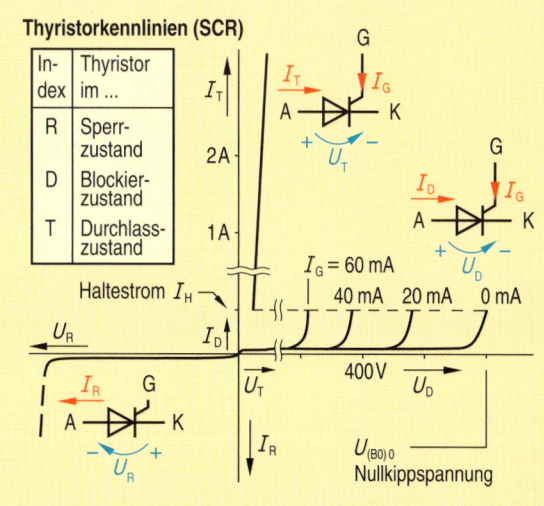

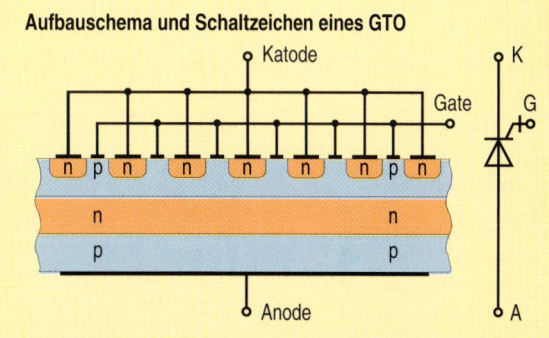

TRIAC-Kennlinien für verschiedene Zündströme

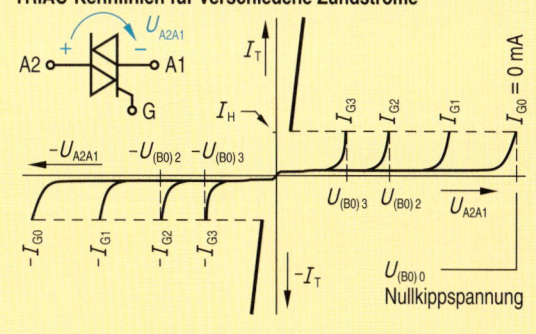

Aufgaben

4.17.1 GTO-Thyristor
Welche Besonderheit bietet der GTO-Thyristor gegenüber dem SCR-Thyristor?

4.17.2 Dimmerschaltung
Die Schaltskizze zeigt eine Dimmer-Grundschaltung. Nennen Sie die Stromrichterventile, die in der gezeigten Schaltung eingesetzt werden.

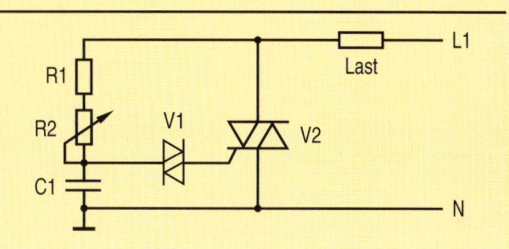

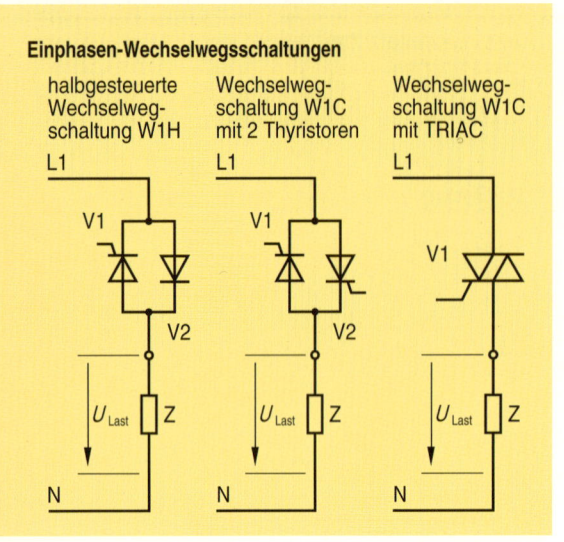

4.18 Wechselwegschaltungen

Einphasen-Wechselwegsschaltungen

halbgesteuerte Wechselwegschaltung W1H

Wechselwegschaltung W1C mit 2 Thyristoren

Wechselwegschaltung W1C mit TRIAC

Dreiphasen-Wechselwegsschaltungen

Zweiphasig gesteuerte Dreiphasen-Wechselwegschaltung

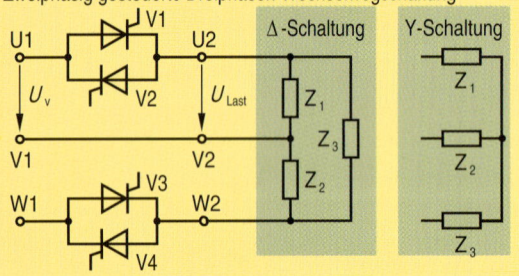

Vollgesteuerte Dreiphasen-Wechselwegschaltung

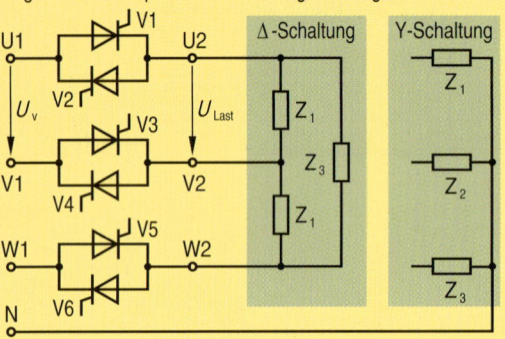

Phasenanschnittsteuerung

Schwingungspaketsteuerung

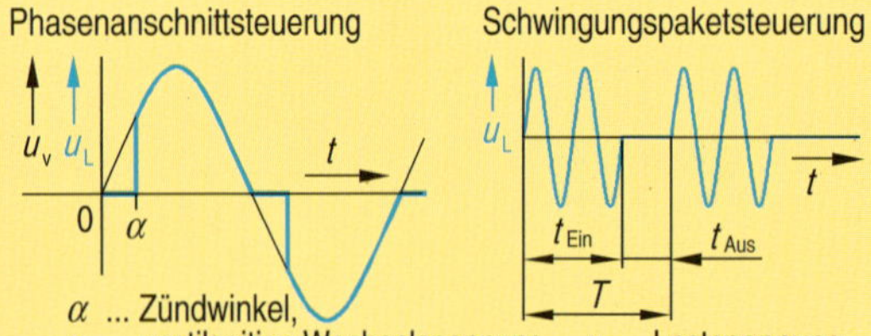

α ... Zündwinkel,
u_v ... ventilseitige Wechselspannung, u_L ... Lastspannung

Stromrichterschaltungen für Einphasenspannung

Im Leistungsteil von Stromrichterschaltungen arbeiten Wechselwegschaltungen als elektronische Schalter oder Steller in Netzen mit einphasigem oder dreiphasigem Wechselstrom.

Die **halbgesteuerte** Einphasen-Wechselwegschaltung **W1H** wird als Wechselstromsteller mit einem Stellbereich von 50 % bis 100 % der Leistung eingesetzt. Sie benötigt nur einen SCR-Thyristor und eine Diode, sodass der Ansteueraufwand relativ gering ist. Bei Leistungswerten kleiner 100 % entsteht im Netzstrom eine Gleichstromkomponente.

Die **vollgesteuerte** Einphasen-Wechselwegschaltung **W1C** mit zwei antiparallelen SCR-Thyristoren oder einem TRIAC erzeugt einen symmetrischen Verlauf der Lastspannung. Diese Wechselstromsteller mit einem Stellbereich von 0 % bis 100 % der Leistung finden in Dimmern und elektronischen Lastrelais Anwendung.

Stromrichterschaltungen für Drehstrom

Dreiphasen-Wechselwegschaltungen können halb- oder vollgesteuert aufgebaut werden (W3H bzw. W3C). Wird in jedem Außenleiter ein antiparalleles Ventilpaar eingesetzt, entsteht ein Drehstromsteller.

Die zweiphasig gesteuerte Dreiphasen-Wechselwegschaltung (W3-2C) verbindet die Last dauerhaft mit dem Netz, die Anzahl der Ventile sinkt auf 2/3 gegenüber Drehstromstellern und der Aufwand für die Ventilsteuerung wird somit geringer. Falls die Last im Stern geschalten wird, darf der Neutralleiter nicht angeschlossen werden. Der Einsatz erfolgt meist als Drehstromschalter bei großen Stromstärken und hoher Schalthäufigkeit.

Die halb- oder vollgesteuerten Dreiphasen-Wechselwegschaltungen arbeiten als Drehstromsteller mit einem Stellbereich von 0 % bis 100 % der Leistung. Sie werden als Stellglied in Drehstromantrieben mit geringen Anforderungen eingesetzt. Der Aufwand für die Ventilsteuerung ist beim vollgesteuerten Drehstromsteller (W3C) hoch. Der halbgesteuerte Drehstromsteller (W3H) besitzt einen geringeren Ansteueraufwand, erzeugt jedoch für Leistungen kleiner 100 % einen unsymmetrischen Verlauf der Lastspannung, der bei Motorlast die Geräuschbildung forciert.

Ansteuerprinzipien bei Wechselwegschaltungen

Bei der Phasenanschnittsteuerung wird das steuerbare Ventil erst nach dem Nulldurchgang mit dem Zündwinkel α gezündet, sodass die Ausgangsspannung u_L der Wechselwegschaltung angeschnittene (unvollständige) Sinushalbwellen besitzt. Die Schwingungspaketsteuerung schaltet im Nulldurchgang der Netzspannung mehrere ganze Perioden ein oder aus.

Vertiefung zu 4.18

Wechselstromsteller mit Phasenanschnittsteuerung

Zur Leistungssteuerung von Wechselstromlasten dienen Wechselstromsteller, deren Leistungsteil die Stromrichterventile umfasst. Die nach dem Prinzip der Phasenanschnittsteuerung arbeitenden Ansteuerschaltungen erzeugen die Steuerimpulse für die Ventile, die bei einstellbaren Phasenwinkeln die Netzwechselspannung an die Last durchschalten. Somit kann die Ausgangsleistung zwischen 100% und 0% verstellt werden. Der nicht lineare Zusammenhang zwischen Zündwinkel α und Ausgangsleistung P_α kann analytisch oder grafisch, normiert als **Steuerkennlinie**, angegeben werden. Für ohmsche Last gilt:

$$\frac{P_\alpha}{P_0} = 1 - \frac{\alpha}{180°} + \frac{1}{2\pi} \cdot \sin 2\alpha$$

Für $\alpha = 0°$ ergibt sich die höchste, mit P_0 bezeichnete Ausgangsleistung.

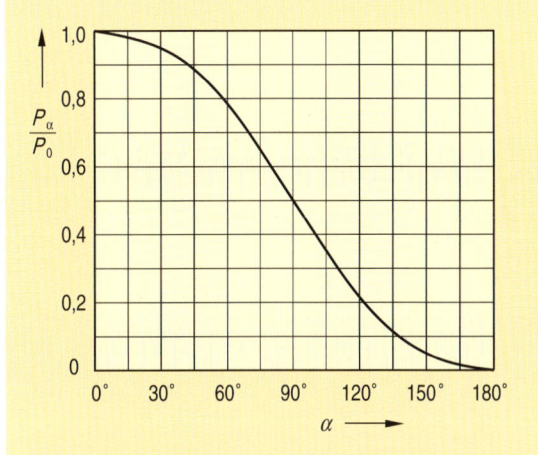

Dimmerschaltung

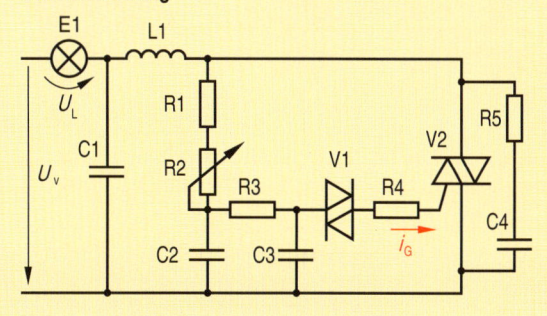

Strom- und Spannungsverläufe (Prinzip)

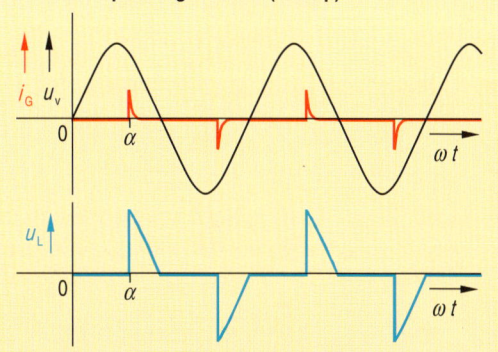

Maximale Anschlussleistungen (Phasenanschnittsteuerung)

Anschlussspannung	⊗	⎍
U_{LN} = 230 V	700 W	1 400 W
U_{LL} = 400 V	2 000 W	4 500 W

Für Beleuchtungsanlagen mit Phasenanschnittsteuerung sind in Wohnungen maximal 1000 W je Anlage zulässig.

Wechselstromsteller mit ohmsch-induktiver Last

Beim Schalten induktivitätsbehafteter Verbraucher entstehen im Ausschaltaugenblick größere Spannungssteilheiten als bei Widerstandslast. Wegen der Phasenverschiebung zwischen Strom und Spannung ist im Nulldurchgang des Stromes die Betriebsspannung schon erheblich angestiegen, sodass der sperrende Triac einen steilen Anstieg der Blockierspannung bewirkt, den die *RC*-Schutzbeschaltung begrenzen muss.

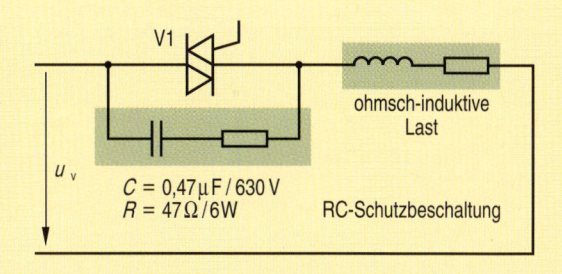

$C = 0{,}47\,\mu\text{F} / 630\,\text{V}$
$R = 47\,\Omega / 6\,\text{W}$

RC-Schutzbeschaltung

Aufgaben

4.18.1 Steuerkennlinie
Welcher Zusammenhang wird mit der Steuerkennlinie eines Wechselstromstellers angegeben?

4.18.2 Phasenanschnittwinkel
Bestimmen Sie aus dem gezeigten zeitlichen Verlauf der Lastspannung den Zündwinkel.

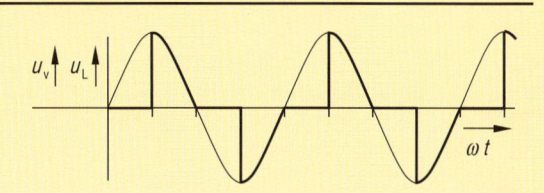

4.19 Ausgewählte Lösungen zu Kapitel 4

4.1.1 $R_{80} = 1678\,\Omega$ (Formel s. Seite 116)

4.1.2 Eigenerwärmung
Bei Betätigung von S1 fließt Strom über R1 und erwärmt den Widerstand. Nach einiger Zeit ist R1 so niederohmig, dass der nötige Anzugstrom von K1 fließt (Anzugverzögerung).

4.2.1 siehe Seite 118

4.2.2 Wird der Schalter S geöffnet, erwärmt der Strom den Kaltleiter. Der Widerstandswert des PTC steigt an, bis das Relais schließlich abfällt (Abfallverzögerung).

4.3.1 Das Wertepaar 1mA (eingeprägter Strom) und die zugehörige Spannung am Varistor U_v.

4.3.2 Der VDR schützt die Wicklungsisolation der Relaisspule beim Abschalten vor möglichen Spannungsspitzen (Selbstinduktionsspannung).

4.4.1 $R_v = U_B/I_K = 20\,V/10\,mA = 2\,k\Omega$.

4.4.2 Der LDR ändert lichtabhängig seinen Widerstandswert und damit den Schaltzustand des Relais. Der Übergang von einem in den anderen Schaltzustand erfolgt allerdings „schleichend".

4.5.1 $U_H = (5 \cdot 10^{-3}\,m^3 A^{-1} s^{-1}/(25 \cdot 10^{-6}\,m)) \cdot 0{,}1\,T \cdot 5\,mA = 0{,}1\,V$

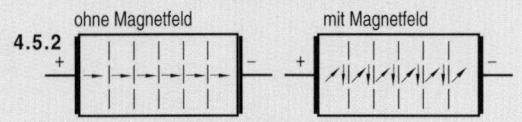

4.5.2 ohne Magnetfeld / mit Magnetfeld

4.6.1 $U_M = U_2 - U_1$ sodass $U_M/U_B = (\Delta R/R)$

4.6.2 Full-Scale-Wert U_A beim maximal zulässigen Druck.

4.7.1 Der Widerstand eines pn-Übergangs kann sehr groß sein (Sperrzustand, entspricht geöffnetem Schalter), oder extrem gering sein (Durchlasszustand, entspricht geschlossenem Schalter).

4.7.2 Normale Si-Halbleiterdioden haben einen pn-Übergang, Schottky-Dioden einen Metall-Halbleiter-Übergang. Dieser bewirkt eine kleinere Schleusenspannung (0,4 V) und eine kürzere Ausschaltverzögerungszeit (0,1 ns). Schottky-Dioden können jedoch nur Sperrspannungen bis 100 V aufnehmen.

4.8.1 Bei Durchbruchspannungen < 5 V bewirken große Feldstärkewerte in der Sperrschicht die innere Feldemission (Zenereffekt),
Bei Durchbruchspannungen > 5 V dominiert die Stoßionisation (Avalancheeffekt).

4.8.2 Alle Momentanwerte, deren Betrag über 7,5 V beträgt, werden auf 7,5 V begrenzt. Die sonstigen Momentanwerte bleiben unverändert.

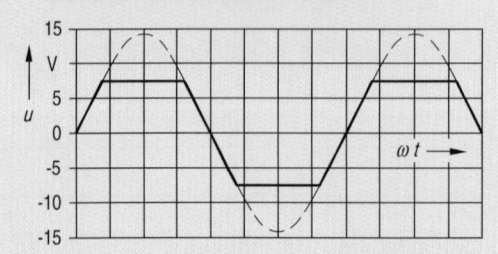

4.8.3 Neben einer roten und einer grünen LED erscheint zusätzlich die Mischfarbe Gelb, wenn beide LED-Elemente innerhalb des Gehäuses leuchten.

4.9.2 $R_v = (9\,V - 3 \cdot 2{,}2\,V)/10\,mA = 240\,\Omega$

4.10.1 a) $U_e = 10{,}6\,V$ b) $U_{dAV} = 4{,}8\,V$
c) $U_{dRMS} = 7{,}5\,V$ d) $\hat{u}_{AC} = 10{,}2\,V$

4.10.2 DC- und AC-Signalankopplung
a) Signalankopplung DC b) Signalankopplung AC

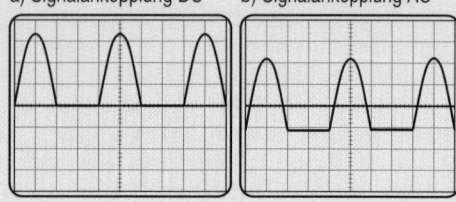

4.11.1 Verlauf der gleichgerichteten Spannung

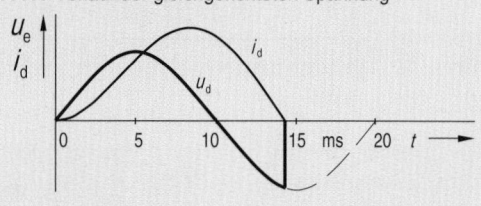

4.11.2 C_1 bewirkte $u_d(t)$ im Bild 1, C_2 bewirkte Bild 2.

4.12.1 $U_{dAV} = 10{,}8\,V$ (Spannungsfälle an den Dioden nicht berücksichtigt).

4.12.2 Kennzeichnung B80 C 3700 / 2200

4.12.3 Brummspannung $U_{dAC} = 99{,}4\,V$

4.12.4 Zeitkonstante $\tau = R \cdot C = \ldots = 3{,}2\,s$
Die Zeitkonstante ist wesentlich größer als die Periodendauer der Netzspannung (20 ms). Der Gleichwert erreicht damit etwa den Scheitelwert der Wechselspannung $U_{dAV} = 33{,}9\,V$.

4.13.1 Emitter-, Kollektor- und Basisschaltung.

4.13.2 Ausgleichswiderstände zum gleichmäßigen Aufteilen des Laststromes und damit zum gleichmäßigen Aufteilen der Gesamtverlustleistung.

4.14.1 $U_{Znom} = U_{ref} = 8{,}5\,V + 0{,}6\,V = 9{,}1\,V$

4.14.2 Potentiometer ist auf $R_2 = 2448\,\Omega$ einzustellen.

4.16.1 Gate-Emitter-Schwellspannung $U_{GE(th)} = 5\,V$

4.16.2 Verlustleistung $P_v = 3{,}4\,V \cdot 42\,A = 142{,}8\,W$
Schaltleistung $P_L = 800\,V \cdot 42\,A = 33{,}6\,kW$

4.17.1 Der GTO ist zusätzlich über das Gate ausschaltbar.

4.17.2 DIAC (V1), TRIAC (V2)

4.18.1 Die Steuerkennlinie beschreibt den Zusammenhang zwischen dem Zündwinkel eines elektronischen Bauteils (z. B. Thyristor) und der normierten Ausgangsleistung P_α/P_0. Der Zusammenhang ist nicht linear.

4.18.2 Die Eingangswechselspannung wird im Scheitelwert angeschnitten, der Zündwinkel beträgt 90°.

5 Anlagen und Betriebsmittel

5.1	Energieversorgung I	154
5.2	nergieversorgung II	156
5.3	Übertragung und Verteilung elektrischer Energie I	158
5.4	Übertragung und Verteilung elektrischer Energie II	160
5.5	Transformatoren I	162
5.6	Transformatoren II	164
5.7	Transformatoren III	166
5.8	Umspann- und Schaltanlagen	168
5.9	Isolierte Leitungen und Kabel	170
5.10	Bemessung von Installationsleitungen	172
5.11	Überstromschutz	174
5.12	Hausanschluss	176
5.13	Wärmegeräte	178
5.14	Elektrische Heizung	180
5.15	Wärmepumpe und Kühlung	182
5.16	Licht und Beleuchtung	184
5.17	Drehfeldmotoren I	186
5.18	Drehfeldmotoren II	188
5.19	Gleichstrommotoren	190
5.20	Kosten der elektrischen Energie	192
5.21	Ausgewählte Lösungen zu Kapitel 5	194

5.1 Energieversorgung I

Tagesbelastungskurven eines EVU

Energieversorgung
Die von Haushalten, Industriebetrieben, Verkehrsanlagen usw. benötigte elektrische Energie wird von elektrischen Kraftwerken bereit gestellt.
Das besondere Problem dabei ist, dass elektrische Energie nicht gespeichert werden kann und immer dann „erzeugt" werden muss, wenn sie benötigt wird. Kraftwerke müssen also sehr flexibel auf den elektrischen Energiebedarf reagieren.
Der Energiebedarf wird in so genannten „Tagesbelastungskurven dargestellt. Die Kurven zeigen, dass der Energiebedarf sowohl von der Tageszeit als auch von der Jahreszeit abhängt.

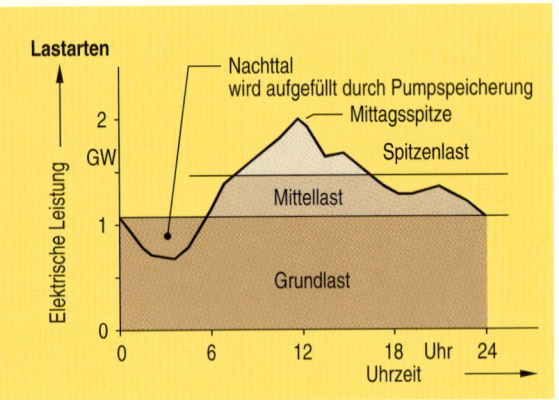

Lastarten

Tagesbelastungskurve
Tagesbelastungskurven zeigen einen typischen Verlauf: mit Tagesanbruch steigt der Energiebedarf stark an, erreicht um die Mittagzeit seinen Höhepunkt und fällt dann wieder ab. Gegen Abend steigt der Energiebedarf meist wieder an und fällt nach Mitternacht auf seinen Tiefstpunkt. Der tatsächliche Verlauf der Kurve hängt naturgemäß stark von der Region (Großstadt oder ländliche Gegend), vom Tag (Werktag oder Feiertag) und von der Jahreszeit ab. In jedem Fall können aber drei Lastarten unterschieden werden:
- die Grundlast
- die Mittellast
- die Spitzenlast.

Wärmekraftwerk, Prinzip

Wärmegewinnung durch
1. Verbrennung von Kohle, Gas, Öl (konventionelle Kraftwerke)
2. Spaltung von Uranatomen (Atomkraftwerke, Kernkraftwerke)

Wärmekraftwerke
In Deutschland wird elektrische Energie zu über 90% in Wärmekraftwerken bereit gestellt. Dabei kann die notwendige Wärme zur Dampferzeugung sowohl durch fossile Brennstoffe wie Kohle, Öl oder Gas geliefert werden als auch durch die Spaltung von Uran (Atomenergie, Kernenergie).
Das Prinzip der Stromgewinnung ist bei konventionellen (herkömmlichen) Kraftwerken und Atomkraftwerken (Kernkraftwerken) gleich:
1. durch Verbrennung oder Kernspaltung wird Wärme erzeugt, mit deren Hilfe Wasserdampf mit hohen Temperaturen (bis 550°C) und hohen Drücken (bis 250 bar) erzeugt wird
2. mit Hilfe des energiereichen Dampfes werden mehrstufige Dampfturbinen angetrieben (Drehfrequenz meist 3000/min)
3. die Turbinen treiben Generatoren, in denen dreiphasiger Wechselstrom (Drehstrom) mit Spannungen von 10 kV bis 21 kV erzeugt wird.

Die elektrische Energie wird über ein Verbundsystem und Transformator- und Verteilerstationen bis zum Verbraucher transportiert.

Vertiefung zu 5.1

Fossile und nukleare Brennstoffe
Die für den Betrieb eines Wärmekraftwerkes erforderliche Wärme kann durch Verbrennen von fossilen Brennstoffen wie Kohle, Öl und Gas gewonnen werden. Dabei wird Kohlenstoff oder Wasserstoff zu Kohlendioxid bzw. Wasser oxidiert. Die frei werdende Wärme wird zur Erzeugung von Dampf genützt.
In Kernkraftwerken wird das Uran-Isotop U 238 gespalten. Durch die Spaltung werden große Mengen von Wärme frei, die wie in konventionellen Kraftwerken zur Erzeugung von Dampf dienen.

Konventionelles Wärmekraftwerk

$C + O\,O \xrightarrow{\text{Verbrennung}} \begin{array}{l} CO_2 \\ \text{Energie} \end{array}$

Kernkraftwerk

Neutron $+ {}^{235}_{92}U \xrightarrow{\text{Kernspaltung}} \begin{array}{l} \text{radioaktive Strahlung} \quad {}^{94}_{36}Kr \\ {}^{139}_{56}Ba \\ \text{Energie} \end{array}$

Gefahren und Umweltschäden
Bei der Verbrennung von Kohle, Öl und Gas entsteht immer Kohlendioxid, was die Entstehung eines „Treibhausklimas" fördert. Außerdem entstehen schädliche Staubpartikel, Schwefeldioxid und Stickoxide. Diese Stoffe können aber durch Filter weitgehend unschädlich gemacht werden.
Bei der Kernspaltung entstehen radioaktive Strahlen, die für Mensch und Tier lebensgefährliche Folgen haben können, insbesondere fördern sie die Enstehung von Krebs. Auch die „abgebrannten" Uranstäbe senden gefährliche Strahlen aus. Die Endlagerung dieser Abfallstoffe ist noch nicht geklärt.

Kohlekraftwerk: CO_2, SO_2, NO_2, Staub, Dioxine

Kernkraftwerk: $\alpha-$, $\beta-$ und $\gamma-$Strahlung, Neutronen-Strahlung, Plutonium

Wirkungsgrad von Wärmekraftwerken
Um elektrische Energie zu gewinnen, ist eine lange Umwandlungskette nötig: Brennstoffe werden verbrannt, Wasser wird erwärmt und verdampft, der Dampf treibt eine Turbine an, die Turbine treibt den Generator an, der Generator erzeugt elektrische Spannung.
Bei jeder Umwandlungsstufe entstehen Verluste, die den Wirkungsgrad der Umwandlung senken.
Besonders ungünstig ist die Umwandlung von Wärmeenergie in mechanische Energie. Hier sind auf Grund des „thermodynamischen Wirkungsgrades" prinzipiell nur Wirkungsgrade von etwa 60 % möglich. Zusätzlich entstehen Verluste durch das notwendige Kondensieren des Wasserdampfes.
Der Wirkungsgrad von Wärmekraftwerken ist demzufolge relativ klein: bei modernen Kohlekraftwerken erreicht man etwa 45 %, bei Kernkraftwerken wegen der niedrigeren Dampftemperaturen nur etwa 30 %.

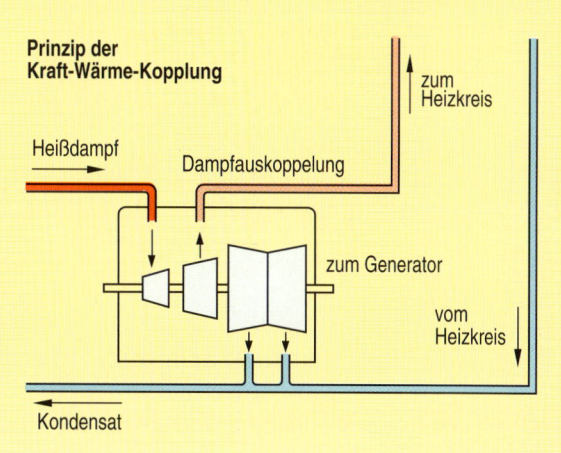

Kraft-Wärme-Kopplung
Der Gesamtwirkungsgrad von Wärmekraftwerken kann verbessert werden, wenn ein Teil der im Dampf enthaltenen Energie nicht in elektrische Energie umgewandelt, sondern direkt für Heizzwecke verwendet wird (Fernwärme).
Zu diesem Zweck wird aus dem Mitteldruckteil der Turbine ein Teil des Dampfes ausgekoppelt und über isolierte Fernleitungen zum Verbraucher geleitet.
Mit einer derartigen Kraft-Wärme-Kopplung kann der Gesamtwirkungsgrad eines Kraftwerkes auf etwa 70 % gesteigert werden.
Die Kraft-Wärme-Kopplung ist vor allem in Ballungsgebieten mit hoher Bevölkerungsdichte wirtschaftlich sinnvoll.

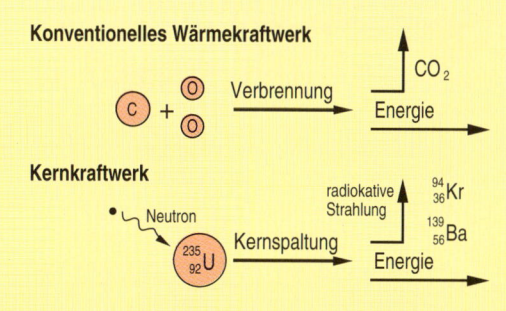

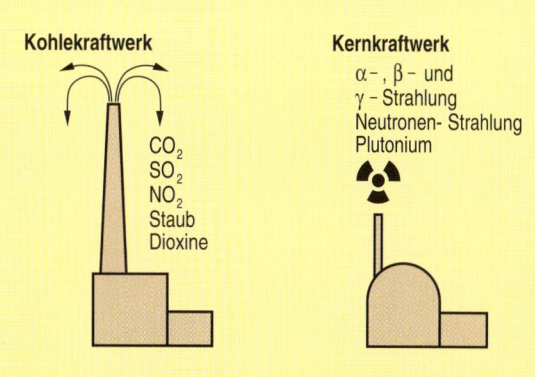

Prinzip der Kraft-Wärme-Kopplung: Heißdampf – Dampfauskopplung – zum Heizkreis – zum Generator – vom Heizkreis – Kondensat

5.2 Energieversorgung II

Öffentliche Stromversorgung in Deutschland

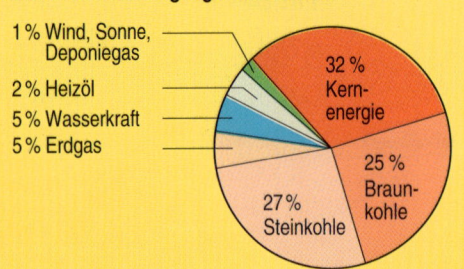

- 1 % Wind, Sonne, Deponiegas
- 2 % Heizöl
- 5 % Wasserkraft
- 5 % Erdgas
- 32 % Kernenergie
- 25 % Braunkohle
- 27 % Steinkohle

Atom- und Braunkohlekraftwerke sowie Flusskraftwerke decken vor allem die Grundlast.
Steinkohle-, Gas- und Ölkraftwerke decken die Mittellast.
Speicher- und Pumpspeicherkraftwerke sowie Gasturbinen decken die Spitzenlast.

Wasserturbinen

Freistrahlturbine (für große Fallhöhen)

Rohrturbine (für kleine Fallhöhen)

Generator mit Getriebe

Einspeisung von Windenergie in das Netz

im Wind enthaltene Leistung: $P = \frac{1}{8} \cdot d^2 \cdot \pi \cdot v^3 \cdot \rho_{Luft}$

Wirkungsgrad: $\eta = 20$ bis 40%

d Flügeldurchmesser
v Luftgeschwindigkeit
$\rho_{Luft} = 1{,}3 \text{ kg/m}^3$ (Dichte)

Primärenergieträger

Elektrische Energie wird von der Natur nicht direkt bereit gestellt, sondern muss in Kraftwerken aus so genannter Primärenergie gewonnen werden.

Zu den Primärenergieträgern gehören z.B. alle brennbaren Stoffe wie Kohle, Öl und Gas, aber auch Wind, Wasserströme und Sonnenstrahlung.

Die Energieträger Wind, Wasser und Sonnenstrahlung haben dabei den Vorteil, dass sie praktisch unerschöpflich sind. Man bezeichnet sie als erneuerbare Energien. Außerdem ist ihre Nutzung mit vergleichsweise geringen Gefahren und Umweltschäden verbunden.

Die Vorräte an fossilen Brennstoffen sowie an spaltbarem Material (Uran) hingegen sind begrenzt. Auch ist ihre Nutzung mit erheblichen Risiken für die menschliche Gesundheit und die Umwelt verbunden.

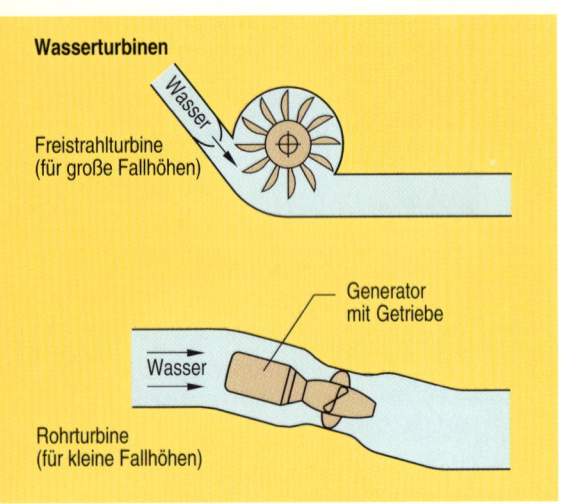

Wasserenergie

Wasser wird seit vielen Jahrhunderten als Energieträger genutzt. Auch für die Stromgewinnung hat Wasser große Bedeutung. Dabei werden je nach Fallhöhe unterschiedliche Turbinen eingesetzt:

- Freistrahlturbinen (Pelton-Turbinen) werden im Hochgebirge bei großen Fallhöhen (100 m bis 2000 m) bei vergleichsweise kleinen Wassermengen eingesetzt.
- Radialturbinen (Francis-Turbinen) werden in Mittelgebirgen und bei großen Staudämmen bei Fallhöhen von 60 m bis 600 m eingesetzt.
- Rohrturbinen (Kaplan-Turbinen) werden bei kleinen Fallhöhen (2 m bis 60 m) und großen Wassermengen bevorzugt.

Zumindest in Deutschland sind die verfügbaren Wasservorräte ausgeschöpft, so dass eine Steigerung der Stromgewinnung aus Wasserkraft nicht zu erwarten ist.

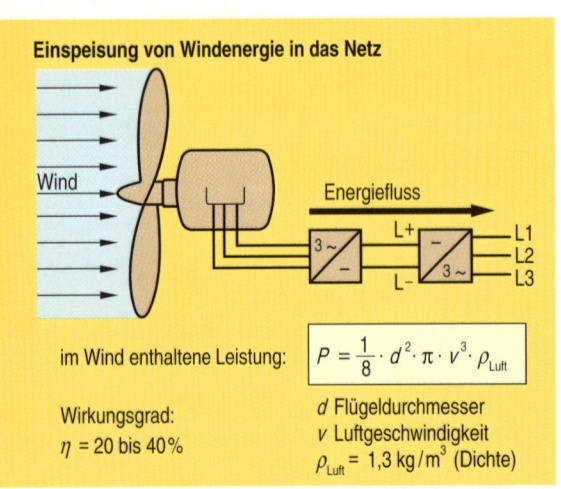

Windenergie

Auch die Windenergie wird schon seit Jahrhunderten zum Betrieb von Mühlen und Wasserpumpen ausgenützt.

Seit etwa 1990 wird auch elektrische Energie in ständig steigendem Maße gewonnen. Die zur Zeit installierte Leistung an Windkraftanlagen könnte etwa ein Kernkraftwerk ersetzen, vorausgesetzt, dass der Wind mit konstanter Stärke weht.

Ein großes Hindernis bei der Nutzung der Windenergie ist die „Launenhaftigkeit" des Windes.

Die Leistung eines Windrades steigt mit der 3. Potenz der Windgeschwindigkeit. Bei kleinen Windgeschwindigkeiten wird praktisch keine Leistung abgegeben, bei Sturm muss das Windrad abgeschaltet werden, weil es sonst zerstört wird.

Vertiefung zu 5.2

Solarenergie

Unter Solarenergie versteht man im weitesten Sinne alle Energieformen, die sich direkt auf die Sonneneinstrahlung zurückführen lassen. Wind- und Wasserenergie sind somit auch Formen der Solarenergie.
Im engeren Sinne meint Solarenergie die so genannte Fotovoltaik (FV). Dabei wird die Tatsache ausgenützt, dass die Energie der Sonnenstrahlen in speziellen Halbleiterchips (Solarzellen) elektrische Spannung erzeugen kann.
Die Spitzenleistung von modernen Solarzellen beträgt etwa $150 \, W/m^2$ bei maximaler, senkrechter Sonneneinstrahlung. In einem Jahr lassen sich mit einem Solarpaneel von $1 \, m^2$ Fläche ungefähr $100 \, kWh$ elektrische Energie gewinnen.
Wird $1 \, kWh$ Solarenergie in das Netz eingespeist, so erhält der Betreiber dafür 45,7 Cent (Stand 2003). Die Kosten für eine Solaranlage haben sich auf dieser Grundlage in etwa 15 bis 20 Jahren amortisiert. Der Zuschuss wird auf den Strompreis umgelegt.
Wirtschaftlich interessant ist Solarstrom, wenn die elektrische Energie gespeichert werden kann. Dies kann erfolgen, wenn Wasser durch Strom in Wasserstoff und Sauerstoff zerlegt wird (Elektrolyse). Diese beiden Stoffe können dann bei Bedarf mit Hilfe von „Brennstoffzellen" wieder zu elektrischer Energie „verbrannt" werden.

Wasserstoffgewinnung

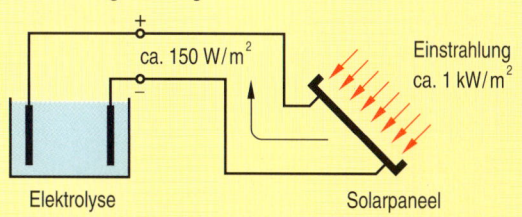

ca. $150 \, W/m^2$ — Einstrahlung ca. $1 \, kW/m^2$
Elektrolyse — Solarpaneel

Wasser kann durch elektrischen Strom in Wasserstoff und Sauerstoff zerlegt werden (Elektrolyse). Die Gase lassen sich speichern.

Wasserstoffkreislauf

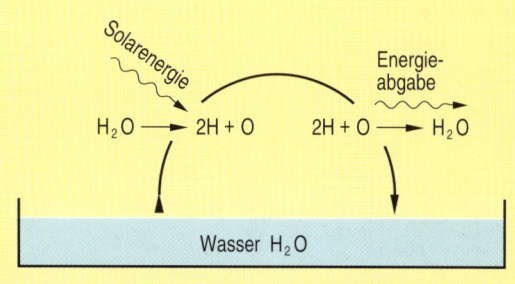

Solarenergie — Energieabgabe
$H_2O \rightarrow 2H + O \quad 2H + O \rightarrow H_2O$
Wasser H_2O

Bei der Verbrennung von Wasserstoff entsteht reines Wasser. Bei der Verbrennung in Brennstoffzellen (kalte Verbrennung) kann wieder elektrische Energie gewonnen werden.

Wasserstofftechnologie

Die Gewinnung von Wasserstoff mit Hilfe von Sonnenenergie gilt als zukunftsorientierte Technologie. Denkbar ist eine großtechnische Gewinnung des Wasserstoffs in sonnenreichen Gegenden, z. B. Wüsten. Der Wasserstoff könnte in Stahltanks oder Rohrleitungen in die Industriezentren geleitet werden und dort mit Hilfe von Brennstoffzellen in elektrische Energie zurück gewandelt werden.
Da bei der Verbrennung von Wasserstoff keine schädlichen Stoffe wie Kohlendioxid, sondern nur reines Wasser entsteht, ist diese Art der Energienutzung sehr umweltschonend.
Die Brenstoffzellentechnologie befindet sich derzeit noch in der Entwicklungsphase.

Aufgaben

5.2.1 Primärenergie
a) Erklären Sie den Begriff „Primärenergie".
b) Nennen Sie die wichtigsten Primärenergiearten und ihren ungefähren Anteil an der Energieversorgung.
c) Warum ist die Verbrennung von Wasserstoff prinzipiell umweltfreundlicher als die Verbrennung von Erdöl? Welches Endprodukt entsteht immer bei der Verbrennung von Wasserstoff?

5.2.2 Energie aus Wasserkraft
a) In Deutschland wird ungefähr 5% der elektrischen Energie aus Wasser gewonnen. Könnte dieser Anteil deutlich gesteigert werden?
b) Nennen Sie drei Typen von Wasserturbinen und ihre jeweiligen Einsatzgebiete.

5.2.3 Windkonverter
a) Nennen Sie die hauptsächlichen Schwierigkeiten, die bei der Nutzung von Windenergie auftreten.
b) Eine Windkraftanlage hat einen Rotordurchmesser $d = 40 \, m$, der Gesamtwirkungsgrad der Anlage wird mit $\eta = 25\%$ angenommen.
Berechnen Sie die elektrische Leistung bei der Windgeschwindigkeit $v = 11 \, m/s$.
c) Wie ändert sich die Leistung, wenn die Windgeschwindigkeit halbiert wird ($v = 5,5 \, m/s$)?
d) Diskutieren Sie folgende Behauptung:
„Eine Windkraftanlage kann zwar fossile Brennstoffe einsparen, sie kann aber kein konventionelles Kraftwerk ersetzen".

5.3 Übertragung und Verteilung elektrischer Energie I

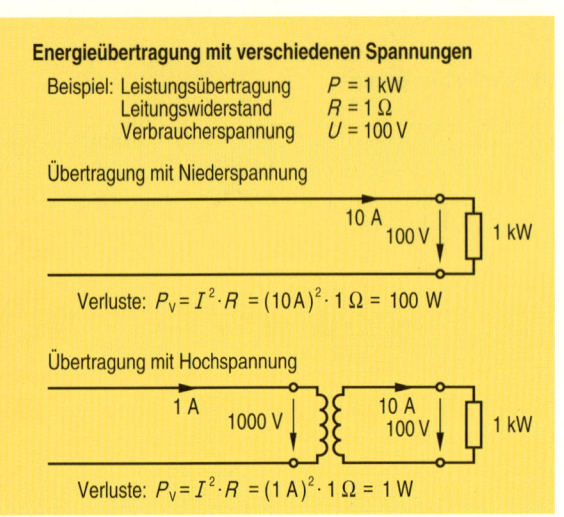

Energieübertragung mit verschiedenen Spannungen

Beispiel: Leistungsübertragung $P = 1\,\text{kW}$
Leitungswiderstand $R = 1\,\Omega$
Verbraucherspannung $U = 100\,\text{V}$

Übertragung mit Niederspannung

10 A
100 V 1 kW

Verluste: $P_V = I^2 \cdot R = (10\,\text{A})^2 \cdot 1\,\Omega = 100\,\text{W}$

Übertragung mit Hochspannung

1 A
1000 V 10 A 100 V 1 kW

Verluste: $P_V = I^2 \cdot R = (1\,\text{A})^2 \cdot 1\,\Omega = 1\,\text{W}$

Energieübertragung und Verluste

Elektrische Energie wird in Kraftwerken mit Leistungen zwischen einigen MW (Megawatt) und etwa einem GW (Gigawatt) gewonnen. Insbesondere die Leistung der großen Kraftwerke muss dabei über große Entfernungen übertragen werden.
Prinzipiell kann die Leistung mit kleinen Spannungen (z. B. 400 V), und entsprechend großen Strömen, oder mit großen Spannungen (z. B. 110 kV) und entsprechend kleinen Strömen übertragen werden.
Eine Rechnung zeigt, dass die Leitungsverluste bei kleinen Spannungen sehr groß sind und mit steigender Spannung abnehmen. Die Energieübertragung erfolgt daher aus wirtschaftlichen Gründen je nach Entfernung auf verschiedenen Spannungsebenen.
Nachteilig dabei ist, dass mehrere Transformatorstufen eingebaut werden müssen.

Energieübertragung

Verbundnetz 380 kV

z.B. 21 kV — Groß-Kraftwerk
z.B. 21 kV — Groß-Kraftwerk
z.B. 21 kV — Groß-Kraftwerk
110 kV — Industrie
10 kV bis 30 kV — Ortsnetze
0,4 kV — Haushalte

Energie im Verbundnetz

Die Kraftwerke in Europa sind im „Europäischen Verbundnetz" miteinander gekuppelt. Ein derartiges Verbundnetz ermöglicht den Energietransport zwischen Regionen und Staaten und bringt folgende Vorteile:
- große Versorgungssicherheit, auch wenn einzelne Kraftwerke ausfallen
- keine unnötige Reservehaltung, da sich Kraftwerke gegenseitig Energie liefern können
- wirtschaftlicher Betrieb der verschiedenen Kraftwerksarten, z.B. können die Alpenländer im Sommer günstig Energie aus Wasserkraft liefern und im Winter Energie aus Wärmekraftwerken beziehen.
- Wettbewerb zwischen einzelnen Betreibern.

Das System arbeitet auf vier Spannungsebenen:

Höchstspannung
220 kV und 380 kV: Leitungen für den europäischen Verbund. Sie dienen zur Energieübertragung über Entfernungen bis zu einigen hundert Kilometern.

Hochspannung
110 kV: Leitungen zur Energieübertragung für mittlere Entfernungen über 30 Kilometer, zur Einspeisung durch kleinere Kraftwerke und zur Versorgung großer Industriebetriebe.

Mittelspannung
10 kV, 20 kV, 30 kV: Leitungen zur Verteilung der Energie innerhalb der Ortsnetze und zur Versorgung mittlerer Betriebe mit eigenem Transformator.

Niederspannung
0,4 kV: Versorgungsnetz zur Versorgung von Haushalten im Bereich bis etwa einem Kilometer.

Hoch- und Höchstspannungsnetze sind Freileitungsnetze, Mittel- und Niederspannungsnetze sind meist als Kabelnetze ausgelegt.

Vertiefung zu 5.3

Verbundsysteme in Europa

Der Aufbau von Verbundsystemen begann 1951 mit der Gründung der „Union für die Koordinierung des Transportes und der Erzeugung elektrischer Energie" (UCPTE). Diese Organisation umfasste die Bundesrepublik Deutschland, die Schweiz und Frankreich. Im Jahre 1958 wurde das erste Verbundsystem realisiert. Heute gehören alle Länder des westeuropäischen Festlandes dazu.

Neben dem westeuropäischen Verbundnetz gibt es noch das skandinavische Verbundnetz (NORDEL), das britische Verbundnetz (CEGB) sowie Verbundnetze der osteuropäischen und GUS-Staaten.

Die einzelnen Verbundsysteme sind auch untereinander gekuppelt. Dies erfolgt über HGÜ-Systeme, d.h. über Gleichstromnetze mit hoher Spannung. Dadurch werden lastbedingte Frequenzschwankungen eines Netzes von den Nachbarnetzen fern gehalten.

Mit dem europaweiten Verbund werden zeitlich und örtlich unterschiedliche Belastungen ausgeglichen, was eine optimale Nutzung des Netzes erlaubt.

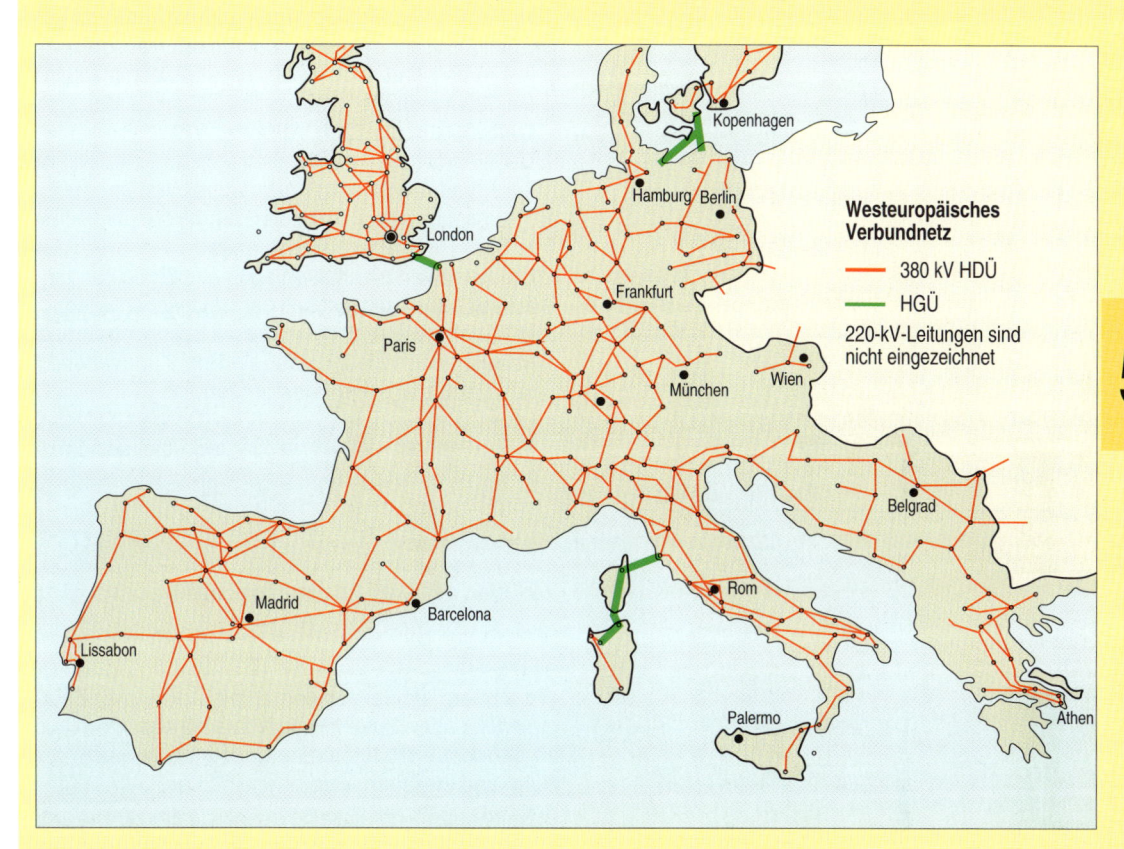

Westeuropäisches Verbundnetz
— 380 kV HDÜ
— HGÜ
220-kV-Leitungen sind nicht eingezeichnet

HDÜ und HGÜ

Die Energieübertragung erfolgt meist mit Drehstrom (HDÜ, Hochspannungs-Drehstromübertragung).
In besonderen Fällen, z. B. für die Übertragung mit langen Seekabeln zwischen einzelnen Inseln, aber auch für sehr lange Freileitungsübertragungen (über 500 km) ist die Verwendung von Gleichstrom sinnvoller.
Die Übertragung mit hohen Gleichspannungen heißt Hochspannungs-Gleichstromübertragung (HGÜ). Dabei werden Spannungen bis 1MV eingesetzt.
HGÜ dient auch zur Kupplung verschiedener Verbundnetze untereinander.

Prinzip der HGÜ

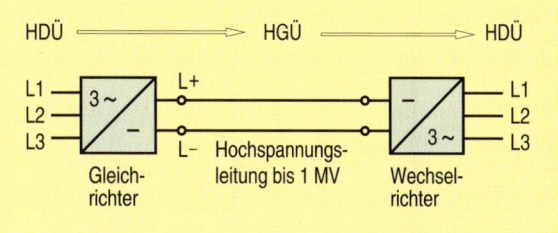

HDÜ ⟶ HGÜ ⟶ HDÜ

L1, L2, L3 — 3~ Gleichrichter — L+ / L− Hochspannungsleitung bis 1 MV — 3~ Wechselrichter — L1, L2, L3

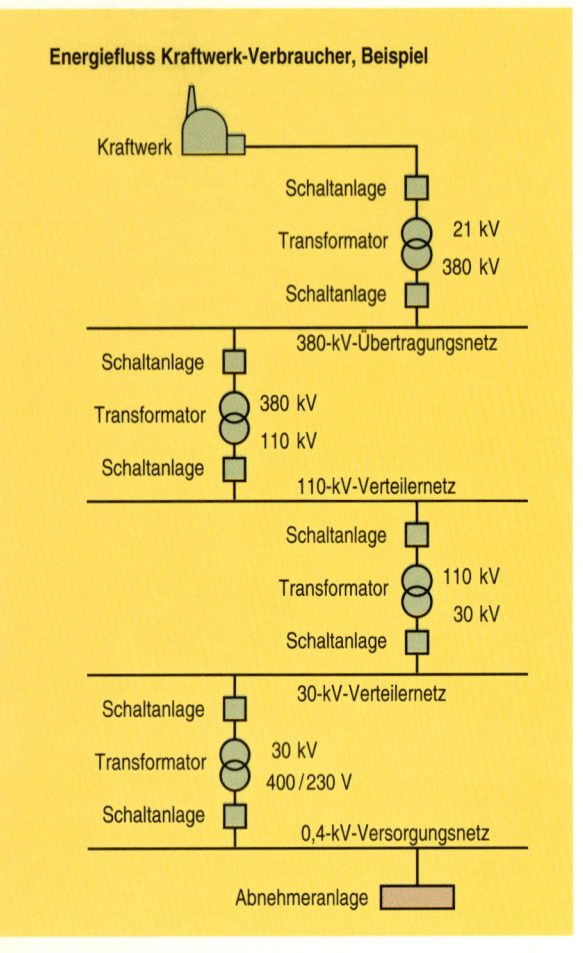

5.4 Übertragung und Verteilung elektrischer Energie II

Energiefluss Kraftwerk-Verbraucher, Beispiel

Kraftwerk
Schaltanlage
Transformator 21 kV / 380 kV
Schaltanlage
380-kV-Übertragungsnetz
Schaltanlage
Transformator 380 kV / 110 kV
Schaltanlage
110-kV-Verteilernetz
Schaltanlage
Transformator 110 kV / 30 kV
Schaltanlage
30-kV-Verteilernetz
Schaltanlage
Transformator 30 kV / 400 / 230 V
Schaltanlage
0,4-kV-Versorgungsnetz
Abnehmeranlage

Elektroenergiesystem

Die sichere Versorgung aller Verbraucher mit elektrischer Energie erfordert ein umfangreiches System. Dazu gehören Kraftwerke, Umspannwerke, Transformatorstationen und Netze, die diese „Knotenpunkte" miteinander verbinden.

Der Weg des Energieflusses führt dabei über folgende Stationen und Wege:

1. Im Kraftwerk wird die elektrische Energie bei einer Spannung von 6 bis 24 kV bereit gestellt
2. Mit einem Transformator (Maschinentransformator) wird die Generatorspannung auf die gewünschte Spannungsebene hochtransformiert. Kernkraftwerke und Braunkohlekraftwerke speisen meist in die 380-kV-Ebene, Steinkohle- und große Wasserkraftwerke in die 220-kV-Ebene.
3. Über Freileitungs- bzw. Kabelnetze wird die Energie zur Abnehmeranlage (Verbraucher) transportiert.
4. In Umspannwerken wird die Energie auf die nächste Spannungsebene transformiert.
   Umspannwerke enthalten auch alle Einrichtungen zum Schalten und Messen der elektrischen Energie.
5. In Transformatorstationen wird die Spannung von der Mittelspannungsebene auf die Spannungsebene des Endabnehmers transformiert.
   Öffentliche Transformatorstationen (Ortsnetzstationen) transformieren auf 400 V/230 V, Industrietransformatorstationen auf z.B. 6 kV, Unterwerke zur Versorgung von Straßenbahnen auf 600 V.

Durch die langen Transportwege entstehen naturgemäß große Leitungsverluste. Man rechnet mit etwa 3 % Verlusten auf jeder Spannungsebene.

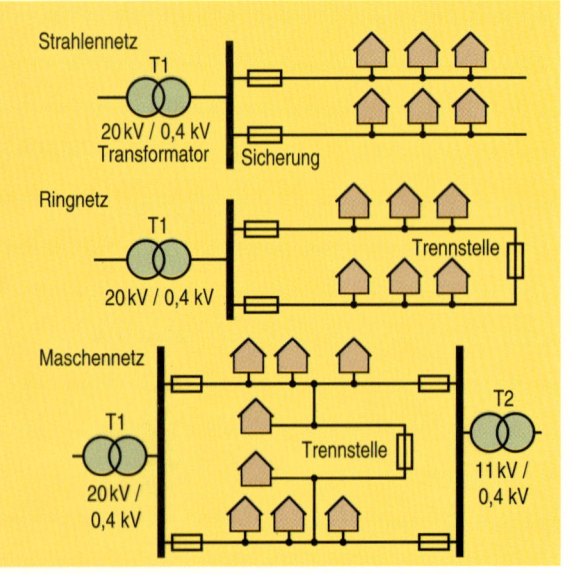

Strahlennetz
T1 20 kV / 0,4 kV Transformator, Sicherung

Ringnetz
T1 20 kV / 0,4 kV, Trennstelle

Maschennetz
T1 20 kV / 0,4 kV, Trennstelle, T2 11 kV / 0,4 kV

Netzarten

Die Versorgung der Abnehmer mit elektrischer Energie erfolgt über Netze. Diese Netze können „offen" als so genannte Strahlennetze oder „geschlossen" als Ring- und Maschennetze ausgeführt sein.

Strahlennetze sind einseitig gespeiste Netze. Die Leitungen führen direkt von einem Knotenpunkt zu den Verbrauchern. Diese Netze sind leicht zu berechnen und zu überwachen. Nachteilig ist der hohe Spannungsfall bis zum letzten Verbraucher.

Ringnetze sind zweiseitig gespeiste Netze. Jeder Verbraucher bezieht seine Energie von zwei Seiten. Ringnetze können von einem oder mehreren Transformatoren gespeist werden.

Maschennetze sind zweiseitig gespeiste Netze, bei denen einzelne Netzteile durch Querverbindungen miteinander verknüpft sind. Sie bieten die größte Versorgungssicherheit. Im Fehlerfall können einzelne Netzteile durch Trennstellen abgetrennt werden.

Vertiefung zu 5.4

Probleme der Hochspannungsübertragung
Für die Energieübertragung über weite Entfernungen ist eine möglichst hohe Spannung erforderlich, um die Ströme und damit die Leitungsverluste möglichst klein zu halten.
Bei Freileitungen mit großen Spannungen (220 kV, 380 kV) treten aber wegen der hohen Feldstärken an der Leiteroberfläche „Korona-Verluste" auf.
Die großen Feldstärken können verringert werden, wenn statt eines einzelnen Leiters ein „Leiterbündel" aus zwei, drei oder vier Leitern eingesetzt wird.

Korona-Verluste machen sich durch laute Brumm- und Knistergeräusche bemerkbar; besonders an Regentagen kann man sie unter Hochspannungsleitungen hören. In diesem Fall hängen an den Leitungen Regentropfen, die zu einer starken Verzerrung des elektrischen Feldes führen (Spitzenwirkung). Im Bereich der hohen Feldstärken treten dabei hörbare Entladungserscheinungen auf.

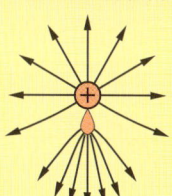

Hochspannungsleitung, Ersatzschaltbild
Leitungen und Kabel haben nicht nur einen ohmschen Widerstand, der zu Leitungsverlusten führt, sondern auch Induktivitäten und Kapazitäten.
Insbesondere bei Kabeln und bei sehr langen Leitungen machen sich die Kapazitäten störend bemerkbar, weil sie zu großen Blindströmen führen.
Die Drehstromübertragung (HDÜ) wird somit bei langen Freileitungen (über 600 km) und vor allem bei Hochspannungskabeln sehr problematisch. In diesen Fällen muss die Energie mit Gleichstrom (HGÜ) übertragen werden, auch wenn das Gleichrichten und das anschließende Wechselrichten einen hohen Aufwand erfordert.

Freileitungs- und Kabelnetze
Vor allem in den Ballungsgebieten sind viele Hochspannungs-Freileitungsnetze installiert. Sie werden meist als hässlich empfunden, außerdem werden Gefahren für die Gesundheit befürchtet.
Daher wird gefordert, dass die Netze als Kabelnetze ausgeführt und unter die Erde verlegt werden.

Feldlinien
beim Einzelleiter — beim Viererbündel
Ungestörtes Radialfeld — Gestörtes Radialfeld

Ersatzschaltbild einer Wechselstromleitung
Bei Wechselstrom wirken vor allem die Längsinduktivitäten und die Querkapazitäten.

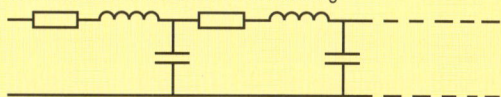

Ersatzschaltbild einer Gleichstromleitung
Bei Gleichstrom wirkt nur der ohmsche Widerstand.

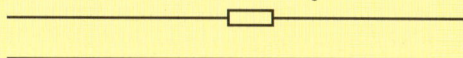

Nach derzeitigem technischen Stand ist dies aus zwei Gründen nicht möglich:
1. Kabelnetze sind wegen der hohen Kapazitäten nur für kurze Kabellängen geeignet,
2. Kabelnetze für 220 kV bzw. 380 kV sind um ein Vielfaches teurer als entsprechende Freileitungsnetze.

Aufgaben

5.4.1 Energieübertragung und Verteilung
a) Warum wird elektrische Energie mit möglichst hoher Spannung übertragen?
b) Welche vier „Spannungsebenen" werden zur Übertragung und Verteilung von elektrischer Energie eingesetzt?
c) Welche Vorteile haben Maschennetze im Vergleich zu Strahlennetzen?

5.4.2 Verbundsystem
a) Was versteht man unter einem elektrischen Verbundsystem? Welche Vorteile bietet es?
b) Welche Nachteile hat ein Verbundsystem im Vergleich zu vielen kleinen Einzelsystemen?
c) Erklären Sie die Begriffe „HGÜ" und „HDÜ". Nennen Sie Einsatzgebiete für beide Systeme.
d) Welche Aufgabe haben „Bündelleiter"?

5.5 Transformatoren I

Prinzipieller Aufbau

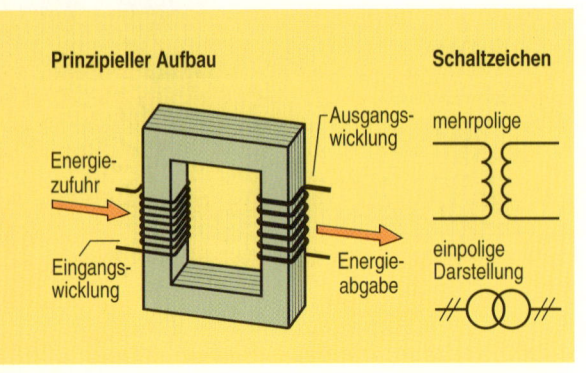

Energiezufuhr · Eingangswicklung · Ausgangswicklung · Energieabgabe

Schaltzeichen

mehrpolige

einpolige Darstellung

Aufbau und Prinzip

Transformatoren (lat.: transformare = umwandeln, umformen) bestehen im Wesentlichen aus zwei Spulen, die durch einen gemeinsamen Eisenkern magnetisch miteinander gekoppelt sind. Die beiden Spulen haben untereinander keine elektrische Verbindung; eine Ausnahme bildet der so genannte Spartransformator.
Die Funktion von Transformatoren beruht auf dem Induktionsprinzip, d. h. die Energie wird durch Induktion über das magnetische Feld von der Eingangswicklung (Primärwicklung) auf die Ausgangswicklung (Sekundärwicklung) übertragen.

Strom und Magnetfluss

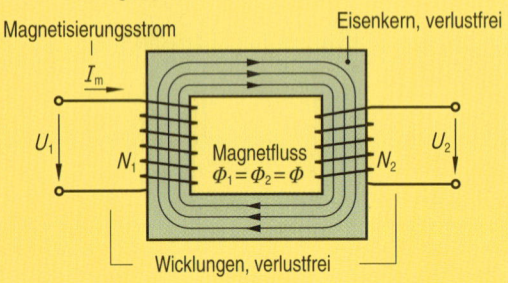

Magnetisierungsstrom I_m · Eisenkern, verlustfrei · U_1, N_1 · Magnetfluss $\Phi_1 = \Phi_2 = \Phi$ · N_2, U_2 · Wicklungen, verlustfrei

Idealer Transformator

Das Betriebsverhalten von realen Transformatoren wird stark von den Verlusten in Wicklung und Eisenkern, den magnetischen Streuflüssen sowie der Sättigung des Eisenkerns beeinflusst.
In vielen Fällen ist es sinnvoll, einen idealisierten Transformator ohne Kupfer- und Eisenverluste und ohne magnetische Sättigung anzunehmen. Ideale Transformatoren haben auch keine Streuflüsse, d. h. der gesamte eingangsseitige Magnetfluss durchsetzt auch die Ausgangswicklung.
Da ein idealer Transformator keine Verluste hat, können keine ohmschen Spannungsfälle auftreten. Die in der Primärwicklung induzierte Selbstinduktionsspannung muss deshalb immer gleich der angelegten Spannung sein; sie wirkt gemäß der lenzschen Regel ihrer Entstehungsursache, d. h. der Stromänderung entgegen. Die induzierte Spannung des idealen Transformators kann mit der Transformatorenhauptgleichung berechnet werden. Da der Primärfluss auch die Sekundärwicklung durchsetzt, wird in ihr pro Windung die gleiche Spannung wie in der Primärwicklung induziert.

Transformatorenhauptgleichung

Bei sinusförmigem Verlauf des Magnetisierungsstroms folgt aus dem Induktionsgesetz

$$U_0 = 4{,}44 \cdot N \cdot f \cdot \hat{B} \cdot A_{Fe}$$

In den beiden Wicklungen werden induziert:

$$U_1 = 4{,}44 \cdot N_1 \cdot f \cdot \hat{B} \cdot A_{Fe}$$
$$U_2 = 4{,}44 \cdot N_2 \cdot f \cdot \hat{B} \cdot A_{Fe}$$

U_0 Induzierte Spannung
N Windungszahl
f Frequenz
$\hat{B}$ Induktion, Maximalwert
A_{Fe} Eisenquerschnitt

Transformationsgleichungen

Mit Transformatoren können drei Größen transformiert werden:
- die Spannung
- der Strom
- der Widerstand (Impedanz, Scheinwiderstand).

Da beim idealen Transformator Eingangs- und Ausgangswicklung vom gleichen Magnetfluss durchsetzt sind, folgt aus der Transformatorenhauptgleichung: die Spannungen verhalten sich wie die zugehörigen Windungszahlen.
Da beim belasteten, idealen Transformator keine Verluste auftreten, folgt: die Ströme verhalten sich umgekehrt wie die zugehörigen Windungszahlen.
Aus beiden Gleichungen kann man ableiten: die Impedanzen verhalten sich wie die zugehörigen Windungszahlen im Quadrat.

Belasteter Transformator

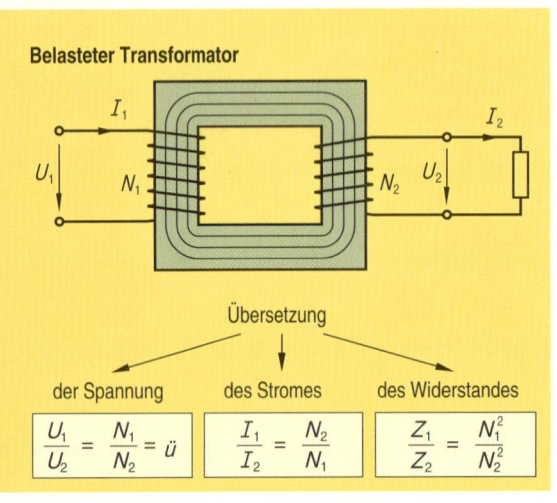

I_1, U_1, N_1 · I_2, N_2, U_2

Übersetzung

der Spannung:
$$\frac{U_1}{U_2} = \frac{N_1}{N_2} = ü$$

des Stromes:
$$\frac{I_1}{I_2} = \frac{N_2}{N_1}$$

des Widerstandes:
$$\frac{Z_1}{Z_2} = \frac{N_1^2}{N_2^2}$$

Vertiefung zu 5.5

Geschichtliche Entwicklung des Transformators

Die großtechnische Nutzung elektrischer Energie begann um 1890; ein Meilenstein dieser Entwicklung war die erste Drehstrom-Fernübertragung von Lauffen am Neckar nach Frankfurt am Main im Jahre 1891.
Die Entwicklung der notwendigen Transformatoren vollzog sich in Deutschland in vier Perioden:
1. von 1890 bis 1930 stieg die Maximalleistung von Transformatoren bis auf etwa 100 MVA,
2. bis etwa 1950 Verharren in dieser Größenordnung,
3. Weiterentwicklung bis 1968 auf 420 MVA,
4. danach mit ansteigender Nutzung der Kernenergie Steigerung bis über 1000 MVA.

Parallel zum Anstieg der Leistung verlief die Erhöhung der Übertragungsspannung. Am Anfang des Jahrhunderts betrug die Übertragungsspannung 110 kV, Ende der 20er Jahre 220 kV, und 1957 wurde die 380-kV-Spannungsebene eingeführt.
Die gegenwärtige Entwicklung bezieht sich vor allem auf Verbesserung der Werkstoffe, Verminderung der Verluste und auf die umweltschonende Entsorgung.

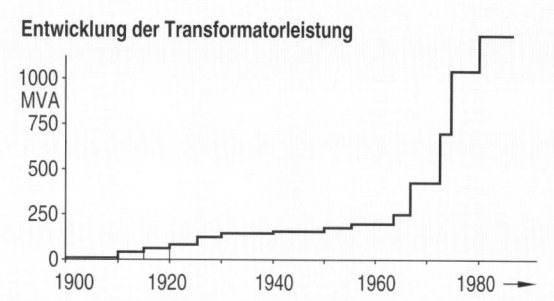

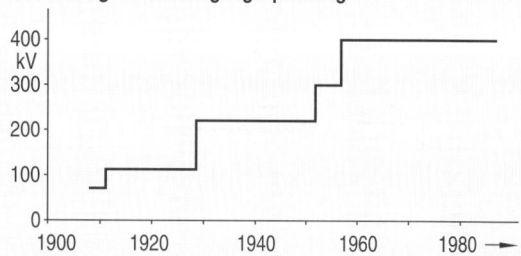

Entwicklung der Transformatorleistung

Entwicklung der Übertragungsspannung

Einsatz von Transformatoren

Transformatoren spielen in der Energie- und Nachrichtentechnik eine sehr große Rolle.
Leistungstransformatoren bis zu 1300 MVA werden eingesetzt, um die in den Kraftwerken erzeugte Spannung (z. B. 21 kV) auf sehr hohe Werte (z. B. 380 kV) zu transformieren. Diese hohen Spannungen sind nötig, um einen verlustarmen und damit wirtschaftlichen Energietransport über große Entfernungen zu gewährleisten. Je nach Übertragungsweg werden verschiedene Spannungsebenen benützt: 380 kV, 220 kV und 110 kV für große, 10 kV bis 30 kV für mittlere Entfernungen. Für den Verbraucher muss die Spannung wieder auf kleine Werte (z. B. 400 V) transformiert werden. Kleintransformatoren werden vor allem zum Betrieb von Spielzeug, Klingeln, medizinischen Geräten mit Spannungen von z. B. 12 V eingesetzt. Für Transformatoren zur Erzeugung von Schutzkleinspannung gelten besonders strenge Sicherheitsvorschriften.

Für einige Anwendungen steht nicht die Spannungs-, sondern die Stromtransformation im Vordergrund. Dazu zählen z. B. Schweißgeräte, Elektrolysebäder und Lichtbogenöfen. Hier werden sehr große Ströme bei kleinen Spannungen benötigt.
In der Nachrichtentechnik werden vor allem Widerstände (Impedanzen) transformiert. Dies kann z. B. nötig sein, um die Impedanz eines Lautsprechers an den Innenwiderstand des Verstärkers anzupassen (Leistungsanpassung). Die hier eingesetzten Transformatoren werden Übertrager genannt.
Mit Hilfe von Transformatoren können auch sehr große Spannungen und Ströme gemessen werden. Diese Messtransformatoren werden Spannungs- bzw. Stromwandler (allgemein Messwandler) genannt.
Trenntransformatoren dienen dazu, zwei Stromkreise galvanisch zu trennen. Sie haben z. B. das Übersetzungsverhältnis 230 V/230 V.

Aufgaben

5.5.1 Experimentiertransformator

Ein idealer Transformator hat $A_{Fe} = 12\,cm^2$, $N_1 = 150$, $N_2 = 80$, die zulässige Induktion ist $B_{max} = 1{,}3\,T$.
a) Was bedeutet „idealer" Transformator?
b) Welche Höchstspannung darf an die Primärwicklung angelegt werden?
c) Die Ausgangswicklung wird mit einem Widerstand $R_2 = 30\,\Omega$ belastet. Berechnen Sie den Strom in der Eingangs- und der Ausgangswicklung.

5.5.2 Kleinspannungstransformator

Ein idealer Transformator liegt an $U_1 = 230\,V$ und liefert $U_2 = 24\,V$. Der Eisenquerschnitt beträgt $642\,mm^2$, der Kern soll mit $B_{max} = 1{,}2\,T$ belastet werden.
a) Berechnen Sie die Windungszahlen N_1 und N_2.
b) Berechnen Sie den primären und sekundären Strom bei Belastung der Sekundärwicklung mit $R = 16\,\Omega$.
c) Ist der Transformator auch zur Transformation von 24 V auf 230 V bzw. 48 V auf 460 V verwendbar?

© Holland + Josenhans

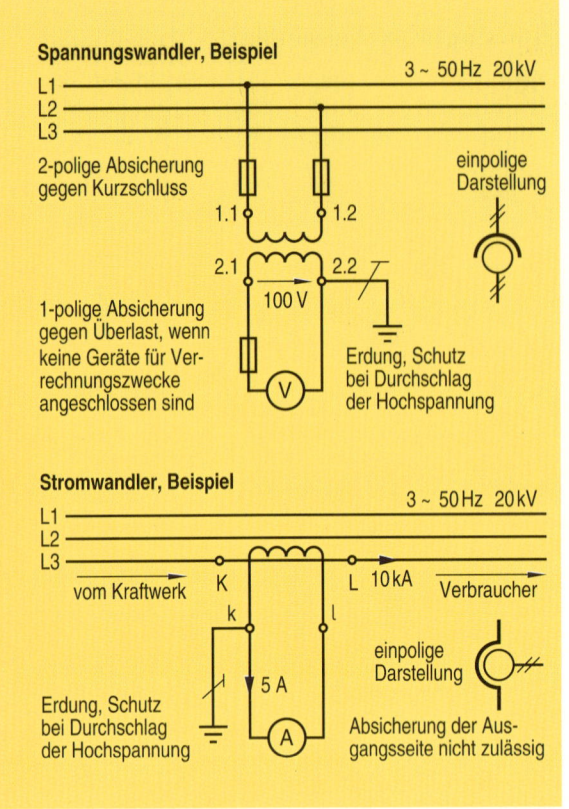

5.6 Transformatoren II

Spannungswandler, Beispiel

L1, L2, L3 — 3 ~ 50 Hz 20 kV

2-polige Absicherung gegen Kurzschluss

1.1 1.2
2.1 2.2
100 V

1-polige Absicherung gegen Überlast, wenn keine Geräte für Verrechnungszwecke angeschlossen sind

einpolige Darstellung

Erdung, Schutz bei Durchschlag der Hochspannung

Stromwandler, Beispiel

L1, L2, L3 — 3 ~ 50 Hz 20 kV

vom Kraftwerk — K L 10 kA — Verbraucher
k l
5 A

Erdung, Schutz bei Durchschlag der Hochspannung

einpolige Darstellung

Absicherung der Ausgangsseite nicht zulässig

Entwicklung des Dreischenkelkerns

Transformatorenbank
Kern aus 3 U-Kernen
Kern ohne Mittelschenkel
Dreischenkelkern
OS
US

Messwandler

Messgeräte und Relais dürfen aus Sicherheitsgründen nicht direkt in das Hochspannungsnetz eingebaut werden. Die hohen Spannungen werden deshalb über Spannungswandler auf ungefährliche Werte, meist 100 V (110 V) Nennspannung, transformiert. Auch sehr große Ströme in Niederspannungsanlagen werden über Stromwandler auf gut messbare Werte, meist 5 A (1 A) Nennstrom, transformiert.

Spannungswandler sind im Prinzip Leistungstransformatoren mit sehr genauem Übersetzungsverhältnis und sehr kleiner Streuung. Sie dürfen auf der Ausgangsseite höchstens mit dem Grenzstrom belastet werden, da sonst die Wicklungen überlastet sind. Zum Schutz bei Durchschlag der Hochspannung sind die Ausgangsseite sowie das Wandlergehäuse geerdet.

Stromwandler sind Transformatoren mit nur einer Windung als Eingangswicklung; die Windungszahl der Ausgangswicklung bestimmt das Übersetzungsverhältnis. Stromwandler dürfen nie im Leerlauf betrieben werden, weil der dann fehlende magnetische Gegenfluss den Eisenkern weit in die Sättigung treibt. Dies kann zur Überhitzung des Kerns (Ausglühen) und zu gefährlich hohen Spannungen in der Ausgangswicklung führen (Zerstörung der Isolation). Die Ausgangsseite von Stromwandlern darf daher auch niemals abgesichert werden. Zum Schutz bei Hochspannungsdurchschlägen muss die Ausgangsseite geerdet werden.

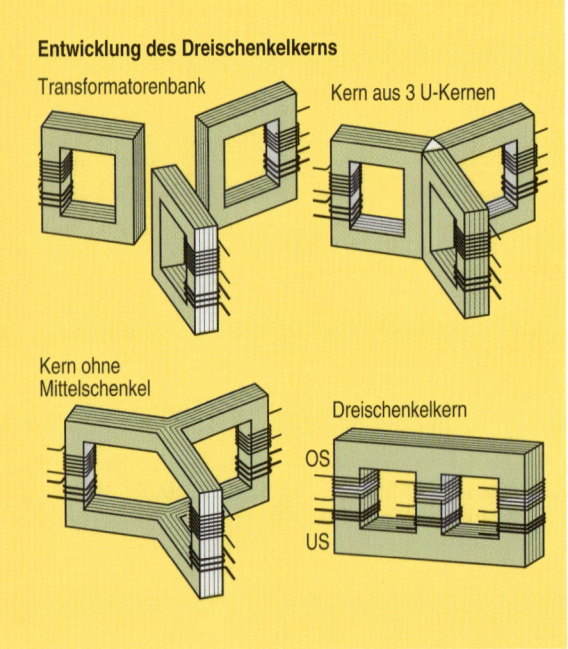

Drehstromtransformatoren

Die Transformation von Drehstrom kann im Prinzip auf zwei Arten erfolgen:

1. Drei einphasige Transformatoren werden zu einer so genannten Transformatorbank zusammengeschaltet. Die drei Eingangs- und die drei Ausgangswicklungen können jeweils in Stern oder Dreieck geschaltet werden. Diese Methode wird z. B. in den USA praktiziert.
   Transformatorenbänke werden auch eingesetzt, wenn der Transport zm Aufstellungsort schwierig ist, z. B. in Bergwerksschächten.

2. Die drei Kerne der drei Transformatoren werden zu einem einzigen Kern zusammengefügt.
   Da bei einem symmetrischen System die Summe der Strangströme stets null ist und somit auch die Summe der Magnetflüsse null ist, kann der mittlere Schenkel entfallen. Durch Verschieben der drei verbleibenden Schenkel in eine Ebene erhält man den in Europa üblichen Dreischenkelkern.

Für sehr große Transformatoren im 1000-MVA-Bereich werden auch Fünfschenkelkerne eingesetzt, weil sie etwas niedriger sind und damit noch mit Eisenbahn und Tiefladern transportierbar sind.

Vertiefung zu 5.6

Drehstromtransformator mit Ölkessel

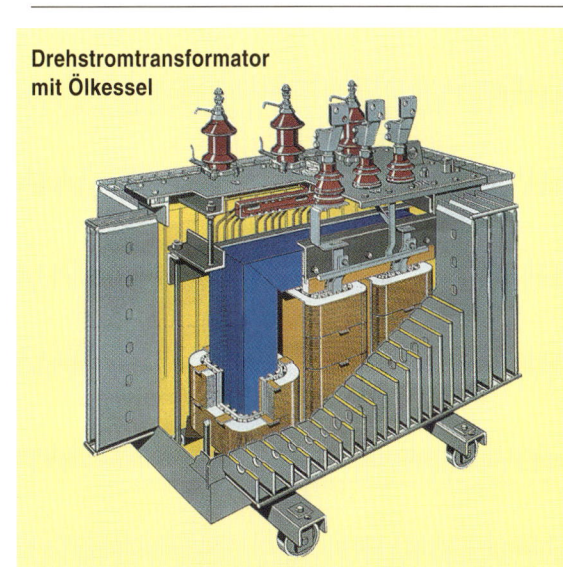

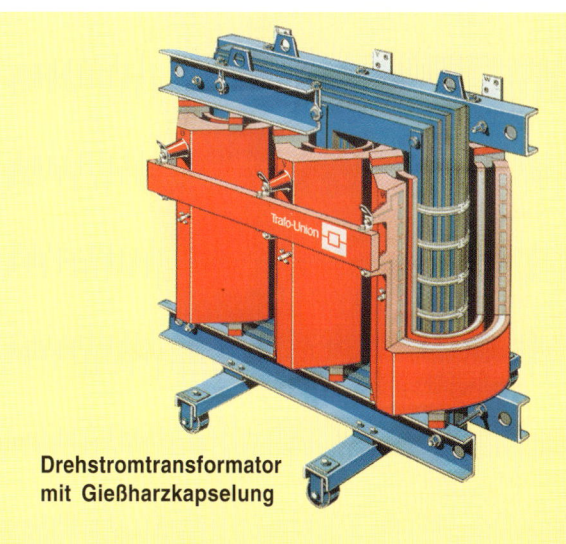

Drehstromtransformator mit Gießharzkapselung

Schaltung von Drehstromtransformatoren

Die Stränge der Oberspannungsseite (OS) und der Unterspannungsseite (US) können jeweils in Stern (Y) oder in Dreieck (D) geschaltet werden. Damit sind vier Kombinationen möglich: Stern-Stern (Yy), Dreieck-Dreieck (Dd), Stern-Dreieck (Yd) und Dreieck-Stern (Dy). Der Großbuchstabe bezeichnet die OS, der Kleinbuchstabe die US, ein herausgeführter N-Leiter wird durch den Buchstaben n bezeichnet, z. B. Dyn. Als Übersetzungsverhältnis wird bei Drehstromtransformatoren das ungekürzte Verhältnis der Außenleiterspannungen angegeben, z. B. $ü = 20000\,V / 400\,V$.

Beispiel: Dyn-Schaltung

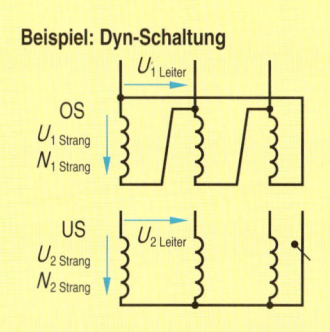

OS: $U_{1\,Strang}$, $N_{1\,Strang}$, $U_{1\,Leiter}$

US: $U_{2\,Strang}$, $N_{2\,Strang}$, $U_{2\,Leiter}$

Als Übersetzungsverhältnis ist festgelegt:

$$ü = \frac{U_{1\,Leiter}}{U_{2\,Leiter}}$$

Für die Strangspannungen gilt:

$$\frac{U_{1\,Strang}}{U_{2\,Strang}} = \frac{N_{1\,Strang}}{N_{2\,Strang}}$$

Schaltgruppen von Drehstromtransformatoren

Insbesondere für das Parallelschalten von Drehstromtransformatoren ist neben der Größe der Ober- und Unterspannung auch die Phasenlage von Bedeutung. Haben OS und US die gleiche Schaltung (Yy oder Dd), so ist die Phasenlage der zugehörigen Außenleiterspannungen gleich oder um 180° verschoben, je nach Wickelsinn der Wicklungen. Haben OS und US verschiedene Schaltungen (Yd oder Dy), so beträgt die Phasenverschiebung 150° oder 330°.

Die Phasenverschiebung wird durch eine Kennzahl angegeben, die aus dem Zifferblatt der Uhr abgeleitet ist. Da jede Stunde des Zifferblattes einem Winkel von 30° entspricht, wird die Phasenverschiebung 0° mit der Kennziffer 0, die Phasenverschiebung 150° mit 5 (entsprechend 5·30° = 150°), die Verschiebung 180° mit 6 und die Verschiebung 330° mit der Ziffer 11 angegeben. Damit sind je nach Schaltung von OS und US die Schaltgruppen Yy 0, Yy 6, Dd 0, Dd 6; Yd 5, Yd 11, Dy 5 und Dy 11 möglich. In Verbraucheranlagen wird häufig die Schaltgruppe Dyn 5 eingesetzt, für die Energieübertragung bei hohen Spannungen Yy 0.

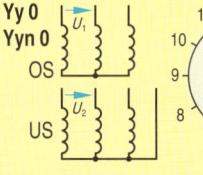

Schaltgruppe	Leiterspannungen	Einsatzgebiete
Yy 0 / Yyn 0		Yy 0 für die Energieübertragung bei hohen Spannungen (400 kV). Yyn 0 für kleine Verteiltransformatoren mit maximal 10% Neutralleiterbelastung.
Dyn 5		Verteilertransformator für hohe Leistungen im Niederspannungsnetz. Der N-Leiter ist mit dem vollen Nennstrom belastbar. Für Schieflast und einphasige Last sehr gut geeignet.
Yd 5		Haupttransformatoren der großen Kraft- und Umspannwerke. Die Energie wird auf der Unterspannungsseite eingespeist. Ein N-Leiter wird nicht angeschlossen.

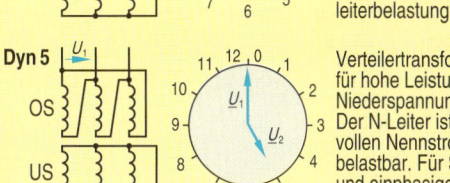

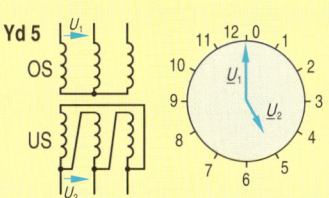

5.7 Transformatoren III

Leistungsschild

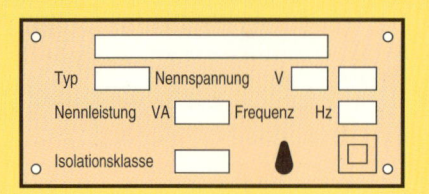

Definition
Kleintransformatoren sind Transformatoren mit einer maximalen Nennleistung von 16 kVA zur Verwendung in Netzen bis 1000 V und 500 Hz.
Kleintransformatoren haben ein großes Einsatzgebiet, z. B. als Spannungsversorgung für elektronische Geräte und Schützschaltungen. Insbesondere werden sie aber als Sicherheits- bzw. Schutztransformatoren für die Versorgung von Spielzeug, Klingeln, Handleuchten und medizinischen Geräten eingesetzt.

Blechschnitte nach DIN 41300

EI-Schnitt, M-Schnitt, UI-Schnitt

Schichtkern, Ringkern, Schnittbandkern

Aufbau
Kleintransformatoren bestehen wie alle Transformatoren aus Eisenkern und Wicklung.
Der Eisenkern besteht meist aus geschichteten Blechen genormter Größe; je nach Blechform unterscheidet man EI-, M-, UI- und L-Schnitte. Daneben gibt es Band- und Schnittbandkerne aus kornorientierten Blechen. Sie haben den Vorteil, dass die Ummagnetisierungsverluste besonders gering sind, wenn der Magnetfluss in Walzrichtung verläuft. Auch Schichtkerne können aus kornorientierten Blechen bestehen; die Eisenquerschnitte müssen aber dort vergrößert werden, wo der Fluss quer zur Walzrichtung verläuft.
Die Wicklung besteht meist aus Kupferlackdraht und sitzt auf einem Spulenkörper aus Kunststoff. Primär- und Sekundärwicklung liegen meist zylindrisch übereinander, die Unterspannungswicklung liegt außen.

Symbole für Kurzschlussfestigkeit

Transformator ist:
absolut, bedingt (mit Sicherung, mit Bi-Metall), nicht kurzschlussfest

Symbole für Kleintransformatoren

Sicherheitstransformator (allgemein, kurzschlussfest), Trenntransformator

Spielzeugtransformator, Klingeltransformator, Handleuchtentransformator, Medizinischer Transformator

Auftautransformator, Haushaltsspartransformator

Anwendung
Kleintransformatoren dienen vor allem als Sicherheits- bzw. Schutztransformatoren. Sie liefern ausgangsseitig Schutzkleinspannung (max. 50V) und eine maximale Leistung von 10 kVA. Sicherheitstransformatoren müssen kurzschlussfest oder bedingt kurzschlussfest sein. Wichtige Sicherheitstransformatoren sind:

- Spielzeugtransformatoren
  Sie sind für elektrisch betriebenes Kinderspielzeug vorgeschrieben. Die maximale Ausgangsspannung (Nenn-Lastspannung) beträgt 24 V, die maximale Leistung 200 VA, Schutzisolierung ist erforderlich.

- Klingeltransformatoren
  Sie dienen zur Versorgung von Klingeln, Summern und Türöffnern. Sie dürfen keine Nennausgangsspannung über 24 V haben und müssen unbedingt kurzschlussfest sein. Die Ausgangsklemmen müssen ohne Freilegung der Eingangsklemmen zugänglich sein.

- Handleuchtentransformatoren
  Sie müssen schutzisoliert, spritzwassergeschützt und wasserdicht sein.

Auch Auftautransformatoren und Transformatoren für medizinische Geräte sind Sicherheitstransformatoren.

Vertiefung zu 5.7

Berechnung von Kleintransformatoren

Kleintransformatoren zur Versorgung elektronischer Geräte können selbst berechnet und hergestellt werden. Da bei Kleintransformatoren aber Verluste und Streuung eine sehr große Rolle spielen, führt die Berechnung mit Hilfe der üblichen Formeln (z. B. Transformatorenhauptgleichung, Übersetzungsformeln) zu sehr unbefriedigenden Ergebnissen. Besser ist es, die benötigten Windungszahlen und Drahtquerschnitte den für die genormten Blechschnitte entwickelten Tabellen zu entnehmen. Sie berücksichtigen die Verluste und Streufelder mit hinreichender Genauigkeit.

Auf keinen Fall dürfen aber Sicherheitstransformatoren selbst hergestellt werden, da diese unbedingt den VDE-Schutzbestimmungen entsprechen müssen.

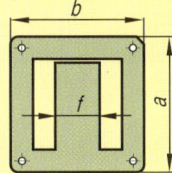

M-Schnitt	M 30	M 42	M 55	M 65	M 74	M 85	M 102
a in mm	30	42	55	65	74	85	102
b in mm	30	42	55	65	74	85	102
f in mm	7	12	17	20	23	29	34

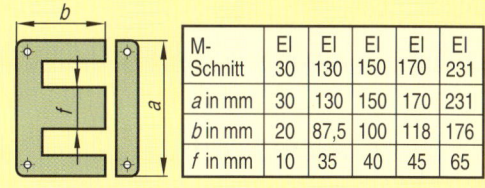

M-Schnitt	EI 30	EI 130	EI 150	EI 170	EI 231
a in mm	30	130	150	170	231
b in mm	20	87,5	100	118	176
f in mm	10	35	40	45	65

Berechnung
1. Nennlast der anzuschließenden Verbraucher bestimmen.
2. Transformatorkern auswählen.
3. Aus Spannung je Windung die Windungszahlen bestimmen.
4. Aus zulässiger Stromdichte Drahtquerschnitte bestimmen.

Bei Speisung von Gleichrichterschaltungen müssen die Gleichstromwerte mit nebenstehenden Faktoren multipliziert werden:

Schaltung	M1	M2	B2
Sekundärspannung	2,22	2·1,11	1,11
Sekundärstrom	1,57	0,79	1,11
Sekundärleistung	3,49	1,75	1,23
Primärleistung	2,7	1,23	1,23
Transformatorleistung	3,1	1,5	1,23

S_N	1 Eingangs-, 1 oder 2 Ausgangsw. in VA		4,5	12	26	48	62	120	180	230	280	350	420	500
	Bei mehr als 3 Wicklungen in VA		3	9	21	40	52	100	160	210	260	320	380	460
Eisenkern	Kernblech, Belastung mit $\hat{B}$ = 1,2 T		M 42	M 55	M 65	M 74	M 85	M 102a	M 102b	EI 130a	EI 130a	EI 150a	EI 150b	EI 150c
	Pakethöhe in mm		15	20	27	32	32	35	52	35	45	40	50	60
	Eisenquerschnitt bei f_{Fe} = 0,9 in cm²		1,6	3,0	4,9	6,7	8,4	11	16	11	14	14	18	21
	Nutzbare Fensterhöhe in mm		6,5	7,5	9	10	9	12		24		28		
	Nutzbare Fensterbreite in mm		24	30	35	43	46	58		61		68		
	Eisenmasse in kg		0,14	0,33	0,62	0,88	1,3	2	3	2,4	3	3,5	4,4	5,2
Kupferwicklung	Windungszahl bei ohmscher Nennlast	Primär je V	19,5	10,9	7,05	5,23	4,18	3,26	2,19	3,22	2,52	2,48	1,98	1,66
		Sekundär je V	29,1	13,53	8,13	5,81	4,58	3,50	2,30	3,44	2,65	2,60	2,08	1,72
	Stromdichte innen in A/mm²		4,6	3,9	3,4	3,1	3,0	2,5	2,3	1,7	1,7	1,5	1,5	1,4
	außen in A/mm²		5,3	4,4	3,7	3,4	3,4	2,8	2,7	2,2	2,1	1,9	1,9	1,8
	Kupfermasse in kg		0,04	0,09	0,16	0,23	0,3	0,5	0,6	1,6	1,8	2,5	2,7	3,0
η	Wirkungsgrad, ungefähr in %		60	70	77	83	84	88	89	90	91	92	93	94

Aufgaben

5.7.1 Transformator für ohmsche Last
Zur Versorgung einer ohmschen Last von 120 W soll ein Kleintransformator 230 V/24 V entworfen werden.
a) Wählen Sie einen geeigneten Eisenkern aus.
b) Berechnen Sie Windungszahl und Drahtquerschnitt der beiden Wicklungen nach Tabelle.
c) Berechnen Sie die Windungszahlen für $\hat{B}$ = 1,2 T mit der Hauptgleichung. Bewerten Sie das Ergebnis.

5.7.2 Transformator für Netzgerät
Ein Netzgerät zum Anschluss an 230 V besteht aus einem Transformator und einem Gleichrichter in Schaltung B2 (Brückenschaltung). Die Gleichspannung beträgt 12 V, der Gleichstrom 4 A.
a) Wählen Sie einen passenden Kern zur Herstellung des Transformators aus.
b) Berechnen Sie die beiden Wicklungen.

5.8 Umspann- und Schaltanlagen

Transformatorenstation, vereinfachtes Beispiel

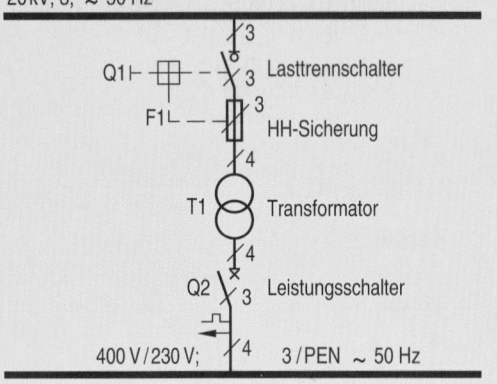

Sammelschienensystem 20 kV
20 kV; 3; ~ 50 Hz

- Q1 — Lasttrennschalter
- F1 — HH-Sicherung
- T1 — Transformator
- Q2 — Leistungsschalter

400 V / 230 V; 3/PEN ~ 50 Hz

Sammelschienensystem 400 V / 230 V

Schaltgeräte, zeichnerische Darstellung

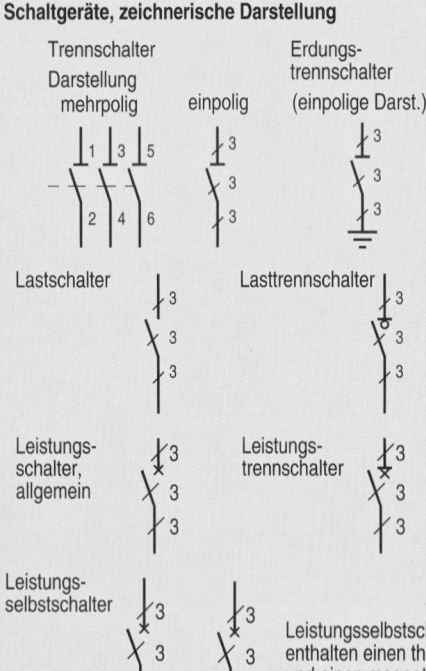

- Trennschalter
  - Darstellung mehrpolig
  - einpolig
- Erdungstrennschalter (einpolige Darst.)
- Lastschalter
- Lasttrennschalter
- Leistungsschalter, allgemein
- Leistungstrennschalter
- Leistungsselbstschalter

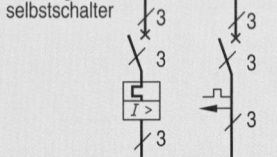

Leistungsselbstschalter enthalten einen thermischen und einen magnetischen Überstromauslöser für den Überlast- und den Kurzschlussschutz

Schmelzsicherungen im Drehstromnetz

- dreipolige Darstellung
- dreipolige Darstellung

Aufbau von Umspannanlagen

Umspannanlagen dienen dazu, die elektrische Energie von einer Spannungsebene (z. B. 110 kV) auf eine andere (z. B. 30 kV) zu transformieren. Wesentlichen Teile einer Umspannstation sind:
- der Drehstromtransformator: er transformiert die Spannung auf die gewünschte Höhe
- die Sammelschienen: sie verknüpfen jeweils alle ankommenden bzw. abgehenden Leitungen
- die Schaltanlage: sie ermöglicht ein gefahrloses Zu- und Abschalten unter allen Lastbedingungen
- die Messeinrichtungen: sie ermöglichen eine Messung aller Spannungen, Ströme und Leistungen
- die Schutzeinrichtungen: sie bieten Schutz gegen Überlastung, Kurzschluss und Überspannungen.

Umspannanlagen werden innerhalb von Städten meist in geschlossenen Räumen installiert, außerhalb von Ortschaften als Freiluftanlagen.

Schaltgeräte

Die Aufgabe der Schaltanlage ist das sichere Zu- und Abschalten einzelner Netzteile während des normalen Betriebes oder im Fehlerfall. Nach ihrer Schaltaufgabe kann man drei Schalterarten unterscheiden:

Trennschalter

Trennschalter dienen zum Herstellen einer sichtbaren Trennstelle. Dadurch kann optisch überprüft werden, ob zwei Anlageteile wirklich getrennt sind.
Da Trennschalter keine Einrichtung zum Löschen von Lichtbögen haben, dürfen sie nur schalten, wenn dabei ein vernachlässigbar kleiner Strom fließt.
Durch Trennschalter mit angebautem Erdungsschalter können abgeschaltete Netzteile kurzgeschlossen und geerdet werden.

Lastschalter

Lastschalter dienen zum Ein- und Ausschalten auch unter Vollast. Dazu benötigen sie eine Lichtbogenlöscheinrichtung. Häufig werden auch Lasttrennschalter eingesetzt. Sie können unter Lastbedingungen schalten und erzeugen eine sichtbare Trennstrecke.

Leistungsschalter

Leistungsschalter müssen Betriebsmittel und Anlageteile im ungestörten und gestörten Zustand sicher schalten, d.h. sie müssen auch Kurzschlüsse sicher abschalten. Dazu benötigen sie eine wirkungsvolle Lichtbogenlöscheinrichtung.

Schmelzsicherungen

Zum Abschalten von Über- und Kurzschlussströmen werden auch Schmelzsicherungen eingesetzt.
Bei Hochspannung sind dies HH-Sicherungen (Hochspannungs-Hochleistungssicherungen), bei Niederspannung NH-Sicherungen (Niederspannungs-Hochleistungssicherungen).

Vertiefung zu 5.8

Schaltgeräte für Hoch- und Niederspannung

Schaltgeräte stellen den Energiefluss zwischen den Anlageteilen her bzw. unterbrechen ihn. Dabei werden die Schaltkontakte beim Einschalten durch das „Prellen" belastet, während beim Ausschalten vor allem die „Lichtbögen" beherrscht werden müssen.
Bei Schaltgeräten gibt es eine sehr große Vielfalt, je nachdem ob sie für Hoch- oder Niederspannung, für kleine oder sehr große Ströme eingesetzt werden. Außer durch unterschiedliche Lichtbogenlöscheinrichtungen unterscheiden sich Schaltgeräte durch unterschiedliche Antriebe: sie können z.B. manuell, durch Druckluft, durch Federkraft oder durch Elektromagnete betätigt werden. Die Tabelle zeigt eine Übersicht über die wichtigsten Schaltgeräte:

Hochspannungsschaltgeräte für $U > 1000$ V		Niederspannungsschaltgeräte für $U < 1000$ V	
Leistungsschalter	Schalten von Betriebs-, Über- und Kurzschlussströmen bis etwa 160 kA (Antrieb z.B. durch Druckluft, Auslösung durch spezielle Relais)	Leistungsschalter	Schalten von Betriebs-, Über- und Kurzschlussströmen (Antrieb z.B durch Federkraft, Auslösung durch Bimetalle oder elektromagnetische Auslöser)
Lasttrennschalter	Schalten von Last- und Leerlaufströmen in Anlagen bis 20 kV; gleichzeitiges Herstellen einer Trennstrecke nach VDE 0105	Lastschalter	Schalten von Lastströmen auch bei kurzzeitiger Überlastung mit dem 1,25-fachen Nennstrom
Trennschalter	Schalten im annähernd stromlosen Zustand z.B. Schalten von kapazitiven Strömen von Anlageteilen und Kabeln Herstellen einer Trennstrecke nach VDE 0105	Überlastschalter	Schalten von Strömen über dem 1,25-fachen Nennwert, z.B. Anlaufströme von Drehstromasynchronmotoren
		Leerschalter	Schalten im annähernd stromlosen Zustand und zum Herstellen des spannungsfreien Zustandes (anstelle von Trennlaschen)
HH-Sicherungen (Hochspannungs-Hochleistungssicherungen)	Einmaliges Ausschalten von Über- und Kurzschlussströmen Die Sicherungen sind „strombegrenzend" (die Sicherung schaltet so schnell ab, dass der theoretisch mögliche Kurzschlussstrom nicht erreicht wird)	NH-Sicherungen (Niederspannungs-Hochleistungssicherungen)	Einmaliges Ausschalten von Über- und Kurzschlussströmen Die Sicherungen sind „strombegrenzend"

Lichtbogenlöschung

Der Lichtbogen ist eine elektrisch leitende Gassäule mit Temperaturen bis zu 15000 K.
Zur Löschung des Lichtbogens muss vor allem die Wärme abgeführt werden. Dies kann z. B. durch Ausblasen mit Druckluft oder SF_6-Gas (Schwefelhexafluorid), durch magnetische Blasspulen oder in Löschkammern erfolgen.
Sehr wirkungsvoll ist auch das Aufteilen des Lichtbogens durch Löschbleche in mehrere Einzellichtbögen. Dadurch steigt die für den Erhalt des Lichtbogens notwendige Spannung über die zur Verfügung stehende Spannung und der Lichtbogen erlischt.

Beispiel: Lichtbogenlöschung durch Löschbleche

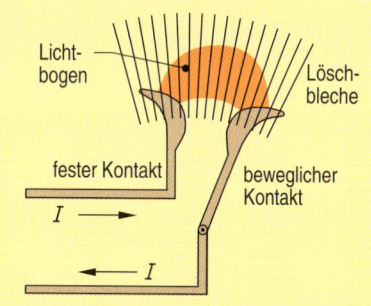

Der Lichtbogen wird durch Bleche unterteilt, wodurch der Spannungsbedarf stark ansteigt.

Aufgaben

5.8.1 Umspann- und Schaltanlagen

a) Welche Aufgabe haben Umspannanlagen bei der elektrischen Energieversorgung?
b) Nennen Sie die wichtigsten Teile einer elektrischen Schaltanlage. Welche Aufgabe haben dabei die Sammelschienen?
c) Warum werden Schaltanlagen in Städten meist als Innenraumanlagen außerhalb von Ortschaften aber als Freiluftanlagen ausgeführt?

5.8.2 Schaltgeräte

a) Welche Aufgabe haben Trennschalter? Warum dürfen Trennschalter nicht unter Last geschaltet werden?
b) Erklären Sie den Unterschied zwischen einem Last- und einem Leistungsschalter. Zu welchem Schaltertyp gehört demnach ein LS-Schalter?
c) Nennen Sie drei prinzipielle Möglichkeiten zum raschen Löschen eines Lichtbogens.

5.9 Isolierte Leitungen und Kabel

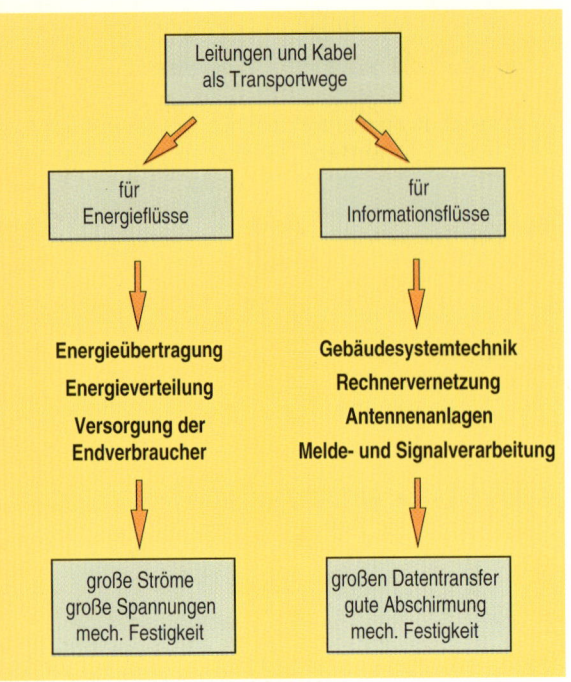

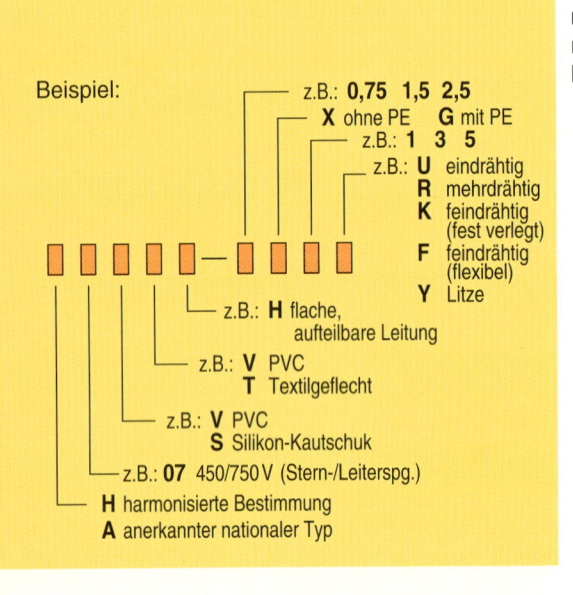

```
          Leitungen und Kabel
          als Transportwege
           ↙          ↘
        für            für
    Energieflüsse   Informationsflüsse
        ↓              ↓
  Energieübertragung   Gebäudesystemtechnik
  Energieverteilung    Rechnervernetzung
  Versorgung der       Antennenanlagen
  Endverbraucher       Melde- und Signalverarbeitung
        ↓              ↓
  große Ströme        großen Datentransfer
  große Spannungen    gute Abschirmung
  mech. Festigkeit    mech. Festigkeit
```

Einsatzgebiete

Isolierte Leitungen und Kabel sind wesentliche Betriebsmittel in jeder elektrischen Anlage. Im Wesentlichen gibt es sechs Einsatzgebiete:

- die **Energieübertragung und -verteilung**
  in Mittel- und Niederspannungsnetzen
- die **Elektroinstallation**
  Leitungen und Kabel dienen vor allem zur Versorgung der Verbraucher mit Energie; das System kann zusätzlich zur Übertragung von Daten genutzt werden
- die **Gebäudesystemtechnik**
  Leitungen und Kabel bilden ein Bussystem, über das die Verbraucher gesteuert werden
- die **Rechnervernetzung**
  Leitungen und Kabel übertragen Daten zwischen verschiedenen Computern
- die **Melde- und Signalanlagen**
  Leitungen und Kabel übertragen Signale für verschiedene Anwendungen, z.B. Gegensprech-, Telefon-, Uhren- und Gefahrenmeldeanlagen
- die **Antennenanlagen**
  Leitungen und Kabel übertragen die hochfrequenten Signale von der Empfangsantenne zum Empfänger.

Harmonisierte Starkstromleitungen

Die meisten Starkstromleitungen sind europaweit genormt (harmonisiert). Das Typenkurzzeichen für harmonisierte Leitungen ist nach folgendem Schema aufgebaut:

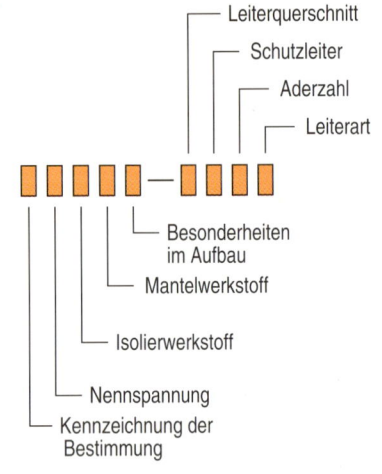

Beispiel:

```
                        z.B.: 0,75 1,5 2,5
                            X ohne PE  G mit PE
                        z.B.: 1  3  5
                        z.B.: U eindrähtig
                              R mehrdrähtig
                              K feindrähtig
                                (fest verlegt)
                              F feindrähtig
                                (flexibel)
                              Y Litze
        z.B.: H flache,
              aufteilbare Leitung
        z.B.: V PVC
              T Textilgeflecht
        z.B.: V PVC
              S Silikon-Kautschuk
        z.B.: 07 450/750 V (Stern-/Leiterspg.)
        H harmonisierte Bestimmung
        A anerkannter nationaler Typ
```

```
        Leiterquerschnitt
        Schutzleiter
        Aderzahl
        Leiterart

        Besonderheiten
        im Aufbau
        Mantelwerkstoff
        Isolierwerkstoff
        Nennspannung
        Kennzeichnung der
        Bestimmung
```

Beispiele für nichtharmonisierte Leitungen:

- **NYM-J 5 x 2,5** Mantelleitung mit Schutzleiter
  5 Adern mit 2,5 mm² Querschnitt
- **NYIF-O 3 x 1,5** Stegleitung ohne Schutzleiter
  3 Adern mit 1,5 mm² Querschnitt

Nicht harmonisierte Starkstromleitungen

Einige sehr häufig benutzte Leitungen sind noch nicht harmonisiert und tragen noch deutsche Bezeichnungen. Dazu gehören insbesondere Kunststoffmantelleitungen (NYM) und Stegleitungen (NYIF). (Übersicht siehe gegenüberliegende Seite)

Vertiefung zu 5.9

Kabel für die Energie- und Datenübertragung, Beispiele

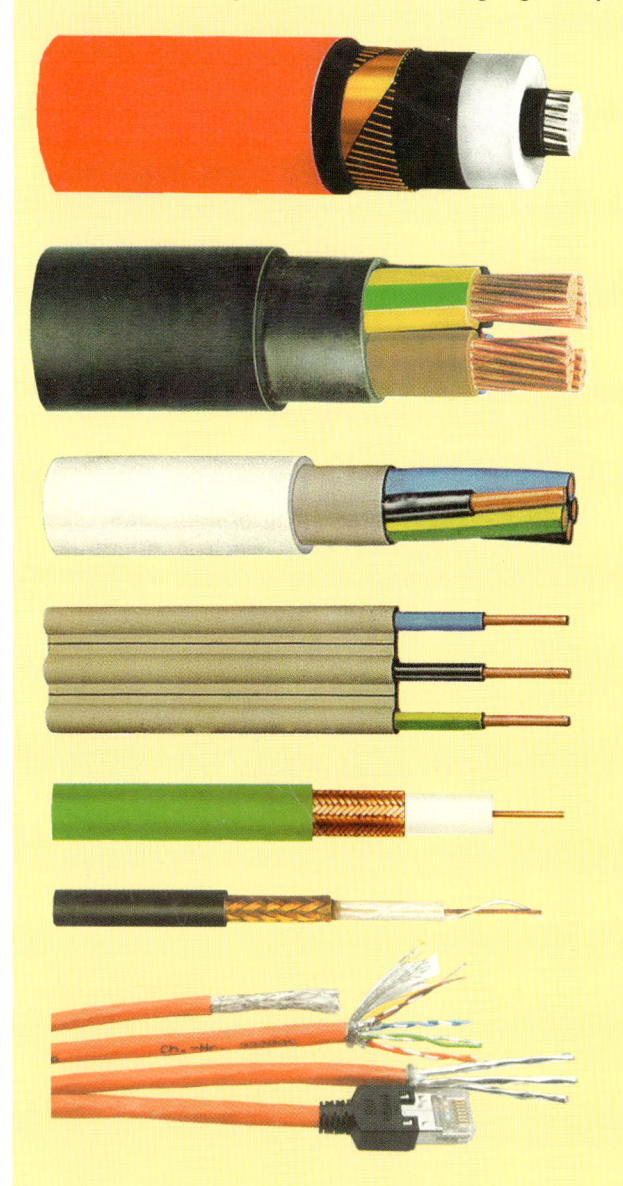

NA2YSY
Einleiterkabel 18/30 kV (18 kV gegen Erde, 30 kV Spannung zwischen Außenleitern) für die Energieübertragung, zur festen Verlegung in der Erde, im Freien, in Innenräumen, in Kabelkanälen und an Steilstrecken

NYY-J
Kabel 0,6/1 kV mit PE-Leiter für die Energieübertragung,
geeignet zur festen Verlegung in der Erde, im Wasser, im Freien, in Innenräumen, in Kabelkanälen und an Steilstrecken.

NYM-J
Mantelleitung mit PE-Leiter für die Hausinstallation (230/400 V),
geeignet zur festen Verlegung in trockenen, feuchten und nassen Räumen sowie im Freien, jedoch nicht im Erdboden.

NYIF
Stegleitung mit PE-Leiter für die Hausinstallation (230/400 V),
geeignet zur festen Verlegung im und unter Putz.

Videokabel
Koaxialkabel zur Übertragung von Videosendungen

RG 62 A/U
Koaxialkabel zur dämpfungsarmen Übertragung von Daten im kommerziellen Bereich

Twisted-Pair-Leitung
Paarweise verdrillte Leitungen zur Datenübertragung, insbesondere zur Vernetzung von Computern.

Aufgaben

5.9.1 Energiekabel
a) Welche besonderen Eigenschaften müssen Kabel und Leitungen für die Energieübertragung haben?
b) Was versteht man unter „harmonisierten" Starkstromkabeln?
c) Entschlüsseln Sie die harmonisierte Typenkurzzeichen H 07 V-R 25 und H 07 R N-F 3 G 1,5.
d) Entschlüsseln Sie die nichtharmonisierten Typenkurzzeichen NYM-J 5 x 2,5 und NYIF-J 3 x 1,5.

5.9.2 Datenkabel
a) Welche besonderen Eigenschaften müssen Kabel und Leitungen für die Datenübertragung haben?
b) Warum müssen Datenkabel üblicherweise abgeschirmt sein?
c) Erklären Sie den prinzipiellen Aufbau von Koaxialkabeln und Twisted-Pair-Kabeln.

5.10 Bemessung von Installationsleitungen

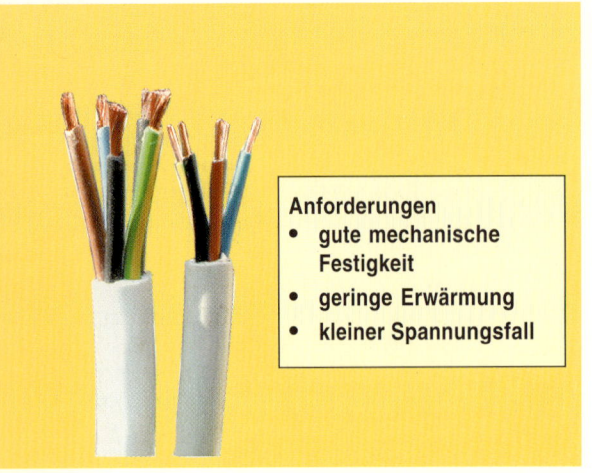

Anforderungen
- gute mechanische Festigkeit
- geringe Erwärmung
- kleiner Spannungsfall

feste geschützte Verlegung		1,5 mm²
Leitungen in Schalt-anlagen und Verteilern	bis 2,5 A	0,5 mm²
	2,5 A...16 A	0,75 mm²
	über 16 A	1,0 mm²
bewegliche Anschluss-leitungen für Geräte	I_n < 1 A, l < 2 m	0,1 mm²
	I_n < 2,5 A, l < 2 m	0,5 mm²
	I_n < 10 A	0,75 mm²
	I_n > 10 A	1,0 mm²

Wärmeabgabe durch Wand und Luft, entscheidend sind:
- Verlegeart
- Umgebungstemperatur

Wärmezufuhr $P_{Verlust} = I^2 \cdot R_{Leitung}$

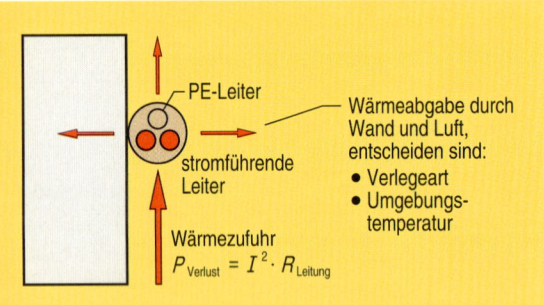

DIN VDE 0298-4 unterscheidet die sieben Verlegearten A1, A2, B1, B2, C, E und F für feste Verlegung.

Berechnung des Spannungsfalls

bei Wechselstrom
$$\Delta U = \frac{2 \cdot l \cdot I \cdot \cos\varphi}{\gamma \cdot A}$$

bei Drehstrom
$$\Delta U = \frac{\sqrt{3} \cdot l \cdot I \cdot \cos\varphi}{\gamma \cdot A}$$

mit I Leiterstrom A Leiterquerschnitt
l einfache Leiterlänge
γ Leitfähigkeit des Leitermaterials

Kriterien
Leitungen und Kabel der Elektroinstallationstechnik müssen eine sichere und wirtschaftliche Verteilung der elektrischen Energie garantieren. Dazu müssen bei der Bemessung der Leitungen drei Kriterien erfüllt sein:
1. ausreichende mechanische Festigkeit, um Beschädigung und Bruch von Leitern, insbesondere des Schutzleiters, zu verhindern
2. ausreichende Strombelastbarkeit, um unzulässige Erwärmung und damit Brandgefahr zu verhindern
3. hinreichend kleiner Spannungsfall, um auch für weit entfernte Verbraucher die erforderliche Spannung zu gewährleisten.

Außerdem muss auf ausreichende Spannungsfestigkeit der Isolation geachtet werden.

Mindestquerschnitte
Für elektrische Leitungen sind nach DIN VDE 0100 Mindestquerschnitte vorgeschrieben. Sie sind nötig, um die mechanische Festigkeit zu garantieren.
Die Mindestquerschnitte richten sich nach dem Einsatz der Leitung (feste Verlegung, bewegliche Anschlussleitung für Geräte), nach der maximalen Strombelastung und der Länge der Leitung.
Die Tabelle zeigt die Mindestquerschnitte von Kupferleitungen für besonders häufige Anwendungen.

Belastbarkeit von Leitungen
Die zulässige Stromstärke in elektrischen Leitungen wird durch die zulässige Erwärmung bestimmt. Grundsätzlich entstehen in jeder stromdurchflossenen Leitung Wärmeverluste ($P = I^2 \cdot R$). Die dabei entstehende Temperaturerhöhung hängt von der Verlustleistung und der Kühlung ab. Die Endtemperatur ist erreicht, wenn zugeführte und abgeführte Leistung gleich groß sind.
Für die Wärmeabfuhr sind zwei Faktoren maßgebend: die Umgebungstemperatur und die „Verlegeart" der Leitungen. Die Verlegeart wird z.B. durch die Verwendung von Rohren und Kabelkanälen sowie wärmedämmenden Werkstoffen beeinflusst.

Spannungsfall
Viele Geräte erfordern für den störungsfreien Betrieb, dass die Bemessungsspannung (Nennspannung) von 230 V (bzw. 400 V) möglichst genau eingehalten wird. Die TAB (Technischen Anschlussbedingungen) der Energieversorger fordern deshalb, dass der Spannungsfall zwischen Zähler und Verbraucher maximal 3 % beträgt.
Bei langen Zuleitungen muss eventuell ein größerer Leiterquerschnitt gewählt werden als für die Strombelastung erforderlich wäre.

Vertiefung zu 5.10

Strombelastbarkeit in Abhängigkeit von der Verlegeart

Verlegearten nach DIN VDE 0298-4 (Betriebstemperatur 70 °C, Umgebungstemperatur 30 °C)

	A1	A2	B1	B2	C	E	F
Erklärung	Aderleitung in Rohr in wärmegedämmter Wand	Leitung in Rohr oder Kabelkanal in wärmegedämmter Wand	Aderleitung in Rohr oder Kabelkanal auf oder in Wand (Beton, Mauerwerk)	Leitung in Rohr oder Kabelkanal auf oder in Wand (Beton, Mauerwerk)	Leitung direkt auf oder in Wand (Beton, Mauerwerk)	Leitung mit Mindestabstand 0,3 x d zur Wand	Einadrige Mantelleitung frei in Luft mit Mindestabstand 1 x d

Strombelastbarkeit in A bei 2 belasteten Adern (Wechselstrom) bzw. 3 belasteten Adern (Drehstrom)

Je Verlegeart sind angegeben: Belastbarkeit (oberer Wert) / Nennstrom der Überstrom-Schutzeinrichtung (unterer Wert), jeweils für 2 und 3 belastete Adern.

A in mm²	A1 (2)	A1 (3)	A2 (2)	A2 (3)	B1 (2)	B1 (3)	B2 (2)	B2 (3)	C (2)	C (3)	E (2)	E (3)	F (2)	F (3)
1,5	15,5/10	13,5/10	15,5/10	13/10	17,5/16	15,5/10	16,5/16	15/10	19,5/16	17,5/16	22/20	18,5/16	—/—	—/—
2,5	19,5/16	18/16	18,5/16	17,5/16	24/20	21/20	23/20	20/20	27/25	24/20	30/25	25/25	—/—	—/—
4	26/25	24/20	25/25	23/20	32/32	28/25	30/25	25/25	36/35	27/25	40/40	34/32	—/—	—/—
6	34/32	31/25	32/32	29/25	41/40	35/35	38/35	34/32	46/40	41/40	51/50	43/40	—/—	—/—
10	46/40	42/40	43/40	39/35	57/50	50/50	52/50	46/40	63/50	57/50	70/63	60/50	—/—	—/—
16	61/50	56/50	57/50	52/50	76/63	68/63	69/63	62/50	85/70	76/63	94/80	80/80	—/—	—/—
25	80/80	73/63	75/63	68/63	101/100	89/80	90/80	80/80	112/100	96/80	119/100	101/100	131/125	110/100
35	99/80	89/80	92/80	83/80	125/125	110/100	111/100	99/80	138/125	119/100	148/125	126/125	162/160	137/125
50	119/100	108/100	110/100	99/80	151/125	134/125	133/125	118/100	168/125	144/125	180/160	153/125	196/160	167/160
70	151/125	136/125	139/125	125/125	192/160	171/160	168/160	149/125	213/200	184/160	232/224	196/160	251/250	216/200

Nennstrom der Überstrom-Schutzeinrichtung in A / Belastbarkeit in A

Leitungsbemessung

Die Auswahl und Bemessung einer Installationsleitung erfordert folgende Schritte:
1. Belastungsstromstärke bestimmen
2. Verlegeart und Anzahl der belasteten Leiter ermitteln
3. Leitungsquerschnitt wählen
4. Bemessungsstromstärke der Schutzeinrichtung bestimmen
5. Anhand der vorgegebenen Leitungslänge den Spannungsfall überprüfen
6. Anhand der vorgegebenen Leitungslänge die Schleifenimpedanz und den Abschaltstrom überprüfen

Ist der Spannungsfall zu hoch, bzw. wird die Abschaltbedingung nicht eingehalten, so muss ein größerer Leiterquerschnitt gewählt werden.

Aufgaben

5.10.1 Anschluss eines Elektroherdes

Vom Zählerkasten bis zur 22 m entfernten Herdanschlussdose soll eine 5-adrige Leitung (NYM) teils auf teils unter Putz verlegt werden. Der anzuschließende Elektroherd hat die Leistung 13 kW, die Leistung ist gleichmäßig auf die drei Außenleiter aufgeteilt.

a) Welche Verlegeart kann hier angenommen werden?
b) Berechnen Sie die Bemessungsstromstärke des Drehstromanschlusses.
c) Bestimmen Sie aus der Tabelle den Mindestquerschnitt der zu verlegenden Leitung. Als maximale Umgebungstemperatur wird 30 °C angenommen.
d) Wählen Sie einen LS-Schalter für den Schutz der Leitung (Nennstrom, Charakteristik).
e) Überprüfen Sie den zulässigen Spannungsfall.
f) Überprüfen Sie, ob im Kurzschlussfall der für den LS-Schalter notwendige Abschaltstrom fließt.

5.11 Überstromschutz

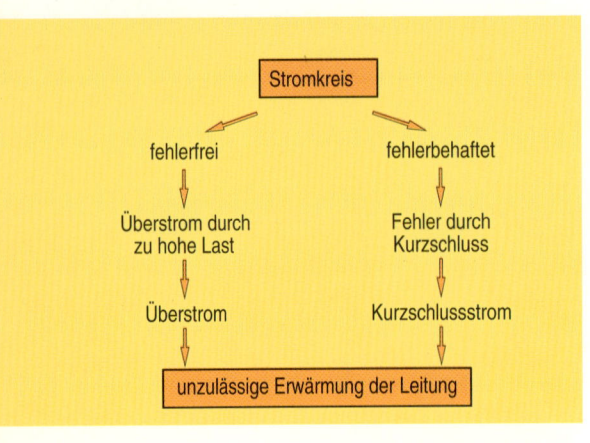

Stromkreis
- fehlerfrei → Überstrom durch zu hohe Last → Überstrom
- fehlerbehaftet → Fehler durch Kurzschluss → Kurzschlussstrom

→ unzulässige Erwärmung der Leitung

Schmelzsicherung, Prinzip
- Quarzsand
- Kennmelder
- Fußkontakt
- Kopfkontakt
- Keramik-Körper
- Haltedraht
- Schmelzleiter

Einsatzbereiche von Niederspannungssicherungen

Funtionsklasse	Betriebskl.	Einsatzbereich
g Ganzbereichs- sicherung (Schutz bei Kurzschluss und Überlast)	gG	Kabel- und Leitungsschutz
	gR	Halbleiterschutz
	gB	Bergbauanlagenschutz
	gTr	Transformatorenschutz
a Teilbereichs- sicherung	aM	Schaltgeräteschutz
	aR	Halbleiterschutz

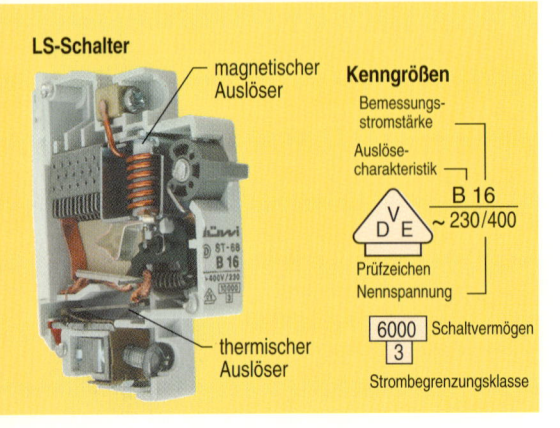

LS-Schalter
- magnetischer Auslöser
- thermischer Auslöser

Kenngrößen
- Bemessungsstromstärke
- Auslösecharakteristik: B 16
- ~230/400
- Prüfzeichen
- Nennspannung
- 6000 Schaltvermögen
- 3 Strombegrenzungsklasse

Überströme

Elektrische Leitungen haben einen gewissen Widerstand und werden deshalb bei Stromfluss erwärmt; die Verlustleistung steigt dabei quadratisch mit dem Strom (Verlustleistung $P = I^2 \cdot R$). Überströme können deshalb die Leitung unzulässig erwärmen und zerstören. Überströme entstehen auf zwei Arten:
- durch Überlastung eines ansonsten fehlerfreien Stromkreises; die Temperatur steigt dabei mit einer gewissen Verzögerung an
- durch Kurzschluss in einem fehlerhaften Stromkreis; die Temperatur steigt dabei sehr schnell an.

Überstromschutzeinrichtungen bieten Schutz gegen Überlast und Kurzschlussströme.

Schmelzsicherungen

Das seit den Anfängen der Elektrotechnik verwendete Schutzprinzip besteht darin, dass ein Schmelzdraht bei zu großen Strömen durchbrennt und dadurch den Stromkreis unterbricht. Schmelzsicherungen werden als Schraubsicherungen (DIAZED, NEOZED) und als Stecksysteme (NH-Sicherungen) hergestellt. Schmelzsicherungen können den Schutz bei Überlast und bei Kurzschluss übernehmen: bei Überlast erfolgt die Auslösung mit Zeitverzögerung, bei Kurzschluss innerhalb von wenigen Millisekunden.

Funktions- und Betriebsklassen

Schmelzsicherungen können je nach Bauart nur den Kurzschlussschutz (Teilbereichssicherung) oder zusätzlich noch den Überlastschutz (Ganzbereichssicherung) übernehmen. Außerdem kann sich der Schutz auf verschiedene Objekte beziehen, z.B. Kabel und Leitungen, Transformatoren oder Halbleiter. Umfang und Art des Schutzes wird durch die Funktions- und Betriebsklasse mit zwei Buchstaben (z.B. gG) angegeben. Der erste Buchstabe kennzeichnet die Funktion, der zweite Buchstabe das zu schützende Objekt.

Leitungsschutzschalter (LS-Schalter)

LS-Schalter werden von Hand eingeschaltet, wobei eine Feder gespannt wird. Die Federkraft, die die Kontakte wieder trennt, kann bei Überstrom durch zwei voneinander unabhängige Systeme ausgelöst werden:
1. der Thermo-Bimetallauslöser löst bei Überlast mit zeitlicher Verzögerung aus
2. der elektromagnetische Auslöser löst bei Kurzschluss nahezu unverzögert aus.

Bei sehr hohen Kurzschlussströmen wird durch die magnetischen Kräfte ein „Schlaganker" beschleunigt, der die Kontakte in 1 bis 2 Millisekunden unterbricht. LS-Schalter gibt es mit unterschiedlichem Auslöseverhalten, z.B. B, C, D.

Vertiefung zu 5.11

Schmelzsicherungssysteme

In der Praxis wird sowohl das ältere DIAZED- wie auch das neuere, platzsparende NEOZED-System verwendet. In beiden Systemen wird der Bemessungsstrom des Schmelzeinsatzes durch Farben gekennzeichnet. Das Verwechseln der Schmelzeinsätze wird durch eine Passschraube bzw. eine Passhülse verhindert.

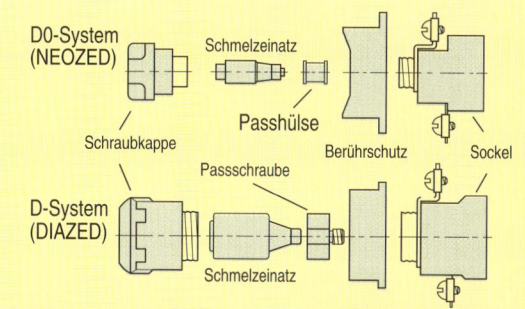

Bemessungsstromstärke I_n in A											
2	4	6	10	13	16	20	25	35	50	63	80	100
rosa	braun	grün	rot	sw	grau	blau	gelb	sw	weiß	kupfer	silber	rot
Kennfarbe des Unterbrechungsmelders (Kennmelder) sw schwarz											

DIAZED **D**iametral **a**bgestufter **z**weiteiliger **Ed**ison-Schraubstöpsel
NEO von neos (griechisch)=neu

Auslösekennlinien

Das Auslöseverhalten von Sicherungen wird durch Kennlinien bzw. Kennlinienbänder (wegen der Toleranzen) dargestellt. Die Kennlinien zeigen die Auslösezeit in Abhängigkeit vom „prospektiven Kurzschlussstrom" I_p. Unter prospektivem Kurzschlussstrom versteht man den Strom, der fließen würde, wenn die Sicherung nicht auslösen würde. Bei kleinen Überströmen (Überlast) und damit langen Auslösezeiten ist der prospektive Strom gleich dem tatsächlichen Strom. Bei sehr hohen Kurzschlussströmen hingegen sind die Auslösezeiten so kurz, dass der rechnerisch aus Spannung und Schleifenimpedanz ermittelte Strom gar nicht erreicht wird. Schmelzsicherungen sind somit strombegrenzend.

Leitungsschutzschalter (LS-Schalter) haben Kennlinien, die aus zwei Teilen bestehen:
- bei kleinen Überströmen (je nach Typ bis zum 10-fachen Nennstrom) löst der Bimetallauslöser mit Verzögerung aus.
- bei Kurzschlussströmen hingegen löst der magnetische Schalter nahezu unverzögert aus.

Durch die Wirkung eines „Schlagankers" erreicht man bei sehr großen „prospektiven" Kurzschlussströmen Abschaltzeiten von nur wenigen Millisekunden. LS-Schalter sind wie Schmelzsicherungen „strombegrenzend".

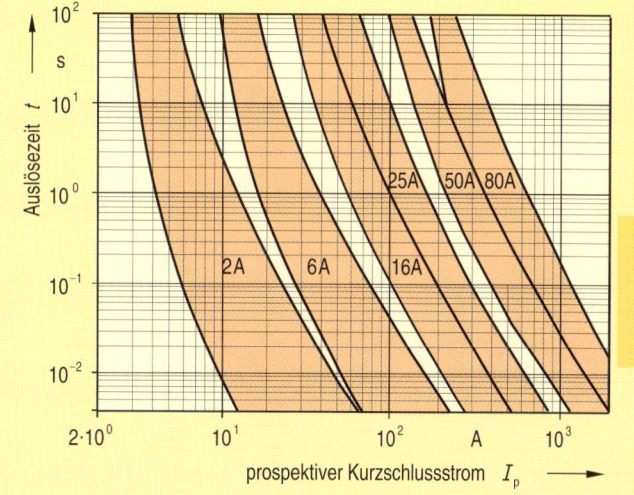

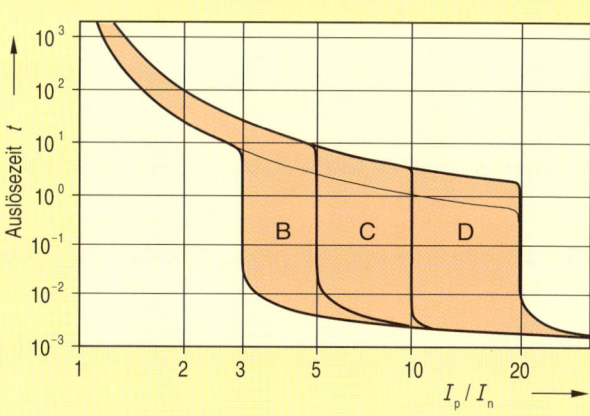

Selektivität

Selektivität bedeutet „Auswahlfähigkeit". Bei Überstromschutzeinrichtungen versteht man darunter die Fähigkeit, nur den fehlerhaften Stromkreis zu unterbrechen, ohne die Vorsicherungen auszulösen.
Bei Schmelzsicherungen erreicht man Selektivität, wenn sich zwei aufeinander folgende Sicherungen um mindestens den Faktor 1,6 bzw. um zwei Nennstufen unterscheiden.
Bei LS-Schaltern hingegen ist Selektivität wegen der magnetischen Scnellauslösung nur schwer realisierbar.

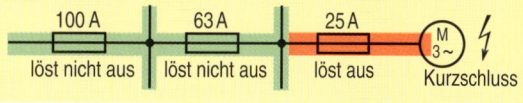

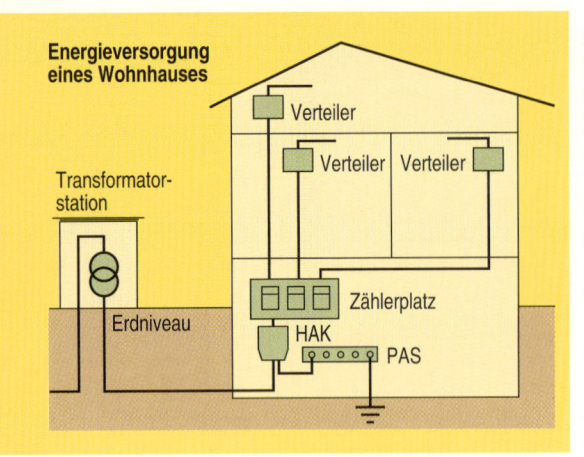

5.12 Hausanschluss

Energieversorgung eines Wohnhauses

Hausanschlussraum
Die elektrische Energie wird vom Energieversorgungsunternehmen (EVU) über Freileitungen oder Kabelnetze in die Wohnhäuser eingespeist. Der Hausanschlussraum ist dabei die Schnittstelle zwischen dem EVU-Verteilungsnetz und der Kundenanlage.
Ein Hausanschlussraum ist in Gebäuden mit mehr als zwei Wohnungen zwingend vorgeschrieben, in kleineren Häusern sollte er sinnvollerweise auch eingeplant werden. Im Hausanschlussraum sind vor allem der Hausanschlusskasten (HAK) und die Potenzialausgleichsschiene (PAS) untergebracht.
Manche EVU verlangen, dass der HAK von Ein- und Zweifamilienhäusern an der Außenwand des Hauses angebracht ist, so dass das EVU jederzeit Zugang hat.

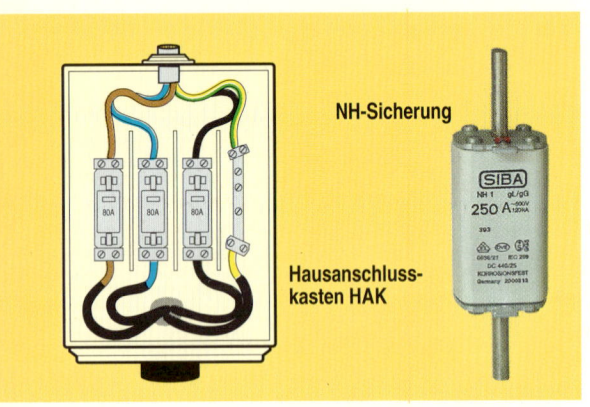

Hausanschlusskasten
Der HAK gehört noch zur Anlage des Versorgungsunternehmens. Er ist Übergabepunkt zur Kundenanlage. Im HAK befinden sich die Hausanschlusssicherungen, ihre Bemessungsstärke wird vom EVU festgelegt.
Die Sicherungen sind meist als Niederspannungs-Hochleistungssicherungen (NH-Sicherungen) ausgeführt. Durch Herausziehen der Sicherungen kann die nachfolgende Anlage auch unter Last freigeschaltet werden. Dies darf aber nur durch einen Fachmann mit den dazu notwendigen Hilfsmitteln erfolgen.
Der Hausanschlusskasten wird vom EVU installiert und verplombt, damit keine Energie „ungezählt" entnommen werden kann.

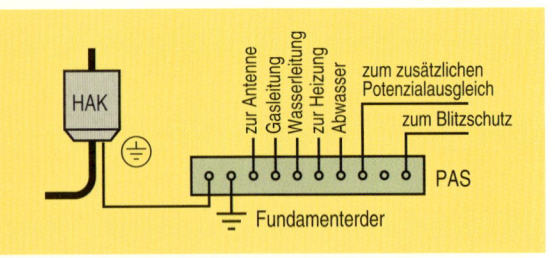

Hauptpotenzialausgleich
Um Potenzialunterschiede (Spannungen) zwischen verschiedenen Anlageteilen zu verhindern, müssen alle leitfähigen Anlageteile elektrisch miteinander verbunden sein. Die Hauptpotenzialausgleichsschiene (PAS) ist die zentrale Verbindungsstelle von
• Fundamenterder
• allen leitfähigen Anlageteilen
• PE- und PEN-Leiter des EVU-Netzes.

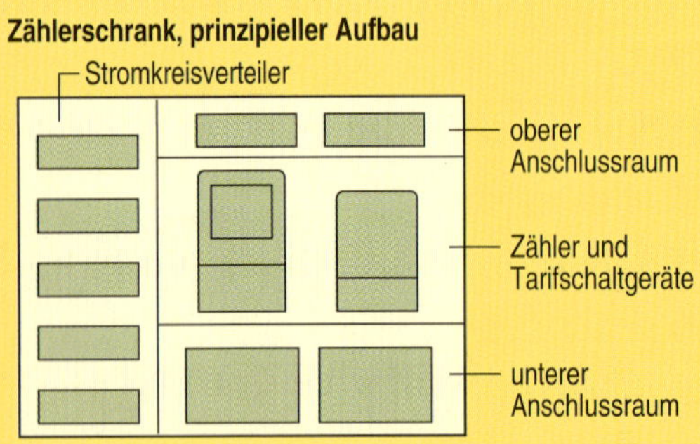

Zählerplatz
Der Zählerplatz ist die zentrale Stelle zur Messung und Verteilung der elektrischen Energie. Alle notwendigen Betriebsmittel sind in einem Zählerschrank untergebracht. Zählerschränke enthalten:
• Montageplätze für Messeinrichtungen (Zähler)
• Montageplätze für Tarifsteuergeräte (Rundsteuerempfänger)
• den oberen und unteren Anschlussraum.
Bei Bedarf kann ein Zählerschrank auch noch Stromkreisverteiler enthalten. In jedem Fall sind aber die TAB (Technische Anschlussbedingungen) zu beachten.

Vertiefung zu 5.12

Hausanschlussraum, Beispiel

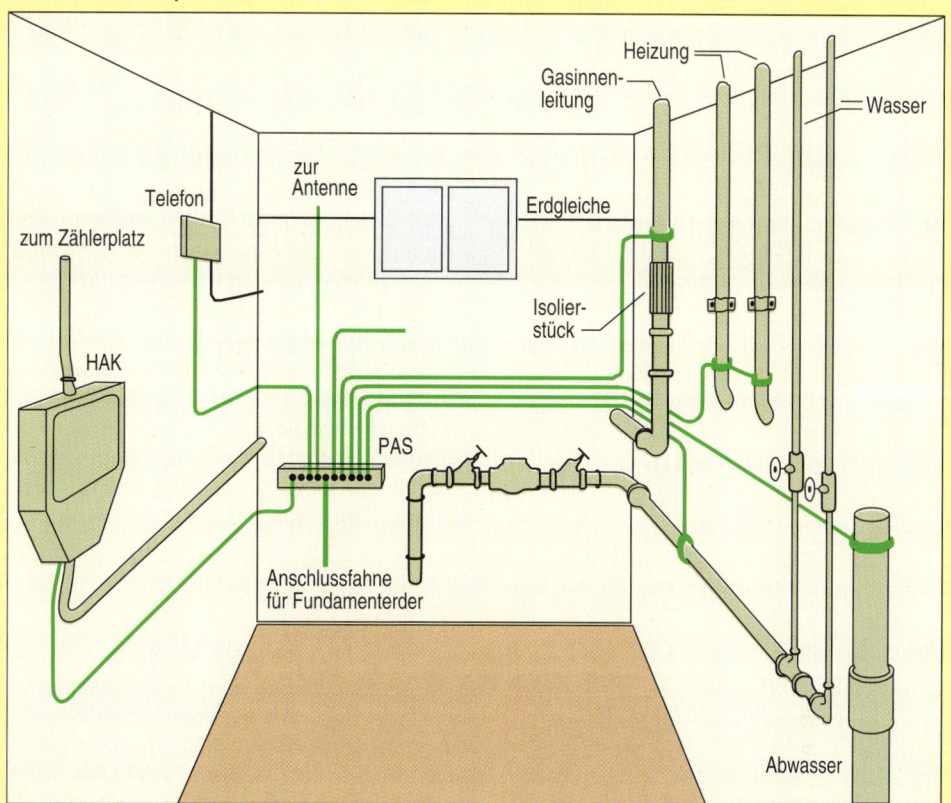

(Abbildung: Heizung, Gasinnenleitung, Wasser, zur Antenne, Erdgleiche, Telefon, zum Zählerplatz, HAK, Isolierstück, PAS, Anschlussfahne für Fundamenterder, Abwasser)

Aufgaben zu 5.11 und 5.12

5.11.1 Leitungsschutz
a) Aus welchen zwei Gründen kann die Temperatur einer elektrischen Leitung über den zulässigen Wert ansteigen?
b) Welche Vorteile bieten NEOZED-Sicherungen im Vergleich zu DIAZED-Sicherungen?
c) Erklären Sie die Aufschrift **gG** auf einer Schmelzsicherung.
d) Was bedeutet im Zusammenhang mit Leitungsschutz der Begriff „Selektivität"?

5.11.2 Überstromschutzorgane
a) Erklären Sie die beiden Auslösemechanismen eines LS-Schalters.
c) Ein LS-Schalter hat das nebenstehende Symbol aufgedruckt. Was bedeutet es? $\frac{6000}{3}$
d) Erklären Sie den Begriff „prospektiver Kurzschlussstrom".
e) Inwiefern sind LS-Schalter „strombegrenzend"?

5.11.3 Auslösekennlinien
a) Eine Leitung ist mit einer 16-Ampere-Schmelzsicherung abgesichert. Nach welcher Zeit löst die Sicherung spätestens aus, wenn infolge von Überlastung ein Strom von 50 A fließt?
b) Nach welcher Zeit löst die Sicherung bei Kurzschluss spätestens aus, wenn der zu erwartende Kurzschlussstrom (prospektiver Kurzschlussstrom) 200 A beträgt?
c) Welcher wesentliche Unterschied besteht zwischen LS-Schaltern vom Typ B und vom Typ C?

5.12.1 Hausanschluss
a) Welche Aufgabe erfüllt der Hausanschlusskasten (HAK)?
b) Welche Teile einer Anlage werden auf der Potenzialausgleichsschiene (PAS) zusammengeführt? Welche Aufgabe hat der Potenzialausgleich?
c) Nennen Sie die wichtigsten Betriebsmittel, die normalerweise in einem Zählerkasten installiert werden.

5.13 Wärmegeräte

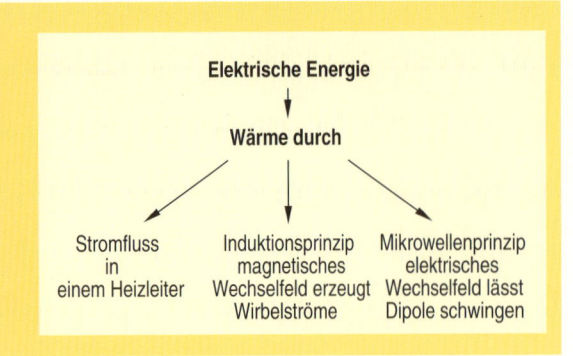

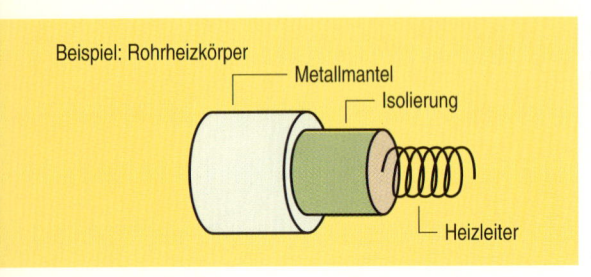

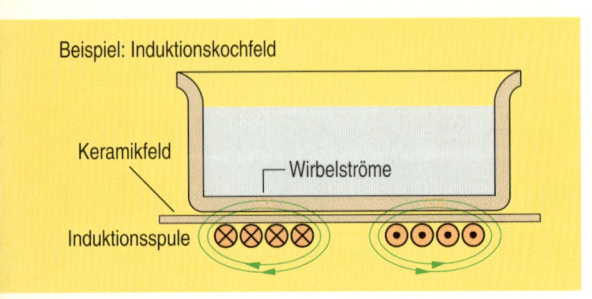

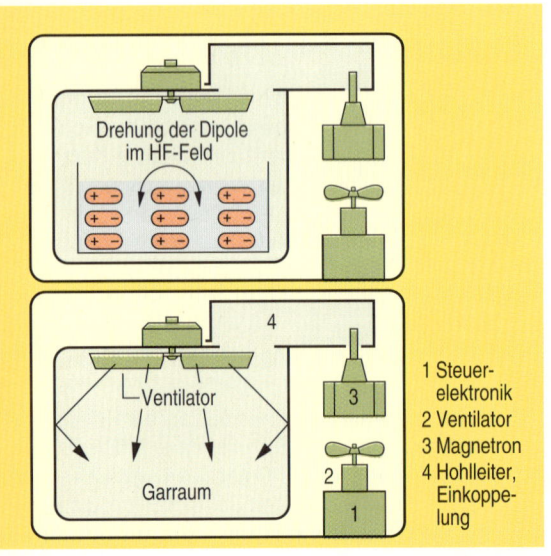

Wärmegewinnung, Prinzipien
Elektrisch betriebene Wärmegeräte zum Backen, Kochen, Bügeln und zur Warmwasserbereitung gehören zur Standardausrüstung der meisten Haushalte. Die Umwandlung der elektrischen Energie in Wärme kann dabei nach drei Prinzipien erfolgen:
1. der Strom erwärmt direkt einen Heizleiter
   (z. B. Bügeleisen, konventionelle Herdplatte)
2. ein magnetisches Wechselfeld erzeugt Wirbelströme
   (z. B. Herdplatte mit Induktionskochfeld)
3. ein elektrisches Wechselfeld erzeugt Wärme durch Umpolen von Dipolen (z. B. Mikrowellenherd).

Direkte Wärmegewinnung
Stromdurchflossene Heizleiter bieten die einfachste und billigste Möglichkeit zur Wärmegewinnung.
Die Heizwendel besteht z. B. aus einer Nickel-Chrom-Legierung. Die Wendel ist meist mit einer mineralischen Isoliermasse umpresst, die Isoliermasse ist von einem Rohr aus Kupfer oder rostfreiem Stahl umhüllt.
Die erzeugte Wärme kann direkt durch Wärmeleitung oder durch Strahlung übertragen werden.

Induktionsprinzip
Herdplatten mit Induktionskochfeld enthalten unter einer Platte aus Glaskeramik eine Induktionsspule.
Fließt in der Spule Wechselstrom, so entsteht ein elektromagnetisches Wechselfeld, das in einem darüber stehenden Kochtopf aus Metall (Stahl, Gusseisen, Aluminium) Wirbelströme erzeugt. Die Wirbelströme erwärmen den Topf und damit auch die enthaltenen Speisen. Die Herdplatte bleibt bei diesem Verfahren kalt, die Verbrennungsgefahr ist somit sehr gering.

Mikrowellenprinzip
Beim Mikrowellenherd wird die zum Kochen notwendige Temperatur durch ein hochfrequentes Wechselfeld erzeugt. Durch dieses Wechselfeld werden die Dipole des Wassers in den Lebensmitteln ständig gedreht und somit Reibungswärme erzeugt.
Verpackungen mit Metallteilchen, z. B. Becher mit Alufolien, oder Geschirr mit Metallauflagen dürfen nicht verwendet werden, weil zwischen den Metallteilen Funken überspringen können und Brandgefahr besteht.

Der Mikrowellenherd enthält als wesentliches Bauteil ein Magnetron. Dies ist eine Elektronenröhre, die eine elektromagnetische Strahlung der Frequenz 2450 MHz mit einer Leistung von 500 W bis 700 W erzeugt.
Die Strahlungsenergie gelangt über einen Hohlleiter und einen drehbaren Reflektor in den Garraum. Manche Geräte haben auch einen „Drehteller", wodurch das Gargut von allen Seiten gleichmäßig bestrahlt wird.

Vertiefung zu 5.13

Warmwassergeräte

Für die Bereitstellung von warmem Wasser gibt es eine Vielzahl von Geräten. Man unterscheidet insbesondere „offenene" und „geschlossene" Systeme.

Offene Warmwassergeräte (Überlaufgeräte) arbeiten drucklos. Die Steuerung der Warmwasserentnahme erfolgt über das Kaltwasserventil. Beim Öffnen des Ventils fließt das Warmwasser über das Überlaufventil zur Zapfstelle.

Geschlossene Geräte stehen ständig unter Druck. Die Zapfventile liegen in der Warmwasserleitung. Diese Geräte eignen sich vor allem für eine zentrale Warmwasserversorgung mit mehreren Zapfstellen. Eine Sicherheitsarmatur ist vorgeschrieben.

Je nach Wärmeisolierung und Heizleistung unterscheidet man auch Boiler, Speicher und Durchlauferhitzer.

Boiler (to boil = kochen) sind Geräte zur Wassererwärmung bis auf maximal 100°C. Sie sind nicht wärmeisoliert und werden nur bei Bedarf eingeschalten.

Speicher sind Geräte mit besonders guter Wärmeisolierung. Durch geregeltes Ein- und Ausschalten der Heizstäbe wird die Wassertemperatur konstant gehalten. Die Geräte eignen sich zum Anschluss an preisgünstigen Niedrig-Tarif-Strom („Nachtstrom").

Durchlauferhitzer sind Geräte mit großer Anschlussleistung von 18 bis 33 kW. Sie erwärmen das durchlaufende Wasser auf die eingestellte Temperatur. Wegen der großen Leistung ist für den Anschluss eine Genehmigung des EVU erforderlich.

Temperatursteuerung von Kochplatten

Die durchschnittliche Leistungsaufnahme und damit die Temperatur einer Kochplatte kann im Prinzip auf zwei Arten gesteuert werden:

1. Die Platte enthält drei getrennte Heizwendeln, z. B. mit 300 W, 350 W und 850 W. Die drei Wendeln können mit Hilfe eines 7-Takt-Schalters zu sechs verschiedenen Schaltungen kombiniert werden.
   Bei Reihenschaltung aller Wendel erhält man die kleinste Leistung (hier 135 W), bei Parallelschaltung die größte (hier 1500 W). Durch Gruppenschaltungen lassen sich Zwischenwerte realisieren.

2. Durch periodisches Ein- und Ausschalten einer Heizwendel über einen temperaturabhängigen Schalter kann die mittlere Leistungaufnahme und damit die Temperatur individuell eingestellt werden.
   Die so genannte Automatikkochplatte enthält zwei Heizwendeln. Zum Anheizen sind beide Wendeln eingeschaltet. Nach Erreichen der Aufheiztemperatur wird Wendel 1 abgeschaltet. Durch Ein- und Ausschalten von Wendel 2 wird die eingestellte Temperatur gehalten.

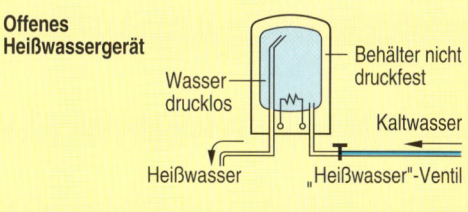

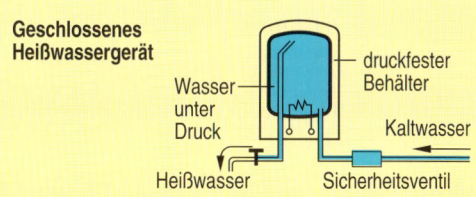

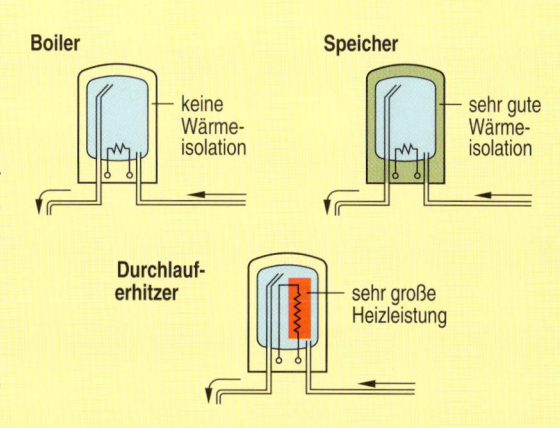

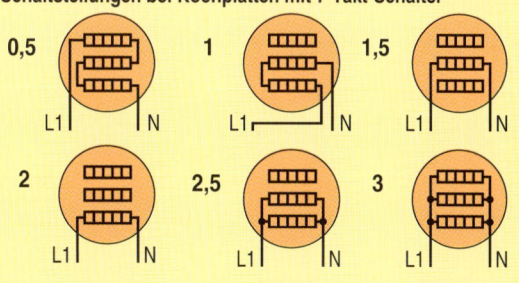

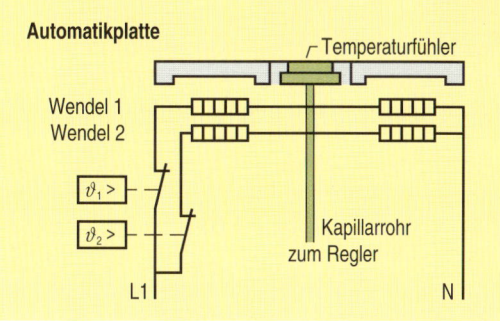

5.14 Elektrische Heizung

Leistung für Raumheizung

Rauminhalt	Anschlusswert
10 m³ bis 50 m³	80 W/m³
51 m³ bis 100 m³	70 W/m³
101 m³ bis 150 m³	50 W/m³
über 150 m³	40 W/m³

Der tatsächliche Leistungsbedarf hängt von der gewünschten Raumtemperatur, der Außentemperatur und der Wärmedämmung ab.
Bei Elektroheizungen ist wegen der hohen Kosten auf besonders gute Dämmung zu achten.

Wärmeübertragung
Strahlung
Konvektion (Wärmeströmung)

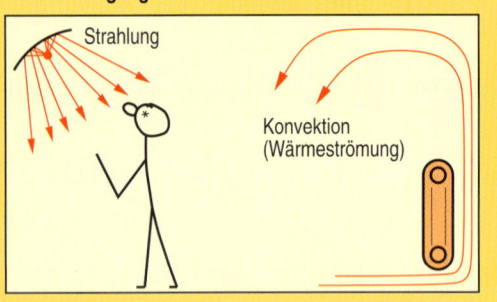

Aufbau eines Speichergerätes (Bauart III)
- Wärmedämmung
- Luftkanal
- Speicherkern
- elektrischer Heizkörper
- Verkleidung
- Warmluft
- Drosselklappe
- Kaltluft

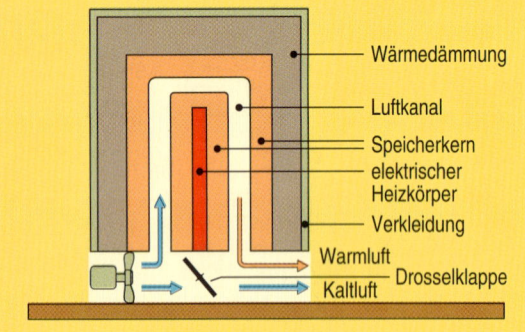

Aufbau einer Heizmatte für Fußbodenheizung
- Muffen
- Kaltenden
- Polyethylen-Stege
- Heizleiter

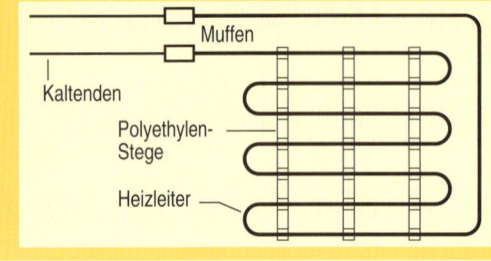

Einsatz von Elektroheizungen
Elektrische Energie ist eine sehr hochwertige und in der Gewinnung auch sehr teure Energieform. Für Heizzwecke sind deshalb andere Energieformen (z.B. Öl und Gas) meist preiswerter. In zwei Fällen kann aber eine Elektroheizung auch wirtschaftlich sinnvoll sein:
1. zum schnellen und kurzfristigen Heizen kleiner Flächen durch Infrarot-Strahler oder Heizlüfter (z. B. in der Übergangszeit)
2. bei Verwendung von Niedrig-Tarif-Strom zum Betrieb einer Speicherheizung (Nachtspeicherheizung).

Bei der Kosten-Nutzen-Rechnung muss berücksichtigt werden, dass Elektroheizungen leicht zu installieren sind, wenig Platz und keinen Kamin brauchen.

Direktheizungen
Bei Direktheizungen wird die elektrische Energie in Wärme umgewandelt und praktisch ohne Verzögerung auf den zu beheizenden Raum übertragen.
Übliche Geräte für die Direktheizung sind:
- Infrarotstrahler (elektrisch aufgeheizte Quarzstäbe)
- Ölradiatoren (elektrische Heizung in einem Ölbehälter mit Kühlrippen)
- Konvektoren (Heizwendeln erwärmen die Luft, meist mit eingebautem Ventilator, Heizlüfter).

Elektrische Direktheizungen werden üblicherweise nur als Zusatzheizung eingesetzt. Die Kosten sind hoch im Vergleich zu Öl- oder Gasheizungen.

Speicherheizungen
Bei Speicherheizungen wird die durch elektrische Energie gewonnene Wärme zunächst gespeichert (meist nachts) und dann tagsüber in die zu heizenden Räume geführt. Der Vorteil dabei ist, dass preisgünstige Energie zum Aufheizen (Laden) des Speichermaterials eingesetzt werden kann. Der Einbau einer Speicherheizung muss immer in Absprache mit dem zuständigen Versorgungsunternehmen geschehen.
Die Freigabe der elektrischen Energie für Heizzwecke erfolgt zu bestimmten Tageszeiten (z. B. von 22.00 bis 6.00 Uhr) über so genannte Rundsteueranlagen. Die Abrechnung der Energiekosten erfolgt über einen zusätzlichen Zähler.
Als Speichermaterial für die Wärme dienen z.B. Magnesit-Kerne, die auf bis zu 600 °C aufgeladen werden. Die Wärme kann auch in großen Wassertanks gespeichert werden. In jedem Fall muss eine gute Wärmedämmung für geringe Wärmeverluste sorgen.
Elektrische Heizdrähte können auch direkt in den Fußboden eingelegt werden. Bei Estrichdicken von wenigen Zentimetern erhält man eine Direktheizung, bei Estrichdicken von mindestens 10 cm eine Speicherheizung.

Vertiefung zu 5.14

Wärmebedarf und Regelung

Elektrische Energie ist teuer, auch wenn der vom Energieversorger angebotene „Niedertarif" genutzt wird. Beim Einsatz elektrischer Energie für Heizzwecke muss deshalb die Leistung der Heizgeräte sorgfältig berechnet werden.

Als Faustregel für Nachtspeicherheizungen gilt: mit 1 kW elektrischer Leistung kann man je nach Wärmedämmung $3 m^2$ bis $5 m^2$ Wohnfläche beheizen. Auf gute Wärmedämmung ist besonders zu achten.

Um ein gutes Raumklima zu erzielen, ist auf eine gute Regelung zu achten. Das Steuergerät muss dabei die folgenden Parameter verarbeiten:
- Außentemperatur (Temperaturfühler)
- örtliche Besonderheiten, Ladezeit
- Heizgewohnheiten Tageszeiten, Nachtabsenkung)
- Restwärme des Speichermediums.

Die Einstellungen müssen eventuell durch mehrere Versuche optimiert werden.

Regelung, Prinzip

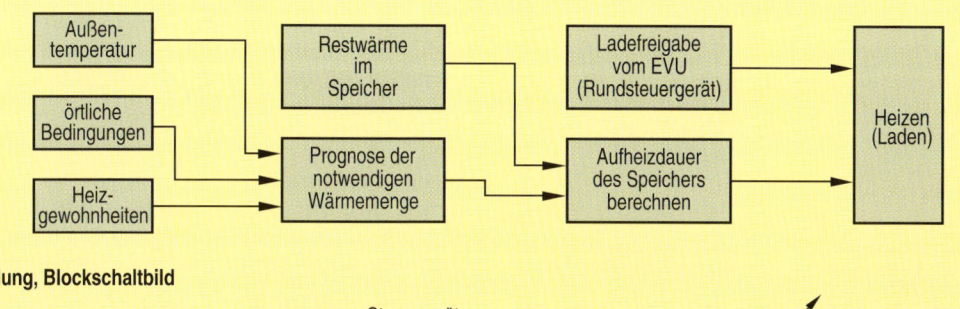

Regelung, Blockschaltbild

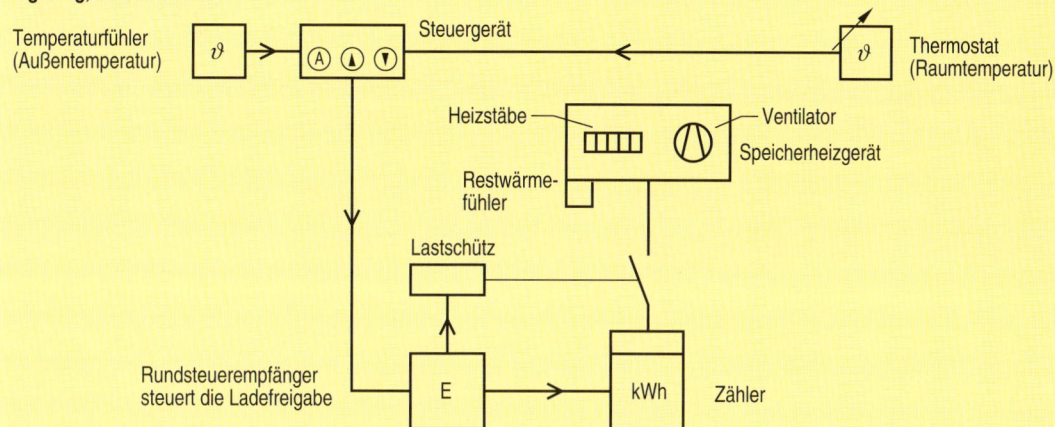

Aufgaben zu 5.13 und 5.14

5.13.1 Wärmegeräte

a) Erklären Sie, wie mit Hilfe des Induktionsprinzipes in einem Kochtopf Wärme erzeugt werden kann. Welche Vorteile hat dieses Prinzip im Hinblick auf die Verbrennungsgefahr?
b) Erklären Sie das Mikrowellenprinzip.
c) Worin unterscheiden sich Boiler, Heißwasserspeicherpeicher und Durchlauferhitzer?
d) Können Durchlauferhitzer problemlos in jeder Wohnung installiert werden?
e) Nennen Sie zwei unterschiedliche Methoden zur Temperatursteuerung einer Kochplatte.

5.14.1 Elektrische Heizung

a) Diskutieren Sie die Vor- und Nachteile einer Elektroheizung im Vergleich zu Öl- und Gasheizungen. Berücksichtigen Sie dabei auch Umweltfaktoren.
b) Erläutern Sie den Unterschied zwischen einer Direktheizung und einer Speicherheizung.
c) Welche Aufgaben hat eine „Rundsteueranlage" im Zusammenhang mit einer Elektroheizung?
d) Warum ist es für Energieversorgungsunternehmen sinnvoll, zu bestimmten Zeiten (meist nachts) einen Niedertarif für Heizzwecke anzubieten?
e) Was versteht man unter „Konvektion"?

5.15 Wärmepumpe und Kühlung

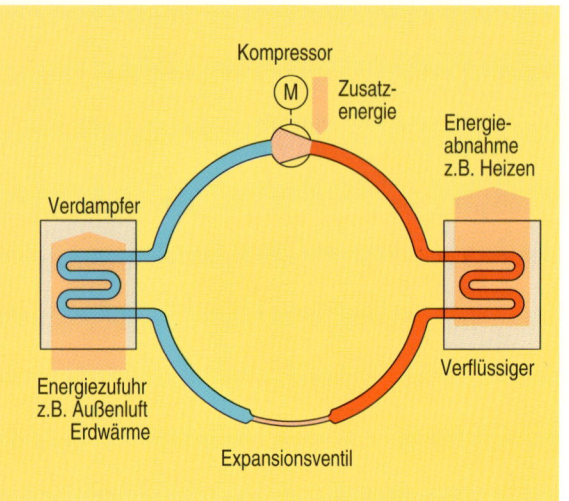

Wärmepumpe, Prinzip

Wärmepumpen bringen Wärmeenergie auf ein höheres Temperaturniveau. Dazu benötigen sie einen Teil „hochwertiger" Energie (Strom, Gas, Öl), der andere Teil der Energie wird der Umwelt entzogen.
Wärmepumpen enthalten Kompressor, Verflüssiger, Drosselstrecke und Verdampfer. Der Wärmetransport erfolgt mit Hilfe eines „Kältemittels", z.B. Ammoniak:
- Der Kompressor saugt das Kältemittel aus dem Verdampfer und erzeugt dort einen Unterdruck.
- Im Verflüssiger gibt das komprimierte Kältemittel seine Wärmeenergie ab.
- Über die Drosselstrecke gelangt das Kältemittel in den Verdampfer. Dabei expandiert es, kühlt ab und entzieht der Umwelt Wärme.

Wärmepumpen werden auch als „umgekehrter Kühlschrank" bezeichnet.

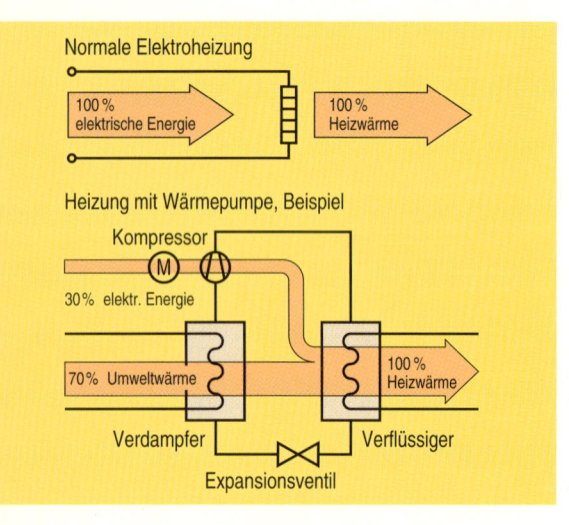

Heizen mit Wärmepumpen

Normale Elektroheizungen beziehen die gesamte Heizenergie aus elektrischer Energie. Dies ist wegen der hohen Stromkosten teuer und auch umweltschädigend. Bei Wärmepumpen wird ein Teil der Wärme als „kostenlose" Energie aus der Umwelt (Luft, Wasser, Erdreich) bezogen. Bei Außentemperaturen um 5 °C ist als Heizenergie etwa ein Drittel elektrische Energie nötig, zwei Drittel der Gesamtwärme werden der Umwelt entzogen. Mit Wärmepumpen können jedoch Stromkosten eingespart werden.
Der Anteil der nötigen Elektroenergie steigt aber mit fallenden Temperaturen stark an. Unterhalb 0 °C arbeiten Wärmepumpen meist unwirtschaftlich.
Die Kosten einer Wärmepumpe sind vergleichsweise hoch, so dass die Nutzung der Umweltwärme doch nicht völlig kostenlos ist.

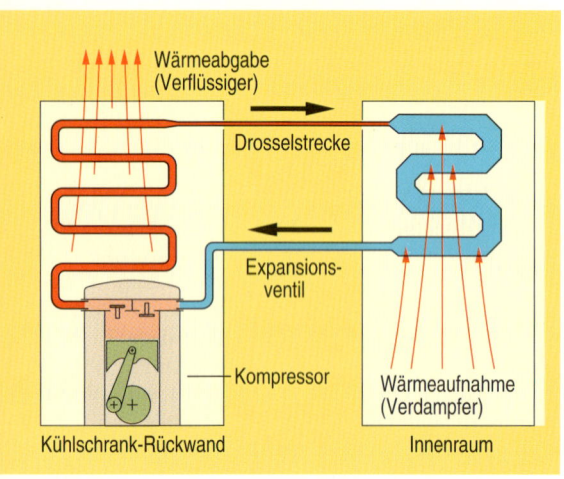

Wärmepumpe als Kühlgerät

Kühlgeräte sind ebenfalls Wärmepumpen: sie pumpen die Wärmeenergie aus dem Innenteil des Kühlgerätes in die Umwelt.
Im Vergleich zur Wärmepumpe für Heizzwecke sind Verflüssiger und Verdampfer miteinander vertauscht. Während sich der Verdampfer eines Kühlgerätes im Innern des Gerätes befindet, ist er bei der Wärmepumpe außerhalb des Hauses, z.B als Wärmetauscher im Erdreich. Der Verflüssiger ist hingegen beim Kühlschrank außerhalb des Gerätes und gibt dort Wärme ab, bei der Wärmepumpe für Heizzwecke ist der Verflüssiger im Innern des Hauses, z.B. als Wärmetauscher in Form einer Fußbodenheizung.
Wärmepumpen sind somit prinzipiell als Heizgerät oder Kühlgerät (Kühlschrank, Klimagerät) einsetzbar.

Vertiefung zu 5.15

Leistungszahl von Wärmepumpen

Für die meisten Maschinen und Geräte ist der Wirkungsgrad η eine wichtige Kenngröße. Man versteht darunter das Verhältnis von abgegebener zu aufgenommener Leistung. Der Wirkungsgrad ist immer kleiner als 1 bzw. kleiner als 100%.

Bei Wärmepumpen hingegen ist die Leistungsziffer ε eine Kenngröße mir mehr Aussagekraft. Man versteht darunter das Verhältnis von abgegebener Wärmeleistung zu aufgenommener elektrischer Leistung. Die Leistungsziffer ist von der Außentemperatur und der Temperatur des erwärmten Mediums abhängig. Üblicherweise liegt die Leistungsziffer ε zwischen 200% und 400% bzw. zwischen 2 und 4.

Leistungsziffer $\quad \varepsilon = \dfrac{\text{Heizleistung}}{\text{elektrische Leistung}}$

Die Tabelle zeigt Leistungsziffern einer 3-kW-Wärmepumpe (elektrische Leistung) bei verschiedenen Umgebungstemperaturen (ϑ_k) und verschiedenen Temperaturen des erwärmten Mediums (ϑ_w).

Kalttemperatur ϑ_k	–7 °C	2 °C	7 °C	10 °C
ε bei ϑ_w = 35 °C	2,7	3,4	4,2	4,5
ε bei ϑ_w = 45 °C	2,3	2,9	3,6	4,0

Jahresarbeitszahl

Die Leistungsziffer einer Wärmepumpe bietet eine „Momentaufnahme" vom Verhältnis der augenblicklichen Wärmeleistung zur aufgenommenen elektrischen Leistung. Für die Kostenberechnung ist aber das Verhältnis der im ganzen Jahr gelieferten Wärmearbeit zur aufgenommenen elektrischen Arbeit wichtiger. Dieses Verhältnis wird als Jahresarbeitszahl β bezeichnet.

Jahresarbeitszahl $\quad \beta = \dfrac{\text{Heizwärme}}{\text{elektrische Arbeit}}$

Monovalenter und bivalenter Betrieb

Arbeitet eine Wärmepumpe über das ganze Jahr als alleiniges Heizungssystem, so spricht man von monovalentem Betrieb (mono = allein). Dieser Betrieb ist aus wirtschaftlichen Gründen erstrebenswert.

Da bei tiefen Außentemperaturen die Leistungsziffer der Wärmepumpe aber sehr gering ist und andererseits in dieser Zeit besonders viel Heizenergie benötigt wird, muss während der kalten Jahreszeit meist eine Zusatzheizung (Öl, Gas) eingesetz werden. Dieser Betrieb heißt bivalent (bi = zwei, doppelt). Man unterscheidet:
- bivalent-alternativer Betrieb
  (im Winter arbeitet nur die Zusatzheizung)
- bivalent-paralleler Betrieb
  (im Winter arbeiten beide Systeme gemeinsam).

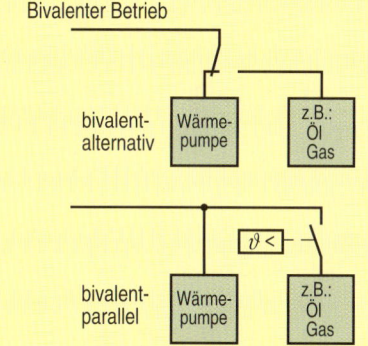

Umweltschutz

Wärmepumpen (auch Kühlschränke) benötigen zum Betrieb ein Kältemittel. Insbesondere ältere Kältemittel enthalten das sehr giftige und umweltschädigende FCKW. Kühlschränke müssen deshalb fachgerecht entsorgt werden. Neuere Wärmepumpen und Kühlschränke enthalten FCKW-freie Kältemittel.

Aufgaben

5.15.1 Wärmepumpe
a) Erklären Sie das Prinzip einer Wärmepumpe.
b) Definieren Sie die Begriffe Leistungsziffer und Jahresarbeitszahl.
c) Warum muss bei der Entsorgung von Wärmepumpen und Kühlschränken besondere Vorsicht walten?

5.15.2 Betrieb von Wärmepumpen
a) Was versteht man unter monovalentem und bivalentem Betrieb einer Wärmepumpe?
b) Eine Wärmepumpe nimmt 3 kW elektrische Leistung auf und liefert 9,5 kW Heizleistung.
   Berechnen Sie die Leistungsziffer.

5.16 Licht und Beleuchtung

Elektromagnetische Strahlung

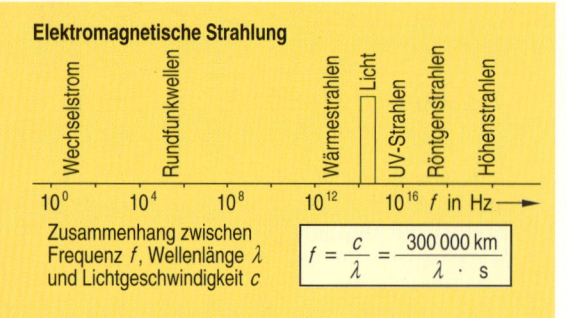

Wechselstrom — Rundfunkwellen — Wärmestrahlen — Licht — UV-Strahlen — Röntgenstrahlen — Höhenstrahlen

$10^0 \quad 10^4 \quad 10^8 \quad 10^{12} \quad 10^{16} \quad f$ in Hz

Zusammenhang zwischen Frequenz f, Wellenlänge λ und Lichtgeschwindigkeit c

$$f = \frac{c}{\lambda} = \frac{300\,000 \text{ km}}{\lambda \cdot \text{s}}$$

Licht

Licht ist eine besondere Form von elektromagnetischer Strahlung. Im engeren Sinne meint man mit Licht den sichtbaren Teil der Strahlung, im weiteren Sinne gehören auch Wärmestrahlen, ultraviolette Strahlen, Röntgenstrahlen und kosmische Höhenstrahlen dazu.
Die einzelnen Strahlenarten unterscheiden sich durch ihre Frequenz, bzw. ihre Wellenlänge. Wärmestrahlen haben z. B. eine relativ kleine, Röntgenstrahlen eine sehr hohe Frequenz.
Die Lichtgeschwindigkeit beträgt fast 300 000 km/s.

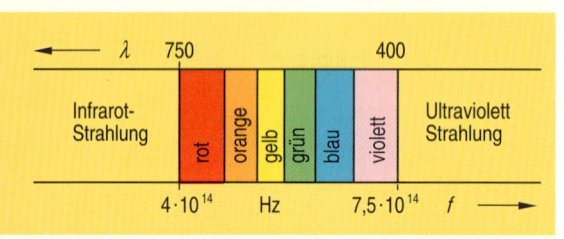

Lichtfarben

λ 750 — 400

Infrarot-Strahlung | rot | orange | gelb | grün | blau | violett | Ultraviolett Strahlung

$4 \cdot 10^{14}$ Hz — $7{,}5 \cdot 10^{14}$ f

Natürliches Tageslicht erscheint in der Farbe „weiß", tatsächlich ist „weiß" aber eine aus verschiedenen Grundfarben zusammengesetzte Farbe.
Die Farbe des Lichts ist von der Frequenz bzw. der Wellenlänge abhängig: langwelliges Licht ist rot, kurzwelliges Licht violett. Dazwischen liegen die anderen Farbtöne.

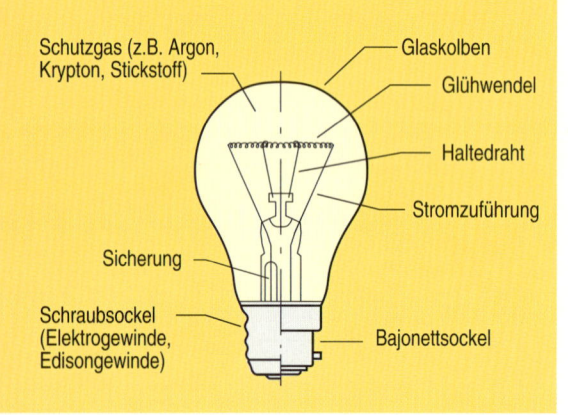

Glühlampen (Temperaturstrahler)

Schutzgas (z.B. Argon, Krypton, Stickstoff) — Glaskolben — Glühwendel — Haltedraht — Stromzuführung — Sicherung — Schraubsockel (Elektrogewinde, Edisongewinde) — Bajonettsockel

Das klassischen Leuchtmittel zur Lichterzeugung ist die Glühlampe. Das Licht wird dabei durch einen stark erhitzten Glühfaden abgestrahlt. Die Farbe wird dabei um so weißer und die Lichtausbeute um so höher, je höher die Temperatur ist.
Glühlampen bestehen im Wesentlichen aus:
- Glühwendel aus Wolfram
- Glaskolben
- Gasfüllung (Stickstoff oder Edelgas, z.B. Krypton)
- Lampensockel (zum Schrauben oder Stecken).

Glühlampen sind zwar im Einkauf billig, ihre Lichtausbeute und ihre Lebensdauer ist aber klein. Zur Beleuchtung größerer Anlagen (Säle, Schulen, Büros) sind sie deshalb nicht geeignet.

Gasentladungslampen

Leuchtstofflampe, Prinzip

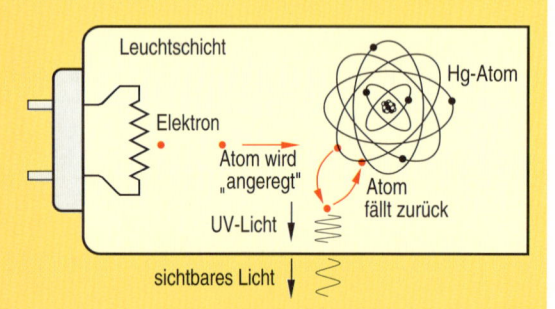

Leuchtschicht — Hg-Atom — Elektron — Atom wird „angeregt" — Atom fällt zurück — UV-Licht — sichtbares Licht

Im Innern einer Leuchtstofflampe ist Quecksilberdampf mit nur geringem Druck. Diese Lampen heißen deshalb auch Quecksilber-Niederdrucklampen.

Bei Gasentladungslampen, z.B. einer Leuchtstofflampe, entsteht Licht durch „Anregung" von Atomen. Dabei spielt sich folgender Vorgang ab:
1. aus der Glühwendel treten Elektronen aus
2. einige Elektronen treffen auf Gasatome und heben ein Elektron der äußeren Hülle auf eine höhere Energiebahn („Anregung")
3. das „angehobene" Elektron fällt nach einiger Zeit auf seine Ausgangsbahn zurück und sendet dabei Licht aus.

Die Frequenz des Lichtes und damit seine Farbe hängt von der Gasfüllung ab. Der Quecksilberdampf einer Leuchtstofflampe z.B. strahlt UV-Licht ab. Durch eine „Leuchtschicht" wird das UV-Licht in sichtbares Licht umgewandelt.

Vertiefung zu 5.16

Schaltung von Gasentladungslampen
Gasentladungslampen dürfen nicht wie Glühlampen direkt am Netz betrieben werden, sondern benötigen immer ein „Vorschaltgerät".
Das Vorschaltgerät dient vor allem zum „Stabilisieren" des Stromes: ohne Vorschaltgerät würde eine Gasentladungslampe nach dem Zünden sofort durchbrennen. Bei Leuchtstofflampen liefert das Vorschaltgerät auch die notwendige Zündspannung von etwa 1000 V.
In der Praxis haben sich zwei Arten von Vorschaltgeräten bewährt:
- das konventionelle Vorschaltgerät (KVG)
  es besteht aus einer auf die Lampe abgestimmten Drosselspule: sie liefert den Zündimpuls und begrenzt den Strom
- das elektronische Vorschaltgerät (EVG)
  es enthält vor allem einen Wechselrichter: er versorgt die Lampe mit hochfrequenter Wechselspannung. Elektronische Vorschaltgeräte sind teurer, haben aber einen besseren Wirkungsgrad. Wegen der hohen Frequenz ist das Licht flimmerfrei.

Energiesparlampen
Besondere Bedeutung haben die Kompaktleuchtstofflampen erlangt. Es sind Leuchtstofflampen mit kleinstmöglicher Baugröße und integriertem Vorschaltgerät. Sie haben ein Schraubgewinde E27 und können wie Glühlampen eingesetzt werden. Sie werden auch als „Energiesparlampen" bezeichnet.

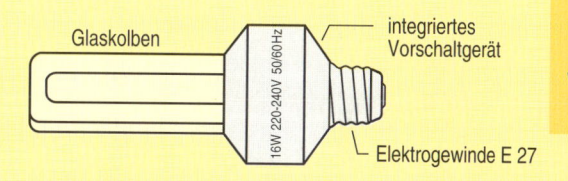

Wirtschaftlichkeit der Beleuchtung
Bei der Umwandlung von elektrischer Energie in Licht treten immer vergleichsweise große Wärmeverluste auf, d. h. der Wirkungsgrad ist klein. Bei Glühlampen beträgt er etwa 5 bis 10 %, bei Gasentladungslampen bis zu 50 %.
Ein besseres Maß zur Beurteilung einer Lichtquelle als der Wirkungsgrad ist die Lichtausbeute η. Sie gibt an, welcher Lichtstrom Φ von der zugeführten Leistung P erzeugt wird.
Lichtausbeute: $\eta = \Phi / P$, Einheit lm/W (Lumen/Watt). Glühlampen haben eine Lichtausbeute von 10 bis 15 lm/W, Leuchtstofflampen etwa 80 lm/W.

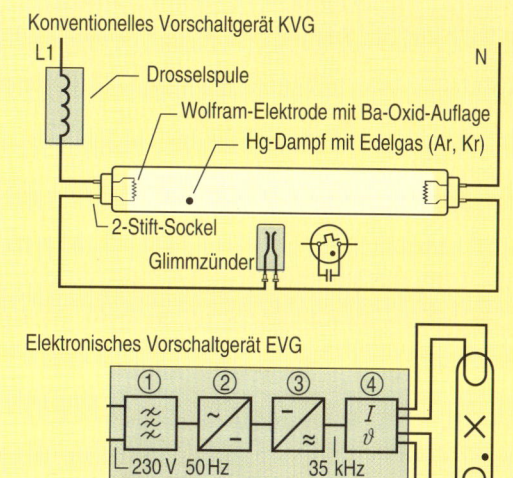

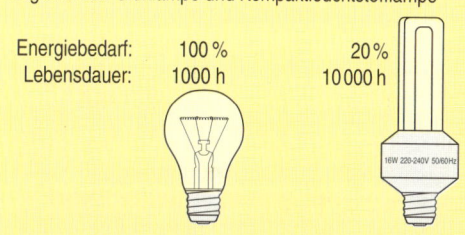

Standardglühlampen sind vergleichsweise unwirtschaftlich, Halogenglühlampen sind etwas besser (Lichtausbeute bis 25 lm/W, Lebensdauer ca. 2000 h).

Aufgaben

5.16.1 Licht und Lichterzeugung
a) Wie unterscheiden sich physikalisch die verschiedenen Lichtfarben?
b) Wovon hängt die Lichtfarbe bei einer Glühlampe bzw. bei einer Gasentladungslampe ab?
c) Was versteht man unter Lichtausbeute? In welcher Einheit wird sie gemessen?

5.16.2 Glüh- und Gasentladungslampen
a) Wie hoch sind Lichtausbeute und Lebensdauer von Gasentladungslampen im Vergleich zu Glühlampen?
b) Warum benötigen Leuchtstofflampen immer ein so genanntes „Vorschaltgerät"?
c) Was bedeuten die Begriffe EVG und KVG? Welche Vorteile haben EVG im Vergleich zu KVG?

5.17 Drehfeldmotoren I

Entstehung des Drehfeldes

Ständer mit ausgeprägten Polen

Ständer mit Nuten

Synchronmotor

Asynchronmotor

Magnetisches Drehfeld

Dreiphasiger Wechselstrom hat eine sehr wesentliche Eigenschaft: er kann ein rotierendes Magnetfeld, ein so genanntes „Drehfeld" erzeugen. Wegen dieser Eigenschaft wird dreiphasiger Wechselstrom auch „Drehstrom" genannt.

Das magnetische Drehfeld bildet die Grundlage für Drehstromasynchronmotoren (DASM) und Drehstromsynchronmotoren (DSM). Beide Motoren haben für die Antriebstechnik große Bedeutung.

In Skizze 1 ist das Modell eines Motors mit ausgeprägten Polen dargestellt. Die Skizzenfolge zeigt das Magnetfeld zu drei unterschiedlichen Zeitpunkten. Das Feld dreht sich dabei während einer Periode um 360°.

In Skizze 2 ist ein Ständer dargestellt, bei dem die Spulen nicht auf ausgeprägte Pole gewickelt, sondern in Nuten gelegt sind. Diese Anordnung entspricht einem praxisgerechten Motor. Auch hier werden die Spulen nacheinander von Strom durchflossen. Sie erzeugen ein Drehfeld, das sich in einer Periode um 360° dreht.

Die Drehfrequenz (Drehzahl) des Feldes hängt von der Frequenz f, der angelegten Spannung und von der Polpaarzahl p der Ständerwicklung ab. Diese Drehfrequenz heißt **synchrone** Drehfrequenz n_s.

synchrone Drehfrequenz $$n_s = \frac{f}{p}$$

Synchron- und Asynchronmotor

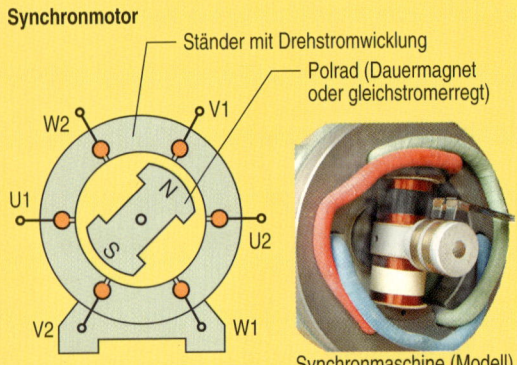

Drehstrom-Synchronmotoren haben den gleichen Ständeraufbau wie Asynchronmotoren. In beiden Fällen erzeugt eine Drehstromwicklung ein magnetisches Drehfeld. Der entscheidende Unterschied besteht im Aufbau des Läufers.

Synchronmotor

Beim Synchronmotor besteht der Läufer aus einem Dauermagnet oder einem durch Gleichstrom erregten Magneten. Dieser drehbare Magnet heißt Polrad. Das Polrad wird vom Drehfeld mitgezogen. Es dreht sich „synchron" (zeitgleich) mit dem Drehfeld. Wird der Motor überlastet, so bleibt er stehen, er „fällt außer Tritt".

Asynchronmotor

Beim Asynchronmotor (DASM) besteht der Läufer aus kurzgeschlossenen Windungen (Kurzschlussläufer, Käfigläufer). Dreht sich das Drehfeld, so werden in der Kurzschlusswicklung Ströme induziert, die ein Magnetfeld im Läufer erzeugen. Das Läuferfeld wird vom rotierenden Ständerfeld mitgezogen.

Damit im Läufer Ströme induziert werden können, muss $n_{\text{Läufer}} < n_s$ sein. Zwischen Läufer und Drehfeld herrscht immer ein lastabhängiger „Schlupf". Der DASM ist ein Induktionsmotor.

Schlupf $$s = \frac{n_s - n_{\text{Läufer}}}{n_s}$$

Vertiefung zu 5.17

Einsatz von Drehfeldmotoren
Drehfeldmotoren sind universell in allen Bereichen der Technik einsetzbar. Dabei sind die Drehstromasynchronmotoren mit Kurzschlussläufer von besonders großer Bedeutung. Sie werden als preiswerte und robuste Antriebsmaschine im Leistungsbereich von etwa 1kW bis in den Megawatt-Bereich verwendet. Zusammen mit Frequenzuformern können sie dabei in einem weiten Drehfrequenzbereich betrieben werden.
Besondere Ausführungen mit kleinem Trägheitsmoment werden auch zunehmend als Servomotoren eingesetzt. In Form von „Linearmotoren" dienen sie z.B. zum Antrieb von Magnetschwebebahnen.
Im kleinen Leistungsbereich bis etwa 1 kW werden Kurzschlussläufermotoren auch für den Betrieb an Einphasen-Wechselstrom gebaut (Kondensatormotor, Spaltpolmotor).
Synchronmotoren werden sowohl als Kleinstmotoren (Uhren, Zeitrelais) wie auch im Megawatt-Bereich eingesetzt. Hier können sie z. B. Blindleistung in das Netz einspeisen (Phasenschiebermaschinen). Die größte Bedeutung haben Drehstromsynchronmaschinen aber als Generator.

Hochlauf von DASM
Werden Drehstromasynchronmotoren direkt eingeschaltet, so weisen sie zwei Besonderheiten auf:
- der Anlaufstrom I_A ist relativ groß, je nach Bauart des Motors ist $I_A = 4...8 \cdot I_N$
- das Anlaufmoment des Motors ist trotz großem Anlaufstrom verhältnismäßig klein.

Da die Energieversorgungsunternehmen (EVU) meist nur einen Anlaufstrom von 60 A zulassen, müssen für Motoren ab etwa 4 kW strombegrenzende Einschaltverfahren gewählt werden. Dies ist zum Beispiel der Stern-Dreieck-Anlauf oder der Einsatz eines Frequenzumrichters.

Drehmomenten- und Stromkennlinie

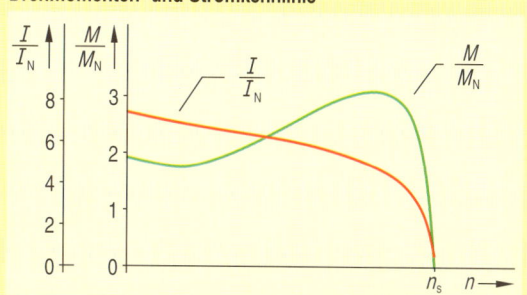

Nennbetrieb von DASM
Drehstromasynchronmotoren zeichnen sich durch folgendes Betriebsverhalten aus:
- die Drehfrequenz des Ständerfeld ist von der Ständerwicklung (Polpaarzahl p) abhängig; es lassen sich Drehfrequenzen von 3000/min, 1500/min, 1000/min, 750/min, 600/min, 500/min usw. realisieren
- die Läuferdrehfrequenz ist je nach Last etwas kleiner als die synchrone Drehfrequenz (Schlupf)
- der Motor nimmt relativ viel Blindleistung auf; sie muss üblicherweise durch Kondensatoren „kompensiert" werden
- DASM mit Kurzschlussläufer haben keine Bürsten und Schleifringe und haben deshalb keinerlei Funkenbildung.

Das Leistungsschild zeigt die Nenndaten eines handelsüblichen Drehstrommotors.

Leistungsschild eines DASM

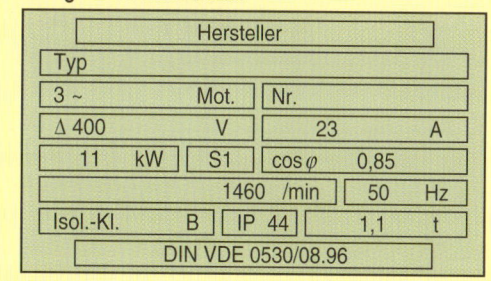

Hersteller			
Typ			
3 ~	Mot.	Nr.	
Δ 400	V	23	A
11 kW	S1	cos φ	0,85
	1460 /min	50	Hz
Isol.-Kl. B	IP 44	1,1	t
DIN VDE 0530/08.96			

Wichtige Formeln:

$$P = U \cdot I \cdot \sqrt{3} \cdot \eta \cdot \cos\varphi$$

$$P = M \cdot \omega = M \cdot 2\pi \cdot n$$

- U Leiterspannung
- I Leiterstrom
- $\cos\varphi$ Leistungsfaktor
- η Wirkungsgrad
- M Drehmoment
- n Drehfrequenz

Anschluss von DASM
Beim Anschluss von DASM muss auf die vorgeschriebene Schaltung (Stern- oder Dreieckschaltung) sowie auf den richtigen Drehsinn geachtet werden.
Rechtslauf erhält man, wenn L1 auf U1, L2 auf V1 und L3 auf W1 geklemmt wird. Werden zwei Außenleiter getauscht (z. B. L1 und L2), so ändert sich die Drehrichtung.

Stern, Rechtslauf   Stern, Linkslauf   Dreieck, Rechtslauf

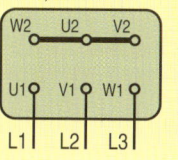

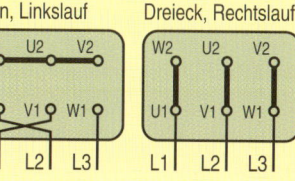

5.18 Drehfeldmotoren II

Umrichterbetrieb, Prinzip

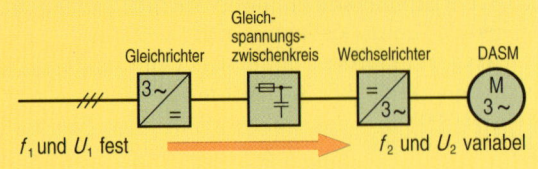

Gleichrichter — Gleichspannungszwischenkreis — Wechselrichter — DASM

f_1 und U_1 fest → f_2 und U_2 variabel

Hochlaufkennlinien bei verschiedenen Frequenzen

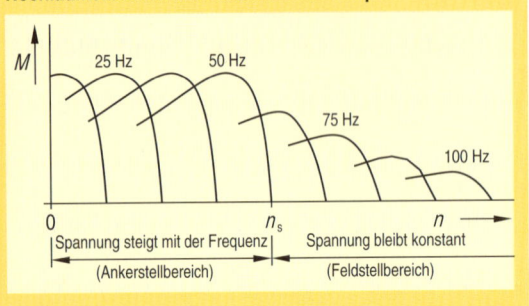

Kennlinien bei 25 Hz, 50 Hz, 75 Hz, 100 Hz
- Spannung steigt mit der Frequenz (Ankerstellbereich): 0 bis n_s
- Spannung bleibt konstant (Feldstellbereich): ab n_s

Im Bereich von 0 bis 50 Hz wird die Spannung von 0 bis zur Nennspannung gesteigert. Dadurch erhält man bei allen Drehfrequenzen das gleiche Kippmoment.
Bei höheren Frequenzen wird die Spannung konstant gehalten. Dadurch sinkt das Kippmoment mit steigender Drehfrequenz.

Drehfrequenzsteuerung bei DASM

Für viele Antriebsprobleme muss die Drehfrequenz des Motors in weiten Bereichen steuerbar sein.
Gemäß der Formel

$$n = \frac{f}{p}(1-s)$$

kann dies bei Drehstromasynchronmotoren auf drei Arten erfolgen:
1. durch die Frequenz der angelegten Ständerspannung
2. durch die Polpaarzahl der Ständerwicklung
3. durch den Schlupf.

Die wichtigste Methode ist die Frequenzsteuerung. Dazu wird ein Frequenzumrichter mit einstellbarer Frequenz und Spannung benötigt. Damit lässt sich ein DASM optimal in einem weiten Drehfrequenzbereich betreiben.
Hat der Ständer mehrere Wicklungen bzw. eine umschaltbare Wicklung (Dahlander-Schaltung), so lassen sich für das Drehfeld zwei oder mehr Drehfrequenzen realisieren (z.B. 3000/min und 1500/min).
Wird die Ständerspannung reduziert, so wird das Drehmoment kleiner und der Schlupf steigt (Schlupfsteuerung). Diese Methode ist aber nur für besondere Antriebe, z. B. Ventilatoren und Pumpen, geeignet.

Kondensatormotor, Schaltung

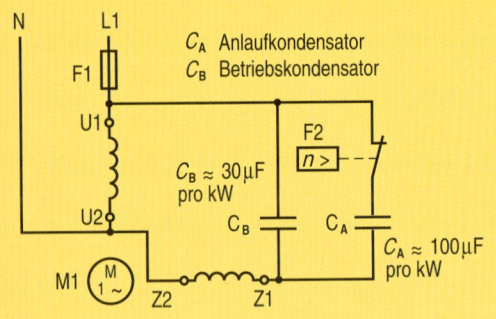

C_A Anlaufkondensator
C_B Betriebskondensator

$C_B \approx 30\,\mu F$ pro kW
$C_A \approx 100\,\mu F$ pro kW

Der Anlaufkondensator erhöht das Anlaufmoment des Motors.

Spaltpolmotor, Aufbau

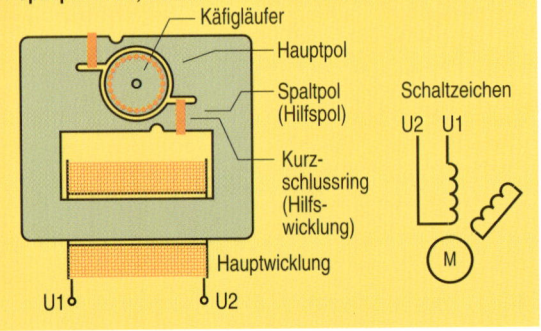

- Käfigläufer
- Hauptpol
- Spaltpol (Hilfspol)
- Kurzschlussring (Hilfswicklung)
- Hauptwicklung

Schaltzeichen: U2 U1

Drehfeldmotoren an Wechselstrom

Drehfeldmotoren, vor allem Kurzschlussläufermotoren, sind einfach, robust und sehr wirtschaftlich. Nachteilig ist, dass zur Erzeugung des Drehfeldes ein dreiphasiges Wechselstromnetz (Drehstrom) benötigt wird.
Für kleine Motoren bis etwa 2 kW kann ein Drehfeld aber auch am Einphasennetz erzeugt werden.

Kondensatormotor

Für Motorleistungen von etwa 1kW eignet sich der so genannte Kondensatormotor. Sein Ständer enthält keine dreiphasige Wicklung (Drehstromwicklung), sondern eine Hauptwicklung (U1-U2) und eine Hilfswicklung (Z1-Z2). Wird in Reihe zur Hilfswicklung ein Kondensator geschaltet, so fließen in Haupt- und Hilfswicklung Ströme mit unterschiedlicher Phasenlage. Diese beiden Ströme erzeugen je ein Magnetfeld; beide Felder addieren sich zu einem Drehfeld.
Das so erzeugte Drehfeld hat schlechtere Eigenschaften als das Feld eines richtigen Drehstrommotors, für Motoren mit kleiner Leistung ist es aber ausreichend.

Spaltpolmotor

Für Motoren mit sehr kleinen Leistungen bis etwa 200 W lässt sich ein besonders einfacher Aufbau realisieren: ein Magnetgestell enthält zwei Haupt- und zwei davon abgespalteten Hilfspole. Die Hilfswicklung besteht aus einem Kurzschlussring. Auch hier erzeugen Haupt- und Hilfswicklung gemeinsam ein Drehfeld.

Vertiefung zu 5.18

Betrieb von Motoren mit Schützschaltungen

Motoren werden üblicherweise durch elektromagnetische Schalter (Schütze) ein- und ausgeschaltet. Die Schütze selbst können über mechanische Kontakte oder über speicherprogrammierbare Steuerungen angesteuert werden.
Die Schaltung zeigt den Haupt- und den Steuerstromkreis einer Stern-Dreieck-Anlaufschaltung:

Hauptstromkreis

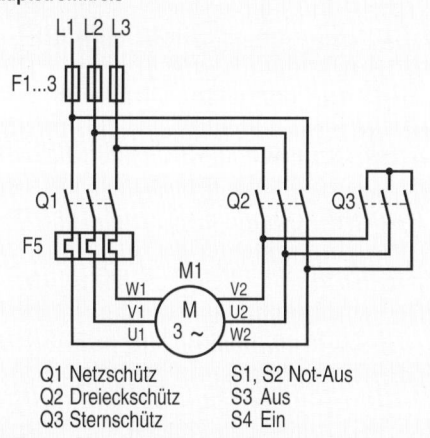

Steuerstromkreis

Q1 Netzschütz S1, S2 Not-Aus
Q2 Dreieckschütz S3 Aus
Q3 Sternschütz S4 Ein

Funktion

Wird Taster S4 betätigt, so schaltet Sternschütz Q3 ein und schaltet über Kontakt Q3 das Netzschütz Q1 und das Zeitrelais K1T ein. Netzschütz Q1 hält sich selbst über Kontakt Q1.
Nach der eingestellten Zeit schaltet Wechseler K1T, unterbricht das Sternschütz und schaltet das Dreieckschütz Q2 ein.
Mit S1, S2 und S3 kann die Anlage wahlweise ausgeschaltet werden.
Stern- und Dreieckschütz sind gegeneinander verriegelt.

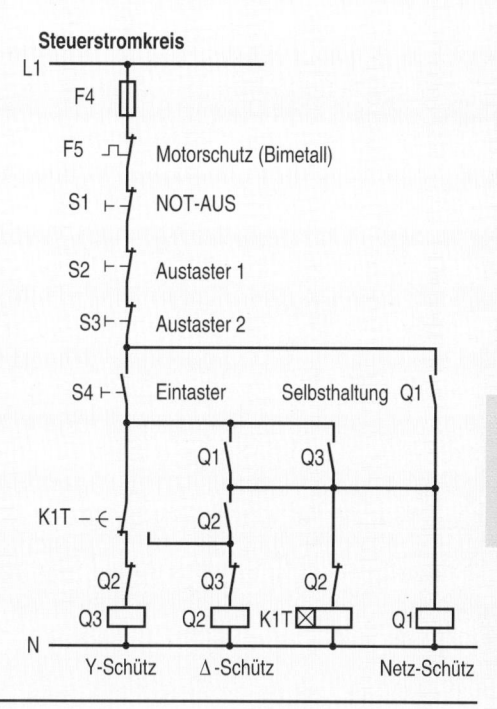

Aufgaben zu Kap. 5.17 und 5.18

5.17.1 Drehfeldmotoren

a) Ein 4-poliger DASM wird am 50-Hz-Netz betrieben. Berechnen Sie die Drehfrequenz des Drehfeldes. Warum ist die Drehfrequenz des Läufers kleiner?
b) Warum benötigen größere Drehstrommotoren (etwa ab 4 kW) beim Einschalten eine Strombegrenzung? Nennen Sie zwei Möglichkeiten zur Begrenzung des Einschaltstromes.
c) Wie kann bei Drehstrommotoren die Drehrichtung geändert werden?
d) In welchem Teil haben Drehstrom-Synchronmotoren und Asynchronmotoren den gleichen Aufbau und worin unterscheiden sie sich?
e) Ein DASM wird am 400-Volt-Netz betrieben, sein Klemmbrett eines DASM ist wie folgt angeklemmt:
In welcher Schaltung wird der Motor betrieben?
Ist dieser Motor für Stern-Dreieck-Anlauf geeignet?

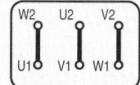

5.17.2 Leistungsschild eines DASM

Bestimmen bzw. berechnen Sie aus den Angaben des Leistungsschildes:
a) die abgegebene Leistung
b) die aufgenommene Wirkleistung
c) den Wirkungsgrad
d) den Schlupf.

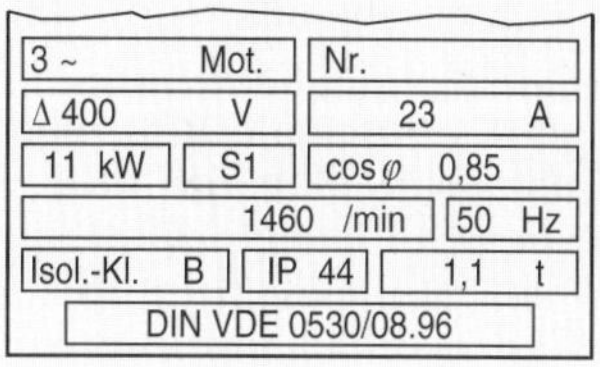

3 ~		Mot.	Nr.	
Δ 400		V	23	A
11 kW		S1	cos φ	0,85
			1460 /min	50 Hz
Isol.-Kl.	B	IP 44	1,1	t
		DIN VDE 0530/08.96		

5.18.1 Drehfrequenz von DASM

a) Nennen Sie zwei prinzipielle Möglichkeiten zur Drehfrequenzsteuerung von DASM.
b) Beschreiben Sie die prinzipielle Arbeitsweise eines Frequenzumrichters.
c) Welche Aufgabe erfüllt eine „Dahlander-Schaltung"?
d) Welche Vorteile hat die Drehfrequenzsteuerung über einen Frequenzumrichter im Vergleich zur Drehfrequenzsteuerung durch Polumschaltung?

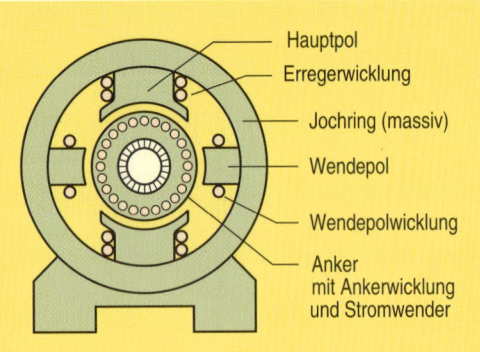

5.19 Gleichstrommotoren

Bildbeschriftung (oben):
- Hauptpol
- Erregerwicklung
- Jochring (massiv)
- Wendepol
- Wendepolwicklung
- Anker mit Ankerwicklung und Stromwender

Die Wendepolwicklung liefert keinen Beitrag zum Drehmoment, sie ist aber erforderlich, um das Bürstenfeuer zu verringern.

Entstehung des Drehmomentes
M linksdrehend M rechtsdrehend

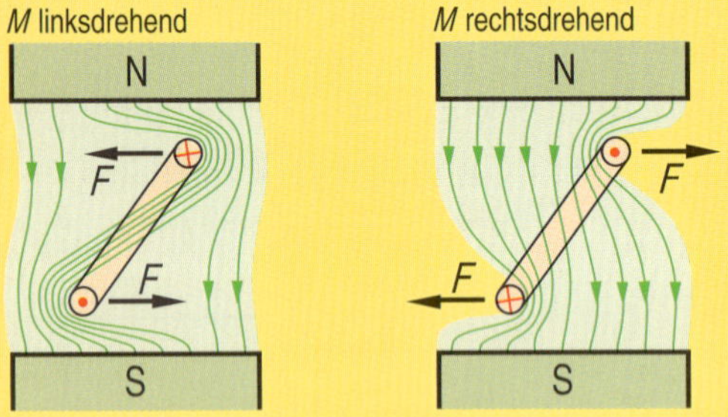

Die Drehrichtung lässt sich durch Umpolen des Ankerstromes oder durch Umpolen des Erregerstromes ändern.

Fremderregter Motor
1L− 1L+ 2L− 2L+
A1 / A2 / F2 / F1

Nebenschlussmotor
L+ L−
A1 / A2 / E2 / E1

Reihenschlussmotor
L+ L−
A1 / A2 / D2 / D1

Aufbau von Gleichstrommotoren
Gleichstrommotoren bestehen im Wesentlichen aus:
1. Ständer mit Jochring und ausgeprägten Polen
2. Erregerwicklung (Hauptwicklung)
3. Läufer (Anker) mit Wicklung
4. Stromwender (Kollektor, Kommutator)
5. Bürstenhalter mit Kohlebürsten
6. Wendepole mit Wendepolwicklung.

Der Jochring ist meist massiv (Gusseisen), da hier keine Wirbelströme entstehen, die Polschuhe sind wegen der dort entstehenden Wirbelströme meist geblecht.

Insgesamt ist der Aufbau von Gleichstrommotoren wesentlich aufwändiger und teurer, als der von leistungsgleichen Drehstrommotoren.

Wirkungsweise
Das Drehmoment eines Gleichstrommotors kommt durch das Zusammenwirken des Hauptfeldes mit dem Ankerfeld zustande.

Die Skizze zeigt eine stromdurchflossene Leiterschleife (Ankerwicklung) in einem Magnetfeld (Erregerfeld). Die stromdurchflossene Leiterschleife wird im Magnetfeld abgelenkt, auf die Leiterschleife wirkt ein Drehmoment. Beim Durchlauf durch die „neutrale Zone" muss die Stromrichtung in der Ankerschleife geändert werden. Dies erfolgt durch den so genannten Kommutator.

In der Praxis besteht die Ankerwicklung nicht aus einer, sondern aus vielen um den Anker verteilten Windungen.

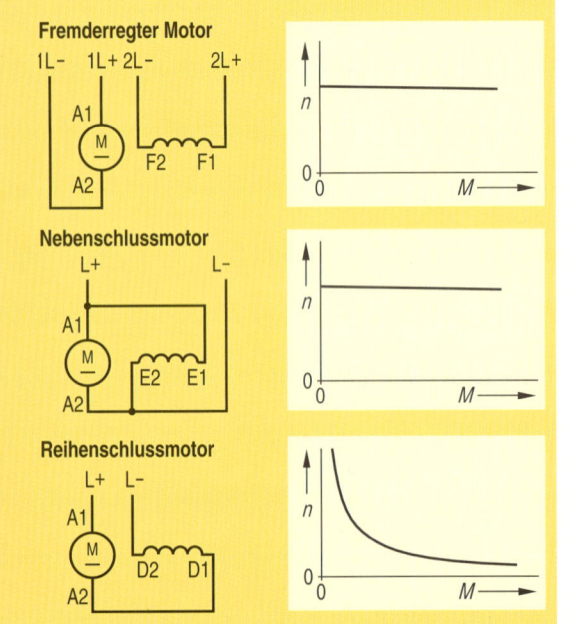

Schaltungen
Erregerwicklung und Ankerwicklung eines Gleichstrommotors können entweder unabhängig voneinander, parallel oder in Reihe zueinander geschaltet sein. Je nach Schaltung hat der Motor eine unterschiedliche Charakteristik (Lastkennlinie).

Die Wendepolwicklung ist immer in Reihe zum Anker geschaltet. Sie leistet keinen Beitrag zum Drehmoment und dient nur zur Verringerung des Bürstenfeuers.

Fremderregter Motor
Beim fremderregten Motor werden Anker- und Feldwicklung von zwei unabhängigen Spannungsquellen gespeist. Die Drehfrequenz kann durch Spannungsänderung am Anker oder am Feld gesteuert werden.

Nebenschlussmotor
Erreger- und Ankerwicklung sind parallel geschaltet; zur Speisung ist daher nur eine Spannungsquelle nötig.

Reihenschlussmotor (Hauptschlussmotor)
Erreger- und Ankerwicklung sind in Reihe geschaltet. Die Drehfrequenz ist stark lastabhängig. Beim Anlauf entwickelt er ein hohes Drehmoment, bei Leerlauf kann der Motor „durchgehen".

Vertiefung zu 5.19

Drehfrequenzsteuerung
Die Drehfrequenz von Gleichstrommotoren kann sehr einfach durch die Ankerspannung und durch die Erregerspannung gesteuert werden:
- durch Erhöhen der Ankerspannung steigt die Drehfrequenz proportional mit der Spannung
- durch Erhöhen der Erregerspannung sinkt die Drehfrequenz, bzw. mit Absenkung der Erregerspannung steigt die Drehfrequenz.

Durch diese einfache Möglichkeit der Drehfrequenzsteuerung hat vor allem die fremderregte Gleichstrommaschine ein sehr großes Einsatzgebiet für drehzahlgesteuerte Antriebe erhalten.
Früher wurde die Spannung durch Vorwiderstände verändert (Ankerwiderstände, Feldsteller); dies war aber wegen der hohen Verluste unwirtschaftlich.
Durch Einsatz von leistungselektronischen Stellern (Gleichstromsteller, gesteuerte Gleichstrombrücken) lassen sich Gleichstrommotoren verlustarm in einem weiten Bereich steuern.
Durch Einsatz von Frequenzumrichtern zusammen mit Drehstromasynchronmotoren verlieren die Gleichstromantriebe aber zunehmend an Bedeutung.

Beispiel: Gleichstrommotor mit gesteuerter Brücke B6C

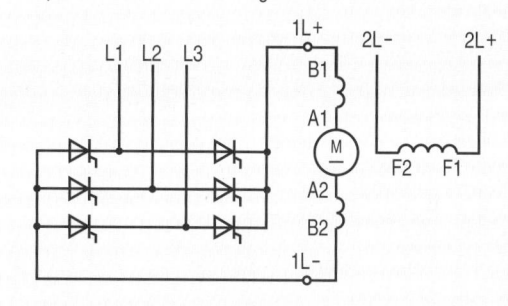

Universalmotoren
Gleichstrommotoren in Reihenschlussschaltung können an Gleich- und an Wechselstrom betrieben werden: es sind „Universalmotoren".
Universalmotoren werden im großen Leistungsbereich z.B. als Bahnmotoren eingesetzt. Im kleinen Leistungsbereich werden sie zum Antrieb von Staubsaugern, Küchenmaschinen, Ventilatoren verwendet.

Universalmotor, Anschlussschema

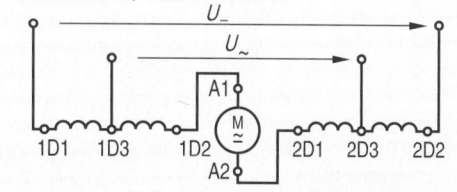

Antriebs- und Servomotoren
Motoren dienen immer dem mechanischen Antrieb einer Maschine, somit sind alle Motoren „Antriebs"-Motoren. Trotzdem ist es sinnvoll, eine Unterscheidung zwischen Antriebs- und Servomotoren zu machen. Danach kann folgendes festgelegt werden:
Antriebsmotoren sind solche Motoren, die eine Maschine meist im Dauerbetrieb antreiben. Die Drehfrequenz bleibt dabei meist konstant oder wird nur selten in geringem Maße geändert. Der Leistungsbereich liegt zwischen einigen Watt bis in den Megawatt-Bereich.
Servomotoren sind demgegenüber Motoren, die „hochdynamisch" arbeiten müssen, d. h. in sehr kurzer Zeit ihre Drehfrequenz in weiten Bereichen ändern müssen. Servomotoren müssen dazu folgende Eigenschaften besitzen:
- geringe Trägheit (kleines Massenträgheitsmoment)
- großes Drehmoment
- Drehfrequenz sehr gut steuerbar
- kurzzeitig stark überlastbar.

Ein typisches Anwendungsgebiet stellen Positionierantriebe von Werkzeugmaschinen und Robotern dar. Servomotoren gibt es in vielen Ausführungen für Gleich- und für Drehstrom. Drehstrommotoren als Asynchron- und als Synchronmotoren in Zusammenarbeit mit Frequenzumrichtern gewinnen aber auch hier zunehmend an Bedeutung.

Aufgaben

5.19.1 Aufbau von Gleichstrommotoren
a) Vergleichen Sie den Aufbau eines Gleichstrommotores mit einem DASM. Welcher Motor ist kostengünstiger und wartungsfreundlicher?
b) Wie sind Anker- und Feldwicklung beim Reihenschlussmotor, beim Nebenschlussmotor und beim fremderregten Motor zueinander geschaltet?
c) Welche Aufgabe hat die Wendepolwicklung?

5.19.2 Betrieb von Gleichstrommotoren
a) Wie unterscheidet sich das Anlaufmoment eines Reihenschlussmotors von dem eines Nebenschlussmotors mit gleicher Nennleistung?
b) Wie kann die Drehfrequenz eines fremderregten Gleichstrommotors gesteuert werden?
c) Vergleichen Sie die Drehfrequenzsteuerung eines Gleichstrommotors mit der eines DASM.

5.20 Kosten der elektrischen Energie

Wechselstromzähler, Schaltung 1000

Elektrizitätszähler

Zählwerk
Zählerscheibe mit Positionsmarkierung
Leistungsschild
Zählerkonstante 300/kWh

Leistung

$$P = \frac{n}{c_z}$$

n Drehfrequenz der Zählerscheibe
c_z Zählerkonstante

Messung der elektrischen Arbeit
Die in einer bestimmten Zeitspanne in einem Betriebsmittel umgesetzte Arbeit kann mit Hilfe einer Leistungs- und einer Zeitmessung bestimmt werden gemäß der Formel $W = P \cdot t$. Voraussetzung ist allerdings, dass die Leistung während der gesamten Messzeit konstant ist. Soll die Arbeit über eine längere Zeit hinweg bei veränderlicher Leistung gemessen werden, so wird die Messung mit einem „Elektrizitätszähler" durchgeführt. Elektrizitätszähler messen die Wirkarbeit, mit besonderen Schaltungen kann aber auch die Blindarbeit bestimmt werden.

Leistungsschild, Zählerkonstante
Am Zählwerk des Elektrizitätszählers kann die vom EVU bezogene Arbeit direkt abgelesen werden.
Alle wichtigen Zählerdaten sind auf dem Leistungsschild vermerkt. Dazu zählen insbesondere Spannung, Strom Frequenz und Schaltungsart. Die Angabe 10 (60) A bedeutet: der Nennstrom des Zählers beträgt 10 A, er darf aber ohne zeitliche Begrenzung bis 60 A (Grenzstrom) belastet werden.
Eine weitere wichtige Angabe ist die Zählerkonstante. Sie gibt an, nach wie viel Umdrehungen der Zählerscheibe genau 1 kWh „verbraucht" ist. Häufig benutzte Zählerkonstanten sind z. B. 75, 96, 120, 300 Umdrehungen pro kWh.
Mit Hilfe der Zählerkonstante kann aus der Drehfrequenz der Zählerscheibe die Leistung der angeschlossenen Verbraucher bestimmt werden.

Tarifgestaltung
Die Kosten für die elektrische Energie setzen sich aus mehreren Faktoren zusammen. Dazu gehören:
- der Grundpreis einschließlich Verrechnungspreis für einen Zähler (z. B. 89,20 Euro/Jahr)
- der Verbrauchspreis (z. B. 16,11 Cent/kWh)
- der Verrechnungspreis für zusätzliche Messgeräte (z. B. 21,36 Euro/Jahr für ein Tarifschaltgerät).

Die Preise unterscheiden sich je nach Anbieter.
Viele Versorgungsunternehmen bieten auch so genannte Schwachlasttarife. Dieser Tarif besagt, dass zu bestimmten Zeiten (meist nachts) die Energie zu einem günstigeren Preis bezogen werden kann. Um diese Möglichkeit zu nutzen, ist ein Doppeltarifzähler nötig. Er wird vom Versorgungsunternehmen über eine Rundsteueranlage zu bestimmten Tageszeiten auf Hochtarif (HT) bzw. Niedertarif (NT) umgeschaltet.
Bei Kunden mit sehr hohem Verbrauch (z. B. mehr als 30 000 kWh/Jahr) wird die Leistung im Viertelstunden-Takt gemessen. Für die Bereitstellung der höchsten ermittelten Leistung muss dann zusätzlich bezahlt werden, z. B. 118,62 Euro pro kW und Jahr.

Tarife eines Stromversorgers, Beispiel

Grundtarif	Haushalt und Landwirtschaft	Gewerblicher Bedarf
Grundpreis mit Eintarifzähler	89,20 Euro/Jahr	89,20 Euro/Jahr
Verbrauchspreis	16,11 Cent/kWh	19,01 Cent/kWh
Mit Schwachlastregelung		
Grundpreis mit Zweitarifzähler	117,79 Euro/Jahr	117,79 Euro/Jahr
Verbrauchspreis außerhalb der Schwachlastzeit	16,11 Cent/kWh	19,01 Cent/kWh
innerhalb der Schwachlastzeit	9,73 Cent/kWh	9,73 Cent/kWh

Die Preise sind Bruttopreise. Sie enthalten die gesetzliche Mehrwertsteuer und die s o genannte Ökosteuer (Stromsteuer).

Vertiefung zu 5.20

Hoch- und Niedertarife

Der Bedarf an elektrischer Energie schwankt stark im Laufe eines Tages. Um die Mittagszeit ergeben sich meist Spitzenbelastungen, in den Nachstunden ist der Energiebedarf gering.

Um insbesondere die großen Wärmekraftwerke möglichst gleichmäßig zu nutzen, bieten die Energieversorger Anreize, um möglichst viel Bedarf in die weniger ausgelasteten Nachtstunden zu verlegen. Zu diesen Tageszeiten wird die Energie zum „Niedertarif" bzw. „Schwachlasttarif" angeboten.

Um getrennt nach Hoch- und Niedertarif abrechnen zu können, muss ein Zweitarifzähler installiert sein. Er wird vom Betreiber mit Hilfe einer Rundsteueranlage zu bestimmten Zeiten umgeschaltet. Rundsteuersignale sind Signale im Tonfrequenzbereich, z. B. 175 Hz, die vom EVU über das Energieverteilungsnetz an die Kunden ausgesendet werden.

Induktionszähler

Die Messung der elektrischen Arbeit mit Hilfe von digitalen Messgeräten, die ihre Ergebnisse regelmäßig an das Versorgungsunternehmen senden, wird zwar seit langer Zeit diskutiert, in der Praxis werden aber weiterhin Zähler eingesetzt, die nach dem Induktionsprinzip arbeiten.

Durch das Zusammenwirken von Spannungs- und Stromspule werden in einer Aluminiumscheibe Wirbelströme erzeugt, welche die Scheibe antreiben. Ein Bremsmagnet bewirkt, dass die Scheibe nicht „durchgeht". Die Anzahl der Drehungen ist dann ein Maß für die umgesetzte Energie.

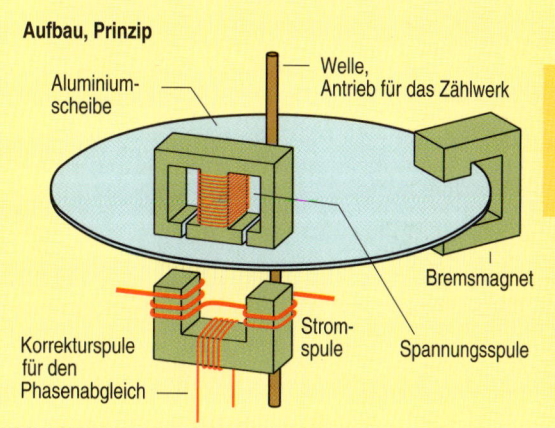

Aufbau, Prinzip

Aufgaben

5.20.1 Messung von Arbeit und Leistung

a) In einem Haushalt sind täglich in Betrieb: 5 Lampen zu je 75 W für 6 Stunden, 1 Boiler mit 1 kW für 1 Stunde, 1 Heizkörper mit 1,2 kW für 2 Stunden. Berechnen die täglich benötigte Energie.

b) Erklären Sie den Begriff Zählerkonstante.

c) Ein Zähler trägt die Aufschrift 96 U/kWh. Mit einer Stoppuhr wird ermittelt, dass die Zählerscheibe für 10 Umdrehungen genau 2 Minuten benötigt. Berechnen Sie die Leistung der angeschlossenen Verbraucher. Die Leistung ist während der Messzeit konstant.

d) Ein so genannter Großbereichszähler trägt die Aufschrift 10 (40) A. Erklären Sie diese Angabe.

e) Erklären Sie den Unterschied zwischen einem Eintarifzähler und einem Zweitarifzähler. Welche Aufgabe hat dabei der „Rundsteuerempfänger".

5.20.2 Energiepreis

a) In einem Haushalt mit Eintarifzähler wird am Ende der Abrechnungsperiode ein Verbrauch von 2500 kWh abgelesen.
Berechnen Sie mit Hilfe der Tabelle auf Seite 192 die Kosten für die elektrische Energie.

b) Ein Haushalt hat einen Stromtarif mit Schwachlastregelung. Am Ende der Abrechnungsperiode werden 1800 kWh im Hochtarifbereich und 4000 kWh im Niedertarifbereich abgelesen.
Berechnen Sie die Kosten für die elektrische Energie (Tabelle S. 192).
Berechnen Sie die Kosten für die gleiche elektrische Energie, wenn der Stromtarif keine Schwachlastregelung vorsieht.

c) Ist ein Tarif mit Schwachlastregelung prinzipiell günstiger als ein Normaltarif? (Begründung).

5.21 Ausgewählte Lösungen zu Kapitel 5

5.2.3
a) Die Windgeschwindigkeit ändert sich häufig von null bis Sturmstärke. Die Energiegewinnung ist deshalb unsicher und muss durch zuverlässige konventionelle gestützt werden.

b) $P_{El} = \frac{1}{8} \cdot d^2 \cdot \pi \cdot v^3 \cdot \rho_{Luft} \cdot \eta$

$P_{El} = \frac{1}{8} \cdot 40^2 \, m^2 \cdot \pi \cdot 11^3 \, \frac{m^3}{s^3} \cdot 1{,}3 \, \frac{kg}{m^3} \cdot 0{,}25$

$\approx 272 \cdot 10^3 \, \frac{m^2 \cdot kg}{s^3} = 272 \cdot 10^3 \, \frac{kg \cdot m \cdot m}{s^2 \cdot s}$

$= 272 \cdot 10^3 \, \frac{Nm}{s} = 272 \cdot 10^3 \, W = 272 \, kW$

c) Die Leistung ändert sich mit der dritten Potenz der Windgeschwindigkeit, sinkt als bei halber Geschindigkeit auf ein Achtel der ursprünglichen Leistung: $P_{el} = 34 \, kW$.

5.5.1
a) Ein idealer Transformator hat keine Verluste und keine magnetische Streuung. Der Eisenkern wird nicht in der magnetische Sättigung betrieben.
b) Aus Transformatorenhauptgleichung: $U_1 = 51{,}9 \, V$
c) Ausgangswicklung: $U_2 = 27{,}7 \, V$
Ströme: $I_2 = 0{,}92 \, A$, $I_1 = 0{,}49 \, A$.

5.5.2
a) Beim idealen Transformator (keine Verluste) erhält man: $N_1 = 1345$, $N_2 = 140$
b) $I_2 = 1{,}5 \, A$, $I_1 = 157 \, mA$
c) Der Transformator kann auch 24 V auf 230 V transformieren,
er kann nicht 48 V auf 460 V transformieren, weil diese Spannungen zu hoch sind und der Transformator weit in die Sättigung gerät.

5.7.1
a) Nach Tabelle: Kern 102 a
b) $N_1 = 750$, $A_1 = 0{,}24 \, mm^2$, $d_1 = 0{,}55 \, mm$ (innen)
$N_2 = 84$, $A_2 = 1{,}8 \, mm^2$, $d_2 = 1{,}5 \, mm$ (außen)
c) Berechnung mit Transformatorenhauptgleichung
$N_1 = 785$, $N_2 = 82$
Die mit der Transformatorenhauptgleichung berechneten Werte gelten nur für einen idealen Transformator, die nach Tabelle bestimmten Werte berücksichtigen auch die Verluste eines realen Transformators.

5.7.2 Berechnungen mit Tabellenwerten:
a) Gleichstromleistung: $P_d = 48 \, W$,
Transformatorbauleistung: $P_{Tr} = 1{,}23 \cdot P_d = ... = 59 \, VA$
Gewählt: Kern M85
b) $N_1 = 961$, $I_1 = 0{,}3 \, A$ (η berücksichtigen!)
$A_1 = 0{,}1 \, mm^2$, $d_1 = 0{,}35 \, mm$ (Wicklung innen)
$U_2 = 1{,}1 \cdot 12 \, V = 13{,}3 \, V$, $N_2 = 61$, $I_2 = 4{,}44 \, A$,
$A_2 = 1{,}3 \, mm^2$, $d_2 = 1{,}3 \, mm$ (Wicklung außen)

5.8.1
c) Innerhalb von Städten herrscht meist Raumnot und das Bauland ist teuer. Schaltanlagen werden deshalb platzsparend in Innenräumen installiert. Dabei werden vor allem gekapselte Schaltgeräte in SF_6-Technik eingesetzt.

5.9.1
c) H 07 V - R 25: harmonisierte Bestimmung, Nennspannung 450 V gegen Erde bzw. 750 V Ader gegen Ader, Aderisolierung aus PVC, mehrdrähtig, Leiterquerschnitt 25 mm^2
H 07 R N- F 3 G 1,5: harmonisierte Bestimmung, Nennspannung 450 V gegen Erde bzw. 750 V Ader gegen Ader, Aderisolierung aus Kautschuk, Mantel aus Polychloroprenkautschuk, feindrähtiger Leiter für flexible Verlegung, 3 Adern, enthält grüngelbe Ader (PE), Leiterquerschnitt 1,5 mm^2.

5.9.1
d) NYM-J 5x2,5: Norm, Kunststoffisolierung, Mantelleitung, enthält grüngelbe Ader, 5 Adern mit 2,5 mm^2 Querschnitt
NYIF-J 3x1,5: Norm, Kunststoffisolierung, Imputz (Stegleitung), Flachleitung, enthält grüngelbe Ader, 3 Adern mit 1,5 mm^2 Querschnitt.

5.10.1
a) Verlegeart B1
b) $I = 18{,}8 \, A$ folgt aus $P = U \cdot I \cdot \sqrt{3}$
c) Mindestquerschnitt 2,5 mm^2 Kupfer
d) Nennstrom 20 A, Charakteristik B
e) Berechneter Spannungsfall:
$\Delta U = 5{,}1 \, V$ (Außenleiter) bzw. $\Delta u = 1{,}3 \%$
der Spannungsfall ist zulässig
f) Schleifenwiderstand des Kabels $R_s = 0{,}31 \, \Omega$
(vorgeschaltetes Netz ist nicht berücksichtigt!)
Strom bei sattem Masseschluss: $I_K = 742 \, A$
Der Abschaltstrom ist ausreichend.

5.11.1
a) 1. Strom zu groß, 2. Kühlung nicht ausreichend.
b) NEOZED-System ist platzsparender
c) Ganzbereichsschutz (Überlast und Kurzschluss) für Kabel und Leitungen
d) Nur der fehlerhafte Stromkreis wird abgeschaltet.

5.11.2
a) Bimetallauslöser (thermischer Auslöser) für den Überlastschutz, magnetischer Auslöser für den Kurzschlussschutz.
b) Schaltvermögen bis 6000 A „prospektiver" Kurzschlussstrom
Strombegrenzungsklasse 3.

5.11.3
a) Gemäß Kennlinie löst die Sicherung spätestens nach 30 s aus, frühestens nach 2 s.
b) Auslösung spätestens nach 0,1 s, frühestens nach 0,01 s.

5.15.2 b) Leistungsziffer $\varepsilon = 3{,}17$

5.17.1
a) $n_s = 1500/min$
DASM sind Induktionsmotoren, d. h. die Ströme im Läufer werden durch Induktion erzeugt. Um diese Induktion zu ermöglichen, muss zwischen der Drehfrequenz des Drehfeldes und der Läuferdrehfrequenz ein Schlupf bestehe.
b) Der Einschaltstrom beim DASM beträgt bis zum 8-fachen des Nennstroms. Um das Netz nicht zu überlasten verlangen die EVU eine Strombegrenzung. Begrenzung durch Stern-Dreieck-Anlauf, Betrieb mit Frequenzumrichter.
c) Vertauchen von zwei Leiteranschlüssen.
e) Betrieb in Dreieck-Schaltung. Stern-Dreieck-Anlauf ist möglich.

5.17.2
a) An der Welle abgegebene Nennleistung $P_N = 11 \, kW$
b) Aufgenommene Wirkleistung Pauf = 13,5 kW
c) Wirkungsgrad $\eta = 81{,}5 \%$
d) Schlupf $s = 2{,}67 \%$

5.20.1
a) $W' = 5{,}65 \, kWh$ pro Tag
b) Die Zählerkonstante gibt an, nach wie viel Umdrehungen der Zählerscheibe genau 1 kWh verbraucht ist.
c) $P = 1{,}25 \, kW$

5.20.2
a) Kosten = (89,20 + 402,75) E = 491,95 E.
b) mit Schwachlastregelung
Kosten = (117,79 + 289,98 + 389,20) E = 796,97 E
ohne Schwachlastregelung
Kosten = (89,20 + 934,38) E = 1023,58 E.
c) Da der Grundpreis für einen Zweitarifzähler höher ist als der für einen Eintarifzähler, ist ein Tarif mit Schwachlastregelung nicht grundsätzlich günstiger.

6 Schutzmaßnahmen und EMV

6.1	Gefahren des elektrischen Stromes	196
6.2	Normen und Bestimmungen	198
6.3	Schutzarten elektrischer Betriebsmittel	200
6.4	Schutz gegen elektrischen Schlag	202
6.5	Schutz durch Kleinspannung	204
6.6	Systemunabhängige Schutzmaßnahmen	206
6.7	Systemabhängige Schutzmaßnahmen I	208
6.8	Systemabhängige Schutzmaßnahmen II	210
6.9	Potenzialausgleich und Erdung	212
6.10	Anlagen und Räume besonderer Art	214
6.11	Arbeiten und Prüfungen an elektrischen Anlagen	216
6.12	Prüfung der Schutzmaßnahmen von elektrischen Anlagen	218
6.13	Prüfung der Schutzmaßnahmen von elektrischen Geräten	220
6.14	Elektromagnetische Verträglichkeit I	222
6.15	Elektromagnetische Verträglichkeit II	224
6.16	Blitzschutz I	226
3.17	Blitzschutz II	228
6.18	Erste Hilfe, Brandbekämpfung	230
6.19	Ausgewählte Lösungen zu Kapitel 6	232

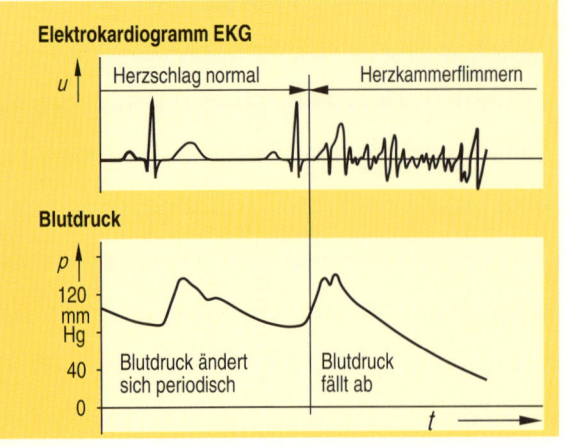

6.1 Gefahren des elektrischen Stromes

Elektrokardiogramm EKG
(Herzschlag normal / Herzkammerflimmern)

Blutdruck
Blutdruck ändert sich periodisch / Blutdruck fällt ab

Wirkungen des Stromes (Mittelwerte)

I		
1000 mA	Verbrennungen	Unmittelbare Lebensgefahr!
100	Herzkammerflimmern	
50	Herzstillstand, Atemlähmungen	
20	Loslassen nicht möglich	Gefahr durch Sekundärunfälle!
5	Muskelkrämpfe	
1	Leichtes Kribbeln	

Wirkungsbereiche des 50-Hz-Wechselstromes

Durchströmungsdauer t (ms) vs. Körperstrom bei 50 Hz (Effektivwert) I
- AC-1: keine Reaktion
- AC-2: meist keine schädliche Wirkung
- AC-3: Flimmern möglich
- AC-4: Herzkammerflimmern wahrscheinlich

Faustregel

Körperwiderstand $R_K = 1\,k\Omega$
Maximal zulässiger Körperstrom $I_K = 50\,mA$
Maximal zulässige Berührspannung $U_B = 1\,k\Omega \cdot 50\,mA = 50\,V$

In besonderen Fällen, z.B. für Kinderspielzeug und in Anlagen mit Nutztieren ist die zulässige Berührspannung auf 25 V begrenzt. Gleichspannung gilt als weniger gefährlich; die zulässige Berührspannung beträgt 120 V.

Elektrische Körperströme
Alle Aktivitäten von Menschen und Tieren werden über körpereigene elektrische Impulse gesteuert. Diese Ströme können vom Arzt z.B. mit einem EKG (Elektrokardiogramm) aufgezeichnet werden.
Fließt Fremdstrom durch den Organismus, so überlagert dieser die körpereigenen Steuerströme. Dadurch werden Muskeln unkontrolliert zusammengezogen. Dies hat besondere Auswirkungen auf die Atemorgane und die Herzmuskulatur.
In einfachen Fällen können elektrische Ströme Muskelkrämpfe verursachen, in schweren Fällen Atemlähmung und Herzkammerflimmern.
Große Ströme können auch zu schweren inneren und äußeren Verbrennungen führen.

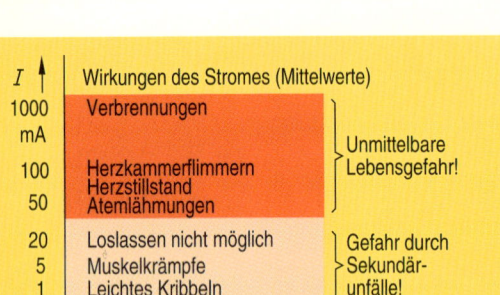

Wirkungen des elektrischen Stromes
Die Wirkungen des elektrischen Stromes auf den Menschen lassen sich nicht genau vorhersehen, da jeder Mensch naturgemäß anders reagieren kann. Eine ungefähre Einschätzung der Gefahren bei Einwirkung von 50-Hertz-Wechselstrom ergibt sich aus nebenstehender Tabelle.
Bei den Gefahren des elektrischen Stromes spielt auch die Einwirkzeit eine große Rolle; sie ist in nebenstehender Tabelle nicht berücksichtigt.

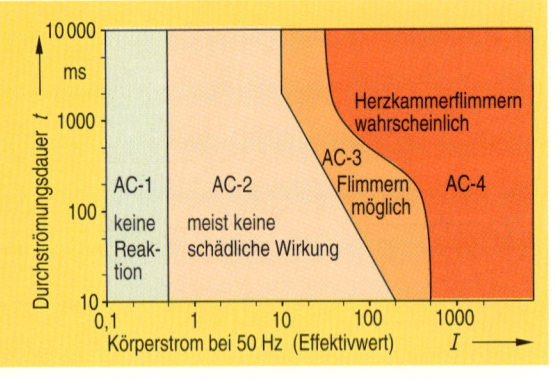

Wirkungsbereiche des 50-Hz-Wechselstromes
Um eine genauere Einschätzung der Gefahren des elektrischen Stromes zu bekommen, wurden die Ergebnisse langjähriger internationaler Versuche ausgewertet und in nebenstender Grafik zusammengefasst.
Diese Aufstellung nach IEC (IEC International Electrotechnical Commission) zeigt, dass die Einwirkzeit von großer Bedeutung ist. Danach können auch Ströme im 100-Milliampere-Bereich ungefährlich sein, wenn sie sehr schnell abgeschaltet werden, z. B. durch einen Fehlerstrom-Schutzschalter. Andererseits können bereits kleine Ströme lebensgefährlich sein, wenn sie mehrere Sekunden und länger einwirken.

Spannung, Widerstand und Strom
Gelangt ein Mensch an elektrische Spannung, so fließt nach dem ohmschen Gesetz ein Strom $I = U/R$. Der Strom hängt also außer von der Spannung auch von verschiedenen Widerständen ab, vor allem von Übergangswiderständen, Haut- und Körperwiderstand, sowie dem Widerstand der Schuhe. Dabei beträgt der Körperwiderstand etwa 1 kΩ, alle anderen Widerstände können sich stark ändern und sind schwer einschätzbar. Nimmt man an, dass Ströme über 50 mA lebensgefährlich sind, dann folgt, dass die Berührung einer Spannung über 50 V lebensgefährlich ist.

Vertiefung zu 6.1

Elektrischer Widerstand des Menschen
Der durch den menschlichen Körper fließende Strom folgt dem ohmschen Gesetz $I = U/R$. Dabei ist allerdings der Körperwiderstand keine Konstante, sondern eine von Spannung und Einwirkzeit abhängige Größe. Bei kleinen Spannungen bis etwa 50 V ist vor allem der Hautwiderstand sehr groß; er beträgt 10 bis 100 kΩ. Man kann dies gefahrlos mit einem Widerstandsmessgerät (Ohmmeter) nachmessen.
Bei höheren Spannungen ab etwa 100 V kann die Haut durchschlagen werden. Der verbleibende Körperwiderstand ist dann noch etwa 1 kΩ.

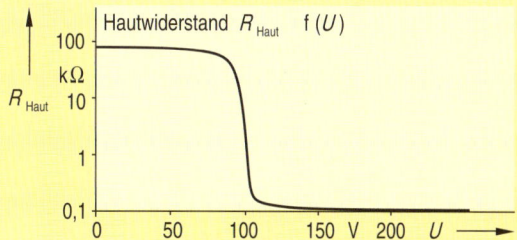

Der menschliche Körper kann als spannungsabhängiger Widerstand aufgefasst werden. Ist der Hautwiderstand durchschlagen, wirkt nur noch der Körperwiderstand mit etwa 1 kΩ Widerstand. Die Durchschlagspannung ist individuell verschieden.

Gleichstrom, Wechselstrom, HF-Ströme
Für die Wirkung des elektrischen Stromes auf den menschlichen Körper ist nicht nur seine Stärke und die Einwirkdauer, sondern auch die Frequenz von großer Bedeutung.
Besonders gefährlich ist der technische Wechselstrom mit der Frequenz 50 Hz. Hier besteht auch bei kleinen Strömen (ab 50 mA) die lebensbedrohende Gefahr des Herzkammerflimmerns.

Weniger gefährlich sind Gleichströme, obwohl auch hier tödliche Unfälle möglich sind. Die „Flimmerschwelle" für Gleichstrom liegt bei 150 mA bis 500 mA je nach Einwirkdauer.
Weniger gefährlich sind hochfrequente Ströme, weil wegen des „Skineffektes" (Hauteffektes) die Ströme vor allem über die Oberfläche des Körpers abfließen.

Elektrische und magnetische Felder
Die direkte Einwirkung von elektrischem Strom auf den menschlichen Körper ist gefährlich; Ströme über 50 mA gelten als lebensgefährlich.
Unklar hingegen ist die gesundheitliche Gefährdung durch elektrische und magnetische Felder. Vermutet wird, dass elektrische und magnetische Felder allgemeines Unwohlsein, Schlafstörungen und schwere Krankheiten wie Krebs (Leukämie) auslösen können. Eindeutige wissenschaftliche Aussagen gibt es dazu zurzeit aber nicht.
Die Weltgesundheitsorganisation (WHO) und die Internationale Vereinigung für Strahlenschutz (IRPA) haben Richtwerte für die maximalen elektrischen und magnetischen Feldstärken bei 50 Hz erlassen, auch in DIN VDE 0848 sind Richtlinien angegeben.
Die Beeinträchtigung durch Hochspannungsleitungen und Transformatoren ist meist klein, weil diese Anlagen weit entfernt sind. Beim Fahren in der elektrischen Eisenbahn können die Felder wesentlich größer sein.

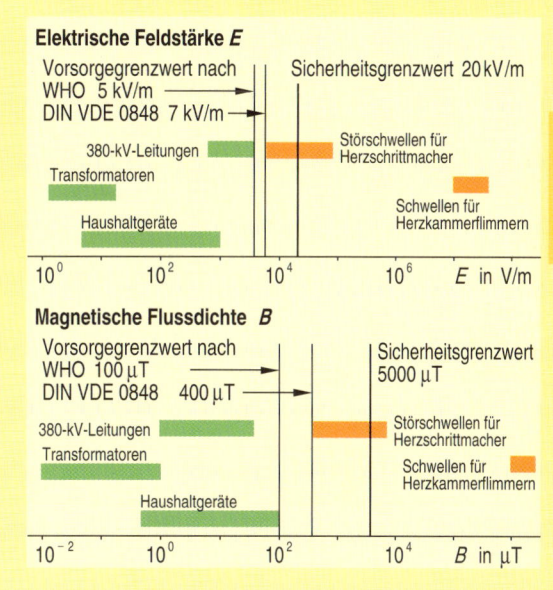

Aufgaben

6.1.1 Gefährliche Körperströme
a) Ab welcher Stromstärke gilt Wechselstrom als lebensgefährlich?
b) Welche Gefahr droht von Wechselströmen im 50 bis 100-Milliampere-Bereich?
c) Welche Gefahr droht von Gleich- und Wechselströmen im 1 bis 10-Ampere-Bereich?
d) Mit einem digitalen Messgerät wird bei einem Menschen zwischen linker und rechter Hand der Widerstand 65 kΩ gemessen. Dürfte dieser Mensch gefahrlos eine 230-Volt-Leitung berühren? Berechnen Sie den zu erwartenden Körperstrom und diskutieren Sie das Ergebnis kritisch.

6.2 Normen und Bestimmungen

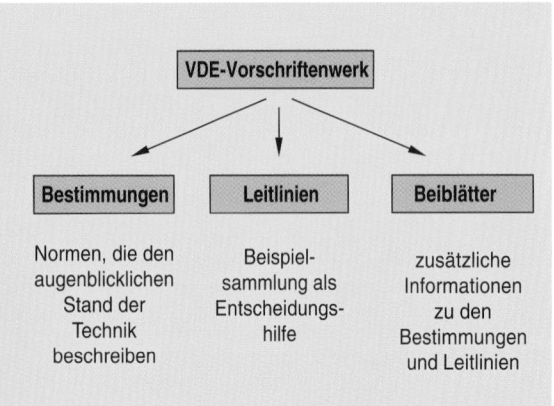

```
           VDE-Vorschriftenwerk
          ↙         ↓         ↘
  Bestimmungen  Leitlinien  Beiblätter
```

Bestimmungen: Normen, die den augenblicklichen Stand der Technik beschreiben

Leitlinien: Beispielsammlung als Entscheidungshilfe

Beiblätter: zusätzliche Informationen zu den Bestimmungen und Leitlinien

Die VDE-Bestimmungen enthalten allgemein anerkannte sicherheitstechnische Regeln (Normen) für
- das Errichten von elektrischen Anlagen
- das Betreiben von elektrischen Anlagen
- das Herstellen und Betreiben von Geräten (Betriebsmitteln)
- die Eigenschaften, Bemessung, Prüfung, Schutz und Instandhaltung der Betriebsmittel und Anlagen.

Verband deutscher Elektrotechniker VDE

Um 1900 erlebte die Entwicklung der Elektrotechnik einen beträchtlichen Aufschwung. Dies führte zu einer Vielfalt von neuen Geräten und Maschinen. Um diese Entwicklung zu überwachen und um die Geräte für den Verbraucher sicher zu gestalten, wurde im Jahr 1893 die Vereinigung zur Förderung und Pflege der technischen Wissenschaften und ihrer Anwendung mit Sitz in Frankfurt am Main gegründet. Dieser Verband deutscher Elektrotechniker (VDE) organisiert z.B. Fachtagungen, Vorträge und Seminare. Seit 1920 unterhält er eine Prüfstelle, die elektrotechnische Erzeugnisse einer eingehenden Sicherheitsprüfung unterzieht und mit dem VDE-Prüfzeichen zertifiziert.

Der VDE ist Herausgeber eines umfassenden Vorschriftenwerkes. Diese VDE-Vorschriften enthalten die VDE-Bestimmungen, die VDE-Leitlinien und die Beiblätter. Die vom VDE herausgegebenen Bestimmungen gelten als „anerkannte Regeln der Technik", sie haben zwar keine Gesetzeskraft, können aber durch gesetzliche Regelungen verbindlich werden.

Die Leitlinien enthalten eine umfangreiche Beispielsammlung, die Beiblätter zusätzliche Informationen.

Viele VDE-Bestimmungen sind Bestandteil der DIN-Norm. Besonders wichtig sind:

- **DIN VDE 0100** Errichten von Starkstromanlagen bis 1000 V
- **DIN VDE 0105** Betrieb von Starkstromanlagen
- **DIN VDE 0700** Sicherheit elektrischer Geräte für den Hausgebrauch
- **DIN VDE 0701** Instandsetzung, Änderung und Prüfung elektrischer Geräte

DIN und VDE

Das **D**eutsche **I**nstitut für **N**ormung (DIN) setzt die Normen für praktisch alle technischen und naturwissenschaftlichen Bereiche. Viele VDE-Vorschriften sind in der Zwischenzeit Bestandteil dieser Normen. Dies gilt vor allem für die Bestimmungen über das „Errichten von Starkstromanlagen bis 1000 V. Die zugehörigen Vorschriften sind in VDE 0100 festelegt, mit Übernahme in das DIN-Werk werden diese Vorschriften unter der Bezeichnung **DIN VDE 0100** geführt.

Die DIN-Normen sind wie die VDE-Vorschriften keine Gesetze. Durch gesetzliche Regelungen wie das Energiewirtschaftsgesetz und das Gerätesicherheitsgesetz werden sie aber allgemein verbindlich.

Außer den DIN VDE-Vorschriften sind folgende Normen und Bestimmungen von Bedeutung:

- **BGV B**erufs**g**enossenschaftliche **V**orschriften, insbesondere BGV A2 (Unfallverhütungsvorschrift „Elektrische Anlagen und Betriebsmittel")
- **TAB** Technische Anschlussbedingungen
- **EN** Europäische Norm
- **IEC** Internationale Norm
- **GSG G**eräte**s**icherheits**g**esetz (**GS G**eprüfte **S**icherheit)

Weitere Vorschriften

Die Sicherheitsvorschriften und Normen haben sich mit der technischen Entwicklung entwickelt und zwar national und international. Deswegen bestehen mehrere Vorschriftenwerke nebeneinander.

Insbesondere die **IEC** (Internationale Elektrotechnische Kommission) und die **CENELEC** (Europäisches Komitee für elektrotechnische Normung) bemühen sich die nationalen Normen anzugleichen.

Besondere Bedeutung haben auch die Unfallverhütungsvorschriften (**UVV**) der Berufsgenossenschaften sowie die Technischen Anschlussbedingungen (**TAB**) der Energieversorgungsunternehmen.

Vertiefung zu 6.2

Schutz von Menschen, Tieren und Anlagen

Alle Normen, Vorschriften und Bestimmungen haben in erster Linie das Ziel, die elektrischen Geräte und Anlagen so zu betreiben, dass keine Gefahr für Menschen, Tiere oder Sachen entstehen kann.
Die Mittel und Maßnahmen zum Erreichen dieses Ziels unterliegen dabei einer Rangfolge. Die Sicherheitstechnik wird in drei Stufen realisiert:
1. Unmittelbare Sicherheitstechnik
2. Mittelbare Sicherheitstechnik
3. Hinweisende Sicherheitstechnik.

Das folgende Schema gibt einen Überblick über die drei Stufen der Sicherheitstechnik:

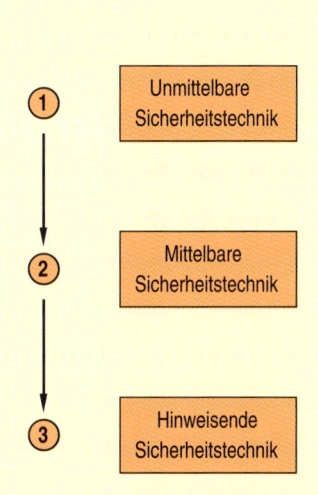

		Leitgedanke	Realisierung (Beispiele)
①	Unmittelbare Sicherheitstechnik	Technische Erzeugnisse sind so zu gestalten, dass im Betrieb keinerlei Gefahren entstehen können.	Spannungführende Teile werden so isoliert und abgedeckt, dass sie weder absichtlich noch unabsichtlich und auch nicht beim Auftreten eines Fehlers berührt werden können.
②	Mittelbare Sicherheitstechnik	Kann durch unmittelbare Sicherheitstechnik kein absolut zuverlässiger Schutz erreicht werden, so sind „besondere sicherheitstechnische Mittel" anzuwenden.	Verbindung des Schutzleiters (PE) mit dem Metallgehäuse des Gerätes um das Bestehenbleiben einer gefährlichen Berührungsspannung im Falle eines Körperschlusses zu verhindern.
③	Hinweisende Sicherheitstechnik	Führen die Maßnahmen 1 und 2 nicht oder nur unzureichend zum Ziel, so müssen in einer Betriebsanleitung die Bedingungen für einen gefahrlosen Betrieb angegeben werden (Verhaltensregeln für den Nutzer).	5 Regeln zum Herstellen und Sichern des spannungsfreien Zustandes bei Wartungs- und Reparaturarbeiten: 1. Allpolig und allseitig abschalten 2. Gegen Wiedereinschalten sichern 3. Spannungsfreiheit feststellen 4. Erden und Kurzschließen 5. Gegen benachbarte, unter Spannung stehende Teile schützen.

Prüfzeichen

Zum Schutz des Verbrauchers sind Erzeugnisse, die den VDE-Bestimmungen entsprechen, gekennzeichnet. Die Übersicht zeigt die wichtigsten Prüfzeichen:

| VDE-Prüfzeichen für elektrotechnische Erzeugnisse | 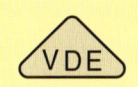 VDE-Prüfzeichen für elektronische Geräte | VDE-Kabelkennzeichen als Aufdruck oder Kennfaden | Gerät entspricht den VDE-Bestimmungen und dem Gerätesicherheitsgesetz | Funkschutzzeichen mit Angabe des Störgrades | Europäisches Konformitätszeichen (Gerät entspricht den gemeinsamen Vorschriften der EU |

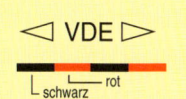

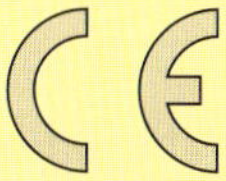

Aufgaben

6.2.1 DIN und VDE

a) Welches ist das oberste Ziel aller elektrotechnischen Normen und Bestimmungen?
b) Was bedeuten die Abkürzungen DIN und VDE?
c) Warum werden neuere Normen unter der Bezeichnung DIN VDE geführt z. B. DIN VDE 0100?
d) Das VDE-Vorschriftenwerk enthält Bestimmungen, Leitlinien und Beiblätter. Erklären Sie die Begriffe.

6.2.2 Normen, Bestimmungen, Prüfzeichen

a) Nennen Sie den wesentlichen Inhalt der Normen DIN VDE 0100, 0105 und 0701.
b) Haben die VDE-Vorschriften Gesetzeskraft?
c) Welche Bedeutung haben die nebenstehenden Prüfzeichen: Zeichen 1, 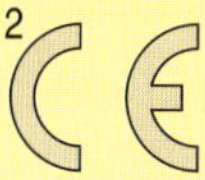 Zeichen 2

6.3 Schutzarten elektrischer Betriebsmittel

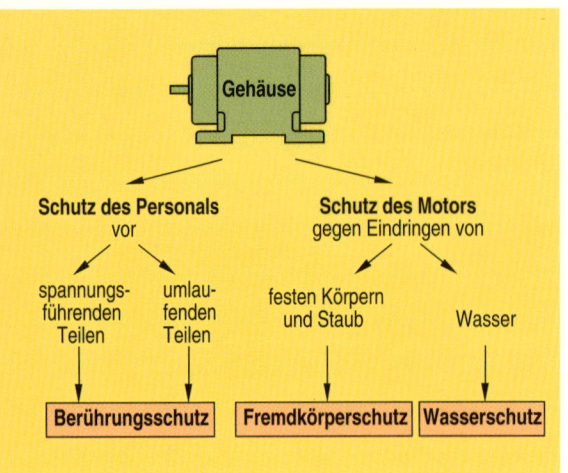

Schutz elektrischer Betriebsmittel
Alle Betriebsmittel müssen so beschaffen sein, dass auch für den Laien ein gefahrloser Betrieb möglich ist. Bei elektrischen Betriebsmitteln muss dazu vor allem das Gehäuse so beschaffen sein, dass keine spannungführenden Teile berührt werden können. Bei Motoren müssen auch die umlaufenden Teile geschützt sein. Das Gehäuse hat weiterhin die Aufgabe, das Betriebsmittel gegen Schmutz, Staub und Wasser zu schützen. Somit lassen sich für das Gehäuse eines Betriebsmittels die drei Funktionen
- Berührungsschutz
- Fremdkörperschutz
- Wasserschutz unterscheiden.

Der Schutzgrad eines Betriebsmittels wird durch den IP-Code oder durch Symbole angegeben.

Beispiel: IP 3 4 C S
- Code-Buchstaben: International Protection
- 1. Kennziffer: Berührungs- und Fremdkörperschutz (hier: Schutz gegen Berühren mit Werkzeug und Schutz gegen Fremdkörper mit 12,5 mm Durchmesser und größer)
- 2. Kennziffer: Wasserschutz (hier: Schutz gegen Spritzwasser aus allen Richtungen)
- Schutz gegen den Zugang zu gefährlichen Teilen (hier: mit Werkzeug)
- Schutz des Betriebsmittels (hier: Wasserprüfung im Stillstand)

Schutzarten, IP-Code
Aus wirtschaftlichen Gründen kann nicht jedes Betriebsmittel einen absoluten Schutz erhalten. Vielmehr muss im Einzelfall entschieden werden, welcher Schutzgrad erforderlich und wirtschaftlich sinnvoll ist.
Der tatsächliche Grad für den Schutz gegen Berührung, Fremdkörper und Wasser wird auf dem Leistungsschild des Betriebsmittels meist durch eine Kombination von Zahlen und Buchstaben (IP-Kurzzeichen, IP-Code) angegeben. Dabei steht
- **IP** für **I**nternational **P**rotection
- die erste Ziffer für den Schutzgrad gegen Berührung und Fremdkörper
- die zweite Ziffer für den Schutzgrad gegen Eindringen von Wasser.

Zwei weitere Buchstaben können bei Bedarf zusätzliche Angaben machen.

Schutzarten, Symbole
Die Angabe der Schutzart bzw. des Schutzgrades erfolgt insbesondere bei umlaufenden Maschinen meist durch den IP-Code. Bei anderen Betriebsmitteln, z.B. bei Leuchten und Hausgeräten werden nach DIN VDE 710 häufig Bildsymbole verwendet.
Die Bildsymbole (Tropfensymbole) kennzeichnen den Schutz gegen eindringendes Wasser, eine zusätzliche Druckangabe kennzeichnet druckwasserdichte Betriebsmittel.
Der Schutz gegen Staub wird durch ein symbolisiertes Gitter gekennzeichnet.
Die unterschiedlichen Kennzeichnungen haben sich im Laufe der technischen Entwicklung ergeben. Die Zuordnung der Bildsymbole zum IP-Code ist nicht immer einheitlich. Die Tabelle zeigt einen angenäherten Vergleich von IP-Code und Symbolkennzeichnung.

Symbol	Bedeutung	IP-Schutzgrad
▼	Tropfwassergeschützt	IPX1 IPX2
▼	Sprühwasser- und regengeschützt	IPX3
⚠▼	Spritzwassergeschützt	IPX4
⚠▼▼	Tropfwassergeschützt	IPX5
▼▼	Eintauch- und flutungsgeschützt, wasserdicht	IPX6 IPX7
▼▼ ...bar	Untertauchgeschützt, druckwasserdicht	IPX8
✦	Staubgeschützt	IP5X
◆	Staubdicht	IP6X

Vertiefung zu 6.3

Schutzgrade nach IP-Code

		Bedeutung für den Schutz des Betriebsmittels	Bedeutung für den Schutz von Personen
Erste Kennziffer		Schutz gegen Eindringen von festen Fremdkörpern	Schutz gegen Berühren von gefährlichen Teilen mit:
	0	nicht geschützt	nicht geschützt
	1	≥ 50 mm Durchmesser	Handrücken
	2	≥ 12,5 mm Durchmesser	Finger
	3	≥ 2,5 mm Durchmesser	Werkzeug
	4	≥ 1,0 mm Durchmesser	Draht
	5	staubgeschützt	Draht
	6	staubdicht	Draht
Zweite Kennziffer		Gegen Eindringen von Wasser mit schädlichen Wirkungen	
	0	nicht geschützt	
	1	senkrechte Tropfen	
	2	Tropfen mit 15° Neigung	
	3	Sprühwasser	
	4	Spritzwasser	
	5	Strahlwasser	
	6	starkes Strahlwasser	
	7	zeitweiliges Untertauchen	
	8	dauerndes Untertauchen	
Zusätzlicher Buchstabe (bei Bedarf)			Schutz gegen Berühren von gefährlichen Teilen mit:
	A		Handrücken
	B		Finger
	C		Werkzeug
	D		Draht
Ergänzender Buchstabe (bei Bedarf)		Ergänzende Information für	
	H	Hochspannungsgeräte	
	M	Bewegung während Wasserprüfung	
	S	Stillstand während Wasserprüfung	
	W	Wetterbedingungen	

Hinweise:
Ist nur ein Schutzgrad festgelegt und der andere freigestellt, so wird anstelle der fehlenden Ziffer ein X eingetragen.
Beispiel: IP 2X
IP 2X bedeutet: das Betriebsmittel hat einen Fremdkörper- und Berührungsschutz gegen Körper über 12 mm Durchmesser, der Wasserschutz ist hingegen freigestellt.
Die Zuordnung der Schutzgrade kann nicht willkürlich erfolgen, z. B. ist die Zuordnung IP 27 nicht möglich.
International häufig verwendete Kombinationen von Schutzgraden sind:
IP 12, IP 21, IP 22, IP 23, IP 54 und IP 55.

Aufgaben

6.3.1 Schutzarten elektrischer Betriebsmittel
a) Warum wird nicht für jedes Betriebsmittel absoluter Schutz gegen Wasser und Fremdkörper gefordert?
b) Erklären Sie den prinzipiellen Aufbau des IP-Codes zur Kennzeichnung der Schutzart von Maschinen und Geräten.
c) Welche Kennzeichnung des Schutzes von Betriebsmitteln gegen Wasser ist außer dem IP-Code üblich?

6.3.2 Erkennen der Schutzarten
Erklären Sie, wogegen ein Motor geschützt ist, der
a) das Kennzeichen IP 23
b) das Kennzeichen IP 55 trägt?
c) Ein Elektrogerät hat als Bildzeichen einen Tropfen in einem Dreieck. Welchem IP-Code könnte dies entsprechen?
d) Warum ist der IP-Code IP 27 nicht möglich?

6.4 Schutz gegen elektrischen Schlag

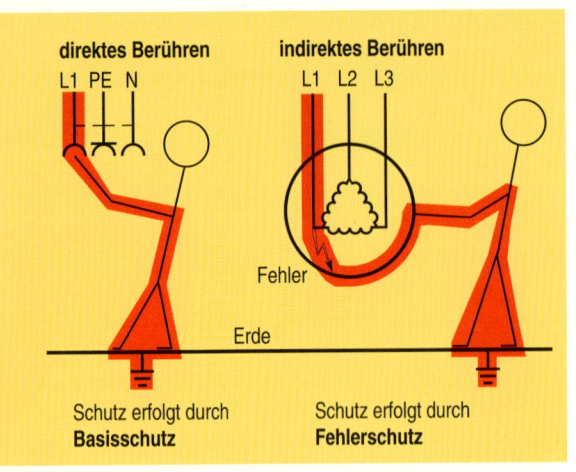

direktes Berühren
L1 PE N

indirektes Berühren
L1 L2 L3
Fehler
Erde

Schutz erfolgt durch **Basisschutz**
Schutz erfolgt durch **Fehlerschutz**

Basisschutz und Fehlerschutz
Gefährliche Körperströme („elektrischer Schlag") entstehen, wenn am menschlichen Körper, z. B. zwischen Hand und Fuß, eine zu große Berührspannung anliegt. Diese Spannung kann durch direktes oder indirektes Berühren einer Spannung entstehen.

Direktes Berühren ist das Berühren eines Anlageteiles, das betriebsmäßig unter Spannung steht.
Beispiel: Berühren eines Außenleiters.
Der Schutz gegen direktes Berühren heißt **Basisschutz**.

Indirektes Berühren ist das Berühren eines Anlageteiles, das infolge eines Fehlers unter Spannung steht.
Beispiel: Berühren eines Motorgehäuses, bei dem ein Außenleiter einen „Körperschluss" hat.
Der Schutz bei indirektem Berühren heißt **Fehlerschutz**.

Schutzumfang	Schutzprinzip	Schutzmaßnahmen nach DIN VDE
Schutz bei direktem und indirektem Berühren	Stromschlag nicht möglich	SELV, PELV
Schutz gegen direktes Berühren	Berühren von spannungführenden Teilen wird verhindert	Isolierung Abdeckung Hindernisse
Schutz gegen indirektes Berühren	Entstehung einer gefährlichen Berührungsspannung wird ausgeschlossen	Schutzisolierung Schutztrennung Potenzialausgleich Erdung nichtleitende Räume
Schutz bei indirektem Berühren	Bestehenbleiben einer gefährlichen Berührungsspannung wird ausgeschlossen	Abschalten im TN-System TT-System IT-System

Personenschutz in elektrischen Anlagen
In elektrischen Anlagen gibt es vier grundsätzliche Möglichkeiten, die Gefahren eines elektrischen Schlages abzuwenden.
- Die höchste Sicherheit bieten Anlagen mit kleinen Spannungen unter 50 V. Sie bieten Schutz sowohl bei direktem als auch bei indirektem Berühren.
- Schutz gegen direktes Berühren wird erreicht, wenn alle aktiven Anlageteile elektrisch isoliert sind (Betriebsisolierung und Basisisolierung); ein gewisser Schutz kann auch durch Abdeckungen und Aufstellen von Hindernissen erreicht werden.
- Schutz **gegen** indirektes Berühren wird erreicht, wenn ein Fehler nicht zum Auftreten einer gefährlichen Berührungsspannung führen kann. Dies lässt sich z.B. durch Schutzisolierung, Schutztrennung oder nichtleitende Räume erreichen.
- Schutz **bei** indirektem Berühren wird erreicht, wenn eine auftretende gefährliche Berührungsspannung sofort automatisch abgeschaltet wird. Dies kann z.B. durch „Abschaltung im TN-System" realisiert werden.

Schutzklassen elektrischer Betriebsmittel

Schutzklasse I (Geräte mit Schutzleiteranschluss) — z.B. Elektromotor

Schutzklasse II (Geräte mit Schutzisolierung) — z.B. Küchengeräte

Schutzklasse III (Geräte mit Schutzkleinspannung) — z.B. Handleuchten in Kesseln

Personenschutz bei elektrischen Geräten
Elektrische Geräte müssen so konstruiert sein, dass auch beim Auftreten eines Fehlers keine Gefahr für Mensch und Tier besteht. Gemäß ihrer Konstruktion werden Geräte in drei Schutzklassen eingeteilt:

Schutzklasse I umfasst die Geräte mit Schutzleiteranschluss (PE). Beim Auftreten eines Fehlers (z.B. Körperschluss) schaltet die Anlage innerhalb 0,4 s ab.
Schutzklasse II umfasst die Geräte mit Schutzisolierung. Der Schutz beruht auf einer zusätzlichen verstärkten Isolierung. Das Gerät hat keinen Schutzleiter.
Schutzklasse III umfasst die Geräte für Schutzkleinspannung unter 50 V.

Vertiefung zu 6.4

Schutz gegen direktes Berühren (Basisschutz)
Wechselspannungen mit mehr als 25 V bzw. Gleichspannungen mit mehr als 60 V können für Menschen und Tiere lebensgefährlich sein. Anlagen mit diesen Spannungen müssen also so beschaffen sein, dass die betriebsmäßig unter Spannung stehenden Teile für Menschen nicht zugänglich sind. Der Schutz gegen direktes Berühren heißt Basisschutz. Ein Basisschutz wird durch folgende Maßnahmen erreicht:

- **Isolierung aktiver Teile**
  Alle aktiven Teile sind vollständig mit einer mechanisch festen und dauerhaften Isolierung umhüllt. Oxid-, Lack-, Emailleüberzüge sowie Faserstoffumhüllungen bieten keinen ausreichenden Berührschutz.

- **Abdeckungen, Umhüllungen**
  Schalter, Steckdosen, Geräte u.dgl. erhalten ihren Basisschutz durch Abdeckungen oder Umhüllungen. Diese müssen sicher befestigt sein und mindestens der Schutzart IP 2X entsprechen.

- **Hindernisse**
  Hindernisse wie Geländer, Abschrankungen, Schutzgitter bieten eine gewisse Sicherheit. Als Basisschutz zugelassen sind sie in elektrischen Betriebsstätten.

- **Abstand**
  Freileitungen und Fahrleitungen werden in so großem Abstand befestigt, dass sie von Menschen unter normalen Bedingungen nicht berührt werden können.

Zusätzlicher Schutz durch RCDs (Zusatzschutz)
Der Einsatz von Fehlerstrom-Schutzeinrichtungen (**RCD** Residual Current Device) mit einem kleinen Bemessungs-Differenzstrom $I_{\Delta n} = 30$ mA bietet Schutz, wenn durch Unachtsamkeit oder Mutwillen spannungsführende Teile berührt werden. Fließt beim Berühren der aktiven Teile ein Strom von etwa 20 mA über den Menschen, so löst die RCD aus und schaltet die Anlage innerhalb 0,2 s allpolig ab.
RCDs gelten als zuverlässiger Zusatzschutz, als alleinige Schutzmaßnahme gegen direktes Berühren sind sie aber nicht zulässig.
Anwendung z.B. in Bädern, Labors, Prüffeldern.

Schutz bei indirektem Berühren (Fehlerschutz)
Ist die Basisisolierung defekt, so kann eine gefährliche Spannung am Gehäuse eines Gerätes oder an anderen zugänglichen Teilen anliegen. Der Fehlerschutz muss auch dann noch sicheren Schutz bieten.
Für den Fehlerschutz bieten sich drei Möglichkeiten:
1. die Basisisolierung wird durch eine zusätzliche Schutzisolierung verstärkt
2. das Gerät wird beim Auftreten des Fehlers sofort automatisch abgeschaltet
3. die Betriebsspannung wird so klein gewählt, dass der Ausfall der Basisisolierung keine gefährlichen Folgen hat.

Der für ein bestimmtes Betriebsmittel gewählte Fehlerschutz hängt von der Art des Betriebsmittels und vom elektrischen Verteilungssystem ab: Küchengeräte haben z.B. meist eine Schutzisolierung, Elektroherde werden im Fehlerfall schnell abgeschaltet, Spielzeug wird mit Kleinspannung betrieben.

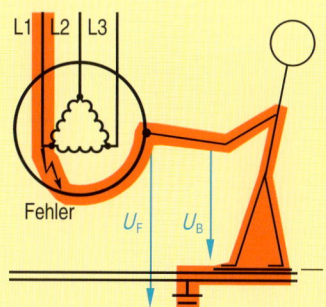

Fehlerspannung, Berührspannung
Für die Beurteilung der Schutzmaßnahmen werden verschiedene Spannungen unterschieden:
- **Fehlerspannung U_F** ist die Spannung zwischen einem Fehler und dem nächsten Erdungspunkt.
- **Berührungsspannung U_B** ist die Spannung, die im Fehlerfall zwischen gleichzeitig berührbaren Teilen auftreten kann.
- **Zulässige Berührungsspannung U_L** (L Limit, Grenze) ist die höchstzulässige Berührungsspannung die im Fehlerfall **dauernd** auftreten darf.

Zulässige Berührspannung U_L
50 V_{AC} 120 V_{DC}

Ausnahmen:
25 V_{AC} 60 V_{DC}
Kinderspielzeug,
Nutztierhaltung
Kesselleuchten

Aufgaben

6.4.1 Grundbegriffe
a) Was versteht man unter direktem und indirektem Berühren sowie unter Basis- und Fehlerschutz?
b) Beschreiben Sie wie der Personenschutz jeweils bei den drei Geräteschutzklassen realisiert wird.
c) Nennen Sie einige Möglichkeiten, wie der Basisschutz in der Praxis realisiert wird.
d) Nennen Sie drei Möglichkeiten, wie Schutz bei indirektem Berühren gewährleistet werden kann.

6.5 Schutz durch Kleinspannung

SELV **S**afety **E**xtra **L**ow **V**oltage
(„Sicherheits-Kleinspannung")
alte Norm: Schutzkleinspannung

PELV **P**rotective **E**xtra **L**ow **V**oltage
(„Schutz-Kleinspannung")
alte Norm: Funktionskleinspannung

Vorgeschriebene Kleinspannungen

Nennspannung	Beispiele
$U_n \leq 6\,V$	medizinische Geräte, z.B. zur Untersuchung innerhalb des Körpers
$U_n \leq 12\,V$	Geräte z.B. in Badewannen
$U_n \leq 25\,V$	Spielzeug, z.B. elektrische Eisenbahn Geräte in landwirtschaftlichen Betrieben z.B. Scher- und Melkmaschinen
$U_n \leq 50\,V$	Handleuchten im Kesselbau, Pumpen in Schwimmbädern

Transformatoren für SELV-Stromkreise
mit sicherer Trennung nach EN 60742

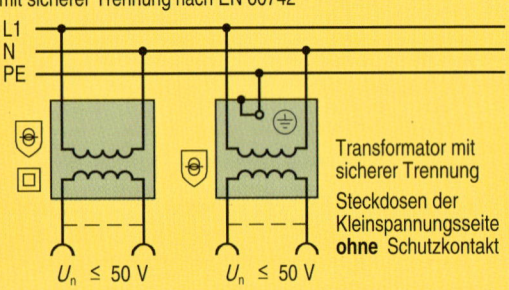

Transformator mit sicherer Trennung
Steckdosen der Kleinspannungsseite **ohne** Schutzkontakt

$U_n \leq 50\,V$

Transformatoren für PELV-Stromkreise

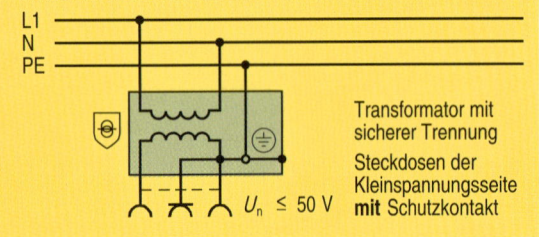

Transformator mit sicherer Trennung
Steckdosen der Kleinspannungsseite **mit** Schutzkontakt

$U_n \leq 50\,V$

Bildzeichen für Transformatoren

Sicherheitstransformator | Spielzeugtransformator | Klingeltransformator | Steuertransformator
mit sicherer Trennung | | | **ohne sichere Trennung**

SELV und PELV
Spannungen im Spannungsbereich I, d. h. Wechselspannungen unter 50 V bzw. Gleichspannungen unter 120 V gelten in der Regel als ungefährlich. Derartige Kleinspannungen bieten folglich Schutz bei direktem und bei indirektem Berühren.
Bei der Schutzmaßnahme Kleinspannung gibt es eine Unterscheidung, je nachdem
- ob der Kleinspannungskreis nicht geerdet (**SELV**, **S**afety **E**xtra **L**ow **V**oltage, Sicherheitskleinspannung)
oder
- geerdet (**PELV**, **P**rotective **E**xtra **L**ow **V**oltage, Schutzkleinspannung) sein darf.

Außerdem sind für verschiedene Geräte, die wegen ihrer Bauart nicht gegen zufällige direkte oder indirekte Berührung spannungsführender Teile gesichert sind, Spannungshöchstwerte unter 50 V festgelegt, z. B. 6 V für bestimmte medizinische Geräte.

SELV-Stromkreise
Die Schutzmaßnahme SELV erfordert eine Kleinspannung $U \leq 50\,V_{AC}$ bzw. $U \leq 120\,V_{DC}$ (Spannungsbereich I). Eine zusätzliche Forderung ist aber, dass die Kleinspannungsseite keine Verbindung zu anderen Stromkreisen hat. Der SELV-Stromkreis darf deshalb keinen Schutzleiter (PE) oder Erdanschluss haben. Über diese Leitungen könnten bei einem Fehler höhere Spannungen in den SELV-Stromkreis übertragen werden.
Die Schutzmaßnahme SELV bietet ein hohes Maß an Sicherheit gegen elektrischen Schlag. Sie wird deshalb vielfach eingesetzt, z. B. für Kleinwerkzeuge, Leuchten und Pumpen unter Wasser, Spielzeug (elektrische Eisenbahnen) und Geräte zur Körperpflege.

PELV-Stromkreise
Die Schutzmaßnahme PELV erfordert wie SELV eine Kleinspannung aus dem Spannungsbereich I. Im Unterschied zu SELV ist aber eine Seite der Kleinspannung mit dem Schutzleiter verbunden bzw. geerdet. Auch die Metallgehäuse der Kleinspannungsverbraucher haben einen PE-Anschluss.
Die Schutzmaßnahme PELV wird vor allem für Steuerstromkreise eingesetzt. Die Erdung verhindert hier, dass im Fehlerfall Maschinen unkontrolliert anlaufen können.

Sichere Trennung
Die Spannungsquellen (z. B. Transformatoren) für SELV und PELV müssen gegenüber anderen Stromkreisen eine „sichere Trennung" aufweisen. So genannte Sicherheitstransformatoren erfüllen diese Forderung.
Für industrielle Zwecke ist Kleinspannung ohne sichere Trennung (**FELV** **F**unctional **E**xtra **L**ow **V**oltage) zulässig. FELV ist keine eigenständige Schutzmaßnahme.

Vertiefung zu 6.5

Erdung der Kleinspannung
Wird Kleinspannung zur Speisung von Steuerstromkreisen verwendet, so wird sie einseitig geerdet (PELV). Dies ist notwendig, damit im Falle von Erdschlüssen keine unbeabsichtigten Funktionen entstehen, z. B. dass Maschinen unkontrolliert anlaufen.

Im Beispiel wird gezeigt, dass bei zwei Erdschlüssen ein Steuerschütz anziehen kann, was zum unkontrollierten Anlauf einer Maschine führt. Ist hingegen die Kleinspannungsseite geerdet, dann spricht die Überstromschutzeinrichtung an und der Fehler wird erkannt.

ohne Erdung: 1L1, 1N, 2L1, 2L2 — 1. Erdschluss, 2. Erdschluss, **Gefahr! Maschine läuft an!**

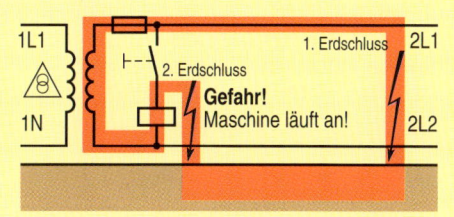

mit Erdung: 1L1, 1N, PE, 2L1, 2L2 — Erdschluss, **Sicherung löst aus!**

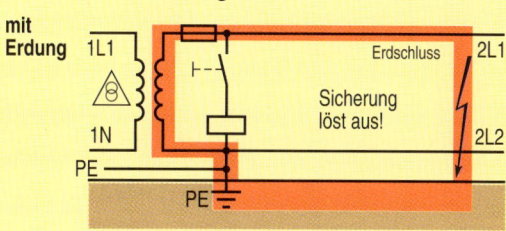

Stromquellen für SELV und PELV
An die Stromquellen zur Versorgung von Stromkreisen mit Schutzkleinspannung werden sehr hohe Anforderungen gestellt. Insbesondere müssen sie eine „sichere Trennung" zu anderen Stromkreisen gewährleisten. Als Stromquellen dienen vor allem so genannte Sicherheitstransformatoren. Sie haben doppelte Isolierungen aus alterungsbeständigen Materialien oder geerdete Schutzschirme zwischen den Wicklungen.
Weitere Stromquellen können sein: Motorgeneratoren (Generatoren), Generatoren mit Dieselantrieb, galvanische Elemente und Akkumulatoren sowie elektronische Einrichtungen.
Schutzkleinspannung darf nicht durch Spartrafos, Spannungsteiler oder Vorwiderstände erzeugt werden.

Steckverbindungen
Stecker, Steckdosen und Kupplungen müssen folgende Bedingungen erfüllen:
- Steckvorrichtungen für **SELV**-Stromkreise dürfen keinen Schutzkontakt haben, Steckvorrichtungen für **PELV**-Stromkreise haben einen Schutzkontakt.
- Alle Steckvorrichtungen müssen gegenüber Steckvorrichtungen mit anderen Spannungen unverwechselbar sein; dies wird durch unterschiedliche Lage der Kontaktbuchsen sowie durch eine Hauptnase und unterschiedlich angeordnete Hilfsnasen garantiert.
- Die Nennspannung von Steckverbindungen ist durch eine genormte Farbe gekennzeichnet.
- Die Aufschrift enthält die Bemessungswerte für Spannung, Strom, Frequenz, Marken- und Typenzeichen sowie Symbole für den Schutzgrad.

Beispiele

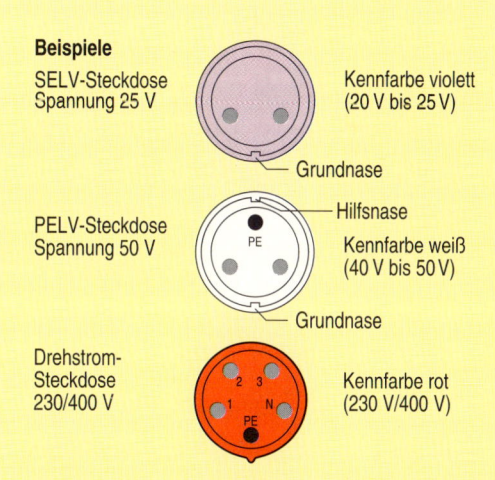

SELV-Steckdose Spannung 25 V — Kennfarbe violett (20 V bis 25 V) — Grundnase

PELV-Steckdose Spannung 50 V — Hilfsnase, Kennfarbe weiß (40 V bis 50 V) — Grundnase

Drehstrom-Steckdose 230/400 V — Kennfarbe rot (230 V/400 V)

Begrenzung der Ladung
Spannungsführende Anlageteile müssen gegen direktes Berühren geschützt sein, wenn sie mehr als $25\,V_{AC}$ bzw. $60\,V_{DC}$ führen. Eine Ausnahme bilden spannungsführende Teile von solchen Quellen, die nur eine geringe Energiemenge abgeben können.

Für Spannungsquellen, die maximal 350 mJ (J Joule) Entladeenergie haben, sind keine Schutzmaßnahmen gegen direktes Berühren notwendig. Dies gilt z.B. für elektrische Weidezäune und kleine Kondensatoren. Große Kondensatoren benötigen Entladewiderstände.

Aufgaben

6.5.1 Kleinspannung
a) Erklären Sie die Bezeichnungen PELV, SELV und FELV und erklären Sie, worin der Unterschied zwischen den drei Schutzmaßnahmen besteht.
b) Was bedeutet „sichere Trennung"?
c) Warum ist bei der Versorgung von Steuerstromkreisen die Erdung der Kleinspannung sinnvoll?
d) Wie wird erreicht, dass Steckvorrichtungen für verschiedene Spannungen nicht verwechselbar sind?

6.6 Systemunabhängige Schutzmaßnahmen

Schutzisolierung, Prinzip
- Schutzisolierung
- Basisisolierung
- Betriebsisolierung

Beispiel: schutzisolierte Bohrmaschine
Getriebe, Motor, Isolierstück, Isolierung, Schalter

Bildzeichen auf Betriebsmitteln:

Schutzisolierung
Bei fehlerfreien Geräten bietet die Basisisolation eines Betriebsmittels genügend Schutz gegen gefährliche Körperströme. Ist die einfache Basisisolation fehlerhaft, so können gefährliche Zustände eintreten.
Die Gefahr kann abgewendet werden, wenn die Basisisolierung durch eine zusätzliche Isolierung (Schutzisolierung) dauerhaft abgedeckt wird. Anstelle einer Basisisolierung mit zusätzlicher Schutzisolierung kann das Gerät auch mit einer einzigen besonders stabilen Isolierung umgeben sein.
Schutzisolierung (Schutzklasse II) wird vor allem bei ortsveränderlichen Haushaltsgeräten und Werkzeugen eingesetzt.
Geräte der Schutzklasse II haben zwei-adrige Anschlussleitungen mit vergossenen Profilsteckern ohne Schutzkontakt und ohne Schutzleiter. Sie sind durch zwei ineinander verschachtelte Quadrate gekennzeichnet.

Beispiel: ortsfeste Motoren im nicht leitenden Raum
isolierende Wand, M 3~, Auch bei fehlerhaftem Motor kann kein gefährlicher Körperstrom fließen, isolierender Fußboden, ≥ 2,5 m

Nicht leitende Räume
Räume mit isolierendem Fußboden und isolierenden Wänden stellen eine besondere Form der Schutzisolierung dar. Auch hier kann über den Menschen kein gefährlicher Körperstrom fließen, wenn er ein fehlerhaftes Gerät berührt.
Die Schutzmaßnahme ist bei ortsfesten Betriebsmitteln, z. B. an Mess- und Prüfplätzen zugelassen. Voraussetzung für die Wirksamkeit dieser Schutzmaßnahme ist aber, dass innerhalb des **Handbereichs** keine Gegenstände mit Erdverbindung sind.
Der Handbereich erstreckt sich 2,5 m nach oben und 1,25 m nach allen Seiten und nach unten.

Beispiel: Bohrmaschine mit Trenntransformator
230 V / 230 V, L1, N, Trenntransformator, Verbraucherkreis nicht geerdet!
Auch im Fehlerfall kann keine gefährliche Berührspannung auftreten.

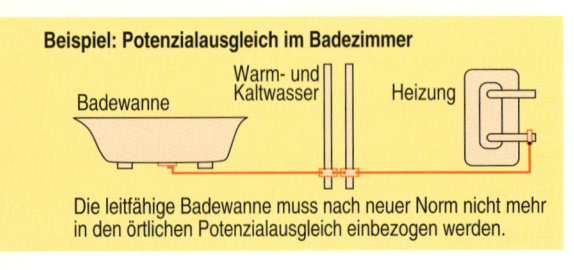

Schutztrennung
Bei der Schutztrennung ist der Stromkreis für das Gerät vom speisenden Netz galvanisch sicher getrennt. Der Verbraucherkreis darf nicht geerdet werden.
Da der Verbraucherkreis keinerlei Erdverbindung hat, kann auch bei einem defekten Gerät keine gefährliche Spannung zwischen Gehäuse und Erde auftreten.
Für die Schutztrennung müssen Trenntransformatoren nach DIN EN 60742 oder Motorgeneratoren verwendet werden.
Speist ein Trenntransformator mehrere Geräte, so ist ein erdfreier Potenzialausgleich vorgeschrieben.

Beispiel: Potenzialausgleich im Badezimmer
Badewanne, Warm- und Kaltwasser, Heizung
Die leitfähige Badewanne muss nach neuer Norm nicht mehr in den örtlichen Potenzialausgleich einbezogen werden.

Potenzialausgleich
Sind zwei Körper durch eine elektrische Leitung miteinander verbunden, so kann zwischen diesen Körpern kein Potenzialunterschied (Spannung) auftreten.
Potenzialausgleich ist nach DIN VDE eine wesentliche Schutzmaßnahme in allen elektrischen Anlagen. Man unterscheidet den Hauptpotenzialausgleich und einen zusätzlichen örtlichen Potenzialausgleich.

Vertiefung zu 6.6

Geräte der Schutzklasse II, Reparatur
Bei der Instandsetzung von schutzisolierten Geräten muss folgendes beachtet werden:
Leitfähige Teile innerhalb der Umhüllungen dürfen nicht an einen Schutzleiter angeschlossen werden.
Die zweiadrige Anschlussleitung (ohne PE-Leiter) kann durch eine dreiadrige Leitung (mit PE-Leiter) ersetzt werden, der Konturenstecker ohne Schutzleiterkontakt durch einen Schutzkontaktstecker.
Dabei muss der grüngelbe Schutzleiter am Stecker angeschlossen werden, am Gerät ist der Schutzleiter kurz abzuschneiden und zu isolieren: dort darf er nicht angeschlossen werden.

Handbereich von „nicht leitenden Räumen"
Die Schutzmaßnahme „Schutz durch nicht leitende Räume" setzt voraus, dass Körper mit unterschiedlichem elektrischem Potenzial nicht gleichzeitig berührt werden können, d. h. innerhalb des Handbereichs dürfen keine Gegenstände mit Erdverbindung, auch keine Steckdosen mit Schutzkontakt sein.
Die Abgrenzung des Handbereichs ergibt sich aus nebenstehender Skizze.
Der Widerstand der „nicht leitenden" Fußböden und Wände muss bei Spannungen bis 500 V mindestens 50 kΩ betragen.

isolierte Standfläche

Schutztrennung mit mehreren Betriebsmitteln
Üblicherweise wird an Trenntransformatoren nur ein Betriebsmittel angeschlossen. Beim Anschluss mehrerer Verbraucher müssen alle Metallgehäuse von Geräten durch einen isolierten, erdfreien Potenzialausgleichsleiter bzw. PE-Leiter miteinander verbunden sein.
Hierdurch wird die Enstehung einer gefährlichen Spannung zwischen zwei Gehäusen verhindert.

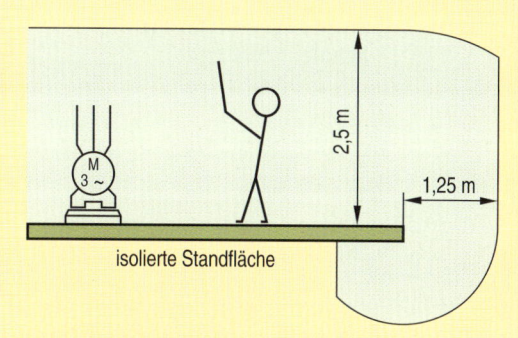

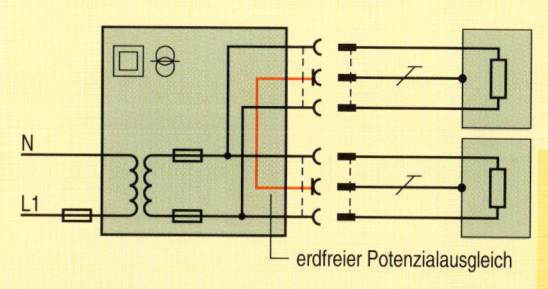

erdfreier Potenzialausgleich

Systemabhängige und systemunabhängige Schutzmaßnahmen
Zum Schutz des Menschen gegen gefährliche Körperströme werden je nach Gegebenheit verschiedenartige Schutzmaßnahmen eingesetzt. Einige davon sind von der Art des Energieverteilungssystems abhängig, andere Schutzmaßnahmen sind unabhängig vom Energieverteilungssystem.

Zu den **systemunabhängigen** Schutzmaßnahmen gehören insbesondere Schutzisolierung und Schutztrennung,
zu den **systemabhängigen** Schutzmaßnahmen gehören alle die Maßnahmen, bei denen im Fehlerfall möglichst schnell abgeschaltet wird.

Aufgaben

6.6.1 Systemunabhängige Schutzmaßnahmen
a) Inwiefern zählt die Schutzisolierung zu den „systemunabhängigen" Schutzmaßnahmen?
b) Können die Schutzmaßnahmen SELV und PELV zu den systemunabhängigen Schutzmaßnahmen gezählt werden?
c) Erklären Sie die Begriffe Basisisolierung und Schutzisolierung.
d) Warum werden z.B. Elektroherde nicht mit Schutzklasse II ausgestattet?
e) Welche Aufgabe hat der Potenzialausgleich?

6.6.2 Nicht leitende Räume und Schutztrennung
a) Für welche Anwendungsfälle eignet sich die Schutzmaßnahme „Schutz durch nicht leitende Räume"?
b) Dürfen im „Handbereich" eines nichtleitenden Raumes Steckdosen mit PE-Leiter installiert sein? Begründen Sie Ihre Aussage.
c) Erklären Sie die Wirkungsweise der Schutzmaßnahme „Schutztrennung".
d) Welche Maßnahme ist erforderlich, wenn bei der Schutztrennung zwei oder mehr Verbraucher an den Trenntransformator angeschlossen sind?

6.7 Systemabhängige Schutzmaßnahmen I

Schnelles Abschalten
verhindert das Bestehenbleiben von gefährlichen Berührungsspannungen.
Schnelles Abschalten kann erreicht werden durch:
- Schmelzsicherungen
- Leitungsschutzschalter (LS-Schalter)
- RCD (FI-Schutzeinrichtungen)

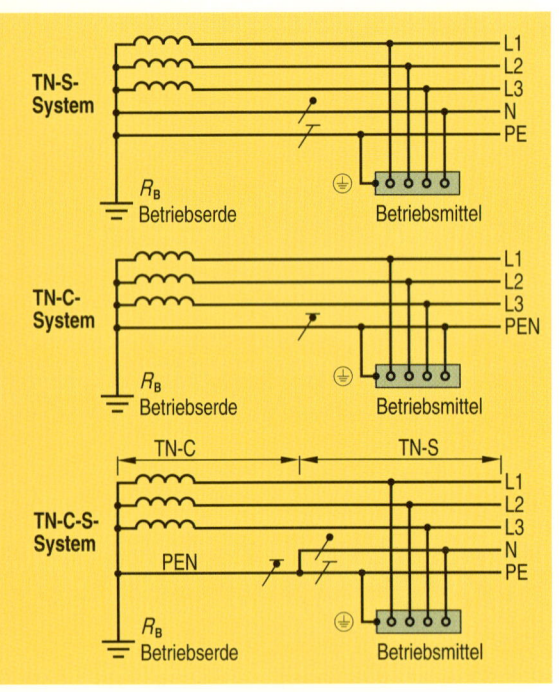

Schutz durch Abschalten

Schutzisolierung und Kleinspannung bieten sehr guten Schutz vor gefährlichen Körperströmen. Aus technischen oder wirtschaftlichen Gründen können diese Schutzmaßnahmen nicht überall realisiert werden, z. B. lassen sich Heizgeräte wegen der Wärmeentwicklung nicht wirksam isolieren.
Eine wirksame Schutzmaßnahme ist in diesen Fällen das schnelle automatische Abschalten im Fehlerfall. Das Abschalten verhindert zwar nicht das Auftreten von gefährlichen Berührspannungen, wohl aber ihr Bestehenbleiben.
Das schnelle automatische Abschalten ist von der Form des Verteilernetzes abhängig. Man unterscheidet drei Systeme: das **TN**-, das **TT**- und das **IT-System**.

TN-Systeme

Das TN-System ist das wichtigste Energieverteilungssystem. Es kann als TN-C-, TN-S- oder TN-C-S-System ausgeführt werden.
Im TN-System ist ein Leiter der Spannungsquelle über den Betriebserder R_B direkt geerdet, meist ist dies der Sternpunkt des Versorgungstransformators.
Die Körper der Anlage (z.B. Gehäuse der Geräte) sind über den PE-Leiter bzw. PEN-Leiter mit dem Betriebserder verbunden. Die drei Untersysteme TN-C, TN-S und TN-C-S unterscheiden sich folgendermaßen:

TN-S-System: Neutralleiter N und Schutzleiter PE sind im ganzen System **getrennt** geführt

TN-C-System: Neutralleiter N und Schutzleiter PE sind im ganzen System **gemeinsam** als PEN geführt

TN-C-S-System: Neutral- und Schutzleiter sind im ersten Teil zum PEN-Leiter zusammengefasst, im zweiten Teil getrennt als PE und N geführt.

Die Buchstaben haben folgende Bedeutung:
T Terre (französisch: Erde)
N Neutre (französisch: neutral)
C Combiné (französisch: vereint)
S Separé (französisch: getrennt).

Abschalten im TN-System

Hat das Betriebsmittel E1 einen Fehler (Körperschluss), so fließt über PE ein so großer Fehlerstrom, dass die Überstrom-Schutzeinrichtung F1 innerhalb kurzer Zeit abschaltet: der Körperschluss wird zum Kurzschluss. Bis zum Abschalten tritt eine maximale Fehlerspannung von etwa 115 V gegen Erde auf.
Die maximal zulässigen Abschaltzeiten sind:
- bei $U_0 \leq 230$ V $\quad t_a = 0{,}4$ s
- bei $U_0 = 400$ V $\quad t_a = 0{,}2$ s
- bei $U_0 > 400$ V $\quad t_a = 0{,}1$ s

In Sonderfällen darf die Abschaltzeit bis 5 s betragen.

Vertiefung zu 6.7

Schleifenimpedanz der Fehlerschleife

Um Menschen wirkungsvoll gegen gefährliche Körperströme zu schützen, muss ein fehlerhafter Stromkreis innerhalb von 0,4 s (bei 230 V) abschalten. Dies ist nur möglich, wenn der Kurzschlussstrom hinreichend groß ist. Den notwendigen Kurzschlussstrom (Abschaltstrom I_a) erhält man aus den Auslösekennlinien der Schmelzsicherungen bzw. LS-Schalter.
Um den notwendigen Abschaltstrom zu erreichen, darf die Impedanz Z der Fehlerschleife den Wert

$$Z = U_0 / I_a$$

nicht überschreiten. Bei der Errichtung einer Anlage muss die Schleifenimpedanz überprüft werden.
Die Schleifenimpedanz kann verkleinert werden, wenn der PEN-Leiter einer Anlage möglichst oft geerdet wird. Durch zusätzliches Erden des PEN-Leiters sinkt auch die mögliche Berührspannung im Fehlerfall.

Fehlerschleife ohne Erdung des PEN-Leiters

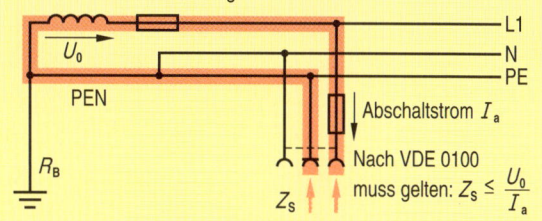

Nach VDE 0100 muss gelten: $Z_S \leq \dfrac{U_0}{I_a}$

Fehlerschleife mit zusätzlicher Erdung

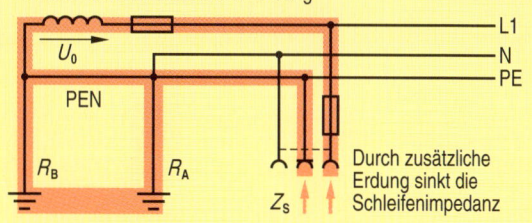

Durch zusätzliche Erdung sinkt die Schleifenimpedanz

Auslösezeiten

Als Überstromschutzeinrichtungen werden Schmelzsicherungen und Leitungsschutzschalter (LS-Schalter) eingesetzt. Die notwendigen Abschaltströme ergeben sich aus den Strom-Zeit-Kennlinien.

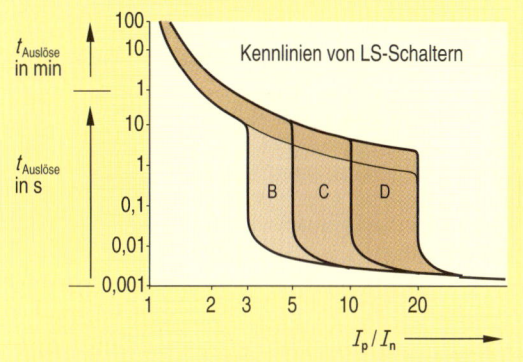

Kennlinien von LS-Schaltern

Auslösezeit von Schmelzsicherungen
Beispiel: gG-Schmelzsicherung $I_n = 10$ A

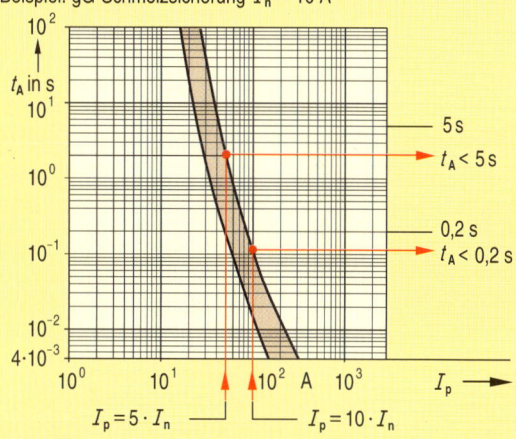

I_p ist der „prospektive", d.h. der zu erwartende bzw. der berechnete Kurzschlussstrom. Er würde fließen, wenn die Sicherungen nicht abschalten würden. Schmelzsicherungen und LS-Schalter lösen aber so schnell aus, dass sich der prospektive Kurzschlussstrom nicht einstellen kann. Schmelzsicherungen und LS-Schalter sind „strombegrenzend".

Faustregeln:
Schmelzsicherungen schalten beim 10-fachen Nennstrom innerhalb 0,2 s ab.
LS-Schalter lösen innerhalb von 0,1 s aus, wenn bei
• Typ B der 5-fache
• Typ C der 10-fache
• Typ D der 20-fache Nennstrom fließt.

Aufgaben

6.7.1 Systemabhängige Schutzmaßnahmen
a) Stellen Sie den prinzipiellen Aufbau eines T-N-C-S-Systems dar.
b) Nennen Sie drei Einrichtungen, mit denen ein fehlerhafter Stromkreis sehr schnell abgeschaltet werden kann.
Wie groß sind ungefähr die Abschaltzeiten?

6.7.2 Schleifenimpedanz
a) Erklären Sie den Begriff Schleifenimpedanz.
b) Die Leerlaufspannung zwischen L1 und PE an einer Steckdose beträgt 232 V, bei Belastung mit 10 A sinkt die Spannung auf 227 V.
Berechnen Sie die Schleifenimpedanz und den prospektiven Kurzschlussstrom.

6.8 Systemabhängige Schutzmaßnahmen II

RCD **R**esidual **C**urrent protective **D**evice ("Reststrom-Schutzschalter")

RCD gibt es als
- RCD **ohne** Hilfsspannungsquelle (Fehlerstrom-Schutzeinrichtung)
- RCD **mit** Hilfsspannungsquelle (Differenzstrom-Schutzeinrichtung)

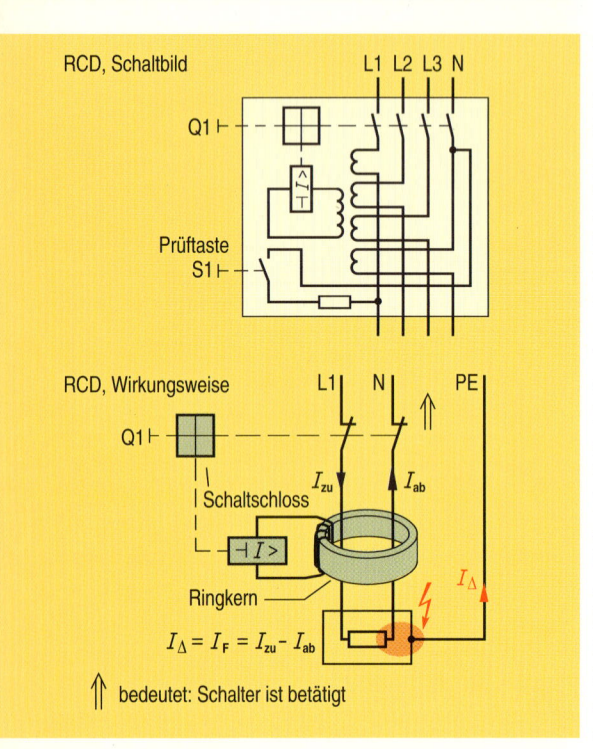

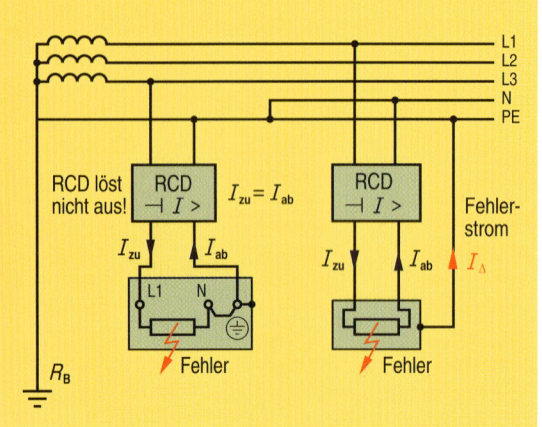

FI-Schutzeinrichtungen

Um ein schnelles Abschalten im Fehlerfall (Körperschluss) zu erreichen, muss die Impedanz der Fehlerschleife so klein sein, dass der notwendige Abschaltstrom von z.B. 160 A fließt. Dies kann in der Praxis problematisch sein.

In diesem Fall können Fehlerstrom-Schutzeinrichtungen (FI-Schutzschalter) eine wirtschaftliche Lösung bieten. FI-Schutzschalter werden als **RCD** bezeichnet.

RCD lösen schon bei kleinen Fehlerströmen (z. B. bei 30 mA) innerhalb von 30 ms bis 40 ms aus.

RCD, Aufbau und Wirkungsweise

Eine RCD besteht im Wesentlichen aus einem Summenstromwandler und einer Schalteinrichtung mit Schaltschloss.

Alle im normalen Betrieb stromführenden Leiter, also L1, L2, L3 und N bei Drehstrom bzw. L1 und N bei Wechselstrom werden durch einen Wandlerkern geführt; sie bilden die Eingangswicklung. Die Ausgangswicklung speist einen elektromagnetischen Auslöser, der auf das Schaltschloss wirkt.

Im fehlerfreien Betrieb ist die Summe aller durch den Wandler fließenden Ströme gleich null, in der Ausgangswicklung wird keine Spannung induziert.

Im Fehlerfall fließt über den PE (oder über einen Menschen) ein Fehlerstrom. Die Summe aller durch den Wandler fließenden Ströme ist ungleich null und im Ringkern entsteht ein magnetischer Wechselfluss. Die dadurch in der Ausgangswicklung induzierte Spannung löst das Schaltschloss aus, alle aktiven Leiter einschließlich N-Leiter werden abgeschaltet.

Mit der Prüftaste kann ein Fehler simuliert werden. Damit lässt sich die Auslösefunktion, nicht aber die Erdung der zu schützenden Anlage überprüfen. Die Auslösung ist z.B. auf Baustellen täglich, in stationären Anlagen alle 6 Monate zu überprüfen.

RCD, Schaltbild

$I_\Delta = I_F = I_{zu} - I_{ab}$

⇑ bedeutet: Schalter ist betätigt

RCD im TN-Netz

Das TN-C-S-Netz ist das am häufigsten eingesetzte Verteilernetz. Zwar erfolgt das Abschalten im Fehlerfall meist durch Schmelzsicherungen bzw. LS-Schalter, der zusätzliche Einbau einer RCD ist aber sinnvoll. In Badezimmern ist eine RCD vorgeschrieben.

Liegt im TN-S-Netz ein Körperschluss vor, so fließt über den PE-Leiter ein Fehlerstrom und die RCD löst aus und zwar schneller als Sicherungen oder LS-Schalter.

Im TN-C-Netz kann eine RCD nicht als Schutz bei indirektem Berühren eingesetzt werden, weil auch der Fehlerstrom durch den Summenstromwandler fließt: die RCD löst nicht aus. Als zusätzlicher Schutz bei direktem Berühren kann eine RCD auch im TN-Netz sinnvoll sein.

Vertiefung zu 6.8

FI-Schutzeinrichtung im TT-System

Im **TT**-System ist ein Leiter der Quelle (z.B. der Sternpunkt) über den Betriebserder geerdet (erstes **T**). Die Körper der Anlage sind über einzelne Schutzerder oder über einen gemeinsamen Schutzerder direkt geerdet (zweites **T**). Zwischen Betriebserder R_B und Schutzerder R_A besteht keine direkte Verbindung.
Das TT-System ist z. B. auf Baustellen und Campingplätzen vorgeschrieben.
Der Schutz bei indirektem Berühren erfolgt wie im TN-System durch Abschalten.
Erfolgt das Abschalten durch Schmelzsicherungen oder LS-Schalter, so muss der Schutzwiderstand RA im Bereich von etwa 1 Ω liegen. Derartig kleine Erderwiderstände sind nur schwer realisierbar.
Einfacher ist das Abschalten mit einer RCD. Bei einer RCD mit 30 mA Fehlerstrom darf der Erderwiderstand etwa 1,6 kΩ betragen, damit die zulässige Berührspannung von 50 V nicht dauerhaft überschritten wird. Ein derartiger Erderwiderstand ist leicht realisierbar.

Abschaltung im Fehlerfall durch RCD

Im TT-System gilt die Abschaltbedingung:

$$R_A \leq \frac{U_L}{I_{\Delta n}}$$

Beispiel: RCD mit $I_{\Delta n} = 30\,\text{mA}$

$$R_A \leq \frac{U_0}{I_{\Delta n}} = \frac{50\,\text{V}}{30\,\text{mA}} = 1{,}67\,\text{k}\Omega$$

IT-Systeme

Anlagen, von denen eine hohe Versorgungssicherheit erwartet wird, z. B. Krankenhäuser und Ersatzstromversorgungen, werden als IT-System ausgeführt.
Im **IT**-System ist die Quelle von der Erde isoliert (**I**), die Körper der Anlage sind über einen Schutzerder einzeln oder gemeinsam geerdet (**T**).
Hat ein Verbraucher im IT-System einen Körperschluss, so führt dieser Fehler noch nicht zum Abschalten, sondern nur zu einer optischen oder akustischen Warnung. Erst ein zweiter Fehler in einem anderen Gerät führt zum sofortigen Abschalten.

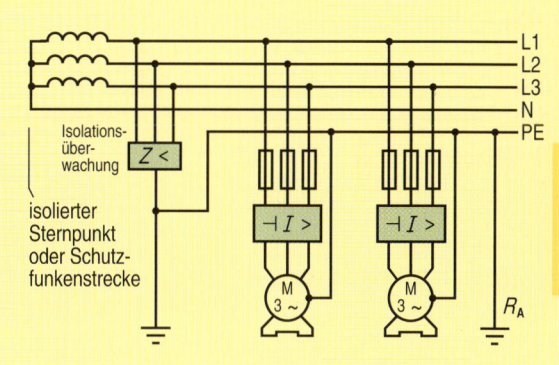

Aufgaben

6.8.1 FI-Schutzeinrichtungen

a) Erklären Sie die Kürzel „FI" und „RCD".
b) Worin besteht der Unterschied zwischen einer Fehlerstrom-Schutzeinrichtung und einer Differenzstrom-Schutzeinrichtung?
c) Erklären Sie mit Hilfe einer Skizze den Begriff Summenstromwandler.
d) In einem TN-C-S-Netz wird eine RCD mit $I_{\Delta n} = 30\,\text{mA}$ eingesetzt.
  Berechnen Sie die maximal zulässige Schleifenimpedanz Z_S der Fehlerschleife.
e) Im TT-Netz einer Baustelle wird eine RCD mit $I_{\Delta n} = 300\,\text{mA}$ eingesetzt.
  Berechnen Sie den maximal zulässigen Widerstand des Schutzerders R_A.

6.8.2 Prüfung einer RCD

Die Schaltskizze zeigt eine eingeschaltete RCD.

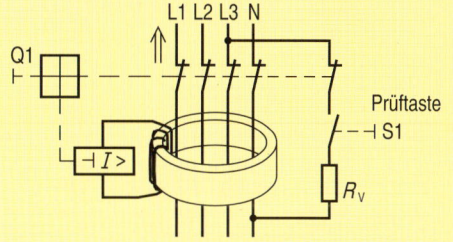

a) Erklären Sie die Wirkungsweise der Prüftaste.
b) Kann mit der Püftaste auch der einwandfreie Zustand der Anlage (Schleifenimpedanz) überprüft werden? Begründen Sie Ihre Aussage.

6.9 Potenzialausgleich und Erdung

Nach DIN VDE 0100 wird der Potenzialausgleich gefordert z. B.
- als **Hauptpotenzialausgleich** (mit Verbindung zur Erde)
- als **zusätzlicher Potenzialausgleich** in Baderäumen (mit Verbindung zum Hauptpotenzialausgleich)
- zwischen mehreren Verbrauchern bei **Schutztrennung** (erdfreier Potenzialausgleich).

Potenzialausgleich

Zwischen Körpern, die gleiches elektrisches Potenzial haben, existiert keine elektrische Spannung. Ein wirksamer Schutz gegen gefährliche Berührspannungen besteht somit darin, alle Körper von Betriebsmitteln auf gleichem elektrischen Potenzial zu halten.

Gleiches oder zumindest annähernd gleiches Potenzial wird erreicht, indem die Körper aller elektrischer Betriebsmittel durch elektrische Leitungen miteinander verbunden werden. Diese Schutzmaßnahme heißt Potenzialausgleich.

Üblicherweise werden die Potenzialausgleichsleiter mit der Erde verbunden: alle Körper liegen dann auf Erdpotenzial. In Sonderfällen ist ein erdfreier Potenzialausgleich vorgeschrieben.

Hauptpotenzialausgleich

Im Hauptpotenzialausgleich sind alle „wichtigen" leitfähigen Teile einer elektrischen Anlage elektrisch miteinander verbunden.

Als „wichtige" Anlageteile gelten z.B. Wasserleitungen (Kalt- und Warmwasser), die Leitungen der Öl- und Gasversorgung, Heizungen, Abwasserrohre sowie das Antennenstandrohr einer Dachantenne. Auch eine eventuell vorhandene Blitzschutzanlage wird in den Hauptpotenzialausgleich einbezogen.

Alle Leitungen des Potenzialausgleichs werden an der Potenzialausgleichsschiene (PA-Schiene) zusammengefasst. Die PA-Schiene wird mit der Anschlussfahne des Fundamenterders verbunden.

Hauptpotenzialausgleich

Zähler — HA — Fundamenterder
PA-Schiene Anschlüsse: zur Antenne, zur Gasleitung, zur Wasserleitung, zur Heizung, zum Abwasser, zum zusätzlichen Potenzialausgleich, zum Blitzschutz
Potenzialausgleichsschiene (PA-Schiene)

Zusätzlicher örtlicher Potenzialausgleich

In Räumen, in denen die Gefahren durch elektrische Ströme besonders groß sind, müssen alle leitfähigen Anlageteile miteinander leitfähig verbunden sein. Dadurch wird eine praktisch absolute Potenzialgleichheit in einem örtlich begrenzten Bereich erzielt, gefährliche Spannungen können somit nicht entstehen.

Der zusätzliche Potenzialausgleich ist Pflicht
- in Baderäumen und Schwimmbädern
- in feuergefährdeten und landwirtschaftlichen Betriebsstätten
- bei Stahlkonstruktionen (z.B. Brückengeländer).

Zusätzlicher Potenzialausgleich im Bad

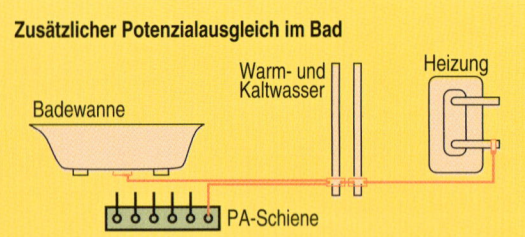

Badewanne — Warm- und Kaltwasser — Heizung — PA-Schiene

Nach neuer Norm ist die Einbeziehung der leitfähigen Bade- bzw. Duschwanne in den Potenzialausgleich nicht mehr erforderlich. Die Regelung ist umstritten.

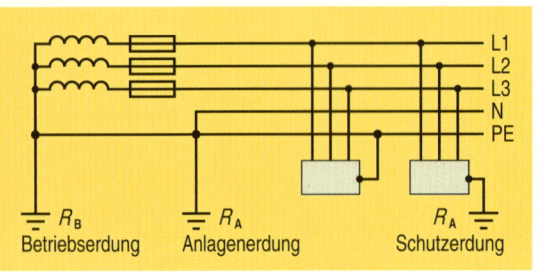

Erdung

Erdungsanlagen sind ein wesentlicher Bestandteil einer elektrischen Anlage. Sie haben vor allem die Aufgabe, gefährliche Berührungsspannungen zwischen der Anlage und dem Erdreich zu verhindern.

Man unterscheidet
- die Betriebserdung R_B (meist am Sternpunkt des Versorgungstransformators) und
- die Schutzerdung bzw. Anlagenerdung R_A.

R_B Betriebserdung — R_A Anlagenerdung — R_A Schutzerdung
L1, L2, L3, N, PE

Vertiefung zu 6.9

Leitungen für Schutzleiter und den Potenzialausgleich

Schutzleiter und Potenzialausgleichsleiter sind wesentliche Bestandteile einer elektrischen Anlage. Sie haben die Aufgabe, Menschen, Tiere und Anlagen zu schützen. Aus diesem Grund müssen sie elektrisch und mechanisch sorgfältig verlegt werden. Insbesondere müssen sie auch langfristig gegen zufälliges Lockern, gegen Korrosion und gegen mechanische Beschädigung geschützt sein.
Die vorgeschriebenen Leiterquerschnitte sind vom Außenleiterquerschnitt der verlegten Hauptleitung abhängig.

Leiterquerschnitte in mm² Cu	Außenleiter	Hauptschutzleiter	Hauptpotenzialausgleichsleiter
	10	10	6
	16	16	10
	25	16	10
	35	16	10
	50	25	16
	70	35	25

Der Mindestquerschnitt des zusätzlichen örtlichen Potenzialausgleichs beträgt 4 mm² (Kupfer) bei ungeschützter und 2,5 mm² bei geschützter Verlegung.

Erdungsanlagen

Eine Erdungsanlage besteht aus dem Erder und der Erdungsleitung.
Erder sind metallische Leiter, die in das Erdreich eingebettet sind und mit diesem möglichst gut in Verbindung stehen.
Erdungsleitungen sind die Leitungen, die den Erder mit den zu erdenden Anlageteilen verbinden.

Als Erder können in das Erdreich eingegrabene metallische Platten, Stäbe und Bänder verwendet werden. Sie müssen gegen Korrosion geschützt sein.
Besonders wichtig sind Fundamenterder. Sie bestehen aus verzinkten Metallbändern, die in die Betonfundamente der Gebäude eingegossen sind. Je nach Ausdehnung beträgt ihr Widerstand etwa 1 Ω bis 10 Ω.

Erdstrom und Spannungstrichter

Ist ein Betriebsmittel über einen Erder mit dem Erdreich verbunden, so können eventuelle Fehlerströme über die Erde zurück zur Spannungsquelle fließen. Dabei muss der Strom sowohl am Schutzerder R_A als auch am Betriebserder R_B einen „Erdausbreitungswiderstand" überwinden. Dabei ensteht naturgemäß ein Spannungsfall, der so genannte Spannungstrichter.
Nach maximal 20 m Entfernung vom Erder ist die Querschnittsfläche des durchflossenen Erdreichs so groß, dass der Erdwiderstand praktisch null ist. Dieser Bereich kann als ideale Erde bezeichnet werden, in diesem Bereich tritt kein Spannungsfall auf.

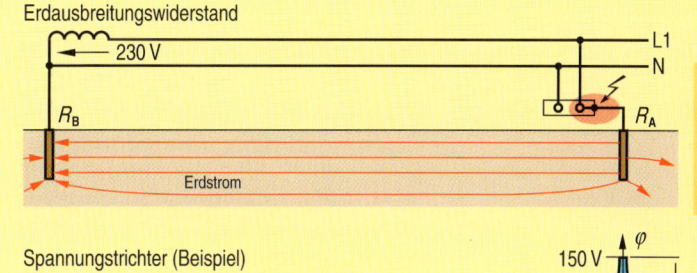

Aufgaben

6.9.1 Potenzialausgleich

a) Worin besteht der so genannte Potenzialausgleich und welche Aufgabe hat er?
b) Erklären Sie den Unterschied zwischen Hauptpotenzialausgleich und zusätzlichem örtlichen Potenzialausgleich.
c) Die leitfähige Badewanne muss nach neuer Norm nicht mehr in den örtlichen Potenzialausgleich einbezogen werden. Warum nicht?

6.9.2 Erdung

a) Erklären Sie den Unterschied zwischen Schutzerdung und Betriebserdung.
b) Was ist ein Spannungstrichter und wie kommt er zustande?
c) Was versteht man unter einem Fundamenterder?
d) Wovon hängt der Erdausbreitungswiderstand eines Erders ab?
e) Warum müssen Erder vor Korrosion geschützt sein?

6.10 Anlagen und Räume besonderer Art

Besonders häufig vorkommende Anlagen und Räume nach DIN VDE Gruppe 700
- Räume mit Badewanne oder Dusche
- elektrische Betriebsstätten und abgeschlossene elektrische Betriebsstätten
- Räume mit elektrischen Saunaheizgeräten
- landwirtschaftliche Anwesen
- Baustellen
- feuergefährdete Betriebsstätten
- Schwimmbäder
- feuchte und nasse Bereiche und Räume
- Campingplätze

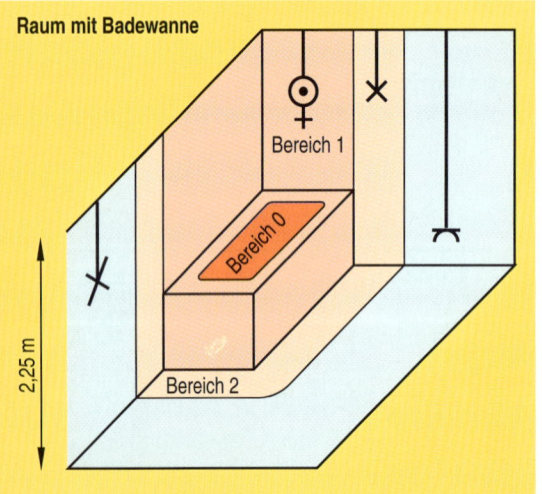

DIN VDE 0100 Gruppe 700
Die Elektroinstallation in normalen, trockenen Räumen ist meist unproblematisch und mit den gängigen Mitteln sicher zu gestalten.
Daneben gibt es aber eine Reihe von Anlagen, Räumen und Betriebsstätten, in denen besondere Gefahren auftreten, z. B. weil sie nass oder feuergefährdet sind oder weil Tierhaltung betrieben wird.
Für diese besonderen Anlagen und Räume sind in DIN VDE 0100 Gruppe 700 eine Fülle von Vorschriften für die Installation und den Betrieb festgelegt.
Da die Sicherheit hier ganz besonders von der fachgerechten Installation und der Überprüfung der Schutzmaßnahmen abhängt, werden an die Elektrofachkräfte besonders hohe Maßstäbe an Qualifikation und Zuverlässigkeit angelegt.

Räume mit Badewanne oder Dusche
Badewannen und Duschen sind Bereiche, in denen der Umgang mit elektrischen Geräten besonders gefährlich ist. Man unterscheidet drei Bereiche:

Bereich 0
Er umfasst das Innere von Bade- oder Duschwanne. Hier dürfen nur Geräte benützt werden, die ausdrücklich für den Betrieb in Badewannen vorgesehen sind. Vorgeschrieben ist SELV mit maximal 12 V_{AC} bzw. 30 V_{DC}. Die Stromquelle muss außerhalb der Bereiche 0 und 1 angebracht sein.

Bereich 1
Er wird durch die senkrechten Flächen um die Bade- oder Duschwanne begrenzt. Seine Höhe beträgt 2,25 m über der Oberkante des Fertigfußbodens. Zum Bereich 1 gehört auch der Raum unter den Wannen.
Im Bereich 1 sind fest angebrachte und fest angeschlossene Geräte sowie die zugehörigen Anschlussdosen erlaubt, z. B.: Warmwasserbereiter, Abwasserpumpen, Whirlpooleinrichtungen, Installationsgeräte und Leuchten mit Kleinspannung SELV oder PELV bis 25 V_{AC} oder 60 V_{DC}. Mit PELV betriebene Geräte müssen der Schutzklasse II (Schutzisolierung) entsprechen. Stromquellen für SELV- und PELV-Kreise dürfen nicht in den Bereichen 0 und 1 angebracht sein.

Bereich 2
Dieser Bereich schließt seitlich mit einer Breite von 0,6 m und einer Höhe von 2,25 m an den Bereich 1 an. Hier dürfen die im Bereich 1 zulässigen Betriebsmittel sowie Rasiersteckdosen hinter je einem Trenntransformator angebracht sein.

In Räumen mit Badewanne oder Dusche dürfen nur Leitungen, z. B. NYM, verlegt werden, die Betriebsmittel in diesen Räumen versorgen. Stegleitungen sind in den Bereichen 0, 1 und 2 nicht erlaubt.

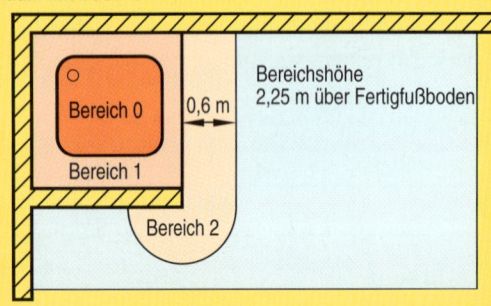

- In Räumen mit Badewanne oder Dusche müssen alle Stromkreise einen PE-Leiter enthalten und durch RCDs mit $I_{\Delta n}$ = 30 mA geschützt sein.
  Ausnahme: Kreise mit Kleinspannung oder Schutztrennung und Stromkreise für Warmwasserbereiter.
- Räume mit Badewanne oder Dusche benötigen einen zusätzlichen örtlichen Potenzialausgleich.

Vertiefung zu 6.10

Elektrische Betriebsstätten
Unter elektrischen Betriebsstätten versteht man Räume oder Orte, die im Wesentlichen dem Betrieb elektrischer Anlagen dienen.
Beispiele sind Prüffelder, Laborräume, Schaltanlagen, Maschinenräume.
Sie werden üblicherweise nur von unterwiesenem Fachpersonal betreten.

Baustellen (DIN VDE 0100 Teil 704)
Baustellen sind Orte, an denen elektrische Energie nur vorübergehend benötigt wird, um Bau- oder Reparaturarbeiten durchzuführen.
Die Maschinen und Geräte müssen von besonderen Speisepunkten aus versorgt werden, z. B. von einem Baustromverteiler, der Hauptsicherung, Hauptschalter, Zähler, Stromkreissicherungen und Steckvorrichtungen enthält.
Als Schutzmaßnahme wird der Schutz durch automatisches Abschalten mit RCD im TN- oder TT-System eingesetzt.

Landwirtschaftliche Anwesen
In landwirtschaftlichen Anlagen sind bei der Elektroinstallation besondere Umstände zu berücksichtigen: Tierhaltung, feuchte, nasse und feuergefährdete Räume, extreme Beanspruchung der Betriebsmittel.
Um Brandschutz zu gewährleisten wird eine FI-Schutzeinrichtung mit $I_{\Delta n} = 0{,}5A$ gefordert, Stromkreise mit Steckdosen müssen mit einer RCD mit $I_{\Delta n} \leq 30\,mA$ geschützt sein.
Die max. Berührungsspannung U_L bei der Nutztierhaltung ist auf $25\,V_{AC}$ bzw. $60\,V_{DC}$ beschränkt.

Feuchte und nasse Räume
Feuchte und nasse Räume sind Räume, bei denen mit dem Wasserstrahl hantiert wird bzw. in denen Kondensfeuchtigkeit auftritt, die nicht abgelüftet werden kann. Hierzu zählen z.B. Räume, bei denen Fußböden, Wände und Einrichtungen abgespritzt werden.
Beispiele:
Großküchen, Kühlräume, unbelüftete Bier- und Weinkeller, Milch-, Spül- und Futterküchen.

Leitfähige Bereiche mit begrenzter Bewegungsfreiheit
Man versteht darunter Räume, deren enge Begrenzung aus leitfähigen Teilen besteht und in der sich Personen sitzend, kniend oder liegend vorübergehend aufhalten.
Beispiele sind: Kesselanlagen, Rohrleitungen, Metallbehälter, Metallgerüste. Zum Schutz des hier arbeitenden Personals gelten besonders strenge Bedingungen.

Besonders strenge Bedingungen gelten für **abgeschlossene elektrische Betriebsstätten**. Sie dienen ausschließlich dem Betrieb elektrischer Anlagen, z. B. Transformatorenzellen, Schalt- und Verteilungsanlagen für elektrische Energie, Hochspannungszellen. Die Räume müssen verschlossen sein und dürfen nur von den beauftragten Personen geöffnet werden.

RCD-Bemessungsdifferenzstrom:
bei Schutzkontaktsteckdosen (16 A) maximal 30 mA, bei sonstigen Steckdosen und Betriebsmitteln maximal 500 mA.
Leuchten: ortsfeste Leuchten müssen mindestens in der Schutzart IP X3, Handleuchten in IP X5 ausgeführt sein und das Symbol für rauhen Betrieb tragen.
Übrige Betriebsmittel: mindestens Schutzart IP 44, handgeführte Elektrowerkzeuge mindestens IP2X.
Leitungen: flexible Leitungen müssen mindestens H07 RN-F oder gleichwertig sein.

An den Viehstandplätzen soll eine Potenzialsteuerung vorgenommen werden.
Beispiel:

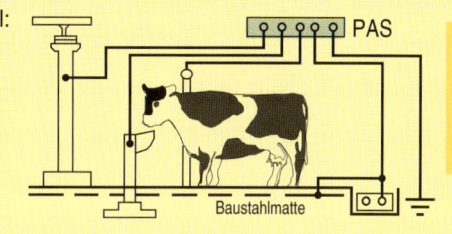

Schutzart der Betriebsmittel:
- normal mindestens IPX1, bzw. 💧
- wird zu Reinigungszwecken abgespritzt, mindestens IPX4, bzw. ⚠
- bei direktem Strahlwasser IPX5, bzw. ⚠⚠

Belüftete Baderäume und belüftete Keller in Wohnungen und Hotels zählen zu den trockenen Räumen.

- Handleuchten dürfen nur mit Kleinspannung **SELV** betrieben werden
- Handgeführte Elektrowerkzeuge (z. B. Bohrmaschinen, Trennschleifer) müssen durch die Schutzmaßnahme **Schutztrennung** geschützt sein, dabei darf aber nur ein Verbraucher pro Ausgangswicklung angeschlossen werden.

6.11 Arbeiten und Prüfungen an elektrischen Anlagen

Elektrofachkraft	für eigenverantwortliche Arbeiten bei Errichtung, Änderung und Instandhaltung elektrischer Anlagen
Elektrotechnisch unterwiesene Person	für elektrotechnische Aufgaben in einem begrenzten Rahmen ohne eigene Verantwortung
Elektrotechnischer Laie	für Mithilfe bei elektrotechnischen Aufgaben unter Leitung und Aufsicht durch eine Fachkraft

Fachkräfte und Laien
Elektrische Anlagen müssen vorschriftsgemäß errichtet und regelmäßig auf ihre Sicherheit überprüft werden. Die damit beauftragten Arbeitskräfte müssen dabei über die notwendigen Kenntnisse verfügen.
Hinsichtlich der fachlichen Qualifikation kann man folgende Unterscheidung treffen:

Elektrofachkräfte verfügen über fachliche Ausbildung, Kenntnisse und Erfahrung. Die Kenntnis der einschlägigen Normen befähigt sie, ausgeführte Arbeiten zu beurteilen und eventuelle Gefahren zu erkennen.

Elektrotechnisch unterwiesene Personen sind Mitarbeiter, die von einer Elektrofachkraft für ihren Arbeitsbereich über fachliche Aufgaben, Gefahren und notwendige Schutzmaßnahmen unterrichtet wurden.

Elektrotechnische Laien haben keine besonderen Fachkenntnisse. Sie dürfen keine selbstständigen elektrotechnische Arbeiten verrichten, unter Leitung und Aufsicht einer Fachkraft dürfen sie aber beim Errichten, Ändern und Instandhalten einer Anlage mitwirken.

Arbeiten an elektrischen Anlagen dürfen grundsätzlich nur im spannungsfreien Zustand durchgeführt werden.

Folgende Schritte sind vorgeschrieben:
1. Freischalten
2. Gegen Wiedereinschalten sichern
3. Spannungsfreiheit feststellen
4. Erden und Kurzschließen
5. Benachbarte, unter Spannung stehende Teile abdecken

Die Reihenfolge ist einzuhalten, das Wiedereinschalten erfolgt in umgekehrter Reihenfolge.

Warnschild

Nicht schalten
Es wird gearbeitet
Ort:
Entfernen des Schildes nur durch

5 Sicherheitsregeln
Zur Herstellung des spannungsfreien Zustandes sind nach DIN VDE 0105-1 und nach BGV 2A folgende Schritte in dieser Reihenfolge durchzuführen:

1. **Freischalten**
   d. h. allpoliges Abschalten, z. B. durch Öffnen von Schaltern, Entfernen von Sicherungen, Ziehen von Netzsteckern, Entladen von Kondensatoren.
   Bei mehrseitiger Einspeisung sind alle Anschlüsse zu trennen. In Hochspannungsanlagen ist eine sichtbare Trennstrecke herzustellen.

2. **Gegen Wiedereinschalten sichern**
   d. h. ein Wiedereinschalten aus Unkenntnis muss verhindert werden, z. B. durch sicheres Verwahren von Sicherungs-Schmelzeinsätzen, Arretieren von Schalterantrieben, Anbringen von Warnschildern.

3. **Spannungsfreiheit feststellen**
   d. h. zunächst optisch kontrollieren ob Anlageteile bzw. Betriebsmittel vom Netz getrennt sind, dann Spannung mit Spannungsprüfer bzw. Messgerät überprüfen. Die einwandfreie Funktion der Prüf- und Messgeräte muss regelmäßig überprüft werden.

4. **Erden und Kurzschließen**
   ist nur in Anlagen mit $U > 1\,kV$ erforderlich.

5. **Benachbarte unter Spannung stehende Teile abdecken**, d. h. ein zufälliges Berühren anderer Stromkreise, die im Arbeitsbereich liegen, muss verhindert werden.

Muss aus einem zwingenden Grund unter Spannung gearbeitet werden, so sind dafür besondere Schutzmaßnahmen (z. B. Schutzkleidung) erforderlich.

Vertiefung zu 6.11

Arbeiten unter Spannung
Unter Spannung darf nur aus zwingenden Gründen gearbeitet werden, z. B. wenn durch das Abschalten der Spannung
- eine Gefährdung von Personen zu befürchten ist z. B. durch Ausfall von Aufzügen oder Belüftungsanlagen.
- ein erheblicher wirtschaftlicher Schaden entstehen würde, z.B. durch Ausfall der Produktion oder Zerstörung von verderblichen Waren durch Ausfall der Kühlung.

Beispiele für notwendige Arbeiten unter Spannung:
- Herstellung eines Hausanschlusses,
- Eingrenzung von Störungen (Fehlersuche).

Voraussetzung ist eine ausdrückliche Anweisung des Unternehmers, der Einsatz einer verantwortungsvollen und geschulten Fachkraft, entsprechende Sicherheitsmaßnahmen und geeignete Hilfsmittel wie persönliche Schutzausrüstung (z.B. Handschuhe, Schutzhelm mit Gesichtsschutz) und speziell isoliertes Werkzeug.

Grundlagen von Prüfvorschriften
Elektrische Anlagen müssen funktionsfähig sein, außerdem darf für den Benutzer keine Gefahr bestehen. Aus diesem Grund müssen Anlagen vor der ersten Inbetriebnahme und dann in regelmäßigen Abständen auf ihre Sicherheit überprüft werden. Entsprechendes gilt auch für elektrische Geräte.
Die rechtlichen Grundlagen für die Prüfungen sind in verschiedenen Gesetzen und Verordnungen festgelegt, z. B. in der Gewerbeordnung, dem Gerätesicherheitsgesetz, dem Arbeitssicherheitsgesetz, der Verordnung über gefährliche Arbeitsstoffe.

Die eigentlichen Prüfungen sind durch DIN- bzw. VDE-Vorschriften geregelt:
Erstprüfungen (DIN VDE 0100 Teil 610)
von neuen oder erweiterten Installationsanlagen
Wiederkehrende Prüfungen (DIN EN 50110-1 und BGV 2A, früher VBG 4) von Starkstromanlagen in festgelegten Prüfungszeiträumen
Sicherheitsprüfungen (DIN VDE 0701)
nach Instandsetzungen von elektrischen Geräten
Wiederholungsprüfung (DIN VDE 0702)
an gewerblich genutzten Geräten.

Durchführung der Prüfung
Die Erstprüfung einer elektrischen Anlage beinhaltet nach DIN VDE 0100 drei Schritte: Besichtigung, Erprobung und Messung.

Besichtigung — Bei der Besichtigung werden Anlage, Betriebsmittel und vor allem die Schutzeinrichtungen auf äußerlich erkennbare Mängel, Fehler und Schäden geprüft.
Zum Beispiel werden überprüft: richtige Bemessung von Leiterquerschnitten und Überstromschutzeinrichtungen, Vorhandensein von Schaltplänen, richtige Beschriftung von Stromkreisen, Schutz gegen direktes Berühren.

Erprobung — Bei der Erprobung wird geprüft, ob die Schutzeinrichtungen ordnungsgemäß funktionieren. Zum Beispiel werden überprüft: RCD-Prüftaste, Not-Aus-Einrichtungen, Endschalter, Verriegelungen, Notbeleuchtung, Belüftungsanlagen, Brandschutzeinrichtungen und richtige Drehrichtung von Motoren (richtige Phasenfolge).

Messung — Durch Messen wird festgestellt, ob die Anlage alle vorgeschriebenen Anforderungen erfüllt. Zum Beispiel werden gemessen: Spannungen und Ströme, Isolationswiderstand, Schleifenwiderstand (Schleifenimpedanz), Erdungswiderstand, Auslösestrom bzw. Berührungsspannung an Anlagen mit RCD, Widerstand von Schutzleiter und Potenzialausgleichsleiter, Richtung des Drehfeldes.

Dokumentation der Prüfung
Die Prüfergebnisse werden vom verantwortlichen Installateur in einem Übergabebericht und Prüfprotokoll dokumentiert. Das Protokoll enthält die Messergebnisse, ein zusammenfassendes Prüfergebnis (z. B. „mängelfrei"), den Hinweis auf die Anbringung von Prüfplaketten und den nächsten Prüftermin. Als Formulare haben sich die vorgedruckten Protokolle des ZVEH (Zentralverband der deutschen Elektrohandwerke) bewährt. Moderne Prüfgeräte drucken bereits vor Ort die Messergebnisse auf Papier aus.

6.12 Prüfung der Schutzmaßnahmen von elektrischen Anlagen

Isolationsmessung „Anlage gegen Erde"

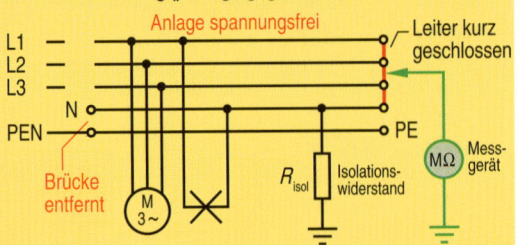

Wird bei der vereinfachten Messung der Mindestisolationswert nicht erreicht, so werden alle Betriebsmittel ausgeschaltet und 1. jeder einzelne Leiter gegen Erde
2. jeder Leiter gegen jeden Leiter gemessen.

Messung des Schutzleiterwiderstandes

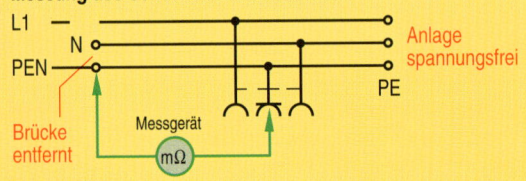

Der Schutzleiter muss „ausreichend niederohmig" sein, d.h. der gemessene Widerstandswert darf den aus Drahtlänge und Querschnitt berechneten Widerstandswert nicht überschreiten.

Schleifenwiderstand L-PE (Schutz von Lebewesen)

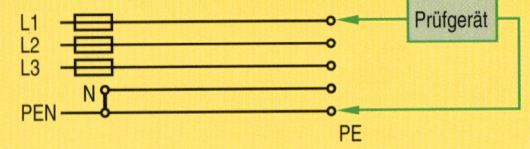

Schleifenwiderstand L-N (Schutz von Sachwerten)

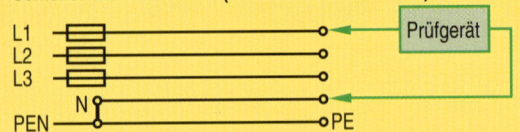

In Drehstromanlagen müssen die Messungen für alle drei Leiter durchgeführt werden.

RCD mit Prüftaste

Durch Drücken der Prüftaste wird ein Fehler simuliert, der zum Auslösen des Schalters führt.

Isolationswiderstand

Die Prüfung des Isolationswiderstandes gilt als wichtigste Sicherheitsprüfung von elektrischen Anlagen. Isolationsfehler können zu Kurz-, Erd- und Körperschlüssen führen, insbesondere können auch kleine Fehlerströme Brände verursachen.
Die Messung erfolgt mit Isolationsmessgeräten (500 V Gleichspannung bei 1mA Messstrom). In Neuanlagen muss der Isolationswiderstand R_{iso}, d.h. der Widerstand „Anlage gegen Erde" mindestens 500 kΩ betragen.
In einer vereinfachten Messung werden alle Außen- und der N-Leiter verbunden, die Brücke zwischen PEN- und N-Leiter entfernt, der Widerstand wird zwischen den Leitern und Erde (PEN) gemessen.

Schutz- und Potenzialausgleichsleiter

Der korrekte Anschluss aller PE- und Potenzialausgleichsleiter wird durch Besichtigung festgestellt. Die Widerstandswerte müssen möglichst klein sein.
Die Messung erfolgt mit speziellen Niederohmmessgeräten, die mindestens 200 mA Gleichstrom oder 5 A Wechselstrom bei 4 V bis 24 V Prüfspannung liefern. Normale analoge oder digitale Multimeter mit Widerstandsmessbereich sind nicht geeignet.
Vom Messergebnis wird der Widerstand der Messleitungen abgezogen.

Schleifenwiderstand und Netzinnenwiderstand

Um **Personen** zu schützen muss im Falle eines Körperschlusses der über den PE-Leiter fließende Fehlerstrom so groß sein, dass die Überstromschutzorgane innerhalb 0,4 s auslösen (in Sonderfällen innerhalb 5 s). Der Widerstand der „Fehlerschleife" muss deshalb hinreichend klein sein. Die Messung erfolgt mit speziellen Messgeräten: sie zeigen den Schleifenwiderstand an und den im Fehlerfall fließenden Kurzschlussstrom.

Um **Anlageteile** zu schützen muss im Falle eines Kurzschlusses der über den N-Leiter fließende Fehlerstrom so groß sein, dass die Überstromschutzorgane auslösen. Auch der Widerstand dieser Fehlerschleife (Netzinnenwiderstand) muss entsprechend klein sein. Die Messung erfolgt wie beim Schleifenwiderstand mit Hilfe spezieller Messgerät.

Fehlerstrom-Schutzeinrichtung (RCD)

Bei Fehlerstrom-Schutzeinrichtungen müssen zwei Punkte überprüft werden:
1. die Funktion des Gerätes durch Drücken der Prüftaste (RCD muss auslösen),
2. die Eigenschaften der Anlage.
 Dabei werden mit einem speziellen Messgerät die im Fehlerfall auftretende Berührspannung und die Auslösezeit der RCD gemessen.

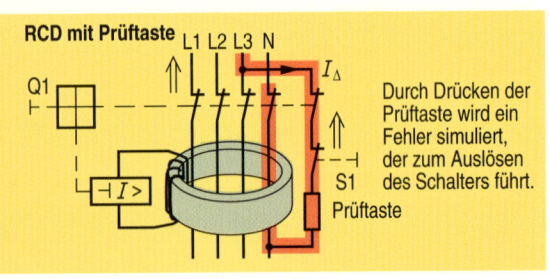

Vertiefung zu 6.12

Isolationsmessgeräte

Die Isolationswiderstände von elektrischen Anlagen und Betriebsmitteln werden mit möglichst hoher Messspannung (maximal das 1,5fache der Anlagenspannung) bestimmt. Um Messfehler durch kapazitive Ableitströme zu verhindern, muss mit Gleichspannung gemessen werden. Handelsübliche Geräte liefern eine Gleichspannung von 500 V mit einem Kurzschlussstrom von 1 mA.
Die Spannung wird üblicherweise aus einer Batteriespannung (z. B. 9 V) durch elektronisches Zerhacken, Transformieren und anschließendes Gleichrichten gewonnen.
Die früher eingesetzten „Kurbelinduktoren" haben keine Bedeutung mehr.

Isolationsmessgerät, prinzipieller Aufbau

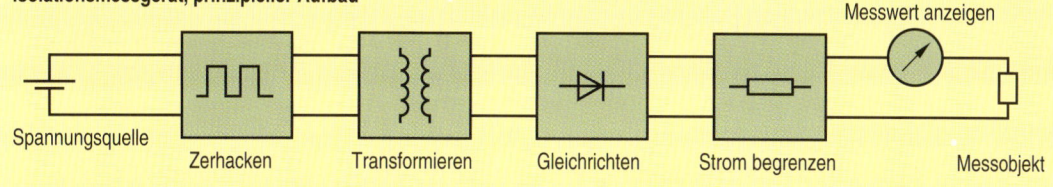

Spannungsquelle — Zerhacken — Transformieren — Gleichrichten — Strom begrenzen — Messwert anzeigen — Messobjekt

Schleifenwiderstand, Messprinzip

Der Schleifenwiderstand (Schleifenimpedanz) entspricht dem Innenwiderstand einer Spannungsquelle. Eine direkte Messung mit einem Widerstandsmessgerät („Ohmmeter") ist üblicherweise nicht möglich, weil die Spannung der Quelle das Messgerät zerstören würde.
Die Widerstandsbestimmung erfolgt deshalb indirekt mit zwei Messungen:

1. mit einer Leerlaufmessung wird die Leerlaufspannung U_0 bestimmt
2. bei möglichst hoher Belastung wird der Laststrom I_L und die zugehörige Lastspannung U_L bestimmt.

Die Schleifenimpedanz Z_S wird aus den Messdaten berechnet:

Schleifenimpedanz $\quad Z_S = \dfrac{U_0 - U_B}{I_B}$

Beispiel:

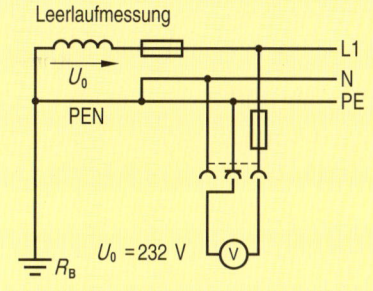

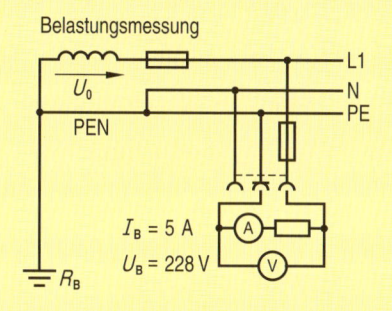

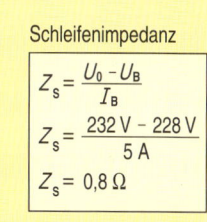

Leerlaufmessung: $U_0 = 232$ V

Belastungsmessung: $I_B = 5$ A, $U_B = 228$ V

Schleifenimpedanz
$$Z_S = \frac{U_0 - U_B}{I_B}$$
$$Z_S = \frac{232\,\text{V} - 228\,\text{V}}{5\,\text{A}}$$
$$Z_S = 0{,}8\,\Omega$$

Erdungswiderstand, Messprinzip

Bestimmte Anlageteile, z. B. der PEN-Leiter und die Potenzialausgleichsschiene, sollen gut mit dem Erdreich verbunden sein, d. h. der Erdausbreitungswiderstand (Erdwiderstand) soll möglichst klein sein.
Die Messung des Erdwiderstandes erfolgt meist mit speziellen Erdungsmessgeräten. Sie enthalten eine Wechselspannungsquelle, deren Frequenz ein nicht ganzzahliges Vielfaches der Netzfrequenz ist. Dadurch werden Störungen durch die 50-Hz-Netzspannung vermieden.
Zur Messung des Erdwiderstandes muss ein Hilfserder und eine Messsonde in die Erde eingeschlagen werden. Der Abstand zwischen allen drei Erdern soll jeweils größer als 20 m sein.

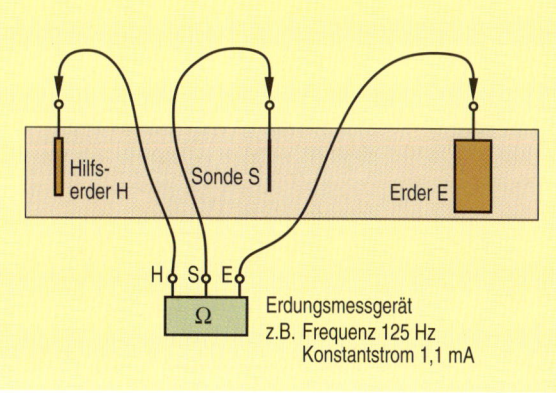

Hilfserder H — Sonde S — Erder E

Erdungsmessgerät
z.B. Frequenz 125 Hz
Konstantstrom 1,1 mA

© HOLLAND + JOSENHANS

6.13 Prüfung der Schutzmaßnahmen von elektrischen Geräten

Prüfung elektrischer Betriebsmittel

Besichtigung	Messung	Erprobung
Zum Beispiel: Gehäuse Anschlussleitungen Stecker Zugentlastung Kühlluftschlitze	Die Schritte Messen und Erproben bilden eine Einheit. Folgende Messgrößen werden ermittelt: Schutzleiterwiderstand Isolationswiderstand Ableitstrom bzw. Ersatzableitstrom	

Gefahr durch elektrische Betriebsmittel

Von elektrischen Geräten können immer Gefahren für den Benutzer ausgehen. Die Unfallverhütungsvorschriften der Berufsgenossenschaften (UVV) verlangen deshalb von jedem Unternehmer, dass nicht nur elektrische Anlagen, sondern auch die Betriebsmittel regelmäßig auf ihren ordnungsgemäßen Zustand überprüft werden. Die Überprüfung von Elektrogeräten ist erforderlich
- nach einer Instandsetzung, Reparatur oder Änderung,
- nach Ablauf bestimmter Fristen (Wiederholungsprüfung).

Einzelheiten sind in BGV 2A und DIN VDE 0701 und 0702 geregelt.

Messung des Schutzleiterwiderstandes
Gerät mit Stecker — Gerät fest angeschlossen
Prüfspitze
Gerätestecker
mΩ
Niederohmmessgerät
Prüfspitze
mΩ

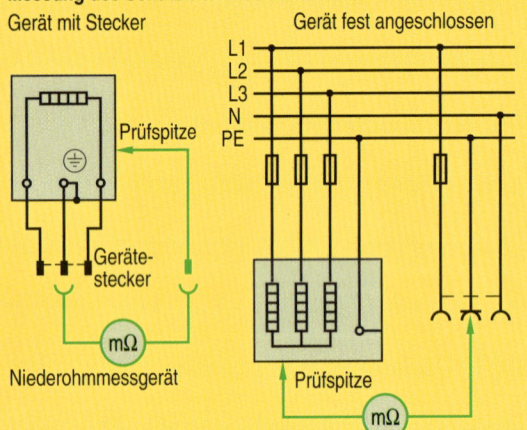

Schutzleiterwiderstand

Der Schutzleiter (PE) eines Gerätes und seiner Anschlussleitung muss in seinem gesamten Verlauf sorgfältig geprüft werden. Dabei werden durch Besichtigung und Handprobe der Schutzleiteranschluss, die Schutzleiterverbindung und der Zustand der Zugentlastung geprüft.

Der Widerstand des PE wird mit einem Widerstandsmessgerät nach DIN VDE 0413 gemessen, dabei muss die Leitung über die ganze Länge abschnittsweise bewegt und auf Zug belastet werden.

Der Schutzleiterwiderstand von fest angeschlossenen Geräten kann über den Schutzkontakt einer möglichst nahe gelegenen Steckdose gemessen werden.

Zulässige Grenzwerte sind:
- $0{,}3\,\Omega$ bei ortsveränderlichen Geräten bis 5 m Leitungslänge, plus $0{,}1\,\Omega$ je weitere 7,5 m Leitung (max. $1\,\Omega$),
- $1\,\Omega$ bei ortsfesten Geräten.

Isolationsmessung
Prüfgerät mit Prüfspannung 500 V DC
Gerät Schutzklasse I

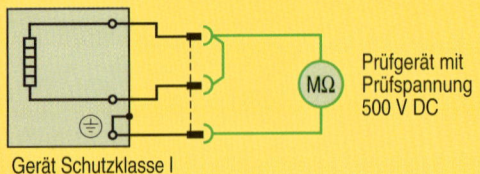

Mindestwerte

Schutzklasse	Isolationswiderstand
I	500 kΩ
II	2 MΩ
III	200 kΩ

Bei Geräten der Schutzklasse I mit Isolationswiderstand $<0{,}5\,\text{M}\Omega$ und bei Geräten mit Entstörkondensator wird der Ersatzableitstrom gemessen.

Isolationswiderstand

Je nach Schutzklasse des Gerätes muss der Isolationswiderstand wie folgt gemessen werden:
- bei Schutzklasse I zwischen allen spannungsführenden Teilen und dem Schutzleiter,
- bei Schutzklasse II und III zwischen allen spannungsführenden Teilen und leitfähigen Gehäuseteilen.

Der Isolationswiderstand wird mit Isolationsmessgeräten nach DIN VDE 0413 gemessen.

Heizgeräte der Schutzklasse I erreichen oft nicht den geforderten Isolationswert von $0{,}5\,\text{M}\Omega$. In diesem Fall muss der im Betrieb fließende Fehlerstrom, der so genannte Ableitstrom, bestimmt werden. Dies gilt auch für Geräte, bei denen ein Entstörkondensator ersetzt oder neu eingebaut wurde.

Da der Ableitstrom meist nicht direkt messbar ist, wird mit Hilfe von Kleinspannung der Ersatzableitstrom gemessen. Die handelsüblichen Messgeräte zeigen den auf Nennspannung umgerechneten Ableitstrom an.

Vertiefung zu 6.13

Ableitstrom, Schutzleiterstrom, Berührungsstrom
Um Menschen und Anlagen zu schützen, müssen stromdurchflossene Leiter möglichst gut isoliert sein. Insbesondere bei Heizgeräten ist dies aber schwierig, weil elektrische Isolierstoffe auch die Wärme dämmen. Bei Wärme- und Heizgeräten (Kochplatte, Boiler) wird deshalb die Isolierschicht möglichst dünn gehalten. Als Folge fließt deshalb auch bei fehlerfreien Geräten ein unerwünschter Strom vom Heizleiter über die Isolierung zum Gehäuse. Dieser Strom heißt **Ableitstrom**. Bei Elektroherden mit Bemessungsleistung bis 6 kW darf der Ableitstrom maximal 7 mA betragen bei Geräten über 6 kW sogar bis zu 15 mA.
Bei Geräten mit PE-Anschluss (Schutzklasse I) fließt dieser Ableitstrom über den Schutzleiter; der Ableitstrom heißt deshalb auch **Schutzleiterstrom**.
Auch bei Geräten der Schutzklasse II (Schutzisolierung) können bei Berührung sehr kleine Ableitströme auftreten. Hier wird der Ableitstrom **Berührungsstrom** genannt.

Ableitstrom einer Heizplatte

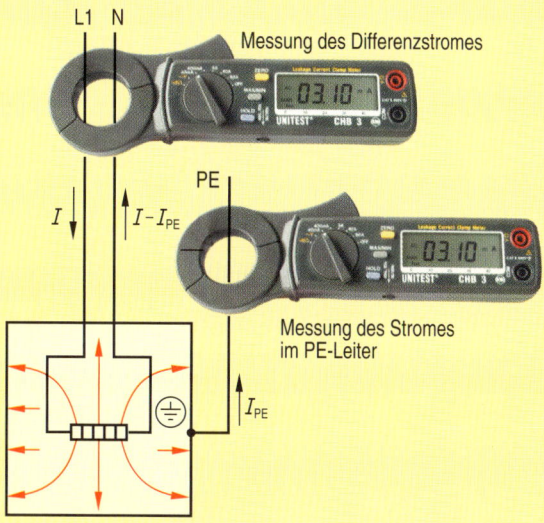

Messung des Differenzstromes

Messung des Stromes im PE-Leiter

Mess- und Prüfgeräte
Für die Prüfung von Elektrogeräten nach Instandsetzung und Änderungen sowie für die Wiederholungsprüfungen werden verschiedene Mess- und Prüfgeräte angeboten. Das Bild zeigt ein handelsübliches Mess- und Prüfgerät für Messungen nach DIN VDE 0701 und DIN VDE 0702:

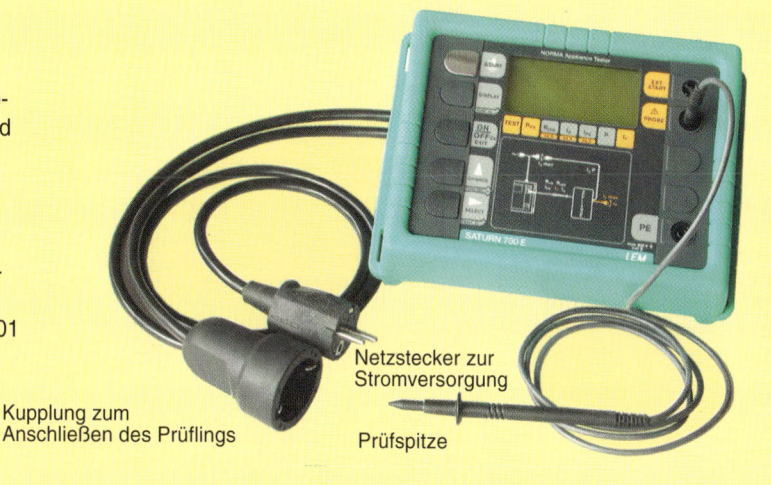

Kupplung zum Anschließen des Prüflings

Netzstecker zur Stromversorgung

Prüfspitze

Aufgaben zu 6.10 bis 6.13

6.10.1 Anlagen und Räume besonderer Art
a) Nennen Sie 5 Anlagen und Räume nach DIN VDE Gruppe 700.
b) Worin besteht der wesentliche Unterschied zwischen diesen Räumen bzw. Anlagen und normalen trockenen Räumen?

6.11.1 Arbeiten an elektrischen Anlagen
a) Nennen Sie die fünf Sicherheitsregeln nach BGV 2A und DIN VDE 0105.
b) Unter welchen Umständen darf unter Spannung gearbeitet werden?
c) Nennen Sie Beispiele für „Besichtigung", „Erprobung" und „Messung" einer elektrischen Anlage.

6.12.1 Anlagenprüfung
a) Nennen Sie vier Größen einer elektrischen Anlage, die aus Sicherheitsgründen sorgfältig geprüft werden müssen.
b) Welche zwei Püfungen sind bei einer Fehlerstrom-Schutzeinrichtung (RCD) durchzuführen?

6.13.1 Geräteprüfung
a) Welche zwei Gründe machen die Überprüfung eines Elektrogerätes erforderlich?
b) Welche Größen müssen bei der Überprüfung eines Elektrogerätes gemessen werden?
c) Welche Geräte sind für die Geräteprüfung zu verwenden?

6.14 Elektromagnetische Verträglichkeit I

Frequenzbereiche

elektromagnetische Störfelder: Wechselstrom, Rundfunkwellen, sichtbares Licht, UV-Strahlen, Röntgenstrahlen, Höhenstrahlen

Frequenz f in Hz: 10^0, 10^4, 10^8, 10^{12}, 10^{16}, 10^{20}

Funkschutzzeichen

Für Maschinen und Geräte bei denen die Funkstörungen unter dem Grenzwert liegen.
Zusatzangaben:
G Grobstörgrad (z.B. für Industriegebiete)
N Normalstörgrad (z.B. für Wohngebiete)
K Kleinstörgrad (z.B. für empfindliche Anlagen)

EMV-Funkschutzzeichen

Für Maschinen und Geräte mit geringer Störaussendung und großer Störfestigkeit.
Die Geräte haben die Fähigkeit "in ihrer elektromagnetischen Umwelt zufriedenstellend zu arbeiten, ohne untragbare Störungen in die Umwelt oder andere Geräte hineinzutragen".

Störgrößen, Beispiele

- Verzerrung durch Phasenanschnitt
- Störüberlagerung durch Schaltvorgang
- Störspannungen (Burst) durch Kontakt-Prellen

Störgrößenübertragung

leitungsgeführt 9 kHz – 30 MHz
Antenne

Störquelle z.B. Umrichter, Schaltnetzteil, Computer

elektrisches Feld 30 MHz – 1 GHz magnetisches Feld

Störsenke z.B. Steuerung, Mikroprozessor, SPS-Steuerung, Analogregler

Elektromagnetische Felder
Elektrische Spannungen und Ströme erzeugen in ihrer Umgebung immer einen Zustand, den man als „Feld" bezeichnet. Dabei erzeugen elektrische Ströme ein „magnetisches Feld" und elektrische Spannungen ein „elektrisches Feld". Treten beide Felder gemeinsam auf, spricht man von einem „elektromagnetischen Feld", kurz EM-Feld.
Die Felder können statisch (0 Hz), niederfrequent (bis 30 kHz) oder hochfrequent (bis 300 GHz) sein.

Wirkung von EM-Feldern, EMV
Sowohl Lebewesen als auch technische Anlagen werden von EM-Feldern beeinflusst. Insbesondere die Funktion elektronischer Schaltungen kann beträchtlich gestört werden.
Beim Betrieb elektrischer Anlagen und Geräte muss auf **EMV** (**E**lektro**M**agnetische **V**erträglichkeit) geachtet werden. EMV besagt, dass elektrische Einrichtungen andere Einrichtungen nicht stören dürfen; sie dürfen sich auch selbst durch andere Einrichtungen oder Naturereignisse (Blitzeinschläge) nicht stören lassen.
Die Europäische Gemeinschaft hat die EMV zum Schutzziel erklärt. Geräte, Systeme und Anlagen müssen seit 1996 dem „EMV-Gesetz" entsprechen.

Entstehung elektromagnetischer Störgrößen
Elektromagnetische Störgrößen sind hochfrequente Schwingungen, die
- **beabsichtig**t entstehen, weil sie für die Funktion des Gerätes notwendig sind, z. B. im Funktelefon,
- **unbeabsichtigt** entstehen, z. B. durch Impulse beim Schalten von elektrischen Verbrauchern.

Bei technisch erzeugten elektromagnetischen Störgrößen unterscheidet man:
- **periodische**, d. h. regelmäßig wiederkehrende Störgrößen, z. B. Störungen durch Gasentladungslampen und Schaltnetzteile und
- **transiente**, d. h. vorübergende Störgrößen, z. B. Spannungsspitzen durch Schaltvorgänge.

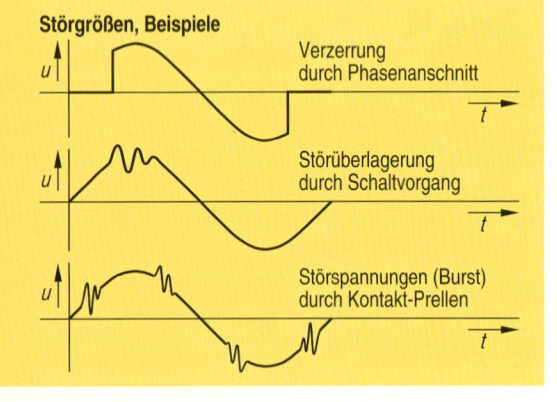

Ausbreitung elektromagnetischer Störgrößen
Die Ausbreitung von elektromagnetischen Störgrößen erfolgt je nach Frequenz
- über Leitungen oder
- über Antennenabstrahlung.

Kleinere Frequenzen im Bereich bis 30 MHz werden über die Leitungen des elektrischen Netzes übertragen, bei größeren Frequenzen über 30 MHz wirkt die Störquelle als Sendeantenne, das gestörte Gerät (Störsenke) als Empfangsantenne.
Die Kenntnis des Ausbreitungsweges ist wichtig, um geeignete Abschirmmaßnahmen zu entwickeln.

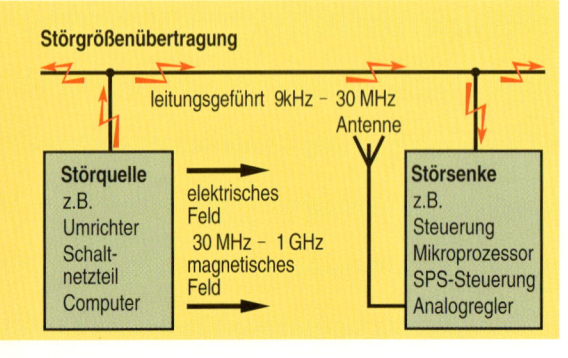

Vertiefung zu 6.14

Gefährdung von Menschen durch EM-Felder

Elektromagnetische Felder sind allgegenwärtig. Quellen sind z. B. Telekommunikationsmittel (Handy), elektrische Geräte, Maschinen und Anlagen, Rundfunk- und Fernsehsender oder Hochspannungsleitungen. Während aber die Einflüsse von EM-Feldern auf andere technische Geräte gut messbar sind, können die tatsächlichen Gefahren für Menschen noch nicht vollständig erfasst werden. Fest steht: bei niederfrequenten Feldern werden vor allem Reizwirkungen auf Sinnes-, Nerven- und Muskelzellen beobachtet, bei höheren Frequenzen treten auch Wärmewirkungen auf.

Um die Gefahr für Menschen zu verringern, werden Unfallvorschriften erlassen, die laufend dem aktuellen Kenntnisstand angepasst werden. Zum Beispiel hat die Großhandels- und Lagerei-Berufsgenossenschaft für ihre Mitgliedsbetriebe Unfallverhütungsvorschriften erlassen, die das Betriebsgelände in unterschiedliche „Expositionsbereiche" einteilt und Grenzwerte für die Feldbelastung festlegt.

Expositionsbereiche

Gemäß den Unfallverhütungsvorschriften wird das Betriebsgelände in vier so genannte Expositionsbereiche mit unterschiedlichen Belastungen eingeteilt. „Exposition" bedeutet dabei „einer Strahlung, einem Feld oder allgemein einer Gefahr ausgesetzt sein".

Expositionsbereich 2

Dieser Bereich umfasst alle allgemein zugänglichen Bereiche eines Unternehmens, z. B Büro- und Sozialräume sowie Arbeitsstätten, in denen eine Exposition durch EM-Felder bestimmungsgemäß nicht zu erwarten ist. Hier gelten die niedrigsten zulässigen Werte.

Expositionsbereich 1

Dieser Bereich umfasst kontrollierte Bereiche sowie Bereiche, in denen durch die Betriebsweise der Anlage oder die Aufenthaltsdauer der Personen nur eine vorübergehende Exposition erfolgt. Für kontrollierte Bereiche ist eine Zugangsregelung erforderlich.

Bereich erhöhter Exposition

Werden in einem Bereich die Werte des Expositionsbereichs 1 überschritten und müssen sich dennoch Mitarbeiter in diesem Bereich aufhalten, dann handelt es sich um einen Bereich erhöhter Exposition. Hier ist nur ein zeitlich begrenzter Aufenthalt gestattet.

Gefahrenbereich

Werden die zulässigen Werte des Bereichs erhöhter Exposition überschritten, handelt es sich um einen Gefahrenbereich. Diese Bereiche dürfen nicht oder nur mit geeigneter persönlicher Schutzausrüstung betreten werden.

Zulässige Feldstärken

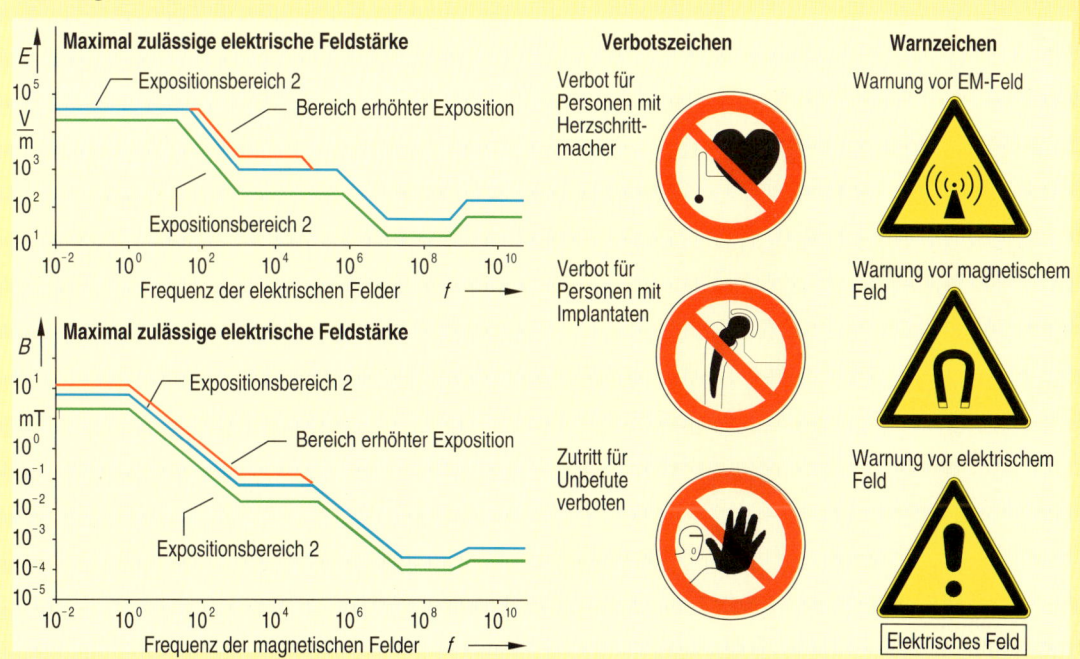

6.15 Elektromagnetische Verträglichkeit II

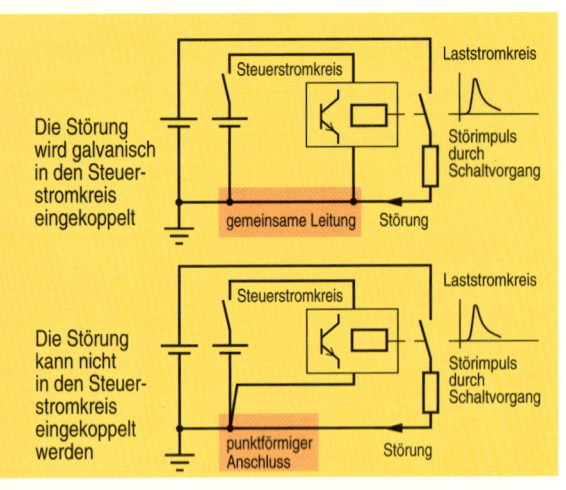

Galvanische Übertragung von Störungen

Störungen, z.B. Störimpulse durch Schaltvorgänge, können in einen Stromkreis „galvanisch" übertragen bzw. eingekoppelt werden.
Galvanische Kopplung entsteht, wenn verschiedene Stromkreise gemeinsame Leitungsabschnitte nutzen, z.B. eine gemeinsame Masse- oder Erdverbindung. Durch den Spannungsfall entsteht ein Störsignal.
Abhilfe:
- gemeinsame Leitungen vermeiden
- Leitungsquerschnitte möglichst groß bemessen
- Anschluss über nur einen Verbindungspunkt, sternförmiges Erdungssystem.

Im nebenstehenden Beispiel wird durch punktförmigen Zusammenschluss von Haupt- und Steuerstromkreis die Einkopplung von Störungen vermieden.

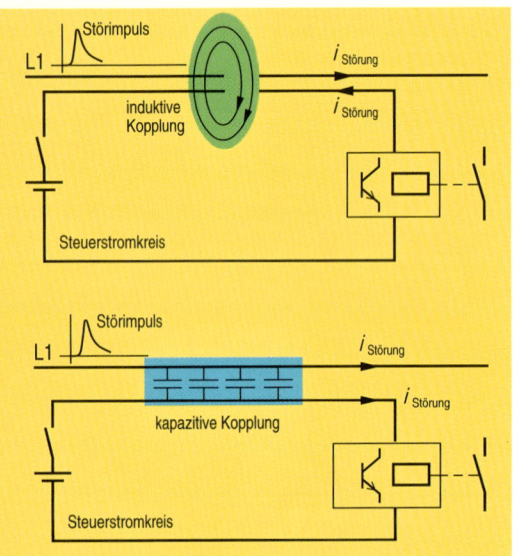

Induktive und kapazitive Übertragung von Störungen

Elektromagnetische Störgrößen können auch induktiv und kapazitiv auf benachbarte Leiter übertragen werden.
Bei der induktiven Koppelung wird durch die Magnetfeldänderung im Nachbarleiter Spannung induziert.
Abhilfe:
- Leiterabstand vergrößern
- verdrillte Leitungen verwenden (störende Magnetfelder heben sich auf)
- Leitungen mit Schirmgeflecht verwenden, Schirm sorgfältig erden.

Bei der kapazitiven Koppelung wirken die beiden parallelen Leiter wie ein Kondensator. Die Störgröße bewirkt eine Änderung des elektrischen Feldes, die wiederum eine Ladungsverschiebung bewirkt.
Abhilfe:
- Abstand zwischen den Leitern vergrößern
- Abschirmen der Leitungen mit Schirmgeflecht

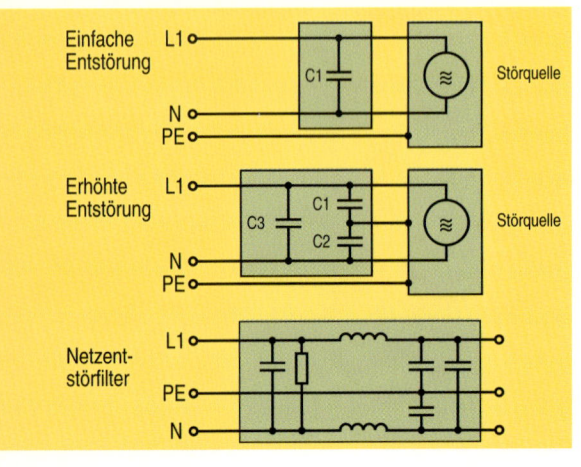

Entstörung von Geräten

Störspannungen werden sinnvollerweise direkt an der Quelle, d. h. am Ort ihrer Entstehung bekämpft. Meist erfolgt dies durch Kurzschließen der hochfrequenten Signale mit Hilfe von Kondensatoren. Je nach Aufwand werden die Störsignale mehr oder weniger gut unterdrückt. Man unterscheidet:
- einfache Entstörung mit Hilfe eines zur Störquelle parallel geschalteten Kondensators (X-Kondensator)
- erhöhte Entstörung durch mehrere Kondensatoren:
  1. Kondensator parallel zum Gerät (X-Kondensator)
  2. Kondensatoren zwischen stromführenden Leitern und Betriebsmittelgehäuse (Y-Kondensatoren)
- aufwändige Entstörung mit Hilfe von Netzfiltern aus Entstörkondensatoren und Entstördrosseln.

Vertiefung zu 6.15

EMV, praktische Maßnahmen
Um die Aussendung von elektromagnetischen Störsignalen zu verhindern und andererseits Geräte gegen Störungen zu schützen, müssen viele Einzelmaßnahmen durchgeführt werden. Im Folgenden werden einige typische Möglichkeiten zur Erzielung von EMV gezeigt:

EMV in Schaltschränken
Um in Schaltschränken eine möglichst geringe Beeinflussung durch elektromagnetische Störungen zu erreichen, wird der Schaltschrank aufgeteilt in
- Stromversorgung
- Leistungsteil
- Steuerungsteil.

Ebenso muss die Leitungsführung möglichst getrennt erfolgen nach
- Starkstromleitungen
- Steuer- und Signalleitungen der Digitalsignale
- Messleitungen für Analogsignale.

Abschirmung von Leitungen
Der Schirm einer Leitung hat die Aufgabe, die Störgrößen aufzunehmen und abzuleiten. In EMV-kritischen Bereichen sind Analog- und Datenleitungen grundsätzlich geschirmt zu verlegen. Das Schirmgeflecht ist sorgfältig mit dem Potenzialausgleich oder dem Gehäuse zu verbinden.
Die Verbindung muss:
- niederohmig
- niederinduktiv und
- rundum kontaktiert sein.

Der Schirm darf nicht als Potenzialausgleichsleiter verwendet werden.
Bei Schaltschränken werden heute meist spezielle EMV-Schienensysteme angebracht, welche die Schirmgeflechte der Leitungen aufnehmen.
Gegen Niederfrequenzstörgrößen mit hohem magnetischem Anteil empfiehlt sich ein Verdrillen der Leitungen.

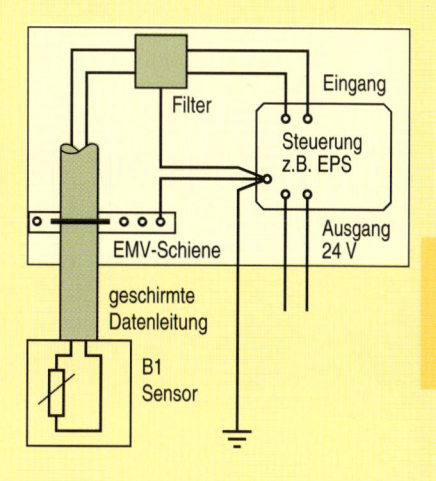

Aufgaben zu 6.14 und 6.15

6.14.1 Elektromagnetische Verträglichkeit
a) Erklären Sie kurz, welche zwei Forderungen ein Gerät nach dem „EMV-Gesetz" erfüllen muss.
b) Nennen Sie Beispiele für beabsichtigte und unbeabsichtigte elektromagnetische Schwingungen.
c) Worin besteht der Unterschied zwischen periodischen und transienten Störgrößen?
Nennen Sie Beispiele für beide Arten von Störgrößen.
d) Was versteht man unter einem „Expositionsbereich"? Nennen Sie die vier in der Praxis festgelegten Expositionsbereiche.
e) Nennen Sie zwei Ausbreitungsmöglichkeiten von elektromagnetischen Störgrößen.
f) Welche Einflüsse haben elektromagnetische Schwingungen möglicherweise auf Lebewesen?

6.15.1 Störungen
a) Begründen Sie, warum Schaltungen der Leistungselektronik eine wesentliche Quelle für elektromagnetische Störungen sind.
b) Wodurch entsteht eine „galvanische Einkopplung" von Störungen in einen Stromkreis? Wie kann die Einkopplung verhindert werden?
c) Nennen Sie je zwei Maßnahmen zur Verringerung der induktiven und der kapazitiven Einkopplung von Störsignalen.
d) Warum sollen in einem Schaltschrank die Stromversorgung, der Leistungsteil und der Steuerungsteil möglichst räumlich getrennt installiert werden?

6.16 Blitzschutz I

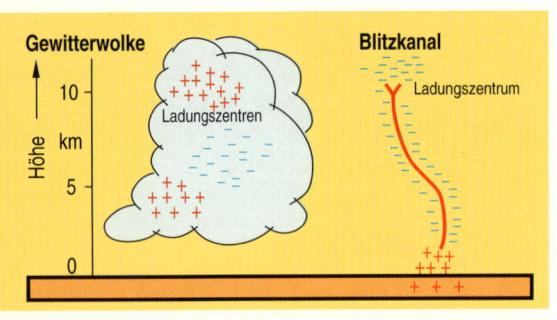

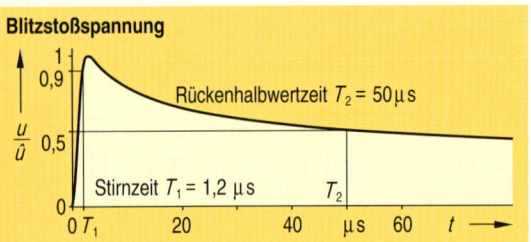

Für Mess- und Prüfzwecke werden in Hochspannungslabors Stoßspannungen mit Scheitelwerten bis etwa 2 MV erzeugt. Das Beispiel zeigt den Verlauf eines 1,2/50-Spannungsstoßes (1,2 µs Anstiegszeit, 50 µs bis zum Absinken auf halben Wert).

Größe	Wert	Wirkung
Stromscheitelwert	10 bis 100 kA	magnetische Kräfte Potenzialanhebung
Stromanstiegsgeschwindigkeit	etwa 10 kA/µs	induzierte Spannungen (Selbstinduktion und Fremdinduktion)
Blitzladung	etwa 100 As (10 bis 400 As)	Abbrand an Einschlagstellen, Brandgefahr
Energieumsatz in Blitzableitern	etwa 10 MJ/Ω	Erwärmung der Leiter, z.B. auf etwa 500 °C bei 10 mm² Kupfer

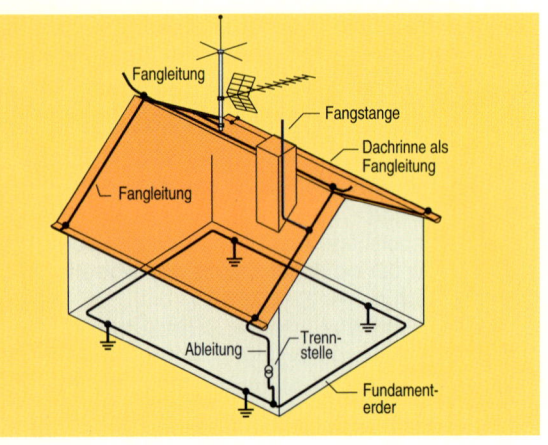

Entstehung von Blitzen
Voraussetzung für die Entstehung von Blitzen ist eine Ladungstrennung in den Wolken. Dies erfolgt durch Wärmeeinstrahlung (Wärmegewitter), Aufeinandertreffen von Kalt- und Warmluft (Frontgewitter) oder Aufsteigen von Luftmassen an Berghängen (Gebirgsgewitter). Übersteigt die elektrische Feldstärke gewisse Werte, so erfolgt der Ladungsausgleich über einen Blitzkanal. Blitze können innerhalb der Wolken oder zwischen Wolke und Erde auftreten.

Blitzdaten
Blitze sind elektrische Entladungen zwischen Wolken oder zwischen Wolke und Erde. Charakteristisch dabei sind die kurzen Stromanstiegszeiten: der Blitzstrom kann in wenigen µs (Mikrosekunden) auf Werte bis zu 100 kA ansteigen. Die kurzen Anstiegszeiten verursachen schnelle Magnetfeldänderungen und führen zu sehr großen Induktionsspannungen. Die Ladungsmenge eines Blitzes liegt meistens unter 100 As.
In Hochspannungslabors werden mit speziellen Stoßgeneratoren genormte „Prüfblitze" für Mess- und Prüfzwecke erzeugt.

Wirkungen des Blitzstromes
Der Energieinhalt einer Blitzentladung ist zwar relativ klein (Größenordung 10 bis 100 kWh), wegen der sehr kurzen Entladezeit können Blitze aber große Zerstörungen verursachen. Die wichtigsten Wirkungen sind:
- dynamische Wirkung, d. h. große Kräfte zwischen stromdurchflossenen Anlageteilen
- thermische Wirkung, d. h. starke Wärmeentwicklung und Brandgefahr
- elektromagnetische Wirkung, d. h. hohe induzierte Spannungen, die insbesondere elektronische Geräte zerstören können
- Potenzialanhebung, die zu Durchschlägen und zu gefährlichen Schrittspannungen führen können.

Blitzschutzanlage, Prinzip
Blitzschutzanlagen sind im Prinzip engmaschige Metallkäfige (faradaysche Käfige), die ihr Inneres von elektrischen Feldern abschirmen. Wesentliche Bestandteile sind die Fangeinrichtungen, die Ableitungen und die Erdungsanlage.
Derartige Anlagen können Blitzentladungen nicht verhindern, die Ströme werden aber kontrolliert zur Erde abgeleitet. Dieser Schutz wird als „**äußerer Blitzschutz**" bezeichnet, er schützt vor direkter Blitzeinwirkung. Trotz äußerem Blitzschutz können aber über Kabel oder metallische Leiter gefährliche Überspannungen in ein geschütztes Gebäude gelangen. Um dies zu verhindern wird zusätzlich ein „**innerer Blitzschutz**" installiert.

Vertiefung zu 6.1

Blitzschutz, Notwendigkeit

Für normale 1- oder 2-Familienhäuser innerhalb einer bebauten Gegend ist die Wahrscheinlichkeit eines Blitzeinschlages sehr gering. Deshalb besteht auch keine generelle Pflicht zum Anbringen von Blitzschutzanlagen.

Vorgeschrieben sind Blitzschutzanlagen für „herausragende" Gebäude wie Türme oder Schornsteine oder Bauten bei denen Blitzeinschläge zu schwerwiegenden Folgen führen können, z. B. Kraftwerke, Krankenhäuser, Bauernhöfe, Schulen und Industrieanlagen. Je nach Gefährdungspotenzial des Gebäudes müssen Blitzschutzanlagen mehr oder weniger aufwändig sein. Die Einteilung erfolgt nach „Schutzklassen".

Bei Schutzklasse I zum Beispiel beträgt die Maschenweite der Fangeinrichtungen maximal 5 m, der Grad der Schutzwirkung beträgt 98 %, d. h. 98 % aller Einschläge führen zu keiner Gefährdung. Ein 100 %iger Schutz ist nicht möglich.

Einteilung nach Schutzklassen

Schutzklasse	Maschenweite der Fangeinrichtungen	Beispiele für Bauwerke und Anlagen	Grad der Schutzwirkung
I	5 m	Nuklearanlagen, biochemische Anlagen	98 %
II	10 m	Kraftwerke, Krankenhäuser, Fernmeldeanlagen	95 %
III	15 m	Industrieanlagen, öffentliche Gebäude, Wohngebäude, landwirtschaftliche Gebäude	90 %
IV	20 m	Schutzhütten	85 %

Der „Grad der Schutzwirkung" ist eine statistische Größe. Er besagt nur etwas über die Wahrscheinlichkeit der Gefährdung bzw. des Schutzes aus. Eine absolute Vorhersage über ein bevorstehendes Ereignis ist hingegen nicht möglich.

Bemessung von Blitzschutzanlagen

Blitzschutzanlagen müssen sorgfältig geplant und ausgeführt werden. Die zugehörigen Vorschriften sind u.a. in VDE 0185 enthalten.

Besonders zu beachten ist die zulässige Maschenweite der Fangeinrichtungen: sie ergibt sich aus dem geforderten Schutzgrad des zu schützenden Gebäudes. Außerdem sind ausreichend viele Ableitungen zu installieren. Fangeinrichtungen und Ableitungen müssen ausreichende Querschnitte haben. Die Ableitungen sind an einen geeigneten Erder (vorzugsweise einen Fundamenterder) anzuschließen.

Gefahr durch Näherungen

Besonders große Gefahr besteht, wenn sich Teile der Blitzschutzanlage geerdeten Metallteilen nähern (Fremdnäherung) oder enge Schleifen bilden (Eigennäherung). In diesen Fällen kann der Blitz „abspringen" bzw. „überspringen".

Durch den großen Blitzstrom entstehen in Holz oder Mauerwerk explosionsartige Abspaltungen, da die enthaltene Feuchtigkeit sofort verdampft (Brandgefahr).

Erdungsanlage

Die EVU (Elektrizitätsversorgungsunternehmen) fordern bei Neubauten einen „Fundamenterder". Er besteht aus verzinktem Bandstahl, der ringsum in das Fundament des Gebäudes eingegossen ist. An diesen Fundamenterder sollte über „Anschlussfahnen" die Blitzschutzanlage angeschlossen sein.

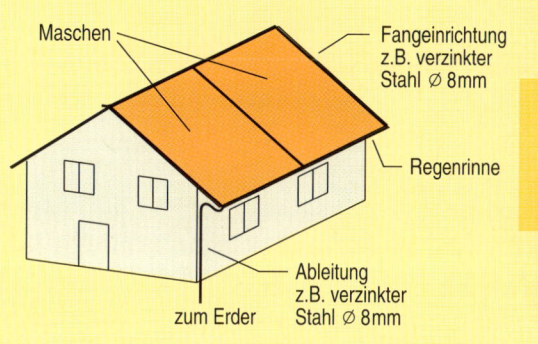

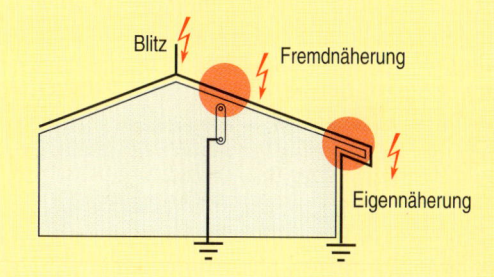

Für ältere Gebäude, die keinen Fundamenterder haben, muss eventuell eine eigene Erdungsanlage errichtet werden. Form und Abmessungen müssen so sein, dass der Blitzstrom gut abgeleitet wird (Gefahr durch Spannungstrichter). Der Erderwiderstand soll möglichst niedrig sein.

6.17 Blitzschutz II

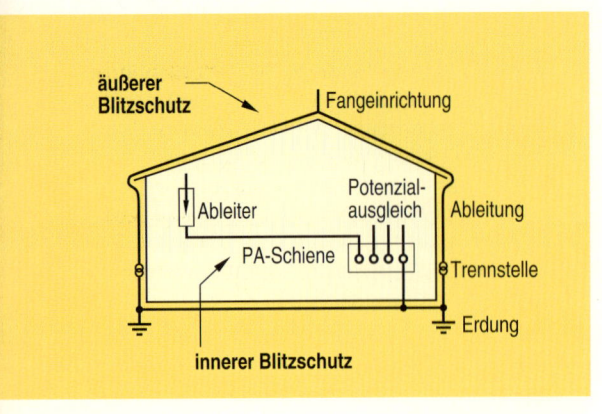

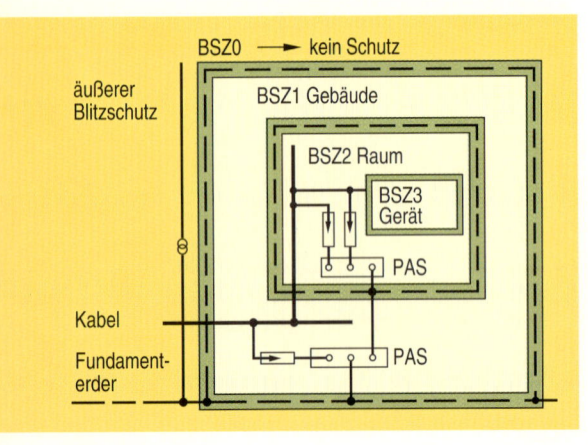

Äußerer und innerer Blitzschutz
Der Schutz gegen die gefährlichen Auswirkungen von Blitzeinschlägen wird in der Praxis durch zwei sich ergänzende Maßnahmen gewährleistet:
- **Äußerer Blitzschutz** entsteht durch ein möglichst engmaschiges, leitfähiges Netz (faradayscher Käfig), das über das Gebäude gelegt ist. Er besteht aus Fangeinrichtung, Ableitung und Erdung und schützt das Gebäude vor direkten Blitzeinschlägen.
- **Innerer Blitzschutz** wird durch einen konsequenten Potenzialausgleich und durch Überspannungsableiter realisiert. Er schützt vor allem elektronische Geräte gegen eingeschleppte Spannungsspitzen.

Innerer Blitzschutz, Realisierung
Zum inneren Blitzschutz gehören ein umfassender Potenzialausgleich sowie Blitzstrom- und Überspannungsableiter.
Der Potenzialausgleich verbindet alle metallenen Leitungssysteme sowie die Abschirmungen sensibler elektronischer Einrichtungen. Bestimmte Metallteile, z. B. Dachständer dürfen aber nur über Trennfunkenstrecken angeschlossen werden.
Blitzstrom- und Überspannungsableiter sind Bauteile, die bei normaler Spannung hochohmig sind, bei hohen Spannungen werden sie aber niederohmig und leiten die Energie zur Erde ab. Ein gestaffelter Anlagenschutz wird durch Ableiter mit drei verschiedene Anforderungsklassen B, C und D erreicht:
- Blitzstromableiter der Klasse B können direkte Blitzströme führen und die Blitzspannung auf ein verträgliches Niveau begrenzen (Grobschutz)
- Überspannungsableiter der Klasse C werden in Verteiler eingebaut und reduzieren dort die noch vorhandene Restblitzspannung (Mittelschutz)
- Überspannungsableiter der Klasse D dienen dem Schutz der Steckdosen-Endgeräte (Feinschutz).

Blitzschutzzonen-Konzept
Nach DIN VDE 0185 werden äußerer und innerer Blitzschutz sowie Maßnahmen zur elektromagnetischen Verträglichkeit (EMV) im Zusammenhang gesehen. Danach werden die zu schützenden Anlagen in so genannte Blitzschutzzonen eingeteilt. Die Schutzzonen entstehen durch „ineinander geschachtelte Räume", die jeweils durch Metallgehäuse oder Stahlarmierungen gegeneinander abgeschirmt sind.
Außerhalb des Gebäudes ist die ungeschütze Zone (**Blitz**schutz**z**one 0, BSZ 0), dann folgen nach innen die immer besser geschützen Zonen BSZ 1 (Gebäude), BSZ 2 (Raum) und BSZ 3 (Gerät).
Das System wird auch als EMV-Konzept bezeichnet.

Vertiefung zu 6.17

Gestaffelter Blitzschutz

Durch den zunehmenden Einsatz von empfindlichen elektronischen Geräten gewinnt auch der Blitzschutz (Überspannungsschutz) zunehmende Bedeutung. Den besten Schutz für Anlagen und Geräte erreicht man dabei durch eine so genannte Staffelung der Schutzorgane:

1. an der Niederspannungs-Hauptverteilung, vor dem Zähler, leiten Blitzstromableiter einen eventuellen Blitzstrom zur Potenzialausgleichsschiene.
2. an den Unterverteilungen leiten Überspannungsableiter eventuelle Blitzstromreste zum PE-Leiter.
3. Steckdosen für Endverbraucher enthalten eine Überspannungs-Schutzbeschaltung.
4. Verbrauchsgeräte enthalten ein eigenes Überspannungs-Schutzmodul.

Um einen vollständigen Schutz zu erzielen, darf beim gestaffelten Überspannungsschutz keine Schutzstufe ausgelassen werden.

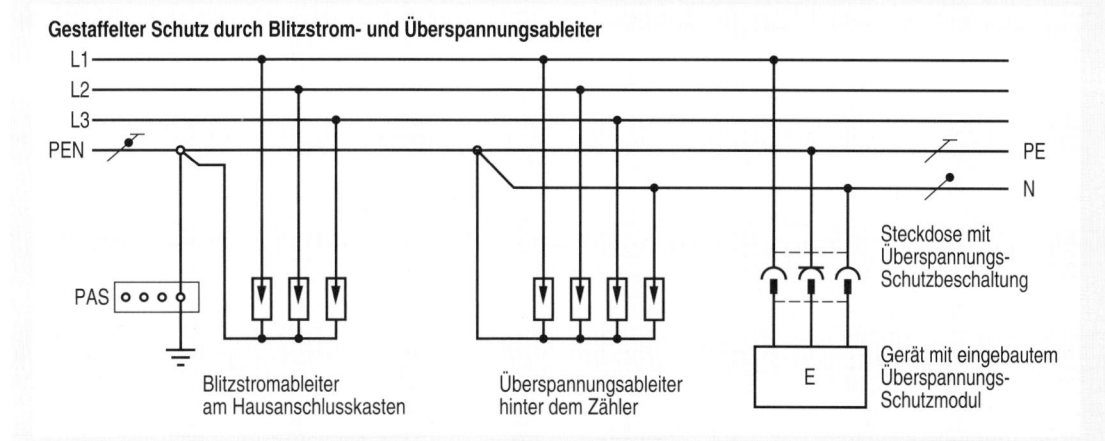

Gestaffelter Schutz durch Blitzstrom- und Überspannungsableiter

Blitzstromableiter am Hausanschlusskasten — Überspannungsableiter hinter dem Zähler — Steckdose mit Überspannungs-Schutzbeschaltung — Gerät mit eingebautem Überspannungs-Schutzmodul

Die verschiedenen Ableiter unterscheiden sich durch ihre Leistungsfähigkeit: Blitzstromableiter können **theoretische** Stromspitzen bis 100 kA ableiten, Schutzbeschaltungen in Steckdosen bis 1 kA. Diese Stromspitzen werden aber durch die Leitungsinduktivitäten stark gedämpft. Ein Blitzstromableiter spricht an, wenn die Spitzenspannung auf z. B. 2,5 kV ansteigt (Schutzpegel), ein Modul für den Feinschutz z. B. bei 2facher Nennspannung.

Die Ansprechzeit liegt im Bereich von Nanosekunden.

Aufgaben zu 6.16 und 6.17

6.16.1 Blitzdaten
a) In welcher Größenordnung liegt die Stromanstiegsgeschwindigkeit von Blitzentladungen und welche speziellen Gefahren ergeben sich daraus?
b) Die Scheitelwerte einer Blitzentladung liegen im Bereich von 100 kA. Welche besonderen Gefahren entstehen durch die großen Stromspitzen?
c) Eine Blitzentladung wird durch die Angabe 1,2/50 gekennzeichnet. Was bedeutet diese Angabe?

6.16.2 Blitzschutz
a) Welche Gebäude müssen durch eine Blitzschutzanlage geschützt sein?
b) Wie wird der Grad der Schutzwirkung durch die Maschenweite der Fangleitungen beeinflusst?
c) Bei Blitzschutzklasse I beträgt der Grad der Schutzwirkung 98%.
 Was bedeutet diese Angabe?

6.17.1 Äußerer und innerer Blitzschutz
a) Gegen welche Gefahr soll der „äußere Blitzschutz" schützen?
 Wie kann der äußere Blitzschutz in der Praxis realisiert werden?
b) Gegen welche Gefahr soll der „innere Blitzschutz" schützen?
 Wie kann der innere Blitzschutz in der Praxis realisiert werden?
c) Nennen Sie je ein Beispiel für Fremdnäherung und Eigennäherung.
 Welche Gefahr besteht durch Näherungen?

6.17.2 EMV-Konzept
a) Erläutern Sie kurz den Grundgedanken des EMV-Konzeptes.
b) Welche Aufgabe haben Blitzstromableiter bzw. Überspannungsableiter?

6.18 Erste Hilfe, Brandbekämpfung

Sofortmaßnahmen bei Elektrounfällen
Bei Unfällen allgemein, insbesondere aber bei Elektrounfällen, ist die sofortige Hilfeleistung von großer Bedeutung und manchmal lebensentscheidend.
Tritt bei einem Elektrounfall Herzkammerflimmern ein, so muss sofort mit künstlicher Beatmung begonnen werden, da sonst die Gehirnzellen nach wenigen Minuten absterben. Durch Wiederbelebungsmaßnahmen wird ein Notkreislauf des Blutes aufrecht erhalten.
Die geeigneten Maßnahmen zur Wiederbelebung werden im Erste-Hilfe-Kurs gezeigt.

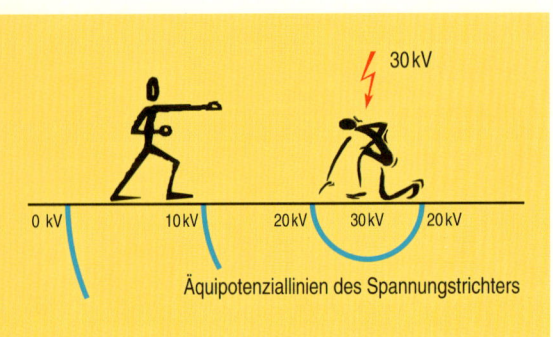

Bei einem Elektrounfall gelten folgende Regeln:

- Strom abschalten
- bei Bedarf sofort Maßnahmen zur Wiederbelebung durchführen
- Hilfe herbei rufen, Notarzt verständigen, Notruf 112 oder 110

Hilfe bei eingeschalteter Spannung
Bei Elektrounfällen ist es nicht immer möglich, den betroffenen Stromkreis sofort abzuschalten.
In diesem Fall muss der Verunglückte mit Hilfe von isolierenden Teilen (z. B. Holzlatten, Kleider, Kunststoffrohren) von der spannungsführenden Anlage weggeholt werden. Dies muss mit größter Vorsicht geschehen, damit sich Helfer nicht selbst in Gefahr bringen.
Gefahr besteht vor allem durch direkte Berührung aber auch durch Schrittspannungen, die sich bilden, wenn spannungführende Leitungen auf der Erde liegen.
Die Rettung in Hochspannungsanlagen (Spannung über 1000 V) kann nur durch Fachpersonal erfolgen.

Äquipotenziallinien des Spannungstrichters

Sofortmaßnahmen bei Verbrennungen
Verbrennungen gehören zu den unangenehmsten Verletzungen, sie können je nach Schwere tödlich sein.
Brennende Personen müssen mit den vorhanden Mitteln gelöscht werden (Branddecken, Wasser, Wälzen im Gras).
Verbrannte Körperteile werden sofort zur Linderung der Schmerzen für längere Zeit in kaltes Wasser getaucht. Die Wunden werden anschließend mit sauberen Tüchern locker abgedeckt.
Brandwunden dürfen nicht mit Puder, Salben oder Öl eingerieben werden.
Dem Verletzten darf kein Alkohol verabreicht werden.

Bei einem Verbrennungsunfall gelten folgende Regeln:

- brennende Menschen löschen
- Brandwunden mit kaltem Wasser kühlen, dann mit sauberen Tüchern abdecken
- Hilfe herbei rufen, Notarzt verständigen, Notruf 112 oder 110
- keine Salben und Puder, kein Alkohol

Löschen von Bränden
Bei einem Brand in einer elektrischen Anlage muss diese spannungsfrei geschaltet werden. Bei Hochspannung ist dies nur durch Fachpersonal möglich.
Bei der Brandbekämpfung muss je nach Brandklasse das richtige Löschmittel eingesetzt werden.
Feuerlöscher sind mit Bildsymbolen gekennzeichnet, die den zulässigen Einsatzbereich angeben.
Generell gilt für Löschmittel in elektrischen Anlagen:
- Pulver nur mit Genehmigung des Betreibers.
- Schaum nur in spannungsfreien Anlagen.
- Wasser möglichst nur als Sprühstrahl (Abstand!).

Brandklasse	Bildsymbol	Brände von
A	A	festen Stoffen, insbesondere Holz, Papier, Kohle, Stroh
B	B	flüssigen oder flüssig werdenden Stoffen, z.B. Benzin, Teer, Öl, Fett
C	C	Gasen, z.B. Wasserstoff, Acetylen, Propan, Erdgas
D	D	Metallen, insbesondere Leichtmetallen, z.B. Aluminium, Magnesium

© Holland + Josenhans

Vertiefung zu 6.18

Verhalten im Brandfall

Bei einem Brand in einer elektrischen Anlage muss diese sofort ausgeschaltet werden, z.B. durch Ausschalten der Stromkreissicherungen oder durch Ziehen des Netzsteckers bei ortsveränderlichen Geräten. Nicht vom Brand betroffene Anlageteile werden nicht ausgeschaltet, weil dadurch zusätzliche Gefahr entsteht (z.B. Aufzug bleibt stehen, Licht geht aus). Kleinere Brände werden mit Feuerlöschern gelöscht, dabei ist auf das richtige Löschmittel zu achten. Nach dem Löschen sind die Räume gründlich zu lüften. Feuerlöscher sind regelmäßig zu warten.
Bei größeren Bränden muss sofort die Feuerwehr gerufen werden.

Handelsüblicher Feuerlöscher

— Hinweise zur Handhabung

— Geeignet für Brandklassen A, B, C

— Instandhaltungsnachweis, nächster Prüftermin

Mindestabstände beim Löschen

Da beim Löschen eines Brandes eventuell die Anlage oder Anlageteile unter Spannung stehen, sind nach DIN VDE 0132 zwischen der Löschmittelaustrittsöffnung und den unter Spannung stehenden Anlageteilen bestimmte Mindestabstände einzuhalten.
Die nebenstehende Tabelle zeigt die verlangten Mindestabstände:

Löschmittel	geeignet für Brandklasse	Mindestabstände in Metern bei Wechselspannungsanlagen bis				
		1 kV	30 kV	110 kV	220 kV	380 kV
Kohlendioxid	B, C	1	3	3	4	5
Pulver	B, C	1	3	3	4	5
Pulver	A, B, C	3	Einsatz nur in spannungsfreien Anlagen zulässig			
Schaum	A, B	1				
Wasser: Sprühstrahl	A	1	3	3	4	5
Vollstrahl	A	5	5	6	7	8

Bauliche Brandschutzmaßnahmen

Gebäude müssen so gebaut sein, dass die Enstehung von Bränden bzw. die Brandausdehnung möglichst erschwert wird. Die eingesetzten Bauteile müssen deshalb je nach Gefährdung des Bauwerkes bestimmte Mindestbedingungen erfüllen.
Zur Klassifizierung dient die **Feuerwiderstandsklasse**. Sie gibt an, wie lange das Bauwerk bei einem Brand seine Funktion erfüllt. Die Feuerwiderstandsklasse F 90 einer Mauer z. B. besagt, dass die Mauer bei einem festgelegten Brandversuch 90 Minuten lang ihre Tragund Standfestigkeit behält.
Besonders hohe Anforderungen werden an **Brandwände** gestellt. Diese Wände sollen verhindern, dass ein Brand auf andere Räume und Gebäude übergreift. Müssen Kabel oder Leitungen durch eine Brandwand geführt werden, so muss die Durchführung durch feuerfestes Material abgedichtet werden (Brandschutzkissen, Brandschutzsteine, Brandschutzmörtel).
In einer Brandwand sind keine Installationen, z. B. Verteilerdosen, erlaubt.

Aufgaben

6.18.1 Sofortmaßnahmen bei Unfällen

a) Über welche Rufnummern kann im Notfall Hilfe angefordert werden?
b) Warum muss im Bedarfsfall **sofort** mit einer künstlichen Beatmung begonnen werden?
c) Welche Sofortmaßnahmen sind bei einem Elektrounfall in Anlagen mit Spannungen bis 1000 V bzw. in Anlagen mit Spannungen über 1000 V einzuleiten?
d) Welche Sofortmaßnahmen sind bei Unfällen mit Verbrennungsopfern einzuleiten?

6.18.2 Löschen von Bränden

a) Welche Information liefert die auf einem Feuerlöscher aufgedruckte Brandklasse?
b) Welcher Teil einer elektrischen Anlage muss im Falle eines Brandes ausgeschaltet werden? Begründen Sie Ihre Aussage.
c) Darf in elektrischen Anlagen auch Wasser als Löschmittel eingesetzt werden?
d) Dürfen brennende Metalle (z. B. Aluminium, Magnesium) mit Wasser gelöscht werden?

6.19 Ausgewählte Lösungen zu Kapitel 6

6.1.1 a) Ab 50 mA gilt technischer Wechselstrom als gefährlich, wichtig ist aber auch die Einwirkzeit.
b) Herzkammerflimmern, Herzstillstand.
c) Lebensgefährliche Verbrennungen,
d) $I_{berechnet}$ = 3,5 mA. Diese Rechnung berücksichtigt nicht den zu erwartenden Hautdurchschlag. Bei 230 V besteht immer Lebensgefahr.

6.2.1 a) Anlagen und Geräte müssen so betrieben werden, dass durch den Betrieb keine Gefahr für Menschen, Tiere und Sachen entstehen kann.
b) DIN Deutsches Institut für Normung, VDE Verband deutscher Elektrotechniker.
c) DIN VDE besagt: diese VDE-Vorschrift ist Bestandteil der DIN-Norm.

6.2.2 a) 0100 Errichten von Starkstromanlagen bis 1000 V, 0105 Betrieb von Starkstromanlagen, 0701 Instandsetzung, Änderung, Prüfung elektrischer Geräte.
b) Nein, erst durch Aufnahme in gesetzliche Regelungen wie das Gerätesicherheitsgesetz werden sie allgemeinverbindlich.

6.3.1 a) Aus wirtschaftlichen Gründen, zu teuer.
b) IP XX, IP International Protection. Erste Ziffer: Schutzgrad gegen Berührung und Fremdkörper, zweite Ziffer: Schutzgrad gegen Eindringen von Wasser.
c) Bildsymbole (z. B. Tropfen) nach DIN VDE 710.

6.3.2 a) Schutz gegen Eindringen von Fremdkörpern ≥ 12,5 mm, Schutz gegen Sprühwasser.
b) Schutz gegen Staub und Strahlwasser.
c) Wasserdichte Ausführung (X7) bedingt auch Schutz gegen Eindringen von Festkörpern.

6.4.1 a) Direktes Berühren: Berühren eines Anlageteils, das betriebsmäßig unter Spannung steht.
Indirektes Berühren: Berühren eines Anlageteils, das infolge eines Fehlers unter Spannung steht.
Basisschutz: Schutz gegen direktes Berühren z. B. durch Isolierung, Abdeckung und Abstand.
Fehlerschutz: Schutz bei indirektem Berühren z. B. durch zusätzliche Schutzisolierung, sofortiges automatisches Abschalten oder Kleinspannung.
b) Schutzklasse I: Schutzleiteranschluss (PE)
Schutzklasse II: Schutzisolierung
Schutzklasse III: Kleinspannung (SELV, PELV)
c) Basisschutz durch Isolierung aktiver Anlageteile, Abdeckungen und Umhüllungen, Aufstellen von Hindernissen (Schutzgitter), Abstand halten.
d) Fehlerschutz durch durch zusätzliche Isolierung (Schutzisolierung), sehr schnelles Abschalten im Fehlerfall, Einsatz von Schutzkleinspannung.

6.5.1 a) SELV Safety Extra Low Voltage (Sicherheitskleinspannung), Kleinspannung nicht geerdet.
PELV Protective Extra Low Voltage (Funktionskleinpannung mit sicherer Trennung), Kleinspannung geerdet.
FELV Functional Extra Low Voltage (Funktionskleinspannung ohne sichere Trennung), Kleinspannung geerdet.
b) Spannungsquelle muss besonders hohe, festgelegte Anforderungen an Sicherheit erfüllen.
c) Erdung notwendig, damit bei einem Erdschluss die Anlage sofort abschaltet und keine gefährlichen Zustände auftreten.
d) Unterschiedliche Form für die Steckverbindungen der verschiedenen Spannunen, unterschiedliche Farben, genaue Kennzeichnung.

6.6.1 a) Schutzisolierung kann in jedem Netz (TN-, TT-, IT-System) eingesetzt werden.
b) Kleinspannung (SELV, PELV) kann in jedem System eingesetzt werden, ist also systemunabhängig.
d) Wärmegeräte, z. B. Herde, dürfen wegen der Wärmeentwicklung nicht schutzisoliert sein.
e) Beseitigung eventueller Spannungen zwischen verschiedenen Anlageteilen.

6.6.2 a) Räume mit ortsfesten Betriebsmitteln, z. B. bei Mess- und Prüfplätzen.
b) Nein, im Handbereich dürfen keine Gegenstände mit Erdverbindung sein.
d) Die Gehäuse der Verbraucher müssen durch einen erdfreien Potenzialausgleich verbunden sein.

6.7.2 b) Schleifenimpedanz Z_S = (232 – 227) V/10 A = 0,5 Ω. Prospektiver Kurzschlussstrom I_p = 460 A.

6.81 a) FI-Schutzschalter = Fehlerstrom-Schutzschalter RCD = Residual Current protective Device (Reststrom-Schutzschalter)
b) Die Differenzstrom-Schutzeinrichtung benötigt eine Hilfsspannungsquelle, die Fehlerstrom-Schutzeinrichtung benötigt keine.
d) Schleifenimpedanz $Z_{S\,max}$ = 230 V/30 mA = 7,67 kΩ.
e) Schutzerder $R_{A\,max}$ = 50 V/300 mA = 167 Ω.

6.8.2 a) Durch Drücken der Taste wird ein Fehlerstrom simuliert. Der Schalter löst aus, wenn der Auslösemechanismus des Schalters einwandfrei arbeitet.
b) Nein, der Fehler wird völlig unabhängig von der tatsächlichen Schleifenimpedanz simuliert.

6.9.1 c) Nach Norm müssen alle leitfähigen Teile (z. B. Rohre), die von außen in das Bad hineinführen und somit Spannungen einschleppen können, in den örtlichen Potenzialausgleich einbezogen werden. Die Badewanne wird nicht von außen eingefügt und kann somit keine Spannung einschleppen. (Die Regelung wird kontrovers diskutiert.)

6.9.2 a) Schutzerdung ist die direkte Erdung eines Gerätes (R_A), Betriebserdung ist die direkte Erdung des Sternpunktes des Versorgungstransformators (R_B).
e) Korrosion kann den Erder nach wenigen Jahren zerstören und unwirksam machen.

6.10.1 a) Räume mit Badewanne oder Dusche, Baustellen, elektrische Betriebsstätten, abgeschlossene elektrische Betriebsstätten, landwirtschaftliche Anwesen, feuchte und nasse Räume.
b) In diesen Anlagen und Räumen treten besondere, über das normale Maß hinausgehende Gefahren auf.

6.12.1 a) Isolationswiderstand, Schutz- und Potenzialausgleichsleiter, Schleifenwiderstand (Schleifenimpedanz), Netzinnenwiderstand.
b) 1. Funktion des Gerätes,
2. Eigenschaften der Anlage

6.18.1 a) Notruf 112 (Feuerwehr) bzw. 110 (Polizei)
b) Die Gehirnzellen sterben in wenigen Minuten ab, was zu bleibenden Schäden führt.
c) Strom abschalten, bei Bedarf Wiederbelebung durchführen, Hilfe herbei rufen, Notruf 112, 110.
d) Brennende Menschen löschen, Brandwunden kühlen und abdecken, Hilfe herbei rufen.

6.18.2 d) Brennende Metalle dürfen nicht mit Wasser gelöscht werden, weil brennendes Metall dem Wasser Sauerstoff entzieht (Explosionsgefahr!)

7 Technische Kommunikation

7.1	Technische Systeme	234
7.2	Technische Dokumentation	236
7.3	Arbeits- und Wartungspläne	238
7.4	Qualitätssicherung	240
7.5	Technisches Zeichnen	242
7.6	Körper in räumlicher Darstellung	244
7.7	Körper in Ansichten I	246
7.8	Körper in Ansichten II	248
7.9	Voll- und Halbschnitte	250
7.10	Teilschnitte und Gewinde	252
7.11	Bemaßung I	254
7.12	Bemaßung II	256
7.13	Bemaßung III	258
7.14	Toleranzen und Oberflächen	260
7.15	Passungssysteme	262
7.16	Gesamtzeichnungen	264
7.17	Explosionszeichnungen	266
7.18	Elektrische Schaltpläne I	268
7.19	Elektrische Schaltpläne II	270
7.20	Schaltzeichen I	272
7.21	Schaltzeichen II	274
7.22	Schaltzeichen III	276
7.23	Pneumatische und hydraulische Dokumente	278
7.24	Elektropneumatische Dokumente	280
7.25	Funktionsdiagramme	282
7.26	Computergestütztes Zeichnen	284
7.27	Ausgewählte Lösungen zu Kapitel 7	286

7.1 Technische Systeme

Motor mit Frequenzumformer als technisches System

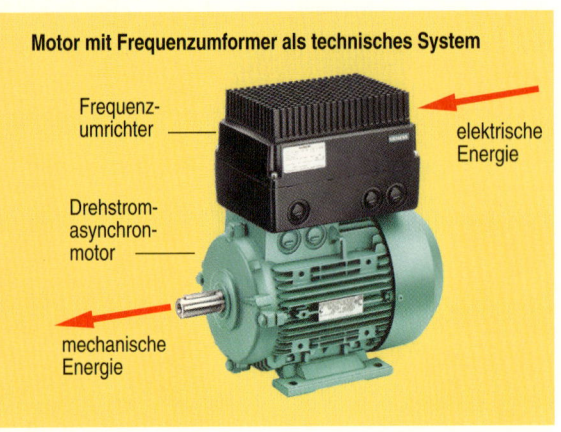

- Frequenzumrichter
- Drehstromasynchronmotor
- elektrische Energie
- mechanische Energie

Technische Systeme

Maschinen, Geräte, Anlagen bestehen üblicherweise aus sehr vielen einzelnen Bauteilen, d.h. sie stellen ein System von aufeinander abgestimmten Komponenten dar. Ein Motor zum Beispiel hat eine Wicklung, einen Läufer, eine Welle, ein Klemmbrett, ein Gehäuse. Jedes technische System hat
- Eingangs- und Ausgangsgrößen (Input, Output)
- eine Funktion, die Eingang- und Ausgangsgrößen miteinander verknüpft
- eine Gesamtaufgabe
- eine Abgenzung zur „Außenwelt".

Ein technisches System arbeitet mit **Energie**, **Stoffen** (Materie) und **Informationen**.

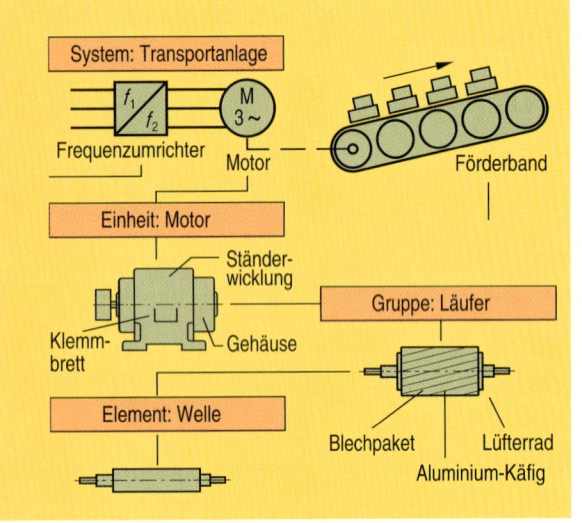

System: Transportanlage — Frequenzumrichter, Motor, Förderband
Einheit: Motor — Ständerwicklung, Klemmbrett, Gehäuse
Gruppe: Läufer — Blechpaket, Lüfterrad, Aluminium-Käfig
Element: Welle

Systeme und Teilsysteme

Technische Systeme sind meist sehr komplex. Zur besseren Übersicht ist es deshalb sinnvoll, ein Gesamtsystem in verschiedene Teilsysteme aufzuteilen. Nach DIN 40150 werden technische Systeme folgendermaßen untergliedert:

- **Das System** ist die Gesamtheit aller Einrichtungen, die zur Erfüllung eines Auftrages nötig sind, z.B. eine Förderanlage zum Transport von Werkstücken.
- **Die Einrichtung** ist eine selbstständig verwendbare Einheit innerhalb eines Systems, z. B. ein Drehstrommotor oder Frequenzumrichter.
- **Die Gruppe** (Baugruppe) ist eine nicht selbstständig verwendbare Einheit innerhalb einer Einrichtung, z. B. der Rotor des Motors oder der Wechselrichter innerhalb des Frequenzumrichters.
- **Das Element** ist die kleinste, nicht mehr teilbare Einheit innerhalb einer Gruppe, z.B. die Rotorwelle oder ein IGBT (Transistor) innerhalb des Wechselrichters.

Technisches System, Funktionen

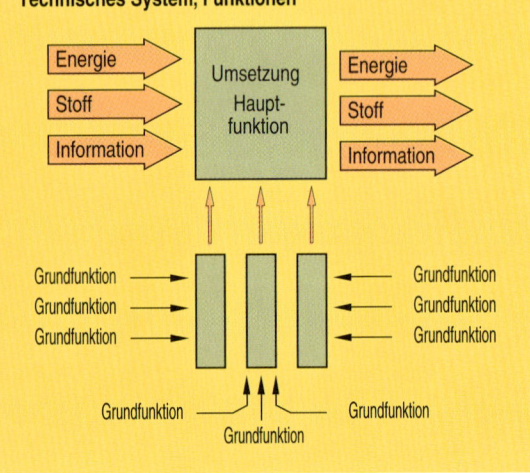

Energie, Stoff, Information → Umsetzung Hauptfunktion → Energie, Stoff, Information

Grundfunktion (mehrfach)

Funktionen und Teilfunktionen

Jedes technische System hat eine bestimmte Aufgabe, technisch ausgedrückt: eine Funktion.
Jedes System hat eine Hauptfunktion, diese lässt sich untergliedern in Teilfunktionen, die Teilfunktionen bestehen aus immer wiederkehrenden Grundfunktionen.

- **Die Hauptfunktion**
  beschreibt die eigentliche Aufgabe des Systems. Im obigen System ist die Hauptfunktion „Gütertransport".
- **Die Teilfunktionen**
  ergeben gemeinsam die Hauptfunktion, im obigen System sind es z. B. die Teilfunktionen „Antreiben" und „Steuern".
- **Die Grundfunktionen**
  sind die Bauelemente der Teilfunktionen. Dazu gehören in allen Gebieten der Technik auftretende Funktionen wie „Leiten", „Isolieren", „Wandeln", „Verbinden", „Trennen", „Führen".

Vertiefung zu 7.1

Denken in Systemen

Für viele natürliche und technische Vorgänge lassen sich einfache Zusammenhänge zwischen Ursache und Wirkung finden, z. B. die Schwerkraft verursacht das Fallen eines Gegenstandes, die Spannung verursacht einen elektrischen Strom.

In vielen Fällen ist aber das Denken in gradlinigen Ursache-Wirkung-Ketten nicht ausreichend, weil viele Ursachen und Wirkungen auftreten, die sich gegenseitig beeinfussen. In diesen Fällen ist ein Denken in Systemen vorteilhafter.

Ein wichtiges natürliches System ist z. B. das Wettergeschehen. Dieses System ist allerdings so komplex, dass auch mit modernsten Methoden, z. B. Computersimulationen, die Vorherberechnung des Wetters noch nicht fehlerfrei möglich ist.

Technische Systeme sind meist einfacher, aber auch hier gibt es viele Wechselwirkungen (Rückkopplungen) zwischen den Elementen und Teilsystemen.

Ein System kann wirkungsorientiert oder strukturorientiert betrachtet werden. Im ersten Fall wird untersucht, welcher Output bei einem bestimmten Input geliefert wird. Das System selbst wird dabei nur als „Blackbox" betracht. Im zweiten Fall wird untersucht, wie die Funktionseinheiten zusammen arbeiten.

Grundfunktionen, Auswahl

Aufgaben, die in elektrischen, mechanischen, pneumatischen oder sonstigen Systemen immer wieder vorkommen, werden als Grundfunktionen bezeichnet.

Dabei treten viele Grundfunktionen auch als Paar von Gegensätzen auf, z. B. „Leiten" und „Isolieren".
Die Tabelle zeigt die wichtigsten Grundfunktionen.

Grundfunktionen	Beispiele
Leiten und Isolieren	Elektrischer Strom wird über Kupferleitungen zum Verbraucher geleitet. Kräfte werden über Schrauben und Nieten zu anderen Bauteilen geleitet. Druck wird über hydraulische Flüssigkeiten zum Arbeitskolben geleitet. Spannung wird durch Kunststoffe, Wärme wird durch Dämmstoffe isoliert (gedämmt).
Verbinden und Trennen	Werkstücke werden durch Schrauben, Nieten, Klebstoff, Löten verbunden. Eine Welle wird durch Sägen getrennt, eine Blechtafel wird durch einen Laserstrahl oder mit einer Tafelschere getrennt (geteilt).
Koppeln und Unterbrechen	Die Kupplung eines Autos koppelt den Motor mit dem Getriebe und unterbricht die Verbindung. Elektrische Schalter koppeln zwei Sammelschienensysteme. Zwei Spulen sind durch ein Magnetfeld miteinander gekoppelt.
Richten und Oszillieren	Gleichrichterschaltungen richten den Wechselstrom zu Gleichstrom. Eine Pleuelstange führt eine hin- und hergehende (oszillierende) Bewegung aus. Eine Nockenwelle wandelt eine Drehbewegung in eine oszillierende Bewegung.
Vergrößern und Verkleinern	Transformatoren vergrößern oder verkleinern eine Wechselspannung. Getriebe vergrößern oder verkleinern die Drehfrequenz bzw. das Drehmoment. Ein pneumatischer Zylinder vergrößert die Presskraft einer Presse.
Sammeln und Verzweigen	Das Abwasser der Haushalte wird in einem Rohrsystem gesammelt. Eine Vermittlungsstelle verzweigt die gesammelten Telefongespräche.
Führen	Freileitungen führen elektrische Energie über große Entfernungen. Die Schwalbenschwanzführung führt den Werkzeugschlitten einer Drehmaschine.
Wandeln	Generatoren wandeln mechanische Energie in elektrische Energie. Analogmessgeräte wandeln elektrische Ströme in Zeigerausschläge.

7.2 Kommunikation und Dokumentation I

Kommunikation, schematische Darstellung

[Diagramm: Quelle, Sender → Senke, Empfänger; Senke, Empfänger ← Quelle, Sender; Informationsaustausch]

Technische Zeichnung

[Zeichnung eines Werkstücks mit Maßen 42 und Ø 48, Beschriftungen: Form des Werkstückes (innen u. außen), Oberflächenbeschaffenheit, Abmessungen]

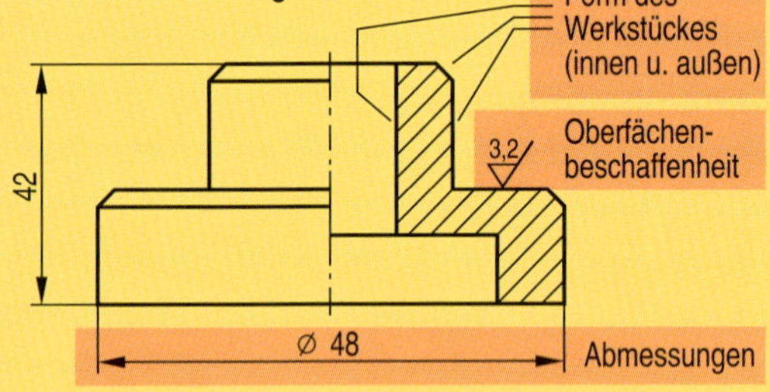

Elektrischer Stromlaufplan

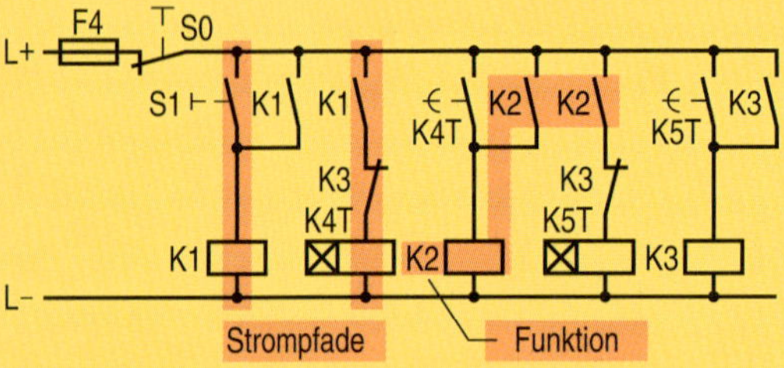

[Schaltplan mit F4, S0, S1, K1, K2, K3, K4T, K5T; Beschriftungen: Strompfade, Funktion]

Pneumatischer Schaltplan

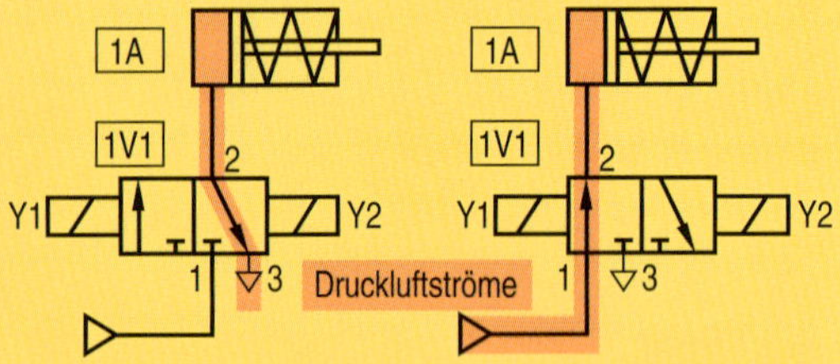

[Zwei Ventilschaltpläne mit 1A, 1V1, Y1, Y2; Beschriftung: Druckluftströme]

Technologieschema

[Darstellung eines Förderbands mit Motor M 3~ und LKW; Beschriftung: Funktion]

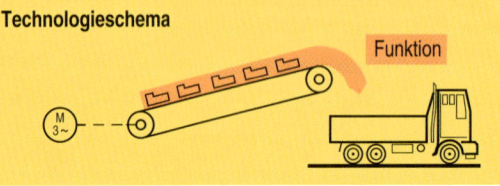

Kommunikation
Unter Kommunikation versteht man ganz allgemein das Senden und Empfangen von Nachrichten und Informationen. Dabei ist eine Nachricht jede Art von Mitteilung, z. B. ein gesprochener Text, ein gesungenes Lied, ein Bild oder ein Ampelsignal. In einer Nachricht ist immer auch eine Information eingebettet.
Der Nachrichtenaustausch kann erfolgen zwischen
• Mensch und Mensch
• Mensch und Maschine
• Maschine und Maschine.
Der Nachrichtenfluss kann einseitig sein oder in beide Richtungen gehen.

Technische Kommunikation
Der Begriff „technische Kommunikation" kann mehrere Bedeutungen haben. In diesem Kapitel sind mit „technischer Kommunikation" die Hilfsmittel gemeint, mit denen der mechanische Aufbau sowie die Funktion der Anlage eindeutig dargestellt werden können. Dazu gehören:

• **Technische Zeichnungen**

In einer technischen Zeichnung sind die Abmessungen, Toleranzen, Oberflächenbeschaffenheiten, Bearbeitungsverfahren und Werkstoffe eines Werkstückes eindeutig festgelegt.

• **Elektrische Schaltpläne**

In elektrischen Schaltplänen wird meist die Funktion einer Schaltung dargestellt. Der wichtigste Schaltplan ist dabei der Stromlaufplan in aufgelöster oder zusammenhängender Darstellung.
Weitere wichtige Schaltpläne sind die ortsbezogenen Pläne, (z. B. Installationsschaltpläne), sowie verbindungsbezogene Pläne (z. B. Verdrahtungspläne).

• **Pneumatische und hydraulische Schaltpläne**

In diesen Plänen sind Schaltungen mit pneumatischen (durch Luft) bzw. hydraulischen (durch Flüssigkeiten betriebene) Baugliedern dargestellt.
Meist werden elektrische Bauglieder (zur Steuerung) mit pneumatischen bzw. hydraulischen Baugliedern (als Arbeitsglieder) kombiniert. Dies führt zu elektropneumatischen bzw. elektrohydraulischen Plänen.

• **Technologieschemata**

Ein Technologieschema zeigt in stark vereinfachter Weise die Funktion einer Anlage. Die verwendeten Symbole müssen nicht genormt, sie sollten aber allgemein verständlich sein. Die zeichnerische Darstellung kann durch kurze Erklärungen ergänzt sein.

Technische Zeichnungen und Schaltpläne sind wichtige Dokumente und ein wesentlicher Bestandteil der jeweiligen Anlage. Die Darstellung von technischen Zeichnungen und Schaltplänen ist genormt.

Vertiefung zu 7.2

Kommunikation und Dokumentation

Beim Planen und Fertigen von Geräten und Anlagen ist eine ständige Kommunikation zwischen allen Beteiligten von großer Bedeutung. Dabei ist besonders wichtig, dass alle „die gleiche Sprache" sprechen. In der Technik bedeutet dies, dass Pläne und Zeichnungen der allgemein gültigen Norm entsprechen und von allen in der gleichen Weise verstanden werden. Genauso wichtig wie die Kommunikation während der Planungs- und Fertigungsphase ist die umfassende und lückenlose Dokumentation des Produkts.

Die Dokumentation ist ein wesentlicher Bestandteil von Geräten und Anlagen. Sie ist notwendig zum korrekten Betreiben der Geräte und Anlagen sowie zur Wartung und für eventuell notwendige Reparaturarbeiten. Technische Kommunikation und Dokumentation gehören eng zusammen. Beide benützen die gleichen Hilfsmittel, insbesondere technische (mechanische) Zeichnungen, elektrische und pneumatische Schaltpläne sowie Technologieschemata. Für die Dokumentation können auch Fotografien hilfreich sein.

- **Fotografien** zeigen ein anschauliches Bild des Gerätes oder der Anlage
- **Technische Zeichnungen** zeigen die Abmessungen, Toleranzen, Oberfächen und Werkstoffe
- **Elektrische Schaltpläne** zeigen die elektrischen Bauteile, die Strompfade, die Verdrahtung und die Wirkungsweise
- **Pneumatische Schaltpläne** zeigen die mit Luftdruck betriebenen Bauteile und die Luftströme
- **Technologieschemata** zeigen durch möglichst einfache Darstellungen die prinzipielle Wirkungsweise.

Beispiel:
Fotografie einer Förderanlage

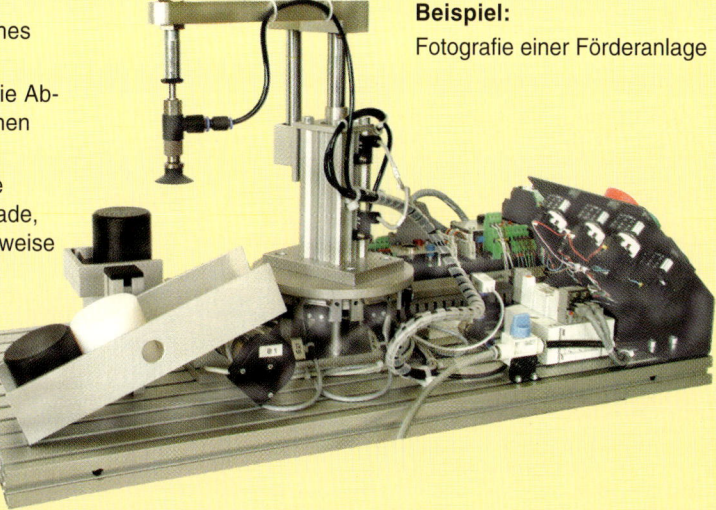

Weitere Kommunikations- und Dokumentationsmittel

Zur Darstellung von technischen Zusammenhängen wurden außer den genannten Plänen eine Vielzahl von grafischen Darstellungen entwickelt, vor allem Kennlinien, Funktionsdiagramme (Zustandsdiagramme), Funktionspläne und Logik-Funktionsschaltpläne.

Kennlinie

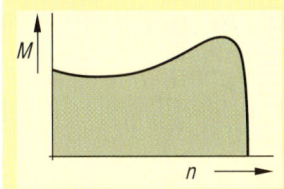

Kennlinien stellen die gegenseitige Abhängigkeit von physikalischen Größen dar, z.B. das Drehmoment in Abhängigkeit von der Drehfrequenz bei einem Drehstrommotor

Funktionsdiagramm (Zustandsdiagramm)

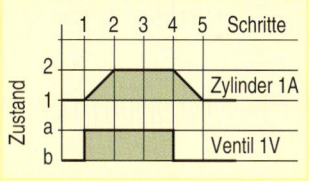

Zustandsdiagramme zeigen den Arbeitsablauf (Funktionsfolgen) von Arbeitsgliedern und ihre steuerungstechnische Verknüpfung.

Funktionsplan

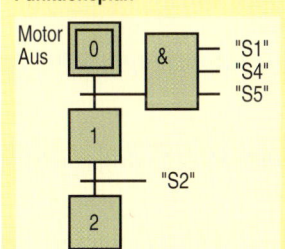

Funktionspläne stellen den Ablauf von Steuerungen oder Regelsystemen dar. Dabei werden genormte Symbole und freie Texte verwendet.

Logik-Funktionsschaltplan

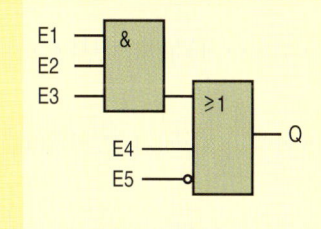

Der Logik-Funktionsschaltplan stellt einen Funktionsschaltplan mit logischen Schaltzeichen (Binärschaltzeichen) dar.

7.3 Kommunikation und Dokumentation II

Betriebsanleitungen haben:

- Sicherheitsfunktion
- Orientierungsfunktion
- Informationsfunktion
- Instandhaltungsfunktion
- Nachschlagefunktion

Technische Dokumentation

Technische Kommunikation und technische Dokumentation sind eng miteinander verwandt.

Technische Zeichnungen, elektrische Schaltpläne, Diagramme usw. sind immer auch Dokumente und ein wesentlicher Bestandteil der zugehörigen Anlage.

Ein besonders wichtiges technisches Dokument ist die Betriebsanleitung. Sie ist Bestandteil einer Anlage und enthält alle Angaben über technische Daten, den bestimmungsgemäßen Gebrauch, Sicherheitsmaßnahmen, Inbetriebnahme und Instandhaltung.

Betriebsanleitungen müssen vom Bedienungspersonal gelesen und beachtet werden.

Arbeitspläne

Technische Kommunikation dient zur Darstellung von technischen Zusammenhängen, sie ist aber in Form von Arbeitsplänen auch nötig, um Anweisungen für eine Arbeitshandlung zu geben.

Arbeitspläne legen die Arbeitsvorgänge, ihre Reihenfolge, die notwendigen Arbeitsmittel und die Arbeitsplätze fest. Sie sind z.B. nötig für Montage- und Demontagearbeiten, für die Einzelteilfertigung, sowie für Wartungs- und Reparaturarbeiten.

Wichtige Arbeitspläne sind:

- Montagepläne
- Demontagepläne
- Pläne zur Einzelteilfertigung
- Wartungspläne.

Demontageplan, verkürzter Auszug

Firma Fix	Arbeitsplan		Blatt-Nr. 1	
Benennung	Getriebe	Nr. 047.233	Name	Mayer
Einzelteil ☐	Montage ☐	Demontage ☒	Vorname	Gerhard

Lfd. Nr.	Arbeitsvorgang	Arbeitsplatz	Arbeitsmittel
1	Schraube (16) lösen, Getriebeöl ablassen	Werkbank	Sechskantschlüssel SW 17
2	Schraube (24) lösen, Deckel (2) vom Gehäuse (1) abziehen		Sechskantschlüssel SW 14
3	Sicherungsring (18) lösen, Abtriebswelle (3) aus Gehäuse ziehen		

Getriebe, technische Zeichnung zur Demontage

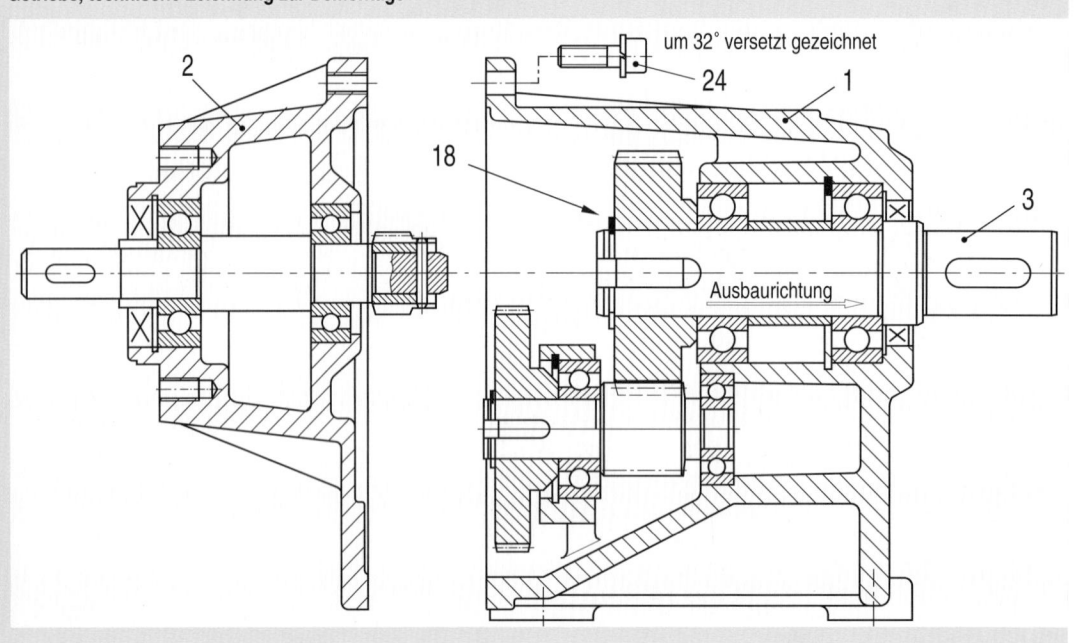

Vertiefung zu 7.3

Aufbau von Betriebsanleitungen

Die Betriebsanleitung (BA) ist wesentlicher Bestandteil einer Anlage, einer Maschine oder eines Gerätes. Sie ist ein Dokument, das den einwandfreien und gefahrlosen Betrieb der Einrichtung sicherstellen soll.
Eine Betriebsanleitung enthält üblicherweise folgende Kapitel:

Allgemeines	Hier wird darauf hingewiesen, dass die BA vom Bedienungspersonal gelesen, verstanden und beachtet werden muss. Meist folgt der Satz: „Wir weisen darauf hin, dass wir für Schäden und Betriebsstörungen, die sich aus der Nichtbeachtung der BA ergeben, keine Haftung übernehmen".
Technische Daten	Die Technischen Daten erscheinen oft als Anhang. Sie enthalten Angaben zu Spannung, Stromaufnahme, Leistungsaufnahme und Leistungsabgabe, Frequenz, Drehfrequenzen, Drehmomenten, Datenübertragungsraten, Gewichten, Abmessungen und mitgeliefertem Zubehör.
Sicherheit	Im Kapitel Sicherheit werden alle Gefahrenquellen beschrieben und Regeln für ein sicheres Arbeiten aufgestellt. Wichtige Anweisungen sind durch das Arbeitssicherheits-Symbol und den Achtungs-Hinweis gekennzeichnet:
	Das dreieckige Warnzeichen steht in der BA immer dann, wenn auf Gefahren für Leib und Leben von Personen hingewiesen wird Der Hinweis steht für die Einhaltung von Richtlinien und Vorschriften und den korrekten Ablauf von Arbeiten zur Vermeidung von Beschädigungen **Achtung!**
Transport	Hier finden sich Hinweise auf Verpackungsart, Empfindlichkeitsgrad der zu transportierenden Teile, richtige Zwischenlagerung, Kontrolle des Lieferumfangs und Meldung bei eventuellen Transportschäden.
Aufbau und Funktion	Hier wird der konstruktive Aufbau der Anlage bzw. Maschine beschrieben, üblicherweise in der Reihenfolge wie die Baugruppen in der Stückliste aufgeführt sind. Die Funktionsweise der Anlage/Maschine wird meist mit Hilfe von Text und zusätzlichen Diagrammen erläutert.
Montage	Hier werden die Aufstellungsbedingungen beschrieben, dabei spielen die Abmessungen eine wichtige Rolle. Die Montageanleitung wird meist durch Skizzen, Zeichnungen und Fotos unterstützt.
Inbetriebnahme	In diesem Kapitel wird vor allem die Reihenfolge der Einschaltvorgänge beschrieben. Insbesondere sind die Sicherheitsvorkehrungen bei den einzelnen Phasen der Inbetriebnahme aufgeführt (Was ist zu überprüfen, zu überwachen, zu korrigieren?)
Betrieb	Der wesentliche Inhalt dieses Kapitels ist der normale Betrieb (Ingangsetzen und Betreiben der Anlage/Maschine durch den Kunden). Außerdem werden die Anzeichen und Ursachen der häufigsten Störungen beschrieben, sowie Maßnahmen zu ihrer Beseitigung.
Wartung	In Tabellenform werden Wartungs- und Inspektionsintervalle aufgelistet. Die Anleitungen zur Wartung und Instandhaltung gliedern sich je nach Bedarf in elektrische, mechanische, pneumatische und hydraulische Teilbereiche.
Ersatzteile, Kundendienst	In diesem Kapitel befinden sich • die zur Ersatzteilbestellung notwendigen Daten • Angaben über Kundendienst und Serviceleistungen • Anlaufstellen für Rückfragen und Hotline • Formulare wie Garantiebedingungen, Kundendienstvertrag, Haftpflichterklärung und • Konformitäts-Bescheinigung aus EG-Richtlinien • Adressen des in- und ausländischen Ersatzteilvertriebs und Kundendienstes • Auflistung der Dokumentationen der Zulieferbetriebe • Sachwortverzeichnis

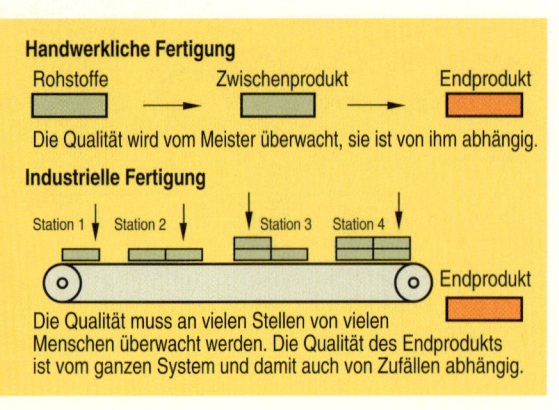

7.4 Qualitätssicherung

Handwerkliche Fertigung

Rohstoffe → Zwischenprodukt → Endprodukt

Die Qualität wird vom Meister überwacht, sie ist von ihm abhängig.

Industrielle Fertigung

Station 1, Station 2, Station 3, Station 4 → Endprodukt

Die Qualität muss an vielen Stellen von vielen Menschen überwacht werden. Die Qualität des Endprodukts ist vom ganzen System und damit auch von Zufällen abhängig.

Probleme der Arbeitsteilung

Bis zum Beginn des 20. Jahrhunderts wurden Gebrauchsgegenstände wie Bekleidung, Werkzeuge und Möbel von Handwerkern gefertigt. Die Produktion und die Qualität der hergestellten Ware wurde vom ersten bis zum letzten Schritt vom Meister überwacht.

Mit Beginn des 20. Jahrhunderts wurde in weiten Bereichen „Arbeitsteilung" eingeführt, d. h. Einzelteile des fertigen Produkts wurden an verschiedenen Plätzen gefertigt und in einer Endmontage zum fertigen Produkt zusammengebaut. Die Produktivität wurde damit wesentlich gesteigert, die Qualität des fertigen Produkts war aber bisweilen von vielen Zufällen abhängig.

Qualitätsmerkmale

- einwandfreie Funktion
- größtmögliche Sicherheit
- Zuverlässigkeit
- Beratung und Betreuung
- sichere Ersatzteilbeschaffung
- Aussehen
- Ressourcenschonung
- preisgünstiger Betrieb

Die Beschaffenheit eines Produkts oder einer Dienstleistung wird durch die Gesamtheit aller Qualitätsmerkmale bestimmt (DIN 55 350/ISO 8402).

Qualität

Von einem Produkt wird erwartet, dass es bestimmte festgelegte Eigenschaften hat und seine vorher bestimmten Aufgaben erfüllt. Unter Qualität eines Produkts versteht man damit allgemein die Gesamtheit von Merkmalen, bestimmte Erfordernisse zu erfüllen.

Zur genaueren Bestimmung der Qualität werden bestimmte Forderungen aufgestellt, z.B. hinsichtlich der Abmessungen, der Leistung, der Sicherheit, der zulässigen Toleranzen.

Werden einzelne Forderungen nicht erfüllt, so handelt es sich um Fehler.

Bei fehlerhaften Produkten muss der Hersteller eventuell für dadurch entstandene Schäden haften. Diese Haftung heißt Produkthaftung.

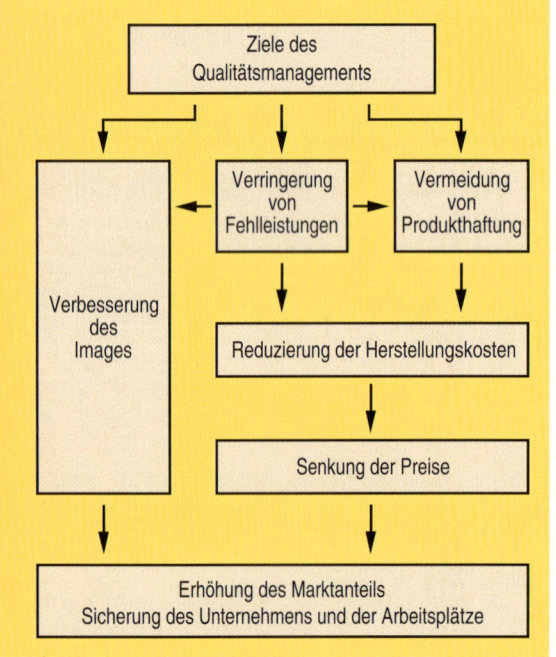

Qualitätsmanagement (QM)

Im handwerklichen Betrieb ist die Überwachung und Sicherstellung der geforderten Qualität vergleichsweise einfach, weil der Herstellungsprozess leicht überschaubar und das Produkt jederzeit überprüfbar ist.

Im Großbetrieb ist die Qualitätsüberwachung hingegen schwierig, weil

- das Endprodukt aus vielen Einzelsystemen mit vielen Einzelkomponenten bestehen kann
- am Herstellungsprozess viele Einzelpersonen, zum Teil auch unqualifizierte Hilfskräfte beteiligt sind
- die Produktionsstätten häufig weit auseinander liegen, zum Teil auch im Ausland.

Für die Qualitätssicherung ist deshalb in größeren Betrieben eine umfangreiche Organisation, ein so genanntes Qualitätsmanagement, erforderlich.

Um eine bestimmte Qualität dauerhaft zu erreichen, sind für die Werkstoffe und die Verarbeitung allgemein gültige Normen erforderlich.

Genau so wichtig ist aber das „Qualitätsbewusstsein" aller Mitarbeiter. Dieses soll durch regelmäßige Treffen der Beteiligten in so genannten Qualitätszirkeln gebildet und gefestigt werden.

Ziele des Qualitätsmanagements:
- Verringerung von Fehlleistungen
- Vermeidung von Produkthaftung
- Verbesserung des Images
- Reduzierung der Herstellungskosten
- Senkung der Preise
- Erhöhung des Marktanteils
- Sicherung des Unternehmens und der Arbeitsplätze

Vertiefung zu 7.4

Qualitätssicherung und Qualitätsmanagement

Anbieter von Produkten und Dienstleistungen waren schon immer darum bemüht, „gute Qualität" zu liefern, um ihren Verkaufserfolg zu sichern. Bis zum Jahr 1993 wurden diese Bemühungen mit dem Wort „Qualitätssicherung" umschrieben.

Mit zunehmender Verschärfung des internationalen Wettbewerbs wurden auch die Qualitätsanforderungen höher. Außerdem war es sinnvoll, das international gebräuchliche Wort „Qualitätsmanagement" in den deutschen Sprachgebrauch zu übernehmen.

Unter Qualitätsmanagement versteht man nach DIN 55 350 alle Tätigkeiten und Zielsetzungen, die mit der Qualität eines Produkts oder Dienstleistung zu tun haben.

Um die Qualität zu sichern bzw. zu verbessern, wurden viele Denkmodelle entwickelt, z. B. der „Qualitätskreis" und die „Qualitätspyramide".

Das Beispiel zeigt den Qualitätskreis nach DIN 55 350. Er veranschaulicht die einzelnen Qualitätselemente (QE), die bei Planung, Realisierung und Nutzung eines Produkts beachtet werden müssen.

Qualitätskreis nach DIN 55 530
zur Darstellung der Qualitätselemente QE

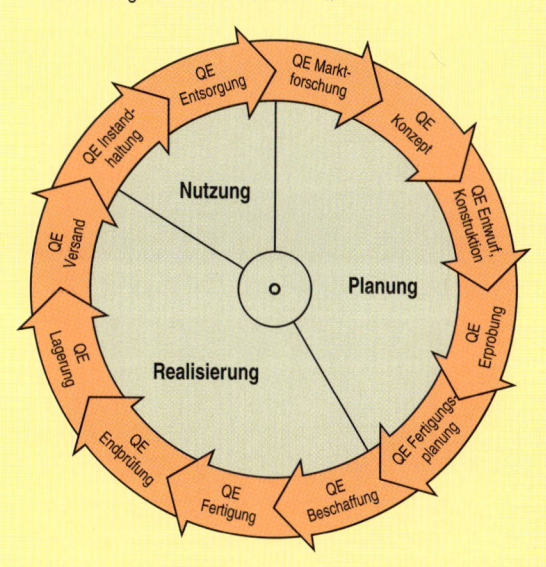

Fehler

Kann ein Produkt eine zugesagte Qualitätsanforderung nicht erfüllen, so liegt ein Fehler vor.
Je nachdem welche Folgen der Fehler nach sich zieht, werden drei Fehlerklassen unterschieden:
- **Kritische Fehler** sind Fehler, die eine Gefahr für den Benutzer oder die Anlage zur Folge haben oder zu Störungen in anderen Anlagen führen
- **Hauptfehler** sind Fehler, die den Gebrauch des Produkts wesentlich beeinträchtigen oder unmöglich machen
- **Nebenfehler** sind Fehler, die den Gebrauch des Produkts nur unwesentlich beeinflussen.

Die Abgrenzung zwischen kritischen Fehlern und Hauptfehlern ist in der Praxis oft schwierig.

Begriffsbestimmung nach DIN 31 051

Fehler
Ein Fehler ist die Nichterfüllung einer vorgegebenen Forderung durch einen Merkmalswert

Störung
Eine Störung ist die unbeabsichtigte Unterbrechung der Funktionserfüllung einer Betrachtungseinheit

Instandsetzung
Instandsetzung ist die Summe aller Maßnahmen zur Wiederherstellung des Soll-Zustandes von technischen Mitteln eines Systems

Normung und Zertifizierung

Um die Überprüfung der Qualität von Produkten zu verbessern und zu vereinheitlichen, wurde im Jahr 1987 die Normenreihe DIN ISO 9000-9004 veröffentlicht. Sie stellt einen Leitfaden für Unternehmen dar, die ein Qualitätsmanagement (QM) nach einheitlichen Standards aufbauen wollen.

Unternehmen, deren QM-System die Anforderungen nach DIN ISO erfüllt, können ein Zertifikat erhalten, in dem das Qualitätssicherungssystem bestätigt wird. Die Zertifizierung erfolgt nach entsprechenden Überprüfungen (Auditierung) durch anerkannte Institutionen wie TÜV, DEKRA und DQS (Deutsche Gesellschaft zur Zertifizierung von Managementsystemen).

DIN ISO 9000
Erläuterungen der Grundbegriffe
DIN ISO 9001
Kriterien für Lieferanten, die eine Ware herstellen, liefern und über einen Kundendienst betreuen
DIN ISO 9002
Kriterien für Lieferanten, die im Auftrag eines Abnehmers nach vorgegebenen Werten (Spezifikationen) eine Ware produzieren und montieren
DIN ISO 9002
Kriterien für Lieferanten, die im Auftrag eine Ware produzieren, die eine Endprüfung durchläuft

© Holland + Josenhans

7.5 Technisches Zeichnen

Beispiel: Stirnradgetriebe

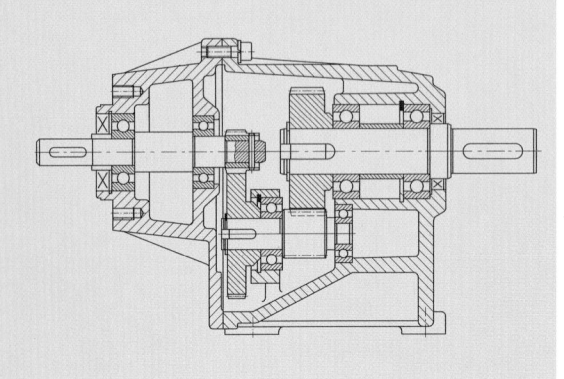

Begriffsbestimmung
Alle grafischen Darstellungen mit technischen Inhalten können prinzipiell als „technische Zeichnungen" bezeichnet werden.
Im engeren Sinne versteht man unter einer technischen Zeichnung aber die Darstellung eines mechanischen Werkstückes. Dabei kann es sich um ein einfaches Einzelstück handeln oder um eine komplizierte Maschine, die aus vielen Einzelteilen zusammengesetzt ist.
Die Darstellung muss in jedem Fall eindeutig sein. Sie enthält außer den Abmessungen auch Angaben über Toleranzen, Werkstoffe, Bearbeitungsverfahren und Oberflächenbeschaffenheit.
Um technische Zeichnungen allgemein verständlich zu halten, sind Darstellung, Linienbreiten, Schraffuren, Schriften, Oberflächenzeichen usw. genormt.

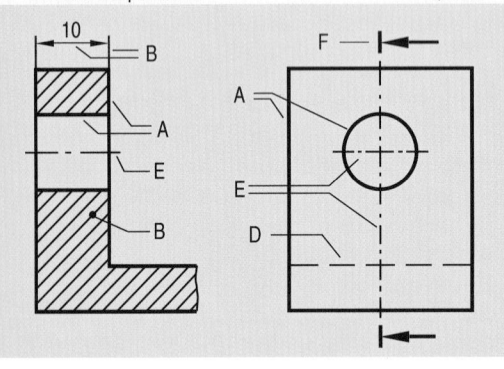

Linien in Zeichnungen
In technischen Zeichnungen werden verschiedene Linienarten mit unterschiedlichen Linienbreiten verwendet, zum Beispiel:

Beispiel: Liniengruppe 0,5

A	Breite Volllinie	0,5 mm
B	Schmale Volllinie	0,25 mm
C	Freihandlinie	0,25 mm
D	Schmale Strichlinie	0,25 mm
E	Schmale Strichpunktlinie	0,25 mm
F	Breite Strichpunktlinie	0,5 mm

- **breite Volllinien** für sichtbare Körperkanten, Umrisse, Gewindedurchmesser, Kerndurchmesser von Muttergewinden sowie Bildsymbole
- **schmale Volllinie** für Maß- und Maßhilfslinien, Schraffuren, Oberflächenzeichen und Umrahmungen
- **Strichlinien** für verdeckte Kanten
- **breite Strichpunktlinien** für die Kennzeichnung von Schnittverläufen
- **schmale Strichpunktlinien** für Mittellinien, Symmetrielinien und Lochkreise
- **Freihandlinien** für Bruchlinien.

Die Breite von Linien ist genormt. Nach Norm zu verwenden sind: 0,14 mm, 0,18 mm, 0,25 mm, 0,35 mm, 0,5 mm, 0,7 mm, 1 mm, 1,4 mm und 2 mm.
In der Praxis üblich sind je nach Größe der Zeichnung die Liniengruppen 0,5 mm, 0,7 mm und 1,4 mm.

Schriften in Zeichnungen
Die Beschriftung in technischen Zeichnungen muss folgende Bedingungen erfüllen:
- gute Lesbarkeit
- weltweite Einheitlichkeit
- besondere Eignung für problemlose Vervielfältigung, Verkleinerung und Rückvergrößerung.

Zu diesem Zweck wurde die so genannte Normschrift nach DIN 6776 entwickelt. Sie eignet sich für freihändiges und für schablonengestütztes Schreiben, ebenso für das Ausplotten mit Stiftplottern.
Beim computergestützten Zeichnen mit CAD-Systemen (CAD Computer Aided Design) verliert die Normschrift ihre Bedeutung. Hier werden einfache, gut lesbare Schriften, wie z.B. Helvetica oder Arial eingesetzt.

Normschrift
Beispiel: ISO-Normschrift, vertikal, Schriftform B

ABCDEFGHIJKLMNOPQRSTU
VWXYZÄÖÜ& 1234567890
abcdefghijklmnopqrstuvwx
yzäöüß[(!?.;-=+×·:±√ %)]ø

Vertiefung zu 7.5

Schriften

Durch den breiten Einsatz von Schreib- und Zeichenprogrammen verliert die Normschrift zunehmend an Bedeutung. Stattdessen werden für technische Zwecke einfache, serifenlose Schriften eingesetzt, wie z.B. Helvetica oder Arial.
Helvetica ist eine „Postscript"-Schrift der Firma Adobe, Arial eine „True Type"-Schrift der Firma Microsoft. Beide Schriften sind im Aussehen nahezu gleich.
Bei den vielen tausend für Computerprogramme erhältlichen Zeichensätzen (Fonts) unterscheidet man vor allem serifenlose Schriften und Schriften mit Serifen. Unter Serifen versteht man dabei die Abschlussstriche („Füßchen") am Ende der Buchstaben.
Die bekannteste Schriftart mit Serifen ist die Schrift „Times" bzw. „Times Roman", sie wurde vor allem für den Zeitungsdruck entwickelt.

Schriftmuster für Schrift Helvetica

Hamburg	Helvetica, normal
Hamburg	Helvetica, halbfett
Hamburg	Helvetica, kursiv

Schriftmuster für Schrift Times

Hamburg	Times, normal
Hamburg	Times, halbfett
Hamburg	Times, kursiv

Griechisches Alphabet

Aus historischen Gründen ist die griechische Schrift für die Technik von großer Bedeutung. Auch das Wort „Alphabet" bezieht sich auf die griechische Sprache und beinhaltet die ersten beiden griechischen Buchstaben Alpha (α) und Beta (β).

Sehr viele physikalische Größen werden durch griechische Buchstaben bezeichnet, z.B. Wirkungsgrad η, Leitfähigkeit γ, Kreisfrequenz ω.
Die Kenntnis der griechischen Buchstaben ist deshalb für alle Techniker zwingend notwendig.

$\alpha\, A$	$\beta\, B$	$\gamma\, \Gamma$	$\delta\, \Delta$	$\varepsilon\, E$	$\zeta\, Z$	$\eta\, H$	$\vartheta\, \Theta$	$\iota\, I$	$\kappa\, K$	$\lambda\, \Lambda$	$\mu\, M$
Alpha	Beta	Gamma	Delta	Epsilon	Zeta	Eta	Theta	Jota	Kappa	Lambda	My
$\nu\, N$	$\xi\, \Xi$	$o\, O$	$\pi\, \Pi$	$\rho\, P$	$\sigma\, \Sigma$	$\tau\, T$	$\upsilon\, Y$	$\varphi\, \Phi$	$\chi\, X$	$\psi\, \Psi$	$\omega\, \Omega$
Ny	Ksi, Xi	Omikron	Pi	Rho	Sigma	Tau	Ypsilon	Phi	Chi	Psi	Omega

Maßstäbe

Werkstücke werden nach Möglichkeit in natürlicher Größe, d. h. im Maßstab 1:1 gezeichnet.
Sind Werkstücke größer als die Zeichenfläche, so werden sie verkleinert dargestellt, z. B. im Maßstab 1:2, sehr kleine Werkstücke werden vergrößert gezeichnet, z. B. im Maßstab 2:1.
Maßstab 1:2 bedeutet: 1 mm in der Zeichnung entsprechen 2 mm in der Wirklichkeit.
In technischen Zeichnungen werden Maßstäbe nicht willkürlich, sondern nach DIN ISO 5455 gewählt.

Maßstäbe nach DIN ISO 5455

Natürliche Größe	1:1		
Vergrößerungen	2:1	5:1	10:1
Verkleinerungen	1:2	1:5	1:10
	1:20	1:50	1:100	1:200

Schraffuren

Schnittflächen in technischen Zeichnungen werden durch Schraffuren gekennzeichnet. Für Werkstücke aus Stahl werden dabei Schraffurlinien bevorzugt, die im Winkel von 45° bzw. 135° gegen die Waagrechte verlaufen. Die Schraffurlinien werden als schmale Volllinien gezeichnet. Sie haben untereinander den gleichen Abstand.
Für andere Werkstoffe, z. B. Kunststoffe, Holz, Beton wurde eine Vielzahl von Schraffuren entwickelt.

Schraffur

für Metalle, insbesondere Stahl

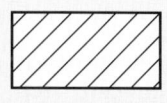

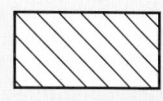

für Kunststoffe

für Holz

für elektrische Wicklungen

7.6 Körper in räumlicher Darstellung

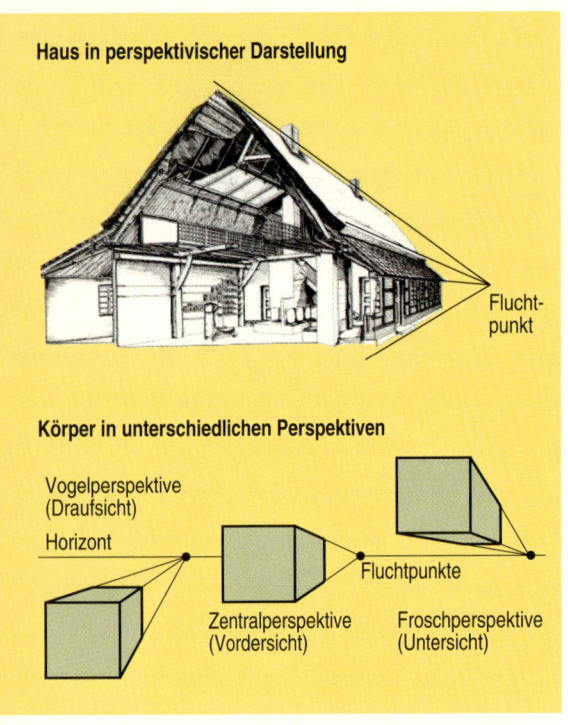

Haus in perspektivischer Darstellung

Körper in unterschiedlichen Perspektiven

Vogelperspektive (Draufsicht)
Horizont
Fluchtpunkte
Zentralperspektive (Vordersicht)
Froschperspektive (Untersicht)

Perspektive

Im Prinzip ist es nicht möglich, einen dreidimensionalen Körper naturgetreu auf einer zweidimensionalen Fläche (Zeichenblatt) abzubilden. Durch eine „perspektivische Darstellung" können räumliche Gegenstände aber so abgebildet werden, dass sie auf einer Fläche zumindest dreidimensional erscheinen.

Die perspektivische Darstellung beruht auf der Tatsache, dass weit entfernte Objekte kleiner erscheinen als naheliegende Objekte.

Das nebenstehende Haus ist so gezeichnet, dass sich alle waagrechten in die Tiefe gehenden Linien in einem Punkt treffen. Dieser Punkt heißt Fluchpunkt.

Eine waagrechte Linie durch den Fluchtpunkt heißt Horizontlinie; sie liegt auf Augenhöhe des Betrachters.

- Liegt der Körper ungefähr auf Höhe der Horizontlinie, so erhält man die Frontalperspektive (Vorderansicht)
- liegt der Körper unterhalb der Horizontlinie, so erhält man die Vogelperspektive (Draufsicht)
- liegt der Körper oberhalb der Horizontlinie, dann er gibt sich eine Froschperspektive (Untersicht).

Die Perspektive spielt eine große Rolle in der Malerei. Sie wurde vor allem in der Renaissance (15. Jahrhundert) in Italien erforscht und angewandt.

Isometrische Projektion

Seitenansicht von links
Draufsicht
Rückansicht
Höhe
Breite
Tiefe
Vorderansicht
Seitenansicht von rechts
30° 30°
Untersicht

Dimetrische Projektion

7° 42°

Rechtwinklige Parallelprojektion

45°

Räumliche Darstellung von Werkstücken

Auch technische Körper können perspektivisch so dargestellt werden, dass ein räumlicher Eindruck entsteht. Allerdings wird der Fluchtpunkt ins Unendliche gerückt, wodurch parallele Kanten des Werkstücks auch in der Zeichnung parallele Kanten ergeben. Die Darstellung heißt axonometrische Darstellung oder Parallelprojektion. Von den unendlich vielen Möglichkeiten werden in der Praxis drei eingesetzt.

Isometrische Projektion
- Breiten und Tiefen bilden mit der Waagrechten einen 30°-Winkel, alle drei sichtbaren Ansichten sind verzerrt. Die Höhen sind senkrecht gezeichnet.
- Alle Breiten, Tiefen und Höhen sind im gleichen Maßstab gezeichnet.

Dimetrische Projektion
- Die Breiten bilden mit der Waagrechten einen Winkel von 7°, die Vorderansicht ist praktisch unverzerrt.
- Die Tiefen bilden mit der Waagrechten einen Winkel von 42°, Draufsicht und Seitenansicht sind verzerrt.
- Breiten und Höhen werden im gegebenen Maßstab gezeichnet, die Tiefen werden auf die Hälfte verkürzt.

Rechtwinklige Parallelprojektion
Bei dieser Darstellung wird die Vorderseite unverzerrt dargestellt. Die Tiefen verlaufen unter einem Winkel von 45°. Sie können unverkürzt dargestellt werden (Kavalier-Projektion) oder verkürzt (Kabinett-Projektion).

Vertiefung zu 7.6

Fluchtpunkte

Bei dem Körper auf Seite 244 enden alle in die Tiefe gehenden Linien in einem sichtbaren Fluchtpunkt, der Fluchtpunkt der waagrechten Linien liegt im Unendlichen. Die folgende Zeichnung stellt eine perspektivische Darstellung mit zwei im Endlichen liegenden Fluchtpunkten dar.

Vogelperspektive (Draufsicht)

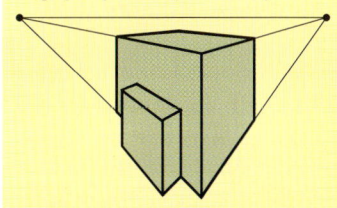

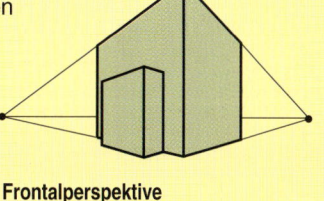

Frontalperspektive (Vorderansicht)

Froschperspektive (Unteransicht)

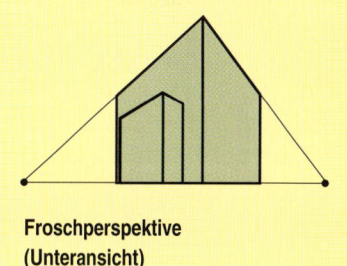

Körper in verschiedenen Darstellungen

Ein Führungsschlitten ist in Kabinett-Projektion dargestellt, d. h. in Parallelprojektion mit auf die Hälfte verkürzt dargestellten Tiefen.
Das Werkstück soll in dimetrischer Projektion dargestellt werden, wobei die Ansicht 1 zur Hauptansicht (Vorderansicht) werden soll.

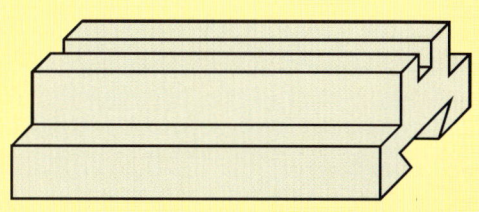

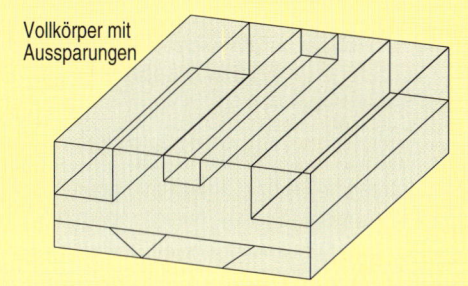

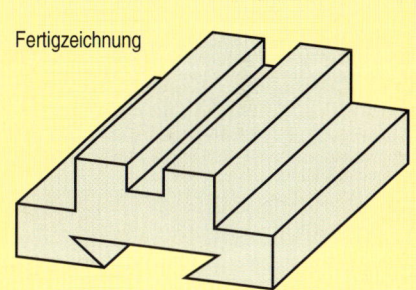

Lösung Vollkörper mit Aussparungen

Fertigzeichnung

Aufgaben

7.6.1 Bolzen
Ein Bolzen ist in Kabinett-Projektion im Maßstab 1:2 dargestellt.

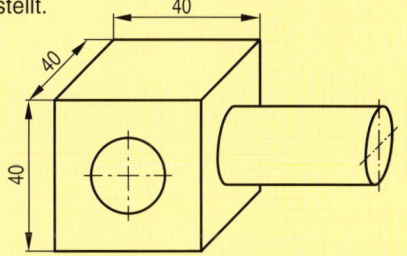

Skizzieren Sie den Bolzen freihändig im Maßstab 1:1
a) in dimetrischer Projektion
b) in isometrischer Projektion.
Verdeckte Kanten werden nicht eingezeichnet, fehlende Maße sind aus der Zeichnung herauszumessen.

7.6.2 Lagerbock
Ein Lagerbock ist in Kabinett-Projektion im Maßstab 1:2 dargestellt.

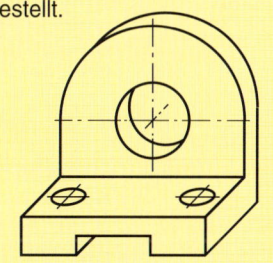

Breite 50 mm
Tiefe 40 mm
Höhe 50 mm

Skizzieren Sie den Lagerbock freihändig im Maßstab 1:1 ohne verdeckte Kanten.
a) in Kabinett-Projektion (wie vorgegeben)
b) in dimetrischer Projektion.
Fehlende Maße sind der Zeichnung zu entnehmen.

7.7 Körper in Ansichten I

Hausschwein in 3 Ansichten

Körper in Ansichten
Die naturgetreue, räumliche Darstellung eines dreidimensionalen Körpers in einer Ebene (Zeichenblatt) ist prinzipiell nicht möglich. Durch perspektivische Darstellung kann zwar ein räumlicher Eindruck erzielt werden, alle Teile des Körpers, auf die man nicht senkrecht blickt, sind aber naturgemäß verzerrt. Die gezeichneten Längen entsprechen damit nicht den tatsächlichen Abmessungen des Körpers. Auch bei einer Fotografie sind Teile des Körpers verzerrt.
Um eine Fläche unverzerrt, d. h. in ihren tatsächlichen Abmessungen und Proportionen zu erkennen, muss man genau senkrecht auf sie blicken. Ein Körper kann somit unverzerrt dargestellt werden, wenn er in mehreren Ansichten dargestellt wird, auf die man jeweils senkrecht blickt.
Die Zeichnung zeigt ein Schwein in drei Ansichten. Allerdings erscheinen sogar hier die Flächen verzerrt, weil der Körper nicht durch „ebene" sondern „gekrümmte" Flächen begrenzt wird.

Projektionsmethode 1

- SL Seitenansicht von links
- D Draufsicht
- R Rückansicht
- SR Seitenansicht von rechts
- V Vorderansicht
- U Untersicht

Kennzeichnung der ISO-Methode 1

Normalprojektion
Ebene Flächen von Körpern können durch eine „Normalprojektion" unverzerrt dargestellt werden. Bei den üblichen Körpern genügen maximal sechs Ansichten, um den Körper vollständig zu erfassen. Es sind dies die
- Vorderansicht (V) bzw. Hauptansicht
- Seitenansicht von links (SL)
- Draufsicht (D) bzw. Ansicht von oben
- Seitenansicht von rechts (SR)
- Untersicht (U) bzw. Ansicht von unten
- Rückansicht (R) bzw. Ansicht von hinten.

Meist genügen Vorderansicht, Seitenansicht von links und Draufsicht zur eindeutigen Darstellung.
Bei komplizierten Körperformen benötigt man eventuell zusätzliche Ansichten sowie bestimmte Körperschnitte.

Anordnung der Ansichten nach ISO-Methode 1

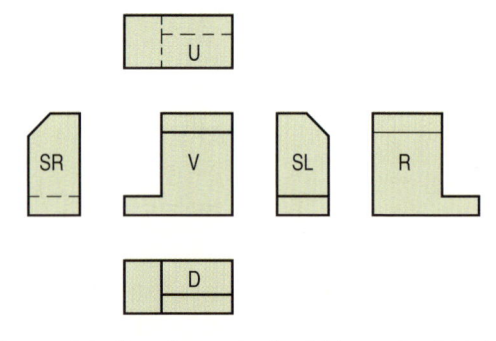

Die gezeigte Anordnung der Ansichten entspricht der Projektion nach ISO-Methode 1. Sie wird in allen europäischen Ländern angewandt.

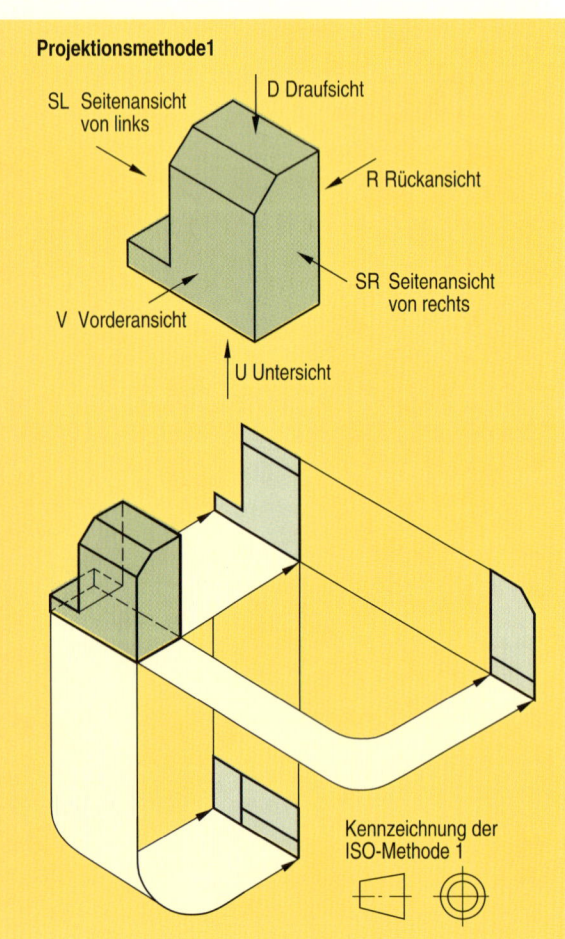

Vertiefung zu 7.7

Projektionsmethode 3

Während in den Ländern der EG zur Darstellung von Körpern hauptsächlich die Projektionsmethode 1 angewandt wird, ist in den USA und in Großbritannien die Projektionsmethode 3 üblich. Beide Methoden unterscheiden sich durch die Anordnung der Ansichten: Bei der Methode 3 wird die Seitenansicht von **links** auf die **linke** Seite der Hauptansicht gesetzt, die Seitenansicht von **rechts** auf die **rechte** Seite, die Draufsicht nach oben und die Untersicht nach unten.

Die verschiedenen Ansichten können auch bliebig neben der Hauptansicht angeordnet sein, wenn sie durch Pfeile und Buchstaben eindeutig zugeordnet sind (Pfeilmethode).

Anordnung der Ansichten nach ISO-Methode 3

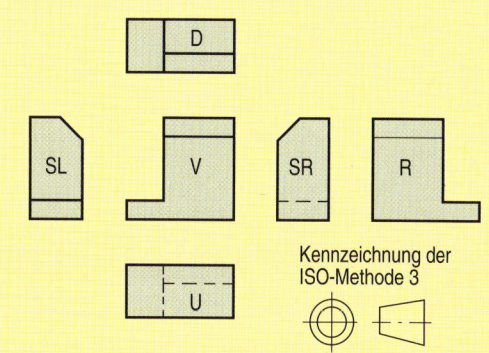

Kennzeichnung der ISO-Methode 3

Aufgaben

7.7.1 Darstellung in mehreren Ansichten

Die vier Formteile sind in jeweils fünf Ansichten dargestellt, diese sind zum Teil fehlerhaft gezeichnet. Benennen Sie die richtig gezeichneten Ansichten mit folgenden Abkürzungen: Vorderansicht V, Seitenansicht von links SL, Draufsicht D, Seitenansicht von rechts SR, Rückansicht R und Untersicht U. Kennzeichnen Sie die fehlerhaft gekennzeichneten Ansichten mit F.

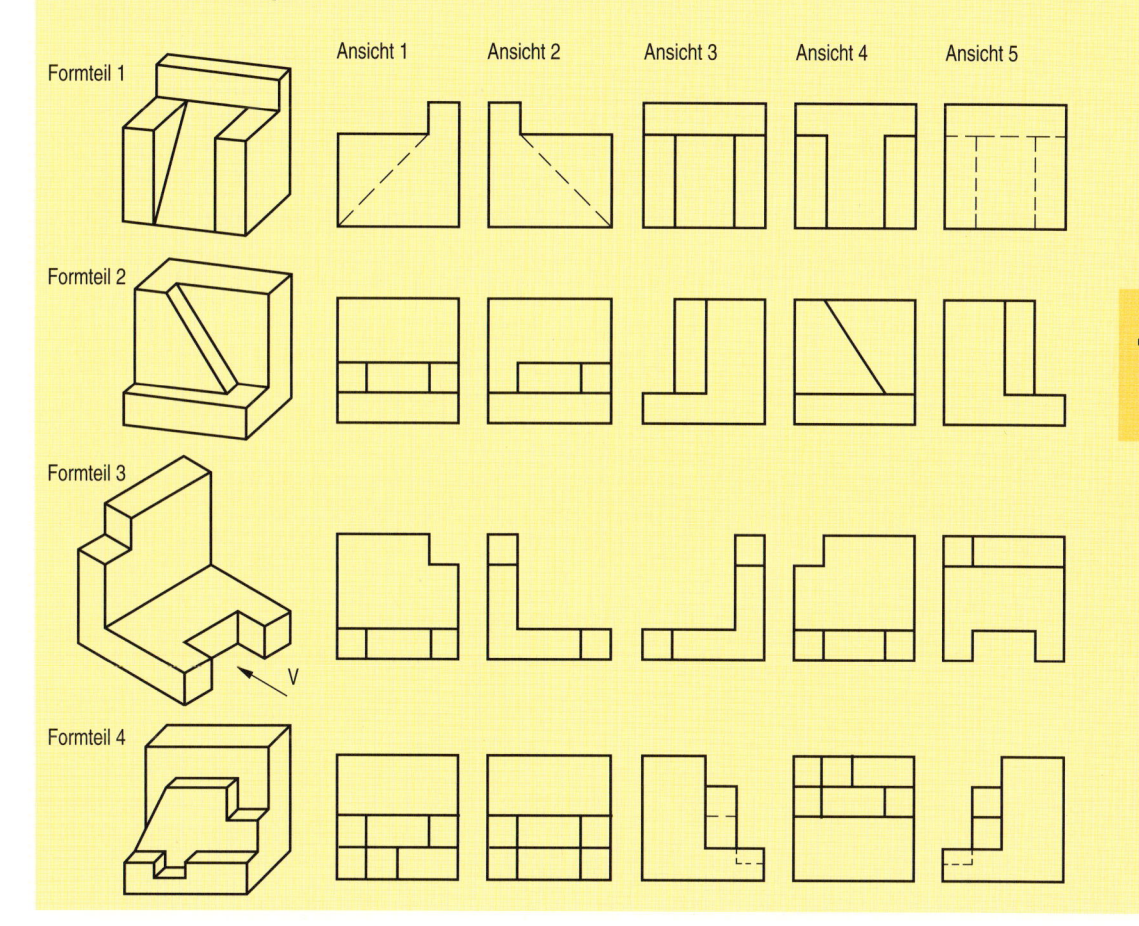

7.8 Körper in Ansichten II

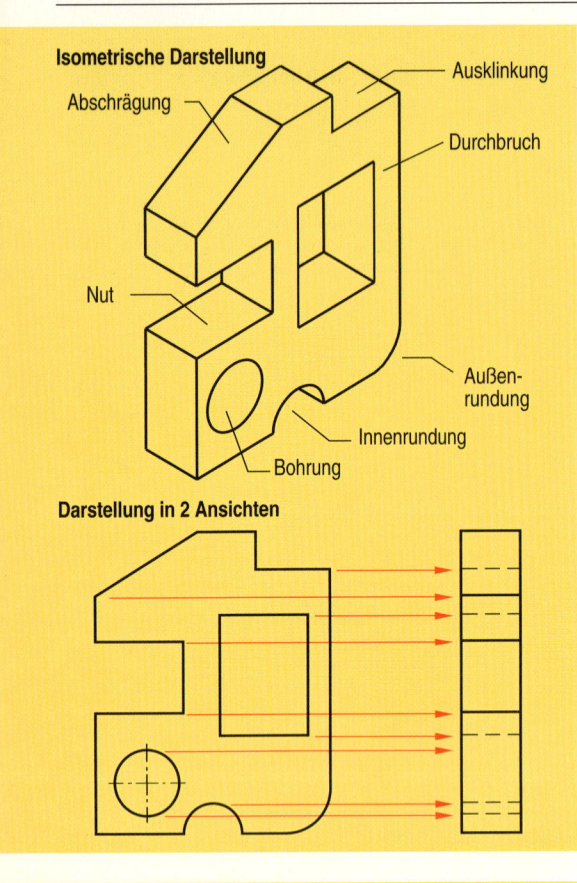

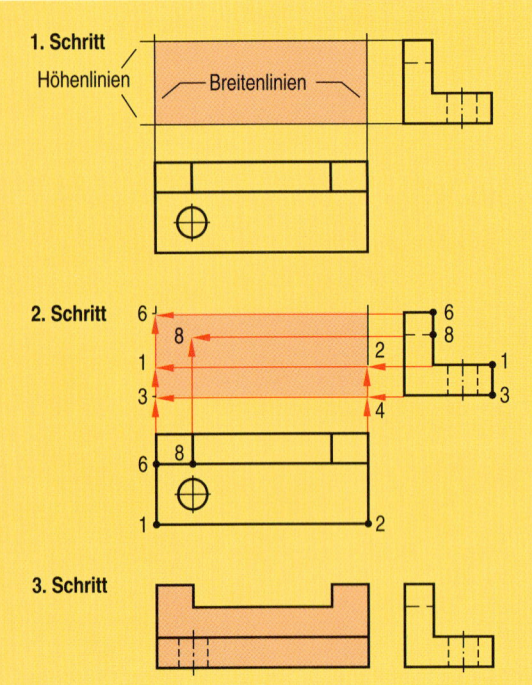

Isometrische Darstellung

Abschrägung, Ausklinkung, Durchbruch, Nut, Außenrundung, Innenrundung, Bohrung

Darstellung in 2 Ansichten

1. Schritt
Höhenlinien, Breitenlinien

2. Schritt

3. Schritt

Grundformen

Halbzeugprofile
Das Ausgangsmaterial für Werkstücke besteht häufig aus Halbzeugen oder Halbzeugprofilen. Ausnahmen bilden nur geschmiedete und gegossene Werkstücke. Wichtige Halbzeugprofile sind z.B. Rechteck-, Rund-, U-, L-, Vierkant- und Sechskantprofile, sowie Rohre.

Formänderungen
Die weitere Verarbeitung durch Bohren, Fräsen Hobeln usw. führt dann zu den gewünschten Formänderungen des Werkstücks. Die wichtigsten Formänderungen sind dabei Bohrungen, Durchbrüche, Nuten, Abschrägungen sowie Außen- und Innenrundungen.
In der Skizze sind die wichtigsten Formänderungen an einem Rechteckprofil dargestellt.

Zeichnerische Darstellung
Die Formänderung (z. B. Bohrung) erscheint in einer Ansicht im Profil. In den anderen Ansichten erzeugt die Formänderung sichtbare oder verdeckte Kanten:
- eine Ausklinkung oder eine Abschrägung erzeugt in jeder Ansicht, in der nicht das Profil der Form gezeigt wird, eine zusätzliche Kante
- eine Bohrung, eine rechteckige Nut, oder ein Durchbruch erzeugt in jeder Ansicht, in der nicht das Profil der Form gezeigt wird, zwei zusätzliche Kanten.

Sichtbare Kanten werden durch breite Volllinien (z.B. 0,35 mm) dargestellt, verdeckte Kanten werden durch schmale Strichlinien z.B. 0,18 mm) dargestellt.

Konstruktion fehlender Ansichten
Einfache Werkstücke können meist durch zwei Ansichten eindeutig dargestellt werden. Um das Aussehen des Werkstückes zu verdeutlichen, ist es aber manchmal wünschenswert, eine dritte Ansicht zu konstruieren.

Konstruktionsschritte
Im Beispiel ist ein Winkel mit Nut und Bohrung durch zwei Ansichten (Draufsicht und Seitenansicht von links) dargestellt. Die fehlende dritte Ansicht (Vorderansicht) kann in drei Schritten konstruiert werden:
1.: Aus den gegebenen Ansichten wird der Umriss der gesuchten Vorderansicht konstruiert.
2.: Die Vorderansicht wird punktweise konstruiert. Die Ecken können dabei hilfsweise durch Zahlen gekennzeichnet werden. Ecken, die in Seitenansicht und Draufsicht übereinstimmen, bilden in der Vorderansicht die entsprechende Ecke. Zu beachten ist, dass wegen der flächenhaften Darstellung immer zwei oder mehr Ecken übereinander liegen.
3.: Nachdem alle Ecken konstruiert sind, werden die Kanten und Symmetrielinien gezeichnet.

Ist das Werkstück durch zwei Ansichten nicht eindeutig bestimmt, so ergeben sich für die gesuchte dritte Ansicht zwei oder mehr Lösungsmöglichkeiten.

Vertiefung zu 7.8

Halbzeuge

Werkstücke können hergestellt werden
- durch Gießen:
  diese Möglichkeit wird für komplizierte Teile, z. B. Motorblöcke aus Gusseisen, Stahlguss und Aluminium bevorzugt
- durch Schmieden:
  diese Möglichkeit wird zur Fertigung hochbelasteter Formteile, z.B. Kurbelwellen, eingesetzt
- aus Halbzeugen:
  die Weiterverarbeitung von Halbzeugprofilen zum fertigen Werkstück ist in den meisten Fällen die wirtschaftlichste Möglichkeit.

Halbzeuge sind Industrie-Erzeugnisse aus Metall bzw. Metalllegierungen (Stahl, Kupfer, Aluminium) oder Kunststoff, die noch zum fertigen Produkt (Fertigteil) weiterverarbeitet werden.
Halbzeuge werden in standardisierten Formen hergestellt, vor allem als Bleche, Folien, Profile (z. B. Doppel-T-Träger), Rohre, Drähte, Stäbe, Stangen, Bänder, Platten, Tafeln, Blöcke oder Rohlinge.
Besonders häufig eingesetzte Halbzeugprofile sind
- Rechteck- und Sechskantprofile
- Rund- und Rohrprofile
- U-Profile.

Darstellung von Halbzeugprofilen

Halbzeugprofile können ausführlich oder vereinfacht in einer Ansicht dargestellt werden. Dabei wird der Profilschnitt mit schmaler Volllinie gezeichnet und in die Darstellung geklappt.

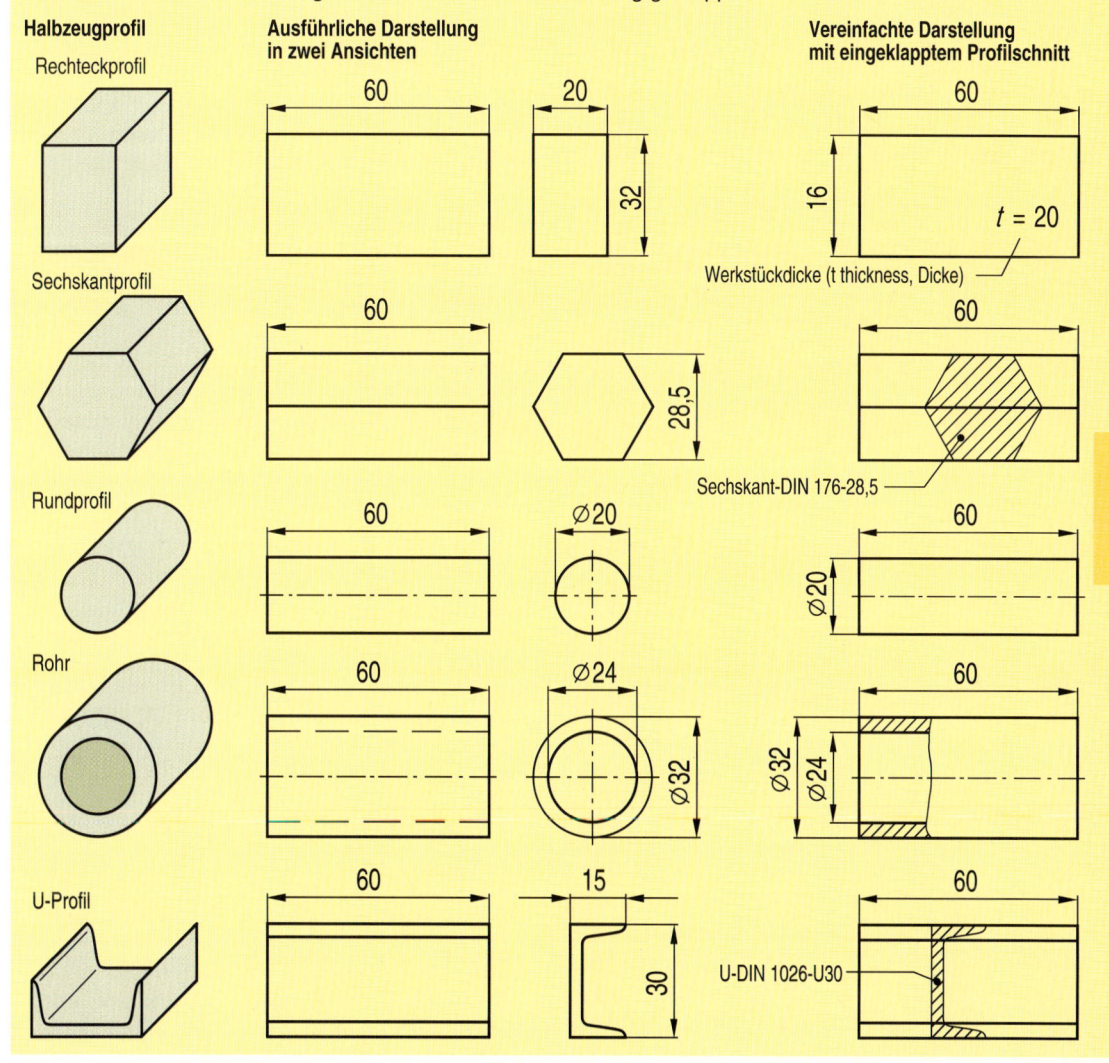

Halbzeugprofil	Ausführliche Darstellung in zwei Ansichten	Vereinfachte Darstellung mit eingeklapptem Profilschnitt
Rechteckprofil	60 × 32, 20 × 32	60 × 16, $t = 20$ — Werkstückdicke (t thickness, Dicke)
Sechskantprofil	60, 28,5	60 — Sechskant-DIN 176-28,5
Rundprofil	60, Ø20	60, Ø20
Rohr	60, Ø24, Ø32	60, Ø32, Ø24
U-Profil	60, 15, 30	60 — U-DIN 1026-U30

7.9 Voll- und Halbschnitte

Beispiel: Muffe mit Gewinde, dargestellt als Halbschnitt

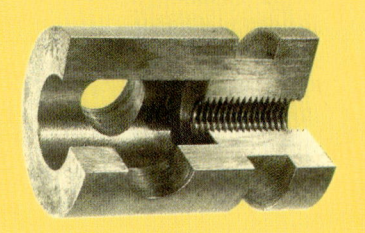

Vollschnitt, Prinzip

Schnittverlauf — Schnittflächen

Zylinder, ungeschnitten und Schnittdarstellung

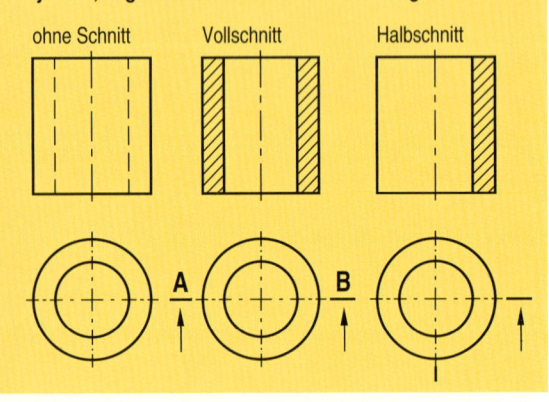

ohne Schnitt — Vollschnitt — Halbschnitt

A   B

Platte mit Bohrungen

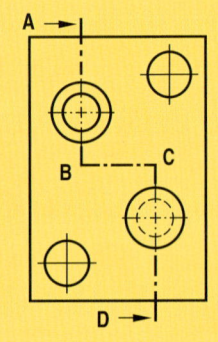

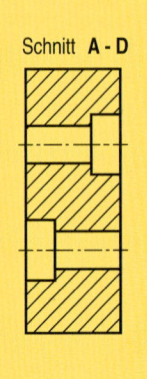

Schnitt A - D

Bohrungen und Hohlräume
Viele Werkstücke haben in ihrem Inneren wichtige Einzelheiten wie Bohrungen, Durchbrüche und Gewinde. Diese Details lassen sich zwar in einer Ansicht mit verdeckten Kanten als Strichlinien darstellen, besser ist es aber, gedanklich einen „Schnitt" durch das Werkstück zu legen, um die verdeckten Einzelheiten direkt sichtbar zu machen.

Je nachdem, ob der Schnitt durch das gesamte Werkstück führt, nur durch die Hälfte oder nur durch einzelne Teile, unterscheidet man Vollschnitte, Halbschnitte und Teilschnitte.

Schnitt und Schnittverlauf
Ein Schnitt ist die gedachte Zerlegung eines Gegenstandes in eine oder mehrere Ebenen senkrecht zur Zeichenebene. Die in der Schnittebene liegenden Flächen heißen Schnittflächen.

Der Schnittverlauf wird, wenn er nicht klar erkennbar ist, durch eine breite Strichpunktlinie, die „Schnittlinie" gekennzeichnet. Je nach Schnittverlauf kann die Schnittlinie gerade oder geknickt sein. Kurz vor den Enden der Strichpunktlinie geben Pfeile die Blickrichtung auf die Schnittfläche an.

Die Schnittdarstellung hat den wichtigen Vorteil, dass aus verdeckten Kanten (schmale Strichlinien) sichtbare Kanten (breite Volllinien) werden. Diese Kanten können auch für die Bemaßung des Werkstücks verwendet werden. Durch den Schnitt selbst entstehen aber keine neue Kanten.

Die Schnittflächen werden durch eine Schraffur mit schmalen Volllinien gekennzeichnet. Die Schraffurlinien haben eine Neigung von 45°, ihr Abstand untereinander ist von der Größe der Zeichnung abhängig, beim Zeichnungsformat A4 beträgt er 2 bis 4 mm.

Bei Voll- und Halbschnitten werden keine verdeckten Kanten eingezeichnet, dadurch wird die Darstellung besonders einfach und übersichtlich.

Schnitt in mehreren Ebenen
Liegen die darzustellenden Einzelheiten wie Bohrungen und Gewinde nicht in einer Ebene, so kann auch in mehreren Ebenen geschnitten werden. Der Schnittverlauf wird durch breite Strichpunktlinien und Großbuchstaben angegeben, z.B. Schnitt A-B-C-D oder einfach Schnitt A-D. Diese Linie wird aber nicht durchgezogen, sondern nur an Anfang und Ende sowie an den Eckpunkten des Schnittverlaufs eingezeichnet.

Alle Schnittflächen des gleichen Teiles habe die gleiche Schraffur, angrenzende Schnittflächen anderer Teile erhalten eine unterschiedliche Schraffur.

Durch Schnitte in verschiedenen Ebenen entstehen keine zusätzliche Kanten.

Vertiefung zu 7.9

Normteile in Schnittdarstellungen
Enthält ein Werkstück Rippen, Bolzen, Stifte, Schrauben oder andere einfache Körper, insbesondere Normteile, so werden diese nicht geschnitten, auch wenn sie in der Schnittebene liegen.

Bei symmetrischen Körpern ist es nicht nötig, den Schnittverlauf zu kennzeichnen. Die Schnittebene verläuft, wenn nichts anderes angegebenen ist, durch die Symmetrielinie.

Das Beispiel zeigt einen Flansch mit Rippen und Löchern. Die Rippen und die Löcher werden in die Schnittebene gelegt, die Rippen werden aber nicht geschnitten. Der Schnittverlauf wird nicht angegeben.

Flansch mit Rippen und Löchern — Rippen werden nicht geschnitten — Lochkreis

Halbschnitte
Symmetrische Werkstücke, insbesondere Drehteile, die auch im Innern verdeckte Hohlräume haben, lassen sich gut durch Halbschnitte darstellen.

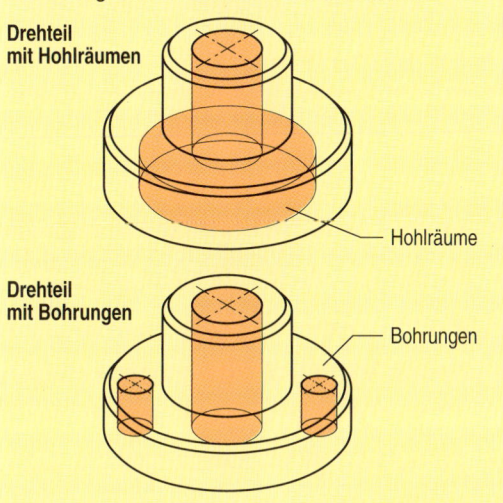

Drehteil mit Hohlräumen — Hohlräume

Darstellung als Halbschnitt — Oberfläche sichtbar — Hohlräume sichtbar

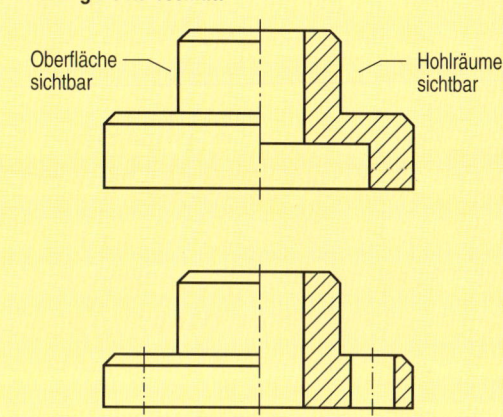

Drehteil mit Bohrungen — Bohrungen

Aufgaben zu Kapitel 7.8 und 7.9

7.8.1 Körper in drei Ansichten
Drei Werkstücke sind in isometrischer Darstellung verkleinert im Maßstab 1:2 dargestellt.

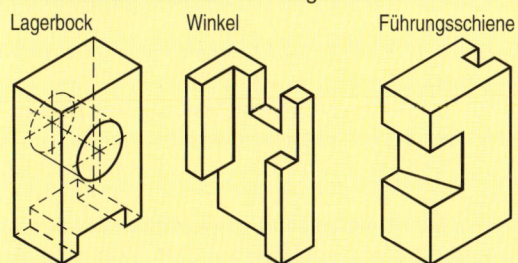

Lagerbock   Winkel   Führungsschiene

Zeichnen Sie die drei Werkstücke jeweils in drei Ansichten im Maßstab 1:1.

7.9.1 Ventilgehäuse
Die Skizze zeigt ein Ventilgehäuse als Ansicht und im Schnitt im Maßstab 1:2.

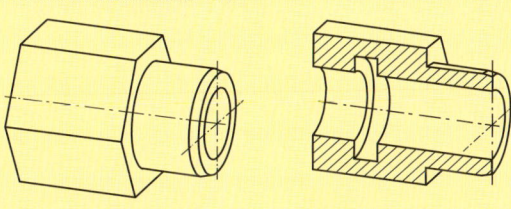

Zeichnen Sie das Werkstück im Maßstab 1:1
a) in zwei Ansichten
b) als Vollschnitt
c) als Halbschnitt.

7.10 Teilschnitte und Gewinde

Welle mit Nut und Zentrierbohrung

Teilschnitte
Wellen, Zapfen, Speichen, Stege sowie Normteile (z. B. Schrauben) enthalten oft Hohlräume und Bohrungen, die von außen nur schwer erkennbar sind. Diese Einzelheiten werden durch Teilschnitte oder so genannte „Ausbrüche" verdeutlicht, weil Wellen, Zapfen u. dgl. nach DIN 6 nicht in ihrer gesamten Länge als Schnitt dargestellt werden.
Ein Werkstück kann ein oder mehrere Teilschnitte enthalten.

Darstellung
Zentrierbohrungen und Nuten werden als Teilschnitte dargestellt. Dabei werden die „Ausbrüche durch eine schmale Freihandlinie begrenzt, die Schnittfläche wird schraffiert.
Enthält ein Werkstück mehrere Teilschnitte, so werden alle Teilschnitte gleich schraffiert.
Wird die dargestellte Einzelheit durch den Teilschnitt nicht eindeutig dargestellt, so wird eine zusätzliche Ansicht gezeichnet.
Im Beispiel wird die Nut in der Welle durch einen Teilschnitt und eine Draufsicht dargestellt.

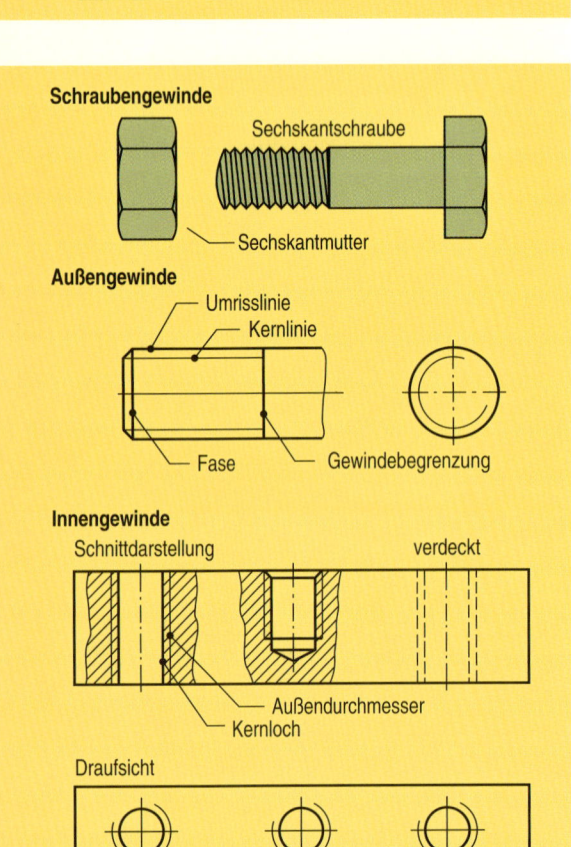

Die Zentrierbohrung ist in der Schnittdarstellung eindeutig dargestellt, sie wird in der Draufsicht nicht gezeichnet

Schraubengewinde — Sechskantschraube, Sechskantmutter

Außengewinde — Umrisslinie, Kernlinie, Fase, Gewindebegrenzung

Innengewinde
Schnittdarstellung — verdeckt
Außendurchmesser, Kernloch
Draufsicht

Gewinde
Gewinde sind ein wesentlicher Bestandteil vieler Werkstücke. Sie werden nicht naturgetreu, sondern mit genormten Symbolen nach DIN 27 dargestellt.
Man unterscheidet Außengewinde und Innengewinde.

Außengewinde
Bei Außengewinden werden die Umrisslinien (Außendurchmesser) und die Gewindebegrenzung (Gewindeabschluss) als sichtbare Körperkanten mit breiten Volllinien gezeichnet. Die Kernlinie (Kerndurchmesser) deutet man durch schmale Volllinien an.
In Achsrichtung auf das Gewinde gesehen, wird der Kerndurchmesser durch einen 3/4-Kreis mit schmaler Volllinie angedeutet, verdeckte Gewinde sind als 3/4-Kreis mit schmalen Strichlinien zu zeichnen.

Innengewinde
Innengewinde werden meist im Schnitt dargestellt. Das Kernloch wird dabei als sichtbare Kante (breite Volllinie), das Gewinde (Außendurchmesser) als schmale Volllinie dargestellt.
Die Länge eines nicht durchgehenden Gewindes wird durch eine breite Volllinie begrenzt.
Wird ein Innengewinde nicht im Schnitt dargestellt, so werden Kernloch und Gewindeabschluss als verdeckte Kanten mit schmalen Strichlinien gezeichnet.
In Achsrichtung gesehen wird das Kernloch durch einen Vollkreis (breite Volllinie), der Außendurchmesser durch einen 3/4-Kreis (schmale Volllinie) dargestellt.

Vertiefung zu 7.10

Schraubenverbindungen

Um verdeckte Kanten in der Zeichnung zu vermeiden, werden Schraubengewinde meist im Schnitt gezeichnet. Dabei ist folgendes zu beachten:

1. Verschiedene Teile eines Werkstückes werden im Schnitt durch unterschiedliche Schraffuren gekennzeichnet.
2. Bolzen, Unterlegscheiben, Muttern und Schraubenköpfe werden nicht geschnitten.
3. Das Gewinde erscheint im Schnitt nur dort, wo es durch den Schraubenbolzen nicht verdeckt wird.

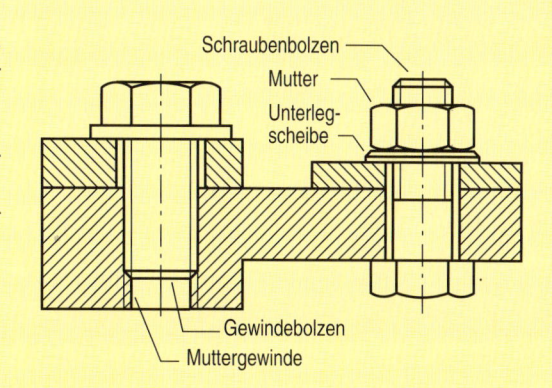

Geschnittene und ungeschnittene Bereiche

Schnitte in einer technischen Zeichnung sollen die Form von kompliziert geformten Werkstücken verdeutlichen. In Zeichnungen, die mehrere Einzelteile enthalten, ist es dabei vorteilhaft, wenn bestimmte Teile ungeschnitten dargestellt werden.
Zu den Teilen, die ungeschnitten dargestellt werden, zählen insbesondere Normteile wie Niete, Stifte, Bolzen, Keile, Passfedern und Kugeln und Rollen von Wälzlagern. Auch massive Elemente, die sich von der Grundform oder dem Profil eines Körpers abheben sollen, werden ungeschnitten dargestellt, z. B. Stege, Rippen und Speichen von Gusskörpern.

Beispiele:

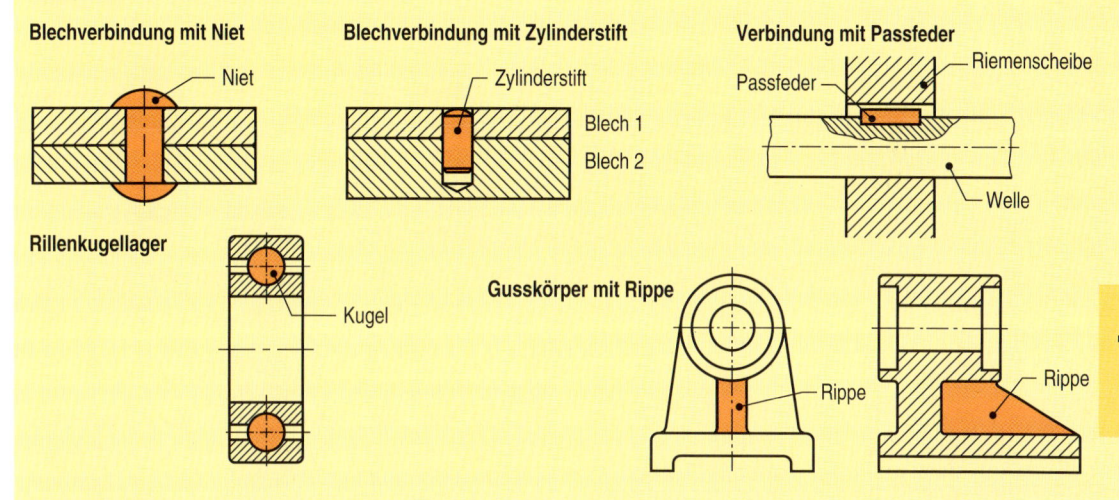

Blechverbindung mit Niet

Blechverbindung mit Zylinderstift

Verbindung mit Passfeder

Rillenkugellager

Gusskörper mit Rippe

Gewinde

Die wichtigste Gewindeart ist das metrische ISO-Gewinde. Es wird als Regelgewinde und als Feingewinde mit kleinerer Steigung eingesetzt.

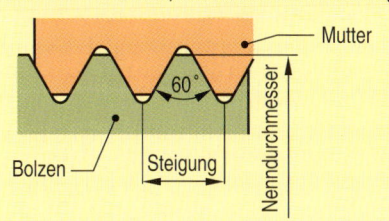

Metrische Gewinde werden durch den Nenndurchmesser gekennzeichnet, z. B. M 12 (metrisches Regelgewinde, 12 mm Durchmesser). Einem bestimmten Durchmesser ist eine Steigung, ein Kernlochdurchmesser und eine Schlüsselweite für den Sechskant zugeordnet. Beispiele (alle Maße in mm):

Metrisches Gewinde, schematische Darstellung

Bezeichnung		Steigung	Kernlochbohrer	Schlüsselweite für Sechskant	
M 1	M 6	0,25	1,0	0,75	5,0	–	10
M 2	M 8	0,4	1,25	1,6	6,8	4,5	13
M 3	M 10	0,5	1,5	2,5	8,5	5,5	17
M 4	M 12	0,7	1,75	3,3	10,2	7	19
M 5	M 16	0,8	2,0	4,2	14,0	8	24

7.11 Bemaßung I

Bemaßungselemente

Die Maße werden, wenn es die Platzverhältnisse erlauben, außerhalb des dargestellten Werkstücks eingezeichnet. Die Maßzahlen sollen von unten oder von rechts lesbar sein.

Bemaßung, Beispiele

Maßpfeile und Punkte

Maßeintragung

Für die Herstellung eines Werkstückes ist eine eindeutige und vollständige Bemaßung von ausschlaggebender Bedeutung. Die Abmessungen werden durch Maßeintragungen nach DIN 406 festgelegt.
Maßeintragungen in einer Zeichnung bestehen aus:
- Maßzahl
- Maßlinie und eventuell Maßhilfslinie
- Maßlinienbegrenzung

Für die Fertigung ist das eingetragene Maß ausschlaggebend, aus der Zeichnung „herausgemessene Maße" haben keine Bedeutung.
Alle Maße werden grundsätzlich in mm (Millimeter) angegeben, die Einheit wird in der Zeichnung nicht geschrieben. Abweichende Maße, z. B. Meter oder Grad, müssen angegeben werden.

Maßlinien und Maßhilfslinien

Maße werden bei ausreichendem Platz wegen der Übersichtlichkeit außerhalb des Werkstücks eingezeichnet, bei Platzmangel können sie auch direkt zwischen den Körperkanten liegen. Zum Herausziehen der Maße dienen Maßhilfslinien, die unmittelbar an den entsprechenden Körperkanten beginnen.
Zwischen den Maßhilfslinien liegen die Maßlinien. Sie liegen meist parallel zu den Körperkanten, sie können aber auch einen Bogen bilden oder zum Mittelpunkt eines Kreises zeigen.
Maßlinien und Maßhilfslinien werden als schmale Volllinien gezeichnet. Die Maßzahl liegt etwa in der Mitte, in Leserichtung über der Maßlinie.
Werden Mittellinien als Maßhilfslinien benutzt, so werden sie außerhalb der Körperkanten auch als schmale Vollinie gezeichnet.

Maßlinienbegrenzung und Hinweislinien

Die Enden der Maßlinien müssen eindeutig begrenzt werden. In der Metallverarbeitung erfolgt dies üblicherweise durch ausgefüllte Maßpfeile, dabei können die Pfeile je nach Platzverhältnis von außen oder von innen gegen die Maßhilfslinien zeigen.
Außer ausgefüllten Pfeilen sind auch offene Pfeile, Schrägstriche und Punkte möglich. Innerhalb einer Zeichnung soll aber nur eine Art von Maßlinienbegrenzung eingesetzt werden. Ausgenommen ist die Kombination von Maßpfeilen mit Punkten.
Bei Platzmagel können für die Bemaßung oder zur Kennzeichnung von Maßbezugsebenen, Positionsnummern, Fertigungsverfahren usw. Hinweislinien verwendet werden. Sie enden mit
- einem Maßpfeil an Körperkanten
- mit einem Punkt an Flächen
- ohne Begrenzung an allen anderen Linien

Vertiefung zu 7.11

Grundregeln der Bemaßung
Die eindeutige und vollständige Bemaßung ist Voraussetzung, dass ein Werkstück fehlerfrei hergestellt werden kann.
Folgende Grundregeln sind deshalb unbedingt einzuhalten:
- Die Bemaßung in einer Zeichnung stellt den Endzustand des Erzeugnisses dar. Dies kann je nach Fertigungsschritt ein Roh-, Zwischen- oder Fertigzustand sein.
- Alle Maße geben die natürliche Größe an, unabhängig vom Maßstab der Darstellung.
- Alle Längenmaße werden in Millimeter (mm) angegeben, die Einheit wird in der Zeichnung nicht geschrieben.
- Jedes Maß wird in der Zeichnung nur einmal eingetragen und zwar in der Ansicht, in der die Zuordnung von Darstellung und Maß am deutlichsten ist.
- An verdeckten Körperkanten darf nicht bemaßt werden.
- Die Maße werden wegen der besseren Übersichtlichkeit vorzugsweise außerhalb des Werkstücks eingetragen, falls der Platz dafür vorhanden ist.

Übersichtlichkeit der Bemaßung
Um bei der Herstellung von Werkstücken unnötige Ablesefehler zu vermeiden, muss die Bemaßung möglichst übersichtlich und gut lesbar gestaltet sein. Dabei sind folgende Grundregeln zu beachten:
- Die Höhe der Zahlen beträgt etwa das Zehnfache der Breite der breiten Volllinie (Liniengruppe), bei Liniengruppe 0,35 also 3,5 mm.
- Der Abstand der ersten Maßlinie beträgt etwa 10 mm von der Körperkante, alle weiteren Maßlinien folgen im Abstand von je 7 mm.

- Maßlinien und Maßhilfslinien dürfen sich gegenseitig nicht schneiden.
- Pfeile dürfen nicht auf Ecken oder verdeckte Kanten auftreffen.
- Mittellinien dürfen zur Bemaßung verwendet werden, wenn sie durch eine Maßhilfslinie verlängert werden.
- Maßzahlen dürfen nicht von Linien oder Schraffuren geschnitten werden.
- Übereinander angeordnete Maßzahlen sollen versetzt geschrieben werden.

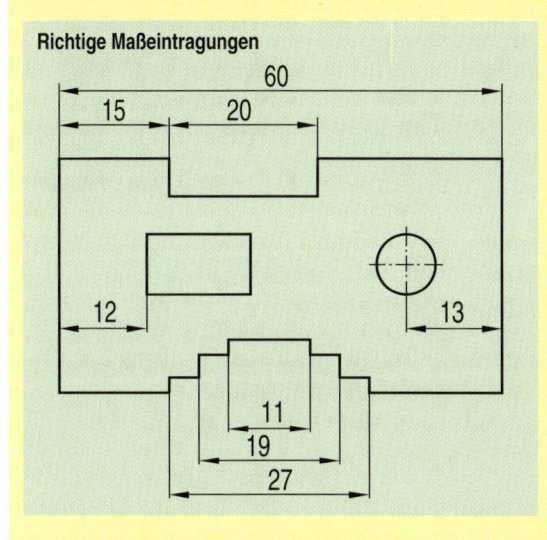

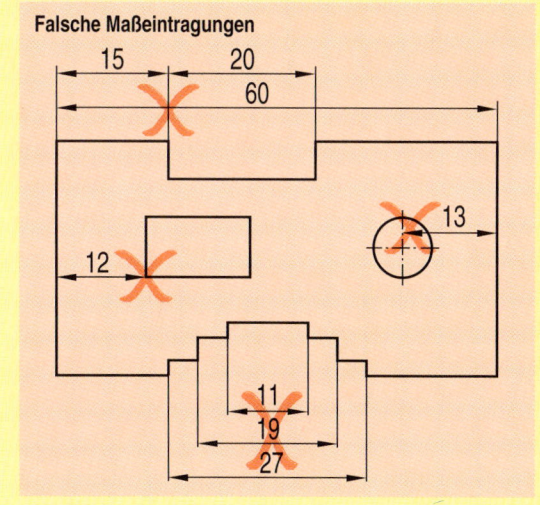

Richtige Maßeintragungen

Falsche Maßeintragungen

Abstände und Zahlengröße in Zeichnungen A4 und A3

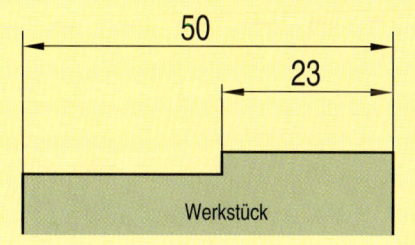

2. Abstand 6 bis 7 mm
1. Abstand 8 bis 10 mm

7.12 Bemaßung II

Einteilung der Maße

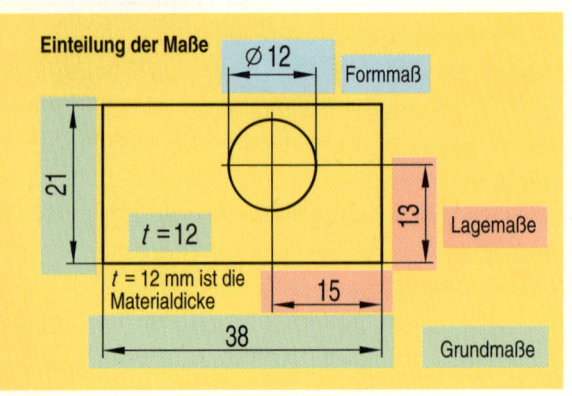

Fertigungsbezogene Bemaßung

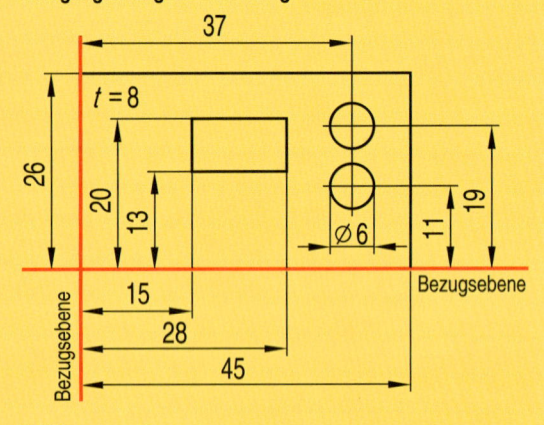

Prüfbezogene Bemaßung

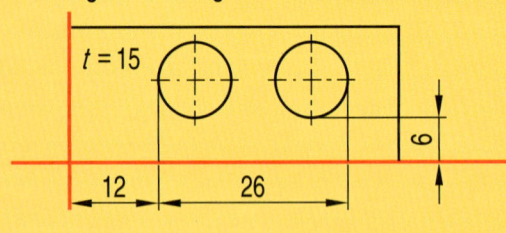

Funktionsbezogene Bemaßung

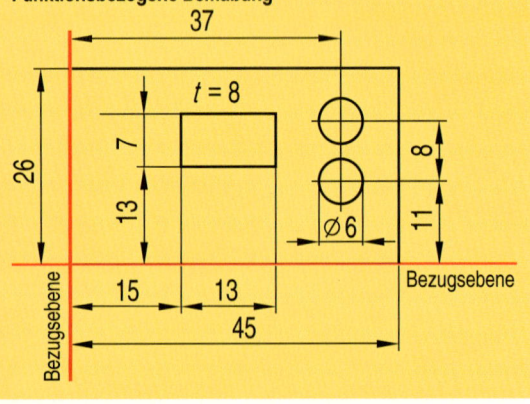

Formänderungen
Die Herstellung eines Werkstückes bedeutet immer: das Ausgangsmaterial, z. B. ein Rechteckprofil, wird durch Bearbeitung in seiner Form geändert.
Bei der Bemaßung muss insbesondere diese Formänderung berücksichtigt werden. Daraus ergeben sich drei Arten von Maße:
- **die Grundmaße** sind die Abmessungen des Ausgangsmaterials
- **die Formmaße** sind die Abmessungen der Formänderung, z. B. einer Bohrung
- **die Lagemaße** geben die genaue Lage der Formänderung an.

Bemaßungsarten
Bei der Bemaßung sind drei Punkte zu beachten:
- die Fertigung des Werkstücks
- die Überprüfung der Maßhaltigkeit
- die Funktion des fertigen Werkstücks.

Danach ergeben sich drei Bemaßungsarten:

Fertigungsbezogene Bemaßung
Bei der fertigungsbezogenen Bemaßung werden die Maße so eingetragen, dass sie bei der Fertigung direkt, also ohne weitere Rechnung verwendbar sind. Diese Bemaßung eignet sich gut für das Anreißen mit dem Höhenreißer und heißt daher auch „Anreißbemaßung". Bei der Anreißbemaßung werden alle Maße außer Kreisdurchmesser und Radien von Bezugskanten abgetragen. Da die Kanten der Zeichnung in Wirklichkeit Ebenen sind, heißen sie Bezugsebenen.
Anstelle von Bezugsebenen können auch „Maßbezugslinien" verwendet werden, z. B. Symmetrielinien von wichtigen Bohrungen oder Mittellinien von symmetrischen Teilen. Bei flachen Werkstücken genügt die Darstellung einer Ansicht, die Dicke wird durch den Buchstaben t (t thick, dick) angegeben, z. B. $t = 15$.

Prüfbezogene Bemaßung
Bei der prüfbezogenen Bemaßung werden die Abstände direkt bemaßt, die gemessen und damit auf Maßhaltigkeit überprüft werden sollen.
Das Beispiel zeigt eine prüfbezogene Bemaßung für zwei Bohrungen.
In der Praxis wird die prüfbezogene Bemaßung nur in Sonderfällen eingesetzt.

Funktionsbezogene Bemaßung
Bei der funktionsbezogenen Bemaßung werden die Abstände, die für die Funktion des Werkstücks besonders wichtig sind, direkt bemaßt. Bei dieser Bemaßung ergeben sich Maßketten. Auch hier arbeitet man mit Bezugsebenen und Maßbezugslinien.
Im Beispiel wird angenommen, dass die Größe der Aussparung und der gegenseitige Abstand der beiden Bohrungen für die Funktion besonders wichtig sind.

Vertiefung zu 7.12

Fertigung mit CNC-Maschinen
Bei der automatischen Fertigung von Werkstücken werden in steigendem Maße CNC-Maschinen eingesetzt (CNC Computer Numeric Control, Computer-Zahlensteuerung).
Beim Einsatz dieser Fertigungsmethoden wird eine fertigungsbezogene Bemaßung bevorzugt, bei der alle Maße, außer Bohrungsdurchmesser, sich auf einen gemeinsamen Werkstücknullpunkt beziehen. Auf die Angabe von Toleranzen (zulässigen Abweichungen) wird verzichtet, weil durch die hohe Genauigkeit der Maschinen die Maßhaltigkeit garantiert ist.
Eine sachgerechte Bemaßung erfordert üblicherweise Kenntnisse über den Fertigungsvorgang sowie das Programmieren der Maschine.

CNC-gerechte Bemaßung, Beispiel

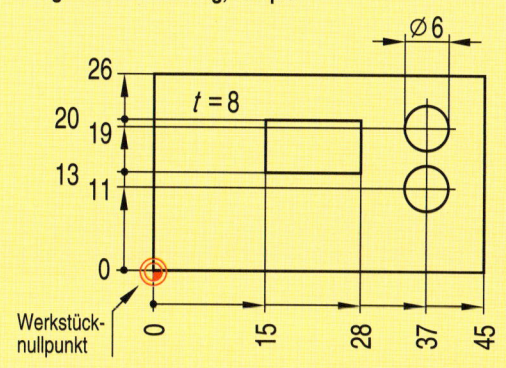

Bemaßung mit Maßbezugslinien
Vor allem bei symmetrischen Teilen werden statt Bezugsebenen auch Maßbezugslinien verwendet. Zum Beispiel Symmetrielinien von wichtigen Bohrungen oder Mittellinien von symmetrischen Teilen können als Maßbezugslinie verwendet werden.
Maßbezugslinien können bei der fertigungsbezogenen und bei der funktionsbezogenen Bemaßung verwendet werden. Die gemischte Verwendung von Bezugsebenen und Maßbezugslinien ist zulässig.
Das Beispiel zeigt eine funktionsbezogene Bemaßung mit einer Bezugsebene und einer Maßbezugslinie.

Maßbezugslinie, Beispiel

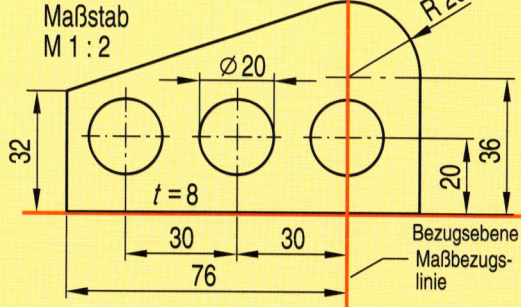

Symmetrische Teile
Viele Werkstücke enthalten einfache oder mehrfache Symmetrien. In solchen Fällen muss die Symmetrie bei der Bemaßung berücksichtigt werden. Die Symmetrielinien dienen dabei als Maßbezugslinien. Da aber kein Maß direkt an der Symmetrielinie beginnt oder endet, handelt es sich um eine „indirekte" Maßbezugslinie.

Mittige Maße, Beispiel

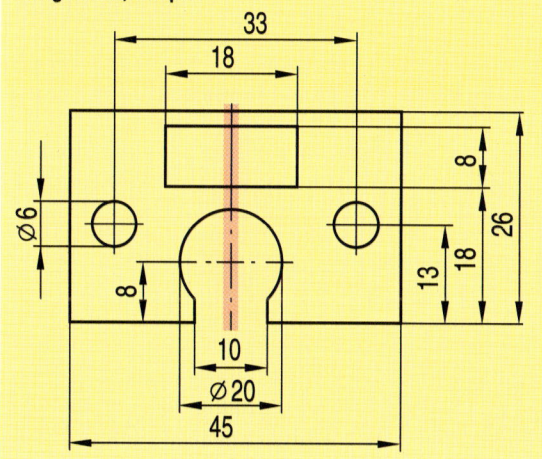

Teilsymmetrien
Viele Werkstücke sind zwar insgesamt nicht symmetrisch, ein Teil davon hat aber eine Symmetrie. In diesem Fall wird für diesen Teil des Werkstücks die Symmetrielinie ebenfalls als indirekte Maßbezugslinie verwendet.

Teilsymmetrie, Beispiel

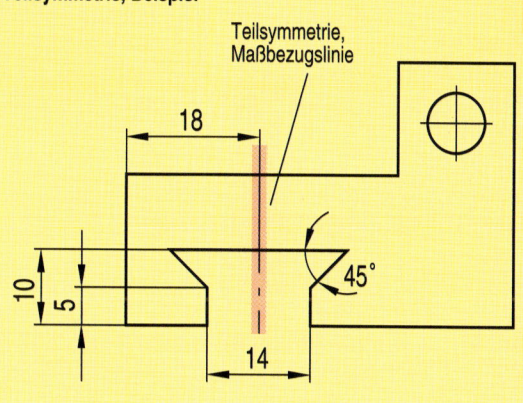

7.13 Bemaßung III

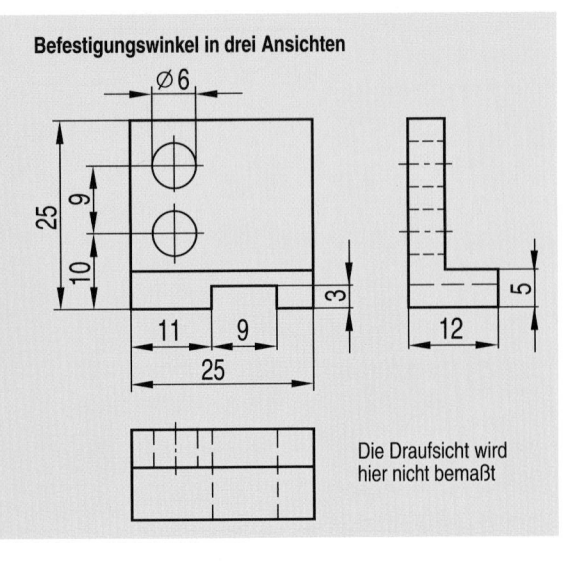

Befestigungswinkel in drei Ansichten

Die Draufsicht wird hier nicht bemaßt

Welle
M 1:2

Innengewinde — M 12

Außengewinde — M 10

Bemaßung in mehreren Ansichten
Beim Bemaßen von Werkstücken, die in mehreren Ansichten dargestellt sind, gelten sinngemäß die gleichen Regeln wie beim Bemaßen flächiger Teile. Die wichtigsten Bemaßungsregeln sind:
- Das Werkstück darf weder unterbemaßt noch überbemaßt sein
- Die Gesamtmaße sind einzutragen, geschlossene Maßketten sind nicht zulässig
- Das Maß wird in die Ansicht gezeichnet, in dem das zu bemaßende Teil am deutlichsten zu erkennen ist
- Die Maße sind auf möglichst wenig Ansichten zu verteilen. Häufig kann man alle Ansichten in der Vorderansicht und einer weiteren Ansicht unterbringen
- An verdeckten Kanten soll nicht bemaßt werden
- Die Bemaßung in verschiedenen Ansichten soll überall von denselben Maßbezugsebenen bzw. Maßbezugslinien ausgehen.

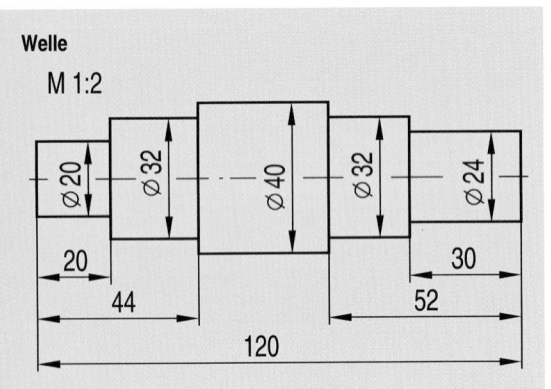

Bemaßung von Drehteilen
Drehteile können wie andere Werkstücke in drei Ansichten gezeichnet werden. Wegen der Achsensymmetrie genügt aber häufig eine Ansicht. Die Durchmesser-Zeichen zeigen dabei an, dass es sich um Rundteile handelt.
Die Darstellung von Werkstücken soll möglichst in „Gebrauchslage" erfolgen. Da Drehteile meist keine eindeutig erkennbare Gebrauchslage haben, werden sie in „Fertigungslage", also mit waagrecht liegender Drehachse gezeichnet. Bezugsebenen für die Längsbemaßung sind die Stirnseiten (eine oder beide Stirnseiten), einzelne Einstiche werden aber funktionsbezogen durch eine Maßkette bemaßt.

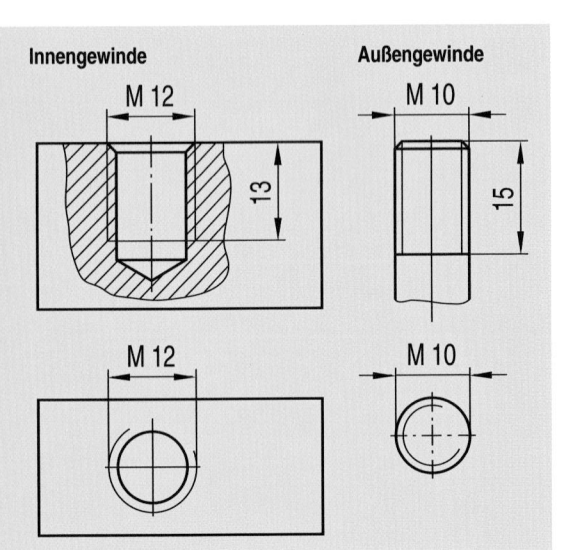

Bemaßung von Gewinden
Um ein Gewinde fertigen zu können, müssen Gewindeart, Außendurchmesser und Gewindelänge bekannt sein. Meist werden metrische ISO-Gewinde eingesetzt. Sie sind durch ein „M" gekennzeichnet, zum Beispiel:

- M 10 Metrisches Normalgewinde mit 10 mm Außendurchmesser
- M 10 x 1 Metrische Feingewinde mit 10 mm Außendurchmesser und 1 mm Gewindesteigung
- M 10 x 30 DIN 931 Sechskantschraube, metrisches Normalgewinde, 30 mm Bolzenlänge.

Außer den metrischen ISO-Gewinden gibt es zahlreiche andere Gewinde, z.B. Rohrgewinde, Sägengewinde, Trapezgewinde, Rundgewinde, sowie eine Vielzahl von ausländischen Standards.
Die Bemaßung des Gewindes erfolgt immer am Außendurchmesser. Bei Innengewinden ist dies eine schmale Vollinie, bei Außengewinden eine breite Vollinie.

Vertiefung zu 7.13

Darstellung und Bemaßung eines Drehteils in zwei Ansichten

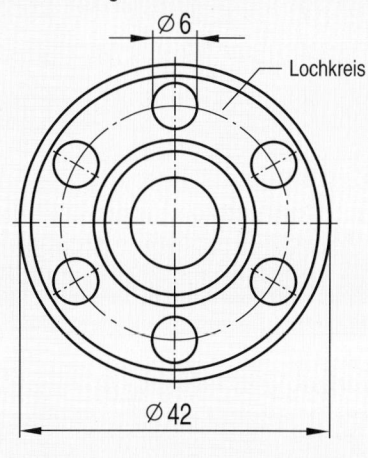

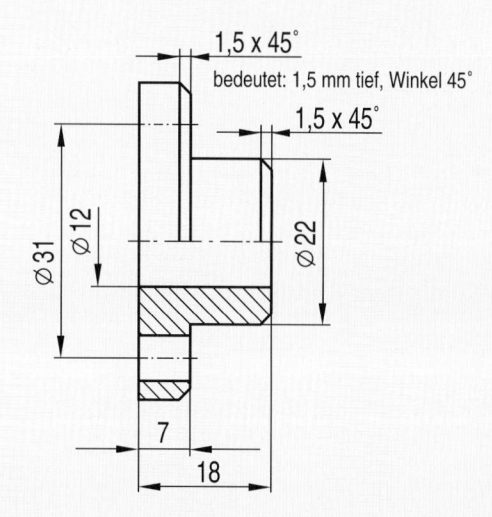

Aufgaben

7.13.1 Passstück
Das Passstück aus CuZn 40 (Messinglegierung aus 60 % Kupfer, 40 % Zink) ist verkleinert im Maßstab 1:2 gezeichnet.
a) Erläutern Sie die Angabe $t=10$.
b) Zeichnen Sie das Werkstück im Maßstab 1:1 und bemaßen Sie die Zeichnung normgerecht.
Die Maße sind aus der Aufgabe zu bestimmen.

7.13.2 Befestigungswinkel
Der Befestigungswinkel aus Fe 410 (Stahl mit Zugfestigkeit 410 N/mm^2) ist verkleinert im Maßstab 1:2 gezeichnet.
Zeichnen Sie das Werkstück im Maßstab 1:1 und bemaßen Sie die Zeichnung normgerecht.
Die Maße sind aus der Aufgabe zu bestimmen.

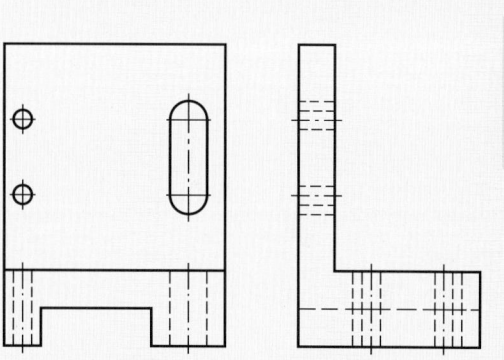

7.13.3 Übergangsbolzen
Der Übergangsbolzen aus Fe 410 ist als Fotografie dargestellt. Der Durchmesser des Zylinders beträgt 40 mm, die Gesamtlänge des Werkstücks ist 60 mm. Zeichnen Sie das Werkstück vergrößert im Maßstab 2:1 in einer Ansicht und bemaßen Sie die Zeichnung normgerecht.
Das Innengewinde ist als Teilschnitt darzustellen.

Innengewinde M 12, 17,5 mm tief

Gewinde M 24

Gewindelänge 30 mm
Bolzenlänge 40 mm

© Holland + Josenhans

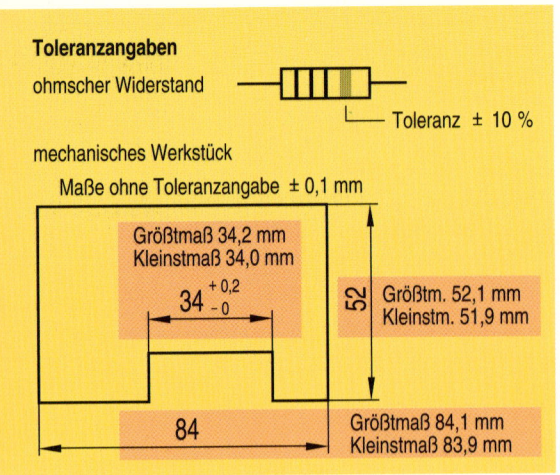

7.14 Toleranzen und Oberflächen

Toleranzangaben

ohmscher Widerstand — Toleranz ± 10 %

mechanisches Werkstück
Maße ohne Toleranzangabe ± 0,1 mm

- Größtmaß 34,2 mm / Kleinstmaß 34,0 mm
- $34^{+0,2}_{-0}$
- Größtm. 52,1 mm / Kleinstm. 51,9 mm (52)
- Größtmaß 84,1 mm / Kleinstmaß 83,9 mm (84)

Welle und Bohrung

- Feder ("Welle")
- Nut ("Bohrung")
- Bohrung (Innenpassfläche)
- Welle (Außenpassfläche)

Spielpassung — Übergangspassung — Übermaßpassung

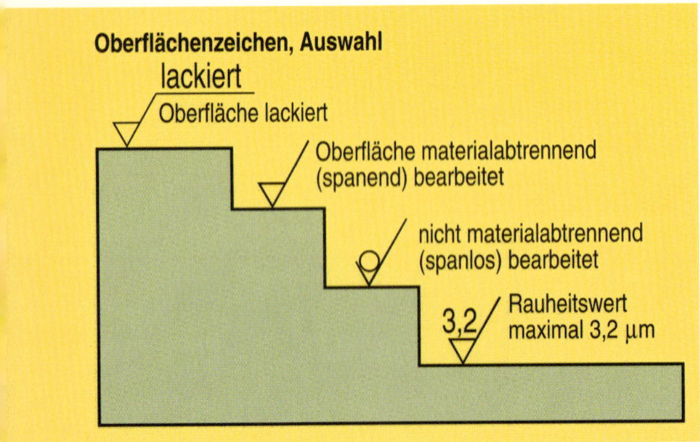

Oberflächenzeichen, Auswahl

- lackiert / Oberfläche lackiert
- Oberfläche materialabtrennend (spanend) bearbeitet
- nicht materialabtrennend (spanlos) bearbeitet
- 3,2 / Rauheitswert maximal 3,2 µm

Toleranzen

Werkstücke können prinzipiell nicht mit absoluter Genauigkeit gefertigt werden, dies gilt für elektrische, mechanische und alle anderen Bauteile. Das tatsächliche Maß (Istmaß) weicht also mehr oder weniger stark vom tatsächlichen Maß (Nennmaß, Sollmaß) ab.

Für eine vollständige Bemaßung müssen die Toleranzen angegeben sein. Eine Ausnahme bilden Zeichnungen für die Bearbeitung mit CNC-Maschinen (Computer Numeric Control): diese Bearbeitungsmaschinen bieten von sich aus eine ausreichende Genauigkeit.

Im einfachsten Fall wird die zulässige Abweichung in mm neben das Nennmaß geschrieben, z.B. 50 ± 0,1. Oft wird auch die Toleranz für die gesamte Zeichnung angegeben, Maße mit davon abweichender Toleranz werden jeweils für sich gekennzeichnet.

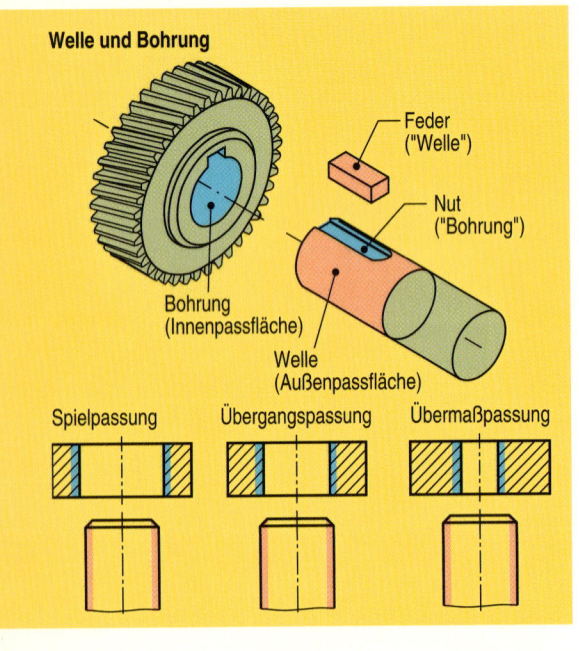

Passungen

Ein technisches System, z.B. ein Getriebe, besteht meist aus vielen einzelnen Elementen, die zusammen „passen" müssen. Da die Elemente meist an verschiedenen Stellen gefertigt werden, und ein individuelles „Anpassen" der Teile nicht möglich ist, müssen die Fertigungstoleranzen unbedingt eingehalten werden. Bei Passungen treffen üblicherweise eine „Welle" und eine „Bohrung" aufeinander. Die „Welle" kann dabei eine Antriebswelle, ein Stift, ein Vierkant, eine Passfeder usw. sein, die „Bohrung" kann eine Bohrung, eine Aussparung, eine Nut usw. sein.

Für das Zusammenpassen von Welle und Bohrung mit **gleichem Nennmaß** gibt es drei Möglichkeiten:

- die **Spielpassung**
  die Welle ist kleiner als die Bohrung
- die **Übergangspassung**
  die Welle ist kleiner oder größer als die Bohrung
- die **Übermaßpassung** (Presspassung)
  die Welle ist größer als die Bohrung.

Welche Passung entsteht, ist von der Größe und der Lage der Toleranzfelder abhängig.

Oberflächenbeschaffenheit

Für das einwandfreie Funktionieren eines Systems ist neben der Genauigkeit der einzelnen Elemente auch ihre Oberflächenbeschaffenheit von Bedeutung. Diese Beschaffenheit wird z. B. gekennzeichnet durch

- das Herstellungsverfahren (z. B. spanend)
- den Rauheitswert (z. B. 3,2 µm)
- die abschließende Oberflächenbehandlung (z. B. verchromt).

Die Oberflächenbeschaffenheit wird durch genormte Zeichen sowie zusätzliche Wörter und Hinweise auf Normen gekennzeichnet. Die Zeichnung zeigt eine Auswahl häufig benutzter Oberflächenangaben.

Vertiefung zu 7.14

Genauigkeit bei der Fertigung

Werkstücke können nicht mit absoluter Genauigkeit gefertigt werden, weil sehr viele äußere Einflüsse die Genauigkeit beeinflussen. Dazu gehören ungenaue Werkzeuge und Maschinen, Temperatureinflüsse und Erschütterungen. Eine gewisse nicht beeinflussbare Abweichung vom gewünschten Maß (Abmaß) muss also immer toleriert (geduldet) werden.
Die zulässige (tolerierte) Abweichung vom Nennmaß (Toleranz) kann zwar beliebig klein gehalten werden, jede Erhöhung der Fertigungsgenauigkeit erhöht aber die Fertigungskosten beträchtlich. Für die wirtschaftliche Fertigung gilt daher die Grundregel:
  „So ungenau wie möglich, so genau wie nötig"
Für die Praxis bedeutet dies: die Toleranzen müssen so gewählt werden, dass die Teilfunktionen und die Gesamtfunktion des System gerade gewährleistet sind.

Toleranzfelder

Das Einhalten von Fertigungstoleranzen ist nur sinnvoll für Teile, die „zusammenpassen" müssen. Solche Teile sind z.B. Welle-Kugellager oder Feder-Nut. In beiden Fällen wird der Innenteil als „Welle" und der äußere Teile als „Bohrung" bezeichnet.
Bei Passungen haben beide Teile, die Welle und die Bohrung, das gleiche Nennmaß. Die Zuordnung eines Toleranzfeldes zu Welle und Bohrung (die „Tolerierung") ergibt dann die Art der Passung.
Je nach Lage der Toleranzfelder ergibt sich eine Spielpassung, Übergangspassung oder Übermaßpassung (Presspassung).

Darstellung der Toleranzfelder

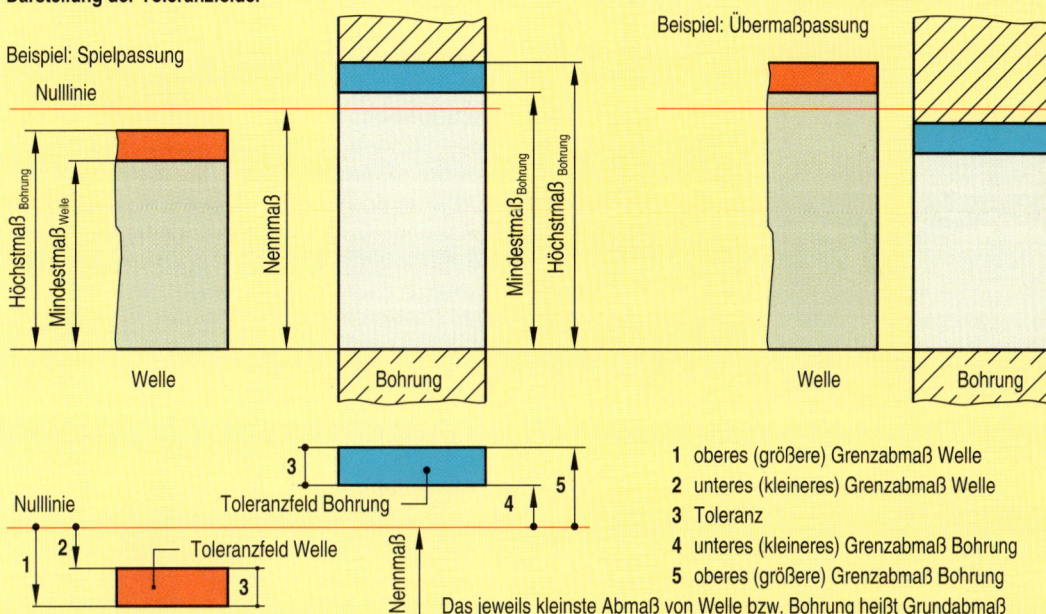

1 oberes (größeres) Grenzabmaß Welle
2 unteres (kleineres) Grenzabmaß Welle
3 Toleranz
4 unteres (kleineres) Grenzabmaß Bohrung
5 oberes (größeres) Grenzabmaß Bohrung

Das jeweils kleinste Abmaß von Welle bzw. Bohrung heißt Grundabmaß

Toleranzklassen

Ein „toleriertes" Maß enthält das Nennmaß und eine Toleranzangabe. Die Toleranz kann z. B. durch das obere und das untere Abmaß angegeben werden.
Im ISO-System wird die Toleranz durch „Toleranzklassen" angegeben.
Die Toleranzklasse wird alphanumerisch gekennzeichnet: ein Buchstabe gibt das Grundabmaß (unteres Grenzabmaß), eine Zahl gibt den Toleranzgrad, d. h. die geduldete Maßabweichung an. Das Grundabmaß wird bei Wellen (Außenmaße) mit einem kleinen Buchstaben, bei Bohrungen (Innenmaße) mit einem großen Buchstaben gekennzeichnet.

Von besonderer Bedeutung ist der Buchstabe h bzw. H: er kennzeichnet ein Toleranzfeld, bei dem das Grundabmaß genau null ist, d. h. ein Toleranzfeld mit der Kennung h bzw. H grenzt genau an die Nulllinie.

Beispiel Welle: Nennmaß ⌀30 h 7 Toleranzklasse
  Grundabmaß ―――― Toleranzgrad

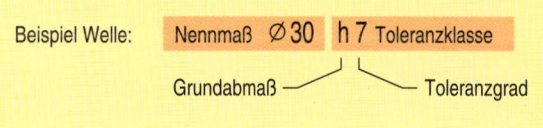

Beispiel Bohrung: ⌀45 P 8

7.15 Passungssysteme

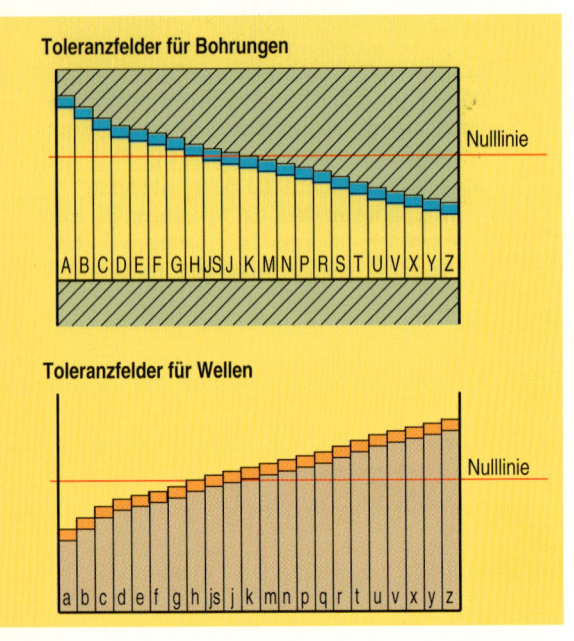

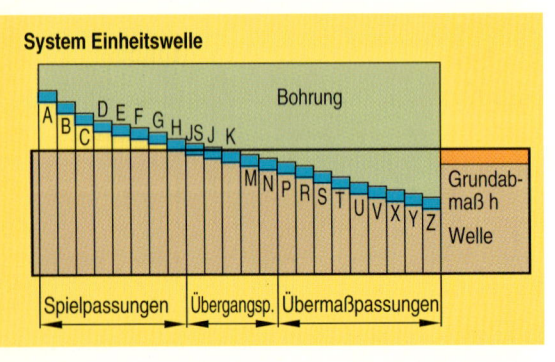

Toleranzfelder für Bohrungen

Toleranzfelder für Wellen

System Einheitswelle

System Einheitswelle

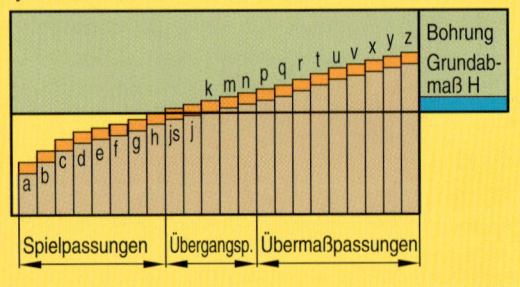

Einheitsbohrung, Kombinationen nach DIN 7157
- Spielpassungen: H8/d9, H8/f7, H8/h9, H7/h6
- Übergangspassungen: H7/j6, H7/n6
- Übermaßpassungen: H7/r6, H7/s6, H7/u8

Toleranzfelder und Passungen
Beim Zusammenfügen von Welle und Bohrung lassen sich drei Möglichkeiten realisieren: die Spielpassung, die Übergangs- und die Übermaßpassung. In jedem Fall gibt es dabei unendlich viele Kombinationsmöglichkeiten für die Toleranzfelder, die zur gewünschten Passung führen.
Eine Spielpassung kann z.B. realisiert werden, wenn die Welle mit f-Toleranz und die Bohrung mit D-Toleranz, oder die Welle mit p- und die Bohrung mit A-Toleranz gefertigt wird.
Für die wirtschaftliche Fertigung ist eine Beschränkung auf wenige Möglichkeiten notwendig. Die kann erreicht werden, wenn eines der beiden Teile (Welle oder Bohrung) prinzipiell nach h- bzw. H-Toleranz gefertigt wird und das Gegenstück eine dazu abgestimmte Toleranz erhält.
- Wird die Welle mit h-Toleranz gefertigt, so ergibt sich das System Einheitswelle
- wird die Bohrung mit H-Toleranz gefertigt, so ergibt sich das System Einheitsbohrung.

System Einheitswelle
Im System Einheitswelle werden alle Wellen einheitlich mit einer h-Toleranz hergestellt. Das obere Abmaß der Bohrung ist 0 (Höchstmaß = Nennmaß), das untere Abmaß wird durch die Zahl (Toleranzgrad) angegeben. Für eine Welle mit 30 mm bis 40 mm Durchmesser zum Beispiel gilt:

bei h5:   Abmaße −11 µm, 0
bei h6:   Abmaße −16 µm, 0
bei h11:   Abmaße −160 µm, 0

Die Toleranzklasse der Bohrung bestimmt die Art der Passung (z.B. F8/h9 ergibt eine Spielpassung).

System Einheitsbohrung
Im System Einheitsbohrung werden alle Bohrungen einheitlich mit einer H-Toleranz hergestellt. Das untere Abmaß der Bohrung ist 0 (Mindestmaß = Nennmaß), das obere Abmaß wird durch die Zahl (Toleranzgrad) angegeben. Für eine Bohrung mit 30 mm bis 40 mm Durchmesser zum Beispiel gilt:

bei H6:   Abmaße 0, +16 µm
bei H7:   Abmaße 0, +25 µm
bei H11:   Abmaße 0, +160 µm

Die Toleranzklasse der Welle bestimmt dann die Art der Passung (z.B. H7/r6 ergibt eine Übermaßpassung).

Passungsauswahl
Für eine wirtschaftliche Fertigung ist es sinnvoll, sich auf wenige Kombinationen von Passungen aus der Vielzahl der Möglichkeiten zu beschränken. Für den allgemeinen Maschinenbau sind in DIN 7157 bewährte Kombinationen zusammengestellt.

© Holland + Josenhans

Vertiefung zu 7.15

Bemaßung von Passungen

Passungen werden üblicherweise durch Angabe von Nennmaß und Toleranzklasse bemaßt.
Für die Fertigung des Werkstücks müssen dann die Grenzmaße (Höchst- und Mindestmaß) mit Hilfe von Tabellen ermittelt werden.

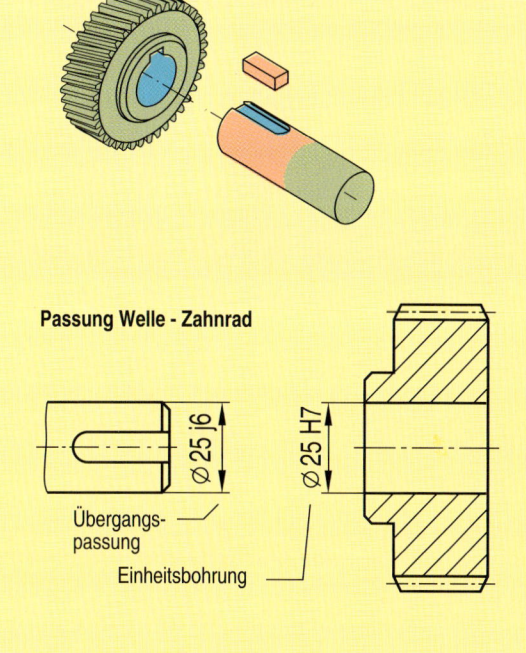

Beispiele:

Passung Nut-Passfeder

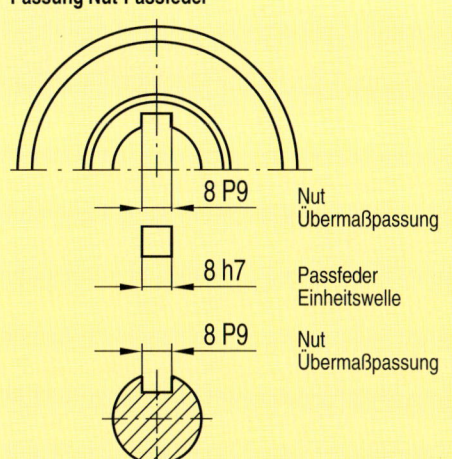

8 P9 — Nut Übermaßpassung
8 h7 — Passfeder Einheitswelle
8 P9 — Nut Übermaßpassung

Passung Welle - Zahnrad

$\varnothing$ 25 j6 — Übergangspassung
$\varnothing$ 25 H7 — Einheitsbohrung

In der Zeichnung können, um die Fertigung zu erleichtern, zusätzlich zur Toleranzklasse auch die jeweils zugehörigen
- Grenzmaße (Höchst- und Mindestmaß) oder
- Grenzabmaße (oberes und unteres Abmaß)

eingetragen werden.
Diese Angaben werden in Millimeter (mm) gemacht und stehen in Klammern hinter dem Kurzzeichen.
Die Grenzabmaße können auch in einer zusätzlichen Abmaßtabelle in der Nähe des Schriftfeldes in Millimeter (mm) oder Mikrometer (µm) angegeben werden.

Beispiel:

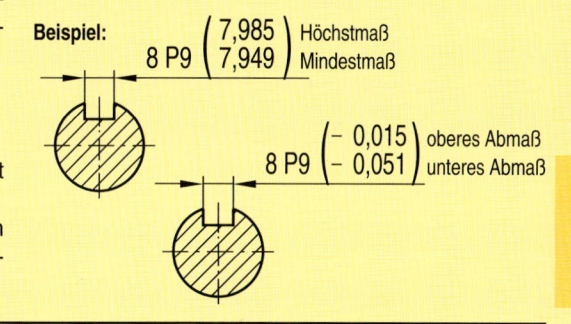

8 P9 $\begin{pmatrix} 7,985 \\ 7,949 \end{pmatrix}$ Höchstmaß / Mindestmaß

8 P9 $\begin{pmatrix} -0,015 \\ -0,051 \end{pmatrix}$ oberes Abmaß / unteres Abmaß

Aufgaben

7.15.1 Passungen

a) Nennen Sie die beiden in der Mechanik üblichen Passungssysteme.
b) Welche Abmaße hat die H-Toleranz beim System Einheitsbohrung bzw. die h-Toleranz beim System Einheitswelle?
c) Erläutern Sie die drei Passungsarten Spielpassung, Übergangspassung, Übermaßpassung.
d) Erläutern Sie die Maßangabe in der nebenstehenden Zeichnung. 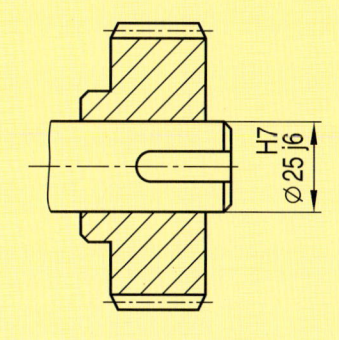
e) Welche Bedeutung haben folgende Zeichen:

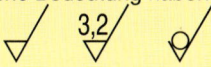

∇ ∇∇ 3,2 ◇

7.16 Gesamtzeichnungen

Gesamtzeichnung, Beispiel: Getriebe

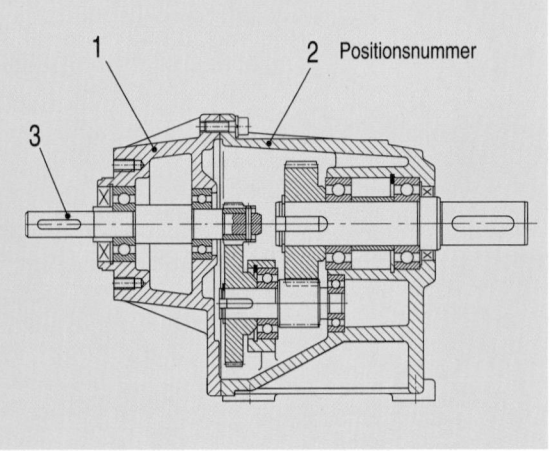

1, 2 Positionsnummer, 3

Gesamtzeichnung
In einer Gesamtzeichnung sind alle Einzelteile eines technischen Systems dargestellt.
Die Gesamtzeichnung zeigt
- den mechanischen Aufbau, insbesondere das Zusammenwirken der einzelnen Teile
- die Funktion (Hauptfunktion, Teilfunktionen, Grundfunktionen).

Die Zeichnung zeigt das System im zusammengebauten Zustand, möglichst in Gebrauchslage. Dabei ist es nicht notwendig, alle Einzelheiten darzustellen. Wichtig ist vielmehr, dass der Zusammenbau der Teile und ihr Zusammenwirken deutlich erkennbar sind.
Jedes Teil der Gesamtzeichnung erhält eine Positionsnummer; sie werden etwa doppelt so groß wie die Maßzahlen gezeichnet. Sie sind übersichtlich außerhalb des Werkstücks anzuordnen und sollen bei Normallage der Zeichnung von unten lesbar sein.

Stückliste Form A, Beispiel

1	2	3	4	5	6
Pos.	Menge	Einheit	Benennung	Sachnr./Norm	Bemerkung
1	1	Stck.	Lagerdeckel	050.01.01	
2	1	Stck.	Gehäuse	050.01.02	
3	1	Stck.	Antriebswelle	050.01.03	

Schriftfeld: Bearb./Gepr./Norm/Abt. – Datum Name – Stückliste für Getriebe – Firma Fix – 050.01.00 – Blatt 1, 1 Bl. – Zust. Änderg. Datum Name Ursprung Ersatz für Ersetzt d.

Stücklisten
Zu jeder Gesamtzeichnung gehört eine Stückliste nach DIN 6771-2. Hier werden alle zu einer Baueinheit gehörenden Teile nach Fertigungsgruppen geordnet aufgeführt.
Die Stückliste kann auf zwei Arten geführt werden:
- als Zusatz zum Schriftfeld der Zeichnung („angehängte Stückliste")
- auf ein eigenes Formblatt DIN A4 („lose Stückliste").

Die „lose Stückliste" hat wegen der Datenverarbeitung in der Praxis zunehmende Bedeutung.
Für Stücklisten gibt es Vordrucke der Form A und der Form B. Stücklisten der Form A enthalten folgende Angaben: Positionsnummer, Menge, Einheit, Benennung, Sachnummer, Normbezeichnung, Bemerkungen. Stücklisten der Form B enthalten zusätzliche Angaben.
Stücklisten sind sowohl innerbetrieblich als auch im allgemeinen Geschäftsverkehr ein wichtiges Hilfsmittel der technischen Kommunikation. Sie müssen deshalb sorgfältig geführt werden.

Beispiel: Teil 1, Lagerdeckel

Teil 1

Die Einzelteilzeichnung enthält alle Angaben, die zur Fertigung benötigt werden, insbesondere die Bemaßung und Angaben über die Oberflächenbeschaffenheit (aus Platzgründen nicht dargestellt).

Einzelteile
Zu jeder Gesamtzeichnung gehören die entsprechenden Einzelteilzeichnungen; sie dienen als Vorlage für die Fertigung der einzelnen Werkstücke.
Die Teilzeichnungen erhalten die zugehörige Positionsnummer aus der Gesamtzeichnung bzw. aus der zugehörigen Stückliste.
Genormte Teile werden üblicherweise nicht in Einzelfertigung hergestellt, für sie wird deshalb auch keine Einzelteilzeichnung erstellt. Zu den genormten Teilen zählen insbesondere Schrauben, Muttern, Federn, Scheiben, Stifte, Niete und Kugellager.

Vertiefung zu 7.16

Getriebe als Funktionseinheit
Das dargestellte Getriebe kann als eigenständige Funktionseinheit betrachtet werden. Die Hauptfunktion besteht darin, eine Drehbewegung von einer Welle (Antriebswelle) auf eine zweite Welle (Abtriebswelle) zu übertragen. Bei dieser Übertragung werden das Drehmoment und die Drehfrequenz geändert. Die Hauptfunktion kann in die Teilfunktionen **Energieübertragen** und **Stützen und Tragen** gegliedert werden.

Teilfunktion Energieübertragen
Eine wichtige Teilfunktion des Getriebes ist das Übertragen der Energie von der Antriebswelle auf die Abtriebswelle. Dieses Energieübertragen lässt sich in mehrere Grundfunktionen gliedern:
Die zugeführte mechanische Energie wird über Wellen und Zahnräder zur Abtriebswelle **geleitet**. Zahnräder **übersetzen** die Drehfrequenz und das Drehmoment.
Die Zahnräder dienen auch zur **Richtungsänderung** der Drehbewegung.

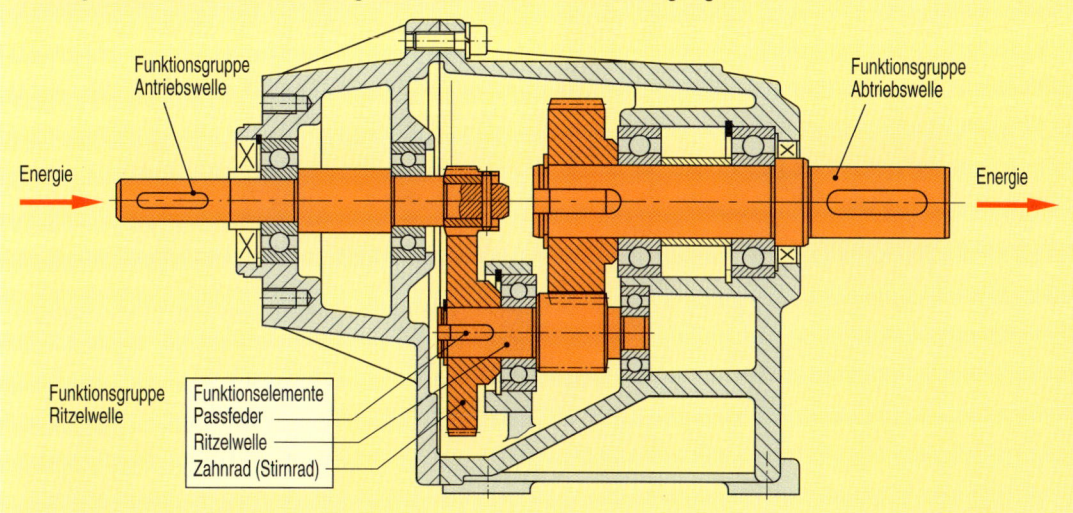

Teilfunktion Stützen und Tragen
Das „Stützen und Tragen" erfolgt insbesondere durch das Gehäuse, den Lagerdeckel und die Lager. Dabei wirken verschiedene Grundfunktionen zusammen, z. B. **Führen und Lagern** (durch Kugellager, Sicherungsringe), **Fügen** (Verbinden der Elemente durch Stifte, Passfedern, Schrauben) sowie **Isolieren und Dichten** (Wellendichtung, Flachdichtung).

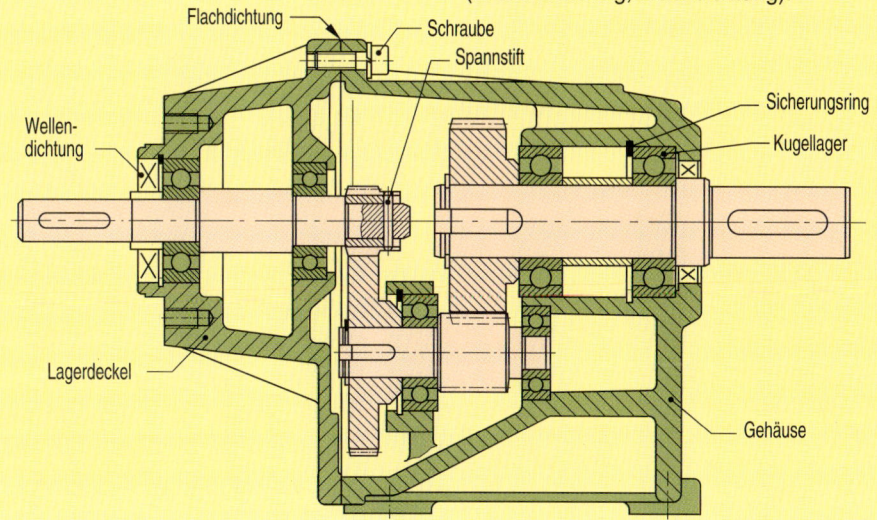

265

7.17 Explosionszeichnungen

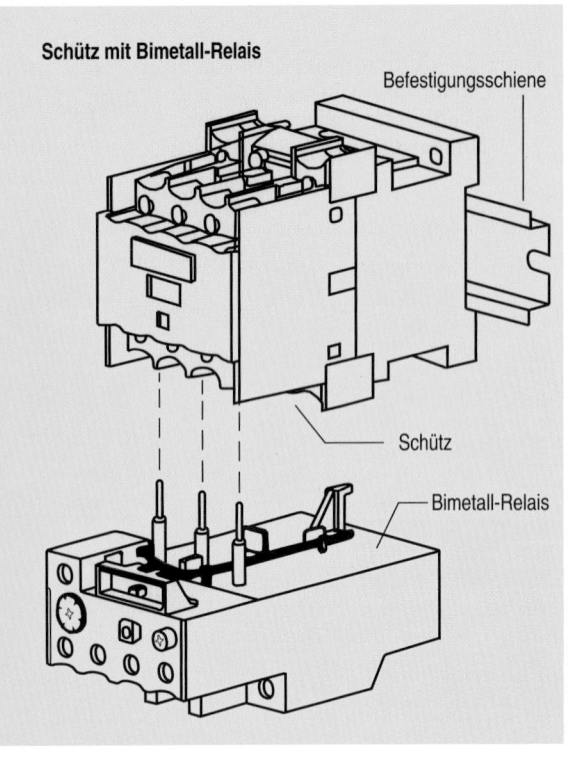

Schütz mit Bimetall-Relais

Explosionszeichnung, Prinzip

Technische Systeme, die aus mehreren Baugruppen bzw. Einzelelementen bestehen, sind in ihrem Aufbau nur schwer zu erkennen. Die Gesamtzeichnung eines derartigen Systems ist oft verwirrend und schwer durchschaubar.

Leichter erkennbar ist der Aufbau und das Zusammenwirken der Elemente, wenn die einzelnen Elemente entlang einer gedachten Linie „auseinandergezogen" werden. Eine derartige Darstellung heißt auch Explosionszeichnung, weil das dargestellte System entlang der gedachten Linie „explodiert", die Linie heißt auch „Explosionsachse".

Für einfache Systeme genügt eine Explosionsachse, bei Systemen mit vielen Einzelteilen können auch zwei oder mehr Explosionsachsen gewählt werden.

Explosionszeichnungen werden vor allem für Fertigungs- und Montagezeichnungen, Reparaturanleitungen sowie technische Prospekte eingesetzt.

Die Einzelteile werden meist mit Positionsnummern versehen, die in einer zugehörigen Stückliste erläutert werden.

Explosionszeichnungen erleichtern insgesamt das Erfassen von komplexen Systemen. Das Erstellen der Zeichnungen ist allerdings sehr zeitaufwändig.

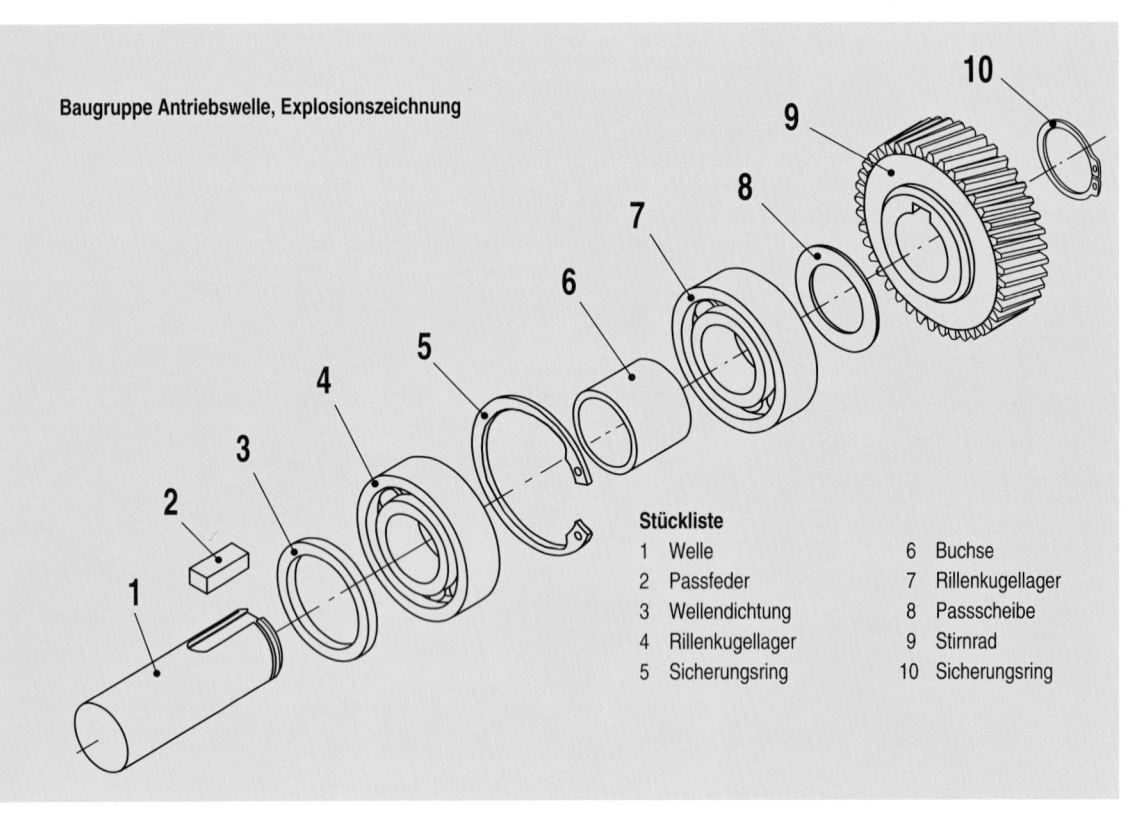

Baugruppe Antriebswelle, Explosionszeichnung

Stückliste

1	Welle	6	Buchse
2	Passfeder	7	Rillenkugellager
3	Wellendichtung	8	Passscheibe
4	Rillenkugellager	9	Stirnrad
5	Sicherungsring	10	Sicherungsring

Vertiefung zu 7.17

Beispiel: Drehstromasynchronmotor

Explosionszeichnung

Stückliste

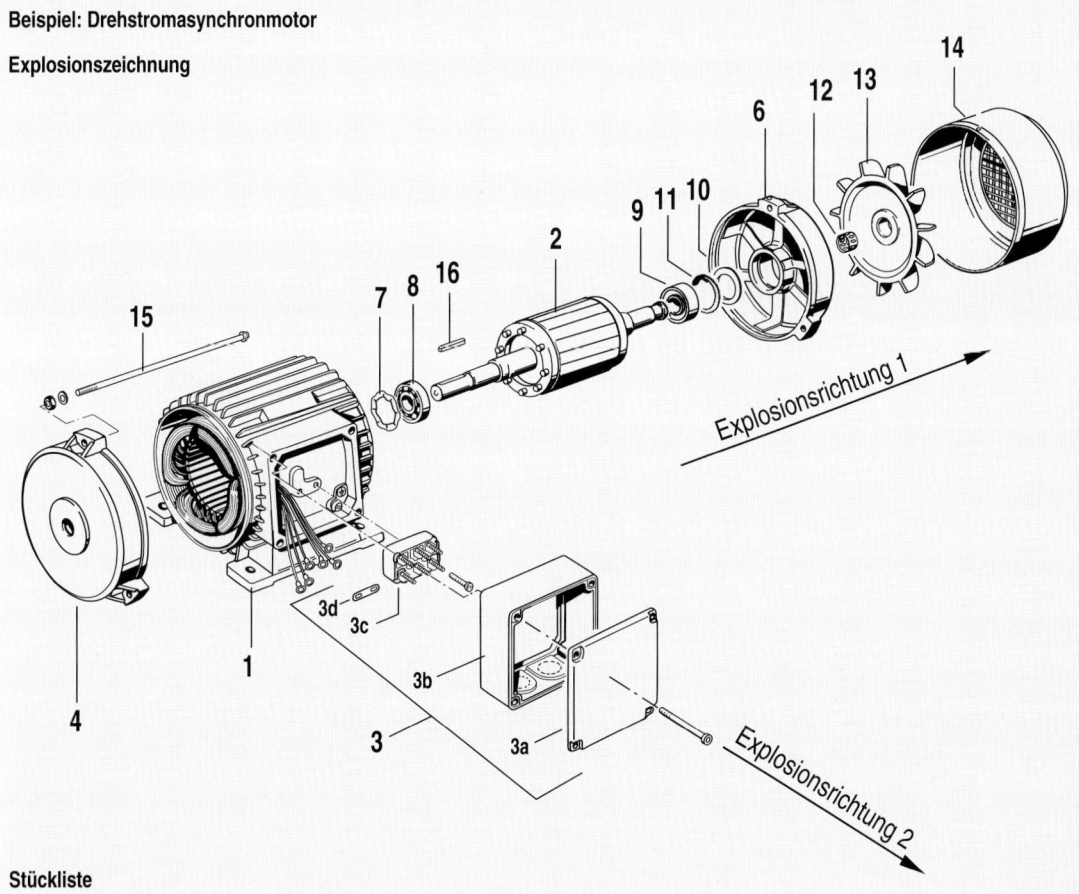

Teil	Bezeichnung	Funktion
1	Ständer	Gehäuse zur Aufnahme des Blechpakets und der Drehstromwicklung
2	Läufer mit Welle	Erzeugung und Weiterleitung des Antriebsdrehmomentes
3 3a 3b 3c 3d	Anschlusskasten Deckel Kasten Klemmbrett Brücken	Anschluss der Drehstromleitungen an die Ständerwicklung mit der Möglichkeit, zwischen Stern- und Dreieckschaltung zu wählen
4, 6	Lagerschild	Aufnahme der Kugellager zur zentrischen Lagerung der Antriebswelle
7	Federscheibe	Abdichtung und Ausgleich kleiner Längstoleranzen
8,9	Rillenkugellager	Reibungsarme Lager der Welle
10	Scheibe	Abdichtung
11	Sicherungsring	Sicherung des Kugellagers gegen axiales Verschieben
12	Quetschhülse	Befestigung des Lüfterrades auf der Welle
13	Lüfterrad	Kühlung des Ständers bzw. der Ständerwicklung
14	Lüfterhaube	Abdeckung des Lüfters (Schutz gegen Unfälle)
15	Gewindebolzen	Befestigung der Lagerschilde am Ständer
16	Feder	Kraftübertragung von Antriebswelle auf Riemenscheibe oder Zahnrad

© Holland + Josenhans

7.18 Elektrische Dokumente I

Elektrische Dokumente

funktionsbezogen
zum Beispiel:
Stromlaufplan
Blockschaltplan
Funktionsplan
Ablaufdiagramm

verbindungsbezogen
zum Beispiel:
Verdrahtungsplan
Anschlussplan
Kabelplan
Bestückungsplan

ortsbezogen
zum Beispiel:
Installationsplan
Installationsschaltplan
Anordnungsplan

Übersichtsschaltplan
Beispiel: Schützschaltung

Stromlaufplan, aufgelöste Darstellung
Beispiel: Schützschaltung

Blockschaltplan
Beispiel: lineares Netzgerät
Transformator – Gleichrichter – Siebglied – Regler
Wechselspannung → geregelte Gleichspannung

Funktionsplan
Beispiel: Ausschnitt aus Hubeinrichtung
Grundschritt 0 — N Grundstellung H1 1
Übergangsbedingung — Start S1
Schritt 1 — N Hubeinheit M1 ab 1

Zeitablaufdiagramm
Beispiel: zeitverzögertes Einschalten
Q1, S1, t

Elektrische Dokumente
Technische Zeichnungen zeigen vor allem Form, Abmessungen und Werkstoffe eines Bauteils.
In elektrischen Dokumenten wird hingegen vor allem die Wirkungsweise bzw. Funktion eines elektrischen Systems dargestellt. Daneben sind häufig die Leitungen mit ihren Anschlussklemmen sowie die räumliche Lage der Betriebsmittel von Bedeutung.
Elektrische Dokumente sind meist Schaltpläne. Sie lassen sich in funktionsbezogene, verbindungsbezogene und ortsbezogene Dokumente einteilen.

Funktionsbezogene Dokumente
Zu den wichtigsten funktionsbezogenen Dokumenten gehören der Übersichtsschaltplan, der Stromlaufplan, der Blockschaltplan, der Funktionsplan und das Zeitablaufdiagramm.

Übersichtsschaltplan
Der Übersichtsschaltplan bietet eine einfache, gut überschaubare Darstellung von Schaltungen der Energietechnik. Die Darstellung erfolgt einpolig, der Stromlauf kann dabei nicht verfolgt werden.

Stromlaufplan
Der Stromlaufplan ist eine allpolige Darstellung, dabei ist die Schaltung in übersichtliche Strompfade aufgeteilt, die leicht verfolgt werden können.
Besonders übersichtlich ist der Stromlaufplan in aufgelöster Darstellung. Mechanisch zusammengehörige Teile wie Schütz und Schützkontakte sind dabei getrennt, um die Strompfade deutlicher hervorzuheben. Zusammengehörige mechanische Teile sind an der Betriebsmittelkennzeichnung (BMK) erkennbar.

Blockschaltplan
Der Blockschaltplan erklärt die Gesamtfunktion der Schaltung, auf technische Einzelheiten wird keine Rücksicht genommen. Die Darstellung erfolgt durch genormte Blocksymbole. Gibt es für ein spezielles Problem kein genormtes Symbol, so wird ein Quadrat oder Rechteck mit erklärendem Text verwendet.

Funktionsplan
Der Funktionsplan ist eine prozessorientierte Darstellung von Steuerungen, auf die technische Realisierung (elektrisch, pneumatisch) wird dabei keine Rücksicht genommen.
Der Plan zeigt die einzelnen Schritte des Prozesses, welche Aktionen die einzelnen Schritte auslösen, sowie die Bedingungen, die zum nächsten Schritt führen.

Zeitablaufdiagramm
Das Zeitablaufdiagramm ist eine Darstellung des Ablaufs von Vorgängen in zeitgerechtem Maßstab. Die Grundlinie hat den logischen Wert 0 (Pegel L), nach oben wird der logische Wert 1 (Pegel H) aufgetragen.

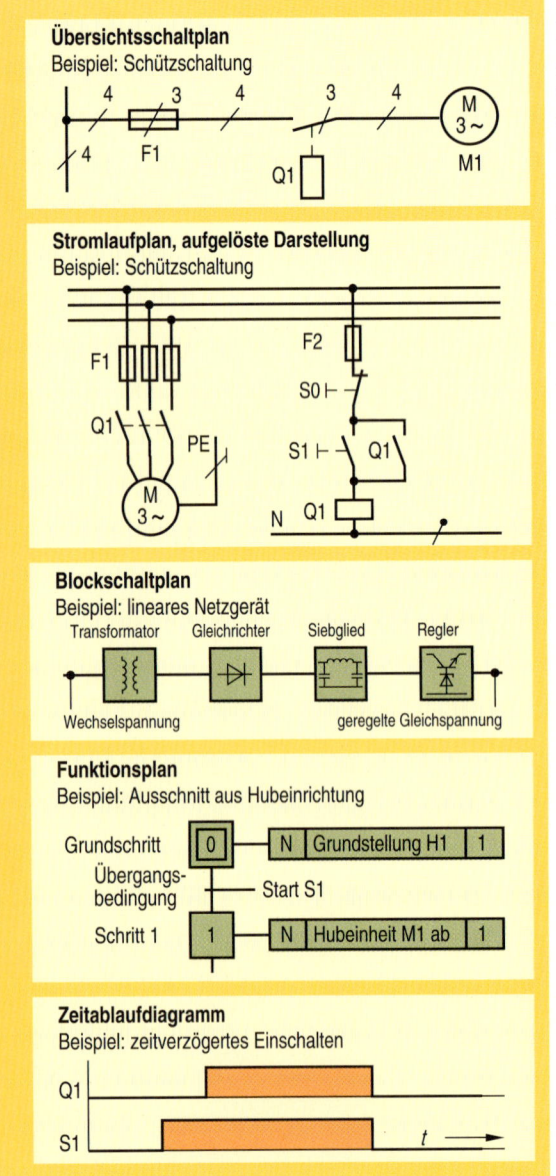

Vertiefung zu 7.18

Elektrische Dokumente, Planung und Entwurf

Elektrische Systeme wie zum Beispiel Anlagen, Geräte und Maschinen enthalten meist eine Vielzahl von Teilsystemen, Einrichtungen, Gruppen und Elementen. Zur Planung, Fertigstellung und Wartung derartiger Systeme ist deshalb eine sorgfältige und vollständige Dokumentation erforderlich.

Die Dokumentation enthält vor allem verschiedene Schaltpläne und Diagramme, aber auch erklärende Texte. Beim Entwurf der Dokumente ist unbedingt der spätere Verwendungszweck zu berücksichtigen.
Die folgende Übersicht zeigt die wichtigsten Gesichtspunkte für Gestaltung der Dokumentation:

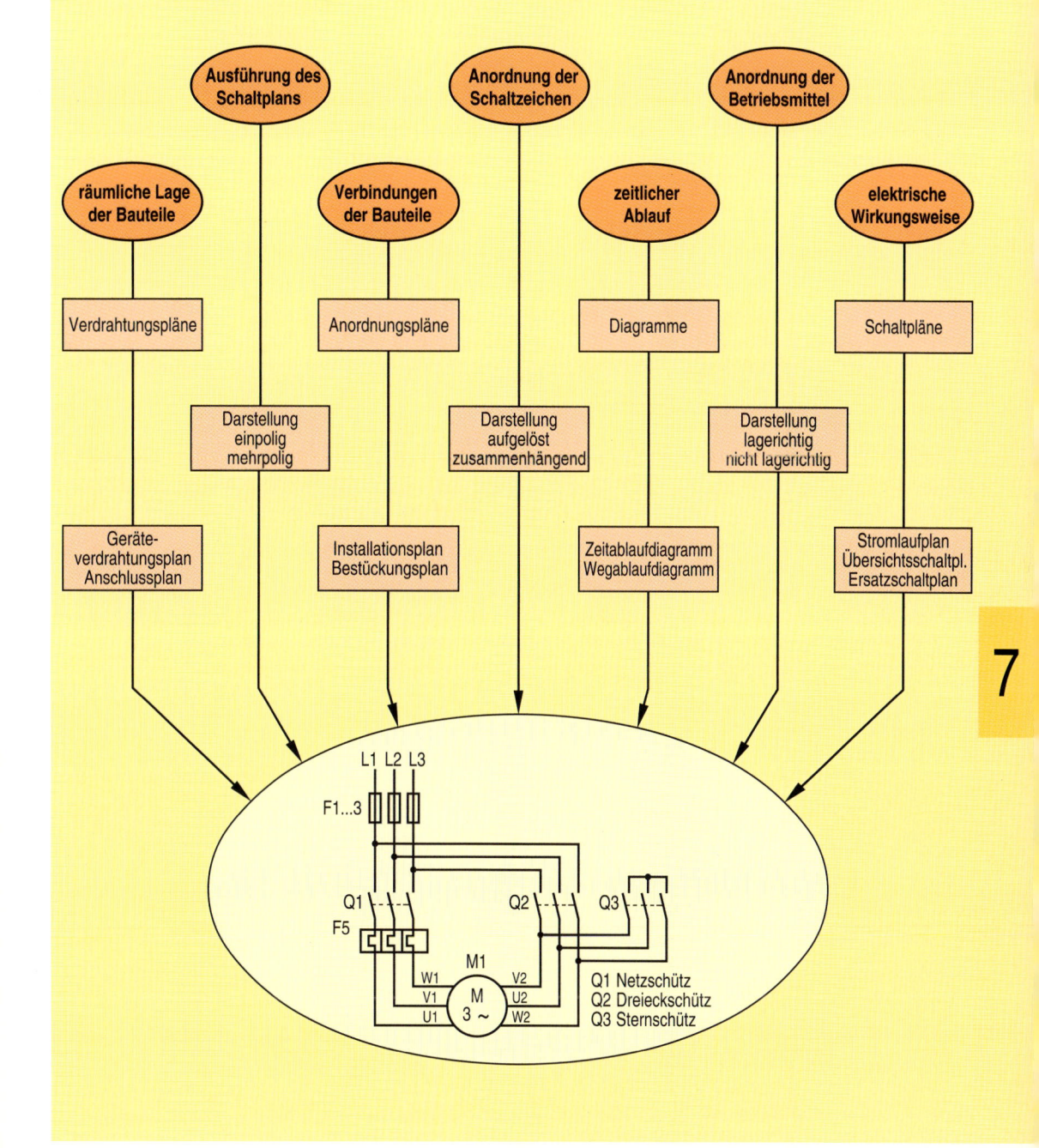

Ausführung des Schaltplans	Anordnung der Schaltzeichen	Anordnung der Betriebsmittel
räumliche Lage der Bauteile	Verbindungen der Bauteile	zeitlicher Ablauf	elektrische Wirkungsweise

Verdrahtungspläne	Anordnungspläne	Diagramme	Schaltpläne
	Darstellung einpolig mehrpolig	Darstellung aufgelöst zusammenhängend	Darstellung lagerichtig nicht lagerichtig
Geräteverdrahtungsplan Anschlussplan	Installationsplan Bestückungsplan	Zeitablaufdiagramm Wegablaufdiagramm	Stromlaufplan Übersichtsschaltpl. Ersatzschaltplan

L1 L2 L3
F1...3
Q1   Q2   Q3
F5
M1
W1   V2
V1   U2
U1   W2
M 3~

Q1 Netzschütz
Q2 Dreieckschütz
Q3 Sternschütz

© Holland + Josenhans

7.19 Elektrische Dokumente II

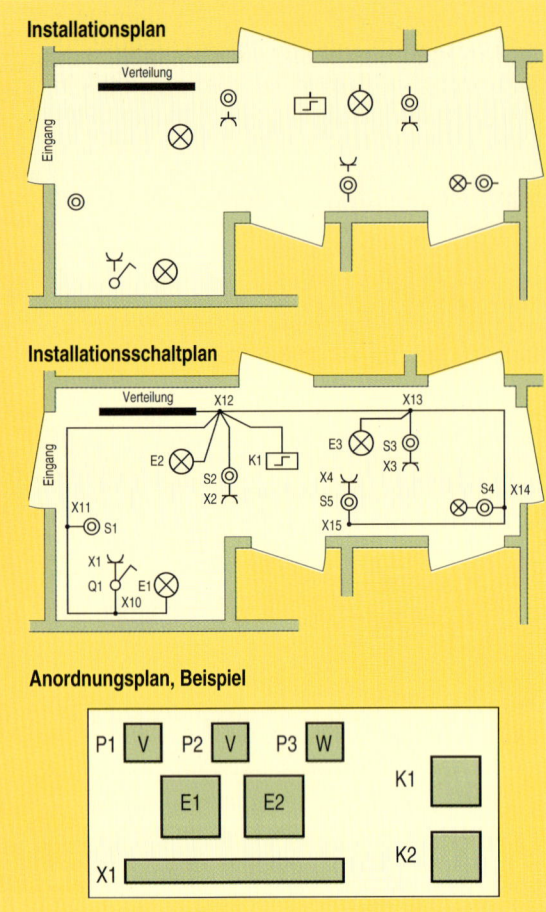

Installationsplan

Installationsschaltplan

Anordnungsplan, Beispiel

Verdrahtungs- und Verbindungsplan, Ausschnitt

Ortsbezogene Dokumente
In ortsbezogenen Dokumenten wird die räumliche Lage von Anlagen, Betriebsmitteln, Leitungen usw. dargestellt. Man unterscheidet:

Lageplan
Im Lageplan wird die räumliche Lage von Betriebsmitteln, Bauwerken, Wegen, Flüssen usw. angegeben, dabei werden auch Vermessungspunkte eingezeichnet.

Installationsplan, Installationszeichnung
Der Installationsplan ist ein maßstäblicher Plan eines Bauwerks, der die Lage der Teile eines Systems zeigt, z.B. Schalter, Lampen und Steckdosen. Die Leitungen werden im Installationsplan nicht eingezeichnet.
Die Installationszeichnung zeigt die Lage von Systemteilen (Schalter, Lampe, Steckdose) innerhalb eines Gerätes oder einer Maschine. Auch hier werden die Leitungen nicht eingezeichnet.

Installationsschaltplan
Dieser Plan enthält alle Angaben eines Installationsplanes, also maßstabgetreue Darstellung des Gebäudes, sowie alle Betriebsmittel (Schalter, Lampen usw.), sowie zusätzlich die Leitungen in einpoliger Darstellung. Einzelheiten, z. B. die Art der Leitungen, können direkt eingetragen oder tabellarisch aufgelistet werden.

Anordnungsplan
Der Anordnungsplan (Gruppenzeichnung) stellt die Gestalt und die räumliche Lage von zusammengehörigen Baugruppen dar. Die Betriebsmittel werden durch Rechtecke mit Betriebsmittelkennzeichnung (BMK) oder erklärendem Text dargestellt. Meist werden die Teile maßstäblich gezeichnet.

Verbindungsbezogene Dokumente
In diesen Plänen werden die elektrischen Verbindungen innerhalb und zwischen Baugruppen, Geräten und Anlageteilen dargestellt. Man unterscheidet:

Verdrahtungs- und Verbindungsplan
Im Verdrahtungsplan (Geräteverdrahtungsplan) werden die elektrischen Verbindungen innerhalb von Geräten und Baugruppen lagerichtig und allpolig gezeichnet, eine Darstellung in Tabellenform ist möglich.
Der Verbindungsplan zeigt lagerichtig und allpolig die elektrischen Verbindungen zwischen verschiedenen Baugruppen und Geräten.

Anschlussplan
Der Anschlussplan gibt die inneren (internen) und äußeren (externen) Verbindungen an Klemmleisten an. Die Verbindungen werden innerhalb des Geräts mehrpolig dargestellt, abgehende Leitungen werden zusammengefasst und mit Zielbezeichnungen versehen. Anschlusspläne können auch in Tabellenform dargestellt werden.

Vertiefung zu 7.19

Installationsschaltplan eines Flurs (Auszug)

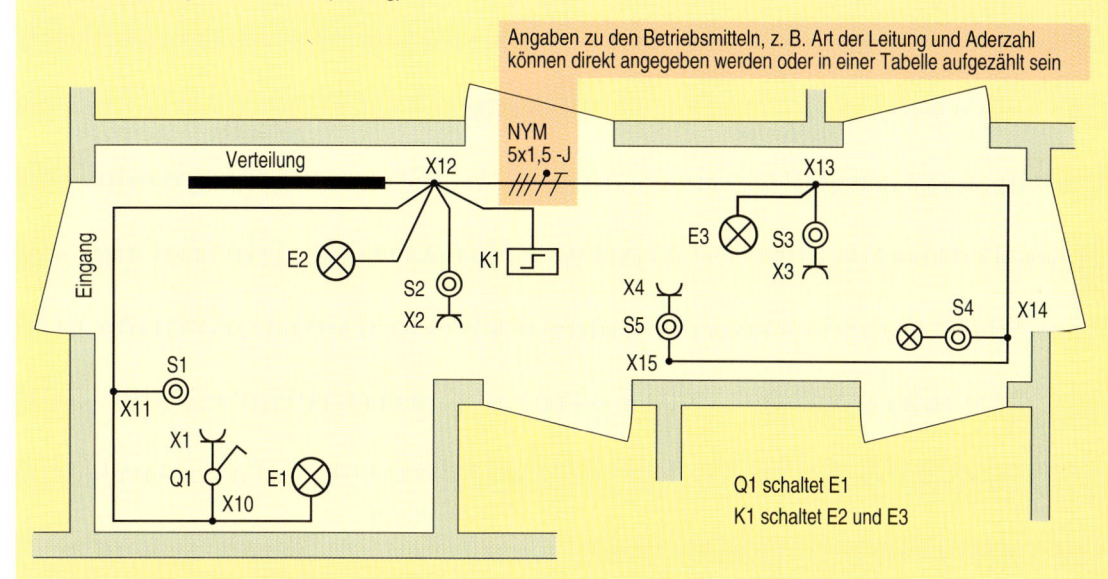

Angaben zu den Betriebsmitteln, z. B. Art der Leitung und Aderzahl können direkt angegeben werden oder in einer Tabelle aufgezählt sein

NYM 5x1,5 -J

Q1 schaltet E1
K1 schaltet E2 und E3

Kennzeichnung von Betriebsmitteln

Zur Dokumentation einer Anlage ist im zugehörigen Schaltplan eine eindeutige Betriebsmittelkennzeichnung (BMK) erforderlich. Bei kleinen Anlagen genügt es meist, die Art des Betriebsmittels, seine Funktion und eine Zählnummer anzugeben (z. B. KT 1 für das Zeitrelais 1).
In umfangreichen Anlagen werden zusätzlich Name und Ort des zugehörigen Anlageteils sowie die Anschlüsse des Betriebsmittels gekennzeichnet.
Die vollständige BMK besteht somit aus vier Kennzeichnungsblöcken. Jeder Block wird durch ein Vorzeichen eingeleitet.

Kennzeichnungsblöcke für elektrische Betriebsmittel

Block	Vorzeichen	Kennzeichen für
1	=	Anlage, Anlageteil
2	+	Ort
3	−	Art, Zählnummer, Funktion
4	:	Anschluss

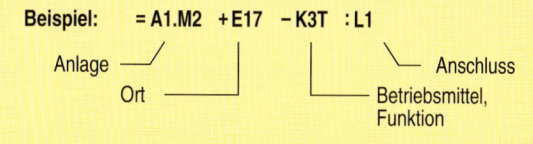

Beispiel: = A1.M2 + E17 − K3T : L1

Anlage — Ort — Betriebsmittel, Funktion — Anschluss

Klassifizierung von Objekten nach Zweck oder Aufgabe

Die Betriebsmittel einer Schaltung können nach verschiedenen Kriterien gekennzeichnet werden.
Nach DIN EN 61346-2 werden alle Objekte einer Anlage, einer Maschine oder eines Gerätes als Teil eines technischen Prozesses gesehen. Innerhalb dieses Prozesses erfüllt jedes Objekt eine bestimmte Aufgabe bzw. einen Zweck. Dies gilt gleichermaßen für elektrische, mechanische, pneumatische oder hydraulische Prozesse.
Die Kennzeichnung erfolgt mit Großbuchstaben, z. B. steht E für „Bereitstellen von Strahlung oder Wärme".
Eine Tabelle der Kennbuchstaben siehe Seite 13.

Kennzeichnung von Betriebsmitteln, Beispiel

Kennbuchst.	Zweck oder Aufgabe des Objekts	Begriffe zur Beschreibung der Aufgabe, Beispiele	Beispiele aus der Mechanik	Beispiele aus der Elektrotechnik
S	Umwandeln einer manuellen Betätigung in ein zur Weiterverarbeitung bestimmtes Signal	Beeinflussen, manuelles Steuern, Wählen	Druckknopfbetätigtes Ventil, Wahlschalter	Steuerschalter, Quittierschalter, Tastatur, Lichtgriffel, Maus, Wahlschalter, Sollwerteinsteller

7.20 Schaltzeichen I

Bilden von Schaltzeichen

Schaltzeichen für elektrische Betriebsmittel werden gemäß DIN 40900 aus Grundsymbolen und Symbolelementen gebildet. Sie können durch Kennzeichen erweitert werden.

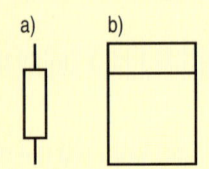

Grundsymbole
sind geometrische Figuren mit festgelegter Bedeutung. Sie sind jeweils charakteristisch für eine Familie von Funktions- oder Baueinheiten.
Beispiele: a) Widerstand
b) Messgerät, integrierend

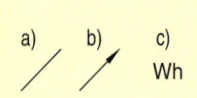

Symbolelemente
sind Figuren, Zeichen, Ziffern oder Buchstaben mit festgelegter Bedeutung. Sie werden zusammen mit Grundsymbolen oder anderen Symbolelementen verwendet.
Beispiele: a) veränderbar, inhärent
b) veränderbar, nicht inhärent
c) Wattstunden

inhärent: die veränderbare Größe wird von der Eigenschaft des Bauteils selbst gesteuert.

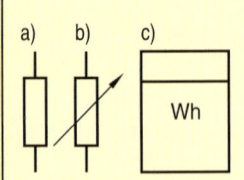

Schaltzeichen
sind grafische Darstellungen von Funktions- und Baueinheiten. Sie werden aus Grundsymbolen und Symbolelementen gebildet.
Beispiele: a) Widerstand
b) Widerstand, veränderbar, nicht inhärent
c) Wattstundenzähler

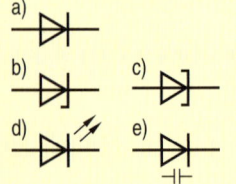

Blocksymbole
sind Symbolelemente oder Schaltzeichen, die anderen Schaltzeichen beigefügt sind, um deren Bedeutung festzulegen.
Beispiele: a) Diode, Grundsymbol
b) Z-Diode
c) Tunneldiode
d) Leuchtdiode
e) Kapazitätsdiode

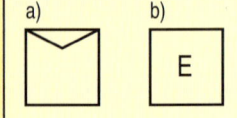

Blocksymbole
sind vereinfachte Darstellungen von Funktions- oder Baueinheiten durch ein einziges Schaltzeichen.
Beispiele: a) Anlasser, allgemein
b) Elektrogerät, allgemein

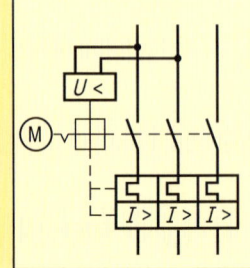

Bilden neuer Schaltzeichen
Für Betriebsmittel, die kein genormtes Schaltzeichen haben, kann aus genormten Elementen ein neues Schaltzeichen gebildet werden.
Beispiel: 3-poliger Lastschalter mit Schaltschloss, motorgetrieben, Schutz durch magnetische und thermische Überstromauslösung und durch Unterspannungsauslöser.

Anwenden von Schaltzeichen

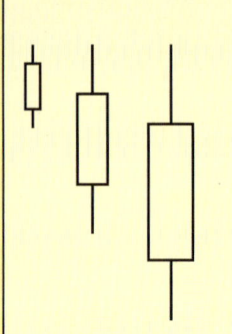

Größe der Schaltzeichen
Nach Norm ist für Schaltzeichen keine feste Größe vorgeschrieben. Trotzdem ist es sinnvoll, die Schaltzeichen in das häufig vorgegebene 5-mm-Raster einzupassen. Je nach Platzangebot und Zeichnungsgröße können die Schaltzeichen vergrößert oder verkleinert werden. Die Proportionen sollten aber in jedem Fall erhalten bleiben.
Beispiel: Ohmscher Widerstand in drei verschiedenen Maßstäben

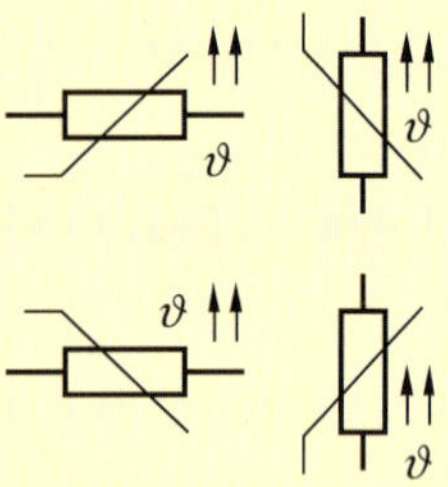

Lage der Schaltzeichen
In DIN 40900 werden die Schaltzeichen in einer bestimmten Lage dargestellt. Diese Lage ist jedoch für den Benutzer nicht zwingen. Schaltzeichen dürfen je nach Erfordernis gedreht oder gespiegelt werden, sofern ihre Bedeutung dadurch nicht verändert wird.
Beispiel: Temperaturabhängiger Widerstand in vier möglichen Darstellungen

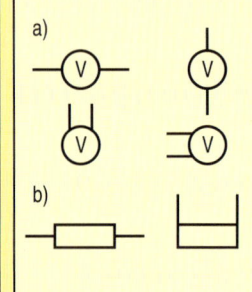

Anschlüsse
Die im Normblatt vorgegebenen Anschlusslinien sind nicht zwingend. Bei vielen Schaltzeichen kann vom Benutzer unter mehreren Anschlussmöglichkeiten gewählt werden.
Beispiele: a) Anschlüsse für Spannungsmesser
b) Anschlüsse für ohmsche Widerstände

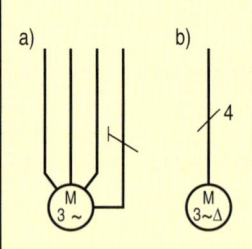

Mehrpolig, einpolig
In Übersichtsschaltplänen werden zusammengehörige Betriebsmittel zusammengefasst. Die tatsächliche Anzahl der Betriebsmittel wird durch Striche oder Zahlen angegeben.
Beispiel: Drehstromasynchronmotor (DASM) in
a) mehrpoliger
b) einpoliger Darstellung

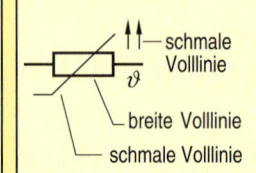

Linienbreite
Leitungen und Schaltzeichen werden mit genormter Linienbreite, z.B. 0,35 mm oder 0,5 mm gezeichnet. Hilfslinien, z.B. Wirkverbindungen und Antriebe, werden zur Unterscheidung meist ein oder zwei Stufen dünner gezeichnet.

— schmale Volllinie
— breite Volllinie
— schmale Volllinie

Schaltzeichen I

Leitungen, Steckverbindungen

Darstellung von Leitungen
a) allgemein   b) beweglich
c) mit Angabe der Leiterzahl
d) N-Leiter   e) PE-Leiter
f) PEN-Leiter, wahlweise Darst.

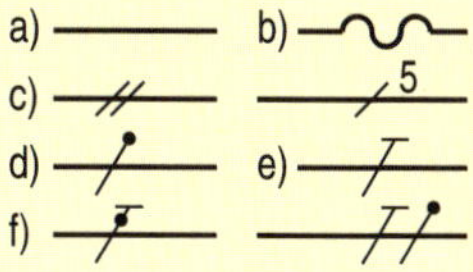

Darstellung von Leitungen
a) unter Putz b) im Putz
c) auf Putz   d) im Rohr

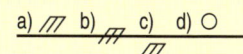

Abzweige
a) einfacher Abzweig
b) Doppelabzweig

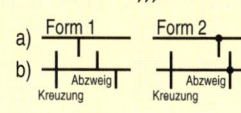

Erde und Masse
a) Erde
b) Schutzerde
c) Masse, Gehäuse

Buchsen und Steckdosen
a) Buchse, Pol einer Steckdose
b) Buchse für PE-Anschluss
c) Steckdose mit PE-Anschluss
d) Dreifachsteckdose
e) Drehstromsteckdose

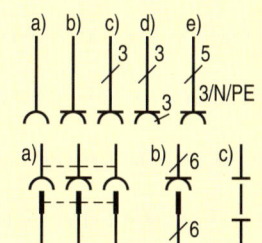

Verbindungen
a) Schutzkontakt-Steckverbindung
b) 6-polige Steckverbindung in einpoliger Darstellung
c) Trennstellen

Signalsteckdosen
a) Fernmeldedose, allgemein und mit erklärenden Zusätzen
b) Antennensteckdose

TP Telefon
M   Mikrofon, Lautsprecher
TP FM UKW-Rundfunk
    TV Fernsehen

Passive Bauelemente

Veränderbarkeiten
a) durch physikalische Einflüsse veränderbar (inhärent), linear
b) wie a), nichtlinear
c) einstellbar
d) durch äußere Einrichtung veränderbar (nicht inhärent), linear

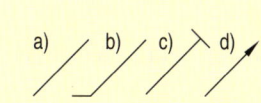

Widerstände
a) Widerstand, allgemein
b) PTC-, c) NTC-Widerstand
d) stufenlos veränderbar
e) in 5 Stufen veränderbar

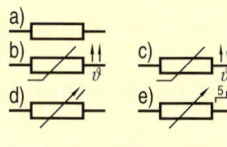

Spulen
a) Induktivität, allgemein
b) mit Magnetkern
c) mit Luftspalt im Magnetkern
d) Wicklung mit festen Anzapfungen
e) mit bewegbarem Kontakt

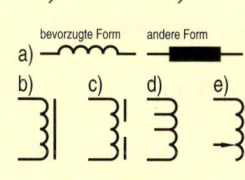

bevorzugte Form   andere Form

Kondensatoren
a) Kondensator, allgemein
b) gepolt
c) veränderbar
d) mit Anzapfungen

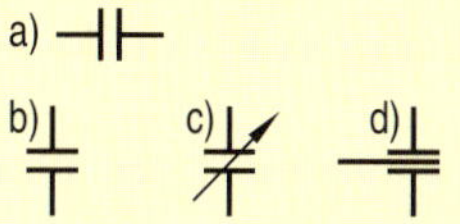

Schaltglieder

Grundformen
a) Schließer
b) Öffner
c) Wechsler ohne AUS-Stellung
d) Wechsler mit AUS-Stellung
e) Schließer, betätigt
f) Öffner, betätigt
g) 3-poliger Schließer in mehrpoliger Darstellung
h) 3-poliger Schließer in einpoliger Darstellung

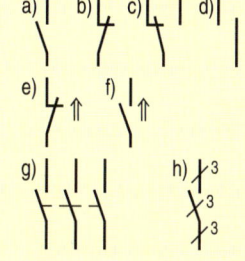

Darstellung von Schaltgliedern bei Hervorhebung der Funktion

Schaltglieder der Energietechnik
a) Leistungsschalter
b) Lastschalter
c) Trennschalter, Leerschalter
d) Leistungstrennschalter
e) Lasttrennschalter
f) Erdungstrennschalter
g) Schützkontakt, Schließer
h) Schützkontakt, Öffner

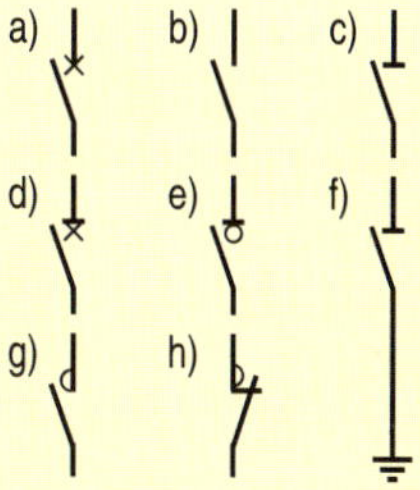

Kontaktrückgang
Selbsttätiger Rückgang
a) Schließer   b) Öffner
Nicht selbsttätiger Rückgang
c) Schließer   d) Öffner

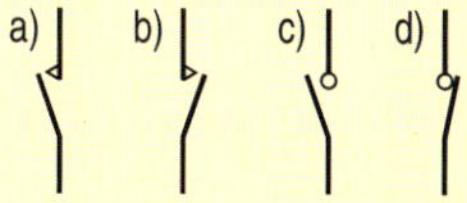

Vor- und Nacheilen
Voreilende Kontaktglieder
a) Schließer   b) Öffner
Nacheilende Kontaktglieder
c) Schließer   d) Öffner

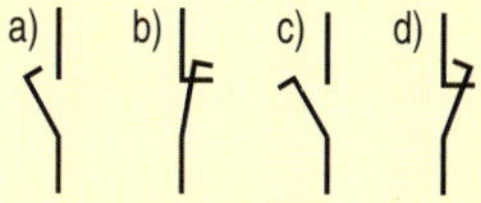

Selbsttätige Auslösung
a) Schließer, allgemein
b) Leistungsschalter
c) Schütz

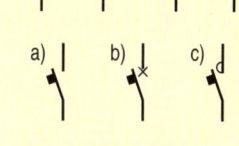

Sicherungen
Einseitig betätigte Endschalter
a) Schließer   b) Öffner
Zweiseitig betätigte Endschalter
c) Schließer   d) Öffner

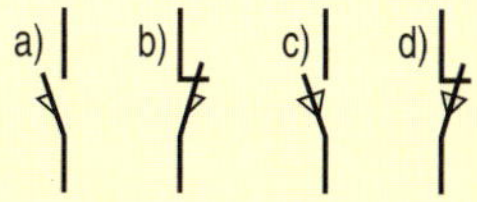

Schutzeinrichtungen

Sicherungen
a) Sicherung, allgemein
b) Kennzeichnung der Netzseite
c) Sicherung, 3-polig
d) NH-Sicherung

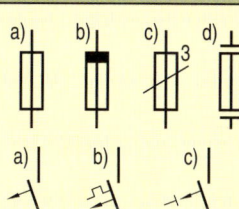

Sicherungsschalter
a) Leitungsschutzschalter
b) Motorschutzschalter, 3-polig
c) FI-Schutzschalter

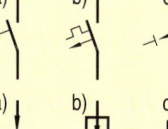

Weitere Schutzeinrichtungen
a) Funkenstrecke
b) Überspannungsableiter
c) Buchholzschutz

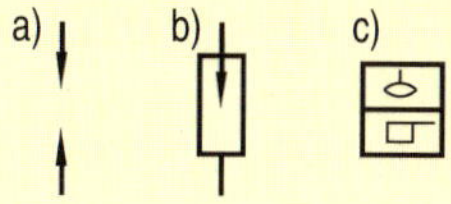

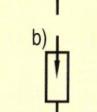

7.21 Schaltzeichen II

Antriebe und Auslöser

Wirkverbindungen
Form 1
Form 2
allgemein (mechanisch, pneumatisch, hydraulisch)

a), b) Verzögerungen, wahlweise Darstellung
a) Verzögerung nach rechts
b) Verzögerung nach links

Bewegung des Schaltgliedes
a) selbsttätiger Rückgang
b) Raste
c) Bewegung nach links gesperrt
d) Sperre von Hand lösbar

Antriebe
a) Handantrieb, allgemein
b) Handantrieb, abnehmbar
c) Notschalter
Handbetätigung durch
d) Drücken
e) Ziehen
f) Drehen
g) Kippen
Betätigung durch
h) Annähern
i) Berühren
j) Annähern eines Magneten
k) Annähern von Eisen
l) Rolle
m) Nocken
n) Flüssigkeitspegel
o) Strömung

Kraftantriebe
a) allgemein, in das Quadrat wird die Art des Antriebes eingetragen
b) durch Motor
c) durch Uhr
d) durch thermische Wirkung
e) pneumatisch, hydraulisch
f) elektromagnetisch
g) mit Ansprechverzögerung
h) mit Abfallverzögerung
i) Fortschalt-, Stromstoßrelais
j) Tonfrequenz-Rundsteuerrelais

Schaltschloss
a) selbsttätiger Rückgang
b) Raste Bewegung nach links gesperrt

Auslöser
wahlweise Darstellung
a) Überstromauslöser
b) Kurzschlussauslöser
c) Fehlerstromauslöser
d) Überspannungsauslöser
e) Unterspannungsauslöser
f) elektrothermischer Auslöser

Schaltgeräte, Beispiele

Installationsschalter
a) Ausschalter als Tastschalter
b) Ausschalter als Stellschalter
c) Gruppenschalter
d) Serienschalter
e) Wechselschalter
f) Kreuzschalter

Mehrstellungsschalter
a) mit 4 Schaltstellungen einpolige Darstellung
b) mit Kennzeichnung der Schaltstellung

Nockenschalter
mit 4 Schaltstellungen, vierpolig, handbetätigt

Fortschaltrelais
mit 10 Schaltstellungen

Motorschutzschalter
Schalter mit Schaltschloss, dreipolig, mit elektrothermischem und elektromagnetischem Überstromauslöser sowie Unterspannungsauslöser

Blocksymbole zur Motorsteuerung

Anlasser als Blocksymbole
a) allgemein
b) stufenweise Betätigung
c) automatische Betätigung
d) Direktanlauf mit Schütz, Drehrichtungsumkehr
e) Stern-Dreieck-Anlauf
f) mit Thyristoren verstellbar
g) mit Spartransformator
h) mit polumschaltbarem Motor
i) mit thermischer und elektromagnetischer Auslösung

Anlasseinrichtung mit 3-phasigem Schleifringläufermotor, Schützen-Ständeranlasser für 2 Drehrichtungen und automatischem Läuferanlasser

Drehstromasynchronmotor mit Drehstromsteller

Drehstromasynchronmotor mit Frequenzumrichter

Schaltzeichen II

Schaltzeichen für Installationspläne

Schalter
a) Taster
b) Taster mit Leuchte
c) Schalter, allgemein
d) Schalter mit Kontrollleuchte
e) Dimmer
f) Ausschalter, einpolig
g) Ausschalter, zweipolig
h) Gruppenschalter
i) Wechselschalter
j) Serienschalter
k) Kreuzschalter
l) Ausschalter mit Kontrollleuchte
m) Ausschalter mit Dimmer

Schaltgeräte
a) Stromstoßschalter
b) Zeitrelais
c) Türöffner
d) Zeitschaltuhr
e) Dämmerungsschalter

Leuchten
a) Lampe, Leuchtmelder
b) Leuchte mit Schalter
c) Leuchte mit veränderbarer Helligkeit
d) Notleuchte (eigener Stromkreis)
e) Notleuchte in Dauerschaltung
f) Leuchte für Entladungslampen
g) Leuchte für Leuchtstofflampe
h) Leuchte für 2 LL   i) für 5 LL

Steckdosen
a) allgemein b) mit Schutzkontakt
c) mit verriegeltem Schalter
d) mit Trenntransformator

Antennenanlagen
a) Empfangsantenne, allgemein
b) Empfangsantenne LMKU
c) Dipol-Antenne
d) wie c) mit Kanalangabe
e) Weiche
f) Verteiler, zweifach
g) Abzweiger
h) Antennenverstärker mit Netzgerät, Weiche und 4 Eingängen mit Pegelstellern
i) Antennensteckdose mit Abschlusswiderstand

Elektrohausgeräte
a) Elektrogerät, allgemein
b) Elektroherd, allgemein
c) Backofen
d) Wäschetrockner
e) Geschirrspülmaschine
f) Hände-, Haartrockner
g) Mikrowellenherd
h) Waschmaschine
i) Heißwasserspeicher
j) Speicherheizgerät
k) Klimagerät   l) Gefriergerät

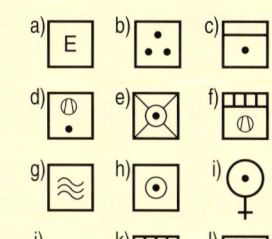

Mess-, Melde-, Signaleinrichtungen

Anzeigende Messgeräte
a) Messgerät, anzeigend
b) Spannungsmesser
c) Strommesser
d) Leistungsmesser
e) Blindleistungsmesser
f) Leistungsfaktormesser
g) Frequenzmesser

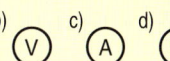

Aufzeichnende Messgeräte
a) Messgerät, aufzeichnend
b) Wirkleistungsschreiber
c) Blindleistungsschreiber
d) Kurvenschreiber
e) Registrierwerk, Linienschreibwerk

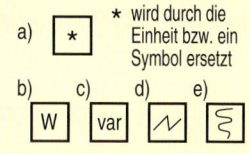

* wird durch die Einheit bzw. ein Symbol ersetzt

Zähler
a) Messgerät, integrierend
b) Amperestundenzähler
c) Wattstundenzähler, Elektrizitätszähler
d) Wattstundenzähler, Energiezählung nur in eine Richtung
e) Wattstundenzähler mit Maximumanzeige, Maximumzähler

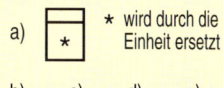

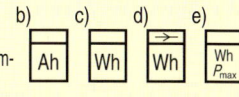

* wird durch die Einheit ersetzt

Sensoren
a) Widerstand mit Abgriff
b) Dehnungsmessstreifen
c) Geber, magnetisch
d) Thermoelement, wahlweise Darstellung
e) Thermoelement, mit isoliertem Heizelement wahlweise Darstellung

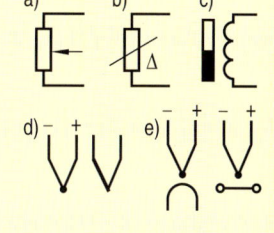

Melder, Signaleinrichtungen
a) Wecker, allgemein
b) Summer
c) Gong, Einschlagwecker
d) Sirene
e) Hupe, Horn
f) Lampe, Leuchtmelder
g) Leuchtmelder, blinkend
h) Leuchtmelder mit Glimmlampe

Gefahrenmeldeeinrichtungen
a) Hilferuf z.B. an Polizei
b) Hilferuf mit Sperrung
c) Brandmeldung mit abgedecktem Druckknopf
d) Brandmeldung mit Sperrung
e) Bimetallprinzip
f) Schmelzlotprinzip
g) Differenzialprinzip
h) Temperaturmelder
i) Rauchmelder
j) Erschütterungsmelder

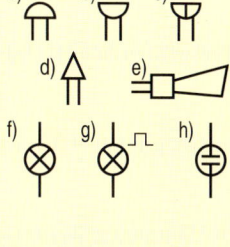

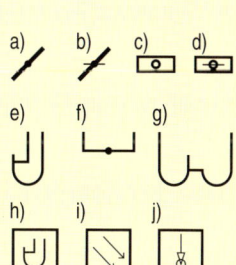

7.22 Schaltzeichen III

Elektrische Maschinen, Energiewandler

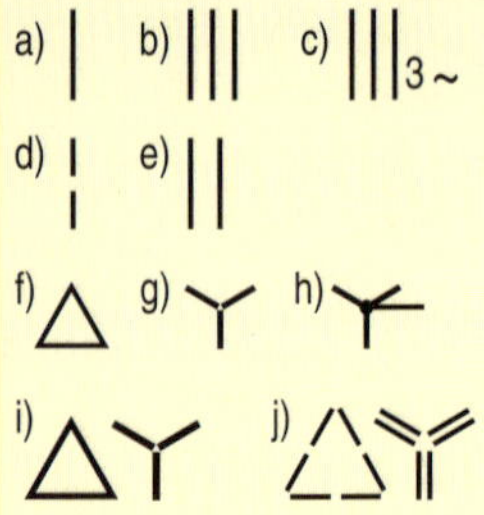

Schaltungsarten
a) eine Wicklung
b) drei getrennte Wicklungen
c) wie b) als Dreiphasen-System
d) Reihenschaltung
e) Parallelschaltung
f) Dreieckschaltung
g) Sternschaltung
h) wie g) N-Leiter herausgeführt
i) Stern-Dreieck-Schaltung
j) Dahlander-Schaltung

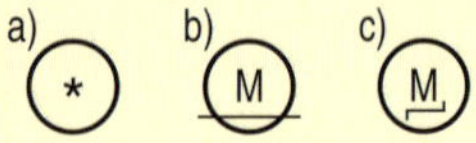

Maschinenarten
C Umformer
G Generator
M Motor
MS Synchronmotor
GS Synchrongenerator

a) Maschine, allgemein
 der Stern muss durch eines
 der untenstehenden
 Symbole ersetzt werden
b) Linearmotor
c) Schrittmotor

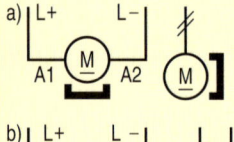

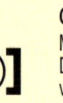

Gleichstrommaschinen
Mehrpolige und einpolige
Darstellung der
verschiedenen Schaltungen

a) Motor mit Dauermagnet
b) fremderregter Motor
c) Nebenschlussmotor
d) Reihenschlussmotor

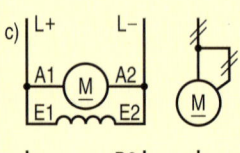

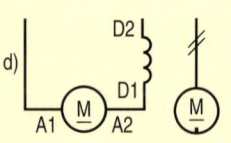

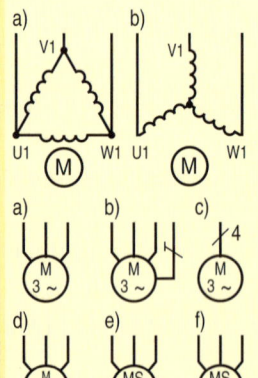

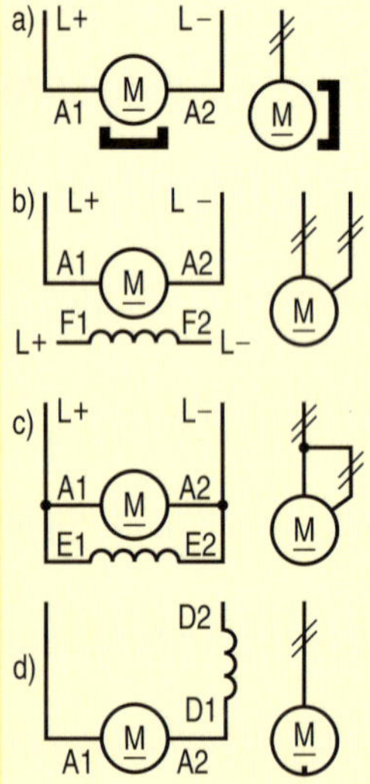

Drehstrommaschinen
Ausführliche Darstellung
a) Drehstrom-Asynchronmotor
 (DASM) mit Kurzschlussläufer,
 Ständerwicklung in
 Dreieckschaltung
b) wie a), Ständerwicklung
 in Sternschaltung

Vereinfachte Darstellung
a) DASM mit Kurzschlussläufer
b) wie a), mit Schutzleiter
c) wie b), einpolige Darstellung
d) Drehstrom-Linearmotor
e) Drehstrom-Synchronmotor
f) wie e), mit
 Dauermagneterregung

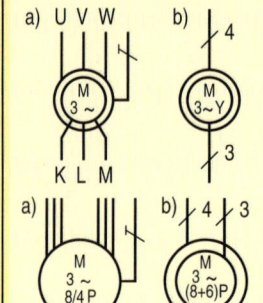

Schleifringläufermotoren
a) Schleifringläufermotor,
 mit Schutzleiter,
 mehrpolige Darstellung
b) wie a), einpolige Darstellung

Polumschaltbare Motoren
a) polumschaltbarer DASM,
 von 8 auf 4 Pole umschaltbar,
 mehrpolige Darstellung
b) polumschaltbarer DASM, mit
 zwei getrennten Wicklungen,
 von 8 auf 6 Pole umschaltbar,
 einpolige Darstellung

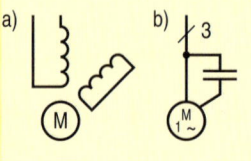

Einphasen-Induktionsmotoren
a) Spaltpolmotor,
 mehrpolige Darstellung
b) Kondensatormotor
 einpolige Darstellung

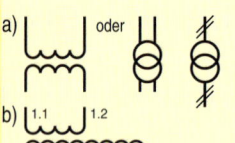

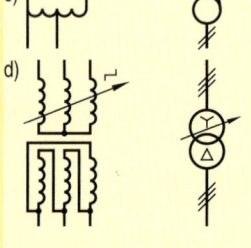

Transformatoren
Mehrpolige und einpolige
Darstellung

a) Transformator, allgemein
b) Transformator mit
 Anzapfungen
c) Spartransformator
d) Drehstromtransformator
 in Stern/Dreieck-Schaltung
 mit Last-Stufenschalter

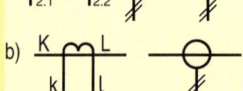

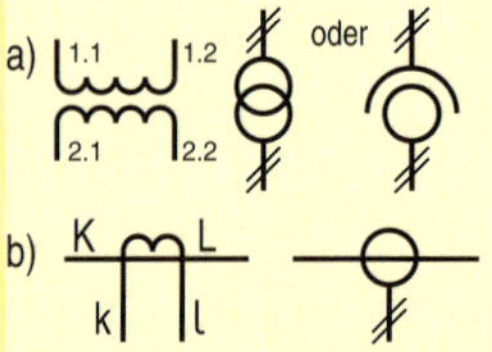

Messwandler
Mehrpolige und einpolige
Darstellung

a) Spannungswandler
b) Stromwandler

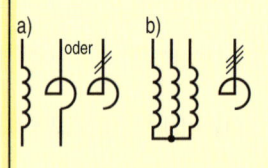

Drosselspulen
Mehrpolige und einpolige
Darstellung

a) Drosselspule
b) Drehstrom-Drosselspule,
 Sternschaltung

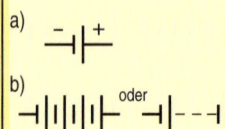

Primärzellen, Akkumulatoren
a) Primärzelle, Primärelement,
 Akkumulator
b) Batterie von Primärelementen,
 Akkumulatoren,
 wahlweise Darstellung

Schaltzeichen III

Schaltzeichen der Halbleitertechnik

Strahlungen
a) nicht ionisierend, elektromagnetisch
b) ionisierend

Halbleiterdioden
a) Halbleiterdiode, allgemein
b) Kapazitätsdiode
c) Diode, lichtempfindlich, Fotodiode
d) Leuchtdiode, LED
e) Z-Diode
f) Tunneldiode
g) Backward-Diode
h) Zweirichtungsdiode, Diac

Thyristoren
a) Thyristor, allgemein
b) P-Gate-Thyristor (häufigster Typ)
c) N-Gate-Thyristor
d) abschaltbarer Thyristor (GTO Gate Turn Off)
e) Triac

Bipolare Transistoren
a) PNP-Transistor
b) NPN-Transistor
c) NPN-Darlington-Transistor
d) IGBT (Insulated Gate Bipolar Transistor)

Unipolare Transistoren
(Feldeffekt Transistoren FET)
Sperrschicht-FET (JFET)
a) mit N-Kanal
b) mit P-Kanal

Sperrschicht-FET (JFET)
c) Verarmungstyp, N-Kanal
d) Verarmungstyp, P-Kanal
e) Anreicherungstyp, N-Kanal
f) Anreicherungstyp, P-Kanal

Sensoren
a) PTC-Widerstand
b) NTC-Widerstand
c) Varistor, VDR-Widerstand
d) Dehnungsmessstreifen, DMS
e) Fotowiderstand, LDR-Widerst., wahlweise Darstellung
f) Feldplatte, MDR-Widerstand, wahlweise Darstellung
g) Hall-Generator
h) Fotoelement, Fotozelle

Sensoren für ionisierende Strahlen
a) Ionisationskammer
b) Zählrohr

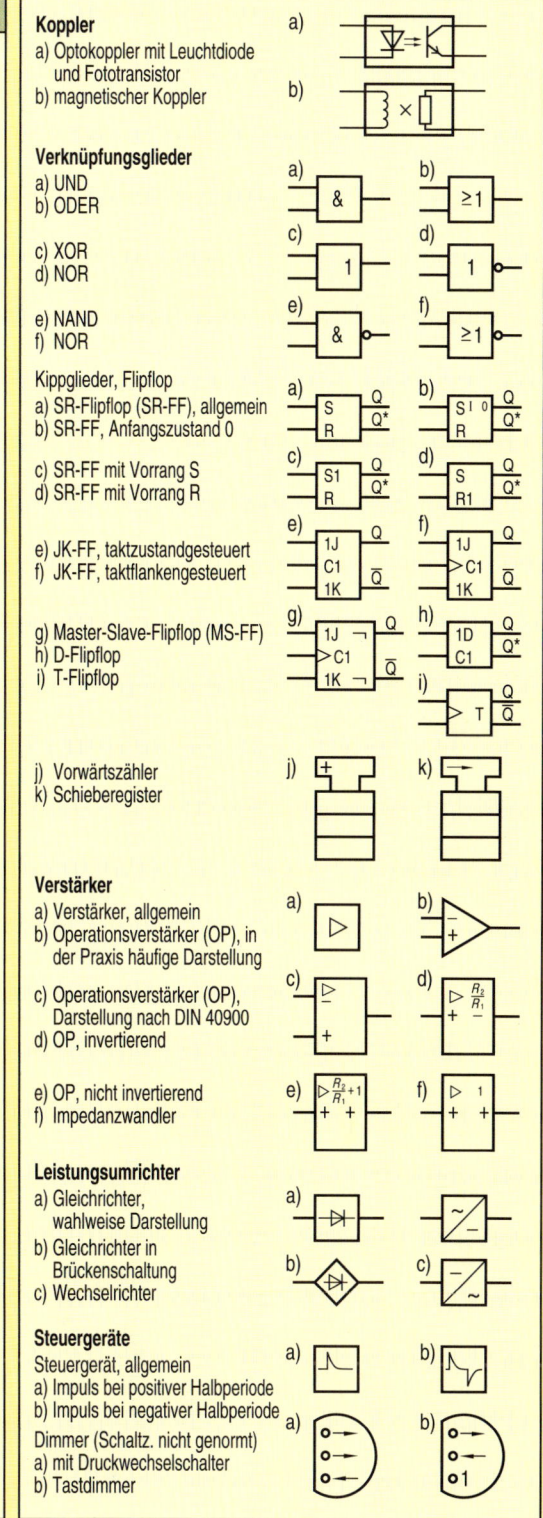

Koppler
a) Optokoppler mit Leuchtdiode und Fototransistor
b) magnetischer Koppler

Verknüpfungsglieder
a) UND
b) ODER
c) XOR
d) NOR
e) NAND
f) NOR

Kippglieder, Flipflop
a) SR-Flipflop (SR-FF), allgemein
b) SR-FF, Anfangszustand 0
c) SR-FF mit Vorrang S
d) SR-FF mit Vorrang R
e) JK-FF, taktzustandgesteuert
f) JK-FF, taktflankengesteuert
g) Master-Slave-Flipflop (MS-FF)
h) D-Flipflop
i) T-Flipflop

j) Vorwärtszähler
k) Schieberegister

Verstärker
a) Verstärker, allgemein
b) Operationsverstärker (OP), in der Praxis häufige Darstellung
c) Operationsverstärker (OP), Darstellung nach DIN 40900
d) OP, invertierend
e) OP, nicht invertierend
f) Impedanzwandler

Leistungsumrichter
a) Gleichrichter, wahlweise Darstellung
b) Gleichrichter in Brückenschaltung
c) Wechselrichter

Steuergeräte
Steuergerät, allgemein
a) Impuls bei positiver Halbperiode
b) Impuls bei negativer Halbperiode

Dimmer (Schaltz. nicht genormt)
a) mit Druckwechselschalter
b) Tastdimmer

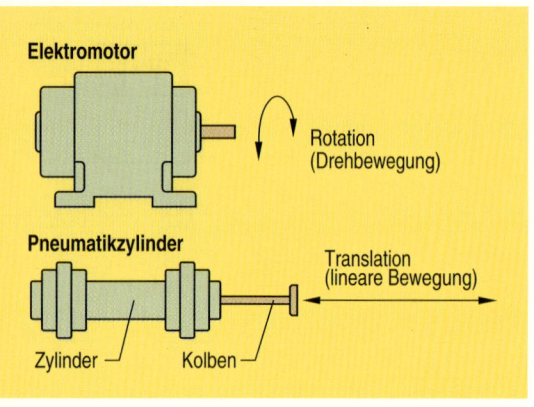

7.23 Pneumatische und hydraulische Dokumente

Elektromotor — Rotation (Drehbewegung)

Pneumatikzylinder — Translation (lineare Bewegung)
Zylinder, Kolben

Grundsymbole

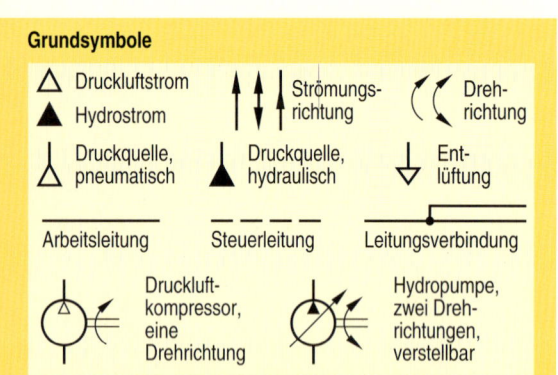

- △ Druckluftstrom
- ▲ Hydrostrom
- ↑↓ Strömungsrichtung
- ↻ Drehrichtung
- Druckquelle, pneumatisch
- Druckquelle, hydraulisch
- Entlüftung
- Arbeitsleitung
- Steuerleitung
- Leitungsverbindung
- Druckluftkompressor, eine Drehrichtung
- Hydropumpe, zwei Drehrichtungen, verstellbar

Zylinder, Auswahl

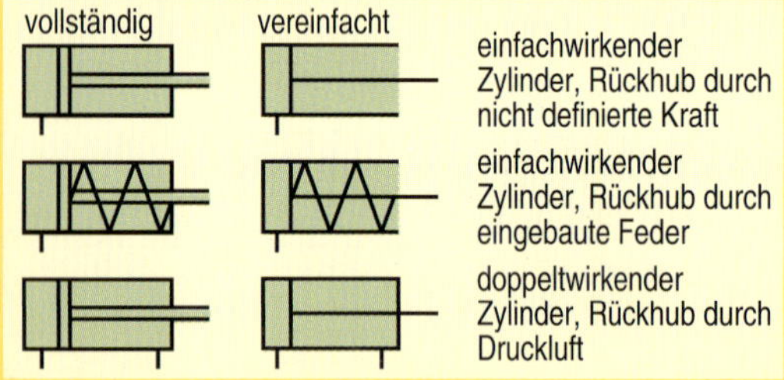

vollständig	vereinfacht	
		einfachwirkender Zylinder, Rückhub durch nicht definierte Kraft
		einfachwirkender Zylinder, Rückhub durch eingebaute Feder
		doppeltwirkender Zylinder, Rückhub durch Druckluft

Wegeventile, Auswahl

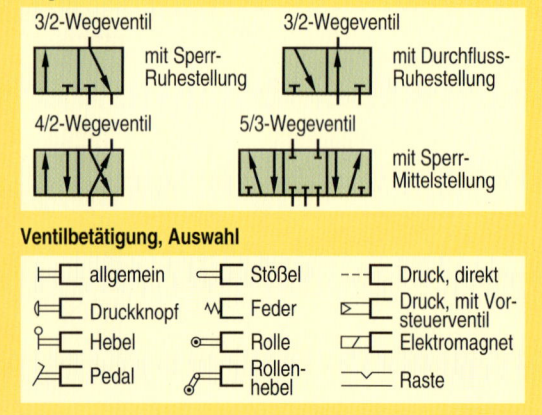

- 3/2-Wegeventil mit Sperr-Ruhestellung
- 3/2-Wegeventil mit Durchfluss-Ruhestellung
- 4/2-Wegeventil
- 5/3-Wegeventil mit Sperr-Mittelstellung

Ventilbetätigung, Auswahl

- allgemein
- Stößel
- Druck, direkt
- Druckknopf
- Feder
- Druck, mit Vorsteuerventil
- Hebel
- Rolle
- Elektromagnet
- Pedal
- Rollenhebel
- Raste

Bewegungsarten

In technischen Systemen wie Werkzeugmaschinen, Transportbändern, Robotern müssen immer mechanische Bewegungen ausgeführt werden. Dabei unterscheidet man insbesondere die
- Rotation (Drehbewegung) und die
- Translation (geradlinige Bewegung).

Drehbewegungen lassen sich gut mit Elektromotoren ausführen. Geradlinige Bewegungen, z.B. für Pressen, lassen sich besser durch Zylinder, deren Kolben mit Druckluft (pneumatisch) angetrieben werden, realisieren. Für sehr große Kräfte eignen sich Kolben, die durch Flüssigkeiten (hydraulisch) angetrieben werden.

Pneumatische und hydraulische Bauteile

Pneumatische bzw. hydraulische Kreise enthalten insbesondere eine Druckquelle, Zylinder (mit Kolben), sowie unterschiedliche Wegeventile.
Die Schaltzeichen sind in DIN ISO 1219-1 genormt.

Druckquellen

Die Druckquellen sowie die Luft- bzw. Hydraulikströme werden durch Dreiecke angegeben; ein ausgefülltes Dreieck symbolisiert Flüssigkeiten (z. B. Öl, Hydraulik), ein leeres Dreieck Druckluft (Pneumatik).
Arbeitsleitungen werden durch ausgezogene Linien symbolisiert, Steuer- und Leckleitungen durch gestrichelte Linien. Verbindungen erhalten einen Punkt.

Zylinder

Zylinder mit ihren beweglichen Kolben sind die Arbeitsglieder in pneumatischen und hydraulischen Anlagen. Man unterscheidet einfach- und doppeltwirkende Zylinder. Bei einfachwirkenden Zylindern erfolgt der Hub pneumatisch (bzw. hydraulisch), der Rückhub z.B. durch eine Feder. Bei doppeltwirkenden Zylindern erfolgen Hub und Rückhub pneumatisch (bzw. hydraulisch).
Das Dreieck für die Druckquelle muss nicht eingezeichnet werden.

Wegeventile

Wegeventile dienen vor allem als Stellglieder für die Arbeitsglieder (Zylinder). Sie steuern den Druckluft- bzw. den Ölstrom, der die Kolben im Zylinder bewegt. Bei rein pneumatischen Anlagen werden die Wegeventile auch als Signal- und Steuerglieder eingesetzt. Meist werden dafür aber elektrische Bauteile verwendet (elektropneumatische Steuerung).

Betätigung

Die Wegeventile haben je nach Ausführung zwei oder mehr Stellungen. Das Umschalten von einer in die andere Stellung kann von Hand, mechanisch, elektrisch oder durch eine Kombination erfolgen.
Die nebenstehende Zusammenstellung zeigt die wichtigsten Möglichkeiten zur Betätigung von Ventilen.

Vertiefung zu 7.23

Kennzeichnung von Wegeventilen
Wegeventile sind durch zwei Zahlen gekennzeichnet:
1. die Zahl der Anschlüsse (für Luft bzw. Öl, ohne Steueranschlüsse)
2. die Zahl der Schaltstellungen.

Beispiel: **3/2 - Wegeventil** (drei-Strich-zwei-Wegeventil)
          └── 2 Schaltstellungen
        └── 3 Anschlüsse

Ein 3/2-Wegeventil ist ein Ventil mit drei Anschlüssen und zwei Schaltstellungen, ein 5/3-Wegeventil ein Ventil mit fünf Anschlüssen und drei Schaltstellungen. Die Ventilanschlüsse werden durch Zahlen oder durch große Buchstaben (veraltet) gekennzeichnet. Dabei gilt:

1 bzw. P	Druckluftanschluss
2, 4, 6 bzw. A, B, C	Arbeitsanschlüsse
3, 5, 7 bzw. R, S, T	Abfluss, Entlüftung
10, 11, 12, 14 bzw. X, Y, Z	Steueranschlüsse

Der Druckanschluss kann auch durch ein großes Dreieck, die Entlüftung durch ein kleines Dreieck gekennzeichnet werden.

Die Steueranschlüsse haben zweistellige Zahlen; sie erklären die Funktion des Wegeventils:
- Signal an 10: Druckanschluss (1) gesperrt (0)
- Signal an 12: Strömungsweg von 1 nach 2 offen
- Signal an 14: Strömungsweg von 1 nach 4 offen

Die Ventile werden wie elektrische Betriebsmittel in Ruhestellung, d.h. in unbetätigtem Zustand gezeichnet. Im Gegensatz zu elektrischen Stromlaufplänen, die von oben nach unten gelesen werden, sind pneumatische und hydraulische Pläne immer von **unten nach oben** zu lesen, d. h. die Druckversorgung liegt unten, die Arbeitsglieder (z. B. Zylinder liegen oben).

Sperr- und Drosselventile
Außer Wegeventilen sind auch Sperr- und Drosselventile, sowie Kombinationen davon von Bedeutung.

Rückschlagventile sperren den Strom in der einen und leiten ihn in der anderen Richtung.

Drosselventile begrenzen (bzw. steuern) die Geschwindigkeit des Stromes und damit die Geschwindigkeit des Arbeitskolbens.

Drosselrückschlagventile drosseln den Strom in der einen Richtung und lassen ihn ungehindert in der anderen Richtung fließen.

Zweidruckventile leiten den Strom nur zur Ausgangsleitung (2), wenn an der einen Steuerleitung (12) **UND** an der anderen (14) ein Signal (Druckluft) anliegt.

Wechselventile leiten den Strom zur Ausgangsleitung (2), wenn an der einen (12) **ODER** der anderen Steuerleitung ein Signal anliegt.

Aufbau der Schaltzeichen, Prinzip
Anzahl der Quadrate zeigt die Anzahl der Schaltstellungen

Anschlüsse Anschluss gesperrt

Pfeile markieren die Richtung der Strömung

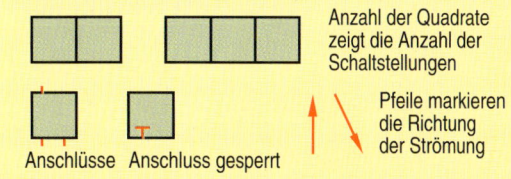

Beispiel: 3/2-Wegeventil, pneumatisch

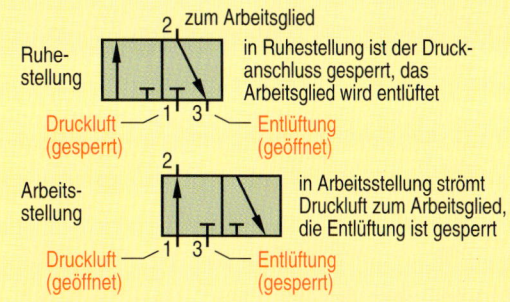

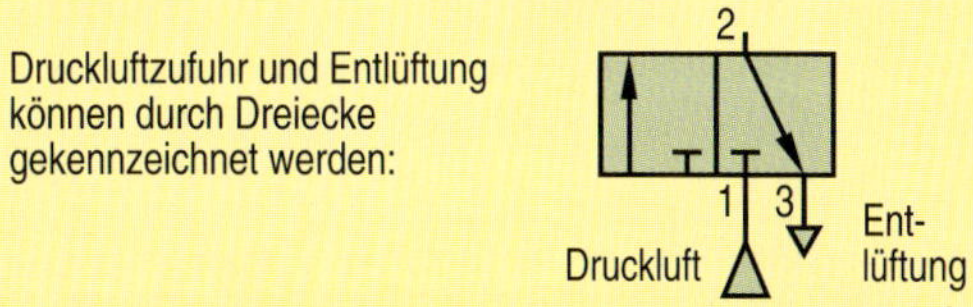

Ruhestellung — zum Arbeitsglied (2)
in Ruhestellung ist der Druckanschluss gesperrt, das Arbeitsglied wird entlüftet
Druckluft (gesperrt) 1 3 Entlüftung (geöffnet)

Arbeitsstellung
in Arbeitsstellung strömt Druckluft zum Arbeitsglied, die Entlüftung ist gesperrt
Druckluft (geöffnet) 1 3 Entlüftung (gesperrt)

Druckluftzufuhr und Entlüftung können durch Dreiecke gekennzeichnet werden:
Druckluft   Entlüftung

Steueranschlüsse

Beispiel: 3/2-Wegeventil 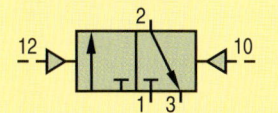
12   10
Ruhestellung: Anschluss 1 gesperrt
Signal an 12: Weg 1 nach 2 offen
Signal an 10: Anschluss 1 gesperrt

Beispiel: 5/2-Wegeventil 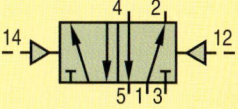
14   12
Ruhestellung: Weg 1 nach 2 offen
Signal an 14: Weg 1 nach 4 offen
Signal an 12: Weg 1 nach 2 offen

Rückschlagventil — gesperrt / offen

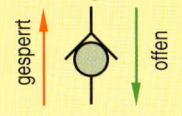

Drosselventil — verstellbar

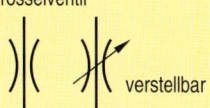

Drosselrückschlagventil
Strömung von 1 nach 2 gedrosselt, weil Rückschlagventil geschlossen
Strömung von 2 nach 1 ungedrosselt, weil Rückschlagventil geöffnet

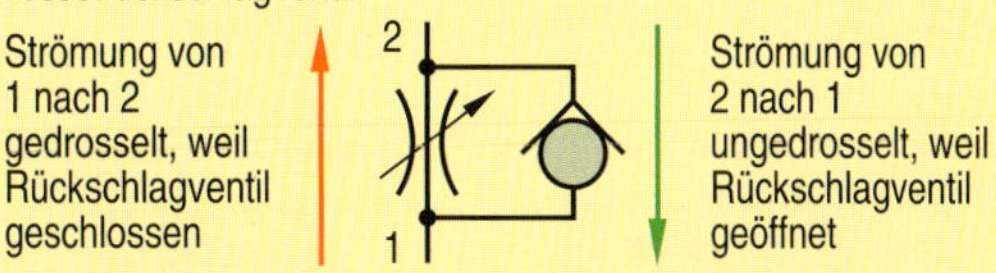

Zweidruckventil 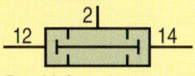
12   2   14
Druckluft an 2, wenn an 12 UND 14 Druckluft ist

Wechselventil 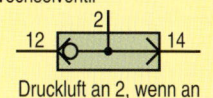
12   2   14
Druckluft an 2, wenn an 12 ODER 14 Druckluft ist

© Holland + Josenhans

7.24 Elektropneumatische Dokumente

Pneumatischer Schaltplan, Steuerkette

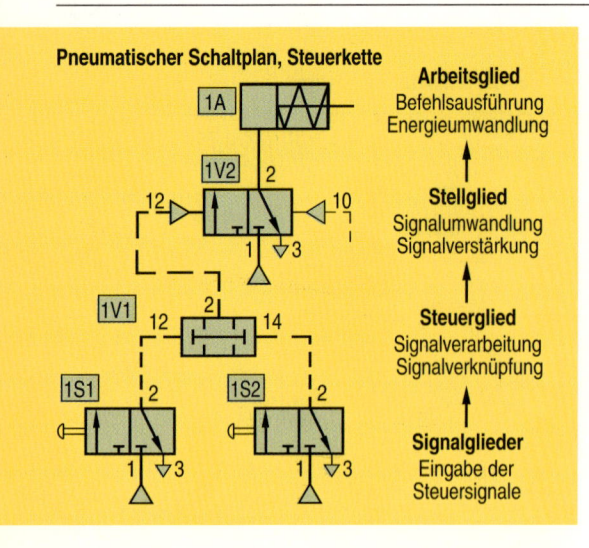

Arbeitsglied
Befehlsausführung
Energieumwandlung

Stellglied
Signalumwandlung
Signalverstärkung

Steuerglied
Signalverarbeitung
Signalverknüpfung

Signalglieder
Eingabe der
Steuersignale

Pneumatische Schaltkreise
In rein pneumatischen Schaltkreisen werden alle Vorgänge in der Steuerkette durch pneumatische Bauteile ausgeführt, d. h. die
- Signalglieder
- Steuerglieder
- Stellglieder und
- Arbeitsglieder

werden pneumatisch betätigt.
Wirkungsweise der Bauteile siehe Seite 352.
Die Symbole des Schaltplans werden dabei nach DIN ISO 1219 gezeichnet. Innerhalb des Schaltplanes erhält jedes Bauteil eine alphanumerische Betriebsmittelkennzeichnung, die die Schaltkreisnummer, die Bauteil-Kennzeichnung und die Bauteilnummer enthält.
Pneumatische Schaltpläne werden von unten nach oben gelesen.
Das Beispiel zeigt einen Ausschnitt aus einer Schaltung für eine pneumatische Spannvorrichtung.

Spannvorrichtung, Ausschnitt
Pneumatischer Schaltplan, Arbeitsteil

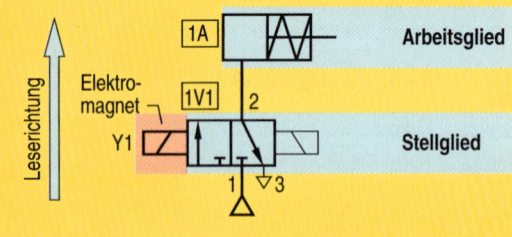

Elektrischer Schaltplan, Steuerteil

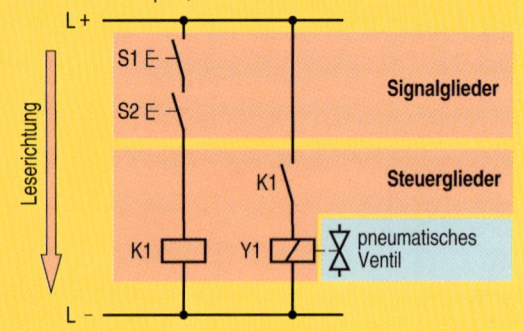

Elektropneumatische Schaltkreise
Druckluft als Energieform kann sowohl zum Steuern als auch zum Antreiben eines technischen Systems eingesetzt werden. Günstiger ist es aber in vielen Fällen, wenn nur der Arbeitsteil durch pneumatische Energie (Druckluft) angetrieben wird und die Steuersignale durch elektrische Energie übertragen werden. Dadurch ergeben sich zwei Vorteile:
- die pneumatische Energie ermöglicht gut steuerbare Bewegungen mit hohen Kräften bzw. Drücken,
- die elektrische Energie ermöglicht eine sehr präzise, schnelle und preisgünstige Steuerung.

Elektropneumatische Schaltpläne werden in zwei Teilen dargestellt:
- **Der pneumatische Teil** enthält die Stell- und Arbeitsglieder (z.B. Wegeventile, Pneumatikzylinder). Die Betriebsmittel werden nach DIN ISO 1219 gezeichnet. Pneumatische Schaltpläne werden **von unten nach oben** gelesen.
- **Der elektrische Teil** enthält die Signal- und Steuerglieder (z. B. Taster, Zeitrelais, Schütze). Die Betriebsmittel werden nach DIN 40 900 gezeichnet. Elektrische Schaltpläne werden **von oben nach unten** gelesen.

Das Beispiel zeigt den pneumatischen und elektrischen Teil einer elektropneumatischen Spannvorrichtung.

Magnetventil
im pneumatischen Plan

im elektrischen Plan

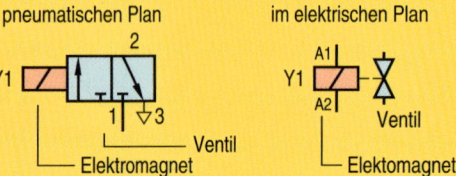

Schnittstelle
Die Schnittstelle zwischen dem pneumatischen und dem elektrischen Teil wird von den Magnetventilen gebildet.
Magnetventile sind elektromagnetisch betätigte Druckluftventile. Im pneumatischen Teil des Planes werden sie nach DIN ISO 1219 dargestellt, im elektrischen Teil nach DIN 40 900.

Vertiefung zu 7.24

Betriebsmittelkennzeichnung

Wie im elektrischen Teil werden auch im pneumatischen Teil der Steuerung die Bauteile (Betriebsmittel) alphanumerisch gekennzeichnet. Die Kennzeichnung enthält eine Schaltkreisnummer, eine Bauteil-Kennung und eine Bauteilnummer.

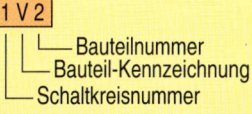

Beispiel: 1 V 2
- Bauteilnummer
- Bauteil-Kennzeichnung
- Schaltkreisnummer

Alle Elemente der Energieversorgung erhalten die Schaltkreisnummer 0. Die Bauteilkennzeichnung wird vorzugsweise mit einem Rahmen umgeben.
Die Betriebsmittelkennzeichnung kann zusätzlich noch die Nummer der Anlage enthalten, z. B. 5-1V2.

Pneumatische Bauteile, Kennzeichnung

Kennbuchstabe	Bauteil	Beispiel
P	Pumpen und Verdichter	Kompressor, Hydropumpe
A	Antriebsglieder	Zylinder
M	Antriebsmotoren	Drehstrommotor
S	Signalglieder	Start-, Grenztaster
V	Ventile als Steuer- und Stellglieder	Wegeventil, Zweidruckventil
Z	weitere Bauteile	Behälter, Manometer (Druckmesser) Aufbereitungseinheit,

Aufgaben

7.24.1 Schaltungsanalyse

Die Zeichnung zeigt den pneumatischen und elektrischen Steuerschaltplan einer Prägemaschine.

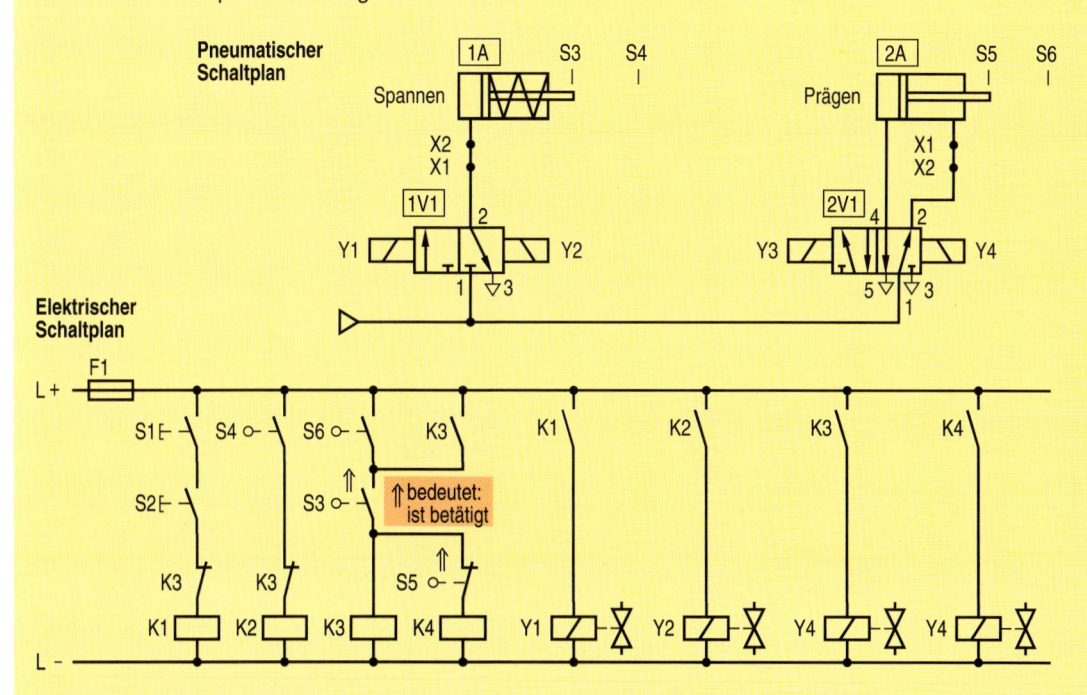

a) Welcher Unterschied besteht in der Funktion von Zylinder 1A und Zylinder 2A?
b) Welche Aufgabe haben die Taster S3 bis S6?
c) Ist S1 ein Schließer oder ein Öffner? Wie kann man das aus dem Schaltbild erkennen?
d) Was stellt 2V1 für ein Bauteil dar?
Beschreiben Sie die Luftströme, wenn Y3 betätigt ist.
e) Erklären Sie die Funktion der Taster S1 und S2.
f) Zwischen die Punkte X1 und X2 im pneumatischen Schaltplan wird das nebenstehende Bauteil eingefügt.
Um was für ein Bauteil handelt es sich?
Wie ändert sich das Betriebsverhalten der beiden Zylinder?

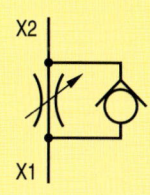

7.25 Funktionsdiagramme

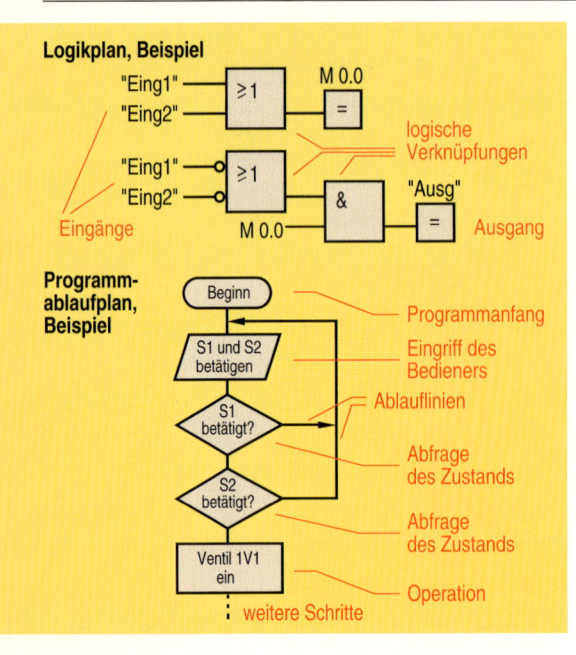

Logikplan, Beispiel

- "Eing1", "Eing2" → ≥1 → M 0.0 =
- "Eing1", "Eing2" → ≥1 → & → "Ausg" =
- M 0.0

Eingänge — logische Verknüpfungen — Ausgang

Programmablaufplan, Beispiel

- Beginn — Programmanfang
- S1 und S2 betätigen — Eingriff des Bedieners
- S1 betätigt? — Ablauflinien / Abfrage des Zustands
- S2 betätigt? — Abfrage des Zustands
- Ventil 1V1 ein — Operation
- weitere Schritte

Funktionsdarstellung

Der Bewegungsablauf und das Zusammenspiel der Steuerelemente in einem technischen System kann auf verschiedene Arten dargestellt werden. Außer der rein sprachlichen Beschreibung werden vor allem folgende Pläne eingesetzt:

- **Funktionspläne (Logikpläne)**
  beschreiben die Signalverknüpfung geräteunabhängig durch grafische Symbole (siehe Seite 338 ff.)
- **Programmablaufpläne**
  bieten eine übersichtliche grafische Darstellung von Steuerungsabläufen mit Signalverzweigungen und Signalverküpfungen; die Art der Darstellung ist aus der Datenverarbeitung übernommen
- **Zustandsdiagramme**
  bieten eine zeitliche bzw. schrittweise grafische Darstellung des Steuerungsablaufs einschließlich ihrer steuerungstechnischen Verknüpfungen.

Für pneumatische und elektropneumatische Steuerungen sind Zustandsdiagramme von besonders großer Bedeutung.

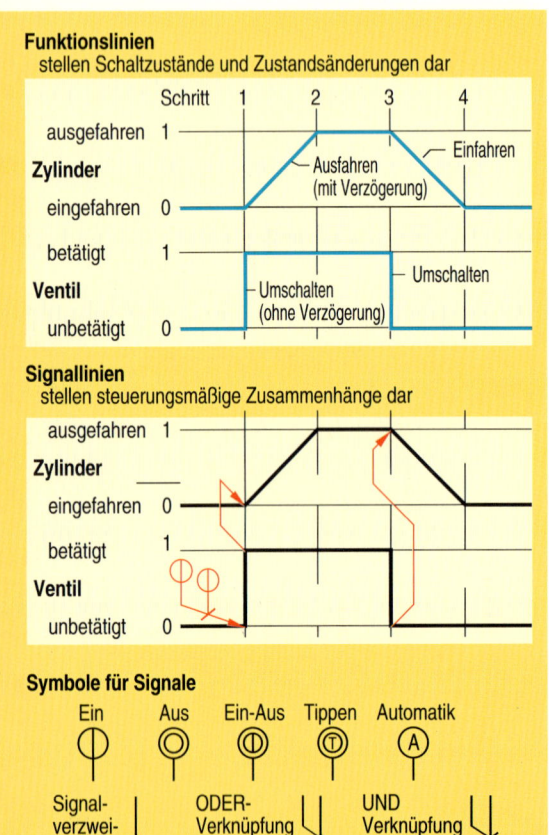

Funktionslinien
stellen Schaltzustände und Zustandsänderungen dar

Schritt 1 2 3 4

Zylinder: ausgefahren 1 / eingefahren 0 — Ausfahren (mit Verzögerung), Einfahren

Ventil: betätigt 1 / unbetätigt 0 — Umschalten (ohne Verzögerung), Umschalten

Signallinien
stellen steuerungsmäßige Zusammenhänge dar

Zylinder: ausgefahren 1 / eingefahren 0
Ventil: betätigt 1 / unbetätigt 0

Symbole für Signale

| Ein | Aus | Ein-Aus | Tippen | Automatik |

Signalverzweigung — ODER-Verknüpfung — UND-Verknüpfung

Zustandsdiagramme

Die Funktion einer Steuerung wird im Zustandsdiagramm durch Funktions- und Signallinien dargestellt.

Funktionslinien

Zylinder (bzw. ihr Kolben) haben zwei mögliche Arbeitsstellungen (Zustände): eingefahren und ausgefahren. Die Zustände werden durch Funktionslinien dargestellt. Die Zustandsänderung benötigt eine gewisse Zeit.

Ventile haben meist ebenfalls zwei Schaltstellungen:
- Stellung 0 (b, unbetätigt, Ruhestellung)
- Stellung 1 (a, betätigt).

Die für die Zustandsänderung notwendige Zeit ist meist vernachlässigbar klein. Jede Einleitung einer Zustandsänderung wird als Schritt bezeichnet.

Signallinien

In einer Steuerkette beeinflussen sich die Bauteile gegenseitig. Diese steuerungsmäßige Beeinflussung wird durch Signallinien dargestellt.
Signallinien beginnen an der Funktionslinie des auslösenden Bauteils und enden mit einem Pfeil an der Funktionslinie des beeinflussten Bauteils. Sie werden als schmale Volllinien gezeichnet.

Signalglieder und Signalverknüpfungen

Signale zur Auslösung eines Steuerschrittes können von manuell betätigten Schaltgliedern (Ein, Aus), von Druck-, Zeit- oder Endschaltern oder von anderen Maschinen kommen. Die Signale können zudem durch UND-, ODER- oder NICHT-Bedingungen verknüpft sein. Die nebenstehende Übersicht zeigt die Symbole wichtiger Signalglieder und Signalverknüpfungen.

Vertiefung zu 7.25

Pneumatisch gesteuerte Hubeinrichtung
In einer Fertigungsanlage sollen Werkstücke über einen Hubzylinder auf eine höhere Ebene gehoben werden und durch einen Verschiebezylinder auf eine Rollenbahn geschoben werden.

Beschreibung der Anlage
Das Werkstück gelangt über Rollenbahn 1 auf die Hubeinrichtung.
Nach Betätigen von Startventil 1S1 hebt Hubzylinder 1A1 das Werkstück und betätigt in der Endstellung den Grenztaster 1S3. Verschiebezylinder 2A1 fährt aus, schiebt das Werkstück auf die Rollenbahn 2 und betätigt Grenztaster 2S2.
Zylinder 1A1 fährt in seine Ausgangsstellung zurück, betätigt Taster 1S2 und leitet dadurch die Rückführung von Zylinder 2A1 ein.

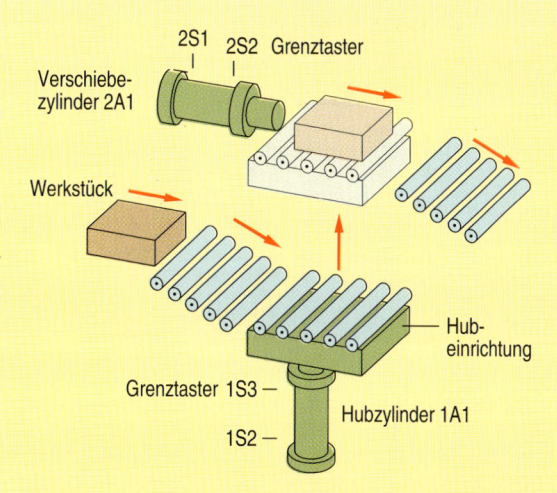

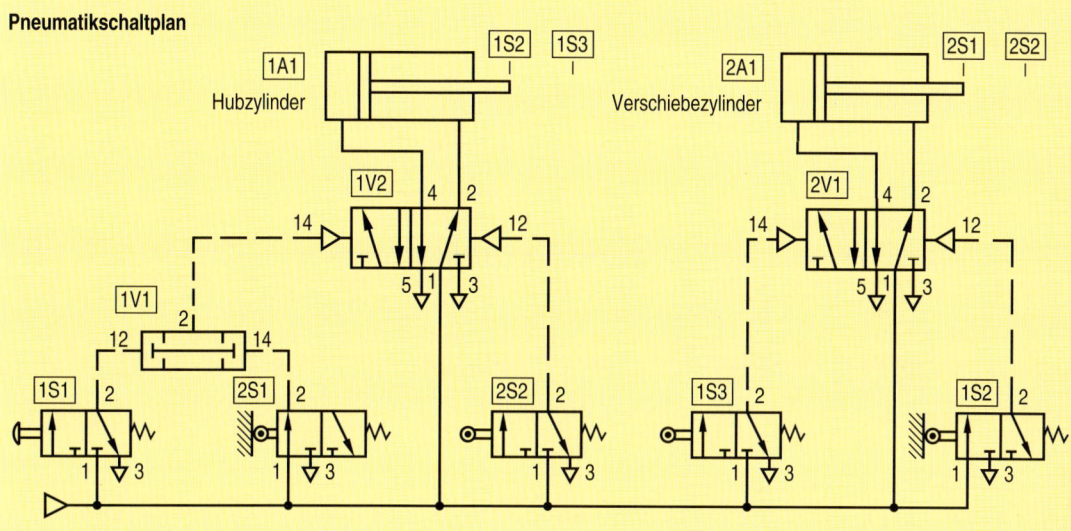

Pneumatikschaltplan

Funktionsdiagramm

Bauteile			Schritt					
Benennung	Nr.	Zustand	Ein	1	2	3	4	5
Hubzylinder	1A1	1 / 0						
5/2-Wegeventil	1V2	1 / 0						
Verschiebezylinder	2A1	1 / 0						
5/2-Wegeventil	2V1	1 / 0						

7.26 Computergestütztes Zeichnen, CAD

Mechanische Zeichnung, Beispiel

Die Farben für einzelne Bereiche der Zeichnung können willkürlich gewählt werden, ebenso die Farbe des Bildschirmhintergrunds.

Mechanische Zeichnung, gezoomt

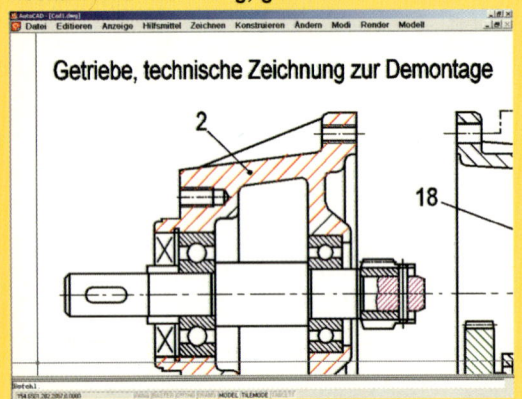

Durch „Zoomen" kann ein beliebiger Bereich der Zeichnung bildschirmfüllend dargestellt werden, durch „Pannen" kann die Zeichnung auf dem Bildschirm beliebig verschoben werden.

Schaltplan, Beispiel

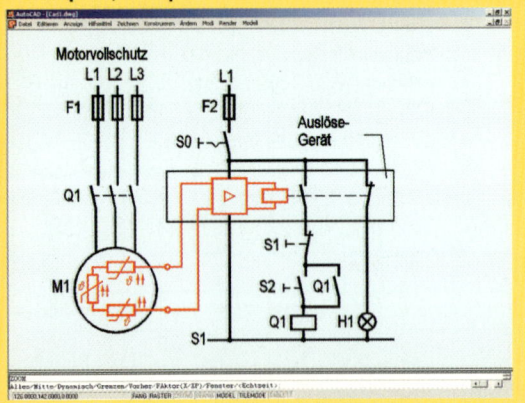

Mit mechanischen CAD-Programmen (z. B. AutoCAD) können auch Schaltpläne gezeichnet werden, zur Generierung von Klemmenplänen benötigt man aber ein „echtes" ECad-Programm, z. B. Eplan.

Computer Aided Design

Technische Zeichnungen wurden früher vorzugsweise als Tuschezeichnungen auf Pergamentpapier ausgeführt. Diese Arbeitsweise erforderte vor allem geübte technische Zeichner.

Mit **CAD** (**C**omputer **A**ided **D**esign, computergestütztes Zeichnen) lassen sich auch sehr umfangreiche Zeichnungen mit weniger Aufwand erstellen.

CAD-Programme bieten u. a. folgende Möglichkeiten:

- **Zeichenbefehle**
  CAD-Programme stellen eine sehr umfangreiche Sammlung von Werkzeugen zum Entwerfen und Ändern (Editieren) von Zeichnungen zur Verfügung, z. B. Linie, Kreis, Ellipse, Polygon, Schraffur, Bemaßung.

- **Bildschirmdarstellung**
  CAD-Programme ermöglichen die Darstellung in jeder beliebigen Ansicht und Vergößerung (Zoom, Pan).

- **Interaktive Arbeitsweise**
  CAD-Programme führen die Befehle interaktiv, d. h. im Dialog mit dem Benutzer aus.

- **Koordinaten**
  Das Erreichen eines bestimmten Punktes ist über ein Eingabegerät (Maus, Lupe) oder durch Eingabe von Koordinaten (rechtwinklige oder Polarkoordinaten möglich.

- **Layertechnik**
  Verschiedene Teile einer Zeichnung können auf verschiedenen Ebenen (Layer) abgespeichert werden. Die Layer lassen sich nach Belieben ein- und ausschalten.

- **Geometriedaten**
  Die geometrischen Daten der Objekte, z. B. Länge, Fläche, Mittelpunkte, Linienbreiten können jederzeit abgefragt werden.

- **Schriften**
  Für verschiedene Gebiete gibt es eine Vielzahl von skalierbaren Schriften. Für den privaten Bereich eignen sich True-Type-Schriften (z. B. Arial, Times New Roman), für den professionellen Bereich Post-Script-Schriften (z. B. Helvetica, Times).

- **Bibliotheken**
  Für genormte Teile (Schrauben, Muttern, Halbzeuge, Schaltzeichen) gibt es umfangreiche Bibliotheken, die auch selbstständig erweitert werden können.

CAD-Programme gibt es für alle technischen Bereiche, insbesondere für das mechanische Zeichnen (z. B. AutoCAD), für das Erstellen von Schaltplänen (z. B. Eplan) und für den Entwurf von elektronischen Leiterplatten (z. B. Eagle).

Moderne CAD-Programme können die geometrischen Daten weiter verarbeiten, z. B. lassen sich mit Eplan aus den gezeichneten Schaltplänen Klemmen-, Kabel- und Anschlusspläne generieren.

Vertiefung zu 7.26

Computergestützte Fertigung

Die bei der CAD-Konstruktion eines Werkstücks erzeugten Daten (Abmessungen, Toleranzen, Oberflächen, Materialien) werden in einer Datenbank gespeichert und können jederzeit abgeändert und an neue Erfordernisse angepasst werden.

Die Daten können weiterhin zur Steuerung von NC-Werkzeugmaschinen (**NC N**umerically **C**ontrolled) eingesetzt werden. Dazu muss die CAD-Software mit der Software der NC-Werkzeugmaschine (z. B. Fräsmaschine, Drehmaschine) gekoppelt werden.

Prinzip der CAD/CAM-Fertigung

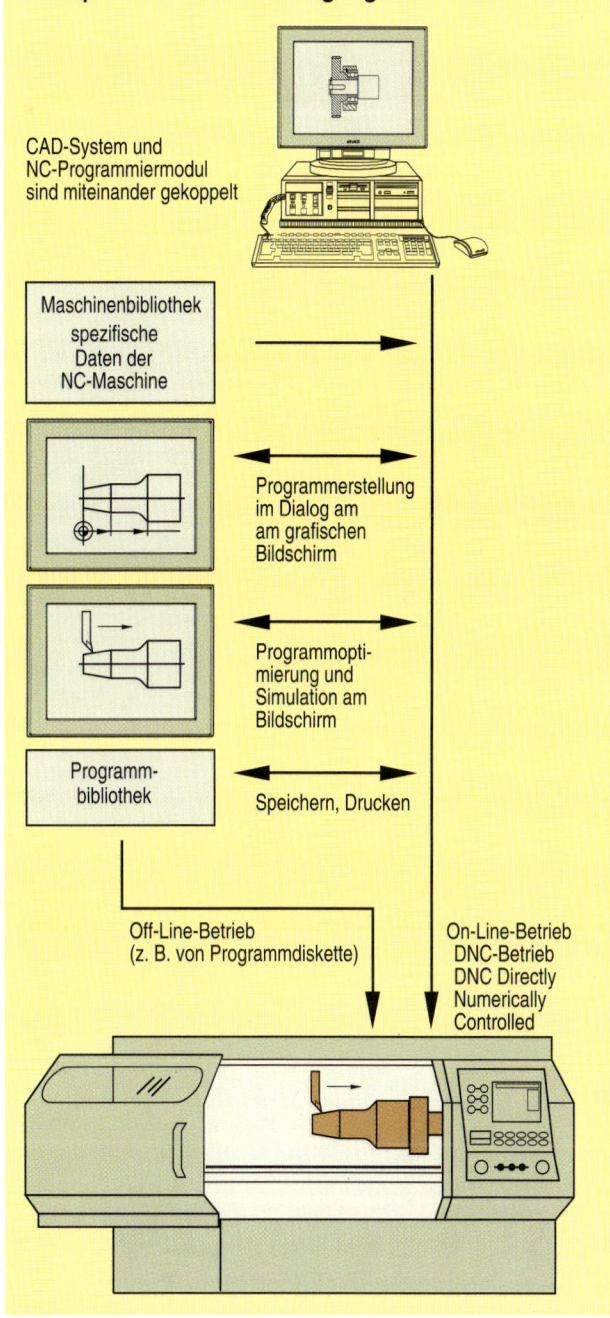

- CAD-System und NC-Programmiermodul sind miteinander gekoppelt
- Maschinenbibliothek spezifische Daten der NC-Maschine
- Programmerstellung im Dialog am am grafischen Bildschirm
- Programmoptimierung und Simulation am Bildschirm
- Programmbibliothek
- Speichern, Drucken
- Off-Line-Betrieb (z. B. von Programmdiskette)
- On-Line-Betrieb DNC-Betrieb DNC **D**irectly **N**umerically **C**ontrolled

CAD/CAM und CIM

In einer modernen Fertigung ist ein durchgängiger Informationsfluss von der Planung bis zur Auslieferung des Produkts von entscheidender Bedeutung. Um dies zu erreichen werden verschiedene computergestützte Techniken miteinander vernetzt. Dabei werden folgende Einzeltechniken unterschieden:

- **CAD** Computer Aided Desig (computergestütztes Zeichnen)
- **CAP** Computer Aided Planning (computergestütztes Planen, baut auf den CAD-Ergebnissen auf)
- **CAM** Computer Aided Manufacturing (Steuerung der Maschinen)
- **CAQ** Computer Aided Quality Assurance (Qualitätsüberwachung und Qualitätssicherung)

Die datentechnische Verknüpfung der vier Einzelbereiche CAD, CAP, CAM und CAQ ermöglicht eine Automatisierung der technischen Betriebsabläufe. Dieses Verbundsystem wird auch als CAD/CAM-System bezeichnet.
Soll der computergestützte Informationsfluss die betriebswirtschaftlichen Vorgänge mit einbeziehen, so müssen auch Terminplanung, Kapazitätsplanung, Materialwirtschaft und Stammdatenverwaltung berücksichtigt werden. Dieser Bereich heißt **PPS** (**P**roduktionsplanung und **P**roduktions**s**teuerung). Die datentechnische Verknüpfung aller Bereiche heißt **CIM** (**C**omputer **I**ntegrated **M**anufacturing).

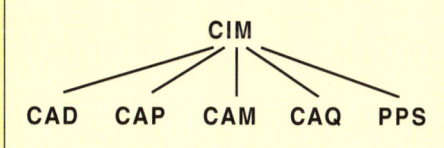

```
              CIM
    ┌─────┬────┼────┬─────┐
   CAD   CAP  CAM  CAQ   PPS
```

7.27 Ausgewählte Lösungen zu Kapitel 7

7.6.1 Bolzen
a) dimetrische Projektion (Maßstab 1:2)

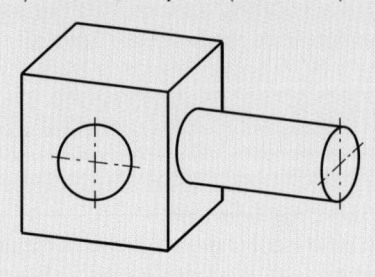

b) isometrische Projektion (Maßstab 1:2)

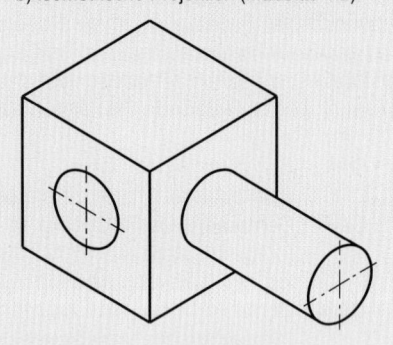

7.6.1 Körper in drei Ansichten

Lagerbock (M 1:2)

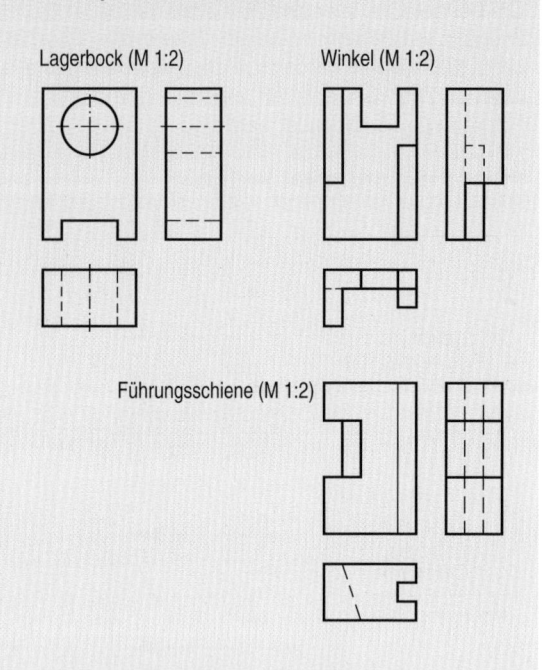

Winkel (M 1:2)

Führungsschiene (M 1:2)

7.6.2 Lagerbock
b) dimetrische Projektion (Maßstab 1:2)

7.9.1 Ventilgehäuse (Maßstab 1:2)

a) Darstellung in zwei Ansichten

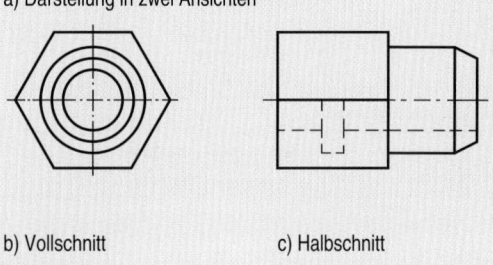

b) Vollschnitt

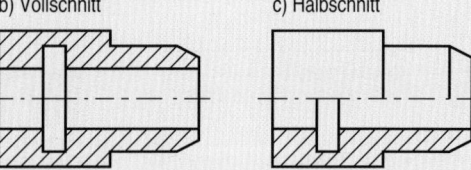

c) Halbschnitt

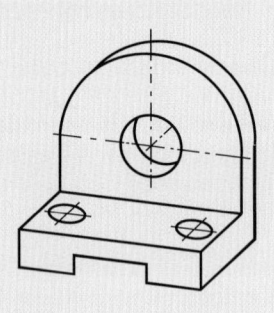

7.7.1 Darstellung in mehreren Ansichten
Formteil 1: SR, SL, V/D, Fehler, R
Formteil 2: Fehler, D, SR, V, Fehler
Formteil 3: Fehler, Fehler, Fehler, V, D
Formteil 4: D, Fehler, SL, Fehler, Fehler.

7.13.1 Passstück (Maßstab 1:2)

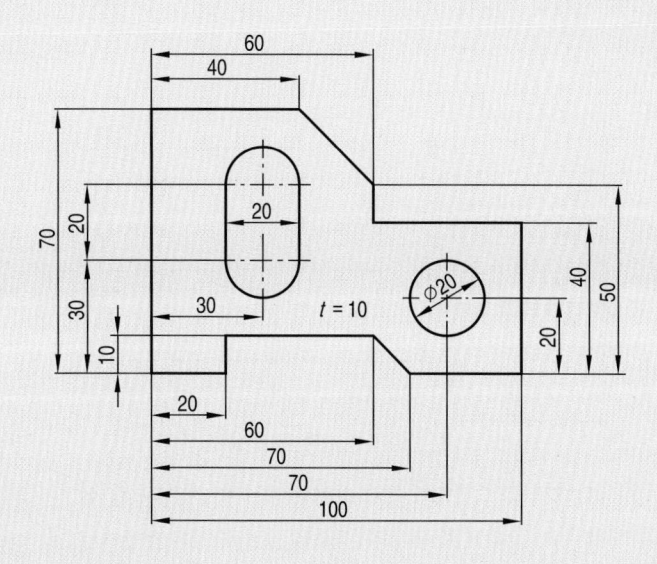

7.13.2 Befestigungswinkel (Maßstab 1:2)

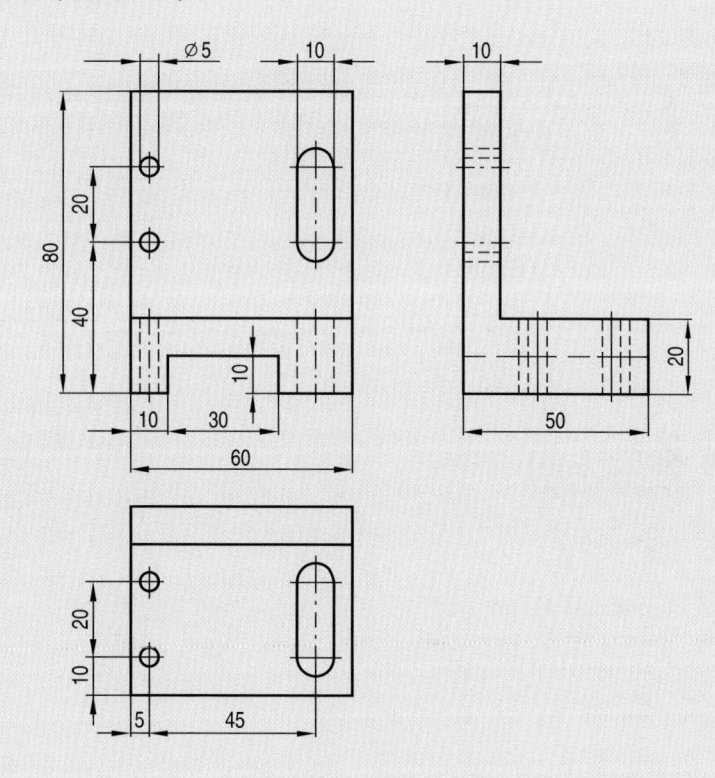

7.27 Ausgewählte Lösungen zu Kapitel 7

7.13.3 Übergangsbolzen (Maßstab 1:1)

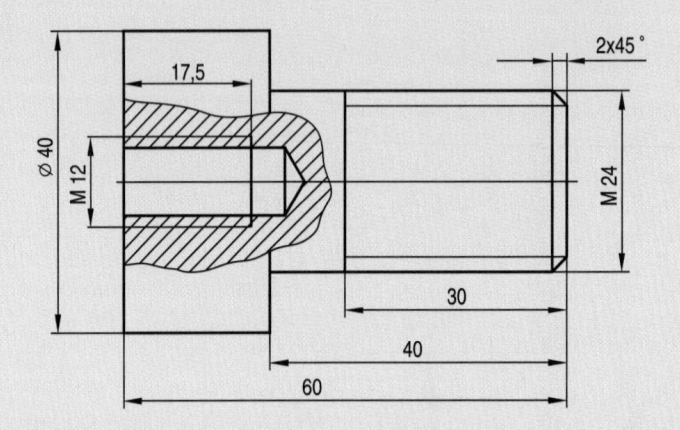

7.15.1 Passungen
a) Einheitsbohrung: die Bohrung wird mit H-Toleranz gefertigt, die Welle wird entsprechend der gewünschten Passung gefertigt.
Einheitswelle: die Welle wird mit h-Toleranz gefertigt, die Bohrung wird entsprechend der gewünschten Passung gefertigt.
b) Bei der **H-Toleranz** (Bohrung) ist das **untere Abmaß immer null**, das obere Abmaß liegt je nach Bohrungsdurchmesser und Toleranzgrad im Bereich von etwa 4 µm bis 400 µm.
Bei der **h-Toleranz** (Welle) ist das **obere Abmaß immer null**, das untere Abmaß liegt je nach Wellendurchmesser und Toleranzgrad im Bereich von etwa −4 µm bis −400 µm.
c) Siehe Seite 260.
d) Bohrung und Welle haben den Nenndurchmesser 25 mm und sind nach System Einheitsbohrung (H7) zusammengefügt.
Die Bohrung hat die zulässigen Abmaße: 0 µm und +21 µm, die Welle hat die zulässigen Abmaße −4 µm und +9 µm.
Daraus ergibt sich eine Übergangspassung.

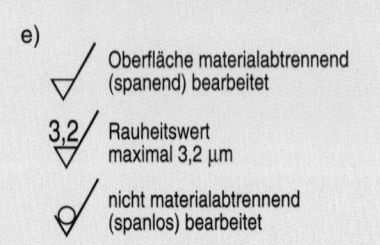

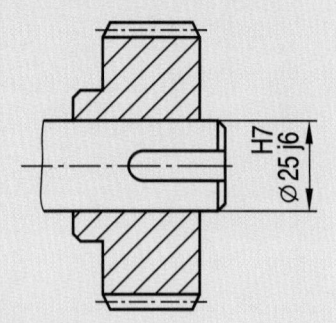

e)
∇ Oberfläche materialabtrennend (spanend) bearbeitet

3,2/∇ Rauheitswert maximal 3,2 µm

∇ nicht materialabtrennend (spanlos) bearbeitet

8 Gebäudeinstallation

8.1	Installationsschaltungen I	290
8.2	Installationsschaltungen II	292
8.3	Installationsschaltungen III	294
8.4	Stromstoß- und Zeitschaltungen	296
8.5	Ruf- und Sprechanlagen	298
8.6	Gefahrenmeldeanlagen	300
8.7	Telekommunikation I	302
8.8	Telekommunikation II	304
8.9	Antennenanlagen I	306
8.10	Antennenanlagen II	308
8.11	Antennenanlagen III	310
8.12	Gebäudesystemtechnik	312
8.13	EIB, Sensoren und Aktoren	314
8.14	EIB, Informationsübertragung	316
8.15	EIB, Projektierung und Inbetriebnahme	318
8.16	Powerline, Funkbus, Lonworks	320
8.17	Ausgewählte Lösungen zu Kapitel 8	322

8.1 Installationsschaltungen I

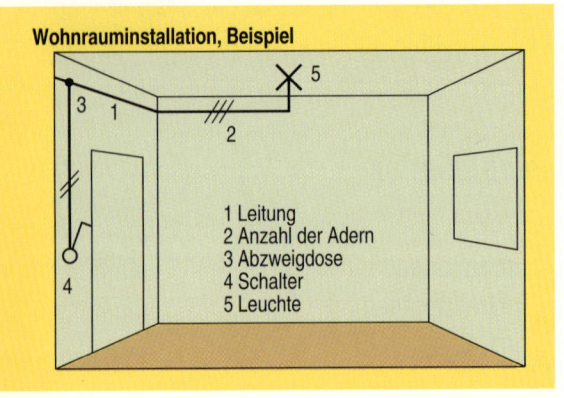

Wohnrauminstallation, Beispiel

1 Leitung
2 Anzahl der Adern
3 Abzweigdose
4 Schalter
5 Leuchte

Stromlaufplan

zusammenhängende Darstellung

aufgelöste Darstellung

Lampendraht zum Fußkontakt der Lampe

Übersichtsschaltplan

Installationsschaltplan

Maßstab M 1:100

Übersicht
Bei den klassischen Installationsschaltungen handelt es sich vor allem um Licht- und Steckdosenkreise. Dabei werden Leuchten von einer oder mehreren Stellen geschaltet und elektrische Geräte mit Energie versorgt.
Die wichtigsten Möglichkeiten zum Schalten von Leuchten sind die Ausschaltung, sowie die Serien-, Gruppen-, Wechsel- und Kreuzschaltung.
Bei den Steckdosenkreisen müssen außer den üblichen Anschlüssen für einphasigen Wechselstrom auch Drehstromanschlüsse zur Versorgung von Herden und Maschinen berücksichtigt werden.

Ausschaltung
Die einfachste Möglichkeit, eine Leuchte oder ein anderes Betriebsmittel zu bedienen, bietet die Ausschaltung.
Mit einer Ausschaltung wird ein Betriebsmittel (z. B. Leuchte) von einer Schaltstelle ein- bzw. ausgeschaltet. Dabei ist wichtig, dass der Außenleiter über den Schalter geführt wird (DIN VDE 0100). Dadurch wird verhindert, dass im ausgeschalteten Zustand Spannung am Betriebsmittel anliegt.
Die Darstellung erfolgt meist als Stromlaufplan in zusammenhängender Darstellung. In dieser Darstellung ist sowohl die Wirkungsweise als auch die ungefähre räumliche Anordnung erkennbar.
Der Stromlaufplan in aufgelöster Darstellung hingegen zeigt die Strompfade und damit die Funktion. Die räumliche Anordnung der Schaltung ist nicht erkennbar.

Übersichts- und Installationsschaltplan
Für die Planung einer Installation ist die genaue Funktion der Schaltung zunächst weniger wichtig, bzw. der Installateur kennt die Wirkungsweise der Schaltung „automatisch".
Wichtiger ist zunächst die grundsätzliche Aufgabe der Schaltung sowie die Auswahl der erforderlichen Betriebsmittel. Dazu gehören Leitungen, Schalter, Steckdosen, Abzweigdosen und Leuchten. Zu diesem Zweck wird die Schaltung als Übersichtsplan dargestellt.
Der Übersichtsplan ist eine einpolige Darstellung der Schaltung. In ihm werden die Leitungen einschließlich Aderzahl, Steckdosen, Schalter und Leuchten eingezeichnet. Die Leitungsführung entspricht ungefähr der tatsächlichen Anordnung.
Wird der Übersichtsschaltplan in eine maßstabgetreue Bauzeichnung eingetragen, dann entsteht der Installationsschaltplan. Aus ihm kann die Lage der Betriebsmittel sowie die erforderliche Leitungslänge bestimmt werden. Die genaue Wirkungsweise der Schaltung ist hingegen nicht direkt ersichtlich.

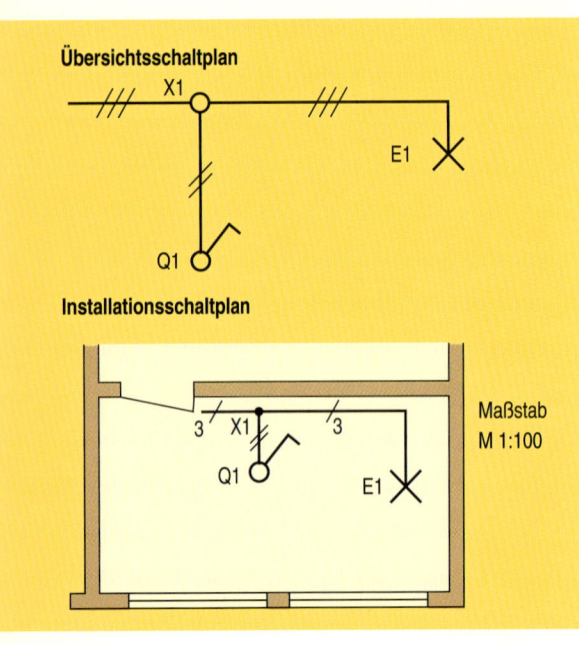

Vertiefung zu 8.1

Schaltzeichen
Schaltpläne müssen allgemein verständlich sein, die Schaltzeichen sind deshalb genormt. Zu beachten ist, dass für Stromlaufpläne und Übersichtsschaltpläne teilweise unterschiedliche Schaltzeichen verwendet werden.

Schaltzeichen für Stromlaufpläne
(mehrpolige Darstellung)

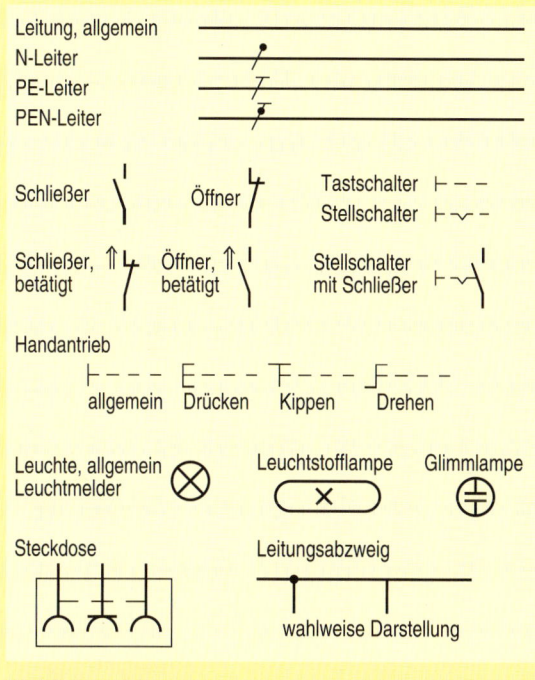

- Leitung, allgemein
- N-Leiter
- PE-Leiter
- PEN-Leiter

- Schließer
- Öffner
- Tastschalter
- Stellschalter

- Schließer, betätigt
- Öffner, betätigt
- Stellschalter mit Schließer

- Handantrieb: allgemein, Drücken, Kippen, Drehen

- Leuchte, allgemein / Leuchtmelder
- Leuchtstofflampe
- Glimmlampe

- Steckdose
- Leitungsabzweig (wahlweise Darstellung)

Schaltzeichen für Übersichtsschaltpläne
(einpolige Darstellung)

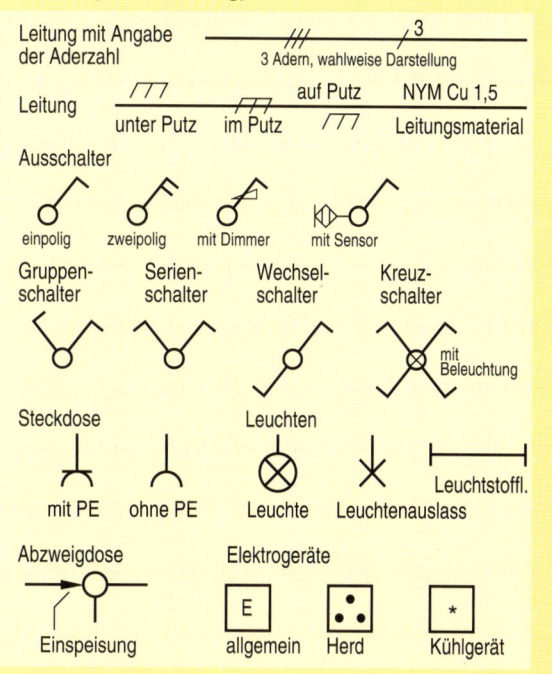

- Leitung mit Angabe der Aderzahl (3 Adern, wahlweise Darstellung)
- Leitung: unter Putz, im Putz, auf Putz, Leitungsmaterial NYM Cu 1,5

- Ausschalter: einpolig, zweipolig, mit Dimmer, mit Sensor
- Gruppenschalter, Serienschalter, Wechselschalter, Kreuzschalter (mit Beleuchtung)

- Steckdose: mit PE, ohne PE
- Leuchten: Leuchte, Leuchtenauslass, Leuchtstoffl.

- Abzweigdose / Einspeisung
- Elektrogeräte: allgemein (E), Herd, Kühlgerät (*)

Meldeleuchten
Schalter in Installationsschaltungen enthalten häufig eine Glimmlampe oder eine kleine Glühlampe. Sie können zur Schalterbeleuchtung oder zur Anzeige des Betriebszustandes eingesetzt werden. Danach unterscheidet man:

- **Schalterbeleuchtung**
  Bei der Schalterbeleuchtung (Orientierungsbeleuchtung) liegt die Lampe parallel zum Schaltkontakt; die Lampe leuchtet bei ausgeschaltetem Schalter.

- **Betriebszustandsanzeige**
  Zur Anzeige des Betriebszustandes (Kontrollbeleuchtung) wird die Kontrollleuchte zwischen den Fußpunkt des Schalters und den N-Leiter geschaltet; die Lampe leuchtet bei eingeschaltetem Schalter.

Eine Schalterbeleuchtung ist z.B. in Bereitschafts-Sanitär- und Pausenräumen sowie entlang von Verkehr- und Fluchtwegen vorgeschrieben.
Eine Kontrollbeleuchtung ist z.B. in Öl- und Gasfeuerungsanlagen erforderlich, damit der Betriebszustand jederzeit erkennbar ist.

Orientierungsbeleuchtung
L1 — zur Lampe E1, Q1, H1

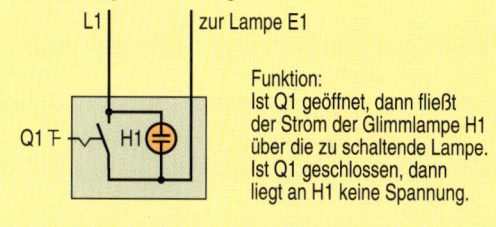

Funktion:
Ist Q1 geöffnet, dann fließt der Strom der Glimmlampe H1 über die zu schaltende Lampe. Ist Q1 geschlossen, dann liegt an H1 keine Spannung.

Kontrollbeleuchtung
L1, N — zur Lampe E1, Q1, H1

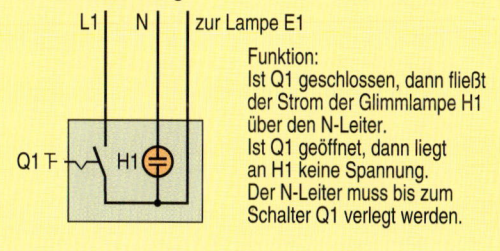

Funktion:
Ist Q1 geschlossen, dann fließt der Strom der Glimmlampe H1 über den N-Leiter.
Ist Q1 geöffnet, dann liegt an H1 keine Spannung.
Der N-Leiter muss bis zum Schalter Q1 verlegt werden.

8.2 Installationsschaltungen II

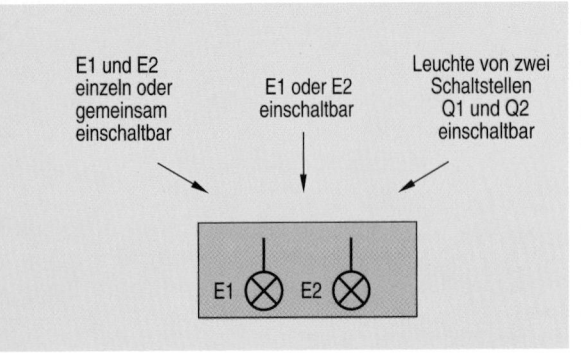

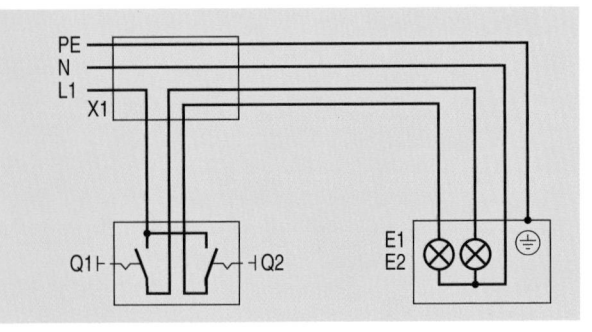

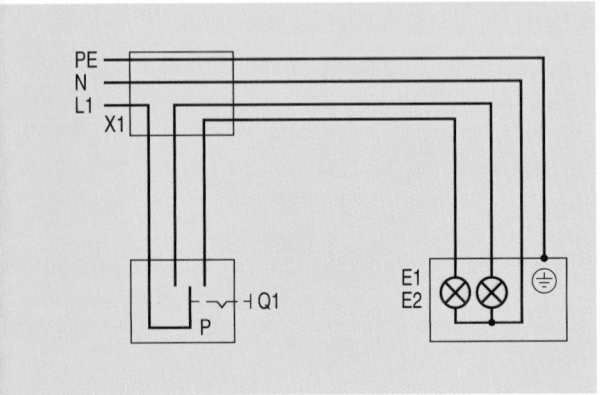

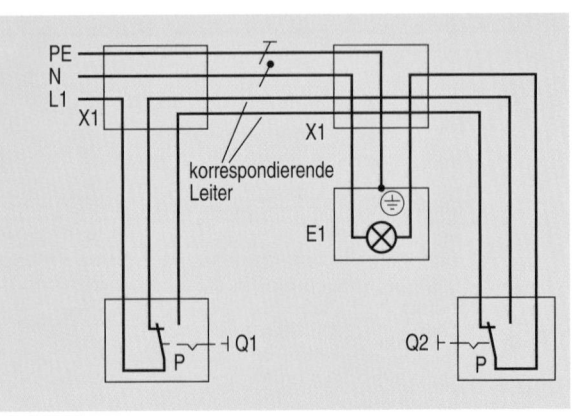

Schaltprobleme

Außer dem einfachen Ein- und Auschalten einer Lampe (Ausschaltung) treten in der Praxis folgende Schaltprobleme auf:
- zwei elektrische Betriebsmittel, z.B. zwei Leuchtengruppen sollen unabhängig voneinander geschaltet werden
- zwei elektrische Betriebsmittel sollen so geschaltet werden, dass entweder das eine oder das andere in Betrieb ist
- ein Betriebsmittel soll von zwei oder mehr Schaltstellen ein- und ausgeschaltet werde.

Serienschaltung

Die Serienschaltung wird dort eingesetzt, wo zwei Leuchten, zwei Leuchtengruppen, die beiden Stromkreise einer Leuchte oder allgemein zwei Betriebsmittel getrennt und unabhängig voneinander von einer Schaltstelle aus schaltbar sein sollen.

Serienschalter bestehen aus zwei voneinander unabhängigen Schließern in einem gemeinsamen Gehäuse. Beide Schließer haben einen gemeinsamen Anschluss, der am Schalter mit P (Pol), mit einem Pfeil oder durch Farbe gekennzeichnet ist.

Gruppenschaltung

Die Gruppenschaltung wird dort eingesetzt, wo zwei Betriebsmittel alternativ geschaltet werden sollen, d. h. wo nur das eine oder das andere Betriebsmittel eingeschaltet sein soll. Die Gruppenschaltung wird z. B. zum Schalten von Leuchten eingesetzt.

Ein wichtiges Einsatzgebiet ist aber auch das Schalten von Motoren zum Antrieb von Rollladen und Garagentoren. Hier kann entweder die eine **oder** die andere Drehrichtung eingeschaltet werden.

Gruppenschalter haben drei Schaltstellungen. Sie sind im Handel als Dreh- oder als Wippschalter mit zwei gegenseitig verriegelten Schaltwippen erhältlich. Bei manchen Fabrikaten kann die Verriegelung entfernt werden.

Wechselschaltung

Die Wechselschaltung wird eingesetzt, wenn eine Leuchte von zwei Betätigungsstellen wahlweise ein- oder ausgeschaltet werden soll.

Wechselschalter enthalten einen Wechselkontakt. Der gemeinsame Kontakt (Eingangsklemme) ist durch einen Pfeil oder durch ein P (Pol) gekennzeichnet.

Die Eingangsklemme des einen Wechselschalters führt zum spannungsführenden Leiter (L1), die Eingangsklemme des anderen Schalters führt zum Fußkontakt der zu schaltenden Lampe.

Die beiden anderen Klemmen des Wechslers sind nicht bezeichnet. Hier werden die „korrespondierenden" Leiter zwischen den beiden Schaltern angeschlossen.

Vertiefung zu 8.2

Wechselschaltung, Funktionsanalyse

Bei der Wechselschaltung bewirkt jede Änderung eines Schalterzustandes eine Änderung des Betriebszustand der Leuchte.

In der nebenstehenden Funktionstabelle sind alle vier möglichen Kombinationen von Schaltzuständen und die daraus resultierenden Betriebszustände der Leuchte dargestellt.

Dabei bedeuten:

- **0** Schalter nicht betätigt bzw. Leuchte AUS
- **1** Schalter betätigt bzw. Leuchte EIN

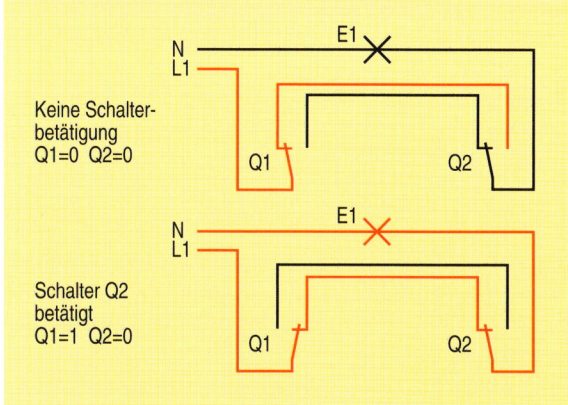

Funktionstabelle

Schalter Q1	Schalter Q2	Leuchte E1
0	0	0
0	1	1
1	0	1
1	1	0

Zeile 1 besagt: ist Schalter Q1 nicht betätigt und Schalter Q2 nicht betätigt, so ist Leuchte E1 AUS

Zeile 2 besagt: ist Schalter Q1 nicht betätigt und Schalter Q2 betätigt, so ist Leuchte E1 EIN.

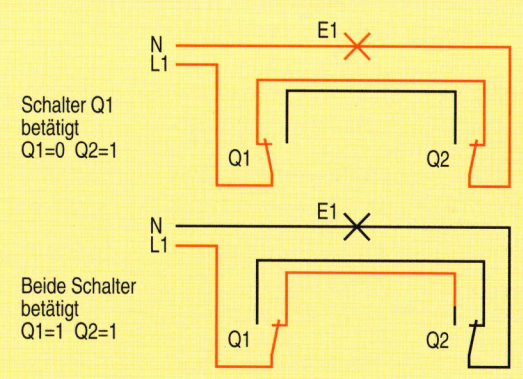

Keine Schalterbetätigung
Q1=0 Q2=0

Schalter Q1 betätigt
Q1=0 Q2=1

Schalter Q2 betätigt
Q1=1 Q2=0

Beide Schalter betätigt
Q1=1 Q2=1

Wechselschaltung mit Steckdose

In einem Wohnzimmer soll eine Leuchte von zwei Stellen entsprechend dem nebenstehenden Übersichtsschaltplan geschaltet werden können.

Zu der Schaltung ist der Stromlaufplan in zusammenhängender Darstellung zu zeichnen.

Die beiden korrespondierenden Leiter sind farbig zu kennzeichnen.

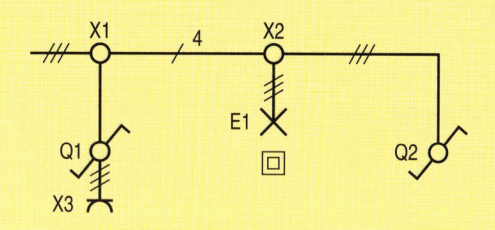

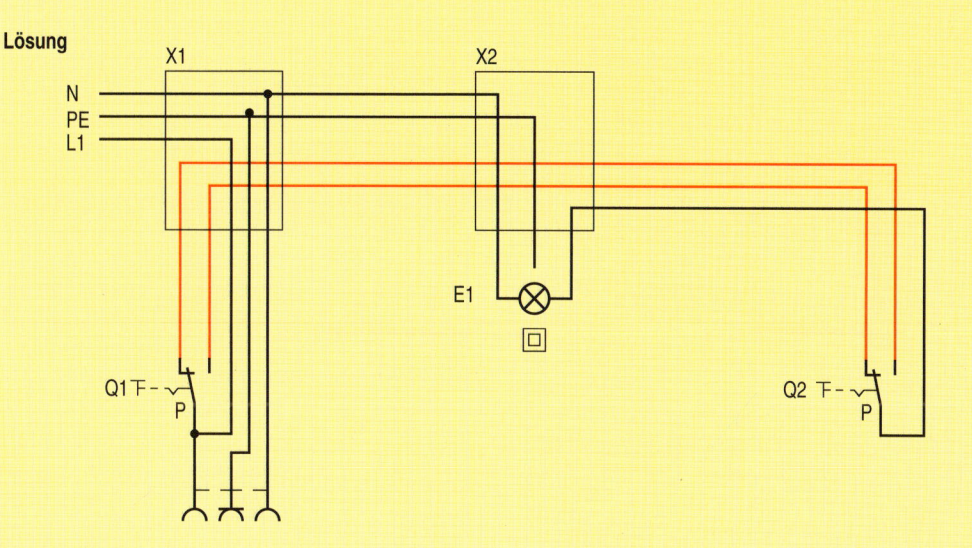

Lösung

8.3 Installationsschaltungen III

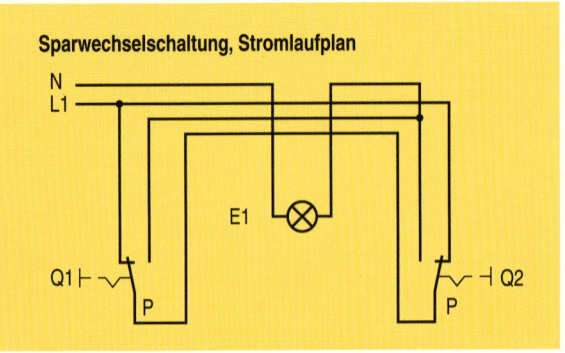

Sparwechselschaltung, Stromlaufplan

Sparwechselschaltung

Bei der Wechselschaltung ist es üblich, dass der Pol (P) des einen Schalters mit L1, der Pol des anderen Schalters mit der Lampe und die Schalter untereinander durch die „Korrespondierenden" verbunden sind.

Eine Variante dieser Schaltung besteht darin, dass die Polklemmen beider Schalter miteinander verbunden sind. Da bei der Installation einer Steckdose unter den zweiten Schalter gegenüber der Normalschaltung ein Leiter eingespart wird, heißt die Schaltung „Sparschaltung". Nachteilig ist, dass die Schaltung nicht auf drei Betätigungsstellen ausgebaut werden kann.

Übersichtsschaltplan

Stromlaufplan

Kreuzschaltung

Mit einer Kreuzschaltung kann eine Leuchte von drei oder mehr Schaltstellen aus beliebig ein- und ausgeschaltet werden. Für eine Kreuzschaltung benötigt man zwei Wechselschalter und mindestens einen Kreuzschalter.

Kreuzschalter haben vier Anschlüsse. Zwei davon sind mit P (Pol), einem Pfeil oder Farbe gekennzeichnet. Schaltungstechnisch ist der Kreuzschalter ein zweipoliger Wechselschalter mit internen, überkreuzten Verbindungen zwischen den Schaltkontakten. Ein Kreuzschalter kann prinzipiell auch als Wechselschalter eingesetzt werden.

Die Kreuzschaltung ist eine Erweiterung der normalen Wechselschaltung. Die „korrespondierenden Leiter" zwischen den Wechselschaltern können von einem oder mehreren Kreuzschaltern unterbrochen werden. Eine Kreuzschaltung lässt sich im Prinzip auf beliebig viele Schaltstellen erweitern.

Eine Sparwechselschalter kann nicht zu einer Kreuzschaltung erweitert werden.

Da Kreuzschaltungen einen hohen Schaltungsaufwand erfordern, werden bei mehr als drei Schaltstellen Stromstoßschalter bevorzugt. Bei sehr umfangreichen Schaltung kann auch die Installation eines EI-Bus wirtschaftlich sein.

Kreuzschaltung mit Orientierungsbeleuchtung

Orientierungsbeleuchtung

Wie bei einfachen Ausschaltungen können auch bei Wechsel- und Kreuzschaltungen die Schalter mit einer Orientierungsbeleuchtung ausgestattet werden. In jedem Schalter wird dazu eine Glimmlampe zwischen die beiden „Korrespondierenden" geschaltet.

Die nebenstehende Schaltung zeigt den Stromlaufplan einer Kreuzschaltung mit drei Schaltern und drei Leuchtmeldern.

Ist die Leuchte E1 ausgeschaltet, dann liegen alle drei Leuchtmelder parallel an Spannung, ist die Leuchte E1 eingeschaltet, dann liegt keine Spannung an den Leuchtmeldern.

Vertiefung zu 8.3

Aufgaben

8.3.1 Schaltzeichen und Schaltpläne
a) Benennen Sie die Bedeutung der folgenden Schaltzeichen:

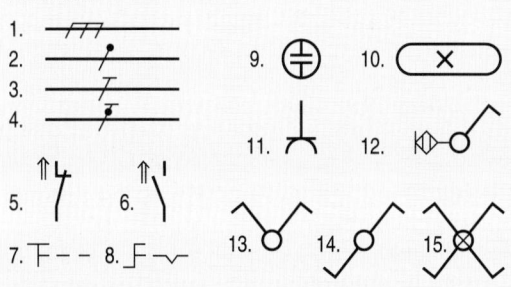

1.
2.
3.
4.
5.
6.
7.
8.
9.
10.
11.
12.
13.
14.
15.

b) Worin unterscheiden sich Installationsplan, Installationsschaltplan und Übersichtsschaltplan?

8.3.2 Übersichtsschaltplan
Gegeben ist der folgende unvollständige Übersichtsschaltplan:

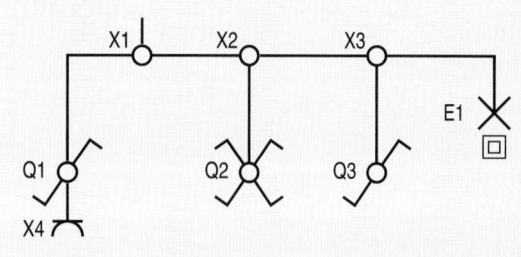

a) Ergänzen Sie die fehlenden Leiterangaben.
b) Zeichnen Sie zu dem Übersichtsschaltplan den Stromlaufplan in zusammenhängender Darstellung.

8.3.3 Wohnküche
Die nebenstehende Skizze zeigt den Installationsplan einer Wohnküche. Dabei soll die Leuchte E1 von zwei Stellen aus schaltbar sein.
a) Zeichnen Sie den vollständigen Übersichtsschaltplan.
b) Zeichnen Sie den Stromlaufplan in zusammenhängender Darstellung.

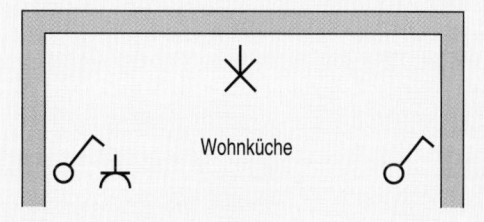

8.3.4 Hauswirtschaftsraum
Die Beleuchtung und die Steckdosen in einem Hauswirtschaftsraum sind nach folgendem Plan installiert. Der Schalter Q1 hat eine Kontrollleuchte und dient zum Schalten der Doppelsteckdose X1. Die Schalter Q2 und Q3 schalten die Raumbeleuchtung E1.
Die angegebene Leiterzahl darf nicht überschritten werden.

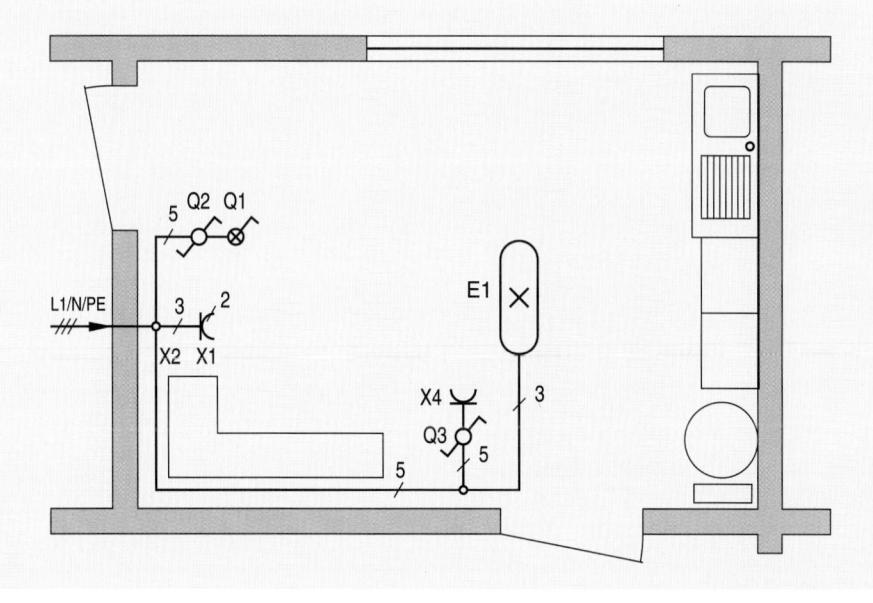

8.4 Stromstoß- und Zeitschaltungen

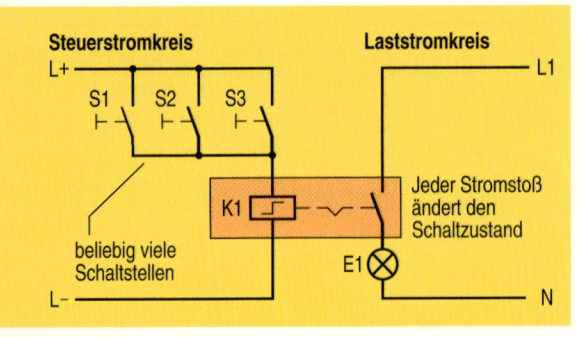

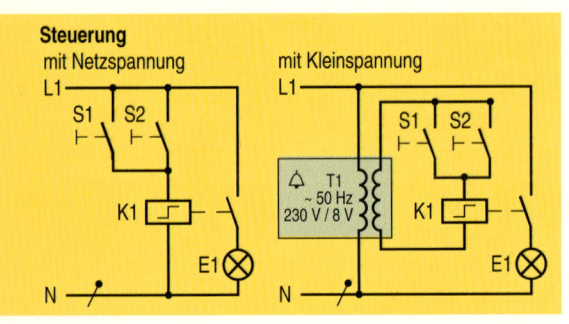

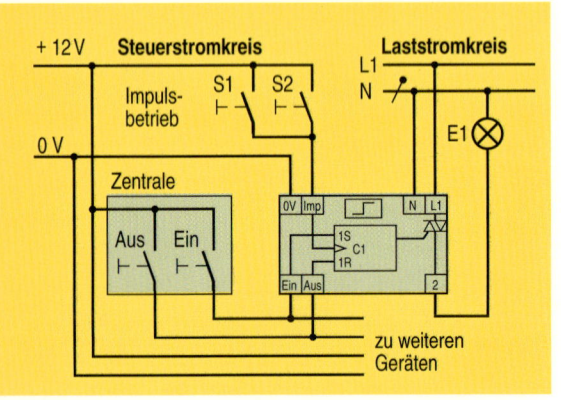

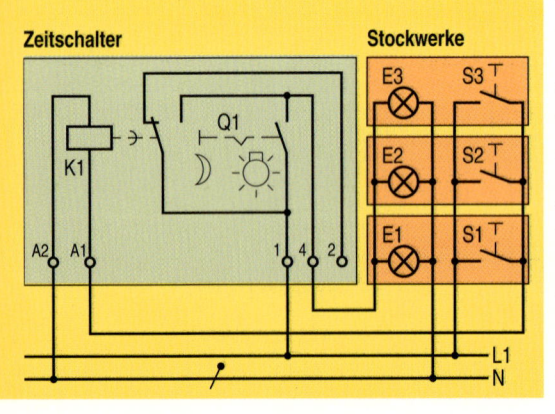

Stromstoßschaltungen

Eine Stromstoßschaltung enthält immer einen Steuer- und einen Hauptstromkreis (Arbeitskreis). Beide Stromkreise sind elektrisch voneinander getrennt.

Mit Stromstoßschaltungen kann ein Betriebsmittel (z.B. eine Leuchte) von beliebig vielen Schaltstellen mit vergleichsweise geringem Verdrahtungsaufwand bedient werden. Stromstoßschaltungen bieten deshalb einen guten Ersatz für aufwändige Kreuzschaltungen.

Man unterscheidet elektromechanische und elektronische Stromstoßschalter.

Elektromechanische Schalter

Elektromechanische Stromstoßschalter gehören zur Gruppe der Schütze und Relais. Bei jeder kurzzeitigen Betätigung des Steuertasters erfolgt ein Steuerimpuls („Stromstoß"), der den Schaltzustand (Ein, Aus) des Hauptstromkreises ändert. Als Steuerspannung kann Kleinspannung oder Netzspannung (230 V) eingesetzt werden.

Stromstoßschalter werden in Abzweigdosen in der Nähe der Verbraucher oder im Zählerschrank oder Unterverteiler auf Normschienen installiert.

Elektronische Schalter

Elektronische Stromstoßschalter haben im Prinzip die gleiche Funktion wie elektromechanische Schalter: bei jedem Steuerimpuls ändert sich der Schaltzustand des Hauptstromkreises.

Zusätzlich haben sie aber meist zwei Eingänge für ein definiertes Ein- bzw. Ausschalten des Hauptstromkreises. Auf diese Weise können die Verbraucher von einer Zentrale aus (z. B. vom Hausmeister) ein- und ausgeschaltet werden.

Die Steuereingänge „Zentral Ein" bzw. „Zentral Aus" aller Stromstoßschalter einer Anlage können miteinander verbunden werden. Damit lassen sich alle Hauptstromkreise zentral ein- und ausschalten.

Treppenhaus-Zeitschaltung

Mit einer Treppenhaus-Zeitschaltung kann eine Beleuchtungsanlage (Treppenhaus, Hofeinfahrt usw.) durch Betätigen eines Tasters für eine definierte Zeit eingeschaltet werden. Nach Ablauf der Zeit schaltet die Anlage automatisch aus.

Der Schaltplan zeigt eine Zeitschaltung in „Vierleiterschaltung". Beim Betätigen von S1 (oder S2, S3) schaltet das Zeitrelais K1T die Beleuchtung (E1 bis E3) ein. Da K1T abfallverzögert ist, schaltet es nach Öffnen von S1 nach der eingestellten Verzögerungszeit ab.

Mit dem Stellschalter Q1 kann die Anlage nach Bedarf auf Dauerlicht oder auf Zeitbetrieb (Nachtbetrieb) eingestellt werden.

Vertiefung zu 8.4

Mehrfache Stromstoßschaltung
Der nebenstehende Übersichtsschaltplan zeigt eine Beleuchtungsanlage mit zwei Leuchten E1 und E2, die Leuchten sind schutzisoliert.
Leuchte E1 soll durch die Taster S1 und S2, Leuchte E2 durch die Taster S3 und S4 betätigt werden.
Unter den Tastern wird jeweils eine Steckdose mit Schutzkontakt installiert.
Für die Anlage soll der Stromlaufplan in zusammenhängender Darstellung gezeichnet werden.

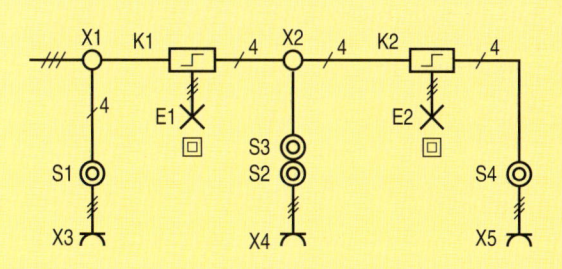

Lösung

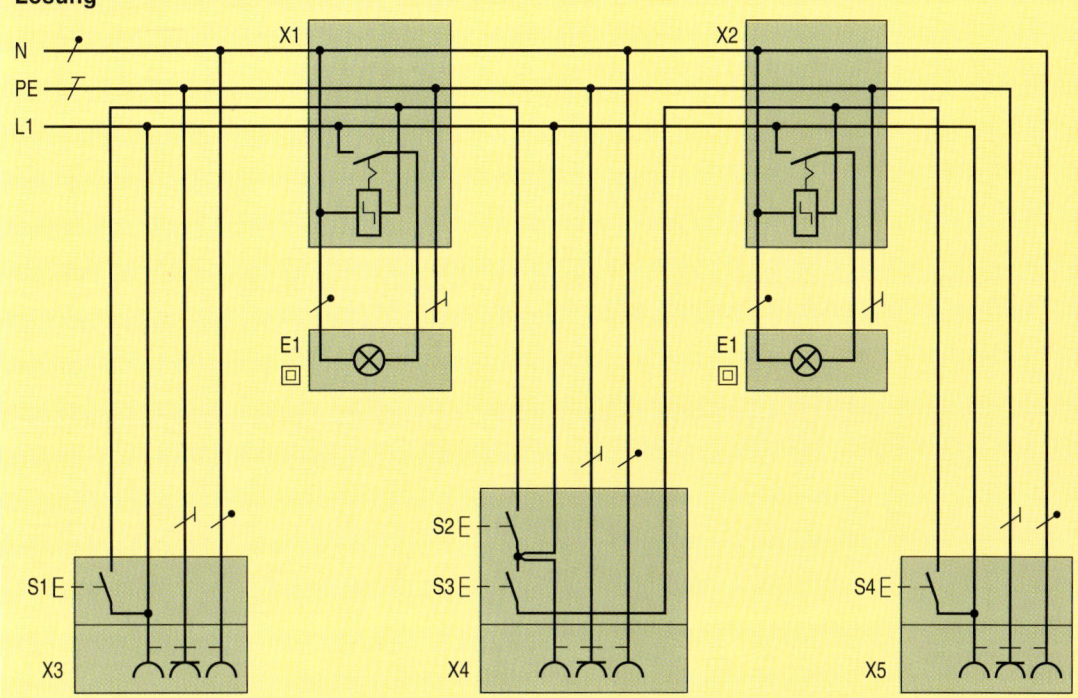

Zeitrelais
Für Zeitschaltungen benötigt man Relais, die mit einer einstellbaren Zeitverzögerung auf das Schaltsignal reagieren. Dabei unterscheidet man Relais mit Ansprech- und mit Rückfallverzögerung.
Bei **ansprechverzögerten** Relais reagieren die Kontakte erst eine gewisse Zeit nach dem Einschalten des Relais,
bei **rückfallverzögerten** Relais bleiben die Kontakte noch eine gewisse Zeit nach dem Abschalten in ihrer Schaltstellung.
Multifunktionsrelais haben eine jeweils einstellbare Ansprech- und Rückfallverzögerung und zusätzliche Funktionen wie Blinken sowie Einschalt- und Ausschaltwischimpuls.

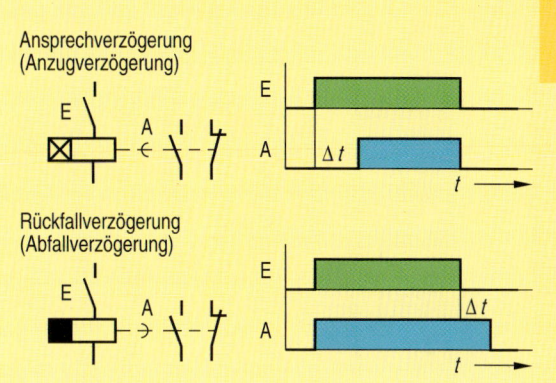

Ansprechverzögerung (Anzugverzögerung)

Rückfallverzögerung (Abfallverzögerung)

© Holland + Josenhans

8.5 Ruf- und Sprechanlagen

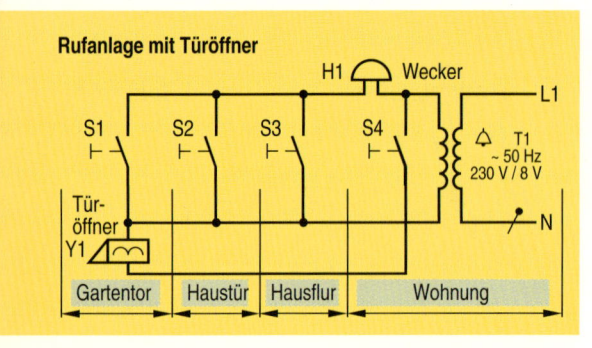

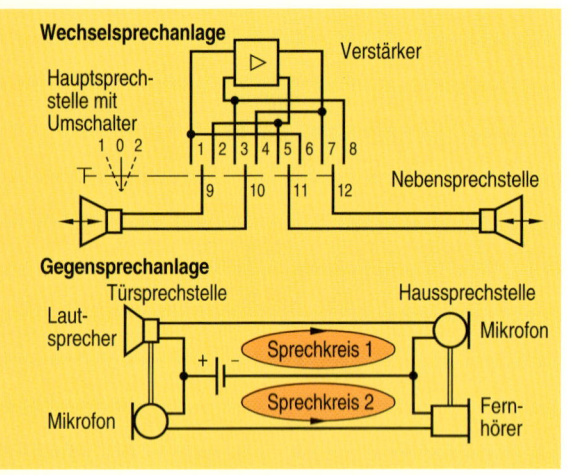

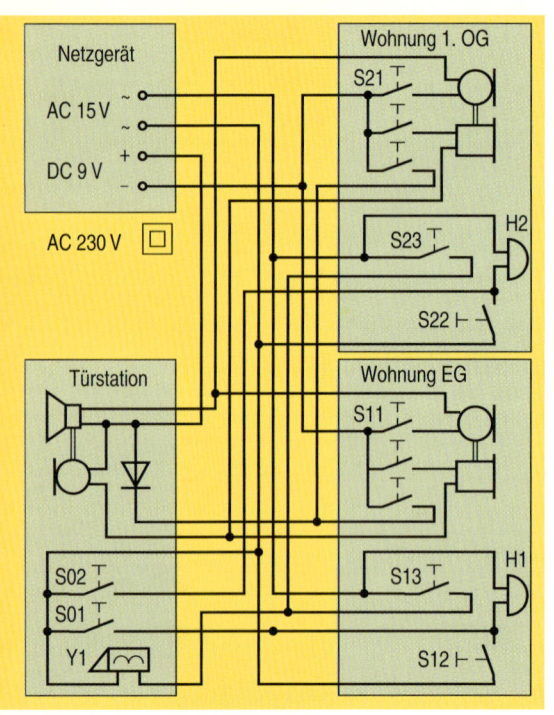

Hausrufanlagen

Mit einer Rufanlage kann sich ein Besucher durch ein Signal in einer Wohnung bemerkbar machen.
Die Betätigungsstellen zum Auslösen des Klingel- bzw. Weckersignals befinden sich z. B. am Gartentor, an der Haustür und an der Wohnungstür.
Die einfachste Anlage besteht aus der Reihenschaltung von Spannungsquelle, Taster und Wecker. Bei mehreren Rufstellen sind die Taster parallel geschaltet.
Üblicherweise enthalten Hausrufanlagen einen Türöffner, der von der Wohnung aus bedient wird.

Wechsel- und Gegensprechanlagen

Wechselsprechanlagen sind einfache Anlagen, mit denen die beiden Teilnehmer abwechselnd sprechen und hören können. Mit einem Umschalter kann in der Hauptsprechstelle bestimmt werden, welcher Teilnehmer sprechen bzw. hören kann. Der Lautsprecher dient gleichzeitig auch als Mikrofon. Die vom Mikrofon kommenden Signale werden durch einen Verstärker auf den notwendigen Pegel verstärkt.

Gegensprechanlagen bestehen aus zwei getrennten Sprechkreisen. Sie erlauben das gleichzeitige Sprechen und Hören zwischen zwei (oder mehr) Teilnehmern.
Für eine Gegensprechanlage benötigt man zwei Mikrofone und zwei Fernhörer bzw. Lautsprecher, sowie eine Gleichstromversorgung.
Die Skizze zeigt eine einfache Gegensprechanlage.

Haussprechanlagen

Haussprechanlagen sind Gegensprechanlagen zwischen einer Türstation und einer oder mehreren Hausstationen. An der Türstation ist zusätzlich ein Türöffner eingebaut, in den Hausstationen jeweils ein Wecker zum Rufen des Teilnehmers.
Die Anlage benötigt ein eigenes Netzgerät. Die Sprechkreise werden mit Gleichspannung (z.B. 9 V), Wecker und Türöffner mit Wechselspannung (z.B. 15 V) versorgt.
Im nebenstehenden Beispiel sind:
S01, S02   Ruftaster (an der Haustür)
S11, S21   Gabelumschalter (GU, Kontakt schließt beim Abheben des Telefonhörers))
S12, S22   Ruftaster (an Wohnungstür)
S13, S23   Taster für Türöffner
Y1   Türöffner
V1   Sprechleuchte

In dieser einfachen Schaltungsausführung kann jedes Gespräch an der anderen Hausstation mitgehört werden. Durch ein zusätzliches „Diodenmodul" in jeder Hausstation kann dieser Nachteil vermieden werden.
Die Hausstation kann durch Bewegungsmelder, z.B. zum Einschalten der Hofbeleuchtung, sowie durch eine Videokamera erweitert werden.

Vertiefung zu 8.5

Mikrofone und Lautsprecher

In Sprechanlagen müssen akustische Signale (Schalldruckänderungen) durch elektroakustische Wandler in elektrische Signale umgewandelt werden.
Diese Wandler werden als Mikrofone bezeichnet. Sie können nach verschiedenen physikalischen Prinzipien arbeiten:

- Beim **Tauchspulenmikrofon** wird durch den Schalldruck eine Spule, die an einer Membran befestigt ist, in einem Dauermagnetfeld bewegt. In der Spule wird entsprechend der Bewegung Spannung induziert.
- Beim **Bändchenmikrofon** wird durch den Schalldruck ein nahezu trägheitsloses Bändchen in einem Magnetfeld bewegt; im Bändchen wird dadurch Spannung induziert.
- Beim **Kondensatormikrofon** wird durch den Schalldruck der Abstand zwischen zwei an Spannung liegenden Metallplatten (geladener Kondensator) geändert. Die Kapazitätsänderung kann als Spannung abgenommen werden.
- Das **Elektretmikrofon** ähnelt dem Aufbau nach einem Kondensatormikrofon, als Membranmaterial wird aber speziell behandelte Kunststofffolie (Elektret) eingesetzt. Dieses Elektret hat ohne äußere Spannung ein elektrisches Feld und stellt das Gegenstück zum Dauermagnet dar, der ohne äußeren Strom ein magnetisches Feld hat.
- Das **Kristallmikrofon** nutzt den Piezoeffekt von Kristallen (Turmalin, Quarz) aus. Der Schalldruck verformt dabei einen Kristall, die entstehende Spannung ist proportional zur Schalldruckänderung.

Die verschiedenen Mikrofontypen sind sehr unterschiedlich hinsichtlich Wiedergabequalität und Preis und haben damit unterschiedliche Einsatzgebiete. Für hochwertige Studioaufnahmen eignen sich z. B. die teuren Bändchenmikrofone, für den Alltagsgebrauch in Bandgeräten, Mobiltelefonen und Sprechanlagen sind die robusten und preisgünstigen Elektretmikrofone geeignet.
Bei allen Mikrofonen liegt die Signalspannung im Millivoltbereich und muss deshalb üblicherweise durch Verstärker auf höhere Werte verstärkt werden.

Elektretmikrofon, Prinzip

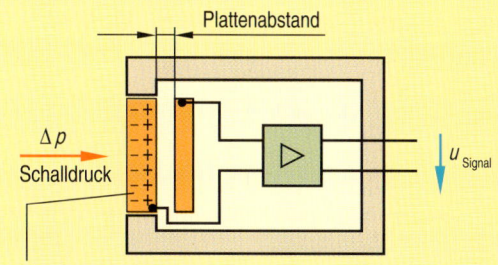

Membran aus Elektret
(dauerpolarisierte Kunststofffolie = konstante Ladung Q)
Der Schalldruck verändert den Plattenabstand und damit die Kapazität C. Wegen $Q = C \cdot U$ entsteht eine Spannung U.

Lautsprecher wandeln elektrische Signale in Schalldruckänderungen. Für diese Wandler können im Prinzip die gleichen physikalischen Prinzipien wie bei den Mikrofonen ausgenützt werden.

Verstärker

Da die von Mikrofonen abgegebene Signalspannungen nur im Millivoltbereich liegen, müssen sie verstärkt werden.
Der **einstufige Verstärker** zeigt das Prinzip: eine kleine Signalspannung steuert den Basisstrom des Transistors und lässt einen mehr oder weniger großen Lautsprecherstrom fließen.

Um größere Verstärkungsfaktoren zu erzielen, werden **zwei- und mehrstufige** Verstärker eingesetzt. Dabei wird das von der ersten Stufe verstärkte Signal über den Koppelkondensator C2 zur nächsten Stufe geführt. Um den Lautsprecher von der Gleichspannungsversorgung zu trennen, wird er über den Transformator T1 angekoppelt.

Einstufiger Verstärker

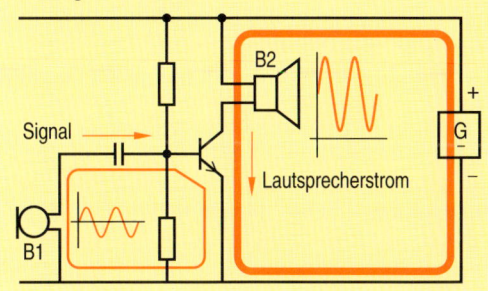

Zweistufiger Verstärker mit induktiver Ankopplung

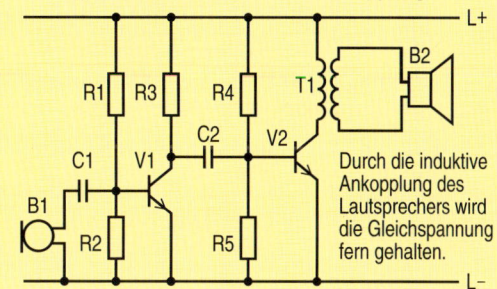

Durch die induktive Ankopplung des Lautsprechers wird die Gleichspannung fern gehalten.

© Holland + Josenhans

8.6 Gefahrenmeldeanlagen

Einbruchmeldeanlagen EMA
arbeiten als:
- Vorfeldüberwachung
- Außenhautüberwachung
- Raumüberwachung

Brandmeldeanlagen BMA
überwachen:
- Rauchentwicklung
- Wärmeentwicklung
- Wärmestrahlung

Gefahren für Menschen und Sachwerte
Die immer und überall vorhandenen Gefahren für Menschenleben und Sachwerte lassen sich durch elektrische und elektronische Hilfsmittel nicht völlig vermeiden aber in vielen Fällen stark verringern.
Besonders häufig installiert werden Einbruchmeldeanlagen (EMA) und Brandmeldeanlagen (BMA).
Einbruchmeldeanlagen sollen möglichst schon bei unbefugter Annäherung, spätestens aber beim gewaltsamen Eindringen warnen.
Brandmeldeanlagen sollen sofort beim Enstehen eines Brandes auf die Gefahr aufmerksam machen.

Einbruchmeldeanlagen EMA
Einfache EMA beschränken sich auf die Überwachung der Außenhaut eines Gebäudes. Dazu werden insbesondere die Fenster und Türen überwacht:
- Die **Öffnungsüberwachung** der Fenster durch Melder mit Magnetkontakten, Glasbruchsensoren und Glasbruchmelder.
  Glasbruchsensoren arbeiten wie Schalter und reagieren nur auf die Zerstörung der Scheibe.
  Glasbruchmelder werten typische Schallschwingungen aus und geben Alarm. Aktive Melder senden selbst Schallwellen aus und messen die Reflexionen, passive Melder reagieren auf typische Geräusche, die bei Zerstören oder Ritzen von Glas entstehen.
- die **Verschlussüberwachung** der Türen erfolgt durch Schließblechkontakte und Riegelkontakte.

Aufwändigere Anlagen enthalten auch eine Vorfeld- und eine Raumüberwachung. In beiden Fällen werden verdächtige Bewegungen durch Ultraschall-, Mikrowellen- oder Infrarot-Bewegungsmelder überwacht.
Mehrere Melder (maximal 20) werden zu einer Meldlinie vereint, die Linien werden zur Zentrale geführt, wo die Signale ausgewertet werden und evtl. Alarm auslösen.
Meldelinien arbeiten z. B. nach dem Ruhestrom-, dem Arbeitsstrom- oder dem Differenzialprinzip.

Einbruchmeldeanlagen, Schaltsymbole (Auswahl)

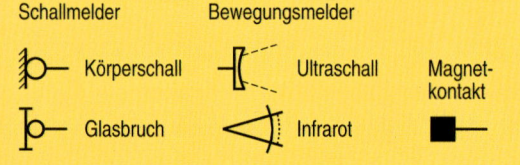

Schallmelder:
- Körperschall
- Glasbruch

Bewegungsmelder:
- Ultraschall
- Infrarot

Magnetkontakt

Meldelinie, Ruhestromprinzip

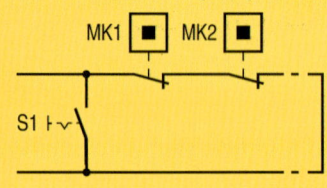

MK1, MK2, S1

Die Öffner der Magnetkontakte sind in Reihe geschaltet (UND-Verknüpfung). Sabotage ist möglich, wenn die Linie überbrückt wird (S1).

Meldelinie, Arbeitsstromprinzip

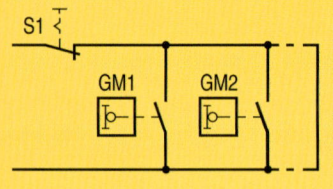

S1, GM1, GM2

Die Schließer der Glasbruchmelder sind parallel geschaltet (ODER-Verknüpfung). Sabotage ist möglich, wenn die Linie unterbrochen wird (S1).

Brandmeldeanlagen BMA
Mit BMA sollen Brände frühzeitig erkannt und gemeldet werden. Dazu werden die typischen Merkmale des Feuers erfasst: Rauch, Wärme und Strahlung.
- **Rauchmelder** arbeiten nach dem optischen Prinzip oder dem Ionisationsprinzip. In beiden Fällen wird die Zahl der Rauchpartikel erfasst und Alarm ausgelöst.
- **Wärmemelder** arbeiten mit temperaturabhängigen Widerständen (NTC-, PTC-Widerstände) und lösen bei einer bestimmten Temperatur Alarm aus.
- **Strahlungsmelder** messen je nach eingesetztem Filter die ultraviolette oder infrarote Strahlung eines Brandes. Sie werden eingesetzt, wenn im Brandfall keine Rauchentwicklung zu erwarten ist.

Optischer Rauchmelder, Prinzip

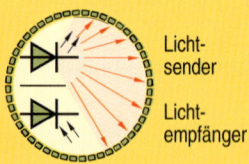

Lichtsender, Lichtempfänger: Der Lichtsender sendet Lichtimpulse im Abstand von wenigen Sekunden in eine Kammer, in die kein Außenlicht eindringen kann. Der Lichtempfänger wird nicht getroffen.

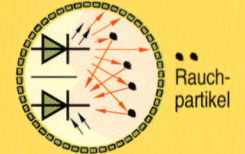

Rauchpartikel: Dringen Rauchpartikel in die Kammer, so wird das Licht gestreut und gelangt zum Empfänger.
Eine etwa alle 40s blinkende LED zeigt die ordungsgemäße Funktion an.

Vertiefung zu 8.6

Installation von EMA
Die von den Meldern und Sensoren ausgehenden Signalen werden über Verteiler zur Zentrale geführt. Als Leitungen werden abgeschirmte Leitungen, z. B. J-Y(St)Y mit mindestens vier Doppeladern und einem Aderdurchmesser von mindestens 0,6 mm verlegt.
Um bei einer Einbruchmeldeanlage eine möglichst große Zuverlässigkeit auch bei eventuellen Sabotageversuchen zu erreichen, sind für die Installation nebenstehende Punkte zu beachten:

- Unauffällige Leitungsverlegung
- Verteiler mit Schutz vor Sabotage verwenden (Verteiler mit Deckelkontakt)
- Bewegliche Leitungen (z. B. zu Fenster und Türen) betriebssicher installieren
- Zentrale innerhalb des gesicherten Bereichs und nicht für jedermann zugänglich
- Energieversorgung mit eigenem Stromkreis
- Notstromversorgung durch Akkumulatoren.

Alarmgeber
Die Zentrale verarbeitet die eingehenden Signale und löst gegebenenfalls Alarm aus.
Der Alarmzustand kann im Prinzip auf drei Arten gemeldet werden:
- **Automatische Telefonwahlgeräte** leiten den Alarm zu einem Überwachungsdienst (stille Alarmgeber), der Alarmzustand kann in der Zentrale zusätzlich optisch und akustisch angezeigt werden.
- **Akustische Signalgeber** verwenden leistungsstarke Lautsprecher für den Innen- und Außenbereich. Im Außenbereich montierte Signalgeber müssen spätestens nach 3 Minuten abschalten.
- **Optische Signalgeber** verwenden meist rotierende Lampen oder rotierende Blitzleuchten. Sie dürfen auch im Außenbereich für unbegrenzte Zeit eingeschaltet bleiben.

Einbruchmeldeanlage, Beispiel

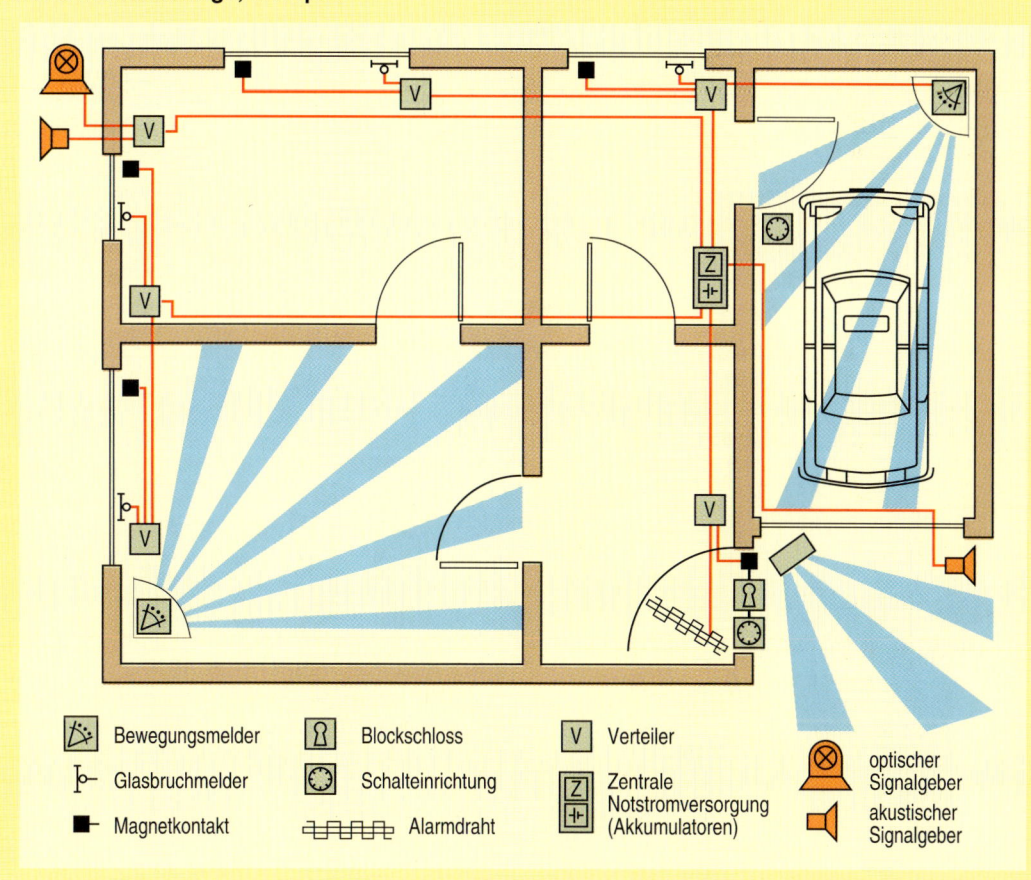

8.7 Telekommunikation I

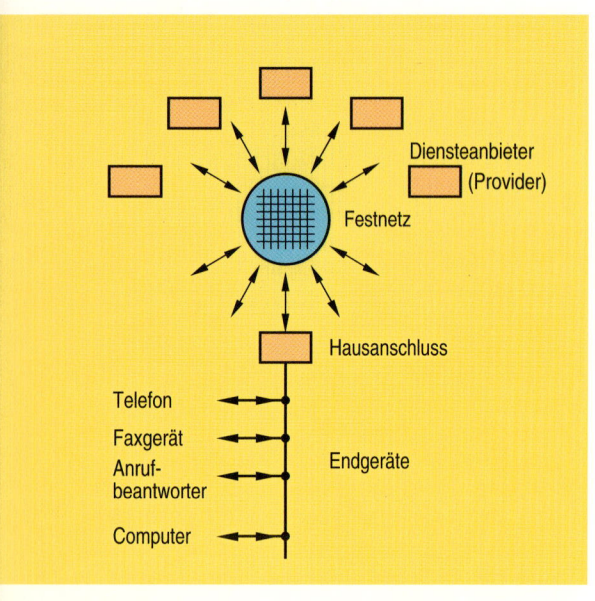

Datenübertragung

Unter Telekommunikation (TK) versteht man die Kommunikation mithilfe von elektronischen Medien. Insbesondere befasst sich die TK mit der Übertragung von
- Sprache und Musik
- unbewegten und bewegten Bildern
- technischen Daten aller Art, z. B. Messdaten.

Die Übertragung kann mithilfe von leitungsgebundenen **Festnetzen** oder drahtlosen **Mobilfunknetzen** erfolgen.

Für die Arbeit des Elektroinstallateurs sind Grundkenntnisse des Festnetzes von Bedeutung. Bei diesen Netzen unterscheidet man das herkömmliche
- **analoge** TK-System und das modernere
- **digitale** TK-System.

Beide Systeme können die gleichen elektrischen Leitungen benutzen. Die Deutsche Telekom und andere Netzbetreiber unterhalten in Deutschland ein weit ausgebautes Netz, in dem sie analoge und digitale Telekommunikation anbieten.

Analoges TK-System

Die Schnittstelle zwischen dem Netz des Netzbetreibers und dem Hausnetz ist der Hausanschluss.
Der Hausanschluss heißt **NTA** (**N**etwork **T**ermination **A**nalog, Network Termination = Netzabschluss).
Als Hausanschluss dient in einfachen Anlagen die erste Steckdose für den Anschluss von Telefon, Anrufbeantworter und Faxgerät. Diese Steckdosen heißen **TAE** (**T**elekommunikations-**A**nschluss-**E**inheit).
Eine TAE hat drei Buchsen:
- die mittlere Buchse ist mit **F** bezeichnet und dient zum Anschluss des Telefons (**F** Fernsprechbetrieb),
- die beiden äußeren Buchsen sind mit **N** bezeichnet und dienen dem Anschluss von Fax-Gerät, Modem und Anrufbeantworter (**N** Nicht-Fernsprechbetrieb).

Die Buchsen haben unterschiedliche „Kunststoffnasen" (Codierung) und sind somit verwechslungssicher.

Mechanische Codierung bei TAE-Steckern

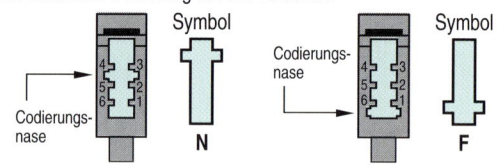

Stecker und Buchsen haben maximal sechs elektrische Anschlüsse. Da für die Funktion der Geräte nicht alle benötigt werden, fehlen sie mitunter oder sind nicht angeschlossen.
Von den Klemmen 5 und 6 der TAE können Leitungen zu weiteren Dose abgehen. Das Telefon kann dann wahlweise an die eine oder andere Dose angeschlossen werden.

Vertiefung zu 8.7

TAE-Schnittstelle
Der Anschluss der verschiedenen Endgeräte an das weltweite Telekommunikationsnetz erfolgt in Deutschland über die nach DIN 41715 genormte Telekommunikations-Anschluss-Einheit TAE.
Für den Anschluss gelten folgende Regeln:
- Angeschlossen werden dürfen nur Geräte mit einem amtlichen Zulassungszeichen
- Zugelassene Geräte dürfen von jedermann angeschlossen werden
- Die Installation von Neuanlagen und die Erweiterung bestehender Anlagen (Nachinstallation) darf nur von Fachkräften ausgeführt werden.

Die TAE-Steckdose hat drei Schaltbuchsen (N, F, N) mit jeweils sechs Kontakten. Die Dose wird deshalb auch als TAE 3 x 6NFN bezeichnet.
Die Innenschaltung zeigt, dass die vom Netz kommenden Signale (Kontakte 1 und 2) zuerst die beiden N-Buchsen und dann die F-Buchse durchlaufen.
An die Kontakte 5 und 6 können weitere TAE-Dosen angeschlossen werden. Kontakt 3 dient zum Anschluss eines Weckers, E als Erdanschluss (nur für große Anlagen).

Geräteanschluss
Wird ein Telefon (F-Codierung) in die F-Buchse eingesteckt, so öffnen die Kontakte der Buchse. Der Signalweg zur nächsten Dose ist damit unterbrochen und ein Mithören an der nächsten Dose nicht möglich.

Wird ein Gerät mit N-Codierung (z. B. Fax) eingesteckt, so werden auch hier die Kontakte geöffnet und der Signalweg unterbrochen. Die Signale werden aber intern im N-Gerät zum Telefon durchgeschleift.

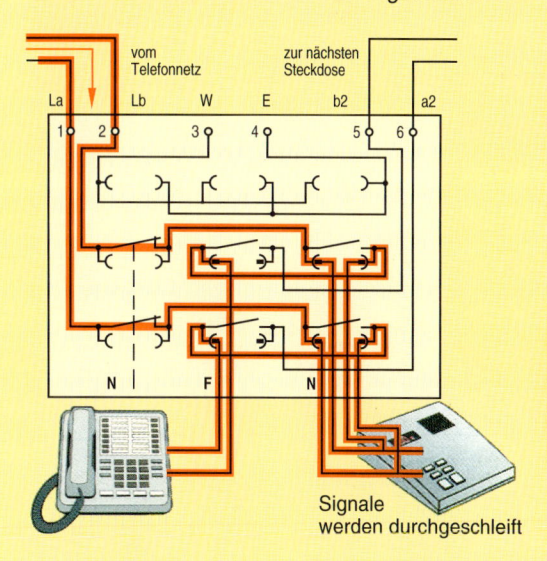

Parallelschalten von Telefonen
Das Parallelschalten von Telefonen ist verboten. Damit soll verhindert werden, dass
- Gespräche unerlaubt mitgehört werden können,
- unerlaubt zusätzliche, nicht bezahlte Leistungen vom Netzbetreiber bezogen werden,
- Vermittlungsstellen überlastet werden.

Leitungen
Für die Hausinstallation eines analogen Telefons genügt im Prinzip eine zweiadrige Leitung. Sinnvollerweise werden aber Leitungen mit vier Adern verlegt. Sie bestehen aus zwei paarweise verdrillten Adern (Doppeladern), die wiederum miteinander zu einem so genannten Sternvierer verseilt sind.

8.8 Telekommunikation II

Basisanschluss an das ISDN-Netz, Prinzip

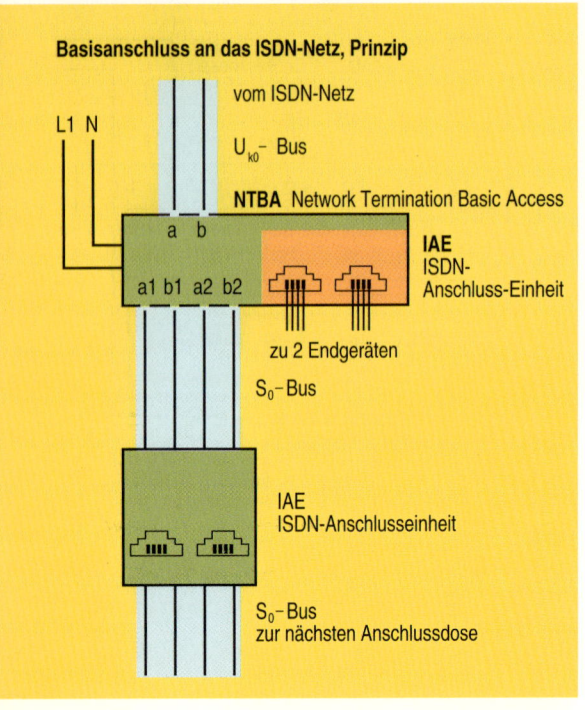

(Diagramm: L1 N → NTBA (Network Termination Basic Access), U_{k0}-Bus vom ISDN-Netz; Anschlüsse a b / a1 b1 a2 b2; IAE ISDN-Anschluss-Einheit zu 2 Endgeräten; S_0-Bus zur nächsten Anschlussdose mit IAE ISDN-Anschlusseinheit)

Linearer S_0 - Bus

NTBA – IAE 1 (Fax) – IAE 2 (PC) – IAE 3 (ISDN-Telefon) – IAE 4 (ISDN-Telefon) – IAE 5 (TA → Analog-Telefon); Abschluss $2 \times 100\,\Omega$

Verzweigter S_0 - Bus

NTBA in der Mitte; links: IAE 1 (ISDN-Telefon), IAE 2 (TA → Analog-Telefon), $2 \times 100\,\Omega$; rechts: IAE 3 (Fax), IAE 4 (PC), IAE 5 (ISDN-Telefon). TA = Terminaladapter.

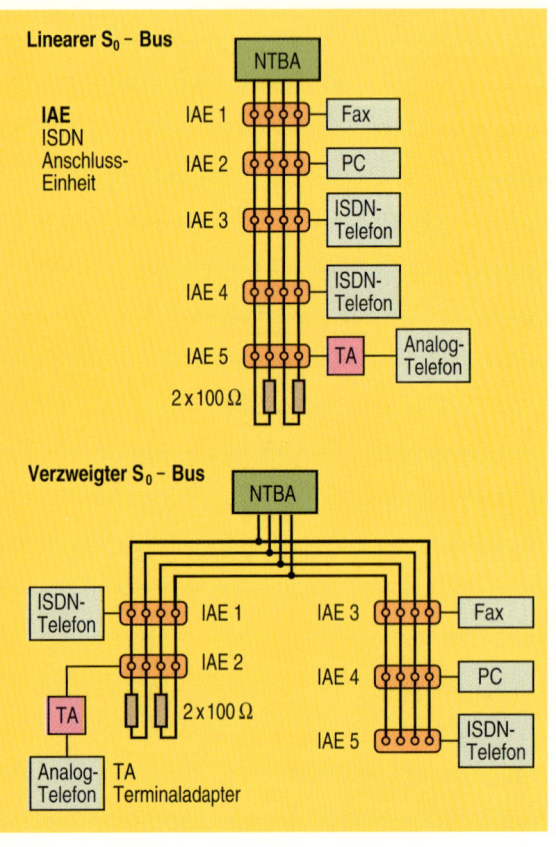

Digitales TK-System

Im klassischen Telefonnetz wird die Sprachinformation in Form von analogen Spannungssignalen zwischen den Teilnehmern ausgetauscht. Nachteilig dabei ist, dass nur verhältnismäßig kleine Datenströme fließen können.

In einem digitalen TK-System werden alle Informationen digital mit einer Übertragungsgeschwindigkeit von 64 kBit/s übertragen. Damit lassen sich außer Sprache auch viele andere Informationen wie Bilder und Computerdaten übertragen, sowie „Dienste" (z. B. Banküberweisungen) ausführen.

Je nach Anspruch des Kunden gibt es zwei Anschlussmöglichkeiten an das digitale Netz:

- der **NTBA** (**N**etwork **T**ermination **B**asic **A**ccess = Netzanschlussgerät für den Basisanschluss) bietet zwei Nutzkanäle mit je 64 kBit/s
- der **NTPM** (**N**etwork **T**ermination **P**rimary **M**ultiplex **A**ccess) bietet 30 Nutzkanäle mit je 64 kBit/s.

Die Anschlussgeräte (NTBA, NTPM) benötigen eine eigene 230-Volt-Stromversorgung.

Das digitale Kommunikationssystem wird in der EU als **ISDN**-System bezeichnet (**I**ntegrated **S**ervices **D**igital **N**etwork = Dienste integrierendes digitales Netzwerk).

Anschluss der Endgeräte

Die Datenübertragung innerhalb der örtlichen Telefonanlage zu den Endgeräten erfolgt über den sog. S_0-Bus. Die Busleitung besteht aus zwei Aderpaaren, die mit 1a-1b und 2a-2b bezeichnet sind. Dabei bilden 1a-1b die Sendeadern und 2a-2b die Empfangsadern. Bei der Bus-Installation mit Mehrgeräteanschluss ist Folgendes zu beachten:

- Die Anschlussklemmen dürfen nicht vertauscht werden. Die Verseilung der Adernpaare („Stern-Vierer") ist bis zu den Anschlussklemmen beizubehalten.
- Die einzelnen Dosen werden „in Reihe" geschaltet, eine sternförmige Verdrahtung ist nicht zulässig. Ein verzweigter Bus (zwei Stränge, Y-Konfiguration) mit der NTBA in der Mitte ist allerdings möglich.
- Es sind maximal 12 Dosen zulässig, die maximale Gerätezahl beträgt 8 (davon vier Telefone).
- Die Busleitung muss an der letzten Dose mit zwei 100-Ω-Widerständen abgeschlossen sein (zwischen 1a-1b bzw. 2a-2b). Bei einem verzweigten Bus müssen beide Stränge abgeschlossen sein.
- Der Abstand zwischen NTBA und letzter Steckdose bzw. zwischen den beiden letzten Dosen beim verzweigten Bus soll etwa 150 m nicht übersteigen.

Als Steckverbindung werden 4- oder 8-polige IAE-Steckdosen oder 8-polige UAE-Steckdosen mit den zugehörigen Steckern verwendet. Sie werden auch als Western-Steckverbinder bezeichnet.

Vertiefung zu 8.8

ISDN-Anschluss an bestehende Anlagen
Ein Haushalt, der an das ISDN-Netz angeschlossen werden soll, hat üblicherweise bereits einen Analoganschluss.
In diesem Fall kann das NTBA an der ersten TAE-Steckdose in die N-codierte Buchse gesteckt werden. An diese TAE-Steckdose dürfen keine weiteren Endgeräte angeschlossen werden.

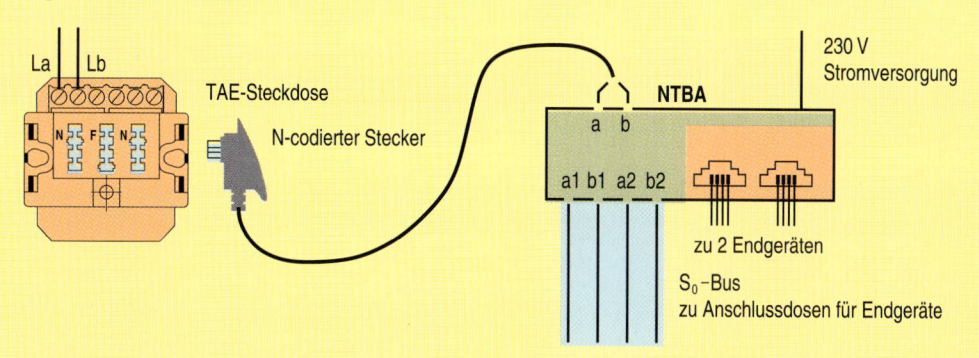

Leistungsmerkmale von ISDN-Anschlüssen
Im Vergleich zu Analoganschlüssen bieten Digitalanschlüsse vor allem eine wesentlich höhere Geschwindigkeit der Datenübertragung.
Dazu kommt, dass auch bei einem einfachen Basisanschluss (NTBA) zwei voneinander unabhängige Nutzkanäle zur Verfügung stehen, die z. B. das gleichzeitige Telefonieren von zwei Telefonapparaten ermöglichen. Die Kanäle können auch gleichzeitig genutzt werden und bieten dann eine Übertragungsrate von 128 kBits/s.
Bei einem Primärmultiplex-Anschluss (NTPM) stehen 30 Nutzkanäle mit entsrechenden Möglichkeiten zur Verfügung.
Für den normalen Benutzer eines ISDN-Anschlusses bieten sich insbesondere folgen Vorteile:
- **Mehrgeräteanschluss:** der Teilnehmer kann bis zu acht Geräte, davon vier ISDN-Telefone anschließen.
- **Mehrfachrufnummern:** für jeden Basisanschluss stellt die Deutsche Telekom bis zu zehn Rufnummern zur Verfügung, die der Teilnehmer seinen Endgeräten beliebig zuordnen kann.
- **Makeln:** man versteht darunter, dass man gleichzeitig zwei Verbindungen aufrecht erhalten kann und zwischen den Verbindungen hin- und herschalten kann. Der wartende Teilnehmer ist stumm geschaltet.
- **Anklopfen:** man versteht darunter, dass während einer bestehenden Verbindung ein weiterer Anruf akustisch oder optisch angezeigt wird.

DSL-Netz
Das DSL-Netz (DSL Digital Subscriber Line) ist eine Weiterentwicklung des ISDN-Netzes. Es arbeitet mit wesentlich höheren Frequenzen und kann damit höhere Übertragungsraten als das alte Analognetz oder auch das augenblicklich aktuelle ISDN-Netz bieten.
Der einfache DSL-Standard arbeitet mit 160 kBits/s, HDSL (High Data Rate Digital Subsciber Line) mit 2048 kBits/s.
Für künftige Multimedia-Anwendungen soll das System VHDSL (Very High Bitrate Symmetrical Digital Subscriber Line) Übertragungsraten von 155 000 kBits/s ermöglichen.

Wichtige Kürzel

ISDN	Integrated Services Digital Network — Dienste integrierendes digitales Netzwerk
TAE	Telekommunikations-Anschluss-Einheit
NTBA	Network Termination Basic Access — Netzanschlussgerät für den Basisanschluss
IAE	ISDN-Anschluss-Einheit
UAE	Universal-Anschluss-Einheit
MSN	Multiple Subscriber Number — Unterschiedliche Auswahlziffer für Endgeräte im Euro-ISDN
DSL	Digital Subscriber Line — Digitale Teilnehmerleitung

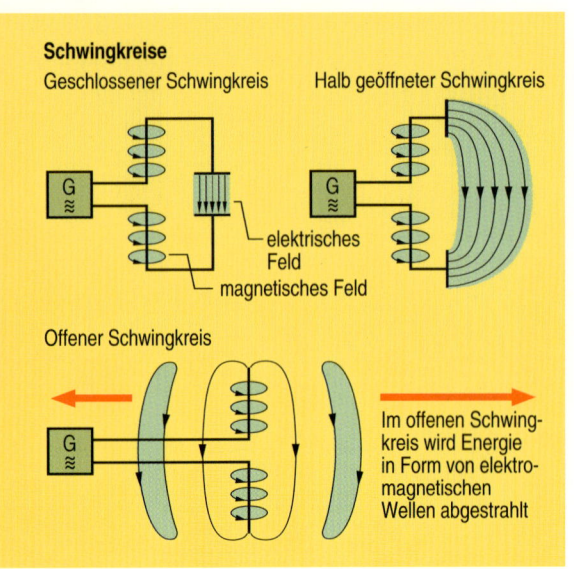

8.9 Antennenanlagen I

Schwingkreise

Geschlossener Schwingkreis — Halb geöffneter Schwingkreis

- elektrisches Feld
- magnetisches Feld

Offener Schwingkreis

Im offenen Schwingkreis wird Energie in Form von elektromagnetischen Wellen abgestrahlt

$$c = f \cdot \lambda \quad (\lambda = \text{Lambda})$$

f Frequenz $[f] = \text{Hz (Hertz)}$ $1\,\text{Hz} = \dfrac{1}{s}$
λ Wellenlänge $[\lambda] = \text{m (Meter)}$
$c = 300\,000$ km/s (Lichtgeschwindigkeit)

Beispiel:
Bestimme die Wellenlänge der Frequenz $f = 94{,}7$ MHz
Lösung: Aus $c = f \cdot \lambda$
folgt: $\lambda = \dfrac{c}{f} = \dfrac{300 \cdot 10^6 \text{ m/s}}{94{,}7 \cdot 10^6 /\text{s}} = 3{,}17\,\text{m}$

- Stabantenne (LW, MW, KW)
- Kreuzdipol (UKW)
- Bereichsantenne Band IV
- Band III
- Mehrelementantennen
- Parabolantenne

Elektromagnetische Wellen
Die drahtlose Übermittlung von Nachrichten bzw. Informationen ist möglich, wenn sie mithilfe von elektromagnetischen Wellen von einer Sendeantenne abgestrahlt und von einer Empfangsantenne wieder aufgefangen werden.
Die Entstehung von elektromagnetischen Wellen kann an einem Schwingkreis verdeutlicht werden:
- Im geschlossenen Schwinkreis pendelt die Energie ständig zwischen Kondensator und Spule. Die Verluste werden von dem HF-Generator (HF Hochfrequenz) ausgeglichen.
- Im offenen Schwingkreis können sich bei hohen Frequenzen die magnetischen und elektrischen Felder vom Leiter lösen. Sie werden gemeinsam als elektromagnetische Wellen abgestrahlt. Der offene Schwingkreis wirkt als Sendeantenne.

Wird der elektromagnetischen Welle ein Signal überlagert („aufmoduliert"), so wird auch dieses abgestrahlt.

Frequenz und Wellenlänge
Elektromagnetische Wellen sind „Energiepakete", die aus senkrecht aufeinander stehenden elektrischen und magnetischen Feldern bestehen. Sie breiten sich mit Lichtgeschwindigkeit aus. Die Wellen werden durch die Wellenlänge bzw. die Frequenz gekennzeichnet:
- **Wellenlänge** λ ist der Abstand zwischen zwei Punkten gleicher magnetischer bzw. elektrischer Feldstärke in Ausbreitungsrichtung gemessen
- **Frequenz** f ist die Häufigkeit, mit der die Wellenberge bzw. Wellentäler auftreten (Ereignisse pro Zeiteinheit).

Das Produkt aus Wellenlänge und Frequenz ergibt die Lichtgeschwindigkeit $c = 300\,000$ km/s.

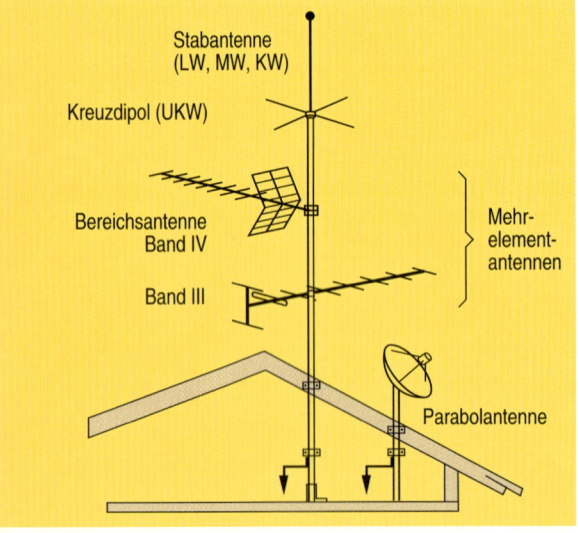

Empfangsantennen
Mit Empfangsantennen werden elektromagnetische Wellen und die darin enthaltenen Signale (Bild, Ton) aufgefangen und an das Empfangsgerät geleitet.
Je nach Frequenzbereich werden dabei unterschiedliche Antennenbauformen eingesetzt:
- **Stab- und Langdrahtantennen** eignen sich für den Tonrundfunk im Langwellen-, Mittelwellen- und Kurzwellenbereich (LW, MW, KW)
- **Dipolantennen und Kreuzdipole** eignen sich für den Empfang von Ultrakurzwellenbereich (UKW)
- **Mehrelementantennen** (Antennen aus vielen einzelnen Dipolen) werden je nach Elementgröße für den Fernsehempfang in verschiedenen Frequenzbereichen eingesetzt
- **Parabolantennen** eignen sich als „Richtantennen" für den Empfang von Hochfrequenzsignalen im Giga-Hertz-Bereich (z. B. „Satellitenfernsehen").

Vertiefung zu 8.9

Funktechnik, geschichtliche Entwicklung
Nachrichten konnten in früheren Zeiten nur mithilfe schneller Läufer, berittener Boten oder Postkutschen über große Entfernungen übermittelt werden.
Im Jahr 1837 erfand der Amerikaner Samuel Morse einen elektrischen Telegrafen (Morse-Telegraf), mit dessen Hilfe eine schnelle Informationsübermittlung auch über große Entfernungen möglich wurde.
1861 führte der deutsche Physiker Philipp Reis ein Telefon vor, das sich aber nicht durchsetzen konnte.
Das erste brauchbare Telefon wurde 1876 von dem Amerikaner Alexander Graham Bell vorgestellt.

Marconi (1874-1937) **Bell** (1847-1922) **Morse** (1791-1872)

Der Durchbruch zur drahtlosen Telegrafie gelang 1895 dem italienischen Physiker und Ingenieur Guglielmo Marconi. Mit Hilfe einer Richtantenne konnte er Signale drahtlos über eine Entfernung von einigen Kilometern senden. Sein System wurde in England patentiert und im Jahre 1899 richtete er eine drahtlose Verbindung über den Ärmelkanal ein. Zwei Jahre später konnten die ersten Funksignale über den Nordatlantik gesendet werden, und um 1907 war das System so weit entwickelt, dass ein öffentlicher Telegrafendienst zwischen Europa und Amerika eingerichtet werden konnte.
Im Jahre 1909 erhielt Marconi für sein Werk zusammen mit dem deutschen Physiker Karl Ferdinand Braun (braunsche Röhre, Elektronenstrahlröhre) den Nobelpreis für Physik.

Die drahtlose Nachrichtenübermittlung wurde seit ihrer Erfindung beträchtlich weiter entwickelt.
Die Geschichte des deutschen Rundfunks (Hörfunks) begann 1917 im 1. Weltkrieg mit einer Musikübertragung an die Soldaten der Westfront. Die ersten großen Fernsehübertragungen erfolgten 1936 bei den Olympischen Spielen in Berlin. Das öffentliche Fernsehen begann in der Bundesrepublik im Jahre 1952, das Farbfernsehen wurde 1967 eingeführt.
Für drahtlose Signal- und Nachrichtenübermittlung gibt es seither eine ständig anwachsende Zahl von Einsatzgebieten. Dazu zählen insbesondere mobile Telefone (Handys), drahtlose Übertragung von Messdaten, Fernsteuerung von Fahrzeugen und Raketen sowie die Ortsbestimmung (GPS Global Positioning System).

Frequenzbereiche
Signale können mit Trägerfrequenzen von 100 kHz (Langwelle) bis etwa 12 GHz (Satellitensignale) übertragen werden. Das Ausbreitungsverhalten ist von der Frequenz bzw. Wellenlänge abhängig:
- Langwellen (bis ca. 1 MHz) folgen der Erdkrümmung und haben damit eine große Reichweite
- Kurzwellen (bis ca. 25 MHz) breiten sich geradlinig aus, werden aber an der Ionosphäre reflektiert (je nach Tageszeit weltweiter Empfang möglich)
- Ultrakurzwellen (ab etwa 50 MHz) breiten sich geradlinig aus (Sichtkontakt zwischen Sender und Empfänger muss gewährleistet sein).

Abkürzungen: **VHF** **V**ery **H**igh **F**requency
UHF **U**ltra **H**igh **F**requency
SHF **S**upra **H**igh **F**requency.

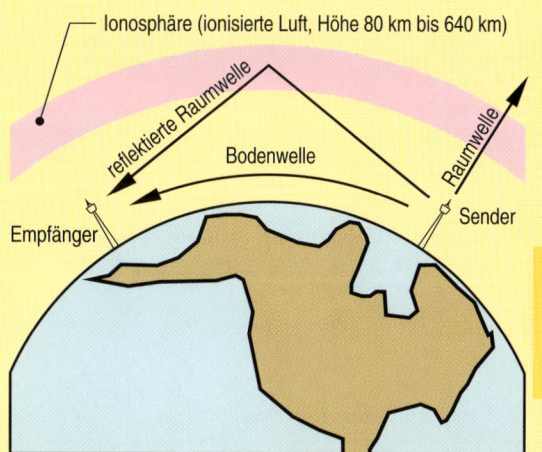

Ionosphäre (ionisierte Luft, Höhe 80 km bis 640 km)
reflektierte Raumwelle — Bodenwelle — Raumwelle
Empfänger — Sender

Bereich	Lang-welle	Mittel-welle	Kurz-welle	Fernseh-bereich I	Ultrakurz-welle	unterer Sonderkanal	Fernseh-bereich III	oberer Sonderkanal	erweiterter Sonderkanal	Fernseh-bereich IV/V
Kurzzeichen	LW	MW	KW	FI	UKW	USB	FIII	OSB	ESB	FIV/V
Kanäle				2...4	2...70	S2...S10	5...12	S11...S20	S21...S38	21...69
Frequenz	150...285 kHz	520...1605 kHz	3,95...26,1 MHz	47...68 MHz	87,5...108 MHz	111...174 MHz	174...230 MHz	230...300 MHz	302...446 MHz	470...862 MHz

8.10 Antennenanlagen II

Dipol-Antennen

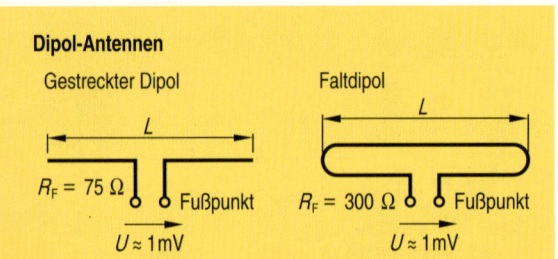

Gestreckter Dipol

$R_F = 75\,\Omega$ Fußpunkt
$U \approx 1\,\text{mV}$

Faltdipol

$R_F = 300\,\Omega$ Fußpunkt
$U \approx 1\,\text{mV}$

- Der beste Empfang wird erreicht, wenn die Antennenlänge gleich der halben Wellenlänge ist
- Antennen, deren Länge gleich der halben Wellenlänge ist, sind „abgestimmt"

Empfang elektromagnetischer Wellen

Die häufigste Empfangsantenne ist die Dipol-Antenne (Zweipol-Antenne). Sie besteht aus einem metallischen Leiter mit zwei Anschlüssen und stellt einen „offenen Schwingkreis" dar. Außer dem „gestreckten" Dipol wird auch der „Faltdipol" eingesetzt.
Treffen auf den Dipol elektromagnetische Wellen auf, so wird durch das schnell hin und her wechselnde Feld eine Spannung induziert, die an den Fußpunkten abgenommen wird.
Der Dipol wirkt wie ein Generator mit Innenwiderstand $75\,\Omega$ beim gestreckten Dipol bzw. $300\,\Omega$ beim Faltdipol. Die Antennenspannung liegt je nach Antennengröße und Feldstärke bei etwa $1\,\text{mV}$.

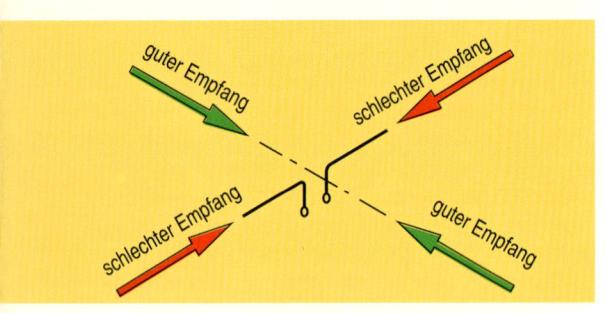

Richtcharakteristik

Bei Dipol-Antennen hängt der Empfang stark von der Richtung der eingestrahlten Wellen ab.
- Dipol-Antennen haben den besten Empfang senkrecht zur Antennenrichtung
- in Antennenrichtung ist bei Dipol-Antennen kein Empfang möglich.

Die Richtwirkung und die Antennenspannung kann durch Antennen mit mehreren Einzeldipolen deutlich verbessert werden.

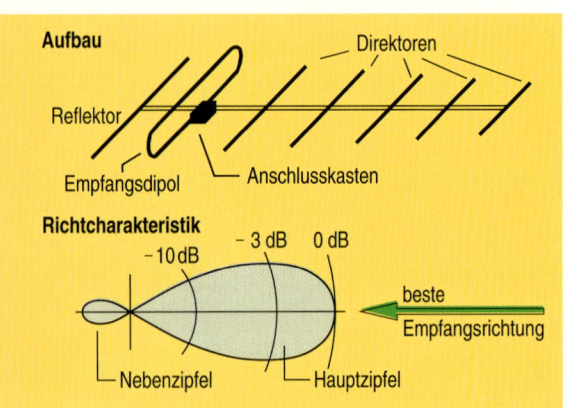

Richtantennen

Aufbau: Reflektor, Empfangsdipol, Anschlusskasten, Direktoren

Richtcharakteristik: $-10\,\text{dB}$, $-3\,\text{dB}$, $0\,\text{dB}$, beste Empfangsrichtung, Nebenzipfel, Hauptzipfel

Werden mehrere Dipole hintereinander angeordnet, so erhält man Antennen, die in der Hauptrichtung sehr gute Empfangseigenschaften haben, aus allen anderen Richtungen aber praktisch nichts empfangen.
Derartige Antennen heißen Richtantennen. Sie wurden 1928 von dem japanischen Physiker Yagi entwickelt und heißen deshalb auch Yagi-Antennen.
Richtantennen bestehen aus
- einem Empfangs-Dipol
- mehreren Direktor-Dipolen (Richtungs-Dipolen)
- einem oder mehreren Reflektor-Dipolen.

Die Dipole haben untereinander keine elektrische Verbindung.

Spannungsangabe

Die Spannungen in Antennenanlagen werden nicht Volt, sondern in dBµV angegeben.
- Die Einheit $1\,\text{dBµV}$ liest man: 1 dB über 1 Mikrovolt

Dabei ist 1 dB (Dezibel) die Angabe eines „Pegels", die Einheit Dezibel wurde nach dem amerikanischen Physiker Graham Bell benannt; das Dezibel ist aber keine Einheit im strengen Sinne.

Der Spannungspegel ist ein logarithmisches Maß. Es gilt:

$$L_U = 20 \cdot \lg \frac{U}{1\,\mu V}\, \text{dBµV}$$

Spannungen und zugehörige Pegel

Spannung	1 µV	2 µV	10 µV	20 µV	100 µV	200 µV
Pegel in dBµV	0	6	20	26	40	46

Spannung	1 mV	2 mV	10 mV	20 mV	100 mV	200 mV
Pegel in dBµV	60	66	80	86	100	106

Als Faustregel gilt:
- doppelte Spannung erhöht den Pegel um 6 dB
- 10-fache Spannung erhöht den Pegel um 20 dB.

Vertiefung zu 8.10

Antennengewinn
Richtantennen aus mehreren Einzeldipolen verbessern nicht nur die Richtwirkung, sondern erhöhen auch die empfangene Spannung. Richtantennen erzielen einen so genannten Antennengewinn.
Der Antennengewinn G einer Richtantenne ist das Verhältnis ihrer Empfangsspannung U_{Richt} zur Empfangsspannung eines einfachen Dipols U_{Dipol}.

Antennengewinn $\boxed{G = 20 \cdot \lg \dfrac{U_{Richt}}{U_{Dipol}} \text{ dB}\mu\text{V}}$

Richtantennen haben auch ein besseres Vor-Rück-Verhältnis, d. h. sie empfangen nur aus einer Richtung und vermeiden so Störungen durch Überlagerung.

Errichten von Antennenanlagen
Folgende Punkte sind zu berücksichtigen:

Antennenauswahl
- Stabantenne für LW, MW, KW
- Kreuz-Dipol oder Yagi-Antenne für UKW
- Yagi-Bereichsantenne für Fernsehbereich IV
- Yagi-Bereichsantenne für Fernsehbereich V.

Für Satellitenempfang ist zusätzlich eine Parabolantenne zu installieren.

Mechanische Festigkeit
- Standrohr an tragenden Bauteilen mit korrosionsfesten Schellen und Schrauben ($\varnothing \geq 8$ mm) befestigen, Kunststoffdübel sind nicht zulässig
- Zulässiges Biegemoment nicht überschreiten
- Einspannlänge des Antennenrohres mindestens 1/6 der Gesamtrohrlänge.

Elektrische Sicherheit
- Erdung des Standrohrs mit mindestens 16 mm² Cu
- Abstand von Starkstromfreileitungen halten (> 1 m)
- Potenzialausgleich zwischen Abschirmung und Antennenerdung (mindestens 4 mm² Cu).

Satelliten-Empfangsanlagen
Satelliten, die sich auf der geostationären Umlaufbahn in 36 000 km Höhe um die Erde drehen, senden viele Programme mit einer Frequenz von etwa 12 GHz aus. Die zugehörige Empfangsanlage besteht aus
- Parabolantenne
- Empfangselektronik (LNB Low Noise Blockconverter)
- Koaxialkabel, doppelt geschirmt
- Receiver (Empfänger).

Satellitenprogramme werden in Deutschland alle aus südlicher Richtung empfangen. Bei der Montage der Parabolantenne müssen Azimut- und Elevationswinkel sehr genau eingestellt werden. Die Winkel hängen vom Antennenstandort ab. Zwischen Satellit und Antenne muss Sichtkontakt bestehen.

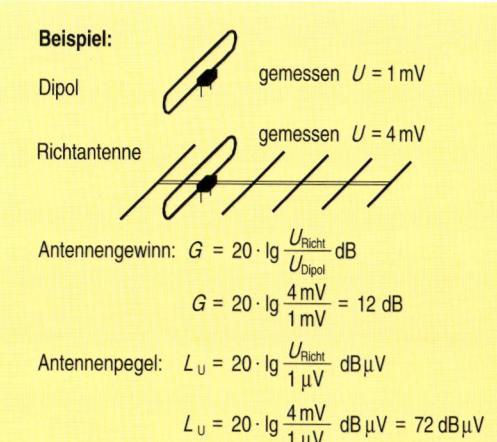

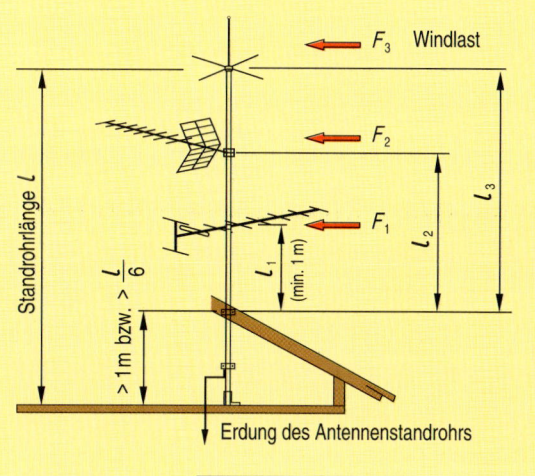

Beispiel:

Dipol — gemessen $U = 1$ mV

Richtantenne — gemessen $U = 4$ mV

Antennengewinn: $G = 20 \cdot \lg \dfrac{U_{Richt}}{U_{Dipol}}$ dB

$G = 20 \cdot \lg \dfrac{4 \text{ mV}}{1 \text{ mV}} = 12$ dB

Antennenpegel: $L_U = 20 \cdot \lg \dfrac{U_{Richt}}{1 \mu\text{V}}$ dBμV

$L_U = 20 \cdot \lg \dfrac{4 \text{ mV}}{1 \mu\text{V}}$ dBμV $= 72$ dBμV

Biegemoment des Standrohres:

$$M_{zul} \geq F_1 \cdot l_1 + F_2 \cdot l_2 + F_3 \cdot l_3$$

Das zulässige Biegemoment des Antennenstandrohres muss größer sein als die Summe aller Windlastmomente

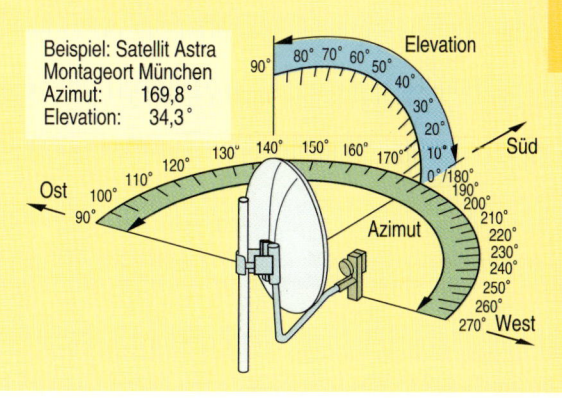

Beispiel: Satellit Astra
Montageort München
Azimut: 169,8°
Elevation: 34,3°

8.11 Antennenanlagen III

Schaltzeichen für Antennenanlagen

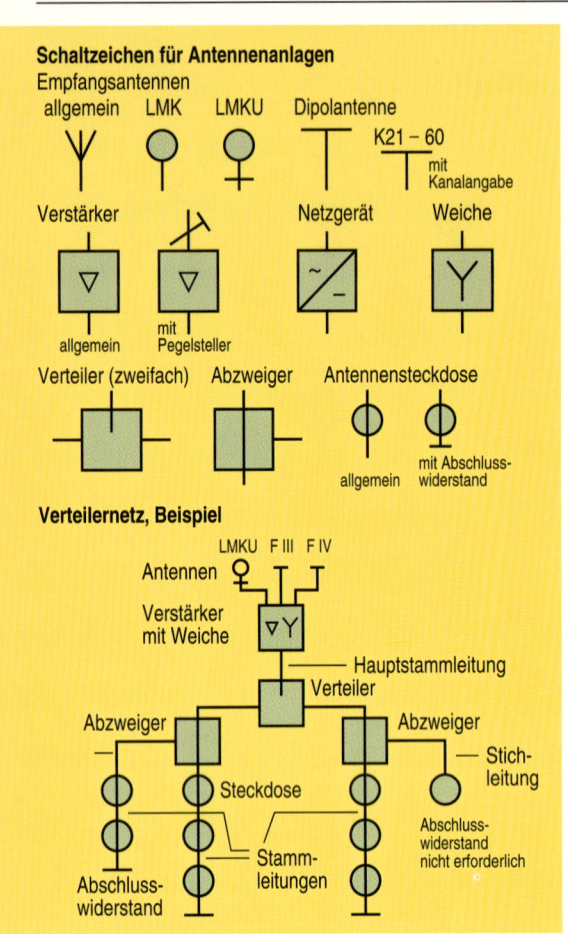

Empfangsantennen
allgemein, LMK, LMKU, Dipolantenne K21–60 mit Kanalangabe

Verstärker (allgemein, mit Pegelsteller), Netzgerät, Weiche

Verteiler (zweifach), Abzweiger, Antennensteckdose (allgemein, mit Abschlusswiderstand)

Verteilernetz, Beispiel

Antennen: LMKU, F III, F IV
Verstärker mit Weiche
Hauptstammleitung
Verteiler
Abzweiger – Abzweiger
Steckdose – Stichleitung
Abschlusswiderstand – Stammleitungen – Abschlusswiderstand nicht erforderlich

Berechnungsbeispiele

Verstärker
$U_e = 5\,mV$, $U_a = 40\,mV$

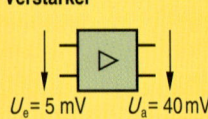

Dämpfung (Verstärkung)
$a = 20 \cdot \lg \dfrac{U_a}{U_e}\,dB$
$a = 20 \cdot \lg \dfrac{40\,mV}{5\,mV}\,dB = +18\,dB$

Steckdose
$U_a = 40\,mV$, $U_a = 30\,mV$

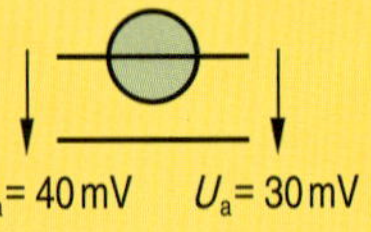

Durchgangsdämpfung
$a = 20 \cdot \lg \dfrac{U_a}{U_e}\,dB$
$a = 20 \cdot \lg \dfrac{30\,mV}{40\,mV}\,dB = -2{,}5\,dB$

Dämpfung von Bauteilen, Richtwerte

Bauteil		Symbol	Wert
Weichendämpfung		a_W	−1 dB bis −3 dB
Verteilerdämpfung		a_V	−4 dB bis −8 dB
Abzweiger	Durchgangsdämpfung	a_D	−1 dB bis −2 dB
	Abzweigdämpfung	a_A	−13 dB bis −20 dB
Steckdosen	Durchgangsdämpfung	a_D	−1 dB bis −2 dB
	Anschlussdämpfung	a_A	−3 dB bis −26 dB
Kabeldämpfung pro 100 m		a_K	−10 dB bis −30 dB

Einzel- und Gemeinschaftsanlagen

Einzel-Antennenanlagen (EA) versorgen einen einzelnen Haushalt mit den üblichen Rundfunk- und Fernsehprogrammen. Dabei werden die Leitungen der verschiedenen Antennen über eine Antennenweiche auf ein gemeinsames Koaxialkabel geführt und zu einer Antennensteckdose geleitet. Ein Antennenverstärker ist meistens nicht erforderlich.

Gemeinschafts-Antennenanlagen (GA) versorgen mehrere Haushalte mit Rundfunk- und Fernsehprogrammen. Dazu sind die gleichen Antennen wie bei Einzelanlagen zu installieren. Für die Verteilung der Antennenleistung sind aber zusätzlich Verteiler und Abzweiger sowie weitere Leitungen und Steckdosen nötig. Die durch diese Bauteile verursachten Verluste, die Dämpfung, müssen durch Antennenverstärker ausgeglichen werden. Im einzelnen benötigt man:

- Verstärker zum Anheben des Signalpegels bzw. zum Ausgleich der Verluste
- Weichen zum Zusammenführen der verschiedenen Antennensignale
- Antennenleitungen (Koaxialkabel) zum Weiterleiten der Signale; dabei unterscheidet man Hauptstammleitungen, Stammleitungen und Stichleitungen
- Verteiler zum Aufteilen einer Hauptstammleitung in mehrere Stammleitungen
- Abzweiger zum Abzweigen einer oder mehrerer Stichleitungen von einer Stammleitung
- Steckdosen zum Anschluss des Empfangsgeräts.

An der letzten Steckdose muss ein Abschlusswiderstand mit 75 Ω installiert sein.

Dämpfung und Verstärkung

Alle Bauteile einer Antennenanlage haben eine gewisse Dämpfung, die durch Verstärker ganz oder teilweise kompensiert werden muss.
Für die Berechnung der Dämpfung und der eventuell notwendigen Verstärkung ist es sinnvoll, mit Spannungspegeln zu rechnen, weil die Pegelwerte einfach addiert werden können. Der Spannungspegel L_u (L Level) über der willkürlich gewählten Bezugsspannung 1 μV ist:

$$L_U = 20 \cdot \lg \dfrac{U}{1\,\mu V}\,dB\,\mu V \quad \longrightarrow \quad U = 1\,\mu V \cdot 10^{\frac{L_U}{20\,dB}}$$

Dämpfung und Verstärkung bewirken eine Änderung des Spannungspegels; die Dämpfung wirkt dabei als negative Verstärkung. Für das Dämpfungsmaß a gilt:

$$a = 20 \cdot \lg \dfrac{U_a}{U_e}\,dB \quad \longrightarrow \quad U_a = U_e \cdot 10^{\frac{a}{20\,dB}}$$

Ist die Ausgangsspannung U_a kleiner als die Eingangsspannung U_e, so ist a negativ (Dämpfung), ist U_a größer als U_e, so ist a positiv (Verstärkung).

Vertiefung zu 8.11

Auswahl von Antennen und Verstärkern
Für einen guten Empfang muss der Spannungspegel für alle Steckdosen zwischen folgenden Werten liegen:

Bereich		Mindestpegel	Höchstpegel
Radiobereich	Mono	40 dB µV	94 dB µV
	Stereo	50 dB µV	80 dB µV
Fernsehbereich	F I	52 dB µV	84 dB µV
	F III	54 dB µV	
	F IV/V	57 dB µV	
Satellitenbereich		47 dB µV	75 dB µV

Aufgabe
Zu berechnen ist der Pegel an der günstigsten und der ungünstigsten Steckdose.

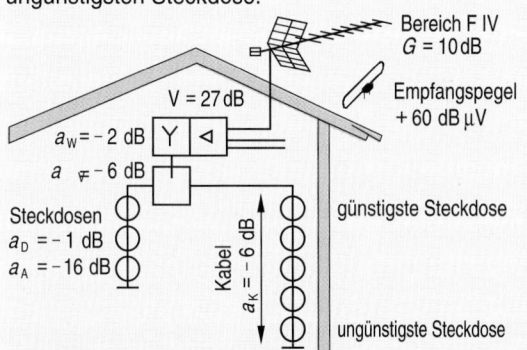

Bereich F IV
$G = 10$ dB
Empfangspegel $+60$ dB µV
$V = 27$ dB
$a_W = -2$ dB
$a_V = -6$ dB
Steckdosen
$a_D = -1$ dB
$a_A = -16$ dB
Kabel $a_K = -6$ dB
günstigste Steckdose
ungünstigste Steckdose

Berechnungsbeispiel
1. Schritt
   Pegelmessung → Empfangspegel $+60$ dB µV

2. Schritt
   Bestimmung der Gesamtdämpfung mit Hilfe eines Datenblatts

Weiche	-2 dB
Verteiler	-6 dB
Koaxialkabel	-6 dB
4 Steckdosen (Durchang)	-4 dB
Steckdose (Anschluss)	-16 dB
Gesamtdämpfung	-34 dB

3. Schritt
   Antenne und Verstärker nach Datenblatt

Antenne	$+10$ dB
Verstärker	$+27$ dB
Gesamtverstärkung	$+37$ dB

4. Schritt
   Pegelberechnung
   a) an ungünstigster
   a) an günstigster Steckdose

   Ungünstigste Steckdose
Empfangspegel	$+60$ dB µV
Gesamtverstärkung	$+37$ dB
Gesamtdämpfung	-34 dB

   Pegel ausreichend ← Steckdosenpegel $+63$ dB µV

   Günstigste Steckdose
Empfangspegel	$+60$ dB µV
Gesamtverstärkung	$+37$ dB
Dämpfung	-24 dB

   Pegel zulässig ← Steckdosenpegel $+73$ dB µV

Aufgabe

8.11.1 Gemeinschaftsantenne
Die VHF-Antenne liefert für Kanal 8 (195 MHz) am Verstärkereingang den Pegel $L_u = 64$ dBµV.
Die Antennenleitung bis zur letzten Steckdose ist 45 m lang.
Berechnen Sie für Kanal 8
a) die Antennenspannung in mV,
b) die Gesamtdämpfung vom Verstärker bis zur letzten Steckdose,
c) die Mindestverstärkung des Verstärkers, damit auch die entfernteste Steckdose noch den erforderlichen Mindestpegel liefert.
d) An welcher Stelle tritt für das Antennenstandrohr das maximale Biegemoment auf?
Berechnen Sie das maximale Biegemoment.
e) Welche Aufgabe hat das am Antennenstandrohr befestigte einadrige Kabel 16 mm² Cu?

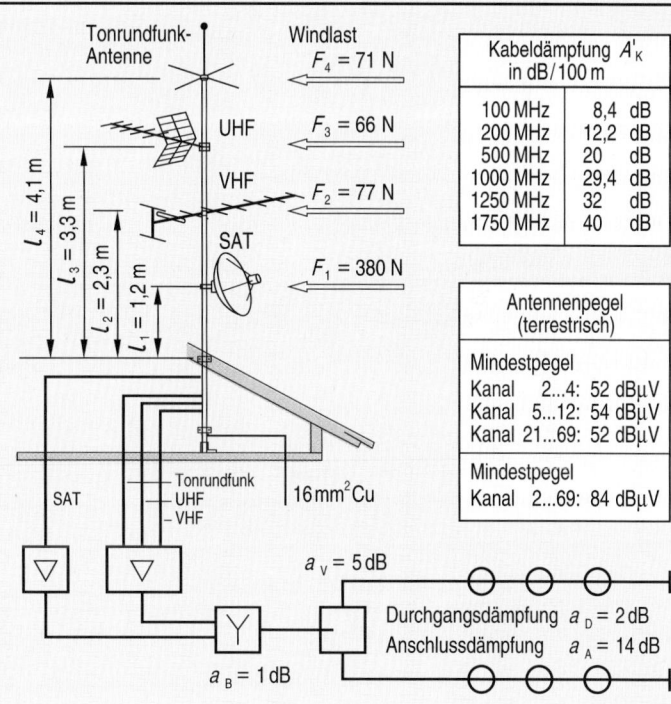

Tonrundfunk-Antenne
Windlast $F_4 = 71$ N
UHF $F_3 = 66$ N
VHF $F_2 = 77$ N
SAT $F_1 = 380$ N
$l_4 = 4{,}1$ m
$l_3 = 3{,}3$ m
$l_2 = 2{,}3$ m
$l_1 = 1{,}2$ m

SAT
Tonrundfunk
UHF
VHF
16 mm² Cu

$a_V = 5$ dB
$a_B = 1$ dB
Durchgangsdämpfung $a_D = 2$ dB
Anschlussdämpfung $a_A = 14$ dB

Kabeldämpfung A'_K in dB/100 m	
100 MHz	8,4 dB
200 MHz	12,2 dB
500 MHz	20 dB
1000 MHz	29,4 dB
1250 MHz	32 dB
1750 MHz	40 dB

Antennenpegel (terrestrisch)	
Mindestpegel	
Kanal 2...4:	52 dBµV
Kanal 5...12:	54 dBµV
Kanal 21...69:	52 dBµV
Mindestpegel	
Kanal 2...69:	84 dBµV

8.12 Gebäudesystemtechnik

EIB-Kennzeichnung

EIB Europäischer Installationsbus,
European Installation Bus
instabus
  Installations Bussystem,
  Markenname der Gründerfirmen

EIB-Gerät

Entwicklung in der Gebäudeinstallation
Die elektrische Gebäudeinstallation befindet sich im Umbruch. An die Stelle der herkömmlichen Elektroinstallation tritt immer häufiger die **Gebäudesystemtechnik** mit programmierbarer Bustechnik.
Um 1990 hatten sich fünf führende Elektrofirmen (Berker, Gira, Jung, Merten, Siemens) in der Organisation **EIBA** (**E**uropean **I**nstallation **B**us **A**ssociation) zusammengeschlossen. Sie entwickelten gemeinsam ein einheitliches Elektroinstallations-Bussystem, den ***instabus* EIB** (**E**uropäischer **I**nstallations **B**us).
Heute gehören der Organisation etwa 80 Firmen an.

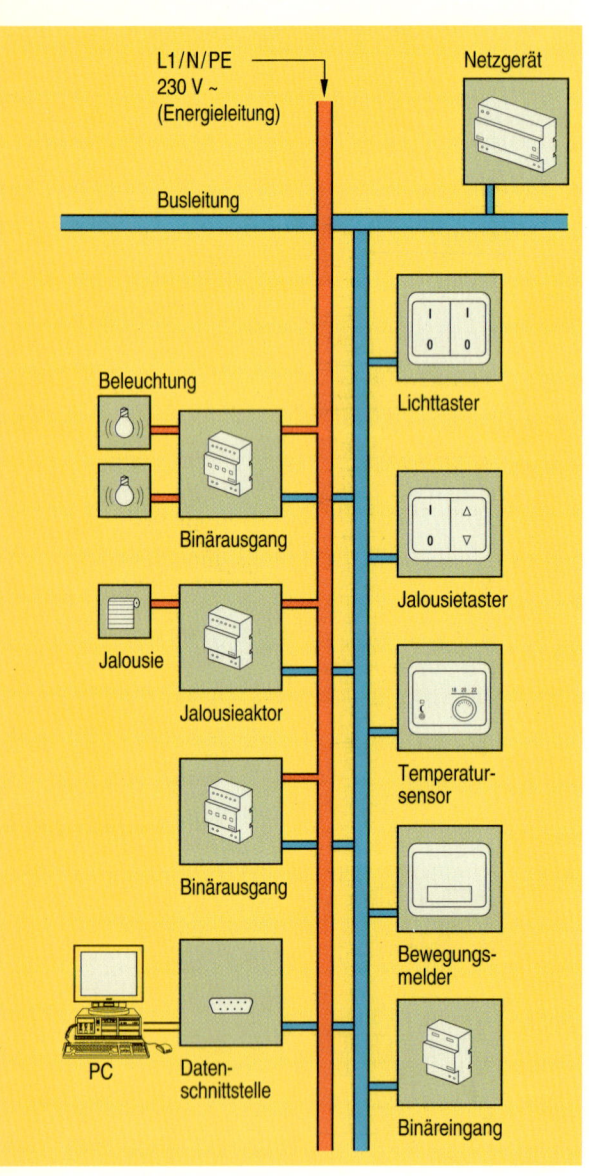

Der *instabus* EIB
Prinzip
Das *instabus*-System besteht aus dem Leistungsteil (AC 400/230 V) und dem Informations- und Steuerteil (DC 24 V). Der Leistungsteil entspricht einer herkömmlichen Elektroinstallation, der Steuerteil besteht im Wesentlichen aus
- einer zweiadrigen Busleitung,
- den Sensoren, z. B. Schalter,
- den Aktoren, z. B. Schaltausgang für eine Lampe,
- den so genannten Systemkomponenten, z. B. Stromversorgung und Linienkoppler.

Für die Programmierung des Systems wird ein PC benötigt.

Vergleich
Bei der klassischen Elektroinstallation wird Leitung für Leitung von den Schaltern zu den Verbrauchern geführt. Parallel dazu müssen für die Türöffner- und Sprechanlage, die Alarmanlage, die Rollladen- und Jalousiesteuerung sowie die Klimaanlage besondere Schwachstromleitungen geführt werden.
Moderne Zweckbauten wie z. B. Schulen und Krankenhäuser haben einen hohen Elektroinstallationsbedarf. Viele Leitungen, schwierige Verdrahtung und hohe Arbeitszeitkosten sind die Folge. Besonders hier sind die Vorteile eines Bus-Systems deutlich:
- variable Planung und einfache Leitungsführung (zweiadrige Busleitung)
- Einsparung von Material und von Verlustenergie
- schnelle Änderung ohne großen Installationsaufwand
- problemlose Erweiterung der Anlage
- Verringerung der Brandlast (= weniger brennbare Materialien)
- leicht zu erstellende Schaltungs-Dokumentation
- einfache Fehlererkennung über Monitor.

EIB-Komponenten sind allerdings wesentlich teurer als herkömmliche Schalter und Relais; auch besteht die Gefahr, dass die Elektronik über Jahre hinweg höhere Ausfälle haben kann, als die klassische Installation.

Vertiefung zu 8.12

Bus
Unter einem Bus versteht man die Bündelung von zwei oder mehr parallelen Leitungen zu einem gemeinsamen Informations-Übertragungssystem.
Über den Bus werden Steuersignale in Form von Impulsen als so genanntes Datentelegramm übertragen. Das Datentelegramm enthält die Daten für die verschiedenen Sender und Empfänger.

Busleitung
Die Busleitung muss mindestens zweiadrig sein. Auf ihr werden die Signale übertragen und die 24-Volt-Versorgungsspannung bereitgestellt.
Beim *instabus* **EIB** werden normalerweise spezielle Leitungen verwendet. Typisch: vieradrige Leitung, abgeschirmt, äußerer Mantel mit Aufdruck EIB und mind. 2,5 kV Spannungsfestigkeit gegenüber den Adern.
Die Leitungen können parallel zu den normalen Niederspannungs-Energieversorgungsleitungen verlegt werden, aber die in der Starkstromtechnik verwendeten Leitungen, z. B. NYM, dürfen als Busleitung nicht eingesetzt werden (Verwechslungsgefahr).
Häufig eingesetzte Leitungen:
- Busleitung nach DIN VDE 0815 J-Y(St)Y 2x2x0,8
- Busleitung nach EIB-Richtlinie YCYM 2x2x0,8
- Busleitung halogenfrei J-H(St)2x2x0,8.

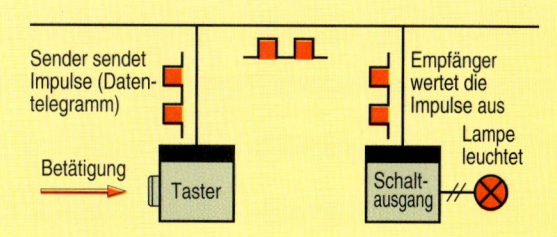

Beispiel: YCYM 2 x 2 x 0,8

Bedeutung
- J: Installationsleitung
- Y: Isolierung aus PVC
- (St): Statischer Schirm
- C: Schirm aus Kupferdraht
- H: Halogenfreie Leitung
- 2x2x0,8: 2 Aderpaare, Drahtdurchmesser 0,8 mm

verdrillte Adern
rot: EIB+
schwarz: EIB−
gelb } sonstiges
weiß

Spannungsversorgung
Die Systemspannung beim *instabus* EIB beträgt 24 Volt Gleichspannung. Damit wird die Elektronik der Busteilnehmer versorgt. Das Netzgerät hat üblicherweise eine Nennspannung von 28 Volt DC. Die Spannung ist so gewählt, dass bei einer maximal zulässigen Entfernung von 350 m zwischen Spannungsversorgung und letztem Teilnehmer an diesem noch 21 V Mindestspannung anliegen.
Das EIB-Netzgerät muss auf der 24-Volt-Seite kurzschlussfest und strombegrenzt sein. Der typische Nennstrom beträgt 640 mA. Die Sicherheit wird durch die Kleinspannung SELV gewährleistet.
Das Kleinspannungsnetz darf also
- nicht geerdet
- nicht mit dem Neutralleiter des Niederspannungsnetzes verbunden werden.

Genügt eine Spannungsversorgung in einer Linie nicht, weil die Busteilnehmer zu viel Energie entziehen, kann ein weiteres Netzgerät dazugeschaltet werden, wenn der Abstand zwischen den Netzgeräten mindestens 200 m Leitungslänge beträgt.
Am Ausgang der Spannungsversorgung muss stets eine **Drosselspule** in Reihe geschaltet werden. Sie hat die Aufgabe, die hochfrequenten Impulse der Datensignale gegenüber dem Netzgerät abzublocken.

EIB-Netzgerät (Ausschnitt)

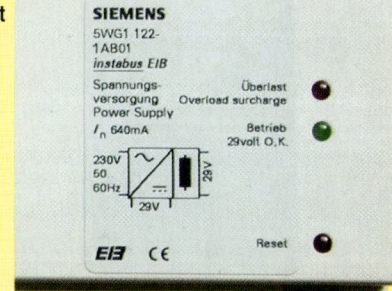

Netzgerät, Schaltung

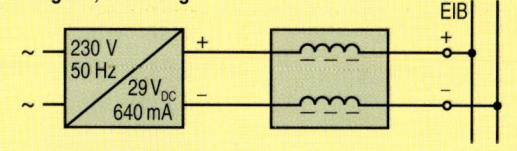

Netzgerät, Schaltkurzzeichen

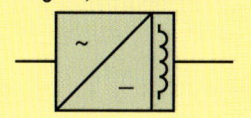

8.13 EIB, Sensoren und Aktoren

Busteilnehmer, Funktionsblöcke

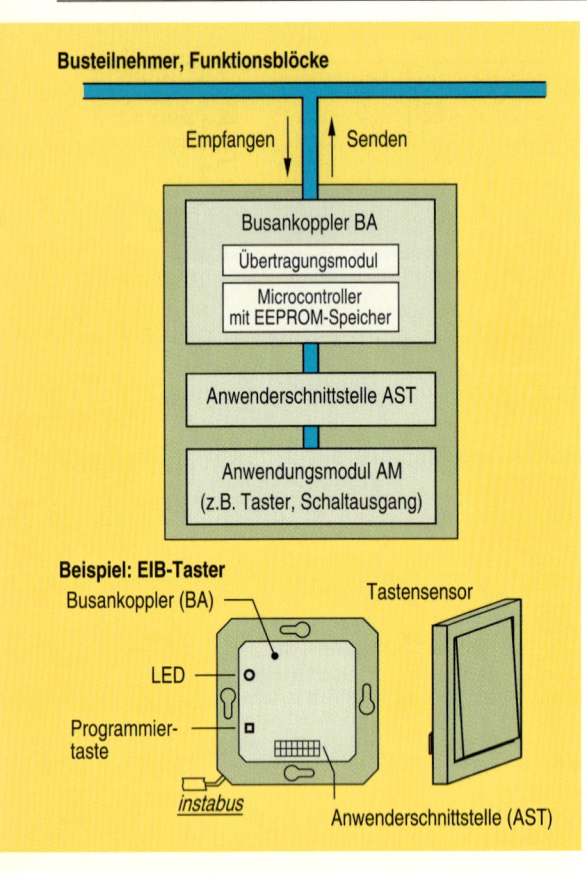

Funktionsblöcke bei Busteilnehmern
Alle *instabus* EIB-Teilnehmer, außer der Spannungsversorgung, enthalten drei Funktionsblöcke: den Busankoppler (BA), die Anwendungsschnittstelle (AST) und das Anwendungsmodul (AM, Applikation).

Busankoppler BA
Der Busankoppler ist direkt an den Bus angekoppelt und übernimmt die Abwicklung des Datenverkehrs. Gleichzeitig bereitet er die Versorgungsspannung für die Elektronik auf. Der Busankoppler enthält:
- den Microcontroller (das „Herzstück"),
- das Übertragungsmodul.

Anwenderschnittstelle AST
Die Anwenderschnittstelle ist das Verbindungselement zwischen dem Busankoppler und dem Anwendungsmodul. Sie ist 10-polig ausgeführt.

Anwendungsmodul AM
Das Anwendungsmodul enthält die eigentliche Anwendung, z. B. den Taster, den Schalter oder das Schaltrelais zum Schalten einer Leuchte.
Grundsätzlich unterscheidet man bei den Anwendermodulen zwischen
- Sensoren, z. B. Taster, Fühler, Bewegungsmelder
- Aktoren, z. B. Schaltausgang für Leuchten, Jalousiemotoren, Heizungen.

Jedes Anwendungsmodul enthält einen Kennungswiderstand, durch den der Busankoppler den Typ des Anwendungsmoduls erkennt.

Microcontroller im Busankoppler
Der Microcontroller im Busankoppler ist ein kleiner Computer mit Prozessor und Speicher.
In einem ersten Speicher ist die gesamte Software **fest** einprogrammiert. Sie enthält die Daten für die Verwaltung und die Kommunikation der Steuerung.
In einem zweiten Speicher, der elektrisch lösch- und wiederbeschreibbar ist (EEPROM), sind die „Parametrierungsdaten" abgelegt. Sie enthalten Adressdaten und Daten über die eingesetzten Anwendungsmodule. Der Elektroniker sendet die Daten bei Inbetriebnahme mit Hilfe eines PCs über den Bus an alle Busankoppler.

Übertragungsmodul
Das Übertragungsmodul im Busankoppler übernimmt folgende Aufgaben:
- Trennung der Gleichspannung (24 V) von den Steuersignaldaten
- Bereitstellung der Versorgungsspannung für den Microcontroller (5 V DC)
- Schutz von falsch angeschlossenen Teilnehmern (Verpolschutz)
- Abschalten der Teilnehmer bei Unterspannung ($U < 18$ V) und zu hoher Umgebungstemperatur.

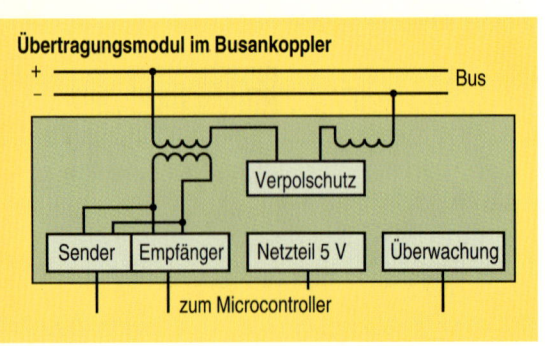

Vertiefung zu 8.13

Bus-Topologie
Die Lage und Anordnungen von Teilnehmern in einem Bussystem nennt man „Topologie" (Topologie = Lehre von der Lage und Anordnung geometrischer Gebilde).

Linienstruktur
Die Grundeinheit des *instabus* **EIB** ist die Linie. Ohne Verstärker kann sie bis zu 64 Geräte enthalten. Hierbei müssen folgende Abstände eingehalten werden:

Länge:	max. 1000 m
Abstand zwischen 2 Teilnehmern	max. 700 m
Abstand zwischen Spannungsversorgung und 1. Teilnehmer	max. 350 m

Baumstruktur
Werden Abzweigungen von der Linie vorgenommen, entsteht eine baumförmige Struktur. Sie ist für die Gebäudetechnik besonders gut geeignet, da die Räume in einem Gebäude eine vergleichbare Struktur haben.

Stern-Struktur
Denkbar ist auch eine sternförmige Anordnung der Leitungsführung. Sie ist aber nicht typisch für den Installationsbus.

Linienstruktur

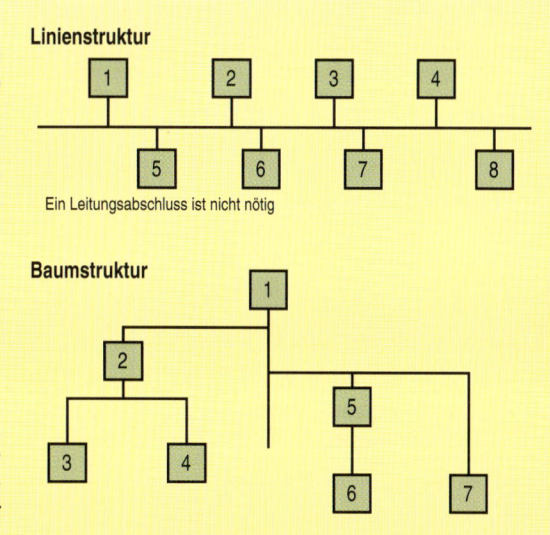

Ein Leitungsabschluss ist nicht nötig

Baumstruktur

Eine **Ringstruktur**, d. h. ein Zusammenschließen von Anfang und Ende einer Busleitung ist beim EIB nicht erlaubt, weil dies die Datenübermittlung stört.

Besondere Eigenschaften
Der *instabus* **EIB** muss nicht wie viele andere Bussysteme mit einem Abschlusswiderstand an den Enden der Busleitung versehen werden. Auch kann er während des laufenden Betriebs jederzeit geändert oder erweitert werden, ohne dass der laufende Busbetrieb gestört wird.

Linie, Hauptlinie, Bereiche
Der *instabus* **EIB** ist in drei Ebenen gegliedert, die Buslinie, die Hauptlinie und die Bereichslinie.
- **die Buslinie** ist die kleinste Einheit mit maximal 64 Teilnehmern
- **die Hauptlinie** ist der Zusammenschluss von maximal 12 Buslinien zu einem Bereich, der Zusammenschluss erfolgt über Linienkoppler
- **die Bereichslinie** ist die Zusammenfassung von maximal 15 Bereichen, der Zusammenschluss erfolgt über Bereichskoppler.

Von einer Ebene zur anderen werden jeweils Koppler (Linienkoppler, Bereichskoppler) verwendet.
Die Koppler trennen die Linien galvanisch und filtern die Informationsdaten, so dass nur diejenigen Telegramme in andere Linien gesendet werden, die dafür bestimmt sind (Routerfunktion).
Der korrekte Umgang mit Kopplern ist für den Elektroinstallateur sehr wichtig. Er muss bei der Inbetriebnahme über die EIB-Software sog. Filtertabellen erstellen, die in den Koppler geladen werden.

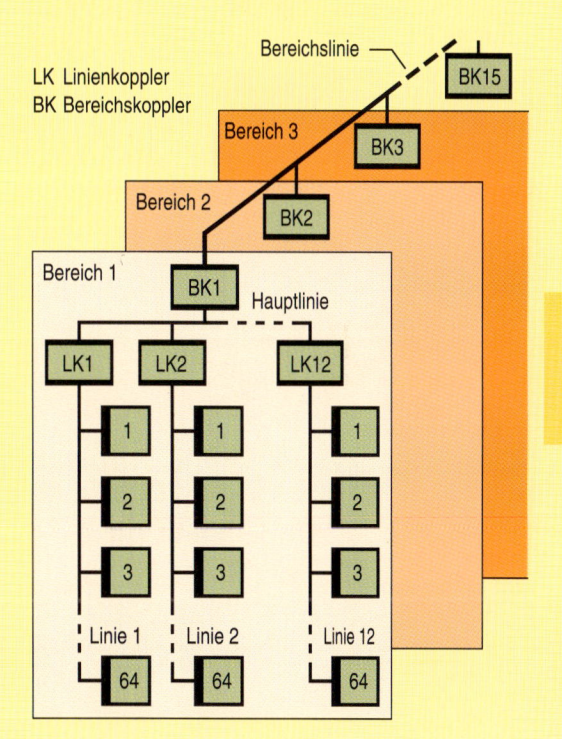

LK Linienkoppler
BK Bereichskoppler

8.14 EIB, Informationsübertragung

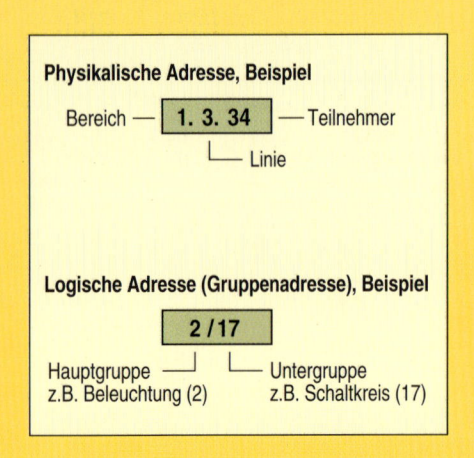

Physikalische Adresse, Beispiel

Bereich — 1. 3. 34 — Teilnehmer
         └── Linie

Logische Adresse (Gruppenadresse), Beispiel

2 / 17

Hauptgruppe ┘ └ Untergruppe
z.B. Beleuchtung (2)   z.B. Schaltkreis (17)

Adressen
Physikalische Adresse
Jeder *instabus* EIB-Teilnehmer erhält durch die sog. Parametrierung (charakteristische Kennziffervergabe mit dem PC und der EIB-Software) eine eindeutige Adresse im System. So wie die bei der Adresse eines Hauses innerhalb einer Gemeinde ist die Vergabe von Adressen wichtig, damit die Befehle dem Empfänger zugewiesen werden können.
Die physikalische Adresse wird ein einziges Mal über den Bus vom PC an den Busankoppler geladen; gleichzeitig muss beim entsprechenden Teilnehmer eine kleine Programmiertaste (auch Lerntaste genannt) gedrückt werden.

Logische Adresse
Die logische Adresse ist frei wählbar und wird benützt, um mehrere Teilnehmer (Gruppen) anzusprechen. Man spricht daher auch von der „Gruppenadresse".
Aktoren können auf mehrere Gruppenadressen hören, Sensoren jedoch nur eine Gruppenadresse senden.

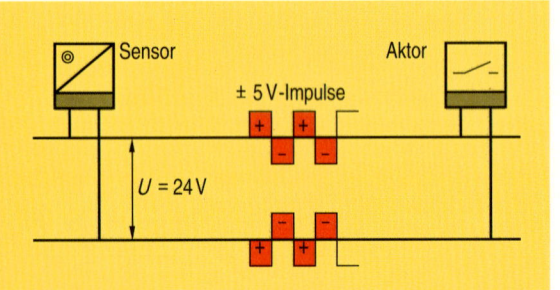

Sensor   Aktor
± 5 V-Impulse
$U = 24 V$

Die Gesamtdauer einer Übertragung beträgt einschließlich der Wartezeit auf das Zugriffsrecht und der Quittierung etwa 20 ms bis 40 ms.

Informationsübertragung
Damit die Sendeinformationen eines Busteilnehmers auch richtig bei den Empfangsadressen ankommen, wird eine Impulsfolge mit verschieden Ein-Aus-Signalen verwendet. Man nennt diese Pulsfolge „Telegramm".
Wird z.B. ein Lichttaster (Sensor) betätigt, sendet der Mikrocontroller des Busankopplers eine genau festgelegte Folge von Impulsen aus. Alle Busteilnehmer hören mit. Nur der Busankoppler des vorbestimmten Empfängers der vom Sender angesprochen wird, nimmt die Signale auf und setzt sie so um, dass der Schaltausgang aktiv wird (Aktor).
Die Geschwindigkeit, mit der die Daten übertragen werden (Datenübertragungsrate), ist beim EIB vorgeschrieben und beträgt 9600 Bit/s.

Kollisionsvermeidung, Prinzip

Teilnehmer A: 1 0 1   A bricht ab
Teilnehmer B: 1 0 0   B sendet weiter
              Start   Kollision
A und B   Das 0-Bit von B setzt sich durch
senden gleichzeitig

Dieses Verfahren ist nicht echtzeitfähig, die Reaktionszeit ist nicht vorhersehbar. Auch entstehen unter Umständen größere Verzugszeiten, wenn viele Teilnehmer am Bus angeschlossen sind und sich damit die Kollisionsereignisse häufen.

Buszugriffsverfahren
Auf dem Bus kann jeweils nur ein Telegramm ordentlich versendet und empfangen werden. Die EIB-Busteilnehmer dürfen also nur senden, wenn der Bus frei ist. Nun kann es vorkommen, dass zwei Teilnehmer exakt zur gleichen Zeit ihr Telegramm starten, z. B. wenn zwei Taster gleichzeitig betätigt werden. Jetzt wird das Signal des einen Teilnehmers zerstört, er bricht das Senden ab und wiederholt den Vorgang später wieder. Der andere Teilnehmer sendet normal weiter.
Die Fachbezeichnung für dieses Buszugriffsverfahren wird **CSMA/CA** genannt (**C**arrier **S**ense **M**ultiple **A**ccess with **C**ollision **A**voidance = Zugriffsverfahren, bei dem alle Teilnehmer Zugriff zum Bus haben, ein gleichzeitiger Zugriff (Buskonflikt) aber vermieden wird).

Vertiefung zu 8.14

Busankoppler mit Anwenderschnittstelle und Anwendungsmodul

Adressenvergabe

Die Vergabe von physikalischen und logischen Adressen soll am Beispiel der Projektierung eines Aufenthaltsraumes aufgezeigt werden. Der Raum enthält sechs Leuchten, zwei Taster und einen Bewegungsmelder.

Bedingungen:
- Taster S1 schaltet alle Leuchten ein und aus (E1 bis E6)
- Taster S2 schaltet jede zweite Leuchte ein und aus (E2, E4, E6)
- Bewegungsmelder B1 schaltet nur eine Leuchte als Durchgangsbeleuchtung ein und aus (E4).

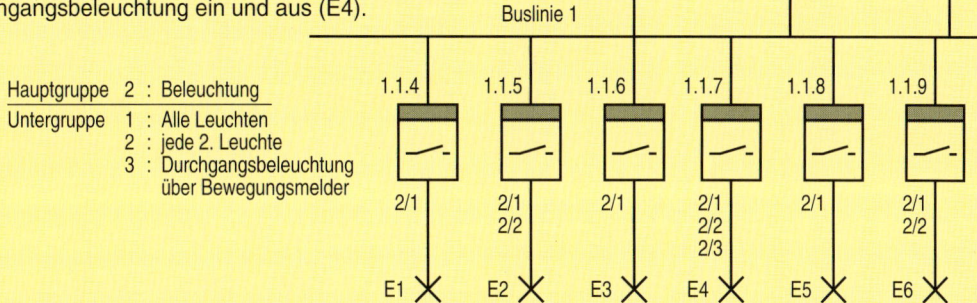

Hauptgruppe 2 : Beleuchtung
Untergruppe 1 : Alle Leuchten
2 : jede 2. Leuchte
3 : Durchgangsbeleuchtung über Bewegungsmelder

Die Gruppenadresse legt fest, welche Busgeräte miteinander kommunizieren sollen. Für kleinere Projekte genügt es, wenn nur zwei Gruppenebenen vergeben werden:
- Hauptgruppe, z. B. alle Beleuchtungen,
- Untergruppen, z. B. die einzelnen Stockwerke eines Hauses oder die unterschiedlichen Aufgaben.

Die Spannungsversorgung erhält keine Adresse.

Aufgaben

8.14.1 Adressenvergabe

Vergeben Sie die Gruppenadressen für den oben dargestellten Aufenthaltsraum neu:

a) Die Sensoren sollen die Busgerätenummern 1...30 bekommen, die Aktoren sollen die Busgerätenummern 31...40 bekommen.

b) Taster S1 soll die Leuchten E1, E3, E5 einschalten, Taster S2 soll die Leuchten E2, E4, E6 einschalten, und der Bewegungsmelder soll alle Leuchten einschalten.

8.15 EIB, Projektierung und Inbetriebnahme

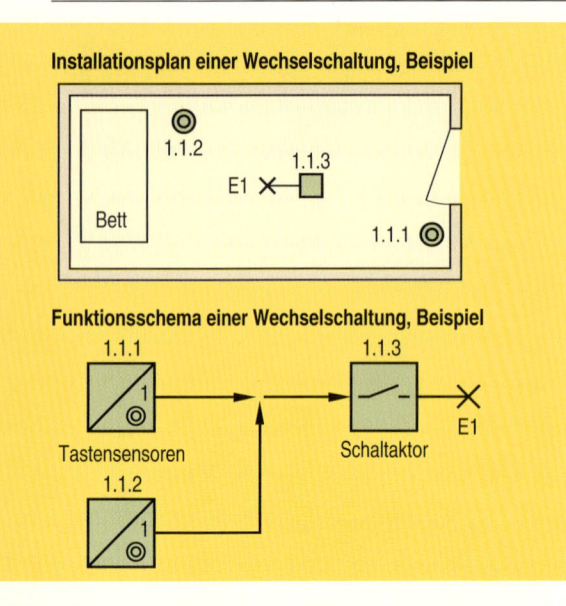

Installationsplan einer Wechselschaltung, Beispiel

Funktionsschema einer Wechselschaltung, Beispiel

Installationsdose mit sicherer Trennung

Busklemme
rot: + EIB
grau: – EIB

Spannungsmessung beim EIB

Messung $U = 28$ V
$l \leq 350$ m
Messung $U \geq 21$ V
Messung $U \geq 21$ V
$l \leq 350$ m
TN Busteilnehmer

Projektierung
Die Projektierung ist im Prinzip die Umsetzung eines
- **Lastenheftes**, das der Auftraggeber (Kunde) erstellt, in ein
- **Pflichtenheft**, das der Auftragnehmer (Projektierer, Installationsbetrieb) erstellt.

Hierbei werden die räumliche Anordnung, die Gerätetypen und die logischen Verknüpfungen festgelegt. Vor der Arbeit mit der Projektierungssoftware am PC ist eine sorgfältige Planung notwendig. Empfehlenswert ist das Vorgehen nach den Funktionen „Raum für Raum".
Sinnvolle Planungshilfen sind:
- die Darstellung in einem Installationsplan
- das Erstellen einer Geräteliste
- die Darstellung des Blockschaltplans (EIB-Schaltplan)
- die Darstellung in einem Funktionsschema
- die Darstellung von Parameterblöcken.

Das Pflichtenheft ist für die Projektierung verbindlich.

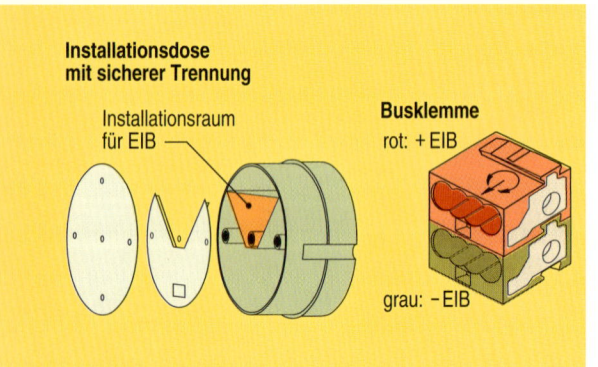

Installation
Die Leitungen sollen möglichst ohne Abstand neben den Starkstromleitungen verlegt werden, um Schleifenbildung zu vermeiden. Bus- und Starkstromleitungen dürfen in derselben Installationsdose vorhanden sein, wenn die Dose eine Trennwand mit sicherer Trennung aufweist oder wenn die Dose **feste** Klemmen besitzt. Während der Installation des Bussystems sollte die Einhaltung der maximalen Buslänge geprüft werden, da bei der Planung oft nicht die Länge der Leitungen exakt vorherbestimmt werden kann. Bei der Berechnung der Leitungslänge ist die Summe aller Abschnitte und Verzweigungen mit einzubeziehen.

Prüfungen nach der Installation
Ist die Leitungsinstallation fertig, muss sie überprüft werden, bevor die Busteilnehmer angeschlossen werden. Folgende Fragen sind zu stellen:
- **Ist eine unzulässige Ringverbindung entstanden?**
  Eine aufgetretene Ringschleife muss aufgebrochen werden, da die Datensignale sonst verfälscht werden.
- **Haben alle Leitungen Durchgang und sind sie richtig gepolt? Steht die Mindestspannung von 21 V auch am entferntesten Busteilnehmer an?**
  Diese Prüfpunkte lassen sich am besten mit Hilfe einer EIB-Spannungsversorgung vornehmen, die an das Leitungsnetz angeschlossen wird. Dabei muss an jeder Anschlussklemme die korrekte Polarität und die Mindestspannung anliegen.
- **Ist der Mindest-Isolationswiderstand nach VDE 0100 - 610 eingehalten?**
  Der Isolationswiderstand muss ≥ 250 kΩ sein.
  Er wird mit einem Isolationsmessgerät überprüft.

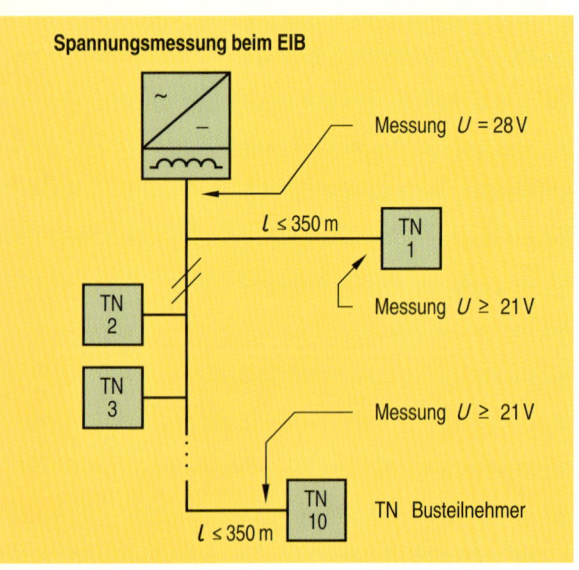

Vertiefung zu 8.15

Inbetriebnahme

Nach Abschluss der Installationsarbeiten wird mit dem PC oder einem Organizer über die 9-polige EIB-Datenschnittstelle das Softwareprogramm eingespielt. Das Inbetriebnahmeprogramm ist in der **ETS** (**E**IB **T**ool **S**oftware) enthalten.

1. Schritt: physikalische Adresse

in jedes Gerät laden. Jedes Gerät sollte mit der physikalischen Adresse beschriftet sein.
Programmiertaste am Gerät betätigen, dort leuchtet nach erfolgreicher Programmierung die LED auf und erlischt wieder.

2. Schritt: Anwendungsprogramm

mit Gruppenadresse und Herstellerparameter in die Busgeräte übertragen, sobald die physikalische Adresse übernommen wurde.

Die Hersteller der Geräte (z. B. eines Tastsensors) bieten auf Datenträgern so genannte Produktdatenbänke an. Dort sind die speziellen Eigenschaften der Busgeräte hinterlegt. In ein Busgerät dürfen nur die Daten geladen werden, die dafür bestimmt sind.

Beispiel:

In einer Wohnung soll die vorhandene Elektroinstallation im Gästezimmer und im angrenzenden Abstellraum durch ein EIB-Bussystem ersetzt werden.

Das ausführende Unternehmen soll für den Bauherrn die Geräteliste und das Funktionsschema aufstellen.

Installationsplan der vorhandenen Anlage

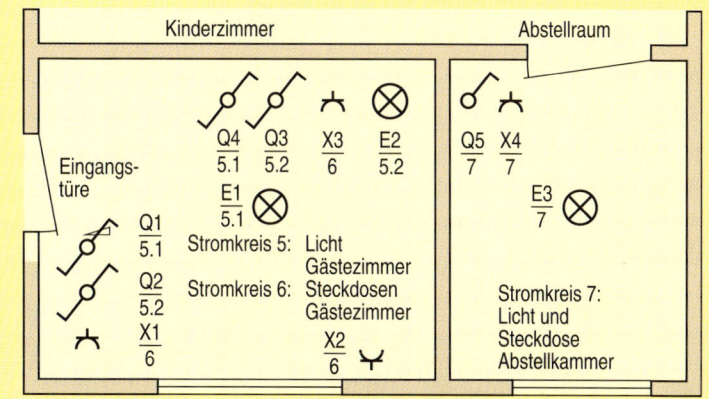

Stromkreis 5: Licht Gästezimmer
Stromkreis 6: Steckdosen Gästezimmer
Stromkreis 7: Licht und Steckdose Abstellkammer

Lösung:

Geräteliste

Phys. Adr.	Gerätetyp	Hersteller	Ort	Gruppenadresse gesendet	Gruppenadresse empfangen	Bemerkungen	ersetzt
1.1.1	Tastsensor 2-fach	XYZ	Gästezi. Tür	1/1		Licht E1 (Dimmen)	Q1
				1/2		Licht E2 (Ein/Aus)	Q2
1.1.2	Tastsensor 2-fach	XYZ	Gästezi. Wand	1/1		Licht E1 (Dimmen)	Q3
				1/2		Licht E2 (Ein/Aus)	Q4
1.1.3	Tastsensor 1-fach	XYZ	Abstellraum	1/3		Licht E3 (Ein/Aus)	Q5
1.1.10	Schaltaktor 1-fach	XYZ	Gästezimmer		1/1	Licht E1 (Dimmen)	
1.1.11	Schaltaktor 1-fach	XYZ	Gästezimmer		1/2	Licht E2 (Ein/Aus)	
1.1.12	Schaltaktor 1-fach	XYZ	Abstellraum		1/3	Licht E3 (Ein/Aus)	

Funktionsschema

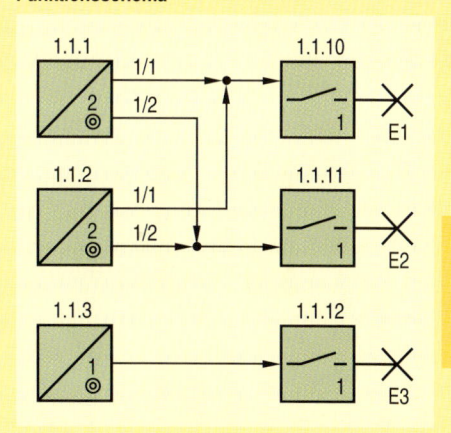

Aufgaben

8.15.1 Hausmodernisierung

Der Bauherr möchte den Raum in der obigen Aufgabe vergrößern und die Wand zwischen Gästezimmer und Abstellraum herausnehmen. Die Elektroinstallation bleibt, nur die Schaltfunktion soll per Software verändert werden.

Machen Sie dem Bauherrn einen Vorschlag über die neue Funktion in Form eines abgeänderten Funktionsschemas.

8.16 Powerline, Funkbus, LONWORKS

Powerline-Netz, Beispiel

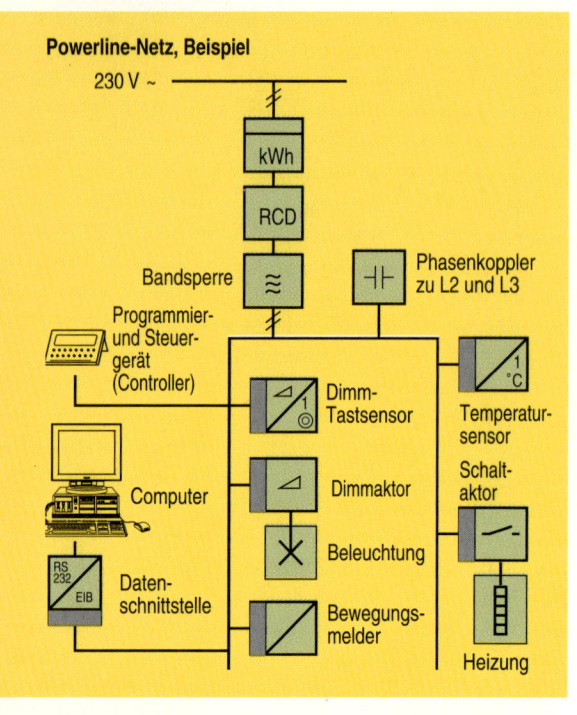

Powerline-Technologie
Prinzip
Beim normalen EIB -*instabus* wird immer eine Zweidrahtleitung für den Bus benötigt.
Es gibt aber auch Systeme, die ähnlich einem „Babyphon" ihre Steuersignale über die Energieversorgungsleitungen übertragen. Somit können z. B. der Sensor und der Aktor direkt an das Stromnetz angeschlossen werden, ohne dass eine separate Busleitung verlegt werden muss.
Diese Technologie wird allgemein als Powerline-Technologie und speziell beim EIB als „Powernet-EIB" bezeichnet. Das Projektierungsprinzip und die Software sind gleich wie beim normalen EIB.

Einspeisung in das Drehstromnetz
Die Einspeisung der Powerline-Daten erfolgt nach dem Zähler und der FI-Schutzeinrichtung (RCD). Die Signale werden zwischen Außenleiter und Neutralleiter eingespeist. Damit die Steuerdaten nicht über das Netz zu Nachbaranlagen übertragen werden, muss unbedingt in jeden Außenleiter eine Bandsperre zur Abgrenzung eingebaut werden. Ein sog. Phasenkoppler überträgt dann nur die gewünschten Signale in das andere Netz.

Powernet-EIB-Signale dürfen auf Grund der Technischen Anschlussbedingungen (TAB) den jeweiligen Zählerkreis nicht verlassen. Deshalb müssen hinter dem Zähler Bandsperren montiert werden.

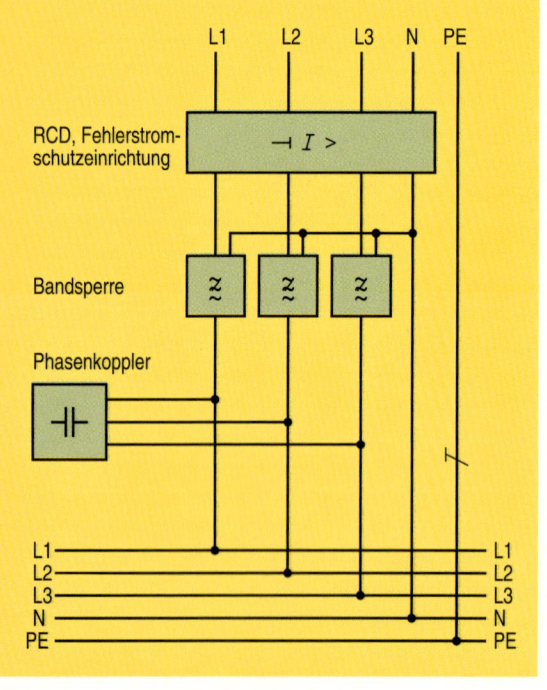

Datenübertragung beim Powernet
Damit sich Energie- und Informationsströme nicht gegenseitig stören, werden die Datentelegramme mit Hilfe nicht hörbarer Frequenzen (freigegeben: 95 - 125 kHz) übertragen, die dem 400 V/230 V-Netzsystem überlagert werden. Mit entsprechenden Frequenzweichen wird verhindert, dass die 50 Hz des Energieteils nicht in den Informationsteil gelangen und dort die empfindlichen Bauteile zerstören.

Das Übertragungsverfahren ist sehr aufwändig. Dabei werden Signale mit zwei **getrennten** Frequenzen übertragen, die beim Empfänger verglichen werden. Durch Mustervergleich und intelligente Korrektur kann ein gesendetes Signal sogar bei Störungen „repariert" werden. Der Empfänger muss den korrekten Empfang bestätigen, sonst wird der Vorgang wiederholt.

Nachteile
Der Powernet-EIB hat gegenüber dem normalen EIB folgende Einschränkungen:
- die Signalübertragung ist nur in abgeschlossenen Bereichen möglich, nicht z. B. über mehrere Gebäude hinweg
- die Übertragungszeit ist wesentlich größer als beim normalen EIB (ca. 130 ms)
- der Einsatz in Industriebetrieben mit nicht ausreichend entstörten Maschinen ist nicht möglich
- der Einsatz in funktechnisch kritischen Anlagen wie z. B. in Krankenhäusern ist verboten.

Vertiefung zu 8.16

Weitere technische Möglichkeiten zur Gebäudeautomation

Zwar ist der Europäische Installationsbus EIB zur Zeit der bedeutendste Bus in der Gebäudeautomation, jedoch sind die Kosten der einzelnen Komponenten immer noch so hoch, dass vor allem bei kleineren Objekten, wie Einfamilienhäusern, die Bauherren den Kostenaufwand scheuen. Müssen Altbauten nachgerüstet werden, entsteht ebenfalls ein hoher Aufwand. Aber auch bei großen Objekten, bei denen komplexe Heizungs- und Klimasteuerungsaufgaben anfallen, setzen die Bauherren häufig auch auf „offene" Systeme.

Als Alternative zum EIB sind nachfolgend zwei Beispiele herausgegriffen:

Gebäudeautomation mit Funktechnik

Vor allem im Bereich der Nachrüstung bietet sich der Einsatz von Funksystemen an. Ohne zusätzliche Leitungsverlegung lassen sich über Taster und Schalter per Funk Aktoren für Licht, Jalousien, Heizungsansteuerung usw. schalten.

Die Wandtaster enthalten Sender, die mit einer Sendefrequenz von z. B. 868,3 MHz Signale aussenden. Diese werden vom Aktor empfangen und umgesetzt. Neu ist, dass die Sender keine Batterien benötigen, sondern mit einem Piezo-Kristall als Energiequelle arbeiten. Wird der Taster betätigt, entsteht Energie im Piezo-Kristall, die ausreicht, um ein Steuer-Telegramm drei mal auszusenden.

Die Anlage kann ohne kompliziertes PC-Programm direkt in Betrieb genommen werden.

Die Bedienteile sind sehr flach und können auch ohne Schalterdose installiert werden. Die Elektrosmog-Energie ist ca. 1000 mal geringer, als bei einem schnurlosen Telefon.

Der Taster wird direkt auf der Wand ohne Dose befestigt. Die elektrische Energie wird durch Druck auf ein Piezokristall bereit gestellt.

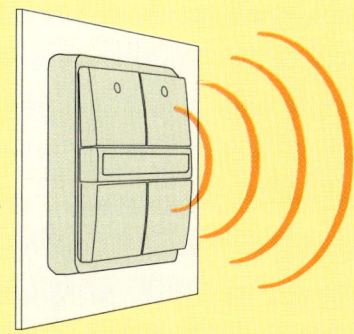

Gebäudeautomation mit LON-Technologie

LON (Local Operating Networks) ist ein offenes System mit dezentraler Intelligenz. Kernstück ist ein $2\,cm^2$ großer Microchip namens „Neuron" der Fa. Echolon (USA) der drei CPUs integriert hat, welche ständig zusammenarbeiten.

Mit Hilfe dieses Chips und dem Kommunikationsprotokoll LON-Talk läßt sich ein Bus aufbauen, der „hersteller-offen" ist, damit preiswert und trotzdem sehr leistungsfähig.

Diese Bustechnologie heißt LONWORKS®. Vor allem folgende Eigenschaften machen diese Technologie sowohl für Automatisierungsaufgaben als auch für die Gebäude-Leittechnik interessant:

- freie Bustopologie, z. B. Baum-, Strang- und Ringstruktur
- lange Übertragungsstrecken bis 20 km
- verschiedene Übertragungsmedien
- Leitung, Powerline (Stromnetz), Funk, Infrarot, Lichtwellenleiter, Internet /Intranet TCP/IP
- durchgängiges Übertragungsprotokoll, gleichgültig, welche Übertragungsart gewählt wurde
- anwenderfreundliche Programmierung
- schnelle Übertragung, kurze Schaltzeiten

Vor allem Programmierer schätzen die unkomplizierte Programmiersprache LONTALK®.

Zusammenarbeit von Geräten verschiedener Hersteller

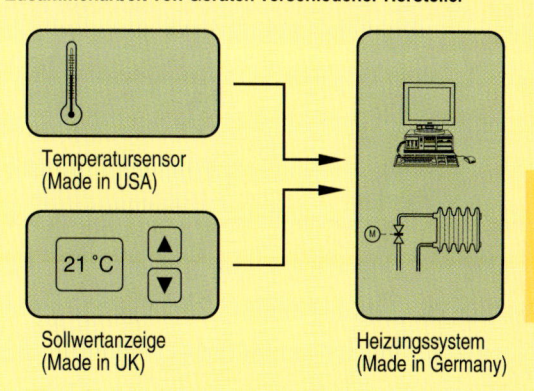

Temperatursensor (Made in USA)

Sollwertanzeige (Made in UK) 21 °C

Heizungssystem (Made in Germany)

Anders als beim EIB ist die LON-Technologie nicht durch zertifizierte Firmen eingeschränkt, sondern hat sich weltweit von selbst über den internationalen Markt verbreitet. So arbeiten weltweit über 5000 Firmen mit den LON-Komponenten. Inzwischen gibt es ein beachtliches Angebot an LONWORKS-Komponenten.

8.11.1 Gemeinschaftsantenne

a) Antennenspannung

Die tatsächliche Spannung wird aus dem Spannungspegel bestimmt.

Kanal 8: $\quad U = 1\mu V \cdot 10^{\frac{L_U}{20 dB}} = 1\mu V \cdot 10^{\frac{64 dB}{20 dB}} = 1585\,\mu V \approx 1{,}6\,mV$

Kanal 39: $\quad U = 1\mu V \cdot 10^{\frac{L_U}{20 dB}} = 1\mu V \cdot 10^{\frac{68 dB}{20 dB}} = 2512\,\mu V \approx 2{,}5\,mV$

b) Gesamtdämpfung

Für Kanal 8 (195 MHz) beträgt die Kabeldämpfung ungefähr 12 dB/100 m.

Einzeldämpfungen:	Kabel 45 m · 12 dB/100 m	5,4 dB
	Bereichsweiche	1,0 dB
	Verteiler	5,0 dB
	Steckdose, Durchgang 3 · 2 dB	6,0 dB
	Steckdose, Abschluss	14,0 dB
Gesamtdämpfung		31,4 dB

c) Mindestverstärkung

Mindespegel für Kanal 8	54,0 dBµV
Gesamte Dämpfung	31,4 dB
Antennenpegel	− 64,0 dBµV
Erforderliche Verstärkung	21,4 dB

d) Maximales Biegemoment

Das maximale Biegemoment tritt an der obereN Einspannstelle des Standrohrs auf.

Biegemoment: $\quad M = F_1 \cdot l_1 + F_2 \cdot l_2 + F_3 \cdot l_3 + F_4 \cdot l_4$

$\qquad M = 380\,N \cdot 1{,}2\,m + 77\,N \cdot 2{,}3\,m + 66\,N \cdot 3{,}3\,m + 71\,N \cdot 4{,}1\,m$

$\qquad M = 1142\,Nm$

e) Erdungsleitung

Das Kabel ist eine Erdungsleitung und dient dem Blitzschutz. Es verbindet das Antennenstandrohr mit der Potenzialausgleichsschiene, oder falls vorhanden, mit der Blitzschutzanlage. Der Mindestquerschnitt ist 16 mm² Kupfer.
Bei Verwendung von Aluminium beträgt der Mindestquerschnitt 25 mm².
Ersatzweise kann auch verzinkter Stahldraht mit 8 mm Durchmesser oder verzinkter Bandstahl 2,5 mm x 20 mm verwendet werden.

8.15.1 Hausmodernisierung

Funktionsschema (nach Umbau)

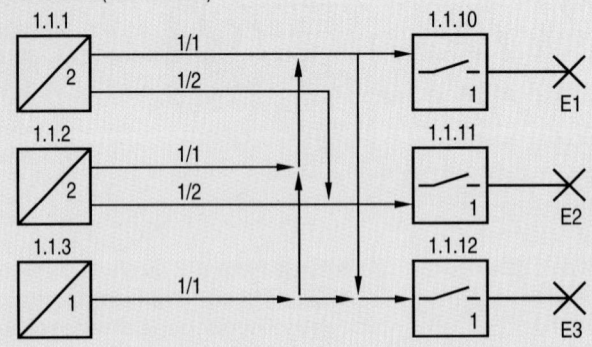

9 Automatisierungstechnik

9.1	Automatisierung	324
9.2	Elektromechanische Schalter	326
9.3	Schützschaltungen I	328
9.4	Schützschaltungen II	330
9.5	Schützschaltungen III	332
9.6	Zahlensysteme	334
9.7	SPS, Einführung	336
9.8	Digitale Grundschaltungen I	338
9.9	Digitale Grundschaltungen II	340
9.10	Grundverknüpfungen mit SPS I	342
9.11	Grundverknüpfungen mit SPS II	344
9.12	Selbsthaltung	346
9.13	Wendeschaltung	348
9.14	Pneumatische Steuerungen I	350
9.15	Pneumatische Steuerungen II	352
9.16	Projekt: Stempeleinrichtung I	354
9.17	Projekt: Stempeleinrichtung II	356
9.18	Projekt: Stempeleinrichtung III	358
9.19	Zeitfunktionen	360
9.20	Stern-Dreieck-Anlauf	362
9.21	Projekt: Befüllungsanlage	364
9.22	Zähler und Vergleicher	366
9.23	Sicherheit von Steuerungen	368
9.24	Planung und Dokumentation	370
8.25	Ausgewählte Lösungen zu Kapitel 9	372

9.1 Automatisierung

Technisches System

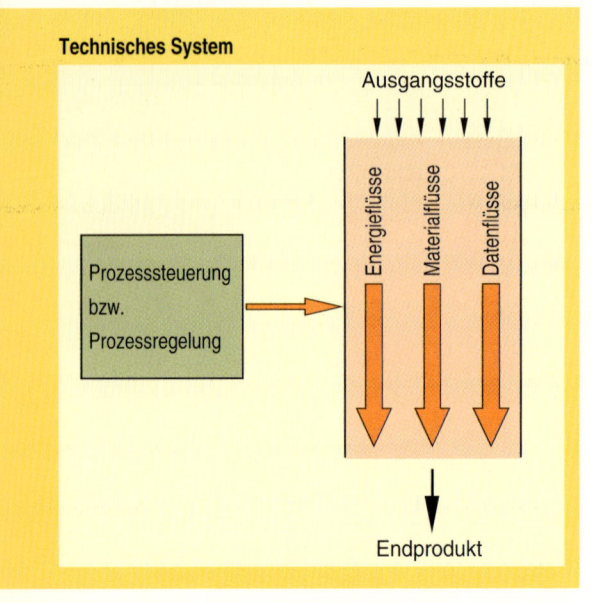

(Diagramm: Prozesssteuerung bzw. Prozessregelung → Ausgangsstoffe mit Energieflüssen, Materialflüssen, Datenflüssen → Endprodukt)

Automatisierung
Automatisieren bedeutet: Schaffen von Bedingungen, unter denen es möglich ist, immer gleiche Vorgänge wiederholt und in immer gleicher Weise (d. h. reproduzierbar) auszuführen, ohne einen besonderen menschlichen Eingriff.
Dabei laufen in einem technischen System „Prozesse" ab, d. h. Vorgänge, bei denen in verschiedenen Einzelschritten aus vorgegebenen Stoffen, Energieformen oder Informationen bestimmte Endprodukte entstehen. Beispiele für technische Prozesse sind:
- Werkstoffe werden umgeformt, bearbeitet, zusammengefügt, bis ein fertiges Werkstück entsteht
- Wasserstoff und Sauerstoff wird in Brennstoffzellen geführt, so dass elektrische Energie entsteht
- Nachrichten werden verschlüsselt, zu einem Empfänger gesendet und dort entschlüsselt.

Technische Prozesse müssen immer „geleitet" werden. Dies kann durch eine Steuerung oder eine Regelung erfolgen.

Steuerung, Beispiel

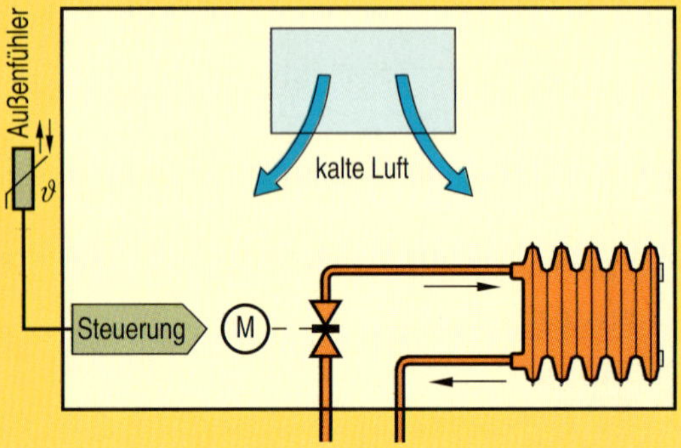

(Diagramm: Außenfühler, Steuerung, Stellmotor M, Ventil, Heizkörper, kalte Luft)

Steuerung
Eine Steuerung arbeitet nach dem Prinzip des **offenen Wirkungsablauf** (englisch: open loop control).
Das bedeutet: die Ausgangsgröße wird nicht überwacht. Ändert sich die Ausgangsgröße durch irgendwelche äußere Einflüsse (Störgrößen), so hat das keine Rückwirkung auf den Steuerkreis.
Beispiel:
Eine Heizung wird über ein verstellbares Ventil mit Warmwasser gespeist. Je nach Außentemperatur wird das Ventil über einen Stellmotor mehr oder weniger geöffnet. Ändert sich die Raumtemperatur (Ausgangsgröße), z. B. weil kalte Luft durch das Fenster strömt (Störgröße), so hat das keine Auswirkung auf den Stellmotor.
Eine Steuerung kann die Störung nicht ausgleichen.

Regelung, Beispiel

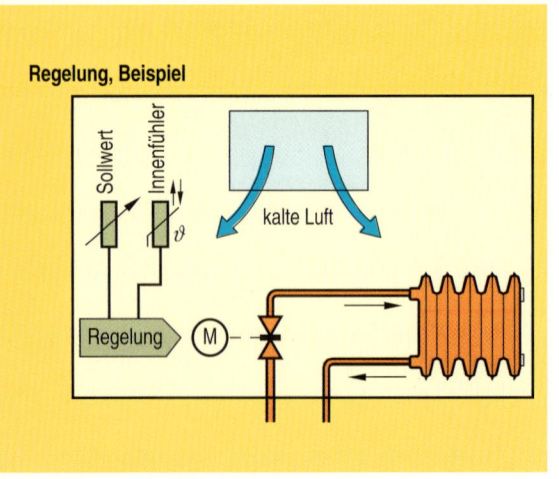

(Diagramm: Sollwert, Innenfühler, Regelung, Stellmotor M, Ventil, Heizkörper, kalte Luft)

Regelung
Eine Regelung arbeitet nach dem Prinzip des **geschlossenen Wirkungsablaufs** (englisch: closed loop control).
Das bedeutet: die Ausgangsgröße wird ständig überwacht und mit dem vorgegebenen Sollwert verglichen. Ändert sich die Ausgangsgröße durch äußere Einflüsse, so versucht die Regelung diese Störung auszugleichen.
Beispiel:
Eine Warmwasserheizung wird über ein verstellbares Ventil mit Warmwasser gespeist. Dabei wird der Stellmotor von zwei Größen beeinflusst:
1. der gewünschten Raumtemperatur (Sollwert)
2. der tatsächlichen Raumtemperatur (Istwert)

Weichen Soll- und Istwert voneinander ab, so wird das Ventil, je nach Abweichung, vom Stellmotor geöffnet oder geschlossen.

Vertiefung zu 9.1

Automatisierung, historische Entwicklung
Waren und Güter wurden über die Jahrhunderte hinweg von Handwerkern als Einzelstücke hergestellt. Im 17. und 18. Jahrhundert gab es in den „Manufakturen" erste Ansätze zur Massenproduktion. Aber erst um 1900 wurden an Fließbändern große Stückzahlen gefertigt.

Großen Anteil an dieser Entwicklung hatte der Amerikaner Henry Ford. Um 1913 ließ er die ersten Fabrikhallen mit Montagebändern errichten und begann die Massenproduktion der berühmten „Tin Lizzy". Durch den Einsatz von standardisierten und austauschbaren Teilen war es möglich, dass im Jahre 1920 in den USA bereits 8,1 Millionen PKW fuhren, in Europa erst 500 000.

Seither hat die Automatisierung ständige Fortschritte gemacht. Zuerst durch den Einsatz von mechanischen und elektrischen Maschinen, seit etwa 20 Jahren durch den verstärkten Einsatz von Computern.

Henry Ford (1863-1947)

Montageband, Prinzip

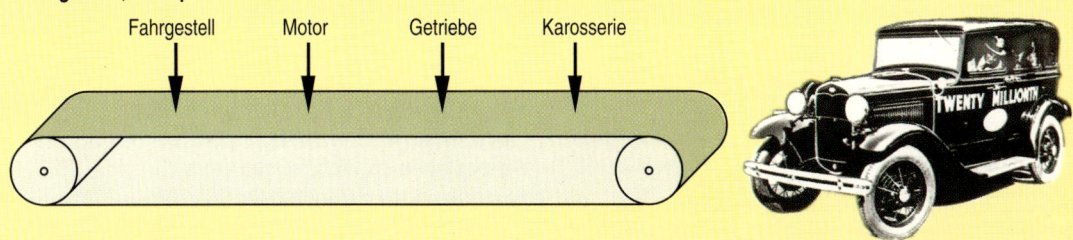

Prozessautomatisierung
Der automatische Ablauf eines technischen Prozesses erfordert eine aufwändige Prozesssteuerung mit meist vielen Einzelschritten; dabei soll die Steuerung weitgehend ohne menschliche Eingriffe, d. h. automatisch erfolgen. Dieser Prozessablauf kann in jedem Einzelfall völlig verschieden sein. Alle Prozesse lassen sich aber in drei prinzipielle Schritte einteilen:
1. die Eingabe **E**
2. die Verarbeitung der Eingangssignale **V**
3. die Ausgabe der verarbeiteten Daten **A**.

Die folgende Tabelle zeigt das **EVA**-Prinzip und die wesentlichen daran beteiligten Komponenten.

Eingabe	Verarbeitung	Ausgabe
Die Eingabe der Steuersignale erfolgt durch unterschiedliche Sensoren. Beispiele: Näherungssensor — induktiv, kapazitiv, magnetisch; Temperatursensor — Temperatur ändert Widerstand; Lichtsensor — Licht beeinflusst Fotodiode	Die Signalverarbeitung erfolgt in modernen und großen Anlagen durch speicherprogrammierbare Steuerungen (SPS), in kleineren und älteren Anlagen durch verbindungsprogrammierte Steuerungen (VPS).	Die Ausgabe erfolgt durch Maschinen für Energie-, Masse- oder Datenströme. Beispiele: elektrischer Energiefluss — Schütz; Materialfluss — Magnetventil; Materialfluss — Transportband

9.2 Elektromechanische Schalter

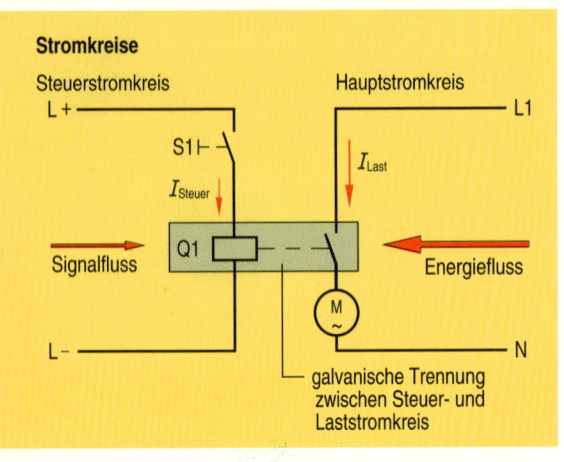

Stromkreise

Steuerstromkreis — Hauptstromkreis
L+ — L1
S1
I_{Steuer} — I_{Last}
Q1
Signalfluss — Energiefluss
M
L- — N
galvanische Trennung zwischen Steuer- und Laststromkreis

Steuer- und Laststrom

In der Praxis stellt sich häufig das Problem, dass mit einem kleinen Steuersignal ein großer Energiefluss ein- und ausgeschaltet werden muss.

Dieses Problem kann zum Beispiel mit elektromagnetischen Schaltern gelöst werden. Dabei werden mit Hilfe eines kleinen Steuerstromes Kontakte betätigt, über die ein großer Laststrom fließen kann.

In Steuerungen mit elektromagnetischen Schaltern gibt es immer einen Steuerstromkreis und einen Hauptstromkreis (Arbeitsstromkreis, Laststromkreis). Haupt- und Steuerstromkreis haben keine elektrische Verbindung, sie sind voneinander „galvanisch getrennt". Elektromagnetische Schalter werden entsprechend ihrer Schaltaufgabe in Schütze und Relais eingeteilt.

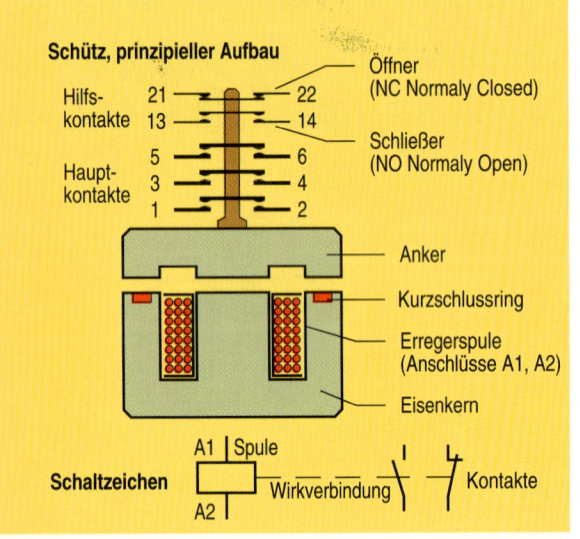

Schütz, prinzipieller Aufbau

Hilfskontakte: 21–22, 13–14
Hauptkontakte: 5–6, 3–4, 1–2
Öffner (NC Normaly Closed)
Schließer (NO Normaly Open)
Anker
Kurzschlussring
Erregerspule (Anschlüsse A1, A2)
Eisenkern

Schaltzeichen: A1/A2 Spule — Wirkverbindung — Kontakte

Schütze

Elektromagnetische Schalter zum Schalten von großen Lastströmen heißen Schütze (Einzahl: das Schütz). Sie bestehen im Wesentlichen aus
- Eisenkern mit Erregerspule
- dem festen Kontaktsatz
- dem Anker mit dem beweglichen Kontaktsatz.

Die Erregerspule kann mit Gleich- oder Wechselstrom (z. B. 24 V, 230 V) betrieben werden. Ein Kurzschlussring verhindert das „Kleben" des Ankers; bei Wechselstromerregung wird auch das „Brummen" unterdrückt.
Schütze haben folgende Merkmale:
- Fernbedienung möglich
- hohe Lebensdauer (bis 30 Millionen Schaltspiele)
- sichere Kontaktgabe und Kontaktunterbrechung.

Schütze dienen zum Schalten von Energieflüssen; sie erhalten die Betriebsmittelkennzeichnung Q. Hilfsschütze und Relais steuern Signalflüsse; sie erhalten die Betriebsmittelkennzeichnung K.

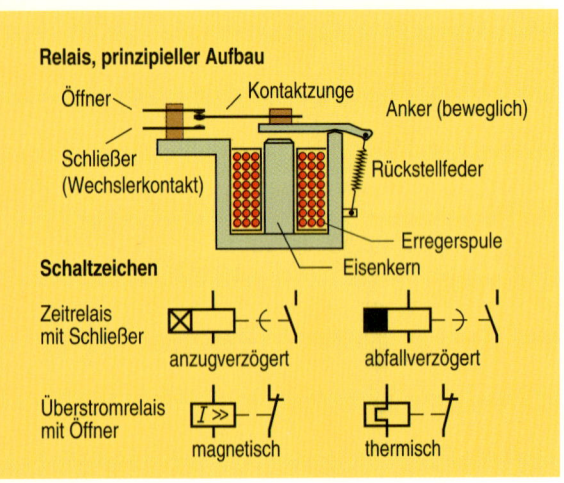

Relais, prinzipieller Aufbau

Öffner — Kontaktzunge — Anker (beweglich)
Schließer (Wechslerkontakt) — Rückstellfeder
Erregerspule
Eisenkern

Schaltzeichen:
Zeitrelais mit Schließer — anzugverzögert — abfallverzögert
Überstromrelais mit Öffner — $I \gg$ magnetisch — thermisch

Relais

Elektromechanische Schalter zum Schalten von Hilfsstromkreisen heißen Relais. Sie können durch Steuerströme erregt oder durch physikalische Größen wie die Temperatur betätigt werden. Wichtige Relais sind:
- Zeitrelais
- Überstromrelais
- Unterspannungsrelais
- Temperaturschalter (-relais)
- Fliehkraftschalter (-relais).

Die Namen „Schütz" und „Relais" wurden von alten Techniken übernommen: „Schütze" sind mechanische Verschlüsse, mit denen Wasserläufe (z. B. Kanäle) geöffnet und geschlossen werden, „Relaisstationen" waren in der Postkutschenzeit die Stationen, an denen Pferde gewechselt und Briefe weitergereicht wurden.

Vertiefung zu 9.2

Schütz und Relais, Beispiele

Leistungsschütz Hilfsschütz 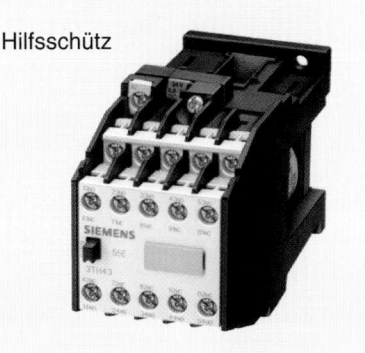 Zeitrelais

Anschlussbezeichnungen
Als Anschlussbezeichnung für Schütz- und Relaisspulen wird die Kennzeichnung A1 - A2 verwendet. Die Kontakte der Schaltglieder werden durch Ziffern gekennzeichnet. Dabei wird zwischen Haupt- und Hilfsschaltgliedern sowie Kontakten von Zeitrelais und Überlastschutzeinrichtungen unterschieden.

Hauptschaltglieder
Die Schaltglieder im Hauptstromkreis (Hauptschaltglieder, Hauptkontakte) werden durch einziffrige Zahlen bezeichnet.

  Schaltglied 1: 1-2
  Schaltglied 2: 3-4
  Schaltglied 3: 5-6

Dabei werden die Kontakte 1, 3 und 5 an das Netz angeschlossen (L1, L2, L3), die Kontakte 2, 4 und 6 an den Verbraucher.

Hilfsschaltglieder
Die Schaltglieder im Steuerstromkreis (Hilfsschaltglieder, Hilfskontakte) werden durch zweiziffrige Zahlen bezeichnet. Dabei gilt:
- die erste Ziffer gibt die Reihenfolge im Kontaktsatz an (Ordnungsziffer)
- die zweite Ziffer gibt die Funktion an (Funktionsziffer). Für die Funktionsziffer ist festgelegt:

  Öffner   1-2
  Schließer   3-4
  Wechsler   1-2-4

Zeitrelais
Für die Funktionsziffer der Schaltglieder von Zeitrelais gilt folgende Festlegung:

  Öffner   5-6
  Schließer   7-8
  Wechsler   5-6-8

Überlastschutzeinrichtungen
Schaltglieder von Überlastschutzeinrichtungen (z.B. Bimetall-Auslöser) haben die Ordnungszahl 9, ein eventuell vorhandener zweiter Kontakt die Ordnungszahl 0. Für die Funktionsziffer der Schaltglieder gelten die gleichen Festlegungen wie beim Zeitrelais (Öffner 5-6, Schließer 7-8, Wechsel 5-6-8).

Hauptschütz

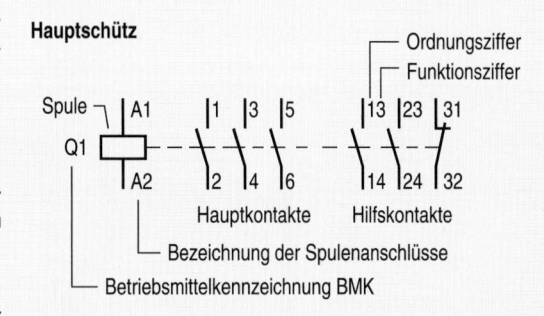

Spule Q1, A1-A2, Hauptkontakte 1-2, 3-4, 5-6, Hilfskontakte 13-14, 23-24, 31-32
— Ordnungsziffer
— Funktionsziffer
— Bezeichnung der Spulenanschlüsse
— Betriebsmittelkennzeichnung BMK

Hilfsrelais

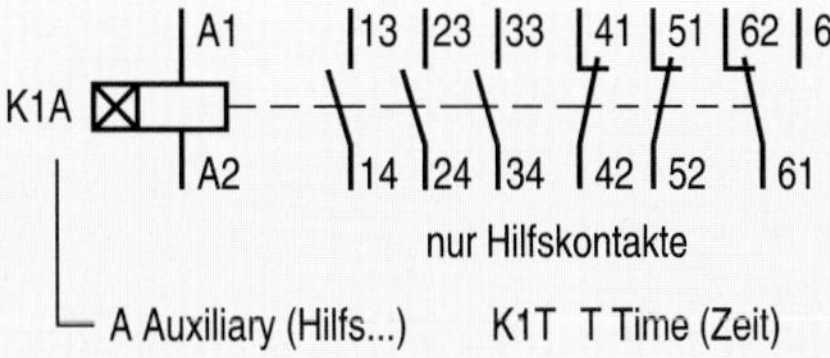

K1A, A1-A2, 13-14, 23-24, 33-34, 41-42, 51-52, 62-61, 64
nur Hilfskontakte
A Auxiliary (Hilfs...)   K1T T Time (Zeit)

Zeitrelais

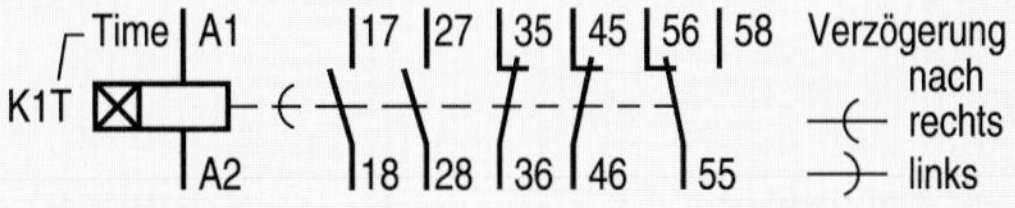

K1T, Time, A1-A2, 17-18, 27-28, 35-36, 45-46, 56-55, 58
Verzögerung
nach
← rechts
→ links

Überstromauslöser

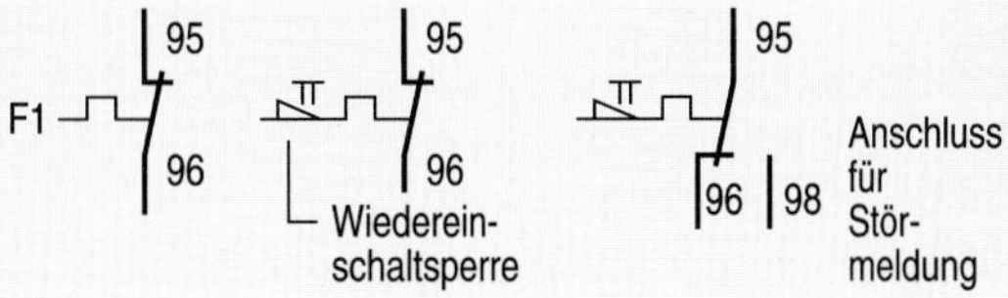

F1, 95-96, 95-96 Wiedereinschaltsperre, 95-96/98 Anschluss für Störmeldung

© Holland + Josenhans

327

9.3 Schützschaltungen I

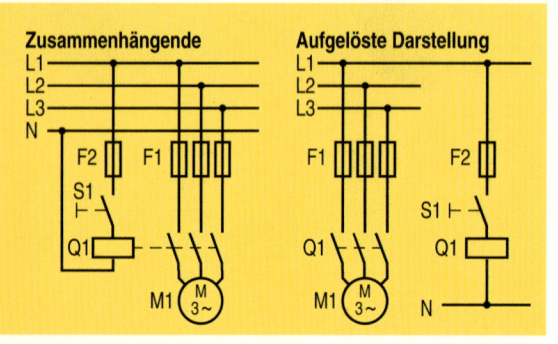

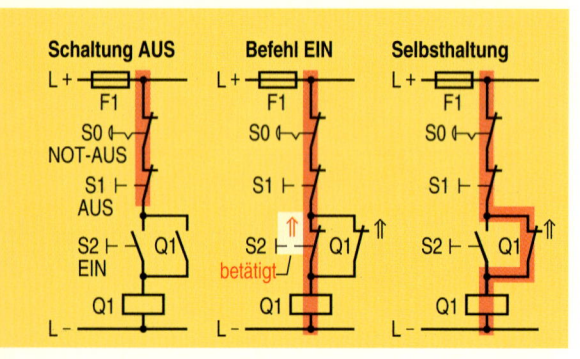

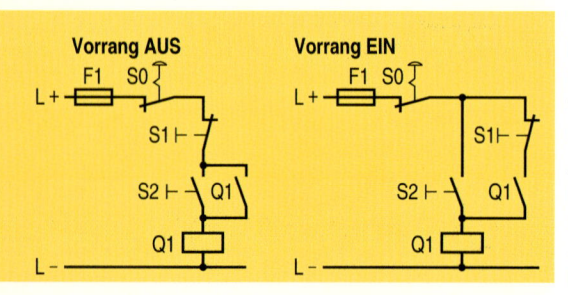

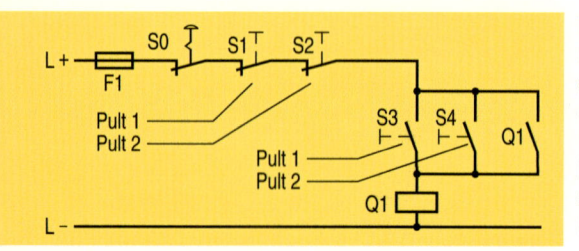

Grundschaltungen

Schützschaltungen dienen z. B. zum Steuern von Motoren, Heizungen und Beleuchtungsanlagen.
Zu den Grundschaltungen gehören der Tipp-Betrieb und der Dauerbetrieb sowie das Steuern von mehreren Betätigungsstellen.
Bei gleichzeitigem Drücken mehrerer Taster ist darauf zu achten, welcher Steuerbefehl Vorrang hat.

Tipp-Betrieb

Beim Tipp-Betrieb wird das Betriebsmittel, meist ein Drehstrommotor, durch einen Tastschalter betätigt. Es ist so lange eingeschaltet, wie der Taster betätigt ist. Wird der Taster losgelassen, fällt das Schütz ab.
Tipp-Betrieb wird vor allem angewandt, wenn das zu steuernde Betriebsmittel aus Sicherheitsgründen nur unter Aufsicht betrieben werden darf. Z. B. Hebebühnen und Hebezeuge arbeiten immer im Tipp-Betrieb.
Die zusammenhängende Darstellung zeigt den Haupt- und den Steuerstromkreis in einer Schaltung, in der aufgelösten Darstellung sind die Stromkreise getrennt.

Dauer-Betrieb

Für die meisten Steueraufgaben ist der Tipp-Betrieb ungeeignet. Meist soll ein Betriebsmittel durch einen Steuerbefehl eingeschaltet werden und solange eingeschaltet bleiben, bis ein AUS-Befehl erfolgt. Diese Aufgabe kann durch einen Rastschalter gelöst werden. Sinnvoller ist aber der Einbau eines Tastschalters. Zum Schließer des Tasters wird ein Schließer des Schützes als „Selbsthaltekontakt" parallel geschaltet. Durch einen Öffner kann die Anlage ausgeschaltet werden.
Zur Sicherheit sind meist NOT-AUS-Taster eingebaut; sie liegen immer in Reihe zum AUS-Taster.

Vorrangigkeit

In den meisten Steuerungen muss beim gleichzeitigen Betätigen von AUS- und EIN-Tastern der AUS-Befehl wirksam werden: der AUS-Befehl ist vorrangig. Der Selbsthaltekontakt liegt parallel zum EIN-Taster, der AUS-Taster liegt davor.
In gewissen Ausnahmefällen hat der EIN-Befehl Vorrang. Der Selbsthaltekontakt liegt in diesem Fall im Selbsthaltekreis.
Der NOT-AUS-Befehl ist in jedem Fall vorrangig.

Mehrere Betätigungsstellen

Betriebsmittel müssen häufig von mehreren Betätigungsstellen (z. B. von zwei Steuerpulten) aus gesteuert werden.
In diesem Fall liegen alle EIN-Taster sowie der Selbsthaltekontakt parallel (Schließer-ODER-Schaltung) und alle AUS-Taster sowie der NOT-AUS-Taster liegen in Reihe (Öffner-ODER-Schaltung).

Vertiefung zu 9.3

Abhängigkeiten
In einer Anlage herrschen zwischen den einzelnen Betriebsmitteln bestimmte Abhängigkeiten.
Zum Beispiel darf Motor M1 eines Förderbandes nur dann einschaltbar sein, wenn Motor M2 einer Werkzeugmaschine nicht läuft, weil sonst Maschinen und Werkzeuge beschädigt werden.
Oder Motor M1 einer Säge darf nur einschaltbar sein, wenn Motor M2 eines Lüfters läuft, weil sonst der Staub nicht abgesaugt wird.
Aus diesem Grund müssen die Betriebsmittel gegeneinander „verriegelt" bzw. „entriegelt" sein.

Forderung 1
M1 und M2 dürfen nicht gleichzeitig einschaltbar sein
→ Verriegelung

Forderung 2
M2 darf nur einschaltbar sein, wenn M1 schon läuft
→ Entriegelung

Verriegelung
Eine Verriegelung ist notwendig, wenn zwei Funktionen nicht gleichzeitig ausgeführt werden dürfen.
Die Verriegelung kann über die Tasterkontakte (Tasterverriegelung) oder über die Schützkontakte (Schützverriegelung) erfolgen. In beiden Fällen werden Öffnerkontakte verwendet.
In der Praxis werden aus Sicherheitsgründen meist beide Verriegelungsarten gleichzeitig eingesetzt.
Im Beispiel wird durch die Verriegelung erreicht, dass die beiden Motoren M1 und M2 nie gleichzeitig in Betrieb sein können.

Entriegelung
Die Entriegelung ist das Gegenstück zur Verriegelung. Mit ihr wird erreicht, dass ein Schütz K2 erst dann eingeschaltet werden kann, wenn ein anderes Schütz K1 schon betätigt ist. K2 fällt auch automatisch ab, wenn K1 ausgeschaltet wird.
Während bei der Verriegelung Öffner verwendet werden erfolgt die Entriegelung über Schließer der zuvor eingeschalteten Schütze.
Im Beispiel wird durch Entriegelung erreicht, dass Motor M2 nur dann einschaltbar ist, wenn Motor M1 in Betrieb ist.

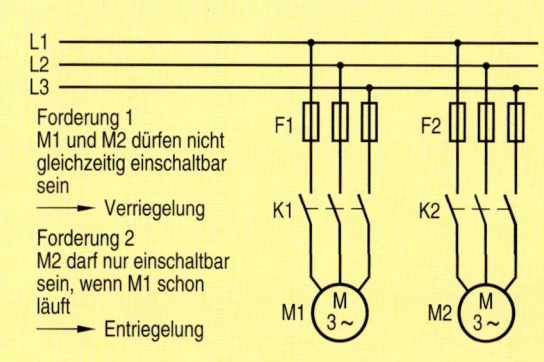

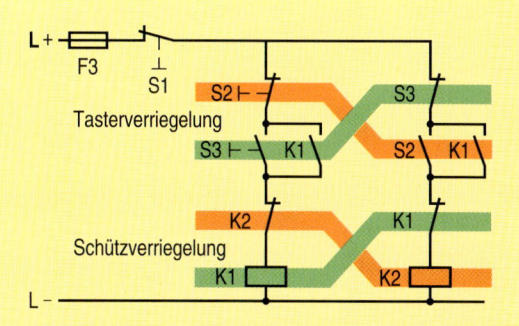

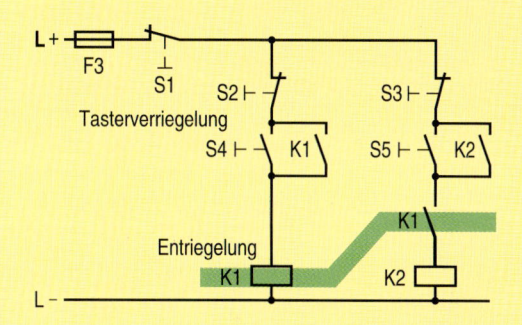

Aufgaben zu 9.2 und 9.3

9.2.1 Schütze und Relais
a) Elektromechanische Schalter werden in Schütze und Relais eingeteilt. Nennen Sie Anwendungsbereiche beider Schalterarten.
b) Erklären Sie die Herkunft der Begriffe Schütz und Relais.
c) Auf einem Schütz befinden sich Kontakte mit folgenden Bezeichnungen:
   1-2, 13-14, 23-24, 31-32, 51-52-54.
   Um was für Kontakte handelt es sich jeweils?
d) Welche Kontakte haben die Kennzeichnung 95-96, 97-98 und 95-96-98?

9.3.1 Grundschaltungen
a) Erklären Sie den Unterschied zwischen Tipp-Betrieb und Dauer-Betrieb.
   Durch welches Schaltglied wird bei Schützschaltungen Dauer-Betrieb erreicht?
b) Erklären Sie den Unterschied zwischen Verriegelung und Entriegelung.
   Auf welche zwei Arten kann bei einer Schützschaltung Verriegelung erreicht werden?
c) Ein Motor soll von drei Stellen aus ein- bzw. ausgeschaltet werde. Wie müssen die Kontakte der drei Ein- bzw. Austaster prinzipiell geschaltet sein?

9.4 Schützschaltungen II

Bimetall-Relais

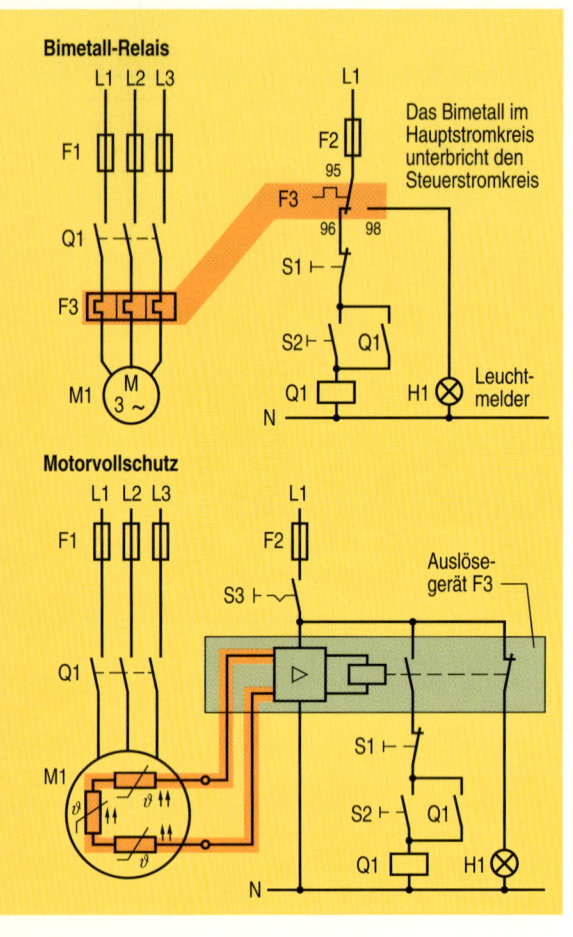

Das Bimetall im Hauptstromkreis unterbricht den Steuerstromkreis

Motorvollschutz

Stern-Dreieck-Anlauf, Hauptstromkreis

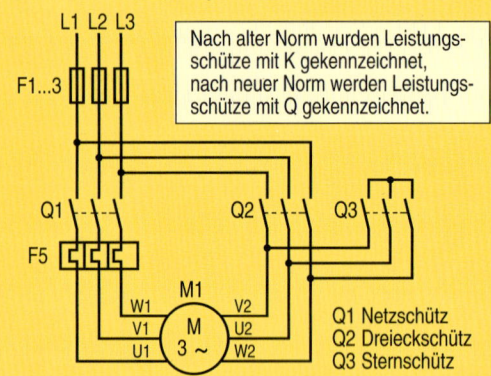

Nach alter Norm wurden Leistungsschütze mit K gekennzeichnet, nach neuer Norm werden Leistungsschütze mit Q gekennzeichnet.

Q1 Netzschütz
Q2 Dreieckschütz
Q3 Sternschütz

Beim Einschalten in Sternschaltung wird der Anlaufstrom auf ein Drittel des Wertes bei Anlauf in Dreieckschaltung gesenkt. Allerdings sinkt dabei auch das Anlaufmoment auf ein Drittel. Das Verfahren ist daher nicht für den Anlauf unter schwerer Last geeignet.

Motorschutz

Bei Motorwicklungen ist die zulässige Temperatur durch die Isolierstoffklasse begrenzt, z. B. 90 °C bei Klasse Y, 180 °C bei Klasse H. Durch Überlast, Unterspannung oder mangelhafte Lüftung kann die zulässige Temperatur überschritten werden, was zur Zerstörung der Wicklung führt. Außer Kleinstmotoren sollten deshalb alle Motoren geschützt werden.

Schutz durch Bimetall-Relais

In den meisten Fällen wird der Schutz vor Übertemperatur durch ein Bimetall-Relais erreicht. Es wird in die Zuleitung zum Motor geschaltet.
Erwärmt sich ein Bimetallstreifen wegen zu hoher Stromaufnahme, so biegt er sich und betätigt einen Öffner. Der Öffnerkontakt unterbricht den Steuerstromkreis, der Schaltzustand kann durch einen Leuchtmelder angezeigt werden. Enthält eine Schaltung mehrere Motoren, so muss jeder Motor durch ein eigenes Relais geschützt werden. Die Öffner der einzelnen Relais werden im Steuerstromkreis in Reihe geschaltet.

Motorvollschutz

Bimetallrelais reagieren auf den Strom in der Zuleitung. Übertemperaturen z. B. durch fehlende Lüftung werden somit nicht registriert.
Beim Motorvollschutz hingegen wird die Temperatur in allen Wicklungen durch in die Wicklung eingegossene PTC-Widerstände direkt ermittelt. Wird die zulässige Temperatur in einer oder in mehreren Wicklungen überschritten, so steigt der Widerstandswert sprungartig an und unterbricht über ein elektronisches Auslösegerät den Steuerstromkreis.

Anlaufverfahren

Motoren nehmen beim Einschalten hohe Ströme auf. Bei Drehstromasynchronmotoren (DASM) ist der Anlaufstrom etwa 5 bis 8 mal dem Nennstrom. Da gemäß den TAB (Technische Anschlussbedingungen) der Anlaufstrom 60 A nicht überschreiten darf, ist für Motoren über 4 kW Leistung ein strombegrenzendes Anlaufverfahren nötig.
Strombegrenzung beim Anlauf kann z. B. durch Absenken der Spannung mit Anlauftransformatoren oder durch Vorschalten von Widerständen oder Drosselspulen erreicht werden. Diese Verfahren sind aber unwirtschaftlich und veraltet.
Eine besondere Form der Spannungsreduzierung ist das Stern-Dreieck-Anlaufverfahren. Dabei wird die Ständerwicklung beim Einschalten in Stern geschaltet (Strangspannung 230 V) und nach dem Hochlauf auf Dreieck umgeschaltet (Strangspannung 400 V).
In modernen Antrieben werden die Drehstrommotoren mit Frequenzumrichtern betrieben. Damit kann der Anlaufstrom ebenfalls reduziert werden.

Vertiefung zu 9.4

Stern-Dreieck-Anlauf, Steuerstromkreis
Anlagen mit Motoren werden üblicherweise durch ein SPS-Programm gesteuert. In älteren Anlagen bzw. in Steuerungen mit nur wenigen Lastschützen wird die Steuerung auch in Schütztechnik ausgeführt.
Das Beispiel zeigt einen Steuerstromkreis für die Stern-Dreieckschaltung auf Seite 330:
Beim Betätigen von S2 zieht Stern-Schütz Q3 und Netz-Schütz Q1 an; beide Schütze halten sich selbst. Nach Ablauf der eingestellten Zeit schaltet der Wechsler von Zeitrelais K1T Stern-Schütz Q3 aus und Dreieck-Schütz Q2 ein. Q2 schaltet das Zeitrelais aus. S1 ist der AUS-Taster, S0 der NOT-AUS-Taster.
Stern- und Dreieck-Schütz sind über die Öffnerkontakte Q2 und Q3 gegenseitig verriegelt.
Das Bimetall-Relais F5 schützt den Motor gegen Überlastung.

Schaltfolgediagramm
Für die einwandfreie Funktion einer Schützschaltung ist wichtig, dass die Schaltglieder von Schützen und Tastschaltern in genau festgelegter Reihenfolge schließen bzw. öffnen.
Im Normalfall muss der Öffner öffnen bevor der Schließer schließt. In der englischen Fachsprache heißt das „break before make".
In Sonderfällen ist die umgekehrte Schaltfolge erforderlich, man benötigt dann **Spätöffner** und **Frühschließer** („make before break").
Die genauen Schaltpunkte sind aus den Schaltfolgediagrammen der Hersteller ersichtlich.

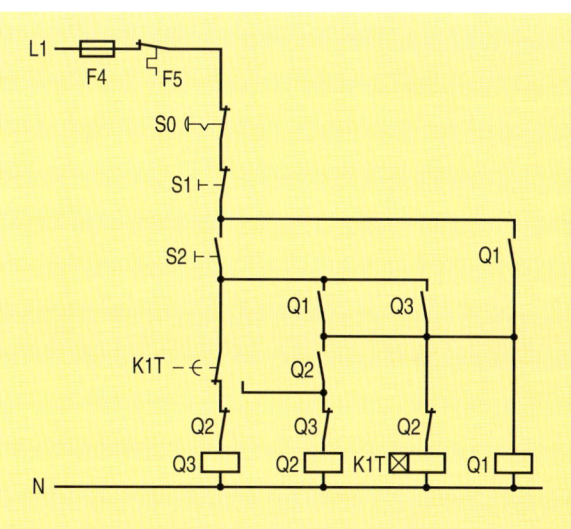

Kontaktarten und Schaltfolgediagramm

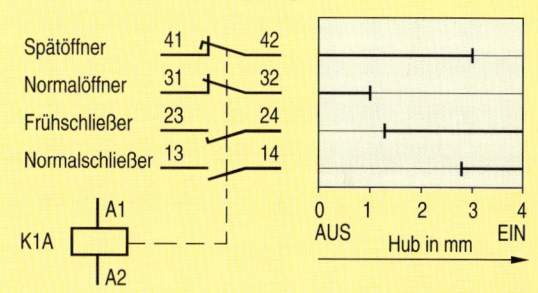

Aufgaben

9.4.1 Motorschutz
a) Auf welchen Stromwert muss ein Bimetall-Relais eingestellt sein, wenn es in der Motorzuleitung liegt?
b) Welche Vorteile bietet ein „Motorvollschutz" im Vergleich zu einem Motorschutz mit Bimetall-Relais?

9.4.2 Anlauf von Motoren
a) Warum dürfen leistungsstarke DASM (etwa ab 4 kW) nicht direkt eingeschaltet werden?
b) Beschreiben Sie das Prinzip des Stern-Dreieck-Anlaufs. Welche Nachteile hat das Verfahren?

9.4.3 Förderanlage
Die Drehstrommotoren M1, M2 und M3 einer Förderanlage sollen mit einer Schützschaltung gesteuert werden. Folgende Bedingungen sind zu erfüllen:
1. M2 und M3 dürfen nicht gleichzeitig laufen,
2. M2 bzw. M3 darf erst dann einschaltbar sein, wenn Motor M1 läuft,
3. der Schaltzustand der Schütze ist über die Leuchtmelder „Betrieb" anzuzeigen, der Schaltzustand der Bimetallrelais ist über die Leuchtmelder „Störung" anzuzeigen.

Zeichnen Sie Haupt- und Steuerstromkreis der Anlage in aufgelöster Darstellung.

Technologieschema zu 9.4.3

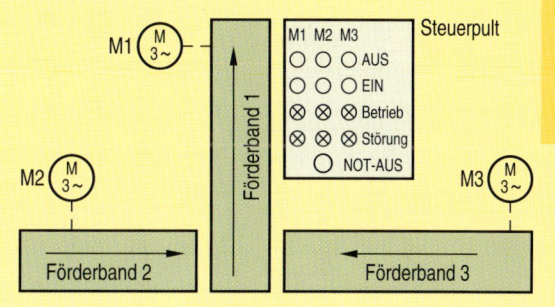

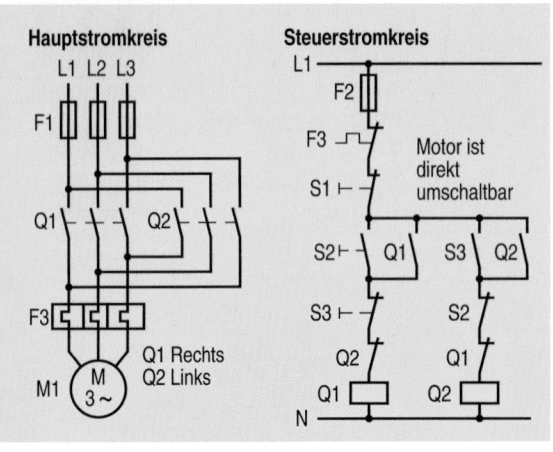

9.5 Schützschaltungen III

Wendeschaltung

Die Umschaltung der Drehrichtung erfolgt bei Drehstromasynchronmotoren (DASM) durch Vertauschen von zwei beliebigen Außenleitern (z. B. L1 und L3). Durch das Vertauschen ändert sich die Richtung des Drehfeldes und damit die Drehrichtung des Motors.
Bei der Wendeschaltung dürfen nie beide Drehrichtungen gleichzeitig einschaltbar sein, da sonst ein Kurzschluss entsteht. Die beiden Schütze für Rechts- und Linkslauf müssen deshalb gegenseitig verriegelt sein. In der Praxis ist die gleichzeitige Verriegelung durch Schütz- und Tasterkontakte üblich.
Je nach Schaltung der Selbsthaltekontakte kann die Drehrichtung direkt oder erst nach Betätigung des AUS-Tasters geändert werden.

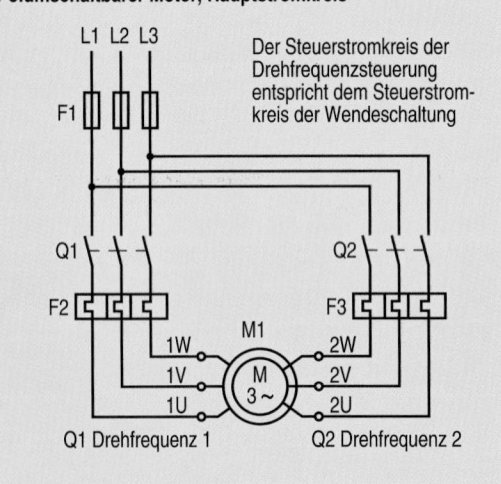

Drehfrequenzsteuerung

In modernen Antrieben wird die Drehfrequenz (Drehzahl) von DASM meist über Frequenzumrichter gesteuert. Bei einfachen Antrieben, bei denen zwei oder drei feste Drehfrequenzen ausreichen, werden aus Kostengründen aber weiterhin schützgesteuerte polumschaltbare Motoren eingesetzt.
Dabei wird ausgenützt, dass die Drehfrequenz eines DASM durch die Polpaarzahl der Ständerwicklung gesteuert werden kann. Zweipolige Wicklungen (Polpaarzahl $p=1$) ergeben eine Drehfelddrehfrequenz von 3000/min, vierpolige Wicklungen ($p=2$) eine Drehfrequenz von 1500/min, sechspolige von 1000/min.
Enthält ein Motor mehrere Ständerwicklungen mit unterschiedlichen Polpaarzahlen, dann kann die Drehfrequenz durch Umschalten der Ständerwicklungen gesteuert werden.
Zum Schutz des Motors muss jede Wicklung durch ein eigenes Bimetall-Relais geschützt sein.

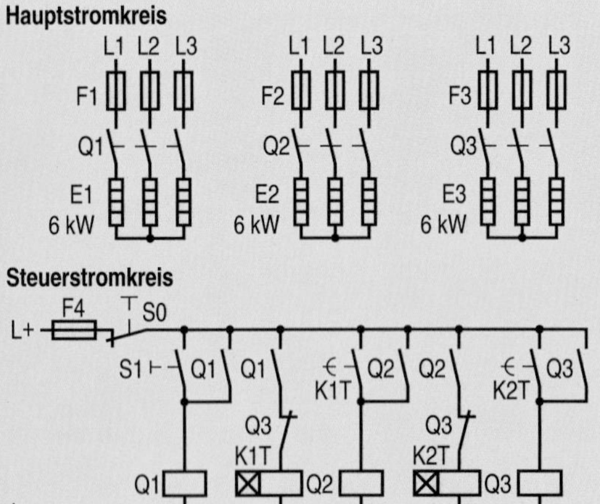

Folgeschaltung

Unter Folgeschaltung versteht man eine Schaltung, bei der ein Betriebsmittel nach dem anderen mit zeitlicher Verzögerung ein- bzw. ausgeschaltet wird.
Diese Schaltung wird z. B. eingesetzt, um den Einschaltstromstoß möglichst gering zu halten oder um sicher zu stellen, daß bestimmte Bewegungen in der richtigen Reihenfolge ablaufen.
Um die zeitliche Reihenfolge zu realisieren, können Zeitrelais eingesetzt werden.
Im Beispiel werden drei Heizkreise einer Nachtspeicherheizung mit zeitlicher Verzögerung eingeschaltet, um übermäßige Schaltbelastungen des Netzes zu vermeiden. Die Zeitrelais K1T und K2T werden beim Einschalten von Schütz Q3 ausgeschaltet.
Bei umfangreicheren Anlagen ist eine SPS wirtschaftlicher als eine Steuerung mit Zeitrelais.

Vertiefung zu 9.5

Dahlander-Schaltung

Drehstrommotoren mit zwei getrennten Ständerwicklungen für zwei verschiedene Drehfrequenzen sind aufwändig und teuer. Günstiger ist eine unterteilte Wicklung, bei der sich durch Umschalten der Teilwicklungen verschiedene Polpaarzahlen realisieren lassen.

Besondere Bedeutung haben die nach ihrem Erfinder benannten Dahlanderschaltungen; mit ihnen lassen sich zwei Drehfrequenzen realisieren, die im Verhältnis 2:1 stehen. Bei der gebräuchlichsten Dahlander-Schaltung wird die kleine Drehfrequenz durch eine Dreieck-Schaltung der Stränge erreicht (z.B. 1500/min). Durch Umschalten der Stränge in einen „Doppelstern" wird die hohe Drehfrequenz erreicht (z.B. 3000/min).

Für beide Drehfrequenzen sind die Nennströme unterschiedlich, für jede Drehfrequenz wird deshalb ein eigenes Motorschutzrelais benötigt.

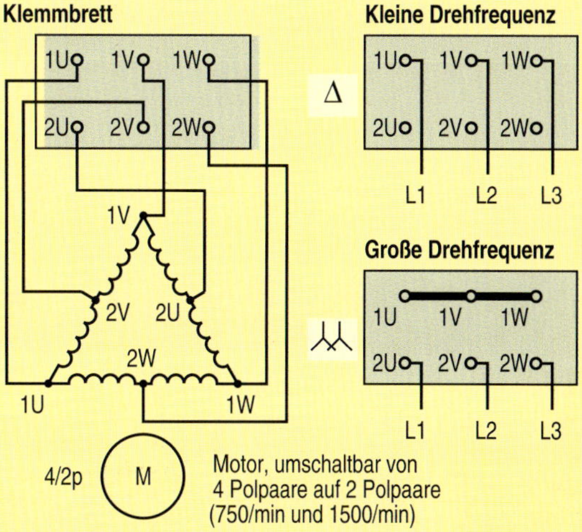

Zeitablaufdiagramm

Der zeitliche Verlauf der Schaltzustände einer Schützschaltung mit Zeitrelais lässt sich verbal (mit Worten) nur schwer beschreiben. Eine übersichtliche Beschreibung lässt sich aber mit einer grafischen Darstellung, einem Zeitablaufdiagramm, erreichen.

Das dargestellt Zeitablaufdiagramm zeigt:
- wird EIN-Taster S2 betätigt, so schließt der Kontakt von Q1 unverzögert
- der Schließer von Zeitrelais K1T schließt mit der Verzögerungszeit Δt_1, gleichzeitig schließt Q2, K2T und Q3
- wird AUS-Taster S1 betätigt, so öffnen die Kontakte von Q1, K1T und Q2 unverzögert
- der Schließer von Zeitrelais K2T öffnet mit der Verzögerungszeit Δt_2 und schaltet Q3 ab.

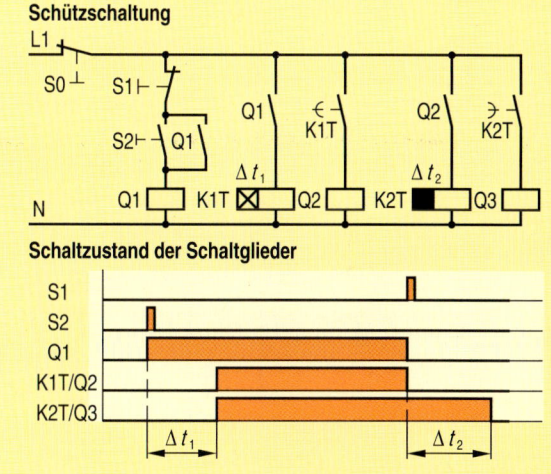

Aufgabe

9.5.1 Frästisch

Der Antrieb eines Frästisches erfolgt über einen polumschaltbaren Drehstrommotor. In Vorwärtrichtung (Rechtslauf) erfolgt der Vorschub mit langsamer Drehzahl (Polpaarzahl $p=12$), der Rücklauf erfolgt im Eilgang ($p=2$).

Hat der Tisch die Endstellung erreicht, wird die Bewegungsrichtung automatisch über einen Endschalter geändert. Nach Rückkehr in die Ausgangsstellung wird der Motor über einen weiteren Endschalter abgeschaltet. Zusätzlich zum Automatik-Betrieb soll der Frästisch an jeder Stelle gestoppt und im Tipp-Betrieb positioniert werden können.

Zeichnen Sie den Haupt- und den Steuerstromkreis in aufgelöster Darstellung.

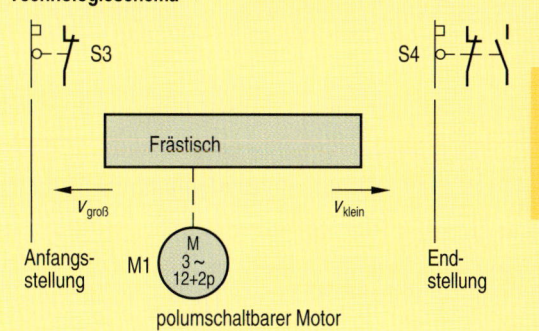

9.6 Zahlensysteme

Zahlensysteme, Beispiel:

- 5. Stelle
- 4. Stelle
- 3. Stelle
- 2. Stelle
- 1. Stelle

Dezimalzahl 78054_{10} Kennzeichnung, Dezimalzahl
Dualzahl 10111_{2} Kennzeichnung, Dualzahl
Hexadezimalzahl $FB72A_{16}$ Kennzeichnung, Hex-Zahl

Übersicht
Zahlensysteme bestehen aus einer sinnvoll geordneten Menge von Ziffern. Alle üblichen Zahlensysteme sind Stellenwertsysteme, d.h. der Wert der Ziffern ist abhängig von ihrer Stellung in der Gesamtzahl. Die einzelnen Zahlensysteme unterscheiden sich durch die verwendete Grundziffer.
Im Alltag wird meist das Dezimal-, in der Digitaltechnik das Dual- und in der Datenverarbeitung das Hexadezimalsystem verwendet. Für die Kommunikation zwischen Mensch und Maschine wird häufig der BCD-Code (**B**inär **c**odierte **D**ezimalzahlen) eingesetzt.

Dezimalsystem

Stelle	6	5	4	3	2	1
Wert	100 000	10 000	1000	100	10	1
	10^5	10^4	10^3	10^2	10^1	10^0

Beispiel:
78054_{10}
bedeutet: $7 \cdot 10000 + 8 \cdot 1000 + 0 \cdot 100 + 5 \cdot 10 + 4 \cdot 1$
bzw.: $7 \cdot 10^4 \;\;\;\; + 8 \cdot 10^3 \;\;\; + 0 \cdot 10^2 + 5 \cdot 10^1 + 4 \cdot 10^0$

Dezimalsystem
Das Dezimalsystem (Zehnersystem) beruht auf der Grundzahl 10 (Basis 10). Der Wert einer beliebigen ganzen Zahl wird durch die zehn Ziffern 0, 1, 2... 9 dargestellt. Steht die Ziffer an erster Stelle, so ist ihr Stellenwert 1, an zweiter Stelle hat sie den Stellenwert 10, an dritter Stelle 100, an vierter Stelle 1000 usw.
Den Stellenwert einer Ziffer kann man als Potenz schreiben. Die Hochzahl gibt dabei die Stelle an: die erste Stelle die Hochzahl 0, die zweite Stelle die Hochzahl 1, die dritte Stelle die Hochzahl 2 usw. Grundzahl ist immer die Zahl 10.

Dualsystem

Stelle	6	5	4	3	2	1
Wert	32	16	8	4	2	1
	2^5	2^4	2^3	2^2	2^1	2^0

Beispiel:
10111_{2}
bedeutet: $1 \cdot 16 \;\; + \;\; 0 \cdot 8 \;\;\; + \;\; 1 \cdot 4 \;\;\; + \;\; 1 \cdot 2 \;\; + \;\; 1 \cdot 1$
bzw.: $1 \cdot 2^4 \;\; + \;\; 0 \cdot 2^3 \;\; + \;\; 1 \cdot 2^2 \;\; + \;\; 1 \cdot 2^1 + 1 \cdot 2^0$

Dualsystem
Das Dualsystem (Zweiersystem, Binärsystem) beruht auf der Grundzahl 2 (Basis 2). Der Wert einer beliebigen ganzen Zahl wird durch die zwei Ziffern 0 und 1 dargestellt; der Ziffernvorrat ist 2.
Wie beim Dezimalsystem ist die Position einer Ziffer für ihren Wert entscheidend. Steht die Ziffer an erster Stelle, so hat sie den Stellenwert 1, an zweiter Stelle hat sie den Stellenwert 2, an dritter Stelle den Wert 4, an vierter Stelle den Wert 8 usw.
Auch im Dualsystem kann man den Stellenwert einer Ziffer als Potenz schreiben, Grundzahl ist die Zahl 2.

Umwandeln von Zahlen
Dezimal- und Dualzahlen müssen häufig ineinander umgewandelt werden, z.B. um Computerprogramme schreiben und lesen zu können.
Das Umwandeln einer Dezimalzahl in eine gleichwertige Dualzahl erfolgt in zwei Schritten:
1. Die Dezimalzahl wird fortlaufend bis zum Ergebnis null durch 2 geteilt. Der Teilungsrest wird notiert.
2. Die Teilungsreste, von unten nach oben gelesen, ergeben die Dualzahl.

Beispiel 1: Die Zahl 37_{10} ist in eine Dualzahl umzuwandeln.

```
37 : 2 = 18  Rest 1
18 : 2 =  9  Rest 0
 9 : 2 =  4  Rest 1       Lösung:
 4 : 2 =  2  Rest 0       37₁₀ = 100101₂
 2 : 2 =  1  Rest 0
 1 : 2 =  0  Rest 1   Leserichtung
```

Das Umwandeln einer Dualzahl in eine Dezimalzahl erfolgt ebenfalls in zwei Schritten:
1. Der Wert jeder Stelle die eine 1 enthält wird bestimmt.
2. Die Summe aller Werte ergibt die Dezimalzahl.

Beispiel 2: Die Zahl 110101_{2} ist in eine Dezimalz. umzuwandeln.

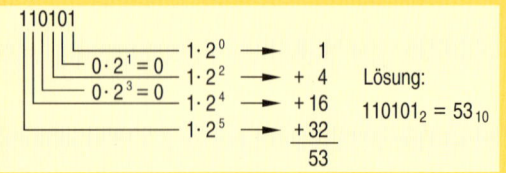

```
110101
     └ 1 · 2⁰  →    1
    └ 0 · 2¹ = 0
   └ 1 · 2²  →  + 4
  └ 0 · 2³ = 0                Lösung:
 └ 1 · 2⁴   →  +16            110101₂ = 53₁₀
└ 1 · 2⁵   →  +32
                 ───
                  53
```

Vertiefung zu 9.6

Hexadezimalsystem (Sedezimalsystem)
Das Hexadezimalsystem (kurz: Hex-System) beruht auf der Grundzahl 16. Es kann als Kurzschreibweise des Dualsystems gesehen werden, denn eine Hex-Stelle ersetzt vier Dualstellen, also ein Halbbyte (auch Tetrade genannt). 1 Byte kann durch 2 Hex-Zahlen dargestellt werden.
Zur Umwandlung einer Dualzahl in eine Hex-Zahl wird die Dualzahl, von rechts beginnend, in 4-Bit-Gruppen eingeteilt. Jede Gruppe wird dann nach nebenstehender Tabelle durch die entsprechende Hex-Zahl ersetzt.

Beispiel: $0100\,'1011_2 = 4B_{16}$

Um eine Hex-Zahl in eine Dualzahl umzuwandeln, wird für jede Hex-Ziffer die entsprechende Dualzahl nach nebenstehender Tabelle eingesetzt. Leerstellen am Anfang der Zahl müssen dabei bis zur vierten Stelle mit Nullen aufgefüllt werden.

Beispiel: $AF3_{16} = 1010\,'1111\,'0011_2$

Hinweis:
Das Hochkomma ' dient dazu, die Viererblöcke der Dualzahlen gegeneinander optisch abzugrenzen.

Vergleich der Zahlensysteme

Dezimal	Hexadezimal	Dual	BCD-Zahl
0	0	00000	0000 0000
1	1	00001	0000 0001
2	2	00010	0000 0010
3	3	00011	0000 0011
4	4	00100	0000 0100
5	5	00101	0000 0101
6	6	00110	0000 0110
7	7	00111	0000 0111
8	8	01000	0000 1000
9	9	01001	0000 1001
10	A	01010	0001 0000
11	B	01011	0001 0001
12	C	01100	0001 0010
13	D	01101	0001 0011
14	E	01110	0001 0100
15	F	01111	0001 0101
16	10	10000	0001 0110
17	11	10001	0001 0111

Begriffe:
- 1 Bit = 1 Stelle
- 1 Byte = 8 Bit
- 1 Halbbyte = 1 Tetrade = 4 Bit
- 1 Wort = 2 Byte
- 1 Doppelwort = 4 Byte
- 1 KByte = 1024 Byte (= 2^{10} Byte)

BCD-Code
Eine BCD-Zahl ist eine **b**inär **c**odierte **D**ezimalzahl. Um eine Dezimalziffer binär darzustellen, werden 4 Bit benötigt (z. B. die Dezimalziffer 9 wird dargestellt durch 1001). Im BCD-Code werden somit Dezimalzahlen ziffernweise durch 4 Bit / Ziffer dargestellt.

Beispiel: 7956 im BCD-Code

0111	1001	0101	0110	BCD-Zahl
7	9	5	6	Dezimalzahl

Addition von Dualzahlen
Dualzahlen werden Stelle um Stelle addiert.
Dabei gilt:
- 0 + 0 = 0
- 0 + 1 = 1
- 1 + 1 = 0   Übertrag 1   ($1 + 1 = 2_{10} = 10_2$)
- 1 + 1 + 1 = 1   Übertrag 1   ($1 + 1 + 1 = 3_{10} = 11_2$)

Beispiel:
```
       111 0110₂   (118₁₀)
        11 0101₂   ( 53₁₀)
Übertrag 111  1
      1010 1011₂   (171₁₀)
```

Aufgaben

9.6.1 Umwandeln von Dezimalzahlen
Gegeben sind die Dezimalzahlen 151, 256, 7, 10, 67 und 100. Wandeln Sie diese Dezimalzahlen
a) in Dualzahlen
b) in Hexadezimalzahlen um.

9.6.2 Umwandeln in Hex-Zahlen
Wandeln Sie folgende Dualzahlen in Hexadezimalzahlen (Hex-Zahlen) um:
a) 1011010, b) 1100111, c) 1010101

9.6.3 Umwandeln in Dezimalzahlen
Wandeln Sie folgende Dualzahlen in Dezimalzahlen um: a) 1011010, b) 1100111, c) 1010101

9.6.4 Addition von Dualzahlen
Addieren Sie folgende Dualzahlen:
a) 110111 + 11010, b) 110010 + 1111,
c) 100011 + 111001
d) Überprüfen Sie die Ergebnisse durch Umwandlung aller Dualzahlen in Dezimalzahlen.

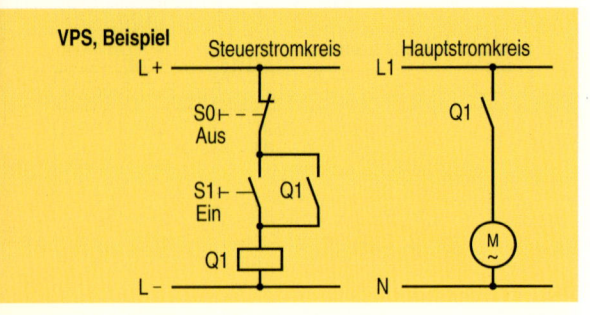

9.7 SPS, Einführung

VPS, Beispiel

SPS, Beispiel

Programmaublauf, Beispiel

Programm:
1. Anweisung U E 0.0
2. Anweisung U (
3. Anweisung O E 0.1
4. Anweisung O E 0.2
5. Anweisung)
6. Anweisung = A 0.0
Ende

Zyklusanfang — Zyklus — Zyklusende

Steuerungsanweisung

| Operationsteil | O | E | 0.1 | Operandenteil |

Was ist zu tun? — Womit ist es zu tun?

Befehle:
- U UND
- O ODER
- N NICHT
- = Zuweisung an einen Ausgang

Adressenart:
- E Eingang
- A Ausgang
- M Merker

Parameter 0.1 (Byte-Adresse . Bit-Adresse)

Adressierung, Beispiele
- E 4.7 5. Eingangsbyte, 8. Bit
- A 0.3 1. Eingangsbyte, 4. Bit
- E 4̶.8̶ falscher Parameter, Bitnummer maximal 7

Verbindungsprogrammierte Steuerungen (VPS)
Um Maschinen oder Anlagen bequem bedienen zu können, sind Steuerungen erforderlich. Hierfür können Schütze und Relais oder aber digitale Bausteine, z. B. UND- oder ODER-Verknüpfungen eingesetzt werden. Bei der VPS wird der Steuerungsablauf durch die Verdrahtung der Schütze bzw. ihrer Kontakte festgelegt. Eine Änderung des Ablauf erfordert meist großen Aufwand zur Änderung der Verdrahtung und oft auch des Schaltungsaufbaus.

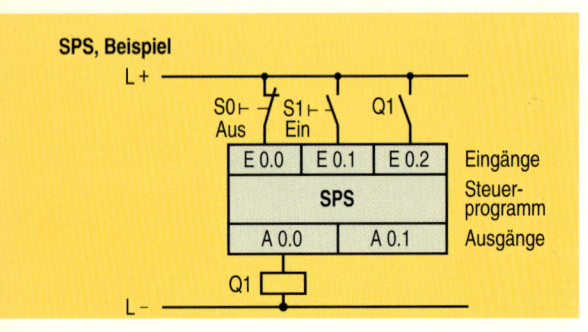

Speicherprogrammierbare Steuerungen (SPS)
Bei der SPS wird als Steuerung ein Rechner (Hardware) eingesetzt. Die an den Eingängen der SPS angeschlossenen Bedienelemente, z. B. Taster, steuern über den Rechner die an den SPS-Ausgängen angeschlossenen Geräte, z. B. Motoren.
Der Steuerungsablauf wird durch ein Programm (Software) bestimmt. Um zu einer Änderung des Ablaufs zu kommen ist dabei nur eine Änderung der Anweisungen dieses Programmes nötig. Irgendwelche Verdrahtungen müssen nicht geändert werden.

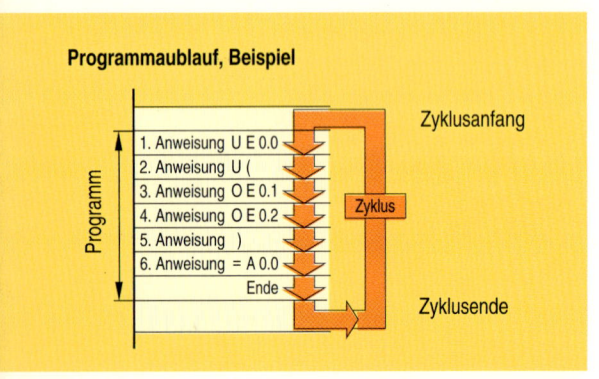

Programmablauf
Der Rechner arbeitet die Anweisungen (Befehle) des Programms nacheinander (seriell) ab. Die letzte Anweisung muss immer einen unbedingten Sprung zur ersten Anweisung enthalten. Danach werden die Anweisungen wieder von vorne abgearbeitet.
Jede Änderung des Eingangszustandes (Eingangsstatus) wird nach Anweisung verarbeitet und beeinflusst damit den Ausgangszustand (Ausgangsstatus). Die Abarbeitung des Programms erfolgt zyklisch.
Die für einen Programmdurchlauf benötigte Zeit heißt Zykluszeit. Sie hängt vom Programmumfang und von der Schnelligkeit des Rechners ab.

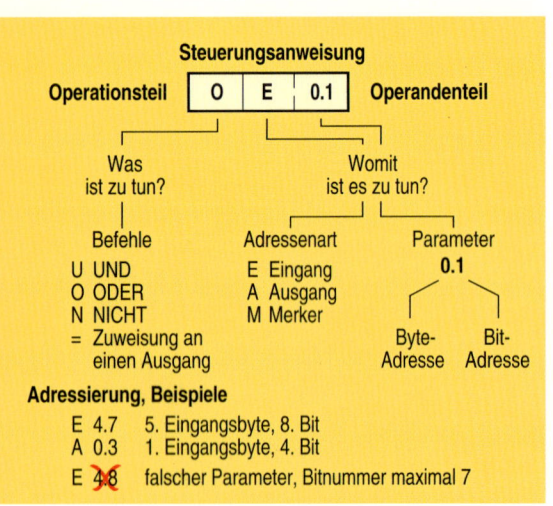

Aufbau einer Anweisung
Die Anweisungen werden nacheinander im Programmspeicher des Rechners abgelegt. Jede Anweisung füllt genau einen Speicherplatz. Die Anweisungen werden fortlaufend durchnummeriert, die Nummerierung wird als „Adresse" bezeichnet.
Die Operation besteht aus einer logischen Verknüpfung oder der Zuweisung des Status an einen Ausgang oder Merker.
Der Operand ist ein Ein- oder ein Ausgang mit seiner zugehörigen Adresse. Diese Adresse heißt Parameter und enthält die Bit- und Byte-Nummer dieser Adresse. Da ein Byte 8 Bit enthält, kann die Bit-Nummer immer nur von 0 bis 7 gehen, 8 und 9 gibt es nicht. Die höchste Byte-Nummer hängt vom Umfang der SPS ab.
Zu beachten ist, dass bei der Adressierung eines Rechners immer mit 0 (Null) begonnen wird.

Vertiefung zu 9.7

Aufbau der Hardware

Zur Eingabe des Steuerprogramms benötigt man ein Programmiergerät mit Tastatur und Display bzw. Monitor. Während früher eigenständige Programmiergeräte verwendet wurden, werden jetzt fast ausschließlich handelsübliche Computer eingesetzt.
Der PC benötigt ein spezielles Programm, das ihn zum Programmiergerät macht.
Das im PC erstellte Steuerprogramm wird mit einer Datenleitung in den Prozessrechner (SPS) übertragen. Funktioniert die Steuerung einwandfrei, so wird das Programmiergerät nicht mehr benötigt, die SPS übernimmt jetzt die Steuerung alleine. Soll die Steuerung geändert werden, so ist nur die Übertragung eines entsprechend abgeänderten Programms nötig.
Die Programme können auf den üblichen Speichermedien (Festplatte, Diskette, CD, EPROM usw.) gesichert werde. Auch ein Ausdruck ist möglich.
Neben einer sorgfältigen Sicherung ist eine ausführliche Dokumentation von großer Bedeutung, damit im Fehlerfall schnelle Hilfe erfolgen kann.

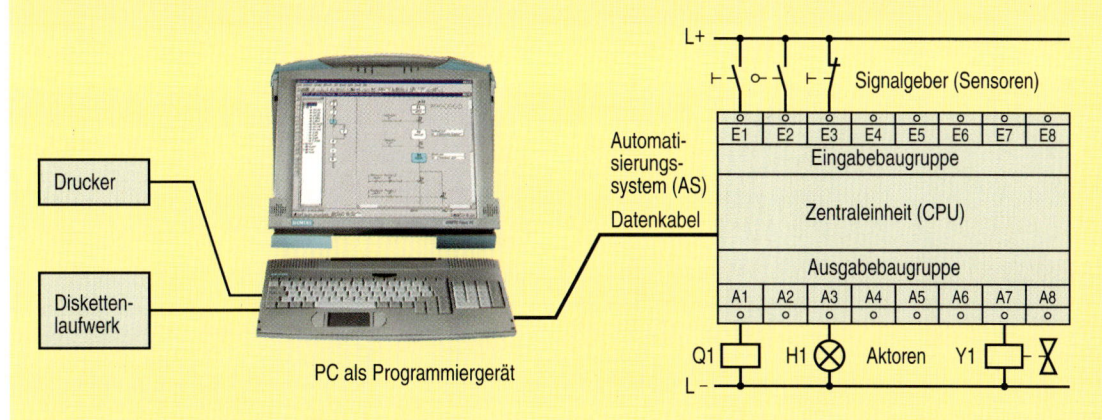

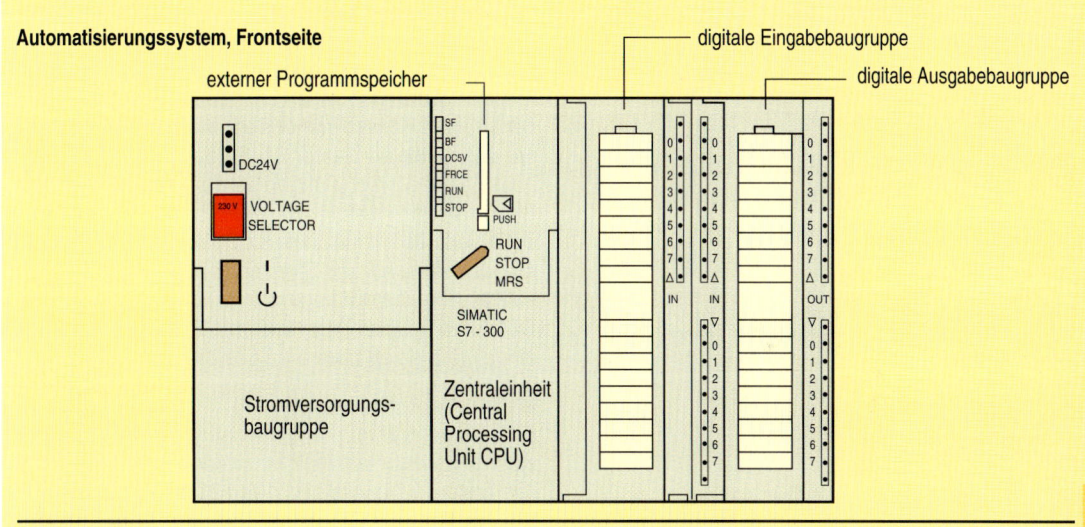

PC als Programmiergerät

Automatisierungssystem, Frontseite

Aufgaben

9.7.1 Anweisungen

a) Erklären Sie die Bedeutung der nebenstehenden Anweisungen.
b) Welche Fehler enthalten die nebenstehenden Anweisungen?

```
U    E 3.4
ON   A 1.0
=    A 2.7

O    E 6.8
=    E 0.0
NU   E 4.7
```

9.7.2 Adressierung

Eine SPS hat 4 Eingangsbaugruppen mit je 8 Eingängen und 3 Ausgangsbaugruppen mit je 8 Ausgängen. Ein- und Ausgangsbaugruppen sind fortlaufend adressiert, beginnend mit den Eingängen bei 0 (Null).
Nennen Sie jeweils die kleinste und die größte Eingangs- und Ausgangsadresse.

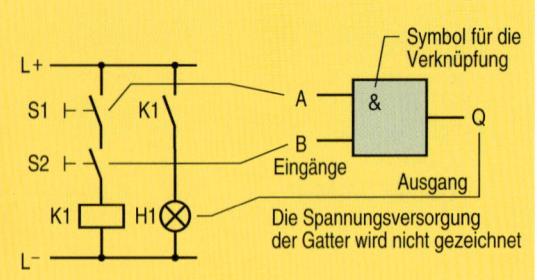

9.8 Digitale Grundschaltungen I

(Schaltbild: L+, S1, K1, S2, K1 (Spule), H1, L−; Gatter mit Eingängen A, B und Ausgang Q, Symbol &)

- Symbol für die Verknüpfung
- Eingänge A, B
- Ausgang Q
- Die Spannungsversorgung der Gatter wird nicht gezeichnet

Verknüpfungen
Bei den digitalen Grundschaltungen handelt es sich um logische Verknüpfungen der Signalzustände 0 und 1. Die Verknüpfungen können durch mechanische Kontakte oder elektronische Schaltungen realisiert werden. Die elektronischen Schaltungen werden auch als Gatter bezeichnet.
Verknüpfungen werden zeichnerisch als Quadrate oder Rechtecke dargestellt. Jede Verknüpfung wird durch ein besonderes Symbol gekennzeichnet.

UND-Verknüpfung (AND)

Stromlaufplan / **Verknüpfung**

Funktionsgleichung
$Q = A \wedge B$
lies: Q = A und B

Schütz K1 zieht an, wenn Schließer S1 UND Schließer S2 betätigt ist

Der Ausgang Q hat das Signal 1, wenn Eingang A UND Eingang B das Signal 1 haben

Eine UND-Verknüpfung kann z.B. als Reihenschaltung von zwei oder mehr Schließer-Kontakten realisiert werden. Die Leuchte H1 wird nur aufleuchten, wenn die Kontakte S1 **und** S2 geschlossen sind.
Wird anstelle mechanischer Kontakte eine elektronische Schaltung eingesetzt, so entsprechen die Schalterstellungen von S1 und S2 folgenden Eingangssignalen:
- Taster EIN $\longrightarrow$ 1-Signal
- Taster AUS $\longrightarrow$ 0-Signal

Die Signale am Ausgang bedeuten:
- 1-Signal $\longrightarrow$ Ausgang führt Spannung
- 0-Signal $\longrightarrow$ Ausgang führt keine Spannung

ODER-Verknüpfung (OR)

Stromlaufplan / **Verknüpfung** (Symbol ≥1)

Funktionsgleichung
$Q = A \vee B$
lies: Q ist gleich A oder B

Schütz K1 zieht an, wenn Schließer S1 ODER Schließer S2 betätigt ist

Der Ausgang Q hat das Signal 1, wenn Eingang A ODER Eingang B das Signal 1 haben

Eine ODER-Verknüpfung kann z.B. durch eine Parallelschaltung von zwei oder mehr Schließer-Kontakten realisiert werden.
Die Leuchte H1 wird immer dann aufleuchten, wenn einer **oder** beide der Taster S1, S2 geschlossen werden. Auch ODER-Verknüpfungen werden mit elektronischen Bauteilen realisiert.
UND-Verknüpfungen dienen z. B. als Sicherheitsschaltung bei Pressen und Stanzen (beide Hände müssen auf den Ein-Tastern liegen).
ODER-Verknüpfungen dienen z. B. zum Einschalten eines Motors von mehreren Stellen aus.

NICHT-Verknüpfung

Stromlaufplan / **Verknüpfung** (Symbol 1, Invertierung)

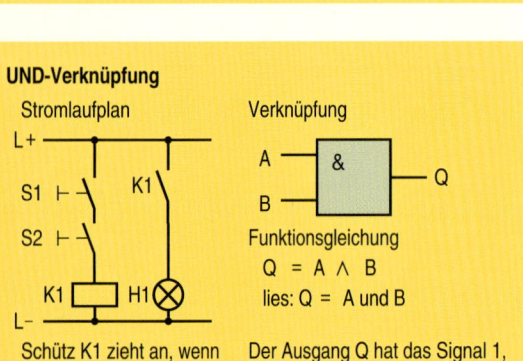

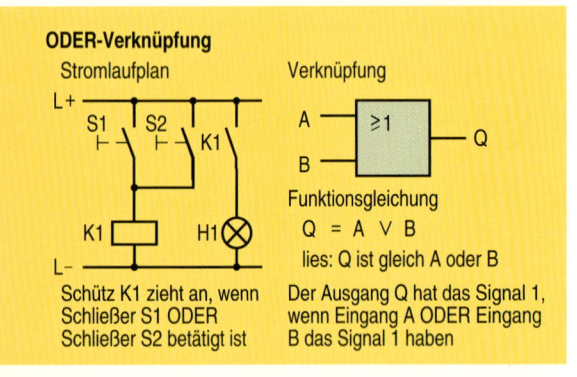

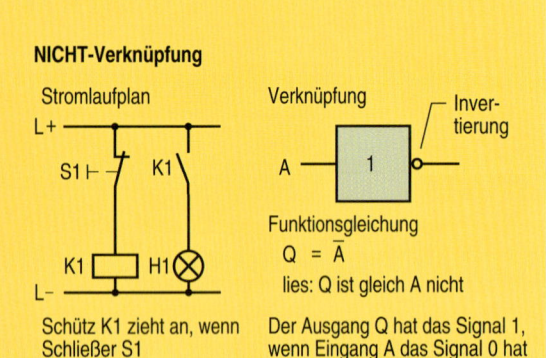

Funktionsgleichung
$Q = \overline{A}$
lies: Q ist gleich A nicht

Schütz K1 zieht an, wenn Schließer S1 NICHT betätigt ist

Der Ausgang Q hat das Signal 1, wenn Eingang A das Signal 0 hat

NICHT-Verknüpfung (NOT)
Eine NICHT-Verknüpfung (Negation) kann z. B. durch einen Öffner-Kontakt realisiert werden. Im Ruhezustand des Tasters S1 leuchtet H1. Wird S1 betätigt, so erlischt H1. Am Ausgang Q entsteht also eine Signalumkehr. Mit NICHT-Verknüpfungen können Ein- oder Ausgänge anderer Verknüpfungen invertiert (negiert) werden, d. h. der anstehende Signalzustand wird umgekehrt. Aus einem 1-Signal wird ein 0-Signal, aus einem 0-Signal ein 1-Signal.
Werden zwei NICHT-Verknüpfungen hintereinander geschaltet, so hebt sich ihre Wirkung auf.
Grafisch wird die Invertierung des Ausgangs durch einen kleinen Kreis gekennzeichnet.

Vertiefung zu 9.8

Exklusiv-ODER-Verknüpfung (XOR)
Zusätzlich zur „normalen" ODER-Verknüpfung gibt es noch die EXKLUSIV-ODER-Verknüpfung.
Eine EXKLUSIV-ODER-Verknüpfung hat nur dann ein Ausgangssignal, wenn **nur einer** der Eingänge 1-Signal führt. H1 leuchtet also nur, wenn **nur S1 oder nur S2** betätigt wird. Werden beide Taster betätigt, oder sind beide Taster im Ruhezustand, bleibt H1 dunkel.

Stromlaufplan

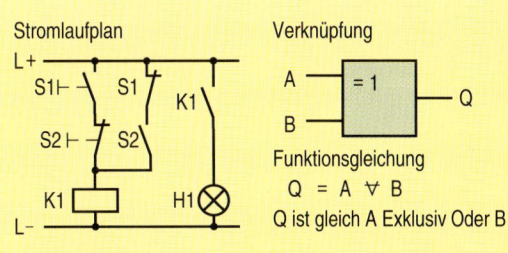

Schütz K1 zieht an, wenn entweder Schließer S1 oder Schließer S2 betätigt ist

Verknüpfung

Funktionsgleichung
$Q = A \veebar B$
Q ist gleich A Exklusiv Oder B

Der Ausgang Q hat das Signal 1, wenn die Eingänge unterschiedliche Signale führen.

Funktionstabellen und Funktionsgleichungen
Der Zusammenhang zwischen Ein- und Ausgangssignalen kann übersichtlich in einer so genannten Funktionstabelle (früher: Wahrheitstabelle) dargestellt werden.
In den ersten Spalten werden alle vorkommenden Eingangszustände systematisch erfasst.
Zweckmäßig beginnt man bei allen Eingängen mit 0. Dann wechselt der erste Eingang das Signal auf 1. Darauf wechselt der zweite Eingang das Signal und der erste Eingang beginnt wieder von vorn usw.
In der letzten Spalte werden nun die Ausgangssignale eingetragen, die sich aus den Eingangssignalen der betreffenden Zeile ergeben.
Beispiele:

$1 \wedge 0 = 0$

$1 \vee 0 = 1$

$1 \veebar 0 = 1$

$\overline{0} = 1$ bzw. $0 = \overline{1}$

Verknüpfung	Funktionstabelle			Funktionsgleichung
UND	B	A	Q	$Q = A \wedge B$
	0	0	0	
	0	1	0	
	1	0	0	
	1	1	1	
ODER	B	A	Q	$Q = A \vee B$
	0	0	0	
	0	1	1	
	1	0	1	
	1	1	1	
XOR	B	A	Q	$Q = A \veebar B$
	0	0	0	
	0	1	1	
	1	0	1	
	1	1	0	
NICHT	A	Q		$Q = \overline{A}$
	0	1		oder $\overline{Q} = A$
	1	0		

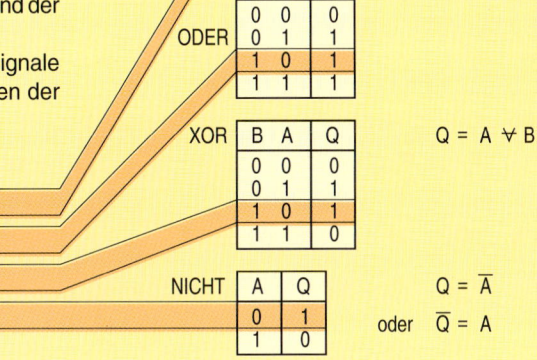

Jede Verknüpfung kann auch durch eine Funktionsgleichung dargestellt werden. Dabei bedeutet:

$\wedge$ UND (Zeichen nach unten offen)
$\vee$ ODER (Zeichen nach oben offen)
$\veebar$ XOR
$\overline{A}$ Eingang A ist invertiert (negiert) (Überstrich ist das Negationszeichen)

Aufgaben

9.8.1 UND-Verknüpfung
Bei einem PKW soll der Heckscheibenwischer automatisch in Betrieb gehen, wenn
- die Zündung eingeschaltet ist (Signal A) und
- der Frontscheibenwischer betätigt wird (B) und
- der Rückwärtsgang eingelegt wird (C).

a) Entwerfen Sie die Funktionstabelle.
b) Zeichnen Sie die Schaltung für den Fall, dass der Scheibenwischer über ein Lastrelais Q1 betätigt wird.

9.8.2 ODER-Verknüpfung
Die Schaltung von Aufgabe 9.8.1 soll so ergänzt werden, dass der Heckscheibenwischer wahlweise
1. wie in Aufgabe 1 beschrieben, oder
2. über einen separaten Schalter S direkt betätigt werden kann.

a) Ergänzen Sie die Funktionstabelle von Aufgabe 9.8.1 entsprechend obiger Bedingung.
b) Zeichnen Sie die ergänzte Schaltung.

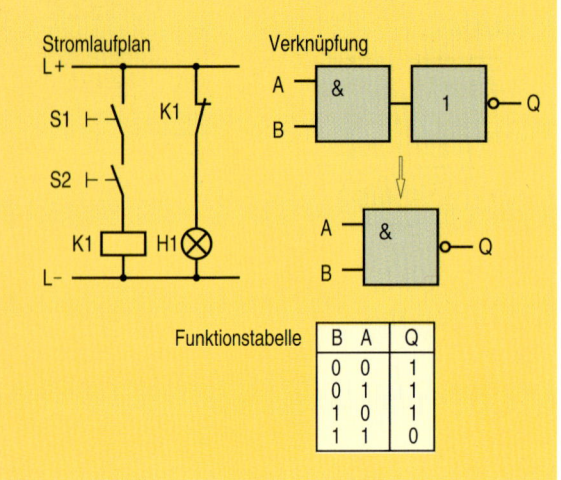

9.9 Digitale Grundschaltungen II

NAND-Verknüpfung

Bei der NAND-Verknüpfung erlischt die Leuchte H1 nur, wenn S1 **und** S2 zusammen betätigt werden. Die Wahrheitstabelle zeigt eine UND-Verknüpfung, bei der alle Ausgangssignale invertiert sind. Diese Signalumkehr wird durch den Öffner des Hilfsrelais K1 erreicht.
Ein NAND-Gatter ist ein UND-Gatter (AND), dessen Ausgang durch ein nachgeschaltetes NICHT-Gatter invertiert wird. Ein 0-Signal am Ausgang erhält man nur, wenn beide Eingänge ein 1-Signal führen.
NAND ist ein Kunstwort aus NOT und AND:

$$\text{NOT} + \text{AND} \rightarrow \text{NAND}$$

Funktionsgleichung:

$$\overline{Q} = A \wedge B \quad \text{oder} \quad Q = \overline{A \wedge B}$$

Der Querstrich über der Eingangs- bzw. Ausgangsbezeichnung bedeutet eine Invertierung.

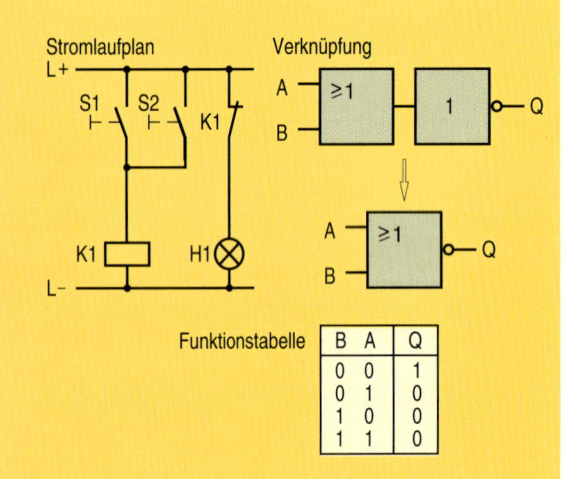

B	A	Q
0	0	1
0	1	1
1	0	1
1	1	0

NOR-Verknüpfung

Ein NOR-Gatter ist ein ODER-Gatter (OR), dessen Ausgang durch ein nachgeschaltetes NICHT-Gatter invertiert wird. Ein 1-Signal am Ausgang erhält man nur, wenn beide Eingänge ein 0-Signal führen.
Bei der NOR-Verknüpfung leuchtet die Leuchte H1 nur, wenn beide Taster im Ruhezustand sind. Die Wahrheitstabelle zeigt eine ODER-Verknüpfung, bei der alle Ausgangssignale invertiert sind. Diese Signalumkehr wird durch den Öffner des Hilfsrelais K1 erreicht.
NOR ist ein Kunstwort aus NOT und OR:

$$\text{NOT} + \text{OR} \rightarrow \text{NOR}$$

Funktionsgleichung:

$$\overline{Q} = A \vee B \quad \text{oder} \quad Q = \overline{A \vee B}$$

Der Querstrich über der Eingangs- bzw. Ausgangsbezeichnung bedeutet eine Invertierung.

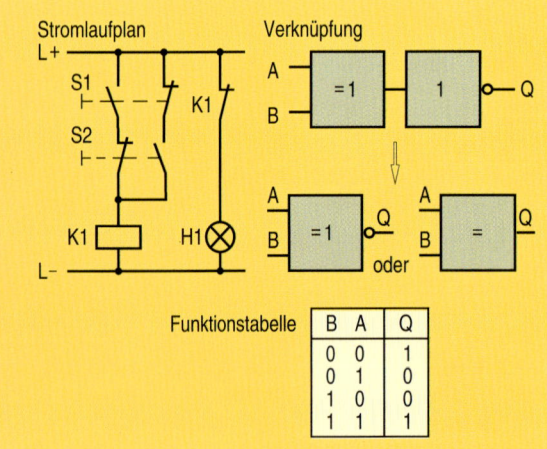

B	A	Q
0	0	1
0	1	0
1	0	0
1	1	0

XNOR-Verknüpfung

Wird der Ausgang eines XOR-Gatters invertiert, so erhält man ein XNOR-Gatter. Ein 1-Signal am Ausgang erhält man in diesem Fall, wenn beide Eingänge dasselbe Signal führen.
Bei der XNOR-Verknüpfung erlischt H1 nur, wenn **nur** S1 **oder nur** S2 betätigt wird. Werden beide Taster betätigt, oder sind beide Taster im Ruhezustand, so leuchtet H1. Die Signalumkehr wird durch den Öffner des Hilfsrelais K1 erreicht.
XNOR ist eine Abkürzung von EXKLUSIV-NOT-OR.

$$\text{NOT} + \text{XOR} \rightarrow \text{XNOR}$$

Funktionsgleichung:

$$\overline{Q} = A \veebar B \quad \text{oder} \quad Q = \overline{A \veebar B}$$

B	A	Q
0	0	1
0	1	0
1	0	0
1	1	1

Vertiefung zu 9.9

Invertierung von Eingängen
Bei den handelsüblichen digitalen Bausteinen, die als IC (**I**ntegrated **C**ircuit) hergestellt werden, sind nur **invertierte Ausgänge** erhältlich. Um einen Eingang zu invertieren, muss deshalb ein NICHT-Gatter vor diesen Eingang geschaltet werden.
Im Gegensatz dazu können bei älteren SPS-Systemen nur die **Eingänge invertiert** werden.

Invertierung, Beispiel

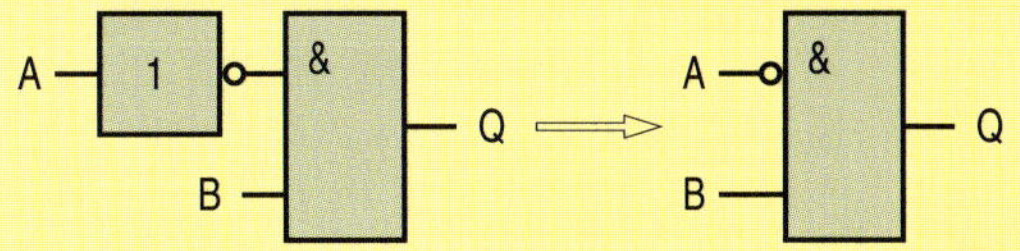

Pull-Down-Widerstände
Die Widerstände R1 und R2 in der nebenstehenden Schaltung heißen „Pull-Down-Widerstand" (pull down = hinabziehen). Sie sorgen für eindeutige Signalzustände an den Eingängen A bzw. B, d.h. sie bewirken, dass bei geöffneten Tastern am Gattereingang ein eindeutiges 0-Signal entsteht.
Bei fehlenden Pull-Down-Widerständen kann der geringe Sperrstrom der Eingangstransistoren zu einer Ladung auf den Eingängen führen, die entweder zu unerwünschten Schaltvorgängen oder auch zum Ausfall des ICs führen kann.

UND-Verknüpfung mit Pull-Down-Widerständen

Die Spannungsversorgung der Verknüpfung wird wegen der Übersichtlichkeit nicht gezeichnet

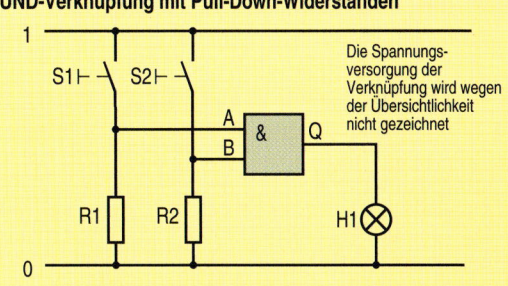

XOR und XNOR aus UND und ODER
Der Ausgang eines XOR-Gatters erhält 1-Signal, wenn
- entweder A 1-Signal **und** B 0-Signal führt,
- oder A 0-Signal **und** B 1-Signal führt.

In der nebenstehenden Schaltung sind diese Aussagen konsequent umgesetzt.

Der Ausgang eines XNOR-Gatters erhält 1-Signal, wenn
- entweder A 1-Signal **und** B 1-Signal führt,
- oder A 0-Signal **und** B 0-Signal führt.

In der nebenstehenden Schaltung sind diese Aussagen konsequent umgesetzt.

XOR-Verknüpfung   **XNOR-Verknüpfung**

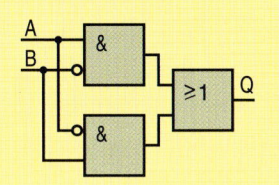

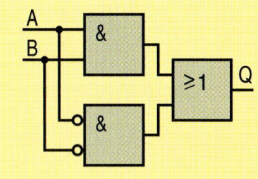

Aufgaben

9.9.1 NAND-Verknüpfung
Der Heckscheibenwischer eines Autos soll eingeschaltet werden, wenn
1. der Frontscheibenwischer eingeschaltet wird (Signal an Eingang A) und
2. der Rückwärtsgang eingelegt ist (Signal an Eingang B)

oder

3. der Heckscheibenwischer direkt eingeschaltet wird (Signal an Eingang C).

Zeichnen Sie die Schaltung mit den erforderlichen Pull-Down-Widerständen.
Lösen Sie die Aufgabe mit zwei NAND-Verknüpfungen.

9.9.2 NOR-Verknüpfung
Das Antriebsaggregat einer großen Formpresse soll aus Sicherheitsgründen umgehend stillgesetzt werden (Q = 0), wenn einer der folgenden Eingänge 1-Signal erhält:
- NOT-Aus-Taster (Eingang A)
- Schutzgitter-Endtaster (Eingang B)
- Öldrucksensor (Eingang C)

a) Entwerfen Sie die Funktionstabelle.
b) Zeichnen Sie die Schaltung mit den erforderlichen Pull-Down-Widerständen.

9.10 Grundverknüpfungen mit SPS I

SPS, Anschlussplan

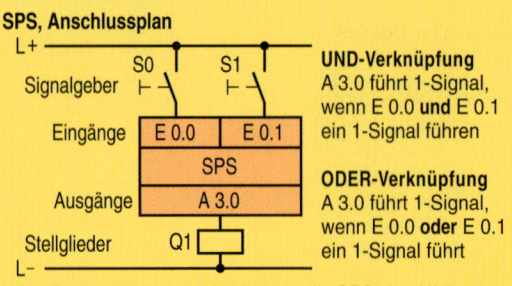

UND-Verknüpfung
A 3.0 führt 1-Signal, wenn E 0.0 und E 0.1 ein 1-Signal führen

ODER-Verknüpfung
A 3.0 führt 1-Signal, wenn E 0.0 oder E 0.1 ein 1-Signal führt

- Die **Programmierung** legt fest, ob die SPS eine UND- oder eine ODER-Verknüpfung realisiert.

VPS, Stromlaufpläne

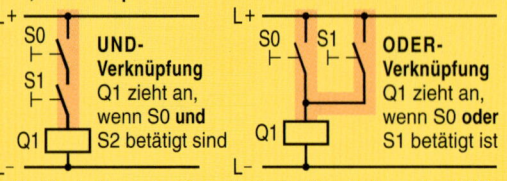

UND-Verknüpfung Q1 zieht an, wenn S0 und S2 betätigt sind.

ODER-Verknüpfung Q1 zieht an, wenn S0 oder S1 betätigt ist.

- Die **Verdrahtung** legt fest, ob die Schützschaltung eine UND- oder eine ODER-Verknüpfung realisiert.

Programmiersprachen, Übersicht

	UND-Verküpfung	ODER-Verknüpfung
AWL	U E 0.0 U E 0.1 = A 3.0	O E 0.0 O E 0.1 = A 3.0
KOP	E 0.0 E 0.1 A 3.0 —┤ ├—┤ ├—( )—	E 0.0 A 3.0 —┤ ├——( )— E 0.1 —┤ ├—
FBS bzw. FUP	E 0.0 —┐ & A 3.0 = E 0.1 —┘	E 0.0 —┐ ≥1 A 3.0 = E 0.1 —┘

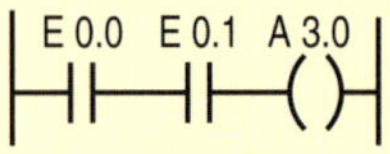

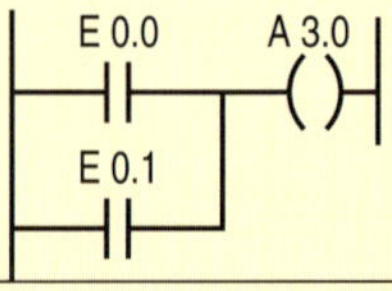

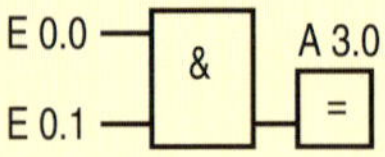

Anschlussplan

AWL UN E 2.4

KOP E 2.4 —┤/├—

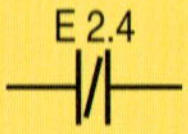

FBS/FUP E 2.4 —○┤ 1 ├—

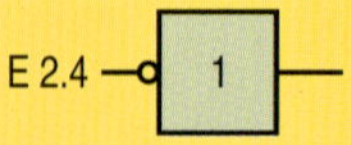

Beschaltung von VPS und SPS
Soll eine Steuerungsaufgabe mit einer SPS realisiert werden, so sind zwei Zuordnungen zu treffen:
- die Signalgeber (Sensoren, z. B. Taster) werden den Eingängen zugeordnet,
- die Stellglieder (Aktoren, z. B. Relais, Schütze) werden den Ausgängen der SPS zugewiesen.

Die Zuordnung kann in einer Zuordnungsliste erfolgen, übersichtlicher ist die Darstellung im Anschlussplan.
Eine UND-Verknüpfung (AND) entsteht bei der VPS durch Reihenschaltung von zwei Schließern. Taster S0 **und** S1 müssen geschlossen sein, damit Schütz Q1 anzieht. Bei der SPS bedeutet es, dass die Eingänge E 0.0 **und** E 0.1 ein 1-Signal führen müssen, damit ein 1-Signal am Ausgang A 3.0 entsteht.
Eine ODER-Verknüpfung (OR) entsteht bei der VPS durch Parallelschaltung von zwei Schließern. Einer der beiden Taster (S0 **oder** S1) muss geschlossen sein, damit Schütz Q1 anzieht. Für die SPS bedeutet es, dass E 0.0 **oder** E 0.1 (oder beide) 1-Signal führen müssen, damit ein 1-Signal am Ausgang A 3.0 entsteht.

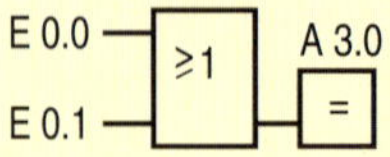

Programmierung
Die Steuerbefehle einer SPS werden mit Hilfe einer Programmiersprache verknüpft. Die klassischen Programmiersprachen sind die Anwendungsliste (AWL), der Kontaktplan (KOP) und die Funktionsbausteinsprache FBS (früher: Funktionsplan FUP).
- **AWL** (Anwendungsliste)
  Die AWL ist eine textorientierte Programmiersprache. Sie besteht aus Anweisungen zur Art der Verknüpfung und den zugehörigen Ein- bzw. Ausgängen. Die erste Anweisung kann mit U oder O begonnen werden.
- **KOP** (Kontaktplan)
  Der KOP ist eine grafische Programmiersprache. Er ähnelt mit seinen Symbolen und den waagerechten Strompfaden den amerikanischen Stromlaufplänen.
- **FBS/FUP** (Funktionsbausteinsprache/Funktionsplan)
  FBS bzw. FUP ist eine grafische Sprache. Sie lehnt sich an die Symbole der Digitaltechnik an, die Verbindungsleitungen sind auf ein Minimum reduziert. In der Praxis setzt sich insbesondere die FBS durch.

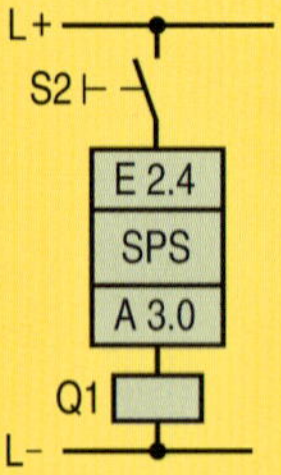

NICHT-Verknüpfung (NOT)
Die NICHT-Verknüpfung (Invertierung) entspricht einem Taster mit Öffner. Logisch ist die Invertierung eine Umkehr des Signalzustands (aus 0 wird 1, aus 1 wird 0). Bei älteren SPS-Systemen können nur Eingänge (keine Ausgänge) invertiert werden.
Hinweis: Wird an einem invertierten Eingang ein Öffner angeschlossen, so entspricht seine Funktion der eines Schließers, wird ein Schließer angeschlossen, so entspricht seine Funktion der eines Öffners.

Vertiefung zu 9.10

Schließer und Öffner

Üblicherweise wird der EIN-Befehl durch ein 1-Signal, also durch einen Schließer, und der AUS-Befehl durch ein 0-Signal, also einen Öffner, gegeben.
Durch Negierung des Eingangs kann ein Befehl invertiert (umgekehrt) werden. Wird an einem negierten Eingang ein Öffner angeschlossen, so entspricht seine Funktion der eines Schließers, wird ein Schließer angeschlossen, so entspricht seine Funktion der eines Öffners. Grundsätzlich gilt: Jede Funktion läßt sich sowohl mit Schließern als auch mit Öffnern realisieren.

Beispiel
Die beiden folgenden Schaltungen haben die gleiche Funktion: Wird Taster S3 betätigt, fällt Relais K8 ab.

Schaltung 1

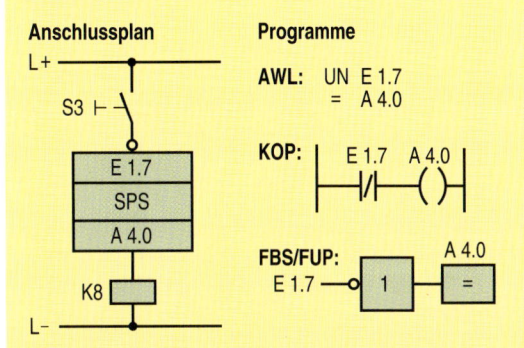

Anschlussplan: L+, S3 (Schließer), E 1.7, SPS, A 4.0, K8, L−

Programme:
AWL: UN E 1.7
     = A 4.0
KOP: E 1.7 (−|/|−) A 4.0 (−( )−)
FBS/FUP: E 1.7 −o− [1] = A 4.0

Schaltung 2

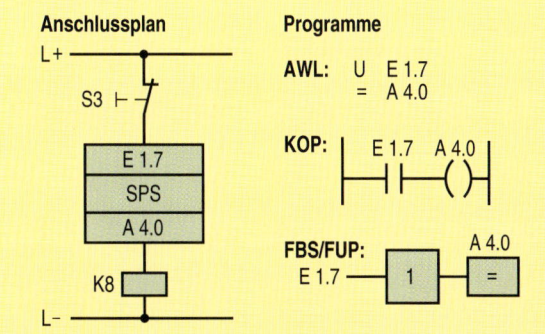

Anschlussplan: L+, S3 (Öffner), E 1.7, SPS, A 4.0, K8, L−

Programme:
AWL: U E 1.7
     = A 4.0
KOP: E 1.7 (−| |−) A 4.0 (−( )−)
FBS/FUP: E 1.7 − [1] = A 4.0

Aufgaben

9.10.1 Sicherheitsbedienung
Eine Maschine (Motor M1) darf aus Sicherheitsgründen nur anlaufen, wenn der Bediener mit den Händen die Taster S1 und S2 und mit den Füßen die Taster S3 und S4 betätigt.
Die Eingänge der SPS liegen auf Byte 0, die Ausgänge auf Byte 2.
a) Warum werden für Ein-Taster grundsätzlich immer Schließer verwendet?
   Denken Sie an einen Drahtbruch.
b) Erstellen Sie einen Anschlussplan.
c) Entwerfen Sie das Steuerprogramm als AWL, KOP und FBS/FUP.

9.10.2 Bedienung von mehreren Stellen
Die Haustür eines Miethauses soll von jeder der drei Wohnungen geöffnet werden können.
Die zugehörigen Taster S1 bis S3 sind am Eingangsbyte 1 einer SPS angeschlossen. Der Türöffner Y1 liegt am Ausgang 3.5 der SPS.
a) Erstellen Sie einen Anschlussplan.
b) Entwerfen Sie das Steuerprogramm als AWL, KOP und FBS/FUP.
c) Lösen Sie die Aufgabe, wenn statt der Schließer S1 bis S3 Öffner verwendet werden sollen.

9.10.3 Not-Aus-Schalter
Eine Anlage soll von zwei verschiedenen Stellen aus sicher abgeschaltet werden können.
Die Not-Aus-Taster haben die Bezeichnungen S01 und S02 und sind an den Eingängen 1 und 2 des Bytes 0 einer SPS angeschlossen. Die Anlage liegt auf dem Ausgang 6.3 der SPS.
a) Warum werden für Not-Aus-Taster immer Öffner verwendet? Denken Sie an einen Drahtbruch.
b) Erstellen Sie einen Anschlussplan.
c) Entwerfen Sie das Steuerprogramm als AWL, KOP und FBS/FUP.

9.10.4 Funktionstabelle
Erstellen Sie eine Funktionstabelle für die abgebildete Schaltung.

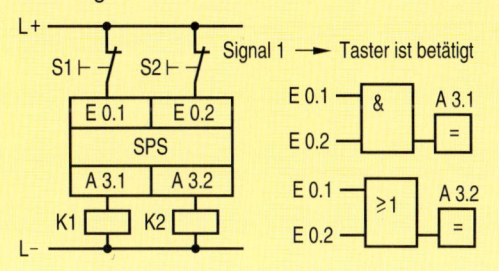

Anschlussplan: L+, S1, S2, E 0.1, E 0.2, SPS, A 3.1, A 3.2, K1, K2, L−
Signal 1 → Taster ist betätigt

FBS/FUP:
E 0.1, E 0.2 → [&] → A 3.1 =
E 0.1, E 0.2 → [≥1] → A 3.2 =

9.11 Grundverknüpfungen mit SPS II

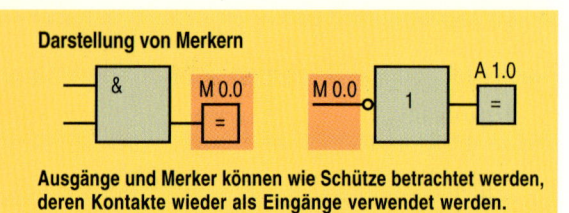

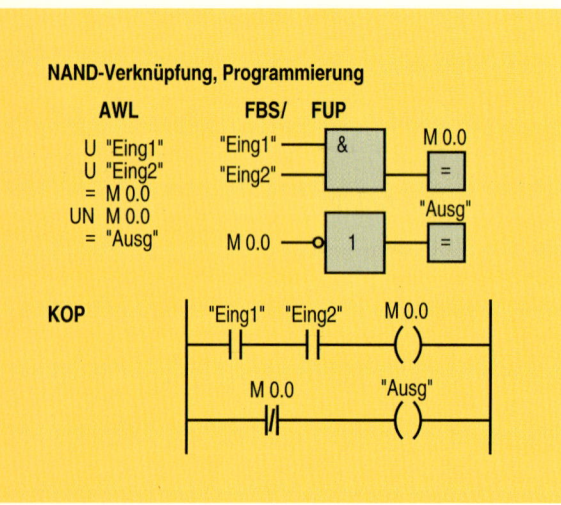

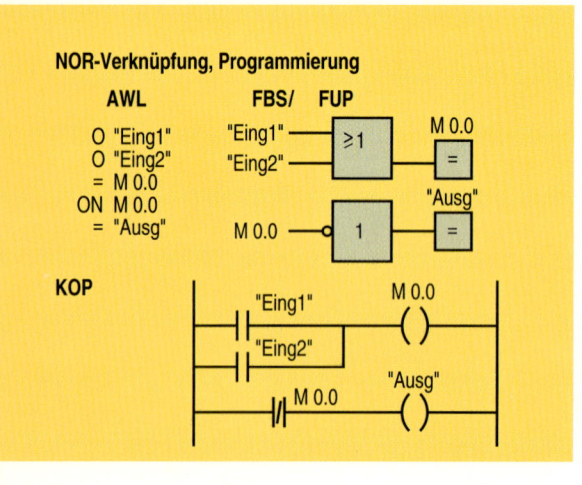

Symboltabelle

Symbol	Operand	Datentyp	Kommentar
Eing1	E 0.0	Bool	1. Eingang
Eing2	E 0.1	Bool	2. Eingang
Ausg	A 3.1	Bool	Ausgang

Operanden vom Datentyp BOOL können nur die beiden Werte 0 und 1 annehmen

Anschlussplan

Darstellung von Merkern

Ausgänge und Merker können wie Schütze betrachtet werden, deren Kontakte wieder als Eingänge verwendet werden.

NAND-Verknüpfung, Programmierung

AWL
```
U  "Eing1"
U  "Eing2"
=  M 0.0
UN M 0.0
=  "Ausg"
```

FBS/FUP

KOP

NOR-Verknüpfung, Programmierung

AWL
```
O  "Eing1"
O  "Eing2"
=  M 0.0
ON M 0.0
=  "Ausg"
```

FBS/FUP

KOP

Symbolische Adressierung

Die direkte Adressierung (z.B. E 0.1) ist nicht sehr übersichtlich, sie wird deshalb heute meist durch eine symbolische Adressierung ersetzt.
Hierbei wird der Adresse ein Symbol (Variable) zugeordnet. Dies geschieht in Form einer Symboltabelle (früher: Zuordnungsliste ZUL). Dadurch werden die Programme übersichtlicher und verständlicher und viele Kommentare können deshalb entfallen.

Merker (M)

Merker sind Speicherplätze für Zwischenergebnisse der SPS. Sie können wie Ausgänge behandelt werden; es gibt allerdings, im Gegensatz zu Ausgängen, keine Anschlussmöglichkeit für externe Geräte (Aktoren).
Merker werden wie Ausgänge durch eine Zuweisung adressiert. Der Merker-Inhalt kann innerhalb des SPS-Programms weiter verarbeitet werden.

NAND-Verknüpfung

Wie aus der Funktionstabelle zu ersehen ist, enthält der Ausgang eines NAND-Gatters so lange ein 1-Signal, bis alle Eingänge ein 1-Signal führen; danach wird das Ausgangssignal 0.
Eine NAND-Funktion besteht aus einer UND-Funktion mit nachgeschalteter NICHT-Funktion.

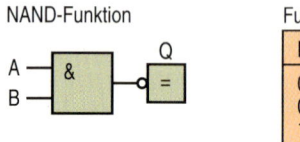

NAND-Funktion

Funktionstabelle

B	A	Q
0	0	1
0	1	1
1	0	1
1	1	0

Bei einer ältern SPS können die Ausgänge nicht invertiert werden. Deshalb wird das Ergebnis der UND-Verknüpfung in einem Merker zwischengespeichert und dann invertiert dem Ausgang zugeführt.

NOR-Verknüpfung

Der Ausgang eines NOR-Gatters führt nur dann Spannung, wenn alle Eingänge ein 0-Signal haben.
Eine NOR-Funktion besteht aus einer ODER-Funktion mit nachgeschalteter NICHT-Funktion.

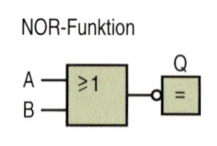

NOR-Funktion

Funktionstabelle

B	A	Q
0	0	1
0	1	0
1	0	0
1	1	0

Bei einer ältern SPS können die Ausgänge nicht invertiert werden. Deshalb wird das Ergebnis einer ODER-Verknüpfung in einem Merker zwischengespeichert und dann invertiert dem Ausgang zugeführt.

Vertiefung zu 9.11

XOR- und XNOR-Verknüpfungen

Die **XOR-Verknüpfung** führt nur dann das Ausgangssignal 1, wenn die beiden Eingänge unterschiedliche Signale haben.
Die XOR-Funktion heißt auch EXKLUSIV-ODER oder Antivalenz).

Die **XNOR-Verknüpfung** führt nur dann das Ausgangssignal 1, wenn alle beiden Eingänge das gleiche Signal haben. Die XNOR-Verknüpfung entspricht einer invertierten XOR-Verknüpfung.
Bei einer SPS kann die XNOR-Funktion aus zwei UND- und einer ODER-Verknüpfung realisiert werden.
Die XOR-Verknüpfung heißt auch Äquivalenz.

XOR-Verknüpfung

```
U   "Eing1"
UN  "Eing2"
O
UN  "Eing1"
U   "Eing2"
=   "Ausg"
```

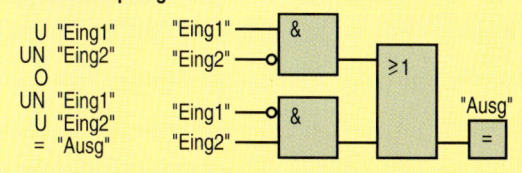

XNOR-Verknüpfung

```
U   "Eing1"
U   "Eing2"
O
UN  "Eing1"
UN  "Eing2"
=   "Ausg"
```

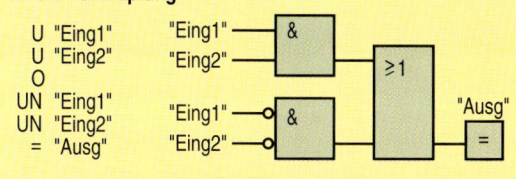

XOR-Funktion

XNOR-Funktion

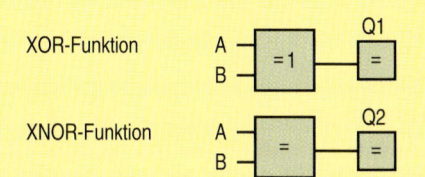

Funktionstabelle

B	A	Q1	Q2
0	0	0	1
0	1	1	0
1	0	1	0
1	1	0	1

Klammern

Bei der Abarbeitung eines SPS-Programms hat eine UND-Verknüpfung immer Vorrang vor einer ODER-Verknüpfung.
Soll die ODER-Verknüpfung vorrangig abgearbeitet werden, kann eine Klammer gesetzt werden. Diese hat dieselbe Funktion wie in der Mathematik.

Merke: Kommt ein ODER vor einem UND, so ist entweder ein Merker oder eine Klammer zu setzen.

Aufgaben

9.11.1 XNOR-Verknüpfung
a) „XNOR ist eine invertierte XOR-Funktion".
   Erstellen Sie zu dieser Aussage ein Programm als AWL, FBS/FUP und KOP.
b) „Eine XNOR-Verknüpfung besteht aus zwei UND- und einer ODER-Verknüpfung".
   Erstellen Sie zu dieser Aussage ein Programm als KOP.

9.11.2 Schaltungsanalyse
a) Untersuchen Sie anhand der Aufgabe 9.10.4, ob der folgende Satz stimmt:
   „Eine UND-Funktion kann in ein ODER-Funktion umgewandelt werden, indem alle Ein- und Ausgänge invertiert werden."
b) Wie wirkt sich die Invertierung eines invertierten Eingangs (Ausgangs) aus?
c) Gilt der Satz aus Aufgabe a) auch für die Umwandlung einer ODER-Funktion in eine UND-Funktion?

9.11.3 XOR-Verknüpfung
Eine XOR-Verknüpfung soll mit Hilfe einer SPS realisiert werden.
Erstellen Sie je ein Programm als KOP für diese Verknüpfung.

9.11.4 Betätigung von zwei Stellen
Der Motor M1 kann mit den Tastern S1...S4 von zwei verschiedenen Stellen ein- bzw. ausgeschaltet werden. Entwerfen Sie ein SPS-Programm als FBS/FUP und als AWL. 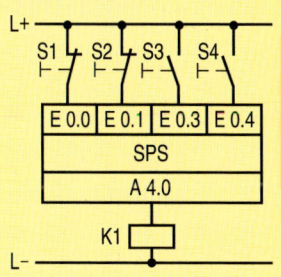
Hinweis: Das Ausgangssignal kann auch für einen Eingang verwendet werden.

9.12 Selbsthaltung

Schaltung

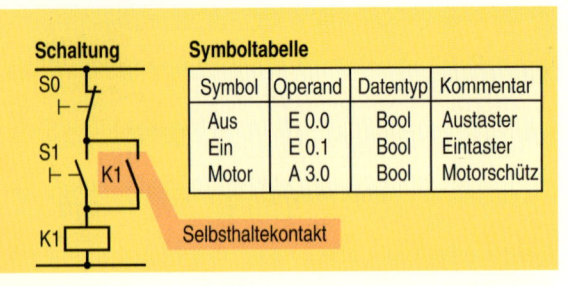

Symbol	Operand	Datentyp	Kommentar
Aus	E 0.0	Bool	Austaster
Ein	E 0.1	Bool	Eintaster
Motor	A 3.0	Bool	Motorschütz

Selbsthaltekontakt

Programm mit Klammer

AWL:
```
U   "Aus"
U   (
O   "Ein"
O   "Motor"
)
=   "Motor"
```

FBS/FUP: "Aus", "Ein", "Motor" → ≥1 → & → "Motor"

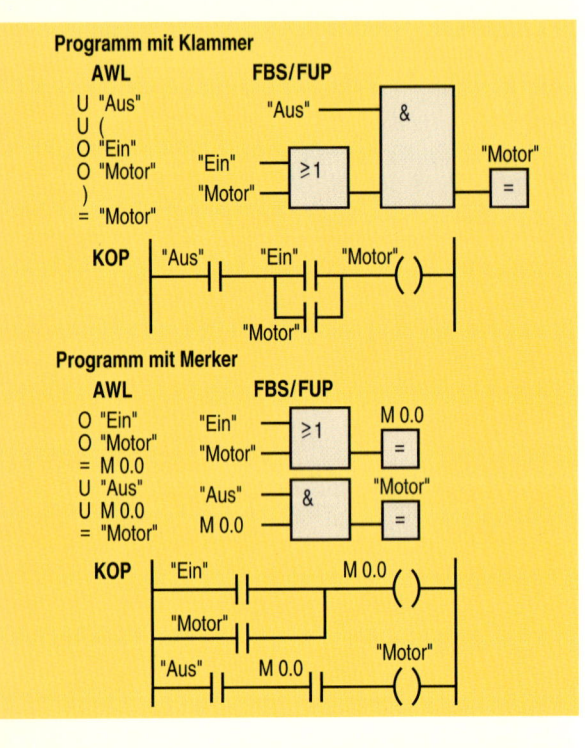

KOP: "Aus" — "Ein" — ("Motor"), "Motor" parallel zu "Ein"

Programm mit Merker

AWL:
```
O   "Ein"
O   "Motor"
=   M 0.0
U   "Aus"
U   M 0.0
=   "Motor"
```

FBS/FUP: "Ein", "Motor" → ≥1 → M 0.0; "Aus", M 0.0 → & → "Motor"

KOP: "Ein" — (M 0.0), "Motor" parallel; "Aus" — M 0.0 — ("Motor")

Programm mit Speicher

AWL:
```
O   "Ein"
S   "Motor"
UN  "Aus"
R   "Motor"
```

FBS/FUP: "Ein" → S, "Aus" → R, Q → "Motor"
S Setzen   R Rücksetzen

KOP: "Ein" — (S) "Motor"; "Aus" —/|— (R) "Motor"

Schützschaltung
Bei Betätigung des Tasters S1 zieht das Schütz K1 an und hält sich selbst über den Schließer K1, d.h. beim Öffnen von S1 hält das Schütz weiterhin. Wird S0 betätigt, so fällt K1 wieder ab.
Bei gleichzeitiger Betätigung beider Taster fällt K1 ab, d.h. AUS hat Vorrang. Dieses Verhalten wird als AUS-Dominanz bezeichnet. In der Praxis wird aus Sicherheitsgründen meist AUS-Dominanz verlangt.

SPS mit Selbsthaltung
Lösung mit Klammer
Ist Taster AUS (Öffner) nicht betätigt und Taster EIN (Schließer) betätigt, so erhält der Ausgang ("Motor") ein 1-Signal und K1 zieht an.
Die Selbsthaltung erfolgt durch die Software, d. h. das Signal des Ausgangs "Motor" wird im Programm auf den Eingang der ODER-Verknüpfung gelegt. Die Klammer bewirkt, dass die ODER-Verknüpfung vor der UND-Verknüpfung abgearbeitet wird.
Anstelle der Rückführung des Ausgangs könnte auch ein Kontakt von K1 (Schließer) auf einen Eingang (z.B. E 0.3) gelegt und dieser statt "Motor" auf die ODER-Verknüpfung geführt werden. Der Kontakt K1 kann auch zusätzlich zu "Motor" auf einen Eingang der ODER-Verknüpfung gelegt werden.

Lösung mit Merker
Anstelle der Klammer kann für die Selbsthaltung auch ein Merker verwendet werden. Dieser speichert das Verknüpfungsergebnis der ODER-Verknüpfung und gibt es auf den Eingang der UND-Verknüpfung.
Statt des Signals "Motor" am Eingang der ODER-Verknüpfung könnte wieder ein Schützkontakt über einen SPS-Eingang (z.B. E 0.3) geführt werden.

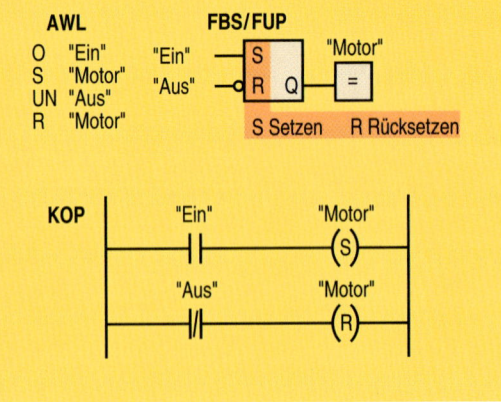

Selbsthaltung mit Speicher
Ein Speicher kann mit einem Signal am Set-Eingang (S) gesetzt werden. Er bleibt dann gesetzt, bis am Reset-Eingang (R) ein 1-Signal auftritt; das Ausgangssignal wird dann auf 0 gesetzt.

Speicher

A — S
B — R — Q

Funktionstabelle

	B	A	Q
* vorhandener Zustand bleibt bestehen	0	0	*
	0	1	1
	1	0	0
	1	1	0

Da bei dem abgebildeten Speicher der R-Eingang **nach** dem S-Eingang abgearbeitet wird, hat hier das Rücksetzen Vorrang (Rücksetz-Dominanz, Aus-Dominanz). Aus Sicherheitsgründen (Drahtbruch) muss der AUS-Taster ein Öffner sein, der R-Eingang wird mit einer NICHT-Funktion invertiert. Ebenfalls aus Sicherheitsgründen muss der EIN-Taster ein Schließer sein.

Vertiefung zu 9.12

Speicher

Allgemein sind Speicher Bauteile, die das Ausgangssignal so lange beibehalten, bis ein entsprechendes Eingangssignal eine Änderung des Ausgangssignals erzwingt. Der Ausgang erhält ein 1-Signal durch **Setzen (S)** und ein 0-Signal durch **Rücksetzen (R)**. Liegen an einem Speicher gleichzeitig ein Setz- und ein Rücksetzsignal („unlogischer Zustand"), so gibt es zwei Möglichkeiten:

1. Am Ausgang liegt ein 1-Signal.
   Diese Speicherfunktion heißt **setzdominant**.
2. Am Ausgang liegt ein 0-Signal.
   Diese Speicherfunktion heißt **rücksetzdominant**.

Im unlogischen Zustand, d. h. Setz- und Rücksetzbedingung sind gleichzeitig erfüllt, dominiert bei einer SPS die im Programm zuletzt bearbeitete Anweisung; das heißt die Vorrangigkeit wird durch die Reihenfolge der Programmierung festgelegt.

Bei elektrischen Anlagen und Maschinen hat die Aus-Funktion Vorrang, die verwendete Speicherfunktion muss rücksetzdominant sein. Der Ein-Befehl erfolgt über Schließer, der Aus-Befehl über Öffner.

Vorrangig rücksetzend (rücksetzdominant)

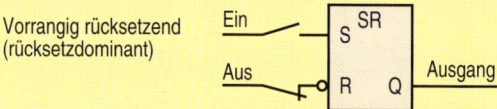

Bei Einrichtungen zur Gefahrenmeldung hat die Ein-Funktion Vorrang, die verwendete Speicherfunktion muss setzdominant sein. Der Ein-Befehl erfolgt über Öffner, der Aus-Befehl über Schließer.

Vorrangig setzend (setzdominant)

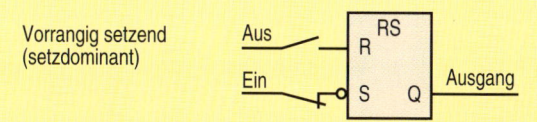

Speicher mit Ein-Dominanz

Wird der Set-Eingang **nach** dem Reset-Eingang abgefragt, so erhält man einen Speicher mit Setz-Dominanz bzw. Ein-Dominanz.

Programm mit Ein-Dominanz

```
AWL              FBS/FUP
U   "Aus"
R   "Alarm"      "Aus" ─┤ R        ├─ "Alarm"
UN  "Ein"        "Ein" ─o┤ S    Q ├─
S   "Alarm"
```

KOP

```
"Aus"          "Alarm"
──┤ ├──────────( R )
"Ein"          "Alarm"
──┤/├──────────( S )
```

Speicher	Funktionstabelle	B	A	Q
A ─ R ─ Q B ─ S	* vorhandener Zustand bleibt bestehen	0	0	*
		0	1	0
		1	0	1
	unlogischer Zustand	1	1	1

Ein-Dominanz wird aus Sicherheitsgründen (Drahtbruch) z.B. bei Gefahrenmeldern und Spannvorrichtungen eingesetzt. Der Ein-Taster ist ein Öffner, der Aus-Taster ein Schließer.

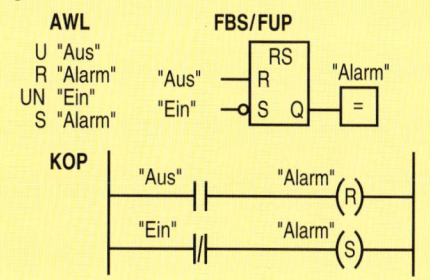

Aufgaben

9.12.1 Selbsthaltung durch Hard- und Software

Der Antrieb einer Ölpumpe soll über eine SPS gesteuert werden.
Das Programm ist mit folgender Symboltabelle zu erstellen:

Symboltabelle

Symbol	Operand	Datentyp	Kommentar
Ein	E 2.4	Bool	Taster S8
Not-Aus	E 1.0	Bool	Taster S0
Aus	E 1.1	Bool	Taster S1
Pumpe	A 5.2	Bool	Schütz K1
Selbsth	E 2.5	Bool	Schließer K1

Entwerfen Sie ein Steuerprogramm als AWL und als FBS/FUP.

9.12.2 Formpresse

Eine Presse zur Fertigung von Formteilen hat folgende Funktionen:

Mit S2 wird auf Bereitschaft geschaltet, eine rote Warnleuchte zeigt die Bereitschaft an. Mit einem Taster AUS (S1) und einem NOT-AUS-Taster (S0) kann die ganze Anlage abgeschaltet werden.
Werden die Taster S11 und S12 gleichzeitig betätigt, so schließt das Sicherheitsgitter. Vom ordnungsgemäß geschlossenen Gitter wird der Endtaster S13 betätigt. Nun wird durch ein Signal am Eingang E 1.7 der Antrieb des Pressstempels ausgelöst.

a) Entwerfen Sie einen Anschlussplan und eine Symboltabelle für die Bereitschaft der Presse und für das Schutzgitter.
b) Schreiben Sie dazu das SPS-Programm als AWL, FBS/FUP und KOP.

9.13 Wendeschaltung

Hauptstromkreis

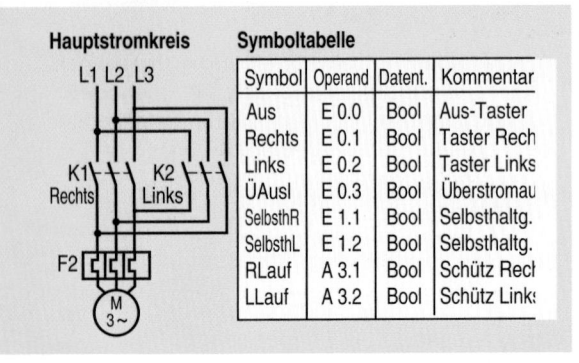

L1 L2 L3
K1 Rechts, K2 Links
F2
M 3~

Symboltabelle

Symbol	Operand	Datent.	Kommentar
Aus	E 0.0	Bool	Aus-Taster
Rechts	E 0.1	Bool	Taster Rech
Links	E 0.2	Bool	Taster Links
ÜAusl	E 0.3	Bool	Überstromau
SelbsthR	E 1.1	Bool	Selbsthaltg.
SelbsthL	E 1.2	Bool	Selbsthaltg.
RLauf	A 3.1	Bool	Schütz Rech
LLauf	A 3.2	Bool	Schütz Link!

Umschaltung über „Aus"
Bei vielen Antrieben ist eine Umschaltung des Motors von Rechts- auf Linkslauf und umgekehrt nötig. Dieses Umschalten darf je nach angetriebener Last erst nach Stillstand des Antriebes möglich sein, weil sonst elektrische und mechanische Schäden auftreten können. Der Motor muss deshalb vor einem Wechsel der Drehrichtung ausgeschaltet werden. h. eine direkte Umschaltung darf nicht möglich sein.
Die beiden Schütze K1 (Rechtslauf) und K2 (Linkslauf) dürfen nie gleichzeitig eingeschaltet sein, d.h. sie müssen gegeneinander verriegelt sein.

Schaltvorgänge
Einschalten
Werden folgende Bedingungen erfüllt, so wird der Ausgang A 3.1 gesetzt, Schütz K1 zieht an und der Motor dreht rechts:

- Taster S1 betätigt (E 0.1 $\longrightarrow$ 1-Signal)
- und Taster S2 nicht betätigt (E 0.2 $\longrightarrow$ 0-Signal)
- und Ausg. LLauf nicht aktiv (A 3.2 $\longrightarrow$ 0-Signal)
- und Schütz K2 nicht erregt (E 1.2 $\longrightarrow$ 1-Signal).

Entsprechend erfolgt das Setzen des Ausgangs A 3.2 für den Linkslauf.

Ausschalten
Bei Erfüllung der folgenden Bedingungen wird der Ausgang A 3.1 zurückgesetzt und damit der Motor abgeschaltet:

- Taster S0 betätigt (E 0.0 $\longrightarrow$ 0-Signal)
- oder Überstromauslöser F2 betätigt (E 0.3 $\longrightarrow$ 0-Signal)
- oder Ausgang LLauf aktiv (A 3.2 $\longrightarrow$ 1-Signal)
- oder Schütz K2 ist erregt (E 1.2 $\longrightarrow$ 1-Signal).

Da die Rücksetzbefehle im Programm nach den Setzbefehlen kommen, hat das Rücksetzen Vorrang vor dem Setzen (AUS-Dominanz).

Funktionsbausteinsprache FBS/FUP

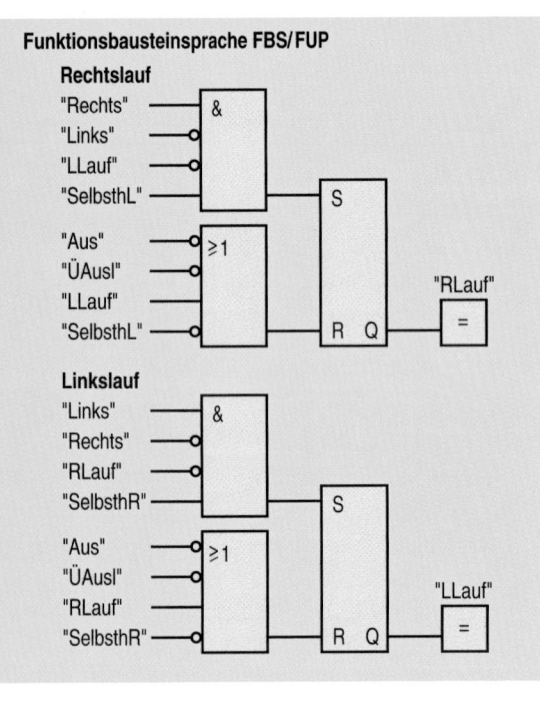

Rechtslauf

"Rechts" — &
"Links" — o
"LLauf" — o
"SelbsthL" — o

"Aus" — o ≥1
"ÜAusl" — o
"LLauf" —
"SelbsthL" — o
— S
— R Q = "RLauf"

Linkslauf

"Links" — &
"Rechts" — o
"RLauf" — o
"SelbsthR" — o

"Aus" — o ≥1
"ÜAusl" — o
"RLauf" —
"SelbsthR" — o
— S
— R Q = "LLauf"

Verriegelung
Um einen Kurzschluss zu verhindern, müssen die Schütze K1 und K2 gegeneinander verriegelt sein. Theoretisch würde es genügen, wenn die beiden Ausgänge gegenseitig verriegelt würden.
Praktisch ist dies nicht ausreichend, da die SPS sehr viel schneller reagiert als ein Schütz. Während der Ausgang A 3.1 längst 0-Signal führt, ist Schütz K1 noch angezogen (obwohl spannungslos). Die Abfallverzögerung ist deutlich länger als die Anzugsverzögerung, so dass K2 angezogen ist, bevor K1 abfällt: es kommt zu einem Kurzschluss. Daher ist eine zusätzliche Hardware-Verriegelung, d.h. eine Verriegelung mit den Hilfskontakten der Schütze unumgänglich.
Merke: Wendeschütze müssen immer durch Hard- und Software verriegelt sein.

Anweisungsliste AWL

Rechtslauf		Linkslauf	
U	"Rechts"	U	"Links"
UN	"Links"	UN	"Rechts"
UN	"LLauf"	UN	"RLauf"
U	"SelbsthL"	U	"SelbsthR"
S	"RLauf"	S	"LLauf"
ON	"Aus"	ON	"Aus"
ON	"ÜAusl"	ON	"ÜAusl"
O	"LLauf"	O	"RLauf"
ON	"SelbsthL"	ON	"SelbsthR"
R	"RLauf"	R	"LLauf"

Vertiefung zu 9.13

Direkte Umschaltung
Bei manchen Antrieben kann auch das direkte Umschalten der Drehrichtung erforderlich sein. Das gleichzeitige Einschalten beider Drehrichtungen muss aber auch hier durch Verriegelung verhindert werden.
Wird bei rechtslaufendem Motor der Taster "Links" betätigt, so wird durch diese Betätigung zuerst der Ausgang "RLauf" zurückgesetzt. Nach der Freigabe durch den Hilfskontakt von K1 (Schütz ist tatsächlich abgefallen) wird der Ausgang "LLauf" gesetzt. Voraussetzung ist, dass weder Taster "Aus" betätigt wird, noch der Überstromauslöser "ÜAusl" angesprochen hat.
Entsprechend wird auch von Links- auf Rechtslauf umgeschaltet.
Wird der AUS-Taster "Aus" betätigt oder spricht der Überstromauslöser an, so werden beide Ausgänge zurückgesetzt. Bleibt ein Schütz hängen, so ist es unmöglich die andere Drehrichtung einzuschalten. Aus Sicherheitsgründen ist in der Regel zusätzlich zum AUS-Taster ein Not-Aus-Taster erforderlich, der die Anlage in diesem Fall vom Netz freischalten kann.

Rechtslauf

FBS/FUP

AWL
```
U   "Rechts"    ON  M 0.2
S   M 0.1       R   M 0.1
ON  "Aus"       U   "SelbsthL"
ON  "ÜAusl"     =   "RLauf"
O   "Links"
```

Linkslauf

FBS/FUP

AWL
```
U   "Links"     ON  M 0.1
S   M 0.2       R   M 0.2
ON  "Aus"       U   M 0.2
ON  "ÜAusl"     U   "SelbsthR"
O   "Rechts"    =   "LLauf"
```

Umwandlung von Funktionen
Eine UND-Funktion kann in eine ODER-Funktion umgewandelt werden (und umgekehrt), indem man die Funktions-Bezeichnung ändert und alle Ein- und Ausgänge invertiert (negiert).
Merke: Wird ein invertierter Ein- oder Ausgang nochmals invertiert, so hebt dies die ursprüngliche Invertierung auf.
Ausgänge können bei älteren SPS-Systemen (im Gegensatz zu digitalen Bausteinen) nicht negiert werden. Man kann sich hier helfen, indem man den Ausgang einem Merker zuordnet und den Merker auf einem negierten Eingang weiter verarbeitet, oder indem man den Baustein umwandelt, so dass der Ausgang nicht mehr invertiert ist.

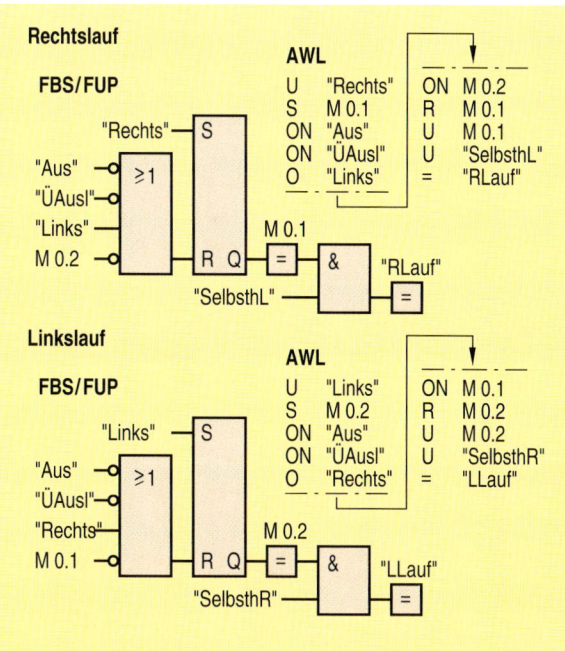

Umwandlungsbeispiel

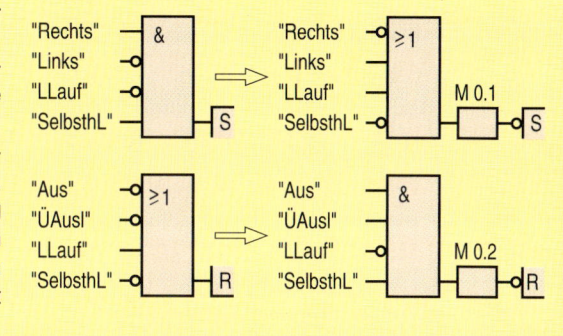

Aufgaben

9.13.1 Fräsmaschine
Der Tisch einer Fräsmaschine (Motor M1, Wendeschütze Q1, Q2) soll sich nach dem Einschalten durch S1 stetig nach rechts bewegen, bis er durch den Endtaster S11 direkt auf Linkslauf umgeschaltet wird. Danach bewegt er sich nach links, wo er durch den Endtaster S12 wieder auf Rechtslauf umgeschaltet wird.
Das Einschalten des Fräsmaschinentisches darf nur bei laufendem Fräser möglich sein. Das Signal liefert der Sensor B1.
Die Ausschaltung erfolgt durch S10.
Ein Not-Aus-Taster S0 schaltet die gesamte Anlage spannungsfrei.

Technologieschema

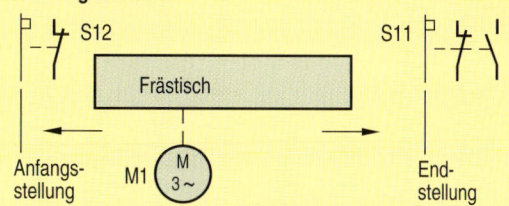

a) Entwerfen Sie eine Symboltabelle. Benutzen Sie dabei die Eingangsbytes 0 und 1 und das Ausgangsbyte 3.
b) Entwerfen Sie ein Programm in AWL, FBS/FUP und KOP.

9.14 Pneumatische Steuerungen I

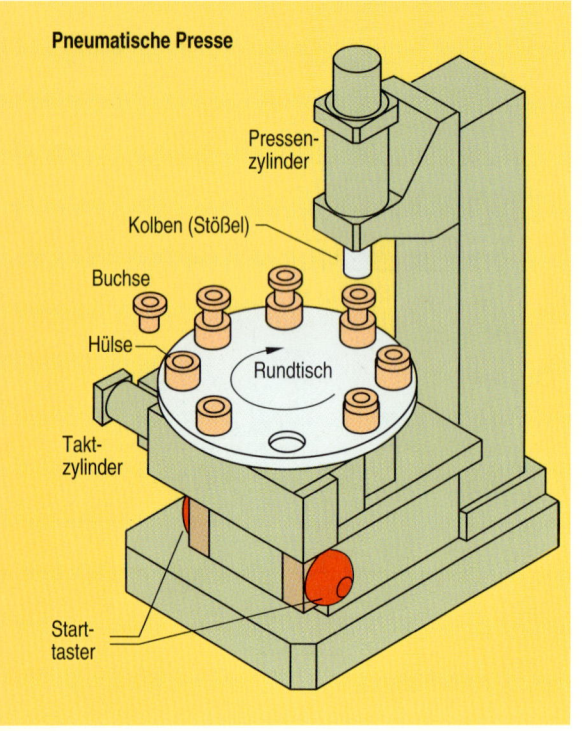

Pneumatische Presse

(Beschriftung der Skizze: Pressenzylinder, Kolben (Stößel), Buchse, Hülse, Rundtisch, Taktzylinder, Starttaster)

Pneumatische Steuerung, Technologieschema

Arbeitsteil: Ruhestellung – Arbeitsstellung (Zylinder, Kolben)
Steuerteil: Aus – Ein
Druckluftbereitstellung: Druckmesser, Verdichter, Druckbehälter

Pneumatische Anlagen
Druckluft kann als Energiequelle für eine Vielzahl von Antrieben eingesetzt werden. Dazu gehören:
- **Linearantriebe** (Druckluftzylinder) zum Zuführen, Spannen, Verschieben und Auswerfen
- **rotierende Antriebe** (Druckluftmotoren) zum Schrauben, Bohren und Schleifen
- **schlagende Antriebe** zum Pressen, Stanzen, Nieten und Schneiden.

Die nebenstehende Skizze zeigt eine pneumatische Presse. Ein Arbeitszyklus enthält fünf Arbeitsschritte:
1. Schritt: Durch Betätigung beider Starttaster wird die Anlage gestartet. Der Kolben des Pressenzylinders fährt aus und presst die Buchse in die Hülse.
2. Schritt: Der Kolben des Pressenzylinders fährt wieder in seine Ausgangsstellung.
3. Schritt: Der Kolben des Taktzylinders fährt aus und dreht den Rundtisch mit den Werkstücken um eine Achtel Umdrehung weiter.
4. Schritt: Der Kolben des Taktzylinders fährt zurück in seine Ausgangsstellung.
5. Schritt: Alle Bauglieder befinden sich in Ausgangsstellung, die Anlage kann erneut gestartet werden.

Die Steuerung der einzelnen Schritte erfolgt durch Grenztaster und Ventile.

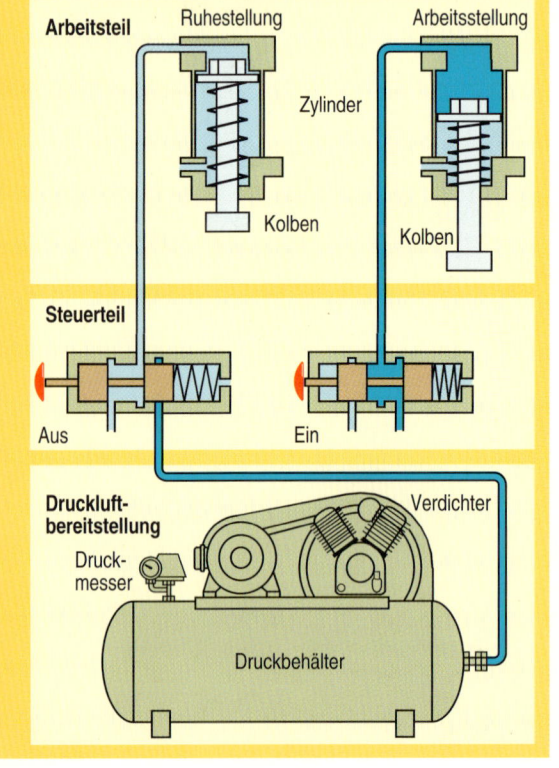

Aufbau von Pneumatikanlagen
Pneumatikanlagen bestehen im Wesentlichen aus drei Teilsystemen:
- der Druckluftbereitstellung
- dem Steuerteil
- dem Arbeitsteil.

Druckluftbereitstellung
Die Druckluft für den Betrieb von Pneumatikanlagen wird meist zentral mit einem Verdichter (Kompressor) erzeugt und in einem Behälter gespeichert. Der Druck liegt dabei im Bereich von 6 bis 10 bar (1 bar = $10^5 \, N/m^2$). Zum Einsatz in Pneumatikanlagen muss die Druckluft „aufbereitet" werden. Die Aufbereitungsanlage enthält einen Filter, ein Druckregelventil sowie einen Druckluftöler mit dem der Luft fein zerstäubtes Öl zugesetzt wird.

Steuerteil
Im Steuerteil wird der Durchfluss der Druckluft nach Richtung und Geschwindigkeit gesteuert. Dies erfolgt durch verschiedenartige Ventile, z. B. Wegeventile, Stromventile und Sperrventile.

Arbeitsteil
Im Arbeitsteil wird die Druckenergie in mechanische Energie umgesetzt, z. B. zum Bewegen oder Verformen von Werkstücken. Druckluftzylinder erzeugen dabei geradlinige (lineare) Bewegungen, Druckluftmotoren hingegen drehende (rotierende) Bewegungen.

Vertiefung zu 9.14

Verdichter

Zum Verdichten (Komprimieren) der athmosphärischen Luft gibt es eine Vielzahl unterschiedlicher Verdichterbauarten. Insbesondere werden eingesetzt:
- Kolbenverdichter
  z. B. Hubkolben- und Membranverdichter
- Drehkolbenverdichter
  z. B. Vielzellenrotations- und Schraubenverdichter
- Strömungsverdichter (Turboverdichter)
  als Axial- oder Radialturboverdichter.

Beim Verdichten der Luft wird ein Teil der zugeführten Energie in Wärme umgewandelt. Diese Energie kann über Wärmerückgewinnungsanlagen zurückgewonnen und für Heizzwecke eingesetzt werden.

Um die Leitungen, Ventile und Zylinder der Anlage zu schützen, muss die Luft getrocknet und gefiltert werden. Ein Zusatz von fein versprühtem Ölnebel schützt die Anlage vor Korrosion.

Beispiele:

Tauchkolbenverdichter

Luft wird
1. angesaugt
2. eingeschlossen
3. verdichtet
4. ausgestoßen.

Membranverdichter

Vielzellenrotationsverdichter

Axialturboverdichter

Durch rotierende Lamellen bzw. Schafelräder wird Luft angesaugt, verdichtet und wieder ausgestoßen.

Ventile

Die Luftstrom der pneumatischen Anlage wird über Ventile gesteuert. Dabei unterscheidet man:

- **Wegeventile**
  öffnen bzw. sperren den Luftstrom und steuern seine Richtung. Sie dienen vor allem als Stellglieder für die Arbeitsglieder (Zylinder), sie können aber auch als Signal- und Steuerglieder eingesetzt werden.

- **Sperrventile**
  sperren den Durchfluss der Druckluft in die eine Richtung und geben ihn in die andere Richtung frei.
  Zu den Sperrventilen gehören Rückschlagventile, Schnellentlüftungsventile, Wechselventile und Zweidruckventile.

- **Stromventile**
  können durch Verstellen des Durchflussquerschnittes die Geschwindigkeit der Strömung steuern. Man unterscheidet Drosselventile und Blendenventile.

Beispiel: 5/2-Wegeventil mit elektromagnetischer Betätigung

zum Arbeitsglied (4, 2)

Entlüftung (3) mit Schalldämpfer (5)

elektromagnetische Betätigung

Luftzufuhr (1)

Zylinder

Druckluftzylinder wandeln pneumatische Energie in mechanische Energie um.
Diese mechanische Energie wird auf zwei Arten ausgenützt:

1. zur Erzeugung einer geradlinigen Bewegung, z. B. zum Verschieben oder Heben von Lasten,
2. zur Erzeugung von Spannungs- und Stoßkräften z. B. zum Spannen oder Auswerfen eines Werkstücks.

Beispiel:
doppelt wirkender Zylinder

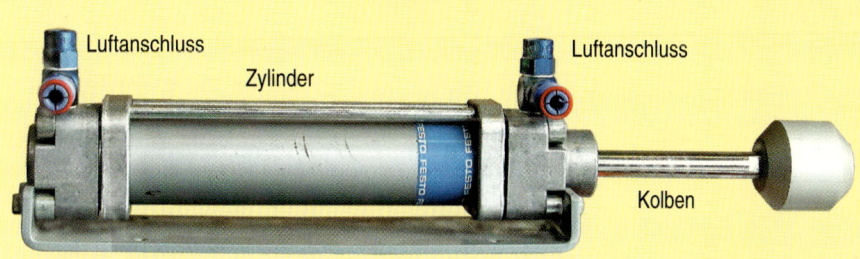

Luftanschluss

Zylinder

Luftanschluss

Kolben

9.15 Pneumatische Steuerungen II

Pneumatische Zylinder, Schaltzeichen

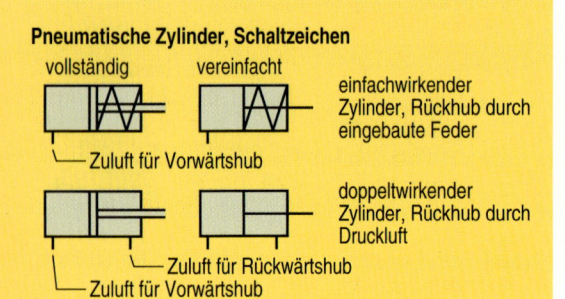

vollständig — vereinfacht

einfachwirkender Zylinder, Rückhub durch eingebaute Feder
— Zuluft für Vorwärtshub

doppeltwirkender Zylinder, Rückhub durch Druckluft
— Zuluft für Rückwärtshub
— Zuluft für Vorwärtshub

3/2-Wegeventil mit Handbetätigung

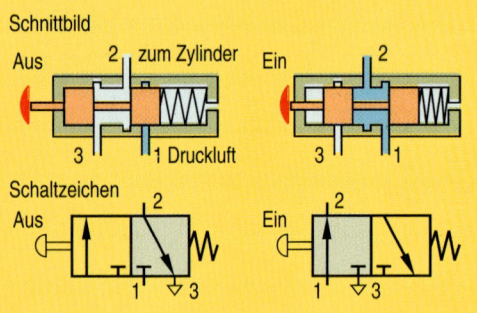

Schnittbild
Aus — 2 zum Zylinder — Ein — 2
3 — 1 Druckluft — 3 — 1

Schaltzeichen
Aus — 2 — Ein — 2
1 — 3 — 1 — 3

5/2-Wegeventil mit pneumatischer Betätigung

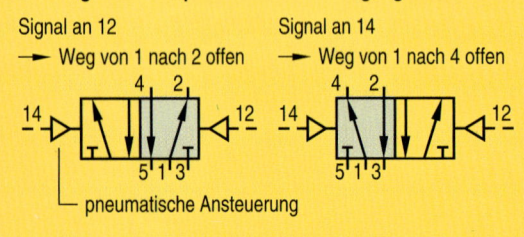

Signal an 12 — Weg von 1 nach 2 offen
Signal an 14 — Weg von 1 nach 4 offen

14 — 4 2 — 12
5 1 3

14 — 4 2 — 12
5 1 3

— pneumatische Ansteuerung

Stromventile
Drosselventil nicht verstellbar — verstellbar

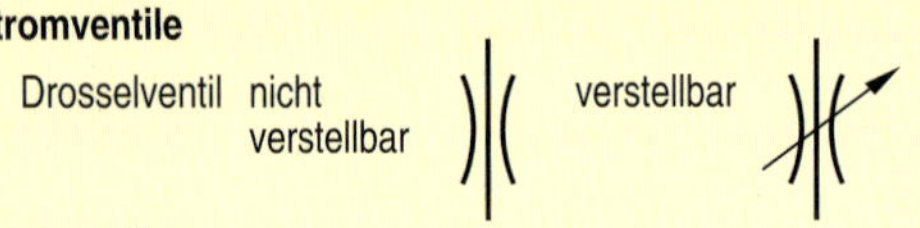

Sperrventile
Rückschlagventil — Zweidruckventil — Wechselventil
gesperrt / offen

Druckluft an 2, wenn an 10 UND 11 Druckluft ist
Druckluft an 2, wenn an 10 ODER 11 Druckluft ist

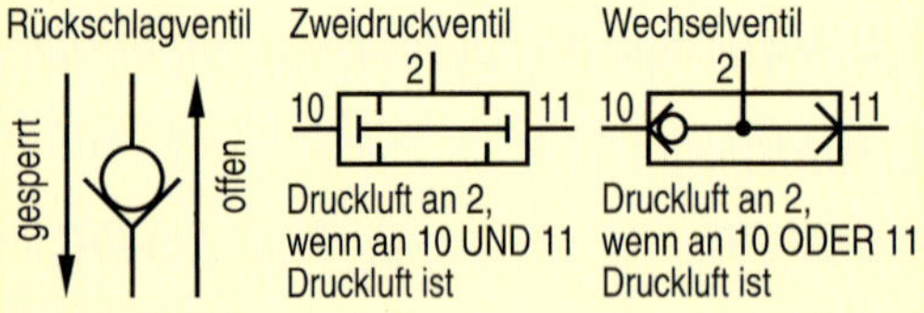

Kombinationen
Drosselrückschlagventil

Strömung von 1 nach 2 gedrosselt, weil Rückschlagventil geschlossen
Strömung von 2 nach 1 ungedrosselt, weil Rückschlagventil geöffnet

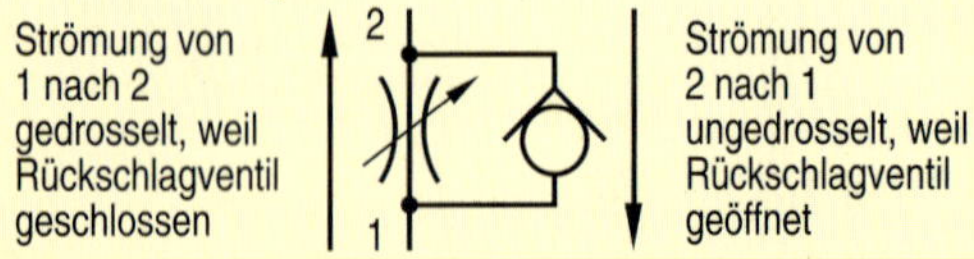

Druckluftzylinder
Mit Druckluftzylindern werden lineare Bewegungen zum Heben, Verschieben, Spannen von Werkstücken erzeugt. Dabei unterscheidet man einfach und doppelt wirkende Zylinder.

Beim **einfach** wirkenden Zylinder wird dem Kolben nur von einer Seite Druckluft zugeführt, das Zurückfahren erfolgt z. B. durch Federkraft.

Beim **doppelt** wirkenden Zylinder erfolgt die Druckluftzufuhr wahlweise von der einen oder der anderen Seite.

Steuern der Druckluft
Die Steuerung der Druckluft in einer Pneumatikanlage erfolgt über Wege-, Strom- und Sperrventile.

Wegeventile
Wegeventile öffnen und schließen den Durchflussweg der Druckluft bzw. ändern die Durchflussrichtung. Die Ventile haben 3, 4 oder 5 gesteuerte Anschlüsse (Wege) und 2 oder 3 Schaltstellungen. Die Kennzeichnung der Wegeventile erfolgt durch zwei Zahlen:
1. die Zahl der Anschlüsse (ohne Steueranschlüsse)
2. die Zahl der Schaltstellungen.

Beispiel: **5/2 - Wegeventil**
— 2 Schaltstellungen
— 5 Anschlüsse

Die Anschlüsse werden durch Zahlen oder Großbuchstaben (veraltet) bezeichnet. Dabei bedeuten:

1 bzw. P	Druckluftanschluss
2, 4, 6 bzw. A, B, C	Arbeitsanschlüsse
3, 5, 7 bzw. R, S, T	Abfluss, Entlüftung
10,11, 12, 14 bzw. X, Y, Z	Steueranschlüsse

3/2-Wegeventile werden z.B. für einfach wirkende Zylinder, 5/2-Wegeventile für doppelt wirkende Zylinder eingesetzt. Weitere Informationen siehe Seite 279.

Strom- und Sperrventile
Mit **Stromventilen** kann die Strömungsgeschwindigkeit der Druckluft und damit die Geschwindigkeit des Kolbens von Arbeitszylindern gesteuert werden. Man unterscheidet Drosselventile (mit langer Engstelle) und Blendenventile (mit sehr kurzer Engstelle).
Die Geschwindigkeitsdrosselung kann in der Zuleitung (Zuluftdrosselung) oder in der Entlüftungsleitung (Abluftdrosselung) erfolgen.
Mit **Sperrventilen** wird der Luftstrom in einer Richtung gesperrt, in der anderen Richtung kann die Luft ungehindert strömen.
Wichtige Sperrventile sind: Rückschlagventil, Schnellentlüftungsventil, Wechselventil und Zweidruckventil. Häufig werden auch Kombinationen aus Drossel- und Rückschlagventil (Drosselrückschlagventil) eingesetzt. Weitere Informationen siehe Seite 279.

Vertiefung zu 9.15

Wirkungsweise des Zweidruckventils

Druckluftanschlüsse 10, 11

Durch ein pneumatisches Signal über Anschluss 10 sperrt der Kolben den Durchgang zum Ausgang 2 von links her, bei einem Signal über Anschluss 11 wird der Durchfluss von rechts her gesperrt.

Schaltzeichen

Das Ventil erfüllt die UND-Funktion

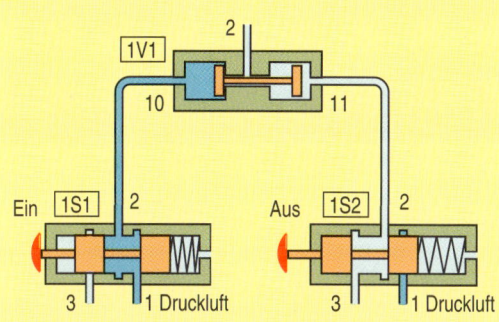

Wird nur 1S1 betätigt und Ventil 1V1 mit Druckluft beaufschlagt, so schließt der beweglichle Kolben das Ventil, der Duchfluss zu Ausgang 2 ist gesperrt. Wird nur 1S2 betätigt, so wird Ventil 1V1 von der anderen Seite gesperrt.

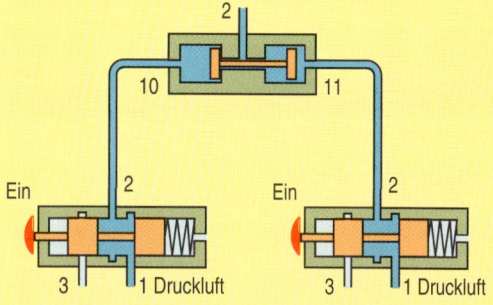

Wird anschließend an 1S1 auch 1S2 betätigt, so gelangt die Druckluft über Anschluss 11 zum Ventilausgang 2.
Bei Betätigung beider Signalglieder 1S1 und 1S2 gelangt das zuletzt ankommende Signal zum Ausgang 2.

Wirkungsweise des Wechselventils

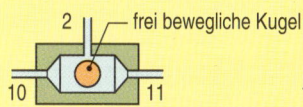

Wechselventil, unbetätigt

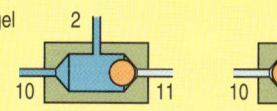

Wird Anschluss 10 mit Druckluft beaufschlagt, so wird Anschluss 11 geschlossen, wird 11 mit Druckluft beaufschlagt, so wird 10 gesperrt. In beiden Fällen gelangt Druckluft zum Ausgang 2.

Schaltzeichen

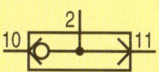

Das Ventil erfüllt die ODER-Funktion

Aufgaben

9.15.1 Grundschaltungen

Steuerung 1

Steuerung 2

a) Benennen Sie die Bauteile 1V1 und 2V1.
b) Worin unterscheiden die Bauteile 1V1 und 1V2?
c) Benennen Sie die Funktion der Anschlüsse 1, 2, 3.
d) Welche Funktion wird ausgeführt, wenn 1V1 bzw. wenn 2V1 betätigt wird?
e) Nennen Sie die Anschlüsse eines 5/2-Wegeventils mit Angabe der Funktion.

9.15.2 Pneumatische Presse

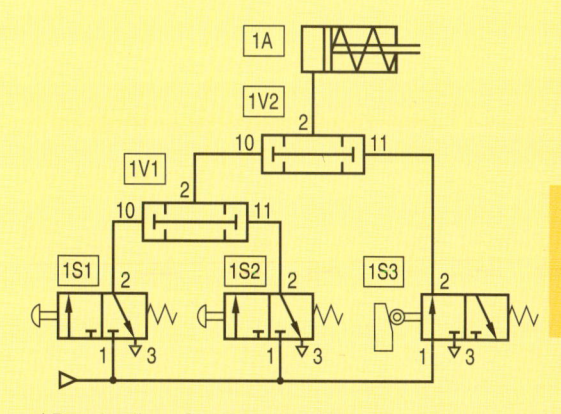

a) Beschreiben Sie Bauteil 1S3.
b) Unter welcher Bedingung wird der Kolben des Arbeitszylinders 1A ausgefahren?

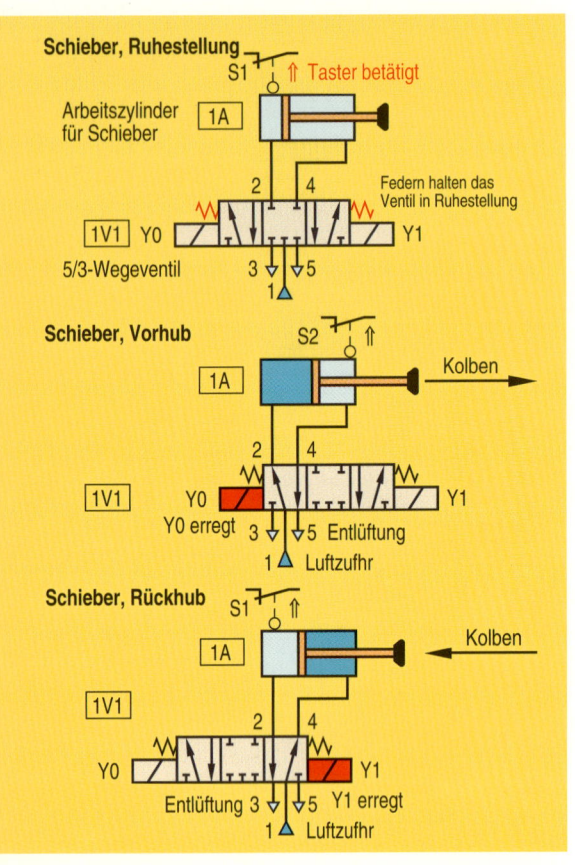

9.16 Projekt: Stempeleinrichtung I

Schieber, Ruhestellung
S1 ⇑ Taster betätigt
Arbeitszylinder für Schieber — 1A
Federn halten das Ventil in Ruhestellung
1V1 Y0 — Y1
5/3-Wegeventil   2 4
              3 ▽ ▽ 5
                 1

Schieber, Vorhub
S2
1A → Kolben
1V1 Y0 erregt   Y1
     3 ▽ ▽ 5 Entlüftung
        1 Luftzufhr

Schieber, Rückhub
S1
1A ← Kolben
1V1 Y0   Y1 erregt
Entlüftung 3 ▽ ▽ 5
           1 Luftzufhr

Stempeleinrichtung
Moderne Bearbeitungsmaschinen enthalten meist pneumatisch (durch Luft) angetriebene Kolben, die durch Elektroventile gesteuert werden.
Im folgenden Projekt wird eine Stempeleinrichtung zum automatischen Bestempeln von Werkstücken untersucht. Dabei wird die Wirkungsweise elektropneumatischer Bauteile erklärt und ein Steuerprogramm zur Steuerung der Bewegungsabläufe entwickelt.

Pneumatikzylinder- und Elektroventil
Die Skizze zeigt einen Zylinder mit Kolben, der Kolben wird über ein elektrisch gesteuertes Ventil mit Hilfe von Druckluft angetrieben.

Im Ruhezustand wird das Ventil durch die zwei Federn in Mittelstellung gehalten. Die beiden Anschlüsse 2 und 4 sind geschlossen. Der Kolben bleibt in der zuletzt eingenommenen Stellung, z. B. links. Endtaster S1 ist betätigt.

Wird Spule Y0 erregt, so bewegt sich das Ventil nach rechts. Der Zylinder erhält aus der Zuleitung 1 über Anschluss 2 Druckluft und wird über Anschluss 4 und die Öffnung 5 entlüftet. Der Kolben bewegt sich durch die pneumatischen Kräfte nach rechts und betätigt am Ende seines Hubs den Endtaster S2.

Wird Spule Y1 erregt, so bewegt sich das Ventil nach links. Der Zylinder erhält über Anschluss 4 Druckluft und wird über 3 entlüftet. Der Kolben bewegt sich nach links und betätigt wieder Endtaster S1.

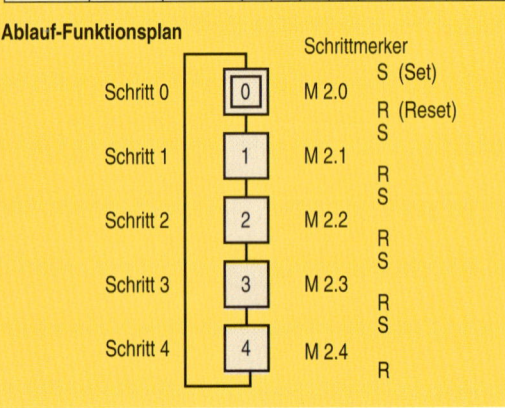

Ablaufsteuerung
Die Steuerung der Anlage soll als prozessorientierte Ablaufkette geplant werden. Dabei wird der Funktionsablauf in Einzelschritte zerlegt.

Im **Funktionsdiagramm** (Zustandsdiagramm, Weg-Schritt-Diagramm) wird der Arbeitsweg der Zylinderkolben bei jedem Schritt grafisch dargestellt.

Im **Ablauf-Funktionsplan** wird jeder Schritt als Rechteck dargestellt, in welches die Schrittnummer eingetragen wird. Anfangsschritt dabei ist der Schritt, der beim Start aktiv ist. Er erhält zur Kennzeichnung eine doppelte Umrahmung.
Bei jedem Schritt wird ein Merker gesetzt, der so genannte Schrittmerker. Beim Erreichen des nächsten Schrittes wird der Schrittmerker des vorhergehenden Schrittes wieder zurück gesetzt.
Ist der letzte Schritt erreicht, so beginnt die Steuerung wieder mit dem ersten Schritt.

Die hier realisierte Anlage kann auf vielfache Art verbessert werden, z. B. durch automatisches Zurückfahren in Grundstellung nach Abschaltung, Anbringen eines Schutzgitters, Einzelschrittsteuerung und Meldelampen für die Betriebszustände.

Funktionsdiagramm

Bauteil	Kennz.	Zustand	Schritt 1	2	3	4	0
Schieber	1A	rechts		╱‾‾╲			
		links					
Stempel	2A	unten			╲╱		
		oben					

Ablauf-Funktionsplan

Schrittmerker
- Schritt 0 — [0] — M 2.0   S (Set) / R (Reset)
- Schritt 1 — [1] — M 2.1   S / R
- Schritt 2 — [2] — M 2.2   S / R
- Schritt 3 — [3] — M 2.3   S / R
- Schritt 4 — [4] — M 2.4   R

Vertiefung zu 9.16

Beschreibung der Anlage

Die zum Stempeln vorbereiteten Werkstücke sind in einem Vorratsmagazin gestapelt.
Aus dem Vorratsmagazin fällt ein Werkstück vor den Schieber (Transportzylinder). Dieser schiebt das Werkstück nach rechts unter den Stempel.

Dann fährt der Stempel nach unten, stempelt das Werkstück und fährt wieder nach oben.
Danach fährt der Schieber nach links, gibt ein neues Werkstück frei und transportiert dieses nach rechts. Das vorige Werkstück wird dabei weitertransportiert.

Technische Realisierung (Modell)

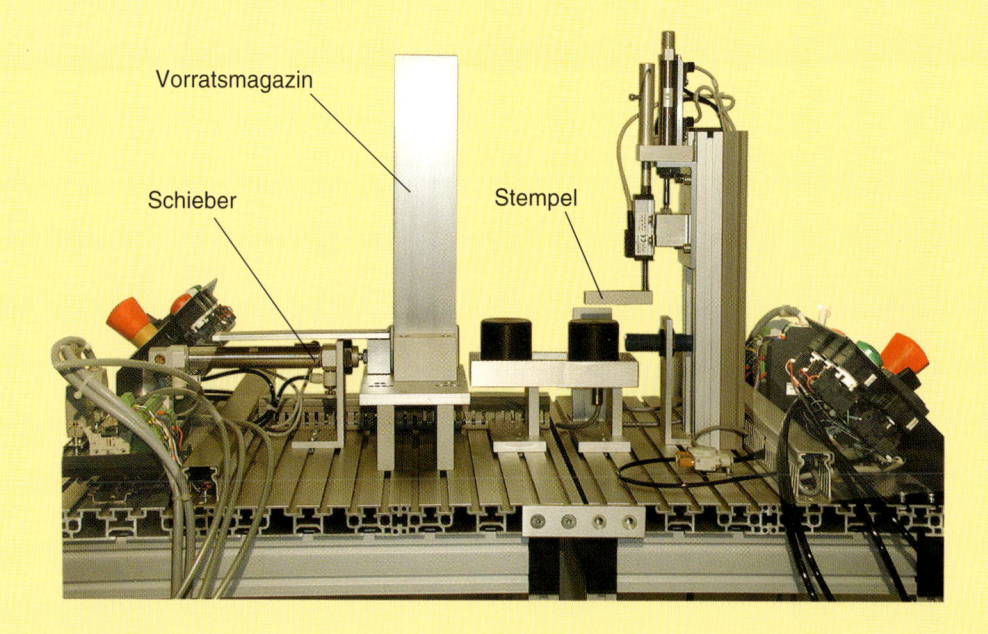

Technologieschema

Das Technologieschema zeigt die Anlage in schematischer, stark vereinfachter Form. Wichtig ist dass die Funktion der Anlage klar erkennbar ist.

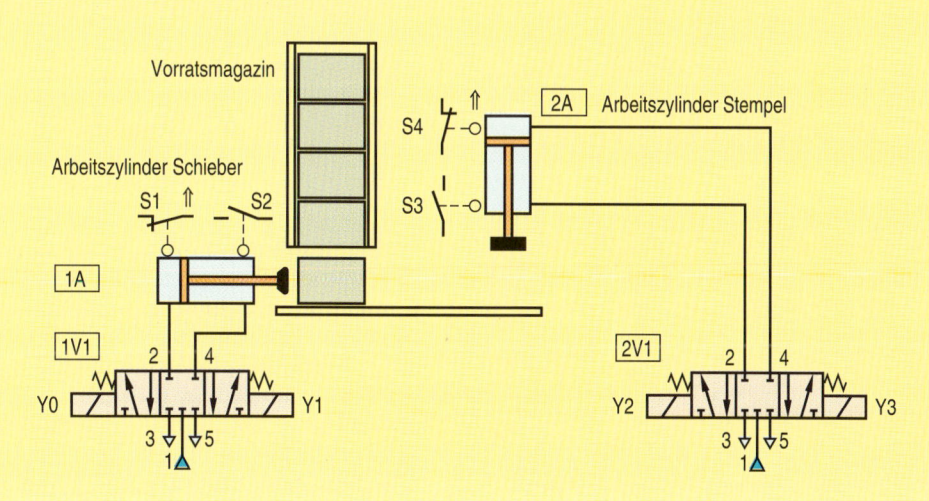

9.17 Projekt: Stempeleinrichtung II

Schrittkette und Weiterschaltbedingungen

(Diagramm: Anfangsschritt 0 mit X2 Fortsetzung von Schritt 2; & "S1" "S4" "S5"; Schritt 1; Weiterschaltbedingungen "S2"; Schritt 2; "S3"; X0 weiter bei Schritt 0)

Nächster Schritt

Schritt 0 & "S1" & "S4" & "S5"
↓
Set Schritt 1, Reset Schritt 0
↓
& "S2"
↓
Set Schritt 2, Reset Schritt 1
⋮

Ablauf-Funktionsplan

Für das Erstellen eines Programms in der grafischen Programmiersprache „Ablaufsprache" (AS) sind die folgenden Regeln nach DIN 40719 zu beachten:
- Eine Ablaufkette besteht aus einzelnen Schritten.
- Zwischen zwei Schritten stehen die jeweiligen Weiterschaltbedingungen (Transitionen, englisch: transition = Übergang).
- Zu Beginn ist der Anfangsschritt aktiv. Er ist ohne Bedingung aktiv. Der Anfangsschritt heißt auch Initialschritt (englisch: initial = Anfangs-)
- In einer unverzweigten Ablaufkette kann immer nur ein einziger Schritt aktiv sein.
- Man gelangt zum nächsten Schritt, wenn der vorige Schritt aktiv ist **und** die Weiterschaltbedingungen erfüllt sind.
- Durch die Aktivierung des nächsten Schrittes wird der vorhergehende Schritt zurückgesetzt.
- Im Aktionsblock werden die vom Schritt ausgelösten Aktionen beschrieben.

Hinweis: Um den Ablauf-Funktionsplan übersichtlicher zu gestalten, kann statt der Linie die die Rückführung vom letzten Schritt zum Initialschritt (Start) darstellt, eine Bezeichnung aus X und der Schrittnummer erfolgen, die auf diesen Schritt folgt (hier z.B. X0 nach Schritt 2) bzw. ihm vorangeht (hier z.B. X2 vor Schritt 0).

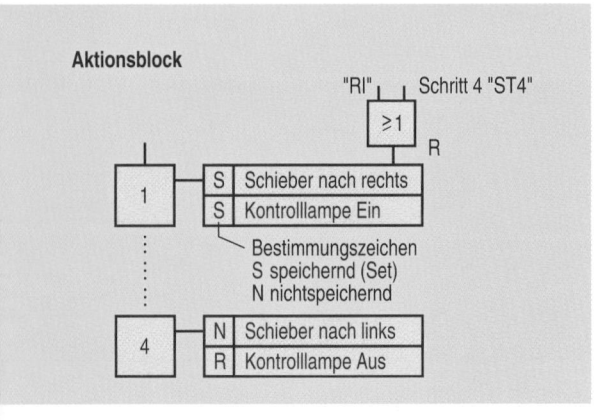

Aktionsblock

(Diagramm: "RI" Schritt 4 "ST4"; ≥1 R; Schritt 1: S Schieber nach rechts, S Kontrolllampe Ein; Bestimmungszeichen S speichernd (Set) N nichtspeichernd; Schritt 4: N Schieber nach links, R Kontrolllampe Aus)

Aktionsblock

Der Aktionsblock beschreibt die während des Schritts auszuführenden Aktionen (Befehle). Dabei können sich mehrere Aktionsblöcke untereinander reihen. Im ersten Feld des Aktionsblocks kann das „Bestimmungszeichen" angegeben werden, das näheren Aufschluss über das Verhalten der Aktion gibt.
Wird eine Aktion speichernd ausgeführt, dann muss auch festgelegt werden, wie die Speicherung wieder zurückgesetzt wird. Für den Schieber in Schritt 1 wird die Speicherung in Schritt 4 **oder** durch den Richtimpuls "RI" wieder zurückgesetzt. Für eine Kontrolllampe im Beispiel wird die Speicherung im Schritt 1 gesetzt und im Schritt 4 wieder zurückgesetzt.

Richtimpuls

(Diagramm: Richtimpuls "RI" — S — 0; "RI" — R — 1; "RI" — R — 2)

Der Richtimpuls "RI"

Der Richtimpuls soll die Anlage vor dem ersten Start in den Grundzustand bringen. Dazu wird der Anfangsschritt gesetzt; alle anderen Schritte müssen zurückgesetzt werden.
Der Richtimpuls wird beim Einschalten der Anlage ausgelöst. Er entsteht auch nach einem Abschalten **oder** nach einem Spannungsausfall.
Mit dem Richtimpuls wird auch die Speicherung von Schritt 1 wieder zurückgesetzt.

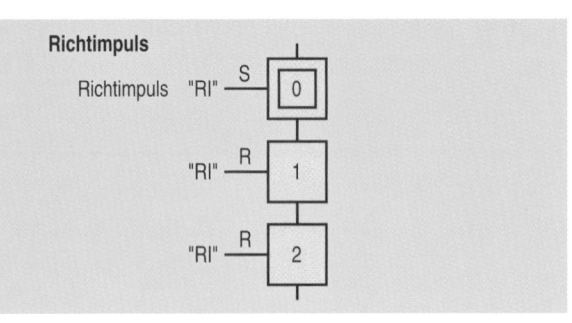

Vertiefung zu 9.17

Stempelanlage, Ablauf-Funktionsplan

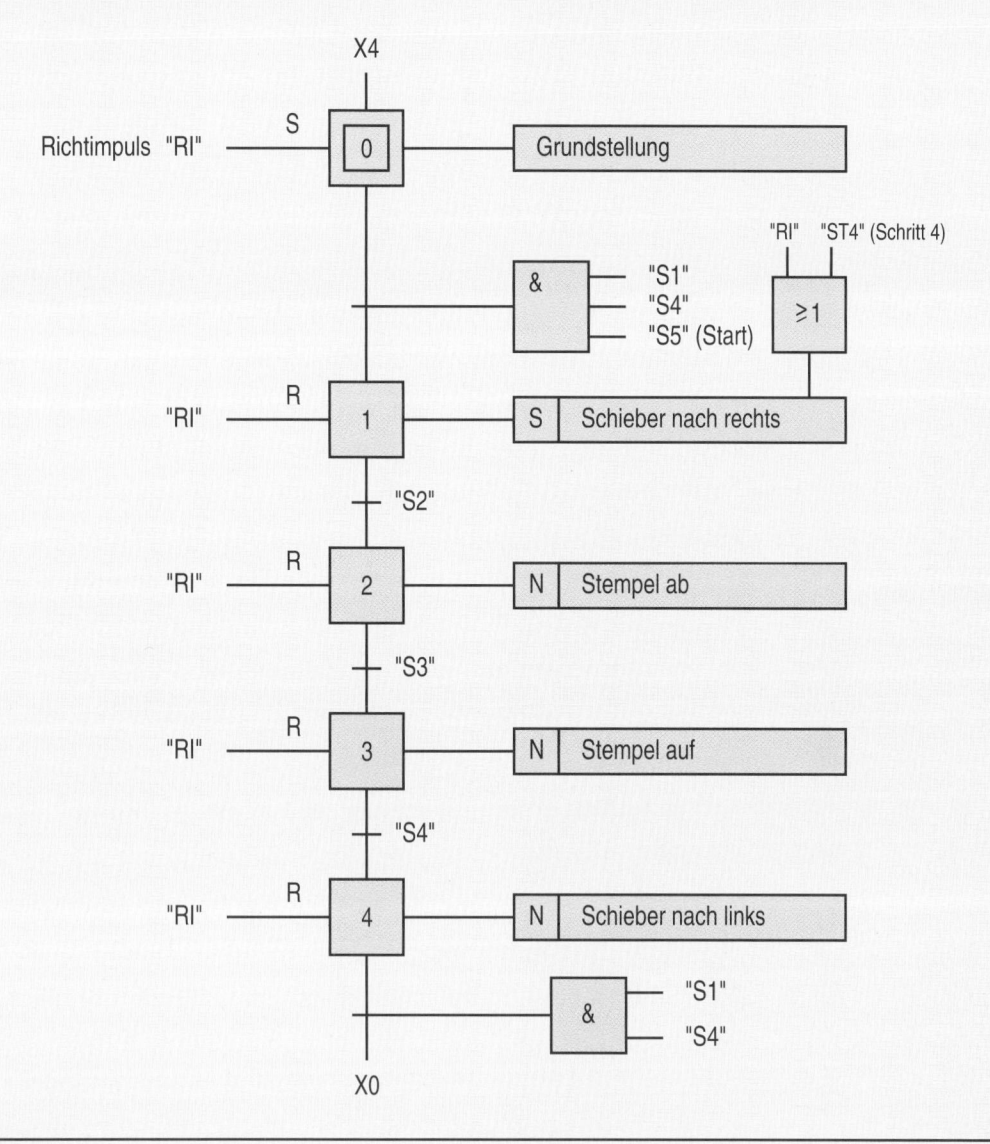

```
                        X4
                         │
Richtimpuls "RI" ──S──┤ 0 ├────── Grundstellung
                         │
                         │                                    "RI"  "ST4" (Schritt 4)
                         │              ┌───── "S1"            │     │
                         ├──────────┤ & ├───── "S4"           ┌┴─────┴┐
                         │              └───── "S5" (Start)   │  ≥1  │
                         │                                    └───┬───┘
                         │                                        │
      "RI" ──R──┤ 1 ├──────S── Schieber nach rechts ◄──────────┘
                         │
                       ─┤├─ "S2"
                         │
      "RI" ──R──┤ 2 ├──────N── Stempel ab
                         │
                       ─┤├─ "S3"
                         │
      "RI" ──R──┤ 3 ├──────N── Stempel auf
                         │
                       ─┤├─ "S4"
                         │
      "RI" ──R──┤ 4 ├──────N── Schieber nach links
                         │
                         │              ┌───── "S1"
                         ├──────────┤ & │
                         │              └───── "S4"
                        X0
```

Aufgaben

9.17.1 Schutzgitter
Bei der oben dargestellten Stempelanlage soll durch ein Schutzgitter die Sicherheit erhöht werden.
Ist das Gitter geschlossen, so wird der Endtaster S6 betätigt, wird das Gitter während des Betriebs geöffnet, so wird die Anlage stillgesetzt, d. h. der nächste Schritt kann nicht mehr aktiviert werden.
Zeichnen Sie einen Ablauf-Funktionsplan der erweiterten Anlage.

9.17.2 Betriebsanzeige
Bei der oben dargestellten Stempelanlage soll durch eine optische Anzeige der Betriebsphase die Sicherheit erhöht werden.
Die dafür vorgesehene rote Warnlampe wird
• im Schritt 1 eingeschaltet
• im Schritt 4 wieder gelöscht.
Zeichnen Sie einen Ablauf-Funktionsplan der erweiterten Anlage.

9.18 Projekt: Stempeleinrichtung III

Symboltabelle der Stempeleinrichtung

Symbol	Operand	Datentyp	Kommentar	Symbol	Operand	Datentyp	Kommentar
S0	E 0.0	Bool	Austaster S0	Y0	A 2.0	Bool	Schieber nach rechts
S1	E 0.1	Bool	Schieber links	Y1	A 2.1	Bool	Schieber nach links
S2	E 0.2	Bool	Schieber rechts	Y2	A 2.2	Bool	Stempel auf
S3	E 0.3	Bool	Stempel unten	Y3	A 2.3	Bool	Stempel ab
S4	E 0.4	Bool	Stempel oben	ST1	M 2.1	Bool	Schritt 1
S5	E 0.5	Bool	Start	ST2	M 2.2	Bool	Schritt 2
RI	M 0.0	Bool	Richtimpuls	ST3	M 2.3	Bool	Schritt 3
ST0	M 2.0	Bool	Grundstellung	ST4	M 2.4	Bool	Schritt 4

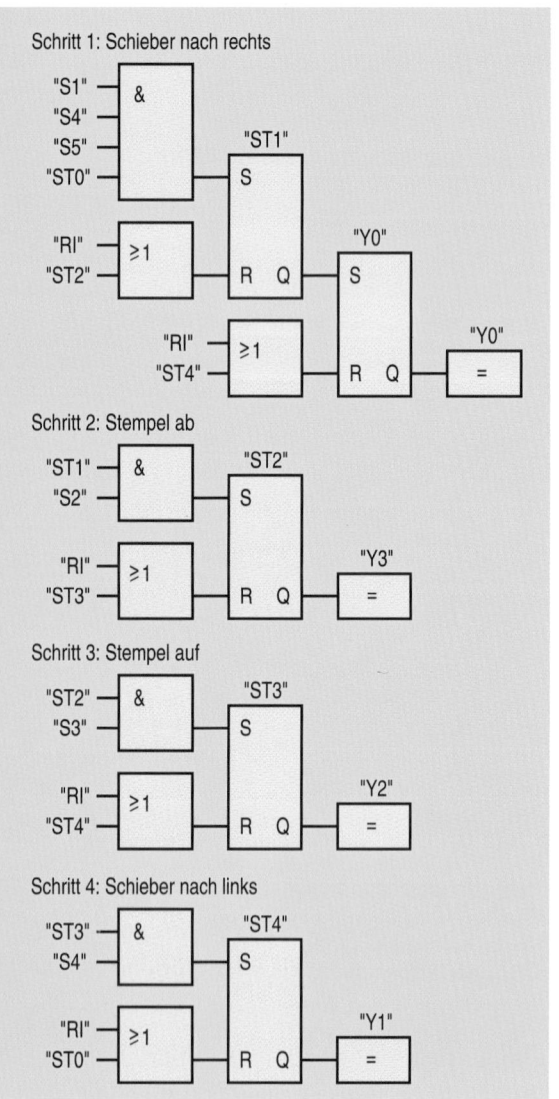

Schrittmerker

Jedem Schritt wird ein Schrittmerker zugeordnet. Ist dieser gesetzt, so ist der entsprechende Schritt aktiv. Der Schrittmerker "ST1" (M 2.1) wird vom Schrittmerker "ST0" (M 2.0) gesetzt, wenn die Weiterschaltbedingungen erfüllt sind:

    Schritt 0 ist aktiv ("ST0")   und
    Schieber ist links ("S1")   und
    Stempel ist oben ("S4")   und
    Starttaste ist betätigt ("S5").

Der Schrittmerker "ST0" wird zurückgesetzt, wenn Schritt 2 ("ST2") aktiviert wird oder wenn ein Richtimpuls kommt. Dies ist der Fall beim Start oder beim Abschalten oder bei einem Spannungsausfall.
Entsprechend werden die Schrittmerker der Schritte 2 bis 4 gesetzt bzw. rückgesetzt. Die Merker können im FBS/FUP oberhalb des Schaltsymbols gekennzeichnet werden.

Der Befehl „Speichernd"

Der Schieber soll nach Schritt 1 bis zum Schritt 4 in seiner rechten Einstellung verharren, damit das Werkstück nicht verrutscht. Deshalb bleibt das Ventil Y0 bis Schritt 4 erregt. Der Speicher "Y0" bleibt gesetzt, auch wenn der Schrittmerker "ST1" rückgesetzt wird.
"Y0" wird erst durch den Schrittmerker "ST4" oder durch einen Richtimpuls zurückgesetzt.

Der Befehl „Nichtspeichernd"

Bei den Befehlen der Schritte 2 bis 4 ist keine Speicherung vorgesehen. Der Ausgang der Schrittmerker "ST2" bis "ST4" ist identisch mit den jeweiligen Ausgängen "Y1" bis "Y3".

Schritt 1: Schieber nach rechts
Eingänge & → ST1 (S): "S1", "S4", "S5", "ST0"
Eingänge ≥1 → R: "RI", "ST2"
Ausgang Y0 (S-Speicher); R von ≥1 mit "RI", "ST4"; Ausgang = "Y0"

Schritt 2: Stempel ab
Eingänge & → ST2 (S): "ST1", "S2"
Eingänge ≥1 → R: "RI", "ST3"
Ausgang = "Y3"

Schritt 3: Stempel auf
Eingänge & → ST3 (S): "ST2", "S3"
Eingänge ≥1 → R: "RI", "ST4"
Ausgang = "Y2"

Schritt 4: Schieber nach links
Eingänge & → ST4 (S): "ST3", "S4"
Eingänge ≥1 → R: "RI", "ST0"
Ausgang = "Y1"

Vertiefung zu 9.18

Grundeinstellung (Initialschritt)
Der Initialschritt ("ST0") muss vor dem Start gesetzt werden. Dies geschieht durch den Richtimpuls "RI". Im normalen Betriebsablauf müssen dazu die Weiterschaltbedingungen nach dem Schritt 4 erfüllt werden, d. h. der Schieber muss sich in der linken Endstellung und der Stempel muss sich in der oberen Endstellung befinden.

Um beim Neustart der Anlage die Endstellung der Zylinderkolben zu gewährleisten, werden diese auch in den Weiterschaltbedingungen zu Schritt 1 abgefragt. Bei der hier dargestellten, sehr einfachen Version der Stempelanlage, müssen eventuell beim Start die Kolben von Hand zurückgeschoben werden.

Schritt 0: Grundstellung

Richtimpuls
Bei einer SPS wird zwischen **nichtremanenten** und **remanenten** Merkern unterschieden. Ein remanenter Merker behält bei Spannungsausfall seinen letzten Ausgangszustand bei. Der nichtremanente Merker M 128.0 hingegen hat nach einem Spannungsausfall auf jeden Fall das Ausgangssignal 0.

Da der Merker M 0.0 ("RI") Ein-dominant ist, wird nach einem Spannungsausfall M 0.0 beim ersten Durchlaufzyklus der SPS durch den Merker M 128.0 gesetzt. Beim zweiten Durchlauf wird M 128.0 durch den Merker M 0.1 gesetzt und M 0.0 wird durch M 0.1 zurückgesetzt. Voraussetzung ist dabei die Grundstellung der Zylinderkolben, d. h. "S1" und "S4" sind betätigt. Wird der Aus-Taster "S0" betätigt, so wird der Merker M 128.0 direkt zurückgesetzt. Der weitere Ablauf entspricht der obigen Beschreibung.

Richtimpuls

Hinweise
1. Beachten Sie die invertierten Eingänge der beiden Merker.
2. Welche Merker der SPS nichtremanent bzw. remanent sind, kann den technischen Unterlagen der SPS entnommen werden.
3. Die Programmierreihenfolge der drei Netzwerke ist wichtig für den zeitlich richtigen Ablauf.

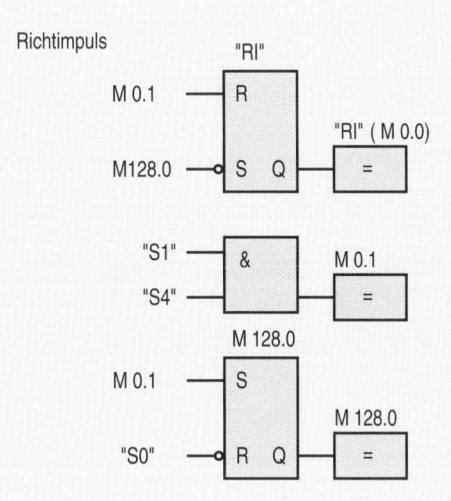

Aufgaben

9.18.1 Anweisungsliste
Schreiben Sie das Programm der obigen Stempelanlage als Anweisungsliste.

9.18.2 Kontaktplan
Schreiben Sie das Programm der obigen Stempelanlage als Kontaktplan.

9.18.3 Erweiterung der Stempelanlage
Die obige Stempelanlage soll durch ein Schutzgitter und eine Kontrolllampe gemäß Aufgaben 9.17.1 und 9.17.2 erweitert werden.
Entwerfen Sie das Programm der erweiterten Anlage in der Programmiersprache FBS/FUP.

9.19 Zeitfunktionen

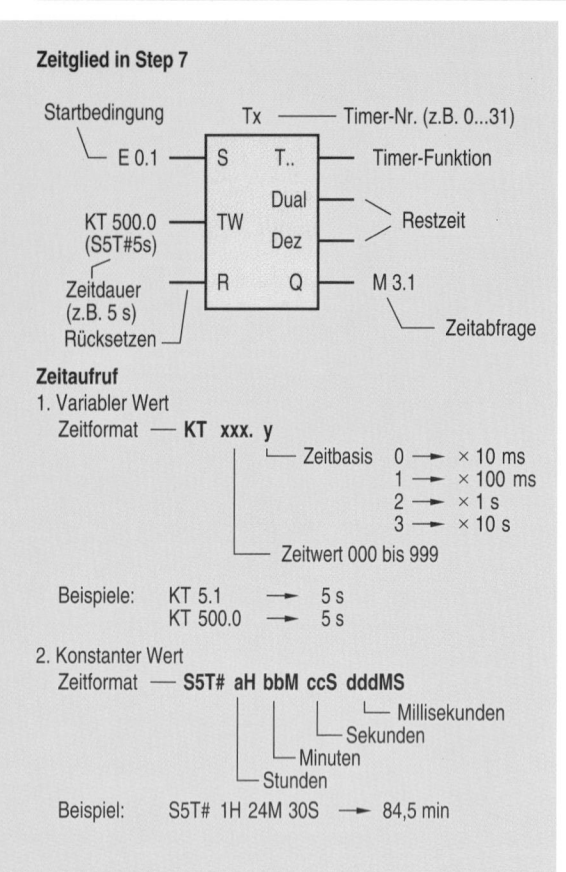

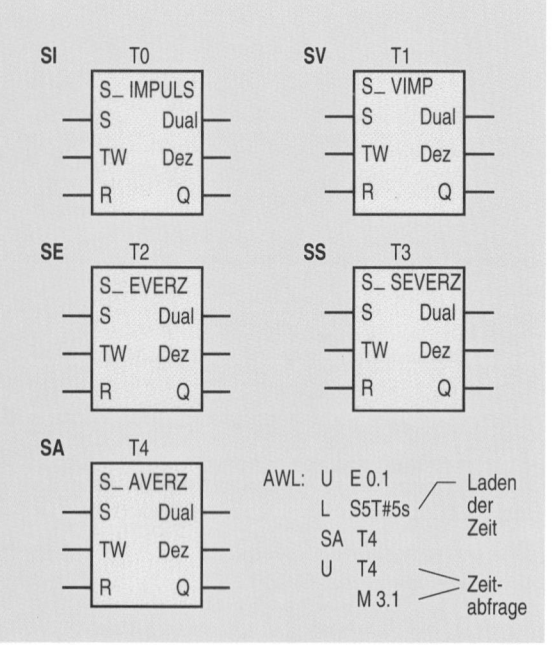

Zeitglied in Step 7

Startbedingung — E 0.1 — S
Tx — Timer-Nr. (z.B. 0...31)
T.. — Timer-Funktion
Dual
TW — Dez — Restzeit
KT 500.0 (S5T#5s)
Zeitdauer (z.B. 5 s)
Rücksetzen — R — Q — M 3.1 — Zeitabfrage

Zeitaufruf
1. Variabler Wert
   Zeitformat — **KT xxx. y**
   - Zeitbasis 0 → × 10 ms
                1 → × 100 ms
                2 → × 1 s
                3 → × 10 s
   - Zeitwert 000 bis 999

   Beispiele: KT 5.1 → 5 s
              KT 500.0 → 5 s

2. Konstanter Wert
   Zeitformat — **S5T# aH bbM ccS dddMS**
   - Millisekunden
   - Sekunden
   - Minuten
   - Stunden

   Beispiel: S5T# 1H 24M 30S → 84,5 min

Aufruf einer Zeitfunktion

In der Steuerungstechnik werden unterschiedliche Zeitfunktionen benötigt, die hier am Beispiel des häufig eingesetzten SPS-System Step 7 gezeigt werden.
Step 7 bietet fünf verschiedene Zeitfunktionen. Der Funktionsaufruf kann dabei in den Programmiersprachen AWL, KOP oder FBS/FUP erfolgen. Entscheidend für die Zeitdauer ist das Timer-Wort TW, das auf zwei verschiedene Arten aufgerufen werden kann:

1. Als Variable
Zeitdauer = Zeitwert × Zeitbasis
  Beispiel: KT 500.0 → 500 × 10 ms = 5 s
Diese Form wurde aus dem SPS-System Step 5 übernommen und ist besonders geeignet, wenn die Zeiteinstellung über Zifferneinsteller vorgenommen wird. Die genaueste Zeiteinstellung wird dabei mit dem größtmöglichen Zeitwert und der kleinstmöglichen Zeitbasis erreicht, z.B. KT 500.0 ist genauer als KT 50.1.

2. Als Konstante
Wird die Zeit direkt als Konstante eingegeben, so ist die folgende Syntax, bei der die Zeitbasis automatisch gewählt wird, sehr praktisch:
S5T# „Zeitdauer" z.B. S5T#5S500MS → 5,5 s
Der Zeitablauf wird am Eingang S gestartet und kann bei Bedarf am R-Eingang vorzeitig rückgesetzt werden. Der Ausgang Q erhält ein binäres Signal nach dem abgebildeten Impulsdiagramm. An den Ausgängen „Dual" bzw. „Dez" kann der Restzeitwert dual bzw. BCD-codiert abgefragt werden.

Verfügbare Zeitfunktionen

Impuls (SI) und verlängerter Impuls (SV)
Mit der ansteigenden Flanke eines Signals am Set-Eingang S startet ein Impuls am Ausgang Q.
Verschwindet das Eingangssignal, so wird der Impuls bei SI beendet und zwar auch vor Ablauf der Zeit, bei SV hingegen läuft der Impuls auch nach dem Ende des Eingangssignals bis zum Zeitablauf ab.

Einschaltverzögerung SE und speichernd SS
Mit der ansteigenden Flanke eines Signals am Set-Eingang startet der Zeitablauf. Nach Ablauf der Zeit entsteht ein 1-Signal am Ausgang Q.
Das Signal verschwindet bei SE, wenn das Eingangssignal verschwindet, bei SS (speichernde Einschaltverzögerung) hingegen muss es durch ein Signal am Reset-Eingang zurückgesetzt werden.

Ausschaltverzögerung (SA)
Mit der ansteigenden Flanke eines Signals am Set-Eingang S wird der Ausgang Q auf 1-Signal gesetzt. Bei der abfallenden Flanke des Signals startet der Zeitablauf. Nach Ablauf der Zeit wird der Ausgang Q wieder zurückgesetzt.

SI — T0 — S_ IMPULS — S Dual — TW Dez — R Q
SV — T1 — S_ VIMP — S Dual — TW Dez — R Q
SE — T2 — S_ EVERZ — S Dual — TW Dez — R Q
SS — T3 — S_ SEVERZ — S Dual — TW Dez — R Q
SA — T4 — S_ AVERZ — S Dual — TW Dez — R Q

AWL: U E 0.1 — Laden der Zeit
     L S5T#5s
     SA T4
     U T4 — Zeitabfrage
     M 3.1

Vertiefung zu 9.19

Impulsdiagramme der Step 7-Zeitfunktionen
Die folgenden Impulsdiagramme zeigen das Verhalten der verschiedenen Zeitfunktionen. Hier wird zeitabhängig das Ausgangsverhalten in Abhängigkeit von den Eingangssignalen dargestellt.

Zur besseren Anschauung ist zusätzlich der Ablauf des Zeitwertes dargestellt. Dieser Wert entsteht als Zählwert eines Rückwärtszählers, der von einem internen Taktgeber Zählimpulse erhält.

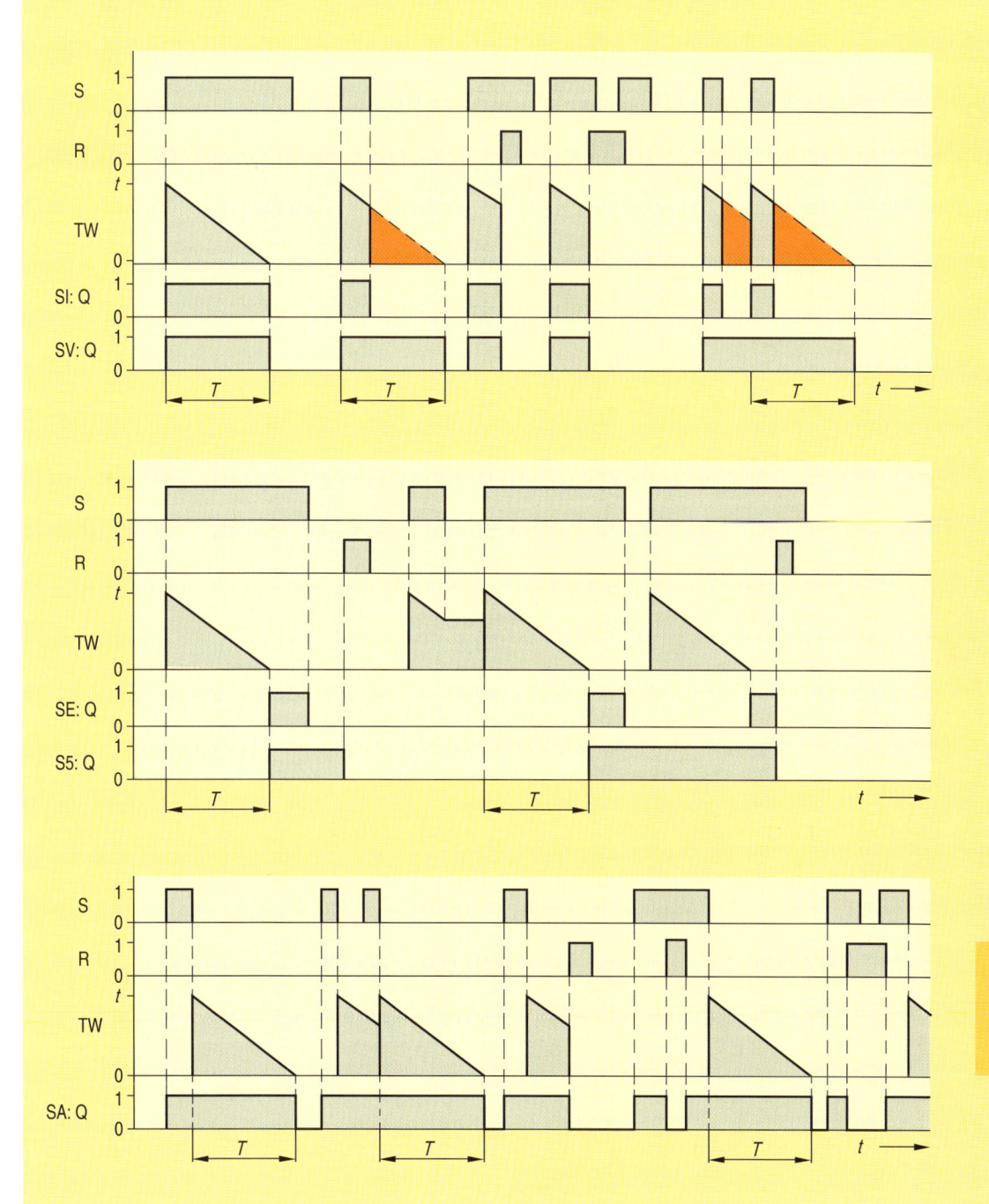

9.20 Stern-Dreieck-Anlauf

Stern-Dreieck-Anlauf
Beim Stern-Dreieck-Anlauf wird ein Drehstrommotor in Sternschaltung eingeschaltet und nach dem Hochlauf auf Dreieck umgeschaltet. Das Verfahren dient zur Absenkung des Anlaufstromes.

Symboltabelle

Symbol	Operand	Datentyp	Kommentar	Symbol	Operand	Datentyp	Kommentar
Aus	E 0.0	Bool	Austaster S0	VDr	E 1.3	Bool	Verriegelungskontakt K3
Ein	E 0.1	Bool	Eintaster S1	Netz	A 3.1	Bool	Netzschütz K1
ÜSA	E 0.3	Bool	Überstromauslöser F3	Stern	A 3.2	Bool	Sternschütz K2
VSt	E 1.2	Bool	Verriegelungskontakt K2	Drk	A 3.3	Bool	Dreieckschütz K3

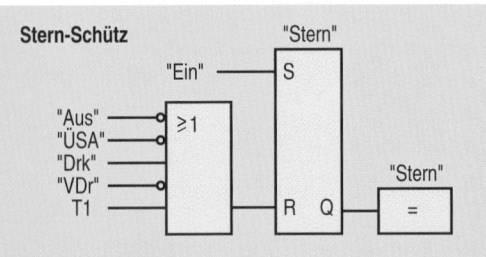

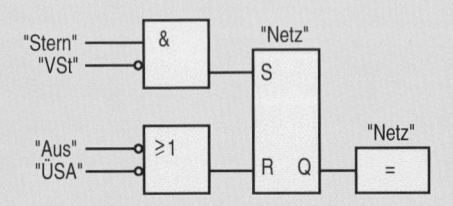

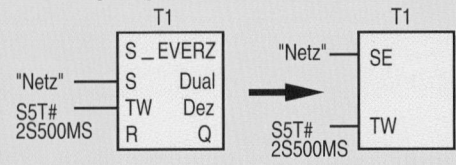

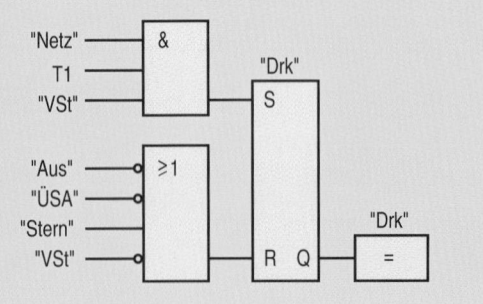

Stern-Dreieck-Anlaufvorgang

Stern-Schaltung

Durch den Eintaster wird das Sternschütz gesetzt. Folgende Aktionen setzen das Sternschütz vorrangig (Rücksetz-Dominanz) zurück:

Betätigung des Austasters "Aus" oder
Auslösen des Überstromauslösers "ÜSA" oder
Setzen des Dreieckschützes "Drk" oder
Anziehen/Betätigen des Dreieckschützes oder
Ablauf der Einschaltverzögerungszeit.

Beim Stern-Dreieck-Anlauf wird zuerst das Stern-Schütz betätigt. Hat das Stern-Schütz angezogen, so wird das Netzschütz gesetzt.
Eine Betätigung des Austasters oder ein Auslösen des Überstromauslösers setzt das Netzschütz zurück.

Einschaltverzögerung

Ist der Ausgang "Netz" gesetzt, so beginnt die Zeit der Einschaltverzögerung zu laufen. Nach Ablauf dieser Zeit wird das Sternschütz zurückgesetzt und das Dreieckschütz gesetzt.
Da weder der Reset-Eingang noch der Dual- oder Dezimalausgang benutzt werden, kann der Timer auch in vereinfachter Form aufgerufen werden.

Dreieck-Schaltung

Das Dreieckschütz kann nur gesetzt werden, wenn:

das Netzschütz gesetzt ist und
die Zeit T1 abgelaufen ist und
das Sternschütz abgefallen ist.

Abschaltvorgang

Das Dreieck- und das Netzschütz werden zurückgesetzt, wenn:

der Austaster betätigt wird oder
der Überstromauslöser anspricht.

Wird das Sternschütz gesetzt oder z. B. von Hand betätigt (durch mechanisches Drücken des Kontaktblocks), so wird das Dreieckschütz sofort zurückgesetzt.

Vertiefung zu 9.20

Anweisungsliste des Stern-Dreieck-Anlaufs

Stern-Schütz	Netz-Schütz	Einschaltverzögerung	Dreieck-Schütz
U "Ein"	U "Stern"	U "Netz"	U "Ein"
S "Stern"	UN "VSt"	L S5T#2S500MS	U T1
ON "Aus"	S "Netz"	SE T1	U "VSt"
ON "ÜSA"	ON "Aus"		S "Drk"
O "Drk"	ON "ÜSA"		ON "AUS"
ON "VDr"	R "Netz"		ON "ÜSA"
O T1			O "Stern"
R "Stern"			ON "VSt"
			R "Drk"

Stern-Dreieck-Anlauf (Y-Δ-Anlauf)

Beim Y-Δ-Anlauf wird ein Drehstromasynchronmotor (DASM) in Sternschaltung eingeschaltet und nach dem Hochlauf in Dreieckschaltung umgeschaltet. Dieses Einschaltverfahren soll den relativ hohen Einschaltstrom vermindern. Wegen des dabei reduzierten Anlaufmomentes ist das Verfahren für Anlauf unter Last aber nicht geeignet.

Um einen Kurzschluss zu vermeiden, müssen Stern- und Dreieckschütz gegenseitig verriegelt sein. Dies erfolgt auf zwei Arten:
1. softwaremäßig im Programm und
2. hardwaremäßig durch Hilfskontakte (Öffner-Kontakte) der Schütze.

Stern-Dreieck-Anlauf, Hauptstromkreis

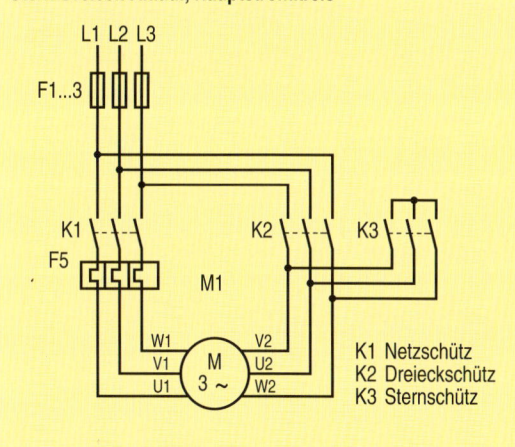

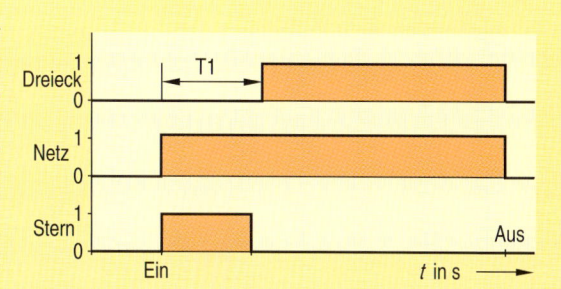

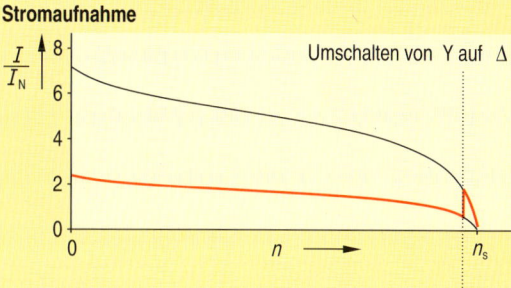

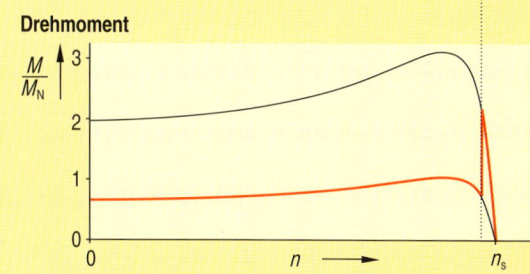

K1 Netzschütz
K2 Dreieckschütz
K3 Sternschütz

Zeitformat bei Step 7

Die Zeitdauer wird bei Step 7 intern in 16 Bit = 1 Wort gespeichert.

Dabei wird die Zeitbasis im höchstwertigen Halbbyte (1 Halbbyte = 4 Bit) gespeichert.

Die folgenden 3 Halbbytes enthalten dann den Zeitwert im BCD-Code.

Beispiel:

0 bedeutet: Faktor 10 ms
1 bedeutet: Faktor 100 ms
2 bedeutet: Faktor 1 s
3 bedeutet: Faktor 10 s

Inhalt:	0000	0010	0101	0000
Bedeutung:	× 0,01 s	2	5	0

Zeitverzögerung 250 · 0,01 s   2,5 s

9.21 Projekt: Befüllungsanlage

Technologieschema

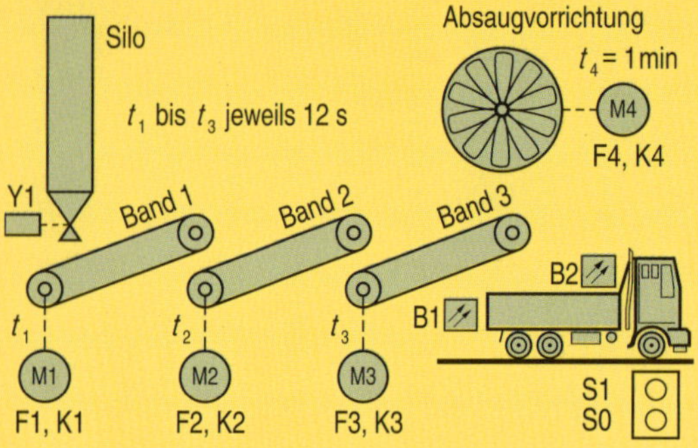

Silo
t_1 bis t_3 jeweils 12 s

Absaugvorrichtung
t_4 = 1 min
M4
F4, K4

Y1 – Band 1 – Band 2 – Band 3
B2
B1
t_1 t_2 t_3
M1 M2 M3
F1, K1 F2, K2 F3, K3
S1
S0

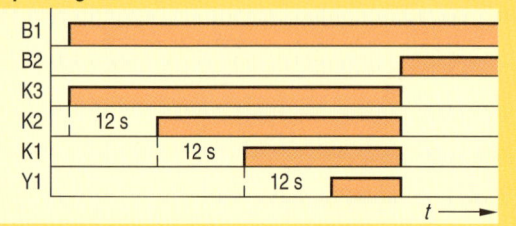

Beschreibung der Anlage

Ein LKW soll aus einem Silo über Förderbänder mit Sand beladen werden. Über den Taster S1 wird die Anlage betriebsbereit geschaltet. Bei Betriebsbereitschaft sorgt eine Absauganlage (Motor M4) für die Entstaubung der Luft.

Der Taster S0 schaltet die Anlage ab. Nach dem Abschalten der Anlage läuft die Absauganlage noch eine Minute nach. Die Anlage wird auch abgeschaltet, wenn eines der vier Motorschutzrelais (F1...F4) anspricht. Rollt ein leerer LKW auf den Befüllplatz, so gibt die Lichtschranke B1 ein 1-Signal ab. Dadurch wird das Schütz K3 betätigt, welches den Antrieb des letzten Förderbandes M3 einschaltet.

Nach Ablauf der Zeit t3 wird der Antrieb des zweiten Bandes M2 durch Schütz K2 eingeschaltet. Nach Ablauf der Zeit t2 folgt schließlich das erste Band (M1, K1). Nach Ablauf der Zeit t1 öffnet das Ventil Y1 und gibt die Sandzufuhr aus dem Silo frei.

Ist der LKW befüllt, dann gibt die Lichtschranke B2 ein 1-Signal ab, schließt das Ventil und setzt die Bänder still, die Betriebsbereitschaft bleibt dabei bestehen.

Impulsdiagramm

B1
B2
K3
K2 12 s
K1   12 s
Y1   12 s
t

Symboltabelle der Befüllungsanlage

Symbol	Operand	Datentyp	Kommentar	Symbol	Operand	Datentyp	Kommentar
Aus	E 0.0	Bool	Gesamt-Aus S0	Ver2	E 0.5	Bool	Verriegelung K2
Ein	E 0.1	Bool	Bereitschaft S1	Ver3	E 0.6	Bool	Verriegelung K3
Bereit	E 0.2	Bool	LKW bereit B1	Ver4	E 0.7	Bool	Verriegelung K4
Voll	E 0.3	Bool	LKW beladen B2	Bd1	A 4.1	Bool	Förderband 1 M1/K1
MS1	E 1.1	Bool	Motorschutz F1	Bd2	A 4.2	Bool	Förderband 2 M2/K2
MS2	E 1.2	Bool	Motorschutz F2	Bd3	A 4.3	Bool	Förderband 3 M3/K3
MS3	E 1.3	Bool	Motorschutz F3	Absg	A 4.4	Bool	Absaugung M4/K4
MS4	E 1.4	Bool	Motorschutz F4	Ventil	A 4.5	Bool	Siloventil Y1
Ver1	E 0.4	Bool	Verriegelung K1				

Bereitschaft

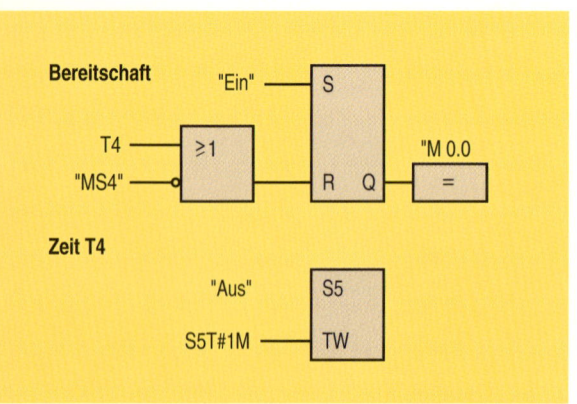

"Ein" → S
T4 → ≥1
"MS4" →   R   Q → "M 0.0"

Zeit T4

"Aus" → S5
S5T#1M → TW

Beschreibung des Programms

Wird die Anlage mit Taster S1 in Bereitschaft geschaltet, so beginnt die Absaugung zu arbeiten. Dadurch soll der Raum und die Raumluft sauber gehalten werden. Dies ist nötig

- zum Schutz der Mitarbeiter (gesetzlicher Arbeitsschutz) und
- zum Schutz der Lichtschranken vor übermäßiger Verschmutzung.

Wird die Anlage ausgeschaltet, so wird das Zeitglied T4 gestartet, das nach 1 Minute die Absaugung abschaltet. Beim Ansprechen des Motorschutzes F4 des Ventilators wird die Anlage sofort abgeschaltet.

Vertiefung zu 9.21

Es ist zweckmäßig, die Abschaltbedingungen für die Bänder und das Ventil mit einem Merker (z.B. M 0.0) zusammenzufassen anstatt sie bei jedem Ausgang neu zu programmieren.
Ausgeschaltet werden soll, wenn
    der Aus-Taster betätigt wird   oder
    ein Motorschutz anspricht   oder
    der LKW nicht da ist   oder
    der LKW voll ist   oder
    die Absauganlage nicht läuft.

Ist ein leerer LKW auf den Ladeplatz gefahren, so läuft Band 3 an und fördert Sand auf den LKW.
Ist eine der Abschaltbedingungen erfüllt, so wird das Band abgeschaltet.

Gleichzeitig mit Band 3 wird die Zeit T3 gestartet. Diese Maßnahme soll verhindern, dass es zu einem Sandstau kommt.

Ist die Zeit T3 abgelaufen, so wird Band 2 gestartet. Band 2 beschickt nun Band 3.
Ist eine der Abschaltbedingungen erfüllt, so wird das Band abgeschaltet.

Gleichzeitig mit Band 2 wird die Zeit T2 gestartet.

Ist die Zeit T2 abgelaufen, so wird Band 1 gestartet. Band 1 beschickt nun Band 2.
Ist eine der Abschaltbedingungen erfüllt, so wird das Band abgeschaltet.

Gleichzeitig mit Band 1 wird die Zeit T1 gestartet.

Ist die Zeit T1 abgelaufen, so wird das Ventil des Silos geöffnet. Der Sand strömt jetzt auf Band 1.
Ist eine der Abschaltbedingungen erfüllt, so wird das Ventil geschlossen.

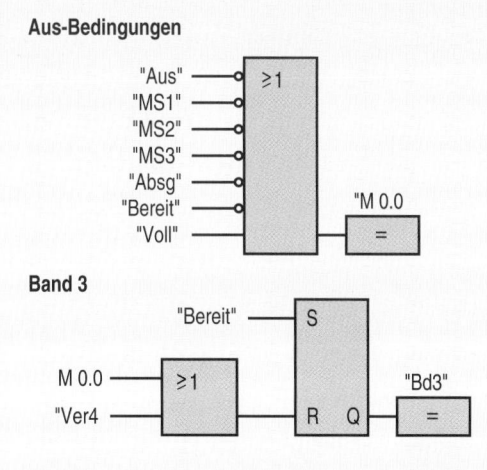

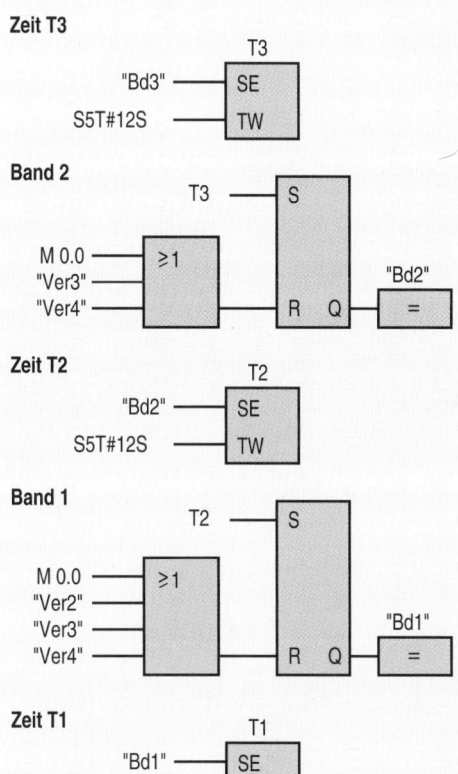

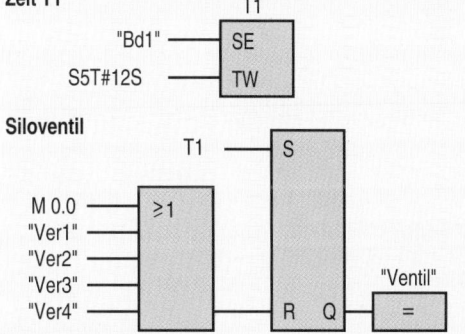

9.22 Zähler und Vergleicher

Datentypen

Datentyp	Bezeichnung			Anzahl Bits
Byte	EB	AB	MB	8
Word	EW	AW	MW	16
DWord	ED	AD	MD	32
Int	maximal	± 32 767		16
DInt	maximal	± 2 147 483 647		32
Real	maximal	± 3.4 E 38		32

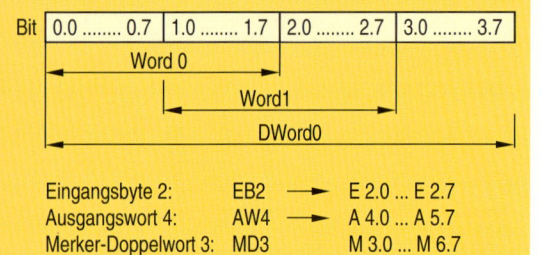

Bit 0.0 .... 0.7 | 1.0 .... 1.7 | 2.0 .... 2.7 | 3.0 .... 3.7
Word 0
Word 1
DWord 0

Eingangsbyte 2:   EB2 → E 2.0 ... E 2.7
Ausgangswort 4:   AW4 → A 4.0 ... A 5.7
Merker-Doppelwort 3: MD3 → M 3.0 ... M 6.7

Datentypen und weitere Befehle
Daten des Typs BOOL können nur die Werte 0 und 1 annehmen. Sollen mehrere Bits gleichzeitig bearbeitet werden, so können die nebenstehenden Datentypen verwendet werden.
Dabei bedeutet:
E Eingang   B Byte
A Ausgang   W Wort
M Merker   D Doppelwort

Konstanten werden mit ihrem Zahlenwert angegeben. Bei Restzahlen bedeutet E den Exponenten.
Mit dem Laden-Befehl L können Bitmuster (z. B. Byte, Wort) geladen werden. Anschließend können sie mit dem Transfer-Befehl T an einen anderen Platz übertragen (transferiert) werden.

Beispiel: AWL: L EB0   Lade EB0
                T AB3   Übertrage nach AB3
Die Eingangszustände E 0.0 ... E 0.7 werden auf den Ausgängen A 3.0 ... A 3.7 angezeigt.

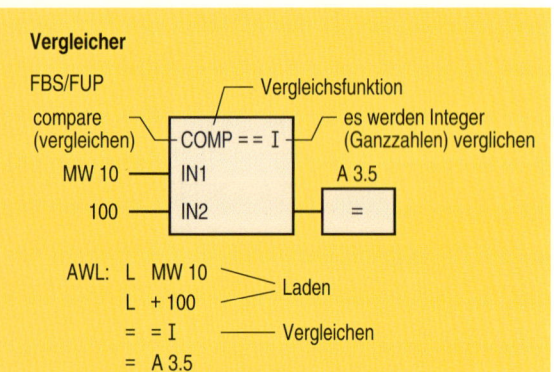

Vergleicher

FBS/FUP
compare (vergleichen)
COMP == I
Vergleichsfunktion
es werden Integer (Ganzzahlen) verglichen
MW 10 — IN1
100 — IN2
A 3.5
=

AWL: L MW 10 ⎫ Laden
      L + 100 ⎭
      = = I   — Vergleichen
      = A 3.5

Vergleicher
Ein Vergleicher vergleicht die Daten an seinen beiden Eingängen IN 1 bzw. IN 2 mit der angegebenen Vergleichsfunktion und im angegebenen Vergleichsformat (z.B. Int, I).
Siund die Vergleichsbedingungen erfüllt, z.B. MW 10 gleich +100, so wird der Ausgang (z.B. A 3.5) auf 1 gesetzt.

Vergleichsfunktionen

== gleich   <> ungleich
> größer   <   kleiner
>= größer/gleich <= kleiner/gleich

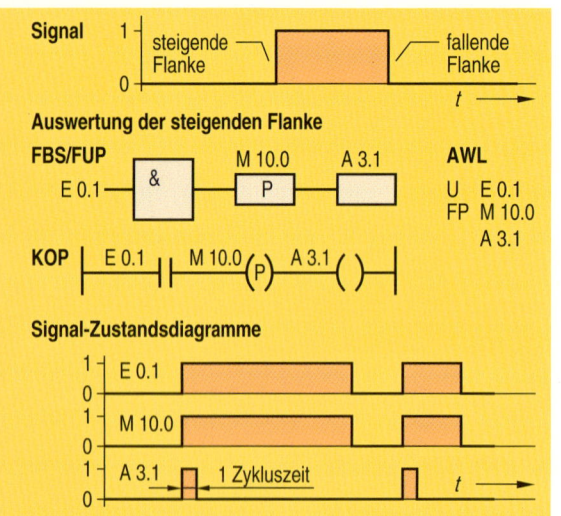

Flankenauswertung

Signal: steigende Flanke — fallende Flanke

Auswertung der steigenden Flanke
FBS/FUP: E 0.1 — & — M 10.0 (P) — A 3.1
AWL: U E 0.1
      FP M 10.0
      = A 3.1
KOP: E 0.1 —| |— M 10.0 (P) — A 3.1 ( )

Signal-Zustandsdiagramme
E 0.1
M 10.0
A 3.1   1 Zykluszeit

Flankenauswertung
Soll eine Funktion unabhängig von der Zeitdauer des Eingangssignals sein, so kann die Flanke des Eingangssignals ausgewertet werden. Dazu wir ein Hilfsmerker (Schmiermerker) benötigt.
Am Ausgang der Schaltung entsteht bei steigender Flanke des Eingangssignals ein Impuls, der die Dauer einer Zykluszeit hat.
Soll die fallende Flanke ausgewertet werden, so wird statt des Bausteins „P" ein Baustein „N" benötigt. Der Befehl in der AWL heißt dann FN (statt FP).

Vertiefung zu 9.22

Zähler

In der Praxis werden häufig Zähler benötigt, z.B. zur Bestimmung von Stückzahlen.
Im SPS-System Step 7 stehen umfangreiche Zählfunktionen zur Verfügung, zum Beispiel:
- die ansteigende Flanke eines Signals am ZV-Eingang des Zählers erhöht den Zählerstand um 1 bis zum maximalen Stand von 999
- die ansteigende Flanke eines Signals am ZR-Eingang des Zählers vermindert den Zählerstand um 1 bis zum minimalen Stand von 0
- mit der ansteigenden Flanke eines Signals am S-Eingang des Zählers, kann der Zähler auf einen bestimmten Stand gesetzt werden, dieser Stand muss am Eingang ZW in BCD-codierter Form anliegen, z. B. C#20 ⟶ Zählerwert 20
- ein Signal am R-Eingang setzt den Zähler auf seinen Minimalwert 0 zurück
- der Zählwert kann am Ausgang DUAL dualcodiert und am Ausgang DEZ BCD-codiert (z. B. für eine Anzeigeeinheit) abgefragt werden
- am Ausgang Q liegt bei bei einem Zählerstand > 0 ein 1-Signal an.

Aus-Bedingungen

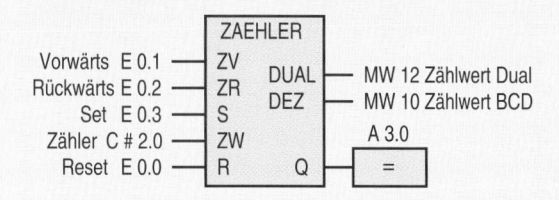

```
                      ZAEHLER
Vorwärts  E 0.1 ─── ZV
Rückwärts E 0.2 ─── ZR   DUAL ── MW 12 Zählwert Dual
Set       E 0.3 ─── S    DEZ  ── MW 10 Zählwert BCD
Zähler   C # 2.0 ── ZW         A 3.0
Reset     E 0.0 ─── R    Q  ──── =
```

Zählertypen: Z_VORW   zählt nur vorwärts
              Z_RUECK   zählt nur rückwärts
              ZAEHLER   Vor- und Rückwärtszähler

AWL

```
U   E 0.1
ZV  Z0        Vorwärts       U   E 0.0
U   E 0.2                    R   Z0        Reset
ZR  Z0        Rückwärts      L   Z0        Zählerstand (dual)
U   E 0.3                    T   MW 12
L   C#20      Zähler-        LC  Z0        Zählerstand (BCD)
              konstante      T   MW 10
                             U   Z0
                             =   A 3.0
```

Beispiel: Paket-Zählanlage

Die Transportfahrzeuge einer Firma können 84 Pakete laden. Die Zulieferung zum Fahrzeug erfolgt über ein Förderband, das mit dem Taster S1 eingeschaltet und mit dem Taster S0 ausgeschaltet wird.
Die Lichtschranke B1 zählt die Pakete. Beim Erreichen der Soll-Stückzahl wird das Band automatisch abgeschaltet und die Signallampe H1 gesetzt. Durch Betätigen von S0 oder von S1 wird H1 wieder gelöscht.
Der Zählerstand wird BCD-codiert zur Anzeige auf das Ausgangswort 7 gegeben. Der Zählerwert wird durch Betätigen von S1 wieder auf 0 gestellt.

Technologieschema

Förderband

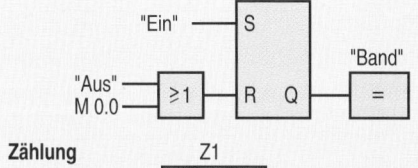

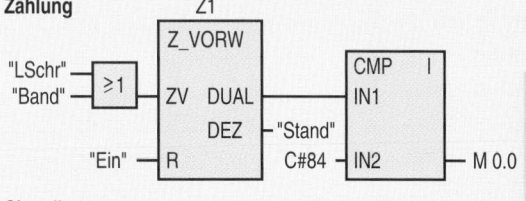

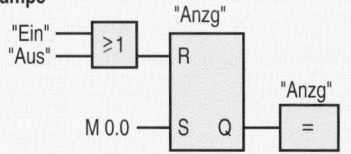

```
                    "Band"
"Ein" ────── S
                              "Band"
"Aus" ┐
M 0.0 ┴── ≥1 ── R    Q ────── =
```

Zählung

```
                    Z1
                   Z_VORW
"LSchr" ┐                          CMP  I
"Band"  ┴── ≥1 ── ZV   DUAL ────── IN1
                       DEZ ──"Stand"
"Ein" ─────────── R    C#84 ────── IN2 ──── M 0.0
```

Signallampe

```
                           "Anzg"
"Ein" ┐
"Aus" ┴── ≥1 ────── R
                              "Anzg"
M 0.0 ─────────── S   Q ────── =
```

Symboltabelle

Symbol	Operand	Datentyp	Kommentar
Ein	E 0.1	Bool	Ein-Taster S1
Aus	E 0.0	Bool	Aus-Taster S0
LSchr	E 0.2	Bool	Lichtschranke B1
Anzg	A 3.0	Bool	Leuchtmelder H1
Band	A 3.1	Bool	Förderband M1/K1
Stand	MW7	Word	Zählerstand

9.23 Sicherheit von Steuerungen

Wichtige Vorschriften und Regeln:

- **DIN VDE**
  Vorschriften für die elektrische Installation
- **BGV B**erufs**g**enossenschaftliche **V**orschriften, insbesondere BGV A2 (Unfallverhütungsvorschrift „Elektrische Anlagen und Betriebsmittel")
- **EN** Europäische Norm
- **RL** Europäische Richtlinien
- **IEC** Internationale Norm
- **GSG G**eräte**s**icherheits**g**esetz
  (**GS G**eprüfte **S**icherheit)

Allgemeines
Von gesteuerten Maschinen können erhebliche Sicherheitsprobleme und Gefahren für Menschen und Sachwerte ausgehen. Nicht vergessen werden dürfen in diesem Zusammenhang auch auftretende rechtliche Probleme, z. B. Schadensersatzforderungen.
Eine Steuerung muss möglichst sicher gegen eventuelle Fehlbedienung und gegen auftretende technische Mängel sein. Eine absolute Sicherheit ist allerdings nicht möglich.
Bei der Planung und Ausführung von Steuerungen müssen umfangreiche Sicherheitsvorschriften beachtet werden. Aus Platzgründen können hier nur die wichtigsten Vorschriften erwähnt werden, beim Erstellen von Anlagen ist aber eine tiefere Beschäftigung mit den einschlägigen Sicherheitsvorschriften unerlässlich.

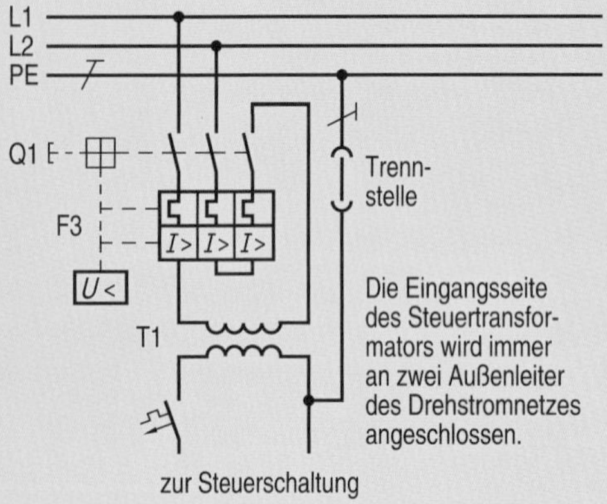

Steuerstromkreis, Steuerungsfreigabe
Der Steuerstromkreis muss über einen Steuertransformator (Trenntransformator) gespeist werden. Die Eingangsseite wird an zwei Außenleiter (400 V) angeschlossen. Die Steuerspannung darf 277 V nicht überschreiten, häufig werden 230 V oder 24 V verwendet. Steuerstromkreise müssen einen Überstromschutz haben.
Beim Einschalten der Spannung darf kein Ausgang gesetzt werden, wenn dadurch Gefahr droht. Ein Unterspannungsauslöser kann vor ungewolltem Wiedereinschalten nach einem eventuellen Spannungsausfall schützen.
In der Regel müssen Stopp-Funktionen Vorrang vor Start-Funktionen haben. Droht durch das Ausschalten jedoch Gefahr, so kann sich der Vorrang umkehren.

Steuertransformator mit Motorschutzschalter

Die Eingangsseite des Steuertransformators wird immer an zwei Außenleiter des Drehstromnetzes angeschlossen.

NOT-AUS
Bei SPS-gesteuerten Anlagen ist eine NOT-AUS-Einheit vorgeschrieben. Sie enthält im Hauptstromkreis drei in Reihe geschaltete Schütze. Versagt ein Schütz (z. B. wenn seine Kontakte kleben), so können immer noch zwei Schütze die Anlage abschalten.

Hauptschalter
Jede Anlage muss einen Hauptschalter haben, der alle Maschinen für Wartungsarbeiten freischaltet. Anlagenteile, die danach noch Spannung führen, müssen gegen Berühren abgedeckt und gekennzeichnet werden.

Verriegelungen
Mechanische Schütze sind erheblich träger als ein SPS-Programm. Um daraus resultierende Kurzschlüsse bzw. Fehlfunktionen zu vermeiden, genügt eine Verriegelung im Programm (Software-Verriegelung) nicht.
Eine zusätzliche Verriegelung im Schütz-Stromkreis (Hardware-Verriegelung) ist zwingend notwendig.

Mehrfache Unterbrechung | **Doppelte Verriegelung**

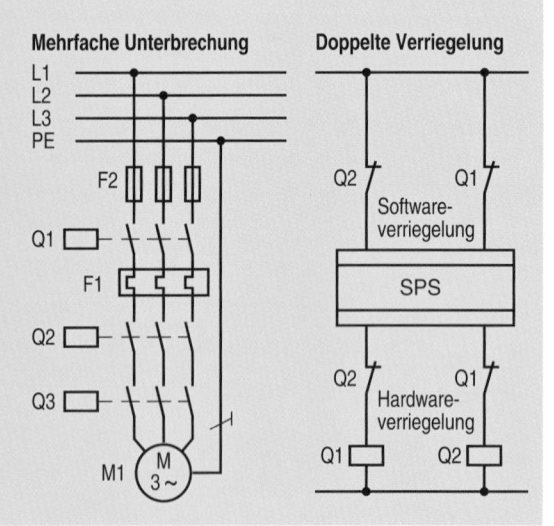

Vertiefung zu 9.23

Drahtbruchsicherheit
In der Regel bedeutet ein ungewolltes Einschalten immer Gefahr. Aus diesem Grund gilt:
- EIN-Taster müssen Schließer
- AUS-Taster müssen Öffner sein.

Bricht bei einem EIN-Taster der Anschlussdraht, so lässt sich die Anlage nicht mehr einschalten.
Bricht bei einem AUS-Taster der Anschlussdraht, so schaltet die Anlage sofort ab.
Beides kann beim Betrieb der Anlage lästig sein, es besteht aber keine unmittelbare Gefahr wie im umgekehrten Fall.

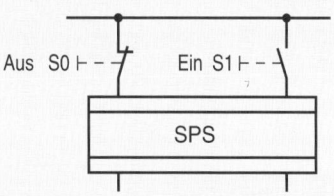

Bei manchen Anlagen, z.B. bei Bremsen und Spannvorrichtungen, kann ein ungewolltes Abschalten auch eine erhebliche Gefahr verursachen. In diesem Fall sind die Taster entsprechend umgekehrt zu konzipieren (Schließer für AUS-Taster und Öffner für EIN-Taster).

Sicherheitsgrenztaster
Ein Sicherheitsgrenztaster ist ein zusätzlicher Grenztaster, der beim Überfahren des normalen Betriebsgrenztasters wirksam wird.
Er darf nicht auf das Programm wirken, sondern muss bei Gefahr sofort und direkt die Schütze bzw. die Anlage abschalten.

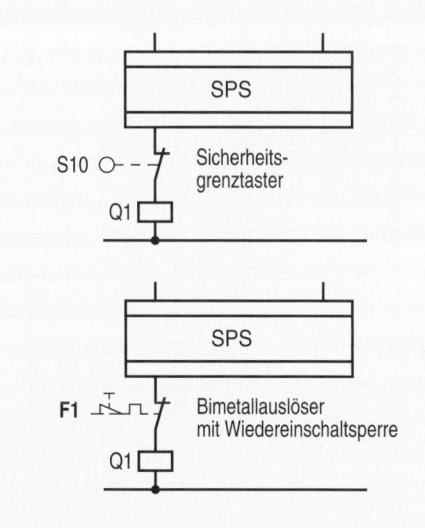

Überlastschutz
Motoren mit Leistungen über 0,5 kW müssen gegen Überlast geschützt werden. Dies kann durch Temperaturfühler oder Überstrom-Begrenzer erfolgen (siehe Motorvollschutz S. 330).
Die Auslösung muss direkt auf die entsprechenden Schütze wirken, unter Umständen ist eine Wiedereinschaltsperre vorzusehen.

Erdschluss-Sicherheit
Ein Erdschluss im Steuerstromkreis darf nicht zum Anlauf einer Maschine führen, bzw. das Stillsetzen einer Maschine verhindern. Üblicherweise wird dies erreicht, indem der Ausgang des Steuertransformators geerdet wird (siehe Seite 205).
Steuerstromkreise können alternativ als IT-Netz mit Isolationsüberwachung ausgerüstet werden. Dadurch wird ein Fehlerfall angezeigt bzw. abgeschaltet.
Für EIN- bzw. AUS-Taster gilt das im Abschnitt „Drahtbruchsicherheit" Gesagte.

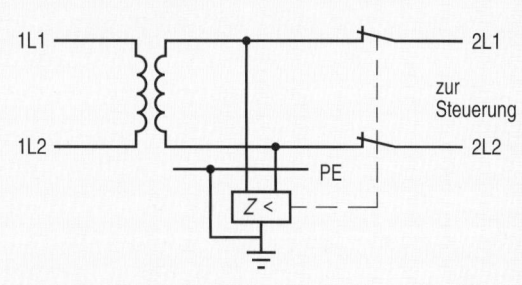

Farbkennzeichnung von Befehlsgebern

Kennfarbe	Bedeutung	Anwendungsbeispiel
Rot	Notfall	Halt oder Not-Aus-Funktion
Gelb	Anomaler Zustand	Eingriff, um anomalen Zustand zu unterdrücken, Neustart
Grün	Sicher	Start, Ein, bei sicherer Bedienung
Weiss		Start/Ein (bevorzugt)
Grau		Start, Stopp (bei Kennzeichnung durch Symbole)
Schwarz		Stopp/Aus (bevorzugt)

Farbkennzeichnung von Meldeleuchten

Kennfarbe	Bedeutung	Anwendungsbeispiel
Rot	Notfall	Druck, Temperatur, Drchfrequenz usw. außerhalb sicherer Grenzen
Grün	Normaler Zustand	Druck, Temperatur, Drehfrequenz usw. innerhalb sicherer Grenzen
Gelb	Anomaler Zustand	Druck, Temperatur, Drehfrequenz usw. übersteigt vorgegebene Werte
Blau	Eingriff erforderlich	Anweisung, die vorgegebenen Werte einzugeben

9.24 Planung und Dokumentation

Speichermedien

Technologieschema

Struktogramm

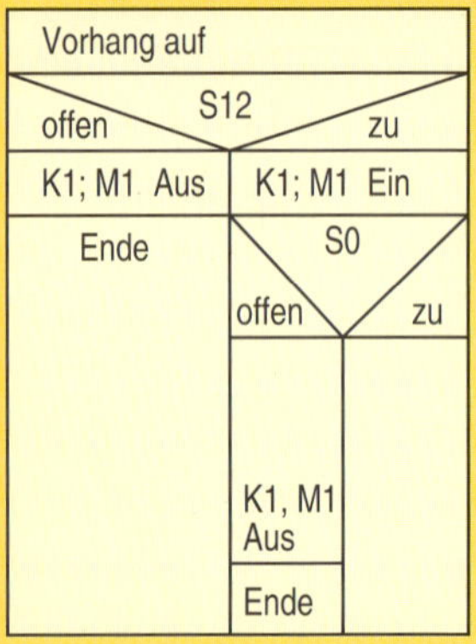

Vorhang auf	
S12	
offen	zu
K1; M1 Aus	K1; M1 Ein
Ende	S0
	offen	zu
	K1, M1 Aus
	Ende

PAP

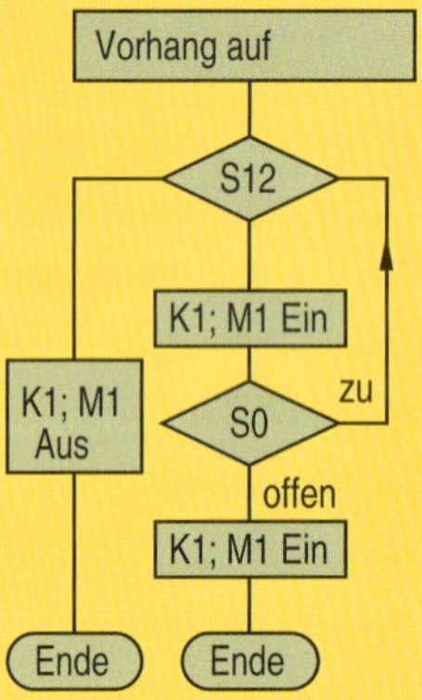

Symbolliste

Symbol	Operand	Datent.	Kommentar
Auf	E 0.1	Bool	Taster S1
Brand	E 0.7	Bool	Rauchmelder B1

Anschlussplan

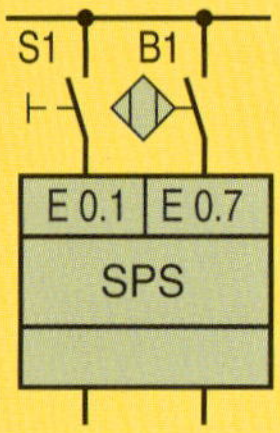

FBS/FUP

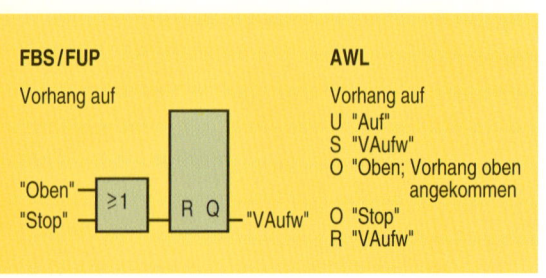

AWL

Vorhang auf
U "Auf"
S "VAufw"
O "Oben; Vorhang oben angekommen
O "Stop"
R "VAufw"

Planung und Dokumentation
Die Dokumentation ist ein wesentlicher Teil einer Anlage. Sie ist notwendig, um jederzeit und schnell Änderungen an einem Programm durchführen zu können, bzw. um Fehler in einer Anlage unverzüglich und effektiv beseitigen zu können.
Eine ausführliche, lückenlose Dokumentation muss bereits in der Planungsphase erfolgen, zur Dokumentation gehören auch Programmdisketten und Ausdrucke.

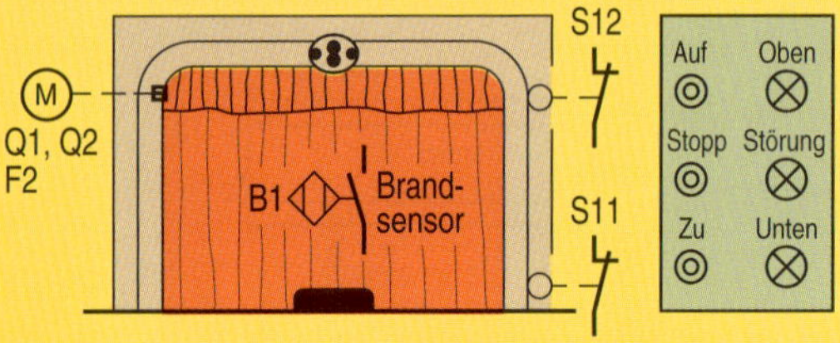

Beschreibung der Anlage
Eine genaue Beschreibung der Anlage muss in Absprache zwischen Auftraggeber (Kunde) und Auftragnehmer (Installationsbetrieb) erstellt werden. Dabei ist ein Lasten- und ein Pflichtenheft zu erstellen.
- Im **Lastenheft** legt der Auftraggeber alle Merkmale fest, die von der Anlage zu erfüllen sind.
- Im **Pflichtenheft** legt der Auftragnehmer fest, welche Leistungen er erbringt, und wofür er garantiert.

Die Beschreibung soll alle Sensoren und Aktoren und ihre Funktion, Bedienung und Bezeichnung enthalten. Ein Technologieschema ist zum Verständnis der Anlage sehr hilfreich; auch die Sicherheitsbestimmungen sind Bestandteil einer vollständigen Dokumentation.

Planung des Programms
Zur Beschreibung des Programmablauf kann entweder ein Struktogramm oder ein Programmablaufplan (PAP) erstellt werden. Die Elemente beider Pläne sind genormt. Mögliche Fehlbedienungen können schon in der Planungsphase erfasst werden. Durch Tests mit dem fertigen Programm sollte die einwandfreie Funktion, auch bei unwahrscheinlichen Fehlbedienungen, kontrolliert werden.

Symbolliste und Anschlussplan
In der Symbolliste werden die Symbole, ihre SPS-Adresse und die zugehörigen Betriebsmittel festgelegt. Ein Vermerk, ob es sich bei den Kontakten um Öffner oder Schließer handelt, kann sehr hilfreich sein.
Englisch: Schließer NO (Normally Open)
           Öffner   NC (Normally Closed).
Ein zusätzlicher Anschlussplan erleichtert das Verdrahten. Derartige Pläne können von speziellen ECad-Programmen (z. B. Eplan) automatisch generiert werden.

Strukturierung des Programms
Um ein SPS-Programm übersichtlich und verständlich zu erstellen, werden die einzelnen Netzwerke mit Überschriften versehen. Im Programm selbst sollten möglichst viele Kommentare zur Erläuterung der Funktionen eingefügt werden. Leicht verständliche Symbole anstelle der Adressen helfen bei der Übersichtlichkeit. Ausgänge dürfen **nie mehrfach** zugewiesen werden, da immer nur die letzte Zuweisung wirksam wird.

Vertiefung zu 9.24

Programmbausteine

Verschiedene Funktionen können in verschiedenen Funktionsbausteinen (FC...) untergebracht werden. Dies kann die Lesbarkeit des Programms deutlich verbessern.

Der Organisationsbaustein OB 1 im nebenstehenden Beispiel ruft die einzelnen Funktionsbausteine unbedingt (absolut) auf oder bedingt (mit einer Bedingung, z.B. nach Schließen eines Tasters).

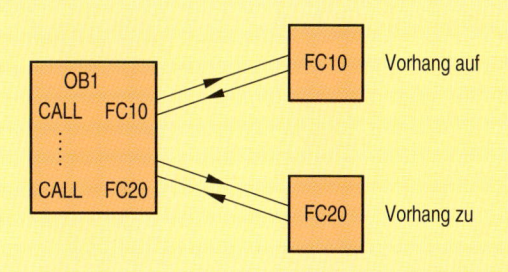

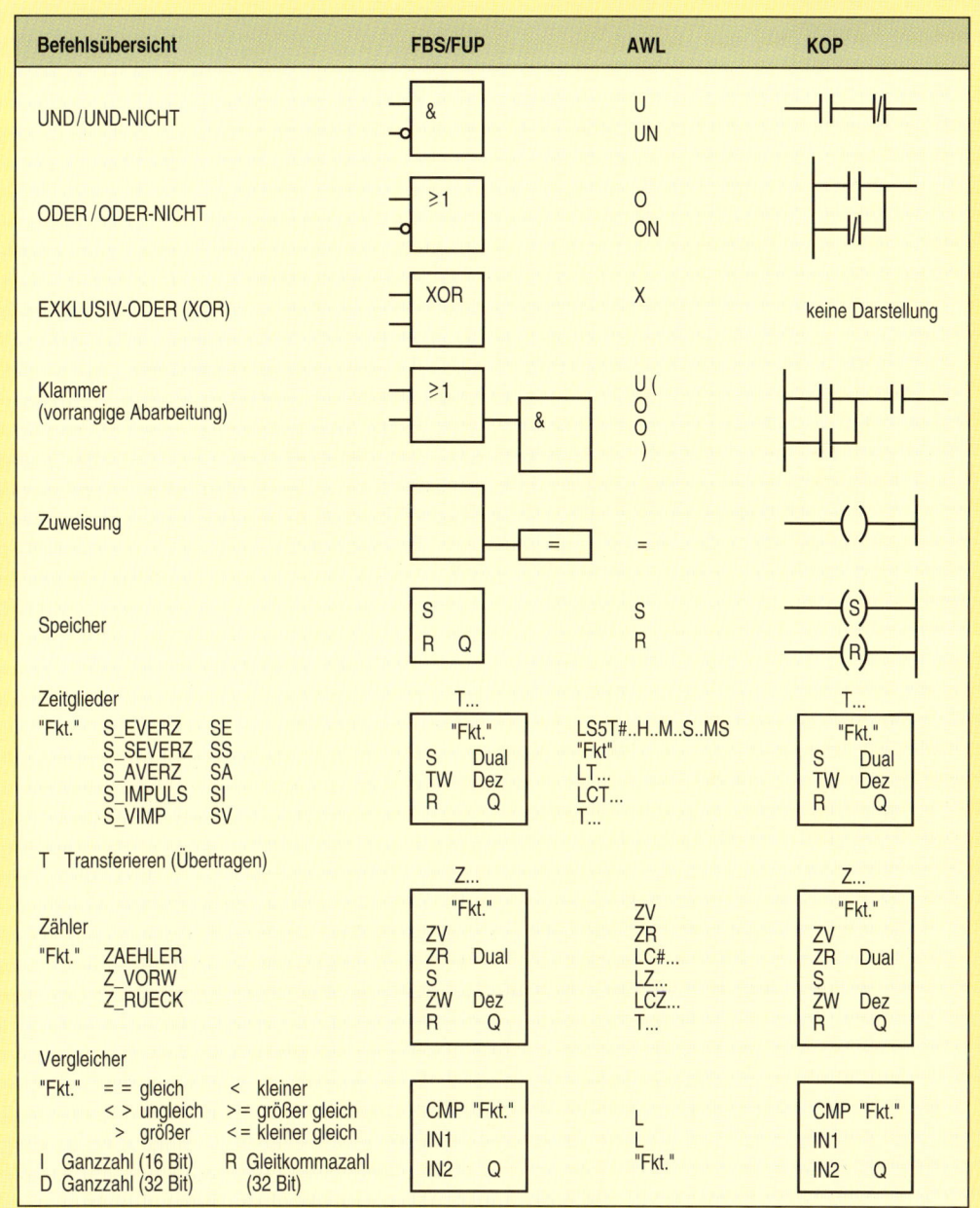

```
OB1
CALL  FC10  ──▶  FC10   Vorhang auf
⋮
CALL  FC20  ──▶  FC20   Vorhang zu
```

Befehlsübersicht	FBS/FUP	AWL	KOP
UND / UND-NICHT	&	U UN	─┤├──┤/├─
ODER / ODER-NICHT	≥1	O ON	─┤├─ ─┤/├─
EXKLUSIV-ODER (XOR)	XOR	X	keine Darstellung
Klammer (vorrangige Abarbeitung)	≥1 → &	U(O O)	─┤├──┤├─ ─┤├─
Zuweisung	=	=	─( )─
Speicher	S R Q	S R	─(S)─ ─(R)─
Zeitglieder "Fkt." S_EVERZ SE S_SEVERZ SS S_AVERZ SA S_IMPULS SI S_VIMP SV	T... "Fkt." S Dual TW Dez R Q	LS5T#..H..M..S..MS "Fkt" LT... LCT... T...	T... "Fkt." S Dual TW Dez R Q
T Transferieren (Übertragen)			
Zähler "Fkt." ZAEHLER Z_VORW Z_RUECK	Z... "Fkt." ZV ZR Dual S ZW Dez R Q	ZV ZR LC#... LZ... LCZ... T...	Z... "Fkt." ZV ZR Dual S ZW Dez R Q
Vergleicher "Fkt." = = gleich < kleiner < > ungleich > = größer gleich > größer <= kleiner gleich I Ganzzahl (16 Bit) R Gleitkommazahl D Ganzzahl (32 Bit) (32 Bit)	CMP "Fkt." IN1 IN2 Q	L L "Fkt."	CMP "Fkt." IN1 IN2 Q

© Holland + Josenhans

9.25 Ausgewählte Lösungen zu Kapitel 9

9.2.1 a) Schütze zum Schalten von Laststömen, z. B. bei Motoren, Heizungen (Betriebsmittelkennzeichnung Q), Relais zum Schalten von Signalströmen, z. B. als Zeitrelais, Hilfsrelais (Betriebsmittel kennzeichnung K).

c) 1-2: Hauptkontaktanschlüsse (Schließer)
13-14: Hilfskontaktanschlüsse, Kontakt Nr. 1, Schließer
23-24: Hilfskontaktanschlüsse, Kontakt Nr. 2, Schließer
31-32: Hilfskontaktanschlüsse, Kontakt Nr. 3, Öffner
51-52-54: Hilfskontaktanschlüsse, Kontakt Nr. 5, Wechsler.

d) Kontakte einer Überlastschutzeinrichtung (z. B. Bimetall-Auslöser, Bimetall-Relais)
95-96: Öffner, 97-98: Schließer, 95-96-98: Wechsler.

9.4.1 a) Bimetall-Relais auf Nennstrom einstellen.
b) Motorvollschutz misst die Wicklungstemperatur direkt (z. B. mit PTC-Sensor) und schützt auch bei Ausfall der Kühlung.

9.4.2 a) Der Einschaltstrom darf 60A nicht überschreiten.
b) Die Motorwicklung wird beim Einschalten an 230 V gelegt (Sternschaltung) und nach dem Hochlauf an 400V (Dreieckschaltung).
Nachteil: In Sternschaltung ist das Anlaufmoment nur ein Drittel von dem in Dreieckschaltung.

9.4.3 Anlauf von Motoren

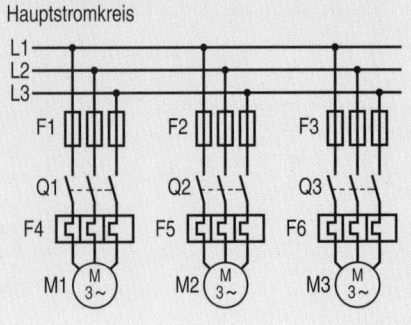

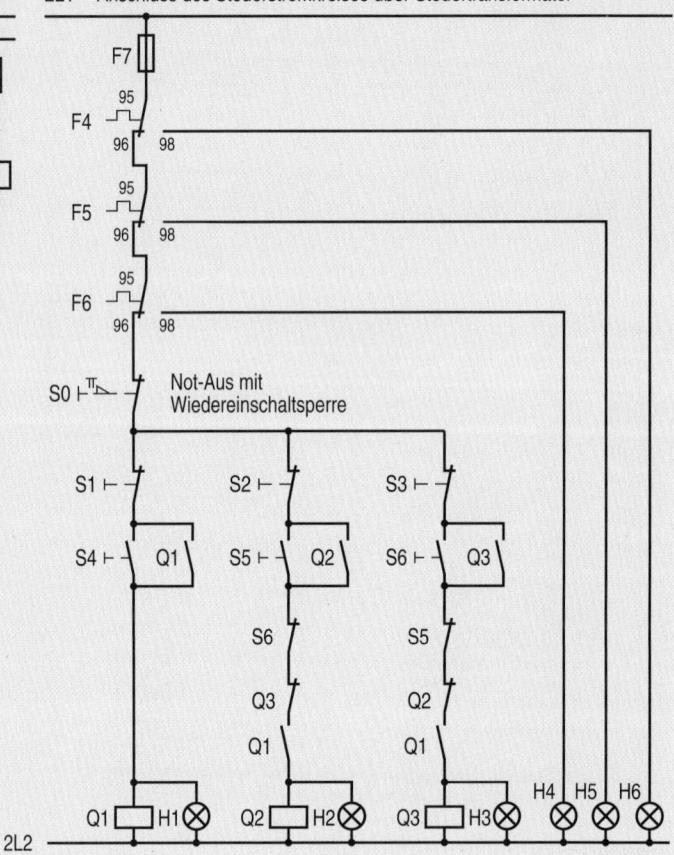

9.6.1 a) 10010111, 100000000, 111, 1010, 1000011
b) 97, 100, 7, A, 43

9.6.2 a) 5A   b) 67   c) 55

9.6.3 a) 90   b) 103   c) 85

9.6.4 a) 1010001 (81)
b) 1000001 (65)
c) 1011100 (92)

9.7.1 a) z. B. **U E 3.4**: Und-Verknüpfung des Eingangs mit der Adresse Byte 3, Bit 4,
= **A 2.7**: Zuordnung des Verknüpfungsergebnisses (VKE) zu dem Ausgang Byte 2, Bit 7.
b) Fehler in **O E 6.8**: 8 ist kein zulässiges Bit.

9.7.2 Eingang: E 0.0 bis E 3.7
Ausgang: A 4.0 bis A 6.7

9.8.1

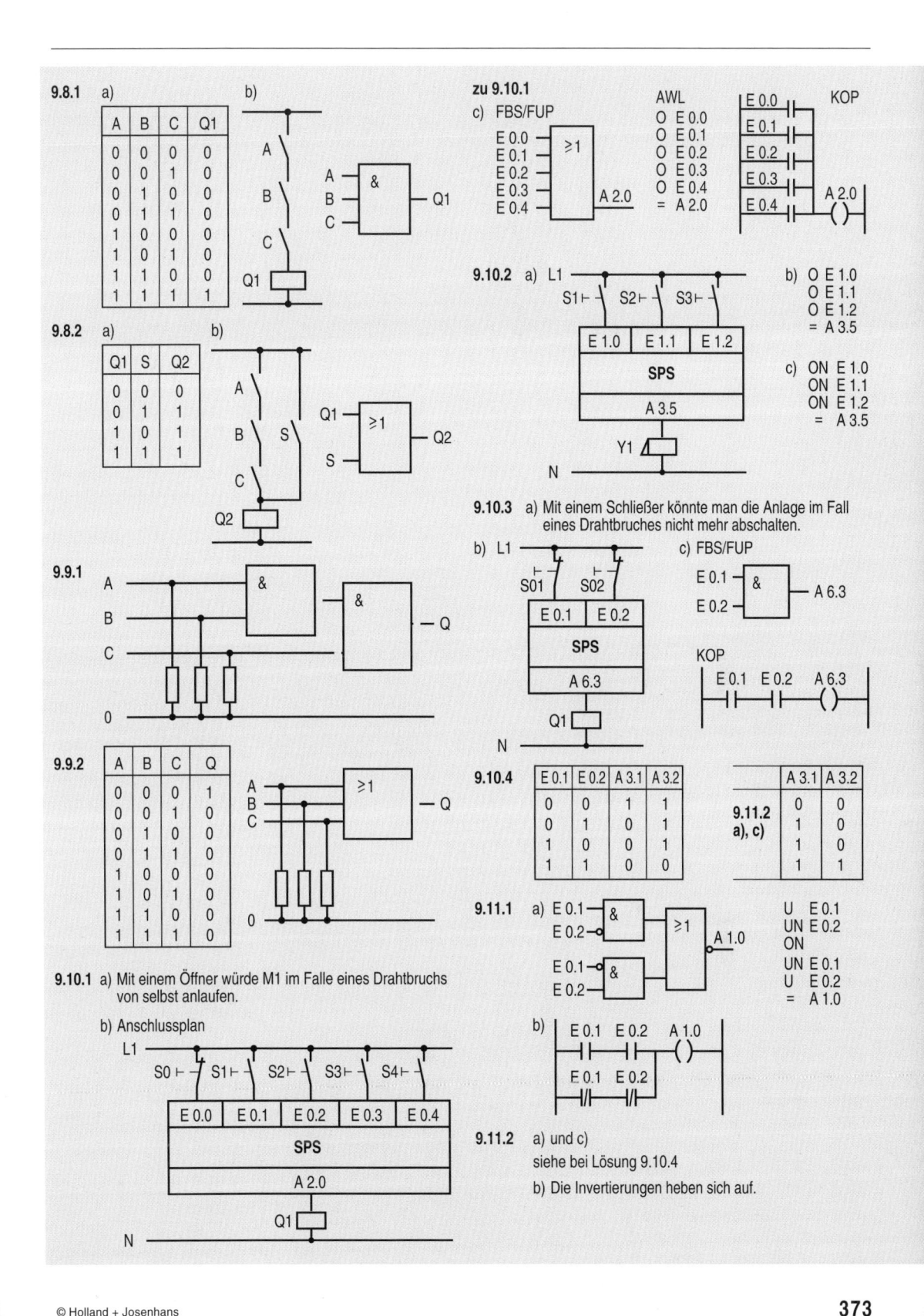

a)

A	B	C	Q1
0	0	0	0
0	0	1	0
0	1	0	0
0	1	1	0
1	0	0	0
1	0	1	0
1	1	0	0
1	1	1	1

b) [Stromlaufplan mit A, B, C in Reihe und Relais Q1; FBS: & -Verknüpfung mit A, B, C → Q1]

9.8.2

a)

Q1	S	Q2
0	0	0
0	1	1
1	0	1
1	1	1

b) [Parallelschaltung A,B,C und S → Q2; FBS: ≥1 mit Q1, S → Q2]

9.9.1

[FBS: A & B → &, mit C → Q]

9.9.2

A	B	C	Q
0	0	0	1
0	0	1	0
0	1	0	0
0	1	1	0
1	0	0	0
1	0	1	0
1	1	0	0
1	1	1	0

[FBS: ≥1 mit A, B, C → Q]

9.10.1

a) Mit einem Öffner würde M1 im Falle eines Drahtbruchs von selbst anlaufen.

b) Anschlussplan

L1 — S0⊢ — S1⊢ — S2⊢ — S3⊢ — S4⊢ —
E 0.0 | E 0.1 | E 0.2 | E 0.3 | E 0.4
SPS
A 2.0
Q1
N

zu 9.10.1

c) FBS/FUP

E 0.0, E 0.1, E 0.2, E 0.3, E 0.4 → ≥1 → A 2.0

AWL:
O E 0.0
O E 0.1
O E 0.2
O E 0.3
O E 0.4
= A 2.0

KOP:
E 0.0 ⊣⊢ E 0.1 ⊣⊢ E 0.2 ⊣⊢ E 0.3 ⊣⊢ E 0.4 ⊣⊢ —(A 2.0)—

9.10.2

a) L1 — S1⊢ — S2⊢ — S3⊢
E 1.0 | E 1.1 | E 1.2
SPS
A 3.5
Y1
N

b) O E 1.0
O E 1.1
O E 1.2
= A 3.5

c) ON E 1.0
ON E 1.1
ON E 1.2
= A 3.5

9.10.3

a) Mit einem Schließer könnte man die Anlage im Fall eines Drahtbruches nicht mehr abschalten.

b) L1 — S01⊢ — S02⊢
E 0.1 | E 0.2
SPS
A 6.3
Q1
N

c) FBS/FUP

E 0.1, E 0.2 → & → A 6.3

KOP:
E 0.1 ⊣⊢ E 0.2 ⊣⊢ —(A 6.3)—

9.10.4

E 0.1	E 0.2	A 3.1	A 3.2
0	0	1	1
0	1	0	1
1	0	0	1
1	1	0	0

9.11.2 a), c)

A 3.1	A 3.2
0	0
1	0
1	0
1	1

9.11.1

a) E 0.1, E 0.2(neg) → & ; E 0.1(neg), E 0.2 → & ; beide → ≥1 → A 1.0 (neg)

U E 0.1
UN E 0.2
ON
UN E 0.1
U E 0.2
= A 1.0

b)
E 0.1 ⊣⊢ E 0.2 ⊣⊢ —(A 1.0)—
E 0.1 ⊣/⊢ E 0.2 ⊣/⊢

9.11.2

a) und c) siehe bei Lösung 9.10.4

b) Die Invertierungen heben sich auf.

9.25 Ausgewählte Lösungen zu Kapitel 9

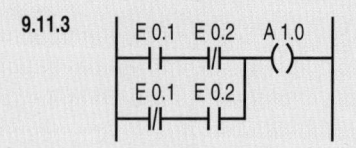

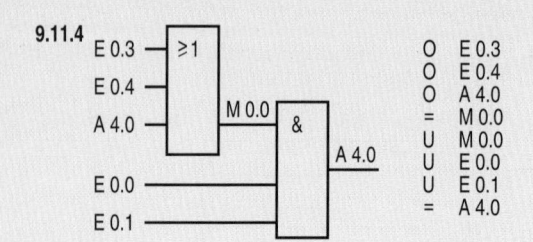

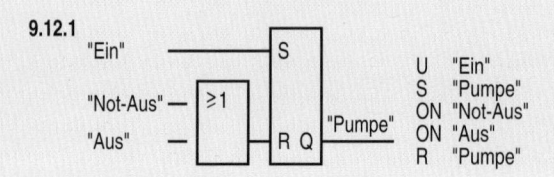

9.11.3

E0.1 E0.2 A1.0
─┤├──┤/├──( )─
E0.1 E0.2
─┤/├──┤├─

9.11.4

E0.3 ─┐
E0.4 ─┤ ≥1 ├─┐
A4.0 ─┘   M0.0 & ├─ A4.0
              │
E0.0 ─────────┤
E0.1 ─────────┘

O E0.3
O E0.4
O A4.0
= M0.0
U M0.0
U E0.0
U E0.1
= A4.0

9.12.1

"Ein" ──────── S
              ┌───┐
"Not-Aus" ─┐ │   │
          ≥1 ─┤ R Q├── "Pumpe"
"Aus" ─────┘ └───┘

U   "Ein"
S   "Pumpe"
ON "Not-Aus"
ON "Aus"
R   "Pumpe"

9.12.2 a) Symboltabelle

Symbol	Operand	Datentyp	Kommentar
Not-Aus	E 0.0	Bool	S0
Aus	E 0.1	Bool	S1
Bereit	E 0.2	Bool	S2
SG1	E 1.1	Bool	S11
SG2	E 1.2	Bool	S12
SG3	E 1.3	Bool	S13
Ein	E 1.7	Bool	S3
SLampe	A 2.0	Bool	Warnleuchte
SGit	A 2.1	Bool	Schutzgitter
Presse	A 2.2	Bool	Presse

b) SPS-Programm

FBS/FUP

"Bereit" ──── S
"Aus" ──┐
       ≥1 ── R Q ── "SLampe"
"Not-Aus" ─┘

"SG1" ─┐
       & ──┐
"SG2" ─┘   S
           │
"Aus" ──┐ R Q ── "SGit"
       ≥1 ─┘
"Not-Aus"─┘

Schutzgitter öffnen durch Gegengewicht.

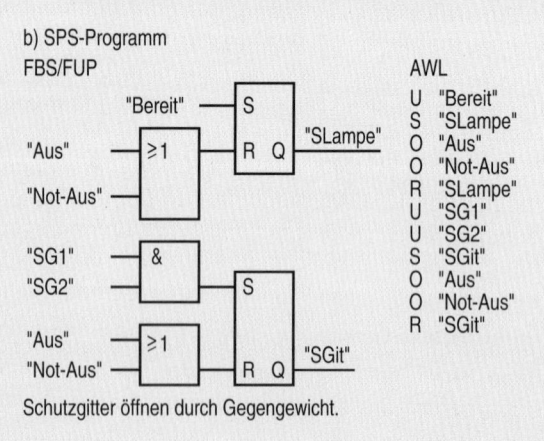

AWL

U   "Bereit"
S   "SLampe"
O   "Aus"
O   "Not-Aus"
R   "SLampe"
U   "SG1"
U   "SG2"
S   "SGit"
O   "Aus"
O   "Not-Aus"
R   "SGit"

9.13.1 a) Symboltabelle

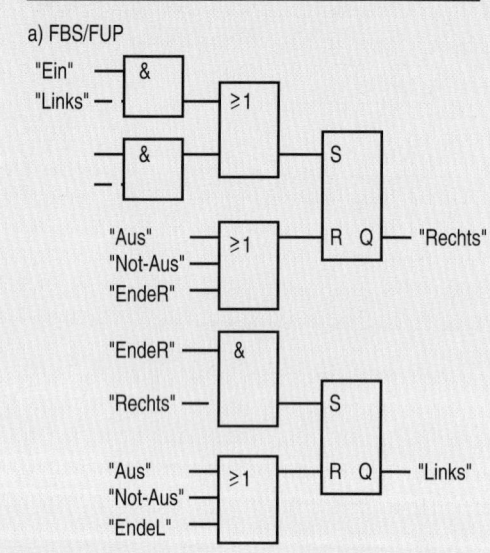

Symbol	Operand	Datentyp	Kommentar
Not-Aus	E 0.0	Bool	S0
Aus	E 0.1	Bool	S10
Ein	E 1.0	Bool	S1
FräSens	E 1.1	Bool	B1
EndeR	E 1.2	Bool	S11
EndeL	E 1.3	Bool	S12
Rechts	A 3.1	Bool	Q1
Links	A 3.2	Bool	Q2

a) FBS/FUP

"Ein" ──┐ &
"Links"─┘ └─┐≥1
            ├───┐
    ─┐ &   ─┘   S
     └──────────┤
                R Q ── "Rechts"
"Aus" ──┐≥1   │
"Not-Aus"┤──────┘
"EndeR" ─┘

"EndeR" ──┐ &
"Rechts"──┘ └───┐
                S
                ├─── "Links"
"Aus" ──┐≥1   R Q
"Not-Aus"┤─────┘
"EndeL" ─┘

9.17.1, 9.17.2

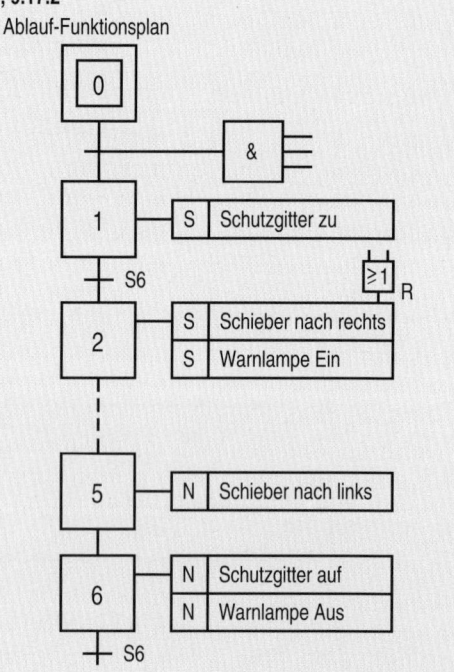

Ablauf-Funktionsplan

┌─┐
│0│
└─┘
 │ &
 │
┌─┐
│1│── S Schutzgitter zu
└─┘
 ┤ S6   ≥1
                          │ R
┌─┐── S Schieber nach rechts
│2│── S Warnlampe Ein
└─┘
 ┊
┌─┐
│5│── N Schieber nach links
└─┘
 │
┌─┐── N Schutzgitter auf
│6│── N Warnlampe Aus
└─┘
 ┤ S6

Sachwortregister

A

abgeschlossene elektrische
  Betriebsstätten 215
Abgleichbedingung 60
Abgleichbrücke 60
Abhebekraft 101
Ablauf-Funktionsplan 356
Ablaufsteuerung 354
Ableitstrom 221
Abschaltthyristor 149
Abschirmung 225
  –, magnetische 89
AC 69
Adressen 316
Adressenvergabe 317
Aktionsblock 356
Aktoren 312, 314
Alarmgeber 301
Alternate-Betrieb 75
Ampere 16, 25, 101
Ampère, André-Marie 17
Amplitude 70
analog 18
analoges TK-System 302
Analogmessgeräte 19
AND-Verknüpfung 338
Anlagen, elektrische 12
Anlagen und Räume besonderer Art 214
Anlaufverfahren 330
Anordnungsplan 270
Anpassung 44
Anpresskraft 101
Anschlussplan 270
Ansprechverzögerung 297
Antennen 306
Antennengewinn 309
Antivalenz 345
Anweisung 336
Anwenderschnittstelle 314
Anwendungsliste 342
Anwendungsmodul 314
Anzeigearten 18
Anzeigeeinheiten 132
Äquivalenz 345
Arbeit
  –,elektrische 42
  –,mechanische 38
Arbeiten unter Spannung 217
Arbeitspläne 238
Arbeitspunkt, Einstellung 58
Arbeitsteilung 240
Asynchronmotor 186

Atommodell 17
Augenblickswerte 25
Auslösekennlinien 175
Ausschaltung 290
Ausschaltverzögerung 360
Ausschlagbrücke 60
Außengewinde 252
Außenpolmaschine 72, 88
äußerer Blitzschutz 228
Automatisieren 324
AWL 342
Azimutwinkel 309

B

Bändchenmikrofon 299
Bandsperre 320
Basiseinheit 24, 25, 101
Basisgrößen 24
Basisisolation 206
Basisschutz 202
Baumstruktur 315
Baustellen 215
BCD-Code 335
Begrenzung der Ladung 205
Belastbarkeit
  –, von Widerständen 35
  –,von Leitungen 172
Beleuchtung 184
Bemaßung 255, 258
Bemaßungsarten 256
Bereiche 315
Bereichskoppler 315
Berufsgenossenschaftliche Vorschriften 198
Berührspannung 203
Berührungschutz 200
Berührungsstrom 221
Besichtigung 217
Betriebsklassen 174
Betriebsmittelkennzeichnung
  –, allgemein 12, 271
  –, von pneumatischen Bauteilen 281
Betriebszustandsanzeige 291
BGV 198
Bimetall-Relais 330
bivalenter Betrieb 183
Blechschnitte nach DIN 41300 166
Blindleistung 92, 96, 110, 112
Blindleistungskompensation 112
Blitzdaten 226

10 Sachwortregister

Blitzschutz 226
 –, äußerer 228
 –, gestaffelter 229
 –, innerer 228
 –, Notwendigkeit 227
Blitzschutzonen-Konzept 228
Blitzstromableiter 228
Blockschaltplan 268
BMK 12, 271
BNC-Steckbuchsen 76
bohrsches Atommodell 17
Bohrungen 250
Boiler 179
Brandlast 312
Brandmeldeanlagen 300
Brandschutz 231
Brennstoffe 155
Brown, Charles 73
Brückendiagonale 60
Brückengleichrichter 139
Brückenschaltung 52, 60, 135
Brückenzweig 60
Brummspannung 134, 136
Bus 313
Bus-Topologie 315
Busankoppler 314
Busleitung 313

C

CAD 284
CAM 285
CAP 285
CAQ 285
CENELEC 198
Chopper-Betrieb 75
CIM 285
Clipper-Schaltung 131
Computergestütztes Zeichnen 284
CSMA/CA 316

D

Dahlander-Schaltung 333
Dämpfung 310
DASM, Drehstromasynchronmotor 186
Datentypen 366
Dauer-Betrieb 328
DC 69
Demontagepläne 238
Deutsches Institut für Normung 198
Dezimalsystem 334
Dielektrikum 83
Dielektrizitätskonstante 83
differenzieller Widerstand 130
digital 18
digitales TK-System 304
Digitalmessgeräte 19

Dimetrische Projektion 244
DIN 198
direktes Berühren 202
Direktheizungen 180
Dokumentation 217
Dokumente, elektrische 268
Dominanz 347
Dotierung 128
Drahtbruch 346
Drahtbruchsicherheit 369
Drahtwiderstände
 –, Bauformen 34
 –, Berechnung 32
Drain 144
Drehfeld 186
Drehfrequenzsteuerung
 –, bei DASM 188, 332
 –, bei G-Motoren 191
Drehmoment 40, 99
Drehmomentenkennlinien 41
Drehspulmesswerk 99
Drehstrom 72
Drehstromtransformatoren 164
Dreiphasiger Wechselstrom 72
Dreischenkelkern 164
Drosselventile 279
Druckluft 350
Druckluftzylinder 352
Drucksensoren 126
DSM, Drehstromsynchronmotor 186
Dualsystem 334
Dualzahlen, Addition 335
Dunkelwiderstand 122
Durchbruchkennlinie 130
Durchlauferhitzer 179
Durchschlagsfestigkeit 83

E

Effektivwert 69
EIB 312
EIBA 312
Eigenerwärmung 117, 118
Einbruchmeldeanlagen 300
Einheit 14, 16
Einheiten, technische 24
Einheitenzeichen 25
Einpuls-Gleichrichter 134, 136
Einschaltverzögerung 360
Einschaltvorgang
 – bei Spulen 94
 –, bei Kondensatoren 90
Elektretmikrofon 299
elektrische
 – Arbeit, Messung 192
 – Betriebsstätten 215
 – Körperströme 196

10 Sachwortregister

elektrischer Schlag 202
elektrisches Feld 81
Elektrizitätszähler 192
Elektroenergiesystem 160
Elektrofachkräfte 216
Elektroheizungen 180
Elektrolytkondensator 84
Elektromagnet 100
elektromagnetische Verträglichkeit 222
elektromagnetische Wellen 306
Elektronenstrahlröhre 74
Elektronenstrom 16
elektropneumatische Schaltkreise 280
Elektrounfall 230
Elevationswinkel 309
Elko, Elektrolytkondensator 84
EMV 89, 222, 225
EMV-Gesetz 222
EMV-Konzept 228
Energie
 –, kinetische 38
 –, potenzielle 38
Energiesparlampen 185
Energieübertragung 158
Energieversorgung 154
Entladevorgang 90
Entladewiderstand 113
Entladezeit 91
Entriegelung 329
Entstörung von Geräten 224
Erdschluss-Sicherheit 369
Erdstrom 213
Erdung 212
Erdungsanlagen 213, 227
Erprobung 217
Ersatzspannungsquelle 62
Ersatzstromquelle 64
Erste Hilfe 230
Erstprüfungen 217
ETS 319
EVA-Prinzip 325
EVG 185
EXKLUSIV-ODER 339
Explosionszeichnungen 266
Expositionsbereiche 223

F

F-Codierung 302
Faraday, Michael 73
Farbcode 32
FBS 342
Fehler 241
Fehlerschleife 209
Fehlerschutz 202
Fehlerspannung 203
Fehlertoleranz 20

Feldeffekttransistoren 144
Feldplatte 124
FELV 204
Festspannungsregler 143
FET 144
feuchte und nasse Räume 215
Feuerlöscher 231
Feuerwiderstandsklasse 231
FI-Schutzeinrichtungen 210
Flankenauswertung 366
Fluchtpunkte 245
Folgeschaltung 332
Formänderungen 256
Formmaße 256
Fotoeffekt 122
Fotovoltaik 14
Freilaufdiode 94, 123
Fremderwärmung 117, 118
Fremdkörperschutz 200
Frequenz 68, 306
Frequenzbereiche 307
Frequenzumrichter 147
Frühschließer 331
Funktechnik 307
 –, in der Gebäudeautomation 321
Funktionen
 –, in technischen Prozessen 234
 –, mathematische 28
Funktionsbausteinsprache 342
Funktionsdiagramm 282
Funktionsklassen 174
Funktionslinien 282
Funktionspläne 268, 282, 342
FUP 342

G

Gasentladungslampen 184
Gebäudesystemtechnik 312
Gegensprechanlagen 298
Gemeinschafts-Antennenanlagen 310
Generatoren 14, 72, 88
Gerätesicherheitsgesetz 198, 368
Gesamtzeichnung 264
gestaffelter Blitzschutz 229
Gewinde 252
Gleichanteil 69
Gleichrichter 134
Gleichspannung 68
Gleitreibung 39
Glühlampen 184
Griechisches Alphabet 243
Größen, physikalische 14, 16, 24
Großsignalbetrieb 140
Grundfunktionen 234
Grundlast 154
Grundmaße 256

10 Sachwortregister

Gruppenadresse 316
Gruppenschaltung 52, 56, 292
GS Geprüfte Sicherheit 198, 368
GSG 198, 368
GTO 149

H

Haftreibung 39
HAK 176
Halbschnitte 251
Halbzeuge 249
Halbzeugprofile 248
Hallsensoren 125
Haltekraft von Magneten 100
Handbereich 206
Handleuchtentransformator 166
harmonisierte Starkstromleitungen 170
Hauptlinie 315
Hauptpotenzialausgleich 176, 212
Hauptschalter 368
Hauptschaltglieder 327
Hausanschlusskasten 176
Hausanschlussraum 176
Haussprechanlagen 298
HDÜ 159, 161
Hebel 40
Hebelgesetz 40
Heißleiter 116
Hellwiderstand 122
Hexadezimalsystem 335
HGÜ 159, 161
Hilfsschaltglieder 327
Hochspannung 158
Hochspannungsleitung 161
Höchstspannung 158
Hochtarif 193
Hut-Ab-Regel 91, 95
Hysteresekurve, Hystereseschleife 87

I

IEC 198
IEC-Normreihe 32, 85
IGBT 146, 148
IGFET 145
imaginäre Zahlen 104
Impedanz 106
Impuls 360
Inbetriebnahme eines EIB 319
Indirektes Berühren 202
Induktionsgesetz 86
Induktionsprinzip 178
Induktionszähler 193
induktive Blindleistung 96
induktiver
   – Blindstrom 96
   – Blindwiderstand 96

Induktivität 80, 86
Informationsübertragung 316
Innengewinde 252
Innenpolmaschine 72, 88
Innenwiderstand 62, 64
Innenwiderstand, Messung 47
Instabus 312
Installationsdose, EIB 318
Installationsschaltplan 270, 290
Ionen 16
IP-Code 200
IPM Intelligent Power Module 147
irreversible Vorgänge 39
ISDN 304
Isolationswiderstand 220
isolierte Leitungen 170
Isometrische Projektion 244
IT-Systeme 208, 211

J

Jahresarbeitszahl 183
Jahreswirkungsgrad 49
JFET 144

K

Kabel 170
Kabinett-Projektion 244
Käfigläufer 186
Kaltleiter 36, 118
Kanal 144
Kapazität 80
kapazitive Blindleistung 92
kapazitiver
   – Blindstrom 92
   – Blindwiderstand 92
Kavalier-Projektion 244
kirchhoffsche Gesetze 54
Klammern 345, 346
Klassifizierung von Objekten
   nach Zweck oder Aufgabe 271
Kleinsignalbetrieb 140
Kleinspannung 204
Kleintransformator
   –, Berechnung 167
Klingeltransformator 166
Knoten 54
Knotenregel 54
Koerzitivfeldstärke 87
Kommunikation 236
Kommutator 98
Kompensation
   –, teilweise 112
   –, vollständige 112
Kompensationskondensator 113
Komplexe Grundschaltungen 106, 108
komplexe Rechnung 102

10 Sachwortregister

Komplexe Zahlenebene 104
Kondensator 82
  –, Ladevorgang 90
  –, verlustarmer 113
Kondensatormikrofon 299
Kondensatormotor 188
konjugiert komplexe Zahlen 104
Konstruktion fehlender Ansichten 248
Kontaktplan 342
KOP 342
Koppler 315
Korona-Verluste 161
Körper in Ansichten 246
Körperströme 196
Kraft-Wärme-Kopplung 155
Kreuzschaltung 294
Kristallmikrofon 299
Kurzschlussläufer 186
KVG 185

L

Ladekondensator 136
Ladevorgang 90
Ladungsträger, freie 17
Ladungstrennung 15
Lagemaße 256
Lageplan 270
Lagerkräfte 40
landwirtschaftliche Anwesen 215
Lastenheft 318, 370
Lastschalter 168
Laststrom 58
LDR 122
LED 132
LED-Treiber 133
Leistungsanpassung 44
Leistungsfaktor 110
Leistungsflussdiagramm 48
Leistungshyperbel 42
Leistungsmessung 42
Leistungsschalter 168
Leistungsschild 43
Leistungszahl 183
Leiter
  – im Magnetfeld 98
  –, stromdurchflossener 100
leitfähige Bereiche mit
  begrenzter Bewegungsfreiheit 215
Leitungen, isolierte 170
Leitungsbemessung 173
Leitungsschutzschalter 174
lenzsche Regel 162
Leuchtdioden 132
Licht 184
Lichtausbeute 185
Lichtbogen 95

Lichtbogenlöschung 169
Lichtfarben 184
Lichtgeschwindigkeit 184
Linie, beim EIB 315
Linien 242
Linienkoppler 315
Linienstruktur 315
logische Adresse 316
LON-Technologie 321
LonWorks 321
Löschen von Bränden 230
LS-Schalter 174
Lumineszenzdioden 132

M

magnetisches Feld 81
Masche 54
Maschennetze 160
Maschenregel 54
Maßeinheit 14
Maßeintragung 254
Maßhilfslinien 254
Maßlinien 254
MDR 124
Mehrfarben-LED 132
Mehrkanalbetrieb 78
Merker 344, 346
Mess- und Prüfgeräte 221
Messung 217
Messungenauigkeit 21
Messwandler 164
Messwerk 99
Messzangen 18
Mikrowellenprinzip 178
Miller, Oscar von 73
Mindestabstände beim Löschen 231
Mindestquerschnitte von Leitungen 172
Mischrößen 68
Mittellast 154
Mittelpunktschaltung 135
Mittelspannung 158
MK-Kondensatoren 84
monovalenter Betrieb 183
Montagepläne 238
MOSFET 145, 148
Motorprinzip 98
Motorschutz 330
Motorvollschutz 330
MP-Kondensatoren 84
Multifunktionsrelais 297
Multimeter 18

N

N-Codierung 302
Näherungen 227
NAND-Verknüpfung 340, 344

10 Sachwortregister

Nebenschlussmotor 190
Netzarten 160
Netzteil 74
NH-Sicherungen 176
nicht leitende Räume 206
NICHT-Verknüpfung 338
Niederspannung 158
Niedertarif 193
NOR-Verknüpfung 340, 344
Normalprojektion 246
Normen, europäische und nationale 31
Normschrift 242
NOT-AUS 328, 368
NOT-Verknüpfung 338
NTBA 304
NTC-Widerstände 116
NTPM 304
Nullphasenwinkel 106, 108

O

Oberflächenbeschaffenheit 260
ODER-Verknüpfung 338
Öffnungsüberwachung 300
Ohm, Georg Simon 23
ohmsches Gesetz 22, 93, 97
Operator 102
Optokoppler 145
OR-Verknüpfung 338
Orientierungsbeleuchtung 294
örtlicher Potenzialausgleich 212
Oszilloskop
 –, Bedienelemente 77
 –, Blockschaltbild 75
 –, Grundeinstellungen 76
 –, Mehrkanalbetrieb 78

P

PA-Schiene 212
Parallelkompensation 112
Parallelprojektion 244
Parallelresonanz 108
Parallelschalten von Telefonen 303
Parallelschaltung 106
 – von Induktivitäten 87
 – von Kapazitäten 82
 – von Widerständen 54
Parallelschwingkreis 109
Parameter 29
PAS 176
Passungen 260, 262
Passungssysteme 262
Pegel 308
PELV 204
Periodendauer 68
periodische Schwingungen 68
Permittivitätszahl 83

Personenschutz 202
Perspektive 244
Pflichtenheft 318, 370
Phasenanschnittsteuerung 151
Phasenkoppler 320
Phasenverschiebung 92, 96, 102
physikalische Adresse 316
physikalische Größen 24
Piezoelektrischer Effekt 126
Piezoresistiver Effekt 126
Planung und Dokumentation 370
Plattenkondensator 83
pn-Übergang 128
Pneumatikanlagen 350
pneumatische Schaltkreise 280
Polaritätsanzeige 133
Polrad 72
polumschaltbare Motoren 332
Potenziometer 34, 35
Potenzialausgleich 206, 212
Potenzialausgleichsschiene, PAS 176
Power-MOSFET 145
Powerline-Technologie 320
Powernet-EIB 320
PPS 285
Primärenergieträger 156
Programmablaufpläne 282
Projektierung von EIB 318
Projektionen nach ISO 246
proportionale Zusammenhänge 28
prospektiver Kurzschlussstrom 175, 209
Prozessautomatisierung 325
Prozesse 324
Prüftaste 210
Prüfung 217
Prüfvorschriften 217
Prüfzeichen 199
PTC-Widerstand 118
Pull-Down-Widerstände 341
Puls 138

Q

Qualität 240
Qualitätsmanagement 240
Qualitätssicherung 241
Quellenspannung 62
Quellenstrom 64
Querstrom 58

R

Rauchmelder 300
Räume mit Badewanne oder Dusche 214
RCD 203, 210
reelle Zahlen 104
Regelung 324
Reibung 39

10 Sachwortregister

Reibungszahl 39
Reihenresonanz 108
Reihenschaltung 106
– von Induktivitäten 87
– von Kapazitäten 82
– von Widerständen 54
Reihenschlussmotor 190
Reihenschwingkreis 109
Relais 326
Relaisstation 326
Remanenz 87
Resonanz 108
reversible Vorgänge 39
Richtantennen 308
Richtcharakteristik 308
Richtimpuls 356, 359
Ringnetze 160
Ringstruktur 315
RMS 69
Rollreibung 39
Rückfallverzögerung 297
Rückschlagventile 279
Rufanlagen 298

S

Satelliten-Empfangsanlagen 309
Saugkreis 109
Schaltdioden 129
Schalterbeleuchtung 291
Schaltfolgediagramm 331
Schaltgeräte 168
Schaltgruppe 165
Schaltnetzteil 143
Schaltpläne
 –, allgemein 236
 –, elektrische 12, 236
 –, pneumatische 236
Schaltverstärker 141
Schaltzeichen 272
Scheinleistung 110
Scheitelwert 70
Schleifdrahtbrücke 60
Schleifenimpedanz 209
Schleifenwiderstand, Messung 47
Schlupf 186
Schmelzsicherungen 168, 174
Schmelzsicherungssysteme 175
Schnitt 250
Schnittverlauf 250
Schottky-Dioden 129
Schraffuren 243
Schriften 242
Schrittmerker 358
Schrittspannung 230
Schutz durch Abschalten 208
Schutzarten 200

Schütze 326
Schutzgrad 200
Schutzisolierung 206
Schutzklassen 202, 206
Schutzkleinspannung 166, 204
Schutzleiterstrom 221
Schutzleiterwiderstand 220
Schutzmaßnahmen
 –, systemabhängige 207
 –, systemunabhängige 207
Schützschaltungen 189
Schutztransformator 166
Schutztrennung 206
Schwachlasttarif 192
SCR-Thyristoren 148
Selbsthaltung 346
Selbstheilung von Kondensatoren 84
Selbstinduktionskoeffizient 86
Selektivität 175
SELV 204
Sensor-Brückenschaltung 127
Sensoren 312, 314
Serienschaltung 292
Servomotoren 191
SI-System 24, 25
Sichere Trennung 204
Sicherheitskleinspannung 204
Sicherheitsprüfungen 217
Sicherheitsregeln 216
Sicherheitstransformator 166
Siebglieder 142
Siebung 142
Siemens, Werner 73
Signallinien 282
Solarenergie 157
Source 144
Sourceschaltung 144
Spaltpolmotor 188
Spannung 14
Spannungsanpassung 44
Spannungsebenen 15
Spannungserzeuger 14
Spannungserzeugung 70
Spannungsfall auf Leitungen 172
Spannungsmessung 18, 20
Spannungsquelle
 –, ideale 62
 –, Innenwiderstand 44
 –, Leistungsabgabe 44
Spannungsregler 143
Spannungsstabilisierung 121, 131, 142
Spannungsteiler 58
Spannungstrichter 213
Spannungswandler 164
Sparwechselschaltung 294
Spätöffner 331
Speicher 179, 346

10 Sachwortregister

Speicherheizungen 180
speicherprogrammierbare Steuerungen 336
Sperrkreis 109
Sperrstrom 128
Sperrventile 351, 352
Spielzeugtransformator 166
Spitze-Tal-Wert 70
Spitzenlast 154
Sprache, englische 30
SPS 336
Steckverbindungen 205
Stern-Dreieck-Anlauf 189, 331, 362
Stern-Struktur 315
Steuerkennlinie 151
Steuerung 324
Störsignal 224
Strahlennetze 160
Strahlungsmelder 300
Strom, elektrischer 16
Stromanpassung 44
Stromkreise, verzweigte 52
Stromlaufplan 268
Strommessung 18, 20
Stromquelle 64
Stromrichterventile 148
Stromstärke 25, 101
Stromstoßschaltungen 296
Stromventile 351, 352
Stromwandler 164
Stromwender 98
Stücklisten 264
Summenstromwandler 210
Supraleitung 36
symbolische Adressierung 344
Synchrongenerator 72
Synchronisation 74
Synchronmotor 186
System Einheitsbohrung 262
System Einheitswelle 262
systemabhängige Schutzmaßnahmen 207
Systeme, technische 234

T

TAB 198
TAE 302, 303
Tagesbelastungskurven 154
Tarifgestaltung 192
Tauchspulenmikrofon 299
technische
    – Kommunikation 236
    – Prozesse 324
    – Systeme 234
    – Zeichnungen 236
Technologieschemata 236, 355
Teilfunktionen 234
Teilschnitte 252
Teilsysteme 234
Telekommunikation 302
Temperaturbeiwert 36, 37
Temperaturkoeffizient 36
Temperaturkompensation 117, 127
Temperatursteuerung von Kochplatten 179
Temperaturstrahler 184
Thermistor 116
Thermoelement 14
Thyristoren 148
Tipp-Betrieb 328
TK-System 302
TN-Systeme 208
Toleranzen 260
Toleranzfelder 261, 262
Transformationsgleichungen 162
Transformator
    –, Einsatzgebiete 163
    –, geschichtliche Entwicklung 163
Transformatoren 88, 162
Transistor
    –, Grenzwerte 141
    –, Grundschaltungen 140
    –, Kennlinien 140
Trennschalter 168
Treppenhaus-Zeitschaltung 296
TRIAC 149
Triggern 74
Triggerniveau 74
Trimmpotentiometer 34
TRMS 69
TT-System 208
Turbinen 156
Twisted-Pair-Leitung 171

U

Überlastschutz 369
Überlastschutzeinrichtungen 327
Übersichtsschaltplan 268, 290
Überspannung 121
Überspannungsableiter 228
Überspannungsschutz 131
Überströme 174
Übertragungsmodul 314
Umfangsgeschwindigkeit 40
Umladevorgang 91
Ummagnetisierungskennlinie 87
Umspannanlagen 168
Umwandeln von Zahlen 334
UND-Verknüpfung 338
Universalmotoren 191
UVV 198

V

Varistor 120
Varistorspannung 120

10 Sachwortregister

VDE 198
Vektoren 53
Verband deutscher Elektrotechniker 198
verbindungsprogrammierte Steuerungen 336
Verbrennungen 230
Verbundnetz 158
Verdichter 351
Verdrahtungs- und Verbindungsplan 270
Vergleicher 366
Verhalten im Brandfall 231
Verlegeart von Leitungen 172
Verluste 48
Verlustleistung 48
Verriegelung 329, 348, 368
Verschlussüberwachung 300
Versor 102, 104
Verstärker 299
Verstärkung 310
Vertikalablenkverstärker 74
Vielfachmessgeräte 18, 99
Vollschnitte 250
Volta, Alessandro 15
Vorrangigkeit 328
Vorsätze 24
Vorschaltgerät 185
VPS 336

W

waltenhofensches Pendel 88
Wärmebedarf 181
Wärmegewinnung 178
Wärmekraftwerke 154
Wärmemelder 300
Wärmepumpe 182
Warmwassergeräte 179
Wartungspläne 238
Wasserenergie 156
Wasserschutz 200
Wasserstofftechnologie 157
Wechselanteil 69
Wechselschaltung 292
Wechselspannung 68
Wechselsprechanlagen 298
Wechselstromsteller 151
Wechselventile 279
Wechselwegschaltungen 150
Wegeventile 278, 351, 352
Wellenlänge 306
Wendeschaltung 332, 348
Wheatstone, Charles 60
wheatstonsche Messbrücke 60
Wicklungserwärmung 36
Widerstand
  –, Belastbarkeit 35
  –, elektrischer 22
  –, Kennzeichnung 32
  –, linearer 32
  –, ohmscher 32, 80
  –, spezifischer 32
  –, temperaturabhängiger 36
Widerstandswert 22, 32
Wiederholungsprüfung 217
wiederkehrende Prüfungen 217
Windenergie 156
Winkelgeschwindigkeit 70
Wirbelstrombremse 89
Wirbelströme 88
Wirkleistung 110
Wirkungsbereiche
  des 50-Hz-Wechselstromes 196
Wirkungsgrad 48
  –, thermodynamischer 48

X

X-Verstärker 74
x-y-Betrieb 78
XNOR-Verknüpfung 340, 345
XOR-Verknüpfung 345

Y

y-t-Betrieb 78
Y-Verstärker 74

Z

Z-Dioden 130
Zähler 367
Zählerkonstante 42, 192
Zählerplatz 176
Zählpfeile 53
Zählpfeilsysteme 16, 53
Zeigerbild 102, 106
Zeitablaufdiagramm 268, 333
Zeitablenkung 74
Zeitfunktionen 360
Zeitkonstante 90, 94
Zeitrelais 297, 327
Zener-Dioden 130
Zertifizierung 241
Zusatzschutz 203
Zustandsdiagramme 282
Zweidruckventile 279
Zweikanal-Oszilloskop 75
Zweipuls-Brückenschaltung 138
Zweipuls-Mittelpunktschaltung 138
Zylinder 278, 351

Bildquellenverzeichnis:

Die Fotografien in diesem Buch wurden freundlicherweise von folgenden Firmen zur Verfügung gestellt:

Siemens AG, München
Siemens Trafo Union, Kirchheim
Gossen-Metrawatt GmbH, Nürnberg
Festo AG & Co. KG, Esslingen-Berkheim
AEG SVS, Böblingen
Hameg GmbH, Frankfurt am Main
EPCOS AG, München